제7판

# 우주의 본질

## 지구에서 빅뱅까지

우주비행사들은 우주에서는 어떻게 보이는지 경험할 유일한 기회를 부여 받는다. 이 그림에서 우주비행사 존 그룬스펠드라가 우주비행선이 허블 우주망원경에 대한 마지막 임무를 수행하면서 지구 주위를 도는 동안 그 앞에서 우주조망이란 CD가 떠다니고 있는 것을 보고 있다(2009년 5월).

# The Essential Cosmic Perspective

제7판

# 우주의 본질

## 지구에서 빅뱅까지

Jeffrey Bennett, Megan Donahue, Nicholas Schneider, Mark Voit 지음

김용기, 임홍서, 오준영, 김천휘, 성현일, 김혁, 심현진, 손정주, 이유, 오수연,
장헌영, 손영종, 김용철, 박수종, 이수창, 김성은, 우종학, 안덕근, 송인옥 옮김

Σ 시그마프레스

# 우주의 본질 지구에서 빅뱅까지 제7판

발행일 | 2015년 7월 20일 1쇄 발행
　　　　 2020년 10월 5일 2쇄 발행

저자 | Jeffrey Bennett, Megan Donahue, Nicholas Schneider, Mark Voit
역자 | 김용기, 임홍서, 오준영, 김천휘, 성현일, 김혁, 심현진, 손정주, 이유, 오수연,
　　　 장헌영, 손영종, 김용철, 박수종, 이수창, 김성은, 우종학, 안덕근, 송인옥
발행인 | 강학경
발행처 | (주)시그마프레스
디자인 | 차인선
편집 | 류미숙

등록번호 | 제10-2642호
주소 | 서울특별시 영등포구 양평로 22길 21 선유도코오롱디지털타워 A401~402호
전자우편 | sigma@spress.co.kr
홈페이지 | http://www.sigmapress.co.kr
전화 | (02)323-4845, (02)2062-5184~8
팩스 | (02)323-4197

ISBN | 978-89-6866-403-8

## The Essential Cosmic Perspective, 7th Edition

Authorized translation from the English language edition, entitled ESSENTIAL COSMIC PER-SPECTIVE, THE, 7th Edition, 9780321928085 by BENNETT, JEFFREY O.; DONAHUE, MEGAN O.; SCHNEIDER, NICHOLAS; VOIT, MARK, published by Pearson Education, Inc., publishing as Addison-Wesley, Copyright © 2015. Pearson Education, Inc., 1301 Sansome St., San Francisco, CA 94111.

\* 책값은 책 뒤표지에 있습니다.
\* 이 도서의 국립중앙도서관 출판예정도서목록(CIP)은 서지정보유통지원시스템 홈페이지 (http://seoji.nl.go.kr)와 국가자료공동목록시스템(http://www.nl.go.kr/kolisnet)에서 이용하실 수 있습니다. (CIP제어번호: CIP2015017814)

# 역자 서문

천문학을 전공한 학자로 또 천문학 교육을 담당하는 사람으로서 좋은 천문학 입문서가 발간되거나 번역될 때마다 반가운 마음으로 자세히 훑어보는 버릇이 생긴 지 오래이다. 그러면서 우리나라의 젊은 청소년들과 대학에서 천문학 공부를 시작하는 학생들이 쉽게 그리고 잘 이해할 수 있도록 집필된 천문학 서적들이 보다 많이 보급되어야 한다는 생각을 하게 되었다.

30년이 넘게 천문학을 가르치고 있는 저자들이 *The Essential Cosmic Perspective*란 제목으로 2005년 출간한 이 책은 2015년에 제7판으로 개정되면서 지난 30여 년 동안 쏟아진 천문학적 새로운 사실들을 포함하여 다시 한 번 새로운 구조로 탈바꿈하였다. 특히 역자들이 주목한 이 책의 강점은 저자들이 내용 수준을 업데이트했을 뿐만 아니라 교육학적 흐름을 개선하였다는 점이다. 이 책은 각 장의 도입부에 해당 단원의 교육학적 목표를 설정해 제시하고, 학생들이 흔히 갖는 오개념을 수정할 수 있게끔 중요 개념들을 정리하고, 특별히 과학의 본성에 대한 부분도 첨가하였다. 이러한 점은 천문학 공부를 시작하는 학생들에게 큰 도움이 될 것이다.

이 책은 우주에 대한 현대적인 이해를 서술하면서 그런 이해들이 어떻게 가능해졌는지에 대한 세부 내용들을 제시하면서 책 제목이 말해주는 것처럼 독자들에게 우주를 한 번 둘러볼 수 있는 기회를 제공해준다. 이런 조망의 과정에서 다섯 가지 주제를 선택하여 그 주제를 뼈대 삼아 다양한 이론과 관측 결과들을 이용하여 흥미로운 이야기를 펼쳐나가면서 학생들에게 흥미를 돋구어주려는 노력을 하고 있다. 이 책이 선택한 다섯 가지 주제는 다음과 같다. (1) 우리는 우주의 일원이기에 우주를 연구하면 인간이 어떻게 출현했는지 알 수 있다. (2) 우주는 누구나 이해할 수 있는 과학적 원리를 통해 이해될 수 있다. (3) 과학은 확실한 사실들의 집합체가 아니라 우리를 둘러싸고 있는 세계를 이해하려 시도하는 과정에 불과하다. (4) 천문학 공부는 평생학습경험의 시작이다. (5) 천문학은 우리 각자에게 천문학이 제공하는 새로운 세계관을 제공하는 인격을 지니도록 영향을 준다. 이 주제들을 바탕으로 인간이 지금까지 어떻게 우주를 조망해 왔고 우주에 대해 알아왔는

지를 이해하기 쉽게 설명하고 있다.

역서의 제목을 정하면서 역자들은 많은 고민을 했다. 인간은 인지능력이 발달하면서 지구 위에서 서로를 인식하기 시작하였다. 그리고 밤하늘을 보면서 우주란 무엇일까? 상상하면서 저 멀리에서 오는 빛을 연구하여 우주에 대해 조망해 가는 기본 원리를 다룬다 하여 저자들은 *The Essential Cosmic Perspective*로 제목을 택했다. 역자들은 원서의 내용을 기본으로 하여 이 책의 제목을 **우주의 본질 : 지구에서 빅뱅까지**로 정하였다. 이 책을 통해 독자들이 지구에서 우주를 인식해 가는 과정에서 시작하여 우주가 어떻게 생겨났고 어떤 길을 가고 있는지를 이야기하는 우주론에 이르기까지 천문학의 풍성한 이야기 속으로 빠져들기를 감히 기대해 본다. 보다 정확하고 사실적인 번역이 될 수 있도록 각 장에서 다루는 내용과 비슷한 전공을 연구하는 전문가들이 번역을 담당하였고, 독자들이 각 장의 번역에 대해 문의할 사항이 있으면 언제든 문의할 수 있도록 이메일(sigma@spress.co.kr)을 열어두었다. 말하자면 번역 A/S 체계를 구축하여 본서의 내용에 독자들이 질문하고 답변을 역자들에게 얻을 수 있도록 하는 것이다.

번역을 하면서 사용되는 용어들은 한국 천문학회의 천문학 용어집, 한국 물리학회의 물리학 용어집, 그리고 한국 과학기술단체 총연합회의 과학기술용어집 등을 모두 참고하였다. 그러나 이런 용어집에서도 한 가지 개념에 2개 이상의 용어를 제시하고 있어, 문맥상 필요한 경우에는 역자들이 선택한 용어를 그대로 사용하여 최대한 내용을 잘 전달해 보려 노력하였다. 우리말로 표현된 번역서들이 많이 출간되면서 서서히 용어의 통일에 대한 의견이 수렴된다면 향후 더욱 개정된 번역서가 나올 수 있을 것으로 기대한다.

수년 전 모 신문에 '청소년들이 가장 관심 있는 분야는 천문우주 분야'라는 기사가 게재된 바 있다. 천문우주에 관심 있는 청소년들이 우리말로 서술된 천문우주 서적을 우리 생각과 사고로 공부할 수 있는 기회를 접하게 해주기 위해 (주)시그마프레스와 합력하여 이 책을 번역하게 되었다. 출판을 맡아주신 시그마프레스 사장님과 역자들의 번역 원고를 꼼꼼하게 편집하고 교정해주신

편집부 식구들에게 감사의 마음을 전한다.

　이 번역서를 통해 대학에서 교양과목 또는 천문우주학 입문과목으로 천문우주학을 접하는 학생들뿐만 아니라 천문우주에 호기심이 많은 젊은이들과 일반인들의 우주의 신비에 대한 궁금증이 풀리고, 우리가 가보지 못한 우주의 먼 곳까지 알아내는 천문학자들의 상상력과 창의력이 이 책을 접하는 모든 분에게 전해지고 느껴지기를 기대해본다.

2015년 6월
역자 일동

# 이 책의 특징

**우**리 인간들은 수많은 세대를 거치는 동안 하늘을 바라보며 살았다. 우리는 우리의 삶이 하늘을 장식하고 있는 태양, 달, 행성과 항성들과 어떻게 연관되어 있는지 알고 싶어 했다. 오늘날에는 천문학이라는 과학을 통해서 선조들이 상상했던 것보다 더 깊은 연관성이 있다는 것을 알게 되었다. 이 교과서는 현대천문학이 전해주는 이야기를 해주며, 천문학이 우리에게 우리 자신과 지구에서 어떻게 우주를 바라볼 수 있는지에 대한 새로운 조망, 기본적인 우주조망을 설명한다.

이 책은 대학교 학생들과 일반 대중에게 지난 30여 년 넘게 천문학을 가르쳤던 경험에 근거하여 집필되었다. 지난 30여 년 동안 새로운 발견이 쏟아져 나와 우주에 대한 우리의 이해는 대변혁을 맞이하게 되었지만, 대부분의 천문학 교과서들의 기본 구조나 접근에는 큰 영향을 주지 못했다. 이런 과학적 이해의 대변혁을 반영하기 위하여 천문학의 주된 개념들을 어떻게 구성하고 가르칠 것인가를 다시 생각해봐야 할 때가 도래했다고 느꼈다. 이 책이 바로 그 결과이다.

## 누구를 위한 책인가

이 책은 천문학 개론을 듣는 대학교 학생들을 위한 교과서로 집필되었지만, 우주에 호기심을 지닌 모두에게 적합한 책이다. 천문학이나 물리에 대한 어떤 선지식도 필요하지 않으며, 또 수학이나 과학을 전공으로 하지 않는 학생들을 위해 특별히 집필되었음을 강조한다.

우리는 한 학기에 실제적으로 배울 수 있는 정도의 수준에 맞게 아주 중요한 주제들을 세심하게 선택하여 설명하는 방법을 통해, 한 학기에 천문학을 훑어주는 강의에 맞춤형으로 구성하였다. 이 책은 또한 2학기 연속되는 천문학 강의에 사용될 수도 있는데, 이런 강의를 하는 강사들은 이 책보다 더 종합적으로 기술된 *The Cosmic Perspective*를 참고할 수 있다. 우리는 또한 반 학기 강의 용으로 *The Cosmic Perspective Fundamentals*라는 더 요약된 책도 제공하고 있다.

## 제7판에 새로 추가된 사항

이 책을 집필했던 철학, 목표와 구조는 이전 판과 똑같지만, 전체적으로 업데이트하고 개정하였다. 이번 제7판에서 찾아볼 수 있는 중요한 변화를 간단히 요약해본다.

- **내용 수준의 변화** : 제7판에서는 과학에 대해 업데이트하고 교육학적 흐름을 개선하기 위해 여러 가지 중요한 변화를 시도하였다. 전체적인 목록은 여기에 기술하기 너무 길어서 주된 변화들만 다음과 같이 정리하였다.

- **제1장**은 새롭게 구성하였는데, 1.1절은 우주 크기로 볼 때 우주에서의 우리 인간의 위치에 초점을 맞춘 반면, 1.2절은 시간의 흐름 속에서 우주에서 우리 인간이 언제 출현하였는지에 초점을 맞추었다. 이런 변화들은 학생들이 나머지 천문학 강의를 들을 때 필요한 주요 개념을 쉽게 배우는 데 도움이 될 것이라고 믿는다.

- **제2장**에서는 개념들을 명확하게 하고 또 남반구와 북반구에 사는 학생들이 잘 이해할 수 있도록 약간의 교육학적인 변화들을 취하였다.

- **제3장**은 전체적인 구성을 새롭게 하였고, 또 3.1절과 3.2절은 학생들이 각 절에서 제공되는 주요 개념들에 초점을 쉽게 맞출 수 있도록 재집필하였다. 그리고 과학용어들에 대해 표 3.2를 새롭게 추가하였다.

- **제5장**에서 우리는 5.3절을 2개의 학습목표를 가지고 망원경에 대한 기본 아이디어를 학생들이 쉽게 이해할 수 있도록 재구성하였다.

- **제6장**은 구조를 상당히 많이 바꾸어 새로 집필하였는데, 태양계의 네 가지 주요 특징을 한 절에서 한꺼번에 모두 설명함으로써 학생들이 그 특징들 사이의 연관성을 쉽게 그려보게 하고 또 그들이 성운설에서 어떻게 자연스럽게 이해될 수 있는지를 더 쉽게 이해할 수 있게 하였다.

- **제10장**은 새로 추가되었는데, 주로 태양계 밖에 있는 행성과

행성계에 대한 연구에 초점을 맞추고 있다. 이 장은 이전에 제6장 마지막에 있는 자료들을 대체하고 또 보충을 했다.

- **제15장**과 **제16장**의 많은 부분들(이전의 제14장과 제15장)은 은하와 은하형성에 대한 최근 연구결과를 반영하기 위해 상당히 새롭게 집필되었다.

- **제17장**과 **제18장**(이전의 제16장과 제17장)은 전체적으로 재구성되었는데, 그래서 암흑물질, 암흑에너지와 우주의 운명을 다루기 전에 빅뱅을 다루도록 하였다. 지난 10년간 우주 극초단파 배경복사 관측에서 얻은 놀라운 발전에 동기부여를 받아 이런 변화를 취하게 되었는데, 이 변화는 암흑물질이 특이 입자들로 구성되었다는 기본 확증으로서 가벼운 원소 함량과 극초단파 배경복사 관측이 제시될 수 있는 길을 터주고 있다.

- **제19장**에서 19.1절, 19.2절과 19.3절(이전의 제18장)은 생명체가 지구 외의 다른 곳에서 생존할 수 있는 가능성에 대해 살펴보고, 또 생존 가능한 환경을 만들어주는 요소들이 무엇인가를 분명하게 설명하는 데 초점을 두고 새롭게 집필하였다.

- **천문 계산법**은 전체에 걸쳐 새롭게 재작업되었다. 우리는 기본적인 수학 내용과 수준을 동일하게 유지하였지만 더 짧고 간단하게 설명해서 학생들이 더 쉽게 접근할 수 있도록 하였다.

- **과학적인 내용을 완전히 개정** : 천문학은 아주 빠르게 변화하는 연구 분야이기 때문에, 제6판이 출간되고 난 후 수많은 새로운 발견이 보고되었다. 위에 정리된 내용 수준의 변화에 덧붙여서, 제7판에 반영된 과학적인 업데이트 내용은 다음과 같다.

  - 태양계 탐사선으로부터 얻은 새로운 연구결과들과 영상들이 첨가되었다. 화성정찰위성, 화성 표면 탐사선 큐리오시티, 금성 탐사선 비너스 익스프레스, 토성 탐사선 카시니, 수성 탐사선 메신저, 베스타 소행성 탐사선 스타더스트와 돈, 그리고 태양 탐사선 트레이스가 보내온 영상들

  - 우주망원경에서 얻은 최신 결과 : 허블, 케플러, 스피처, 찬드라, 페르미 우주망원경

  - 지구온난화, 우리은하 내에서 가스의 순환 그리고 은하형성과 진화를 포함한 주제들에 대한 개정된 자료들과 모델

  - 지구에서 생명이 출현한 시기와 가능한 원인에 대한 새로운 연구

## 주제

이 책은 우주에 대한 현대적인 이해와 그 이해들이 어떻게 가능해졌는지에 대해 다양하게 살펴보았다. 그런 조망은 여러 가지 다른 방법으로 기술될 수 있다. 우리는 전체적인 책의 구성에서 다섯 가지 주제를 선택하였는데, 각 주제는 지금까지 정규적인 과학 강의를 전혀 들어보지 못한 학생들과 또 과학이 어떻게 작동되는지 잘 모르는 학생들이 더 흥미를 갖게 하도록 도움을 주기 위해 선택되었다. 이 책은 다음과 같이 5개의 주요 주제를 근간으로 구성되었다.

- **주제 1** : 우리는 우주의 일원이고 그래서 우주를 연구하면 우리가 어떻게 태어났는지를 배울 수 있다. 이 책에서 아주 중요한 주제로, 우주에 대해 배워가다 보면 우리 스스로를 이해할 수 있다는 점을 앞으로 꾸준히 강조할 것이다. 인간의 삶과 우주 사이의 밀접한 관계를 연구해보면 학생들이 천문학에 대해 관심을 갖게 되는 이유를 알 수 있게 되고 또 유일하고 아주 아름다운 지구에 대한 학생들의 감탄을 더 자아내게 해준다.

- **주제 2** : 우주는 누구나 이해할 수 있는 과학적 원리를 통해 이해될 수 있다. 우리는 어떤 물리법칙도 우주의 어디에서든, 어떤 거리에서든 그리고 어떤 나이에서든 똑같이 적용되는 것처럼 보이기 때문에 우주를 이해할 수 있다. 더구나 일반적으로 전문 과학자들이 법칙들을 발견했지만 누구라도 그런 법칙의 특성을 이해할 수 있다. 학생들은 천문학에 대한 한두 가지 개념에 대해 충분히 배우기만 하면, 주위에서 볼 수 있는 많은 현상들이 근본적으로 왜 일어나는지를 파악할 수 있다. 이렇게 이해할 수 있는 현상들은 계절변화와 달의 위상변화에서부터 시작 뉴스에 등장하는 전문가들만 이해할 수 있는 천체 영상에 이르기까지 다양하다.

- **주제 3** : 과학은 확실한 사실들의 집합체가 아니라 우리를 둘러싸고 있는 세계를 이해하고자 시도하는 과정에 불과하다. 많은 학생들은 과학을 사실을 모아놓은 긴 목록에 불과하다고 가정한다. 천문학의 긴 역사를 통해 보면 과학은 우리가 우주에 대해 배우려 시도하는 과정이라는 것을 알 수 있다. 즉, 과학의 과정은 꼭 사실을 직선으로 늘어놓은 것만은 아니라는 것이다. 이것이 우주에 대해 더 잘 배워 가는 과정에서 우리들의 우주에 대한 아이디어가 때로 변화하는 이유가 되는데, 지구가 우주의 중심에 있기보다는 태양 주위를 돌고 있는 하나의 행성이라는 것이 처음 인정되었을 때 이런 변화는 아주 극적이었다. 이 책에서 우리는

과학의 본성을 꾸준하게 강조함으로써 현대 이론들이 어떻게 그리고 왜 받아들여졌는지 그리고 왜 이런 이론들이 앞으로 변화될 가능성이 있는지에 대해 학생들이 이해하도록 하였다.

- **주제 4 : 천문학 강좌는 평생학습경험의 시작이다.** 앞선 주제들을 설정하면서 우리는 학생들이 천문학 강좌에서 배우는 것은 끝이 아니라 시작이라는 것을 강조한다. 중요한 물리원칙 몇 개를 떠올려 보면서 과학의 본성을 이해한다면 학생들은 그들 남은 생애 동안 천문학적 발달들을 따라갈 수 있게 된다. 그래서 우리는 학생들에게 천문학적 발견에 대해 현재 진행되고 있는 인간의 탐험에 지속적으로 참여하도록 동기부여를 하길 원한다.

- **주제 5 : 천문학은 우리 각자가 천문학이 제공하는 새로운 세계관을 지닌 인격을 지니도록 영향을 준다.** 우리 모두는 일상의 삶을 나름대로의 세계관을 가지고 살아간다. 이 세계관은 우주에서 우리의 위치와 목적에 대한 개인적인 믿음이 모아져서 형성되는데, 학교교육, 종교적 훈련과 개인적인 사고가 조합되어 개발된다. 이런 세계관은 우리의 믿음과 행동 양태를 결정해준다. 천문학은 어떤 특별한 믿음을 가지라고 지시하지는 않지만, 우주가 어떻게 구성되었는가에 대한 조망을 제공해주는데, 이는 우리가 우리 스스로와 우리의 세계를 어떻게 바라보는가에 대해 영향을 끼칠 수 있고 그래서 잠정적으로는 우리의 행동에 영향을 미칠 수 있다. 많은 관점에서 볼 때 세계관을 형성하는 데 천문학의 역할은 우주와 인간의 매일매일의 삶 사이에 깊은 연관이 있음을 보여주고 있다.

## 교수법 원리

천문학 강좌가 어떻게 진행되든지 상관없이 교수원리에 의거한 자료들이 제시되는 것은 아주 중요하다. 이 책에서 우리가 택한 주된 교수원리를 간단하게 정리해본다.

- **전체적 개요에 중점을 둔 상태를 유지한다.** 천문학은 흥미로운 사실과 세부사항들로 가득 차 있지만, 그런 것들이 우주에 대한 전체적인 관점에 맞지 않는다면 의미가 없다. 그래서 우리는 전체적 개요(특히 위에 토론된 주제들)에 중점을 둔 상태를 유지하려 노력한다. 학생들이 강좌가 끝난 후 개별 사실들이나 세부사항들을 잊어버린다 해도 전체 개요 구조는 오랫동안 그들에게 유지되게 한다는 것이 이런 접근이 주는 주요 이점이다.

- **항상 전후사정을 제공한다.** 우리 모두는 그것을 왜 배우고 있는지 이해할 때 새로운 개념을 더 쉽게 배우게 된다. 그래서 이 책은 현대적 관점에서 본 우주의 이해에 대해 폭넓은 개관(제1장)으로 시작한다. 그래서 학생들은 이 책의 나머지 부분에서 무엇을 공부하게 될지 알게 된다. 우리는 세부사항을 다루기 전에 무엇을 배우게 되고 왜 배우는지를 학생들에게 항상 설명하는 방법을 통해 이 책 전체에서 이런 '전후사정 먼저' 접근법을 유지한다.

- **자료를 의미 있게 만든다.** 우리의 삶과 관련이 있는 것처럼 보이는 주제들에 대해 더 관심을 보이는 것이 인간의 본성이다. 다행히 천문학은 우리 각자들 개인적으로 터치해주는 아이디어들로 꽉 차 있다. 우주와 개인적으로 연결되었다는 것을 강조함으로써 우리는 제시된 자료를 더 의미 있게 만들어서, 학생들이 그것을 배우는 데 필요한 노력을 기울일 수 있도록 격려해준다.

- **사실을 모으는 과정에서 개념적인 이해를 강조한다.** 우리가 만일 주의를 기울이지 않으면, 천문학은 사실들의 엄청난 우표수집인 것처럼 보일 수 있는데, 이런 천문학적 사실들은 강의가 끝나면 쉽게 잊혀진다. 그래서 우리는 반복해서 사용하는 몇 개의 주요 개념들을 강조한다. 예를 들어 4.3절에 소개된 에너지 보존법칙과 각운동량 보존법칙은 책 전체에서 반복적으로 사용된다. 그래서 우리는 지구형 행성들에서 발견된 다양한 특징이 몇 개의 기본적인 지질학적 원리들로 이해될 수 있다는 것을 알게 된다. 강좌가 끝나고 오랜 시간이 지난 후에도 학생들은 개별적 사실이나 세부적인 사항들보다도 그런 개념적인 아이디어들을 잊지 않고 유지하고 있다는 사실이 연구결과 밝혀졌다.

- **더 익숙하고 구체적인 것에서 시작해서 덜 익숙하고 추상적인 것들로 넘어간다.** 어린이들이 구체적인 아이디어에서 시작해서 추상적인 것들을 일반화시키는 과정을 통해 가장 효과적으로 배운다는 것은 잘 알려진 사실이다. 똑같은 방법이 많은 성인에게도 적용된다. 그래서 우리는 '익숙한 것에 다리를 놓는 작업'을 항상 시작한다. 즉, 구체적이거나 익숙한 아이디어에서 시작해서 그런 아이디어들로부터 더 일반적인 원리들을 점차적으로 개발해보는 것이다.

- **쉬운 언어를 사용한다.** 많은 천문학 개론 책에서 사용된 새로운 개념들의 숫자는 1년 과정 외국어 강좌에서 가르치는 단어들의 숫자보다 많다는 것이 조사에서 알려졌다. 이는 대부분의 책이 천문학을 가르치면서 학생들이 천문학을 마치 외국어처럼 생각하게 만든다는 것이다! 학생들에게 불필요한 전문용어에 의지

하지 않고 쉬운 영어로 설명하기만 하면 주요 천문학 개념들을 훨씬 쉽게 이해시킬 수 있다. 우리는 될 수 있는 대로 전문용어를 제거하거나 또는 적어도 문맥 속에서 쉽게 기억할 수 있는 개념으로 표현된 표준 전문용어로 대체하려는 노력을 했다.

• **학생들의 오개념을 인정하고 지적한다.** 학생들은 백지 상태로 강의에 들어오는 것이 아니다. 대부분의 학생들은 우리가 가르치길 원하는 지식이 결여된 상태뿐만 아니라 때로는 천문학적 아이디어들에 대해 오개념을 지닌 상태로 강의에 들어온다. 그래서 올바른 아이디어를 가르치기 위해, 우리는 또한 학생들이 지녔던 오개념들에서 모순되는 것들을 인정하는 것을 도와주어야 한다. 이 주제를 우리는 '일반적인 오해'라는 글상자 형태로 확실하게 다룬다. 이런 글상자들은 일반적으로 가지고 있는 오개념을 요약하고 그들이 왜 틀린 것인지 설명한다.

## 세부 구조

이 책은 (차례에서 볼 수 있듯이) 6개의 세부 구조로 구성되었는데, 각 세부 구조는 독특한 방법으로 위에서 토론된 주제들에 초점을 맞추는 것을 유지할 수 있도록 도와준다. 여기서 우리는 각 주제에 접근했던 지도 이념을 요약한다. 각 세부 구조는 2페이지 짜리 '맥락 파악하기'로 마무리하면서, 각 장에서 다룬 다양한 아이디어들을 전체적으로 서로 일관되게 정리하였다.

### 제1부 : 우주를 바라볼 수 있는 능력 키우기(제1장~제3장)

**지도 이념** 전체 개념, 과학의 과정과 천문학의 역사들을 소개한다.

제1부의 기본 목적은 학생들에게 이 책의 나머지 부분의 전체적 개요와 내용을 제공해주고 학생들이 과학의 과정과 과학이 역사 속에서 어떻게 발전해왔는지에 대한 인식을 넓혀갈 수 있도록 도와주는 것이다. 제1장은 현대적 관점에서 본 우주의 이해를 요약하여 학생들이 세부사항들을 다루기 전에 전체 우주를 바라보는 능력을 키우게 해준다. 제2장은 계절과 달의 위상을 포함한 하늘에서 일어나는 기본 현상들을 소개하고, 또 우리가 일상에서 경험하는 현상들이 어떻게 더 광대한 우주와 연결되는가에 대한 조망을 제공해준다. 제3장은 과학의 본성에 대해 토론하면서 과학의 발전에 대한 역사적인 조망을 제공해주고 학생들에게 과학이 어떻게 작용하고 있고 과학이 과학이 아닌 것과 어떻게 차이가 있는지에 대한 이해를 할 수 있도록 해준다.

제1부의 맥락 파악하기는 88~89쪽에 소개된다.

### 제2부 : 천문학의 핵심 개념(제4장~제5장)

**지도 이념** 우주에서 적용되는 물리를 매일매일의 경험과 연결시킨다.

제4장과 제5장은 천문학을 이해하는 초석을 놓는 역할을 하는데, 물질, 에너지, 빛과 운동을 지배하는 몇 가지 주요원리가 우리 일상생활에 나타나는 현상들뿐만 아니라 우주의 신비를 설명해주는 아이디어로서, 천문학에서는 때때로 물리학의 보편성이라고 부른다. 제4장은 운동법칙, 중요한 각운동량과 에너지 보존법칙 그리고 중력법칙을 다룬다. 제5장은 빛과 물질의 성질과 스펙트럼과 망원경에 대해 설명한다.

제2부의 맥락 파악하기는 148~149쪽에 소개된다.

### 제3부 : 다른 행성으로부터 배우기(제6장~제10장)

**지도 이념** 우리태양계와 외부태양계에 있는 다른 행성들을 연구함으로써 지구를 알아본다.

제3부는 제6장에서 태양계 개관과 태양계의 형성으로 시작하는데, 6.1절에 10쪽 분량의 태양계 훑어보기를 하였다. 태양과 각 행성의 특징 중 가장 중요하고 흥미로운 것들을 중점적으로 다루었다. 제7장, 제8장, 제9장에서는 각각 지구형 행성, 목성형 행성 그리고 태양계 내의 작은 천체들에 대해 살펴보았다. 마지막으로 제10장은 최근에 발견된 외계행성들이라는 특이한 주제를 다루었다. 제3부는 근본적으로 제4부와 제5부와 독립적이어서 제4부와 제5부 이전에 강의할 수도 있고 제4부와 제5부를 다루고 난 다음에 강의할 수도 있다.

제3부의 맥락 파악하기는 312~313쪽에 소개된다.

### 제4부 : 별(제11장~제14장)

**지도 이념** 별들과 직접적으로 연관시켜본다.

별과 별의 일생에 대해 초점을 맞추었다. 제11장은 태양에 대해 상세히 설명하는데, 다른 별들을 이해하는 데 필요한 구체적인 모델 역할을 할 수 있다. 제12장은 별들의 일반적인 성질, 이런 성질들이 어떻게 측정되는가와 H-R도를 이용하여 별들을 어떻게 분류하는가에 대해 기술한다. 제13장은 별의 진화를 다루는데, 무거운 별과 가벼운 별들의 태어나서 죽을 때까지를 추적한다. 제14장은 별진화의 마지막 단계인 백색왜성, 중성자별 그리고 블랙홀을 설명한다.

제4부의 맥락 파악하기는 418~419쪽에 소개된다.

## 제5부 : 은하 그 너머(제15장~제18장)

**지도 이념**  밀접하게 관련된 주제로서 현재 이해되고 있는 은하진화와 우주론을 소개한다.

제5부는 은하들과 우주론을 다룬다. 제15장은 제11장이 태양을 별의 모형으로 사용했던 것과 똑같이 은하들의 모형으로 우리은하를 설명한다. 제16장은 다양한 은하의 종류, 은하의 거리와 나이 같은 중요한 물리량이 어떻게 결정되는지 그리고 은하진화에 대해 현재 얼마나 이해하고 있는지를 다룬다. 제17장은 빅뱅이론과 그 이론을 지지해주는 증거들을 제시하면서 제18장을 준비하는데, 제18장에서는 암흑물질과 은하형성단계에서 암흑물질의 역할 그리고 암흑에너지와 어떻게 암흑에너지가 우주의 운명을 결정하는지를 다루게 된다.

제5부의 맥락 파악하기는 542~543쪽에 소개된다.

## 제6부 : 지구에서의 생명과 그 너머(제19장)

**지도 이념**  지구에서의 생명에 대한 연구는 우주에서 생명체를 찾는 연구를 이해하는 데 도움을 준다.

제19장 하나로 구성된 제6부는 시간이 허락하면 강의에서 사용될 수 있도록 구성했다. 천체생물학에 대해 자세하게 강의하기 원하는 사람들은 Jeffery Bennett & Seth Shostak의 저서 **우주에서의 생명**(*Life in the Universe*)이란 책을 참고하면 된다.

제6부의 맥락 파악하기는 582~583쪽에 소개된다.

## 교육학적 특징

내용 설명과 함께 이 책은 학생들의 학습효과를 높이기 위한 교육학적 보조 장치들을 포함하고 있다.

- **학습목표** : 각 장은 주요 질문, 동기를 부여하는 학습목표들로 시작하고, 각 장의 모든 절의 내용도 제목에 내포된 세부 학습목표를 언급하려고 노력하였다. 이런 방법은 학생들이 전체적인 개요에 초점을 맞추고 그들이 이해하게 될 것들에 대해 동기부여를 꾸준히 유지하도록 도와준다.

- **요약** : 각 장의 마지막 부분에는 학습목표 관련 질문들로 간단한 복습의 장을 제공하여 학생들이 각 장에서 주요 개념을 이해하는 것을 도와주고 있다. 각 장에서 주요 그림을 잘 기억해낼 수 있도록 축소판 그림들도 첨가하였다.

- **클로즈업된 기본 요점** : 각 장의 앞에 요점 목록을 제시하여서 주요 요점에 대한 주의를 상기시키고, 또 학생들이 본문에서 어

떤 부분이 중요한지 찾아볼 수 있도록 도와준다.

- **주석을 달아놓은 그림들** : 각 장에서 주요 그림들은 이 책 연구에서 증명된 기법인 주석을 달았다. 학생들이 그래프를 해석하고 그림들을 따라가면서 서로 다른 표현방법들을 구별해낼 수 있게 도와주기 위해 그림에 대해 세심하고 주의 깊게 설명했다.

- **맥락 파악하기** : 2페이지짜리 그림은 관련된 아이디어를 시각적으로 화려하게 요약하여 종합적으로 설명해준다.

- **파장/천문대 아이콘** : 천문학적 사진들(또는 사진과 혼동되기 쉬운 천문학적 그림)을 위해(부록 J에 정리) 간단한 아이콘들이 파장 영역을 나타내준다. 이미지가 사진인지, 예술적인 상상도인지 또는 컴퓨터 모사결과인지의 여부를 나타내줄 뿐만 아니라 영상이 지상천문대에서 얻은 것인지 우주망원경 관측으로 얻은 것인지도 나타내준다.

- **생각해보기** : 책 본문 전체에 걸쳐 짧은 질문이 대화 형태로 '생각해보기'로 제시된다. 이것은 학생들에게 새로운 중요 개념을 깊이 생각해보는 기회를 제공해줄 것이다. 또한 학급에서 토론하기 위한 훌륭한 출발점의 역할을 한다.

- **스스로 해보기** : 책 본문 전체에 걸쳐 짧은 질문이 대화 형태의 '스스로 해보기'로 제시된다. 이는 학생들에게 단순한 관측이나 실험활동을 할 기회를 제공해주는데, 이런 활동들은 학생들이 주요 개념을 이해하는 데 도움을 줄 것이다.

- **일반적인 오해** : 이 글상자는 각 장에서 다루는 내용들과 관련하여 일반적으로 받아들여지고 있지만 옳지 않은 개념들을 설명해준다.

- **특별 주제** : 특별 주제 글상자는 각 장에서 다룬 내용에 관련된 보충 토론 주제를 소개해주는데, 이어지는 토론에 꼭 필요한 전제조건은 아니다.

- **천문 계산법** : 이 글상자는 선택적으로 사용될 수학적 내용을 포함하고 있는데, 페이지의 여백에 편집되어 있다.

- **전체 개요** : 각 장의 본문은 전체 개요로 마무리된다. 학생들이 각 장에서 배웠던 내용들을 우리 스스로와 우리 지구에 대해 더 폭넓게 알아가는 전체적인 목표의 맥락으로 사용할 수 있도록 도와준다.

- **시각적 이해 능력 점검** : 천문학에서 사용되고 있는 여러 가지 시각적 정보들을 해석하고 이해하는 능력을 형성하는 데 도움

이 되도록 몇 가지 질문이 준비되었다.

- **연습문제** : 각 장에는 방대한 연습문제들이 제시되어 있는데, 이 문제들은 연구, 토론 또는 과제용으로 사용될 수 있다. 각 장 마지막 부분의 연습문제는 다음과 같은 세부 문제들로 구성되었다.

  - **복습문제** : 학생들이 스스로 책을 읽고 답할 수 있을 정도의 문제이다.

  - **이해력 점검(이해했는가?)** : 이치에 맞는 짧은 문장과 맞지 않는 문장이 제시된다. 학생들은 그 문장이 맞는지의 여부를 말하고 왜 그런지 설명한다. 이런 연습들은 일반적으로 학생들이 어떤 특정 개념을 한 번 이해하기만 하면 쉬운 질문들이지만, 이해하지 못했다면 아주 어려운 문제들이다. 그래서 이런 문제들은 이해력 점검에 아주 좋은 측정도구이다.

  - **돌발퀴즈** : 짧은 객관식 문제들로 학생들의 학업 성장을 점검한다.

  - **과학의 과정** : 에세이와 토론질문을 제시해서 학생들이 과학이 어떻게 연구되고 있고 또 천문학자들이 오랜 시간에 걸쳐 우주에 대해 어떻게 알아왔는지를 깊이 생각하게 해준다.

  - **그룹 활동 과제** : 학급에서 협동학습을 할 수 있도록 제시된 문제들이다.

  - **단답형/서술형 질문** : 개념적 해석을 할 수 있는지 알아보기 위해 복습질문의 범위를 넘어서는 질문을 한다.

  - **계량적 문제** : 천문 계산법 글상자에서 다룬 주제들을 기본으로 사용하여 약간의 수학을 필요로 하는 문제들이다.

  - **토론문제** : 학급 토론을 위해 제시된 자유토론 질문이다.

  - **웹을 이용한 과제** : 자습을 위해 고안된 온라인으로 할 수 있는 연구 프로젝트이다.

- **상호참조** : 어떤 개념이 이 책의 다른 곳에서 더 자세하게 설명되어 있다면, 대괄호 안에 상호참조를 넣었다(예 : [5.2절])

- **용어해설** : 자세한 용어해설은 학생들이 중요한 개념들을 훑어보기 쉽게 해준다.

- **부록** : 유용한 참고문헌과 표들을 중요한 상수들과 함께 부록 A에 제시하였고, 주요 공식은 부록 B에, 주요 수학적 기술은 부록 C에, 그리고 다양한 자료의 표와 성도는 부록 D~I에 제시하였다.

# 성공적인 천문학 강의를 위하여

| 주당 강의 | 읽기 숙제를 위한 시간(주당) | 과제를 풀기 위한 시간(주당) | 발표와 시험 준비를 위한 시간(주당 평균) | 필요한 전체 시간(주당) |
|---|---|---|---|---|
| **3학점** | 2~4시간 | 2~3시간 | 2시간 | 6~9시간 |
| **4학점** | 3~5시간 | 2~4시간 | 3시간 | 8~12시간 |
| **5학점** | 3~5시간 | 3~6시간 | 4시간 | 10~15시간 |

## 성공을 위한 열쇠 : 공부시간

어떤 대학 강의에서 성공하기 위한 가장 중요한 단 한 가지 열쇠는 충분한 시간을 투자하여 공부하는 것이다. 대학 강의를 위한 일반적인 경험 법칙은 학생들이 강의실 외에서 학점당 매주 약 2~3시간은 공부하게 하는 것이다. 예를 들어, 이 경험 법칙에 따르면 15학점을 듣는 학생은 매주 강의 외에 30~45시간을 공부해야 하는 것이다. 강의시간과 합쳐 보면 이 공부는 45~60시간을 학업에 투자하는 것이 되는데, 이는 전형적인 노동시간보다 아주 길지는 않아서 나름대로의 여가시간을 즐길 수 있다. 물론 학업을 하면서 일을 해야 한다면 시간을 잘 분배해야 할 필요는 있다.

대략적인 지침으로서 천문학을 공부하는 시간은 위에 있는 표에 제시한 대로 할애하면 될 것이다. 이 지침이 제안하는 것보다 적은 시간을 할애하고 있다면 더 많은 시간을 투자해서 성적을 올릴 수 있다. 이 지침이 제안하는 것보다 많은 시간을 할애하고 있다면 여러분은 아마 비효율적으로 공부하고 있는 것이다. 이 경우 여러분은 더 효과적으로 공부하기 위한 방법에 대해 교수와 상의해볼 필요가 있다.

## 이 책을 잘 사용하는 법

이 책의 각 장은 학생들이 효과적으로 그리고 효율적으로 공부하기 쉽게 구성되어 있다. 각 장에서 최대한 많은 것을 얻어내기 위해서 학생들은 다음과 같은 학습계획을 세우길 권장한다.

- 교과서는 소설책이 아니기 때문에 다음과 같은 순서대로 교과서 내용의 각 요소들을 읽을 때 가장 잘 배울 수 있다.
  1. 각 장의 시작에 제시된 학습목표와 소개 문장을 읽는다.
  2. 그림들을 살펴보고 그 삽화의 설명과 주석을 읽어보면서 주

요 개념에 대한 개관을 얻는다. 그림들은 거의 모든 주요 개념을 강조해주기 때문에 '그림 먼저보기' 전략은 그 개념들에 대해 자세히 읽어보기 전에 대충 훑어볼 수 있는 기회를 제공해준다. 특별히 유용한 '맥락 파악하기'가 준비되어 있다.

  3. 각 장을 이야기하듯 읽어보면서 중간중간에 '생각해보기'와 '스스로 해보기' 활동도 한번해 보라. 그러나 글상자로 표시된 부분(일반적인 오해, 특별 주제, 천문 계산법)은 나중을 위해 남겨두자. 읽어 가면서 나중에 재검토해 보기 원하는 아이디어들이 있다면 찾아보기 쉽게 해당 페이지에 간단한 표시를 해놓자. 형광펜을 피하는 것이 좋은데, 왜냐면 이런 것들은 아무 생각 없이 강조하는 것을 쉽게 만들어 버리기 때문이다. 인쇄된 책의 경우라면 펜이나 연필로 밑줄을 그어 보는 것이 아주 효과적인데 왜냐면 밑줄을 그을 때 조심하게 되어서 정신 차리고 공부하도록 유지시켜주기 때문이다. 밑줄을 긋는 것에 주의하여 선별적으로 하라. 모든 것에 밑줄을 그어버리면 나중에 도움이 안 된다. 전자책의 경우에는 왜 블록으로 표시된 내용이 특별히 중요하다고 표시했는지 상기시켜줄 수 있는 노트를 적어보라.

  4. 한 번 각 장을 읽어보았다면, 다시 돌아가서 글상자로 제시된 내용을 읽어보라. 일반적인 오해과 특별 주제는 모두 읽어보아야 한다. 천문 계산법을 읽을지에 대한 선택은 학생과 교수의 몫이다.

  5. 마지막으로 각 장의 요약을 주의 깊게 읽어본다. 요약을 가장 잘 활용하는 방법은 요약에 제시된 짧은 질문들을 읽기 전에 학습목표 질문들에 대해 스스로 답을 해보는 것을 시도하는 것이다.

- 위에 정리된 대로 읽기를 다 마친 후에는, 각 장의 끝에 있는 연습문제로 얼마나 이해했는지 점검해보는 것이다. 시작할 때 가장 좋은 방법은 반드시 복습문제 모두에 정답을 맞히는 것이다. 만일 하나의 정답을 모른다면 그 답을 찾아낼 때까지 다시 본문을 죽 훑어본다. 그리고 나서 이해력 점검문제와 돌발퀴즈를 풀어본다.

- 강의가 정량적인 면을 강조한다면 정량적인 문제들을 스스로 풀어보기 전에 천문 계산법에 있는 모든 예를 한 번 공부하라. 언제나 계산기에 숫자를 기입하기 전에 정성적으로 문제에 대한 답을 해보려고 노력해야 함을 명심하자. 예를 들어 해답의 자릿수 추정을 해보면서 시도하고 있는 계산이 올바르게 진행되고 있음을 확인하고 해답이 의미가 있고 올바른 단위를 지니고 있는지 확실하게 해야 한다.

## 일반적인 학습전략

- 효과적인 시간활용을 계획하라. 매일 1~2시간 공부하는 것이 효율적이며, 과제 제출일 전날 또는 시험 전날 밤샘 공부하는 것보다 훨씬 덜 고통스럽다.

- 뇌를 참여시켜라. 학습은 수동적인 경험이 아니라 능동적인 과정이다. 여러분이 읽고 있거나 강의를 듣고 있거나 숙제를 하고 있거나 어느 순간이든지 항상 여러분의 마음이 활발하게 관여되어 있는지 확인해보기 바란다. 만일 딴생각이 나거나 졸리는 모습이 발견되면 여러분 스스로를 회복시키기 위한 노력을 하거나 필요한 경우 잠시 휴식을 취하라.

- 강의시간에 빠지지 마라. 강의를 듣고 토론에 참여하는 것은 다른 학생이 강의시간에 필기해둔 노트를 읽는 것보다 훨씬 효과적이다. 능동적인 참여는 공부하고 있는 것을 유지하는 데 도움을 줄 것이다. 또한 토론하게 될 시간 전에 과제로 내준 독서 분량은 확실하게 읽고 가라. 이는 강의와 토론이 독서에서 얻는 주요 아이디어들을 강화시켜주는 데 도움이 되기 때문에 중요하다.

- 담당교수가 제공하는 자료들을 유용하게 사용하라. 담당교수의 이메일, 상담시간, 개론강좌, 온라인 채팅 또는 담당교수와 이야기하거나 더 개인적으로 알 수 있는 모든 기회가 이런 자료들이 될 수 있다. 대부분의 교수들은 그들이 할 수 있는 한 어떤 방법으로든 여러분의 학습을 도우려고 최선을 다하려 노력할 것이다.

- 숙제는 빨리 시작하라. 여러분 스스로가 많은 시간을 투자할수록 여러분이 필요한 도움을 쉽게 얻을 수 있다. 어떤 개념이 이해가 안 된다면, 다시 한 번 읽어보거나 과제범위를 벗어난 부분도 한번 공부해보라. 그래도 이해가 되지 않는다면 도움을 요청하라. 분명 여러분의 학습을 기꺼이 도와주길 원하는 친구, 동료 또는 선생님 들을 찾아낼 수 있다.

- 친구들과 함께 공부하는 것은 어려운 개념들을 이해하는 것을 도와주는 소중한 일이 될 수 있다. 그러나 친구들과 공부하면서 친구들에게 종속되지 않도록 유의하라.

- 한꺼번에 여러 가지 일을 처리하려 하지 마라. 많은 연구결과에 의하면 인간은 다중 작업에 적합하지 않다고 한다. 우리가 다중 작업을 하려 할 때 개개의 작업에 대한 모든 것을 다 잘 해낼 수 없다는 것이다. 나는 예외라고 생각하는 사람들을 위해 같은 연구는 한꺼번에 여러 가지 일을 아주 잘한다고 믿는 사람들을 실제로 가장 잘 못하는 사람들이라는 것을 발견했다고 발표하였다. 그래서 공부할 시간에는 전자기기들을 끄고 조용한 환경을 조성하고 여러분의 공부에 집중하려고 노력하는 모습을 보이라.

## 시험 준비

- 복습문제를 공부하고 문제들과 다른 과제들을 다시 공부해보라. 개념들을 이해했는지 확인하기 위해 추가문제들을 풀어보라. 과제들, 퀴즈 그리고 다른 학기에 이미 출제된 시험문제들을 잘 풀 수 있도록 공부하라.

- 강의시간과 토론시간에 필기해 놓은 노트를 공부하라. 교수가 시험에서 여러분이 무엇을 알고 있기를 원하는지에 대해 주의를 기울여라.

- 교과서의 주요 절들을 다시 읽어보며 특별히 각 페이지에 체크해 놓은 노트들에 주의를 기울여본다.

- 친구들과 스터디 그룹 전에 각자가 먼저 공부하라. 스터디그룹은 구성원 모두가 공부해서 기여할 준비가 되어 있을 때만 효과적이다.

- 시험 보기 전날 늦게까지 공부하지 마라. 시험 보기 1시간 이내에는 밥을 너무 많이 먹지 말자. (피가 소화기능에 사용되고 있을 때 생각하는 기능은 저하된다.)

- 시험 전이나 시험 보는 도중에는 마음을 편하게 가지려 노력하

라. 여러분이 효과적으로 공부했다면 분명 시험을 잘 볼 능력이 있다. 편안하게 앉아 있는 것이 명료하게 생각하도록 도와줄 것이다.

## 과제 발표와 보고서 작성하기

여러분의 차례가 되는 모든 과제나 보고서들은 대학생 수준이 되어야 한다. 읽기에 쉽고 깔끔해야 한다. 정리가 잘 되고 주어진 주제를 잘 파악했음을 보여주어야 한다. 고용주들이나 선생님들은 이런 정도의 수준을 기대한다. 더군다나 대학 수준의 과제를 제출하는 것은 '추가적인' 노력이 필요하지만, 학습과 직접적으로 관련된 2개의 목적이 있다.

1. 여러분의 작업을 분명하게 기술하는 데 기여한 노력은 여러분의 학습 기초를 단단하게 해준다. 특히 글쓰기와 말하기는 학생들 두뇌의 서로 다른 영역을 사용한다는 연구결과가 나왔다. 학생들이 이미 이해했다고 생각하는 경우라 할지라도 어떤 개념을 한번 글로 써보는 것은 학생들의 두뇌의 다른 영역을 사용함으로써 학습효과를 증강시켜준다.

2. 여러분이 만일 여러분의 작업을 분명하고 독립적으로 해낸다면(즉, 교과서에 있는 문제들을 참고하지 않고 읽을 수 있는 문서를 만든다면), 퀴즈나 시험을 위해 복습할 때 아주 유용한 학습 가이드를 갖게 되는 것이다.

다음과 같은 가이드라인이 여러분의 과제를 대학생 수준의 표준이 될 정도로 작성하는 데 도움을 줄 것이다.

- 항상 올바른 문법, 완전한 문장과 문단구조 그리고 올바른 철자법을 사용하라. 속기문자를 사용하지 마라.

- 모든 해답과 글쓰기는 완전히 독립적이 되게 하라. 이것을 검증하는 좋은 방법은 한 친구가 여러분의 작업을 읽고 그 친구가 여러분이 말하고자 하는 바를 정확하게 이해하게 될 것인지 스스로 질문해보는 것이다. 여러분이 작업한 것을 큰 소리로 한번 읽어보면서 분명하고 논리정연하게 들리는지 살펴보는 것 또한 도움이 된다.

- 계산이 필요한 문제들에서는 다음과 같이 해보자.

  - 여러분의 과제가 명료하게 보이도록 만들어서 여러분과 교수 모두 해답을 얻는 데 사용한 과정을 추적해볼 수 있게 해보자. 또한 '계산기 언어'보다는 표준으로 사용하는 수학적인 부호를 사용하라. 예를 들어, 곱하기에는 '*'보다는 '×'를 사용하고 또 10E5나 10^5를 쓰지 말고 $10^5$를 사용한다.

  - 설명하는 문제들은 설명하는 해답을 지니고 있는지 점검하라. 즉, 어떤 필요한 계산을 다 마친 후에 문장으로 기술된 어떤 문제는 문제의 요점과 해답의 의미를 서술해주는 1~2개의 완전한 문장으로 답이 기술되었는지 확인해보라.

  - 서술형 해답은 모든 사람도 유의미하다고 여길 수 있도록 표현해야 한다. 예를 들어 대부분의 사람은 여러분이 720초의 결과를 한 달이라고 표현했을 때 더 유의미하다고 여기게 될 것이다. 동시에 정확한 계산을 통해 9,745,600년이란 결과를 얻었을 때 '거의 천만 년'이라고 표현하는 것이 더 유의미한 표현이 될 것이다.

- 여러분의 해답을 설명하는 데 도움이 될 만한 그림 설명을 사용하라. 예를 들어 손으로 그래프를 그린다면 자를 이용하여 정확하게 수직선을 그려라. 그림 설명을 위해 컴퓨터 소프트웨어를 사용한다면 불필요한 것들로 어수선하게 만들지 않도록 조심한다.

- 친구들과 공동작업을 한다면 여러분 자신의 언어로 표현된 작업결과를 제출하는지 확인하라. 학업 부정행위처럼 보일 수 있는 어떤 표현도 피해야 한다.

# 우주조망의 의미

© Neil deGrasse Tyson

**Neil deGrasse Tyson**

천체물리학자 Neil deGrasse Tyson은 뉴욕시의 미국자연사박물관의 헤이든 천체투영관의 Frederick P. Rose 국장이다. 그는 수많은 서적과 연구논문을 집필하였고, PBS 시리즈의 'NOVAscienceNow'라는 프로그램을 진행하였고 또 타임지가 선정한 세계에서 가장 영향력이 있는 100인 중의 한 사람으로 선정되기도 했다. '우주조망의 의미'에 대한 이 글은 자연사박물관 magazine에 투고한 100번째 글에서 요약한 것이다.

인류에 의해 발전된 모든 과학 중에서 천문학은 가장 아름답고, 가장 흥미롭고 또 가장 유용하다고 여겨지고 있으며 사실 그렇다. 천문학에서 파생된 지식으로 여러 개의 지구가 발견되었을 뿐만 아니라 우리가 지닌 능력들도 천문학이 전달해주는 장엄할 정도의 엄청난 아이디어들로 확장되었으며, 천문학이 편견을 가능한 한 배제하려 하는 것에 힘입어 우리의 관념들도 격상되었다.

James Ferguson, *Astronomy Explained Upon Sir Isaac Newton's Principles, and Made Easy To Those Who Have Not Studied Mathematics*(1757)

우주가 시작점이 있었다는 것을 누군가가 알기 훨씬 이전에 우리가 가장 가까이 있는 은하가 지구로부터 250만 광년 떨어져 있다는 것을 알아내기 전에, 별들이 어떻게 형성되고 원자들이 존재할 것인지에 대해 이해하기 전에, James Ferguson의 그가 매우 좋아했던 천문학에 대한 열정적인 소개는 사실처럼 들렸다.

그러나 누가 이런 식으로 생각할 수 있을까? 누가 이런 생명에 대한 이런 우주적인 관점을 찬양할 수 있을까? 일자리를 찾아다니는 농장 일꾼이 아니고 노동력 착취 현장의 노동자도 아니다. 분명 음식물 쓰레기통을 뒤지는 집 없는 사람들도 아니다. 여러분은 단순히 생존을 위해 사용되는 시간이 아닌 여유시간이 필요하다. 여러분은 우주에서 인간의 위치가 무엇인지 이해하려 노력하는 것에 가치를 부여하는 나라에 살고 있어야 한다. 여러분은 지적인 추구가 새로운 발견으로 이끌어주며 여러분의 발견들이 보도되는 것이 일상이 되는 그런 사회가 필요하다.

우주 내에서 은하들이 질주하면서 서로 멀어지고 있고, 끊임없이 늘어나고 있는 시공의 4차원 구조 속에 놓인 채 팽창하고 있는

우주를 내가 곰곰이 생각해볼 때, 때때로 나는 무수히 많은 사람들이 음식이나 거처할 곳이 없는 이 지구를 걸어 다니고 또 아이들은 그들 중에서 불균형적으로 보인다는 사실을 잊어버린다.

내가 우주 전체에 퍼져 있는 암흑물질과 암흑에너지가 존재한다는 신비로운 사실을 나타내주는 자료들을 연구해볼 때, 나는 때때로 매일(지구가 자전하는 24시간마다) 사람들은 죽이고 있고 죽임당하고 있다는 것을 잊어버린다. 누군가의 이데올로기란 이름으로.

내가 소행성, 혜성 그리고 행성의 궤도를 추적할 때는, 그들 각자는 중력이 연출하는 우주발레쇼에서 피루엣 무용수가 되는데, 때때로 나는 너무 많은 사람들이 지구의 대기, 해양 그리고 대륙들의 복잡한 상호작용에 대해 악의적으로 경시를 해서, 우리의 후손들이 그 결과를 경험하게 되고 그들이 건강과 웰빙에 대해 지불해야 한다는 것을 잊어버린다.

때때로 나는 힘 있는 사람들이 스스로 도울 수 없는 사람들을 도우려 최선을 다하지 않는다는 것을 잊어버린다.

나는 종종 우주가 더 크기 때문에 우리의 마음속, 관념 속 그리고 그러나 엄청나게 큰 지도책 속의 세계가 얼마나 큰지를 잊어버린다. 어떤 사람에게는 억압하는 사고이지만 나에겐 해방시켜주는 사고이다.

어릴 적 트라우마로 고생하고 있는 한 어른을 생각해보자. 부서진 장난감, 상처 난 무릎, 운동장에서 괴롭히는 친구가 있다. 어른들은 아이들의 경험 부족이 그들의 어린 시절 시각을 엄청나게 제한해주기 때문에, 진짜 문제가 무엇인지 잘 모른다는 것을 안다.

성장하면서 그런 미성숙한 공통 관점을 우리가 또한 지니고 있다고 감히 인정할 수 있겠는가? 우리의 사고와 행동이 우주가 우리 주위를 돌고 있다는 믿음으로부터 나온다고 감히 인정할 수 있을까? 사회에 만연되어 있는 종족 간, 도덕적, 종교적, 국가적 그리고 문화적 분열들을 한번 바라본다면, 우리는 인간의 자존심이 그런 것들을 야기하고 있다는 것을 발견하게 된다.

이제 우리 모두가, 그러나 특별히 힘과 영향력을 지닌 사람들

이 우주에서 우리의 위치에 대한 관점을 넓혀가는 세계를 한번 상상해보자. 그런 시각을 잊게 되면 우리의 문제들은 줄어들거나 (또는 절대 더 커지지는 않게 되고) 또 우리는 우리 지구 내에 존재하는 차이 때문에 서로를 대량 학살하였던 우리 선조들의 행동을 피하면서 서로의 차이를 존중할 수 있게 된다.

\* \* \*

2000년 2월로 돌아가 보자. 새롭게 건축된 헤이든 천체투영관이 '우주로 가는 길'이라는 우주 쇼 프로그램을 시작하였는데, 이 프로그램은 가상으로 클로즈업된 방문객들을 뉴욕에서 우주의 끝까지 데리고 가주었다. 가는 도중에 방청객들은 지구를 보고 나서 태양계를 보고 천체투영관의 돔에는 가까스로 보일 만한 점 하나로 압축되어 있는 은하수에 있는 수천 억 개의 별을 바라보았다.

곧바로 나는 아이비리그 대학의 심리학과 교수로부터 편지 한 통을 받았는데, 그는 이 쇼를 보고 난 후에 방문객들의 우울감의 정도를 연구하는 설문조사를 수행하길 원했다. 우리의 우주 쇼는 그가 지금까지 경험했던 어떤 것보다 더 강하게 '미소함'의 감격적인 느낌을 이끌어내 주었다고 그는 편지에 적었다.

어떻게 그런 일이 일어날 수 있었는가? 내가 우주 쇼를 볼 때마다, 나는 살아 움직이고 있고, 팔팔하고 또 누군가와 연결되어 있다는 느낌이 든다. 나는 또한 3파운드짜리 인간의 두뇌에서 일어나는 이상한 행동이 인간들을 우주에서 우리의 위치를 파악하게 해주는 그 무엇이라는 것을 인지하면서 '커졌다'는 것을 느낀다.

자연을 오해한 사람이 내가 아닌 그 교수라고 제안하고 싶다. 그의 에고는 너무 커서 중요하다고 생각하는 것에서 시작하여 그것 때문에 더 커졌으며 또 인간이 우주에 있는 어떤 것들보다 더 중요하다는 문화적 가정들이 그 커지는 현상을 야기했다.

여러분에게 공평하게 말하자면, 사회에서 강력한 힘은 우리 대부분에게 민감함을 남겨준다. 생물학 시간에 지금까지 전 세계에 존재하고 있던 사람들의 숫자보다 더 많은 박테리아가 내 몸속 결장의 1cm 내에서 살고 있고 지금도 활동하고 있다는 것을 알기 전까지는 나도 그렇게 생각했었다. 그런 정보들이 누가 실제로 담당하고 있는지 또는 무엇이 실제로 그렇게 만들고 있는지에 대해 여러분을 다시 한 번 생각하게 만든다.

그날부터 나는 인류를 시공간의 주인들로 여기지 않고 거대한 우주 구조에 참여하는 존재로 여기기 시작했다. 인류는 현존하고 있는 종들과 멸종된 종들 모두를 직접 연결하는 유전학적 연결고리를 지니고 있으며, 이 연결고리는 지구에서 가장 최초로 생긴 단세포 유기물들까지 거의 40억 년을 거슬러 올라가게 된다.

\* \* \*

아직도 더 자아 유연제가 필요한가? 분량, 크기 그리고 규모를 간단하게 비교만 해봐도 된다.

물을 생각해보자. 물은 간단하고, 일반적이며 생명유지에 필수적이다. 250ml 컵에 들어 있는 물 분자의 수는 전 세계 바다에 있는 물을 컵으로 떠낼 때 컵의 개수보다 더 크다. 한 사람이 마시고 배출하여 결국 세계의 상수도원으로 재결합되는 한 컵의 물은 충분히 많은 분자들을 지니고 있어, 전 세계에 있는 각각 다른 컵에 1,500개의 분자들을 혼합시킬 수 있다. 어쩔 수 없다. 여러분이 마신 물은 이미 소크라테스, 칭기즈칸과 잔다르크의 콩팥을 통과한 물이다.

공기는 어떠한가? 공기 또한 생명에 필수적이다. 한숨 들이쉴 때의 공기에 포함된 공기분자의 개수는 지구 전체 대기에 있는 공기를 한숨 들이쉴 때의 공기 양을 단위로 측정했을 때의 숫자보다 더 크다. 이는 여러분이 들이쉬는 공기는 이미 나폴레옹, 베토벤, 링컨과 미국 서부의 무법자 빌리 더 키드의 폐를 통과한 공기임을 의미한다.

우주로 눈을 돌려보자. 우주에는 모래사장의 모래알보다 더 많은 별이 존재하고, 지구가 형성되고 난 뒤 흘러간 시간을 초로 환산했을 때의 초보다 더 많은 별이 존재하며, 지금까지 살았던 모든 인간이 내뱉었던 말과 소리숫자보다 더 많은 별이 존재한다.

지난 시간들을 한눈에 훑어보길 원하는가? 우리들의 중첩된 우주조망이 여러분을 거기로 데리고 가준다. 빛은 깊은 우주공간에서 지구의 천문대에 도달하기까지 시간이 걸리고, 그래서 여러분은 천체와 천문현상을 볼 때 현재 그들의 상태를 보는 것이 아니라 그 지구로 도달하기까지 걸린 시간 전의 상태를 보는 것이다. 이것은 우주가 거대한 타임머신처럼 작동하고 있다는 것을 의미한다. 더 멀리 바라보면 볼수록, 여러분은 (거의 태초의 시간까지) 더 오래된 과거를 보게 된다. 그런 판단의 범위 내에서 말하자면 우주진화는 우리가 지켜보는 가운데 끊임없이 계속되고 있다.

우리가 무엇으로 구성되었는지 알길 원하는가? 또 다시 우주조망은 여러분이 기대하는 것보다 더 큰 해답을 제공해준다. 우주에서 화학원소들은 질량이 큰 별들이 엄청난 폭발을 거치며 생을 마감할 때 생기는 화염 속에서 만들어져서, 결과적으로 우리가 알고 있듯이 그 별이 속해 있는 모은하에 생명체를 위한 화학원소 저장량을 늘려준다. 우리는 우주 내에서 존재하는 단순한 존재가 아니다. 우주는 우리 안에 있다. 그렇다. 우리는 우주의 화석이다.

\* \* \*

수 세기가 지나고 또 지나면서, 우주에 대한 발견들은 우리들의 자화상을 강등시켜왔다. 지구는 천문학자들이 지구는 태양 주위를 돌고 있는 행성 중의 하나에 불과하다는 것을 알아내기 전까지는 한동안 천문학적으로 유일무이한 존재로 여겼다. 그다음에 밤하늘에 보이는 무수히 많은 별이 모두 태양이라는 사실을 알게 될 때까지는 태양을 유일무이한 존재로 여겼었다. 그다음에는 하늘에 있는 무수히 많은 성운이 외부은하이고, 이들이 우리가 알고 있는 우주의 도처에 산재해 있다는 사실을 알기 전까지는 우리은하인 은하수를 유일무이한 존재로 생각했었다.

우주조망은 근본적인 지식으로부터 흘러나온다. 그러나 이것은 여러분이 알고 있는 것보다 더 큰 지식이다. 그 지식을 우주에서의 우리의 위치를 가늠해보는 데 활용하는 지혜와 통찰력을 갖추는 것에 관한 것이다.

- 우주조망은 첨단과학에서 나온다. 아직까지 과학자만의 산물은 아니다. 우주조망은 모든 사람의 것이다.
- 우주조망은 실수를 인정한다.
- 우주조망은(심지어 사람을 구원하는 정도로) 영적이지만 종교적은 아니다.
- 우주조망은 우리들이 거시적인 것과 미시적인 것을 같은 사고로 파악할 수 있게 해준다.
- 우주조망은 우리의 사고가 비상한 아이디로 나아갈 수 있도록 열어주지만, 우리의 뇌가 잘못되어 우리가 말했던 모든 것을 믿게 만들어주지는 않는다.
- 우주조망은 우리의 눈을 우주로 향하도록 열어주지만, 우리가 바라보는 우주는 생명을 양육할 수 있도록 디자인된 인자한 요람이 아닌 춥고, 외롭고 위험한 곳이다.
- 우주조망은 지구가 작은 티끌이라는 것을 보여주지만, 아주 귀중한 티끌이며 또 지금까지는 우리의 유일한 고향이다.
- 우주조망은 행성, 위성, 별과 성운들 영상의 아름다움을 보여줄 뿐만 아니라 그런 모습을 보이게 하는 물리법칙들을 알게 해준다.
- 우주조망은 우리의 주변 환경을 넘어선 곳까지 보게 해주는데, 그래서 음식과 거처와 섹스에 대한 우리의 원초적 탐색을 능가하게 한다.

- 우주조망은 공기가 없는 우주공간에서 깃발은 휘날리지 않는다는 것을 상기시켜주는데, 이는 아마 애국심으로 국기를 우주공간에서 휘날리는 것과 우주탐험은 섞여지지 않는다는 증거이다.
- 우주조망은 우리의 유전적인 유대감을 지구에 존재하는 모든 생명체와 어우러지게 해줄 뿐만 아니라 우주 자체와 우리의 원자적 유대감과 함께 우주에서 아직 발견되지 않은 어떤 생명체와 우리의 화학적 유대감에 소중한 가치를 부여해준다.

* * *

하루에 한 번이 아니라면, 적어도 일주일에 한 번, 우리는 어떤 우주적 사실들이 우리 앞에 아직 발견되지 않은 채 놓여 있어서, 그것들을 발견하기 위해 어쩌면 영리한 사색가, 천재적인 실험 또는 혁신적인 우주탐사계획의 출현을 기다리고 있을까 곰곰이 생각해볼 수 있을 것이다. 우리는 더 나아가 이런 발견이 어느 날 어떻게 지구상에서의 삶을 변화시킬까 생각해볼 수 있을 것이다.

그런 호기심이 없이는 우리는 마을 경계를 넘어서 탐험해볼 필요를 표현하지 않는 시골 농부와 다를 바가 없다. 왜냐면 시골 농부의 5,000평가량의 농장은 그의 모든 필요를 다 채워주기 때문이다. 우리의 모든 선조가 그런 식의 생각을 했었더라면, 농부들은 대신 토굴에서 살면서, 아직도 막대기와 돌멩이로 저녁을 지으려 시도하는 생활을 하고 있을 것이다.

우리가 지구라는 행성에서 짧은 삶을 사는 동안, 우리는 우리 자신과 후손들에게 탐구할 기회를 주는 것은 당연하다. 그 이유는 부분적으로 그 작업이 재미있기 때문이다. 그러나 훨씬 더 고귀한 이유가 있다. 우리의 우주에 대한 지식이 팽창하는 것을 멈추는 날, 우리는 어린아이들이 우주가 말 그대로 우리 주위를 돌고 있다는 관점으로 퇴행시킬 위험이 있다. 그런 절망적인 세계에서는, '무기를 든' 자원이 부족한 민족과 국가는 그들의 '낮은 계약된 편견'에 따라 행동할 수 있을 것이다. 그리고 다시 한 번 우주조망을 어우를 수 있는 예지력 있는 새로운 문화가 출현할 때까지 그것은 인간계몽의 마지막 순간이 될 것이다.

# 요약 차례

# 차례

# 현대적 관점에서 본 우주

# 1

허블우주망원경이 찍은 사진으로 작은 영역에 수천 개의 외부은하가 보이는데, 이 영역은 팔을 펼친 거리에 있는 모래알 크기 정도의 작은 영역이다.

## 1.1 우주의 크기
- 우주에서 우리의 위치는?
- 우주는 얼마나 클까?

## 1.2 우주의 역사
- 인간은 어떻게 출현했는가?
- 우주의 나이와 비교했을 때 인간의 수명은 어떻게 될까?

## 1.3 지구라는 우주선
- 어떻게 지구는 우주공간을 운동하고 있을까?
- 은하들은 우주 안에서 어떻게 운동하고 있을까?

이 장의 학습목표

**도** 시 불빛에서 멀리 떨어진 곳에서 하늘을 바라보면 별들로 가득한 하늘을 볼 수 있다. 편하게 누워서 몇 시간 동안 하늘을 살펴보면 별들이 하늘을 가로질러 꾸준히 행진하고 있는 모습을 관측할 수 있다. 무한하게 펼쳐지는 하늘을 바라보며 여러분은 아마 지구와 우주가 어떻게 탄생하였는지 궁금할 것이다. 그런 궁금증은 세계 방방곡곡에서 수천 세대 전에 살고 있었던 사람들도 똑같이 경험했던 것이다.

현대과학은 우주에 대해 그리고 우주에서 우리의 위치에 대한 근본적인 질문들에 대한 해답을 제공해준다. 우리는 현재 우주의 기본 구성과 우주의 크기에 대해서 알고 있다. 우리는 지구와 우주의 나이도 알고 있다. 여전히 많은 질문에 대한 해답이 아직 밝혀지지는 않았지만 초기우주에서의 간단한 구성성분들로부터 지구상에 형용할 수 없는 다양한 생물체가 어떻게 출현했는지에 대해서는 밝혀졌다.

제1장에서 우리는 우주의 크기, 역사 그리고 운동에 대해 알아볼 예정이다. 우주에 대한 이런 거시적 관점은 이 책의 나머지 부분을 더 자세히 이해할 수 있도록 하는 기초를 제공해줄 것이다.

## 1.1 우주의 크기

대부분의 문화권에서 고대인들은 지구가 아주 작은 우주의 중심에 정지해 있는 것으로 상상했다. 매일매일의 경험에 의존하여 우주의 이해가 가능했던 시절에는 이 아이디어가 이치에 맞는 듯했다. 우리는 지구가 자전축을 중심으로 자전하고 태양을 중심으로 공전하면서 일정한 속도로 움직이는 것을 느낄 수 없다. 그리고 하늘을 바라보면 태양, 달, 행성들과 별들 모두가 우리를 중심으로 회전하는 것처럼 보인다. 하지만 요즘 우리는 지구가 광활한 우주 안에 존재하는 아주 전형적인 한 은하 속에 있는 평범한 별 주위를 돌고 있는 행성이라는 사실을 알고 있다.

이런 지식에 이르기까지는 역사적으로 많은 시간이 걸렸고, 아주 복잡한 과정을 거쳐왔다. 다음 장에서 우리는 지구중심의 우주관에 대한 고대인들의 믿음이 그 반대되는 우주관에 대한 확실한 증거가 나왔을 때 비로소 바뀌었다는 것을 보게 될 것이다. 그리고 우리가 과학이라 부르는 학습의 방법이 어떻게 이런 증거를 얻어낼 수 있게 해주었는지를 알아볼 것이다. 그러나 먼저 오늘날 이해하고 있는 일반적인 우주의 모습을 알아보는 것이 필요하다.

### ● 우주 속에서 우리의 위치는?

앞 쪽에 있는 놀라운 사진을 다시 한 번 보자. 허블우주망원경이 촬영한 이 사진은 하늘의 아주 작은 영역의 모습을 보여주고 있는데 이 영역은 팔을 펼친 거리에 놓여 있는 모래 한 알로도 그 영역을 덮을 수 있을 만큼 작은 영역이다. 하지만 이 영역은 상상할 수 없이 엄청나게 큰 시간과 공간의 영역에 놓여 있다. 이 영역에 있는 천체는 수십 억 개의 별을 지닌 외부은하이다. 그리고 더 작은 얼룩처럼 보이는 얼룩처럼 보이는 더 작은 천체들에서 보내는 빛은 우리에게 도달하기까지 수십 억 년이 걸릴 정도로 멀리 떨어진 은하들에서 나온 빛이다. 이와 같은 사진이 우주에서의 우리 위치에 대해 무엇을 말해주는지 살펴보면서 천문학 연구를 시작해보자.

**우주에서 우리의 주소** 허블우주망원경 사진에서 우리가 보고 있는 은하들은 우리 우주의 다

우주
대략적 크기 : $10^{21}$ km ~ 1억 광년

그림 1.1 우주 주소. 이 그림은 우리은하의 기본 구조를 보여주는데 더 자세히 살펴보려면 책의 앞쪽에 있는 '공간으로, 본 우주에서 우리의 위치'라는 접이식 그림을 보라.

국부초은하단

대략적 크기 : $3 \times 10^{19}$ km ~ 300만 광년

국부은하군

대략적 크기 : $10^{18}$ km ~ 10만 광년

우리은하

태양계
(실제 축척이 아님)

지구

대략적 크기 : $10^{10}$ km ~ 60AU

대략적 크기 : $10^4$ km

양한 단계의 구조 중 하나에 불과하다. 이런 구조가 어떻게 구성되어 있는지 알기 위한 좋은 방법 중 하나는 그림 1.1에 제시된 소위 '우주주소'를 살펴보는 것이다.

지구는 **우리태양계**에 속한 행성인데 태양계는 태양, 행성들과 그들의 위성 그리고 암석으로 된 **소행성**과 얼음으로 된 **혜성**들을 포함한 무수히 많은 작은 천체로 구성되어 있다. 우리태양은 하나의 **별**로서 우리가 밤하늘에 보는 바로 그 별들과 똑같다는 사실을 기억해두자.

우리태양계는 별들이 아주 큰 원반 형태로 모여 있는 은하에 속해 있는데 이 은하를 **은하수**라 부른다. **은하**는 우주공간에 있는 엄청나게 큰 별들의 섬인데 별들이 수백만, 수십 억 또는 수조 개까지 모여 있기도 하다. 은하수는 상당히 큰 은하 중의 하나로 천억 개 이상의 별들로 구성되어 있다. 우리태양계는 은하중심에서 은하원반의 가장자리까지 거리의 중간보다 조금 먼 곳에 위치하고 있다.

수십 억 개의 은하들이 우주공간에 퍼져서 존재한다. 어떤 은하들은 확실하게 고립되어 있기도 하지만, 많은 은하가 그룹을 이루어 관측된다. 예를 들어 우리은하는 **국부은하군**에 있는 70개가 넘는 은하들 중 가장 큰 2개 은하 중 하나이다. 수십 개 이상의 구성원을 지닌 은하군을 **은하단**이라고 부른다.

> 우리는 우리은하에 있는 1,000억 개 이상의 별 중 하나의 별을 돌고 있는 행성에 살고 있는데 우리은하는 우주에 있는 수십 억 개 은하 중의 하나이다.

거시적으로 볼 때 은하들과 은하단들은 큰 고리와 천들처럼 배열되어 있는데 그들 사이에는 큰 빈터가 있다. 그림 1.1의 배경은 이런 거대구조를 보여준다. 은하들과 은하단들이 아주 꽉 채워져 있는 영역을 **초은하단**이라 부르는데, 이들은 본질적으로 은하단들의 모임이다. 국부은하군은 국부초은하단의 바깥쪽에 놓여 있다.

종합해보면 이런 모든 구조들이 우리 우주를 구성하고 있다. 다시 말해 은하는 모든 물질들과 에너지의 복합체인데 초은하단과 빈터들 그리고 이들 안에 있는 모든 것들을 다 포함하고 있다.

**생각해보자** ▶ 어떤 사람들은 우리의 미미한 크기가 광활한 우주에서 우리를 중요하지 않게 만들어 놓고 있다고 생각한다. 또 다른 사람들은 우주에 대한 호기심들에 대해 알아가는 우리의 능력은 아주 미미한 크기임에도 불구하고 우리를 중요하게 만들어준다고 생각한다. 여러분은 어떻게 생각하는가?

**천문학적 거리 측정** 그림 1.1은 각각의 구조에 대한 상대적 크기를 킬로미터로 표시하고 있음에 주목해보자. 천문학에서는 사용되는 거리들은 너무 커서 킬로미터 단위가 불편해진다. 대신 다른 단위들이 사용된다.

- **1천문단위(AU)**는 태양과 지구의 평균거리인데 약 1억 5,000만 km 정도 된다. 우리는 보통 태양계 내의 거리를 기술할 때 AU 단위를 사용한다.
- **1광년(1y)**은 빛이 1년 동안 갈 수 있는 거리인데 약 10조 km 정도 된다. 일반적으로 별들과 은하들의 거리를 기술하는 데 광년이란 단위를 사용한다.

1광년은 거리의 단위이지 시간의 단위가 아님을 항상 주의하자. 빛은 빛의 속도인 30만 km/s로 움직인다. 그래서 우리는 1광초가 약 30만 km라고 말한다. 또 1광분은 빛

---

**천문**
### 계산법 1.1

**1광년은 얼마나 멀까?**

1광년으로 표현되는 거리는 거리=속도×시간 이란 공식을 이용하여 계산될 수 있다.

예를 들어 시속 50km의 속도로 2시간을 가면 50km/hr×2 hr=100km가 얻어진다. 1광년으로 표현되는 거리를 계산하기 위해 우리는 빛의 속도에 1년을 곱한다. 빛의 속도는 km/s로 주어지고 시간은 1년의 단위로 주어지기 때문에 1년을 초 단위로 변환해야 한다(단위변환에 대해서는 부록 C 참조). 결과는 아래와 같다.

$$1광년 = (빛의 속도) \times (1년)$$
$$(300,000초 \frac{km}{8}) \times (1년) \times \frac{365일}{1년}$$
$$\times \frac{24시간}{1일} \times \frac{60분}{1시간} \times \frac{60초}{1분}$$
$$= 9,460,000,000,000km$$
$$= 9.46조 \ km$$

즉, 1광년은 9조 4,600억 km가 되는데 10조 km 가까운 거리라고 기억하는 것이 편하다. 이 거리는 10의 멱수로 표현되는 것이 쉬울 수 있다(간단한 설명은 부록 C.1 참조), 1조는 $10^{12}$이니, 10조는 $10^{13}$이 된다.

이 1분 동안 움직인 거리, 1광시는 빛이 1시간 동안 움직인 거리이다. 천문 계산법 1.1은 빛이 1년에 10조 km 움직여서 그 거리는 1광년을 나타낸다는 것을 보여주고 있다.

**과거 들여다보기**  빛의 속도는 지구 단위로 보면 아주 빠르다. 빛이 원 궤도운동을 한다면 지구를 1초에 거의 8바퀴나 돌 수 있는 빠르기이다. 그럼에도 불구하고 빛이 우주공간에서 광대한 거리를 운동하려면 시간이 걸린다. 지구에서 달까지 가는 데 빛은 1초 남짓 걸리고, 지구에서 태양까지는 8분 정도 걸린다. 별들은 아주 멀리 떨어져 있어서 그 별에서 나온 빛이 지구까지 오는 데는 수년이 걸린다. 그래서 우리는 그들의 거리를 광년으로 측정한다.

빛은 우주공간의 먼 거리까지 움직이려면 시간이 걸린다. 우주공간을 깊숙이 관측할 때 우리는 아주 먼 과거를 보는 것이다.

빛이 우주공간에서 운동하는 데 시간이 걸린다는 것으로부터 아주 주목할 만한 사실을 알 수 있다. 즉 **거리가 더 먼 곳을 볼수록 더 먼 과거를 바라보는 것이다.** 예를 들어 밤하늘에서 밝은 별인 시리우스가 8광년 떨어져 있다는 것은 시리우스에서 나온 빛이 우리에게 도달하는 데 8년이 걸린다는 것을 의미한다. 우리가 시리우스를 관측할 때 우리는 바로 지금 상태의 시리우스를 보는 것이 아니라 8년 전의 상태를 보는 것이다.

이런 효과는 거리가 멀어질 때 더 인상적이다. 안드로메다은하(그림 1.2)는 지구에서 250만 광년 떨어져 있는데 이는 우리가 250만 년 전의 안드로메다를 보고 있다는 것을 뜻하는 것이다. 이 장의 첫 쪽에서 본 허블우주망원경 사진에 있는 몇몇 은하들은 수십 억 광년 떨어져 있어서 이는 곧 수십 억 년 전의 은하상태를 의미하고 있다.

멀리 떨어진 외부은하를 찍은 사진은 시간뿐만 아니라 공간에 대한 정보를 지닌 사진이라는 것을 알아차리는 것 또한 놀라운 일이다. 예를 들어 안드로메다은하의 직경이 10만 광년이기 때문에 우리는 은하의 가장 먼 곳에서 보는 빛은 가장 가까운 곳에서 오는 빛보다 우리에게 도달하기까지 10만 년이 더걸린다. 그림 1.2는 그래서 10만 년에 걸쳐 펼쳐진 은하의 서로 다른 부분들을 보여주고 있다. 우리가 우주를 연구할 때 시간과 공간을 구분하기는 불가능하다.

**스스로 해보기** ▶ 안드로메다은하 중심부에서 나온 빛은 맨눈으로 희미하게 보이고 쌍안경으로는 쉽게 보인다. 성도를 이용하여 밤하늘에서 안드로메다은하를 찾아보자. 여러분이 보는 빛은 여러분의 눈에 도달하기까지 250만 년 걸렸다는 사실을 고려해보자. 안드로메다은하에 있는 한 행성에 있는 학생이 우리은하를 보고 있다면, 그들은 무엇을 보게 될까? 그들은 우리가 지구에 존재한다는 사실을 알아낼 수 있을까?

**관측 가능한 우주**  앞에서 토의해본 바와 같이, 천문학자들은 우주의 나이가 140억 년 정도 된다고 측정하였다. 이 사실은 우주공간을 깊숙이 관측한다는 것은 더 오래된 과거를 보는 것을 의미한다는 사실과 함께 이론적이지만 우리가 볼 수 있는 우주의 영역에 대한 한계를 제시해준다.

그림 1.3은 그 아이디어를 보여준다. 우리가 70억 광년 떨어진 은하를 보고 있다면 우리는

**그림 1.2**  안드로메다은하(M31). 우리가 이 은하를 볼 때 우리는 250만 년 동안 우주공간을 달려온 빛을 보는 것이다. 이 그림은 안드로메다자리에서 은하의 위치를 보여주고 있다.

일반적인
**오해**

**광년의 의미**

여러분은 아마 "내가 이 숙제를 마무리할 때까지는 몇 광년이 필요할 거야!"와 같은 말을 들어보았을 것이다. 그러나 이와 같은 문장은 이치에 맞지 않는데 왜냐하면 광년은 거리의 단위이지 시간의 단위가 아니기 때문이다. 광년이란 개념이 올바르게 사용되고 있는지 여부가 확실하게 여겨지지 않는다면 1광년은 10조 km라는 사실을 이용하여 이 문장을 검토해보면 된다. "숙제를 다 하는 데 10조 km 걸릴 것이다."라는 문장이 되는데 이 문장은 분명 이치에 맞지 않는다.

## 우주 기본 정의

### 기본적인 천체

**별** 빛을 발하고 있는 아주 큰 가스 구로 그 핵에서 핵융합을 통해 열과 빛을 발생시키고 있다. 우리태양이 하나의 별이다.

**행성** 별 주위를 돌고 있는 상당히 큰 천체이며 주로 별로부터 빛을 반사해서 빛을 낸다. 2006년에 채택된 별의 정의에 의하면 한 천체가 다음의 세 가지 조건을 충족할 때만 행성으로 분류될 수 있다. (1) 한 별 주위를 돌고 있다. (2) 자신의 중력이 충분히 커서 구형을 이룬다. (3) 자신의 궤도 경로가 대부분의 다른 천체들과 확실하게 구분된다. 명왕성과 같이 처음 두 가지 기준은 충족하지만 세 번째 기준을 충족시키지 못하는 천체를 왜소행성이라 부른다.

**달**(또는 **위성**) 어떤 행성 주위를 돌고 있는 천체를 말한다. 위성이란 용어는 또한 어떤 천체가 다른 천체 주위를 궤도운동할 때 부여되는 더 일반적인 개념이다.

**소행성** 별을 돌고 있는 상당히 작고 암석질인 천체

**혜성** 별을 돌고 있는 상당히 작고 얼음이 풍부한 천체

**태양계 소천체** 별을 돌고 있지만 너무 작아서 행성 또는 왜소행성으로 분류되지 못하는 소행성, 혜성 또는 이에 준하는 천체들

### 천체들의 집단

**태양계** 태양과 행성들, 왜소행성들 그리고 태양계 소천체들을 포함해서 태양 주위를 돌고 있는 모든 물질들

**항성계** 한 별(때로는 2개 이상의 별들)과 별 주위를 돌고 있는 행성들과 다른 물질들

**은하** 우주공간에서 별들로 모인 큰 덩어리로 수백만, 수십 억 또는 수조 개의 별을 포함하고 있는데 이들은 중력으로 묶여 있고 공통의 중심 주위를 돌고 있다.

**은하단** 또는 **은하군** 서로 중력으로 묶여 있는 은하들의 집단. 작은 수의 은하들이 모인 경우를 일반적으로 은하군이라고 하고, 아주 많은 은하가 모인 경우를 은하단이라 부른다.

**초은하단** 많은 은하군과 은하단이 우주의 다른 곳보다 더 가깝게 모여 있는 아주 거대한 우주공간의 영역

**우주**(universe 또는 cosmos) 모든 물질과 에너지를 총망라한 집합체, 즉 은하와 은하 사이에 존재하는 모든 것

**관측 가능한 우주** 전체 우주 중에서 이론상으로 지구에서 관측 가능한 영역. 관측 가능한 우주는 아마 전체 우주의 아주 작은 영역에 불과할 것이다.

### 천체 거리 단위

**천문단위**(AU) 지구와 태양 사이의 평균거리로 1억 5,000만 km이다. 더 기술적으로 말하자면 1AU는 지구공전궤도 장반경의 길이이다.

**광년**(ly) 빛이 1년 동안 이동하는 거리로 약 10조 km에 달한다 (더 정확하게는 9조 4,600억 km).

### 운동에 관련된 개념

**자전** 한 천체가 자신의 축을 중심으로 회전하는 현상. 예를 들어 지구는 하루에 한 번씩 자전축을 중심으로 자전하는데, 자전축은 지구의 북극과 남극을 연결한 가상의 선이다.

**공전**(orbit 또는 revolution) 중력의 힘으로 한 천체가 다른 천체 주위를 도는 궤도운동. 예를 들어 지구는 태양을 1년에 한 번 공전한다.

**우주팽창** 시간이 지나면서 은하들 간의 평균거리가 증가하는 현상

---

70억 년 전의 은하의 모습을 보는 것이다.[1] 이는 우리가 우주가 현재 나이의 중간 정도의 모습을 보고 있음을 의미한다. 우리가 120억 광년 떨어진 은하를 관측한다면(허블우주망원경 사진에서 가장 멀리 떨어진 은하와 같은) 우리는 우주가 20억 년 정도의 나이밖에 되지 않았을 때인 120억 년 전의 모습을 관측하고 있는 것이다.

---

1) 제16장에서 보게 되겠지만, 멀리 떨어진 은하들의 거리는 팽창하는 우주에서 조심스럽게 정의되어야 한다. 이 책에서 우리는 멀리 떨어진 천체로부터 실제 빛이 운동한 시간에 근거한 거리를 사용한다(뒤돌아본 시간이라 부른다.).

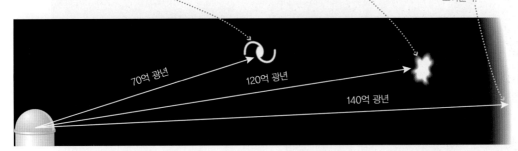

**먼 곳(far)** : 70억 광년 떨어진 은하를 관측하는 것은 우주가 현재 140억 광년 나이의 절반 정도 되었을 때인 70억 년 전의 은하를 보고 있는 것이다.

**더 먼 곳(farther)** : 120억 광년 떨어진 은하를 관측하는 것은 우주가 20억 광년의 나이밖에 되지 않았을 때인 120억 년 전의 은하를 보고 있는 것이다.

**관측 가능한 우주의 한계** : 140억 광년 가까이 떨어진 곳으로부터 온 빛은 빅뱅이 일어난 직후 은하들이 형성되기 전의 우주의 모습을 보여준다.

**관측 가능한 우주를 넘어선 영역** : 우리는 140억 광년 이상 떨어진 곳에서 나온 빛은 아직 우리에게 도달하기에 충분한 시간이 지나지 않았기에 관측 불가능하다.

**그림 1.3** 우주를 더 깊숙이 바라볼수록 우리는 더 먼 과거의 시간을 보게 된다. 그래서 우주의 나이는 관측 가능한 우주의 크기(기본적으로는 전체 우주 중 우리가 관측할 수 있는 우주의 영역)로 제한된다.

만일 우리가 140억 광년보다 멀리 떨어진 곳을 관측하려 시도한다면 우리는 140억 광년보다 더 오래된 시간을 바라보게 되는 것이다. 이는 우주가 탄생되기 이전이어서 아무것도 보이지 않음을 의미한다. 그래서 140억 광년의 거리는 우리 관측 가능한 우주의 경계(또는 **지평선**)를 표시해준다. **관측 가능한 우주**는 전체 우주 중에서 우리가 현재 관측할 수 있는 영역이다. 이 사실은 전체 우주의 크기에 대한 어떤 한계를 정해주는 것은 아니라는 점을 유의해야 한다. 실제 우주는 관측 가능한 우주보다 훨씬 크다. 우리는 관측 가능한 우주의 경계를 넘어서는 어떤 것도 보거나 연구할 수 있는 희망이 없다.

## ● 우주는 얼마나 클까?

그림 1.1은 우주에서 서로 다른 구조들의 크기를 숫자로 나타냈지만, 대부분의 사람들에게 이런 숫자는 큰 의미가 없다. 어쨌든 이런 숫자들은 문자 그대로 천문학적인 숫자일 뿐이다. 그래서 우리들이 이해하고 있는 현대적인 견해에 대해 더 큰 감탄할 수 있도록 하기 위해 이들 숫자들을 넓은 관점에서 바라볼 수 있는 방법들에 대해 토의해보자.

**태양계의 크기** 우주의 크기와 거리들에 대해 이해하기 위한 여러 방법 중 하나는 우리태양계를 작은 축척으로 축소하여 설명해보는 것이다. 워싱턴 DC에 있는 태양계 여행 크기 모형이 이런 설명을 가능하게 해준다(그림 1.4). 항해 모형은 태양과 행성들 그리고 그들 사이의 거리를 실제 크기와 거리의 100억분의 1척도로 축소시켜 보여주고 있다.

그림 1.5a는 태양과 행성들을 실제 크기 척도로 보여주고 있다(그렇지만 거리 척도는 아니다.). 태양은 큰 자몽 크기이고, 목성은 구슬 크기, 지구는 볼펜심 크기이다. 우리태양계에 대해 중요한 사실 몇 가지를 바로 생각해볼 수 있다. 예를 들어 태양은 어떤 행성들보다 아주 크다. 질량으로 볼 때 태양은 모든 행성을 합친 것의 1,000배 정도이다. 행성들은 또한 크기가 아주 다르다. 거대적반이라 불리는 목성폭풍(그림에서 목성의 왼쪽 밑에서 보이는)은 전체 지구보다 더 크다.

태양이 자몽 크기 정도라면 지구는 볼펜의 심 속에 있는 구슬 정도이고 태양 주위를 15m 떨어진 곳에서 돌고 있다.

태양계의 크기는 그림 1.5a에 표시된 크기를 그림 1.5b의 여행 모형지도에서 제시된 거리와 조합해볼 때 더 대단해진다. 예를 들어 지구의 볼펜심 크기는 자

**그림 1.4** 이 그림은 워싱턴 DC에 있는 태양계 항해 크기 모형에 장착되어 있는 태양(가장 가까운 받침대에 부착된 금색 구)과 내행성들을 보관하고 있는 받침대를 보여주고 있다. 모형 행성들은 행성 받침대의 눈높이 정도에서 옆으로 보이는 원반에 장착되어 있다. 이 모형의 왼쪽 방향으로 국립항공우주박물관이 있다.

a. 태양, 행성들 그리고 2개의 알려진 왜소행성의 크기를 축소해본 비교(거리 척도는 아님)

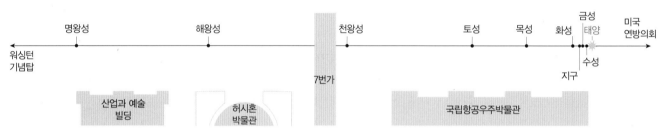

b. 워싱턴 DC에 있는 태양계 여행 모형에서 태양과 행성들의 위치
태양과 명왕성의 거리는 약 600m이다. 행성들은 이 모형에서 직선으로 정렬되었지만, 실제는 각 행성들이 독립적으로 태양 주위를 공전하고 있으며 또 완전히 직선으로 정렬되는 일은 절대 일어나지 않는다.

**그림 1.5** 실제 크기를 100억분의 1로 축소한 크기로 나타낸 태양계 여행 크기 모형. 명왕성도 여행 모형에 포함시켰는데 이 모형은 국제천문연맹(IAU)이 명왕성을 왜소행성으로 분류하기 이전에 만들어졌다.

몽 크기의 태양으로부터 15m 떨어지게 되는데 이는 지구가 자몽 주위를 15m 반경의 원궤도로 공전하고 있다고 생각해볼 수 있다.

우리태양계를 크기 관점에서 바라볼 때 더 놀라운 특징은 아마 공간이 텅 비었다는 사실일 것이다. 여행모형은 직선경로를 따라 위치한 행성들을 보여주고 있는데 우리태양계가 차지하고 있는 공간을 생각해보려면 태양 주위를 돌고 있는 각 행성의 궤도를 그려보는 것이 필요하다. 이런 궤도들을 모두 다 그리려면 한쪽으로 1km가 넘는 면적이 필요한데 이는 300개 이상의 축구경기장을 격자 형태로 나열한 정도의 면적이다. 이렇게 큰 면적에 펼쳐진 것은 관측될 정도의 크기를 지닌 자몽 크기의 태양과 행성들 그리고 몇몇 위성들뿐이다. 나머지 공간들은 거의 빈 곳으로 보이게 될 것이다(그래서 우리는 이것을 공간이라 부른다!)

우리태양계를 축소해서 보는 것은 또한 우주 탐험을 넓게 이해하는 데 도움을 준다. 인간이 걸어본 유일한 지구 밖 천체인 달(그림 1.6)은 태양계 여행 크기 모형에서 지구로부터 떨어진 거리는 4cm밖에 안 된다. 이 척도로 볼 때 우리는 손바닥으로 인간이 지금까지 여행해본 우주의 전체 영역을 덮을 수 있게 된다. 화성이 그 궤도상에서 지구와 같은 위치에 있을 때라 할지라도 화성으로의 여행은 달까지 여행한 거리보다 150배 이상이 된다. 태양에서 명왕성까지 태양계 여행모형에서는 몇 분에 걸어갈 수 있지만 실제 명왕성까지 여행을 하고 있는 뉴호라

## 특별 주제 : 우리태양계에는 얼마나 많은 행성이 존재할까?

얼마 전까지만 해도 어린이들은 우리태양계가 9개의 행성을 지니고 있다고 생각했었다. 그러나 2006년에 천문학자들은 선거를 통해 명왕성을 왜소행성으로 분류해서 태양계가 지니고 있는 행성은 공식적으로 8개가 되었다. 왜 이런 변화가 일어났을까?

명왕성이 1930년에 발견되었을 때 이 천체가 다른 행성들과 비슷할 것이라고 추정되었다. 그러나 제9장에서 논의하겠지만 우리는 현재 명왕성이 다른 8개의 행성들보다는 아주 작고 또 얼음으로 구성된 수천 개의 천체들과 함께 외부태양계 시스템을 구성하고 있다는 것을 알고 있다. 명왕성이 이들 천체들 중에서는 가장 큰 천체로 알려져 있었기 때문에 대부분의 천문학자들은 명왕성을 행성으로 기꺼이 받아들이려 했었다. 그런데 2005년에 에리스(Eris)란 천체가 발견된 후 사정이 변하게 되었다. 에리스의 질량이 명왕성보다 약간 컸기 때문에 천문학자들은 어쩔 수 없이 "어떤 천체들을 행성으로 여겨야 할 것인가?"에 대한 고민을 하게 되었다.

천문학적인 명명과 정의에 대한 공식적인 결정들은 국제천문연맹(IAU)이 맡아서 하고 있는데 IAU는 전 세계 천문학자들로 구성된 단체이다. IAU 2006년 총회에서 참석자들은 투표를 통해 6쪽의 '우주 기본 정의'에서 보았던 '행성'의 정의를 결정하였고 명왕성과 에리스 같은 천체들을 '왜소행성'으로 분류하였다.

모든 천문학자가 이런 새로운 정의에 행복해하지는 않지만 당분간은 이런 분류가 유지될 것 같다. 물론 천문학자들이 말하는 것과 상관없이 어떤 사람들은 명왕성을 행성이라고 계속 생각하고 있는데, 이는 마치 유럽과 아시아가 유나시아라는 거대한 하나의 땅덩어리에 속함에도 불구하고 많은 사람이 유럽과 아시아를 분리된 대륙으로 생각하는 것과 같다. 그래서 여러분이 만일 명왕성을 옹호하는 사람이라면 절망할 필요는 없다. 공식적인 정의를 아는 것은 좋은 일이지만 더 좋은 것은 그 정의 뒤에 숨겨져 있는 과학을 이해하는 것이다.

---

이즌 우주선은 2015년 7월 명왕성을 지나 날아갈 때까지 거의 12년 동안 우주공간을 여행하게 될 것이다.

**별들까지의 거리**  만일 워싱턴 DC의 태양계 여행모형을 방문하게 되면 몇 분 안에 태양으로부터 명왕성까지 거리인 약 600m를 걸어볼 수 있다. 이런 척도에서 태양에서 가장 가까운 별까지 얼마나 멀리 걸어가야 할까?

놀랍게도 캘리포니아까지 걸어가야 할 것이다. 이런 답을 믿기 어렵다면 여러분 스스로 점검해볼 수 있다. 1광년은 10조 km의 거리인데 이는 100억분의 1 축척에서는 1,000km에 해당

> 지구에서 명왕성까지 몇 분이면 갈 수 있는 척도에서 여러분은 가장 가까운 별까지 가려면 미국을 가로질러 횡단하여야 한다.

한다(10조÷100억=1,000). 우리태양계에서 가장 가까이 있는 항성계는 알파 센타우리(α Cen)라는 삼중성으로 약 4.4광년 떨어져 있다(그림 1.7). 그 거리는 100억분의 1척도에서 약 4,400km 정도 되는데 이는 미국을 가로지르는 거리와 견줄 만한 거리이다.

별들과의 거리가 엄청나게 떨어져 있다는 사실로부터 천문학의 기술적인 도전 몇 가지를 살펴볼 수 있다. 예를 들어 알파 센타우리 시스템의 가장 큰 별은 우리태양과 거의 같은 크기와 밝기를 지니고 있기 때문에 밤하늘에 이 별을 바라보는 것은 워싱턴 DC에 있으면서 샌프란시스코에 있는 아주 밝은 자몽을 바라보는 것과 같다(지구의 곡률은 무시). 밤하늘의 암흑으로 맨눈으로 볼 때 빛의 희미한 점으로 보이지만, 우리가 별들을 볼 수 있다는 것은 놀라운 일이다. 성능 좋은 망원경으로 보면 더 밝게 볼 수는 있지만 별 표면의 특징을 볼 수는 없다.

**그림 1.6** 달에 첫발을 디뎠을 때의 사진(1969년 7월 아폴로 우주선). 버즈 올드린의 헬멧가리개에 닐 암스트롱의 모습이 반사되어 보인다. 암스트롱은 최초로 달 표면을 밟은 사람인데 다음과 같이 말했다. "그것은 한 사람에게는 하나의 작은 걸음이지만 인류에게는 위대한 도약이다."

**그림 1.7** 센타우루스 별자리를 보여주는 그림으로 열대지방과 남위도 지역에서 볼 수 있는 영역이다. 4.4광년이란 알파 센타우리까지의 실제 거리는 100억분의 1 척도에서 4,400km가 된다.

이제 가까이 있는 별들 주위를 돌고 있는 행성들을 찾아내는 것이 얼마나 어려운지 살펴볼 텐데, 이는 워싱턴 DC에서 캘리포니아보다 더 멀리에 있는 자몽 주위를 돌고 있는 볼펜심이나 구슬을 발견하려는 시도와 같다. 이런 시도를 고려해볼 때 더 놀라운 것은 그런 행성들을 찾아낼 수 있는 기술이 개발되었다는 것이다[16.5절].

별들까지 거리가 아주 멀다는 것은 또한 별 간 여행에 대한 진지한 교훈을 제공해준다. 스타트렉이나 스타워즈 같은 공상과학 영화들이 그런 여행을 쉽게 할 수 있는 것처럼 보이게 할지라도 실제는 그렇지 않다. 보이저 2호를 생각해보자. 1977년에 발사된 보이저 2호는 1979년에 목성을 지나갔고, 1981년에 토성을, 1986년에 천왕성을 그리고 1989년에 해왕성을 지나갔다. 이제 시속 50,000km에 가까운 속도로 별을 향하고 있는데 이는 고속탄환보다 약 100배 정도 빠른 속도이다. 그러나 이런 속도로 가더라도 보이저 2호는 알파 센타우리가 진행방향에 놓여 있다면 그 별까지 가는 데 10만 년이 걸린다(실제는 진행방향에 놓여 있지 않다.). 일상적인 별 사이 여행은 현재 인간의 기술한계를 훨씬 뛰어넘기 때문에 불가능하다.

**우리은하의 크기** 우리태양계와 알파 센타우리 사이가 엄청나게 떨어져 있는 것과 같이 우리은하 내 태양계 부근의 별들도 엄청난 거리로 떨어져 있다. 그래서 우리는 가까이 있는 별들을 넘어선 거리에 대해 100억분의 1 척도를 사용할 수 없는데 왜냐하면 이런 척도에서 더 멀리 있는 별들은 지구 안에 놓이지 않게 되기 때문이다. 은하를 가시화하기 위해서 그 척도를 10억분의 1만큼 더 축소해보자($10^{19}$분의 1 척도).

이런 새로운 척도에서 1광년은 1mm가 되고 우리은하의 직경인 10만 광년은 100m 또는 축구 경기장의 길이 정도가 된다. 축구장의 중심에 우리은하가 놓여 있다고 상상해보자. 우리태양계 전체는 20야드 라인 주변의 미세한 점에 불과하다. 우리태양계와 알파 센타우리 사이의 거리인 4.4광년은 이 척도에서 4.4mm밖에 되지 않는다. 이는 새끼손가락 너비보다 작다. 이 모형에서 여러분이 태양계의 위치에 서서 팔을 펼치면 수백만 개의 별들이 여러분의 팔 안에 놓이게 될 것이다.

은하를 조망해보는 다른 방법은 수천 억 개가 넘는 별들을 고려해보는 것이다. (아마 우주의 척도를 착안해내느라) 잠을 못 이루는 밤을 상상해보자. 양을 세는 것 대신 별들을 세어보기로 결정했다 하자. 매초 한 개의 별을 셀 수 있다면 은하수 내에 있는 1,000억 개의 별을 세는 데 얼마나 걸릴까? 분명 그 답은 1,000억 초($10^{11}$초)가 되는데, 그렇다면 얼마나 긴 시간일까?

*우리은하에 있는 별들을 소리 내어 세어보는 데 수천 년이 걸린다.*

놀랍게도 1,000억 초는 3,000년보다 길다(1,000억 초를 1년을 초로 환산한 수로 나누어 보면 확인할 수 있다.). 은하수에 있는 별들을 다 세어보는 데는 수천 년이 걸리게 될 텐데 이는 자지도 않고 먹지도 않고 절대 죽지도 않고 쉼 없이 셀 때의 시간이다.

**관측 가능한 우주** 우리은하의 크기가 놀라운 것처럼 우리은하가 관측 가능한 우주에 존재하는 약 1,000억 개의 은하들 중 하나에 불과하다는 사실 또한 놀랄 만하다. 우리은하에 있는 별들을 다 세어보는 데 수천 년이 걸리는 것과 마찬가지로 모든 은하를 세어보는 데 수천 년이 걸리게 될 것이다.

모든 은하에 있는 별들의 전체 개수가 얼마나 될까 생각해보자. 각 은하당 1,000억 개의 별이 있다고 가정하면 관측 가능한 우주 내에 있는 전체 별 수는 대략 1,000억×1,000억으로

$10^{22}$개가 된다.

어림잡아 말하자면 관측 가능한 우주 안에 있는 별들은 지구에 있는 모든 해변에 있는 모래알의 개수만큼 된다.

이 숫자가 얼마나 큰가? 해변에 한번 가보자. 결이 고운 모래를 향해 손을 뻗어서 손가락으로 모래알 한 알씩 세어본다 상상해보자. 이 작업을 실제 다 마치고 나면 모래알의 수가 관측된 우주에 있는 별들의 수와 비슷할 거라는 것을 발견할 것이다(그림 1.8).

**생각해보자 ▶** 우리은하와 우주 내에 있는 엄청나게 많은 별의 개수를 생각해보고 또 각각의 별은 행성 시스템을 지닌 태양이라는 사실을 생각해보자. 이런 관점이 지구 밖에 있는 생명체 또는 지적 생명체를 발견할 가능성에 대한 여러분의 의견에 어떤 영향을 끼치는가? 설명해보자.

## 1.2 우주의 역사

우리우주는 공간에서 무한할 뿐만 아니라 시간에 대해서도 무한하다. 이 절에서 우리는 현재 우주를 이해하고 있는 한도 내에서 우주의 역사를 간단하게 토론해보려고 한다.

시작하기 전에 아주 먼 과거에 우주가 어떻게 생겼는지를 이해했다고 주장하는 사실을 보면 놀라게 될 것이다. 이 책에서는 과학이 이런 작업을 어떻게 가능하게 했는지 이해하는 데 많은 노력을 기울이게 되겠지만 여러분은 아마 그 답의 일부를 알고 있었을 것이다. 공간을 더 멀리 바라본다는 것은 더 먼 과거를 보는 것을 의미하기 때문에 우리는 간단하게 충분히 멀리 봄을 통해 아주 오래전에 존재했던 우주의 일부를 실제 볼 수 있다는 것이다. 다시 말해 망원경은 타임머신과 비슷해서 우리가 우주의 역사를 관측 가능하게 해준다.

### ● 인간은 어떻게 출현했는가?

그림 1.9(12~13쪽)는 현대과학으로 이해하는 우주의 역사를 요약한 것이다. 그림의 왼쪽 위에서부터 시작해서 중요한 사건들과 그 사건이 무엇을 의미하는지 논의해보자.

**빅뱅, 우주의 팽창과 나이** 멀리 있는 은하를 망원경으로 관측하면 전체 우주가 팽창하고 있는 것처럼 보이는데 이는 은하들 사이의 평균거리가 시간에 따라 증가하고 있음을 의미한다. 이 사실은 은하들이 과거에는 더 가까이 놓여 있었다는 사실을 의미하는 것으로, 만일 우리가 과거로 계속해서 돌아간다면 분명히 팽창이 시작되었던 한 점에 도달하게 된다. 이런 시작을

은하들이 서로 멀어지는 비율은 우주가 140억 년 전에 빅뱅이라 부르는 사건을 통해 태어났음을 제안해준다.

우리는 **빅뱅**이라 부르고 과학자들은 관측된 팽창률을 이용하여 빅뱅이 약 140억 년 전에 일어났다고 계산한다. 그림 1.9 ①의 3개의 정육면체는 시간에 따른 우주의 작은 조각들의 팽창을 보여주고 있다.

전체적으로 볼 때 우주는 빅뱅 후에 끊임없이 팽창해왔지만 작은 규모에서는 중력이 물질들을 서로 끌어당겼다. 은하들과 은하단 같은 구조들은 중력이 전체적인 팽창을 이겨낸 곳에 형성되었다. 즉 우주는 전체적으로 볼 때 팽창을 계속하는 반면 개개 은하들과 은하단들은(그리고 별들과 행성들같이 그런 구조 내에 존재하는 천체들) 팽창하지 않는다. 이런 아이디어가 그림 1.9의 3개의 정육면체로 설명되고 있다. 정육면체가 전체로서 점점 커지는 동안 그 안에 있는 물질들은 은하들과 은하단들로 뭉쳐진다는 사실을 주목해보자. 우리은하를 포함한 대부분의 은하들은 빅뱅이 일어난 후 수십 억 년 내에 형성되었다.

**그림 1.8** 관측 가능한 우주에서의 별 개수는 지구에 있는 모든 해변에 있는 건조한 모래알의 개수와 비슷하다.

**그림 1.9** 우리우주의 기원

이 책 전체에서 우리는 인간의 생명은 우주가 전체적으로 어떻게 진행되는가에 따라 직접적으로 관련된다는 것을 보게 될 것이다.
이 그림은 우리 우주의 기원에 대한 개관을 보여주는데 우리의 존재를 가능하게 만든 중요한 몇 단계를 보여주고 있다.

① **우주의 탄생 :** 우주의 팽창은 뜨겁고 밀도가 큰 빅뱅(대폭발)으로 시작했다. 정육면체는 우주에서 한 영역이 시간에 따라 어떻게 팽창하는지 보여준다. 우주는 꾸준히 팽창하지만 더 작은 규모에서 중력은 물질들을 끌어당겨서 은하를 형성하게 한다.

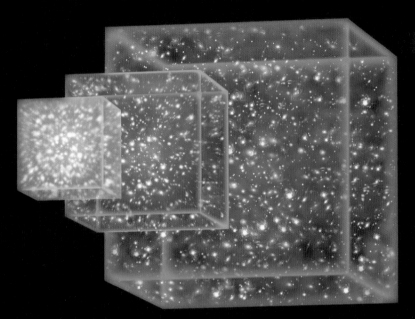

② **우주의 재활용공장으로서 은하들** : 초기우주는 수소와 헬륨이란 단 두 개의 화학원소만 포함하고 있었다. 다른 모든 원소들은 별들에 의해 만들어지고 또 우리은하 같은 은하 내에서 한 별세대가 다른 세대로 순환될 때 합성되었다.

가스와 티끌구름에서 별들이 형성된다. 행성들은 별들 주위를 도는 원반에서 형성된다.

질량이 큰 별은 죽을 때 폭발하면서 자기들이 만들어 놓은 원소들을 공간으로 흩어 내보낸다.

별들은 핵융합에 의해 에너지를 방출하면서 빛을 내는데 결국 수소와 헬륨보다 더 무거운 원소들을 합성해낸다.

③ **별의 생애** : 많은 별세대가 우리은하에서 살다가 죽었다.

**별의 생애와 은하 내 순환**　은하수 같은 은하 내에서 중력은 가스나 티끌구름들을 뭉치게 해서 별과 행성들을 형성하게 한다. 별들은 살아 있는 유기물은 아니지만 '생애주기'를 거치게 된다. 중력이 구름에 있는 물질들을 압축하여 중심의 밀도와 온도가 충분히 커진 후 핵융합반응으로 에너지를 방출하게 될 때 한 별이 탄생한다.

> 별들은 성간구름에서 태어나서 핵융합을 통해 에너지와 새로운 원소들을 만들어내며 또 별들이 죽을 때 이들 새로운 원소들을 성간공간에 방출한다.

**핵융합**은 가벼운 질량의 원자핵이 부서져서 더 질량이 큰 핵으로 융합되는 과정이다. 별이 핵융합으로 에너지를 만들어낼 수 있는 한 별은 '살아 있다'라고 하고, 별이 사용할 수 있는 모든 연료를 다 소진했을 때 '죽었다'고 한다.

최종적인 죽음의 고통 속에서 별은 자신의 질량 중 상당 부분을 내뿜어 공간으로 되돌려 준다. 질량이 큰 대부분의 별들은 초신성이라 불리는 엄청난 폭발로 죽음을 맞이한다. 되돌려지는 물질은 은하 내 별들 사이에서 떠돌아다니는 다른 물질들과 혼합되다가 앞으로 별들과 행성들이 태어날 수 있는 새로운 구름의 일부가 된다. 그래서 은하들은 우주의 재활용공장으로 작용하여 죽어가는 별들로부터 배출되는 물질들을 새로운 세대의 별들과 행성들로 순환하게 만든다. 이런 순환은 그림 1.9의 ③ 별의 생애에서 그림으로 설명되었다. 우리태양계는 그런 순환이 여러 번 반복되어 형성된 결과이다.

**별원료**　별 물질의 재활용은 우리의 존재와 한층 더 깊게 연관되어 있다. 서로 다른 나이의 별들을 연구해서 초기우주가 수소와 헬륨(그리고 리튬의 흔적)의 아주 간단한 화학원소들만 함유하고 있었다는 것을 알아냈다. 우리와 지구는 기본적으로 탄소, 질소,

> 우리는 '별원료'인데, 왜냐면 빅뱅 시 만들어진 단순한 원소를 재료로 하여 별에서 만들어진 물질로 구성되었기 때문이다.

산소 그리고 철 같은 다른 원소들로 구성되어 있다. 이런 다른 원소들은 어디서 왔을까? 이런 원소들이 별에 의해 만들어지고, 몇몇은 별을 빛나게 하는 핵융합을 통해서 만들어지고, 또 다른 원소들은 별이 삶을 마감하고 나서 폭발을 동반하는 핵반응을 통해 합성되었다는 증거들이 있다.

우리태양계가 형성되었을 때인 45억 년 전에는 이미 초기 세대의 별들이 우리은하의 초기 수소와 헬륨들의 2% 정도가 무거운 원소로 변환된 상태였다. 그래서 우리태양계를 탄생시킨

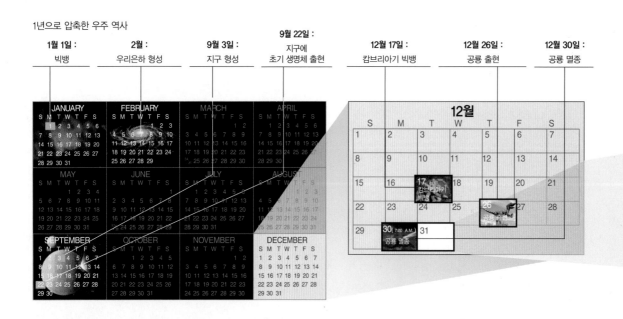

1년으로 압축한 우주 역사

| 1월 1일:<br>빅뱅 | 2월:<br>우리은하 형성 | 9월 3일:<br>지구 형성 | 9월 22일:<br>지구에<br>초기 생명체 출현 | 12월 17일:<br>캄브리아기 빅뱅 | 12월 26일:<br>공룡 출현 | 12월 30일:<br>공룡 멸종 |

구름은 98% 정도가 수소와 헬륨으로 구성되어 있었고, 나머지 2%가 다른 원소들로 구성되었다. 이 2%는 아주 작아 보이지만 우리태양계 내에서 지구를 포함한 작은 암석행성들을 만들기에 충분했다. 지구에서는 이런 원소의 일부가 생명의 원료가 되었는데 이는 결과적으로 오늘날 지구에 존재하는 아주 다양한 생명이 되었다.

요약해보면, 우리와 지구를 구성하고 있는 대부분의 물질은 우리태양이 생겨나기 이전에 살았다가 죽어버린 별들의 일부라 합성된 것이다. 천문학자 칼 세이건(1934~1996)은 그래서 우리 인간을 '별원료'라고 말하였다.

### ● 우주의 나이와 비교했을 때 인간의 수명은 어떻게 될까?

140억 년이란 우주의 나이를 1년으로 압축해본다고 상상해보면 1달은 10억 년보다 약간 더 된다. 이런 **우주달력**에서 빅뱅은 1월 1일 0시에 해당되며 현재는 12월 31일 자정에 해당된다 (그림 1.10).

이런 시간척도에서 우리은하는 아마 2월에 형성된 듯하다. 여러 세대의 별들이 이어지는 우주 시간 속에서 살다가 죽어가면서 은하들에게 '별원료'가 풍성해지게 했는데, 그 별원료로부터 우리가 살고 있는 지구가 형성되었다.

우리태양계와 지구는 이 시간척도에서는 9월 이전 또는 실제 45억 년 이전까지는 출현하지 않았다. 9월 하순이 되어서야 지구에 생명체가 출현하게 된다. 그러나 대부분의 지구역사에서 생물은 초기의 원시상태인 미세한 상태를 유지해오고 있다. 우주달력의 척도에서 식별 가

> 우주의 나이인 140억 년을 1년으로 압축해보면 인간의 생애는 1초보다 작은 시간에 불과하다.

능한 동물들은 12월 중순이 되어야 나타나게 된다. 초기 공룡은 크리스마스 다음날 출현하였다. 그리고 우주척도로 볼 때 아주 잠시 후 공룡은 영원히 멸종되었다. 아마 소행성이나 혜성의 충돌[9.4절] 때문인 것으로 추측된다. 실제로 공룡은 6,500만 년 전에 멸종하였지만 우주달력에서는 어제 일어난 일인 셈이다. 공룡이 멸종된 이후에 털이 있는 작은 포유동물들이 지구에 서식하였다. 6,000만 년 정도 후에 또는 우주달력에서 12월 31일 오후 9시경에 초기인류(인류의 선조)가 걸어 다니기 시작하였다.

아마 우주달력에서 아주 놀라운 일은 인류문명의 전체 역사가 지난 30초에 일어났다는 사

**그림 1.10** 우주달력은 우주의 140억 년의 역사를 1년으로 압축해 놓은 것인데 각 달은 약 10억 년 정도에 해당한다. 우주달력은 칼 세이건이 처음으로 만든 것을 인용한 것이다(더 자세한 설명은 책의 앞에 접이식 그림으로 첨부된 '공간으로 본 우주에서의 우리의 위치' 참조).

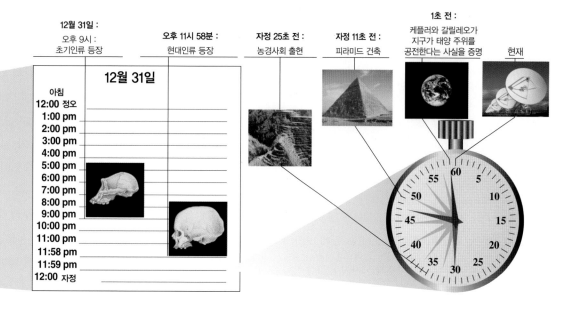

실이다. 고대 이집트인들은 이 척도에서 볼 때 11초 전에 피라미드를 건축하였다. 1초 전에 케플러와 갈릴레오는 태양이 지구를 도는 것이 아니라 지구가 태양 주위를 공전한다는 것을 증명했다. 보통 대학생들은 0.05초에 태어났는데 우주달력에서는 오후 11:59:59.95에 해당한다. 우주 시간척도에서 인류는 가장 어린 유아에 해당하고 또 인류의 생애는 눈 깜짝할 정도의 찰나에 불과하다.

**생각해보자** ▶ 이 책의 앞장에 접이식 그림에 설명된 더 자세한 우주달력을 살펴보자. 시간척도의 이해가 여러분의 인류문명에 대한 관점에 어떤 영향을 주었는가? 설명해보자.

## 1.3 지구라는 우주선

여러분이 이 책의 어느 곳을 읽든지 여러분은 '바로 여기에 앉아 있다'는 느낌을 갖게 될 것이다. 하지만 이것은 사실이 아니다. 여기에서 우리가 논의해보겠지만, 우리 모두는 우주공간을 움직이고 있는데 탐험가이자 철학자인 풀러(R. Buckminster Fuller, 1895~1983)가 우리를 지구라는 우주선을 타고 있는 여행자라고 기술하기도 했다.

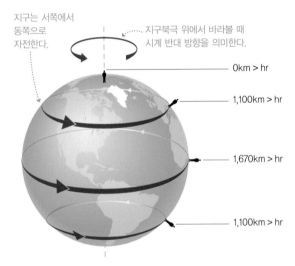

지구는 서쪽에서 동쪽으로 자전한다.

지구북극 위에서 바라볼 때 시계 반대 방향을 의미한다.

0km > hr
1,100km > hr
1,670km > hr
1,100km > hr

**그림 1.11** 지구가 자전하면서 지구 축 주위를 돌고 있는 여러분의 속도는 위도에 따라 달라진다. 적도에 가까워질수록 더 빠른 속도로 자전하게 된다.

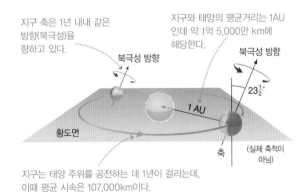

지구 축은 1년 내내 같은 방향(북극성)을 향하고 있다.

북극성 방향

지구와 태양의 평균거리는 1AU 인데 약 1억 5,000만 km에 해당한다.

북극성 방향
$23\frac{1}{2}°$
1 AU
황도면
축
(실제 축척이 아님)

지구는 태양 주위를 공전하는 데 1년이 걸리는데, 이때 평균 시속 107,000km이다.

**그림 1.12** 지구는 태양 주위를 한 번 궤도운동하는 데 1년이 걸리지만 지구 위 공전속도는 놀라울 정도로 빠르다. 지구는 북극 위에서 바라볼 때 시계 반대 방향으로 자전하면서 공전하고 있다는 사실에 주목해보자.

### ● 어떻게 지구는 우주공간을 운동하고 있을까?

**자전과 공전** 지구의 가장 기본적인 운동은 지구가 매일 회전한다는 것(**자전**)과 1년에 한 번씩 태양 주위를 돈다는 것(**공전**)이다.

지구는 하루에 한 번 그 축을 중심으로 자전하는데(그림 1.11), 자전축은 지구의 북극과 남극을 이어주는 가상의 선이다. 지구는 서에서 동으로 자전하는데(북극 위에서 보았을 때 시계 반대 방향) 이런 현상이 왜 태양과 별들이 매일 동에서

지구는 하루에 한 번 자전하고 1년에 한 번 태양 주위를 공전한다. 지구와 태양의 평균 궤도거리를 1천문단위(AU)라 하는데 약 1억 5,000만 km에 해당한다.

떠서 서로 지는지 설명해준다. 자전의 물리적인 효과들은 감지하기 힘들 정도로 미약해서 고대 사람들은 하늘이 우리 주위를 돌고 있다고 여겼다. 하지만 자전속도는 상당히 빠르다. 여러분이 아주 북쪽이나 남쪽에 살지 않는 이상 지구 자전축을 중심으로 시속 1,000km 이상의 속도로 회전하고 있는 셈인데 이 속도는 비행기보다 훨씬 빠른 속도이다.

지구가 자전함과 동시에 태양 주위를 공전하는데 공전주기는 1년이다(그림 1.12). 지구의 궤도거리는 1년 동안 약간씩 달라지지만 이전에 살펴본 바와 같이 평균거리는 1천문단위(Astronomical Unit, AU)로 약 1억 5,000만 km에 해당한다. 여러분들이 이런 운동을 느끼지 못한다 할지라도 그 속도는 상당하다. 우리는 태양 주위를 시속 10만 km가 넘는 속도로 돌고 있는데 이는 지금까지 어떤 우주선도 도달하지 못했던 속도이다.

그림 1.12에서 살펴본 바와 같이 지구의 궤도 궤적이 우리가 **황도**라 부르는 평면을 정의해준다는 것에 주목해보자. 지구의 축은 황도와 수직인 선과 23.5도 기울어져 있다. 이 자전축은 북극성이라 부르는 한 별을 향하고 있다. **자전축 기울기**에 대한 아이디어는 황도와 관계될 때만 의미가 있다는 사실을 명심하자. 즉 '기울어짐'이란 아이디어 자체는 공간에서는 아무 의미가 없는데 우

주공간에서는 절대적인 위 또는 아래가 없기 때문이다. 우주공간에서 '위'와 '아래'는 각각 '지구(또는 다른 행성)의 중심에서 멀어져 가는' 방향과 '지구중심으로 향하는' 방향이다.

**생각해보자** ▶ 우주공간에서 위와 아래가 없다면 왜 우리는 모든 지구본들의 위쪽이 북극이라고 생각하는가? 위쪽 꼭대기가 남극이라고 하거나 지구본을 옆으로 돌린다 해도 똑같이 올바르다고 할 수 있을까? 설명해보자.

지구의 자전 방향과 공전 방향은 같다(북극 위에서 볼 때 시계 반대 방향)는 것을 또한 주목해보자. 이 현상은 우연의 일치가 아니라 지구가 어떻게 형성되었는가에 대한 결과이다. 제6장에서 알아보겠지만 지구와 다른 행성들은 태양이 젊었을 때 태양을 둘러싸고 있는 회전하고 있는 가스들에서 생성되었고, 그래서 지구가 원반이 회전하는 방향과 같은 방향에서 자전을 하고 공전을 한다는 확실한 증거가 있다.

**우리은하 내에서의 운동** 자전과 공전은 지구라는 우주선 여행의 작은 부분에 불과하다. 전체 태양계는 우리은하 내에서 엄청난 여행을 하고 있다. 이런 운동에는 두 가지 주요 성분이 존재하는데 그림 1.13에 설명하였다.

첫째로, 우리태양계는 태양과 이웃별들이 존재하는 영역인 **국부태양 이웃**들 속에서 가까운 별들과 상대적인 운동을 하고 있다. 그림 1.13의 작은 설명상자는 (우리은하의 어떤 작은 영역에 있는 별들과 같은) 국부태양 이웃들 내에서 별들은 본래 서로 무작위로 운동한다는 것을 보여준다. 그들은 또한 일반적으로 매우 빨리 운동을 한다. 예를 들어 우리는 가까운 별들과 상대적으로 평균 시속 70,000km로 운동하고 있는데 이는 우주정거장이 지구주위를 돌고 있는 속도보다 3배나 빠른 속도이다. 이렇게 빠른 속도를 생각할 때 아마 여러분은 왜 우리는 하늘에서 별들이 운동하는 것을 보지 못하는지에 대해 의문이 생길 수 있다. 그 이유는 그 별들이 우리로부터 너무 멀리 떨어져 있기 때문이다. 별들은 너무 멀리 떨어져 있어서 시속 70,000km로 속도로 운동하고 있다 할지라도 그들의 운동은 맨눈으로 보기 위해서는 수천 년 동안을 관측해야만 감지될 수 있다. 이것이 별자리의 모습이 거의 고정된 채 유지되는 것처럼 보이는 이유이다. 그럼에도 불구하고 1만 년 전에 보였던 별자리들은 현재 우리가 보는 별자리 모습과는 현저하게 달랐을 것이다. 여러분이 100만 년 정도에 걸친 시간경과를 표현한 영화를 본다면 아마 하늘에서 경주하듯 움직이는 별들을 보게 될 것이다.

**생각해보자** ▶ 국부태양 이웃에서의 100만 년이나 10억 년에 걸친 카오스 운동에도 불구하고 항성계들 사이의 충돌은 거의 일어나지 않는다. 왜 그런지 설명해보자. (힌트 : 태양계와 같은 항성의 크기를 그들 사이의 거리와 상대적으로 고려해보라.)

그림 1.13에 보인 두 번째 운동은 훨씬 더 체계적이다. 강물에 떠내려 가고 있는 나뭇잎들을 자세히 살펴보면 다른 잎들에 대한 그들의 상대적인 운동은 무작위적인 것처럼 보이는데, 이것이 국부태양 이웃에서 별들의 운동과 똑같다. 여러분의 관점을 점점 넓혀보면 모든 잎들은 흘러가는 물줄기에 의해 똑같은 방향에서 이끌려 가고 있음을 볼 수 있다. 이와 같이 국부태양 이웃 너머로 우리의 관점을 넓혀보면 겉으로 보이는 별들의 무작위 운동은 오히려 단순하고 더 빨리 운동(우리은하의 회전)하는 것을 알 수 있다. 우리태양계는 은하 중심으로부터 27,000광년 떨어져 있는데 은하를 한 번 도는 데 2억 3,000만

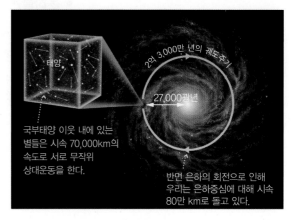

국부태양 이웃 내에 있는 별들은 시속 70,000km의 속도로 서로 무작위 상대운동을 한다.

반면 은하의 회전으로 인해 우리는 은하중심에 대해 시속 80만 km로 돌고 있다.

**그림 1.13** 이 그림은 우리 국부태양 이웃 주변에서 태양계의 운동과 우리은하 중심 주위를 돌고 있는 태양계 운동을 보여준다.

**그림 1.14** 우리은하를 옆에서 본 모습. 은하 회전에 대한 연구를 통해 대부분 관측 가능한 행성들이 원반이나 중심팽대부에 놓여 있다 하더라도 대부분의 질량은 원반을 둘러싸고 있는 헤일로에 놓여 있다는 것을 알아냈다. 이들 질량은 우리가 관측할 수 있는 빛을 방출하지 않기 때문에 암흑물질이라고 부른다.

은하에서 나오는 빛의 대부분은 은하원반과 중심팽대부에 있는 별들과 가스들에서 나온다.

그러나 관측을 해보면 대부분의 질량은 전체 원반을 둘러싸고 있는 구형의 헤일로에서 관측되지 않은 채로 놓여 있다는 것을 알 수 있다.

은하회전은 우리를 은하중심 주위를 2억 3,000만 년에 한번 씩 돌게 한다.

년이 걸린다. 우리은하 밖에서 바라볼 수 있다 할지라도 이런 운동은 맨눈으로는 감지될 수 없다. 그러나 만일 우리가 은하 중심을 돌 때 태양계의 속도를 계산해본다면 시속 8만 km에 가까운 속도가 된다는 것을 발견하게 될 것이다.

은하회전을 자세히 연구해보면 과학의 최대 미스터리 중 하나에 봉착하게 된다. 은하중심으로부터 서로 다른 거리에 있는 별들은 서로 다른 속도로 궤도운동을 하는데, 우리는 이런 속도들을 관측해서 은하 내에 분포된 질량을 추정해낼 수 있다. 그런 연구를 통해 은하원반 내에 존재하는 별들은 전체 은하 질량에 비하면 '빙산의 일각'에 불과하다는 것을 알아냈다 (그림 1.14). 은하의 대부분 질량은 육안으로 보이는 원반 바깥 부분(원반을 둘러싸고 있는 은하 헤일로를 포함한 영역)에 존재하는 것 같지만 이 질량을 구성하는 물질들은 우리의 망원경으로는 전혀 보이지 않는다. 그래서 우리는 이런 물질들의 성질에 대해 아주 조금밖에 알지 못하는데, 우리는 이런 물질들을 **암흑물질**이라 부른다(왜냐하면 이런 물질에서는 빛이 나오지 않기 때문에). 다른 은하들을 연구해보면 이들 역시 주로 암흑물질들로 구성되어 있음을 알 수 있는데, 이런 미지 물질의 질량은 분명 행성들과 별들을 구성하고 있는 보통의 물질들 전체 질량보다 훨씬 큰 것 같다. 우리는 또한 우주 전체의 에너지 중 상당 부분을 차지하고 있는 것으로 보이는 미지의 암흑에너지에 대해서도 잘 모르고 있다. 이런 미지의 암흑물질과 암흑에너지에 대해서는 제17장에서 다루게 될 것이다.

### ● 은하들은 우주 안에서 어떻게 운동하고 있을까?

우주에 있는 수십 억 개의 은하들은 서로 상대적인 운동을 한다. 국부은하군 내에서(그림 1.1 참조) 몇몇 은하들은 우리를 향하는 운동을 하고, 어떤 은하들은 우리와 멀어져 가는 운동을 하고 있다. 그런데 수많은 작은 은하들(대마젤란은하와 소마젤란은하를 포함한)은 겉보기에 우리은하 주위를 궤도운동하는 것으로 보인다. 궤도운동 속도는 지구에서는 상상하지 못할 정도이다. 예를 들어 우리은하와 안드로메다은하는 서로 시속 300,000km로 가까워지고 있다. 이런 높은 속도에도 불구하고 우리는 당장 충돌할 것이라는 걱정을 할 필요가 없다. 우리은하와 안드로메다은하가 서로 정면으로 접근하고 있다 하더라도 어떤 충돌이 시작될 때까지는 수십 억 년이 걸릴 것이다.

그러나 우리가 국부은하군 밖에서 바라본다면 두 가지 깜짝 놀란 만한 사실을 깨닫게 된다. 이 사실을 1920년 허블이란 천문학자가 알아차렸고 이 사람의 이름을 따서 우주망원경이 허불우주망원경이라 명명되기도 했다.

1. 국부은하군 밖에 놓인 거의 모든 은하는 우리로부터 멀어지고 있다.

2. 은하들이 멀리 떨어져 있을수록 그 후퇴속도는 더 빨라진다.

이런 사실들은 우주에서 일어나는 수두라는 전염병이 퍼지는 것 때문에 우리가 고생하고 있는 것처럼 보이지만 더 자연스러운 설명을 해볼 수 있다. **우주 전체가 팽창하고 있다.** 이 책의 후반부에 이 내용을 다루게 될 것이지만 기본적인 아이디어는 오븐 내에서 구워지고 있는 건포도 케이크를 생각해보면 쉽게 이해할 수 있다.

**건포도 케이크 비유** 균일하게 1cm 간격으로 건포도가 박혀 있는 케이크를 만든다고 상상해보자. 건포도가 박힌 케이크를 오븐에 넣으면 빵이 구워지면서 점점 부풀어 오른다. 1시간 후에 부푼 케이크를 꺼내보면 케이크는 팽창하여서 건포도들의 거리가 3cm로 증가하게 된다(그림 1.15). 케이크의 팽창이 확실하게 보인다. 그렇지만 우리가 우주 안에서 살고 있는 것처럼 여러분이 케이크 안에 산다면 무엇을 보게 될까?

임의로 건포도 하나를 잡아서(어떤 것인지는 중요하지 않다) 그 건포도를 국부 건포도(기준 건포도)라 부르자. 그림 1.15는 주변에 있는 3개의 건포도에 표식을 붙인 예를 보여준다. 여러분이 국부 건포도 내에 산다고 가정했을 때 무엇을 보게 될 것인지 첨부된 표에 요약해보았다. 예를 들어 건포도 1은 굽기 시작하기 전에 1cm의 거리에서 팽창하기 시작해서 굽기가 끝나고 난 후에는 3cm의 거리가 되어 빵 굽는 시간 동안 국부 건포도로부터 2cm 더 멀리 이동하였다. 그래서 국부 건포도로부터 보인 속도는 시간당 2cm이다. 건포도 2는 빵을 굽기 시작하기 전 2cm 거리에서 빵 굽기가 끝나면 6cm로 이동해서 시간당 국부 건포도로부터 4cm 거리를 이동하였다. 그래서 그 속도는 시간당 4cm 또는 건포도 1 속도의 2배가 된다. 일반적으로 말하자면 케이크가 팽창한다는 사실은 모든 건포도가 국부 건포도로부터 멀어진다는 것을 의미하는데, 즉 멀리 떨어진 건포도일수록 더 빨리 멀어진다.

은하들이 케이크 안에서 건포도와 똑같은 방법으로 운동함으로써 대부분의 은하들이 우리로부터 멀어져 가고 있고, 또 멀리 떨어진 은하일수록 더 빨리 멀어진다는 허블의 발견은 우리 우주가 건포도 케이크와 똑같이 팽창하고 있다는 것을 의미한다. 만일 이제 국부 건포도가 국부은하군을 나타내고 또 다른 건포도들은 더 멀리 떨어진 은하들이거나 또는 은하단을 나타낸다고 상상해본다면 우주팽창에 대한 기본 그림을 그려볼 수 있다. 케이크 안에 있는 건포도 사이에서 팽창하는 밀가루 반죽처럼 **공간 자체가** 은하들 사이에서 점점 증가하고 있다. 더 멀리 떨어진 은하일수록 우리로부터 더 빨리 멀어지는데 왜냐하면 은하들이 팽창하는 케이크에 있는 건포도처럼 팽창을 하면서 공간이 늘어나기 때문이다. 수십 억 광년 떨어진 은하들은 빛의 속도에 가까운 속도로 우리에게서 멀어져 간다.

**실제 우주** 건포도 케이크와 우주 사이에는 적어도 하나의 중요한 차이점이 존재한다. 즉, 케이크는 중심과 가장자리를 지니고 있지만 우리는 우주 전체에도 똑같이 적용된다고 생각하지 않는다. 팽창하는 우주의 은하계에 살고 있는 사람은 우리가

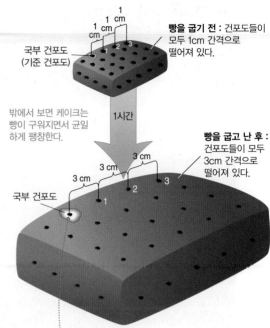

빵을 굽기 전 : 건포도들이 모두 1cm 간격으로 떨어져 있다.

국부 건포도 (기준 건포도)

밖에서 보면 케이크는 빵이 구워지면서 균일하게 팽창한다.

빵을 굽고 난 후 : 건포도들이 모두 3cm 간격으로 떨어져 있다.

국부 건포도

그러나 국부 건포도 입장에서 보면 모든 다른 건포도들이 빵이 구워지는 동안 더 멀어져 가게 되는데 멀리 떨어진 건포도일수록 더 빨리 멀어진다.

| 국부 건포도 입장에서 본 거리와 속도 | | | |
|---|---|---|---|
| 건포도 표식번호 | 굽기 전의 거리 | 굽고 난 후 거리 (1시간 후) | 속도 |
| 1 | 1cm | 3cm | 2cm/hr |
| 2 | 2cm | 6cm | 4cm/hr |
| 3 | 3cm | 9cm | 6cm/hr |
| ⋮ | ⋮ | ⋮ | ⋮ |

**그림 1.15** 팽창하는 건포도 케이크는 팽창하는 우주와 유사함을 제공한다. 누군가가 케이크 안에 있는 건포도 중 하나에 살고 있다면, 다른 건포도들이 멀어져 가고 있는데 멀리 떨어진 건포도일수록 더 빨리 멀어진다는 것을 알아차리면서 케이크가 팽창하고 있다고 생각할 수 있다.

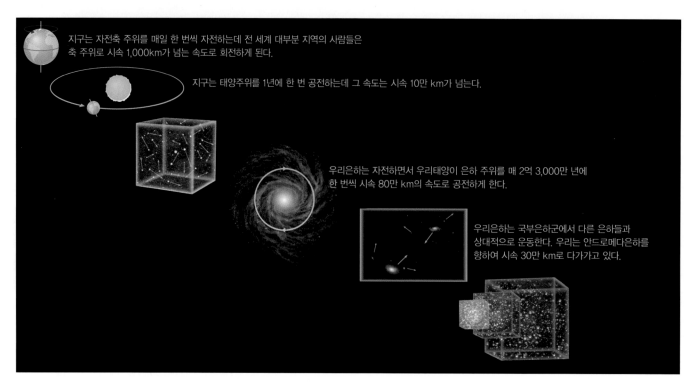

지구는 자전축 주위를 매일 한 번씩 자전하는데 전 세계 대부분 지역의 사람들은 축 주위로 시속 1,000km가 넘는 속도로 회전하게 된다.

지구는 태양주위를 1년에 한 번 공전하는데 그 속도는 시속 10만 km가 넘는다.

우리은하는 자전하면서 우리태양이 은하 주위를 매 2억 3,000만 년에 한 번씩 시속 80만 km의 속도로 공전하게 한다.

우리은하는 국부은하군에서 다른 은하들과 상대적으로 운동한다. 우리는 안드로메다은하를 향하여 시속 30만 km로 다가가고 있다.

**그림 1.16** 이 그림은 우주 내 지구의 기본 운동을 요약해주고 있는데, 거기에 관계되는 속도를 설명하고 있다.

알고 있는, 즉 다른 은하들은 멀어지고 있는데 멀리 떨어진 은하가 더 빨리 멀어지고 있다라는 것을 알고 있다. 우주의 어느 한 지점에서 보는 관점은 모두 같기 때문에 어느 한 지점이 어떤 다른 지점보다 더 '중심'이라고 주장할 수 없다.

또한 건포도 케이크의 경우와는 달리 우리는 은하들이 시간에 따라 멀어지고 있다는 것을 실제 볼 수 없다는 것을 인정하는 것이 중요하다. 어느 운동에 대해 인간생애의 시간척도에서 거리가 감지되기에는 너무 멀다. 대신 우리는 은하에서 오는 빛을 스펙트럼으로 분산시켜서 도플러 이동을 관측하여 은하의 속도를 측정한다[5.2절]. 이는 우리가 보는 것을 설명하기 위해 어떻게 현대 천문학이 세심한 관측을 이용하며 또한 어떻게 현재 이해되고 있는 자연의 법칙을 사용하는지 보여준다.

**운동 요약**   그림 1.16은 우리가 토의한 운동들을 요약해서 보여주고 있다. 이미 본 바와 같이 우리는 실제로 절대 가만히 앉아 있지 않다. 우리는 지구 축 주위를 시속 1,000km 이상으로 자전하고 있는 반면 지구는 또한 태양 주위를 시속 100,000km 이상의 속도로 공전하고 있다. 우리태양계는 국부태양 이웃의 별들 속에서 시속 70,000km로 운동하고 있는 반면 우리은하 중심을 시속 80만 km로 공전하고 있다. 우리은하는 국부은하군에 있는 다른 은하들 속에서 운동하고 있는 반면, 다른 모든 은하는 우리로부터 멀어지고 있는데 팽창하는 우리우주 안에서 거리가 멀어질수록 그 후퇴속도는 증가한다. 지구 우주선은 우리를 데리고 엄청난 우주여행을 하고 있는 것이다.

| 전체 개요 | 제1장 전체적으로 훑어보기 |
|---|---|

이 장에서 우리는 우주에서 우리의 위치에 대해 큰 관점에서 살펴보았다. 이 책의 나머지 부분에서 우주를 더 깊이 있게 다룰 것이기 때문에 다음과 같은 거시적 관점의 아이디어들을 기억하자.

- 지구는 우주의 중심에 있지 않고 우리은하에 있는 아주 평범한 별 주위를 공전하고 있는 행성이다. 우리은하는 또 관측 가능한 우주 내에 있는 수십 억 개 은하 중 하나이다.

- 우주의 거리는 그야말로 천문학적이지만 우리는 척도 모형과 다른 척도기술의 도움으로 거리를 다룰 수 있다. 우리가 이런 거대한 척도에 대해 생각해볼 때 모든 별이 태양이고 또 모든 행성이 유일무이한 독특한 세계라는 것을 잊지 말자.

- 우리는 '별원료'이다. 우리를 구성하고 있는 원자들은 빅뱅에서 수소와 헬륨으로 시작하여서 후에 질량이 큰 별들에 의해 더 무거운 원소들로 핵융합되었다. 별의 죽음은 이들 원자들을 우주공간으로 내보내는데 우주공간에서 우리은하는 이들을 새로운 별과 행성으로 재활용하였다. 우리태양계는 재활용된 물질로부터 45억 년 전에 형성되었다.

- 우리 인간은 우주 시간척도에서 볼 때 늦게 출현하였다. 우리태양계가 형성되었을 때 우주는 이미 현재 나이의 절반 이상을 소모하였고, 그래서 인간이 출현하기 전에 이미 수십 억 년이 소요되었다.

- 우리 모두는 지구라는 우주선을 하고 우주 속을 운동하고 있다. 우리는 이 운동을 느낄 수 없다 할지라도 이 운동속도는 놀랄 만큼 빠르다. 지구 우주선의 운동에 대해 배우는 것은 우리에게 우주에 대한 새로운 개관을 제공해주고 또 우주의 성질과 역사를 이해하는 데 도움을 준다.

## 핵심 개념 정리

### 1.1 우주의 크기

● **우주에서 우리의 위치는?**

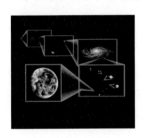

지구는 태양 주위를 공전하는 행성이다. 우리태양은 은하수 내에 있는 1,000억 개가 넘는 별 중 하나이다. 우리은하는 국부은하군에 있는 70개가 넘는 은하 중 하나이다. 국부은하군은 국부은하단의 작은 부분인데, 국부은하단은 다시 우주의 아주 작은 부분 중 하나이다.

● **우주는 얼마나 클까?**

태양이 큰 자몽이라 상상해본다면 지구는 15m 떨어져서 그 주위를 돌고 있는 볼펜심 정도이고, 가까운 별들은 같은 척도에서 볼 때 수천 km 떨어져 있다. 우리은하는 1,000억 개 이상의 별을 보유하고 있는데, 그 개수를 큰 소리로 세어볼 때 수천 년이 걸리는 수이다. 관측 가능한 우주는 거의 1,000억 개의 은하를 지니고 있고 별들의 전체 개수는 지구상에 있는 모든 해변에 있는 건조한 모래알의 수만큼 된다.

### 1.2 우주의 역사

● **인간은 어떻게 출현했는가?**

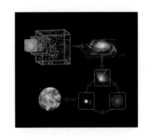

우주는 빅뱅으로 시작하여 그 뒤로 계속 팽창하고 있는데, 중력이 물질들을 은하나 별로 수축시키는 국부 영역에서는 예외이다. 빅뱅은 근본적으로 수소와 헬륨 두 개의 원소만을 생성했다. 나머지 원소들은 별에 의해 생성되고 은하 내에서 별의 한 세대에서 다음 세대로 재활용되는데 이는 왜 우리가 '별원료'인지 설명해준다.

● **우주의 나이와 비교했을 때 인간의 수명은 어떻게 될까?**

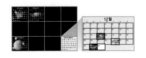

우주의 역사를 1년으로 압축한 우주 달력에서 인류문명은 몇 초 전에 출현하였고 인류의 생애는 1초도 안 된다.

## 1.3 지구 우주선

### ● 어떻게 지구는 우주공간에서 운동하고 있을까?

지구는 하루에 한 번씩 지구축 주위를 자전하고 있고 1년에 한 번 태양 주위를 공전하고 있다. 동시에 우리는 국부태양 이웃에 있는 다른 별들에 대해 상대적으로 임의의 방향으로 태양과 함께 운동하는 반면, 은하의 자전은 우리를 2억 3,000만 년에 한 번씩 은하중심 주위를 돌게 한다.

### ● 은하들은 우주 안에서 어떻게 운동하고 있을까?

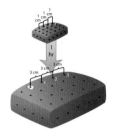

은하들은 근본적으로 국부은하군에서는 무작위 운동을 하지만 국부은하군 밖에 있는 모든 은하는 우리와 멀어져 간다. 더 멀리 있는 은하들은 더 빨리 멀어지는데 이는 우리가 팽창하고 있는 우주 안에 살고 있다는 것을 알려주고 있다.

## 시각적 이해 능력 점검

### 천문학에서 사용하는 다양한 종류의 시각자료를 활용해서 이해도를 확인해보자.

왼쪽에 있는 그림은 지구와 달의 크기를 축소해서 보여주고 있다. 사용된 축척은 1cm=4,000km이다. 이 장에서 천문학적 크기에 대해 배운 것을 사용하여 다음의 질문들에 답해보자. 힌트 : 답에 대해 확신이 가지 않는다면 주어진 자료를 이용하여 거리를 계산해볼 수 있다.

지구-태양 거리 = 1억 5,000만 km

태양 직경 = 140만 km

지구-달 거리 = 38만 4,000km

지구 직경 = 12,800km

1. 여러분이 만일 지구와 달 사이의 거리를 같은 거리축척으로 알아보기 원했다면 위에 있는 두 개의 사진을 얼마나 멀리 떨어지게 할 필요가 있을까?

   a. 10cm(여러분의 손 너비 정도)

   b. 1m(여러분의 팔 길이 정도)

   c. 100m(축구장 길이 정도)

   d. 1km(0.5마일보다 약간 긴 거리)

2. 여러분은 같은 축척으로 태양으로 보길 원했다. 그렇다면 태양의 크기는 어느 정도 되게 해야 할까?

   a. 직경 3.5cm(골프공 정도)

   b. 직경 35cm(농구공보다 약간 크게)

   c. 직경 3.5m(11.5피트 정도)

   d. 직경 3.5km(작은 도시 크기)

3. 이와 똑같은 축척에서 태양은 지구에서 얼마나 떨어져 있어야 할까?

   a. 3.75m(약 12피트)

   b. 37.5m(12층짜리 건물의 높이 정도)

   c. 375m(축구장 4개를 붙인 길이 정도)

   d. 37km(큰 도시 크기)

4. 같은 축척으로 가까이 있는 별들까지의 거리를 표현해볼 수 있을까? 대답에 대한 이유도 말해보자.

## 연습문제

### 복습문제

1. 우주에서 보이는 주요 구조들(행성, 별, 은하 같은)의 특징들을 간단하게 설명해보라.

2. 천문단위와 광년을 정의해보라.

3. '우리가 더 먼 거리를 바라볼수록 우리는 더 먼 과거를 바라보게 된다'라는 문장을 설명해보라.

4. 관측 가능한 우주는 무엇을 뜻하는지 설명해보라. 관측 가능한 우주란 전체 우주와 같은 의미인가?

5. 이 장에 소개된 기술을 이용하여 다음의 사항들을 이해할 수 있도록 설명해보라. 태양계의 크기, 가까운 별까지의 거리, 우리은하 내 별들의 크기와 개수, 관측 가능한 우주 내 별들의 개수

6. 우주가 **팽창**하고 있다고 말할 때 이는 어떤 의미를 지니고 있는지 설명해보고 또 어떻게 팽창이 **빅뱅**과 현재 우주의 나이 추정을 가능하게 했는지 설명해보라.

7. 우리는 어떤 의미에서 '**별원료**'인가?

8. 우주달력을 이용하여 인류가 시간척도의 어디에 해당하는지 설명해보라.

9. 지구가 하루에 한 번씩 자전하는 현상과 1년에 한 번씩 공전하는 현상을 **황도면**과 **자전축 기울기**라는 개념을 정의하여 간단하게 설명해보라.

10. 우리은하 내에서 태양계의 위치와 운동에 대해 간단하게 설명해보라.

11. 우리은하의 어디에 **암흑물질**이 있을 것 같은지 말해보라. 무엇이 암흑물질과 **암흑에너지**를 이해할 수 없게 만드는가?

12. 우주가 팽창한다고 결론짓게 해주었던 핵심 관측은 무엇인가? 이런 관측들이 어떻게 팽창을 설명해주는지 설명하기 위해 건포도 케이크 모형을 사용해보라.

### 이해력 점검

**이해했는가?**

다음 문장이 합당한지(또는 명백하게 옳은지) 혹은 이치에 맞지 않는지(또는 명백하게 틀렸는지) 결정하라. 명확히 설명하라. 아래 서술된 문장 모두가 결정적인 답은 아니기 때문에 여러분이 고른 답보다 설명이 더 중요하다.

**예** : 나는 북극의 기지로부터 동쪽으로 걸어갔다.

**해답** : 이 문장은 이치에 맞지 않는다. 왜냐하면 북극에서 동쪽은 의미가 없

기 때문이다. 모든 방향이 북극에서 볼 때 남쪽이다.

13. 우리태양계는 어떤 은하들보다 더 크다.

14. 우주의 나이는 수십 억 광년이다.

15. 내가 이 숙제를 다 하려면 광년이 걸릴 것이다.

16. 언젠가 우리는 10년에 1광년을 여행할 수 있는 우주선을 만들게 될 것이다.

17. 천문학자들은 행성들을 돌지 않는 위성을 발견하였다.

18. 나사는 우리은하의 헤일로 밖에 나가 우리은하의 사진을 찍기 위한 우주선을 곧 발사시킬 예정이다.

19. 오늘날 관측 가능한 우주라 할 때 이는 수십 억 년 전 우주의 크기와 같다.

20. 멀리 있는 은하들의 사진들을 보면 그 은하들이 현재보다 훨씬 더 젊었을 때의 모습들을 알 수 있다.

21. 가까이 있는 공원에 내가 농구공을 지구 크기로 하는 축척으로 태양계 축척 모형을 만들었다.

22. 거의 모든 은하가 우리로부터 멀어져 가고 있기 때문에 우리는 우주의 중심에 놓여 있는 것이 분명하다.

### 돌발퀴즈

다음 중 가장 적절한 답을 고르고, 그 이유를 한 줄 이상의 완전한 문장으로 설명하라.

23. 다음 중 작은 천체에서 큰 천체로 '우주주소'를 올바르게 나열한 것은 어떤 것인가?

    (a) 지구, 태양계, 은하계, 국부은하군, 국부 초은하단, 우주

    (b) 지구, 태양계, 국부은하군, 국부초은하단, 우리은하, 우주

    (c) 지구, 우리은하, 태양계, 국부은하군, 국부초은하단, 우주

24. 1천문단위는 (a) 어떤 행성과 태양 사이의 평균거리 (b) 지구와 태양 사이의 평균거리 (c) 어떤 천문학적으로 큰 거리

25. 베텔지우스란 별은 600광년 떨어져 있다. 오늘밤에 이 별이 폭발한다면, (a) 하늘에서 보름달보다 더 밝아지게 될 것이기 때문에 금방 알아차린다. (b) 폭발에서 생기는 잔재들이 우주에서 우리 쪽으로 비처럼 내리게 될 것이기 때문에 알아차릴 수 있다 (c) 지금부터 600년 정도까지는 우리는 알아차리지 못한다.

26. 태양계를 태양에서 명왕성까지 몇 분 안에 걸어갈 수 있는 척도로 표현한다면 (a) 행성들은 농구공 정도 크기가 될 것이고 가까이 있는 별들은 수마일 떨어져 있다. (b) 행성들은 구슬

크기 또는 그보다 작을 것이고 가까이 있는 별들은 수천 마일 떨어져 있다. (c) 행성들은 현미경으로 볼 정도로 작고 별들은 몇 광년 떨어져 있다.

27. 관측 가능한 우주 내 별들 개수는 어느 정도 될까? (a) 지구에 있는 모든 해변에 있는 모래알의 수와 견줄 만하다. (b) 마이애미 해변의 모래알 수 정도 된다. (c) 무한대이다.

28. 우주가 팽창한다고 말할 때 그 의미는? (a) 우주에 있는 모든 물체들의 크기가 커지고 있다. (b) 은하들의 평균거리가 시간이 지나면서 커지고 있다. (c) 우주가 늙어가고 있다.

29. 만일 별들만 있고 은하들이 형성되지 않았다면? (a) 우리는 아마 아직도 어떤 방법으로든 존재하게 되었을 것이다. (b) 지상에서의 생명체는 은하들의 빛에 따라 달라지기 때문에 출현하지 못했을 것이다. (c) 우리는 은하들에게 재활용되었던 물질들로 구성되었기 때문에 출현하지 못했을 것이다.

30. 500억 광년 떨어진 은하를 여러분이 관측할 수 있는가? (a) 충분히 큰 망원경으로 관측 가능하다. (b) 우리의 관측 가능한 우주의 한계를 넘게 되기 때문에 관측할 수 없다. (c) 은하는 그렇게 멀리는 존재할 수 없기 때문에 관측 불가능하다.

31. 태양계의 나이는 대략 (a) 우주나이의 1/3 정도 (b) 우주나이의 3/4 정도 (c) 우주나이보다 20억 광년 정도 젊다.

32. 거의 모든 은하는 우리로부터 멀어져 가며, 멀리 있는 은하들이 더 빨리 멀어진다고 하는 사실은 우리가 어떤 결론을 내리는데 도와주었는가? (a) 우주는 팽창하고 있다. (b) 은하들은 자석처럼 서로 다른 은하들을 배척한다. (c) 우리은하는 우주의 중심 근처에 놓여 있다.

## 과학의 과정

33. **행성으로서 지구.** 대부분의 인류역사에서 학자들은 지구가 우주의 중심이라고 가정했다. 오늘날 우리는 지구가 태양 주위를 돌고 있는 하나의 행성에 불과하고, 태양은 또한 광활한 우주에 있는 하나의 별에 불과하다. 과학은 어떻게 우리가 지구에 대한 이런 사실을 알아내도록 도와주었는가?

34. **척도에 대해 생각해보기.** 과학에서 성공의 핵심은 새로운 아이디어를 평가하는 단순한 방법을 발견하는 것이고, 또 단순한 축척모형을 만들어보는 것이 때로는 유용하다. 누군가가 여러분에게 밤보다도 낮이 더 따뜻한 이유가 지구의 낮 쪽이 밤 쪽보다 태양과 더 가깝기 때문이라고 이야기했다고 하자. 이 아이디어를 태양계의 축척 모형에서 지구의 크기와 태양으로

부터의 거리를 생각해봄으로써 검토해보자.

35. **증거 찾기.** 제1장에서 우리는 우주의 과학적 이야기를 논의한 것이지 이 이야기를 지지해주는 대부분의 증거들은 논의하지 않았다. 이 장에 제시된 하나의 아이디어(우주 내에 수십 억 개의 은하가 존재한다는 아이디어 또는 우주가 빅뱅이란 대폭발로 시작되었다는 아이디어 또는 은하들이 보통의 물질들보다 암흑물질을 더 많이 포함하고 있다는 아이디어)를 선택해서 이 아이디어를 받아들이기 전에 보기 원하는 증거들의 형태들을 간단하게 토론해보자. (힌트 : 이후의 장에 제시된 증거를 보기 위해 앞으로 다루어질 내용을 참고해도 좋다.)

## 그룹 활동 과제

36. **우리은하 내 별들 개수 세어보기. 역할 :** 기록자(그룹 활동을 기록), 제안자(그룹 활동에 대한 설명), 반론자(제안된 설명의 약점을 찾아냄), 중재자(그룹의 논의를 이끌고 반드시 모든 사람이 참여할 수 있도록 함). **활동 :** 그룹으로서 각 부분의 질문에 답을 해본다.

   a. 두 가지 사실로부터 우리은하의 별 개수를 추정해본다.
   
   (1) 태양에서 12광년 이내에 있는 별들의 개수로 부록 F에 수록된 별의 개수를 세어볼 수 있다.
   
   (2) 우리은하원반의 전체 체적(직경 10만 광년, 두께 1,000 광년)이 여러분이 별 개수를 세어본 영역의 체적보다 10억 배 정도 된다.
   
   b. (a)에서 얻은 수치를 이 장에서 주어진 값들과 비교해본다. 여러분의 기술이 실제 개수보다 과대한 또는 과소한 결과를 초래할 수 있는 가능한 이유들의 목록을 적어본다.

## 심화학습

*단답형/서술형 질문*

37. **외계 기술.** 몇몇 사람들은 다른 별계로부터 여행 온 외계인들이 자주 지구를 방문했다고 믿는다. 이것이 사실이기 위하여 외계기술이 우리의 기술보다 얼마나 더 발달되어야만 할까? 한두 문단으로 기술적 차이에 대한 감각을 제공하는 기술을 해보라. (힌트 : 이 장에서의 축척 아이디어는 여러분이 현재 여행할 수 있는 거리만큼 여행할 때 외계인이 움직여야 할 거리를 비교하는 데 도움을 줄 수 있다.)

38. **별 충돌.** 가까운 미래에 어떤 별이 우리태양계를 관통하게 될

위험이 존재하는가? 설명해보라.

39. **건포도 케이크.** 케이크 안에 있는 모든 건포도가 빵을 굽기 전에 서로 1cm 떨어져 있었고 빵 굽기를 마친 후에 4cm 떨어졌다고 가정해보자.

　　a. 빵을 굽기 전과 후의 케이크를 나타내주는 그림을 그려보라.

　　b. 여러분의 그림에서 국부 건포도로 어떤 한 개의 건포도에 표시해보자. 국부 건포도의 입장에서 본 다른 건포도들의 거리와 속도를 보여주는 표를 만들어보자.

　　c. 여러분의 팽창하는 케이크가 어떻게 우주의 팽창과 비슷한지 간단하게 설명해보라.

## 계량적 문제

모든 계산 과정을 명백하게 제시하고, 완벽한 문장으로 해답을 기술하라.

41. **빛이 이동한 거리.** 1광년은 빛이 1년 동안 갈 수 있는 거리로서 우리는 광초를 빛이 1초 동안 간 거리, 1광분을 빛이 1분 동안 간 거리와 같이 정의한다. 다음의 각 경우에 해당하는 거리를 km와 마일로 환산해보라.

　　a. 1광초

　　b. 1광분

　　c. 1광시

　　d. 1광일

42. **달빛과 햇빛.** 다음의 각 경우에 빛이 여행하는 데 필요한 시간을 계산해보라.

　　a. 달에서 지구로 여행할 때

　　b. 태양에서 지구로 여행할 때

43. **토성과 우리은하.** 토성의 사진들과 은하의 사진들은 아주 비슷하게 보일 수 있어서 어린아이들은 자주 이런 사진들을 똑같은 천체들이라고 생각하기도 한다. 실제로는 한 은하는 어떤 행성보다 아주 크다. 우리은하의 직경은 토성의 고리직경보다 몇 배 정도 큰지 계산해보라. (자료 : 토성의 고리는 직경 27만 km 정도, 우리은하 직경은 10만 광년)

44. **자동차 여행.** 여러분이 자동차를 운전하여 우주를 시속 100km로 여행을 떠날 수 있다고 상상해보자. 다음의 각 경우에 운전하고 가야 할 시간을 계산해보자.

　　a. 지구 적도 주위를 돌 때(지구 둘레는 약 4만km)

　　b. 태양에서 지구까지

　　c. 태양에서 명왕성까지(명왕성 거리는 약 $5.9 \times 10^9$km)

　　d. 알파 센타우리라는 별까지(4.4광년)

45. **더 빠른 여행.** 알파 센타우리라는 별까지 100년 내에 도달하고 싶다고 가정해보자.

　　a. 시속 몇 킬로미터로 달려가야 할까?

　　b. (a)에서 계산된 속도가 현재 가장 빠른 우주선의 속도(시속 약 5만 km)의 몇 배 정도 빠른가?

## 토론문제

46. **엄청나게 큰 구.** 네덜란드 천문학자 호이겐스는 다른 행성들의 크기가 큰 것과 다른 별들까지의 거리가 멀다는 두 가지 사실들을 실제로 이해한 첫 번째 사람이다. 1690년에 그는 이렇게 적었다. "그 구형 천체들은 엄청나게 커서, 그 큰 구형천체들의 크기와 비교해볼 때 우리지구, 즉 그 안에서 엄청난 장식들과 항해기술 그리고 전쟁들이 이루어진 대 공연장인 지구는 무시할 만큼 얼마나 보잘것없는가! 이 작은 지구에 존재했던 왕들과 왕자들이 지구의 아주 보잘것없는 구석에서 지배자가 되려는 야망에 사람이 얼마나 많은 사람에게 삶을 희생했는가는 잠깐만 심사숙고해 봐도 느껴볼 수 있다." 그가 의미하는 바가 무엇이라고 생각하는가? 설명해보라.

47. **고대 인류.** 우주달력의 12월 31일 자정이 되기 전 마지막 0.1초보다 약간 긴 시간에 인간은 엄청난 문명을 발달시켰고 우주에 대해 많은 것을 배웠다. 그러나 우리는 또한 우리 자신을 파괴할 수 있는 기술을 개발해냈다. 자정 종소리가 울리고 있고 미래에 대한 선택은 우리에게 남아 있다. 우리 인류문명이 앞으로 얼마나 오래 생존할 수 있다고 생각하는가? 여러분의 의견을 기술해보라.

48. **인류의 탐험.** 천문학적 발견들은 분명 과학에서 중요하지만 그 발견들이 우리의 개인적인 삶에도 중요한가? 여러분의 의견을 말해보라.

## 웹을 이용한 과제

49. **천문학 웹사이트.** 이 웹페이지는 방대한 양의 천문학적 정보를 제공하고 있다. 'Astronomy on the Web'을 적어도 한 시간 정도 둘러보자. 여러분의 웹 서핑에서 배운 것들을 요약하여 두세 문단으로 정리해보자. 여러분이 좋아하는 천문 웹사이트는 무엇인가? 그리고 그 이유를 말해보라.

50. **나사 미션.** 천문위성계획에 대해 알아보려면 나사 웹페이지를 방문하면 된다. 여러분이 신청한 천문학 강의가 진행되는

동안 새로운 천문 정보를 제공해줄 것 같은 위성계획에 대해 1쪽짜리로 요약해 보라.

51. **울트라 딥 필드.** 1쪽에 있는 사진은 '울트라 딥 필드'라 부른다. 허블우주망원경 웹사이트에서 이 사진을 찾아보라. 이 사진이 어떻게 찍혀졌고 무엇을 보여주고 있고, 이 사진에서 우리는 무엇을 배울 수 있는지 생각해보라. 여러분이 알아낸 것들을 간단하게 요약해보라.

# 스스로 발견하는 우주

2

미국 유타 주 아치국립공원에서 장기노출방법으로 촬영한 별의 일주운동 사진

이 장의 학습목표

**지**금은 천문학의 역사에서 흥미진진한 시대이다. 새로운 세대의 망원경들이 우주를 깊숙이 살펴보고 있다. 점차 증가하고 있는 우주 탐사선은 태양계 안의 행성과 새로운 천체들에 대한 정보를 쌓아가고 있다. 엄청나게 발전하고 있는 컴퓨팅 기술은 과학자들이 많은 양의 새로운 데이터를 분석할 수 있게 해주고 있으며, 행성, 별, 은하 및 우주에서 일어나고 있는 현상들을 모델링할 수 있게 해주고 있다.

이 책의 또 하나의 목적은 계속 진행되고 있는 천문학적 발견의 모험을 여러분과 함께 나누는 것이다. 이러한 모험의 일부가 되기 위한 가장 좋은 방법의 하나는 바로 수천 세대 동안 인류가 해온 일(밖으로 나가 하늘을 바라보고, 여러분이 속한 장엄한 우주에 대해 사색에 잠기는 일)에 동참하는 것이다. 이 장에서는 여러분이 바라보는 하늘을 이해할 수 있는 몇 가지 아이디어에 대해 논의해보고자 한다.

## 2.1 밤하늘에 새겨진 문양

오늘날 우리는 우주의 많은 은하들 중 하나의 은하에 속한 평범한 별 주변을 돌고 있는 작은 행성에 살고 있다는 사실에 대해 당연하게 여기고 있다. 하지만 이러한 사실은 밤하늘을 그저 슬쩍 보아서는 명확히 알 수 없으며, 그리하여 오랜 시간에 걸친 면밀한 관측을 통해 우리는 우주 안에서의 우리의 위치에 대해 알게 되었다. 이 절에서는 밤하늘의 특징을 우리가 어떻게 이해하게 되었는지에 대해 알아보고자 한다.

### ● 지구에서는 우주가 어떻게 보일까?

해가 진 후 어둠이 깔릴 때, 하늘은 천천히 별들로 가득 차게 된다. 도시 불빛으로부터 멀리 떨어진 곳의 맑고 달이 없는 하늘에서는 은하수라고 부르는 희미한 빛의 테를 따라 2,000여 개의 별을 맨눈으로 볼 수 있다(그림 2.1). 별을 바라볼 때 여러분은 마음속으로 별들이 그려낸 그 문양과 닮은 어떤 모습 혹은 물체를 연상할지도 모른다. 여러분이 만약 매일 밤 혹은 매년 그렇게 하늘을 바라본다면, 그 문양은 항상 똑같다는 것을 깨닫게 될 것이다. 밤하늘의 문양은 지난 수천 년 동안 거의 변하지 않고 그대로였다.

**별자리** 거의 모든 인류의 문명은 자신들이 하늘에서 본 그 문양에 이름을 붙였다. 그 문양을 우리는 별자리라고 부른다. 하지만 천문학자들에게는 그 용어가 조금 더 자세한 의미를 갖는다. **별자리**란 잘 구획된 경계선을 가진 하늘의 '일정 영역' 혹은 단지 이름을 붙이는 데 도움이 되는 친숙한 문양의 별들이다.

밝은 별을 이용하면 하늘의 각 영역에 대한 공식적인 이름인 별자리를 보다 쉽게 찾을 수 있다.

1928년 국제천문연맹에서는 88개의 공식적인 별자리의 이름과 경계선을 확정하였다[부록 H]. 미국 대륙 모든 지점이 각기 어떤 하나의 주에 속해 있는 것처럼, 하늘의 그 어떤 지점도 하나의 별자리에 포함되어 있다. 그 예로 그림 2.2에 오리온 별자리의 경계와 그 이웃 별자리들을 함께 표시하였다.

밤하늘을 마치 이웃처럼 친숙하게 여기게 되는 데에는 20~40개 정도의 별자리만 알아도 충분하다. 별자리를 익히는 가장 좋은 방법은 밖으로 나가서 직접 보는 것이다. 이때 천체 투영관에서 얻은 정보나 별자리 표[부록 I] 혹은 스마트폰과 태블릿 관련 앱을 이용하면 더욱 좋다.

**천구** 하나의 별자리에 속한 별들은 서로 가까이에 있는 것처럼 보이지만 사실 굉장히 멀리 떨어져 있다. 왜냐하면 그 별들은 각각 지구로부터 매우 다른 거리에 있기 때문이다. 이러한 착시 현상은 별이 너무 멀리 있기 때문에 우리가 우주를 바라볼 때마다 발생할 수밖에 없는 거리에 대한 인식 부족이 그 원인이다[1.1절]. 고대 그리스인들은 이러한 착시 현상을 잘못 이해하여 별들과 그 별자리가 마치 지구를 둘러싼 거대한 **천구** 위에 놓여 있는 것으로 상상하였다(그림 2.3).

> 천구상의 모든 별이 나란히 놓여 있는 것 같지만 사실은 지구로부터 각기 다른 거리에 놓여 있다.

오늘날 우리는 지구가 천구의 중심에 있다는 것이 단지 우리가 지구에서 우주를 바라보기 때문이라는 것을 잘 알고 있다. 그럼에도 불구하고 천구는 지구에서 바라보는 하늘의 지도와 같기에 나름 유용한 착시 효과로 볼 수 있다. 참고로 우리는 천구상에서 네 가지 의미 있는 위치와 대원을 다음과 같이 정의한다(그림 2.4).

- **천구의 북극**은 지구의 북극에서 수직으로 올라가 천구와 만난 지점
- **천구의 남극**은 지구의 남극에서 수직으로 올라가 천구와 만난 지점
- **천구의 적도**는 지구의 적도가 천구상에 투영된 원
- **황도**는 천구상에 태양이 1년 동안 지나간 길로 역시 원의 형태를 띠며, 천구의 적도와는 23.5도 기울어지게 된다.

**은하수** 은하수라고 부르는 빛의 테는 20개가 넘는 많은 별자리를 관통하면서 천구 위를 가로질러 거대한 원을 이룬다. 은하수는 우리가 살고 있는 우리은하와 매우 중요한 관련이 있는데, 은하수는 바로 우리은하의 디스크 면이 디스크 안쪽에 있는 우리들에게 보이는 것이기 때문이다.

**그림 2.1** 하와이 마우이 섬의 할레아칼라 분화구에서 바라본 은하수. 은하수 중심부 바로 아래(왼쪽으로 살짝 비켜난 부분)에 있는 밝은 점은 목성이다.

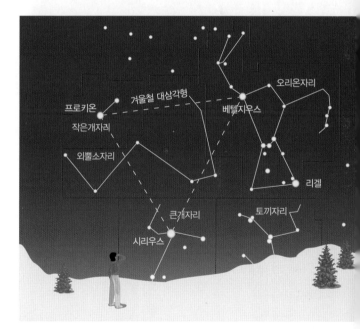

**그림 2.2** 붉은 선은 오리온과 그 근처의 몇 개 별자리의 공식적인 경계선을 나타낸 것이다. 노란 선은 별자리의 문양을 알기 좋게 연결한 것이다. 시리우스, 프로키온 그리고 베텔지우스가 만드는 '겨울철 대삼각형'은 여러 별자리에 걸쳐지고 있다. 이 그림은 북반구에서 겨울철 저녁에 바라본 남쪽 하늘의 모습이다.

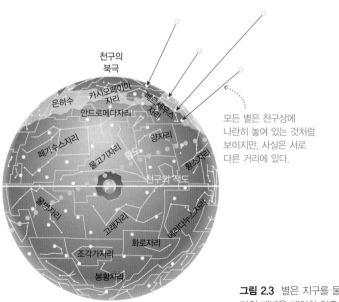

**그림 2.3** 별은 지구를 둘러싼 거대한 천구에 놓여 있는 것처럼 보인다. 이것은 공간에서 거리의 개념을 제외한 일종의 착시 현상이다. 하지만 하늘의 지도라는 측면에서는 나름 유용하게 사용될 수 있다.

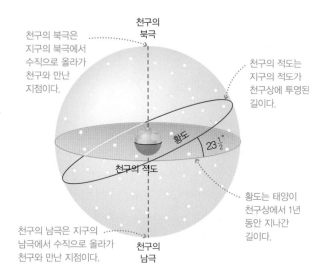

**그림 2.4** 천구상의 주요 위치와 대원을 나타낸 도식도

**그림 2.5** 이 그림은 은하의 구조가 지구에서 바라보는 우리의 하늘에 어떤 영향을 미치는지를 보여주고 있다.

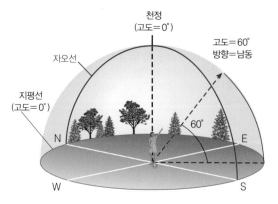

**그림 2.6** 지구상의 어느 곳에서도 국부하늘은 돔(반구)처럼 보인다. 이 그림은 국부하늘에서 주요한 지점을 표시한 것이다. 또한 국부하늘의 어떠한 지점도 고도와 방위각으로 나타낼 수 있음을 보여주고 있다.

그림 2.5는 위 개념에 대한 상상도이다. 우리은하는 중심이 불룩한 얇은 팬케이크처럼 생겼다. 우리는 이 '팬케이크'의 중심으로부터 절반보다 조금 더 멀리 떨어진 위치에서 우주를 보고 있는 것이다. 우리가 팬케이크 안에서 우주를 바라보기 때문에 모든 방향에서 셀 수 없이 많은 별들과 성간구름으로 이루어진 밤하늘의 은하수를 보게 되는 것

*밤하늘의 은하수는 우리은하면이 모든 방향에서 보이기 때문에 나타나는 것이다.* 이다. 이것이 왜 빛의 테가 하늘을 가로질러 거대한 원을 이루는지에 대한 설명이다. 은하수는 궁수자리 쪽에서 좀 더 넓게 보이는데, 그곳이 우리은하 중심의 불룩한 부분이기 때문이다. 은하 평면으로부터 멀리 떨어진 은하를 보게 되면 상대적으로 적은 수의 별들과 구름이 있어 우리 시야를 덜 가리게 되므로 좀 더 깨끗하게 볼 수 있다.

은하수 중심부를 가로지르는 검은 선들은 별빛을 가로막는 높은 밀도의 성간구름이다. 사실 이 성간구름 때문에 우리는 수천 광년 이상의 크기를 갖는 우리은하면을 제대로 볼 수가 없었다. 하지만 전파와 엑스선을 이용한 새로운 기술들은 성간구름을 꿰뚫고 맨눈으로는 볼 수 없었던 빛의 모습을 볼 수 있게 해주어, 그 결과 수십 년 전까지만 해도 미지의 영역으로 남겨져 있던 우리은하의 많은 부분을 이제는 볼 수 있게 되었다[5.1절].

**국부하늘** 천구는 지구에서 바라보는 우주의 겉모습을 생각하는 데 유용하게 사용된다. 하지만 밖으로 나가 실제로 바라보는 하늘은 천구가 아니다. 대신 여러분의 **국부하늘**(여러분이 어디에 있든지 여러분이 서 있는 바로 그곳에서 보이는 하늘)이 반구 혹은 돔의 형태로 보일 것이다. 돔 형태로 보이는 이유는 우리가 어느 지역 어느 순간에 있더라도 천구의 단지 반쪽밖에 볼 수가 없기 때문이다. 나머지 반쪽은 지평선 아래에 숨겨져 보이지 않는다.

그림 2.6에는 국부하늘에서 중요한 몇 가지 지점을 표시하였다. 하늘과 땅의 경계선을 **지평선**이라고 정의한다. 관측자의 머리 위와 맞닿은 천구상의 지점은 **천정**이다. **자오선**은 지평선의 북쪽과 천정 그리고 지평선의 남쪽을 잇는 가상의 반원이다.

*국부하늘에 있는 어느 한 지점은 지평선으로부터 올라온 고도와 지평선을 따라 움직인 방위각으로 표시할 수 있다.* 우리는 국부하늘에 있는 임의의 어떤 지점에 대해서도 지평선을 따라 움직인 **방위각**(북쪽으로부터 시계 방향으로 잰 각도이다.) 과 지평선으로부터 올라간 **고도**로 표시할 수 있다. 예를 들어 그림 2.6에서 관측자는 남동쪽 방향으로 고도 60°인 별을 가리키고 있다. 주의할 점은 천정은 고도는 90°이지만 방향은 없다는 점이다. 왜냐하면 바로 머리 위에 있기 때문이다.

**각크기와 각거리** 천구상에서는 거리에 대한 개념이 없기 때문에 천체들의 실제 크기와 천체들이 떨어져 있는 거리를 알아내는 것이 매우 어렵다. 대신 우리는 각크기를 사용해서 두 천체가 실제로 얼마나 떨어져 있는지는 모르더라도 얼마나 떨어져서 보이는지는 기술할 수 있다.

a. 태양과 달의 각크기는 약 0.5°
이다.

b. 북두칠성의 '북극성 지시별들' 사이의 각거리는 약 5°이며, 남십
자성이 이루는 각크기는 6°이다.

c. 각크기와 각거리는 팔을 쭉 뻗은 후 손을 이용해서
측정할 수도 있다.

사진처럼 팔을 앞으로 펼친다.

**그림 2.7**  우리가 하늘의 어떤 천체를 볼 때는
실제 크기와 거리보다는 각크기와 각거리를 측
정하게 된다.

천체의 **각크기**는 우리의 시야에서 천체가 퍼져서 보이는 각도를 의미한다. 예를 들어 태양
과 달은 각크기가 가가 약 0.5°이다(그림 2.7a). 여기서 각크기는 실제 그 천체의 크기를 의미
하지는 않는다는 점에 주의해야 한다. 각크기도 거리에 의존
하기 때문이다. 태양은 실제 지름이 달의 400배에 달한다. 하지만 하늘에서는 해와 달의 각크
기가 거의 같다. 왜냐하면 태양이 달보다 400배 멀리 있기 때문이다.

천체가 멀어질수록 각크기는 작아진다.

**생각해보자 ▶**  아이들은 종종 하늘에 떠 있는 물체(달, 비행기 등)의 크기를 cm나 m로 표시하거나 손
가락을 벌려 "그거 이만큼 크다."라고 말하곤 한다. 우리는 정말 이런 방법으로 천구상의 물체 크기를 말
할 수 있을까?

천체 간의 **각거리**는 천구상의 두 천체가 떨어져 있는 각도를 말한다. 예를 들어 북두칠성의
그릇 끝부분에 있는 '북극성 지시별들' 사이의 각거리는 5°이며, 남십자성의 각거리는 약 6°
이다(그림 2.7b). 손을 뻗어서 보면 천구상의 각거리를 대충 가늠할 수도 있다(그림 2.7c).
자세한 측정을 위해 그림 2.8과 같이 1°를 60으로 나누어 60**각분**(')으로 표시하기도 하고,
1각분을 60으로 나누어 60**각초**(″)로 표시하기도 한다. 35°27′15″는 '35도 27(각)분 15(각)초'
로 읽는다.

## ● 별은 왜 뜨고 지는가?

별이 가득한 하늘 아래에서 몇 시간을 지내다 보면 별들이 천천히 동쪽에서 서쪽으로 움직이
면서 마치 우리를 감싼 우주가 원을 그리고 있는 것처럼 보인다는 것을 알 수 있을 것이다. 고
대인들이 이런 현상에 직면했을 때 그들은 우주의 중심에 우리가 있으며 매일 우주가 우리를
돌고 있다고 생각했다. 오늘날 우리는 고대인들과는 반대의 생각을 하고 있다. 즉, 매일 도는
것은 우주가 아니라 지구라는 사실이다.

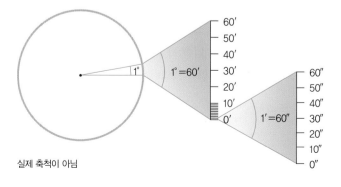

실제 축척이 아님

**그림 2.8**  1도는 60(각)분으로 구
성되며, 1(각)분은 60(각)초로 이루
어진다.

### 일반적인
### 오해

**달(크기)의 착시 효과**

아마도 여러분은 보름달이 지평선 근처에 있을 때
가 하늘에 높이 떠 있을 때보다 더 커 보인다고 생
각할지 모르겠다. 그러나 달의 각크기 변화는 하
나의 착시 효과이다. 만약 여러분이 작은 물체(예 :
단추) 하나를 들고 팔을 쭉 뻗어 달의 각크기와 밤
새 비교해본다면 달의 각크기가 변하지 않는다는
것을 알 수 있을 것이다. 그 이유는 다음과 같다.
달의 각크기는 달의 실제 크기 그리고 (지구로부
터의) 거리와 관련이 있다. 달까지의 거리는 한 달
동안 조금씩 변하지만 하룻밤 동안에는 그 변화가
거의 없기 때문이다. 이러한 착시 효과는 명백히
인간의 뇌에서 벌어진 일이지만 정확한 원인에 대
해서는 아직까지도 논란이 많다. 흥미로운 건 다
리 사이로 달을 거꾸로 보면 이런 착시 효과가 사
라진다는 점이다.

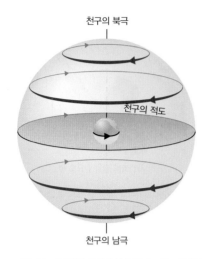

**그림 2.9** 지구의 서쪽에서 동쪽으로의 자전(검은 선)은 마치 천구가 우리 주위를 동쪽에서 서쪽으로 회전(붉은 선)하는 것처럼 보이게 한다.

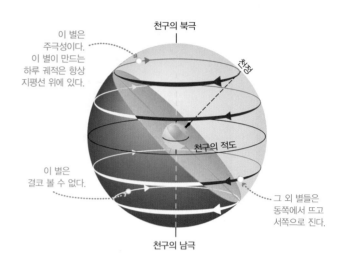

**그림 2.10** 북미 40° N에 위치한 지점에서 본 관측자 하늘. 천구를 가로지르는 지평선은 천구의 적도와 각을 이루게 된다. 따라서 별의 일주운동 궤적은 국부하늘에서 기울어져 보이게 된다. 천정이 위쪽으로 오도록 책을 돌려서 보면 별의 궤적을 좀 더 쉽게 이해할 수 있을 것이다.

그림 2.9에서처럼 지구 주위를 돌고 있는 천구가 하늘에서 어떻게 나타나는지를 상상해볼 수 있다. 이런 관점에서는 천구상의 모든 천체가 하루에 한 바퀴 원을 그리며 지구 주위를 도는 방식으로 우주가 우리 주위를 회전하는 것처럼 보인다. 하지만 국부하늘에서는 그 움직임이 조금 더 복잡해 보인다. 왜냐하면 지평선에 의해 나머지 반쪽이 보이지 않기 때문이다. 그림 2.10에서처럼 미국의 한 지점을 생각해보자. 그림을 주의 깊게 살펴보면 국부하늘을 통과하는 여러 별의 경로는 다음과 같은 특징이 있다는 것을 알 수 있다.

- 천구의 북극 근처의 별들은 **주극성**이다. 즉, 그 별들은 결코 지평선 아래로 지지 않으며, 매일 천구의 북극을 중심으로(시계 반대 방향으로) 원을 그리고 있다.
- 천구의 남극 근처의 별들은 결코 지평선 위로 떠오르지 않는다.
- 그 외의 다른 별들이 만드는 경로는 일부는 지평선 위로, 나머지는 지평선 아래에 있게 된다. 즉, 동쪽에서 떠서 서쪽으로 진다는 의미이다.

이 장 표지에 있는 장기 노출 사진(p.27)은 별이 만들어내는 하루 궤적의 일부를 촬영한 것이다. 주극성의 궤적은 호로 보인다. 주목할 점은 사진에는 비록 원의 일부인 호만 나타났지만 주극성의 궤적은 하루 동안 지평선 아래로 조금도 내려가지 않는 완벽한 원으로 나타났을

지구가 서쪽에서 동쪽으로 자전함에 따라 하늘은 마치 천구의 극을 중심으로 회전함으로써 동쪽에서 서쪽으로 움직이는 것처럼 보인다.

것이라는 점이다. 천구의 북극은 주극성이 그리는 원의 중심에 있다. 원은 천구의 북극으로부터 멀어질수록 점점 더 커진다. 만약 원이 충분히 커지게 되면 결국 지평선과 만나게 되고 이제 별은 동쪽에서 뜨고 서쪽으로 지게 된다. 남쪽 하늘에서도 이와 같은 방법으로 생각해볼 수 있다. 차이점은 남쪽 하늘의 주극성들은 천구의 남쪽 근처에 있으며 시계 반대 방향이 아니라 시계 방향으로 원을 그린다는 것이다.

**생각해보자** ▶ 멀리 있는 은하들도 별처럼 뜨고 지는가?

## ● 우리가 보는 별자리는 왜 위도와 계절에 따라 달라지는가?

같은 지역에 머무를 때는 그 다음날이 되어도 별자리의 움직임이 크게 달라지지 않는다. 하지만 북쪽으로 혹은 남쪽으로 이동을 하게 되면 우리가 집에 있을 때 보는 것과는 다른 별자리를 보게 된다. 심지어는 같은 지역에 있어도 계절이 달라지면 다른 별자리를 보게 된다. 이제 그 이유를 알아보자.

**위도에 따른 차이** **위도**는 남북 방향으로의 측정한 값이며, **경도**는 동서 방향으로 측정한 값이다(그림 2.11). 위도는 적도에서 0°이며 북쪽으로 조금씩 증가해서 북극에서는 90°N이 된다. 동일하게 적도에서 남쪽으로 조금씩 증가해서 남극에서는 90°S가 된다. 국제조약에 따라 경도는 영국 그리니치를 지나는 **본초자오선**을 0°로 정한다. 지구 위의 한 지점은 경도와 위도로 나타나게 된다. 예를 들어 마이애미는 위도로 26°N이며, 경도로 80°W이다.

위도는 천구상의 지평선과 천정의 위치에 상대적으로 영향을 미치므로 결국 우리가 보는 별자리에도 영향을 주게 된다. 그림 2.12는 북극(90°N)과 호주 시드니

> 여러분이 보는 별자리는 여러분이 있는 위치의 위도와 관련이 있을 뿐 경도와는 상관이 없다.

(34°S)에서 이런 일이 어떻게 일어나는지를 설명하고 있다. 주의할 점은 하늘의 이러한 움직임은 위도와 관련이 있을 뿐 경도와는 관련이 없다는 것이다. 예를 들어 찰스턴(사우스캐롤라이나)과 샌디에이고(캘리포니아)는 동일한 위도에 있기 때문에 두 도시에 사는 사람들은 밤에 같은 별자리를 보게 된다.

그림 2.10과 2.12에서는 위도에 따라 변하는 하늘의 모습을 보여주고 있어 좀 더 자세히 그 내용을 알 수 있다. 예를 들어 북극에서는 오직 천구의 북반구에 속한 별들만을 볼 수 있다. 그리고 관측하는 별 모두가 주극성이 된다. 이것이 바로 태양이 지평선 위로 올라온 후 6개월 동안 저물지 않고 하늘에 떠 있는 이유이다. 즉, 태양은 1년의 절반을 천구의 북반구에서 보내는데(그림 2.4), 그 6개월 동안 주극성처럼 천구의 북극을 중심으로 원을 그리며 일주운동을 한다.

이 그림들은 항해할 때 매우 중요한 사실도 알려준다. 바로 여러분이 본 천구의 북극의 고도가 바로 여러분이 있는 곳의 위도와 같다는 사실이다. 예를 들어 여러분이 바라본 하늘에서 천구

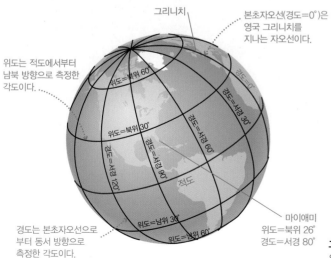

**그림 2.11** 지구 표면의 어떤 지점도 위도와 경도로 표시할 수 있다.

천문
**계산법 2.1**

**달의 각크기, 실제 크기 그리고 거리**

눈앞에 바로 동전이 있다면, 시야가 완전히 가릴 수도 있다. 하지만 동전을 조금 더 멀리 떨어뜨려 놓으면 동전은 더 작게 보이고 시야를 가리는 부분도 적어지게 된다. 동전 혹은 어떤 물체가 충분히 밀어서 그 각크기가 상대적으로 매우 작다면(예 : 몇 각도 이내), 각 크기와 실제 크기 그리고 거리는 아래의 식처럼 나타낼 수 있다.

$$\frac{달의\ 각크기}{360°} = \frac{달의\ 실제\ 크기}{2\pi \times 달까지의\ 거리}$$

예제: 달의 각크기는 약 0.5°이며, 달까지의 거리는 약 380,000km이다. 달의 실제 직경은 얼마나 될까?

해답: 실제 크기를 구하기 위해 위 식에서 양변에 2π× 거리를 곱한 후 정렬하면 :

$$달의\ 실제\ 크기 = 달의\ 각크기 = \frac{2\pi \times 달까지의\ 거리}{360°}$$

달의 각크기와 거리를 대입하면 :

$$달의\ 실제\ 크기 = 0.5° = \frac{2\pi \times 380,000km}{360°}$$

달의 직경은 약 3,300km가 된다. 달의 각크기와 거리에 훨씬 더 자세한 값을 사용하면 더욱 정확한 달의 크기(3,476km)를 구할 수 있다.

일반적인
**오해**

**낮 동안의 별들은……**

별들은 낮시간 동안 사라졌다가 밤에 다시 나타나는 것처럼 보인다. 하지만 사실 별들은 항상 하늘에 떠 있다. 우리가 낮에 별을 보지 못하는 것은 약한 별빛이 낮 동안 하늘의 밝은 빛에 압도당하기 때문이다. 낮에 망원경을 사용하거나 혹은 개기일식인 경우 낮에도 밝은 별을 볼 수 있다. 우주비행사도 낮에 별을 볼 수 있는데, 그들은 지구 대기권 밖에 있기 때문에 태양 빛을 산란시킬 대기가 없기 때문이다. 우주비행사들에게 태양은 별들로 가득 찬 검은 하늘에서 빛나는 하나의 밝은 별일뿐이다(하지만 태양은 너무나 밝기 때문에 우주비행사들도 다른 별을 보기 위해서는 태양빛을 가려야만 한다).

**그림 2.12** 관측자의 위도에 따라 하늘은 다르게 보인다. 주목할 점은 여러분이 관측하게 되는 천구의 북극(혹은 남극)의 고도는 항상 여러분이 살고 있는 위도와 같다는 것이다.

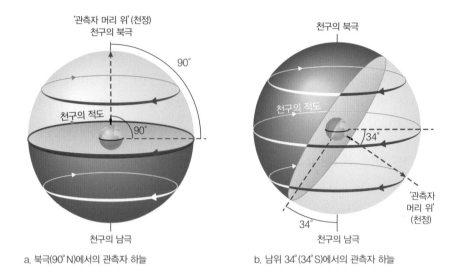

a. 북극(90°N)에서의 관측자 하늘

b. 남위 34°(34°S)에서의 관측자 하늘

여러분이 바라보는 천구의 북극의 고도가 바로 여러분이 있는 곳의 위도와 같다.

의 북극이 고도 40°라면, 여러분은 위도 40°N 지역에 있다는 것이다. 같은 방법으로 천구의 남극을 고도 34°로 볼 수 있다면 여러분은 위도 34°S 지역에 있는 것이다. 하늘에서 천구의 북극을 찾는 것은 매우 쉬운 일이다. 왜냐하면 천구의 북극은 북극성과 매우 가깝기 때문이다(그림 2.13a). 남반구에서는 남십자성을 이용해서 천구의 남극을 찾을 수 있다(그림 2.13b).

**스스로 해보기 ▶** 여러분이 살고 있는 곳의 위도는 얼마인가? 그림 2.13을 이용해서 천구의 북극을 찾아보고, 그림 2.7c에서 알려준 대로 여러분의 손을 사용해서 고도를 측정해보라. 여러분이 알고 있는 위도와 같은가?

**그림 2.13** 여러분이 바라보는 하늘에서 천구의 북극의 고도를 측정하면 여러분이 있는 곳의 위도를 알 수 있다.

북반구에서 북쪽을 바라볼 때

a. 북두칠성의 북극성 지시별을 통해 찾은 북극성은 천구의 북극으로부터 1° 이내에 위치한다. 하늘은 이 천구의 북극을 중심으로 시계 반대 방향으로 회전하는 것처럼 보인다.

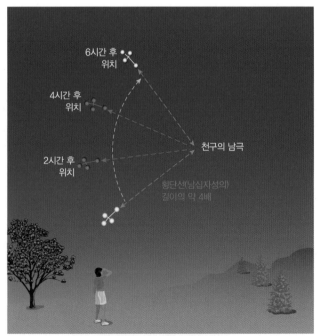

남반구에서 남쪽을 바라볼 때

b. 남십자성이 가리키고 있는 천구의 남극 주위에는 마땅한 밝은 별이 없다. 하늘은 천구의 남극을 중심으로 시계 방향으로 회전하는 것처럼 보인다.

**계절에 따른 연중 변화** 별자리는 1년을 주기로 변하게 되는데, 이것은 지구가 태양 주위를 공전하며 그 위치가 변하기 때문이다. 지구가 공전하면 태양은 황도를 따라서 조금씩 동쪽으로 이동하게 되고 그 결과 태양이 놓이는 별자리도 1년 동안 변하게 된다. 황도가 지나가는 별자리들을 **황도대**라 하고 전통적으로 12개의 별자리가 여기에 속한다. 하지만 황도가 지나가는 공식적인 별자리 경계선을 고려하면 13번째 별자리가 있는데, 바로 '땅꾼자리'이다.

**지구의 공전으로 인해 특정 시각에 바라 보는 밤하늘 별자리는 변하게 된다.** 황도를 따라 움직이는 태양의 위치에 의해 우리가 밤에 보는 별자리가 결정된다. 예를 들어 그림 2.14에는 늦은 8월 태양이 사자자리에 있을 때의 모습을 나타낸 것이다. 이때 우리는 사자자리를 볼 수가 없다 (왜냐하면 사자자리는 낮에 떠 있기 때문이다.). 하지만 물병자리는 밤새 볼 수 있다. 그 이유는 물병자리가 천구상에서 사자자리의 정반대편에 있기 때문이다. 6개월 후 2월이 되면 우리는 밤시간 내내 사자자리를 볼 수 있으며, 반대로 물병자리는 낮시간에만 지평선 위로 올라오게 된다.

**스스로 해보기 ▶** 그림 2.14에 오늘 날짜를 대입해보면 오늘 태양의 위치는 어느 별자리에 있는가? 황도대의 별자리 중에서 오늘밤 자정 남중하는 것은 무엇인가? 황도대의 별자리 중에서 태양이 질 때 서쪽 하늘에 살짝 보이는 별자리는 무엇인가? 밖으로 나가 답을 확인해보라.

## 2.2 계절이 생기는 원인

우리는 지금까지 지구의 자전으로 인해 하늘이 매일 우리를 회전하는 일주운동을 한다는 사실과 지구의 공전으로 인해 밤하늘이 변한다는 사실을 알았다. 지구의 자전과 공전의 결합은 이제 우리를 계절로 인도할 것이다.

**그림 2.14** 지구의 공전으로 인해 태양이 황도대를 따라 매일 동쪽으로 움직이는 것처럼 보이고, 태양은 연중 다른 황도대의 별자리들 위를 지나가게 된다. 예를 들어 8월 21일 태양은 사자자리에 있는데, 이것은 우리와 사자자리를 만드는 많은 먼 거리의 별들 사이에 태양이 놓인다는 뜻이다.

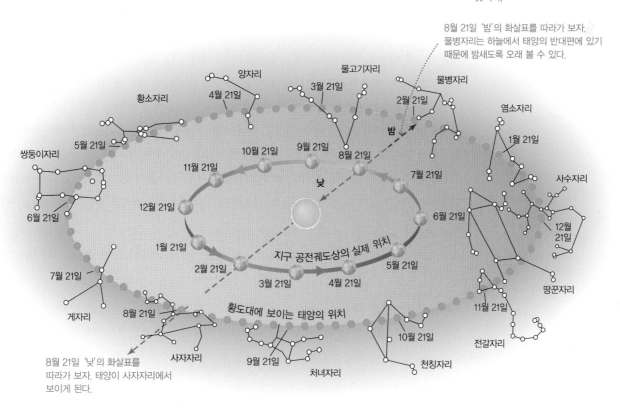

8월 21일 '밤'의 화살표를 따라가 보자. 물병자리는 하늘에서 태양의 반대편에 있기 때문에 밤새도록 오래 볼 수 있다.

8월 21일 '낮'의 화살표를 따라가 보자. 태양이 사자자리에서 보이게 된다.

## ● 무엇이 계절을 만드는가?

우리는 계절에 따른 변화(예 : 여름에는 낮이 길어지고 더 따뜻해지며, 겨울에는 낮이 짧아지고 추워진다는 것)를 알고 있다. 그런데 이런 계절은 왜 생기는 것일까? 이것은 지구의 자전축이 기울어져서 연중 시간에 따라 지구 표면에 도착하는 태양빛이 다르기 때문이다.

그림 2.15는 주요 아이디어를 그림으로 나타낸 것이다. 1단계는 기울어진 지구의 자전축이 1년 내내 공간상에서 모두 같은 방향(북극성 방향)을 가리키고 있는 것이다. 그 결과 공전궤도상의 각 위치에서 태양에 대한 지구 자전축의 상대적인 지향 방향은 차이가 나게 된다. 북반구에서는 6월에 태양 쪽으로 가장 가깝게 기울어져 있으며, 12월에는 태양과 가장 먼 쪽을 가리키게 된다. 반면 남반구에서는 그 현상이 반대로 일어난다. 이것이 두 반구에서 서로 반대의 계절이 나타나는 원인이다. 그림 2.15의 나머지 부분은 두 반구를 비추는 태양빛의 각도 변화가 계절의 직접적인 원인이 된다는 것을 보여주고 있다.

2단계는 6월의 지구이다. 지구 자전축의 기울기로 인해 태양빛은 북반구를 가장 큰 각도로 비추며, 남반구를 기울기가 가장 작은 각도로 비춘다. 기울기가 큰 각도로 비추게 되면 다음과 같은 두 가지 이유에 의해 여름이 된다. 첫 번째는 확대한 그림에서와 같이 큰 각도는 태양빛을 더 많이 모으게 되어 더욱 따뜻해진다. 두 번째로 지구의 자전을 상상해보면 기울기가 큰 각도를 따라 태양은 훨씬 길고 높은 궤적을 그리며 하늘을 가로지르게 된다. 그 결과 북반구는 태양에 의해 따뜻해질 수 있는 낮시간이 몇 시간 더 늘어나게 된다. 동시에 남반구는 반대 현상이 일어난다. 기울기가 작은 태양빛은 겨울을 만들게 되는 데 이것은 적게 모은 태양빛과 더 짧고 낮게 하늘을 가로지르는 태양의 궤적 때문이다.

> 지구의 자전축은 1년 내내 같은 방향을 향하고 있다. 이로 말미암아 지구가 공전할 때 태양에 대한 지구 자전축의 상대적인 지향 방향은 차이를 보이게 된다.

태양빛의 각도는 지구가 공전함에 따라 조금씩 변한다. 공전궤도 반대쪽에서는 4단계와 같이 북반구는 겨울이 되고 남반구는 여름이 된다. 이 두 극한 대립점 사이에는 3단계와 같이 두 반구에 태양빛이 똑같이 비추는 3월과 9월이 있다. 겨울에서 여름으로 넘어가는 반구는 봄이 되고, 여름에서 겨울로 넘어가는 반구는 가을을 맞이하게 되는 것이다.

지구의 계절을 만드는 것은 지구 자전축의 기울기 때문이지 태양과 지구 사이의 거리 변화에 의한 것은 아니라는 점을 강조하고 싶다. 1년 동안 태양과 지구 사이의 거리는 변한다. 하지만 그 양은 매우 적다. 가장 먼 경우는 가장 가까운 거리에 비해 겨우 3% 정도 더 멀 뿐이다. 거리 차이에 의한 태양빛 세기의 변화는 지구 자전축이 기울어져 나타나는 효과에 비해서는 너무나 미미한 값이다. 지구 자전축이 기울어지지 않았다면 우리에게 계절은 없었을 것이다.

**생각해보자** ▶ 목성의 자전축은 약 3° 정도 기울어져 있다. 무시할 만큼 작은 값이다. 토성은 약 27° 정도 기울어져 있다. 지구만큼 상당히 큰 값이다. 두 행성은 모두 태양 주위를 원 궤도를 그리며 공전한다. 목성은 계절이 있을까? 토성은 계절이 있을까? 설명해보라.

**동지, 하지, 춘분, 추분** 계절의 변화를 표시하는 방법으로 우리는 1년 중 4개의 특별한 시점을 정의하고, 그에 해당하는 지구 공전궤도상의 위치를 그림 2.15에 표시하였다.

- **6월 하지** : 북반구 사람들에게 여름이며 6월 21일 즈음이다. 북반구가 가장 많이 태양 쪽으로 기울어지게 되고 태양빛도 가장 많이 받게 된다.

일반적인
**오해**

**계절의 원인**

많은 사람들이 계절의 원인으로 태양과 지구 사이의 거리 변화를 꼽는다. 만약 그렇다면 남반구와 북반구 모두 동시에 같이 겨울이거나 혹은 여름이어야 한다. 하지만 실상은 그렇지 않다. 계절은 남반구와 북반구가 반대로 나타나고 있다. 사실상 태양과 지구 사이의 거리 변화는 기후에 아무런 영향을 미치지 못하고 있다. 계절의 진짜 이유는 지구 자전축의 기울기이며, 그 결과 두 반구는 해마다 태양을 향하는 기울기가 주기적으로 변하게 된다.

## 특별 주제 : 하루의 길이는 얼마인가?

우리는 보통 지구의 자전주기를 하루 24시간과 연관 짓곤 한다. 하지만 지구 자전에 걸리는 시간을 측정해보면 23시간 56분(더 자세히는 23시간 56분 4.09초)이라는 것을 알 수 있다. 즉, 24시간보다 4분 짧은데 이것은 어떻게 된 일인가?

천문학에서는 두 종류의 '하루'를 정의한다. 지구의 자전주기 23시간 56분은 별이 천구상에서 한 바퀴를 돌아서 다시 그 자리에 올 때까지를 기준으로 측정한 것인데, 이 시간을 **항성일**이라고 정의한다. 즉, 항성일의 항성은 '별과 관련이 있다'는 뜻이다. 우리가 평소에 말하는 '하루 24시간'의 하루는 태양이 천구상에서 한 바퀴를 돌아서 다시 그 자리에 올 때까지 걸린 평균 시간을 의미하는 것으로 우리는 이것을 **태양일**이라고 부른다.

간략한 그림을 통해서 태양일이 항성일보다 약 4분 정도 더 긴 것을 알 수 있다. 태양을 대신하는 물체를 테이블 위에 올려놓고 몇 걸음 뒤로 물러나 여러분이 지구를 상징한다고 생각하자. 손을 들어 태양을 가리키고 동시에 태양과 같은 방향으로 아주 멀리 있는 별도 함께 가리키고 있다고 생각하자. 제자리에서 시계 반대 방향으로 한 바퀴 돌면 여러분은 다시 태양과 아주 멀리 있는 별을 다시 가리키게 된다. 그렇지만 지구는 태양을 공전하기 때문에 여러분은 한 바퀴 돌 때 몇 걸음 시계 반대 방향으로 움직여야 한다(그림 참조). 여러분이 한 바퀴를 돌면 멀리 있는 별을 다시 가리키게 된다. 이것이 바로 항성일을 의미하는 것이다. 하지만 태양을 가리키기 위해서는 아직 조금 더 돌아야 한다. 이 '조금 더' 돌아야 하는 양이 바로 태양일이 항성일보다 조금 더 긴 시간을 의미하게 된다. 이 시간을 계산해보자. 지구는 365일(1년) 동안 태양 주위를 공전하며 360°를 움직이므로, 결국 하루에 약 1° 정도 움직이는 것을 알 수 있다. 그러므로 태양일은 이 1°가 (항성일에 비해) 추가로 필요하게 되는 양인데, 지구 자전 속도의 1/360인 이 1°에는 약 4분의 시간이 걸리게 된다.

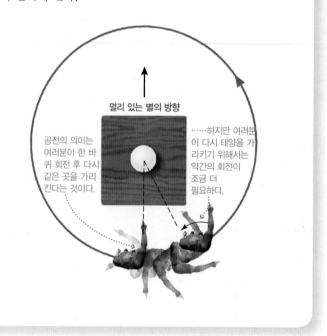

멀리 있는 별의 방향

공전의 의미는 여러분이 한 바퀴 회전 후 다시 같은 곳을 가리킨다는 것이다.

......하지만 여러분이 다시 태양을 가리키기 위해서는 약간의 회전이 조금 더 필요하다.

- **12월 동지** : 북반구 사람들에게 겨울이며 12월 21일 즈음이다. 태양빛도 가장 적게 받게 된다.

- **3월 춘분** : 북반구 사람들에게 봄이며 3월 21일 즈음이다. 북반구가 태양에서 멀리 기울어져 있다가 가까운 쪽으로 돌아서는 순간이다.

- **6월 추분** : 북반구 사람들에게 가을이며 9월 22일 즈음이다. 북반구가 태양에 가까이 기울어져 있다가 먼 쪽으로 돌아서는 순간이다.

하지, 동지, 춘분, 추분의 정확한 날짜와 시간은 매년 조금씩 변한다. 하지만 위의 날짜에서 며칠 안에는 돌아온다. 사실 오늘날 우리가 사용하는 달력은 특별히 고안된 윤년을 사용하기 때문에 위의 네 가지 특별한 시점이 매년 거의 같은 날에 일어나고 있다. 우리는 보통 4년에 한 번 하루(2월 29일)를 더한 윤달을 사용한다. 하지만 100년마다는 윤달을 넣지 않지만 400년마다는 다시 윤달을 넣는다. 이러한 윤달 사용 방법을 이용하면 달력의 1년은 실제 1년[1](365$\frac{1}{4}$일보다 11분 짧은)과 거의 같게 된다.

사람들은 계절의 흐름을 표시하기 위해 춘분과 추분, 하지와 동지를 사용한다.

1) 기술적으로 여기서는 회귀년(춘분점에서 다음 춘분점까지 걸린 시간)을 사용하였다. (다음 장에서 다룸) 지구 자전축의 세차운동으로 인해 회귀년은 지구 공전에 기초한 항성년에 비해 약간(약 20분 정도) 짧다.

**그림 2.15  계절**

지구상의 계절은 지구의 자전축이 기울어졌기 때문에 발생하며, 지구 자전축의 기울어짐은 북반구와 남반구가 반대의 계절
이 되는 원인이 된다. 계절은 태양과 지구 사이의 거리와는 무관한데, 사실 태양과 지구 사이의 거리는 1년 동안 매우 조금
변할 뿐이다.

① **자전축의 기울어짐 :** 지구의 자전축은 연중 같은 방향을 가리킨다.
그 결과 태양에 대한 상대적인 지구의 지향 방향에 변화가 나타나게 된다.

② **북반구의 여름/남반구의 겨울 :** 6월에는 태양빛이 북반구를 더욱 직접적으로 비추게
된다. 태양 에너지는 더욱 집중되고, 태양은 더 높고 길게 하늘을 가로지르게 된다. 이
는 북반구가 여름이 되게 만드는 원인이 된다. 남반구에서는 상대적으로 태양빛을 덜
받게 되고 결국 겨울이 된다.

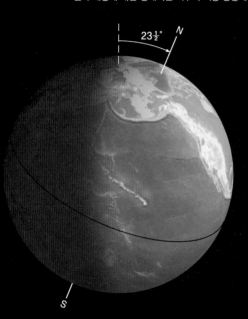

**6월 하지**
북반구가 태양을 향해 가장 많이 기울어져 있다.

계절에 대한 그림을 잘 이해하기 위해서는 다음 사항을 기억해야 한다.
1. 지구의 크기는 지구의 공전궤도에 비해 상대적으로 매우 작기 때문에
   남반구나 북반구 모두 태양으로부터의 거리는 기본적으로 같다.
2. 그림은 지구의 공전궤도면을 옆에서 바라본 것이다. 공전궤도면 위에
   서 아래를 바라본 그림(아래)을 보면 지구의 공전궤도는 거의 원과 같
   으며, 1월에 지구가 태양과 가장 가까운 것을 알 수 있다.

정오의 햇빛은 북반구에서 기울기가 가장 커진다.
즉, 태양빛이 더 많이 집중되며 그림자는
짧아진다.

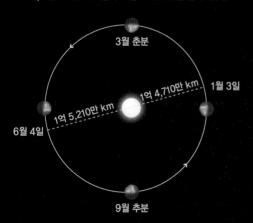

3월 춘분

1억 5,210만 km    1억 4,710만 km    1월 3일

6월 4일

9월 추분

정오의 햇빛은 남반구에서 기울기가 가장
작아진다. 즉, 태양빛이 덜 집중되며 그림
자는 길어진다.

③ **봄/가을** : 태양빛이 남반구와 북반구를 똑같이 비추게 될 때 봄과 가을은 시작되며, 1년에 두 번 이런 현상이 일어난다. 3월에 북반구는 봄이 시작되며, 남반구는 가을이 시작된다. 9월에 북반구는 가을이 시작되며, 남반구는 봄이 시작된다.

④ **북반구의 겨울/남반구의 여름** : 12월이 되면 북반구는 태양빛을 가장 덜 받게 된다. 태양 에너지는 덜 집중되고, 태양은 더 낮고 짧게 하늘을 가로지르게 된다. 이는 북반구가 겨울이 되게 만드는 원인이 된다. 남반구에서는 상대적으로 태양빛을 더 많이 받게 되고 결국 여름이 된다.

**3월 춘분**
태양빛은 북반구와 남반구에 똑같이 비춘다.

태양에 대한 상대적인 지구의 지향 방향의 변화는 계절이 지구 공전궤도상의 4개의 특별한 위치와 연계되어 있음을 의미한다.

**동지와 하지는** 태양빛이 두 반구에 가장 극심한 차이를 만드는 위치이다.

**춘분과 추분은** 태양빛이 두 반구에 동일하게 비추는 위치이다.

**12월 동지**
남반구가 태양을 향해 가장 많이 기울어져 있다.

**9월 추분**
태양빛은 북반구와 남반구에 똑같이 비춘다.

정오의 햇빛은 북반구에서 기울기가 가장 작아진다. 즉, 태양빛이 덜 집중되며 그림자는 길어진다.

정오의 햇빛은 남반구에서 기울기가 가장 커진다. 즉, 태양빛이 더 많이 집중되며 그림자는 짧아진다.

천구상에서 태양의 궤적이 변하는 것을 살펴보면 춘분과 추분, 하지와 동지의 날짜를 알 수 있다(그림 2.16). 태양이 정확하게 동쪽에서 떠서 서쪽으로 지는 날이 1년의 두 번 있는데 바로 춘분과 추분이다. 이 두 날에는 태양이 지평선 위와 아래에 똑같이 12시간을 머무르게 된다(영어 *equinox*의 뜻은 *equal night* 즉 '같은 길이의 밤'이라는 뜻). 6월 하지에 태양은 가장 길고 높은 궤적을 그리며 북반구 하늘을 지난다(그리고 그날이 남반구에서는 태양이 가장 짧고 낮은 궤적을 그리는 날이다.). 그러므로 그날 태양은 정동쪽으로부터 가장 북쪽으로 멀리 떨어진 지점에서 떠오르며, 정서쪽으로부터 가장 북쪽으로 멀리 떨어진 지점에서 지게 된다. 또한 북반구에서는 낮시간이 가장 길어지고 태양은 정오에 연중 가장 높은 고도에 위치하게 된다. 그 반대의 경우가 12월 동지에 일어난다. 태양은 남쪽으로 가장 멀리 내려간 지점에서 뜨고 지며, 북반구에서는 낮시간이 가장 짧아지고 정오에 태양의 고도는 연중 가장 작은 값을 기록하게 된다. 그림 2.17에서는 태양의 위치가 1년 동안 어떻게 변하는지를 보여주고 있다.

태양은 3월 춘분과 9월 동지에 정동쪽에서 떠서 정서쪽으로 진다.

**계절의 첫 번째 날** 보통 춘분, 추분, 하지, 동지를 각 계절의 첫 번째 날이라고 말한다. 예를 들어 6월 하지를 북반구 사람들은 '여름의 첫 번째 날'이라고 한다. 그러나 잘 알고 있는 것처럼 6월 하지는 북반구가 태양을 향해 가장 많이 기울어진 날이다. 따라서 왜 6월 하지가 여름의 중간이 아니고 첫 번째 날인지 궁금해할지도 모른다.

어느 것이 맞는지는 다소 임의적이지만 대략 다음 두 가지가 납득할 만하다. 첫 번째는 옛날 사람들이 태양의 위치가 최대치에 도달했다는 것(여름 하지에 태양의 고도는 최대에 다다른다.)을 알아내는 것이 다른 날에 비해 훨씬 쉬웠을 것이라는 점이다. 두 번째는 우리는 계절을 보통 기후와 관련지어 생각하는데, 가장 더운 여름은 하지가 지난 후 1~2개월 후에 찾아온다. 왜 그런지를 이해하기 위해 차가운 수프가 담긴 냄비를 가열하는 장면을 생각해보자. 처음부터 스토브를 최대로 해서 가열시킨다고 해도 수프가 따뜻해지기까지는 시간이 걸린다.

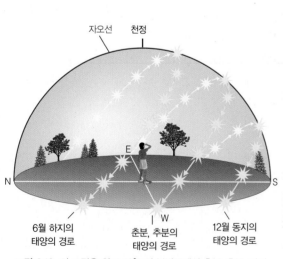

**그림 2.16** 이 그림은 위도 40°N의 북반구에서 춘분, 추분, 하지, 동지 때 하늘에서 보이는 태양의 경로를 나타낸 것이다. 자세한 경로는 위도마다 다르다. 예를 들어 남위 40°의 위도에서는 북쪽과 남쪽의 방향이 반대인 것 말고는 이 그림과 거의 비슷하게 보인다. 주목할 점은 춘분과 추분에는 태양이 정확하게 동쪽에서 떠서 서쪽으로 진다는 것이다.

6월 하지의 태양의 경로 · 춘분, 추분의 태양의 경로 · 12월 동지의 태양의 경로

자오선 · 천정

N · E · W · S

**그림 2.17** 이 합성사진은 아침의 동일한 시각(기술적으로 동일한 '평균 태양시')에 동일한 장소(애리조나 주 케어프리에 있는 거대한 해시계 위)에서 1년 동안 7~11일 간격으로 촬영한 것이다. 사진은 동쪽을 바라보고 촬영했으며, 따라서 왼쪽이 북쪽이고, 오른쪽이 남쪽이다. 북반구에서 촬영했기 때문에 태양은 6월 하지에 북쪽에서 높게 떠 있으며, 12월 동지에 남쪽으로 낮게 나타난다. 이 '8자 모양'(아날렘마)은 지구 자전축의 기울기와 지구 공전속도 변화의 조합으로 만들어진 것이다.

같은 이유로 태양이 겨울을 지나며 차가워진 대지와 바다를 가열한다고 해도 따뜻한 여름으로 이끌기에는 어느 정도 시간이 걸린다. 기후의 관점에서 '한여름'은 결국 7월 밀이나 8월 초에 오게 되므로, 6월의 하지를 '여름의 첫 번째 날'로 정한 것은 매우 좋은 선택이라고 할 수 있다. 비슷한 논리가 봄과 가을, 겨울에도 적용될 수 있다.

**세계의 계절** 세계의 여러 곳에서는 다른 특징을 갖는 계절이 나타난다. 고위도 지방에서는 훨씬 극한의 계절을 맞이하게 된다. 예를 들어 버몬트는 플로리다에 비해 여름낮이 훨씬 길고 겨울밤이 훨씬 길다. 북극권 지역(위도 $66\frac{1}{2}$)에서는 6월 하지에 태양이 지평선 아래로 지지 않으며(그림 2.18), 12월 동지에는 태양이 떠오르지 않는다(지구 대기에 의해 태양빛이 휘어져 실제보다 태양의 고도를 $0.5°$ 정도 높여줌에도 불구하고). 가장 극적인 곳은 북극점과 남극점이다. 이곳에서는 태양이 6개월간 떠 있는 기간이 여름이고, 6개월간 뜨지 않는 기간이 겨울이 된다.

반대로 적도 지방에 사는 사람들은 고위도 지방과 같은 방법으로 사계절을 경험할 수는 없

고위도 지방에서는 여름에 태양이 지지 않고 항상 지평선 위에 떠 있게 된다.

다. 왜냐하면 적도에서는 춘분과 추분에 태양빛이 가장 세게 내리쬐고, 하지와 동지에 가장 적게 태양빛을 받는다. 대신 적도 지방에는 일반적으로 우기와 건기가 있다. 태양의 고도가 높아질 때 우기가 다가온다.

### ● 지구 자전축의 방향은 시간에 따라 어떻게 변하는가?

우리가 사용하는 달력에는 동지와 하지, 춘분과 추분이 매년 거의 같은 날짜에 표시되고 있다. 하지만 그날들에 볼 수 있는 별자리는 시간에 따라 조금씩 달라지고 있다. 그 원인은 지구 자전축의 방향이 조금씩 변하게 되는 요동 현상, 즉 **세차** 때문이다.

세차는 회전하고 있는 물체에서 많이 발생하는데, 그림 2.19a와 같이 회전하는 팽이에서 쉽게 찾아볼 수 있다. 팽이가 빠르게 회전함에 따라 팽이의 자전축 역시 서서히 원을 그려 나가는 것을 볼 수 있다. 이때 팽이의 축이 바로 **세차운동**을 한 것이다. 거의 같은 방법으로 지구의 자전축도 세차운동을 한다. 단지 훨씬 더 느리게 움직이는 것뿐이다(그림 2.19b). 지구의 세

**그림 2.18** 연속된 이 사진은 북극권에서 6월 하지에 지평선 근처 태양의 모습을 시간에 따라 담은 것이다. 태양은 한밤중의 정북쪽의 어둠을 걷어낸 후 서서히 고도를 높여 정오가 되면 정남쪽에서 가장 높은 고도에 다다르게 된다.

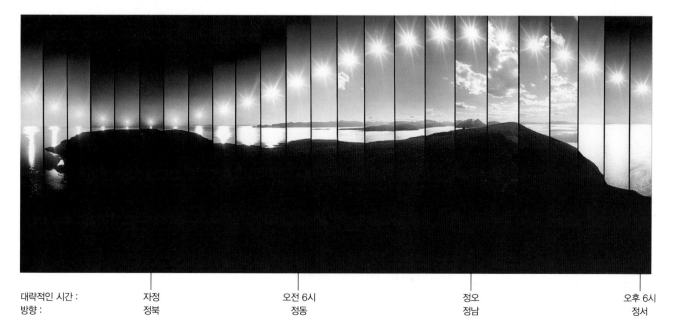

| 대략적인 시간 : | 자정 | 오전 6시 | 정오 | 오후 6시 |
| --- | --- | --- | --- | --- |
| 방향 : | 정북 | 정동 | 정남 | 정서 |

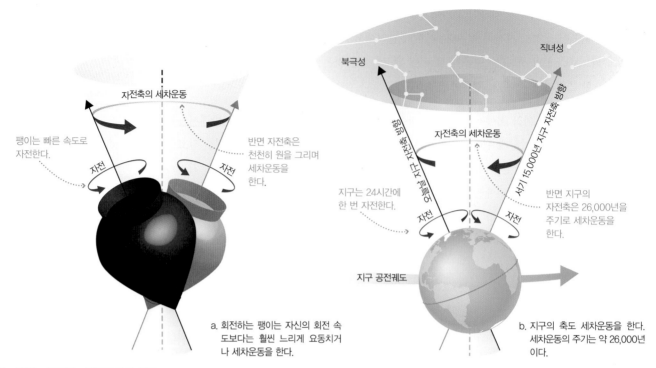

**그림 2.19** 세차는 회전하는 물체의 축의 지향 방향에는 영향을 주지만 축의 기울어진 값에는 영향을 주지 않는다.

a. 회전하는 팽이는 자신의 회전 속도보다는 훨씬 느리게 요동치거나 세차운동을 한다.

b. 지구의 축도 세차운동을 한다. 세차운동의 주기는 약 26,000년이다.

차운동의 주기는 26,000년 정도이다. 이렇게 지구의 자전축은 매우 천천히 우주공간에서 그 방향을 바꾸고 있다.

**생각해보자** ▶ 고대에도 북극성이 천구의 북극과 가까웠을까? 설명해보라.

세차운동은 자전축의 기울기를 바꾸지는 않는다(23.5°에 가까운 값을 유지한다.). 그러므로 계절에 영향을 주지는 않는다. 하지만 동지와 하지, 춘분과 추분이 일어나는 공전궤도상의 위치는 변하기 때문에 그날에 우리가 보는 별자리는 달라질 수밖에 없다. 예를 들어 수천 년 전에는 태양이 게자리에 있을 때 6월 하지가 있었다. 하지만 지금은 쌍둥이자리일 때가 6월 하지가 된다. 이 사실은 세계 지도에 있는 어떤 것을 설명해준다. 6월 하지에 태양이 머리 위에 떠오르게 되는 위도(23.5°N)를 우리는 **북회귀선**(Tropic of Cancer)이라고 부르는데, 바로 6월 하지에 태양이 게자리에 있었던 당시에 이 단어가 생긴 것이라는 것을 우리에게 말해준다.

> 지구 자전축의 기울기는 23.5° 정도로 유지된다. 하지만 자전축이 공간에서 지향하는 방향은 26,000년을 주기로 천천히 변하게 된다.

세차는 기울진 채 회전하고 있는 물체에 작용하는 중력 효과 때문에 발생한다. 회전하는 팽이는 세차운동을 하게 되는데, 이것은 지구 중력이 한쪽으로 기울어진 팽이의 회전축을 바닥으로 잡아당기기 때문이다. 마찰로 인해 팽이의 회전 속도가 느려질 때까지는 중력이 팽이를 쓰러뜨리지는 못하지만 팽이가 세차운동을 하도록 만든다. 자전하고 있는 지구에서도 세차운동이 발생하는데, 이것은 태양과 달이 만드는 중력이 불룩한 지구의 적도를 잡아당기기 때문이다. 그로 인해 세차운동의 축에 대해 동일한 각도로 기울어진 세차운동을 하게 된다. 다시 말해 중력은 축이 기울어진 것을 펴는 대신에 세차운동을 일으키게 만든다.

## 2.3 달, 우리의 영원한 동반자

태양을 제외하면 달은 하늘에서 가장 밝고 또 눈에 띄는 천체다. 달은 지구의 영원한 동반자

### 일반적인 **오해**

**탄생 별자리**

점성술에서 이야기하는 '탄생 별자리'에 대해 들어봤을지 모르겠다. 수천 년 전 점성술이 시작되었을 때 탄생 별자리는 태어난 날 태양이 위치한 별자리를 의미했다. 하지만 현재는 세차운동으로 인해 대부분이 맞지 않게 되어버렸다. 예를 들어 여러분이 3월 21일에 태어난 경우 여러분의 탄생 별자리는 양자리이다. 하지만 오늘날 태양은 3월 21일에 물고기자리에 위치하고 있다. 문제는 점성술의 기반이 된 태양의 위치가 거의 2,000년 전의 별자리 위치를 기반으로 하고 있다는 점이다. 그때로부터 지구 자전축은 26,000년 세차운동의 주기에 따라 약 1/13 정도 움직였기 때문에 점성술에서 이야기하는 탄생 별자리는 지금의 별자리와 비교하면 실제로는 약 한 달 정도 빗나가 있다.

이며, 태양을 공전하는 지구 곁을 항상 함께하고 있다.

## ● 우리는 왜 달의 위상 변화를 보게 되는 걸까?

달이 지구를 공전함에 따라, 약 29.5일마다 달은 지구-태양과 같은 일직선상에 위치하게 된다. 이 기간을 **달 위상** 주기라 하며, 하늘에서 달의 모습은 태양의 상대적인 위치가 변함에 따라 함께 변하게 된다. 이 29.5일은 한 달을 의미하는 영어 단어 *month*('moonth')의 기원이기도 하다.[2]

**위상에 대한 이해** 달의 위상을 이해하기 위한 첫걸음은 태양빛이 달과 지구 모두 항상 같은 방향에서 온다는 것을 인식하는 것이다. 그림 2.20에는 제1장의 태양계 모형에서 사용했던 것과 같은 비율로 축소한 달의 궤도가 표시되어 있는데, 이 그림을 이용해서 그 이유를 알아보자. 태양은 이 비율로 보면 지구로부터 15m 정도 떨어져 있음을 상기하자. 이 거리는 꽤 멀기 때문에 태양은 달에서 보든 지구에서 보든 상관없이 거의 같은 방향에 위치하게 된다.

이제는 그림 2.21에서 설명하는 간단한 실험이 달의 위상을 이해하는 데 도움이 된다는 것을 알 수 있을 것이다. 맑은 날에 공을 가지고 밖으로 나가자(만약 어둡거나 흐린 날이라면 태양 대신에 전등을 사용할 수도 있을 것이다. 몇 미터 떨어진 탁자 위에 전등을 올려놓고 여러분을 향해 비추도록 하면 된다.). 팔을 뻗어 잡고 있는 공은 달을, 여러분의 머리는 지구라고 생각하자. 시계 반대 방향으로 천천히 팔을 돌리면 마치 달이 지구를 공전하듯 공이 여러분 주변을 돌게 될 것이다. 여러분이 공을 바라보면 이제 공은 달과 같이 위상을 갖고 있음을 볼 수 있을 것이다. 어떻게 이런 일이 벌어졌는지 생각해보면 공의 위상은 다음 두 가지 기본적인 사실의 결과라는 것을 깨달을 수 있을 것이다.

> 달의 위상은 달이 지구를 공전할 때 태양의 상대적인 위치에 따라 결정된다.

[2] 달의 위상 주기는 달의 실제 공전주기(27.5)보다 약 2일 정도 더 길다. 왜냐하면 달이 공전할 때 지구도 태양을 공전하기 때문이다. 이 원인은 태양일이 항성일보다 더 긴 것과 비슷하다(p. 37, '특별 주제' 참조).

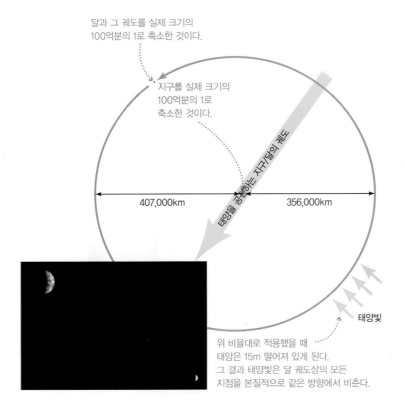

달과 그 궤도를 실제 크기의 100억분의 1로 축소한 것이다.

지구를 실제 크기의 100억분의 1로 축소한 것이다.

태양을 공전하는 지구(달의 궤도)

407,000km  356,000km

태양빛

위 비율대로 적용했을 때 태양은 15m 떨어져 있게 된다. 그 결과 태양빛은 달 궤도상의 모든 지점을 본질적으로 같은 방향에서 비춘다.

**그림 2.20** 제1장(그림 1.5)에서 소개한 100억분의 1로 축소한 달의 공전궤도이다. 검은색 숫자는 달이 가장 지구와 가까웠을 때와 멀었을 때의 실제 거리를 표시한 것이다. 달의 공전궤도는 태양까지의 거리에 비해 상대적으로 매우 작기 때문에 태양빛은 궤도 전체에 대해 같은 방향에서 온다고 할 수 있다. 안쪽의 사진은 화성정찰위성(Mars Reconnaissance Orbiter, MRO)에서 촬영한 달과 지구의 사진이다.

1. 공의 반쪽은 항상 태양(전등)을 향하고 있으며 그 반쪽은 밝다. 하지만 태양을 바라보지 못하는 나머지 반쪽은 항상 어둡다.

2. 여러분 머리 주위를 '공전'하는 공은 위치가 바뀔 때마다 밝고 어두운 면의 조합이 달라져 여러분에게 다른 모습으로 보이게 될 것이다.

예를 들어 태양의 정확히 반대편에 공이 오게 한 후 바라보면 여러분은 공의 밝은 쪽만을 보게 된다. 이것이 '보름달' 위상이다. 공을 '상현달' 위치에 놓고 보면 절반은 밝고 절반은 어두운 모습을 보게 될 것이다.

이와 동일한 이유로 우리는 달의 위상을 볼 수 있다. 달의 절반은 항상 태양으로 인해 빛난다. 하지만 이 밝은 반쪽이 지구에서 어떻게 보이는지는 달이 공전궤도의 어디에 위치하는 지에 달려 있다. 그림 2.21의 사진은 각 위상의 모습을 촬영한 것이다.

달의 위상은 월출 시각, 최고 고도 시각(남중 시각_역자 주) 그리고 월몰 시각과 직접적으로 연관되어 있다. 예를 들어 보름에는 일몰 시각에 보름달이 뜨게 되는데, 이것은 달이 하늘에서 태양과 정 반대편에 놓여 있기 때문이다. 그러므로 보름달은 한밤중에 가장 높은 고도에 도달하고 일출 시각에 지게 된다. 이와 비슷하게 상현달은 정오에 뜨며, 저녁 6시쯤 가장 높은 고도에 오르며, 한밤중에 진다. 그 이유는 달이 태양의 동쪽으로 90° 떨어진 위치에 있기 때문이다. 그림 2.21에는 대략

> 달의 위상은 겉모양 외에도 월출 시각, 월몰 시각과도 관련이 있다.

**그림 2.21** 간단한 실험을 통해 달의 위상 변화를 설명할 수 있다. 공(달)의 반쪽 중 태양을 향하는 부분은 항상 빛을 받아 밝지만, 반대쪽은 항상 어둡다. 달이 여러분의 머리(지구) 주변을 공전함에 따라 공의 모습이 위상 변화가 생기는 것을 알 수 있다('삭' 사진에는 푸른 하늘만 보인다. 왜냐하면 삭일 때 달은 항상 태양 가까이에 있기 때문에 태양의 밝은 빛 아래로 숨어버렸기 때문이다.).

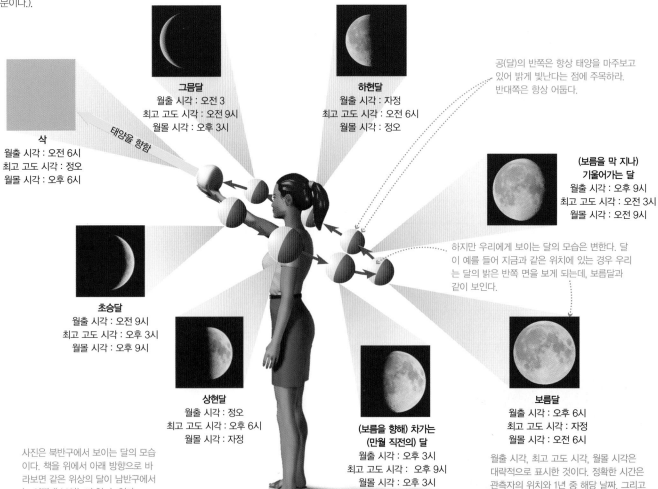

**그믐달**
월출 시각 : 오전 3
최고 고도 시각 : 오전 9시
월몰 시각 : 오후 3시

**하현달**
월출 시각 : 자정
최고 고도 시각 : 오전 6시
월몰 시각 : 정오

공(달)의 반쪽은 항상 태양을 마주보고 있어 밝게 빛난다는 점에 주목하라. 반대쪽은 항상 어둡다.

**삭**
월출 시각 : 오전 6시
최고 고도 시각 : 정오
월몰 시각 : 오후 6시

태양을 향함

**(보름을 막 지나) 기울어가는 달**
월출 시각 : 오후 9시
최고 고도 시각 : 오전 3시
월몰 시각 : 오전 9시

하지만 우리에게 보이는 달의 모습은 변한다. 달이 예를 들어 지금과 같은 위치에 있는 경우 우리는 달의 밝은 반쪽 면을 보게 되는데, 보름달과 같이 보인다.

**초승달**
월출 시각 : 오전 9시
최고 고도 시각 : 오후 3시
월몰 시각 : 오후 9시

**상현달**
월출 시각 : 정오
최고 고도 시각 : 오후 6시
월몰 시각 : 자정

**(보름을 향해) 차가는 (만월 직전의) 달**
월출 시각 : 오후 3시
최고 고도 시각 : 오후 9시
월몰 시각 : 오전 3시

**보름달**
월출 시각 : 오후 6시
최고 고도 시각 : 자정
월몰 시각 : 오전 6시

사진은 북반구에서 보이는 달의 모습이다. 책을 위에서 아래 방향으로 바라보면 같은 위상의 달이 남반구에서는 어떻게 보이는지 알 수 있다.

월출 시각, 최고 고도 시각, 월몰 시각은 대략적으로 표시한 것이다. 정확한 시간은 관측자의 위치와 1년 중 해당 날짜, 그리고 달 공전궤도의 세세한 항목들에 영향을 받는다.

적인 월출 시각, 최고 고도 도달 시간, 월몰 시각을 표기하였다.

**생각해보자** ▶ 아침에 밖에 나가 보니 반달을 볼 수 있었다고 가정해보자. 그 달은 상현달일까 아니면 하현달일까? 어떻게 그것을 알 수 있을까?

달이 위상이 초승달에서 보름달로 변할 때 **차오르는**(waxing)이라고 부르며, 보름달에서 초승달로 위상이 변할 때는 **기울어가는**(waning)이라고 부른다. 또 하나 알아두어야 할 것은 '반달'이라는 단어는 위상의 개념이 없다는 점이다. 대신 우리는 반달이 달의 위상 변화의 4분의 1단계와 4분의 3 단계에서 나타난다는 것을 알고 있다. 초승달로부터 시작하는 한 달 주기의 달의 움직임을 보면 위 두 구간은 각각 4분의 1지점과 4분의 3지점에 해당한다. 삭 바로 이전과 이후의 단계를 **초승달**(crescent)이라고 하며, 보름달 바로 이전과 이후의 단계를 **현망간의 달**(gibbous)이라고 한다.

**달의 동주기 자전** 우리는 달의 여러 종류의 위상을 보지만 달의 표면 모두를 보지는 못한다. 지구에서 볼 때 우리는 (거의) 항상 달의 같은 면만을 본다. 왜냐하면 달은 공전하면서 동시에 같은 양만큼 자전하기 때문인데, 이러한 특성을 **동주기 자전**이라고 부른다. 간단한 실험으로 이 개념을 설명할 수 있다. 테이블 위에 공을 올려둔 후 이 공을 지구라 하고 여러분은 달이라고 가정하자(그림 2.22). 여러분이 공을 한 바퀴 도는 동안 언제라도 공을 마주하고 싶다면 방법은 오직 공전과 동시에 여러분도 자전을 하는 것이다. 달의 동주기 자전은 우연히 그렇게 된 것은 아니다. 그것은 달의 중력이 지구에 조석력을 일으키는 것처럼 지구의 중력이 달에 오랫동안 영향을 미친 결과이다.

**달에서 본 지구** 달의 위상을 이해하는 좋은 방법은 여러분이 지구가 보이는 달의 면에서 산다고 가정하는 것이다. 예를 들어 지구에 사는 사람들이 초승달을 볼 때 달에 사는 여러분이 지구를 쳐다보면 어떻게 보일까? 초승달은 달이 거의 태양과 지구 사이에 있음을 기억한다면 달에 사는 여러분은 지구의 낮 부분 전부를 본다는 것을 알 수 있을 것이고, 결국 여러분은 '보름달 모양의 둥근 지구'를 보게 된다. 비슷한 방법으로 보름달의 경우에는 여러분은 지구의 밤 부분 전체를 보게 될 것이므로, 지구는 '초승달 모양의 지구'를 보게 된다. 일반적으로 여러분은 같은 시각 지구에 사는 사람들이 보는 달의 위상과는 정반대의 위상을 갖는 지구를 보게 될 것이다. 게다가 달은 항상 지구를 향하고 있기 때문에 여러분은 지구가 하늘의 한 부분에 고정된 채로 위상이 변해가는 모습을 보게 된다.

**일반적인 오해**

**그림자와 달**

많은 사람들이 달의 위상 변화는 지구의 그림자가 달 표면을 덮기 때문이라고 추측하는데, 이것은 사실이 아니다. 살펴본 바와 같이 달의 위상이 생기는 원인은 달이 지구를 공전하면서 그 위치가 변함에 따라 달의 낮과 밤의 비율도 그에 따라 바뀌어 우리에게 보이기 때문이다. 지구의 그림자가 달 표면을 덮는 때는 월식과 같이 상대적으로 매우 드문 사건일 때만 일어난다.

**일반적인 오해**

**낮에 보는 달**

전통적으로 달은 밤과 가깝게 연결되어 있다. 하지만 많은 사람들이 잘못 알고 있는 것은 달은 밤에만 보인다는 사실이다. 태양빛에 의해 달빛이 묻히지 않는다면 쉽게 달을 볼 수 있긴 하지만, 사실 달은 밤만큼이나 낮에도 지평선 위에 있다. 예를 들어 상현달은 늦은 오후에 동쪽 하늘에서 떠오르고 있으며, 하현달은 아침에 서쪽 지평선을 향해 저물어 가고 있다.

a. 지구 모형 주변을 돌면서 자전하지 않으면 모형을 항상 마주할 수는 없다.

b. 지구 모형 주변을 한 번 돌 때 정확히 한 번 회전하면 모형을 항상 마주할 수 있다.

**그림 2.22** 달이 항상 같은 면을 우리에게 보여준다는 사실은 달이 지구를 한 번 공전할 때 스스로도 한 번 자전한다는 것을 의미한다. 스스로 달이라고 상상하고 지구 모형 주변을 돌아보면 그 이유를 알 수 있을 것이다.

**생각해보자 ▶** 여러분이 달에 산다면 하루의 낮과 밤은 얼마나 지속되는지 설명해보라.

## ● 식은 왜 일어나는가?

종종 지구 주위를 도는 달의 궤도는 달의 위상보다 훨씬 더 극적인 장관을 연출하곤 한다. 달과 지구가 모두 태양빛에 의해 그림자를 만들게 되는데, 이러한 그림자는 태양, 지구, 달이 일직선상에 놓일 때 식을 만들게 된다. **식**(eclipses)은 기본적으로 두 가지 형태가 있다.

- **월식** : 지구가 태양과 달 사이에 있을 때 나타나는 현상으로, 지구의 그림자가 달에 드리워지는 것이다.
- **일식** : 달이 태양과 지구 사이에 있을 때 나타나는 현상으로, 달의 그림자가 지구에 드리워지는 것이다.

**식의 조건** 다시 그림 2.21을 보자. 그림만으로는 매 초승달과 보름달에 태양, 지구, 달이 일직선상에 놓이는 것처럼 보인다. 만약 이 그림이 달 공전궤도에 대해 모든 것을 이야기한 것이라면 우리는 매달 일식과 월식을 보게 될 것이다. 하지만 실제는 그렇지 않다.

그림 2.21이 담고 있는 이야기 중 빠뜨린 부분은 달의 공전궤도면이 황도면(지구가 태양 주위를 도는 공전궤도면)에 대해 약간(약 5°) 기울어져 있다는 것이다. 이 기울기를 시각화하기

우리는 지구의 그림자 속에 달이 들어갈 때 월식을 보게 되고, 달이 태양을 가릴 때 일식을 보게 된다.

위해 그림 2.23에 나타낸 것과 같이 황도면을 호수의 표면으로 상상해보자. 달의 공전궤도면의 기울기로 인해 달은 대부분 호수의 표면 위 혹은 아래에 위치하게 된다. 달이 호수의 표면을 '통과'하는 때는 공전마다 두 번씩 발생하는데 한 번은 표면 위를 향하면서 통과하는 경우와 다른 한 번은 표면 아래를 향하면서 통과하는 경우이다. 달이 공전마다 황도면의 표면을 통과하는 이 두 점을 우리는 달 궤도의 **교점**(node)이라고 말한다.

교점들이 1년 내내 거의 같은 방향을 향하고 있어(그림 2.23의 대각선 방향) 태양과 지구와 함께 교점이 일직선상에 놓이는 때는 오직 1년에 두 번뿐이라는 점을 주목하라. 식은 이 기간

**그림 2.23** 이 그림은 황도면을 호수 표면으로 가정하여 나타낸 그림이다. 달의 공전은 황도면에 대해 약 5° 기울었기 때문에 달의 모든 공전면의 절반은 호수 표면 위에 있으며, 절반은 호수 표면 아래에 놓이게 된다. 식 현상은 달이 교점(황도면을 통과하는 위치)에 있으면서 동시에 삭(일식의 조건)이거나 보름달(월식이 조건)인 경우에만 일어나게 된다. 그림에서는 왼쪽 아래 그림과 오른쪽 위 그림에 식 현상이 일어나고 있다.

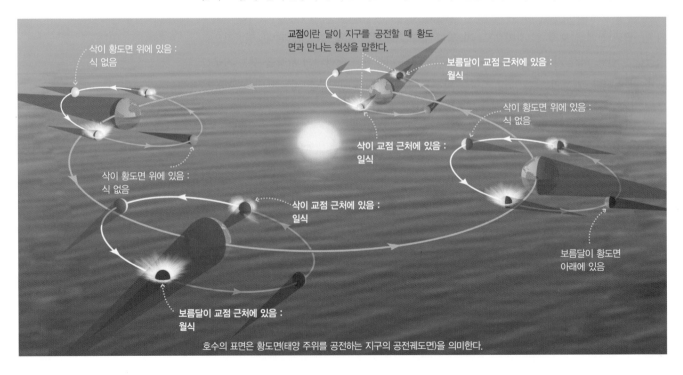

교점이란 달이 지구를 공전할 때 황도면과 만나는 현상을 말한다.

삭이 황도면 위에 있음 : 식 없음

보름달이 교점 근처에 있음 : 월식

삭이 황도면 위에 있음 : 식 없음

삭이 교점 근처에 있음 : 일식

삭이 황도면 위에 있음 : 식 없음

삭이 교점 근처에 있음 : 일식

보름달이 교점 근처에 있음 : 월식

보름달이 황도면 아래에 있음

호수의 표면은 황도면(태양 주위를 공전하는 지구의 공전궤도면)을 의미한다.

에만 일어나는데 그 이유는 이때 달과 지구 그리고 태양이 일직선상에 놓이기 때문이다. 다시 말해 식은 오직 다음 두 가지 경우에만 발생한다.

1. 달이 보름달(월식)이거나 초승달(일식)인 경우
2. 보름달 혹은 초승달이 교점 근처에 있는 경우

그림 2.23에는 지구와 달이 만들어내는 '원뿔형 그림자'(태양으로부터 연장선을 그려서 만든)를 간략히 표시했지만, 자세히 보면 이 그림자는 기하학적으로

> 우리가 식을 볼 수 있는 때는 보름달 혹은 초승달이 황도면을 가로지르는 교점 근처에 있을 때이다.

두 가지 뚜렷한 부분으로 나누어진다는 점을 주목하라(그림 2.24). 이는 태양빛이 완전히 차단되는 중심부의 **본영**과 태양빛이 부분적으로 차단되는 **반영**이다. 반영은 본영을 둘러싸고 있다. 일식과 월식은 그림자의 두 부분 중 어느 부분과 관련되느냐에 따라 그 모습이 변하게 된다.

**월식** 월식은 달이 지구의 반영으로 처음 들어갈 때 시작된다. 그 후 우리는 다음 세 가지 종류의 월식 중 하나를 보게 될 것이다(그림 2.25). 태양, 지구, 달이 거의 완벽하게 일직선상에 있는 경우 달은 지구의 본영을 통과하게 된다. 그러면 우리는 **개기월식**을 보게 된다. 태양, 지구, 달이 완벽한 일직선상이 아니어서 보름달의 일부만이 본영에 들어가는 경우(나머지는 반영에 있을 때) **부분월식**을 보게 된다. 달이 오직 지구의 반영만을 통과하는 경우에는 **반영식**만을 보게 된다. 월식의 대부분은 반영식인데, 시각적으로 그렇게 인상적이지는 않다. 왜냐하면 보름달이 아주 조금 어두워지는 것뿐이기 때문이다.

개기월식이 가장 장관을 이룬다. 달은 점점 어두워지다가 달이 본영을 통과하는 **개기식**(totality) 동안에는 무시무시한 붉은색으로 변한다. 개기식은 전후 부분식까지 모두 합해 약 1시간 정도 지속된다. 이 부분식 때 지구 그림자의 곡면이 보이는데 이는 지구가 둥글다는 것을 보여주는 것이다. 개기식 때 달이 붉게 보이는 것을 이해하기 위해서 개기식 당시에 달에 있는 관측자를 상상해볼 필요가 있다. 그 관측자에게는 지구의 어두운 면 가장자리로 지구상의 모든 일출과 일몰의 붉은 잔광이 둘러싸고 있게 된다. 이 붉은 잔광이 개기식 때 달을 붉게 빛나게 한다.

**일식** 일식도 세 가지 종류를 볼 수 있다(그림 2.26). 일식은 달의 궤도가 지구에 상대적으로 가까이 접근할 때 발생하는데(그림 2.20) 이때 달의 본영이 지구의 작은 일부분을 가리게 된다(대략 직경으로는 270km 정도이다.). 이 작은 지역에서 우리는 **개기일식**을 보게 된다. 달의 궤도가 지구로부터 좀 더 멀리 떨어진 상태라면 본영은 지구 표면까지 도달하지 못하게 되는데 이때 달 주변에 태양이 반지처럼 빛나게 되는 **금환일식**이 일어난다. 이 금환일식은 본영 바로 뒤쪽, 작은 지역에서 볼 수 있다. 개기일식이나 금환일식이 일어나는 지역을 둘러싸고 있는 훨씬 더 넓은 지역은(일반적으로 직경 약 7,000km 정도) 달의 반영에 들어가게 된다. 이 지역에서는 **부분일식**을 볼 수 있는데, 이는 태양의 일부만이 가려지는 현상이다. 지구의 자전과 달의 공전운동의 조합으로 인해 달의 그림자는 지구 표면을 시속 1,700km의 속도로 지나가게 된다. 그 결과 본영은 지구 위를 가로지르는 가느다란

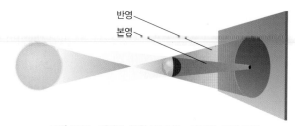

**그림 2.24** 태양빛 앞을 가로막는 물체에 의해 만들어지는 그림자. 본영(본그림자)에서는 태양빛이 완전히 차단되며, 반영(반그림자)에서는 태양빛의 일부가 차단된다.

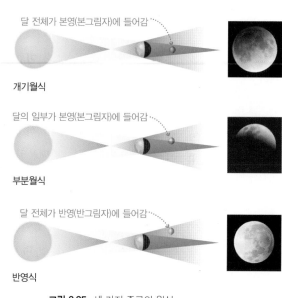

**그림 2.25** 세 가지 종류의 월식

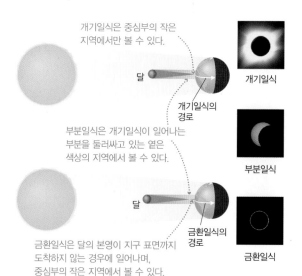

**그림 2.26** 세 가지 종류의 일식. 달에 의한 그림자가 지구에 드리워지는 것을 그림으로 나타냈다. 중심부의 어두운 본영을 훨씬 덜 어두운 반영이 둘러싸고 있는 점을 기억하기 바란다.

선을 만들게 되고, 개기식은 그 어떤 지역에서도 몇 분을 넘지 못한다.

개기일식은 장관을 이룬다. 달의 동그란 판이 태양에 닿으면서 개기일식은 시작된다. 이어 2시간 동안 달은 점점 더 많이 태양을 '먹어버리는' 것처럼 보인다. 개기식이 가까워지면 하늘

개기일식은 달의 본영이 지구 표면 위를 가로 은 어두워지고 기온은 떨어진다. 새들은 둥지를 찾아 지르며 만든 가느다란 선상에서만 볼 수 있다. 가고 귀뚜라미들은 한밤중인 양 쩍쩍거리기 시작한다. 수 분 동안의 개기식 동안 달은 보통 보이는 태양의 둥근 면을 완벽하게 가린다. 덕분에 희미한 **코로나**도 볼 수가 있다(그림 2.27). 주변 하늘은 황혼의 빛으로 가득하고, 행성과 밝은 별들은 낮임에도 불구하고 모습을 드러낸다. 개기식이 끝나면 태양은 곧이어 2시간 동안 천천히 달의 뒤편으로부터 모습을 드러낸다. 그렇지만 우리의 눈은 아직도 어둠에 적응되어 있기 때문에 개기식은 시작할 때보다 훨씬 더 갑작스럽게 마무리되는 것처럼 느끼게 된다.

**식의 예측** 시대를 통틀어 식 현상만큼 인류에게 영감을 주고 겸손을 느끼게 한 자연 현상은 없었을 것이다. 많은 문화 속에서 식 현상은 운명 혹은 신과 관련된 신비로운 사건이었으며, 그것을 둘러싼 수많은 이야기와 전설을 만들어냈다.

식 현상에 얽힌 수수께끼가 많은 것은 아마도 그것을 예측하는 것이 상대적으로 어려웠기 때문일 것이다. 그림 2.23을 다시 한 번 보자. 달 공전궤도면의 교점이 태양과 일직선 가까이 놓이는 두 시점(식의 계절)에 초점을 맞춰보자. 그림에 있는 것이 전부라면 이 기간은 항상 6개월마다 일어나야 하고 식은 훨씬 예측하기 쉬웠을 것이다. 예를 들어 식의 계절이 1월과 7월이라면 식은 이 두 달의 보름달과 초승달 때에 일어났을 것이다. 실제로는 식의 예측은 훨씬 더 어렵다. 왜냐하면 그림에서 나타나지 않은 무언가가 있기 때문이다. 그것은 교점이 달의 궤도를 따라 천천히 움직인다는 사실이며, 따라서 식의 계절은 6개월보다 조금 적게(약 173일 정도) 나타나게 된다.

변하는 식의 계절과 29.5일 주기의 달의 위상이 결합되어 식은 약 18년 11.5일 주기로 일어나게 되는데 이것을 **사로스 주기**라고 한다. 고대의 많은 천문학자들이 사로스 주기를 확인했으며, 그것을 이용해서 식이 일어날 때를 예측해왔다. 그러나 그들이 만든 방법은 어디에서 식이 일어나는지와 어떤 종류의 식이 일어날지에 대해서는 정확하게 예측하지 못했다.

오늘날 우리는 지구와 달의 궤도를 정확히 알기 때문에 식을 예측할 수 있다. 표 2.1은 앞으

**그림 2.27** 개기일식 연속 노출 사진(멕시코의 라 파스). 개기식(가운데 부분)은 약 수 분 정도 지속되는데, 태양 바깥쪽의 희미한 코로나가 촬영된 것을 볼 수 있다. 사진 앞쪽의 교회는 다른 시간대에 촬영한 것이다.

로 다가올 월식을 나타낸 것이다. 여기서 주목할 점은 우리가 예측한 것과 같

식은 일반적으로 약 18년 주기의 사로스 주기를 따라 반복되는 양상을 보인다.

이 식은 일반적으로 6개월이 채 안 되는 기간을 주기로 하여 일어난다는 것이다. 그림 2.28은 다가오는 개기일식의 개기식이 일어나는 지점을 표시한 것이다(부분일식과 금환일식은 제외하였다.). 그림에서 같은 색으로 표시한 것은 사로스 주기에 의해 반복되는 일식들을 나타내고 있다.

## 2.4 행성에 얽힌 고대 미스터리

우리는 지금까지 별과 태양 그리고 달이 천구상에서 어떤 모습으로 어떻게 움직이는지에 대해 살펴보았다. 그러나 아직까지 행성에 대해서는 다루지 않았었다. 여러분이 익히 알고 있는 것처럼 행성의 운동은 고대의 미스터리였고, 그 결과 현대문명의 발전에 핵심적인 역할을 수행하였다.

수성, 금성, 화성, 목성, 그리고 토성, 이 5개 행성은 맨눈으로도 쉽게 볼 수 있다. 수성은 관측하기가 쉽지 않다. 태양과 너무 가깝기 때문에 일출과 일몰 시에 잠깐 볼 수 있을 뿐이다. 금성은 종종 초저녁 서쪽 하늘과 새벽 동쪽 하늘에서 매우 밝게 빛나곤 한다. 초저녁 혹은 이른 아침에 여러분이 매우 밝은 '별'을 본다면 그것은 금성일 가능성이 매우 높다. 목성이 밤에 나타나면 달과 금성을 제외하곤 하늘에서 가장 밝게 빛나는 천체가 된다. 밝게 빛나는 붉은 별이 무엇인지 확인하기 위해 성표를 찾아보지 않아도 화성은 그 붉은 빛만으로도 종종 쉽게 알아볼 수 있다. 토성 역시 맨눈으로 쉽게 볼 수 있다. 하지만 토성만큼 밝은 별은 많이 있기 때문에 토성이 어디쯤 있는지 미리 아는 것이 도움이 될 것이다(도움이 되는 또 하나의 사실은 행성은 다른 별들처럼 많이 깜빡이지 않는다는 것이다.).

### • 행성의 움직임은 왜 설명하기 어려운가?

하룻밤 동안에는 행성들이 하늘의 다른 모든 별들처럼 행동한다. 지구의 자전이 행성들과 모든 천체들을 동쪽에서 뜨고 서쪽으로 지게 만들기 때문이다. 하지만 여러 날에 걸쳐 행성의 움직임을 계속 살펴보면 별자리들 사이를 통과하는 행성들의 움직임이 상당히 복잡하다는 것을 알게 될 것이다. 행성들은 태양과 달처럼 배경별들에 대해 상대적으로 천천히 동쪽으로 움직이는 대신에 밝기와 속도가 상당히 많이 변한다. 사실 행성(planet)이라는 단어는 그리스어로 '방황하는 별(wandering star)'이라는 의미이다. 게다가 행성들은 보통 별자리들을 통과하며 동쪽으로 이동하는데 종종 반대 방향, 즉 황도 12궁을 서쪽으로 통과하기도 한다(그림 2.29). 이런 **겉보기 역행운동**(apparent retrograde motion)은 몇 주에서 몇 달이 걸리곤 하는데, 그 기간은 행성마다 다르다.

고대인들은 천동설을 믿었기 때문에 겉보기 역행운동을 설명하는 데 매우 힘들었다. 모든 것이 지구 주위를 원 궤도를 돌며 공전하고 있는데, 무엇이 가끔씩 행성들을 반대 방향으로 움직이게 만들었을까? 고대 그리스인들은 역행운동을 설명할 수 있는 몇 가지 영리한 방법을 생각해내기는 했지만, 그 설명

**표 2.1 2014~2017년 월식***

| 날짜 | 종류 | 관측 가능한 지역 |
|------|------|------------------|
| 2014. 4. 15. | 개기일식 | 호주, 태평양, 미국 |
| 2014. 10. 8. | 개기일식 | 아시아, 호주, 태평양, 미국 |
| 2015. 4. 4. | 개기일식 | 아시아, 호주, 태평양, 미국 |
| 2015. 9. 28. | 개기일식 | 미국, 유럽, 아프리카 |
| 2016. 3. 23. | 반영식 | 아시아, 호주, 태평양, 미서부 지역 |
| 2016. 9. 16. | 반영식 | 유럽, 아프리카, 아시아, 호주 |
| 2017. 2. 11. | 반영식 | 미국, 유럽, 아프리카, 아시아 |
| 2017. 8. 7. | 부분일식 | 유럽, 아프리카, 아시아, 호주 |

*날짜는 식이 일어날 때의 세계표준시(영국 그리니치 기준)로 기록한 것임. 지역별 날짜와 시각은 뉴스 매체의 확인 필요. 식의 예측은 Fred Espenak(NASA GSFC)에 의한 것임

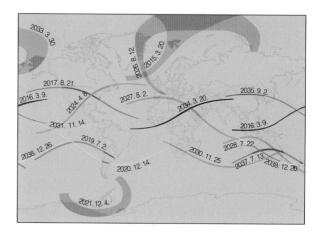

**그림 2.28** 이 지도는 2014년부터 2038년까지 개기일식이 예측되는 지역을 표시한 것이다. 같은 색깔의 선으로 표시된 것은 그들이 18년 11일 주기의 동일한 사로스 주기에 의한 개기일식임을 나타내고 있다. 예를 들어 붉은색으로 나타낸 2034년 개기일식은 2016년 개기일식이 일어난 후 18년 11일 후의 개기일식이다. 식의 예측은 Fred Espenak(NASA GSFC)에 의한 것임

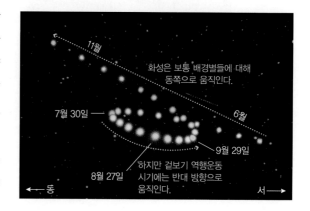

**그림 2.29** 이 합성 사진은 29개의 사진(2003년 5~8일 간격으로 얻은)을 합친 것으로 화성의 역행운동을 보여주고 있다. 역행운동이 일어나는 중간 지점에서 화성은 가장 크고 밝게 빛나는 데, 이때 화성이 지구에 가장 가깝게 접근하기 때문이다. (사진 중앙 바로 오른편에 옅은 점이 일직선으로 놓여 있는 것이 보이는데, 그것은 우연히 그 방향에서 촬영된 천왕성이다.)

들은 매우 복잡했다(제3장 참조).

반대로 지동설에서는 겉보기 역행운동을 매우 간단히 설명할 수 있다. 친구의 도움을 조금만 받는다면 쉽게 증명할 수 있다(그림 2.30a). 먼저 탁 트인 장소에서 태양을 대신할 만한 곳을 고른다. 시계 반대 방향으로 태양 주변을 돌면서 여러분이 지구를 대표한다고 하고, 친구는 지구보다 조금 더 먼 행성(예 : 화성이나 목성)을 대표한다고 가정하고 여러분보다 조금 더 먼 거리에서 태양 주위를 여러분과 같은 방향으로 돌도록 한다. 여러분의 친구는 여러분보다 조금 천천히 걸어야 하는데 그 이유는 태양으로부터 거리가 먼 행성은 공전속도가 더 느리기 때문이다. 걸으면서 동시에 여러분 친구가 멀리 있는 건물 혹은 나무에 대해 어떻게 보이는지를 살펴본다. 여러분과 친구 모두 항상 태양 주위를 같은 방향으로 걷고 있음에도 불구하고 여러분이 친구를 따라잡아 추월하게 되는 동안 여러분의 친구는 배경에 대해 뒤로 움직이는 것처럼 보일 것이다. 그림 2.30b는 이 원리를 화성에 적용한 예를 보여주고 있다. 주의할 점은 화성이 자신의 공전 방향을 바꾼 적이 없다는 사실이다. 지구가 자기 공전궤도를 돌면서 화성을 추월하게 될 때 단지 화성이 뒤로 가는 것처럼 보이는 것뿐이다(수성과 금성의 겉보기 역행운동을 이해하기 위해서는 친구가 지구보다 태양에 더 가깝게 서도록 위치만 바꾼 다음 동일한 실험을 진행하면 된다.).

*지구가 자기 궤도를 공전하면서 다른 행성을 따라잡을 때, 그 행성은 배경별들에 대해 마치 반대 방향으로 가는 것처럼 보인다.*

### ● 왜 고대 그리스인들은 행성의 움직임에 대한 정확한 설명을 받아들이지 않았을까?

지동설이 행성의 겉보기 역행운동을 매우 쉽게 설명할 수 있다면 왜 고대 그리스인들은 지동설을 받아들이지 않았을까? 사실 지구가 태양 주위를 돈다는 가설은 기원전 260년경 그리스의 천문학자 아리스타르쿠스에 의해 제기되었었다. 아리스타르쿠스가 왜 지동설을 주장했는지에 대해서는 아무도 모르지만 지동설이 행성의 이러한 운동을 매우 자연스럽게 설명할 수 있다는

**그림 2.30** 겉보기 역행운동(가끔씩 행성이 배경별에 대해 진행 방향과 반대 방향으로 움직이는 것은 태양이 태양계의 중심에 놓인 모형에서는 매우 쉽게 설명된다.

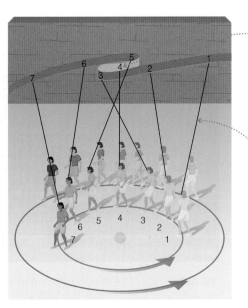

겉보기 역행운동은 3번 위치와 5번 위치 사이에서 일어난다. 안쪽의 사람(행성)이 바깥쪽의 사람(행성)을 추월하는 시점이다.

안쪽에 있는 사람(행성)이 바깥쪽에 있는 사람(행성)을 바라보는 시선 방향을 따라가 보자. 그러면 바깥쪽 사람(행성)이 배경에 대해 어떻게 움직이는지를 알 수 있다.

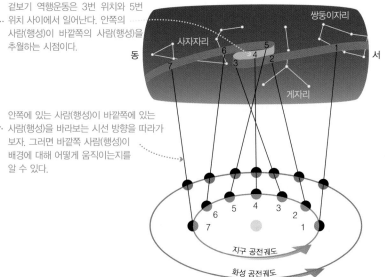

a. 역행운동에 대한 실험 : 붉은 옷을 입은 친구는 먼 거리에 있는 벽을 배경으로 전진하는 것처럼 보인다. 하지만 푸른 옷을 입은 여러분이 자신의 공전궤도를 움직이면서 친구를 따라잡게 되면 친구는 뒤로 움직이는 것처럼 보인다.

b. 이 그림은 동일한 개념을 행성에 적용시킨 경우이다. 숫자 순서대로 지구에서 화성을 바라보는 시선 방향을 따라가 보자. 지구가 화성을 따라잡게 되면 화성은 멀리 있는 배경별에 대해서 서쪽으로 움직이는 것처럼 보인다(대략 3∼5).

점이 아마도 중요한 역할을 했을 것으로 생각된다. 그럼에도 불구하고 아리스타르쿠스의 이런 현대적 가설은 서부냉했었는데, 2,000년이 지나서야 겨우 사람들에게 인정을 받게 되었다.

고대 그리스인들이 천동설을 포기하는 데 주저했던 많은 이유가 있었지만 가장 중요한 것은 우리가 **항성시차**라고 부르는 것을 검출하는 데 실패했기 때문이다. 팔을 쭉뻗은 다음 손가락 하나만 들어보자. 손가락을 그대로 유지한 채로 한쪽 눈을 번갈아서 감았다 떠주면 여러분의 손가락은 뒷배경에 대해 왔다 갔다 점프하는 것처럼 보이게 될 것이다. 이런 겉보기 이동 현상을 우리는 **시차**라고 부르는데, 그 이유는 여러분의 두 눈이 코를 중심으로 서로 반대편에 위치한 채 손가락을 바라보기 때문이다. 손가락을 얼굴 가까이 가져오면 시차는 더욱 커진다. 손가락 대신 멀리 있는 나무나 깃대를 바라보면 시차를 거의 느낄 수 없다. 다시 말해 시차는 거리와 밀접한 관련이 있으며, 가까울수록 시차는 커지게 된다.

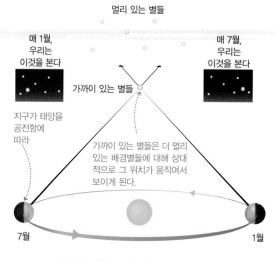

**그림 2.31** 항성시차는 지구 공전궤도상의 서로 다른 지점에서 보았을 때 가까운 별의 위치가 움직여 보이는 것을 말한다. 그림에서는 매우 과장되게 그렸는데, 실제로 항성시차는 매우 적어서 맨눈으로는 알아내기가 어렵다.

이제 여러분의 두 눈이 태양 공전궤도상에서 서로 반대편에 위치하고 있는 지구이며, 손가락 끝은 상대적으로 거리가 가까운 별이라고 생각해보면 항성시차를 이해할 수 있다. 우리는 1년 동안 각기 다른 시간, 태양 공전궤도상에서 각기 다른 위치에서 별을 보기 때문에 가까운 별들은 멀리 있는 배경별들에 대해 겉보기 위치가 변할 수밖에 없다(그림 2.31).

고대 그리스인들은 모든 별이 같은 천구 위에 놓여 있다고 생각했기 때문에 항성시차를 다른 방법으로 해석했다. 그들은 만약 지구가 태양 주위를 돈다면 지구와 태양은 1년 중 각기 다른 시간대에 천구의 다른 부분과 좀 더 가까워질 것이고, 그러면 별들 간에 떨어져 보이는 각크기(항성시차)에 변화가 있을 것으로 생각했다. 하지만 아무리 열심히 항성시차를 찾아봐도 고대 그리스인들은 항성시차의 그 어떤 흔적도 찾아낼 수 없었다. 그들은 다음 중 하나가 사실일 것으로 결론을 내렸다.

> 그리스인들은 항성시차가 지구가 태양을 돌 때 일어날 수 있다는 것을 알았다. 하지만 항성시차를 검출하지는 못했다.

1. 지구가 태양 주위를 돈다. 그러나 별들은 아주 멀리 있어 맨눈으로는 항성시차를 찾아낼 수 없다.
2. 항성시차는 존재하지 않는다. 왜냐하면 지구는 우주의 중심에 고정되어 있기 때문이다.

아리스타르쿠스와 같이 눈에 띄는 예외사항을 제외하고는 고대 그리스인들은 정확한 답변(1번)을 받아들이지 않았다. 왜냐하면 그들에게는 별들이 그렇게 멀리 있다는 사실이 믿기지 않았기 때문이다. 오늘날 우리는 망원경을 사용해서 항성시차를 검출할 수 있으며, 이것을 지구가 태양 주위를 공전하는 직접적인 증거로 사용한다. 그리고 가까운 별들에 대해 그 항성시차를 정확히 측정하는 것은 가장 신뢰할 수 있는 거리 측정 수단이 된다[12.1절].

**생각해보자** ▶ 지구는 공전궤도의 반대편과 얼마나 떨어져 있을까? 가장 가까운 별은 얼마나 멀리 있을까? 제1장에서 살펴본 100억분의 1 축척을 사용해서 항성시차를 검출하기 위한 방법을 설명해보라.

행성들에 대한 고대인들의 미스터리는 우주에서의 지구 위치에 대해 많은 역사적 논쟁을 불러일으켰다. 여러모로 오늘날 우리가 당연시하고 있는 현대 기술사회는 직접적으로 과학 혁명에 기인한 것이다. 그리고 그 과학 혁명은 하늘의 별들 사이를 이상하게 방황하고 있는 행성의 움직임을 설명하고자 했던 여정에서 시작된 것이라 할 수 있다. 이제 다음 장에서는 우리의 관심을 과학 혁명으로 돌려보자.

### 전체 개요

### 제2장 전체적으로 훑어보기

이 장에서는 하늘 위에서 나타는 현상들을 살펴보았다. 다음에 나오는 '전체 개요'를 향후 천문학 연구를 계속할 때 잘 기억하기 바란다.

- 천문학을 즐기는 데 도움이 되는 좋은 방법은 하늘을 관찰하는 것이다. 하늘 위 천체들의 겉보기 모습과 움직임을 더 많이 배울수록 우주에서 볼 수 있는 것들에 대해 훨씬 더 잘 알게 될 것이다.

- 비록 실제로 우리는 방대한 우주를 떠도는 별 주위를 공전하는 행성 위에 있다 하더라도, 지구 위 우리의 관점에서 우리가 거대한 천구의 중심에 있다고 상상하는 것이 편리하다. 그런 다음 위도에 따라 천구가 어떻게 보이는지를 생각하면 내가 보는 하늘에서 일어나는 일들을 이해할 수 있게 된다.

- 하늘에서 일어나는 대부분의 현상은 상대적으로 관측하고 이해하기 쉽다. 우리의 선조들은 훨씬 복잡한 천문 현상(특히 식이나 행성의 겉보기 역행운동)을 이해하기 위해 수천 년 동안 도전해왔다. 이러한 현상들을 이해하려는 욕구가 과학과 기술의 발전을 이끌어온 것이다.

---

### 핵심 개념 정리

## 2.1 밤하늘에 새겨진 문양

● 지구에서는 우주가 어떻게 보일까?

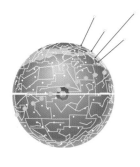

별들과 그 외의 다른 천체들은 지구를 둘러싼 거대한 **천구**상에 놓여 있는 것처럼 보인다. 우리는 천구를 구분하기 위해 잘 구획된 **별자리**를 이용한다. 지구상의 어떤 위치에서도 그 시각의 하늘의 반쪽을 볼 수 있는데, 그것은 관측자가 있는 곳의 **국부하늘**을 담은 돔과 같다. **지평선**은 지구와 하늘의 경계선이며, **천정**은 내 머리 바로 위의 지점이며, **자오선**은 남쪽에서부터 천정을 거쳐 북쪽으로 연결되는 선이다.

● 별은 왜 뜨고 지는가?

지구의 자전으로 인해 별들은 매일 지구 주위를 원운동 하는 것처럼 보인다. 별이 그리는 원의 궤적 전체가 지평선 위에 있을 때 그 별은 **주극성**이 된다. 그 이외의 별들이 그리는 원의 궤적은 지평선을 가로지르게 되는데, 그 결과 매일 동쪽에서 뜨고 서쪽으로 지게 된다.

● 우리가 보는 별자리는 왜 위도와 계절에 따라 달라지는가?

계절에 따라 볼 수 있는 별자리가 달라지는데 그 이유는 지구가 공전하기 때문에 우리가 볼 수 있는 밤하늘의 방향이 변하기 때문이다. 별자리는 **위도**에 따라 달라진다. 왜냐하면 위도가 천구에 대해 상대적인 지평선의 방향을 결정하기 때문이다. **경도**에 따라 하늘이 달라지지는 않는다.

## 2.2 계절이 생기는 원인

● 무엇이 계절을 만드는가?

지구 자전축의 기울어짐이 계절을 만든다. 자전축은 1년 내내 같은 방향을 향하고 있기 때문에 시간이 지남에 따라 태양빛이 가장 많이 직접적으로 내리쬐는 위치도 변하게 된다.

● 지구 자전축의 방향은 시간에 따라 어떻게 변하는가?

세차운동으로 인해 지구는 약 26,000년을 주기로 자전축의 방향이 변하게 된다. 하지만 자전축의 기울기 23.5°는 변하지 않는다. 자전축 방향의 변화가 계절의 패턴에는 영향을 주지 않지만 북극성과 함께 지구의 공전궤도상에서 춘분, 하지, 추분, 동지의 위치를 바꾼다.

## 2.3 달, 우리의 영원한 동반자

### ● 우리는 왜 달의 위상 변화를 보게 되는 걸까?

달이 지구를 공전함에 따라 태양의 상대적인 위치에 따라서 달의 **위상**이 결정된다. 태양과 마주하는 달의 반쪽은 항상 태양빛을 받아 밝지만 반대쪽은 어둡다. 그러나 지구에서 볼 때에는 밝은 쪽과 어두운 쪽의 조합에 따라 달의 모습이 변하게 된다.

### ● 식은 왜 일어나는가?

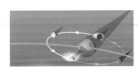

**월식**은 지구의 그림자 속으로 달이 들어갈 때 일어나며 일식은 달이 태양을 가로막을 때 일어난다. 초승달과 보름달 때마다 식이 일어나지 않는 이유는 달의 공전궤도면이 황도면에 대해 약간 기울어져 있기 때문이다.

## 2.4 행성에 얽힌 고대 미스터리

### ● 행성의 움직임은 왜 설명하기 어려운가?

일반적으로 행성은 연중 배경별에 대해 동쪽으로 움직이는데, 몇 주 혹은 몇 달 동안 반대 방향으로 움직이기도 하는데 이를 **겉보기 역행운동**이라고 한다. 행성의 이런 움직임은 지구가 다른 행성을 추월할 때 발생하며, 지구가 우주의 중심이라고 생각했던 고대인들에게는 주된 미스터리가 되었다.

### ● 왜 고대 그리스인들은 행성의 움직임에 대한 정확한 설명을 받아들이지 않았을까?

그리스인들은 지구가 태양 주위를 공전한다는 사실을 받아들이지 않았는데 그 이유는 그들이 **항성시차**를 검출하지 못했기 때문이다. 항성시차는 1년 동안 별의 겉보기 위치가 이동하는 현상을 말한다. 대부분의 그리스인들은 맨눈으로는 검출되지 않은 항성시차로부터 별은 매우 멀리 떨어져 있다는 사실을, 설령 그것이 진실이라 할지라도, 받아들이고 싶지 않았던 것처럼 보인다.

---

### 시각적 이해 능력 점검

천문학에서 사용하는 다양한 종류의 시각자료를 활용해서 이해도를 확인해보자.

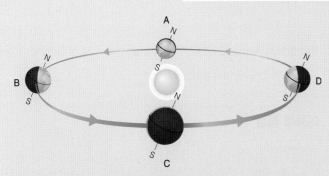

위 그림을 이용해서 1~5번 문제에 답하라.

1. A~D 4개의 지점 중 북반구 기준 낮시간이 가장 긴 때는 언제인가?

2. A~D 4개의 지점 중 남반구 기준 낮시간이 가장 긴 때는 언제인가?

3. A~D 4개의 지점 중 남반구 기준 봄의 시작을 알리는 때는 언제인가?

4. 그림에서는 지구 공전궤도에 비해 지구와 태양의 크기가

과장되어 그려진 것이다. 만약 공전궤도에 대한 지구의 크기를 축척에 맞게 다시 그린다면, 그 크기는 어떻게 될 것인가?

a. 그림 크기의 절반으로

b. 직경 약 2mm

c. 직경 약 0.1mm

d. 현미경으로 볼 정도로 훨씬 더 작게

5. 태양으로부터 지구까지의 실제 거리는 1년 동안 약 3% 정도밖에는 변하지 않는다. 그런데 그림에서는 왜 타원형처럼 강조하여 그렸는가?

a. A와 C에서 지구는 태양과 가장 가깝고, B와 D에서 가장 멀다는 사실을 잘 보여주기 위해서이다.

b. 타원의 모습은 원근법의 효과이다. 왜냐하면 거의 원과 같은 공전궤도를 옆에서 보기 때문에 그림에 그렇게 나타나는 것이다.

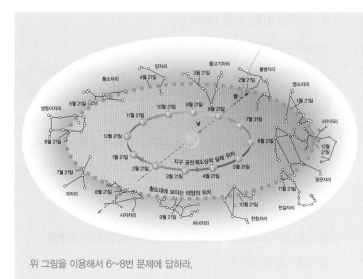

위 그림을 이용해서 6~8번 문제에 답하라.

c. 그림의 모습은 의미가 없으며 단지 예술적 효과일 뿐이다.

6. 지구에서 볼 때 4월 21일에 태양이 위치하는 별자리는 어느 것인가?

    a. 사자자리  b. 물병자리  c. 천칭자리  d. 양자리

7. 4월 21일 한밤중에 남중하는 별자리는 어느 것인가?

    a. 사자자리  b. 물병자리  c. 천칭자리  d. 양자리

8. 4월 21일 해가 질 때 서쪽 하늘에서 잠깐 보이는 별자리는 어느 것인가?

    a. 전갈자리  b. 물고기자리  c. 황소자리  d. 처녀자리

## 연습문제

### 복습문제

1. **별자리**란 무엇인가? 별자리의 이름은 어떻게 정해졌는가?

2. 공을 천구라고 가정해보자. 천구상의 한 지점을 표시하기 위해 필요한 것들에 대해 간략히 설명하라.

3. 맑고 어두운 밤, 하늘은 별들로 '가득'할지 모른다. 하늘의 이런 모습이 우주공간에 분포하는 별들을 정확하게 반영한 것인지 설명하라.

4. **국부하늘**은 왜 돔처럼 보일까? **지평선**과 **천정**, **자오선**을 정의해보라. 어떤 방법으로 국부하늘에 떠 있는 천체의 위치를 기술할 수 있는가?

5. 천구상의 천체에 대해 왜 각크기와 각거리만이 측정 가능한지 설명하라. **각분**과 **각초**는 무엇인가?

6. **주극성**이란 무엇인가? 북극과 미국 중 어디에서 더 많은 주극성을 볼 수 있는지 설명하라.

7. **위도**와 **경도**는 무엇인가? 국부하늘은 위도에 따라 변하는지 경도에 따라 변하는지 설명하라.

8. **황도대**는 무엇이며 왜 1년 중 서로 다른 때에는 황도대의 서로 다른 부분을 보게 되는지 설명하라.

9. 지구의 자전축이 기울어지지 않았다고 가정하면 계절은 존재할 수 있을까? 그 이유는 무엇인가?

10. 춘분, 추분, 동지, 하지의 주요한 사실에 대해 간략히 설명하라.

11. **세차운동**은 무엇인가? 세차운동은 우리가 보고 있는 하늘에 어떤 영향을 미치는가?

12. 달 위상의 주기에 대해 간략히 기술하라. 정오에 보름달을 본 적이 있는가? 설명하라.

13. 왜 우리는 항상 달의 같은 면을 보는가?

14. 왜 모든 보름달과 초승달 때 식이 나타나지 않는가? 일식과 월식이 일어나기 위해 필요한 조건에 대해 기술하라.

15. 행성의 **겉보기 역행운동**은 무엇을 의미하는가? 왜 고대 천문학자들은 이것을 설명하기 어려웠으며, 현대의 우리는 쉽게 설명이 가능한가?

16. **항성시차**는 무엇인가? 항성시차를 검출하지 못한 것이 천동설에 어떤 도움이 되었는가?

### 이해력 점검

**이해했는가?**

다음 문장이 합당한지(또는 명백하게 옳은지) 혹은 이치에 맞지 않는지(또는 명백하게 틀렸는지) 결정하라. 명확히 설명하라. 아래 서술된 문장 모두가 결정적인 답은 아니기 때문에 여러분이 고른 답보다 설명이 더 중요하다.

17. 오리온 별자리는 우리 할머니가 어렸을 때에는 존재하지 않았다.

18. 쌍안경으로 본 은하수의 검은 선들은 멀리 있는 은하단이다.

19. 지난밤 달은 하늘을 1마일이나 가로지를 정도로 매우 컸다.

20. 나는 미국에 산다. 내가 아르헨티나로 내 인생 첫 여행을 갔을 때 이전까지 한 번도 본 적 없는 많은 별자리를 보았다.

21. 지난밤 나는 북두칠성 한가운데에서 목성을 보았다. (힌트 : 북두칠성은 황도내에 있는가?)

22. 지난밤 나는 화성이 겉보기 역행운동으로 인해 서쪽으로 움직이는 것을 보았다.

23. 우리가 아는 모든 별은 동쪽에서 뜨고 서쪽으로 지지만, 언젠간 서쪽에서 뜨고 동쪽으로 지는 별을 볼 수도 있다.

24. 지구의 공전궤도가 완벽한 원이라면 우리에게 계절은 없었을 것이다.

25. 세차운동으로 인해 언젠가 지구의 모든 곳이 동시에 여름을 맞게 될 것이다.

26. 오늘 아침 나는 태양이 떠오른 것과 동시에 보름달이 지고 있는 것을 보았다.

**돌발퀴즈**

다음 중 가장 적절한 답을 고르고, 그 이유를 한 줄 이상의 완전한 문장으로 설명하라.

27. 같은 별자리에 있는 두 별은 (a) 모두 같은 성단에 속한 별이다. (b) 모두 동시에 발견된 별이다. (c) 실제로는 서로 매우 많이 떨어져 있다.

28. 천구의 북극이 지평선 북쪽 35° 지점에 있다. 이것이 의미하는 것은 여러분이 (a) 위도 35°N 지점에 있다. (b) 경도 35°E 지점에 있다. (c) 위도 35°S 지점에 있다.

29. 베이징과 필라델피아는 거의 같은 위도에 있지만 경도가 다르다. 그러므로 이 두 도시에서 오늘 밤 밤하늘은 (a) 거의 같을 것이다. (b) 별자리가 전혀 다를 것이다. (c) 부분적으로 다른 별자리를 보여줄 것이다.

30. 겨울에 지구의 자전축은 북극성을 가리키고 있다. 봄에는 자전축이 (a) 계속 북극성을 가리킬 것이다. (b) 직녀성을 가리킬 것이다. (c) 태양을 가리킬 것이다.

31. 호주가 여름일 때 미국의 계절은 (a) 겨울이다. (b) 여름이다. (c) 봄이다.

32. 태양이 정확하게 동쪽에서 뜬다는 것은 (a) 여러분이 지구의 적도에 있다는 것이다. (b) 3월 춘분 혹은 9월 추분이라는 뜻이다. (c) 6월 하지라는 뜻이다.

33. 보름달이 뜬 후 일주일이 지났을 때 달의 위상은 (a) 상현이다. (b) 하현이다. (c) 초승달이다.

34. 우리가 항상 달의 같은 면을 본다는 것은 (a) 달이 자전하지 않는다는 뜻이다. (b) 달의 자전주기가 달의 공전주기와 같다는 뜻이다. (c) 달은 양쪽 면이 똑같이 생겼다는 뜻이다.

35. 오늘 밤 개기월식이 진행될 것이라는 것을 듣는다면 여러분은 (a) 오늘 밤 달의 위상이 보름달이라는 것을 알 수 있나. (b) 오늘 밤 달의 위상이 초승달이라는 것을 알 수 있다. (c) 달이 드물게 지구에 접근한다는 사실을 알 수 있다.

36. 우리가 겉보기 역행운동 기간 동안 토성을 관찰한다면, (a) 토성은 일시적으로 자신의 공전궤도상에서 반대 방향으로 공전할 것이다. (b) 지구가 자기 궤도를 돌며 토성을 따라잡고 있으며, 두 행성 모두 태양의 같은 쪽에 있다. (c) 목성과 지구는 서로 태양의 반대쪽에 있다.

**과학의 과정**

37. **천동설 혹은 지동설?** 천동설이 아래 각 항목에 대해 일관성 있는 해답을 줄 수 있는지 답하라. 만약 일관성 있는 해답을 줄 경우 어떻게 그것이 가능한지 설명하고 일관성이 없다고 판단되는 경우 그 이유를 설명하라. 또 일관성이 없음에도 불구하고 천동설을 즉시 포기하지 못한 이유에 대해서도 설명하라.
    a. 하늘을 가로지르는 매일매일의 별의 궤적
    b. 계절
    c. 달의 위상
    d. 식
    e. 행성이 겉보기 역행운동

38. **그림자의 위상.** 많은 사람들이 달의 위상 변화가 달 표면에 드리워진 지구의 그림자 때문이라는 가정이 옳지 않다고 생각한다. 여러분은 친구에게 달의 위상이 지구의 그림자와는 아무 관련이 없다는 것을 어떻게 설득할 수 있는가? 지구의 그림자가 위상 변화의 원인이 아님을 보여주기 위해 필요한 관측에 대해 기술하라.

**그룹 활동 과제**

39. **달의 위상과 시각. 역할 :** 기록자(그룹 활동을 기록), 제안자(그룹 활동에 대한 설명), 반론자(제안된 설명의 약점을 찾아냄), 중재자(그룹의 논의를 이끌고 반드시 모든 사람이 참여할 수 있도록 함). **활동 :** 이 그림은 지구의 북극 위에서 바라본 달의 공전궤도면이다. 각 그룹의 멤버들은 다음 그림과 똑같은 그림을 그린 후 다음의 문제들에 대해 함께 작업하면서 이름을 붙인다.

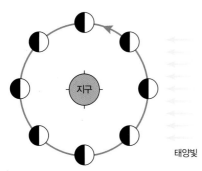

태양빛

a. 지구에서 볼 때 달은 8개 각 지점에서 각각 어떻게 보이는 가? 각각에 대해 그에 상응하는 위상의 이름을 적어라.

b. 지구에 표시한 4개의 눈금 각각에 해당하는 시각은 하루 중 언제인가? 각 눈금에 적절한 시각을 적어라.

c. 왜 달의 위상은 하룻밤 동안에는 변하지 않는가? 그 이유를 설명하라.

d. 하루 중 언제 지구에 있는 사람들이 보름달을 볼 수 있을 까? 보름달이 뜨는 시각을 적고, 왜 그때 보름달이 뜨는지 설명하라.

e. 하루 중 언제 지구에 있는 사람들이 하현달을 볼 수 있을 까? 하현달이 지는 시각을 적고, 왜 그때 하현달이 지는지 설명하라.

f. 하루 중 언제 지구에 있는 사람들이 초승달을 볼 수 있을 까? 초승달이 뜨는 시각을 적고, 왜 그때 초승달이 뜨는지 설명하라.

## 심화학습

### 단답형/서술형 질문

40. **새로운 행성.** 또 다른 태양계의 한 행성이 자신의 태양을 공전 하면서 자전축이 35° 기울었다고 가정해보자. 이 행성이 계 절을 갖고 있다고 기대할 수 있을까? 만약 그렇다면 지구의 계절보다 더 심한 변화를 보일 것인지 아닌지 그 이유를 설명 하라.

41. **여러분이 보는 하늘**
    a. 여러분이 살고 있는 지역의 위도와 경도는?
    b. 여러분이 있는 곳의 하늘에서 천구의 북극(남극)은 어디에 있는가?
    c. 여러분이 있는 곳에서 북극성은 주극성인가? 설명하라.

42. **달에서 관측하기.** 여러분이 달에 살고 있다면 여러분이 있는 지역의 하늘에서 지구의 위상 변화를 관찰할 수 있을 것이다. 여러분이 지구가 보이는 면의 중심 부근에 살고 있다고 가정

하자.
    a. 하늘에서 보름달 모양의 지구가 보인다. 지구에서는 달이 어떤 위상으로 보일지 설명하라.
    b. 지구에 있는 사람들에게 보름달이 보인다. 여러분에게는 지구가 어떤 위상으로 보이는지 설명하라.
    c. 지구에 있는 사람들에게 거의 보름에 가까운 달이 보인다. 여러분에게는 지구가 어떤 위상으로 보이는지 설명하라.
    d. 지구에 있는 사람들에게 개기월식이 보이고 있다. 달에 있 는 여러분 집에서는 무엇이 보이는지 설명하라.

43. **태양에서 관측하기.** 여러분이 태양에서 산다고 가정해보자(태 양의 열기는 무시하고). 달이 지구를 공전할 때 달의 위상 변 화가 계속 나타나고 있는가, 아니면 그렇지 않은가? 이유를 설명하라.

44. **멀리 있는 달.** 달이 지금보다 2배 정도 먼 거리에 있다고 가정 해보자. 개기일식이 계속 일어나는가, 아니면 그렇지 않은가? 이유를 설명하라.

45. **작은 지구.** 지구가 작아졌다고 가정하자. 일식에 변화가 있는 가? 월식에는 어떤 변화가 있는가? 설명하라.

46. **행성의 움직임에 대한 관찰.** 현재 어떤 행성들이 저녁 하늘에서 관측이 가능한지 알아본다. 그리고 적어도 한 주에 한 번 이 행성들을 관찰하고 황도대의 별자리들에 대해 상대적으로 어 떤 움직임을 보이는지 그림을 그린다. 행성의 움직임이 '방황 하는' 특징을 보인다는 것을 알아낼 때까지는 얼마나 시간이 걸릴까? 설명하라.

### 계량적 문제

모든 계산 과정을 명백하게 제시하고, 완벽한 문장으로 해답을 기술하라.

47. **각분과 각초.** 원 360°가 있다.
    a. 원은 몇 각분인가?
    b. 원은 몇 각초인가?
    c. 달의 각크기는 약 0.5°이다. 각분으로는 얼마이며, 각초로 는 얼마인가?

48. **태양의 직경 구하기.** 태양의 각지름은 약 0.5°이며 지구와의 평 균거리는 1억 5,000만 km이다. 태양의 물리적 직경은 대략 얼마 정도일까? 구한 답과 실제 태양의 직경인 139만 km와 비교하라.

49. **별의 직경 구하기.** 오리온자리에 있는 초거성 베텔지우스는 각 지름이 0.44각초이며, 지구와의 거리는 427광년이다. 베텔지

우스의 실제 지름은 얼마일까? 구한 값을 태양의 크기와 태양-지구의 거리와 비교하라.

50. **식의 조건.** 달의 정확한 적도 지름은 3,476km이며 공전할 때 지구와의 거리는 356,400km~406,700km 사이에서 변한다. 태양의 지름은 139만 km이며 지구와의 거리는 1억 4,750만 km에서 1억 5,260만 km 사이에서 변한다.

   a. 지구까지의 거리가 각각 최소일 때와 최대일 때 달의 각크기는 얼마인가?

   b. 지구까지의 거리가 각각 최소일 때와 최대일 때 태양의 각 크기는 얼마인가?

   c. (a)와 (b)의 답을 바탕으로 달과 태양이 모두 최대 거리에 있을 때 개기일식이 가능한지 설명하라.

## 토론문제

51. **천동설의 언어.** 많은 상용구들은 고대인들이 천동설의 개념을 믿었다는 것을 반영하고 있다. 예를 들어 "태양은 매일 떠오른다."라는 문구는 실제로 태양이 지구 주위를 돈다는 것을 함축하고 있다. 오늘날 우리는 지구가 자전함에 따라 우리가 태양을 볼 수 있는 위치로 옮겨졌을 때 태양이 마치 뜨는 것처럼 보인다는 것을 알고 있다. 천동설을 함축하고 있는 다른 문구를 확인하라.

52. **편평한 지구 모임.** 믿거나 말거나 편평한 지구 모임이라는 단체가 있다. 이 단체의 회원들은 지구가 편평하며, (우주에서 지구를 촬영한 사진처럼) 반대의 모든 증거는 대중에게 진실을 감추려는 음모론의 일부로서 조작된 것이라고 믿는다. 지구가 둥글다는 증거와 스스로 검증할 수 있는 방법에 대해 토의해보자. 빈약한 증거는 편평한 지구 단체가 옳다는 뜻인가? 여러분의 의견을 변호하라.

## 웹을 이용한 과제

53. **하늘의 정보.** 인터넷을 통해 천문 현상(달의 위상, 일출 시각, 일몰 시각, 춘분/추분/동지/하지의 날짜)에 대한 일일 정보를 찾아보자. 여러분이 가장 좋아하는 정보를 확인하고 간략히 기술하라.

54. **별자리.** 인터넷을 통해 별자리와 그에 얽힌 신화를 찾아보자. 1개 이상의 별자리에 대해 1~3장짜리 보고서를 작성하라.

55. **다가오는 식.** 다가오는 일식과 월식에 대한 정보를 찾아보자. 어떻게 하면 최고의 관측을 할 수 있는지, 관측을 위해 필요한 여행과 어떤 것을 관측하게 될 것인지를 포함해서 간략한 보고서를 작성해보자. 보너스 : 식의 사진 촬영은 어떻게 할지도 기술하라.

# 천문학이라는 과학

# 3

우주비행사 브루스 매캔들리스는 우주왕복선에 있는 동안 그가 취한 우주유영에서 작은 달처럼 지구궤도를 선회한다.

이 장의 학습목표

기본 선행 학습

1. 우주는 지구에서 어떤 모습인가?
   [2.1절]

2. 왜 행성의 움직임을 설명하기가 힘
   들었는가? [2.4절]

3. 왜 고대 그리스인들은 행성운동에
   대한 객관적인 설명을 거부하였는
   가? [2.4절]

현재 우리는 믿을 수 없을 만큼 광대한 우주에서 1,000억 개 이상의 별로 구성된 하나의 은하에 속한 아주 보통의 별을 회전하는 행성이 바로 지구라는 것을 알고 있다. 우리는 그러한 지구가 전 우주의 섭리에 따라 일정한 운동을 하고 있다는 것 또한 알고 있다. 우주적인 시간의 규모에서 인간의 운명이라는 것은 오직 짧은 순간에만 존재한다는 것도 안다. 우리는 어떻게 이러한 일들을 학습할 것인가?

그것은 쉬운 일이 아니었다. 이 장에서는 현대 천문학이 그리스를 포함한 고대의 관측들의 뿌리에서 어떻게 성장했는가를 추적할 것이다. 우리는 지구-중심 우주라는 고대의 믿음을 뒤집어, 우리의 기술문명 상승의 토대를 마련한 코페르니쿠스 혁명의 전개에 특별히 초점을 맞출 것이다. 끝으로 현대과학의 본성을 탐구하고 과학을 비과학으로부터 어떻게 구별할 수 있는지 알아볼 것이다.

## 3.1 과학에 대한 고대의 근원

현대의 정밀한 과학 방법들은 인간의 역사에서 가장 가치 있는 발명품 중 하나라고 인정되고 있다. 이러한 방법은 우리가 자연과 우주에 대해 알 수 있는 거의 모든 것을 발견할 수 있도록 하였고, 또한 그러한 방법들은 우리의 현대기술이 가능하게 했다. 이 장에서 우리는 거의 모든 사람과 모든 문화에 공통적으로 우리의 경험에서 비롯된 과학의 고대 뿌리를 탐색할 것이다.

### ● 모든 인간은 어떤 방법으로 과학적 사고를 하는가?

과학적 사고는 우리에게 자연스럽게 온다. 아이는 한 살쯤에 물체를 떨어뜨릴 때 물체가 바닥에 떨어지는 것을 주시한다. 아이가 공을 놓으면 그것은 떨어진다. 높은 의자로부터 음식 한 접시를 밀면 그것 역시 떨어진다. 아이는 모든 종류의 물체를 떨어뜨리는 것을 계속하고, 그것들은 모두 지구로 낙하한다. 아이는 자신의 관찰력을 기초로 하여 물체가 지지되지 않으면 바로 낙하한다는 것을 발견하면서 물리적인 실제 세계를 학습한다. 그 결과 아이는 결국 계속해서 이것을 테스트할 필요가 없다는 것을 안다.

어느 날 사람들이 아이에게 헬륨 풍선을 주었다. 아이가 그것을 놓자 놀랍게도 천장에 붙는 것이 아닌가! 아이의 자연에 대한 이해는 수정되어야 한다. 비록 대부분의 상황에서 아주 잘 적용된다 할지라도 "모든 것은 떨어진다."라는 원리는 모든 진실을 나타내주는 것이 아니라는 것을 이제는 안다. 대부분의 다른 물체들은 떨어지는데 그 풍선은 올라가는 이유를 이해하기 위해서 중력과 밀도 개념, 대기를 충분히 학습하려면 여러 해가 걸릴 것이다. 우선은 새롭고 예기치 않은 어떤 것을 기꺼이 관찰할 것이다.

*과학적 사고는 일상적인 관찰과 시행착오의 실험을 바탕으로 한다.*

낙하하는 물체와 풍선에 대한 아이의 경험은 과학적 사고의 전형적인 예이다. 본질적으로 과학은 주의 깊은 관찰과 시행착오의 실험들을 통하여 자연을 학습하는 방법이다. 현대과학자들은 다른 사람들과 다르게 생각하기보다는 그들의 발견을 공유하고 그들의 집단적인 지혜를 사용하는 방법으로 일상적인 사고를 조직하는 훈련을 받는다.

**생각해보자** ▶ 요리, 스포츠 참여, 수리, 직무 학습, 또는 이외 다른 상황들에서 시행착오를 통해 우리가 배우게 되는 몇 가지 사례를 기술하라.

언어, 예술 또는 음악을 통해 소통하는 것을 배우는 것이 아이에게 있어 점진적인 과정인 것처럼, 과학의 발달은 인류에게 있어 점진적인 과정이다. 이러한 과학발달이라는 현대적 모습에서 보면 과학은 세세한 것에 주의를 기울이고, 그 신뢰성을 보장하기 위해 각 정보 단위에 대해 끊임없이 검증하며, 물리적 세계에 대한 관찰된 사실들과 일치하지 않는 낡은 믿음들을 포기할 의지를 요구한다. 전문적인 과학자들에게 이러한 요구는 직업의 '고된 작업'이다. 마치 풍선을 든 아기처럼 전문 과학자들도 우리 모두와 마찬가지로 우주에 대해 새로운 무언가를 알게 되는 뜻밖의 경우들을 통해 대단한 희열을 받게 되는 것이다.

## ● 현대과학은 고대 천문학에서 어떻게 뿌리를 내렸는가?

천문학은 그 뿌리가 고대까지 뻗어 있기 때문에 가장 오래된 과학으로 불리고 있다. 고대 문명들이 오늘날 우리가 천문학을 연구하는 것과 동일한 방식 혹은 동일한 사유를 가지고 천문학을 실행한 것은 아니었지만, 그럼에도 불구하고 그들은 다소 놀라운 성취를 이뤄냈다. 이러한 고대 천문학을 이해하는 것은 과학이 시간의 흐름을 거쳐 어떻게 그리고 왜 발달하게 됐는지에 대한 보다 확대된 이해를 가능하게 한다.

**천문학의 실제 이익** 인류는 수천 년 동안 하늘에 대한 주의 깊은 관찰을 해오고 있다. 천문학에 대한 이러한 관심의 일부 이유는 인간의 고유한 호기심에 있지만, 고대 문화들은 시간 관리, 계절 변화 기록, 그리고 항해를 위한 실제적 이익 또한 있음을 발견했다.

한 가지 놀라운 사례는 중앙아프리카의 사람들에게서 찾을 수 있다. 그들이 그 기술을 개발한 때를 정확하게 알 수는 없지만, 일부 지역에서 사람들이 달을 주의 깊게 관찰함으로써 강우 유형을 예측하는 것을 발견했다. 그림 3.1은 그 방법이 어떻게 작동하는지를 보여준다. 초승달의 뾰족한 뿔 양끝을 연결한 방향(수평에 상대적인)은 연중 변화하는데, 그것은 기본적으로 황도면과 지평선이 교차하는 각이 연중 변화하기 때문이다(또한 방향은 위도에 의해 결정된다.). 사계절이 뚜렷한 온대 지역보다 오히려 건기와 우기가 명확한 열대 지역들에서 초승달의 방향은 다가올 수 일 및 수 주 동안 얼마나 많은 강우가 발생할지를 예측하는 데 사용될 수 있다.

*고대 사람들은 시간과 계절을 기록하고 항해에 도움을 받기 위해 하늘을 관찰하곤 했다.*

**천문학과 시간의 측정** 고대 천문학 관측의 영향은 현대의 시간 측정에서 여전히 우리와 함께하고 있다. 하루의 길이는 해가 하늘을 완전히 한 바퀴 순환하는 데 걸린 시간이다. 한 달의

**그림 3.1** 나이지리아 중부에서 초승달의 '뿔' 방향(상단에 제시된 바와 같은)은 연중 다양한 시기에 평균 강수량과 상관관계에 있다. 현지 사람들은 이러한 사실을 합당한 정확성을 갖고 계절을 예측하는 데 사용한다. (출처 : *Ancient Astronomers* by Anthony F. Aveni)

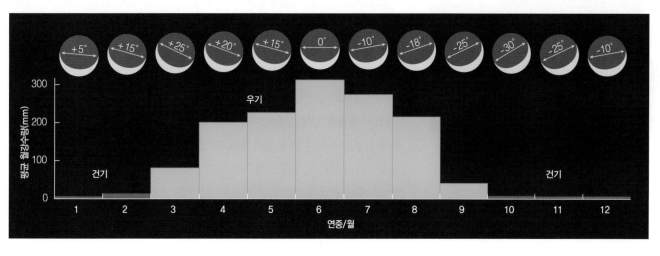

**표 3.1 한 주의 7일과 그들이 선망한 천체**

7일은 기본적으로 7개의 행성과 직접적으로 관련된다. 관련성이 완벽하지는 않지만, 그 패턴은 많은 언어들에서 분명하다. 영어에서 그 관련성은 'Sunday', 'Moonday', 'Saturnday'에서 분명히 나타나는 한편 다른 날의 명칭은 게르만 신들에서 유래됐다.

| 대상 | 영어 | 프랑스어 | 스페인어 |
|---|---|---|---|
| 태양 | Sunday | dimanche | domingo |
| 달 | Monday | lundi | lunes |
| 화성 | Tuesday | mardi | martes |
| 수성 | Wednesday | mercredi | miércoles |
| 목성 | Thursday | jeudi | jueves |
| 금성 | Friday | vendredi | viernes |
| 토성 | Saturday | samedi | sábado |

**그림 3.2** 이 고대 이집트의 방첨탑은 로마 바티칸의 성 베드로 광장에 위치한다. 이는 현존하는 21개 이집트 방첨탑 가운데 하나이다. 방첨탑에 의해 드리운 그림자가 시간을 측정하는 데 사용되어 왔을 수 있다.

**그림 3.3** 기원전 2750~1550년까지 단계적으로 축조된 스톤헨지 유적

길이는 달의 주기적인 위상 변화와 관련되며[2.3절], 1년은 계절의 순환에 기초한다[2.2절]. 한 주의 7일은 7개 '행성'의 이름을 따왔으며(표 3.1), 이는 육안으로 쉽게 볼 수 있는 태양, 달, 그리고 다음 5개 행성 중 수성(Mercury), 금성(Venus), 화성(Mars), 목성(Jupiter), 토성(Saturn)이다. 행성('움직이는 별'을 의미)에 대한 고대 정의는 항성들 가운데에서 움직임을 드러내는 대상에 적용됐음을 주목하라. 이것은 태양과 달이 목록에 포함된 반면 지구는 하늘에서 우리 자신의 별이 움직이는 것을 우리가 볼 수 없기 때문에 포함되지 못한 이유이기도 하다.

**생각해보자 ▶** 천왕성은 육안으로 어렴풋이 볼 수 있지만, 고대에는 행성으로 인식되지 않았다. 만약 천왕성이 좀 더 밝았더라면 현재 우리는 한 주가 8일이었을까? 여러분의 주장을 밝혀보라.

시간 관리가 매우 중요했고 정밀한 관측이 요구됐기 때문에 많은 고대 문화들은 이에 도움이 되는 구조물을 짓거나 특수한 장치들을 고안해냈다. 고대 한 주의 7일은 고대에 알려진 7개 '행성'에서 이름 붙여졌다. 사람들이 시간 기록을 위해 발명한 몇 가지 방법을 간단히 조사해보자.

**하루의 시간 결정하기** 낮 동안에 고대 사람들은 하늘을 통과하는 태양의 경로를 관찰함으로써 시간을 말할 수 있었다. 여러 문화에 막대를 이용한 그림자를 통해 시간을 측정한 해시계가 있었다. 고대 이집트인들은 종종 태양에 대한 숭배로 꾸민 거대한 방첨탑(obelisk)을 세웠으며, 이는 아마도 시계 역할을 했을 것이다(그림 3.2). 야간의 경우 고대 사람들은 달의 위치와 상에 의해서(그림 2.21 참조), 또는 특정 시간에 볼 수 있는 별자리를 관찰함으로써 시간을 측정할 수 있었다(그림 2.14 참조).

또한 우리는 고대 이집트에서 현대의 시계 기원을 추적할 수 있다. 약 4,000년 전에 이집트인들은 낮과 밤을 각각 동일한 12개의 부분으로 구분했으며, 이는 현재 우리가 오전(a.m.)과 오후(p.m.)를 각 12시간으로 나눈 방식이다. 약어인 a.m.과 p.m.은 라틴어인 *ante meridiem*(오전)과 *post meridiem*(오후)을 나타내며, '그날의 중간 이전'과 '그날의 중간 이후'를 의미한다.

**계절 표시하기** 많은 고대 문화들은 계절의 표시를 돕기 위한 구조물을 세웠다. 스톤헨지(그림 3.3)는 유명한 사례로서, 천문학적 장치이자 사회 및 종교적 회합의 장소로서 역할을 했다. 아메리카에서 가장 장관을 이루는 구조물 중 하나는 아즈텍의 도시인 테노치티틀란(Tenochtitlán, 현재의 멕시코시티)에 자리한 마요르 신전(그림 3.4)으로서, 위가 편평한 쌍둥이 피라미드 신전이 특징이다. 광장의 반대편에서 바라보는 왕이라는 관찰자의 관점에서, 태양은 춘분에 신전들 사이의 홈을 통해 떠오른다.

다수의 문화들은 연중 일출과 일몰의 지점을 기록하는 데 보다 손쉬운 기본 방향들에다 건물과 거리들을 배치했다. 다른 구조물에는 특정한 날짜를 표시했다. 예를 들어 선조인 푸에블로족은 뉴멕시코 주의 차코 캐니언(Chaco

Canyon)에 절벽 전면에 나선무늬[태양 단도(Sun Dagger)로 알려진]를 새겼다 (그림 3.5). 태양의 광선들은 하지점의 정오에만 조각된 나선 무늬의 중앙에 박히는 태양 단도를 형성한다.

**태양력과 태음력** 계절을 추적하는 것은 결과적으로 문자로 된 달력의 출현을 이끌었다. 오늘날 우리는 지점과 분점 같은 계절별 사건들이 매년 동일한 날짜에 발생하도록 계절과 동시적으로 움직이는 달력을 의미하는 **태양력**을 사용한다. 그러나 한 달의 길이는 달의 위상이 29.5일 주기로 변화하는 것에서 비롯됐다는 것을 상기해야 한다. 따라서 일부 문화들은 달의 주기와 동일하게 움직이는 목적을 가진 **태음력**을 만들었으며, 달의 상은 항상 매달 1일에 동일하게 된다.

기본 태음력은 12개월이며, 일부 달에서는 29일, 다른 달에서는 30일로 이루어진다. 달의 길이는 평균이 대략 29.5일 태음 주기와 일치하도록 선택된 것이다. 따라서 12개월 태음력은 354일 또는 355일이거나, 태양력에 비해 약 11일이 부족하게 된다. 이와 같은 달력이 이슬람 지역에서는 여전히 사용되고 있다. 이것은 한 달 동안 지속되는 라마단(9월)이 다음 해에 매번 약 11일 일찍 시작되는 이유이다.

> 태음력은 항상 매달 1일에 동일한 달의 위상을 갖는다.

태음력은 시기 일치의 이점에 의해 태양력과 조화를 이루며 유지될 수 있다. 즉, 태양력에서 19년은 태음력에서 정확하게 235개월에 해당된다. 결과적으로 달 위상은 19년마다 동일한 날짜에 반복된다[메톤 주기(Metonic cycle)로 알려진 패턴]. 예를 들어 2014년 2월 14일에 보름달이었다면, 19년 뒤인 2033년 2월 14일에 보름달을 보게 된다. 통상 태음력이 19년 주기에서 단지 $19 \times 12 = 228$ 개월이기 때문에 추가로 7개월(235개월을 만들기 위해)을 더하는 것은 태음력이 대략적으로 계절과 조화를 이루어 유지될 수 있도록 한다. 유대력은 매 19년 주기 중 3, 6, 8, 11, 14, 17 및 19번째 해에 13월을 추가함으로써 이를 만족시킬 수 있다.

**고대의 성취에서 배우기** 고대 천문학적 성취에 대한 연구는 풍부한 연구 분야이다. 많은 고대 문화들이 행성과 별에 대한 주의 깊은 관찰을 이뤘으며, 일부는 대단히 상세한 기록을 남겼다. 예를 들어 중국인들은 최소 5,000년 전에 천문 관측을 기록하기 시작했으며, 이는 고대 중국 천문학자들이 중요한 많은 발견들을 이루는 것을 가능하게 했다.

다른 문화들에서는 이와 같은 분명한 문자 기록들을 남기지 않았거나 기록들이 훼손 또는 분실됨으로써 우리는 그들이 남겼던 물리적 증거를 연구함으로써 천문학적 성취를 짜맞추어 종합해야 한다. 이러한 형태의 연구는 보통 **천문고고학(archaeoastronomy)**으로 불리며, 이는 천문학과 고고학이 결합된 말이다.

이 점에서 우리가 논의했던 사례들은 천문학자들에게는 해석하기가 상당히 간단했으나, 다수의 다른 사례들은 좀 더 모호하다. 예컨대 페루에 살았던 고

**그림 3.4** 이 축소 모형은 5세기 전 모습으로 추정되는 마요르 신전과 주변 광장이다.

**그림 3.5** 태양 단도. 3개의 대형 돌 평판이 태양 단도가 오로지 하지점의 정오에만 조각된 나선형에 박히도록 배열되어 있다. (불행하게도 이 현장이 1977년 발견된 이후 12년 만에 부식 발생으로 돌이 움직이면서 더 이상 그 효과가 발생하지 않는다.)

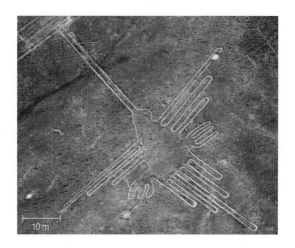

**그림 3.6** 수백 개의 선과 형태가 페루 나스카 사막의 모래에 식각되어 있다. 이 항공 사진은 큰 형태의 벌새를 보여준다.

**그림 3.7** 세계문화유산 마추픽추는 하지와 동지에 일출에 맞도록 구조물들이 의도적으로 구성되어 있다.

**그림 3.8** 폴리네시안 항해사들은 태평양 섬 사이를 항해하기 위해서 천문학과 해양 상승의 일정한 패턴을 사용했다. 이 사진은 섬 주위 바닷물의 일정한 상승 패턴을 나타내는 데 사용된 도구인 미크로네시아 스틱 차트이다.

천문고고학은 고대 구조물의 천문학적 사용에 대한 연구이다.

대인들은 나스카 사막의 모래에 수백 개의 선과 패턴을 새겨 넣었다. 많은 선들은 한 해의 특정한 시기에 태양 또는 밝은 별들이 뜨는 지점을 가리키지만, 그것에 대하여 어떠한 것도 명확하게 입증하지 못한다. 하지만 수백 개의 선 중 무작위로 선택하는 경우, 다수의 선이 어떻게 또는 왜 만들어졌든 천문학적 배열을 갖게 된다는 점은 분명하다. 이 중 다수가 동물의 큰 형상(그림 3.6)인 유형들은 더 많은 논란을 불러일으키고 있다. 어떤 사람들은 이 지역에 살았던 사람들이 인식한 별자리일 것이라고 생각하지만, 확실히 알 수는 없다.

어떤 경우에 과학자들은 고대 건설가의 의도를 확립시킨 다른 단서를 사용할 수 있다. 예를 들어 남미 잉카 제국의 통치자는 태양의 자손이라는 사상을 가지고 있다. 따라서 태양의 움직임을 면밀히 관측할 것을 요구했다. 이 사실은 잉카 도시 및 어떤 의식 센터의 천문학적 정렬이, 예를 들면 세계문화유산 마추픽추(Machu Picchu)(그림 3.7)는 우연이라기보다는 의도적인 아이디어라는 것을 말해준다.

다양한 유형의 증거들로 중앙과 남태평양의 많은 섬에 살면서 항해를 했던 고대 폴리네시아인의 천문학적인 정교함에 대한 예는 하나의 설득력 있는 경우이다. 옆의 다른 섬으로 이동할 경우 일반적으로 보기에는 너무 멀리 떨어져 있었기 때문에, 항해는 생존에 매우 결정적이었다. 폴리네시안 문화에서 가장 존경받는 지위는 섬 사이의 먼 거리를 이동하는 데 필요한 지식을 습득한 항해사이다. 항해사는 고도의 항해 감각과 정확한 착륙 지점(그림 3.8)을 찾고 파동과 물의 상승 패턴을 깊이 이해하기 위해 세세한 천문학적 지식을 사용하였다.

## 3.2 고대 그리스 과학

스톤헨지 혹은 마요르 신전 같은 구조물은 건축되기 전에 주의 깊은 관찰이 이루어지고 수없는 반복을 통해 정확성을 보장하기 위해 노력했음에 틀림없다. 물론 주의 깊고 반복된 관찰들은 현대과학의 기초가 된다. 그러므로 현대과학의 요소들은 일찍이 많은 인간 문화에서 보아왔다. 역사적 환경은 다르지만, 거의 모든 문화는 우리가 현대과학을 이룩하는 데에 있어 발판이 되었다. 결국 역사는 가능한 경로 중에서 어떤 하나로 진행한다. 특히 현대과학으로 이끄는 경로는 그중에서도 동쪽 고대 그리스에서 출발하여 지중해와 중동의 고대 문명에서 등장한다.

### ● 현대과학의 뿌리를 그리스에서 찾는 이유는 무엇인가?

그리스는 기원전 800년경에 중동에서 시작되어, 점차 하나의 힘으로 일어나서 기원전 약 500년경에 확립되었다. 지리적 위치는 북아프리카, 아시아, 유럽에서 온 여행자, 상인, 그리고 군대를 위한 교통의 교차로로 자리 잡고 있다. 이러한 다양한 문화의 융합으로 인하여 다양한 아이디어 구상이 가능했으며, 고대 그리스 철학자들은 신화에서부터 이성에 이르기까지 자연에 대한 인간 이해를 위해 노력하였다.

**세 가지 철학적 혁신** 그리스 철학자들은 현대과학의 토대를 닦는 데 도움이 되는 적어도 세 가지 주요 혁신을 개발했다. 첫째, 그들은 초자연적 설명에 의존하지 않고 자연을 이해하려고 노력하고, 서로의 아이디어를 토론하고 도전하기 위해 공동으로 활동하는 전통을 개발하였다. 둘째, 더 깊이 있는 새로운 아이디어의 의미를 탐구하여 그들의 아이디어에 성교함을 더할 수 있도록 그리스인들은 수학을 사용하였다. 셋째, 철학적 활동의 많은 부분은 오직 생각에만 기초한 예리한 토론으로 구성되었고, 현대적인 의미에서 과학적이 아니었지만, 그리스인들은 관측으로부터 추론의 힘을 발견하였다. 그들은 만약 하나의 설명이 관측 사실과 일치하지 않는다면 옳지 않다고 이해하였다.

**자연의 모형** 과학에 대한 그리스인들의 탁월한 공헌은 현대과학의 중심적인 활동인 자연의 모형 구성에서 위의 세 가지 혁신을 융합하는 데에 있다. 과학적 **모형**(model)은 일상생활에서 친밀한 모형과는 다소 다르다. 우리는 일상생활에서 흔히 볼 수 있는 자동차 혹은 비행기 모형처럼 최소한의 물리적 표상들로서 모형을 생각하는 경향이 있다. 반면에 과학적 모형은 관찰된 현상을 설명하고 예측하기 위해서 창조된 하나의 개념적 표상이다.

예를 들면, 지구의 기후에 대한 과학적 모형은 그러한 기후가 어떻게 작동하는가를 설명하기 위해 논리학과 수학을 사용한다. 그 목적은 전 세계적으로 온난해 *그리스인들은 관찰된 현상을 설명하고* 지는 기후변화를 설명하고 예측하는 것이다. *예측하기 위해서 자연의 모형을 개발하였다.* 비행기 모형이 실제 비행기의 모든 면을 성실하게 표현하는 것이 아닌 것처럼 과학적 모형도 우리가 자연을 관찰한 것을 완전히 설명하는 것은 아니다. 그럼에도 불구하고 과학적 모형의 결함이 유용할 수도 있다. 더 좋은 모형을 형성하는 방향으로 나아갈 수 있기 때문이다.

천문학에서 그리스인들은 하늘에서 관측된 것들을 설명하기 위해서 우주에 대한 개념적 모형을 구성하였다. 그러한 노력은 하나의 돔 형태의 하늘 아래 편평한 지구라는 단순한 아이디어에서 적극적으로 벗어나기 위한 것이었다. 우리는 그리스인들이 지구가 둥근 구 형태라는 생각을 언제부터 시작했는지 자세히 알지 못한다. 그러나 유명한 수학자인 피타고라스(기원전 560~480)는 기원전 500년경에 이를 가르치고 있었다. 피타고라스와 그의 추종자들은 천구의 중심에 떠 있는 하나의 구로 지구를 상상하였다. 한 세기 이상 후에 아리스토텔레스는 지구가 구의 형태라는 증거로 월식이 일어나는 동안 달 위에 지구의 그림자가 원의 곡면을 보여준다는 관찰을 인용하였다. 그래서 그리스의 철학자들은 큰 천구의 중심에 구의 형태인 지구를 가진 **지구중심모형**(geocentric model)을 채용하였다.

**그리스로부터 르네상스 시대까지** 우리가 그리스의 지구중심모형에 대하여 자세히 논의하기 전에 그리스 철학이 유럽을 넘어 아시아로 어떻게 전파되었는지를 간단하게 논의할 필요가 있다. 그리스 철학은 알렉산더 대왕(기원전 356~323)의 정복과 함께 널리 전파되기 시작됐다. 알렉산더는 과학에 흥미를 가지고 있었는데 아마도 부분적으로는 그의 개인교사가 아리스토텔레스였기 때문일 것이다. 알렉산더는 이집트에 알렉산드리아라는 도시를 세웠는데, 기원전 300년경에는 거대한 도서관이 설립되었으며(그림 3.9), 이후 700년 동안 세계적으로 뛰어난 연구의 중심이 되었다. 전성기 때는 파피루스로 직접 쓴 약 50만 권의 장서를 보유하고 있었

---

천문
**계산법 3.1**

### 에라토스테네스의 지구 크기 측정

지구의 크기를 정확하게 최초로 측정한 것은 기원전 240년경 그리스의 과학자 에라토스테네스에 의해서이다. 그는 하지점에 있는 시에네(현재, 아스완)의 이집트 도시에서 바로 머리 위로 태양이 지나가는 것과, 같은 날에 알렉산드리아에서 천정으로부터 약 7° 정도 경사져 태양이 뜬다는 것을 알고 있었다. 알렉산드리아는 지구 원주의 7/360 정도로 두 도시 사이의 북-남 거리를 형성하면서, 시에네를 기준으로 약 북위 7° 위치(그림 참조)에 자리 잡아야 된다는 결론을 얻었다.

에라토스테네스는 시에네와 알렉산드리아 사이의 남-북 거리는 5,000스타디아(스타디움(*stadium*)은 그리스의 거리 단위인데,

$$\frac{7}{360} \times 지구의\ 원주 = 5{,}000스타디아$$

양변에 360/7을 곱해주면,

$$지구의\ 원주 = \frac{360}{7} \times 5{,}000스타디아 \approx 250{,}000스타디아$$

실재 그리스의 스타디움의 크기에 기초하면, 스타디아는 각각 1/6km라고 헤아리는데, 약 250,000/6= 42,000km로서 실재 약 40,000km 값과 근접한다는 것은 놀라운 일이다.

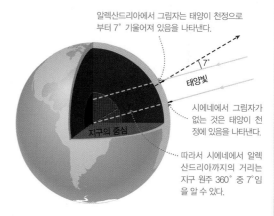

알렉산드리아에서 그림자는 태양이 천정으로부터 7° 기울어져 있음을 나타낸다.

7°

태양빛

지구의 중심

시에네에서 그림자가 없는 것은 태양이 천정에 있음을 나타낸다.

따라서 시에네에서 알렉산드리아까지의 거리는 지구 원주 360° 중 7°임을 알 수 있다.

이 그림은 에라토스테네스가 시에네에서 알렉산드리아까지의 북-남 거리가 지구 원주의 7/360임을 어떻게 계산했는지를 보여준다.

다. 그러나 도서관이 불에 타 전소되어 내용물의 대부분은 영원히 소실되었다.

**생각해보자 ▶** 여러분이 일생 동안 읽을 수 있는 수많은 책을 세어보고, 알렉산드리아 도서관에 보관되어 있는 50만 권의 장서와 비교해보라. 여러분 관점에서 알렉산드리아 도서관의 전소로 인한 고대 지혜의 손실을 비교할 수 있는 다른 방법을 생각할 수 있는가?

알렉산드리아에 비하여 상대적으로 적은 책이지만 우리는 새로운 종교인 이슬람 학문 덕택으로 오늘날까지 유지할 수 있었다. 기원후 800년경에 이슬람의 지도자인 알마문(Al-Mamun, 786~833년)은 이미 파괴된 알렉산드리아 도서관과 유사한 역할을 하는 바그다드(현재의 이라크)에 '지혜의 집(House of Wisdom)'을 설립했다. 이슬람 학자들은 종종 다른 종교의 동료들과 공동으로 많은 고대 그리스 작품을 번역하고 보관하였다. 이슬람 학자들은 중국으로부터 아이디어와 발명품을 가져오는 인도의 힌두교 학자들과도 자주 접촉하였다. 그들은 인도와 중국의 지식과 고대 그리스의 생생한 작품을 융합하기 위해 노력하였다. 지혜의 집에 있는 학자들은 마치 벽돌을 쌓는 것처럼 이러한 아이디어들을 사용해서 대수학이라는 수학과 천문관측을 위한 도구와 기술을 개발하였다. 이는 많은 공식적인 별자리와 별의 이름이 아랍어에서 유래한 이유를 설명해준다. 예를 들어 많은 밝은 별의 이름은 아랍어에서 'the'를 의미하는 'al'(예 : 알데바란, 알골) 등으로 시작한다.

바그다드 학자들의 축적된 지식은 비잔틴 제국(전 로마 제국의 일부)을 통하여 확산된다.

이슬람의 학자들은 고대 그리스의 학풍을 보존하고 확장하였으며, 이 작업은 유럽의 르네상스를 촉발하는 데 공헌하였다.

비잔틴 제국의 수도인 콘스탄티노플(현재 이스탄불)이 1453년 터키에 정복되었을 때 많은 학자들이 유럽의 르네상스를 점화시키는 데 도움이 되는 지식을 가지고 서유럽으로 향했다.

### ● 그리스인들은 행성의 운동을 어떻게 설명하였는가?

그리스 철학자들은 천상에는 지구를 둘러싸고 있는 단 하나의 천구보다 더 많은 천구가 있다는 것을 깨달았다. 태양과 달이 각각 별자리들을 통하여 점차적으로 동쪽으로 움직인다는 사실을 설명하기 위해서 그리스인들은 별들의 항성구와 다양한 비율로 회전하는 태양과 달의 천구를 개별적으로 추가하였다. 물론 이러한 행성들은 항성들에 대해 상대적으로 움직인다. 그래서 그리스인들은 각 행성들에 추가적인 천구를 더했다(그림 3.10).

**그림 3.9** 알렉산드리아의 고대 도서관은 기원전 300년경에 개관하여 약 700년 동안 번영하였다.

a. 알렉산드리아 고대 도서관의 그레이트 홀에 대한 한 예술가의 재구성을 보여주는 렌더링

b. 고대 도서관의 스크롤 방의 일부를 보여주는 렌더링

c. 2003년에 개관한 알렉산드리아의 새로운 도서관

이 모형의 단점은 명백하게 나타나는 행성들의 역행(retrograde)을 설명하는
것이 어렵다는 것이다[2.4절]. 여러분은 최외각의 항성구에 상대적으로 가끔은
앞으로, 가끔은 뒤로 변화하는 항성구를 허용해야 한다고 생각할 수 있다. 하지
만 그리스인들은 그렇게 생각하지 않았다. '천상은 완벽해야 한다.'는 깊은 믿
음에 반하기 때문이다. 플라톤에 의하여 가장 분명하게 강조된 이 아이디어에
따르면, 천체들은 완벽한 구로만 움직일 수 있다. 하지만 행성들이 완벽한 원
으로 움직인다면 하늘에서 가끔 역방향으로 움직이는 행성들은 무엇인가?

하나의 가능성 있는 답변은 명백한 역행운동에 대한 단순하고 자연스러운 설
명인 태양중심모형(sun-centered model)으로 대체하고 지구중심모형을 버리는
것이다(그림 2.30 참조). 하지만 이 모형은 이미 기원전 260년경에 아리스타르
코스(Aristarchus)에 의하여 제안되었으나, 그 당시에는 지지를 결코 얻지 못했
다(어느 정도는 항성 시차를 얻을 수 있는 관측 기술의 부족으로 인하여[2.4
절]). 대신에 그리스인들은 지구의 중심적인 위치와 완벽한 원운동을 보존하면
서 행성들의 운동을 설명하는 독창적인 방법을 알아냈다. 이러한 아이디어의
최종적인 통합은 클라우디우스 톨레미(Claudius Ptolemy, 100~170년)의 작업
이다. 우리는 고전적인 지구중심모형과 구분하기 위해서 **톨레미 모형**(Ptolemy'
s model)이라 부른다.

**그림 3.10** 이 모형은 천구에 대한 그리스인들의 아이
디어를 표현한 것이다(기원전 400년). 지구는 중심에
서 정지되어 있는 하나의 구이다. 달, 태양, 그리고 행
성들은 자신들의 천구를 갖는다. 최외각의 천구는 별
들을 가진다.

**톨레미의 모형에서 지구 주위를 회전하는**
**더 큰 원주상에 그 중심을 둔 작은**
**원 위에 각 행성이 움직인다.**

톨레미 모형의 요점은 지구 둘레를 움직
이는 큰 원 위에 중심을 둔 하나의 작은 원
위에서 각 행성이 움직인다는 것이다(그림
3.11).(이 작은 원을 **주전원**이라 부르고, 더 큰 원은 **이심원**이라 부른다.) 큰 원
위에 원의 운동은 동에서 서로 뒤로 가는 역행 부분을 포함하여, 지구에서 역행
으로 보이는 하나의 고리를 만들며 서에서 동으로 진행한다. 그러나 관측과 일
치되게 하기 위해 톨레미는 수많은 다른 복잡성들을 포함해야 했다. 예를 들면,
지구중심에서 약간 벗어난 어떤 큰 원들을 위치시키는 것이다.

그 결과 전체 톨레미 모형은 수학적으로 복잡하고 번거로워졌다. 톨레미 모
형을 기반으로 계산을 감독하면서, 스페인 국왕 알폰소 10세(1221~1284)는 다
음과 같이 문제가 있음을 호소했다고 한다. "내가 창조에 관여했다면 우주에 대
한 좀 더 간단한 설계를 권장할 것이다."

그 복잡성에도 불구하고 톨레미 모형은 매우 성공적으로 지지되었다. 아크의
몇 도 내로 미래의 행성의 위치를 정확하게 예측한다. 이는 향후 1500년 동안
그 모형을 사용할 만큼 충분히 정확한 것이다. 모형을 기술한 톨레미의 책은
800년경에 아랍어 학자들에 의해 번역되었고, 그들은 '가장 위대한 책'을 의미
하는 **알마게스트**(Almagest)라는 제목을 붙였다.

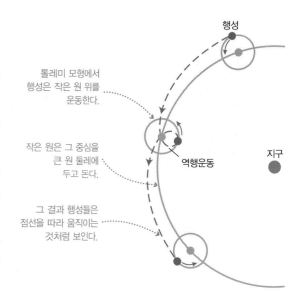

**그림 3.11 상호작용하는 그림**
이 다이어그램은 명백하게 나타나는 톨레미 모형이
역행운동을 어떻게 설명하는가를 보여준다. 각 행성
들은 더 큰 원 위에서 회전하는 작은 원 위를 운동한
다고 가정하였다. 이 결과의 경로(점선)는 지구에서 보
있을 때 그 행성이 뒤로 이동하는 하나의 고리를 포함
한다.

## 3.3 코페르니쿠스 혁명

그리스와 다른 고대 민족은 많은 중요한 과학적 아이디어를 개발하였지만 우리
가 현재 과학이라고 생각하는 모든 것은 유럽의 르네상스 시대 동안 일어난 것

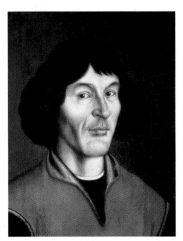

코페르니쿠스(1473~1543년)

이다. 콘스탄티노플이 와해된 지 반세기도 안 되어서, 폴란드의 과학자 니콜라스 코페르니쿠스(Nicholas Copernicus)는 지구중심의 톨레미의 모형을 궁극적으로 전복하는 활동을 시작하고 있었다.

## ● 코페르니쿠스, 티코, 케플러는 어떻게 지구중심모형에 도전하였는가?

코페르니쿠스가 제안한 아이디어는 우리가 우주에서 우리의 위치를 인식하는 방식을 근본적으로 변경하였다. **코페르니쿠스 혁명**(Copernican revolution)으로 알려진 이 극적인 변화는 여러 가지 방향에서 현대과학의 기원에 대한 이야기이다. 물론 코페르니쿠스 자신부터 시작하여 몇몇 주요 인물들의 이야기이다.

**코페르니쿠스** 코페르니쿠스는 1473년 2월 19일 폴란드 토룬에서 태어났다. 그는 10대 후반에 천문학 공부를 시작하였다. 그는 톨레미의 모형을 기반으로 한 행성운동의 일람표들이 점점 부정확해진다는 것을 곧바로 학습하여 인식하게 되었다. 그는 행성의 위치를 예측하는 더 나은 방법을 찾기 위해 모험을 시작했다. 코페르니쿠스는 행성의 명백한 역행 움직임에 대해 간단한 설명을 제공하기 때문에 아리스타르코스의 고대 태양중심모형을 채택해야 된다는 것을 알고 있었다. 그러나 그는 수학적 모형의 세부 사항 작업에서 고대의 아리스타르코스를 뛰어넘고 있었다.

이 과정에서 코페르니쿠스는 태양중심의 아이디어에서 자신의 믿음을 강화하는 단순하고 간단한 기하학적 관계를 발견하였다. 그가 채용한 기하학은 태양으로부터 각 행성들의 공전주기와(지구의 거리와 비교했을 때) 상대적 거리 계산이 가능했기 때문이다.

코페르니쿠스는 지구가 움직인다는 아이디어가 불합리하고 어리석다는 평판에 대한 두려움 때문에 자신의 작품이 출판되는 것을 주저하였다. 그러나 책의 출판을 촉구하는 교회의 고위급 인사들을 포함한 다른 학자들과 함께 자신의 시스템에 대해 논의했다. 코페르니쿠스는 그의 책 **천구의 회전에 관하여**(De Revolutionibus Orbium Coelestium)의 첫 번째 인쇄본을 그가 죽은 1543년 5월 24일에 보았다.

이 책의 출판으로 인하여 태양중심의 아이디어가 널리 확산되었고, 많은 후속 학자들은 미적 장점이 있고 연구할 가치가 있다고 보았다. 그러나 코페르니쿠스의 모형은 향후 50년 동안

코페르니쿠스의 태양중심모형은 보다 올바른 보편적인 아이디어를 기반으로 하였지만, 그 예측은 톨레미의 지구중심 모형들보다 실질적으로 더 좋다고 할 수 없다.

상대적으로 적은 추종자를 얻었을 뿐이다. 왜냐하면 모든 것이 제대로 잘 작동하지 않는다는 점 때문이다. 주요 문제는 코페르니쿠스는 지구가 우주의 중심이라는 아이디어를 전복하고자 했던 반면에 천체의 운동은 완벽한 원으로 발생해야 한다는 고대의 믿음을 굳게 고수했다는 것이었다. 이 잘못된 가정으로 인하여 그럴듯한 예측을 얻기 위해(톨레미 모형에서 사용하는 것과 같은 이심원에 주전원을 포함한) 자신의 시스템에 다수의 복잡성을 추가할 수밖에 없었다. 결국 완성된 모형은 톨레미 모형보다 더 정확하지도 덜 복잡하지도 않았다. 그리고 예전처럼 복잡하게 작동되는 새로운 모형을 위하여 수천 년의 전통을 기꺼이 내던지는 사람은 적었다.

**티코** 톨레미 또는 코페르니쿠스의 모형을 개선하기 위해 노력하는 천문학자들이 직면한 어려움의 일부는 양적인 데이터의 부족이었다. 망원경은 아직 발명되지 않았기에 기존의 육안

관측은 정확성이 너무 떨어졌고 더 나은 데이터가 필요했다. 그 자료는 일반적으로 '티코'로 알려진 덴마크의 귀족 티코 브라헤(Tycho Brahe, 1546~1601년)에 의해 세공되었다.

티코는 수학을 더 잘하는 다른 학생과의 칼싸움으로 코의 일부를 잃었을 만큼 성질이 급한 천재였다. 1563년, 티코는 목성과 토성의 널리 예상된 정렬을 관찰하기로 결정했다. 놀랍게도 정렬은 코페르니쿠스가 예상했던 날짜보다 거의 2일 차이가 발생하였다. 천문학적인 예측을 개선하기 위해 그는 하늘의 별과 행성의 위치에 대한 주의 깊은 관찰을 수집하기로 하였다.

1572년 '신성'이라는 소위 노바(nova)라는 것을 관찰하여 그것이 달보다 훨씬 지구로부터 멀리 떨어진 천체라는 것을 증명하여, 티코의 명성이 크게 알려지는 계기가 되었다. 오늘날 티코가 본 것은 초신성(supernova, 먼별의 폭발)[13.3절]이라 알려져 있다. 1577년, 티코는 혜성을 관찰하고 그 역시 천상의 영역에 놓여 있음을 증명했다. 아리스토텔레스를 포함한 다른 사람들은 혜성은 지구의 대기현상이라고 주장했다. 덴마크의 왕 프레데릭 2세는 육안 관측 (그림 3.12)에 타의 추종을 불허하는 천문대를 건설하는 자금을 티코에게 제공하여 그의 지속 적인 작업을 후원하기로 결정했다. 프레데릭 2세가 1588년에 사망한 후, 티코는 독일 황제 루돌프 2세가 지원하는 프라하로 이동했다.

30년이 넘는 기간 동안 티코와 그의 조수들은 그 당시 육안으로 전체 팔 길이를 기준으로 손톱의 두께보다 더 작은 1분각 이하로 정밀하게 관측하였다. 이러한 정확한 관찰에도 불구 하고 티코는 행성운동에 대한 만족스러운 설명에는 성공하지 못했다. 그는 행성이 태양을 회전한다는 것을 확신했지만, 별의 시차[2.4절]를 감지할 수 없기에 지구가 정지 상태를 유지 해야 한다는 결론을 내렸다. 따라서 그는 다른 모든 행성이 태양을 공전하는 동안 태양이 지구를 돌고 있는 모형을 제안하였다. 하지만 소수의 사람들만이 이 모형을 진지하게 고려했을 뿐이다.

> 티코의 육안에 의한 정확한 관측들은 코페르니쿠스의 시스템을 개선시키는 데 필요한 자료를 제공하였다.

**케플러** 티코는 만족스러운 행성운동을 설명하는 데 실패하였지만, 설명을 만족시킬 수 있는 사람을 찾는 데 성공했다. 바로 독일의 젊은 천문학자 요하네스 케플러(Johannes Kepler, 1571~1630년)를 기용한 것이다. 케플러와 티코는 긴장 관계가 있었으나 티코는 자신의 젊은 견습공의 재능을 인정하였다. 1601년, 그는 임종을 맞이하면서 케플러에게 자신의 관찰들을 의미 있게 만들 수 있는 시스템을 찾아서 '내가 헛되이 살지 않았음을 증명' 해달라고 간청하였다.

케플러는 신앙심이 깊었으며, 천상의 기하학을 이해하는 것이 하나님에게 가까이 다가가게 해줄 것으로 믿었다. 코페르니쿠스처럼 처음에는 그도 행성의 궤도가 완벽한 원이어야 한다고 믿었다. 그래서 그는 티코의 데이터를 원궤도운동에 적절하게 맞추는 활동을 열심히 하였다. 몇 년의 노력 끝에 그는 대부분 티코의 관측들과 아주 잘 일치하는 일련의 원 궤도들을 찾았다. 심지어 최악인 화성의 경우, 케플러의 예측 위치는 약 8분각까지 티코의 관측과 차이가 있었다.

케플러는 이러한 불일치들을 무시하고 원형궤도를 버리기보다는 티코의 에러 탓으로 돌리고 싶은 유혹에 빠져든 적도 있었다. 그러나 케플러는 그 당시 최고의 천문관측인 티코의 주의 깊은 육안 관측 작업을 믿었다. 8분각은 단지 보름달 각지름의 1/4이다. 이러한 작은 차이가 마침내 행성운동의 고대부터 믿어왔던 원형궤도의 아이디어를 그로 하여금 포기하도록

티코 브라헤(1546~1601년)

**그림 3.12** 육안 관측을 위한 거대한 각도기처럼 작동하는 천문대에서의 티코 브라헤. 그는 앉아서 조수가 각도기의 각도를 측정하기 위해 슬라이딩 마커를 사용하면 벽에 직사각형 구멍을 통해 행성을 관찰할 수 있다.

요하네스 케플러(1571~1630년)

만들었다. 이 사건에 대하여 케플러는 다음과 같이 기술하고 있다.

우리가 이 8분각을 무시할 수 있다고 생각했다면, 나는 그것에 따라서 내 가설을 포기했을 것이다. 이 차이를 무시하는 것을 허용하지 않았기 때문에, 그 8분각은 천문학에 완전한 개혁의 길을 가리키고 있었다.

케플러의 주요 발견은 행성의 궤도가 원이 아니라 **타원**이라는 특별한 계란 형태임을 발견한 것이다. 다음과 같은 방법으로 원을 그릴 수 있다. 줄의 끝부분에 연필을 집어넣어 1개의 침으로부터 원 주위까지 연필을 팽팽하게 잡아당겨 주위를 회전시키면 반지름이 일정한 하나의 원을 그릴 수 있고(그림 3.13a). 2개의 침(그림 3.13b) 주변의 줄을 팽팽하게 당겨야 한다는 점을 제외하고 타원 그리기는 원 그리기와 유사하다. 두 침의 위치는 타원의 **초점**(foci, singular, focus)이라고 부른다. 타원의 긴 축을 **장축**(major axis), 절반은 소위 **장반경**(semimajor axis)이라 부르고, 이것이 천문학에서 특히 중요하다. 짧은 축은 **단축**(minor axis)이라 부른다. 전체 줄의 길이(장축)의 합을 같게 유지시키는 반면에, 두 초점 사이의 거리를 변경시키므로, 여러분은 변화하는 **이심률**(eccentricity)을 그릴 수 있다. 즉, 이심률은 장축에 대한 두 초점 간의 거리의 비이다. 어떤 타원이 뻗은 정도를 기술하는 양으로 완벽한 원에 비교된다(그림 3.13c). 원은 0인 이심률을 가진 일종의 타원이다. 원형은 이심률이 0이며, 이심률이 클수록 더 길쭉한 타원형이 된다.

원 궤도라는 자신의 선입견을 넘어 데이터를 신뢰하는 케플러의 결정은 과학의 역사에서 중요한 전환점이 되었다. 그가 타원을 지지하며 완벽한 원을 포기하자 톨레미의 지구중심모형보다 훨씬 더 정확하게 위치를 예측할 수 있는 모형을 얻을 수 있었다. 케플러의 모형은 긴 시간의 시험을 거쳐 자연의 모형으로뿐만 아니라 행성운동에 대한 깊고, 기본이 되는 진실로 받아들여졌다.

> 타원 궤도를 사용함으로써 케플러는 놀랄 만한 정확성으로 행성들의 위치를 예측하는 태양중심모형을 창조했다.

**그림 3.13** 하나의 타원은 계란형의 특별한 형태이다. 이 다이어그램은 타원이 어떻게 원과 다르고 이심률에 따라서 타원의 형태가 어떻게 다양하게 변화하는지를 보여준다.

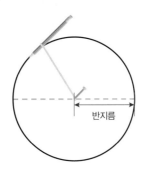

a. 고정된 길이의 끈을 가지고 원 그리기

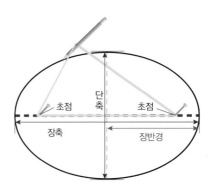

b. 고정된 길이의 끈을 가지고 타원 그리기

c. 이심률은 원 궤도로부터 얼마나 벗어나 있는가?

## ● 행성운동에 대한 케플러의 세 가지 법칙은 무엇인가?

케플러는 우리가 현재 **행성운동에 대한 케플러 법칙**이라 부르는 세 가지 단순한 법칙을 정리하였다. 그는 1609년 처음으로 두 법칙을, 그리고 1619년에 세 번째를 발표했다.

케플러의 제1법칙은 태양에 대한 각 행성의 궤도가 하나의 초점에 태양이 위치한 타원 궤도라는 것을 우리에게 알려준다(그림 3.14).(다른 초점에는 아무것도 없다.) 본

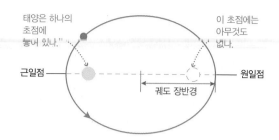

**그림 3.14** 케플러의 제1법칙 : 태양에 대하여 각 행성의 궤도는 하나의 초점에 태양을 두고 타원 궤도를 가진다(여기서 보여주는 이심률은 실제 행성들의 이심률에 비교해서 과장된 것이다.).

질적으로 이 법칙은 행성의 궤도운동 동안 태양으로부터 행성의 거리가 변한다는 것을 우리에게 말해준다. 그것은 **근일점**이라 불리는 가장 가까운(그리스어로 '태

> 케플러 제1법칙 : 태양에 대하여 각 행성의 공전궤도는 하나의 초점에 태양이 위치하는 타원이다.

양 근처'라는 뜻) 지점이고, **원일점**('태양으로부터 먼')이라 불리는 태양과 가장 먼 지점이다. 행성의 근일점과 원일점 거리의 평균은 궤도 **장반경**(semimajor axis)의 길이이다. 우리는 태양으로부터 행성의 평균거리를 이것으로 사용한다. 일반적으로 이것으로 타원의 크기를 표현한다.

케플러의 제2법칙은 하나의 행성이 자신의 타원궤도를 따라 운동하는 것으로, 태양에 가까울수록 더 빠르게 운동하고 태양으로부터 멀수록 더 느리게 운동한다는 것이

> 케플러의 제2법칙 : 행성은 동일한 시간에 동일한 면적을 쓸고 가기에, 태양에 가까울수록 더 빠르게 운동하고, 태양으로부터 멀수록 더 느리게 운동한다.

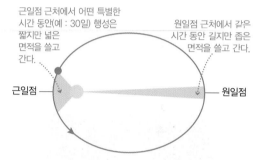

30일 주기 동안 쓸고 간 면적은 모두 같다.

**그림 3.15** 케플러의 제2법칙 : 어떤 행성이 자신의 궤도에 따라 운동함에 따라, 그 행성과 태양을 잇는 가상적인 선은 동일한 시간에 동일한 면적(어두운 영역으로 표현)으로 쓸고 간다.

다. 행성의 경로가 동일한 시간에 동일한 면적을 쓸고 지나가는 방법으로 행성의 공전 속력이 변화하는 것이다(그림 3.15). 동일한 시간에 동일한 면적을 쓸고 간다는 것은 근일점 근처에서는 짧고 그 면적의 폭이 넓으며(행성이 더 먼 거리를 운동하여 더 빠르게 진행한다는 것을 의미), 원일점 근처에서는 면적이 길고 좁다는 것을 말한다(행성은 더 천천히 운동하여 더 짧은 거리를 진행한다는 것을 의미).

케플러 제3법칙은 먼 행성일수록 더 느린 평균 속력으로 태양 주위를 돈다는 것이다. 수학적으로 이 관계는 $p^2 = a^3$을 따르는데, 여기에서 연단위로 행성의 공전주기는 $p$로, 그리고 천문단위로 태양으로부터 그 행성의

> 케플러 제3법칙 : 관계 $p^2 = a^3$에 따르며, 태양에서 먼 행성일수록 더 느린 평균 속력으로 태양 주위를 공전한다.

평균거리를 $a$라고 표현한다. 그림 3.16a는 그래프상에서 $p^2 = a^3$ 법칙을 보여준다. 각 행성의 공전주기의 제곱($p^2$)은 태양으로부터 그 행성의 평균거리의 세제곱($a^3$)과 동일하다는 것이다. 케플러 제3법칙은 궤도거리와 궤도 시간(주기) 사이의 관계이다. 이 법칙을 사용하면 행성의 평균 궤도 빠르기를 계산할 수 있다. 그림 3.16b는 더 먼 행성일수록 태양 주위를 더 천천히 공전한다는 것을 보여준다.

**생각해보자** ▶ 하나의 혜성이 평균 1AU의 평균거리(장반경)를 가지고 있지만, 근일점에서는 태양에 매우 가깝고, 원일점은 화성궤도를 넘는다고 가정하자. 그 혜성이 태양 주위로 회전하는 공전주기는 얼마인가? 태양이 어떤 위치에서 공전주기의 대부분을 보내는가? 설명해보라.

캐플러는 더 먼 행성일수록 더 느리게 운동한다는 사실이 태양으로부터 오는 어떤 힘의 결과라고 제안하였으나, 그는 그 힘의 성질에 대하여는 알지 못했다. 그 후 뉴턴(Isaac Newton)에 의하여 중력이라는 것이 확인되었다.

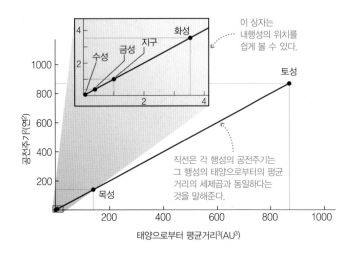

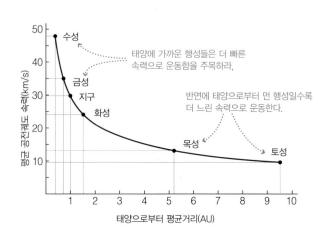

a. 이 그래프는 케플러 제3법칙($p^2 = a^3$)이 실제로 성립한다는 것을 보여준다. 그래프는 케플러 시대에만 알려진 행성들을 보여주고 있다.

b. 케플러 제3법칙과 행성 간의 거리의 현대 값에 기초한 이 그래프는 더 먼 행성일수록 더 천천히 태양 주위를 공전한다는 것을 보여준다.

**그림 3.16** 케플러 제3법칙에 기초한 그래프

갈릴레오 갈릴레이(1564~1642년)

### ● 갈릴레오는 코페르니쿠스 혁명을 어떻게 확고히 하였는가?

티코의 데이터와 잘 일치하는 케플러 법칙의 성공은 태양계의 중심에 코페르니쿠스의 태양 배치를 지지하는 강력한 증거를 제공하였다. 그럼에도 불구하고 많은 과학자들은 아직도 코페르니쿠스의 견해에 반대 목소리를 냈다. 아리스토텔레스 등 고대 그리스 학자들의 2,000년 된 믿음에 뿌리를 두고 있는 세 가지 기본 반대가 존재하고 있었다.

- 첫째, 아리스토텔레스는 지구가 이동할 수 없음을 견지하였다. 만약에 그렇게 된다면 새, 낙하하는 물체, 그리고 구름 같은 것 들은 지구가 움직임에 따라 뒤처져 있어야 하기 때문이다.
- 둘째, 원형 궤도가 아니라는 아이디어는 천상계(태양, 달, 행성, 그리고 별들이 존재하는 영역)는 완벽하고 불변이어야 한다는 아리스토텔레스의 주장과 모순된다.
- 셋째, 만약 지구가 태양 주위를 공전한다면 당연히 발생되어야 하는 별의 시차를 어떠한 사람도 관찰하지 못했다.

일반적으로 자신의 첫 번째 성이 아닌 이름으로 알려진 갈릴레오 갈릴레이(Galileo Galilei, 1564~1642년)는 세 가지 반대 모두에 응답했다.

**갈릴레오의 증거**   갈릴레오는 거의 혼자 힘으로 아리스토텔레스의 물리학의 견해를 뒤집는 실험을 통하여 첫 번째 반대를 무산시켰다. 특히 만약 운동하는 물체를 정지시키는 데 어떠한 힘도 작용하지 않으면 운동하는 물체는 그 운동 상태를 그대로 유지한다는 것을 증명하기 위해서 구르는 공들로 실험을 하였다. (이제는 뉴턴의 제1운동법칙으로 정리된 아이디어이다 [4.2절].) 이러한 통찰력은 공간(예 : 새, 낙하하는 돌, 구름)을 통하여 지구의 운동을 공유하는 대상들이 아리스토텔레스가 주장하는 것처럼 뒤처져 떨어지기보다는 머물러야 한다는 이유를 말해준다. 이와 같은 아이디어는 비행기에서 승객들이 자리를 떠날 경우에도 움직이는 비행기와 함께 머무르고 있는 이유를 설명한다.

두 번째 반대는 천상계는 변화 가능하다는 것을 보여준 티코의 신성과 혜성의 관찰로 이미 도전됐다. 1609년 후반에 갈릴레오는 망원경을 제작한 후 천상은 완벽하다는 아이디어를 산산조각 내었다. (망원경은 한스 리퍼셰이에 의해 1608년에 발명되었으나 갈릴레오는 그것을 훨씬 더 강력하게 개선하였다.) 자신의 망원경을 통하여 갈릴레오는 그 낭시에 '완벽하지 않고 결점이 있다.'는 것을 보여주는 태양 위의 흑점을 보았다. 또한 그는 자신의 망원경을 사용하여, 달 표면의 밝고 어두운 부분 사이를 구분하는 경계에서 보이는 그림자들은 완벽한 천체인 달에도 '불완전한' 지구처럼 산과 계곡이 있다는 것을 보여주는 증거임을 알았다(그림 3.17). 천상계가 실제로 완벽하지 않다면 당연히 타원형 궤도라는 아이디어('완벽한' 원 궤도의 반대)도 그렇게 문제가 제기되지 않는다.

세 번째 반대(관찰 가능한 별의 시차의 부재)는 티코가 특히 관심을 두었다. 별들의 거리 측정에 기초하여 티코는 만약 지구가 태양 주위를 실제로 공전한다면 별의 시차를 탐지하는 데 자신의 육안 관측은 충분히 정확하다고 믿었다. 티코의 논증을 반박하는 것은 티코가 생각했던 것보다 그 별들은 시차를 발견할 수 없을 만큼 매우 멀다는 것이다. 갈릴레오가 실제로 이 사실을 직접적으로

> 갈릴레오의 실험 및 망원경 관찰은 태양중심의 태양계를 지지하는 코페르니쿠스의 아이디어에 대하여 아직 남아 있는 과학적인 반대를 극복하였다.

증명하지 않았지만 대신 강력한 증거를 제공했다. 예를 들어 그는 은하수는 수많은 개개의 별로 분해된다는 것을 자신의 망원경을 통해 보았다. 이 발견은 티코가 믿었던 것보다 별의 수가 훨씬 많으며, 더 멀다는 갈릴레오의 주장을 뒷받침해주었다.

돌이켜보면 지구중심모형이라는 관에 박은 마지막 못질은 망원경을 통한 갈릴레오의 두 가지 초기 발견이다. 첫 번째는 지구가 아닌 목성을 분명하게 도는 4개의 달을 발견했다는 것이다(그림 3.18). 그 후 그는 지구가 아닌 태양 주위를 회전해야 한다는 것을 증명하는 하나의 방법으로 금성이 다양한 위상들을 보여준다는 것을 관측하였다 (그림 3.19).

**갈릴레오와 교회**  지금 우리는 갈릴레오가 승리한 것으로 인식하지만 이 이야기는 갈릴레오 자신의 시대에는 더 복잡했다. 가톨릭교회의 교리는 여전히 우주의 중심에 있는 지구를 고수하고 있었다. 1633년 6월 22일에 갈릴레오는 로마 교회의 종교 재판에

**그림 3.17**  달 표면의 밝은 부분과 어두운 부분 사이의 경계선 근처에 있는 산과 분화구의 가장자리에 의해 생긴 그림자들은 달의 표면이 완벽하지 않다는 것을 증명한다.

달의 '밝은' 부분의 크레이터에서 그림자를 주목하라.

달의 '어두운' 부분에서 산과 커다란 크레이터에서 광선을 주목하라.

---

천문
## 계산법 3.2

### 케플러 제3법칙

케플러 제3법칙의 방정식 $p^2 = a^3$은 다음과 같은 두 조건에 맞는 궤도운동하는 대상에 전부 적용된다.

1. 태양 혹은 태양과 같은 질량의 별을 공전한다.
2. 연 단위로 공전주기, 천문단위(AU)로 거리를 측정한다.

[뉴턴은 궤도운동하는 모든 천체까지 이 법칙을 확장하였다(천문 계산법 4.1 참조).]

예제 1 : 평균거리(장반경)가 2.77AU인 왜소행성(가장 큰 소행성) 세레스의 공전주기를 구하라.

해답 : 두 조건이 잘 맞는다. 그래서 주어진 궤도거리, $a$ =2.77AU를 대입하여 공전주기 $p$를 구한다.

$$p^2 = a^3 \Rightarrow p = \sqrt{a^3} = \sqrt{2.77^3} = 4.6$$

세레스의 공전주기는 4.6년이다.

예제 2 : 공전주기가 3달로 태양과 같은 질량을 가진 별을 공전하는 어떤 행성의 궤도거리를 구하라.

해답 : 첫 번째 조건은 합당하다. 그리고 달 단위로 된 공전주기를 연 단위로 전환하여 두 번째 조건에 맞춘다. 즉, $p$=3달 = 0.25년으로 전환

케플러 제3법칙인 $p^2 = a^3 \Rightarrow \sqrt[3]{p^2} = \sqrt[3]{2.75^2} = 0.40$

태양으로부터 수성의 공전궤도거리보다 약간 큰 0.40AU의 평균거리로 행성은 그 별을 공전한다.

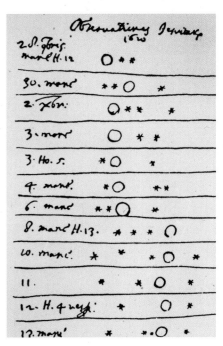

**그림 3.18**  1610년 갈릴레오의 노트 일부분. 그의 그림은 목성(원으로 표현) 근처에 있지만 다양한 시간을 통하여 서로 다른 위치에 네 '별'이 표현(때로는 시선에서 숨겨진)된 것을 보여준다. 그는 이 결과로 곧 '네 별'이 실제로 목성을 도는 달이라는 것을 깨달았다.

금성의 톨레미 모형

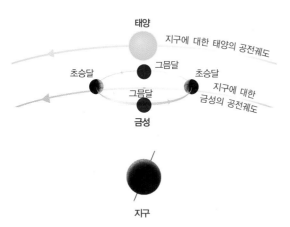

a. 톨레미의 모형에서 금성은 큰 궤도원 위에서 작은 원 주위를 이동하면서, 지구 주위를 회전한다. 작은 원의 중심은 지구와 태양 사이에 놓여 있다. 이 견해가 옳다면 금성의 위상은 새로운 것부터 초승달까지만 가능하다.

금성의 코페르니쿠스 모형

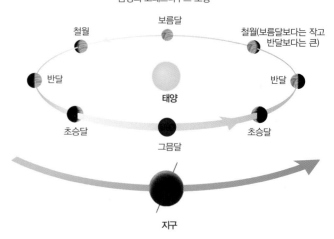

b. 실제로 금성은 태양 주위를 공전한다. 그래서 지구에서 우리는 다양한 금성의 위상들을 볼 수 있다. 금성이 태양을 돌고 있음을 증명하기 위해 그 당시 갈릴레오가 관찰한 것이 바로 이것이다.

**그림 3.19** 갈릴레오의 금성에 대한 천체 망원경 관찰은 금성이 지구가 아닌 태양 주위를 회전한다는 것을 증명한다.

회부되었고, 지구가 태양을 공전한다는 자신의 주장을 철회하도록 명령받았다. 자신의 생명에 위협을 느낀 거의 70세였던 갈릴레오는 명령대로 하였고 자신의 생명을 지켰다. 하지만 그는 내키지 않은 복종의 무릎을 일으키면서 작게 속삭인 다음과 같은 말로 유명하다. "*Eppur si muove*(그래도 지구는 움직인다.)" (교회 관계자가 그의 말을 들었을 결과를 감안한다면, 대부분의 역사가들은 이를 의심하지만)

교회는 공식적으로 1992년이 되어서야 갈릴레오를 옹호하였지만, 교회 관계자는 이미 오래전에 그 논증을 포기했다. 1757년에 태양중심의 태양계라는 아이디어를 지지하는 모든 작업들은 교회의 금서 목록에서 이미 제거되었다. 오늘날 가톨릭 과학자들은 많은 천문학 연구의 최전선에 있다. 지구의 행성으로서의 지위뿐만 아니라 빅뱅이론과 그 결과로 나타나는 우주의 진화이론들은 어떠한 갈등 없이 공식적인 교회의 가르침과 서로 양립한다.

## 3.4 과학의 본성

우리의 조상이 우주의 기본 구조를 점차적으로 어떻게 파악해왔는가에 대한 이야기는 우리가 '좋은 과학'이라고 생각하는 여러 특징들을 보여준다. 예를 들면 우리는 어떻게 모형들이 형성되어 그러한 모형이 관찰에 시험되고, 이러한 시험에 실패하였을 때 모형이 수정되는지 대치되는지를 보아왔다. 궤도가 당연히 원이어야 한다는 믿음에 의문을 품은 케플러 이전의 사람들이 겪은 명백한 실패처럼 이 이야기 또한 어떤 고전적인 실수들을 말해준다. 코페르니쿠스 혁명의 궁극적인 성공은 과학자, 철학자, 신학자들에게 우주에서 지구가 자리 잡고 있는 위치에 대하여 2,000년 동안의 과정에서 적어도 하나의 역할을 하던 다양한 생각의 양식들을 재평가하도록 하였다는 점이다. 현대과학의 원리가 코페르니쿠스 혁명의 교훈에서 어떻게 등장하였는지 탐색해보자.

### ● 우리는 과학과 과학이 아닌 것을 어떻게 구분할 수 있는가?

과학(science)이라는 항목을 정확하게 정의 내리는 것은 놀랍게도 어렵다. 이 단어는 '지식

(knowledge)'을 의미하는 라틴어 *scientia*에서 기원한다. 하지만 모든 지식이 과학을 의미하지는 않는다. 여러분은 여러분이 가장 좋아하는 어떤 음악을 알고 있을 수 있다. 그러나 여러분의 음악 취향은 과학적 연구의 결과가 아니다.

**과학으로의 접근** 과학을 정의하기 어려운 하나의 이유는 모든 과학이 같은 방법으로 작용하지는 않는다는 점이다. 예를 들면 여러분은 아마도 과학은 소위 '과학적 방법(scientific method)'이라고 부르는 어떤 것에 따라서 진행된다고 들어왔을지 모른다. 한 예로 손전등이 갑자기 작동을 중지하는 경우 여러분이 취해야 할 행동은 무엇인가? 손전등을 수리할 희망을 갖고 여러분은 배터리가 수명을 다했다고 '가정'할 수 있다. 이러한 잠정적인 설명(tentative explanation) 혹은 **가설**이라는 유형은 하나의 **교육된 추측**(educated guess)이라고 부른다. 이 경우 여러분은 이미 손전등에 배터리가 필요하다는 것을 알고 있기에 '교육된'이라고 하는 것이다. 그러한 가설들이 하나의 단순한 예측을 하게 된다. 만약에 하나의 배터리로 교환하면 당연히 그 손전등은 작동한다고 기대한다. 그리고 실험 결과 기대대로 손전등이 작동하는 결과가 나타난다면, 그 가설은 지지되고 확증된다. 그러나 기대하지 않은 결과가 나타난다면, 이 가설은 지지되지 못해서 결국 수정하든지, 혹은 포기해야 한다. 그다음에는 여러분이 차선책으로 선호하는 시험 가능한 또 다른 가설(예 : 전구가 수명이 다 됨)을 제안해야 한다. 이러한 일련의 과정을 그림 3.20에서 설명하고 있다.

이러한 과학적 방법이라는 것은 유용하고 이상적임에는 틀림없으나 실제 과학은 이러한 순서로 거의 진행되지 않는다. 과학의 진보는 종종 주의 깊은 일련의 실험들을 수행하기보다는 어떤 특정한 방법에서 이탈되어 정성적으로 자연을 고찰하는 어떤 사람들과 함께 시작된다. 예를 들면 갈릴레오는 망원경을 통해 처음으로 하늘에서 놀랄 만한 발견

> 과학적 방법은 과학적 사고의 하나의 유용한 이상화이지만, 과학이 하나의 정형화된 방법으로 진행되는 법은 거의 없다.

을 하였으나 특별히 어느 것도 찾을 수가 없었다. 무엇보다도 과학자는 인간이기에 자신들의 직관과 개인적인 믿음이 그들의 과학 활동에 영향을 준다는 것은 불가피하다(과학철학에서는 관찰의 이론 의존성, 혹은 이론 적재성이라 한다_역자 주). 예를 들면 코페르니쿠스는 그 당시 많은 사람들이 믿고 있었던 지구중심우주보다는 경제성에서 대단히 의미 있다고 생각한 태양 주위를 지구가 공전한다는 태양중심우주를 믿었기 때문이다. 현상을 잘 설명하기보다는 그러한 믿음이 결정적으로 작용했다는 점이다. 그의 직관이 그를 정성적으로 올바른 일반적인 아이디어로 이끌었지만, 그는 천체의 운동은 완전한 원이라는 플라톤의 옛 믿음을 견지하였기에 세세한 곳에서는 문제가 있었다.

이상화된 과학적 방법은 과학을 지나치게 단순하게 특성화한 것이라는 걸 감안한다면, 과학이 무엇이며 과학이 아닌 것은 무엇인가에 대한 질문에 대답하기 위해 우리는 과학적 사고를 구별하는 특성을 좀 더 깊이 살펴봐야 한다.

**과학의 검증서** 과학적 사고를 정의하는 하나의 방법은 과학자들이 경쟁하는 자연의 모형 중에 어떤 것을 선택할지 판단할 때 그들이 사용하는 기준들을 목록화하는 것이다. 과학의 역사학자와 철학자들은 이러한 논쟁점을 깊게 탐색해왔고, 다양한 전문가들은 다양한 관점들을 자세하게 표현해왔다. 그럼에도

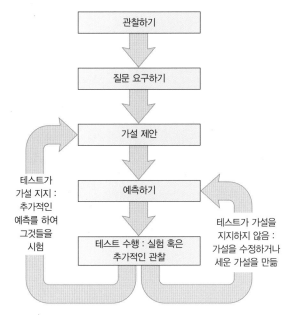

**그림 3.20** 이 그림은 우리가 소위 과학적 방법이라 부르는 것을 설명한다.

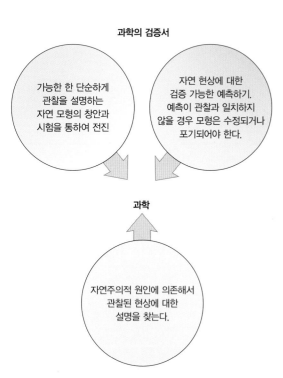

**그림 3.21** 과학의 검증서

불구하고 우리가 이제 과학이라고 고려할 수 있는 모든 것은 다음 세 가지 기본적인 특성을 공유한다. 우리는 이를 과학의 '검증서'라 한다(그림 3.21).

- 현대과학은 자연주의적 원인들에 의존하여 관찰된 현상을 찾는 것이다.
- 과학은 창의성과 가능한 한 단순하게 관찰을 설명하는 자연 모형의 테스트를 통해 진보된다.
- 과학 모형은 자연 현상에 대한 시험 가능한 예측을 해야 한다. 그러한 예측이 산출되는 관측과 일치하지 않을 경우 모형을 수정하거나 포기하도록 강제한다.

각각의 이러한 특징은 코페르니쿠스 혁명 이야기에서 분명히 보여준다. 첫 번째는 티코의 행성운동에 대한 사려 깊은 측정으로 케플러에게 행성운동에 대하여 더 좋은 설명을 하도록 용기를 준 것이다. 두 번째는 톨레미, 코페르니쿠스, 케플러 등 가장 주목할 만한 사람들의 모형들을 비교 시험한 것이다. 우리는 각각의 모형에서 우리의 하늘에 있는 태양, 달, 행성과 별의 향후 움직임에 대한 정밀한 예측을 할 수 있다. 하지만 케플러의 모형이 받아들여졌다. 왜냐하면 다른 모형들은 그러한 기대되는 정확한 예측과 관측이 일치되지 않았기 때문이다. 그림 3.22는 코페르니쿠스 혁명과 과학의 특성들을 요약한 것이다.

> 과학은 가능한 한 단순하게 관찰을 설명하는 시험 가능한 자연의 모형을 사용하여 관찰된 현상들의 설명을 찾는다.

**오컴의 면도날** 과학의 두 번째 특징인 단순성의 기준은 자세한 설명이 필요하다. 코페르니쿠스의 원래 모형은 톨레미의 모형보다 눈에 띄게 실제 데이터와 일치하지 않았음을 상기하라. 과학자들이 전적으로 그 예측의 정확도에만 의존해서 이 모형을 판단했다면, 그들은 즉시 거부했을 것이다. 그러나 많은 과학자들은 코페르니쿠스의 모형에서 매력적인 요소를 발견하였다. 예를 들면 명백한 역행운동에 대한 더 단순한 설명 같은 것들이다. 따라서 케플러가 그것이 실제로 작동되는 하나의 방법을 찾아낼 때까지 그들은 코페르니쿠스 모형의 생명이 사라지지 않게 유지하였다.

톨레미는 관찰과의 일치를 개선하기 위한 노력의 일환으로 지구중심모형에 수많은 원을 추가해야 했다. 복잡하지만 이러한 지구중심모형은 거의 완벽한 수준으로 관찰들을 충분히 설명할 수 있었다. 하지만 그것은 원칙적으로 지구가 우주의 중심에 있다는 것을 확신할 수가 없다. 그것의 예측은 정확하지만 자연은 훨씬 단순한 모형을 따르기 때문에 우리는 지구중심모형을 넘어서 코페르니쿠스의 견해를 아직까지 따르는 것이다. 과학자들은 관찰과 동일하게 일치하는 두 가지 모형 중에서 더 단순한 모형을 선호한다는 아이디어를 중세의 학자 윌리엄 오컴(William Occam, 1285~1349년)의 이름을 따서 '오컴의 면도날'이라고 한다.

**변화 가능한 관찰** 과학의 세 번째 특징은 예측을 테스트하기 위해 무엇을 '관찰'로 간주할 것인가에 대한 문제이다. 외계인이 UFO를 통해서 지구를 방문한다는 주장을 생각해보자. 이 주장을 지지하는 사람들은 UFO를 관찰한 수천의 목격자들의 관측이 그것이 사실이라는 증거를 제공하고 있다고 말한다. 그러나 이러한 개인적인 사례들을 '과학적인' 증거로 간주할 수 있는가? 표면적으로는 명확하게 대답할 수 없다. 모든 과학적인 연구가 어떤 수준에서 목격자의 가치를 포함하기 때문이다. 예를 들어 단지 소수의 과학자들만 개인적으로 아인슈타인의 일반상대성이론을 상세히 시험하였고, 그 이론의 타당성은 다른 과학자를 설득하는 결과에 해당하는 지극히 자신들의 개인적 보고서일 수도 있다. 하지만 과학적인 검증에 대한 개인적 증인과 UFO의 관찰 사이에 중요한 차이짐이 있다. 과학적 증거에 대한 개인적 증인은 적어도 원칙적으로는 누구든 검증 가능하다. 이러한 차이점을 이해한다는 것은 무엇을 과학으로 혹은 무엇을 그렇지 않은 것으로 이해하는 데 결정적이다.

여러분이 테스트를 수행하는 데 필요한 배경지식을 얻는 데에 몇 년의 연구가 필요할 수 있다. 그렇지만 여러분은 다른 과학자들이 보고한 결과를 확인할 수 있다. 즉, 현재 과학자의 목격자 증거를 신뢰하면서 항상 자신을 위하여 그들의 증언을 확인할 수 있는 선택권이 있다.

반면에 누군가의 UFO의 목격자 해명을 입증할 수 있는 방법은 없다. 과학적 연구에 의하면 목격자 증언은 신뢰성이 없는 것으로 여겨진다. 심지어는 즉석에서 본 내용에서도 종종 서로 일치하지 않기 때문이다. 시간이 경과함에 따라 사건의 기억이 더 변할 수 있다. 그 기억이 실제로 점검되어 있는 경우에, 전혀 그런 일이 없었는데도 사람들은 사건의 생생한 기억으로 종종 보고한다. 무엇을 언제 누가 그랬는지에 대해 두 사람과의 이견이 발생할 경우에, 적어도 한 사람은 실제와 다르게 기억한다.

그것은 일반적으로 형사 재판에서 유죄 판결에 대한 불충분한 증거로 간주된다. 목격자 증언의 신뢰성 입증은 적어도 다른 증거가 필요하다. 이와 같은 이유로 과학에서는 이러한 목격자 증언을 증거로 받아들일 수 없다. 얼마나 많은 사람들이 보고하고 비슷한 증언을 제공하는지는 상관이 없다.

**과학의 객관성** 과학만이 지식을 찾는 유일하게 유효한 방법이 아니라는 것을 인식하는 것이 중요하다. 가령 자동차 쇼핑하기, 드럼 연주 배우기, 또는 삶의 의미를 숙고한다고 가정해보자. 각각의 경우 여러분은 관찰하고, 논리를 구하고, 테스트 가설을 만들 수 있다. 이러한 추구는 과학이 아니다. 관찰된 자연 현상에 대한 검증 가능한 설명의 개발을 요구하지 않기 때문이다. 지식에 대한 비과학적 탐색은 자연이 어떻게 작동하는가에 대한 어떠한 주장도 하지 않는 한 과학과 갈등하지 않는다. 불행하게도 과학과 비과학의 경계는 항상 명확하지 않다.

우리는 일반적으로 모든 사람이 동일한 과학적 결과를 얻을 수 있어야 한다는 의미에서 과학을 객관적이라 생각한다. 하지만 전반적인 과학의 객관성과 개별 과학자의 객관성에는 차이가 있다. 과학은 인간에 의해 실행된다. 개별 과학자들은 과학 활동에 대한 개인의 편견과 믿음을 가지고 있다. 예를 들어 대부분의 과학자들은 객관적인 방식이라기보다는 오히려 개인적인 흥미에 기초하여 자신들의 연구 프로젝트를 선택한다. 극단적인 경우 과학자들은 그들이 원하는 결과를 얻기 위해 속이는 경우도 있다고 알려져 있다. 예컨대 19세기 말, 천문학자 퍼시벌 로웰(Percival Lowell)은 그로 하여금 화성에 문명이 있었다고 결론을 내릴 수 있도록, 화성의 흐릿한 망원경 이미지에서 서로 연결되는 인공 운하가 존재한다고 주장하였다. 그러나 이러한 운하는 실제로 존재하지 않는다. 따라서 로웰은 그가 관측한 것을 해석하는 방식에서 외계 생명체의 존재에 대한 자신의 개인적 믿음이 영향을 미쳤었을 수 있다는 것이 가능하다. 이는 의도적이지는 않지만 근본적으로 하나의 부정행위이다.

편견이 때로는 전체 과학 사회의 생각으로 보고될 수 있다. 어떤 타당한 아이디어일지라도 어떠한 과학자도 그것을 고려하지 않을 수 있다. 그 당시의 생각, 또는 **패러다임**(paradigm)이라는 일반적인 패턴에서 너무 멀리 떨어져 있기 때문이다. 아인슈타인의 일반상대성이론은 하나의 좋은 예이다. 수십 년 동안 많은 과학자들은 아인슈타인 이론에 대한 타당한 자료를

**그림 3.22** 코페르니쿠스 혁명

고대 지구중심모형은 우리 하늘을 통해 태양과 달의 단순한 운동을 쉽게 설명한다. 하지만 행성처럼 더 복잡한 운동을 설명하는 것은 당연히 어려웠다. 궁극적으로 이러한 행성운동을 설명하는 문제로 인하여 태양계에서 지구 위치에 대한 우리의 사고에서 혁명을 유도하였다. 이 그림은 그 당시의 과정에서 주요한 단계를 요약한 것이다.

① 밤과 밤 동안 행성들은 언제나 행성이 아닌 별들에 대하여 서쪽으로부터 동쪽으로 움직인다. 하지만 몇 주에서 몇 달 동안 반대 방향으로 운동하는 겉보기 역행운동이 일어난다[2.4절]. 고대 그리스인들은 태양계에 대한 신뢰할 수 있는 모형으로 이러한 관찰을 설명해야 된다고 알고 있었다.

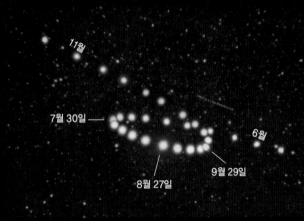

11월

7월 30일

6월

9월 29일

8월 27일

이 합성 사진은 화성의 겉보기 역행운동을 보여준다.

② 대부분의 고대 그리스 학자들은 지구는 태양계의 중심에 고정되어 있다고 가정하였다. 역행운동을 설명하기 위해서 궁여지책으로 그들은 자신들의 지구중심모형에 큰 원 위에서 운동하는 상대적으로 작은 원 위의 운동이라는 복잡한 체계를 추가하였다. 하지만 그 당시에도 아리스타르코스처럼, 최소한 몇 사람이라 할지라도 더 쉽게 이러한 행성들의 역행운동을 설명하는 태양중심모형을 선호하였다.

그리스의 지구중심모형은 지구 둘레를 움직이는 큰 원 위에서 회전하는 작은 원들 위에 운동하는 행성들을 가정함으로써 겉보기 역행운동을 설명하였다.

과학의 검증서    자연주의적 원인들에 의존하여 설명하는 현상. 고대 그리스인들은 행성운동에 대한 자신들의 관찰을 설명하기 위해서 기하학을 이용하였다.

(왼쪽 페이지)
지구가 중심에 놓여 있으며, 금성(Veneris)과 화성(Martis) 사이에서 지구를 공전하는 태양(Solis)이 있는 1539년의 우주의 체계적인 그림

(오른쪽 페이지)
1543년에 출판된 코페르니쿠스의 과학혁명으로부터 이 페이지는, 중심에 태양을 보여주고, 지구는 금성과 화성 사이에서 태양을 공전하고 있다.

LIBRI COSMO.    Fo.V.

Schema huius præmissæ diuisionis Sphærarum.

EMPIREVM    HABITACVLVM

Decimum Cœlum    Primū Mobile

Nonū Cœlum    Cristallinū

Octauum    Firmamentū

COELV    SATVRNI

IOVIS

MARTIS

SOLIS

VENERIS

MERCVRII

LVNÆ

③ 코페르니쿠스의 시대에 지구중심모형에 기초한 예측들은 무시할 수 없을 만큼 눈에 띄게 부정확하였다. 이러한 문제를 개선하고자 하는 희망으로 코페르니쿠스는 고대 그리스의 태양중심이라는 아이디어를 부활시켰다. 그는 행성들은 완벽한 원으로 운동해야 한다는 고대의 대칭성이라는 믿음 때문에 근본적으로 더 좋은 설명을 내놓는 데는 성공하지 못했으나, 티코, 케플러, 갈릴레오에 의하여 다음 세기를 넘어 계속되는 과학혁명을 고취시키는 데에는 충분히 공헌하였다.

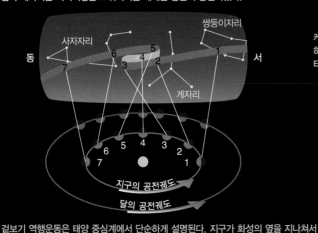

겉보기 역행운동은 태양 중심계에서 단순하게 설명된다. 지구가 화성의 옆을 지나쳐서 운동함에 따라 어떻게 방향이 변화하는 것처럼 보이는지 주목하라.

과학의 검증서　　가능한 한 단순하게 관찰을 설명하는 자연의 모형의 창안과 시험을 통하여 과학은 진전된다.

④ 티코는 그 당시 전례 없는 정확도로 행성의 움직임을 관찰하여 고대 그리스와 코페르니쿠스의 모형 모두에서 결함을 발견하였다. 티코의 관찰로 인하여 행성의 궤도가 완벽한 원이 아니라 타원이라는 케플러의 탁월한 통찰력을 이끌며, 결국 행성운동의 세 가지 법칙을 발견하도록 하였다.

**케플러 제1법칙 :** 행성 궤도는 하나의 초점에 태양을 두고 타원 궤도를 가진다.

**케플러 제2법칙 :** 행성이 자신의 궤도를 따라 운동할 때, 그 행성으로부터 태양을 연결하는 가상적인 선은 같은 시간 동안 같은 면적을 쓸고 간다.

근일점 — 　　— 원일점

**케플러의 제3법칙 :** 더 먼 행성일수록 $p^2 = a^3$에 따라서 더 느린 평균 속력으로 궤도운동을 한다.

과학의 검증서　　과학적 모형은 자연 현상에 대한 검증 가능한 예측을 한다. 예측들이 관찰과 일치하지 않을 경우, 모형은 수정되거나 포기되어야 한다.

⑤ 갈릴레오의 실험과 망원경에 의한 관찰은 아직 남아 있는 태양중심모형에 대한 과학적 이의를 해명하였다. 갈릴레오의 천문 발견과 행성운동을 설명하는 케플러 법칙의 성공으로 지구중심모형은 영원히 사라지게 되었다.

NICOLAI COPERNICI

rram cum orbe lunari tanquam epicyclo contineri uinto loco Venus nono menfe reducitur.　Sextum n Mercurius tenet, octuaginta dierum fpacio circu hedio uero omnium refidet Sol.　Quis enim in hoc

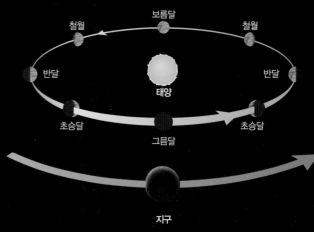

갈릴레오는 자신의 망원경을 가지고 금성이 지구보다 태양을 공전해야 된다는 아이디어만으로 예측과 일치되는 금성의 위상들을 관측했다.

### 춘분점에서의 달걀

과학의 검증서 중 하나는 완전한 신뢰로 어떠한 과학적 주장도 취할 필요가 없음을 말하고 있다. 원칙적으로 적어도 여러분은 스스로를 위해서 그들을 언제나 시험할 수 있다. 우리가 달걀을 세울 수 있는 유일한 날은 춘분점이라는 매년 반복되는 주장을 고려하도록 하자. 많은 사람들이 이 주장을 믿을 수 있지만, 여러분이 춘분점의 본질에 대해 생각한다면 즉시 회의가 들 것이다. 춘분은 단지 햇빛이 두 반구에 동일하게 비추어지는 시점이다(그림 2.15 참조). 햇빛이 달걀을 세우는 데 어떻게 영향을 주는가에 대하여 알기 어렵다(특히 달걀이 실내에 있는 경우에는 더). 그리고 지구의 중력이나 태양의 중력은 다른 날과 차이가 없다.

더 중요한 것은 여러분은 직접 이 주장을 시험할 수 있다. 끝에 달걀을 세울 수 있다는 것은 쉽지 않다. 그러나 춘분점뿐만 아니라, 그해의 어떠한 날에도 연습으로 그것을 할 수 있다. 모든 과학적 주장을 자신 스스로를 위하여 테스트하는 것은 쉽지만, 기본적인 교훈은 명확해야 한다. 어떤 과학적인 주장을 받아들이기 전에, 여러분은 적어도 그것을 지지하는 증거에 대한 합리적인 설명을 요구해야 한다.

수집했지만 그 당시 너무 엉뚱한 이론인 것 같았기 때문에 많은 과학자들은 이러한 증거 수집을 더 이상 하지 않았다.

하지만 상대성이론의 대칭성과 단순성이라는 과학의 아름다움에 대해 관심이 있는 사람들에게는 계속 테스트가 장려되었다. 또한 개인적인 편견이 어떤 결과에 영향을 미칠 경우에도, 다른 사람의 테스트에 의하여 결국 그러한 편견의 결점들을 발견한다. 이와 같이 새로운 아이디어가 올바르지만 수용된

> 과학자들은 자신들의 작업에서 개인적인 편견이 개입된다는 것은 피할 수 없다. 하지만 많은 과학자들의 집단적인 활동은 결국 과학을 객관적으로 만든다.

패러다임을 벗어난다면, 이러한 아이디어의 충분한 테스트와 입증은 결국 기존의 패러다임의 변화까지 이끌게 된다. 적어도 과학적인 연구가 관련되는 주제에서, 궁극적으로 그 당시 과학자 집단의 합의에 의하여 과학은 지지된다. 과학자들은 그들의 활동에서 개인적인 편견이 개입되는 것을 피할 수 없다. 하지만 많은 과학자들의 공동 활동으로 인하여 과학은 좀 더 객관적이 된다.

## ● 과학이론이란 무엇인가?

가장 성공적인 과학적 모형은 몇 가지 일반적인 원리만을 기초로 다양한 관찰들을 설명한다. 간단하면서도 강력한 모형이 반복적이고 다양한 시험에서 생존하는 예측을 만든다면, 과학자들은 그것의 지위를 올려서 그것을 **이론**(theory)이라 부른다. 유명한 예는 아이작 뉴턴의 중력이론, 찰스 다윈의 진화론, 그리고 알베르트 아인슈타인의 상대성이론이다.

이론이라는 단어의 과학적 의미는 우리가 추측이나 가설보다 이론을 더 밀접하게 동일시하는 일상적인 의미와는 매우 다르다. 예를 들어 누군가가 새로운 아이디어를 얻어 "나는 사람들이 해변을 즐기는 이유에 대한 새로운 이론이 있다."라고 말했다 하자. 이 이론에 대한 넓은 범위의 경험적 증거의 지지가 없다면, 이 '이론'은 정말 단지 추측일 뿐이다. 반면에 많은 관찰과 실험들을 설명하는 단순한 물리원리들을 사용하고 있기 때문에 뉴턴의 중력이론은 과학이론으로서 자격이 있다. '이론'은 일상생활에서보다 과학에서 다양한 의미로 사용되는 용어 중 하나이다. 표 3.2는 이 책에서 접하게 될 이러한 용어의 일부를 요약한 것이다.

**생각해보자 ▶** 사람들이 '단지 이론'이라고 주장할 때 여러분은 그것이 의미하는 뜻이 무엇이라 생각하는가? 이러한 '이론'의 의미는 과학이론의 정의와 잘 일치하는가? 과학자들은 항상 '과학적인' 의미로 이론이란 단어를 사용하는가? 설명하라.

관찰된 현상들을 설명하는 데 성공한다고 해도, 어떠한 과학적 이론도 모든 의심을 뛰어넘어 참이라고 증명할 수는 없다. 미래의 관찰들이 이론의 기대되는 예측과 일치되지 않을 수도 있기 때문이다. 하지만 하나의 과학이론으로 자격을 갖는 어느 것도 크고, 방대한 증거들에 의하여 지지되어야 한다.

> 과학이론은 간단하면서도 효과적인 모형이다. 그것의 예측은 반복되고 다양한 테스트에 견뎌왔다.

이러한 의미에서 과학적 이론이라는 것은 하나의 가설, 혹은 어떠한 형태의 추측과는 전혀 다르다. 아직 신중하게 테스트되지 않았기 때문에 우리는 언제든지 가설을 자유롭

| 표 3.2 과학적 전문 용어 | | | |
|---|---|---|---|

이 표는 여러분이 이 책에서 접하게 되는 일상생활보다 과학에서 다양한 의미를 갖는 단어들로 구성되어 있다.
(출처 : Richard Somerville and Susan Joy Hassol in Physics Today, Oct. 2011.)

| 항목 | 일상생활에서의 의미 | 과학적 의미 | 예 |
|---|---|---|---|
| 모형<br>(model) | 여러분이 하나의 비행기 모형같이 만들 수 있는 어떤 것 | 관찰된 현상을 설명하거나 예측할 의도로 종종 수학, 혹은 컴퓨터 시뮬레이션 등을 사용하는 자연의 표상 | 행성의 운동 모형은 우리 하늘에서 행성이 나타나는 장소를 정확하게 계산하는 데 사용된다. |
| 가설<br>(hypothesis) | 거의 모든 형태의 추측이거나 가정 | 어떤 관찰을 설명하기 위해서 제안된 하나의 모형이나, 그 제안은 아직 엄격하게 확증되지 않았다. | 과학자들은 거대한 충격에 의하여 달이 형성되었다고 가설화한다. 그러나 아직은 이 모형에서 확신되는 충분한 증거가 확보되지 않았다. |
| 이론<br>(theory) | 고찰(speculation) | 타당성이 매우 높다는 확신을 가지고 매우 세밀한 테스트 및 검증으로 특별히 효력이 있어 설득력이 있는 모형 | 아인슈타인의 일반상대성이론은 넓은 범위의 자연현상들을 성공적으로 설명하고 그 타당성에 대하여 수없이 많은 시험을 통과했다. |
| 편견<br>(bias) | 왜곡, 정치적 동기 | 어떤 특별한 결과로 지향하려는 경향 | 외계 행성을 검출하기 위한 현재의 기술은 큰 행성을 검출하는 데로 치우쳐 있다. |
| 비평, 임계<br>(critical) | 실제로 중요한 코멘트 주기(부정적인 코멘트로 주어지는 어떤 것들) | (분량, 상태 등이) 임계의 | 끓는점은 특정 이상의 온도에서 액체가 끓기 때문에 '임계값'이다. |
| 일탈, 편차<br>(deviation) | 낯선 또는 수용할 수 없는 행동 | 변화 혹은 차이 | 장기적인 평균과 비교된 전체 지구 온도의 최근 편차는 뭔가가 지구를 가열하고 있음을 암시한다. |
| 강화하다, 농후하다<br>(enhance/enrich) | 개선하다 | 증가 혹은 더하는 것이다. 하지만 반드시 '더 좋게' 만드는 것은 아니다. | '강화된 색상'은 더 밝게 한 색을 의미한다. '풍부한 철 함유'는 더 많은 철을 포함한다는 것을 의미한다. |
| 오류<br>(error) | 실수 | 불확실성의 범위 | '오류의 마진'이 측정값에 참값을 반영할 방법을 우리들에게 말해 준다. |
| 부정인 피드백<br>(negative feedbac) | 빈약한 반응 | 자기조절 순환 | 태양의 핵융합률은 꾸준히 유지된다. 만약 그것이 상승한다면 자기조절 순환이 그것을 다시 내리게 하기 때문이다. |
| 긍정적인 피드백<br>(positive feedback) | 좋은 반응, 칭찬 | 자기강화 순환 | 중력은 하나의 행성을 형성하는 데 자기강화 순환을 제공한다. 질량을 추가하는 것은 더 강한 중력으로 이끄는데, 그로 인해 더 많은 질량이 추가된다. |
| 상태<br>state(as a noun) | 장소 혹은 위치 | 현 조건의 기술 | 태양은 평형 상태를 유지한다. 그래서 태양은 꾸준히 빛을 발한다. |
| 계략<br>(trick) | 기만 또는 장난 | 영리한 접근 | 수학적 접근으로 그 문제를 해결하였다. |
| 불확정성<br>(uncertainty) | 무시 | 어떤 중심값에 대하여 어떤 범위의 가능한 값 | 우리태양계의 측정 연령은 2,000만 년의 불확실성 내에서 약 45억 년이다. |
| 값, 가치<br>(value) | 윤리, 금전적 가치 | 숫자 또는 수량 | 빛의 속력은 300,000km/s의 측정값을 나타낸다. |

게 변경할 수 있다. 반면에 우리가 그것을 지지하는 증거를 설명하는 다른 대체 방법이 있는 경우에만 우리는 과학이론을 폐기 또는 대체할 수 있다.

다시 말하면 뉴턴과 아인슈타인의 이론은 좋은 예가 된다. 방대한 증거들에 의하여 뉴턴의 중력이론은 지지되지만, 1800년대 후반 과학자들은 그 이론의 예측들이 완벽하게 관찰과 일치되지 않은 경우들을 발견하기 시작했다. 아인슈타인이 관측과 일치할 수 있는 일반상대성이론을 개발했을 때 이러한 불일치는 비로소 설명될 수 있었다. 그러나 아직은 뉴턴의 이론의 많은 성공은 무시할 수 없으며, 이들의 성공을 설명할 수 없었다면 결코 아인슈타인의 이론은 수용되지 않았을 것이다. 이것이 우리가 현재 뉴턴의 중력이론보다 아인슈타인의 일반상대성이론을 더 포괄적인 이론으로 보는 이유이다. 오늘날 일부 과학자는 아인슈타인의 이론을 넘어 중력이론을 탐색하고 있다. 이러한 새로운 이론이 승인을 얻기 위해서는 아인슈타인의 이론의 모든 성공을 설명할 뿐만 아니라 아인슈타인의 이론으로 설명되지 않는 새로운 영역에도 적용되어야 한다.

---

## 특별 주제 : 점성술

점성술과 천문학이라는 용어는 매우 비슷해 보인다. 하지만 오늘날에는 매우 다른 방법으로 설명된다. 그러나 고대에는 점성술은 천문학과 함께하며 점성술은 천문학의 역사 발전에 중요한 역할을 했다. 실제로 천문학자 및 점성술사는 일반적으로 하나였다.

점성술의 기본 교리는 우리 하늘에 있는 별들을 배경으로 태양, 달, 그리고 행성들의 명확한 위치에 의하여 인간의 사건들이 영향을 받는다는 것이다. 이 아이디어의 기원은 이해하기 쉽다. 하늘에서 태양의 위치는 우리의 삶에 영향을 준다. 계절, 따뜻함과 추위, 경작 및 추수, 낮과 밤의 시간을 결정한다. 마찬가지로 달은 조수와 많은 생물학적 주기와 일치하는 달의 위상 주기를 결정한다. 물론 행성들이 별들 사이로 움직이는 것처럼 보이기 때문에 이러한 영향이 훨씬 더 어렵게 발견된다 하더라도 행성들 또한 우리의 생활에 영향을 준다는 것은 합리적인 것처럼 보인다.

고대의 점성가들은 '어떻게' 태양, 달, 그리고 행성들의 위치가 우리 삶에 영향을 주는지 학습하길 원했다. 그들은 지구상에서 일어나는 사건들과의 연관을 추구하면서 하늘을 그렸다. 예를 들면 토성이 사자자리에 들어올 때 지진이 발생하였다면, 토성의 위치는 지진을 일으키는 원인이 아닐까? 화성이 쌍둥이자리에 있을 때와 상현달이 전갈자리에 있는 경우, 그 나라의 왕이 병이 들었다면, 달과 화성의 이러한 특정한 배열이 그다음에 다시 일어날 때는, 그것으로 인하여 바로 그 나라 왕의 또 다른 불행을 의미하지는 않을까? 고대 점성가들은 영향의 패턴이 분명하고 명확해서 당연히 태양 관측으로 다음 봄이 올 것을 예상할 수 있는 것과 같은 신뢰성으로 인간의 사건들을 예상할 수 있다고 생각하였다.

이 희망은 결코 실현되지 않았다. 여전히 많은 점성가들이 미래의 사건들을 예측하려고 하지만, 과학적인 테스트는 점성가의 예측은 순수하게 우연히 예상되는 것보다 더 실현되지 않는다는 것을 보여줄 뿐이다. 더욱이 우리의 현재 우주의 이해에 비추어 우주의 점성술 뒤에 자리 잡고 있는 원래의 개념은 더 이상 의미가 없다. 예를 들어 오늘날 우리는 태양과 달의 영향을 설명하기 위해 중력과 에너지라는 개념을 사용하고, 이와 동일한 개념은 유사한 영향을 미치기에는 행성들이 지구에서 너무 멀리 떨어져 있다는 것을 알려준다.

아마도 고대와 풍부한 전통 때문에 많은 사람들이 점성술 연습을 계속한다. 그러한 전통들은 검증 가능한 예측을 하지 않기 때문에 과학적으로 우리는 이러한 전통에 대해 아무것도 말할 수 없다. 여러분이 우주에 대한 최신의 발견을 이해하려면 검증되고 정교화되는 것이 틀림없는 과학이 필요할 것이다. 점성술은 이러한 요구 사항을 충족하는 데 실패하였다.

---

## 전체 개요    제3장 전체적으로 훑어보기

이 장에서 우리는 우주에 대해 학습한 과학적 원리에 초점을 맞추었다. 이 장의 '전체 개요'는 다음과 같다.

- 과학적 사고의 기본적인 재료들(주의 깊은 관찰과 시행착오의 시험)은 모든 사람의 경험의 일부분이다. 현대과학은 새로운 지식을 학습하고 공유하는 것을 촉진시키기 위해서 이 생각을 체계화하는 방법을 마련할 뿐이다.
- 우주에 대한 우리의 이해는 오늘날 빠르게 성장하고 있지만 새로운 지식은 이전의 아이디어 위에 지어진다.
- 지구중심우주에 대한 고대 그리스의 믿음을 전복한 코페르니쿠스 혁명은 한 세기 이상에 걸쳐 완성되었다. 많은 현대과학의 특성은 이 시간 동안 처음으로 나타났다.
- 과학은 비과학과 구분될 뿐만 아니라 원칙적으로 어떤 과학적 문제를 해결할 때 같은 결론에 도달한다는 여러 가지 주요한 특성들을 보여준다.

## 핵심 개념 정리

### 3.1 과학에 대한 고대 근원

● **모든 인간은 어떤 방법으로 과학적 사고를 하는가?**

과학적 사고는 우리가 일상생활에서 사용하고 있는 같은 형태의 시행착오 사고에 의존하지만 주의 깊은 체계화된 방법으로 행해진다.

● **현대과학은 고대 천문학에서 어떻게 뿌리를 내렸는가?**

 고대 천문학자들은 하루의 시간과 한 해의 시간을 알리고, 달의 주기를 추적하고 행성과 별을 관찰하기 위해 학습하는 뛰어난 관찰자였다. 이러한 관찰을 수행한 관심과 노력으로 인하여 현대과학의 무대로 들어왔다.

### 3.2 고대 그리스 과학

● **현대과학의 뿌리를 그리스에서 찾는 이유는 무엇인가?**

그리스인들은 자연 **모형**을 개발하고 그 모형의 예측과 자연의 관찰 간 일치의 중요성을 강조했다.

● **그리스인들은 행성의 운동을 어떻게 설명하였는가?**

 그리스의 **지구중심모형**(geocentric model)은 지구 주위를 이동하는 큰 원인 이심원에 작은 원인 주전원 위에 각 행성이 움직이게 함으로써 명백한 역행운동을 설명하는 **톨레미 모형**(Ptolemaic model)과 함께 전성기에 도달했다.

### 3.3 코페르니쿠스 혁명

● **코페르니쿠스, 티코, 케플러는 어떻게 지구중심모형에 도전하였는가?**

코페르니쿠스는 톨레미의 모형을 대체하기 위해 태양계의 태양중심모형을 제안하였으나 여전히 완벽한 원을 사용했기 때문에 톨레미 모형보다 정확하지는 않았다. 티코의 정확한 육안 관측은 코페르니쿠스의 모형을 개선하는 데 필요한 데이터를 제공했다. 케플러는 티코의 데이터에 맞게 행성운동의 모형을 개발했다.

● **행성운동에 대한 케플러의 세 가지 법칙은 무엇인가?**

 (1) 각 행성의 궤도는 하나의 초점에 태양을 위치시킨 타원이다. (2) 행성의 궤도가 태양 주위에서 이동함에 따라 동일한 시간에 동일한 면적을 쓸고 지나간다. (3) 더 먼 행성일수록 느린 평균 속도로 태양 주위를 정확한 수학적 관계 $p^2 = a^3$을 지키면서 공전한다.

● **갈릴레오는 코페르니쿠스 혁명을 어떻게 확고히 하였는가?**

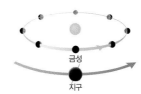 갈릴레오의 실험 및 망원 관측은 태양 주위를 도는 행성으로서 지구에 대한 코페르니쿠스의 아이디어에 남아 있던 이의를 해소하였다. 모두가 그의 결과를 곧바로 인정하지 않았지만, 시간이 지난 뒤 갈릴레오가 태양중심의 태양계를 확인하였다는 것을 받아들였다.

### 3.4 과학의 본성

● **우리는 과학과 과학이 아닌 것을 어떻게 구분할 수 있는가?**

과학은 일반적으로 세 가지 특징을 나타낸다. (1) 현대과학은 자연주의적 원인에만 의존하여 관찰된 현상에 대한 설명을 추구한다. (2) 가능한 한 단순하게 관찰을 설명하는 자연의 모형을 창조하고 그것의 테스트를 통해 과학은 진보한다. (3) 과학적 모형은 예측이 관측에 일치하지 않을 경우 과학적인 모형을 수정하거나 모형을 포기하라고 강요할 수도 있는 자연 현상에 대한 검증 가능한 예측을 해야 한다.

● **과학이론이란 무엇인가?**

**과학이론**은 몇 가지 일반 원칙을 사용하여 다양한 관측을 설명할 뿐만 아니라 반복적이고 다양한 테스트에서 살아남는 간단하면서도 강력한 모형이다.

**시각적 이해 능력 점검** 천문학에서 사용하는 다양한 종류의 시각자료를 활용해서 이해도를 확인해보자.

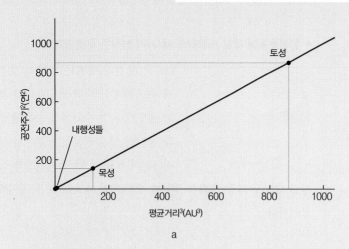

a

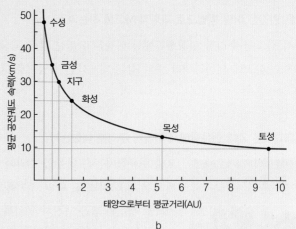

b

다음의 질문에 답하기 위해 그래프의 정보를 이용하라.

1. 대략적으로 목성은 태양의 궤도를 어느 정도 **빠르기**로 도는가?

   a. 제공된 정보로는 결정할 수 없음

   b. 20km/s

   c. 10km/s

   d. 15km/s에 약간 못 미침

2. 2AU의 평균 궤도거리를 가진 소행성은 _____인 평균 속도에서 태양궤도를 돌게 된다.

   a. 화성의 궤도 속도보다 약간 느림

   b. 화성의 궤도 속도보다 약간 **빠름**

   c. 화성의 궤도 속도와 동일

3. 그래프에 제시되지 않은 천왕성은 태양으로부터 약 19AU의 궤도거리를 갖는다. 그래프에 기초하면 천왕성의 대략적인 궤도 속도는 약 _____ 사이가 된다.

   a. 20~25km/s

   b. 15~20km/s

   c. 10~15km/s

   d. 5~10km/s

4. 케플러의 제3법칙은 종종 $p^2 = a^3$으로 표기된다. 행성의 $a^3$의 값은 _____에서 제시된다.

   a. 그림 a의 수평축

   b. 그림 a의 수직축

   c. 그림 b의 수평축

   d. 그림 b의 수직축

5. 그림 a에서 여러분은 _____라는 사실로부터 케플러의 제3법칙($p^2 = a^3$)을 확인할 수 있다.

   a. 그 데이터가 직선에 해당된다.

   b. 축들은 $p^2$과 $a^3$에 대한 값들로 표시된다.

   c. 행성 이름이 그래프에 표시된다.

6. 그림 a가 수평축을 따라, 1000AU³의 값보다 높은 행성을 직접적으로 붉은 선으로 표시했다고 가정한다. 수직축에서 이 행성은 _____에 있게 된다.

   a. 1,000년²

   b. 1,000²년²

   c. $\sqrt{1{,}000}$년²

   d. 100년

7. 6번 질문에서 행성은 태양으로부터 얼마나 먼 궤도거리를 나타내는가?

   a. 10AU

   b. 100AU

   c. 1,000AU

   d. $\sqrt{1{,}000}$AU

## 연습문제

### 복습문제

1. 우리 모두에게 있어서 과학적 사고는 어떤 방식에서 자연스러우며, 현대과학은 이러한 매일의 사고 형태를 어떻게 구축하는가?

2. 왜 고대인들은 천문학을 연구했는가? 우리의 일, 주, 달 및 연의 천문학적 기원을 서술하라.

3. 태음력은 무엇인가? 이것은 어떻게 태양력과 조화를 유지할 수 있는가?

4. 과학에서 모형의 의미는 무엇인가? 고대 그리스인들의 **지구중심모형**에 대해 간략하게 요약하라.

5. **톨레미 모형**의 의미는 무엇인가? 이 모형은 하늘에 있는 행성의 겉보기 역행운동을 어떻게 설명했는가?

6. **코페르니쿠스 혁명**은 무엇이며, 우주에 대한 인간의 시각을 어떻게 변화시켰는가?

7. **타원**은 무엇인가? 초점, 장반경, 이심률을 정의하라.

8. **케플러의 행성운동 법칙**을 각각 서술하고 의미를 설명하라.

9. **과학의 세 가지 검증서**를 서술하고, 코페르니쿠스 혁명에서 이를 우리가 어떻게 확인할 수 있는지 설명하라. **오컴의 면도날 법칙**이 무엇인가? 왜 과학은 증거로서 개인적 진술을 받아들이지 않는가?

10. 과학에서 **가설**과 **이론** 간의 차이점은 무엇인가?

### 이해력 점검

#### 과학 또는 비과학?

다음의 진술들은 어떤 주장을 이룬다. 그 주장이 과학적으로 평가될 수 있는지 또는 비과학의 영역에 해당되는지 여부를 사례마다 결정하고, 이를 명확히 설명하라. 아래 서술된 문장 모두가 결정적인 답은 아니기 때문에 여러분이 고른 답보다 설명이 더 중요하다.

11. 양키스는 항상 최고의 야구팀이다.

12. 표면 아래 수 킬로미터에서 목성의 위성 유로파는 액체로 이루어진 대양이 있다.

13. 우리집에는 매일 밤 삐걱거리는 소음을 내는 유령들이 출몰해서 그 소리를 듣는다.

14. 오늘날 화성의 표면에는 호수 또는 바다가 존재하지 않는다.

15. 개는 고양이보다 더 영리하다.

16. 목성이 황소자리에 있을 때 태어난 아이들은 다른 아이들보다 음악가가 될 가능성이 더 높다.

17. 외계인은 사람들을 납치하고 실험을 실시하며 그들이 행한 것을 사람들이 결코 알아차리지 못하도록 시간을 조작할 수 있다.

18. 뉴턴의 중력법칙은 우리의 태양계에서 행성의 궤도를 설명하는 것처럼 다른 별들 주변의 행성 궤도를 설명하는 데 작용한다.

19. 신은 뉴턴이 발견한 운동법칙들을 창조했다.

20. 거대한 함대인 외계 우주선은 2025년 1월 1일에 지구에 착륙해 평화와 번영의 시대를 가져올 것이다.

#### 돌발퀴즈

다음 중 가장 적절한 답을 고르고, 그 이유를 한 줄 이상의 완전한 문장으로 설명하라.

21. 그리스의 지구중심설에서 한 행성의 역행운동은 (a) 지구가 태양 주변의 궤도에서 그 행성을 막 통과할 때, (b) 그 행성이 실질적으로 지구 주변 궤도에서 뒤로 돌아갈 때, (c) 그 행성이 하늘에서 달과 나란할 때에 발생한다.

22. 다음 중 천동설에 비해 코페르니쿠스의 태양중심설이 갖는 주요한 이점이 아닌 것은? (a) 하늘에서 행성의 위치에 대해 상당히 훌륭한 예측을 했다. (b) 하늘에서 행성의 명백한 역행운동에 대한 보다 자연스러운 설명을 제공했다. (c) 행성의 궤도주기 및 거리에 대한 산출을 가능하게 했다.

23. 우리가 행성이 상당히 이심률이 높은 궤도를 갖는다고 말할 때 이것은 (a) 태양을 향해 나선형 궤도를, (b) 그 궤도가 하나의 초점에서 태양과 타원일 때를, (c) 궤도의 일부 지점에서 다른 지점들보다 태양에 더 가깝다는 것을 의미한다.

24. 지구는 7월보다 1월에 태양과 더 가깝다. 따라서 케플러의 제2법칙과 일치하는 것으로 (a) 지구는 1월보다 7월에 태양 주변의 궤도에서 더 빠르게 움직인다. (b) 지구는 7월보다 1월에 태양 주변의 궤도에서 더 빠르게 움직인다. (c) 1월에 여름이고 7월에 겨울이다.

25. 케플러의 제3법칙에 따르면 (a) 수성은 태양에 가장 가까운 궤도의 지점에서 가장 빠르게 움직인다. (b) 목성은 토성보다 더 빠른 속도로 태양궤도를 돈다. (c) 모든 행성은 거의 원궤도를 갖는다.

26. 천문학에 대한 티코 브라헤의 기여에는 (a) 망원경의 발명, (b) 지구가 태양궤도를 돈다는 것을 입증, (c) 케플러가 행성운동의 법칙을 발견할 수 있도록 한 데이터의 수집이 포함된다.

27. 천문학에 대한 갈릴레오의 공헌은 (a) 행성운동의 법칙을 발견, (b) 중력의 법칙을 발견, (c) 태양중심모형에 대한 과학적 반대를 떨쳐내고 실험 수행 및 관측을 실시한 것이 포함된다.

28. 다음 중 과학적 진보에 대해 거짓인 것은? (a) 과학은 자연 모형들에 대한 개발 및 검증을 통해 진보한다. (b) 과학은 단지 과학적 방법을 통해서만 진보한다. (c) 과학은 초자연성을 적용하는 설명을 피한다.

29. 다음 중 과학적 이론에 대해 거짓인 것은? (a) 이론은 광범위한 관찰 또는 실험을 설명해야 한다. (b) 가장 강력한 이론조차도 아무런 의심 없는 진실을 결코 입증할 수 없다. (c) 이론은 본질적으로 교육된 추측이다.

30. 아인슈타인의 중력이론(일반상대성이론)이 인정받았을 때 이것은 뉴턴의 법칙이 (a) 틀렸음을, (b) 미완성임을, (c) 실제로는 단지 추측임을 입증했다.

## 과학의 과정

31. 과학을 만드는 것은 무엇인가? "우주가 팽창하고 있다." 또는 "우리는 별들에 의해 만들어진 요소들로 만들어졌다." 또는 "태양은 2억 3,000만 년마다 우리은하의 중심 궤도를 돈다." 와 같은 제1장에서 논의했던 우주에 대한 현대적 시각에서 한 가지 생각을 선택하라.

    a. 이 아이디어가 관측에 어떻게 기반하고 있고, 우리의 이해가 모형에 어떻게 의존하며, 그 모형이 어떻게 시험 가능한지를 논하는 과학의 세 가지 검증서 각각을 이 생각이 어떻게 반영하고 있는지 기술하라.

    b. 이것이 실질적으로 이루어졌다면 그 생각에 의문을 제기하도록 우리에게 원인을 제공할 수 있는 가설적 관찰을 기술하라. 그리고 전반적으로 그 생각이 장래의 관찰에 대해 지지 가능한지 여러분이 생각하는 바를 간략히 논하라.

32. **지구의 형태.** 지구가 구 모양이라고 추정하는 데 인간은 수천 년이 걸렸다. 지구의 형태에 대한 다음의 대안 모형들에 대해 그 모형이 틀렸음을 제시할 수 있는 하나 이상의 관찰을 확인하라.

    a. 편평한 지구

    b. 원통형 지구[그리스의 철학자 아낙시만드로스(Anaximander, 기원전 610~546년)가 실제 제안했던]

    c. 축구공 형태의 지구

## 그룹 활동 과제

33. 재판 중인 갈릴레오. **역할 :** 기록자(그룹 활동을 기록), 갈릴레오(지구가 태양의 궤도를 돈다는 생각을 지지한다고 주장), 검사(지구가 태양의 궤도를 돈다는 생각에 반대되는 주장), 중재자(그룹의 논의를 이끌고 논쟁이 민사임을 확인). **활동 :** 세 가지 증거를 검토한다. (1) 달의 산과 계곡을 관찰, (2) 목성의 궤도를 도는 달을 관찰, (3) 금성의 위상을 관찰

    ● 갈릴레오는 왜 이 증거가 지구가 태양의 궤도를 돈다는 것을 나타내고 있는지를 설명한다.

    ● 검사는 반증을 제시한다.

    ● 기록자와 중재자는 증거가 신빙성이 있는지, 약간 신빙성을 갖는지 또는 신빙성을 갖지 못하는지 여부를 결정하고, 그 사유에 대한 설명과 함께 평결에 기술한다.

## 심화학습

### 단답형/서술형 질문

34. 코페르니쿠스의 활동가들. 요점이 나열되는 목록 형식을 사용하여 지구중심우주에 대한 고대의 믿음을 뒤집는 역할을 했던 코페르니쿠스, 티코, 케플러 및 갈릴레오의 주요 역할에 대해 한쪽 분량의 '요약 보고서'를 작성하라.

35. 역사에 미치는 영향. 코페르니쿠스 혁명에서 여러분이 알게 된 바에 기초해 인간 역사의 과정에서 대체되었다고 믿고 있는 바에 대해 1~2쪽의 에세이를 작성하라.

36. 문화적 천문학. 여러분에게 관심이 되는 특정 문화를 선택하고 천문학적 지식 및 그 문화의 성취에 대해 조사하라. 여러분의 조사 결과를 2~3쪽으로 요약하라.

### 계량적 문제

모든 계산 과정을 명백하게 제시하고, 완벽한 문장으로 해답을 기술하라.

37. 에라토스테네스의 방법. 여러분은 멀리 떨어져 있는 별의 궤도를 도는 행성 너스의 천문학자이다. 너스는 그 크기를 아무도 알지 못함에도 불구하고 그 형태가 구 모양이라는 사실이 최근 받아들여졌다. 어느 날 여러분은 알렉타운의 도서관에서 연구하는 동안 춘분날에 태양이 여러분으로부터 정북 1,000km에 소재한 니엔시에서 바로 머리에 위치함을 알아냈다. 춘분날에 여러분은 알렉타운의 외부로 나가서 태양 고도가 80°임을 관찰한다. 너스의 원주는 얼마인가? (힌트 : 지구

의 원주를 측정하기 위해 에라토스테네스가 사용한 기법을 적용한다.)

38. **에리스 궤도.** 최근 발견된 에리스는 557년마다 태양궤도를 돈다. 태양으로부터 에리스 궤도의 평균거리(장반경)는 얼마인가? 그 평균거리는 명왕성의 평균거리와 어떻게 비교하는가?

39. **핼리 궤도.** 핼리혜성은 76.0년마다 태양궤도를 돌며 0.97의 공전궤도이심률을 갖는다.

    a. 평균거리를 구하라(장반경).

    b. 핼리의 근일점 거리는 대략 9,000만 km이다. 원일점 거리는 대략 얼마인가?

## 토론문제

40. **과학의 영향.** 현대 세계는 과학 및 과학적 방법의 적용을 통해 개발되는 기술, 지식 및 사상들로 가득 차 있다. 이러한 것들 중 일부를 선택해 우리의 삶에 어떤 영향을 미치는가를 논하라. 이러한 영향 중 여러분이 생각하는 긍정적인 것은 어느 것인가? 어떤 것이 부정적인가? 전반적으로 여러분은 과학이 인류에 이로웠다고 생각하는가? 여러분의 견해를 피력하라.

41. **고대 천문학의 중요성.** 왜 천문학은 고대 사람들에게 중요했는가? 천문학의 실용적 중요성과 종교 또는 기타 전통에 미치는 중요성 모두를 논하라. 고대 천문학의 발달에서 실용적 또는 철학적 역할 중 더 중요하다고 생각하는 것은 무엇인가? 여러분의 의견을 피력하라.

42. **천문학과 점성술.** 점성술이 그 타당성에 대한 모든 과학적 검증에서 실패했음에도 불구하고 세계 전역에서 많은 인기를 유지하는 이유는 무엇이라고 생각하는가? 여러분은 이 인기가 사회적 결과를 갖는다고 생각하는가? 여러분의 생각을 밝혀라.

## 웹을 이용한 과제

43. **톨레미 모형.** 이 장은 단지 우주에 대한 톨레미 모형의 매우 간략한 설명만을 제공한다. 이 모형에 대해 보다 심도 깊게 조사하라. 필요한 바에 따라 도표와 텍스트를 사용하여 이 모형에 대해 2~3쪽의 설명서를 작성하라.

44. **갈릴레오 사건.** 최근 수년간 로마가톨릭 교회는 갈릴레오의 재판에 대한 더 많은 연구 및 갈릴레오 사건에서 교회의 과거 행위들에 대한 이해를 위해 많은 공헌을 했다. 이러한 연구들에 대해 더 많이 학습하고, 이 사건에 대한 현재 바티칸의 견해에 대해 2~3쪽의 보고서를 작성하라.

45. **과학 또는 사이비 과학.** 천문학과 관련된 사이비 과학적 주장을 선택하고, 그 주장과 과학자들이 그것이 틀렸음을 어떻게 밝히는지에 대해 더 많이 학습하라. [출발점은 나쁜 천문학(Bad Astronomy) 웹사이트(www.badastronomy.com)가 훌륭한 출발점이 될 수 있다.] 여러분의 조사 결과에 대해 간단히 요약하라.

우주에 대한 우리의 시각은 인간의 역사를 통하여 극적으로 변화되어 왔다. 이 연대표는 우리의 현대 시각을 형성해온 열쇠가 되는 여러 중요한 발견을 요약한 것이다.

스톤헨지

지구중심모형

갈릴레오의 망원경

| 기원전 500년 이전 | 기원전 400~기원후 170년 | 1543~1648년 |
| --- | --- | --- |

① 고대 문명은 우리 하늘을 통하여 태양, 달, 행성 그리고 별의 운동에서 어떤 패턴들을 인식하였다. 하늘에서 보이는 것과 지구상에서 우리의 삶과의 관계에 주목하였다. 예를 들면 계절, 그리고 조수 등이 있다[3.1절].

② 고대 그리스인들은 천구에 의해 둘러싸인 중심에 지구가 자리 잡은 모형을 사용하여 태양, 달, 그리고 행성들에 대한 관측된 운동을 설명하고자 하였다. 그 모형은 많은 현상을 잘 설명하였으나 추가되는 설명으로 행성들의 겉보기 역행운동을 설명할 수는 있었다. 하지만 그러한 설명은 단순하지도 정확하지도 않았다[3.2절].

③ 코페르니쿠스는 지구도 태양을 회전하는 하나의 행성이라고 제안하였다. 하지만 케플러가 행성의 세 가지 법칙을 발견한 후에야 비로소 태양중심모형에 의한 행성들의 겉보기 역행운동을 정확하고 단순하게 설명하였다. 갈릴레오의 망원경 관측은 태양중심모형을 확증했을 뿐만 아니라, 우주는 전에 상상했던 것보다 훨씬 더 많은 별로 이루어져 있다는 것을 드러냈다[3.3절].

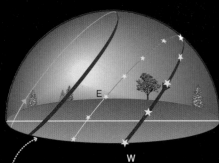

자신의 자전축에 따라 지구의 자전으로 인하여 하늘에 있는 천체의 운동을 매일 동에서 서로 운동하도록 하였다.

지구 자전축의 경사로 인하여 지구가 태양 주위를 공전함에 따라 계절의 변화가 일어난다.

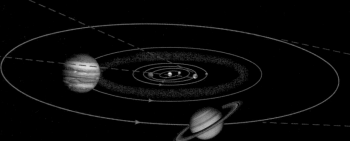

여키스 천문대

윌슨산 천문대에서 망원경을 보고 있는 에드윈 허블

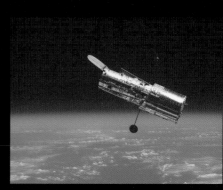

허블우주망원경

1838~1920년 | 1924~1929년 | 1990~현재

④ 지구가 실제로 태양 주위를 회전하고 있다는 직접적인 증거를 제공하고, 가장 가까운 별이 수 광년 떨어져 있는 것을 보여주는 별의 시차를 측정하는 것이 가능하도록 한 것은 더 큰 망원경과 사진술이다. 우리는 태양이 은하수에서 상당히 정상적인 보통의 별이라는 것을 알게 되었다[2.4, 12.1절].

⑤ 외부은하는 은하수의 영역을 넘어서 훨씬 멀리 놓여 있다는 것을 보여주고 우리은하보다 훨씬 큰 것은 우주라는 것을 증명하는 외부은하의 거리를 측정한 사람은 허블(Edwin Hubble)이다. 더 먼 외부은하일수록 더 빠르게 우리로부터 멀어져 가고, 전체 우주는 팽창하고 있다고 말해주며 그러한 전체 우주는 빅뱅이라는 어떤 사건에서 시작된다고 제안하도록 한 것도 그였다[1.3, 16.2절].

⑥ 은하의 거리와 팽창률의 개선된 측정으로 우주가 약 140억 년인 것으로 나타났다. 이러한 측정은 신비한 암흑물질과 암흑에너지의 존재에 대한 증거를 포함하여 여전히 설명할 수 없는 놀라움을 드러냈다[1.3, 17.1절].

별 사이의 거리가 엄청나다. 1/100억 축척에서, 여러분은 여러분의 손에 태양을 보유할 수 있다.
하지만 가장 가까운 별은 멀리 수천 킬로미터 떨어져 있다.

우리의 태양계는 우리은하 중심에서 약 27,000광년에 위치하고 있다.

우리은하는 1,000억 개의 별을 포함한다.

관측 가능한 우주는 1,000억 개의 은하가 포함되어 있다.

# 우주 이해하기 :

## 운동, 에너지, 그리고 중력의 이해

# 4

지구에서 일어나는 운동이나 은하 간의 엄청난 충돌은 똑같은 법칙들에 의하여 일어난다.

우주의 역사는 본질적으로 물질과 에너지 사이의 상호작용에 대한 이야기이다. 빅뱅에서 시작된 이 상호작용은 원자들의 아주 미세한 움직임에서부터 은하 간의 거대한 충돌에 이르기까지 지금도 모든 물질에서 일어나고 있다. 우주 이해는 그러므로 물질이 에너지의 변동에 어떻게 반응하는가를 얼마나 알고 있는가에 달려 있다.

여러분은 우주를 형성하는 많은 상호작용을 이해하는 것이 어렵다고 생각할지도 모르겠으나 우리는 이제 소수의 물리법칙이 모든 물질(원자들로부터 은하까지)의 운동을 지배한다는 것을 알고 있다. 코페르니쿠스 혁명(Copernican revolution)은 이 법칙들을 발견하는 원동력이 되었고, 갈릴레오는 그의 실험으로부터 그 법칙들 중 몇 가지를 추론하였다. 그러나 모든 것들을 합쳐 운동과 중력을 기술하는 간단한 법칙계로 묶은 사람은 아이작 뉴턴 경이다.

이 장에서 우리는 뉴턴의 운동법칙, 각운동량과 에너지 보존법칙, 그리고 만유인력의 법칙(universal law of gravitation)을 논의할 것이다. 이러한 법칙들을 잘 숙지하면 여러분이 천문학을 공부할 때 접하는 넓은 영역에 이르는 많은 현상을 쉽게 이해할 수 있을 것이다.

## 4.1 운동의 기술 : 일상생활의 예

우리 모두는 운동 경험을 갖고 있고 운동이 무엇인지를 직감적으로 알고 있다. 그러나 과학에서는 우리의 생각과 용어를 정확히 정의할 필요가 있다. 이 절에서는 일상생활에서 일어나는 예를 사용하여 운동의 몇 가지 기본 생각들을 탐구해보자.

### ● 우리는 운동을 어떻게 기술하는가?

여러분은 아마도 과학에서 운동을 기술하는 데 사용하는, 예컨대 속도, 가속도, 그리고 운동량과 같은 일반적 용어에 익숙할 것이다. 그러나 여러분이 일상 대화에서 사용하는 정의는 과학적 정의와는 약간 다를 수 있다. 이 용어들의 정확한 의미를 탐구해보자.

**속력, 속도, 가속도** 운동을 기술할 때 사용하는 3개의 기본 용어를 설명하는 데 좋은 예가 자동차이다.

30km/hr    60km/hr

이 차는 속력이 증가하고 있기 때문에 가속하고 있다.

60km/hr    60km/hr

이 차는 속력은 일정하나 방향이 변하기 때문에 가속하고 있다.

60km/hr    30km/hr    0km/hr

이 차는 속력이 감소하고 있기 때문에 가속하고 있다(음의 가속).

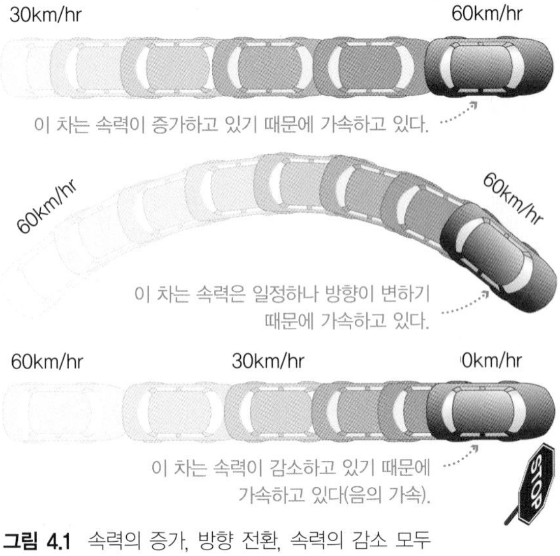

**그림 4.1** 속력의 증가, 방향 전환, 속력의 감소 모두 가속도의 예이다.

- 자동차의 **속력**은 주어진 시간 안에 얼마나 멀리 갈 것인가를 알려준다. 예를 들면, '시간당 100km'는 속력이다. 그것은 그 자동차가 1시간 동안 이 속력으로 달릴 때 100km의 거리를 갈 것이라는 것을 우리에게 알려준다.

- 자동차의 **속도**는 속력과 방향 모두를 알려준다. 예를 들면, '정북을 향하여 시간당 100km'는 속도를 기술하는 것이다.

- 자동차의 속도가 어떤 방식(속력, 방향, 또는 양쪽 다)으로든지 변한다면 그 자동차는 **가속도**를 갖는다.

우리는 통상 가속도를 속력의 증가로 생각하지만 과학에서는 속력을 늦춘다든지, 방향 전환(그림 4.1)도 가속하고 있다고 말한다는 것에 주목하자. 속력의 감소는 가속도를 감소시키는 음의 가속도이다. 방향 전환은 방향의 변화를 뜻한다(그러므로 속도의 변화를 뜻함). 그래서 방향 전환은 속력이 일정하더라도 가

어떤 물체의 속력 또는 방향이 변하면 그 물체는 가속하고 있는 것이다.

속도의 한 형태이다.

여러분은 사주 가속 효과를 느낄 수 있다. 예를 들면, 여러분이 자동차 안에서 차의 속력을 증가시키면 앉은 자리 뒤편으로 밀리는 것을 느낄 것이다. 또 차의 속력을 감소시키면 앞으로 끌리게 된다. 곡선을 그리면서 차를 몰면 회전 방향 밖으로 밀리는 것을 느끼게 된다. 이와 대조적으로 일정한 속도로 움직일 때는 그러한 효과들을 감지하지 못한다. 같은 이치로 순조롭게 날고 있는 비행기를 타고 있을 때 어떤 운동감도 여러분은 느끼지 못한다.

**중력가속도** 가속의 가장 중요한 형태 중의 하나는 중력에 의한 가속도이다. 기울어진 피사탑에서 갈릴레오가 행했다고 추정되는 유명한 물체 낙하 실험에서 그는 중력이 질량에는 상관없이 모든 물체를 같은 양만큼 가속시킨다는 것을 증명하였다. 이것은 일상 경험과 모순되는 것처럼 보여 놀랄 만한 사실인 것이다. 깃털은 공중에 둥둥 떠다니다가 지상에 떨어지는 반면 돌은 곤두박질치듯 떨어진다. 그러나 공기저항이 이러한 가속의 차이를 만드는 것이다. 공기가 없는 달 위에서 깃털과 돌을 떨어뜨리면 양쪽 모두 정확히 같은 속도로 떨어질 것이다.

**스스로 해보기** ▶ 종이 한 장과 작은 돌을 준비하자. 같은 높이에서 2개 모두를 잡고 있다가 동시에 그것들을 놓자. 물론 돌이 먼저 땅에 떨어질 것이다. 그런 다음 종이를 구겨 작은 공처럼 만들어서 실험을 되풀이해보자. 어떻게 되었을까? 중력이 모든 물체를 같은 양만큼 가속시키는 것을 이 실험은 어떻게 제시하고 있는지 설명해보자.

떨어지는 물체의 가속도를 **중력가속도**라 부르며 줄여서 $g$라 표시한다. 지표면 위에서 중력가속도는 1초 지날 때마다 9.8미터/초(m/s)만큼 또는 약 10m/s만큼 더 빠르게 물체를 낙하하게 한다. 예를 들어, 여러분이 높은 빌딩에서 돌을 떨어뜨린다고 하자. 돌을 떨어뜨리는 순간에 돌의 속력은 0이다. 1초 후에 그 돌은 약 10m/s의 속력으로 낙하할 것이다. 2초 후에 그것은 20m/s의 속력으로 낙하할 것이다. 공기저항이 없는 상황에서 그 속도는 땅과 부딪칠 때까지 초당 약 10m/s만큼 계속 증가할 것이다(그림 4.2). 그러므로 중력가속도는 1초에 약 10m/s 또는 제곱초에 10m라 한다. 이것을 10m/s²(더 정확하게 $g = 9.8 m/s²$)으로 적는다.

**운동량과 힘** 속력, 속도와 가속도의 개념은 개개의 물체가 어떻게 움직이는가를 기술한다. 그러나 우주에서 보는 흥미 있는 현상들의 대부분은 물체 사이의 상호작용의 결과로부터 나온다. 이러한 상호작용을 기술하기 위해 두 가지 부가적인 개념이 필요하다.

- 물체의 **운동량**(momentum)은 물체의 질량과 속도의 곱이다. 즉, 운동량 = 질량 × 속도
- 물체의 운동량을 변화시키는 유일한 방법은 그 물체에 힘을 가하는 것이다.

우리는 충돌 효과들을 고려함으로써 이 개념들을 이해할 수 있다. 빨간 신호로 여러분의 차가 정지하고 있을 때 정남쪽으로 30km/hr의 속도로 날고 있는 벌레가 앞창 유리와 충돌하였다고 생각해보자. 여러분의 차에 어떤 일이 일어나겠는가? 아마도 앞창 유리가 조금 어수선해진 것을 제외하곤 거의 영향이 없을 것이다. 다음으로 2톤 트럭이 신호등을 무시하고 벌레와 같은 속도로 달려와 여러분의 차와 정면으로 충돌하였다고 상상해보자. 명백히 그 트럭은 훨씬 더 큰 피해를 줄 것이

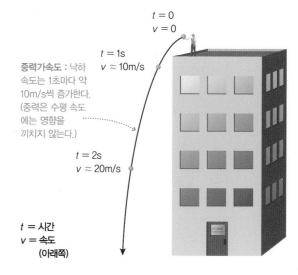

**그림 4.2** 지표면에서 중력은 물체를 약 10m/s²으로 아래로 가속시킨다. 이는 하강 속도를 매초 약 10m/s씩 증가시키는 것을 의미한다. (중력은 수평 속도에는 영향을 미치지 못한다.)

다. 우리는 각각의 충돌에서 운동량과 힘을 고려한 이유를 이해할 수 있다.

충돌하기 전, 트럭과 벌레 모두 같은 속도로 운동하고 있지만 더 큰 질량을 가진 트럭이 벌레보다 훨씬 큰 운동량을 갖는다. 충돌하는 동안 벌레와 트럭은 각각의 운동량의 일부를 여러분의 자동차로 이동시킨다. 벌레는 자동차로 줄 운동량이 거의 없어 벌레가 자동차에 끼친 힘은 거의 없다. 대조적으로 트럭은 충분히 큰 운동량을 전해주기 때문에 자동차의 운동량에 극적이면서도 급격한 변화를 일으킨다. 여러분은 운동량의 급격한 변화를 힘으로 느끼게 되며 그것은 여러분과 자동차에게 큰 피해를 입힐 수 있다.

어떤 힘이 단순히 존재한다고 해서 그것이 항상 운동량의 변화를 야기시키는 것은 아니다. 예를 들면, 움직이는 자동차는 항상 공기저항력과 도로의 마찰력을 받는데, 이 힘은 발을 자동차 페달에서 떼면 자동차를 느리게 만든다. 하지만 자동차 페달을 밟아 이 힘의 감속 효과를 상쇄시키면 일정한 속도를 유지할 수 있다.

사실 중력 또는 원자들 사이에 작용하는 전자기력과 같은 어떤 종류의 힘들은 항상 실재한다. 어떤 물체에 작용하는 **알짜 힘**(또는 전체 힘)은 개개의 힘 전부를 모아 함께 결합한 효과를 나타낸다. 여러분이 일정한 속도로 운전하고 있을 때 여러분의 차에 미치는 알짜 힘은 없다. 그 이유는 바퀴를 돌리기 위하여 엔진이 만들어낸 힘은 공기저항력과 도로의 마찰력을 정확하게 상쇄시키기 때문이다. 운동량의 변화는 그 알짜 힘이 0이 아닐 때만 일어나는 것이다.

**물체에 알짜 힘이 작용할 때마다 그 물체는 가속된다.** 물체의 질량이 일정하게 유지될 때 그 물체의 운동량을 변화시킨다는 것은 그 물체의 속도를 변화시킨다는 것을 뜻한다. 0이 아닌 알짜 힘은 그러므로 물체를 가속하도록 한다. 역으로 물체가 가속될 때마다 어떤 알짜 힘이 그 가속을 일으키고 있는 것이다. 이것이 여러분이 차에서 가속하고 있을 때 힘(앞, 뒤 또는 옆으로 미는)을 느끼는 이유인 것이다. 우리는 같은 생각을 천문학적 여러 과정들을 이해하는 데 사용할 수 있다. 예컨대 행성들이 태양 주위를 공전할 때 그들은 항상 가속하고 있다. 왜냐하면 행성들이 궤도를 따라 움직일 때 그 운동 방향이 일정하게 변하기 때문이다. 그러므로 어떤 힘이 가속을 일으킨다고 결론지을 수 있다. 이후에 짧게 논의하겠지만 뉴턴은 이 힘을 중력이라 했다.

## ● 질량과 무게는 어떻게 다른가?

일상생활에서 우리는 보통 **질량**을 목욕탕 저울로 잴 수 있는 어떤 것으로 생각한다. 그러나 기술적으로 그 저울은 질량이 아니라 무게를 잰다. 질량과 무게의 구분은 우리가 지구 위에 있는 물체에 대하여 말할 때는 거의 문제가 되지 않지만 천문학에서는 매우 중요하다.

- 여러분의 **질량**은 여러분의 몸 안에 있는 물질의 양이다.
- 여러분의 **무게**(또는 **겉보기 무게**[1])는 저울 위에 서 있을 때 저울이 재는 힘이다. 즉, 무게는 여러분의 질량과 여러분의 질량에 작용하는 힘(중력을 포함한) 모두에 의존한다.

질량과 무게의 차이를 이해하기 위하여 엘리베이터(그림 4.3) 안에 있는 저울 위에 여러분이 서 있다고 하자. 여러분의 질량은 엘리베이터가 움직이는 것과는 상관없이 일정할 것이지

---

1) 어떤 물리 교과서들은 중력에만 기인한 '진짜 무게'와(엘리베이터 안에서와 같이) 다른 힘에 또한 의존하는 '겉보기 무게'를 구분한다. 이 책에서 무게는 '겉보기 무게'를 뜻한다.

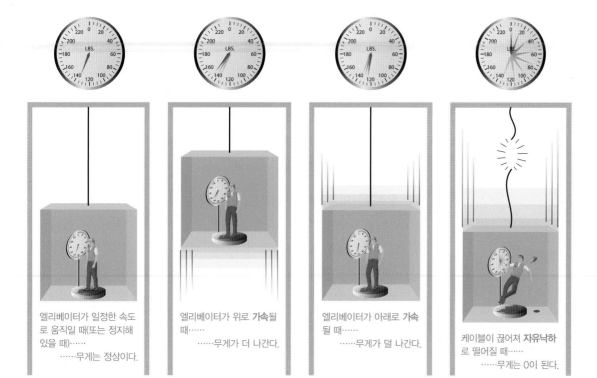

엘리베이터가 일정한 속도로 움직일 때(또는 정지해 있을 때)……
……무게는 정상이다.

엘리베이터가 위로 **가속**될 때……
……무게가 더 나간다.

엘리베이터가 아래로 **가속**될 때……
……무게가 덜 나간다.

케이블이 끊어져 **자유낙하**로 떨어질 때……
……무게는 0이 된다.

**그림 4.3** 질량은 무게와 같지 않다. 엘리베이터 안에서 여러분의 질량은 결코 변하지 않는다. 그러나 무게는 엘리베이터가 가속될 때 다르다.

만 여러분의 무게는 변할 수 있다. 엘리베이터가 정지해 있거나 일정한 속도로 움직일 때 그 저울 눈금은 여러분의 '정상적인' 무게를 나타낸다. 엘리베이터가 위로 가속되면 바닥은 정지해 있을 때 가해지는 힘보다 더 큰 힘을 가한다. 여러분은 더 무겁게 느끼고, 저울은 여러분의 더 큰 무게를 확인해준다. 엘리베이터가 아래로 가속되면 바닥과 저울은 여러분에게 더 약한 힘을 가해서 저울 눈금은 더 작은 무게를 기록한다. 저울은 엘리베이터가 위 또는 아래로 일정한 속도로 움직일 때가 아니라 엘리베이터가 가속할 때만 여러분의 '정상적인' 무게와 다른 무게를 보여준다는 것에 주목하라.

**스스로 해보기** ▶ 작은 목욕탕 저울을 마련해서 그것을 갖고 엘리베이터를 타라. 엘리베이터가 위 또는 아래로 가속될 때 여러분의 무게가 어떻게 변하는가? 엘리베이터가 일정한 속력으로 움직일 때 무게가 변하는가? 여러분의 관찰을 설명하라.

여러분의 질량은 여러분이 어디에 있든지 같지만 여러분의 무게는 변할 수 있다.

여러분의 질량은 그러므로 여러분의 몸 안에 있는 물질의 양에 의존하며 어디에 있든지 같다. 그러나 여러분의 무게는 여러분에게 미치는 힘들이 변할 수 있기 때문에 변할 수 있다. 예를 들면, 여러분의 질량은 지표면 위에서처럼 달 표면 위에서도 같지만 달의 작은 중력 때문에 달 표면 위에서 여러분의 무게는 덜 나갈 것이다.

**자유낙하와 무중력** 이제 엘리베이터 케이블이 끊어지면(그림 4.3의 마지막 그림 참조) 어떤 일이 일어나는지를 생각해보자. 엘리베이터와 여러분은 갑자기 **자유낙하**, 즉 여러분의 속력을 줄여줄 어떤 저항도 없이 떨어지는 상태에 있게 된다. 여러분이 낙하하는 것과 같은 속력으로 엘리베이터 바닥도 낙하하고 있기 때문에 여러분은 그 바닥 위로 자유롭게 둥둥 떠다닐 수 있게 된다. 여러분은 저울 바닥 위에 더 이상 놓여 있지 않기 때문에 저울 눈금은 0을 가리킨다. 달리 말하면 여러분의 자유낙하는 여러분을 **무중력 상태**로 만든다.

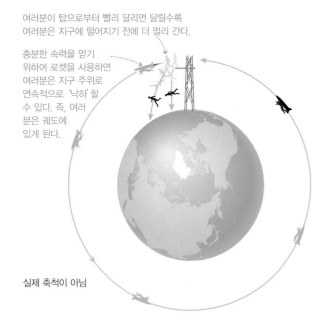

여러분이 탑으로부터 빨리 달리면 달릴수록
여러분은 지구에 떨어지기 전에 더 멀리 간다.

충분한 속력을 얻기
위하여 로켓을 사용하면
여러분은 지구 주위로
연속적으로 '낙하' 할
수 있다. 즉, 여러
분은 궤도에
있게 된다.

실제 축척이 아님

**그림 4.4** 이 그림은 우주인들이 우주공간에서 무중력 상태로 있고 자유롭게 둥둥 떠다니는 이유를 설명해준다. 여러분이 충분한 속력으로 높은 탑에서 뛰어내릴 수 있다면, 여러분은 앞으로 빠르게 운동할 수 있어 지구 주위를 공전할 것이다. 그러면 여러분은 자유낙하 상태를 계속 유지하게 되어 무중력 상태에 있게 된다. 주석 : 위 그림의 척도에서 탑은 우주정거장 궤도보다 더 높은 곳에 있다. 로켓의 방위는 로켓이 한 번 공전할 때 한 번 자전하는 것을 보여준다(출처 : *Space Station Science*, Marianne Dyson).

사실 여러분이 낙하하는 것을 막는 어떤 것도 없을 때 여러분은 자유낙하 상태에 있는 것이다. 예를 들면, 의자에서 점프하여 떨어질 때 또는 다이빙 판에서 점프하거나 트램펄린에서 점프하여 떨어질 때 자유낙하 상태에 있는 것이다. 매우 놀라울지 모르지만 여러분은 그러므로 여러분의 생활에서 무중력을 많이 경험해왔다. 여러분은 의자에서 단지 점프함으로써 즉시 무중력을 경험할 수 있다. 물론 무중력은 여러분이 지면을 밟는 매우 짧은 시간 동안만 지속된다.

**우주공간의 무중력** 여러분은 우주정거장 안에서 무중력 상태로 둥둥 떠다니는 우주인들의 비디오를 본 적이 있을 것이다. 그러나 왜 그들은 무중력 상태일까? 많은 사람들이 우주공간에는 중력이 없다고 생각한다. 그러나 그것은 사실이 아니다. 결국 우주정거장이 지구 주위로 공전하도록 하는 것은 중력이다. 여러분이 의자에서 점프할 때 무중력 상태를 느끼는 이유가 우주인들의 무중력 상태에도 똑같이 적용되는 것이다. 즉, 그들은 자유낙하하고 있다.

사람 또는 물체가 자유낙하하고 있을 때 그들은 무중력 상태에 있고 궤도운동을 하는 우주인들도 자유낙하 상태를 계속 유지하기 때문에 무중력 상태에 있게 된다.

우주인들은 지구를 도는 전체 시간 동안 무중력 상태에 있게 되는데, 그 이유는 그들이 자유낙하 상태를 계속 유지하기 때문이다. 이 사고를 이해하기 위하여 지표면 위로 약 350km에 있는 우주정거장 궤도까지 닿는 긴 탑을 생각해보자(그림 4.4). 여러분이 그 탑에서 내리면 지면에 닿을 때까지(또는 공기저항이 여러분에게 상당한 영향을 미칠 때까지) 여러분은 무중력 상태로 아래로 낙하할 것이다. 이제 그 탑에서 내리는 대신 여러분이 탑에서 달려 점프하면서 내린다고 생각해보자. 여러분은 아직도 지면으로 떨어질 것이지만 앞으로 달린 운동 때문에 탑 밑바닥으로부터 좀 떨어진 거리의 지면으로 떨어질 것이다. 여러분이 탑으로부터 빨리 달리면 달릴수록 여러분은 지구에 떨어지기 전에 더 멀리 간다.

여러분이 어떻게든 우주정거장 궤도의 고도에서 약 28,000km/hr으로 충분히 빨리 달릴 수 있다면 매우 재미있는 일이 일어난다. 중력이 탑 길이만큼 여러분을 아래로 끌고 내려왔을 무렵 여러분은 이미 지구 주위에서 충분히 멀리 움직여서 더 이상 아래로 하강하지 않게 될 것이다. 대신에 여러분은 전 세계 상당 부분이 보이는 높이의 지표면 위에서 내내 있게 될 것이다. 다른 말로 말하면 여러분은 지구를 공전하고 있는 것이다.

우주선과 모든 다른 공전 물체들은 지구 주위로 계속 낙하하고 있기 때문에 궤도에 머무르게 된다. 그 물체들의 자유낙하 상태가 계속적으로 유지됨으로써 우주선과 우주선 안에 있는 모든 것들이 무중력 상태에 있게 된다.

## 4.2 뉴턴의 운동법칙

일상생활에서 경험하는 운동들이 복잡하기 때문에 여러분은 아마도 운동을 지배하는 법칙들도 복잡할 것으로 생각할 수 있다. 예를 들면, 공중에서 종이 한 장이 지상으로 천천히 떨어지는 모습을 유심히 보면 그 종이가 예측할 수 없이 이리저리 움직인다는 것을 알 수 있다. 그러나 종이의 운동이 복잡한 것은 그 종이에 미치는 다양한 힘 때문인데, 그 힘에는 중력과 공기의 흐름 때문에 생긴 변화하는 힘도 포함된다. 여러분이 각각의 힘을 분석할 수 있다면 각각의 힘이 난순하면서도 예측할 수 있는 방식으로 종이의 움직임에 영향을 끼친다는 것을 알게 될 것이다. 아이작 뉴턴 경(1642~1727)은 운동을 지배하는 아주 단순한 법칙들을 발견하였다.

아이작 뉴턴 경(1642~1727)

### ● 뉴턴은 우리의 우주관을 어떻게 변화시켰는가?

뉴턴은 1642년 크리스마스에 영국의 링컨서 마을에서 태어났다. 그는 힘든 유년시절을 보냈지만 몇 가지 비범한 재능을 보였다. 그는 케임브리지대학교 트리니티칼리지에 다녔고 거기서 부유한 학생들의 부츠와 목욕탕 청소, 학생들의 식사 시중을 드는 하찮은 일들을 하면서 생계를 유지하였다.

뉴턴이 졸업한 직후 케임브리지에 전염병이 돌았고, 이에 그는 고향으로 돌아오게 되었다. 그의 말에 의하면 사과가 땅에 떨어지는 것을 보고 영감을 얻었고 그때가 1666년이었다고 한다. 그는 사과를 떨어지게 한 그 중력이 달을 지구 주위의 궤도에 있게 만든 힘과 똑같다는 것을 바로 깨달았다. 그 순간에 그는 수 세기 동안 아무 의심 없이 받아들여져 왔던 아리스토텔레스의 세계관을 흔적도 없이 산산이 부서뜨려 버렸다.

아리스토텔레스는 운동의 물리에 대한 많은 주장을 펴왔는데 그의 사고들은 지구중심적 우주관에 기초한 그의 신념을 지지하는 데에 이용되었다. 그는 또한 하늘이 지상과는 완전히 별개여서 지상에서의 물리법칙은 하늘의 운동에 적용해서는 안 된다는 입장을 견지해왔다. 뉴턴이 사과가 떨어지는 것을 보았던 그 시대에 코페르니쿠스 혁명은 지구를 중심 위치에서 벗어나게 하였고, 갈릴레오 실험은 물리법칙이 아리스토텔레스가 믿었던 것이 아니라는 것을 보여주었다.

뉴턴의 비범한 통찰력은 아리스토텔레스의 우주관을 사라지게 한 결정타가 되었다. 중력은 하늘뿐만 아니라 지상에서도 작용한다는 것을 인식함으로써 뉴턴은 두 영역 사이에 차이가

> 뉴턴은 지상에서 작동하는 물리법칙과 하늘에서 작용하는 물리법칙이 똑같다는 것을 보였다.

있다는 아리스토텔레스의 사고를 제거하였고 하늘과 지구를 한 **우주**로 함께 묶었다. 이러한 통찰력은 또한 **천체물리학**이란 현대과학의 탄생을 예고하는 것이었다(그 용어는 상당히 나중에서야 통용되었지만). 천체물리학은 지상에서 발견된 물리법칙을 전 우주에서 일어나는 현상에 똑같이 적용한다.

이후 20년 동안 뉴턴의 업적은 수학과 과학의 대변혁을 일으켰다. 그는 운동법칙과 중력을 정량화하였고 빛의 성질에 대한 중요한 실험을 하였을 뿐만 아니라 반사망원경을 처음으로 만들었고 미적분학을 발명하였다. 이 절의 나머지 부분에서 그의 운동법칙을 논의하고 이 장의 뒤에서 뉴턴의 중력 발견에 대해서 주의를 기울일 것이다.

### ● 뉴턴의 세 가지 운동법칙은 무엇인가?

뉴턴은 1687년 일명 프린키피아라 불리는 *Philosophiae Naturalis Principia Mathematica*('자연철학의 수학적 원리')라는 운동법칙과 중력에 대한 책을 발간하였다. 그는 우리가 현재 **뉴턴의 운동법칙**이라 부르는 3개의 운동법칙을 모든 운동에 적용하였다. 이 법칙들은 지구상에서 일어나는 일상생활의 운동으로부터 전 우주 안에 있는 행성, 별, 은하의 운동에까지 모든 것들의 운동을 지배한다. 그림 4.5는 이 세 가지 법칙을 요약해서 보여주고 있다.

**뉴턴의 첫 번째 법칙** 뉴턴의 첫 번째 운동법칙은 알짜 힘이 없을 때 어떤 물체는 일정한 속도로 움직인다는 것을 명시한다. 정지(속도 = 0)하여 있는 물체들은 계속 정지한 상태를 유지하려고 하고 운동하고 있는 물체들은 속력 또는 방향의 변화 없이 계속 운동 상태를 지속하려 한다.

뉴턴의 첫 번째 법칙 : 물체에 어떤 알짜 힘도 미치지 않는다면 그 물체는 일정한 속도로 운동한다. 정지하고 있는 물체가 정지한 상태를 유지해야만 한다는 사고는 매우 자명하다. 평편한 도로 위에 주차되어 있는 자동차는 어떠한 이유 없이 갑자기 움직이지 않을 것이다. 그러나 평편한 직선 도로를 따라 움직이는 자동차라면 어떻게 될까? 뉴턴의 첫 번째 법칙에 의하면 그 자동차를 느리게 하는 어떤 힘도 '없다면' 같은 속력으로 계속 영원히 가게 된다. 여러분이 가스 페달을 밟지 않아도 그 자동차는 결국 멈추게 되는데 1개 이상의 힘이 그 차를 멈추게 하는 것이다. 이 경우 그 힘들은 마찰과 공기저항 때문에 일어나는 힘들이다. 만약 그 자동차가 우주 공간에 있어 마찰이나 공기에 의한 영향을 받지 않는다면 영원히 움직일 것이다(중력이 자동차의 속력과 방향을 점차 바꾸겠지만). 이것이 우주공간으로 발사된 행성 간 우주선이 연료 없이도 운동할 수 있는 이유이며 천체들이 우주 속을 운동하는 데 연료가 필요 없는 이유인 것이다.

뉴턴의 첫 번째 법칙은 순조로운 비행 중에 있는 비행기 안에서 여러분이 어떤 운동감도 느끼지 못하는 이유 또한 설명해준다. 그 비행기가 일정한 속도로 항해하는 한 비행기 또는 여러분에게 작용하는 어떠한 알짜 힘도 없다. 그러므로 여러분은 여러분이 정지하고 있을 때의 느낌과 다른 어떤 것도 느끼지 못하는 것이다. 여러분은 마치 지상에서 '정지' 해 있을 때와 마찬가지로 객실 주위를 걸을 수 있고 사람들과 공놀이도 할 수 있고 또는 휴식과 잠을 잘 수도 있다.

**뉴턴의 두 번째 법칙** 뉴턴의 두 번째 운동법칙은 어떤 알짜 힘이 실재할 때 물체에 일어나는 것을 말해준다. 우리는 알짜 힘이 힘의 작용 방향으로 물체를 가속하여 그 물체의 운동량을 변화시킨다는 것을 이미 배웠다. 이 관계를 정량화한 뉴턴의 두 번째 법칙은 일반적으로 힘 = 질량 × 가속도 또는 $F = ma$로 간단히 표시된다.

**그림 4.5** 뉴턴의 세 가지 운동법칙

**뉴턴의 첫 번째 운동법칙**
어떤 물체에 작용하여 물체의 속력 또는 방향을 변하게 하는 알짜 힘이 없다면 그 물체는 일정한 속도로 운동한다.

예 : 우주선이 우주공간에서 움직이는 데 연료가 필요 없다.

**뉴턴의 두 번째 운동법칙**
힘 = 질량 × 가속도

예 : 투수가 팔을 움직여서 야구공에 힘을 가하면 야구공은 가속된다(볼이 던져지면 투수 팔에서 나온 힘은 사라지고 볼의 경로는 중력과 공기 저항력에 의해서 변한다.).

**뉴턴의 세 번째 운동법칙**
어떤 힘이 주어지면 크기는 같지만 반대 방향으로 작용하는 힘이 항상 존재한다.

예 : 로켓은 로켓 뒤로 분출되는 가스가 받는 힘과 크기는 같고 방향이 반대인 힘에 의하여 위로 추진된다.

이 법칙은 여러분이 야구공을 투포환보다 멀리 던질 수 있는 이유를 설명해준다. 여러분의

**뉴턴의 두 번째 법칙 :**
**힘 = 질량 × 가속도(F = ma)**

팔이 야구공과 투포환에 가한 힘은 질량과 가속도의 곱과 동등하 다. 투포환의 질량이 야구공보다 크기 때문에 여러분의 팔에서 나 온 힘은 투포환에 더 작은 가속도를 주게 된다. 더 작은 가속도는 투포환이 야구공보다 더 작 은 속력으로 여러분의 손을 떠나게 하고 그리하여 지상에 떨어지기 전에 더 작은 거리를 날아 가는 것이다. 천문학적으로 뉴턴의 두 번째 법칙은 목성과 같은 큰 행성들이 지구와 같은 작 은 행성들보다 소행성과 혜성들에 더 큰 영향을 끼치는 이유를 설명해준다[9.4절]. 목성은 지 구보다 상당히 무겁기 때문에 지나가는 소행성과 혜성들에 더 강한 중력을 가하여 그들을 더 큰 가속운동으로 분산시킨다.

**뉴턴의 세 번째 법칙** 땅 위에 가만히 서 있는 것에 대해 잠시 생각해보자. 여러분의 무게는 아래로 힘을 가한다. 그 힘만이 작용한다면 뉴턴의 두 번째 운동법칙에 의하여 여러분은 아래 로 가속운동을 해야 한다. 여러분이 아래로 낙하하지 않는 것은 사실 여러분에게 미치는 어떠 한 알짜 힘도 없다는 것을 의미하므로 이것은 여러분이 땅에 아래로 가한 힘을 정확하게 상쇄 시킨 힘, 즉 땅이 여러분을 위로 들어 올리는 힘이 있을 때 가능하다. 여러분이 땅에 가한 아 래로 향한 힘과 여러분을 위로 들어 올린 힘이 크기는 같고 방향은 반대되어 서로 상쇄된다는 사실은 뉴턴의 세 번째 운동법칙의 한 예이다. 모든 힘은 크기가 같고 방향이 반대인 반작용 힘을 쌍으로 항상 갖고 있다.

이 법칙은 물체들이 항상 중력을 통하여 '서로' 끌어당긴다는 것을 말해주기 때문에 천문

**뉴턴의 세 번째 법칙 : 어떤 힘에 대하여 반드시**
**크기가 같고 방향이 반대인 반작용 힘이 있다.**

학에서 매우 중요하다. 예를 들어 여러분의 몸은 지 구가 여러분에게 가하는 힘과 동등한 중력을 항상 지 구에 가한다. 물론 같은 힘의 의미는 지구보다는 여러분에게 더 큰 가속운동이 있음을 뜻하는 것이며(여러분의 질량이 지구의 질량보다 대단히 작기 때문에) 이것은 여러분이 의자에서 아 래로 점프할 때 지구가 여러분을 향해 낙하하기보다는 오히려 여러분이 아래로 낙하하는 이 유가 되는 것이다.

뉴턴의 세 번째 법칙은 또한 로켓이 어떻게 작동하는가를 설명한다. 로켓 엔진은 뜨거운 가 스를 뒤로 분사시키는 힘을 만들어내고 이것은 로켓을 앞으로 나아가게 추진하는 크기가 같 고 방향이 반대인 힘을 생성한다.

## 4.3 천문학에서 말하는 보존법칙

뉴턴의 운동법칙들은 쉽게 기술되어 있지만 다소 임의적인 면이 있는 듯 보인다. 예를 들면 왜 모든 힘은 크기가 같고 방향이 반대인 반작용 힘이 있어야 하는가? 뉴턴이 처음으로 그의 법칙들을 언급했던 이후 수 세기 동안 우리는 그 법칙들이 임의적이라기보다는 오히려 **보존법 칙**이라 알려진 자연의 더 깊은 면들을 반영한다고 배워왔다.

두 물체가 충돌할 때 일어나는 일들을 생각해보자. 뉴턴의 두 번째 법칙에 의하면 물체 1이 힘을 가해 물체 2의 운동량을 변하게 한다. 동시에 뉴턴의 세 번째 법칙에 따르면 물체 2가 물 체 1에 크기가 같고 방향이 반대인 힘을 가한다. 이것은 물체 1의 운동량이 물체 2의 운동량 의 변화량과 그 크기는 같고 방향이 반대로 정확하게 변한다는 것을 뜻한다. 물체 1과 2의 결 합된 운동량은 충돌 전과 후가 동일하다. 충돌하는 물체의 전체 운동량은 보존된다. 이는 우

일반적인
**오해**

**무엇이 로켓을 앞으로 나아가게 하는가?**

로켓이 발사되는 것을 본 적이 있다면 그 로켓이 땅을 '밀어낸다'고 믿는 사람들이 많은 이유를 쉽 게 이해할 수 있다. 그러나 땅은 로켓발사와는 아 무 관련이 없다. 로켓발사는 실제로 뉴턴의 세 번 째 운동법칙에 의해서 설명된다. 로켓 뒤로 가스 를 분출시키는 힘과 균형을 맞추어, 크기가 같고 방향이 반대인 힘이 그 로켓을 앞으로 밀어 나아 가게 한다. 로켓들은 수평 방향뿐만 아니라 수직 방향으로 발사될 수 있고 어떤 로켓은 밀어낼 고 체 면이 있을 필요가 없는 우주공간(예 : 우주정거 장에서)에서 '발사'될 수 있다.

리가 **운동량의 보존**이라 부르는 원리를 반영하는 것이다. 본질적으로 운동량 보존법칙은 모든 상호작용하는 물체의 전체 운동량은 항상 같다는 것을 말한다. 개개의 물체는 어떤 힘이 그것에 작용하여 또 다른 물체에 운동량을 교환할 때만 운동량을 얻거나 잃을 수 있다. 운동량 보존은 뉴턴의 운동법칙과 우주의 다른 물리법칙의 기저를 이루는 몇 개의 중요한 보존법칙들 중 하나이다. 2개의 다른 보존법칙(각운동량과 에너지 보존)은 천문학에서 특별히 중요하다. 이 중요한 법칙들이 어떻게 작용하는지를 살펴보자.

### ● 무엇이 행성이 자전하고 태양 주위를 공전하게 하는가?

아마도 여러분은 지구가 어떻게 매일 자전하고 매년 태양 주위로 공전하는 것을 계속 유지하는지 알고 싶을 것이다. 그 대답은 원 주위를 도는 또는 곡선 주위로 움직이는 물체들을 기술하는 데 우리가 사용한 특별한 형태의 운동량에 의존한다. 이 특별한 형태의 '선회 운동량(circling momentum)'을 **각운동량**(각이란 용어는 원을 따라 움직이는 물체가 360°의 어떤 각으로 회전하기 때문에 생김)이라 부른다.

**각운동량 보존법칙**은 전체 각운동량은 결코 변할 수 없다는 것을 말한다. 개개의 물체는 얼마간의 각운동량을 다른 물체로 이동하거나 다른 물체로부터 이동 받아야만 그 물체가 갖고 있는 각운동량을 변화시킬 수 있다.

> 각운동량의 보존 : 어떤 물체의 각운동량은 그 물체가 각운동량을 다른 물체로 이동하거나 다른 물체로부터 전달받지 않는다면 변할 수 없다.

**궤도각운동량** 태양 주위로 공전하는 지구의 궤도를 생각해보자. 지구 궤도상의 어떤 지점에서 지구의 각운동량은 간단한 식으로 표현된다.

$$각운동량 = m \times v \times r$$

여기서 $m$은 지구 질량, $v$는 지구의 궤도 속도(또는 좀 더 기술적으로 $r$에 수직한 속도 성분), 그리고 $r$은 태양으로부터 지구까지의 거리를 뜻하는 궤도 '반경'(그림 4.6)이다. 태양 주위를 도는 지구 근처에 각운동량을 주거나 가져가는 물체들이 없기 때문에 지구의 각운동량은 항상 일정해야만 한다. 이것이 지구 궤도에 대한 두 가지 중요한 사실을 설명한다.

1. 지구는 태양 주위로 공전하는데 어떠한 형태의 연료나 척력도 필요로 하지 않는다. 각운동량을 없애는 어떤 것도 생기지 않는 한 지구는 계속 궤도를 유지할 것이다.

2. 지구 궤도상의 어떤 지점에서 지구의 각운동량은 속력과 궤도 반경(태양으로부터의 거리)의 곱에 의존하기 때문에 지구 궤도 속력은 태양에 가까워질 때(그리고 반경은 더 작아질 때) 더 빠르고 태양에 멀어질 때(그리고 반경은 더 커질 때) 더 느려진다.

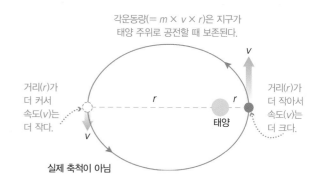

**그림 4.6** 지구가 태양 주위를 공전할 때 지구의 각운동량은 항상 같다. 그래서 지구가 태양에 가까이 올 때 지구는 빨라지고 태양에 멀어질 때 느려진다. 지구는 그 궤도를 유지하기 위한 어떤 연료도 필요로 하지 않는데 이는 지구의 각운동량을 변화시킬 수 있는 방식으로 작용하는 어떠한 힘도 없기 때문이다.

두 번째 사실은 행성운동에 대한 케플러의 두 번째 법칙이다[3.3절]. 즉, 각운동량 보존법칙은 왜 케플러 법칙이 사실인지를 우리에게 말해준다.

**자전각운동량** (지구궤도에 적용된 것과) 같은 생각이 지구가 자전을 유지하는 이유를 설명한다. 지구가 조금이라도 자전각운동량을 다른 물체로 이동시키지 않는 한 지구는 같은 율로 자전을 계속 유지한다(사실 지구는 매우 서서히 자전각운동량의 일부를 달에 이동시키고 있다. 그 결과 지구 자전이 서서히 느려진다. p. 110, '특별 주제' 참조).

각운동량 보존은 또한 우리은하처럼 은하들의 디스크와 젊은 별들 주위로 회전하는 물질들의 디스크와 같이 우주 안에 있는 회전하는 디스크가 많이 있는 이유를 설명해준다. 이는 스케이트를 타고 한곳에서 회전하고 있는 빙상 스케이트 선수를 예로 들면 설명하기가 쉽다(그림 4.7). 빙판 위는 마찰이 거의 없기 때문에 빙상 스케이트 선수의 각운동량은 본질적으로 일정하다. 그녀가 밖으로 편 팔을 안쪽으로 끌어당길 때 자신의 반경을 감소시키고 이는 그녀의 자전속도를 증가시키는 것을 의미한다. 별과 은하들은 모두 대단히 큰 규모로 시작된 기체구름으로부터 탄생한다. 이 구름은 거의 필연적으로 느린 자전을 하고 있어 자전을 거의 감지할 수 없을 정도이다. 빙상 스케이트 선수가 팔을 안으로 구부리는 것과 같이 이 구름들은 중력이 작용하여 구름들의 크기가 줄어듦에 따라 빨리 자전해야만 한다(이 구름들이 또한 납작하게 되어 원반이 되는 이유를 제6장에서 논의할 것이다.).

> 지구는 다른 물체와 각운동량을 거의 교환하지 않기 때문에 지구의 자전과 공전은 변함없이 그대로 있다.

**생각해보자 ▶** 각운동량 보존을 이용하여 배수구로 들어가는 물의 모양이 나선형인 것을 어떻게 설명할 수 있는가?

## ● 물체는 어디서 에너지를 얻는가?

운동량, 각운동량에서 살펴본 바와 같이 **에너지 보존법칙**에 의하면 에너지는 불쑥 나타날 수 없고 또한 무(nothingness)로 사라질 수 없다. 물체들은 다른 물체와 에너지를 교환해야 에너지를 얻거나 잃을 수 있다. 이 법칙 때문에 우주 이야기는 에너지와 물질의 상호작용에 대한 이야기이다. 모든 작용은 에너지의 교환이나 한 형태에서 다른 형태로의 에너지 변환을 포함한다.

> 에너지 보존 : 에너지는 한 물체에서 다른 물체로 이동될 수 있고 또한 한 형태에서 다른 형태로 변환될 수 있다. 그러나 전체 에너지양은 항상 보존된다.

이 책의 나머지 부분에서 어떻게 에너지가 변환되고 교환되는가를 단순히 공부하는 것만으로도 많은 천문학적 과정들을 이해할 수 있다는 것을 알게 될 것이다. 예를 들어 행성들은 에너지를 우주공간으로 방출하기 때문에 내부는 시간이 지남에 따라 차가워지며 태양을 형성하였던 가스들에 의하여 방출된 에너지 때문에 태양이 뜨거워졌다는 것을 알게 될 것이다. 각운동량과 에너지 보존법칙들을 적용하여 우리는 우주에서 일어나는 거의 모든 주요한 과정을 이해할 수 있다.

**에너지의 기본 형태** 에너지 보존법칙을 완전히 이해하기에 앞서 에너지가 무엇인지를 알 필요가 있다. 본질적으로 에너지는 물질을 운동하게 하는 것이다. 이것은 너무 개괄적이기 때문에 종종 여러 형태의 에너지를 구분한다. 예를 들어 우리는 먹는 음식

$m \times v \times r$의 곱에서 넓게 편 팔은 자전의 더 큰 반경과 더 작은 속도를 의미한다.

팔을 안으로 가져오는 것은 반경을 감소시켜 자전 속도를 증가시킨다.

**그림 4.7** 회전하고 있는 빙상 스케이트 선수는 각운동량을 보존하고 있다.

에너지는 한 형태에서 다른 형태로 변환될 수 있다.

카이네틱에너지
(운동에너지)

복사에너지
(빛에너지)

퍼텐셜에너지
(저장에너지)

**그림 4.8** 에너지의 세 가지 기본 범주. 에너지는 한 형태에서 다른 형태로 변환될 수 있지만 그것은 창조될 수도 없고 파괴될 수도 없다는 것이 에너지 보존법칙에 들어 있는 사고이다.

으로부터 에너지를 얻는다거나 자동차를 움직이도록 하는 에너지, 전구가 방출하는 에너지 등에 대하여 말한다. 다행히도 거의 모든 형태의 에너지를 간단히 3개의 주요한 범주로 분류할 수 있다(그림 4.8).

- 운동에너지 또는 **카이네틱**(kinetic)**에너지**(카이네틱은 '운동'을 뜻하는 그리스 단어에서 왔다.) 떨어지는 돌, 공전하는 행성, 그리고 공기 중에 움직이는 분자들은 운동에너지를 가진 물체들의 예이다.
- 빛이 운반하는 에너지 또는 **복사에너지**[복사(radiation)란 단어는 빛(light)의 동의어로 종종 사용된다.] 모든 빛은 에너지를 운반하는데, 이것이 빛이 물질 안에서 변화를 야기시킬 수 있는 이유가 된다. 예를 들어 빛은 우리 눈 안에 있는 분자들을 변화시켜 우리가 보도록 하며 또는 행성 표면을 따뜻하게 한다.
- 저장된 에너지 또는 **퍼텐셜에너지**. 이 에너지는 운동 또는 복사에너지로 변환될 수 있다. 예를 들면 선반 위에 놓인 돌은 선반 가장자리에서 미끄러지면 낙하하기 때문에 **중력퍼텐셜에너지**를 갖고 있다. 또 가솔린은 움직이는 차의 운동에너지로 변환될 수 있는 **화학퍼텐셜에너지**를 갖고 있다.

우리가 취급하는 에너지의 형태와는 무관하게 우리는 같은 표준단위로 에너지양을 잴 수 있다. 미국인들에게 가장 친근한 에너지 단위인 **칼로리**는 식품 라벨에서 볼 수 있다. 거기에 우리 몸이 그 음식으로부터 얻을 수 있는 에너지양이 표시되어 있다. 과학에서 에너지 표준단위는 **줄**(joule)이다. 음식의 1칼로리는 약 4,184줄과 같다. 전형적인 성인 1명이 매일 소비하는 2,500칼로리는 약 1,000만 줄에 해당한다. 표 4.1은 다양한 에너지를 줄로 상호 비교한 것이다.

세 가지 에너지 범주에는 운동에너지(카이네틱), 빛에너지(복사), 저장에너지(퍼텐셜)가 있다.

**열에너지 : 많은 입자들의 운동에너지** 단지 세 가지 범주의 에너지가 있지만 그 범주를 때때로 다양한 하위 범주로 나눈다. 천문학에서 운동에너지의 가장 중요한 하위 범주는 **열에너지**이다. 이는 바위 또는 공기 또는 먼 거리의 어떤 별 안에 있는 가스와 같은 물체 내에서 무작위로 움직이는 많은 개개의 입자들(원자와 분자들)의 총체적 운동에너지를 나타낸다. 그러한 경우 수십 억 개 입자 각각의 운동에너지를 취급하는 것보다 그 물체의 열에너지를 말하는 것이 더 쉽다.

열에너지란 이름은 그것이 온도와 연관되어 있기 때문에 붙여진 것이지만 온도와 열에너지가 꼭 같은 것은 아니다. 열에너지는 어떤 물질 안에 있는 무작위로 움직이는 입자들 전체의 '전체' 운동에너지인 반면 **온도**는 그 입자들의 '평균' 운동에너지이다. 어떤 특정 물체에 대하여 더 높은 온도는 평균적으로 그 입자들이 더 많은 운동에너지를 갖고 있고 따라서 더 빨리 움직인다는 것을 의미한다(그림 4.9). 여러분은 아마도 화씨 또는 섭씨로 측정된 온도와 친숙할 것이다. 그러나 과학에서는 자주 **켈빈** 온도 척도(그림 4.10)를 사용한다. 켈빈 척도는 음의 온도가 없다. 그 이유는 그것이 **절대 영도**(0K)로 알려진 가장 차가운 온도부터 시작하기 때문이다.

| **표 4.1** 에너지 비교 | |
| --- | --- |
| **항목** | **에너지(줄)** |
| 지표면에 도달하는 빛에너지($m^{-2}s^{-1}$) | $1.3 \times 10^3$ |
| 캔디 바의 신진대사로부터 얻는 에너지 | $1 \times 10^6$ |
| 1시간을 걸을 때 필요한 에너지 | $1 \times 10^6$ |
| 시속 60마일로 가는 자동차의 운동에너지 | $1 \times 10^6$ |
| 보통 성인이 하루 음식으로부터 얻는 에너지 | $1 \times 10^7$ |
| 1리터 기름을 태울 때 나오는 에너지 | $1.2 \times 10^7$ |
| 주차된 승용차의 열에너지 | $1 \times 10^8$ |
| 1kg의 우라늄-235 붕괴로부터 나오는 에너지 | $5.6 \times 10^{13}$ |
| 1리터 물에 있는 수소 핵융합에서 나오는 에너지 | $7 \times 10^{13}$ |
| 1메가톤의 수소폭탄에 의하여 방출되는 에너지 | $4 \times 10^{15}$ |
| 진도 8인 지진에서 방출되는 에너지 | $2.5 \times 10^{16}$ |
| 연간 미국이 소비하는 에너지 | $10^{20}$ |
| 태양이 연간 생성하는 에너지 | $10^{34}$ |
| 한 개의 초신성이 방출하는 에너지 | $10^{44}-10^{46}$ |

어떤 물질 안에 있는 입자들에 대한 평균 운동에너지가 더 커지면 전체 에너지가 더 커지게 되므로 열에너지는 온도에 의존한다. 그러나 열에너지는 또한 그 입자들의 수

*열에너지는 많은 개개 입자들의 전체 운동에너지이다.*

와 밀도에 의존한다. 이는 뜨거운 오븐 그리고 끓고 있는 냄비의 안쪽으로 여러분의 팔을 재빨리 넣고 빼는 행동(절대로 따라 하지는 말 것!)을 상상함으로써 알 수 있다. 뜨거운 오븐 안에 있는 공기는 냄비에서 끓고 있는 물보다 온도가 훨씬 높다(그림 4.11). 그러나 끓고 있는 물은 여러분의 팔을 거의 순간적으로 데울 것이지만 수 초 동안 오븐 속에 팔을 넣어도 안전할 수 있다. 이 차이는 밀도 때문이다. 양쪽 모두 공기나 물은 여러분의 몸보다 뜨겁기 때문에 여러분의 피부를 강타하는 분자들은 열에너지를 여러분의 팔 안에 있는 분자에 전달한다. 오븐 속의 온도가 끓는 물보다 더 높다는 것은 그 공기 분자들이 끓는 물 안에 있는 분자들보다 평균적으로 여러분의 피부를 더 강하게 두드린다는 것을 뜻한다. 그러나 물의 밀도는 공기의 밀도보다 더 높기 때문에(같은 공간에서 물이 더 많은 분자를 갖고 있다는 것을 뜻함) 초당 더 많은 물 분자들이 여러분의 피부에 부딪힌다. 여러분의 피부를 두드리는 개개의 분자들은 그 오븐보다는 끓는 물에서 더 작은 에너지를 전달하는 반면, 물에서 여러분을 때리는 분자들의 순전한 개수는 오븐보다 훨씬 많아 더 많은 열에너지가 팔에 전달된다. 이것이 끓는 물에 거의 즉각적으로 화상을 입는 이유인 것이다.

**생각해보자 ▶** 여러분의 몸 온도보다 더 차가운 공기나 물속에서 열에너지는 여러분으로부터 그 주위의 차가운 공기나 물로 이동된다. 이 사실을 이용하여 알몸으로 32°F(0°C)인 호수로 들어가는 것이 32°F인 대낮 바깥에 서 있는 것보다 위험한 이유를 설명해보라.

**천문학에서 퍼텐셜에너지** 천문학에서 중요하게 다루어지는 많은 형태의 퍼텐셜에너지가 있다. 그러나 그중에서 특별히 두 가지, 즉 **중력퍼텐셜에너지**와 질량 자체의 퍼텐셜에너지, 또는 **질량-에너지**가 중요하다.

어떤 물체의 **중력퍼텐셜에너지**는 그 물체의 질량과 그 물체가 중력의 결과로 얼마나 멀리 낙하할 수 있는가에 의존한다. 어떤 물체는 그 물체가 더 높이 있을 때 더 많은

*어떤 물체의 중력퍼텐셜에너지는 그것이 더 높이 움직이면 증가하고 낮게 움직이면 감소한다.*

중력퍼텐셜에너지를 갖고 있고, 반대로 더 낮게 있을 때 더 작다. 예를 들어 여러분이 공을 공중으로 던져 그것이 지상 근처에 있는 것보다 더 높이 올라가 있을 때 공은 더 많은 중력퍼텐셜에너지를 갖는다. 에너지는 공의 비행 동안 보존되어야 하기 때문에 그 공의 운동에너지는 그것의 중력퍼텐셜에너지가 감소할 때 증가하며 그 역도 마찬가지이다(그림 4.12a). 그것이 공이 지상에 가장 가까이 있을 때 가장 빠르게 날아가는 이유이다. 공이 지상에 가장 가까이 있을 때 중력퍼텐셜에너지는 최소이다. 공이 높이 올라가면 올라갈수록 공이 갖고 있는 중력퍼텐셜에너지는 더 많아지고 그 공은 더 느리게 움직인다(운동에너지는 더 작아짐).

별들이 어떻게 뜨거워졌는지를 설명하는 데에도 일반적으로 같은 생각이 적용된다(그림 4.12b). 어떤 별이 생성되기 전 별을 이룬 물질들은 거대하고 차가운 기체구름으로 넓게 퍼져 있었다. 대부분의 개개의 가스 입자들은 이 거대 구름의 중심에서 멀리 떨어져 있어 많은 중력퍼텐셜에너지를 갖고 있다. 그 구름의 자체 중력으로 구름이

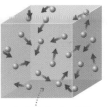
**더 낮은 온도**

**더 높은 온도**

이 입자들은 비교적 천천히 움직인다. 이는 낮은 온도를 뜻한다.

그리고 같은 입자들이 빨리 움직인다. 이는 더 높은 온도를 뜻한다.

**그림 4.9** 온도는 어떤 물체 안에 있는 입자들(원자와 분자들)의 평균 운동에너지의 척도이다. 긴 화살표는 빠른 속력을 나타낸다.

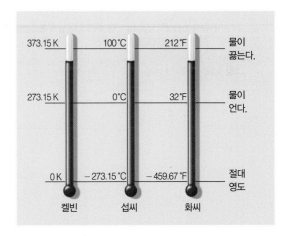

**그림 4.10** 3개의 온도 단위인 켈빈, 섭씨, 화씨. 과학자들은 일반적으로 켈빈 단위를 선호한다[도 기호(°)는 보통 켈빈 단위에서는 사용하지 않는다.].

**그림 4.11** 열에너지는 물체의 온도와 밀도 양쪽 모두에 의존한다.

전체 에너지(카이네틱 + 퍼텐셜)는 공이 날아가는 동안 모든 점에서 같다.

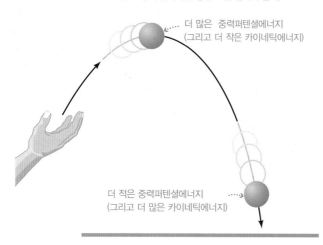

더 많은 중력퍼텐셜에너지
(그리고 더 작은 카이네틱에너지)

더 적은 중력퍼텐셜에너지
(그리고 더 많은 카이네틱에너지)

a. 공이 지상에서 낮게 떠 있을 때보다 더 높이 올라갔을 때 더 많은 중력퍼텐셜에너지를 갖고 있다.

**그림 4.12** 중력퍼텐셜에너지의 두 가지 예

에너지는 보존된다. 구름이 수축할 때 중력퍼텐셜에너지는 열에너지와 복사에너지로 전환된다.

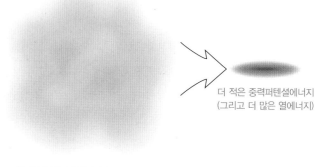

더 적은 중력퍼텐셜에너지
(그리고 더 많은 열에너지)

더 많은 중력퍼텐셜에너지
(그리고 더 작은 열에너지)

b. 성간가스 구름은 자체 중력 때문에 수축할 수 있다. 그것이 수축하여 크기가 줄어들었을 때보다 더 넓게 퍼져 있을 때 더 많은 중력퍼텐셜에너지를 갖는다.

수축함에 따라 구름 입자들은 중력퍼텐셜에너지를 잃게 되고, 이 '잃어버린' 퍼텐셜에너지가 궁극적으로 열에너지로 변환되며, 구름의 중심부를 뜨겁게 하는 데 사용된다.

아인슈타인은 물질 자체가 종종 **질량-에너지**라 부르는 퍼텐셜에너지의 한 형태임을 발견하였다. 질량 속에 포함된 퍼텐셜에너지의 양은 아인슈타인의 유명한 방정식으로 기술된다.

$$E = mc^2$$

여기서 $E$는 퍼텐셜에너지의 양이며 $m$은 그 물체의 질량, $c$는 빛의 속력이다. 이 방정식은 작은 양의 질량에 엄청난 양의 에너지가 담겨 있다는 것을 말해준다. 예를 들어 1메가톤의 수소폭탄이 방출하는 에너지는 단지 약 0.1kg의 질량(약 3온스 : 음료수 한 캔의 4분의 1)을 에너지로 변환함으로써 얻어진다(그림 4.13). 태양은 핵융합 과정을 통하여 소량의 질량을 에너지로 변환함으로써 에너지를 생성한다[11.2절].

> 질량 자체는 퍼텐셜에너지의 한 형태로, 아인슈타인 방정식에서 $E = mc^2$으로 기술된다.

아인슈타인 공식이 질량이 다른 형태의 에너지로 변환될 수 있음을 말해주는 것과 마찬가지로 에너지가 질량으로 변환될 수 있다는 것 또한 말해준다. 이 과정은 우주 역사의 초기에 무슨 일이 일어났는지를 이해하는 데 특히 중요하다. 그 초기 순간에 빅뱅 에너지의 일부가 질량으로 변했고 그것이 우리를 포함한 모든 물체를 만들었다[18.1절]. 과학자들은 또한 이 사고를 이용하여 발견하지 못한 물질 입자들을 찾는다. 이때 입자가속기를 사용하여 에너지로부터 원자 구성 입자들을 만든다.

**에너지 보존** 우리는 에너지가 3개의 기본 범주(카이네틱, 복사, 퍼텐셜)로 나뉜다는 것을 알았고 그중 천문학에서 특히 중요한 몇 개의 하위 범주, 즉 열에너지, 중력퍼텐셜에너지, 그리고 질량-에너지를 살펴보았다. 이제 '어디서 에너지를 얻는가'라는 질문으로 돌아가자. 에너지는 창조되거나 파괴될 수 없기 때문에 물체들은 항상 에너지를 다른 물체들로부터 얻는다. 궁극적으로 우리는 항상 어떤 물체의 에너지의 기원을 빅뱅 시대까지 거슬러 올라가 추적할 수 있다[1.2절]. 빅뱅은 모든 물질과 에너지가 한곳에 함께 존재하였던 우주의 시작점이다.

**그림 4.13** 수소폭탄에서 나오는 에너지는 식에 따라 단지 약 0.1kg의 질량이 에너지로 변환된 것이다.

예를 들어 여러분이 야구공을 던졌다고 하자. 그것이 움직이고, 그래서 야구공은 운동에너지를 갖고 있다. 이 운동에너지는 어디서 온 것인가? 야구공은 운동에너지를 여러분이 그것을 던졌을 때 발생하는 팔의 운동으로부터 얻는다. 여러분의 팔은 이 에너지를 근육 조직에 저장된 화학퍼텐셜에너지를 방출시킴으로써 얻는다. 근육은 이 에너지를 여러분이 먹었던 음식물에 저장된 화학퍼텐셜에너지로부터 얻는다. 음식에 저장된 에너지는 태양빛으로부터 온 것으로서 식물들이 광합성 반응을 통해 화학퍼텐셜에너지로 바꾼 것이다. 태양 복사에너지는 태양의 수소에 저장된 질량-에너지의 방출 기작인 핵융합 과정을 통하여 생성되었다. 수소에 저장된 질량-에너지는 우주의 탄생인 빅뱅에서 생산되었다. 여러분이 그 공을 던진 이후 운동에너지는 궁극적으로 공기 또는 땅에 있는 분자로 전달될 것이다. 이 시점 이후로 그 에너지를 추적하는 것은 어렵지만 그것은 결코 사라지지 않는다.

*어떤 물체의 에너지의 기원은 우주의 기원인 빅뱅 시대까지 올라간다.*

## 4.4 중력

뉴턴의 운동법칙은 우주 안에 있는 물체들이 힘이 작용할 때 어떻게 운동하는가를 기술한다. 운동량, 각운동량 그리고 에너지 보존법칙들은 힘이 1개 또는 그 이상의 물체들의 운동에 어떤 변화를 야기할 때 일어나는 것들에 대한 대안적인 또는 더 간단한 사고방식을 제공한다. 그러나 운동의 변화를 일으킨 그 힘을 우리가 이해하지 못한다면 운동을 충분히 이해할 수 없다. 천문학에서 가장 중요한 힘은 중력으로 이는 우주에서 사실상 모든 큰 규모의 운동을 지배한다.

### ● 무엇이 중력의 세기를 결정하는가?

뉴턴이 발견한 기본법칙은 어떻게 중력이 작용하는가를 기술한다. 뉴턴은 중력을 수학적으로 표현하였고 **만유인력의 법칙**이라 하였다. 이 법칙은 세 문장으로 간단히 요약된다.

- 질량이 있는 각각의 물체는 소위 **중력**이라 부르는 힘을 통하여 다른 질량이 있는 물체를 끌어당긴다.
- 서로 다른 두 물체를 끌어당기는 중력의 세기는 두 물체의 질량의 곱에 비례한다. 예를 들어 한 물체의 질량을 2배로 하면 두 물체 사이의 중력은 2배가 된다.
- 두 물체 사이의 중력의 세기는 두 물체 중심 사이의 거리의 **제곱**으로 감소한다. 그래서 우리는 중력이 **역제곱법칙**을 따른다고 말한다. 예를 들어 두 물체 사이의 거리를 2배로 늘리면 중력은 $2^2$배 또는 4배로 약해진다.

*두 물체 사이의 거리를 2배로 늘리면 중력은 $2^2$배 또는 4배로 약해진다.*

이 간단한 세 문장이 뉴턴의 만유인력의 법칙을 잘 알려준다. 수학적으로 세 가지로 서술된 문장은 다음과 같이 1개의 방정식으로 결합하여 적을 수 있다.

$$F_g = G\frac{M_1 M_2}{d^2}$$

여기서 $F_g$는 인력, $M_1$과 $M_2$는 두 물체의 질량, 그리고 $d$는 두 물체의 중심 사이의 거리이다 (그림 4.14). 기호 $G$는 **중력상수**라 부르는 상수이며 그 수치값은 $G = 6.67 \times 10^{-11}$ m³/

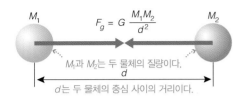

**만유인력의 법칙**은 두 물체 사이의 인력의 세기를 말해준다.

$M_1$                $M_2$

$$F_g = G \frac{M_1 M_2}{d^2}$$

$M_1$과 $M_2$는 두 물체의 질량이다.

$d$

$d$는 두 물체의 중심 사이의 거리이다.

**그림 4.14** 만유인력의 법칙은 '역제곱법칙'이다. 이 법칙에 의하면 중력은 두 물체 사이의 거리 $d$의 제곱으로 감소한다.

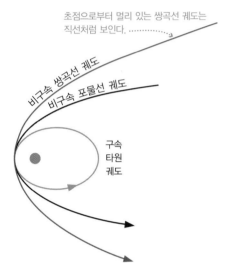

초점으로부터 멀리 있는 쌍곡선 궤도는 직선처럼 보인다.

비구속 쌍곡선 궤도

비구속 포물선 궤도

구속 타원 궤도

**그림 4.15** 뉴턴은 타원들이 유일한 궤도 경로가 아님을 보여주었다. 궤도들은 수학적으로 포물선이거나 쌍곡선 형태의 비구속 궤도 또한 될 수 있다.

$(\text{kg} \times s^2)$으로 측정되어 왔다.

**생각해보자** ▶ 두 물체 사이의 중력이 그 물체 사이의 거리가 3배가 되면 어떻게 될까? 그들 사이의 거리가 반으로 줄어들면?

### ● 뉴턴의 중력법칙이 어떻게 케플러 법칙으로 확장되는가?

뉴턴이 1687년 프린키피아를 출간하였던 그 시절에 행성운동의 케플러 법칙[3.3절]은 70년 동안 이미 알려져 있었고, 성공적이어서 그 법칙들의 타당성에 대해 의심할 바가 없었다. 그러나 과학자들 사이에 케플러 법칙들이 진실인 이유에 대한 커다란 논쟁이 있었고 그 논쟁은 뉴턴이 케플러 법칙들은 운동법칙과 만유인력의 법칙의 결과임을 수학적으로 보여줌으로써 끝났다. 뉴턴은 몇 가지 방식으로 케플러 법칙들을 일반화할 수 있음을 알아냈다. 그중에서 세 가지 방식은 우리의 목적을 위해서 특별히 중요하다.

첫째, 뉴턴은 케플러의 두 가지 법칙이 태양 주위를 도는 행성에만 적용되는 것이 아니라 궤도운동을 하는 모든 물체에 적용된다는 것을 발견하였다. 예를 들어, 지구 주위를 도는 (인공) 위성들의 궤도, 행성들 주위를 도는 달들의 궤도, 그리고 태양 주위를 도는 소행성의 궤도들은 모두 타원이며 그러한 타원에서 그 천체들은 궤도에서 가장 가까운 점 근처에서는 더 빨리 운동하고 가장 먼 점 근처에서는 더 느리게 운동한다.

둘째, 뉴턴은 타원들은 유일한 궤도 경로가 아니라는 것을 발견하였다(그림 4.15). 타원(원도 포함)은 **구속 궤도**들에 대해 유일하게 가능한 형태이다. 그 궤도 안에 있는 물체들은 반복하여 또 다른 물체 주위를 회전한다(구속 궤도란 용어는 중력이 물체들을 함께 묶는 접착제 같은 끈을 만든다는 생각에 그 어원을 두고 있다.). 그러나 뉴턴은 물체들이 **비구속 궤도**들 또한 따를 수 있다는 것을 발견하였다. 비구속 궤도란 어떤 물체가 또 다른 물체와 꼭 한 번만 가까워지는 경로를 말한다. 예를 들어, 태양계 안쪽으로 진입하는 어떤 혜성들은 비구속 궤도를 따라 움직인다. 그들은 꼭 한 번 멀리서 들어와서 태양을 따라 고리 모양으로 이동하다가 결코 되돌아오지 않는다.

케플러의 세 번째 법칙의 뉴턴 법식은 먼 거리에 있는 물체의 질량을 계산할 수 있다.

셋째, 아마도 가장 중요한 것으로서 뉴턴은 케플러의 세 번째 법칙을 일반화하였는데 이를 이용하여 우리는 먼 거리에 있는 물체들의 질량을 계산할 수 있다. 케플러의 세 번째 법칙이 $p^2 = a^3$임을 상기하자. 여기서 $p$는 행성의 궤도주기로 년으로 표시하고 $a$는 태양으로부터 행성까지의 평균거리로서 AU가 단위이다. 뉴턴이 알아낸 것은 이 기술이 우리가 **케플러의 세 번째 법칙의 뉴턴 법식**('천문 계산법 4.1' 참조)으로 부르는 $p^2 = a^3$은 더 일반적인 방정식 $p^2 = \frac{4\pi^2}{G(M_1 + M_2)} a^3$의 특별한 경우라는 것이다. 어떤 물체 주위를 도는 또 다른 물체의 궤도주기와 거리를 측정한다면 이 식을 이용하여 먼 거리에 있는 물체의 질량을 계산할 수 있다. 예를 들어 우리는 지구의 궤도주기(1년)와 그것의 평균거리(1AU)로부터 태양의 질량을 계산할 수 있으며, 목성의 달 중에서 어느 1개의 궤도주기와 평균거리로부터 목성의 질량을 계산할 수 있고, 두 별이 서로 공전하여 쌍성계를 이룬 두 성분별의 질량을 결정할 수 있다. 실제로 케플러의 세 번째 법칙의 뉴턴 법식은 우주에 있는 물체들의 질량을 결정하는 1차 수단이다.

## ● 중력과 에너지로부터 어떻게 궤도를 알 수 있는가?

뉴턴의 만유인력의 법칙은 행성운동의 케플러 법칙들을 설명하며, 안정된 행성 궤도를 기술한다. 케플러 법칙을 확장하면 지구 주위를 도는 (인공) 위성의 궤도처럼 다른 안정된 궤도들을 설명할 수 있다. 그러나 궤도들은 항상 (변함없이) 일정하게 있지 않는다. 여러분은 아마도 궤도로부터 이탈된 위성들이 지구에 충돌한다는 것을 들어본 적이 있을 것이다. 이는 궤도들이 때때로 급격히 변한다는 것을 증명한다. 어떻게 그리고 왜 궤도들이 때때로 변하는지를 이해하기 위하여 우리는 궤도에너지의 역할을 생각할 필요가 있다.

**궤도에너지** 태양 주위를 공전하는 행성은 운동에너지(행성이 태양 주위를 운동하기 때문에)와 중력퍼텐셜에너지(행성이 공전을 멈추면 태양을 향하여 낙하할 것이기 때문에) 모두를 갖고 있다. 운동에너지의 양은 궤도 속력에 의존하며 중력퍼텐셜에너지는 궤도거리에 의존한다. 행성 거리와 속력은 행성이 태양 주위를 공전함에 따라 모두 변하기 때문에 행성의 중력퍼텐셜에너지와 운동에너지 또한 변한다(그림 4.16). 그러나 그 행성의 전체 **궤도에너지**(행성의 운동에너지와 중력퍼텐셜에너지의 합)는 일정하게 유지된다. 이러한 사실은 에너지 보존법칙의 결과이다. 행성이 궤도에너지를 얻거나 잃게 하는 다른 물체가 없는 한 행성의 궤도에너지는 변할 수 없고 그것의 궤도는 같다.

> **궤도는 자발적으로 변할 수 없다.**
> 어떤 물체의 궤도는 그것이 궤도에너지를 얻거나 잃을 때만이 변할 수 있다.

행성에서 다른 물체까지 일반화하는 것은 우주 전역에 걸쳐 있는 (물체들의) 운동으로 이끌어내는 사고의 확장을 가져오므로 중요하다. 즉, 궤도는 자발적으로 변할 수 없다. 섭동을 받지 않고 내버려두면 행성들은 태양 주위로 같은 궤도를 영원히 유지할 것이며 달들은 행성들 주위로 같은 궤도를 유지하고 별들도 그들이 속한 은하 안에서 같은 궤도를 유지할 것이다.

**중력 만남(조우)** 궤도는 순간적으로 변할 수 없지만 에너지 교환을 통하여 변할 수 있다. 두 물체가 에너지를 교환할 수 있는 한 가지 방식은 **중력 만남(조우)**(gravitational encounters)을 통해서이다. 중력 만남에서 두 물체는 각각 다른 물체의 중력 효과를 느낄 수 있을 정도로 충분히 가까이 근접한다. 예를 들어, 혜성이 행성 근처를 지나가는 드문 경우에서 혜성의 궤도는 급격히 변할 수 있다. 그림 4.17은 태양을 향하여 비구속 궤도로 운동하는 혜성을 보여준다. 혜성이 목성을 근접 비행할 때 혜성과 목성은 에너지를 상호 교환한다. 이 경우 혜성은 상당히 많은 궤도에너지를 잃어버려 혜성의 궤도는 비구속에서 구속 타원 궤도로 변한다. 목성은 혜성이 잃은 똑같은 양의 에너지를 얻지만 목성의 매우 큰 질량 때문에 목성에 미치는 효과는 미미하다.

우주선 기술자들은 이를 역으로 이용할 수 있다. 예를 들어, 우주선 뉴호라이즌스호는 명왕성으로 항행하는 경로에 목성이 지나간 근처로 의도적으로 보내어 목성으로부터 궤도에너지를 얻을 수 있도록 하였다. 이 여분의 궤도에너지로 우주선의 속력을 증강시켰다. 이러한 증강이 없었다면 우주선이 명왕성에 도달하는

천문
### 계산법 4.1

#### 케플러의 세 번째 법칙의 뉴턴 법식

질량 $M_2$인 물체 주위를 공전하고 있는 질량 $M_1$인 물체에 대하여 케플러의 세 번째 법칙의 뉴턴 법식은 다음과 같다.

$$p^2 = \frac{4\pi^2}{G(M_1 + M_2)} a^3$$

$(G = 6.67 \times 10^{-11} \frac{m^3}{kg \times s^2}$ 는 중력상수이다.)

이 방정식에서 공전주기 $p$와 평균거리(장반경) $a$를 알면 질량의 합 $M_1 + M_2$를 계산할 수 있다. 이 방정식은 한 물체가 또 다른 물체보다 매우 크면 더 유용하다.

예제 : 태양의 질량을 계산하기 위하여 지구가 태양 주위를 1AU의 평균거리로 1년마다 공전한다는 것을 이용하라.

해답 : 케플러의 세 번째 법칙의 뉴턴 법식은 다음과 같다.

$$p^2_{지구} = \frac{4\pi^2}{G(M_{태양} + M_{지구})} a^3_{지구}$$

태양이 지구보다 매우 크기 때문에 그들의 질량합은 거의 태양의 질량과 같다. 즉, $M_{태양} + M_{지구} \approx M_{태양}$이다. 이 근사를 사용하면 우리는 다음을 얻을 수 있다.

$$p^2_{지구} \approx \frac{4\pi^2}{G M_{태양}} a^3_{지구}$$

이제 태양의 질량에 대해 풀고 지구의 궤도주기($p_{지구} = 1년 \approx 3.15 \times 10^7$초) 그리고 평균 궤도거리($a_{지구} = 1AU \approx 1.5 \times 10^{11}m$)를 넣으면 다음과 같다.

$$M_{태양} \approx \frac{4\pi^2 a^3_{지구}}{G p^2_{지구}}$$

$$\approx \frac{4\pi^2 (1.5 \times 10^{11}m)^3}{(6.67 \times 10^{-11} \frac{m^3}{kg \times s^2})(3.15 \times 10^7 s)^2}$$

$$\approx 2.0 \times 10^{30} kg$$

태양의 질량은 약 $2 \times 10^{30}kg$이다.

---

전체 에너지 = 중력퍼텐셜에너지 + 운동에너지

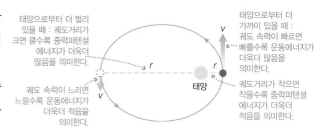

**그림 4.16** 어떤 행성의 전체 궤도에너지는 그 궤도의 어느 곳이나 같은데 그 이유는 그 행성의 운동에너지가 감소할 때 중력퍼텐셜에너지는 증가하며 그 역도 마찬가지이기 때문이다.

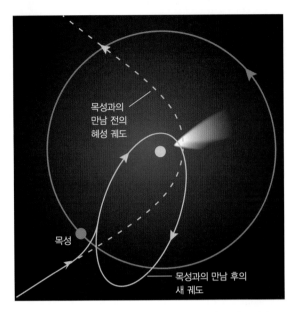

**그림 4.17** 비구속 궤도(포물선이나 쌍곡선 궤도_역자 주)로 태양 주위를 운동하는 혜성이 우연히 목성 근처를 지나간다. 이 혜성은 궤도에너지를 목성에 빼앗긴 후, 비구속 궤도에서 구속 궤도(타원 궤도_역자 주)로 변하여 태양 주위를 돌게 된다.

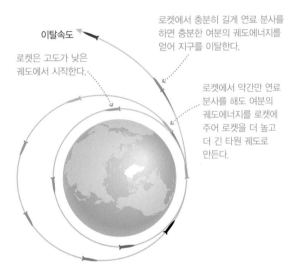

**그림 4.18** 이탈속도를 가진 물체는 지구를 완전히 이탈하기에 충분한 궤도에너지를 갖고 있다.

데 4년이 더 걸렸을 것이다.

비슷한 방식으로 대부분의 혜성들이 태양으로부터 멀리 떨어져서 공전하는 이유를 설명할 수 있을 것이다. 혜성들이 태양계에서 큰 외행성들[9.2절]이 있는 같은 지역을 한 번쯤 공전한 적이 있었다면, 이러한 혜성들 중에서 몇몇은 행성과의 중력 만남으로 인하여 '걷어차이는' 효과를 받아 태양을 더 먼 거리에서 도는 궤도를 갖게 된다.

**대기 항력** 마찰로 인하여 물체들은 궤도에너지를 잃을 수 있다. 낮은 지구 궤도로 도는 위성(지표면에서 수백 킬로미터 상공)은 지구의 얇은 상층 대기에서 작은 항력을 겪는다. 이 항력은 점진적으로 위성이 궤도에너지를 잃게 만들고 마침내 위성은 지구로 곤두박질치듯 떨어진다. 위성이 잃어버린 궤도에너지는 대기에서 열에너지로 전환되는데, 낙하위성이 보통 타버리는 이유가 바로 이것 때문이다.

마찰은 또한 외행성들이 그렇게 많은 작은 달들을 갖는 이유를 설명하는 데 도움을 줄 수도 있다. 이 달들이 한 번이라도 태양을 독립적으로 공전한 적이 있었다면 궤도가 자발적으로 변하지는 않았을 것이다. 그러나 외행성들이 한때 기체구름으로 둘러싸인 적이 있었다면[6.4절], 이 가스를 통과해서 지나는 물체들은 마찰로 인하여 속력이 느려진다. 이러한 작은 물체들 중에서 어떤 것들은 적절한 에너지를 마찰로 소실하여 (행성의) 달로 '포획'되었다. 이 비슷한 방식으로 화성은 2개의 달을 포획하였을지도 모른다.

**이탈속도** 어떤 물체는 궤도에너지를 얻어 평균 고도가 더 높은 궤도로 진입한다. 예를 들면, 우주선의 고도를 더 높이기를 원하면 로켓 분사를 하여 우주선에 더 많은 궤도에너지를 줄 수 있다. 로켓 연료에 의하여 방출된 화학퍼텐셜에너지는 우주선의 궤도에너지로 변환된다.

우리가 어떤 우주선에 충분한 궤도에너지를 주면 그 우주선은 결국 비구속 궤도로 되어 지구를 완전히 '이탈'하게 된다(그림 4.18). 예를 들어, 어떤 우주선을 화성으로 보낼 때 우리는 지구 궤도를 떠나 지구를 완전히 이탈할 수 있다. 기에 충분한 에너지를 줄 수 있는 큰 로켓을 사용해야 한다. 그럴 때 그 탐사선이 '이탈에너지'에 도달하였다고 말하는 것이 더 이치에 맞을지 모르겠으나 우리는 대신 **이탈속도**에 도달하였다고 말할 것이다. 지구 표면으로부터 이탈속도는 약 40,000km/hr, 또는 11km/s이다. 이것은 지표면 근처에서 출발하는 우주선이 지구 중력을 이탈하기 위해서 필요한 최소 속도이다.

이탈속도는 이탈 물체의 질량에 의존하지 않는다는 것을 주목하라. 지구 대기를 이탈하는 개개의 원자 또는 분자, 우주 속 깊이 발사되는 우주선, 또는 큰 충격으로 폭발하듯 공중으로 날아간 암석 등 어떤 물체라도 지구를 이탈하려면 11km/s의 속도로 날아가야 한다. 이탈속도는 여러분이 지표면에서 또는 지표면 위의 어떤 높은 지역에서 출발하는가에 따라 달라진다. 중력이 거리에 따라 약해지기 때문에 지표면보다 지표면 위 높은 곳에서 이탈하는 데에 에너지(따라서 더 작은 속도)가 덜 든다.

## ● 중력이 어떻게 조수를 일으키는가?

뉴턴의 만유인력의 법칙은 케플러 법칙과 궤도를 설명하는 것 이외에도 더 많은 현상들에 대하여 설명할 수 있다. 우리의 목적을 위해서 우리가 다룰 필요가 있는 단 한 가지 주제가 있다. 중력이 어떻게 조수를 일으킬까?

여러분이 바다 근처에서 시간을 보낸 적이 있다면 바닷물의 밀물과 썰물(조수, 조석, 또는 조수 간만, 조석 간만_역자 주)을 아마 목격하였을 것이다. 대부분 지역에서 밀물과 썰물은 하루에 두 번씩 생긴다. 조수는 지구와 달이 서로를 향하여 중력으로 끌어당기기 때문에 일어난다(달은 지구 주위로 '낙하'하면서 달 궤도를 유지한다.). 그러나 달의 중력은 지구의 서로 다른 부분에 작지만 다르게 영향을 준다. 중력의 세기는 거리에 따라 약해지기 때문에 달을 향한 지표면으로부터 달에서 멀어지는 지표면으로 이동함에 따라 달이 지구의 각 부분에 미치는 중력은 약해진다. 이 인력의 차이는 '신장력' 또는 **조석력(조수력)**을 생성하고 이 힘이 지구 전체를 늘여 2개의 조석 부풀음(tidal bulge)을 만든다. 조석 부풀음의 하나는 달을 향하고, 다른 하나는 달의 반대 방향에 있다(그림 4.19). 아직도 2개의 조석 부풀음이 있는 이유에 대해 이해가 되지 않는다면 고무 밴드를 생각해보자. 여러분이 고무 밴드를 잡아당기면 고무 밴드의 중심에 대해 양 방향으로 늘어날 것이다. 고무 밴드의 한쪽만을 잡아당겨도 그 결과는 같다. 같은 방식으로 달이 단지 한쪽 편으로 세게 끌어당길지라도 지구는 양쪽 방향으로 늘어난다.

조수는 땅과 대양 양쪽 모두에 영향을 주지만 일반적으로 대양 조수에만 주목하는 이

*조석력은 지구–달 중심선을 따라 지구 전체를 늘여 2개의 조석 부풀음을 만든다.*

유는 물이 땅보다 더 손쉽게 움직이기 때문이다. 지구 자전으로 어떤 지점은 하루에 두 번 밀물이 들어온다. 썰물은 2개의 조석 부풀음이 있는 지역의 중간 지점에서 일어난다. 대양 조수의 높이와 시간은 지구의 장소마다 상당히 변한다. 예를 들어, 대부분 지역에서 밀물이 점차 들어올 때 프랑스의 몽생미셸에 있는 유명한 수도원 근처의 밀물은 사람이 헤엄쳐 가는 속력보다 더 빨리 밀려들어 온다(그림 4.20). 지난 세기에 그 지역은 하루에 두 번 밀물일 때는 섬이었다가, 물이 빠진 썰물에는 본토와 연결되었다. 조수가 들이닥칠 때 대비하지 못한 채 물에 빠져 죽은 순례자들이 많이 있었다. 또 다른 특이한 조수 양상이 멕시코 만의 북쪽 해안가를 따라 있는 연안국에서 일어난다. 그곳의 지형과 인자들이 결합하여 하루에 한 번만 밀물과 썰물을 만들어낸다.

태양 또한 조석에 영향을 미친다. 태양은 달보다 훨씬 질량이 크지만 지구에 끼치는 태양의 조석 효과는 (달보다) 더 작다. 그 이유는 태양에서 지구까지의 거리가 (달에서 지구까지의 거리에 비하여) 훨씬 더 멀어서 지구를 향한 쪽과 그 반대쪽에 미치는 태양 인력의 '차이'가 (달에 비하여) 상대적으로 작기 때문이다. 태양에 의한 전체 조석력은 달에 의한 조석력의 반 정도로 작다(그림 4.21). 초승달과 보름달처럼 태양과 달의 조석력이 함께 작용할 때 특별히 사리(또는 춘조. 물이 지구로부터 '샘처럼 위로 솟는다'고 해서 춘조라 한다.)라 한다. 상현과 하현달의 경우처럼 태양과 달의 조석력이 서로 영향

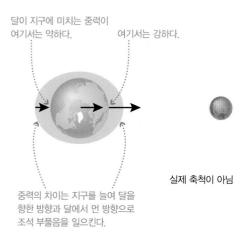

달이 지구에 미치는 중력이 여기서는 약하다.　여기서는 강하다.

실제 축척이 아님

중력의 차이는 지구를 늘여 달을 향한 방향과 달에서 먼 방향으로 조석 부풀음을 일으킨다.

**그림 4.19** 조수는 지구와 달의 서로 다른 부분 사이에 작용하는 중력의 차이에 의하여 일어난다. 지표면 위의 어떤 지점은 2개의 조석 부풀음을 거쳐 자전하므로 그 지점은 매일 두 번의 밀물이 일어난다. (이 그림에서 조석 부풀음이 아주 과장되게 그려져 있는데, 조수는 대양을 기껏해야 약 2m, 땅을 약 1cm 정도밖에 올리지 못한다.)

## 특별 주제 : 왜 달은 항상 같은 면을 지구에 보이는가?

**조석 효과**는 달의 동주기 자전을 설명한다. 동주기 자전하에서 달은 지구를 향하여 같은 면을 유지하는데 이는 달의 궤도주기와 자전주기가 같기 때문에 생기는 현상이다. 왜 이런 일이 일어나는지, 그 이유를 이해하기 위하여 달이 지구에 미치는 조석 효과를 고려함으로써 시작해보자.

달의 중력은 스스로 지구-달을 잇는 선 위에 지구의 2개의 조석 부풀음을 자연스럽게 유지하려고 할 것이다. 그러나 조석 부풀음은 지구 자체를 늘이는 것이기 때문에 지구 자전으로 인하여 지구와 마찰이 발생하고, 그 마찰이 조석 부풀음을 지구 자전 방향으로 당기게 된다. 결과적인 '타협점'으로 그 부풀음은 지구-달을 잇는 중심선 바로 앞쪽으로 항상 있게 되는데(그림 참조) 이것이 두 가지 중요한 효과를 야기하는 원인이 된다. 첫째, 달의 중력은 부풀음 뒤쪽을 항상 잡아당겨 지구의 자전을 느리게 한다. 둘째, 부풀음의 중력이 달을 달의 궤도 앞쪽으로 약하게 끌어당겨 달에 궤도에너지를 더해준다. 이로 인하여 달이 지구로부터 더 멀리 운동하게 된다. 이 효과들은 인류의 시간척도에서는 거의 나타나지 않지만 수십 억 년에 걸쳐 더해진 것이다. 지구 역사의 초기에 하루의 길이가 단지 5~6시간밖에 되지 않았을지도 모르고, 달은 지구에서 달까지의 현재 거리의 10분의 1 또는 그보다 더 작은 거리에 있었을지 모른다. 이러한 변화들은 또한 각운동량 보존의 아주 좋은 예를 제공한다. 지구 자전이 느려짐에 따라 지구가 잃게 되는 각운동량을 달이 얻어 달의 궤도는 커지게 된다.

이제 달에 미치는 지구의 조석력을 생각해보자. 조석력은 지구의 더 큰 질량 때문에 지구에 미치는 달의 조석력보다 틀림없이 더 크다. 이 조석력은 지구-달을 잇는 중심선을 따라 달이 지구에 만드는 2개의 조석 부풀음처럼 달에도 2개의 조석 부풀음

지구가 자전하지 않는다면 조석 부풀음은 지구-달을 잇는 선을 따라 나란히 있을 것이다.

자전하는 지구와의 마찰로 인하여 조석 부풀음은 약간 지구-달을 잇는 선 앞쪽으로 당겨진다.

달의 중력은 부풀음을 선 뒤로 끌어당기면서, 지구의 자전을 느리게 한다.

부풀음의 중력은 달을 앞쪽으로 끌어당겨 달의 궤도거리를 증가시킨다.

달

실제 축척이 아님

지구 자전이 지구의 조석 부풀음을 지구-달을 잇는 선의 앞쪽으로 약간 끌어당긴다. 이는 지구 자전을 점진적으로 느리게 하고, 달의 궤도거리를 증가시키는 중력 효과를 초래한다.

을 만든다(달의 조석 부풀음은 보이지는 않지만, 지구-달을 잇는 중심선을 따라서 과다 질량이란 관점에서 측정할 수 있다.). 지구가 조석 부풀음을 거쳐 자전하는 방식과 같이 달도 달의 조석 부풀음을 거쳐 자전하였다면 그 결과 생긴 마찰로 인해 달의 자전이 느려졌을 것이다. 이것은 오래전에 일어났다고 생각해오던 것과 정확히 같다.

아마도 달은 한때 오늘날보다 훨씬 더 빠르게 자전하였다. 그 결과로 달은 달의 조석 부풀음을 거쳐 자전하였고 점차 달의 자전이 느려졌다. 달의 자전이 느려져서 달과 그 부풀음과 같은 율로 자전하는(즉, 궤도주기와 동시에 일어나는) 때에 도달하면 조석 마찰의 근원이 더 이상 없다. 달의 동주기 자전은 그러므로 달에 미치는 지구의 조석 효과의 자연스러운 결과였다.

비슷한 조석 마찰은 많은 다른 경우에서 동주기 자전을 이끌었다. 예를 들어, 목성의 4개 위성(이오, 유로파, 가니메데, 칼리스토)은 많은 다른 위성과 마찬가지로 항상 목성을 향하여 거의 같은 면을 유지한다. 명왕성과 위성 샤론 모두 동주기 자전을 한다. 2명의 무용수처럼 그것들은 항상 서로를 향하여 같은 면만을 보인다. 많은 쌍성계 역시 이러한 방식으로 자전한다. 조석력은 우리의 대양에 미치는 효과 때문에 가장 익숙하지만 우주 전체를 통하여 중요하다.

을 상쇄시킬 때 **조금**이라 불리는 상내적으로 작은 조석 간만이 생긴다.

**생각해보자** ▶ 다른 행성들이 지구에 미치는 조석 효과가 감지할 수 없을 정도로 작은 이유에 대하여 설명해보라.

조석력은 태양계와 우주에 있는 많은 물체에 영향을 미친다. 예를 들면 지구는 달에 조석력을 끼쳐 달이 항상 지구에 같은 면을 보이는 이유를 설명한다(p. 110, '특별 주제' 참조). 그리고 제8장에서 어떻게 조석력이 목성의 위성 이오의 놀라운 화산 활동을 일으키게 하였는지 그리고 위성 유로파의 표면 아래에 대양이 존재할 가능성을 기대하게 되었는지를 다룰 것이다.

**그림 4.20** 프랑스 몽생미셸 수도원의 밀물과 썰물 사진. 여기서 조수는 사람이 헤엄쳐 가는 속력보다 더 빨리 밀려들어 온다. 뚝방길이 건설되기 전(왼편에 보이는) 몽생미셸 지역은 썰물 때에만 본토에 접근할 수 있었고 밀물일 때는 섬이 되었다.

**사리**는 초승달과 보름달에서 일어난다.

초승달

태양

보름달

태양의 조석력(회색 화살)과 달의 조석력(검은색 화살)은 함께 작용하여 조수가 강화된 사리를 만든다.

**조금**은 상현달과 하현달에서 일어난다.

하현

태양

태양의 조석력(회색 화살)과 달의 조석력(검은색 화살)은 서로 상쇄하여 조수가 약화된 조금을 만든다.

상현

**그림 4.21** 태양이 지구에 미치는 조석력의 강도는 달의 조석력의 반보다 작다. 태양과 달의 조석력은 초승달과 보름달일 때 함께 작용하여 조수가 강화되어 사리를 일으키고 상현과 하현달에서 그것들은 서로 상쇄하여 조수가 약화된 조금을 만든다.

| 전체 개요 | 제4장 전체적으로 훑어보기 |

이 장에서 우리는 운동의 과학적 용어로부터 우주에서 일어나는 운동을 지배하는 대단히 중요한 원리들에 이르기까지 광범위하게 조사하였다. 여러분은 다음의 '전체 개요'를 이해하였을 것으로 확신한다.

• 우주를 알기 위해서 운동을 이해하는 것이 필수적이다. 운동은 복잡한 듯 보이지만 뉴턴의 세 가지 운동법칙을 이용하여 간단히 기술될 수 있다.

• 오늘날 뉴턴의 운동법칙은 각운동량과 에너지 보존 법칙들을 포함하여 더 깊은 물리적 원리에 그 뿌리를 두고 있다. 이 원리들을 이용하여 넓은 영역의 천문 현상들을 이해하는 것이

가능해졌다.

• 뉴턴은 또한 만유인력의 법칙을 발견하였다. 이는 어떻게 중력이 행성들을 궤도에 있게 하는지를 설명하며, 어떻게 위성들이 궤도에 도달하고 궤도에 머무르는지, 조석의 성질, 달이 지구 주위를 동주기 자전하는 이유를 포함하여 많은 것을 설명해준다.

• 뉴턴은 지구에 영향을 주는 물리법칙들이 우주 전체에 걸쳐 똑같이 적용된다는 것을 발견하였다. 물리법칙의 보편성으로 인하여 인간이 탐구 가능한 영역이 우주 전체로 열리게 되었다.

## 핵심 개념 정리

### 4.1 운동의 기술 : 일상생활의 예

**• 우리는 운동을 어떻게 기술하는가?**

**속력**은 물체가 움직이는 율이다. **속도**는 어떤 방향에서의 속력이다. **가속도**는 속도의 변화로서 속력 또는 방향에서의 변화를 의미한다.

**• 질량과 무게는 어떻게 다른가?**

물체의 질량은 그것이 놓여 있는 장소에 상관없이 같지만 그것의 무게는 중력의 세기에 따라 또는 그 물체에 작용하는 다른 힘에 따라 변한다. 물체가 질량이 변하지 않아도 자유낙하할 때는 무중력 상태가 된다.

### 4.2 뉴턴의 운동법칙

**• 뉴턴은 우리의 우주관을 어떻게 변화시켰는가?**

뉴턴은 지구에 작용하는 물리법칙들이 하늘에서도 똑같이 작용한다는 것을 보였다. 따라서 지구에 작용하는 물리법칙들을 연구함으로써 우주를 알아가는 것이 가능해졌다.

**• 뉴턴의 세 가지 운동법칙은 무엇인가?**

(1) 어떤 물체에 미치는 알짜 힘이 없다면, 그 물체는 일정한 속도로 운동한다. (2) 힘 = 질량 × 가속도($F = ma$). (3) 어떤 힘에 대

하여 그 힘과 크기가 같고 방향이 반대인 반작용 힘이 항상 있다.

### 4.3 천문학에서 말하는 보존법칙

**• 무엇이 행성이 자전하고 태양 주위를 공전하게 하는가?**

**각운동량 보존**은 어떤 행성의 자전과 공전은 그 행성이 다른 물체에 각운동량을 전달하지 않는다면 변할 수 없음을 의미한다. 우리태양계 행성들은 상호 간 또는 다른 어떤 물체에 상당한 각운동량을 교환하지 않기 때문에 공전과 자전율은 꽤 오랫동안 변함없다.

**• 물체는 어디서 에너지를 얻는가?**

카이네틱 에너지

복사에너지          퍼텐셜에너지

에너지는 항상 보존된다. 그것은 창조되거나 파괴되지 않는다. 물체는 지금 그 물체가 갖고 있는 에너지가 어떤 에너지이든지 간에 다른 물체와의 에너지 교환을 통하여 주거나 받은 것이다. 에너지는 3개의 기본 범주, 즉 **운동**, **복사**, **퍼텐셜에너지**에 속한다.

## 4.4 중력

● **무엇이 중력의 세기를 결정하는가?**

**만유인력의 법칙**에 의하면, 모든 물체는 중력으로 다른 물체를 서로 끌어당기는데 그 중력은 물체의 질량의 곱에 비례하고 물체 중심 사이의 거리의 제곱에 따라 감소한다.

$$F_g = G \frac{M_1 M_2}{d^2}$$

● **뉴턴의 중력법칙이 어떻게 케플러 법칙으로 확장되는가?**

(1) 뉴턴은 케플러의 첫 번째 두 법칙들이 행성에만 국한된 것이 아니라 공전하는 모든 물체에 적용된다는 것을 보였다. (2) 그는 타원형의 **구속 궤도**들이 유일하게 가능한 궤도 형태가 아니며 **비구속 궤도**(포물선 또는 쌍곡선 형태)가 또한 있을 수 있음을 보였다. (3) 공전하는 물체들의 공전주기와 거리를 알면 그 질량을 **케플러의 세 번째 법칙의 뉴턴 법식으로** 계산할 수 있다.

● **중력과 에너지로부터 어떻게 궤도를 알 수 있는가?**

중력은 궤도를 결정하며, 어떤 물체가 궤도에너지(운동에너지와 중력퍼텐셜에너지)를 다른 물체와의 에너지 교환을 통하여 얻거나 잃지 않는다면 그 물체의 궤도는 변할 수 없다.

● **중력이 어떻게 조수를 일으키는가?**

달의 중력은 지구-달을 잇는 선을 따라 지구를 늘이는 **조석력**을 일으켜 달을 향한 방향과 반대 방향 모두에서 지구를 부풀게 만든다. 지구 자전으로 인하여 우리는 이 2개의 부풀음을 매일 거치게 되므로 매일 밀물 두 번, 그리고 썰물 두 번을 겪게 되는 것이다.

---

## 시각적 이해 능력 점검

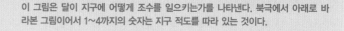
천문학에서 사용하는 다양한 종류의 시각자료를 활용해서 이해도를 확인해보자.

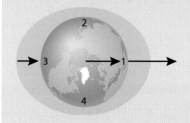

이 그림은 달이 지구에 어떻게 조수를 일으키는가를 나타낸다. 북극에서 아래로 바라본 그림이어서 1~4까지의 숫자는 지구 적도를 따라 있는 것이다.

1. 검은색 화살 3개는 무엇을 나타내는가?

   a. 지구가 달에 미치는 조석력

   b. 지구의 다른 점들에 미치는 달의 중력

   c. 지구의 물이 흘러 들어오는 방향

   d. 지구의 궤도운동

2. 밀물인 곳은 어디인가?

   a. 지점 1만 　　　　 b. 지점 2만

   c. 지점 1과 3 　　　 d. 지점 2와 4

3. 썰물인 곳은 어디인가?

   a. 지점 1만 　　　　 b. 지점 2만

   c. 지점 1과 3 　　　 d. 지점 2와 4

4. 지점 1은 몇 시인가?

   a. 정오

   b. 자정

   c. 오전 6시

   d. 그림에 있는 정보로는 결정할 수 없음

5. 옅은 파란색 부분은 조석 부풀음을 나타낸다. 이 부풀음들이 어떤 점에서 부정확하게 그려졌는가?

   a. 2개가 아니라 단지 1개의 부풀음만 있어야 한다.

   b. 그것들이 달보다는 태양에 맞추어 있어야 한다.

   c. 그것들이 지구(의 크기)와 비교하여 더 작아야만 한다.

   d. 그것들의 모양이 더 뾰족해야 한다.

## 연습문제

### 복습문제

1. 속력, 속도, 그리고 가속도를 정의하라. 가속도의 단위는 무엇인가? 중력가속도는 무엇인가?

2. 운동량과 힘을 정의하라. 운동량은 **알짜 힘**에 의해서만이 변할 수 있는데, 그 뜻은 무엇인가?

3. 자유낙하는 무엇이며 그것이 여러분을 왜 **무중력 상태**로 만드는가? 우주정거장에서 왜 우주인들은 무중력 상태인지 간단히 설명하라.

4. 뉴턴의 세 가지 운동법칙을 기술하라. 각각의 법칙에 대하여 예를 들어보라.

5. 각운동량 보존과 에너지 보존법칙들을 기술하라. 천문학에서 각각이 어떻게 중요한지 예를 들어보라.

6. 운동에너지, 복사에너지, 그리고 퍼텐셜에너지를 정의하고 각각에 대해 최소 두 가지 예를 들어보라.

7. 온도와 열에너지를 정의하고 서로 구별하라.

8. 질량-에너지는 무엇인가? 공식 $E = mc^2$을 설명하라.

9. 만유인력의 법칙을 말과 방정식으로 요약하라.

10. 구속과 비구속 궤도의 차이는 무엇인가?

11. 케플러의 세 번째 법칙의 뉴턴 법식으로 어떤 물체의 질량을 구하려고 할 때 우리는 무엇을 알 필요가 있는가? 설명하라.

12. 궤도들이 자발적으로 변할 수 없는 이유와 **중력 만남**이 어떻게 변화를 일으킬 수 있는지를 설명하라. 물체는 어떻게 **이탈속도**에 도달할 수 있는가?

13. 어떻게 달이 지구에 조수를 만들 수 있는지를 설명하라. 왜 매일 두 번의 밀물과 썰물 현상이 있는가?

14. 어떻게 조수는 달의 위상과 더불어 변하는가? 왜 그러는가?

### 이해력 점검

#### 이해했는가?

다음 문장이 합당한지(또는 명백하게 옳은지) 혹은 이치에 맞지 않는지(또는 명백하게 틀렸는지) 결정하라. 명확히 설명하라. 아래 서술된 문장 모두가 결정인 답이 아니기 때문에 여러분이 고른 답보다 설명이 더 중요하다.

15. 나는 잠깐 동안이라도 매일 습관적으로 무중력 상태가 된다.

16. 여러분이 지표면에 있는 진공실(공기가 전혀 없는 방)에 들어간다고 상상해보자. 이 방 안에서 깃털은 암석처럼 같은 율로 낙하할 것이다.

17. 우주인이 우주정거장 밖으로 우주 유영을 할 때 정거장과 그를 묶어주는 밧줄을 갖고 있지 않는다면 그는 즉각적으로 정거장으로부터 멀어져 버릴 것이다.

18. 토성의 위성 타이탄의 궤도 특성으로부터 토성의 질량을 계산하기 위하여 나는 케플러의 세 번째 법칙의 뉴턴 법식을 이용하였다.

19. 태양이 질량이 같은 거대한 암석으로 대치되더라도 지구의 궤도는 바뀌지 않을 것이다.

20. 달이 지구를 공전하는 데 걸리는 시간과 정확하게 같이 한 번 자전한다는 사실은 놀랍게도 우연의 일치이며 과학자들은 그 이유를 결코 설명할 수 없을 것이다.

21. 금성에는 대양이 없다. 그래서 위성이 있더라도(실제로 없다.) 조수가 발생하지 않았다.

22. 어떤 소행성이 아주 적절한 거리에서 지구 곁을 스쳐 지나갔다면 지구 중력은 그것을 포획해서 두 번째 달로 만들었을 것이다.

23. 내 차를 시간당 30마일로 운전할 때 내 차는 시간당 10마일로 운전할 때보다 더 많은 운동에너지를 갖는다.

24. 조만간 과학자들은 엔진이 소모하는 에너지보다 더 많은 에너지를 생산하는 엔진을 만들 수 있을 것 같다.

#### 돌발퀴즈

다음 중 가장 적절한 답을 고르고, 그 이유를 한 줄 이상의 완전한 문장으로 설명하라.

25. 어떤 차가 (a) 시간당 50마일로 평탄한 직선 길을 달리고 있을 때, (b) 시간당 30마일로 직선 언덕길을 달리고 있을 때, (c) 시간당 100마일로 일정하게 원형 길을 따라 가고 있을 때 그 차는 가속하고 있는 것이다.

26. 지구 위에서 측정한 여러분의 질량과 무게 값들과 비교하여, 다른 행성에서 잰 여러분의 (a) 질량과 무게는 양쪽 다 같을 것이다. (b) 질량은 같지만 무게는 서로 다를 것이다. (c) 무게는 같지만 질량은 서로 다를 것이다.

27. 어떤 사람이 무중력 상태인가? (a) 트램펄린 위에서 뛰어노는 공중에 있는 아이, (b) 심해를 탐험하는 스쿠버다이버, (c) 달에 있는 우주인

28. "우주공간은 중력이 없다."라는 말을 생각해보자. 이 말은 (a) 완전히 틀렸다. (b) 여러분이 행성 또는 달에 가까이 있다면 틀렸다. (c) 완전히 맞다.

29. 로켓을 왼쪽으로 돌리게 하기 위해 여러분이 (a) 엔진을 가동하여 가스를 왼쪽으로 분사해야만 한다. (b) 엔진을 기동하여 가스를 오른쪽으로 분사해야만 한다. (c) 시계 방향으로 로켓을 회전시켜야 한다.

30. 태양으로부터 가장 멀리 있을 때의 지구의 각운동량과 비교할 때 태양으로부터 가장 가까이 있을 때의 지구의 각운동량은 (a) 더 크다. (b) 더 작다. (c) 똑같다.

31. 수축하는 성간구름의 중력퍼텐셜에너지는 (a) 항상 같다. (b) 점진적으로 다른 형태의 에너지로 변한다. (c) 점진적으로 더 커진다.

32. 지구가 태양에서 2배 멀리 떨어져 있었다면, 태양이 지구를 끌어당기는 중력은 (a) 2배로 강해질 것이다. (b) 반으로 줄어들 것이다. (c) 4분의 1로 줄어들 것이다.

33. 만유인력의 법칙에 의하면 태양이 같은 질량의 블랙홀로 대치된다면 지구에 어떤 일이 일어날 것 같은가? (a) 지구는 블랙홀로 빨리 빨려 들어갈 것이다. (b) 지구는 천천히 블랙홀 속으로 나선형으로 들어갈 것이다. (c) 지구의 궤도는 변하지 않을 것이다.

34. 달이 지구에 더 가까이 있다면 밀물이 (a) 현재보다 더 높이 들어올 것이다. (b) 현재보다 더 낮게 들어올 것이다. (c) 하루에 두 번보다 많은 세 번 이상 일어날 것이다.

## 과학의 과정

35. **중력 실험.** 과학자들은 중력에 대한 우리의 이해가 완벽한지 아니면 더 수정되어야 하는지를 알기 위해 끊임없이 노력하고 있다. 태양계 밖을 향하여 여행하는 우주선(보이저호와 같은)의 관측된 운동이 어떻게 현재의 중력이론의 정확도를 시험하는 데 사용될 수 있는지 기술하라.

36. **탁자는 어떻게 아는가?** 간단하게 보이는 관측을 깊이 생각하면 우리가 놓쳐버릴 수도 있는 중요한 진실들이 때로는 나타난다. 예를 들어 한 손으로 골프공을, 또 다른 손으로 볼링공을 잡고 있을 때를 생각해보자. 그 공들이 움직이지 않도록 하기 위해서 여러분은 팔근육의 장력을 능동적으로 조정하여야 한다. 그래서 양팔은 서로 다른 힘을 위로 가하여 각각의 공 무게를 정확히 균형 잡는다. 이제 여러분이 그 공들을 탁자 위에 놓을 때 무슨 일이 일어나는가를 생각해보자. 어떻게든 그 탁자는 적절한 양의 힘을 위로 정확하게 가하여 공의 무게가 매우 다를지라도 그 공들이 움직이지 않도록 유지한다. 여러분이 손으로 공들을 움직이지 않게 잡고 있을 때, 여러분이 의식적으로 같은 형식의 조정을 하였다는 것을 탁자는 어떻게 아는가? (힌트 : 그 물체를 위로 미는 힘의 근원에 대하여 생각해보자.)

## 그룹 활동 과제

37. **여러분의 궁극적 에너지원. 역할** : 기록자(그룹 활동을 기록), 제안자(그룹 활동에 대한 설명), 반론자(제안된 설명의 약점을 찾아냄), 중재자(그룹의 논의를 이끌고 반드시 모든 사람이 참여할 수 있도록 함). **활동** : 에너지 보존법칙에 의하면, 여러분의 몸이 지금 사용하는 에너지는 어딘가 다른 곳에서 온 것이어야만 한다. 여러분이 지금 사용하는 에너지는 시간에 따라 어떻게 현재까지 진행되어 왔는가를 기술하는 목록을 시간을 뒤로 추적하면서 만들어라. 그 목록에 있는 개개 항목에 대해 운동에너지, 중력퍼텐셜에너지, 화학퍼텐셜에너지, 전기퍼텐셜에너지, 질량-에너지, 복사에너지로 나누어라.

## 심화학습

단답형/서술형 질문

38. **무중력.** 우주인들은 우주정거장 궤도에 있을 때 무중력 상태이다. 그 정거장에 발사되는 동안에도 무중력 상태인가? 지구로 그들이 귀환하는 동안은 어떤가? 설명하라.

39. **아인슈타인의 유명한 공식.**

a. $E = mc^2$의 의미는 무엇인가? 각 변수를 정의하라.

b. 이 공식은 어떻게 태양 에너지의 생성을 설명하는가?

c. 이 공식은 어떻게 핵폭탄의 파괴력을 설명하는가?

40. **중력법칙.**

a. 두 물체 사이의 거리를 4배로 늘리는 것이 그들 사이의 중력에 어떤 영향을 미치는가?

b. 태양을 질량이 2배인 별로 대치한다고 상상하자. 지구와 태양 사이의 중력에 무슨 일이 일어날 것인가?

c. 지구를 지구와 태양 사이의 거리의 1/3까지 움직인다고 상상하자. 지구와 태양 사이의 중력에 무슨 일이 일어날 것인가?

41. **허용되는 궤도?**

a. 태양을 질량이 2배인 별로 대치한다고 상상하자. 지구의 궤도는 현재 궤도와 같을 수 있을까? 왜 그런가? 또는 왜 아닌가?

b. 지구의 질량이 2배로 된다고 상상하자(그러나 태양은 현재와 똑같이 있다.). 지구의 궤도는 현재 궤도와 같을 수 있을까? 왜 그런가? 또는 왜 아닌가?

42. **머리에서 발끝까지의 조수.** 여러분과 지구는 서로 중력으로 끌어당긴다. 그래서 여러분은 여러분의 발이 느끼는 중력과 머리가 느끼는 중력 사이의 차이로부터 생기는 조석력을 또한 받아야만 한다(최소 여러분이 서 있을 때만이라도). 여러분이 이 조석력을 느끼지 못하는 이유를 설명하라.

## 계량적 문제

모든 계산 과정을 명백하게 제시하고, 완벽한 문장으로 해답을 기술하라.

43. **에너지 비교.** 표 4.1의 자료들을 이용하여 다음 질문들에 답하라.

a. 1메가톤의 수소폭탄 에너지와 주요 지진에서 방출되는 에너지를 비교하라.

b. 미국이 소모하는 모든 에너지를 석유에서 얻는다면 얼마나 많은 석유가 매년 필요한가?

c. 태양이 연간 방출하는 에너지와 초신성이 방출하는 에너지를 비교하라.

44. **핵융합 발전.** 상업적으로 핵융합 에너지를 생산하는 것은 아직 어느 누구도 성공하지 못했다. 그러나 우리가 물에 있는 산소를 연료로 사용하는 핵융합 발전소를 건설할 수 있다고 상상해보자. 표 4.1의 자료에 기초하여 미국의 에너지 수요에 부응하기 위해 얼마나 많은 물이 매분 필요한가? 그 원자로가 여러분의 부엌 싱크대로 흘러나오는 물로 미국 전체에 동력을 공급할 수 있겠는가? 설명하라. (힌트 : 분당 에너지 소비량을 알아내기 위하여 연간 미국 에너지 소비량을 이용하고 그런 다음 그것을 1리터의 물을 융합하여 얻는 에너지 생성률로 나누어 분당 얼마나 많은 리터의 물이 필요한지 추정하라.)

45. **케플러의 세 번째 법칙의 뉴턴 법식 이해하기.** 각각의 경우의 궤도주기를 구하라. (힌트 : 이 문제의 계산은 간단하여 계산기가 필요 없을 것이다.)

a. 태양과 같은 질량을 가진 별로부터 1AU 떨어진 거리에서 공전하는 지구 질량의 2배 되는 행성

b. 질량이 태양의 4배인 별로부터 1AU 떨어진 거리에서 공전하는 지구와 동일 질량의 행성

46. **케플러의 세 번째 법칙의 뉴턴 법식 이용하기.**

a. 달이 평균거리 384,000km에서 평균 27.3일마다 지구를 공전한다는 사실로부터 지구의 근사적인 질량을 구하라. (힌트 : 달의 질량은 지구의 1/80이다.)

b. 목성의 위성 이오는 평균거리 422,000km에서 42.5시간마다 목성을 공전한다는 사실로부터 목성의 질량을 구하라.

c. 여러분이 태양과 같은 질량을 갖는 먼 거리에 있는 별 주위를 63일 궤도주기로 공전하는 어떤 행성을 발견하였다. 그 행성의 궤도거리는 얼마인가?

d. 19,700km의 장반경을 가진 명왕성의 위성 샤론은 명왕성을 6.4일마다 공전한다. 명왕성과 샤론의 합성 질량을 계산하라.

e. 지상 300km 궤도에 있는 우주선의 궤도주기를 계산하라.

f. 태양은 은하중심을 약 27,000광년의 거리에서 230년마다 공전한다는 사실로부터 우리은하의 질량을 추정하라. (제15장에서 논의할 것이지만 이 계산은 실제로 태양 궤도 안쪽에 있는 은하의 질량만을 말해준다.)

## 토론문제

47. **질량-에너지에 관한 지식.** 에너지와 질량이 동등하다는 아인슈타인의 발견은 이득이 되기도 하고 위험하기도 한 기술적인 발전을 가져왔다. 이러한 발전에 대해서 토의하라. 전체적으로 보았을 때 질량이 에너지의 한 형태라는 것을 우리가 발견하지 못했다고 가정한다면 그것이 인류에게는 더 좋았을 것인가 아니면 더 나쁠 것인가에 대해 여러분은 어떻게 생각하는가? 여러분의 의견을 변호하라.

48. **영구운동기관.** 가끔 어떤 사람들은 무로부터 영구히 에너지를 생성할 수 있는 기기를 만들었다고 주장한다. 자연의 알려진 법칙에 의하면 이것이 왜 가능하지 않은가? 여러분은 영구운동기관의 주장이 종종 언론에 상당한 주목을 받는 이유가 무엇 때문이라고 생각하는가?

## 웹을 이용한 과제

49. **우주정거장.** 우주정거장에서 찍은 사진들이 있는 나사 웹사이트를 방문해보자. 뉴턴의 법칙들의 어떤 면을 설명하는 2개의 사진을 선택하라. 각각의 사진에 어떻게 뉴턴의 법칙들이 적용되는지를 설명하라.

50. **핵발전.** 원자핵으로부터 에너지를 생성하는 2개의 기본 방식은 핵분열(핵을 분리하여)과 핵융합(핵을 결합하여)을 통하는 것이다. 현재 가동하는 모든 원자로는 분열에 기초하고 있

지만 우리가 기술을 개발할 수 있다면 융합을 사용하는 것이 많은 상점이 있을 것이다. 융합의 몇 가지 상점과 융합발전소를 개발하는 데 몇 가지 장애물에 대해 조사해보라. 여러분은 핵융합발전이 여러분의 생애 동안 실제 구현될 것이라 생각하는가? 설명하라.

51. 우주 엘리베이터. 일부 사람들은 지구 상공 높은 곳에 있는 궤도에 도달하기 위해 '우주 엘리베이터'를 사용하자고 제안해 왔다. 그 개념을 알아보고 어떻게 그것이 작동하는지, 로켓보다 유리한 어떤 장점이 있는지, 그리고 그것이 타당한지에 대해 간단한 보고서를 작성하라.

# 빛 : 5
## 우주의 메신저

태양의 가시광선 스펙트럼

이 장의 학습목표

### 기본 선행 학습

1. 갈릴레오는 코페르니쿠스 혁명을 어떻게 입증했나? [3.3절]

2. 뉴턴의 세 가지 운동법칙은 무엇인가? [4.2절]

3. 물체는 어디에서 에너지를 받나? [4.3절]

**고**대 관측자들은 빛으로부터 색과 밝기 등 아주 기본적인 사실만 알 수 있었지만 오늘날에는 빛이 굉장히 많은 정보를 준다는 것을 알고 있다. 요즘은 멀리 있는 천체들이 어떻게 만들어졌으며, 얼마나 뜨겁고 얼마나 빨리 움직이는지 등을 분석할 수 있다. 빛은 멀리 떨어진 천체의 특성을 알려주는 우주의 메신저 역할을 한다.

빛은 우주에 대한 정보를 담고 있다. 이 장에서는 빛과 물질의 기본적인 성질에 관해 알아보고, 빛을 모으는 기술과 빛에 관한 연구 그리고 망원경에 대해 논의하고자 한다.

## 5.1 빛과 물질의 기본 성질

5장 맨 앞의 사진은 무지개 색상으로 퍼져 있는 태양 **스펙트럼**을 자세히 보여주고 있다. 프리즘을 통해 흰색 태양빛을 볼 때 나타나는 무지개 색깔이 왼쪽 상단에서 우측 하단으로 이어지고 있다(그림 5.1). 여기서 태양 스펙트럼에 나타나는 수백 개의 검은 선에 주목해보자. 마당에 놓인 가스그릴의 불꽃이나 거대 망원경으로 얻은 멀리 떨어진 은하의 스펙트럼을 자세히 살펴보면 이와 유사한 검은색 선과 밝은 선을 볼 수 있다.

어떤 물체의 스펙트럼은 그 물체를 구성하는 물질과 빛의 상호작용에 의해 만들어진다. 따라서 스펙트럼을 세밀하게 연구하면 물체와 빛의 기본적인 성질뿐만 아니라 그 물체의 기원에 대한 많은 것을 알 수 있다.

### ● 빛이란 무엇인가?

빛은 우리에게 익숙했지만 그 성질은 인류 역사의 대부분 기간 동안 수수께끼로 남아 있었다. 1660년 아이작 뉴턴은 빛의 성질을 알아보는 실험을 수행했다. 프리즘을 통과한 흰색 빛이 무지개 색으로 변하는 것은 이미 잘 알려진 사실이지만, 많은 사람은 무지개 색이 빛 자체에서 나온 것이 아니라 프리즘 때문이라고 생각하고 있었다. 뉴턴은 첫 번째 프리즘에서 나온 하나의 색(붉은색 빛) 다음에 두 번째 프리즘을 놓음으로써 이 무지개 색이 빛으로부터 나왔다는 사실을 보여주었다. 만약 무지개 색이 프리즘에서 나온 것이라면 두 번째 프리즘을 통과한 빛도 무지개 색을 보여주어야 하는데, 실험 결과 두 번째 프리즘을 통과한 붉은색 빛은 여전히 붉은색으로 나타났다.

뉴턴의 실험은 무지개 색의 빛이 혼합되어 흰색 빛으로 나타나는 것을 보여준다. 나중에 과빛은 전자기 복사로도 알려져 있다. 학자들은 '무지개 너머'의 빛처럼 우리가 들을 수 없는 소리(예 : 개의 호각소리)가 있다는 것을 발견하였다. 사실 무지개 색으로 나누어지는 **가시광**은 **전자기 스펙트럼**이라 불리는 빛의 스펙트럼 중 아주 일부에 지나지 않는다(그림 5.2). 빛은 종종 **전자기 복사**라고 불린다.

**빛의 파동성** 빛이 파동이란 이야기를 들어본 적이 있을 것이다. 그런데 이게 무슨 뜻일까? 일반적으로 파동이란 물질은 운반하지 않고 에너지만을 전송하는 그 무엇이다. 예를 들어 밧줄의 끝을 흔들면 밧줄의 모든 부분이 위아래로 움직이며 최고점과 최저점의 물결을 만들지만 밧줄 자체는 이동하지 않는다(그림 5.3a). **파장**은 인접한 최고점 사이의 거리이며 **주파수**는 밧줄의 특정 부분이 1초 동안 위아래로 움직인 횟수이다. 만약 밧줄의 특정 부분이 1초 동안 세 번 위아래로 움직였다면 밧줄은 3헤르츠(Hz)의 주파수를 갖는 것이다.

빛이 밧줄 위의 파동과 다른 점은 빛의 진행 시 위아래로 움직이는 어떤 것도 볼 수 없다는

**그림 5.1** 백색광이 프리즘을 통과하면 무지개 색의 스펙트럼이 나타난다.

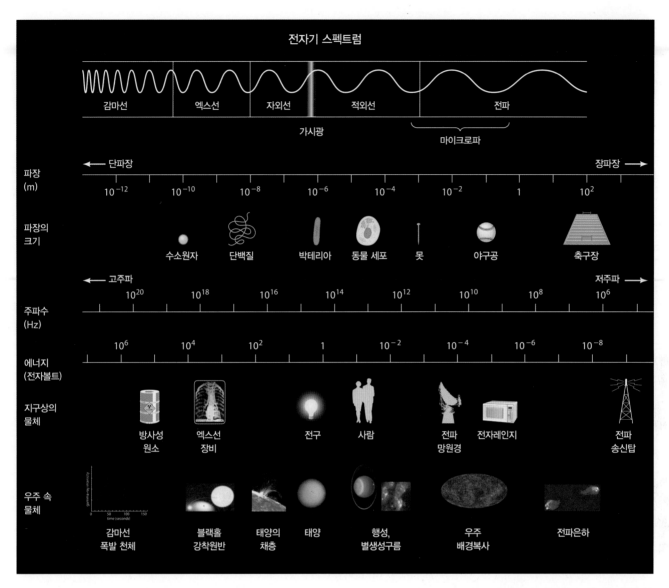

**그림 5.2** 전자기 스펙트럼. 스펙트럼의 감마선에서 전파 쪽으로 갈수록 파장이 길어지고 주파수와 에너지는 작아진다[에너지의 단위는 전자볼트(eV): 1eV=1.60×10⁻¹⁹ 줄].

사실이다. 그러나 빛이 물체에 미치는 영향을 통해 빛의 파동성을 알 수 있다. 전자처럼 전기적으로 대전된 입자를 행으로 나열한다면 빛이 지나갈 때 뱀처럼 꿈틀거리게 되고(그림 5.3b) 인접한 최고점 사이의 거리로부터 파장과 주파수를 알 수 있다(그림 5.3c). 빛은 전기적으로 대전된 입자뿐만 아니라 자기장과도 상호작용을 하기 때문에 빛을 **전자기파**라고 부른다(전자기 복사와 전자기 스펙트럼이란 용어의 기원임).

빛은 파장이 길어질수록 주파수가 낮아진다. 빛은 진공 속에서 30만 km/s의 속도(**광속**)로 이동한다. 어떤 파동이든 속도는 파장과 주파수의 곱이다. 이러한 사실은 빛의 파장과 주파수 사이의 중요한 관계를 나타낸다. 즉, 파장이 길어질수록 주파수는 낮아지며 반대로 파장이 짧아지면 주파수는 높아진다(그림 5.4).

**빛의 입자성** 일상생활에서는 파동과 입자가 전혀 다른 것처럼 보인다. 입자는 타일이나 야구공 또는 원자와 같은 어떤 물질로 존재하는 반면, 파동은 파장과 주파수를 갖고 운동 패턴으로만 존재를 한다. 그러나 실험 결과에 따르면 빛은 파동의 성질과 입자의 성질을 모두 갖는 것으로 나타난다.

주파수는 밧줄이 위아래로 매초 움직이는 횟수를 말한다.

파장

a. 밧줄의 한쪽 끝을 잡고 위아래로 흔들면 진행하는 파가 생긴다.

b. 만약 전자를 줄 위에 올려놓으면 빛이 진행할 때 위아래로 꿈틀거리게 된다. 이는 빛의 파동성을 설명해준다.

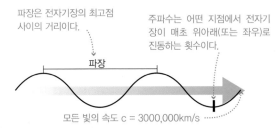

파장은 전자기장의 최고점 사이의 거리이다.

주파수는 어떤 지점에서 전자기장이 매초 위아래(또는 좌우)로 진동하는 횟수이다.

파장

모든 빛의 속도 c = 3000,000km/s

c. 빛은 전기적으로 대전된 입자와 자석에 영향을 미치기 때문에 빛을 전자기파라 한다.

**그림 5.3** 이 그림은 빛의 파동성을 설명한다.

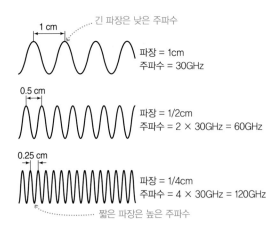

긴 파장은 낮은 주파수

1 cm

파장 = 1cm
주파수 = 30GHz

0.5 cm

파장 = 1/2cm
주파수 = 2 × 30GHz = 60GHz

0.25 cm

파장 = 1/4cm
주파수 = 4 × 30GHz = 120GHz

짧은 파장은 높은 주파수

**그림 5.4** 모든 빛은 공간에서 동일한 속도로 진행하기 때문에 긴 파장의 빛은 낮은 주파수를 가진다. 짧은 파장의 경우는 그 반대이다.

빛이 파동성과 입자성을 모두 갖는다는 생각은 이상해 보일 수 있지만 이것은 현대물리학의 기본적인 사실이다. 빛은 많은 '조각' 또는 **광자**로 구성되어 있다

빛은 광자라 불리는 '조각'으로 이루어지며 파장과 주파수, 에너지를 가진다.

고 생각하고 있다. 야구공처럼 빛의 광자도 하나씩 헤아릴 수 있으며 각각 벽에 충돌할 수도 있다. 파동처럼 광자는 빛의 속도로 이동하며 파장과 주파수를 갖는다. 더욱이 각각의 광자는 주파수에 해당하는 특정한 에너지를 운반한다. 광자의 주파수가 높으면 더 많은 에너지를 운반하게 된다. 그림 5.2에서 보듯 동일한 방향에서도 주파수에 따라 에너지가 다르게 나타나는 이유가 여기에 있다.

**생각해보자 ▶** 광자의 에너지는 파장에 따라 다른가? 이유를 설명하라.

**빛의 다양한 형태** 그림 5.2는 전자기 스펙트럼 각 부분의 이름이 다르다는 걸 보여주고 있다. 가시광은 무지개의 양끝인 보라색 영역 400nm에서 붉은색 영역 700nm의 파장역에 걸쳐 있다([nm]는 10억분의 1m). 붉은색보다 긴 파장은 무지개의 붉은색 너머에 위치하므로 **적외선**이라 부른다. 적외선보다 더 긴 파장 영역은 **전파**이고 적외선과 전파 사이의 파장은 **마이크로파**라 부른다. 천문학에서는 마이크로파도 더 세분화하는데, 1~수 mm의 파장은 mm파로 부르며 수십 mm의 파장은 서브-mm파로 부른다.

스펙트럼의 다른 쪽을 보면 푸른색보다 짧은 파장 영역은 무지개의 푸른색 바깥쪽에 위치하기 때문에 **자외선**이라 부른다. 자외선보다 더 짧은 파장은 **엑스선**이라 부르며, 이보다 더 짧은 파장은 **감마선**이라 부른다. 가시광은 전자기 스펙트럼의 전체 파장 영역에서 아주 작은 일부분에 지나지 않는다. 실제로 우리의 눈으로 볼 수 있는 가장 붉은색은 가장 푸른색보다 파장이 두 배에 불과하지만, 우리가 흔히 듣는 라디오 방송국의 전파는 병원에서 사용하는 엑스선보다 수억 배나 긴 파장이다.

전파와 마이크로파, 적외선, 가시광선, 자외선, 엑스선 그리고 감마선은 모두 빛의 일부이다.

빛의 다양한 에너지는 일상생활 속의 익숙한 여러 사실들을 설명해준다. 전파는 아주 작은 에너지를 갖고 있기 때문에 우리 몸에는 거의 영향을 미치지 않는다. 안테나에서 전자를 위아래로 움직여 전파를 전달하면 이를 통해 커뮤니케이션이 가능하다. 따뜻한 물체 속에서 움직이는 분자들은 적외선을 방출하는데 이를 통해 열과 적외선이 관련된 것을 알 수 있다. 우리 눈의 수용체는 가시광 광자에 반응하여 물체를 볼 수 있게 해준다. 자외선 광자는 피부세포에 손상을 가하고 화상과 암을 유발할 만큼 강한 에너지를 갖고 있다. 엑스선 광자는 피부와 근육을 투과할 만큼 강력한 에너지를 갖고 있지만 뼈와 치아에는 차단되기 때문에 인체의 골격 사진을 찍는 데 사용된다.

## ● 물질이란 무엇인가?

우리는 일반적으로 빛 자체보다는 빛이 오는 천체(행성, 별, 은하)에 관심이 더 많다. 따라서 빛에 실려 전달된 메시지를 해석하여 물질의 성질에 대해 조사한다.

고대 그리스인들은 모든 물질이 불과 물, 흙과 공기의 네 가지 요소로 구성되었다고 생각했다. 더 나아가 철학자 데모크리토스(기원전 470~380)를 비롯한 일부 그리스인들은 이 네 가지 요소가 '더 이상 나누어지지 않는' 원자라 불리는 입자로 이루어졌다고 생각했다. 현대의 이론도 이와 비슷하지만 구체적인 부분은 많이 다르다. 예를 들면 각기 다른 형태로 이루어진 화학**원소**가 100개가 넘는다는 것을 현재는 알고 있으며 이 중 잘 알려진 것으로는 수소, 헬륨, 탄소, 산소 규소, 철, 금, 은, 납, 우라늄 등이 있다(전체 목록은 부록 D 참조). 더욱이 원자들은 이보다 더 작은 입자들로 구성되어 있다.

**원자 구조**  원자는 **양성자**와 **중성자**, **전자** 입자로 구성된다(그림 5.5). 양성자와 중성자는 원자의 중심 부분에 있는 작은 **핵**에 존재한다. 원자 부피의 대부분은 핵을 둘러싸고 있는 전자

*화학원소들은 양성자와 중성자, 전자로 이루어진 원자로 구성된다.*

가 차지하고 있다. 양성자와 중성자는 전자보다 질량이 각각 2,000배 정도 무겁기 때문에 이들로 구성된 핵은 원자 부피의 아주 작은 부분에 불과하지만 원자질량의 대부분을 차지한다. 원자는 믿을 수 없을 만큼 작아서 물방울 하나 속에 들어 있는 원자의 수(일반적으로 $10^{22}$~$10^{23}$개)는 우주에서 관측 가능한 별의 숫자보다 많다.

원자의 성질은 핵 속의 **전하**에 의해 결정된다. 전하는 물체가 전자기장과 어떻게 상호작용을 하는지 알려주는 가장 기본적인 물리적 성질이다. 즉, 에너지가 보존되듯 총전하량도 보존된다. 양성자의 전하는 양전하의 기본 단위이며 +1로 정의한다. 전자는 양성자와 반대의 성질을 갖는 음전하(−1)이다. 중성자는 전하를 갖지 않아 전기적으로 중성이다.

전하가 반대인 입자들은 서로 끌어당기지만 전하가 동일한 입자들은 서로 밀어낸다. 양전하를 가진 핵 속의 양성자와 음전하를 가진 핵 주위의 전자는 서로 끌어당기면서 원자를 형성하고 있다. 보통의 원자들은 동일한 숫자의 전자와 양성자로 이루어지며 전체적으로 중성을 띤다. (양전하를 띤 핵 속의 양성자들은 전기적인 척력으로 서로 밀어내어 붕괴할 것 같지만 핵은 척력과 함께 **강력**을 동시에 갖고 있어 그 형태를 유지할 수 있다[11.2절].)

전자를 작은 입자로 생각할 수 있지만, 모래 속의 알갱이와는 달리 태양 주위를 도는 행성처럼 핵 주위에서 궤도운동을 하고 있다. 원자 속 전자는 '밖으로 흩어지는' 구름과 같은 형태로 핵 주위를 둘러싸고 있으며 이것이 원자의 크기를 결정하게 된다. 전자는 진짜 구름은 아니지만 원자 내에서 위치를 정확히 특정지을 수 없는 전자구름을 형성한다. 따라서 전자는 원자 전체 질량의 아주 작은 부분에 불과하지만 원자의 크기를 핵보다 훨씬 크게 만드는 역할을 한다. 핵의 크기를 주먹으로 가정한다면 전자구름은 수 킬로미터 반경에 이르는 크기라고 할 수 있다.

**원자 용어**  과학 수업시간에 배운 원자 기본 용어를 다시 한 번 살펴보도록 하자. 이 책에서 사용하는 주요 용어들을 그림 5.6에 요약해 놓았다.

*화학적으로 다른 원소는 양성자 수가 다르다.*

각기 다른 화학원소는 핵 속의 양성자 수가 다르며, 이 숫자가 그 원자의 **원자번호**이다. 예를 들면 수소는 원자번호가 1이고 핵 속에 1개의 양성자를 가진다. 헬륨은 원자번호가 2이고 핵 속에 2개의 양성자를 가진다. 원자 속 양성자 수와 중성자 수의 합을 그 원자의 **원자질량 수**라 부른다. 일반적인 수소는 핵 속에 하나의 양성자만을 가지므로 원자질량 수가 1이다. 헬륨의 경우에는 양성자 2개와 중성자 2개를 가지므로

---

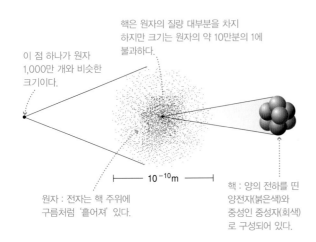

이 점 하나가 원자 1,000만 개와 비슷한 크기이다.

핵은 원자의 질량 대부분을 차지하지만 크기는 원자의 약 10만분의 1에 불과하다.

$10^{-10}$m

원자 : 전자는 핵 주위에 구름처럼 '흩어져' 있다.

핵 : 양의 전하를 띤 양전자(붉은색)와 중성인 중성자(회색)로 구성되어 있다.

**그림 5.5** 전형적인 원자의 구조. 원자는 매우 작다. 그림 중앙의 원자는 실제 크기의 10억 배로 확대한 것이고 오른쪽의 핵은 실제 크기의 100조 배로 확대한 것이다.

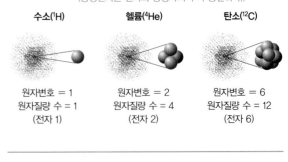

원자번호 = 양성자의 수
원자질량 수 = 양성자의 수 + 중성자의 수
(중성원자는 전자와 양성자의 수가 동일하다.)

**수소($^1$H)** **헬륨($^4$He)** **탄소($^{12}$C)**

원자변호 = 1 원자변호 = 2 원자변호 = 6
원자질량 수 = 1 원자질량 수 = 4 원자질량 수 = 12
(전자 1) (전자 2) (전자 6)

동위원소란 양성자의 수는 같고 중성자의 수가
다른 원소들을 말한다.

**탄소 동위원소**

탄소-12 탄소-13 탄소-14

$^{12}$C $^{13}$C $^{14}$C
(양성자 6개 (양성자 6개 (양성자 6개
+ 중성자 6개) + 중성자 7개) + 중성자 8개)

**그림 5.6** 원자 용어

원자질량 수가 4이고 탄소는 양성자 6개와 중성자 6개를 가지므로 원자질량 수가 12이다.

특정한 화학원소의 동위원소는 양성자 수가 동일하지만 중성자 수가 다르다. 어떤 원소의 원자들은 정확히 동일한 수의 양성자를 갖지만 중성자 수는 다를 수 있다. 예를 들면 모든 탄소원자는 6개의 양성자를 갖지만 중성자는 6개 또는 7개, 8개까지 가질 수 있다. 양성자 수는 같지만 중성자 수가 다른 이런 원소들을 **동위원소**라고 부른다. 동위원소는 그 원소의 이름과 원자질량 수로 이름을 짓는다. 예를 들면, 탄소의 가장 흔한 동위원소는 양성자 6개와 중성자 6개를 갖는 원자질량 수가 12인 탄소-12이다. 탄소의 다른 동위원소에는 탄소-13(양성자 6개＋중성자 7개)과 탄소-14(양성자 6개＋중성자 8개)가 있다. 이들을 표기할 때 왼쪽에 위첨자로 $^{12}$C, $^{13}$C, $^{14}$C와 같이 원자질량 수를 쓴다. 원자질량 수가 12인 탄소는 $^{12}$C로 쓰고 '탄소-12'라고 읽는다.

**생각해보자 ▶** $^4$He이란 기호는 원자질량 수가 4인 헬륨을 뜻한다. $^4$He은 2개의 양성자와 2개의 중성자를 가지는 가장 흔한 형태의 헬륨이다. 기호 $^3$He은 어떤 헬륨일까?

원자들이 결합하여 **분자**를 형성하기 때문에 물질의 수는 화학원소의 수보다 훨씬 많다. 어떤 분자는 2개 또는 그 이상의 동일한 원자로 구성되어 있기도 하다. 예를 들면 우리가 호흡하는 $O_2$의 경우 2개의 산소원자가 결합하여 산소 분자를 만든 것이다. 물과 같은 분자들은 2개 이상의 다른 원소로 구성되는데, 물을 나타내는 $H_2O$는 1개의 산소원자와 2개의 수소원자로 이루어져 있음을 알 수 있다. 분자의 화학적 성질은 분자를 구성하는 원자의 성질과는 다르다. 예를 들면 물은 순수한 수소나 산소와는 전혀 다른 성질을 갖고 있다.

### ● 빛과 물질은 어떻게 상호작용하는가?

앞에서 빛과 물질 각각의 특성에 대해 논의하였다. 이제 빛과 물질이 어떻게 상호작용하는지 살펴보자. 빛에 의해 운반된 에너지는 네 가지 방법으로 물질과 상호작용을 할 수 있다.

- **방출** : 전구는 가시광을 **방출**한다. 빛에너지는 전구에서 공급된 전위에너지로부터 나온나.
- **흡수** : 백열전구 근처에 손을 대면 손이 빛의 일부를 흡수하고 흡수된 에너지가 손을 따뜻하게 만든다.
- **투과** : 유리나 공기와 같은 물질은 빛을 **투과**시킨다.
- **반사/산란** : 빛은 물질 표면에서 **반사**(모든 빛이 같은 방향으로 진행하는 경우)되거나 산란(빛이 각기 다른 방향으로 진행하는 경우)된다.

빛을 투과하는 물질을 **투명**하다고 하며 빛을 흡수하는 물질을 **불투명**하다고 한다. 많은 물질이 완전히 투명하거나 완전히 불투명하지는 않다. 예를 들어 어두운 선글라스와 맑은 안경 모두 부분적으로 투명하며, 어두운 안경이 더 많은 빛을 흡수하고 더 적은 빛을 투과시킨다. 물질들은 각각 빛의 다른 색과 작용을 한다. 예를 들면 녹색 잔디는 녹색 빛을 반사(산란)하고 다른 색은 흡수하는 반면 붉은 유리는 붉은 빛을 투과시키고 다른 색은 흡수를 한다.

물질은 빛을 방출하거나 흡수, 투과, 또는 반사할 수 있다.

방 안으로 걸어 들어가 전등 스위치를 켤 때(그림 5.7) 어떤 일이 벌어지는지 생각해보자. 전구는 스펙트럼의 모든 색 빛이 혼합된 백색광을 방출하기 시작한다. 이 빛의 일부는 창을 통해 밖으로 나가게 된다. 나머지 빛들은 방 안에 있는 물체들의 표면에 부딪히게 되고 각 물체의 특성에 따라 흡수되거나 반사되는 색들이 결정된다. 각각의 물체에서 오는 빛들은 물체의 위치와 모양, 구조 그리고 성분 등 방대한 양의 정보를 전달한다. 빛이 우리 눈의 망막세포에 맺힌 뒤 뇌세포로 전달되면 우리는 이 정보들을 획득할 수 있다. 눈으로 바라봄에 따라 물질과 물체를 인식하게 되고, 뇌는 빛이 전달한 이 메시지를 해석하게 된다.

## 5.2 빛으로부터 배우는 사실

빛은 우리의 육안으로 인식할 수 있는 것보다 훨씬 더 많은 정보를 전달한다. 현대의 장비는 스펙트럼 속에 숨어 있는 세밀한 부분까지도 보여주며, 특별히 제작된 망원경들은 우리 눈으로 볼 수 없는 빛의 영역까지 기록한다. 이 장에서는 빛을 이용한 연구를 통해 우주의 비밀을

**그림 5.7** 이 그림은 빛과 물질 사이의 네 가지 기본적인 상호작용인 방출과 흡수, 투과 그리고 반사(또는 산란)를 보여준다.

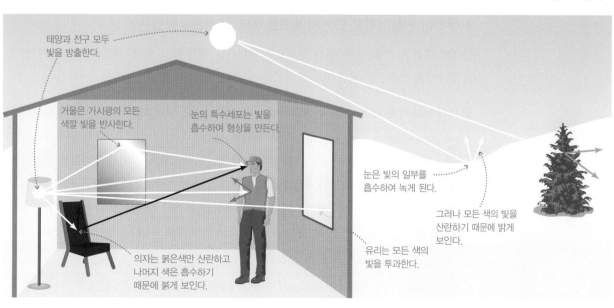

태양과 전구 모두 빛을 방출한다.

거울은 가시광의 모든 색깔 빛을 반사한다.

눈의 특수세포는 빛을 흡수하여 형상을 만든다.

눈은 빛의 일부를 흡수하여 녹게 된다.

그러나 모든 색의 빛을 산란하기 때문에 밝게 보인다.

의자는 붉은색만 산란하고 나머지 색은 흡수하기 때문에 붉게 보인다.

유리는 모든 색의 빛을 투과한다.

어떻게 풀어가는지 살펴보고자 한다.

## ● 스펙트럼의 세 가지 기본 유형은 무엇인가?

실험실에서의 연구는 그림 5.8에 요약한 것과 같이 스펙트럼에 세 가지 기본 유형이 있음을 보여준다.[1]

1. 전통적인 스펙트럼 또는 백열전구는 무지개 색을 보인다. 무지개는 넓은 파장 영역에 걸쳐 끊임없이 연속적으로 퍼져 있기 때문에 이러한 것을 **연속 스펙트럼**이라 부른다.

스펙트럼의 세 가지 기본 유형 : 연속, 방출선, 흡수선

2. 저밀도의 기체구름은 구성 성분과 온도에 따라 특정한 파장에서만 빛을 방출한다. 따라서 이 스펙트럼은 검은 배경 위에 밝은 **방출선**을 보여주며, 이것을 **방출선 스펙트럼**이라 부른다.

3. 만약 기체구름이 우리와 전구 사이에 있다면 전구의 연속 스펙트럼을 볼 수 있다. 그러나 구름이 특정 파장의 빛을 흡수하면 무지개 배경의 스펙트럼 위에 검은 **흡수선**이 나타난다. 이것을 **흡수선 스펙트럼**이라 부른다.

그림 5.8의 각 스펙트럼은 그래프와 빛의 띠로 표시하였다. 프리즘을 통과한 빛이 벽에 투사된다면 어떻게 나타나는지를 빛의 띠가 보여주고 있다. 그래프는 각 파장에서 빛의 양과 **세기**를 보여준다. 빛이 많이 들어오는 파장에서는 세기가 높으며, 빛이 적게 들어오는 파장에서는 세기가 낮다. 예를 들어 흡수선 스펙트럼 그래프를 보면 흡수선 띠가 나타나는 파장에서 세기가 내려가는 것을 알 수 있다. 파장에 따른 세기의 변화를 보기 위해 일반적으로 천문학자들은 스펙트럼을 그래프로 표현한다.

제5장의 맨 앞에 나타낸 그림이 이러한 아이디어를 태양 스펙트럼에 적용한 경우이다. 그 그림은 그림 5.8c와 같은 경우이며, 어두운 무지개 색 배경 위의 많은 검은 흡수선들은 뜨거운 광원에서 나온 빛이 차가운 가스를 통과했다는 것을 알려준다. 태양 스펙트럼의 경우 태양의 내부가 뜨거운 광원에 해당하고 눈에 보이는 태양의 표면(광구)이 상대적으로 차갑고 저밀도인 가스 '구름'에 해당한다[11.1절].

## ● 무엇이 만들어지고 있는지 빛으로부터 알아내는 방법은?

상태가 다르면 스펙트럼도 다른 형태로 나타난다는 것을 알고 있다. 왜 그런지 살펴보자. 먼저 흡수선과 방출선을 보면 멀리 떨어진 천체가 무엇으로 구성되어 있는지 알 수 있다.

**원자의 에너지 준위** 방출선 및 흡수선이 나타나는 이유를 이해하기 위해서는 원자 속 전자에 관한 특이한 사실을 알아야 한다. 전자는 일정한 크기의 에너지만 가지며 특정한 값들 사이의 중간값을 갖지는 않는다. 이해를 돕기 위해 건물의 유리창을 청소하고 있다고 가정해보자. 플랫폼을 이용하여 높은 창에 닿으려 한다면, 지상에서 어떤 높이든 원하는 곳까지 플랫폼을 맞추면 된다. 그러나 사다리를 이용한다면 주어진 높이의 발판에만 올라설 수 있고 두 발판 사이의 공간에는 설 수

원자 속의 전자는 특정한 크기의 에너지를 가지며 그 중간값은 갖지 않는다.

---

1) 기본 유형을 규정짓는 이 규칙을 키르호프의 법칙이라 부른다.

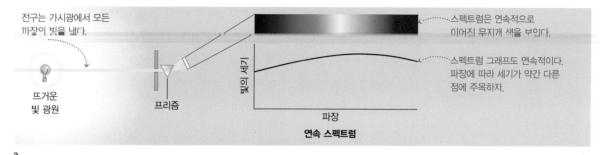

전구는 가시광에서 모든
파장이 빛을 낸다.

뜨거운
빛 광원

프리즘

빛의 세기

파장

**연속 스펙트럼**

스펙트럼은 연속적으로
이어진 무지개 색을 보인다.

스펙트럼 그래프도 연속적이다.
파장에 따라 세기가 약간 다른
점에 주목하자.

a

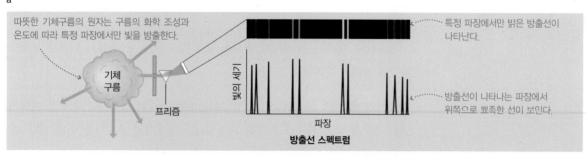

따뜻한 기체구름의 원자는 구름의 화학 조성과
온도에 따라 특정 파장에서만 빛을 방출한다.

기체
구름

프리즘

빛의 세기

파장

**방출선 스펙트럼**

특정 파장에서만 밝은 방출선이
나타난다.

방출선이 나타나는 파장에서
위쪽으로 뾰족한 선이 보인다.

b

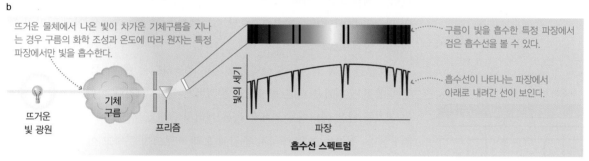

뜨거운 물체에서 나온 빛이 차가운 기체구름을 지나
는 경우 구름의 화학 조성과 온도에 따라 원자는 특정
파장에서만 빛을 흡수한다.

뜨거운
빛 광원

기체
구름

프리즘

빛의 세기

파장

**흡수선 스펙트럼**

구름이 빛을 흡수한 특정 파장에서
검은 흡수선을 볼 수 있다.

흡수선이 나타나는 파장에서
아래로 내려간 선이 보인다.

c

**그림 5.8** 이 그림은 스펙트럼의 세 가지 기본 유형이 만
들어지는 물리적 상태를 보여준다.

없다. 원자 속 전자의 에너지는 사다리의 발판 높이와 같아서 특정한 값만을 가질
수 있고 이 값들 사이의 중간값을 가질 수는 없다. 원자의 각 **에너지 준위**에 해당하
는 에너지 값들은 알려져 있다.

그림 5.9는 가장 간단한 원자인 수소의 에너지 준위를 보여주고 있다. 에너지 준
위를 나타낸 실선 각각의 왼쪽에는 에너지 준위 값을, 오른쪽에는 에너지의 크기
를 **전자볼트**(eV, $1eV = 1.60 \times 10^{-19}$ 줄.)로 표시했다. 각 에너지 준위(여기에너지 준
위)의 값들은 **바닥 상태**와의 에너지 차이를 나타낸다.

전자는 높은 에너지 준위로 올라가거나 낮은 에너지 준위로 떨어질 수 있는데
이때 에너지는 보존되어야 한다. 따라서 전자의 **천이**가 일어나는 경우 두 에너지
준위의 차이에 해당하는 일정한 크기의 에너지를 잃거나 얻게 된다. 예를 들어
10.2eV의 에너지를 얻는다면 전자는 에너지 준위 1에서 2로 올라갈 수 있다. 그러
나 5eV의 에너지를 전자에게 주는 경우 에너지 준위 2로 천이할 값이 되지 않기 때
문에 전자는 이를 받아들이지 못한다. 마찬가지로 11eV의 에너지를 전자에게 주
어도 에너지 준위 2로 천이하기에는 큰 값이고 에너지 준위 3으로 천이하기에는
작은 값이므로 전자는 이를 받아들이지 못한다. 에너지 준위 2에 있는 경우
10.2eV의 에너지를 방출하면서 에너지 준위 1로 돌아갈 수 있다.

에너지 준위가 높아질수록 준위 사이의 에너지 크기 차이가 작아진다는 점에 주
목하자. 예를 들면 전자를 높은 에너지 준위로 올리는 경우 준위 3에서 4로 올릴 때

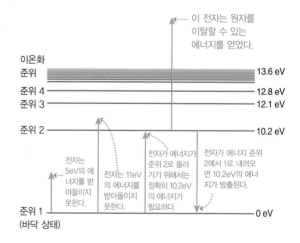

이 전자는 원자를
이탈할 수 있는
에너지를 얻었다.

이온화
준위

준위 4
준위 3

준위 2

준위 1
(바닥 상태)

13.6 eV
12.8 eV
12.1 eV

10.2 eV

0 eV

전자는
5eV의 에
너지를 받아
들이지
못한다.

전자는 11eV
의 에너지를
받아들이지
못한다.

전자가 에너지가
준위 2로 올라
가기 위해서는
정확히 10.2eV
의 에너지가
필요하다.

전자가 에너지 준위
2에서 1로 내려오
면 10.2eV의 에너
지가 방출된다.

**그림 5.9** 수소원자의 에너지 준위. 에너지 준위 차이
에 해당하는 에너지를 얻거나 잃을 때 전자는 에너지
준위를 바꿀 수 있다. 전자는 이온화 에너지 이상의
에너지를 얻게 되면 원자에서 이탈하게 되고, 남겨진
원자는 양의 전하를 띤 이온이 된다.

보다 준위 2에서 3으로 올릴 때, 준위 2에서 3으로 올릴 때보다 준위 1에서 2로 올릴 때 더 많은 에너지를 필요로 한다. 전자는 이온화 에너지 이상의 큰 에너지를 얻게 되면 자유전자가 되어 원자로부터 탈출하게 된다. 음의 전하를 가진 전자가 탈출을 하면 원자는 양의 전하를 갖게 된다. 이렇게 전자가 탈출하는 현상을 **이온화**라고 하며 이 원자를 **이온**이라 부른다.

**생각해보자 ▶** 수소원자의 전자가 2.6eV의 에너지를 얻는 경우가 있을까? 이유를 설명하라.

원자마다 각기 다른 에너지 준위를 갖고 있으며, 모든 형태의 이온과 분자도 각각의 에너지 준위를 갖고 있다.

**방출선과 흡수선** 원자와 이온 그리고 분자는 각각의 종류마다 고유한 에너지 준위 세트를 갖기 때문에 특정한 파장에서만 방출선과 흡수선을 내게 된다. 따라서 스펙트럼을 분석하면 우주 속 멀리 있는 천체일지라도 어떤 물질로 구성되어 있는지 알 수 있다. 수소원자로만 이루어진 기체구름 속에서 어떤 일이 벌어지는지 살펴보도록 하자.

기체구름 속의 원자들은 끊임없이 서로 충돌하면서 에너지를 교환한다. 대부분의 충돌은 원자를 다른 방향으로 움직이게 한다. 그러나 어떤 충돌의 경우에는 전자를 낮은 에너지 준위에서 높은 에너지 준위로 올리기에 적합한 에너지를 전달한다. 전자는 높은 에너지 준위에 오래 머무르지 못하고 아주 짧은 순간에 에너지 준위 1로 떨어진다. 전자가 낮은 에너지 준위로 떨어지면서 내는 에너지는 빛으로 **방출**되거나 어디론가 **빠져나가게** 된다. 방출되는 광자는 전자가 잃는 에너지와 동일한 양의 에너지를 갖고 있는데 이것은 특정한 파장과 주파수를 갖는다는 의미이다. 그림 5.10a는 그림 5.9의 수소 에너지 준위이며 각각의 에너지 준위 사이에서 천이가 발생할 때 방출되는 광자의 파장을 표시해놓았다. 예를 들면 준위 2에서 준위 1로 천이할 때는 121.6nm의 자외선이 방출되고, 준위 3에서 준위 2로 천이를 할 때는 656.3nm의 가시광이 방출된다.

전자가 높은 에너지 준위에서 낮은 에너지 준위로 떨어지면 방출선을 내는 광자가 만들어진다.

전자는 아래로 떨어지면서 그림 5.10a에 나타낸 특정 파장의 광자를 방출하고 이후 충돌에 의해 전자들은 높은 에너지 준위로 계속 여기된다. 가스가 따뜻한 상태를 유지하는 한 이러한 충돌여기는 계속 일어난다. 이것이 따뜻한 기체구름에서 방출선 스펙트럼이 나오는 이유이다(그림 5.10b). 전자의 하방천이 에너지에 해당하는 파장에서만 밝은 방출선이 나타나고 스펙트럼의 나머지 부분은 검게 보인다. 방출선의 특정 세트는 구름의 구성 성분뿐만 아니라 구름의 온도에 따라 달라진다. 즉, 온도가 높을수록 전자는 더 높은 에너지 준위로 올라가게 된다.

**생각해보자 ▶** 수소가스를 계속 가열하는 무엇인가가 없다면 궁극적으로 모든 전자는 가장 낮은 에너지 준위에 머무르게 될 것이다(바닥 상태 또는 준위 1). 이로부터 아주 차가운 수소 기체구름에서는 방출선을 보기가 어렵다는 것을 설명할 수 있다.

a. 수소의 에너지 준위 사이 천이는 특정 파장의 광자와 관련이 있다. 이 그림에는 발생 가능한 많은 천이 중 일부만 표시했다.

410.1 434.0 486.1 656.3
nm nm nm nm

b. 이 스펙트럼은 수소원자가 높은 에너지 준위에서 준위 2로 천이하는 경우 나타나는 방출선을 보여주고 있다.

410.1 434.0 486.1 656.3
nm nm nm nm

c. 이 스펙트럼은 수소원자가 준위 2에서 더 높은 에너지 준위로 천이하는 경우 나타나는 흡수선을 보여주고 있다.

**그림 5.10** 특정 파장에서 빛을 방출하거나 흡수하는 원자는 허용된 에너지 준위 사이에서 전자가 천이를 하면서 원자의 에너지를 교환하는 것이다.

전자가 더 높은 에너지 준위로 올리길 때 흡수선이 발생한다. 그림 5.8c처럼 수소 가스의 뒤에서 빛을 내고 있는 전구를 상상 해보자. 전구는 무지개 색처럼 모든 파장에서 빛을 낸다. 그런데 수소원자는 낮은 에너지 준위에서 높은 에너지 준위로 올라가는 데 필요한 특정 크기의 에너지를 갖는 광자를 흡수할 수 있다.[2] 그림 5.10c는 그 결과를 보여준다. 전구가 무지개 색상과 같은 연속 스펙트럼을 만들고 있는 동안 수소원자는 특정 파장에서 빛을 흡수하기 때문에 흡수선이 나타나게 된다.

그림 5.10c에서 검은 흡수선이 그림 5.10b의 방출선과 같은 파장에서 나타나는 이유를 알아야 한다. 이것은 천이하는 에너지 준위는 같지만 천이 방향이 다르기 때문에 각각 방출선과 흡수선으로 나타나는 것이다. 수소의 경우 준위 3에서 준위 2로 내려가는 전자는 파장이 656.3nm인 광자를 방출하고(656.3nm 파장의 방출선이 나옴), 준위 2에서 준위 3으로 올라가는 전자는 동일한 파장의 광자를 흡수한다(656.3nm 파장의 흡수선이 만들어짐).

**화학적 지문** 수소가 특정 파장에서 방출과 흡수를 한다는 사실을 이용하면 멀리 있는 천체의 존재를 확인할 수 있다. 예를 들어 망원경으로 성간 기체구름을 보는 상상을 해보자. 이 경우 스펙트럼은 그림 5.10b처럼 보일 것이다. 이 특정한 파장의 방출선 세트는 수소에서만 보이는 것이기 때문에 성간구름이 수소로 구성되어 있다는 것을 알 수 있게 된다. 본질적으로 그 스펙트럼은 수소원자가 남긴 '지문'을 갖고 있기 때문이다.

모든 종류의 원자와 이온 그리고 분자는 유일한 스펙트럼 '지문'을 만든다. 실제 성간구름은 수소로만 구성되어 있지는 않다. 성간 구름 속의 다른 화학 성분들도 같은 방식으로 스펙트럼에 지문을 남긴다. 모든 종류의 원자와 이온 그리고 분자는 특정한 에너지 준위 세트를 갖기 때문에 스펙트럼 '지문' 또한 유일하다. 지난 세기 동안 과학자들은 모든 원소와 많은 이온, 분자들의 스펙트럼선들을 식별하기 위해 실험을 해왔다. 멀리 있는 천체의 스펙트럼에서 특정선이 나타나면 그 천체에 어떤 화학 성분이 있는지 알 수 있다. 예를 들면 멀리 있는 천체의 스펙트럼에서 수소와 헬륨, 탄소선들을 보게 되면 그 천체 속에 이 세 가지 성분이 있음을 확인하게 된다. 더 상세한 분석을 하면 여러 원소들의 상대적인 함량비도 결정할 수 있다. 이것이 우주 속 천체의 화학 조성을 알아가는 방법이다.

## ● 행성과 별의 온도를 빛으로부터 알아내는 방법은?

이번에는 연속 스펙트럼에 대해 알아보자. 비록 연속 스펙트럼은 여러 가지 방법으로 만들어지지만 전구와 행성 그리고 별은 특정한 종류의 연속 스펙트럼을 만들게 되며 그로부터 온도를 결정할 수 있다.

**열복사 : 모든 물질은 열복사를 낸다** 기체구름 속의 원자나 분자는 서로 독립적이기 때문에 방출선이나 흡수선이 단순하게 만들어진다. 대부분의 광자는 가스와 같은 물질을 쉽게 통과하며, 가스 내의 원자나 분자의 에너지 준위 사이 천이를 일으킨다. 그러나 우리가 매일 부딪히는 일상 속의 물체(바위, 전구의 필라멘트, 사람)들 대부분은 내부의 원자나 분자가 독립적

---

2) 물론 전자는 낮은 에너지로 빠르게 천이하는데 이는 흡수하는 파장과 동일한 광자를 방출한다는 것을 뜻한다. 이때 방출되는 광자는 임의의 방향으로 흩어지기 때문에 원래 우리 쪽을 향하던 광자가 시선 방향에서 사라지게 되고 따라서 우리는 흡수선을 보게 된다.

**열복사 법칙**

열복사의 두 가지 법칙은 간단한 수식으로 표현된다.

**스테판-볼츠만 법칙(제1법칙)**

방출된 에너지(표면 $1m^2$ 당) $= \sigma T^4$

여기서 $T$는 온도(K)이고, $\sigma$는 측정된 상수값으로 $\sigma = 5.7 \times 10^{-8} \dfrac{watt}{(m^2 \times K^4)}$ 이며, watt($=1joule/s$)는 에너지의 단위이다.

**빈의 법칙(제2법칙)**

$$\lambda_{max} \approx \frac{2,900,000}{T(\text{in Kelvin})} nm$$

여기서 $\lambda_{max}$는 열복사 스펙트럼에서 최댓값을 보이는 파장(nm)이다.

예제 : 열복사를 내는 온도 15,000K인 천체가 $1m^2$당 방출하는 에너지와 최대 세기 파장을 구하라.

해답 : $T=15,000$K인 천체가 $1m^2$당 방출하는 에너지는 제1법칙을 이용하여 계산할 수 있다.

$$\sigma T^4 = 5.7 \times 10^{-8} \frac{watt}{m^2 \times K^4} \times (15,000K)^4$$
$$= 2.9 \times 10^9 watt/m^2$$

제2법칙을 이용하면 최대 세기 파장을 구할 수 있다.

$$\lambda_{max} \approx \frac{2,900,000}{15,000K} nm \approx 190nm$$

15,000K인 천체가 방출하는 총에너지는 29억 와트이다. 최대 세기 파장은 약 190nm로 자외선 영역에서 나타난다.

이지 않아 에너지 준위 세트가 훨씬 복잡하다. 이 물체들은 넓은 파장 영역의 빛을 흡수하는데, 이것은 빛이 이 물체들을 쉽게 통과하지 못하며 물체 내부에서 방출된 빛도 쉽게 빠져나오지 못한다는 것을 의미한다. 행성과 별처럼 크고 밀도가 높은 물체들은 대부분 이와 같은 특성을 갖고 있다.

물체의 이러한 스펙트럼을 이해하기 위해, 부딪히는 광자를 모두 흡수하지만 밖으로는 쉽게 빠져나가지 못하게 하는 이상적인 물체를 생각해보자. 광자는 원자나 분자와 에너지 교환을 지속적으로 하면서 물체 내에서 불규칙하게 튀는 경향이 있다. 광자가 물체를 탈출할 때까지 그들의 복사에너지는 불규칙해지고 넓은 파장 범위에서 퍼지게 된다. 이러한 물체로부터 나오는 빛 스펙트럼이 흡수선이나 방출선이 없는 순수한 무지개 스펙트럼처럼 부드럽고 연속적인 이유는 광자들이 넓은 파장 영역의 에너지를 갖기 때문이다.

가장 중요한 사실은 물체에서 나오는 스펙트럼이 물체의 온도와 관련이 있다는 것이다. 이해를 위해 온도는 물체 내 원자와 분자의 평균 운동에너지를 나타낸다는 사실을 기억하자[4.3절]. 불규칙하게 튀어 오르는 광자는 원자 및 분자와 여러 번 상호작용을 하게 되고 결국에는 원자와 분자의 운동에너지와 일치하게 된다. 광자의 에너지는 물체의 구성과는 상관이 없고 오직 물체의 온도와 관련이 있다. 빛과 온도와의 연관성 때문에 이것을 **열복사**(흑체복사라고도 함)라 부르며 이때 발생하는 스펙트럼은 **열복사 스펙트럼**이라고 부른다.

행성과 별, 바위, 그리고 인체는 자신의 온도에 해당하는 열복사를 방출한다. 실제 존재하는 물체 중 완전한 열복사 스펙트럼을 방출하는 것은 없지만 우리에게 친숙한 물체(태양, 행성, 바위, 인체)들 대부분은 열복사에 가까운 빛을 방출한다. 그림 5.11은 온도가 다른 세 개의 별과 인체의 이상적인 열복사 스펙트럼을 보여준다. 그림에서 온도는 절대온도 단위(그림 4.10 참조)로 표시했다. 이 스펙트럼은 물체에서 방출되는 빛의 총량이 아닌 단위 면적당 빛의 세기를 보여주고 있다. 예를 들면 단위 면적당 방출하는 빛의 양은 별이 뜨거울수록 더 많지만 방출하는 빛의 총량은 15,000K인 작은 별보다 3,000K인 아주 큰 별이 더 많다.

**열복사의 두 가지 법칙** 그림 5.11의 스펙트럼들을 비교해보면 열복사의 두 가지 법칙에 따른다는 것을 알 수 있다.

- **제1법칙(스테판-볼츠만 법칙)** : 뜨거운 물체일수록 (모든 파장에서) $1m^2$당 방출하는 에너지의 양이 많다. 예를 들면 3,000K인 별의 표면 $1m^2$보다 15,000K인 별의 표면 $1m^2$에서 더 많은 에너지를 방출한다. 뜨거운 별은 자외선 영역에서 빛을 방출하지만 차가운 별은 자외선 영역에서 빛을 방출하지 않는다.

- **제2법칙(빈의 법칙)** : 물체가 뜨거울수록 방출하는 광자의 에너지가 더 크다. 즉, 평균 파장은 더 짧다. 따라서 뜨거운 물체일수록 스펙트럼의 최대 세기 파장이 짧아진다. 예를 들면 15,000K인 별은 자외선에서 최대 세기를 내고 5,800K인 태양은 가시광에서 3,000K인 별은 적외선에서 최대 세기를 낸다.

벽난로의 부젓가락에서도 이 법칙을 찾을 수 있다(그림 5.12). 부젓가락이 식어 있을 때는 적외선만 방출하기 때문에 우리 눈에 이 빛이 보이지 않지만 뜨거워지면(1,500K) 가시광을 내게 되고, 더 뜨거워지면 더 밝게 보이게 된다. 이것은 열복사 제1법칙을 나타낸다. 붉은 빛은 가시광 중에서 가장 긴 파장이기 때문에 데워지기 시작할 무렵에는 '빨간색의 뜨거운' 빛을 낸다. 더욱 데워지면 방출되는 광자의 평균 파장은 가시광의 푸른색(짧은 파장) 쪽으로 점점 움직이게 된다. 높은 온도에서 방출된 색들은 혼합되어 우리 눈에는 흰색으로 보인다. '흰색 빛'이 '붉은색 빛'보다 더 뜨거운 이유가 여기에 있다.

**스스로 해보기** ▶ 밝기 조절 스위치가 있는 백열전구를 찾아보자. 스위치를 돌리면 전구의 온도(손을 가까이 대서 온도를 확인할 수 있는 경우)는 어떻게 달라지나? 빛의 색은 어떻게 변하는가? 이 관찰로부터 열복사의 두 가지 법칙을 설명하라.

열복사 스펙트럼은 오직 온도하고만 상관관계가 있기 때문에 멀리 떨어진 천체의 온도를 측정하는 데 이를 이용할 수 있다. 많은 경우 단순히 물체의 색만으로 온도를 측정할 수 있다. 뜨거운 물체일수록 **모든** 파장 영역에서 더 많은 빛을 방출하는데, 가장 짧은 파장에서 제일 크게 나타난다. 인체의 온도는 310K 정도로, 사람들은 대부분의 빛을 가시광이 아닌 적외선에서만 방출한다. 가시광 방출이 없기 때문에 어둠 속에서는 사람이 보이지 않는다! 표면온도가 3,000K로 상대적으로 차가운 별은 대부분의 빛을 붉은 파장에서 낸다. 이것이(오리온자리의) 베텔지우스와 (전갈자리의) 안타레스 같은 밝은 별들이 붉은색을 띠는 이유이다. 표면온도가 5,800K인 태양은 500nm 파장의 녹색에서 가장 강한 빛을 내지만 가시광의 다른 색 파장에서도 에너지를 방출하기 때문에 우리 눈에는 노란색 또는 흰색으로 보인다. 태양보다 더 뜨거운 별은 대부분의 에너지를 자외선 영역에서 방출하지만 인간의 눈은 자외선을 볼 수 없기 때문에 우리 눈에는 푸른-흰색으로 보인다. 만약 어떤 물체가 수백만 도의 온도만큼 뜨거워진다면 대부분의 에너지를 엑스선 영역에서 방출할 것이다. 태양의 코로나 또는 블랙홀 주위의 강착원반과 같은 천체들은 엑스선을 낼 만큼 뜨거운 상태에 있다.

*물체는 뜨거울수록 단위 표면적당 더 많은 빛을 방출하고, 방출하는 광자의 평균 에너지가 높아진다.*

### ● 빛은 멀리 떨어진 천체의 속도를 어떻게 알려주나?

이외에도 빛으로부터 알 수 있는 정보들이 많이 있다. 빛을 이용하면 **도플러 효과**에 의한 스펙트럼의 변화를 통해 멀리 있는 천체의 (우리에 대한 상대적인) 움직임에 대해 알 수 있다.

**도플러 효과** 철길 근처에서 기차의 기적소리를 들으면 도플러 효과를 알게 된다. 기차가 멈춰 있을 때는 기적소리가 우리에게 늘 같은 높이로 들린다(그림 5.13a). 그러나 기차가 움직이기 시작하면서 가까이 다가올 때는 음이 높아지고, 멀어질 때는 음이 낮아진다. 기차가 옆을 지나가는 경우에는 '위-웅' 하면서 음이 높아졌다가 낮아지는 급격하게 변화하는 소리를 들을 수 있다. 이것을 이해하기 위해서는 기차로부터 오는 음파에 어떤 일이 벌어졌는지 생각해보아야 한다(그림

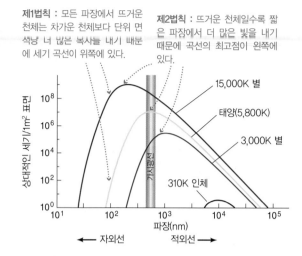

**제1법칙** : 모든 파장에서 뜨거운 천체는 차가운 천체보다 단위 면적당 더 많은 복사를 내기 때문에 세기 곡선이 위쪽에 있다.

**제2법칙** : 뜨거운 천체일수록 짧은 파장에서 더 많은 빛을 내기 때문에 곡선의 최고점이 왼쪽에 있다.

15,000K 별
태양(5,800K)
3,000K 별
310K 인체

← 자외선   적외선 →

**그림 5.11** 이상적인 열복사 스펙트럼 그래프는 두 가지 열복사 법칙을 나타내고 있다. (1) 모든 파장에서, 뜨거운 천체일수록 1m² 표면당 더 많은 빛을 방출한다. (2) 천체가 뜨거울수록 방출하는 광자의 평균 에너지가 더 크다. 이 그래프는 양 축을 로그 단위로 하여, 파장과 에너지 차이가 큰 천체들을 한 장에 그린 것이다.

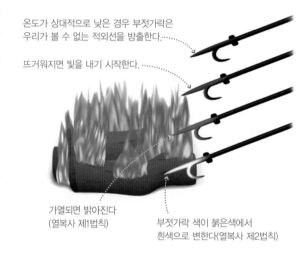

온도가 상대적으로 낮은 경우 부젓가락은 우리가 볼 수 없는 적외선을 방출한다.

뜨거워지면 빛을 내기 시작한다.

가열되면 밝아진다 (열복사 제1법칙)

부젓가락 색이 붉은색에서 흰색으로 변한다(열복사 제2법칙)

**그림 5.12** 벽난로의 부젓가락은 열복사의 두 가지 법칙을 보여준다.

기차가 정지한 경우

이곳에서 듣는 음의 높이는

이곳에서 듣는 음의 높이와 같다.

a. 기적소리는 관찰자의 위치에 상관없이 동일하게 들린다.

기차가 오른쪽으로 움직이는 경우

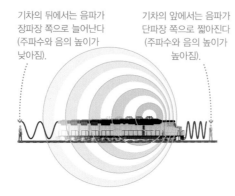

기차의 뒤에서는 음파가 장파장 쪽으로 늘어난다 (주파수와 음의 높이가 낮아짐).

기차의 앞에서는 음파가 단파장 쪽으로 짧아진다 (주파수와 음의 높이가 높아짐).

b. 기차가 움직이는 경우, 관찰자의 위치가 기차의 앞과 뒤 어디인지에 따라 소리가 다르게 들린다.

광원이 오른쪽으로 움직이는 경우

광원이 사람에게서 멀어지면 빛이 붉게 보인다(장파장).

광원이 사람에게 가까워지면 빛이 푸르게 보인다 (단파장).

c. 움직이는 광원에서도 동일한 효과가 나타난다. (일반적으로 우리 눈이 인식할 수 없을 만큼 편 이량은 작다.)

**그림 5.13** 도플러 효과. 각각의 원은 중심에서 모든 방향으로 진행하는 소리(또는 빛)의 파동을 나타낸다. 예를 들면 기차에서 출발한 원은 0.001초 떨어진 음파를 나타낸다.

천문
## 계산법 5.2

### 도플러 이동

천체의 도플러 이동으로부터 그 천체의 시선속도를 계산할 수 있다. 천체의 속도가 광속에 비해 아주 작은 경우(광속의 수 % 미만) 수식은 다음과 같다.

$$\frac{v_{rad}}{c} = \frac{\lambda_{shift} - \lambda_{rest}}{\lambda_{rest}}$$

여기서 $v_{rad}$는 천체의 시선속도이며 $\lambda_{rest}$는 특정 스펙트럼선의 정지파장, $\lambda_{shift}$는 동일한 스펙트럼선의 이동 후 파장이다($c$는 항상 광속을 뜻함). +값은 천체가 우리에게서 멀어지면서 적색이동을 보이는 것이며, -값은 천체가 우리에게 가까워지며 청색이동을 보이는 것이다.

예제 : 수소의 가시광 스펙트럼선 중 하나는 656.285nm인 정지파장을 갖고 있는데 베가에서는 이 스펙트럼선이 656.255nm에서 나타난다. 베가는 우리에 대해 상대적으로 어떻게 움직이고 있는가?

해답 : 정지파장 $\lambda_{rest}$=656.285nm와 이동된 파장 $\lambda_{shift}$=656.255nm을 이용하여 계산한다.

$$\frac{v_{rad}}{c} = \frac{\lambda_{shift} - \lambda_{rest}}{\lambda_{rest}}$$

$$= \frac{656.255nm - 656.285nm}{656.285nm}$$

$$\approx -4.6 \times 10^{-5}$$

-값은 베가가 우리를 향해 움직이고 있다는 것을 의미한다. 베가의 속도는 광속의 약 $4.6 \times 10^{-5}$ 배로, 광속이 $c = 300,000$km/s이기 때문에 실제 속도는 약 $4.6 \times 10^{-5} \times (3 \times 10^5$km/s$) \approx 13.8$km/s이다.

5.13b). 기차가 우리에게 다가올 때는 음파의 진동이 우리에게 가까워진다. 이때 기차와 우리 사이에 음파가 점점 모이게 되고 파장은 짧아지고 진동수는 높아진다. 기차가 우리로부터 멀어질 때는 음파의 진동이 점점 더 먼 곳에서 오기 때문에 파장이 점점 펼쳐지면서 길어지고 진동수는 낮아진다.

도플러 효과는 빛의 파장에도 비슷한 편이 현상을 일으킨다(그림 5.13c). 물체가 우리 쪽으로 다가오는 경우 빛의 파장은 우리와 물체 사이에 모이게 되고, 전체 스펙트럼이 짧은 파장으로 이동하게 된다. 가시광의 짧은 파장 영역은 푸른색이므로 물체가 우리에게 가까이 오는

물체가 우리에게 다가오면 스펙트럼선은 짧은 파장으로 이동하고 물체가 우리로부터 멀어지면 스펙트럼선은 긴 파장으로 이동한다.

경우를 **청색이동**이라고 부른다. 반대로 물체가 우리로부터 멀어지는 경우 빛은 긴 파장으로 이동하게 된다. 가시광의 긴 파장 영역은 붉은색이므로 이런 경우를 **적색이동**이라고 부른다. 천문학자들은 편의를 위해서 가시광 영역의 파장이 아니어도 적색이동과 청색이동이란 용어를 사용하고 있다.

도플러 이동을 확인하고 측정하기 위해 스펙트럼선들을 기준으로 사용한다(그림 5.14). 예를 들면 멀리 있는 천체의 수소선이 갖는 패턴을 생각해보자. 실험실에서 수소관을 가열하면 수소선들의 **정지파장**(안정적으로 멈추어 있는 수소가스 속의 수소들이 내는 파장)을 측정할 수 있다. 만약 어떤 천체의 수소선이 긴 파장에서 나타났다면 그것은 적색이동 현상으로 그 천체가 우리로부터 멀어지고 있는 것이다. 천체의 멀어지는 속도가 클수록 편이가 커진다. 만약 수소선이 짧은 파장에서 나타났다면 그것은 청색이동 현상으로 그 천체가 우리에게 가까워지고 있는 것이다.

**생각해보자** ▶ 어떤 별에서 121.6nm(에너지 준위 2에서 1로 천이)의 정지파장을 갖는 수소 방출선이 120.5nm의 파장에서 나타났다고 가정해보자. 이 파장은 자외선 영역인데 가시광의 푸른색에 가까워지고 있는 것인가, 멀어지고 있는 것인가? 그런데 왜 이 경우에도 청색이동되었다고 이야기하는가?

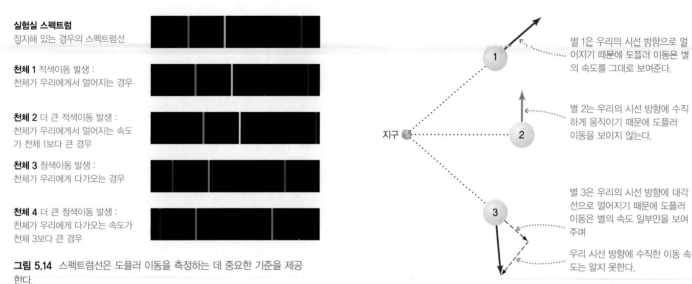

**실험실 스펙트럼**
정지해 있는 경우의 스펙트럼선

**천체 1** 적색이동 발생 :
천체가 우리에게서 멀어지는 경우

**천체 2** 더 큰 적색이동 발생 :
천체가 우리에게서 멀어지는 속도
가 천체 1보다 큰 경우

**천체 3** 청색이동 발생 :
천체가 우리에게 다가오는 경우

**천체 4** 더 큰 청색이동 발생 :
천체가 우리에게 다가오는 속도가
천체 3보다 큰 경우

**그림 5.14** 스펙트럼선은 도플러 이동을 측정하는 데 중요한 기준을 제공
한다.

별 1은 우리의 시선 방향으로 멀
이지기 때문에 도플러 이동은 별
의 속도를 그대로 보여준다.

별 2는 우리의 시선 방향에 수직
하게 움직이기 때문에 도플러
이동을 보이지 않는다.

지구

별 3은 우리의 시선 방향에 대각
선으로 멀어지기 때문에 도플러
이동은 별의 속도 일부만을 보여
주며

우리 시선 방향에 수직한 이동 속
도는 알지 못한다.

**그림 5.15** 도플러 이동은 천체가 우리에게 다
가오거나 멀어지는 속도를 알려주지만, 우리 시
선에 수직한 방향으로 어떤 속도로 움직이는지
에 대한 정보는 주지 못한다.

도플러 이동은 어떤 물체가 우리에게 다가오는지 또는 멀어지는지, 즉 전체의 움직임(시선
방향의 운동)을 알려준다. 도플러 이동은 물체가 우리 시선 방향에 수직한 방향(운동의 **접선
성분**)으로 얼마나 빨리 움직이는지에 대한 정보는 주지 않는다. 예를 들면 동일한 속도로 움
직이는 별 3개를 생각해보자. 첫 번째 별은 우리 시선 방향을 따라 멀어지고 있고, 두 번째 별
은 시선 방향에 수직하게 가로로 움직이고 있으며, 세 번째 별은 우리로부터 대각선으로 멀어
지고 있다(그림 5.15). 도플러 이동은 첫 번째 별의 속도만을 알려준다. 도플러 이동으로부터
두 번째 별의 속도는 전혀 알 수 없고, 세 번째 별의 경우는 우리에게서 멀어지는 속도 성분만
알 수 있다. 물체가 우리 시선에 수직한 방향으로 얼마나 움직이는지를 측정하기 위해서는 천
구상에서 조금씩 이동하는 위치를 알아낼 만큼 아주 오랫동안 관측을 해야 한다.

**스펙트럼 요약** 물체의 스펙트럼으로부터 정보를 찾아내는 핵심 방법에 대해 살펴보고 물체
의 조성, 온도 그리고 운동에 대해 논의하였다. 그림 5.16(pp. 134~135)에 스펙트럼 분석과
정보를 알아내는 방법을 요약하였다.

## 5.3 망원경으로 집광하기

빛은 많은 양의 정보를 전달하지만, 우리는 육안으로 보이는 빛에서만 정보를 얻을 수 있다.
더 많은 것을 알기 위해서는 망원경이 필요하며 천문학에서의 가장 큰 업적들은 망원경 관련
기술의 발전과 직접적으로 연관되어 있다.

### ● 망원경으로 우주의 모습을 알아내는 방법은?

망원경은 인간의 눈보다 훨씬 더 많은 빛을 모을 수 있는 거대한 눈이다. 망원경의 **집광력**과
카메라 그리고 다른 기기들(빛을 스펙트럼으로 분산시키는 분광기 등)을 이용하면 빛을 정밀
하게 기록하고 분석할 수 있다.

**망원경 성능의 두 가지 주요 사항** 망원경의 첫 번째 주요 특성은 한 번에 얼마나 많은 빛을
모을 수 있는지를 결정하는 **집광면적**이다. 일반적으로 망원경의 주경은 둥글게 생겼으며 **주경**

**그림 5.16** 스펙트럼 해석하기

천체 스펙트럼은 방대한 양의 정보를 담고 있다.
이 그림은 화성의 스펙트럼에서 무엇을 알아낼 수 있는지를 보여주고 있다.

① **연속 스펙트럼 :** 우리가 가시역에서 보는 화성은 태양빛이 반사된 모습이다. 태양은 무지개 색을 갖는 연속 스펙트럼을 만든다.

뜨거운 광원

프리즘

전구는 태양과 마찬가지로 모든 파장에서 빛을 낸다.

② **산란/반사된 빛 :** 화성은 태양빛 중 푸른색 빛을 대부분 흡수하고 붉은색 빛을 대부분 반사(산란)하기 때문에 붉은색을 띤다. 이와 같은 흡수와 반사는 표면의 화학 조성을 알려준다.

붉은 의자는 화성과 마찬가지로 푸른빛은 흡수하고 붉은빛을 산란시킨다.

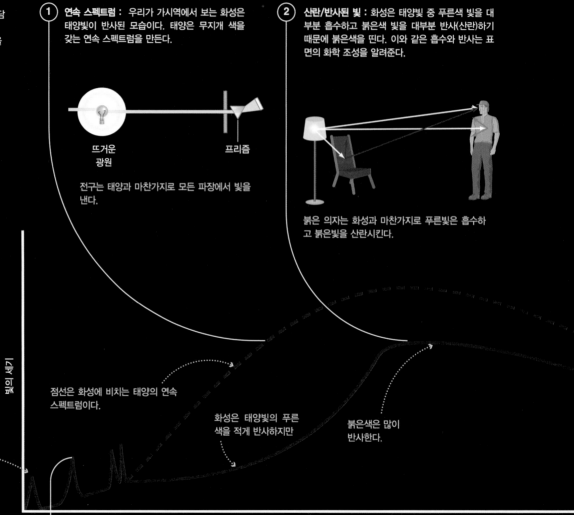

빛의 세기

점선은 화성에 비치는 태양의 연속 스펙트럼이다.

화성은 태양빛의 푸른색을 적게 반사하지만

붉은색은 많이 반사한다.

이 그림과 '무지개'는 동일한 정보를 갖고 있다. 그래프는 각 파장에서의 세기를 보기 쉽게 그려놓은 것이다.

반면에 '무지개'는 스펙트럼이 (가시광에서) 우리 눈(가시광이 아닌 피장에서)과 관측기기에서 어떻게 보이는지를 알려준다.

자외선          파랑          초록          빨강

파장

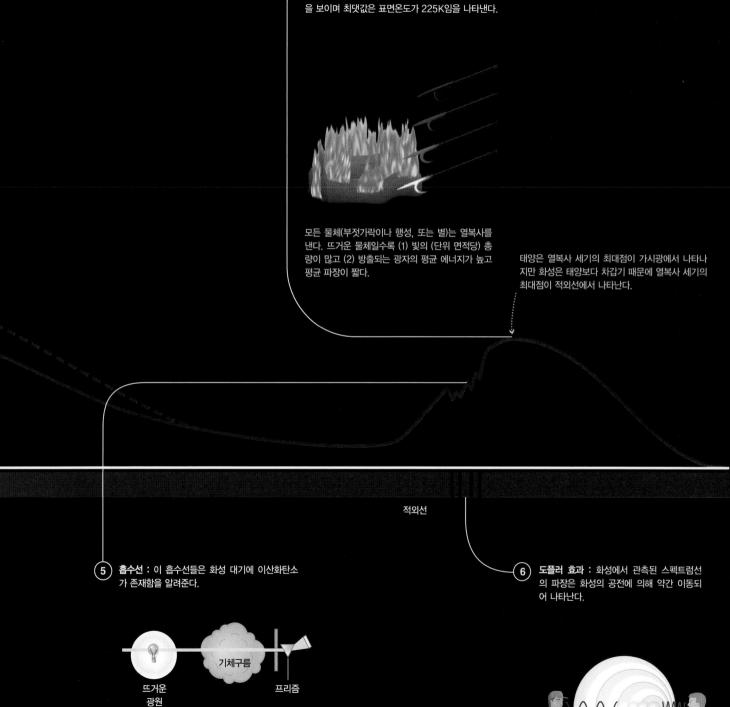

을 보이며 최댓값은 표면온도가 225K임을 나타낸다.

모든 물체(부젓가락이나 행성, 또는 별)는 열복사를 낸다. 뜨거운 물체일수록 (1) 빛의 (단위 면적당) 총량이 많고 (2) 방출되는 광자의 평균 에너지가 높고 평균 파장이 짧다.

태양은 열복사 세기의 최대점이 가시광에서 나타나지만 화성은 태양보다 차갑기 때문에 열복사 세기의 최대점이 적외선에서 나타난다.

적외선

(5) **흡수선 :** 이 흡수선들은 화성 대기에 이산화탄소가 존재함을 알려준다.

(6) **도플러 효과 :** 화성에서 관측된 스펙트럼선의 파장은 화성의 공전에 의해 약간 이동되어 나타난다.

기체구름

뜨거운 광원

프리즘

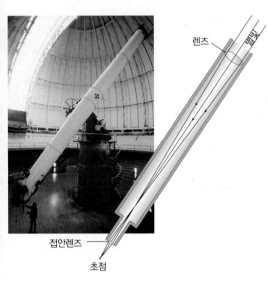

렌즈

접안렌즈

초점

**그림 5.17** 굴절망원경은 투명하고 큰 렌즈를 이용하여 빛을 모은다(그림 참조). 이 사진은 시카고대학교의 여키스 천문대에 있는 1m 굴절망원경으로 세계에서 가장 큰 굴절망원경이다.

---

**일반적인 오해**

**망원경과 배율**

배율이 망원경의 가장 중요한 기능이라고 생각하는 사람들이 많다. 망원경이 망원 카메라 렌즈나 쌍안경처럼 이미지를 확대하기는 하지만 망원경에 있어 배율은 중요한 특성이 아니다. 비록 망원경으로 찍은 이미지가 확대되어 있더라도 망원경이 충분한 양의 빛을 모으지 못했거나 각분해능이 나빴다면 그와 같은 이미지를 볼 수 없다. 이미지를 단지 확대만 하면 흐릿하게 보일 뿐이다. 이것이 망원경의 경우 집광면적과 각분해능이 배율보다 더 중요한 이유이다.

---

의 **지름**으로 망원경의 '크기'를 규정한다. 예를 들면 '10m 망원경'은 빛을 모으는 주경의 지름이 10m인 경우다.

면적은 지름의 **제곱**에 비례하므로 지름이 조금만 커져도 집광면적은 크게 늘어난다. 10m 망원경은 2m 망원경에 비해 지름이 5배 크지만 집광면적은 $5^2=25$배나 된다.

**생각해보자 ▶** 지름 5mm의 동공을 통해 빛을 받아들이는 인간의 눈과 비교했을 때 10m 망원경의 집광면적은 얼마나 될까?

망원경의 두 번째 주요 특성은 얼마나 자세히 볼 수 있느냐 하는 점인데 이 특성은 **각분해능**(두 점을 구분할 수 있는 작은 각)으로 규정된다. 인간의 눈은 1분각(1/60도)의 각분해능을 갖는다. 즉, 하늘의 별이 이 각도만큼 떨어져 있어야 우리 눈은 2개로 분해해서 볼 수 있다는 뜻이다. 만약 두 별이 1분각 이내에서 가까이 있다면 우리 눈으로는 분해가 되지 않아 하나의 별로 보이게 된다.

> 망원경은 훨씬 더 많은 빛을 수집하고 육안으로 보는 것보다 더 자세하게 볼 수 있게 해준다.

대형망원경은 놀라운 각분해능을 가진다. 2.4m 허블우주망원경은 (가시광에서) 약 0.05 초각의 각분해능을 가지는데 이것은 1km의 거리에서 책을 읽을 수 있는 분해능력이다. 지상망원경은 지구 대기층에 의한 방해로 기기적인 분해능 한계를 모두 극복하지 못하지만 큰 망원경일수록 각분해능이 좋다.

**망원경 기본 디자인** 망원경은 크게 굴절망원경과 반사망원경의 두 가지 종류가 있다. **굴절망원경**은 사람의 눈처럼 렌즈를 이용하여 빛을 모으고 초점을 맺게 한다(그림 5.17). 갈릴레오의 망원경을 포함하여 초기의 망원경들은 모두 렌즈를 사용하는 굴절망원경이었다. 세계 최대 크기의 굴절망원경은 1897년에 만들어졌으며 직경이 1m, 길이가 19.5m로 긴 막대 형태를 하고 있다.

**반사망원경**은 정밀한 표면곡률을 갖는 **주경**을 이용하여 빛을 모은다(그림 5.18). 주경은 모은 빛을 반사시켜 망원경 앞에 달린 **부경**으로 보내고, 부경은 다시 빛을 반사시켜 눈이나 관측기기가 있는 위치에 초점을 맺게 한다. 초점의 위치는 주경의 가운데 구멍 뒷부분에 있거나 경우에 따라서는 망원경의 측면(가끔 작은 거울이 추가되는 경우도 있음)에 있다. 주경에 도달하는 빛의 일부를 부경이 가로막는 것은 문제점으로 보일 수 있지만, 사실 입사하는 빛 중 아주 일부만을 가리기 때문에 이런 점은 문제가 되지 않는다.

현대천문학 연구에 사용되는 망원경은 거의 대부분 반사망원경이다. 20세기에 들어와 망원경의 크기가 급속히 커지기 시작했지만, 주경의 유리 무게 때문에 크기의 한계에 도달했다.

> 세계 최대 크기의 반사망원경은 주경의 직경이 10m 또는 그 이상이다.

(샌디에이고 외곽의) 팔로마산 5m 헤일망원경은 1948년에 건설된 이후 40년 이상 세계에서 가장 강력한 망원경으로 자리 잡았다. 1990년대에 기술혁신으로 가벼운 거울을 만들 수 있게 되면서 8m 거울을 가진 제미니망원경(그림 5.18 참조)과 작은 조각거울 여러 개를 합쳐 하나의 거울처럼 만든 10m 켁망원경(그림 5.19)이 만들어졌다. 현재 유효 직경이 21m인 GMT(Giant Magellan Telescope, 거대마젤란망원경)와 직경 30m의 TMT(Thirty Meter Telescope), 직경 39m의 EELT(European Extremely Large Telescope)와 같은 거대망원경들이 계획 중이거나 제작 중에 있다.

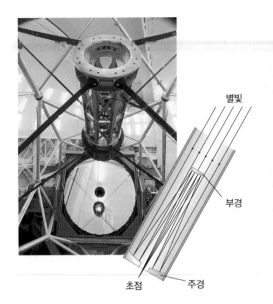

**그림 5.18** 반사망원경은 정밀하게 가공된 주경으로 빛을 모은다(그림 참조). 이 사진은 북반구의 제미니망원경(하와이 마우나케아산에 설치)으로 8m 직경의 주경을 갖고 있다. 부경은 주경 앞단에 위치하며 반사된 빛을 주경 가운데에 있는 구멍으로 보내게 된다.

**그림 5.19** 좌측 그림의 켁망원경(하와이 마우나케아산에 설치) 주경은 36개의 육각형 거울이 벌집 패턴으로 배열되어 있다. 우측 상단 그림은 두 개의 켁망원경 모습이다.

**망원경으로 스펙트럼 전 영역을 관측** 만약 우리가 가시광만 연구한다면 많은 사실을 놓치게 될 것이다. 행성은 상대적으로 차가워 적외선을 주로 내지만 별은 자외선과 엑스선까지 방출하며 어떤 특이한 천체는 감마선까지 방출한다. 사실 모든 천체는 넓은 파장 영역에서 빛을 내기 때문에 천문학자들은 스펙트럼의 전 파장 영역에 걸쳐 빛을 연구한다.

> 가시광에서 얻을 수 있는 정보 이상을 얻기 위해 다른 파장의 빛을 볼 수 있도록 망원경을 특별히 제작하게 되었다.

모든 망원경의 기본 아이디어는 주경으로 빛을 모은 뒤 카메라 또는 다른 관측기기에 초점을 맺게 하는 것으로 동일하다. 그러나 파장이 달라지면 망원경 설계가 달라지게 되어 새로운 도전을 해야 한다.

적외선과 자외선의 일부분은 가시광 파장에 가까워서 가시광처럼 행동하기 때문에 이러한 빛들은 가시광 망원경으로 검출할 수 있다. 허블우주망원경이 가시광뿐만 아니라 적외선과 자외선 영역에서도 관측 가능한 것이 이러한 이유 때문이다.

더 긴 적외선 파장에서는 망원경 자체의 열이 문제를 일으킨다. 관측하려는 파장과 동일한 파장에서 망원경이 열복사를 방출하기 때문이다. 이 문제를 완화하기 위해 적외선 우주망원경은 태양복사를 막는 차폐를 설치하게 되었으며, 이로써 망원경의 온도를 30~50K까지 낮출 수 있다. 스피처우주망원경은 냉매가 모두 소진되는 처음 5년 동안 액체헬륨으로 온도를 수 K까지 냉각시켰다.

전파는 다른 도전이 필요하다. 동일한 크기의 망원경은 파장이 길어질수록 각분해능이 나빠진다. 예를 들면 허블우주망원경은 가시광보다 적외선에서 각분해능이 낮다. 파장이 긴 전파 영역에서 사용할 만한 각분해능을 얻기 위해서는 매우 큰 망원경이 필요하다. 세계에서 가장 큰 단일 전파망원경인 아레시보 전파망원경의 접시는 푸에르토리코의 천연계곡 305m에 걸쳐 있다(그림 5.20). 중국은 2016년에 공개 예정인 500m 크기의 전파망원경을 제작 중이다. 이런 큰 크기에도 불구하고 일반적인 전파 파장에서 아레시보 망원경의 분해능은 1분각에 불

**그림 5.20** 305m 아레시보 전파망원경은 푸에르토리코의 천연계곡에 설치되어 있다.

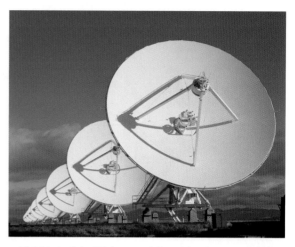

**그림 5.21** 27개의 망원경으로 구성된 뉴멕시코의 JVLA는 철길을 따라 움직이게 되어 있다. 이 망원경은 간섭계로 40km 직경의 단일 전파망원경과 동일한 각분해능을 갖는다.

과하다. 이 값은 허블우주망원경의 가시광 영역 각분해능에 비해 약 1,000배 정도 나쁜 수치이다.

　다행히 천문학자들은 여러 망원경을 함께 이용하는 **간섭계** 기술을 개발하여 큰 단일 망원경의 각분해능과 비슷한 각분해능을 얻게 되었다. 미국 뉴멕시코에 있는 칼 G. 잔스키 초대형 배열(Karl G. Jansky Very Large Array, JVLA)은 Y자 모양으로 배열된 27개의 전파망원경 접시를 하나로 묶은 것이다(그림 5.21). 접시를 최대로 넓게 펼치면 JVLA의 각분해능은 40km 직경의 단일 전파망원경과 비슷해진다. 천문학자들은 세계의 여러 망원경을 연결하여 훨씬 더 높은 각분해능을 얻고 있다.

간섭계 원리를 이용하여 작은 망원경 여러 개를 조합하면 훨씬 큰 망원경의 각분해능을 얻을 수 있다. 간섭계 구축은 짧은 파장(높은 주파수)으로 갈수록 더 어렵지만 천문학자들은 많은 성공을 거두었다. 그중 눈에 띄는 예는 칠레에 구축하여 2011년에 가동을 시작한 알마(Atacama Large Millimeter/submillimeter Array, ALMA)로 최종적으로는 mm와 서브-mm 파장에서 가동되는

**그림 5.22** 알마(ALMA)는 칠레의 고지대 사막(고도 5,000m)에 설치되어 있다.

## 특별 주제 : 여러분 자신의 망원경을 원하나요?

**불과 몇 년 전만 해도,** 괜찮은 망원경을 구입하기 위해서는 수천 달러를 주어야 했으며 일주일 동안 사용법을 배워야 했다. 오늘날에는 좋은 품질의 망원경도 수백 달러에 구입할 수 있고 내장 컴퓨터로 인해 사용법도 매우 쉬워졌다.

망원경 구입을 생각하기 전에 개인용 망원경으로 할 수 있는 것과 할 수 없는 것을 먼저 알아야 한다. 망원경을 이용하면 우주공간의 먼 거리를 달려온 빛을 눈으로 직접 볼 수 있다. 이것은 보람 있는 경험이 되겠지만, 망원경으로 보는 이미지는 훨씬 큰 망원경과 정교한 장비를 이용하여 찍은 이 책 속의 멋있는 사진들과는 다를 것이다. 더욱이 망원경으로 성단이나 성운, 은하 등 멀리 있는 천체를 보려고 할 때 최초의 설정작업을 하지 않으면 이들을 제대로 찾지 못할 수도 있다. 컴퓨터로 구동되는 망원경조차 15분에서 1시간 정도의 설정시간이 필요하며 초보인 경우에는 더 많은 시간이 소요된다.

망원경을 구입하는 목표가 작은 노력으로 달과 몇 개의 천체를 보는 것이라면 망원경 대신 쌍안경을 구입하는 것이 더 낫다. 쌍안경은 훨씬 저렴한 가격으로 하늘을 볼 수 있게 해준다. 쌍안경의 성능은 7×35 또는 12×50과 같이 2개의 숫자로 표시되는데, 첫 번째 숫자는 배율이고 두 번째 숫자는 렌즈의 직경(mm 단위)이다. 망원경과 마찬가지로 렌즈가 크면 빛을 많이 모으고 더 잘 볼 수 있다. 그러나 렌즈가 크면 무거워져서 이동과 고정이 어려워진다. 그래서 큰 쌍안경을 구입한다면 안정적으로 세울 수 있는 삼각대를 준비하는 게 좋다.

망원경을 구입하기로 했다면 첫 번째로 기억해야 하는 것은 배율은 중요한 사항이 아니란 것이다. '650배'와 같이 배율을 강조하는 광고에 현혹되지 말고 다음 세 가지 사항을 고려해야 한다:

1. **집광면적**(조리개라고도 함) 대부분의 개인용 망원경은 반사 망원경이며, '6인치' 망원경이라고 하면 주경의 지름이 6인치라는 뜻이다.
2. **광학 품질** 부실하게 만든 망원경은 좋지 않다. 망원경들을 제대로 비교할 수 없다면 주요 망원경 제조업체(Meade, Celestron 또는 Orion) 제품만 고려하는 게 좋다.
3. **휴대성** 부피가 큰 망원경은 지붕에 설치하기에는 적합하지만 캠핑 시 갖고 다니는 것은 우스운 일이다. 망원경을 어떻게 활용할 것인가에 따라 크기와 휴대성 중 하나를 선택해야 한다.

가장 중요한 사실은 망원경은 수년 동안 사용하기 위한 투자라는 점이다. 다른 투자와 마찬가지로 특정한 모형을 선택하기 전에 많은 것을 배워야 한다. 판매자들이 배포하는 무료 안내책자와 천문학 분야 사이트들, *Sky and Telescope, Mercury*와 같은 잡지들에서 정보를 얻는 것도 좋다. 망원경에 관한 지식이 풍부한 판매자들과 의논을 하는 것도 한 가지 방법이다. 가까운 곳의 천문학 클럽을 찾아서 개인 망원경을 가진 이들의 경험을 배우는 것도 도움이 된다.

---

66개의 망원경이 결합될 예정이다(그림 5.22). 간섭계는 적외선과 가시광 파장 영역에서도 사용되는데 켁망원경처럼 두 대의 망원경을 이용하거나 LBT(Large Binocular Telescope)처럼 하나의 마운트에 두 대의 망원경을 설치하기도 한다.

스펙트럼의 짧은 파장 끝부분인 고에너지 영역에 이르면 천문학자들은 망원경 건설의 또 다른 도전에 직면하게 된다. 고에너지 자외선 또는 엑스선 광자에 초점을 맞추는 것은 연속적으로 날아오는 총알에 초점을 맞추는 것과 비슷하다. 금속판에 정면으로 총알을 쏘면 금속판에 구멍이 나거나 부서지게 된다. 그러나 총알을 금속판에 비스듬한 각도로 쏘면 스쳐 지나면서 약간의 홈집만 내게 된다. 나사의 찬드라망원경과 NuSTAR 프로젝트 같은 엑스선 망원경의 거울은 이와 같은 방법으로 엑스선이 방향을 바꾸게끔 설계되어 있다(그림 5.23). 감마선은 에너지가 더 강하기 때문에 거울에 초점을 맺게 할 수 없어(페르미감마선우주망원경처럼) 일반적으로 감마선망원경은 광자를 붙잡기 위해 무거운 검출기를 사용한다. 이로부터 감마선이 오는 방향을 알 수 있다.

**일반적인 오해**

### 반짝반짝 작은 별

별의 밝기와 색이 반짝이며 변하는 것은 별 자체의 특성이 아니다. 지구 대기에 의해 별빛이 휘는 것은 수영장에서 물에 의해 빛의 굴절이 생기는 것과 마찬가지 현상이다. 공기의 난류에 의해 별빛은 끊임없이 휘기 때문에 반짝이는 것처럼 보인다. 별빛은 수평선 근처에 있을 때(두꺼운 대기층을 통과해서 보일 때)와 바람이 많이 부는 날에 더 반짝인다. 대기 위로 올라간 우주에서는 별빛의 반짝임이 없다.

a. 지구 궤도를 도는 찬드라망원경의 삽화 그림

**그림 5.23** 찬드라망원경은 망원경 앞단에 입사한 엑스선을 원통형 엑스선 거울에서 두 번 편향시켜 초점을 맞도록 되어 있다.

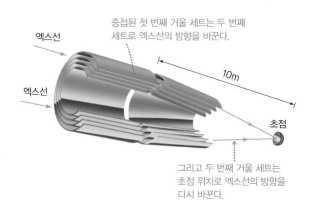

중첩된 첫 번째 거울 세트는 두 번째 세트로 엑스선의 방향을 바꾼다.

엑스선

엑스선

10m

초점

그리고 두 번째 거울 세트는 초점 위치로 엑스선의 방향을 다시 바꾼다.

b. 찬드라망원경의 원통형 엑스선 거울이 배열된 모습. 각각의 거울은 길이가 0.8m이며 직경은 0.6m와 1.2m이다.

## ● 우주망원경을 만드는 이유는 무엇인가?

허블우주망원경을 비롯하여 찬드라망원경 등 많은 망원경이 우주에 올라가 있으며, 2018년에는 제임스웹우주망원경이 올라갈 예정이다. 우주망원경을 발사하는 데 많은 비용이 들지만 대기층에 의한 관측 방해를 피하기 위해 우주망원경을 계속 올리고 있다.

**가시광에 미치는 대기효과** 지구 대기에 의해 여러 가지 문제점이 야기되고 있음은 명백하다. 낮의 하늘 밝기는 밤의 가시광 관측에 제한을 주며 구름은 관측 자체를 방해한다. 더욱이 도시의 밝은 불빛이 대기에 산란되어 **광공해**를 유발하면 우수한 성능의 망원경조차 관측이 불가능하게 된다(그림 5.24). 예를 들면 1917년 설치 당시 세계 최대 크기였던 윌슨산의 2.5m 망원경은 LA 지역에 있는데 근처의 작은 마을 불빛이 없다면 훨씬 더 유용하게 사용될 것이다.

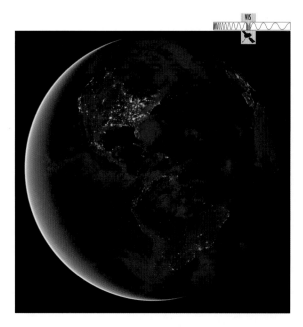

**그림 5.24** 지구의 밤 : 아름다운 모습이지만 이 불빛들은 천문학자들에게 광공해이다. 이 그림은 위성에서 찍은 수백 장의 사진을 합성한 것으로 하늘로 향하는 도시의 밝은 불빛을 보여주고 있다.

대기에 의한 빛의 왜곡은 또 다른 문제점이다. 대기 속 공기의 끊임없는 움직임과 **난류**는 빛을 계속 굴절시킨다. 별이 반짝이는 것은 이 난류 때문이다. 별의 반짝임은 눈에 아름답게 보이지만 천체 이미지의 상을 흐리게 만들기 때문에 천문학자들에겐 문제점으로 남아 있다.

> 우주망원경은 지구 대기에 의한 상의 왜곡이 없다.

**스스로 해보기** ▶ 물 잔의 바닥에 동전을 넣어보자. 물을 저으면 동전은 바닥에 가만히 있지만 마치 움직이는 것처럼 보일 것이다. 왜 이렇게 보일까? 이것은 대기가 별빛을 반짝이게 하는 것과 비슷한 원리이다.

천문학자들은 (광공해가 적어) 하늘이 **어둡고**, (비나 구름이 적어) **건조**하며, (난류의 영향이 작아) 공기가 **안정적**이고, (대기의 영향이 작은) **고도가 높**은 관측 사이트를 선택함으로써 날씨와 광공해, 대기 영향을 어느 정도 피할 수 있다. 3개의 주요 사이트로는 하와이 빅아일랜드 섬의 4,300m 높이 마우나케아산(그림 5.25)과 스페인 카나리제도의 2,400m 높이의 사이트, 2,600m 높이의 칠레 파라날천문대가 있다.

**그림 5.25** 하와이의 마우나케아산 정상 천문대들. 마우나케아는 관측소로서 최적의 장소이다. 대도시의 불빛에서 멀리 떨어져 있으며, 고지대에 위치하고 있고 대기가 맑고 건조한 지역이기 때문이다.

**그림 5.26** 지구 궤도를 돌고 있는 허블우주망원경. 대기층 위에 있기 때문에 왜곡되지 않은 우주를 볼 수 있다. 허블우주망원경은 가시광뿐만 아니라 적외선과 자외선 영역의 관측도 할 수 있다.

　물론 대기에 의한 왜곡을 해결할 궁극적인 방법은 망원경을 우주공간에 올려놓는 것이다. 이것이 허블우주망원경을 만든 이유 중 하나이며, 지상망원경에 비해 상대적으로 작은 크기의 주경이지만 매우 성공적인 이유이기도 하다.

**대기 흡수와 빛의 방출** 지상에서의 관측 결과를 허블우주망원경의 가시광 관측 결과와 비슷하거나 더 좋게 만드는 새로운 기술이 있다. 지구 대기는 지상에 도달하는 모든 형태의 빛을 방해하기 때문에 지상 관측으로는 극복할 수 없는 문제점들을 유발하고 있다(그림 5.27). 더욱이 대기는 많은 적외선 파장에서 빛을 내며 지표면은 적외선 관측 시 배경복사를 내기까지 한다. 전파와 가시광, 자외선 파장대역 중 가장 긴 파장 그리고 적외선 파장대의 아주 일부만을 지상에서 관측할 수 있다.

　망원경을 우주에 올리는 가장 중요한 이유는 지구 대기층을 통과하지 못하는 빛을 관측하기 위해서이다. 모든 엑스선 망원경이 우주망원경인 이유도 이와 같다. 대부분의 적외선과 자외선 그리고 감마

전자기 스펙트럼의 많은 부분은 지상 관측이 불가능하고 우주에서만 관측이 가능하다.

일반적인
**오해**

**별 가까이?**

많은 사람이 우주망원경은 지구 위에 있기 때문에 별에 가까울 것이라는 오해를 하고 있는데 우주의 스케일을 보면 이 생각이 잘못되었다는 것을 알 수 있다. 1.1절의 보이저 모형에서 태양계 크기를 보면 허블우주망원경의 위치는 지구 표면으로부터 수 밀리미터 정도여서 그 고도를 알려면 현미경으로 보아야 할 만큼 가까운 반면, 가장 가까운 별은 수 킬로미터 정도 떨어져 있다. 따라서 별까지의 거리는 지상망원경과 우주망원경 모두에 거의 똑같다고 할 수 있다. 우주망원경의 장점은 지구 대기 위에 있어 대기에 의한 관측 방해를 덜 받는다는 것이다.

**그림 5.27** 이 그림은 각 파장별로 지구 대기층을 통과하는 깊이를 보여주고 있다. 전자기 스펙트럼의 대부분은 매우 높은 고도나 우주에서만 관측이 가능하다.

주요
우주망원경

페르미　스위프트　찬드라　허블　스피처　플랑크

감마선　엑스선　자외선　가시광　적외선　전파

100 km

10 km

해수면

**그림 5.28** 적응광학 기술은 지상망원경으로 관측한 별빛이 지구 대기층에 의해 흐려지는 것을 해결할 수 있다(이것은 CFHT로 적외선 관측을 한 이미지들이다. 색깔은 적외선 강도를 나타낸다.).

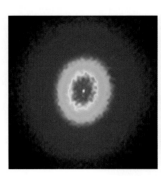

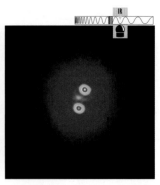

a. 대기 왜곡으로 인해 지상에서 관측한 쌍성의 이미지가 하나의 별처럼 보인다.

b. 동일한 망원경에 적응광학을 사용했을 때 2개의 별이 분명하게 구별된다. 두 별의 각거리는 0.28″이다.

선 관측도 지상망원경으로는 불가능하다. 허블우주망원경의 가시광 관측 능력이 지상망원경과 비슷함에도 불구하고 아직 유용한 망원경으로 남아 있는 것은 지상에 도달하지 않는 자외선과 적외선 파장 영역에서의 관측도 함께 수행하기 때문이다.

**적응광학** 우주망원경은 장점이 많이 있지만 지상에 큰 망원경을 제작하는 것이 더 저렴하다. 그러나 큰 지상망원경은 더 많은 빛을 모으지만 대기의 난류에 의해 이미지가 흐트러지기 때문에 망원경의 크기에 따른 이론적인 각분해능을 달성할 수 없다.

오늘날 **적응광학**이라는 놀라운 기술로 대기에 의해 상이 흐려지는 현상을 보정할 수 있다. 이 기술은 다음과 같이 작동한다. 망원경에 도달한 별빛은 대기를 통과하는 동안 난류에 의해 춤을 추듯 흔들리게 되는데 적응광학은 별빛의 흔들림에 대해 역으로 망원경의 거울을 조정 적응광학은 지상 망원경의 대기 왜곡 문제를 해결한다. 하여 대기에 의한 왜곡을 상쇄한다(그림 5.28). 빠르게 변하는 대기 왜곡을 보정하기 위해 거울(부경 또는 세 번째 거울)의 형상을 1초 동안에도 여러 번 조정하게 된다. 관측 대상 부근에 있는 밝은 별의 상이 왜곡되는 것을 모니터링하여 컴퓨터로 보정량을 계산한다. 만약 근처에 밝은 별이 없다면 레이저를 쏘아 인공별(지구 대기상의 점광원)을 만들어 이것을 모니터링한다.

지상망원경의 적응광학 기술과 우주망원경, 간섭계 등으로 인해 천문학자들은 과거에 본적이 없는 하늘을 볼 수 있게 되었다. 관련 기술이 급격하게 발전하고 있어 멀리 있는 천체를 허블우주망원경의 이미지와 비교할 만큼 자세히 볼 수 있는 새로운 망원경이 수십 년 이내에 나타나리라는 예측을 할 수 있다.

## 전체 개요　　제5장 전체적으로 훑어보기

이 장의 주된 목적은 멀리 있는 천체의 빛을 관측하여 우주를 알아가는 방법을 보여주는 것이다. 제5장은 다음과 같은 내용을 이해하는 데 도움을 준다.

- 우주에 대해 우리가 알고 있는 대부분의 정보는 빛으로부터 얻은 것이다. 물질이 남긴 지문 덕분에 멀리 있는 천체의 빛도 정밀하게 분석하면 여러 가지를 알 수 있다.
- 우리 눈으로 볼 수 있는 가시광은 전자기 스펙트럼 전체 중 일부에 지나지 않는다. 스펙트럼의 다른 부분은 천체에 관한 또 다른 정보를 간직하고 있기 때문에 가시광 이외의 파장대를 연구하는 것도 중요하다.

- 천체 이미지는 멋있지만 멀리 있는 천체로부터 오는 빛을 분산시켜 스펙트럼을 얻으면 천체의 화학 조성, 표면온도, 공간 운동 등 더 많은 것을 알 수 있다.
- 기술의 발전은 천문학적인 발견을 이끌고 있다. 우리는 큰 망원경의 제작과 더 정밀한 관측기기의 개발 그리고 새로운 파장대에서의 연구를 통해 우주에 관해 더 많은 것을 배우고 있다.

## 핵심 개념 정리

### 5.1 빛과 물질의 기본 성질

● **빛이란 무엇인가?**

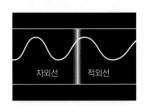

빛은 **전자기파**이면서 광자라 불리는 낱개의 '조각'이기도 하다. **광자**는 파장과 주파수, 에너지를 갖는다. 짧은 파장일수록 높은 주파수와 큰 에너지를 갖는다. 빛은 **전파, 적외선, 가시광**, 자외선, 엑스선, 감마선으로 갈수록 파장이 짧아진다.

● **물질이란 무엇인가?**

일반적인 물질은 **양성자**와 **중성자, 전자**로 구성된 **원자**로 이루어져 있다. **화학 조성**이 다른 원자는 양성자의 수가 다르다. **동위원소**라는 것은 동일한 양성자를 갖지만 중성자의 수가 다른 화학물질을 말한다. **분자**는 2개 이상의 원자로 이루어져 있다.

● **빛과 물질은 어떻게 상호작용하는가?**

물질은 빛을 방출하거나 흡수, 투과 또는 반사(산란)한다.

### 5.2 빛으로부터 배우는 사실

● **스펙트럼의 세 가지 기본 유형은 무엇인가?**

스펙트럼에는 무지개처럼 보이는 **연속 스펙트럼**, 무지개에서 특정 색상이 보이지 않는 **흡수선 스펙트럼**과 검은 바탕에 특정 색상의 선만 나타나는 **방출선 스펙트럼**의 세 가지 기본 유형이 있다.

● **무엇이 만들어지고 있는지 빛으로부터 알아내는 방법은?**

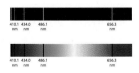

방출선 또는 흡수선은 원자나 분자의 정해진 에너지 준위 사이의 천이에 해당하는 특정한 파장에서만 나타난다. 모든 종류의 원자와 이온, 분자는 특정한 스펙트럼을 만들기 때문에 이 선들을 동정하면 그 천체의 화학 조성을 알 수 있다.

● **행성과 별의 온도를 빛으로부터 알아내는 방법은?**

행성과 별 같은 천체는 연속 스펙트럼의 가장 일반적인 형태인 **열복사 스펙트럼**을 만든다. 천체는 뜨거울수록 단위 면적당 방출하는 총복사의 양이 많으며 광자의 평균 에너지도 크기 때문에 이 스펙트럼으로부터 천체의 온도를 알 수 있다.

● **빛은 멀리 떨어진 천체의 속도를 어떻게 알려주나?**

**도플러 효과**는 천체가 우리에게 다가오거나 멀어지는지 속도를 알려준다. 스펙트럼선은 천체가 우리에게 다가올 경우 짧은 파장(**청색이동**)으로 이동하며 우리에게서 멀어질 경우 긴 파장(**적색이동**)으로 이동한다.

### 5.3 망원경으로 집광하기

● **망원경으로 우주의 모습을 알아내는 방법은?**

망원경을 이용하면 더 어두운 천체를 볼 수 있으며, 눈으로 보는 것보다 더 자세히 들여다볼 수 있고 모든 파장대의 빛 스펙트럼에 대해 연구할 수 있다. **집광면적**은 망원경이 빛을 얼마나 모을 수 있는가를 나타낸다. **각분해능**은 망원경이 찍은 이미지가 얼마나 정밀한가를 결정한다. 즉, 망원경이 클수록 파장이 짧을수록 분해능은 좋아진다. 여러 개의 망원경을 이용한 **간섭계**를 만들어 큰 망원경이 갖는 분해능을 이끌어내기도 한다.

● **우주망원경을 만드는 이유는 무엇인가?**

지구 대기층 위에 있는 우주망원경은 **광공해**와 대기에 의한 상의 왜곡 문제가 없으며, 대기층을 투과하지 못하는 모든 파장의 빛을 관측할 수 있다는 장점이 있다. 그러나 가시광의 경우 지상망원경에 나타나는 지구 대기에 의한 상의 번짐 현상은 현재 **적응광학** 기술로 극복이 가능하다.

## 시각적 이해 능력 점검

천문학에서 사용하는 다양한 종류의 시각자료를 활용해서 이해도를 확인해보자.

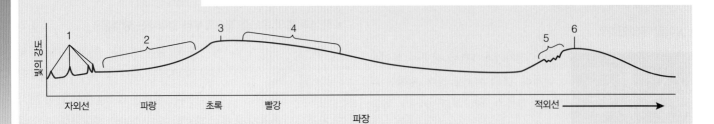

숫자를 표시해 놓은 위의 화성 스펙트럼을 참조하라.

1. 스펙트럼의 6개 부분 중 어떤 것이 방출선인가?
2. 스펙트럼의 6개 부분 중 어떤 것이 흡수선인가?
3. 스펙트럼의 어느 부분이 반사된 태양광인가?
   a. 1번
   b. 2, 3, 4번
   c. 3, 6번
   d. 스펙트럼 전체

4. 스펙트럼의 6번 부분은 화성의 무엇을 말해주나?
   a. 색상
   b. 표면온도
   c. 화학 조성
   d. 공전속도
5. 화성의 붉은색은 이 스펙트럼 어디에 나타나 있나?
   a. 3번 파장
   b. 6번 파장
   c. 4번 파장역이 2번 파장역보다 세게 보이는 것
   d. 3번 파장의 최댓값이 6번 파장의 최댓값보다 큰 것

## 연습문제

### 복습문제

1. 빛의 **파장**과 주파수, 광속을 정의하라. 빛이 긴 파장을 가진 다면 이 주파수를 무엇이라 부르는가? 이유를 설명하라.
2. **광자**는 무엇인가? 광자의 입자성은 어떻게 설명할 수 있는가? 파동성을 띠는 것은 어떻게 설명할 수 있는가?
3. 낮은 에너지에서 높은 에너지까지 빛의 형태를 나열하라. 이 순서는 주파수에서도 동일한가? 짧은 주파수에서 긴 주파수 까지인가?
4. 원자의 구조와 크기를 간단히 설명하라. 원자의 전체 크기에 대한 핵의 상대적인 크기는 얼마인가?
5. **원자번호**와 **원자질량 수**를 정의하라. 동일한 물질이 각기 다른 동위원소가 되는 조건은 무엇인가?
6. **전하**란 무엇인가? 전자와 양성자는 서로 당기거나 밀어낸다. 전자가 2개 있다면 어떻게 되는가?
7. 빛과 물질의 상호작용 네 가지는 무엇인가? 각각의 상호작용

에 대해 일상생활에서 볼 수 있는 예를 들어보라.

8. 스펙트럼의 세 가지 기본 유형과 발생 조건에 대해 설명하라. 태양 스펙트럼은 어떤 유형에 속하는가? 그 이유는 무엇인가?
9. 원자가 특정 파장에서 빛을 방출하거나 흡수하는 이유는 무 엇인가? 이 사실로부터 멀리 있는 천체의 화학 조성을 알아내 는 방법은 무엇인가?
10. 8,000K 별의 열복사 스펙트럼과 4,000K 별의 열복사 스펙트 럼이 어떻게 다른지 설명하라.
11. 빛의 **도플러 효과**를 설명하고, 그것으로부터 무엇을 배울 수 있 는지 말하라. 전파에서의 청색이동이란 무엇을 의미하는가?
12. 망원경의 두 가지 주요 특성은 무엇이며, 왜 중요한지 설명하 라. 굴절망원경과 반사망원경의 차이점은 무엇인가?
13. 지구 대기가 천문 관측을 방해하는 요인을 세 가지 이상 나열 하라.
14. 관측 자료의 품질 향상에 기여하는 적응광학 기술과 간섭계

의 원리에 대해 간단히 설명하라.

## 이해력 점검

### 이해했는가?

다음 문장이 합당한지(또는 명백하게 옳은지) 혹은 이치에 맞지 않는지(또는 명백하게 틀렸는지) 결정하라. 명확히 설명하라. 아래 서술된 문장 모두가 결정적인 답은 아니기 때문에 여러분이 고른 답보다 설명이 더 중요하다.

15. 푸른색 셔츠에 반사된 빛의 스펙트럼을 본다면 무지개 색깔을 전부 볼 수 있다(흰색 빛을 보는 경우와 동일하다.).

16. 엑스선은 전파보다 주파수가 더 높기 때문에 속도도 더 빠르다.

17. 루비듐(rubidium)의 동위원소들은 양성자의 수가 다르다.

18. (태양 크기가 일정한 상태에서) 만약 태양 표면이 더 뜨거워진다면 가시광은 현재보다 더 작게 방출하고 자외선은 더 많이 방출한다.

19. 만약 적외선을 볼 수 있다면 눈을 감았을 때 눈꺼풀의 뒷면에서 나오는 빛도 볼 수 있다.

20. 만약 엑스선을 볼 수 있는 눈을 갖고 있다면 책장을 넘기지 않고 책을 읽을 수 있다.

21. 멀리 있는 은하가 큰 적색이동을 보인다면 그 은하에서 우리 은하를 볼 때도 큰 적색이동이 나타나는가?

22. 적응광학 덕분에 지상망원경도 자외선 관측을 할 수 있다.

23. 간섭계 덕분에 10m 전파망원경을 적절히 배치하면 100km 전파망원경의 각분해능을 얻을 수 있다.

24. 달에서는 별의 반짝임이 없다.

### 돌발퀴즈

다음 중 가장 적절한 답을 고르고, 그 이유를 한 줄 이상의 완전한 문장으로 설명하라.

25. 해바라기는 왜 노란색인가? (a) 노란색을 방출하기 때문 (b) 노란색을 흡수하기 때문 (c) 노란색을 반사하기 때문

26. 푸른색 빛은 붉은색 빛에 비해 (a) 큰 에너지와 짧은 파장을 가진다. (b) 큰 에너지와 긴 파장을 가진다. (c) 작은 에너지와 짧은 파장을 가진다.

27. 전파는 (a) 소리의 한 종류이다. (b) 빛의 한 종류이다. (c) 스펙트럼의 한 종류이다.

28. 원자핵은 원자 전체에 비해 (a) 굉장히 작고 질량의 대부분을 차지한다. (b) 굉장히 크고 질량의 대부분을 차지한다. (c) 굉장히 작고 질량의 아주 작은 부분을 차지한다.

29. 질소 원자는 7개의 중성자를 갖는 것과 8개의 중성자를 갖는 것이 있다. 이 두 가지 형태는 (a) 각각 이온이다. (b) 위상이 다르다. (c) 동위원소이다.

30. 별의 스펙트럼에서 볼 수 있는 스펙트럼 세트는 별의 (a) 원자 구조에 따라 다르다. (b) 화학 조성에 따라 다르다. (c) 회전율에 따라 다르다.

31. 스펙트럼의 최대 밝기가 적외선에서 나타나는 별은 (a) 태양보다 더 차갑다. (b) 태양보다 더 뜨겁다. (c) 태양보다 더 크다.

32. 실험실에서 321nm 파장에서 나타난 스펙트럼선이 멀리 있는 천체에서는 328nm에서 나타났다. 이것을 (a) 적색이동이라고 한다. (b) 청색이동라고 한다. (c) 흰색이동라고 한다.

33. 6m 직경의 망원경은 3m 망원경에 비해 집광력이 얼마나 클까? (a) 2배 (b) 4배 (c) 6배

34. 허블우주망원경은 대부분의 지상망원경보다도 고해상도 이미지를 얻었다. 그 이유는 (a) 크기 때문이다. (b) 별에 더 가깝기 때문이다. (c) 지구 대기층 위에 있기 때문이다.

## 과학의 과정

35. **우주 속 원소.** 천문학자들은 우주 속 물질들이 지구에 존재하는 물질들과 동일하다고 주장한다. 대부분 천체들은 인간이 절대로 갈 수 없을 만큼 멀리 떨어져 있지만 그 천체들이 지구상의 물질과 동일한 화학 조성을 갖고 있다는 확신을 하는 이유는 무엇일까?

36. **뉴턴의 프리즘.** 태양 빛이 프리즘을 통과할 때 색깔이 나타나는 것을 뉴턴은 어떻게 밝혔는지 간단히 살펴보자. 뉴턴이 발견한 사실을 가상으로 실험해보자. 2개의 프리즘과 흰색 스크린을 갖고 있다고 가정하고 프리즘을 어떻게 정렬할지 설명해보라.

## 그룹 활동 과제

37. **어떤 망원경을 사용해야 할까? 역할 :** 기록자(그룹 활동을 기록), 제안자(그룹 활동에 대한 설명), 반론자(제안된 설명의 약점을 찾아냄), 중재자(그룹의 논의를 이끌고 반드시 모든 사람이 참여할 수 있도록 함). **활동 :** 블랙홀 주변의 물질을 관측하기 위한 망원경 선택하기. 다음 4개의 망원경을 이 관측에 적합한 순서로 번호를 매겨라.

a. 엑스선 망원경, 직경 2m, 남극에 설치

b. 적외선 망원경, 직경 2m, 2μm 파장대를 관측, 우주망원경

c. 적외선 망원경, 직경 10m, 적응광학 장비를 갖추고 10μm

파장대를 관측, 마우나케아산에 설치

   d. 전파망원경, 직경 300m, 푸에르토리코에 설치

## 심화학습

### 단답형/서술형 질문

38. 원자 용어 연습 I.

   a. 가장 일반적인 형태의 철은 26개의 양성자와 30개의 중성자를 가진다. 이런 형태의 중성 철 원자의 경우 원자번호와 원자질량 수, 전자의 수는 얼마인지 설명하라.

   b. 다음 3개의 원자에 대해 생각해보자. 원자 1은 7개의 양성자와 8개의 중성자를 갖고 있음, 원자 2는 8개의 양성자와 7개의 중성자를 갖고 있음, 원자 3은 8개의 양성자와 8개의 중성자를 갖고 있음. 어떤 원자들이 동위원소인가?

   c. 산소는 원자번호가 8이다. $O^{+5}$를 만들려면 산소원자가 몇 번 이온화되어야 하나? $O^{+5}$에는 전자가 몇 개나 있는가?

39. 원자 용어 연습 II.

   a. 9개의 양성자와 10개의 중성자를 가진 불소 원자의 원자번호와 원자질량 수는? 불소 핵에 양성자를 하나 추가하면 여전히 불소 원자로 존재하는가? 만약 불소 원자핵에 중성자를 추가하면 어떻게 되는가? 이유를 설명하라.

   b. 금의 가장 흔한 동위원소는 원자번호 79, 원자질량 수 197인 원소이다. 금의 핵은 몇 개의 양성자와 중성자를 갖고 있나? 만약 금이 중성이라면 몇 개의 전자를 가지는가? 만약 3번 이온화되었다면 몇 개의 전자를 가지는가?

   c. 우라늄은 원자번호가 92이다. 우라늄의 가장 흔한 동위원소는 $^{238}U$이지만 원자탄과 핵발전소에 사용되는 동위원소는 $^{235}U$이다. 이들 동위원소는 각각 몇 개의 중성자를 가지는가?

40. 에너지 준위 천이. 다음 그림은 수소원자의 에너지 준위와 원자 이동을 나타낸다. 다음 질문에 답하라.

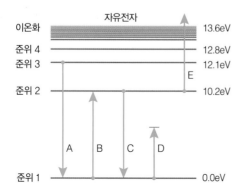

41. 오리온성운. 망원경을 통해 보면 오리온성운은 빛나는 기체구름처럼 보인다. 성운의 빛나는 부분은 어떤 종류의 스펙트럼에 해당할까? 그 이유는 무엇인가?

   a. 10.2eV의 에너지를 갖는 광자를 **흡수**하면 어떤 천이를 하게 될까?

   b. 10.2eV의 에너지를 갖는 광자를 **방출**하면 어떤 천이를 하게 될까?

   c. 전자가 원자를 벗어나 자유전자가 되는 경우는 어떤 천이인가?

   d. 그림에서 **불가능한** 천이는 어느 것인가?

   e. A 천이는 빛의 방출인가 흡수인가? C 천이 시 발생하는 광자와 비교했을 때 A 천이 시 흡수되거나 방출된 광자의 파장은 어떤가? 이유를 설명하라.

41. 오리온성운. 망원경을 통해 보면 오리온성운은 빛나는 기체구름처럼 보인다. 성운의 빛나는 부분은 어떤 종류의 스펙트럼에 해당할까? 그 이유는 무엇인가?

42. 도플러 효과. 수소의 경우 준위 2에서 1로의 천이는 121.6nm의 파장에 해당한다. 이 선이 별 A와 별 B, 별 C 그리고 별 D에서 각각 120.5nm, 121.2nm, 121.9nm, 122.9nm 파장에서 나타났다고 가정해보자. 어느 별이 우리에게 다가오고 있는가? 어느 별이 우리로부터 멀어지고 있는가? 우리에 대해 가장 빠르게 움직이고 있는 별은 어느 것인가? 속도를 계산하지 말고 답하라.

43. 스펙트럼 요약. 천체의 스펙트럼으로부터 그 천체의 특성을 연구하는 방법을 명확히 설명하라.

   a. 천체의 표면 화학 조성

   b. 천체의 표면온도

   c. 천체가 저밀도의 기체구름인지, 밀도가 더 높은 천체인지 여부

   d. 천체가 우리로부터 멀어지거나 다가오는 속도

44. 이미지 해상도. 신문이나 잡지, 책의 사진을 더 큰 크기로 확대하면 어떻게 될까? 확대하기 전보다 더 자세히 볼 수 있을까? 답변을 천체에 대한 확대와 각분해능 개념으로 설명하라.

45. 망원경 기술. 5개의 망원경으로 구성된 우주천문대를 만들었다고 가정해보자. 이 망원경들을 이용하는 가장 효율적인 방법은 무엇일까? 5개 망원경 모두에 적응광학 기술을 적용, 적응광학 기술 없이 5개의 망원경을 간섭계로 구성. 이유를 설명하라.

46. 프로젝트: 반짝반짝 빛나는 별. 성도를 이용하여 초저녁에 보이는 밝은 별 5~10개를 찾는다. 맑은 날 밤 이 별들을 몇 분 동안 관측하자. 날짜와 시간을 적고, 각 별에 대해 근사적인 고

도와 방향, 다른 별과의 상대적인 밝기, 색깔, 다른 별과 비교하여 얼마나 많이 반짝이는지에 대한 시청을 기록하자. 그리고 기록한 것을 토론하자. 별의 밝기와 하늘에서의 방향이 별의 반짝임에 얼마나 영향을 미치는지 결론을 이끌어낼 수 있는가?

## 계량적 문제

모든 계산 과정을 명백하게 제시하고, 완벽한 문장으로 해답을 기술하라.

47. **열복사 법칙**

    a. 열복사를 내는 3,000K의 천체가 1m²당 방출하는 에너지와 최대 세기 파장을 계산하라.

    b. 열복사를 내는 5,000K의 천체가 1m²당 방출하는 에너지와 최대 세기 파장을 계산하라.

48. **뜨거운 태양.** 태양의 표면온도가 6,000K가 아니라 12,000K라고 가정해보자.

    a. 태양이 방출하는 열복사는 얼마나 더 많아질까?

    b. 태양의 최대 세기 파장은 어떻게 변할까?

    c. 이 상태에서도 지구에 생명체가 살 수 있을까? 이유를 설명하라.

49. **도플러 이동 계산.** 수소의 경우 준위 2에서 1로의 천이는 121.6nm의 파장에 해당한다. 이 선이 다음의 파장에서 나타나는 경우 별의 운동 방향(접근 또는 후퇴)과 속도를 구하라.

    a. 120.5nm  b. 121.2nm  c. 121.9nm  d. 122.9nm

50. **허블의 시야.** 큰 망원경은 종종 작은 시야각을 가진다. 예를 들면 허블우주망원경의 최신 카메라는 한 변이 약 0.06°인 사각형의 시야를 갖는다.

    a. 허블우주망원경이 갖는 사각형 시야의 각면적을 계산하라.

    b. 하늘의 각면적은 약 41,250deg²이다. 허블망원경으로 하늘 이미지를 얻으려면 몇 번을 찍어야 하는가?

## 토론문제

51. **과학의 변화 한계.** 1835년, 프랑스 철학자 오귀스트 콩트는 별의 성분을 과학적으로 알아내는 것은 절대로 불가능할 것이라고 말했다. 비록 태양의 스펙트럼이 당시에 알려졌지만, 과학자들이 그것을 (푸코와 키르호프의 연구를 통해) 스펙트럼 선이 화학 성분에 관한 정보를 준다는 사실을 인식한 것은 19세기 중반이었다. 우리의 현재 지식이 왜 1835년에는 없었을까? 새로운 발견이 과학의 한계를 변화시키는 것에 대해 토론해보자. 지구에 생명체가 이렇게 탄생했을까와 같은 질문은 오늘날 과학의 영역을 넘어서는 것처럼 보인다. 이런 질문들에 대해 과학적으로 대답할 수 있다고 생각하는가? 견해를 말해보라.

52. **과학과 기술 기금.** 기술혁신은 분명 천문학 분야의 과학적 발견을 이끌어왔다. 그러나 그 반대도 사실이다. 예를 들면 행성의 운동을 설명하고 싶어 했던 뉴턴은 몇 가지 발견을 했지만 그의 발견은 우리 문명에 거의 영향을 끼치지 않았다. 의회는 순수한 과학적 목적(기초 연구)을 달성하기 위한 예산과 새로운 기술을 개발하기 위한 예산 사이에서 종종 결정을 내려야 한다.

53. **전자레인지.** 전자레인지는 물 분자의 에너지 준위를 바꾸는 데 필요한 마이크로파를 방출한다. 이 사실을 이용하여 전자레인지가 음식을 어떻게 요리하는지 설명하라. 플라스틱 접시는 전자레인지에서 뜨거워지지 않지만, 점토로 만든 접시는 뜨거워진다. 이유가 무엇인가? 그릇에 담긴 음식이 전자레인지에서 데워질 때까지 그릇은 뜨거워지지 않는 경우가 종종 있는데 이유는 무엇일까? (참고 : 빈 접시를 전자레인지에 넣는 건 좋은 생각이 아니다.)

## 웹을 이용한 과제

54. **어린이와 빛.** 중학생과 고등학생을 위한 빛에 관한 교육용 웹사이트 중 하나를 방문해보자. 웹사이트 내용을 읽고 다음 질문에 대답하라. 만약 여러분이 교사라면 학생들에게 유용한 사이트를 발견하였는가? 발견하였다면 또는 발견하지 못하였다면 왜 그런가? 그 이유를 1쪽 분량으로 기술하라.

55. **주요 지상 천문대.** 세계의 주요 천문대를 가상으로 여행해보자. 이 천문대들이 천문학 연구에 왜 유용한지 간단한 보고서를 작성하라.

56. **우주망원경.** 현재 존재하거나 작업 중인 주요 우주망원경의 웹사이트를 방문해보자. 이 망원경들의 목적과 궤도, 운영방식 등에 대해 간단한 보고서를 작성하라.

57. **굉장히 큰 망원경.** 거대망원경(GMT, TMT, EELT 등) 건설사업 중 하나에 대해 알아보자. 망원경의 현재 상태와 잠재능력에 대해 간단한 보고서를 작성하라.

제2부 한눈에 보기. 물리학의 보편성

아이작 뉴턴의 위대한 통찰 중 하나는 일상생활에서뿐만 아니라 우주의 모든 천체에 동일한 물리법칙이 적용된다는 물리학의 보편성이다. 이 그림은 지구와 우주에 동시에 적용되는 사례와 함께 천문학에서 연구하는 중요한 물리적 원리의 일부를 보여준다.

지구에서의 예

① 에너지 보존 : 에너지는 물체에서 다른 물체로 전달될 수도 있고 형태가 변형될 수도 있지만 에너지의 총량은 언제나 보존된다[4.3절].

카이네틱에너지

복사에너지

퍼텐셜에너지

식물은 태양에너지를 화학적 너지를 가진 음식으로 변환시 고, 우리 몸은 음식을 운동에 지로 변환시킨다.

② 각운동량 보존 : 어떤 물체의 각운동량은 다른 물체로 전달되지 않는 한 변하지 않는다. 각운동량은 질량과 속도, 반경에 의해 결정되기 때문에 회전하는 물체는 크기가 작아지거나 작은 궤도를 돌수록 더 빠르게 돌아야 한다[4.3절].

스케이트 선수가 빠르게 돌 때 팔을 오므리는 이유 각운동량 보존으로 설명된다.

③ 중력 : 우주에 존재하는 질량을 가진 물체는 모두 중력을 갖고 서로 끌어당긴다. 두 물체 사이에 작용하는 중력의 세기는 질량의 곱에 비례하고 물체 사이 거리의 제곱에 반비례한다 [4.4절].

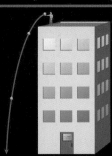

공이 아래로 떨어질 때 가속하는 이유는 지구와 공이 서로 당기는 힘인 중력으로 설명된다.

④ 열복사 : 큰 물체는 물체의 온도에 해당하는 열 복사를 방출한다. 뜨거운 물체는 방출하는 광자 의 평균 에너지가 크고 복사의 세기도 모든 파장 에서 크다[5.2절].

뜨거운 부젓가락에서 나오는 빛은 가시 사이다.

⑤ 전자기 스펙트럼 : 빛은 전기적으로 대전된 입자 와 자석에 영향을 미치는 파동이다. 빛의 파장과 주파수는 감마선부터 엑스선, 자외선, 가시광, 적 외선, 전파에 이르기까지 넓은 파장대에 걸쳐 있 다[5.1절].

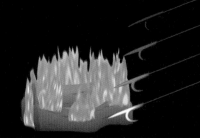

엑스선 기기

전구

우리는 일상에서 다양한 종류의 전자기 복사와 만나게 된다.

전자레인지

감마선   엑스선   자외선   가시광   전파

적외선

마이크로파

우주공간에서의 예

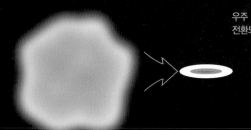

우주 속 수축하는 기체구름은 중력에너지가 열에너지로 전환되면서 뜨거워진다.

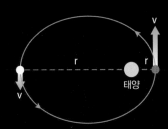

행성의 궤도가 태양에 가까울수록 더 빠르게 운동을 하는 것은 각운동량 보존으로 설명된다.

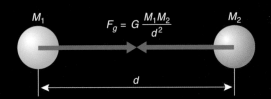

$$F_g = G\,\frac{M_1 M_2}{d^2}$$

우주 속 굉장히 멀리 떨어진 천체들 사이에도 중력이 작용한다.

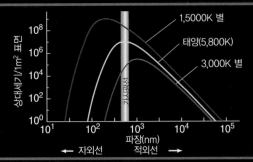

태양빛은 열복사의 눈에 보이는 형태이다. 태양은 부젓가락보다 더 뜨겁기 때문에 더 밝고 더 하얗다.

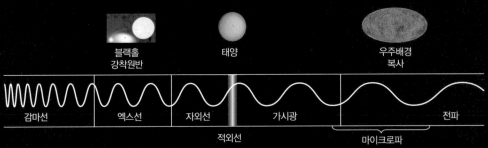

우주에는 전자기 복사가 다양한 형태로 존재한다. 따라서 우주의 완전한 모습을 알기 위해서는 여러 파장대에서의 관측이 요구된다.

# 태양계 형성  6

약 45억 년 전쯤 우리태양계가 형성되고 있는 것을 상상하여 그려낸 모습

이 장의 학습목표

## 기본 선행 학습

1. 우주 속에서 태양계의 위치는? [1.1절]
2. 우주는 얼마나 클까? [1.1절]
3. 우리는 어떻게 여기에 존재하게 되었는가? [1.3절]
4. 태양의 자전과 행성들의 공전을 계속 유지시키는 힘은 무엇인가? [4.3절]
5. 중력의 크기는 무엇으로 결정되는가? [4.4절]
6. 행성의 궤도를 이해하는 데 중력과 에너지는 어떻게 사용되는가? [4.4절]

이 장에서는 태양계의 주요 특징에 대한 세세한 연구가 지구와 우리태양계 형성에 관한 정밀한 이론을 만드는 데 어떻게 도움을 주었는지를 공부할 것이다. 이 이론을 제대로 이해하면 이후의 장들에서 우리태양계의 행성들과 다른 행성계들을 더욱 깊게 공부하는 데 큰 도움이 될 것이다.

## 6.1 우리태양계로의 간략한 여행

인류는 오래전부터 행성들이 하늘에 고정되어 있지 않고 움직인다는 것을 알고 있었으나, 우리가 살고 있는 지구도 태양을 중심으로 공전하는 행성 중 하나라는 사실을 알게 된 것은 불과 수백 년 전의 일이다. 그러나 지금과 같이 커다란 망원경이 있기 전까지는 다른 행성들에 관해 아는 것이 거의 없었다. 최근의 우주 탐사는 지구 밖의 세계에 대한 우리의 이해를 매우 넓혀주었다. 우리는 처음부터 태양계에서 살아왔지만 이제서야 태양계에 관해 조금씩 알아가고 있다. 자, 이제 우리가 살고 있는 행성계를 가볍게 여행해보자. 이후에 더 자세히 학습하는 데 기반이 될 것이다.

### • 우리태양계는 어떤 모습일까?

우리태양계를 알아가기 위한 첫 단계는 그것이 전체적으로 어떻게 생겼을지를 상상해보는 것이다. 태양계 행성들의 궤도 저 너머에서 우리의 행성계를 바라보면 어떤 모습일까?

사실 망원경이 없다면 그 답은 "딱히 뭐가 보이지 않는다." 일 것이다. 왜냐하면 태양과 그 주위를 도는 행성들의 크기는 그들 사이의 거리에 비하면 너무 작기 때문이다[1.1절]. 따라서 태양계 밖에서 바라본다면 행성들은 빛나는 하나의 점으로 보일 것이며 태양마저도 조금 크기는 하지만 빛나는 하나의 점에 불과할 것이다. 그러나 만약 태양과 행성들의 크기를 그들 사이의 거리에 비해 100만 배 정도 확대해 궤도와 함께 표시하면 그림 6.1의 가운데 큰 그림과 같은 모습일 것이다(pp. 154~155).

그림 6.1 이후에는 태양으로부터 출발하여 각 행성들을 경유하고 명왕성이나 에리스와 같은 왜소행성으로 끝맺는 태양계 여행이 그려져 있다. 여행하는 동안 이후 절들에서 비교 학습이 될 수 있도록 각 천체의 중요한 특성들에 대해 간략하게 살펴볼 것이다. 각 페이지의 한쪽에는 100억분의 1 축척으로 각 천체들의 상대적 크기를 나타낸 그림이 있다. 그리고 각 페이지의 하단에 있는 지도에는 각 행성의 태양으로부터 상대적 거리를 볼 수 있도록 태양과 각 행성들의 위치가 태양계 여행 모형 위에 그려져 있다. 태양계 여행이 끝난 후 표 6.1에 중요한 정보들을 요약할 것이다.

그림 6.1과 표 6.1 그리고 그 사이의 페이지들을 공부하다 보면 곧바로 우리태양계가 결코 서로 다른 여러 세계들이 무작위로 모인 것이 아님을 깨달을 것이다. 그림 6.1은 모든 행성이 태양 주위를 같은 방향과 거의 동일한 평면 위에서 공전함을 보여주고 있으며, 그 뒤의 태양계 여행을 통해서는 태양계 안쪽의 4개 행성은 바깥쪽 4개 행성과 특성이 매우 다르다는 것을 알 수 있다. 과학은 언제나 위와 같은 규칙성들을 설명할 길을 찾는다. 따라서 우리는 이 절의 대부분을 현대의 태양계 형성에 관한 이론들이 어떻게 위와 같은 태양계의 여러 특징을 설명하는지를 공부하는 데 할애할 것이다.

행성들은 조성과 움직임에서 뚜렷한 규칙성을 보인다.

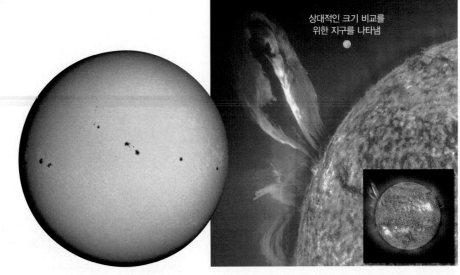

상대적인 크기 비교를
위한 지구를 나타냄

**그림 6.2** 태양은 우리태양계 전체 질량
의 99.8% 이상을 차지한다.

a. 태양의 가시광선 파장대 사진. 검은 무늬들은
흑점이라 하며 각각의 크기는 지구가 몇 개씩
들어갈 수 있을 정도이다.

b. 이 사진은 소호 탐사선으로 촬영한 자외선 파장대 사진으로 태
양 표면에서 일어나는 고온의 가스 분출을 촬영한 것이다. 지구
사진은 크기 비교를 위해 삽입되었다.

## ● 태양

- 반지름 : 696,000km = 108$R_{지구}$
- 질량 : 333,000$M_{지구}$
- 조성(질량비) : 수소와 헬륨 98%, 기타 원소 2%

태양은 우리태양계에서 가장 크고 밝은 천체이다. 태양계
전체 질량의 99.8% 이상을 차지해 다른 모든 물체를 합친 것의
1,000배 이상 크다.

사진을 통해 보게 되는 태양의 표면은 단단해 보이지만(그림
6.2), 사실 태양은 매우 뜨거운(대략 5,800K, 5,500°C, 10,000°
F) 수소와 헬륨가스가 뒤섞여 요동치는 바다이다. 표면은 주변
보다 온도가 살짝 낮아서 사진상으로는 검게 보이는 **흑점**으로
뒤덮여 있다. 태양 폭풍은 때로 고온의 기체 흐름을 표면 멀리
까지 쏘아보내곤 한다.

태양은 전체적으로 기체상태이며, 온도와 압력은 내부로 들
어갈수록 증가한다. 태양이 내뿜는 에너지의 근원은 매우 깊은
곳에 위치하는데, 중심부에서의 온도와 압력이 매우 높아 대형
핵융합발전소일 정도이다. 지속적으로 일어나는 핵융합으로

태양의 내부에서는 매초 6억 톤의 수소가 5.96억 톤의 헬륨으
로 바뀐다. '사라진' 4백만 톤은 아인슈타인의 유명한 공식
$E = mc^2$ [4.3절]에 따라 에너지로 변환된다. 매초 4백만 톤의
질량을 잃음에도 불구하고 태양은 너무나도 많은 양의 수소를
가지고 있어서 거의 50억 년간 빛을 내고 있었고, 앞으로도 약
50억 년 더 빛을 발할 것이다.

태양은 우리태양계에서 가장 영향력이 큰 천체이다. 태양의
중력이 다른 모든 천체들의 궤도를 관장하고, 태양의 열이 바
로 행성들의 표면과 대기의 온도를 결정하는 가장 기본적인 요
소이다. 또한 모든 행성과 위성은 태양빛을 반사시켜 빛나기
때문에 태양은 태양계 내의 모든 빛의 근원이라 할 수 있다. 그
뿐 아니라 태양으로부터 나오는 전하를 띤 입자들의 흐름인 **태
양풍**은 행성들의 자기장과 상호작용하여 행성들의 대기에 영
향을 미친다. 그런 이유 때문에 지금까지 논의되었던 태양에
관한 사실들만으로도 행성들의 특성의 대부분을 이해할 수 있
다. 따라서 일단은 태양에 관한 더 자세한 논의는 다른 별들을
이해하는 밑바탕이며 태양을 공부할 제11장으로 미룰 것이다.

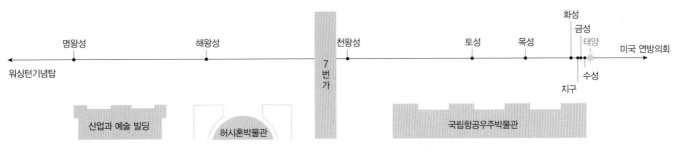

태양계 여행 모형은 실제 크기와 거리를 100억분의 1의 비율로 축소해 나타내고 있다(그림 1.5 참조). 페이지를 따라 늘어서 있는
띠는 이 축척에 따른 태양과 행성들의 크기를 나타낸 것이며, 그 아래의 지도는 워싱턴 DC의 내셔널 몰에 대응하는 상대적 위치를
나타낸 것이다. 이 축척에 따른 태양의 크기는 큰 자몽만 하다.

태양계의 전체적인 모습과 구성물질들을 볼 때 크게 4개의 범주로 구분할 수 있는데, 이는 태양계가 어떻게 형성되었는지를 추측할 수 있게 해 주는 단서가 되기도한다. 아래 가장 크게 그려진 그림은 해왕성 넘어서 태양계를 보고 있는 것처럼 나타낸 것인데 행성들의 크기는 각각의 공전궤도의 백만 배 정도 크게 그려져 있다.

① **태양계에 있는 큰 물체들은 규칙적인 운동을 한다.** 모든 행성들이 거의 동일 평면상에서 같은 방향으로 원형에 가까운 궤도를 그린다. 또한 행성이 거느리고 있는 대부분의 큰 위성들도 같은 방향으로 궤도운동을 하고 있으며 이 방향은 태양의 자전 방향과도 일치한다.

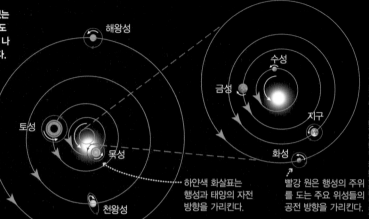

태양계의 위에서 내려다본 모습으로 행성들이 거의 원형에 가까운 궤도임을 알 수 있다.

하얀색 화살표는 행성과 태양의 자전 방향을 가리킨다.

빨강 원은 행성의 주위를 도는 주요 위성들의 공전 방향을 가리킨다.

각 행성들의 자전축이 기울어져 있다는 것을 알 수 있으며, 자전축에 화살표로 이루어진 작은 원은 행성의 자전 방향을 나타낸다.

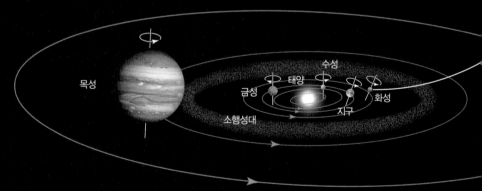

공전궤도의 크기를 보여주고 있으며, 행성의 크기는 궤도의 실제 크기에 대해서 약 백만 배 크게 확대되어 나타낸 것이다. 단, 태양의 크기는 척도를 고려하지 않고 나타냈다.

주황색 화살표는 행성들의 공전 방향을 나타낸다.

② 모든 행성은 2개의 주요 그룹으로 나누어진다. 크기가 작고 암석으로 이루어진 것들은 지구형 행성이며 크기가 크고 수소가 매우 많은 것들은 목성형 행성이다.

지구형 행성          목성형 행성

**지구형 행성 :**
● 질량과 크기가 작다.
● 태양과 가깝다.
● 금속과 암석으로 이루어져 있다.
● 위성을 거의 가지고 있지 않으며 고리는 아예 없다.

**목성형 행성 :**
● 질량과 크기가 크다.
● 태양으로부터 멀리 떨어져 있다.
● 거의 수소, 헬륨, 수소화합물로 이루어져 있다.
● 고리를 가지고 있으며 많은 위성을 거느린다.

③ 소행성과 혜성의 무리도 태양계의 구성원들이다. 암석으로 이루어진 소행성들과 얼음으로 이루어진 혜성들이 태양계 전역에 걸쳐 막대한 수로 존재하며 특히 구별되는 세 영역에 집중적으로 분포되어 있다.

소행성들은 금속과 암석으로 이루어져 있으며 거의 모두가 화성과 목성 사이에 존재하는 소행성대에서 궤도운동을 하고 있다.

훨씬 많은 혜성들이 태양으로부터 매우 멀리 떨어져 있는 오오트구름이라고 불리는 구형의 영역에 존재하며 그들 중에서 매우 드물게 태양계 안쪽으로 뛰어들어오는 것들도 있다.

혜성은 주로 얼음으로 이루어져 있으며 대다수는 해왕성 궤도 넘어 존재하는 카이퍼대에서 발견되고 있다.

카이퍼대

④ 위에서 설명한 전체적인 경향과는 벗어나는 몇 가지 뚜렷한 예외사항들이 있다. 어떤 행성들은 자전축의 기울기가 매우 다르며, 지나치게 큰 위성을 가지고 있기도 하고, 궤도가 매우 독특한 위성을 가진 행성들도 있다.

토성

천왕성

매우 독특한 천왕성의 자전축 기울기

상대적으로 매우 큰 지구의 위성인 달

천왕성은 그 공전궤도면에 거의 누워서 자전을 하고 있으며 천왕성의 고리와 주요 위성들도 자전 방향과 거의 같게 형성되어 공전궤도면과는 직각을 이룬다.

우리 지구의 달은 다른 행성들의 위성과는 달리 거의 지구 크기와 비슷하게 보일 정도로 크다는 것을 알 수 있다.

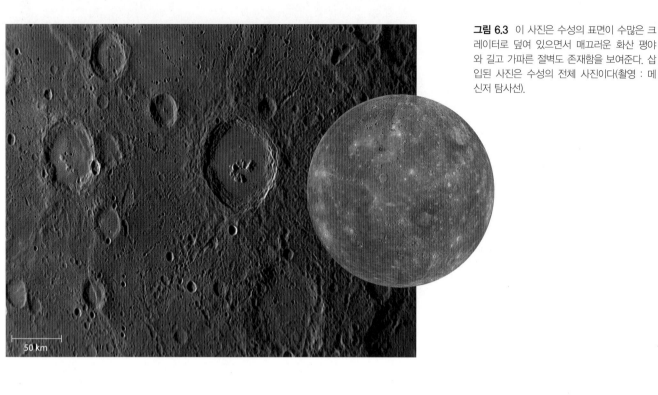

**그림 6.3** 이 사진은 수성의 표면이 수많은 크레이터로 덮여 있으면서 매끄러운 화산 평야와 길고 가파른 절벽도 존재함을 보여준다. 삽입된 사진은 수성의 전체 사진이다(촬영 : 메신저 탐사선).

## ● 수성

- 태양으로부터의 평균거리 : 0.39AU
- 반지름 : 2,440km = $0.38R_{지구}$
- 질량 : $0.055M_{지구}$
- 평균 밀도 : 5.43g/cm³
- 조성 : 암석, 금속
- 평균 표면온도 : 700K(낮), 100K(밤)
- 위성 : 0

수성은 우리태양계에서 가장 안쪽에 있는 행성이며 여덟 행성 중 가장 작다. 활화산, 바람, 비, 생명은 전혀 찾아볼 수 없는 이 행성은 매우 삭막하며 크레이터가 많다. 빛을 산란할 공기 자체가 없기 때문에 수성에서는 낮이라도 해를 등지고 서면 별들을 볼 수 있을 것이다.

수성이 태양에서 가장 가까운만큼 표면이 매우 뜨거울 것으로 예상했을지 모르지만, 사실 수성은 고온과 저온의 양극단이

공존하는 세상이다. 태양의 기조력으로 수성의 회전 패턴은 매우 특이한데, 자전주기인 58.6일은 87.9일의 공전주기의 정확히 3분의 2로, 수성은 두 번 공전할 동안 꼭 세 번 자전을 한다. 이 때문에 수성의 낮과 밤은 각각 지구 달력으로 약 3개월간 지속된다. 그렇기에 한낮의 온도는 달궈진 석탄과 비슷한 425°C까지 올라가지만, 밤에는 겨울철 남극보다도 추운 영하 150°C까지 온도가 떨어지는 것이다.

수성의 표면은 수많은 크레이터로 덮여 있는데 그 모습은 우리의 달과 비슷하다(그림 6.3). 하지만 수성의 표면에는 오래전에 용암이 흘러 생성된 평야나 몇백 킬로미터에 걸친 높고 가파른 절벽 등 과거에 지질학적 활동이 있었다는 증거들이 있다. 이 절벽들은 수성의 초기 단계에서 '행성 축소'로 생긴 주름일 수도 있다. 수성의 질량과 부피로부터 계산된 높은 밀도는 중심에 철로 이루어진 매우 큰 핵이 있음을 시사하며, 과거에 큰 충격으로 인해 행성 바깥 쪽의 물질들을 많이 잃었을 것으로 추측된다.

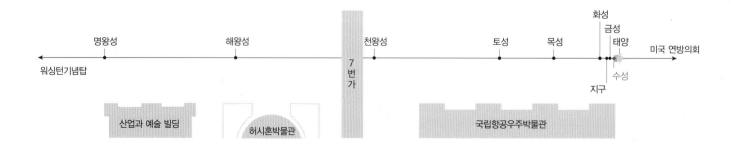

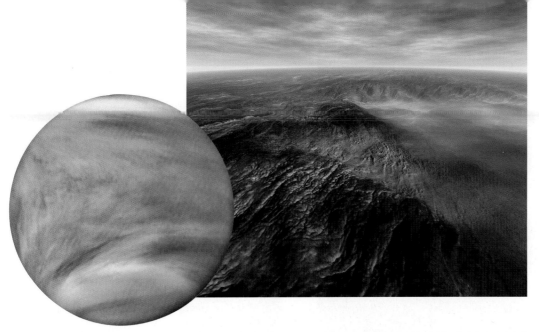

그림 6.4 이 사진은 과학자들이 상상하는 금성 표면의 모습을 재현한 그림이다. 표면의 지형은 나사의 마젤란 탐사선의 데이터에 기반한 것이다. 왼쪽에 삽입된 사진은 자외선에 민감한 카메라가 장착된 나사의 파이어니어 금성 탐사선으로 촬영한 것이다. (출처 : from the Voyage scale model solar system, developed by the Challenger Center for Space Science Education, the Smithsonian Institution, and NASA. Image by David P. Anderson, Southern Methodist University © 2001.)

## ● 금성

- 태양으로부터의 평균거리 : 0.72AU
- 반지름 : 6,051km = $0.95R_{지구}$
- 질량 : $0.82M_{지구}$
- 평균 밀도 : 5.24g/cm³
- 조성 : 암석, 금속
- 평균 표면온도 : 740K
- 위성 : 0

태양계 두 번째 행성인 금성은 크기로는 지구와 거의 동일하다. 우주 탐사선 시대 이전까지 금성은 기이한 회전운동으로 유명했다. 왜냐하면 금성은 지구와는 반대 방향으로 매우 천천히 자전하는 '해가 서쪽에서 뜨는' 행성이기 때문이다. 금성의 표면은 매우 두꺼운 구름층으로 완벽하게 가려져 있기 때문에 구름을 투시하는 레이더가 장착된 우주 탐사선이 산과 계곡, 크레이터와 끝없는 화산 활동의 증거들을 찾은 불과 수십 년 전까지만 해도 표면에 대해 아는 것이 거의 없었다(그림 6.4). 금성에 관해 아는 것이 매우 적었기 때문에 몇몇 공상과학 소설가들은 지구와 거의 같은 크기, 두꺼운 대기, 태양과 더 가깝다는 점을 들어 금성이 지구의 생명력 넘치는 열대기후 '자매행성'이라고 추측하기도 했다.

하지만 현실은 그와 매우 다르다. 이제는 금성 대기의 극심한 온실효과로 표면온도가 매우 높은 470°C(대략 880°F)까지 데워지며 온실효과가 너무나도 극적이어서 밤이라도 상황은 크게 달라지지 않는 것으로 알려져 있다. 때문에 낮이나 밤이나 금성은 피자 굽는 오븐 속보다도 뜨거우며, 두꺼운 대기가 표면을 누르는 압력은 지구의 바닷속 1km에서의 수압과 동일하다. 따지고 보면 금성은 지구의 자매행성보다는 일반적인 지옥의 이미지와 일치한다.

금성이 크기나 조성의 관점으로는 지구와 매우 비슷하나, 표면 환경의 극심한 차이는 우리가 금성을 통해 매우 중요한 교훈을 얻을 수 있음을 시사한다. 우선 금성의 온실효과를 발생시키는 이산화탄소가 지구온난화를 일으키는 주범이라는 점을 생각해볼 수 있다. 어쩌면 금성에 관한 추가적인 연구는 우리가 살고 있는 지구에서 직면한 여러 문제를 해결하는 실마리를 제공할지도 모른다.

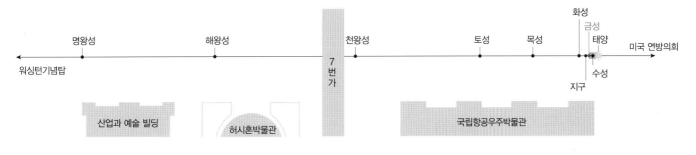

a. 이 사진은(왼쪽), 인공위성 데이터로 제작된 컴퓨터 이미지이며 낮과 밤 사이의 대비가 잘 드러난다. 낮에 속하는 반구에는 인류의 흔적을 찾아보기 힘들지만, 밤에는 인간의 활동으로 인한 불빛으로 인류가 존재함이 명확하게 보인다. (출처 : From the Voyage scale model solar system, developed by the Challenger Center for Space Science Education, the Smithsonian Institution, and NASA. Image created by ARC Science Simulations ⓒ 2001.)

b. 지구와 달이 실제 크기에 비례하게 나타나 있다. 달의 지름은 지구의 약 1/4이며 질량은 1/80이다. 지구와 달 사이의 거리를 똑같은 축척으로 나타내고 싶다면 이 두 사진을 약 1m 정도 떨어뜨리면 된다.

**그림 6.5** 지구, 우리의 보금자리 행성

## ● 지구

- 태양으로부터의 평균거리 : 1.00AU
- 반지름 : 6,378km = $1R_{지구}$
- 질량 : $1.00M_{지구}$
- 평균 밀도 : 5.52g/cm³
- 조성 : 암석, 금속
- 평균 표면온도 : 290K
- 위성 : 1

금성 다음으로 우리는 태양계에서 유일한 생명의 오아시스로 알려진 우리의 보금자리 행성 지구를 만날 수 있다. 지구는 태양계에서 유일하게 숨 쉴 수 있는 산소, 태양으로부터 오는 방사선을 막을 오존층, 그리고 생명을 유지할 수 있는 풍부한 양의 물을 표면에 간직하고 있는 행성이다. 표면의 온도 또한

지구의 대기가 적정량의 이산화탄소와 수증기를 함유해 적당한 온실효과가 일어나는 덕에 매우 쾌적한 수준이다.

왜소한 크기에도 불구하고 지구의 아름다움은 이루 말할 수 없을 정도이다(그림 6.5a). 표면의 약 4분의 3을 덮는 바다에는 대륙의 육지와 섬들이 흩어져 있다. 극지방은 눈과 얼음으로 뒤덮여 새하얗고, 흰색의 구름이 여기저기 떠다닌다. 밤이 되면 인공 조명의 빛이 지적 문명의 존재를 암시한다.

지구는 우리가 태양계 여행 중 만난 행성들 중 위성이 있는 첫 행성이다. 지구의 위성인 달은 지구에 비해 놀랍도록 크다(그림 6.5b). 달이 태양계에서 가장 큰 위성은 아니지만 다른 위성들은 그들이 공전하는 행성에 비하면 크기가 매우 작기 때문이다. 이후의 장들에서 논의하겠지만 달의 형성에 관한 가장 유력한 가설은 달이 지구 초기의 큰 충격의 결과로 생겨났다는 것이다.

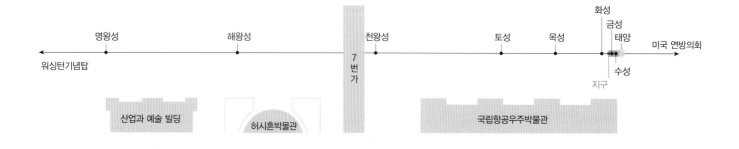

**그림 6.6** 이 사진은 게일 크레이터 바닥에 있는 나사의 탐사정 퀴리오시티가 촬영한 수십 장의 사진으로 합성한 사진이다. 퀴리오시티의 일차적 목적지였던 샤프 산이 배경의 오른쪽 위에 희미하게 보인다. 삽입된 이미지는 탐사선 바이킹으로 촬영한 화성의 이미지이며, 중간에 나타나 있는 가로선은 매우 큰 매리너계곡이다.

## ● 화성

- 태양으로부터의 평균거리 : 1.52AU
- 반지름 : 3,397km = $0.53R_{지구}$
- 질량 : $0.11M_{지구}$
- 평균 밀도 : 3.93g/cm³
- 조성 : 암석, 금속
- 평균 표면온도 : 220K
- 위성 : 2(매우 작음)

다음 행성은 태양계 내부 4개 행성 중 마지막인 화성이다. 화성은 수성과 달보다 크지만 크기로 따지면 반지름이 지구의 절반가량밖에는 되지 않으며 질량은 지구의 약 10%이다. 화성은 2개의 매우 작은 위성 포보스와 데이모스를 갖고 있으며, 이들은 태양계 초기에 화성의 중력에 잡힌 소행성들로 추정된다.

화성은 지구의 가장 높은 산들이 무색할 정도로 높은 고대화산과 길이가 화성 둘레의 5분의 1에 달할 정도로 길게 뻗은 협곡, 그리고 양극에 얼어 있는 물과 이산화탄소로 이루어진 빙하가 있는 불가사의한 행성이다. 현재 화성은 얼어 있지만 말라버린 강바닥, 자갈이 흩어져 있는 범람원과 물에서 형성되는 미네랄이 존재하고 있기 때문에 한때는 온난하고 습한 시기가 있었다고 생각된다. 대부분의 물의 흐름은 아마 30억 년 전 즈음에 멈추었을 것으로 예상되나, 어느 정도의 물은 지표 아래에 남아 이따금씩 표면으로 나오기도 했을 것이다.

화성의 표면은 지구와 매우 닮았으나 우주복을 착용하지 않고는 결코 찾아갈 만한 곳이 아니다. 기압은 에베레스트산 꼭대기보다 현저히 낮으며, 온도는 물의 어는점 한참 아래이고 산소의 농도는 숨을 쉴 수 없을 정도로 낮으며 대기 중 오존의 부재로 인해 태양으로부터 오는 자외선에 그대로 노출될 것이기 때문이다.

수십 개의 탐사선이 화성은 지나쳤거나 그 주위를 공전했거나 착륙을 했으며, 더 많은 프로젝트들이 이루어지고 있다. 수십 년 이내에는 화성으로 사람을 보낼지도 모른다. 그들은 화성에서 고대의 강바닥에 놓인 돌들을 뒤집고 극지방의 얼음을 캐며 화성에서 생명의 단서를 찾을 것이다.

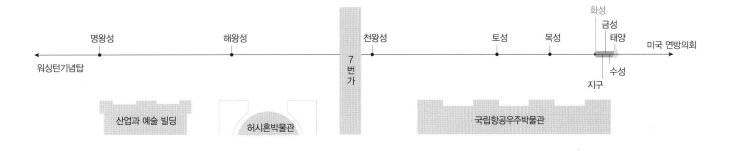

**그림 6.7** 이 사진은 목성의 위성 이오를 주위로 공전하다가 목성이 시야에 들어오면 어떨지를 보여준다. 목성의 중심에서 왼쪽에 대적점이 보인다. 보이저호의 임무 수행 당시 발견된 유난히 검은 고리들은 가시성을 더하기 위해 일부러 강조되었다. 상상도는 나사의 보이저호와 갈릴레오호의 임무 수행 데이터를 모두 이용해 만들어졌다. (출처 : From the Voyage scale model solar system, developed by the Challenger Center for Space Science Education, the Smithsonian Institution, and NASA. Image created by ARC Science Simulations ⓒ 2001.)

## ● 목성

- 태양으로부터의 평균거리 : 5.20AU
- 반지름 : 71,492km = $11.2R_\text{지구}$
- 질량 : $318M_\text{지구}$
- 평균 밀도 : 1.33g/cm³
- 조성 : 대부분 수소와 헬륨
- 구름 최외각 온도 : 125K
- 위성 : 최소 67

화성에서 목성의 궤도까지 오기 위해서는 소행성대를 지나 태양에서 화성까지의 거리의 2배 가까이를 더 와야 한다. 도착함과 동시에 우리는 지금까지 본 어떤 행성보다도 매우 큰 행성을 발견하게 된다(그림 6.7).

목성은 이제까지 봐온 태양계 내부의 행성들과 너무나도 달라 행성의 개념을 새롭게 할 필요가 있다. 목성의 질량은 지구의 300배가 넘으며 부피는 1,000배가 넘는다. 이 행성의 가장 유명한 특징으로 꼽히는 대적점(Great Red Spot)은 매우 오랫동안 지속되는 폭풍인데, 이 대적점만 해도 지구 크기의 행성 2~3개는 들어갈 정도이다. 목성은 태양처럼 수소와 헬륨으로 이루어져 있기 때문에 단단한 표면이 존재하지 않는다. 따라서 목성 안으로 뛰어들어 가면 중심에 다다르기도 전에 기체의 압력에 찌그러져 죽을 것이다.

목성은 수십 개의 위성과 사진으로 찍히기에는 너무 얇은 고리들을 갖고 있다. 대부분의 위성들은 매우 작지만, 태양을 중심으로 공전했다면 그 자체로 행성 또는 왜소행성의 이름을 얻었을 만한 크기의 위성이 4개가 있다. 이들의 이름은 이오, 유로파, 가니메데, 칼리스토로 갈릴레이가 발견했기 때문에 갈릴레이 위성이라고도 불리며 서로 매우 특이하고 흥미로운 지질학적 특성을 보인다. 이오는 태양계 전체에서 화산 활동이 가장 활발한 곳이다. 유로파는 표면이 얼음으로 뒤덮여 그 아래에 액체 물로 이루어진 바다가 존재할 가능성이 있어 생명의 존재에 대한 기대가 크다. 가니메데와 칼리스토도 표면 아래에 바다가 존재할 가능성이 있으나, 표면의 많은 특성들은 아직까지도 수수께끼로 남아 있다.

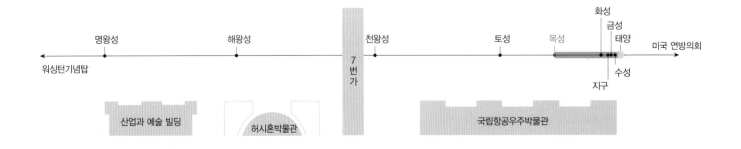

명왕성 　해왕성 　천왕성 　토성 　목성 　화성 　금성 　태양 　미국 연방의회

워싱턴기념탑 　7번가 　지구 　수성

산업과 예술 빌딩 　허시혼박물관 　국립항공우주박물관

**그림 6.8** 카시니 탐사선에서 본 토성. 토성의 햇빛이 비치는 오른쪽 윗부분에 고리의 그림자가 드리워졌으며, 밤에 속하는 부분의 고리는 토성의 그림자에 가려 보이지 않는다. 삽입된 사진은 적외선 파장으로 촬영된 토성의 큰 위성 타이탄이 두껍고 흐린 내기로 가려진 모습의 사진이다.

## ● 토성

- 태양으로부터의 평균거리 : 9.54AU
- 반지름 : 60,268km = $9.4R_{지구}$
- 질량 : $95.2M_{지구}$
- 평균 밀도 : 0.70g/cm³
- 조성 : 대부분 수소와 헬륨
- 구름 최외각 온도 : 95K
- 위성 : 최소 62

목성으로부터 토성까지의 여행은 매우 길다. 토성은 태양으로부터 거의 목성의 2배 거리에 떨어져 공전하기 때문이다. 우리태양계에서 두 번째로 큰 행성인 토성은 목성보다 크기는 약간 작지만 낮은 밀도 덕에 질량은 목성의 3분의 1 정도밖에 되지 않는다. 목성처럼 토성은 주로 수소와 헬륨으로 이루어져 있으며 단단한 표면은 없다.

토성은 화려한 고리로 유명하다(그림 6.8). 4개의 태양계 바깥쪽의 큰 행성 모두 고리가 있지만, 토성만이 관측하기 용이하다. 먼 거리에서 보면 고리는 하나의 물체처럼 보이지만, 사실 토성 주위를 공전하는 무수히 많은 작은 입자들로 이루어져 있다. 얼음과 암석들로 이루어진 이 입자들의 크기는 먼지만한 것부터 한 도시의 블록만 한 것까지 다양하다. 현재는 2004년부터 토성 주위를 돌고 있는 카시니 탐사선 덕분에 토성과 토성의 고리에 관해 빠르게 알아가고 있다.

카시니 탐사선은 또한 토성의 위성에 관해서 많은 사실을 알게 해주었는데, 덕분에 적어도 2개가 지질학적으로 활발하다는 사실이 밝혀졌다. 바로 남반구에서 얼음 분수가 있는 엔켈라두스와 태양계에서 유일하게 두꺼운 대기를 가진 위성인 타이탄이다. 토성과 그 위성들은 태양으로부터 너무나도 멀어 타이탄의 표면온도는 영하 180°C로 물이 액체 상태로 존재할 수 없는 환경이다. 그러나 카시니와 2005년도에 타이탄에 착륙한 호이겐스 탐사선의 관측에 따르면 타이탄의 표면에는 침식으로 깎인 흔적뿐 아니라 강바닥과 호수가 존재하지만 이들은 물보다는 매우 저온의 액체인 메탄이나 에탄에 의해 형성된 것으로 추정된다.

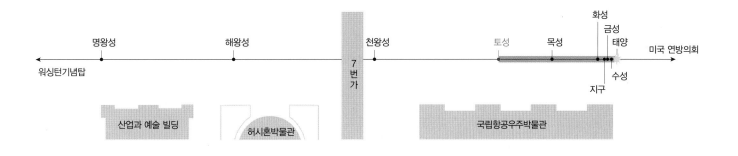

**그림 6.9** 이 사진은 천왕성의 위성 아리엘 위에서 본 천왕성의 모습이다. 실제로 이 위치에서 보기엔 너무 어둡겠지만 천왕성의 고리가 나타나 있다. 이 상상도는 나사의 보이저 2호의 임무 수행 데이터를 기반으로 만들어졌다. (출처 : From the Voyage scale model solar system, developed by the Challenger Center for Space Science Education, the Smithsonian Institution, and NASA. Image created by ARC Science Simulations © 2001.)

## ● 천왕성

- 태양으로부터의 평균거리 : 19.2AU
- 반지름 : 25,559km = $4.0R_{지구}$
- 질량 : $14.5M_{지구}$
- 평균 밀도 : $1.32g/cm^3$
- 조성 : 수소, 헬륨, 수소화합물
- 구름 최외각 온도 : 60K
- 위성 : 최소 27

우리의 다음 경유지인 천왕성까지는 또 한 번의 긴 여정을 지나야 한다. 천왕성은 토성에 비해 태양으로부터 2배의 거리에 존재하며, 목성이나 토성보다는 작아도 지구보다는 매우 크다. 수소, 헬륨 그리고 물이나 암모니아, 메탄 같은 수소화합물로 이루어진 천왕성은 메탄으로 인해 청록색의 색깔을 띠며(그림 6.9) 태양계의 다른 거대 행성들처럼 단단한 표면이 없다. 20개가 넘는 위성이 천왕성을 주위를 돌고 있으며 토성보

다 훨씬 어둡고 관측이 힘든 고리도 갖고 있다.

천왕성의 고리와 위성들과 행성 자체는 모두 옆으로 누워 있다. 이러한 극단적인 회전축의 기울어짐은 행성의 형성 단계에서 매우 강력한 충돌로 인해 발생했을 것으로 예상되며, 이로 인해 태양계의 행성들 중 가장 극심한 계절의 변화가 일어난다. 만약 여러분이 천왕성 북극 근처의 대기 위에 떠 있는 판 위에서 산다면, 42년간의 일정한 낮 이후 천천히 해가 지고 42년간의 밤을 경험하게 될 것이다.

보이저 2호가 유일하게 천왕성을 방문한 탐사선으로, 4개의 태양계 외부 행성을 모두 지나친 후 태양계를 떠났다. 지금까지 알게 된 천왕성에 관한 지식 대부분은 바로 보이저 2호와 새로 개발된 강력한 망원경들 덕분이다. 과학자들은 머지 않아 천왕성의 고리와 위성들을 더 자세하게 연구할 수 있도록 또 하나의 탐사선을 발사할 수 있기를 바라고 있다.

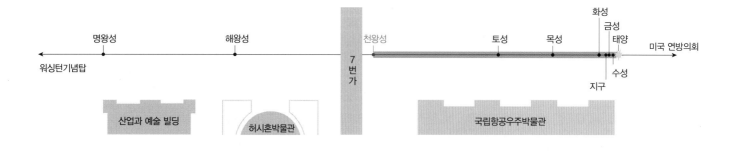

**그림 6.10** 이 사진은 해왕성의 위성 트리톤의 주위를 돌고 있을 때 해왕성이 시야에 들어오면 어떨지를 보여준다. 나사의 보이저 2호의 임무 수행 데이터를 기반으로 만들어진 이 사진에서 가시성을 높이기 위해 검은 고리들을 강조했다. (출처 : From the Voyage scale model solar system, developed by the Challenger Center for Space Science Education, the Smithsonian Institution, and NASA. Image created by ARC Science Simulations ⓒ 2001.)

## ● 해왕성

- 태양으로부터의 평균거리 : 30.1AU
- 반지름 : 24,764km $= 3.9R_{지구}$
- 질량 : $17.1M_{지구}$
- 평균 밀도 : 1.64g/cm³
- 조성 : 수소, 헬륨, 수소화합물
- 구름 최외각 온도 : 60K
- 위성 : 최소 14

천왕성으로부터 해왕성까지의 여행은 지금까지의 여정 중 가장 긴 것으로, 우리태양계가 얼마나 텅 비어 있는지를 체감하게 해준다. 해왕성은 얼핏 보기에 천왕성의 쌍둥이 같아 보이지만 훨씬 더 진한 푸른색을 띤다(그림 6.10). 두 행성의 조성은 매우 비슷하고 크기도 해왕성이 살짝 작지만, 훨씬 큰 밀도로 인해 해왕성의 질량이 천왕성보다 크다. 해왕성도 명왕성처럼 보이저 2호만 방문했다.

해왕성도 고리와 수많은 위성을 갖고 있다. 그중 가장 큰 위성인 트리톤은 명왕성보다도 크고, 태양계에서 가장 신비로운 위성이다. 트리톤의 얼어붙은 표면에는 간헐천으로 보이는 구조들이 있는데 물 대신 질소 기체를 쏘아 올린다. 그뿐 아니라 트리톤은 태양계의 큰 위성들 중에서 유일하게 공전 방향이 행성의 자전 방향과 '반대'이다. 이런 회전 방향 차이는 트리톤이 해왕성의 중력장에 잡히기 전에 태양 주위를 독립적으로 공전했었다는 거의 완벽한 증거가 된다.

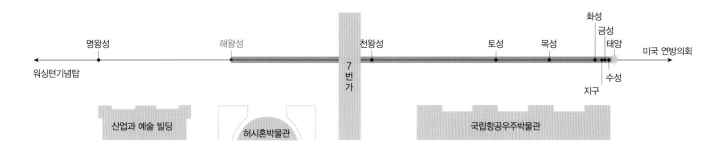

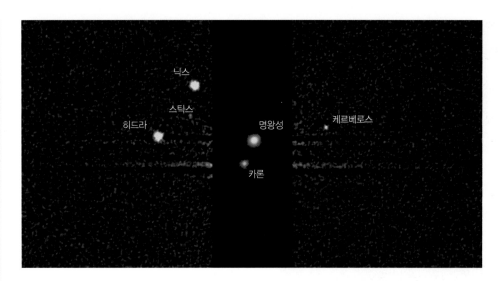

**그림 6.11** 허블우주망원경이 촬영한 명왕성과 그의 다섯 위성이다. 그 밖의 사진 속의 파란 빛은 망원경 내부에서 산란된 빛이다.

## ● 왜소행성 : 명왕성, 에리스 등

명왕성의 데이터 :

- 명왕성의 태양으로부터의 평균거리 : 39.5AU
- 반지름 : 1,160km $= 0.18R_{지구}$
- 질량 : $0.0022M_{지구}$
- 평균 밀도 : 2.0g/cm$^3$
- 조성 : 얼음, 암석
- 평균 표면온도 : 40K
- 위성 : 5

우리의 여정은 약 75년 동안 우리태양계의 '9번째 행성'으로 군림했던 명왕성에서 끝난다(그림 6.11). 2005년에 명왕성보다 조금 큰 에리스의 발견과 수십 개의 새로 발견된 명왕성이나 에리스와 거의 비슷한 크기의 물체들로 과학자들은 '행성'의 정의를 다시 돌아보게 되었다. 그 결과 오늘날 명왕성과 에리스와 같이 구형으로 형성될 만큼은 커도 공식 행성으로 인정되기에는 작은 천체들은 **왜소행성**으로 분류되었다. 소행성대의 가장 큰 소행성 세레스처럼 굳이 분류하면 왜소행성에 속할 천체들은 태양계 곳곳에 널려 있다.

명왕성과 에리스는 카이퍼대라는 해왕성 너머에서 태양 주위를 도는 몇천 개의 차가운 물체들의 집합에 속한다. 그림 6.1에서 볼 수 있듯이 카이퍼대는 소행성대와 매우 비슷하나 태양으로부터 훨씬 멀다는 것과 암석으로 이루어진 소행성보다 혜성과 비슷한 물체들로 이루어져 있다는 차이가 있다.

명왕성의 특성들은 이렇게 먼 세상이 어떤 모습일지 상상하는 데 도움이 된다. 태양으로부터 명왕성까지의 평균거리는 해왕성에서 해왕성과 천왕성 사이의 거리만큼 진행해야 도달할 만큼 멀어 매우 춥고 낮에도 어둡다. 명왕성에서 본다면 태양은 별들 사이에서 자그마한 밝은 빛 정도로 보일 것이다. 명왕성은 자신의 가장 큰 위성 카론과 쌍성 관계에 있어 명왕성의 한쪽 하늘의 대부분은 가리면서도 다른 한쪽에서는 영원히 보이지 않는다.

명왕성을 비롯한 여러 왜소행성들은 지구로부터 먼 거리와 작은 크기로 인해 연구하기가 까다롭지만, 우리는 이들에 대해 많이 알아가고 있다. 과학자들이 특별히 기대하고 있는 사건이 2개가 있는데, 2015년 3월 6일에 세레스 궤도에 진입하는 데 성공하였고(나사 발표_역자 주), 2015년 7월에는 뉴호라이즌 탐사선이 9년간의 우주 여행 만에 명왕성을 지나칠 예정이다.

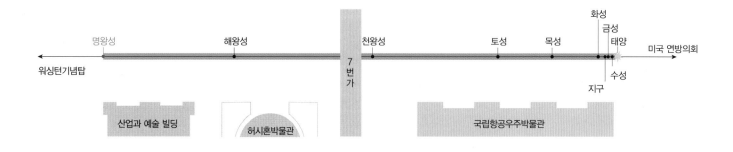

**표 6.1 행성 관련자료[a]**

| 행성 | 상대적 크기 | 태양으로부터 떨어진 평균거리(AU) | 평균 직도 반지름 (km) | 질량 (지구=1) | 평균밀도 (g/cm³) | 공전주기 | 자전주기 | 자전축의 기울기 | 평균 표면(또는 최상층 구름) 온도[b] | 구성물질 | 알려진 위성(2013년까지) | 고리의 유무 |
|---|---|---|---|---|---|---|---|---|---|---|---|---|
| 수성 | · | 0.387 | 2440 | 0.055 | 5.43 | 87.9일 | 58.6일 | 0.0° | 700K(낮) 100K(밤) | 암석, 금속 | 0 | 없음 |
| 금성 | ● | 0.723 | 6051 | 0.82 | 5.24 | 225일 | 243일 | 177.3° | 740K | 암석, 금속 | 0 | 없음 |
| 지구 | ● | 1.00 | 6378 | 1.00 | 5.52 | 1.00년 | 23.93시간 | 23.5° | 290K | 암석, 금속 | 1 | 없음 |
| 화성 | · | 1.52 | 3397 | 0.11 | 3.93 | 1.88년 | 24.6시간 | 25.2° | 220K | 암석, 금속 | 2 | 없음 |
| 목성 | ● | 5.20 | 71,492 | 318 | 1.33 | 11.9년 | 9.93시간 | 3.1° | 125K | 수소, 헬륨, 수소화합물[c] | 67 | 있음 |
| 토성 | ● | 9.54 | 60,268 | 95.2 | 0.70 | 29.4년 | 10.6시간 | 26.7° | 95K | 수소, 헬륨, 수소화합물[c] | 62 | 있음 |
| 천왕성 | ● | 19.2 | 25,559 | 14.5 | 1.32 | 83.8년 | 17.2시간 | 97.9° | 60K | 수소, 헬륨, 수소화합물[c] | 27 | 있음 |
| 해왕성 | ● | 30.1 | 24,764 | 17.1 | 1.64 | 165년 | 16.1시간 | 29.6° | 60K | 수소, 헬륨, 수소화합물[c] | 14 | 있음 |
| 명왕성 | · | 39.5 | 1160 | 0.0022 | 2.0 | 248년 | 6.39시간 | 112.5° | 44K | 얼음, 암석 | 5 | 없음 |
| 에리스 | · | 67.7 | 1200 | 0.0028 | 2.3 | 557년 | 1.08시간 | 78° | 43K | 얼음, 암석 | 1 | 없음 |

a) 왜소행성인 명왕성과 에리스를 포함하였으며, 행성들에 대한 더 자세한 자료는 부록 E와 부록 F에 수록하였다. b) 목성, 토성, 천왕성, 해왕성은 구름 상층부의 온도이며 그 밖의 행성의 경우는 표면온도이다.
c) 물(H₂O), 메탄(CH₄), 암모니아(NH₃)를 포함한 화합물

## 6.2 태양계 형성 이론으로서의 성운설

이 장의 목표는 우리태양계의 기원을 설명하기 위해 사용된 근대 이론을 이해하는 것이다. 이 과정을 시작하기 위해 이론이 어떻게 판단될 수 있는지 기준을 살펴보자.

### ● 우리는 태양계의 어떤 특징을 보고 태양계 형성 과정을 알아낼 수 있을까?

우리는 이미 태양계가 단지 서로 관련 없는 행성을 모아둔 것이 아니라 오히려 우연이라고 간주하기에는 어려울 만큼 태양계의 구성원들이 한 가족이라고 여겨질 만한 특성들을 보여준다는 것을 안다. 이 많은 특징들을 다 나열할 수도 있겠지만 이보다 우리태양계의 일반적인 구조에 집중하여 과학적인 가설을 개발하는 것이 더 쉽다. 이 목적을 달성하는 데에는 그림 6.1에서 제시된 요점과 같이 두드러진 네 가지 특징이 도움이 될 것이다.

1. **큰 물체의 운동 방식.** 태양, 행성, 그리고 큰 위성들은 일반적으로 체계적인 구조를 갖고 공전한다.
2. **행성의 분류.** 8개의 행성은 뚜렷하게 두 종류로 나뉜다. 크기가 작고 바위로 되어 있으며 서로 근접해 있고 태양 가까이에 있는 종류와 크기가 크고 가스가 풍부하며 서로 떨어져 있고 태양과 더 멀리 있는 종류가 있다.
3. **소행성과 혜성.** 행성들 사이와 그 너머에는 방대한 수의 소행성과 혜성이 존재한다. 그중 일부는 왜소행성의 자격이 주어질 만큼 크다. 이 소행성과 혜성의 위치와 궤도, 구성 요소들은 일정한 패턴을 따른다.
4. **예외.** 일반적으로 잘 정돈되어 있는 것처럼 보이는 태양계는 두드러질 만한 예외를 가지고 있다. 예를 들면 중심부 가까이에 있는 행성 중에는 지구만이 유일하게 큰 위성을 갖고 있고 천왕성은 한쪽으로 기울어져 있다. 성공적인 이론은 일반적인 규칙뿐만 아니라 이런 예외 또한 설명할 수 있어야 한다.

이 4개의 특징은 우리의 태양계를 연구하는 데 매우 중요하므로 각각의 특징을 자세히 살펴보자.

**특징 1 : 큰 물체의 운동 방식** 그림 6.1의 내용을 다시 되짚어보면 우리태양계의 큰 몸체들이 여러 개의 뚜렷한 운동 양식을 보인다는 것을 알 수 있다(여기서 '몸체'란 태양, 행성, 위성과 같이 각각의 물체를 뜻한다.). 예를 들면 다음과 같다.

- 모든 행성의 궤도는 거의 원형이고 같은 평면에 놓여 있다.
- 모든 행성은 태양을 같은 방향으로 공전한다. 즉, 지구 북극 위에서 내려다볼 때 반시계 방향이다.
- 대부분의 행성이 각자의 궤도 안에서 축이 약간 기울어져 있는 상태로 같은 방향으로 자전한다. 태양 또한 이 방향으로 자전한다.
- 행성의 적도 평면에서 행성의 자전 방향으로 공전하는 성질처럼 태양계의 대부분의 큰 위성들은 비슷한 공전 특징을 갖고 있다.

태양, 행성, 큰 위성들의 공전과 자전은 잘 정돈된 형태로 운행되고 있다.

이러한 규칙적인 패턴들은 우리태양계의 첫 번째 주요 특징으로 간주된다. 곧 나오는 내용을 통해 알 수 있겠지만 우리의 태양계가 탄생할 때 그 초기 형성 과정의 결과로 이러한 패턴들이 나타나게 된 것이다.

**특징 2 : 행성의 분류** 이전에 나왔던 행성에 대한 간단한 설명들을 보면 4개의 내부 행성과 4개의 외부 행성의 특성이 다르다는 것을 알 수 있다. 이 두 집단이 두 행성의 등급, 즉 지구형 행성과 목성형 행성을 나타낸다.

지구형 행성들은 크기가 작고 암석으로 이루어져 있으며 태양에 가까운 곳에 위치한다. 반면 목성형 행성들은 크기가 크고 기체로 이루어져 있으며 태양으로부터 멀리 떨어져 있다.

태양계 '내부'에 있는 4개의 행성인 수성, 금성, 지구, 화성이 **지구형 행성**에 속한다. 이 행성들은 비교적 작고 밀도가 높으며 표면이 암석으로 되어 있으며 그 핵에 금속이 풍부하다. 이 행성들은 위성이 있지만 많지는 않고 고리는 없다. 달을 다섯 번째의 지구형 행성으로 꼽는데 그 이유는 달의 형성 과정이 지구형 행성의 형성 과정과 같기 때문이다.

**목성형 행성**에는 태양계 '외부'에 있는 4개의 큰 행성인 목성, 토성, 천왕성, 해왕성이 있다. 목성형 행성은 지구형 행성에 비해 크기가 훨씬 더 크고 평균 밀도가 낮으며 고리가 있고 위성을 많이 갖고 있다. 단단한 표면이 부족하고 주로 헬륨, 수소, **수소화합물**($H_2O$, $NH_3$, $CH_4$와 같이 수소가 포함되어 있는 화합물)로 이루어져 있다. 이 물질들은 지구의 환경에서는 기체로 존재하기 때문에 목성형 행성이 '가스상 거대 혹성'이라고 불리기도 한다. 표 6.2는 지구형 행성과 목성형 행성을 비교하여 두 행성의 일반적인 특징을 보여 준다.

**특징 3 : 소행성과 혜성** 태양계의 세 번째 특징은 태양 주위를 도는 작은 물체들이 존재한다는 것이다. 이 물체들은 크게 소행성과 혜성으로 분류된다.

암석질로 이루어져 있는 소행성들과 얼음으로 이루어져 있는 혜성들은 행성과 그 위성을 다 합친 것보다 훨씬 더 많다.

**소행성**은 바위로 된 몸체를 갖고 있고 위성과 같이 태양 주위를 공전하지만 그 크기는 훨씬 작다(그림 6.12). 가장 큰 소행성조차 달보다 훨씬 작다. 대부분의 소행성들은 화성과 목성 사이에 있는 **소행성대**에 존재한다(그림 6.1).

**혜성** 또한 태양을 공전하는 물체이지만 주로 얼음(물 얼음, 암모니아 얼음, 메탄 얼음 등)이 돌과 섞여서 만들어진다. 아마 혜성이 태양계 내부에 종종 나타나면서 길고 아름다운 꼬리를 맨눈으로 본 경우가 있었을 것이다(그림 6.13). 하늘을 관찰하는 사람들에게 큰 기쁨을 주는 이러한 현상은 사실 혜성들 사이에서는 매우 드물다. 대다수의 혜성은 태양계 내부까지 오지 않는다. 대신 그림 6.1에서 세 번째 특징으로 나왔던 것처럼 뚜렷하게 보이는 두 지역에서 태양을 공전한다. 첫 번째 지역은 **카이퍼대**(Kuiper belt)라고 불리는데 해왕성의 궤도를 너머 도넛 모양으로 존재한다. 카이퍼대는 지름이 100km가 넘는 얼음 물체들이 최소 100,000개가 넘는데 그중 가장 크다고 알려진 것이 명왕성과 에리스이다. 두 번째로 혜성이 많은 지역은 **오오트구름**인데 태양에서 더 멀리 떨어져 있고 1조 개가 넘는 혜성이 존재한다. 이 혜성들의 궤도는 황도의 평면과 임의의 각도로 기울어져 있기 때문에 오오트구름은 구 모양을 띤다.

**특징 4 : 예외** 우리태양계의 네 번째 주요 특징은 일반적인 규칙과는 눈에 띄게 다른 예외가 있다는 것이다. 예를 들면 대부분의 행성들은 자신이 공전하는 방향으로 자전하지만 천왕성의 경우 옆으로 누운 채로 공전하고 금성은 '반대 방향'(지구의 북극 위에서 바라보았을 때 시계 방향)으로 회전한다. 이와 비슷하게 대부분의 큰 위성들은 그 행성의 자전 방향과 같은 방향으로 공전하지만 작은 위성들에는 특이한 궤도가 많다.

**표 6.2** 지구형과 목성형 행성의 비교

| 지구형 행성 | 목성형 행성 |
| --- | --- |
| 작은 크기와 질량 | 질량과 크기가 모두 큼 |
| 높은 밀도 | 낮은 밀도 |
| 대부분의 구성 성분은 암석과 금속 | 대부분 수소, 헬륨, 수소화합물로 이루어짐 |
| 고체 표면 | 고체 표면이 없음 |
| 위성이 없거나 있어도 매우 적으며 고리는 전혀 없음 | 고리를 가지고 있으며 많은 위성을 거느림 |
| 태양에 가까울수록 표면온도가 더 높고 온도는 낮음 | 태양으로부터 멀리 떨어질 질수록 구름의 상층부 온도는 낮음 |

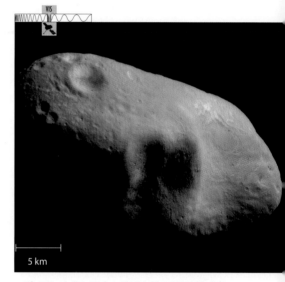

5 km

**그림 6.12** (지구 근접 소행성인 에로스를 연구하기 위해서 발사한 우주선 니어가 촬영한) 소행성 에로스의 모습. 형체는 대부분의 전형적인 소행성들과 비슷한 것 같다. 에로스의 길이가 약 40km이고 구형이 아닌 것으로 드러났으며 이는 태양계에 있는 다른 작은 천체들도 거의 비슷할 것으로 추정된다.

**그림 6.13** 1997년에 나타난 헤일밥 혜성의 모습이며 콜로라도의 볼더 상공에서 촬영되었다.

태양계 형성에 대한 성공적인 이론은 일반적인 성질뿐 아니라 특수한 모습도 설명할 수 있어야 한다.

가장 흥미로운 예외는 달과 관련되어 있다. 다른 지구형 행성들은 위성이 아예 존재하지 않거나(수성과 금성) 아주 작은 위성이 존재하는데(화성) 지구는 태양계에서 가장 큰 위성을 갖고 있다.

### ● 성운설은 무엇인가?

역사적으로 과학자들은 태양계의 기원에 대해서 많은 가설을 생각해냈다. 그러나 증거를 세심하게 검토하고 이론적인 모형과 관찰을 통한 반복 검사를 통해 한 가지 가설만이 살아남았고 과학적 이론으로 자격이 주어졌다.

**가설에서 이론으로** 코페르니쿠스 혁명 이후 많은 과학자들이 태양계의 기원에 대해서 추측하기 시작했다. 우리는 이후 궁극적으로 성운설로 꽃피웠던 이론을 제기했던 사람으로 18세기의 두 과학자를 꼽는다. 1755년경 독일의 철학자 임마누엘 칸트는 우리태양계가 가스로 이루어진 성간구름의 붕괴로부터 기원했다는 생각을 제기했다. 40여 년 후 프랑스의 수학자 피에르 시몬 라플라스는 독자적으로 그 생각을 키워나갔다. 성간구름들은 일반적으로 **성운**(nebula)이라고 불렸기에(라틴어로 '구름'이라는 뜻) 이 아이디어는 성운설이라고 알려져 있다.

성운설은 19세기까지 인기가 있었다. 그러나 20세기 초에 과학자들은 해당 이론(적어도 칸트와 라플라스가 제기했던 가설)이 설명하지 못하는, 우리태양계 속의 여러 측면들을 발견했다. 몇몇 과학자들이 성운설을 수정하기 위해 노력하는 동안 다른 이들은 태양계의 기원에 관한 대체 모형들을 찾아나섰다.

20세기 중반까지 성운설은 태양과 다른 별이 충돌할 뻔한 과정에서 행성이 생겨난 것이라는 또 다른 이론과 치열한 경쟁을 벌였다. 이 조우 가설에 따르면, 태양이 다른 별과 충돌할 뻔한 과정에서 중력에 의해 가스 덩어리가 끌려 나오고, 여기에서 행성은 생겨나게 된다.

오늘날 조우 가설은 폐기되었다. 조우 가설의 예상과 관측된 행성 궤도의 움직임이나 행성이 지구형과 목성형과 같이 두 가지 종류로 나뉜다는 사실이 서로 들어맞지 않았기 때문이다. 더 나아가서 조우 가설은 전혀 있을 법하지 않은 사건을 필요로 했다. 즉, 태양과 다른 별이 가까이 조우하는 것이다. 은하 내에서 우리가 위치한 지역을 두고 보았을 때 별들이 서로 매우 먼 거리로 떨어져 있다는 사실을 생각해보면 두 별이 우연히 만나서 우리태양계를 만든 사건은 딱 1회만 일어났다고 해도 너무 많이 일어난 것처럼 생각될 만큼 별들끼리 만날 수 있는 확률은 작다. 최근에 발견된 여러 행성계들을 생각하면 더더욱 조우에 의한 행성계 형성은 있을 법하지 않다.

조우 가설이 지지를 잃어갈 무렵, 행성 형성과 관련된 물리학의 새로운 발견들이 성운설의 수정을 이끌어냈다. 가스 성운의 붕괴 과정에 대한 보다 정교한 모형들을 통하여 과학자들은 성운설이 우리태양계의 주요한 네 가지 특징에 대해 자연스러운 설명을 내놓음을 확인했다. 실제로 수많은 증거들이 모여 성운설은 과학적 **이론**으로 자리매김하게 되었다[3.4절]. 우리태양계의 기원을 설명하는 **성운설**로 말이다.

성운설은 우리태양계가 매우 큰 기체 구름이 자체 중력으로 수축하면서 형성되었다고 주장하는 이론이다.

**성운의 기원** 성운설을 논하는 데 있어서 우리태양계가 태어난 특정한 성운은 보통 **태양계 성운**

이라고 불린다. 하지만 이 성운은 과연 어디서 온 것일까?

태양계 성운은 우주의 빅뱅 때 만들어진 수소와 헬륨과 별로부터 만들어진 중원소로 이루어져 있었다.

우주가 빅뱅을 통해 탄생했다는 사실을 상기해보자 [1.2절]. 빅뱅은 본질적으로 두 가지의 화학 원소만을 생성해냈다. 수소와 헬륨이 바로 그것이다. 더 무거운 원소들은 이후 거대한 별들에 의해 만들어졌고, 별들이 죽으면서 우주에 방출되었다. 무거운 원소들은 이후 다른 성운들과 합쳐져 새로운 세대의 별을 형성하였다(그림 6.14). 비록 수십 억 년 동안 별들에 의해 무거운 원소들이 만들어지긴 했지만, 우주를 구성하고 있는 대부분의 화합물들은 여전히 수소와 헬륨이었다. 태양이나 이와 비슷한 나이의 다른 별들, 그리고 성운들의 구성에 대해 연구하면서 우리는 태양계 성운의 질량 중 98%가 수소와 헬륨이고 나머지 2%가 다른 원소들의 합이라는 것을 알아냈다.

**생각해보자** ▶ 우리와 같은 태양계가 빅뱅 이후 첫 번째 세대의 별들과 같은 시기에 형성될 수 있었을까? 설명하라.

관측된 강력한 증거들이 이 시나리오를 뒷받침한다. 천체망원경을 통해 우리는 오늘날 별들이 생겨나는 과정을 지켜볼 수 있다. 그리고 이렇게 새로 생성되는 별들은 언제나 성운들 속에서 발견된다[13.1절]. 게다가 우리은하의 가스에 대한 연구들은 전체적인 은하계의 순환 과정에 대해 명백히 알 수 있게 했다[15.2절]. 새로운 별들이 이전 세대의 별에서 나온 가스들 속에서 다시 생성된다는 사실 또한 의심의 여지가 없게 되었다. 제1장에서 본 바와 같이 우리는 '별의 일부'이다. 왜냐하면 우리와 우리의 행성을 이루고 있는 원소들이 아주 오래전에 자리했고, 사라진 별들 속에서 만들어진 것이기 때문이다.

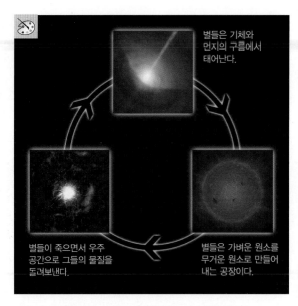

별들은 기체와 먼지의 구름에서 태어난다.

별들이 죽으면서 우주 공간으로 그들의 물질을 돌려보낸다.

별들은 가벼운 원소를 무거운 원소로 만들어 내는 공장이다.

**그림 6.14** 그림 1.9의 일부분인 이 그림은 은하 내의 물질 재활용 과정을 요약하여 보여준다.

## 6.3 태양계의 주요 특징 설명하기

우리는 이제 태양계 성운설에 대해 보다 자세히 알아볼 준비가 되었다. 이 과정에서 우리는 태양계 속 네 가지의 주요한 특징을 성운설이 얼마나 성공적으로 설명하는지 알 수 있을 것이다.

### ● 무엇이 규칙적인 움직임을 일으켰을까?

태양계 성운은 아마도 차갑고 낮은 밀도의 가스로 이루어진 거대한 구 형상의 구름으로 시작했을 것이다. 처음에 이 가스는 너무 넓은 지역(직경 몇 광년 거리 정도)에 흩어져 있어 중력 혼자서는 이들을 끌어당겨 수축하게 할 정도로 충분히 강한 힘을 갖지 못했다. 대신 수축은 가까운 별의 폭발(초신성) 등 대격변에 의해서 촉발되었다.

한 번 수축이 시작되자 중력이 이를 계속되게 했다. 중력의 힘이 거리에 따른 역제곱 법칙을 따른다는 사실을 상기하자[4.4절]. 구름의 크기가 감소함에도 이의 질량은 그대로 유지되었고, 직경이 줄어듦에 따라 중력의 힘이 증가했다.

중력은 모든 방향에서 안쪽으로 끌어당기기 때문에 여러분은 태양계 성운이 줄어든 이후에도 구 모양일 것이라고 생각할 것이다. 중력이 모든 방향에서 잡아당긴다는 생각은 태양과 다른 행성들이 왜 구형인지 확실히 설명해준다. 그러나 다른 물리법칙들도 존재하며 이들은 태양계 성운 속에 어째서 규칙적인 움직임이 형성되었는지 설명해준다.

**뜨거워지다, 회전하다, 편평해지다** 태양계 성운이 수축하며 세 가지 중요한 현상이 나타나는데, 이는 성운의 밀도, 온도 그리고 모양을 변하게 한다(그림 6.15).

- **뜨거워지다.** 수축하면서 태양계 성운의 온도는 상승한다. 이와 같은 가열은 에너지 변환 활동이 일어난다는 것을 의미한다[4.3절]. 구름이 수축하면서 중력퍼텐셜에너지는 안쪽 방향으로 이동하는 각각의 가스 입자들의 운동에너지로 변환된다. 이 입자들은 서로 부딪히며 안쪽 방향으로의 운동에너지를 임의의 방향으로의 열에너지로 바꾼다(그림 4.12b 참조). 태양은 온도와 밀도가 가장 큰 중심에서부터 생겨났다.

- **회전하다.** 회전하는 스케이트 선수가 팔을 몸 쪽으로 붙이는 것처럼 태양계 성운은 수축하며 지름이 작아질수록 점점 더 빨리 회전했다. 이와 같은 회전속도 증가는 각운동량의 전환을 의미한다[4.3절]. 구름의 회전은 붕괴 이전에는 눈치챌 수 없을 정도로 느리게 진행되었으나, 붕괴 이후 진행된 수축은 필연적으로 회전속도를 빠르게 했다. 빠른 속도의 회전은 태양계 성운의 모든 물질이 중심을 향해 붕괴하지는 않도록 했다. 회전하는 구름의 각운동량이 클수록 물질들은 더 빨리 퍼져나가기 때문이다.

- **편평해지다.** 태양계 성운은 납작해져 원반 모양이 되었다. 이와 같은 편평해지는 과정은 회전하는 구름 속의 입자들이 충돌해서 생긴 자연스러운 결과이다. 임의의 방향으로 움직이는 구름들은 초기에는 서로 다른 모양과 크기를 하고 있을 수 있고, 여러 가지 구별되는 성분의 가스 무리로 이루어져 있을 수 있다. 이 무리들은 구름이 수축함에 따라 서로 충돌하고 합쳐진다. 그리고 각각의 새롭게 생겨난 무리들은 이를 형성한 기존의 무리들이 움직이던 것의 절반의 속도를 낸다. 따라서 구름 속 임의의 움직임들은 수축을 통해 보다 규칙적이 되며, 구름을 회전하는 납작한 원반 모양으로 바뀐다. 비슷하게 타원 궤도에서 이뤄지는 물질 무리들끼리의 충돌은 이들의 무작위 움직임을 감소시키고, 궤도를 보다 원형에 가깝게 한다.

**우리태양계의 질서 정연한 운동은 태양계가 편평한 기체구름이 회전하면서 형성되었다는 직접적인 결과이다.**

회전하는 원반의 형성은 우리태양계의 규칙적인 움직임을 설명한다. 태양 주위를 도는 행성들은 거의 동일한 면에서 공전하고 있는데, 이는 이들이 납작한 원반에서 만들어졌기 때문이다. 원반의 회전 방향은 태양의 자전 방향이 되었고, 그대로 행성들의 공전궤도가 되었다. 컴퓨터 모형들은 행성들이 자신이 형성되던 때와 동일한 방향으로 회전하려는 경향이 있다는 것을 말해주었다. 이는 거의 모든 행성이 같은 방향으로 회전하고 있다는 것을 말해준다. 원반의 전체 크기와 비교하여 상대적으로 작은 행성들에서 예외가 발생하긴 했지만 말이다. 원반에서의 충돌이 궤도를 원형으로 만드는 경향이 있다는 사실은 우리태양계 속

**그림 6.15** 이 그림의 일련의 과정은 커다란 기체구름의 중력수축이 어떻게 회전하는 원반 형태를 이루게 되는지를 보여준다. 중심의 볼록 튀어나온 부분은 뜨겁고 밀도가 높아서 별이 형성되고 그 주위의 원반에서는 행성들이 형성되는 것이다.

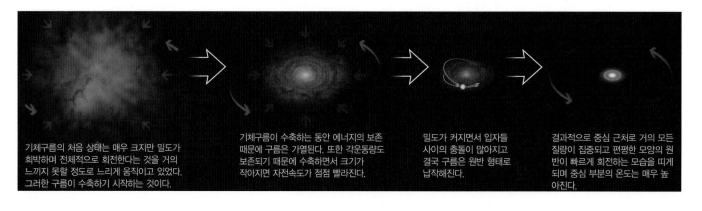

기체구름의 처음 상태는 매우 크지만 밀도가 희박하며 전체적으로 회전한다는 것을 거의 느끼지 못할 정도로 느리게 움직이고 있었다. 그러한 구름이 수축하기 시작하는 것이다.

기체구름이 수축하는 동안 에너지의 보존 때문에 구름은 가열된다. 또한 각운동량도 보존되기 때문에 수축하면서 크기가 작아지면 자전속도가 점점 빨라진다.

밀도가 커지면서 입자들 사이의 충돌이 많아지고 결국 구름은 원반 형태로 납작해진다.

결과적으로 중심 근처로 거의 모든 질량이 집중되고 편평한 모양의 원반이 빠르게 회전하는 모습을 띠게 되며 중심 부분의 온도는 매우 높아진다.

의 행성들이 거의 원을 이루는 궤도를 그리며 공전하고 있다는 것을 설명한다.

**스스로 해보기** ▶ 여러분은 후추를 물이 담긴 그릇에 뿌리고 아무 방향으로 섞음으로써 규칙적인 움직임을 만들어낼 수 있다. 물 분자들은 서로 계속해서 충돌할 것이고, 따라서 후추 알갱이들은 본래의 아무렇게나 흔들리던 움직임들의 평균 속도에 가까워지며 안정적으로 회전할 것이다. 후추를 섞는 속도를 바꿔 가며 실험을 여러 차례 반복해보자. 임의의 움직임들이 정확히 상쇄되며 어떤 회전도 만들어내지 않을 때가 있는가? 이 실험이 태양계의 움직임과 어떻게 관련되는지 설명하라.

**모형 시험해보기** 위와 같은 과정들은 다른 충돌하는 구름들 사이에도 똑같이 영향을 준다. 따라서 우리는 주위에서 형성 중인 다른 별들을 찾아보며 우리의 모형들을 시험해볼 수 있다.

다른 별들 주위에 있는 회전하는 기체 원반의 관측 사실은 우리태양계도 비슷한 원반으로부터 형성되었다는 생각을 지지하는 결과이다.

수축하는 기체구름 속에서 일어나는 가열은 기체가 (주로 적외선의) 열복사를 내뿜고 있다는 것을 의미한다[5.2절]. 우리는 항성계가 형성될 것으로 보이는 많은 성운들로부터 적외선을 감지했다(그림 6.16). 그들 중 일부는 원반에 수직 방향으로 물질들을 뿜어내고 있었다[13.1절]. 이 분출은 원반에서 만들어지고 있는 별에서의 물질 흐름이 만들어낸 것으로 생각된다.

모형을 뒷받침하는 또 다른 것으로 항성계의 구성 과정에 대한 컴퓨터 시뮬레이션을 들 수 있다. 시뮬레이션은 성간구름들을 관측해서 얻어낸 환경 데이터에서부터 시작된다. 그 후에 컴퓨터의 도움을 받아 시간에 따른 변화를 예상하기 위해 물리법칙들을 적용한다. 컴퓨터 시뮬레이션은 대부분의 일반적인 특성들을 성공적으로 재생성한다. 이는 성운 이론에 도움을 준다.

납작한 원반 모양의 형성에 대한 우리의 생각이 옳다는 부가적인 증거들은 우주의 산재된 다른 물체들에도 있다. 우리는 전체적인 형상이 납작한 원반 모양을 향해 가는 과정이 궤도를 따라 도는 입자들이 충돌할 수 있는 모든 곳에서 일어날 수 있을 것이라고 기대하고 있다. 때문에 우리는 우주에서 납작한 원반 모양의 형태를 찾는다. 은하수와 같은 나선은하, 행성의

**그림 6.16** 이와 같은 영상들은 다른 별들에서도 납작한 형태를 이루며 별 주위를 궤도운동하는 물질들이 있음을 시사한다.

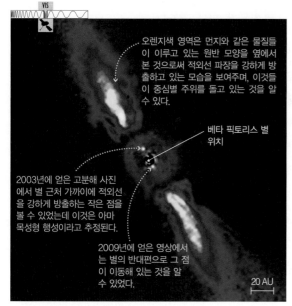

오렌지색 영역은 먼지와 같은 물질들이 이루고 있는 원반 모양을 옆에서 본 것으로써 적외선 파장을 강하게 방출하고 있는 모습을 보여주며, 이것들이 중심별 주위를 돌고 있는 것을 알 수 있다.

베타 픽토리스 별 위치

2003년에 얻은 고분해 사진에서 별 근처 가까이에 적외선을 강하게 방출하는 작은 점을 볼 수 있었는데 이것은 아마 목성형 행성이라고 추정된다.

2009년에 얻은 영상에서는 별의 반대편으로 그 점이 이동해 있는 것을 알 수 있었다.

20 AU

a. 이 사진은 유럽남반구천문대(ESO)에서 합성으로 얻은 적외선 영상인데, 베타 픽토리스 별의 주위를 돌고 있는 암석 덩어리들이 큰 원반을 이루고 있음을 알 수 있으며 이 원반으로부터 목성형 행성이 만들어지게 될 것으로 보인다. 이와 같이 희미한 영상을 얻기 위해서 중앙의 밝은 별은 가리고 사진을 찍었으며 별의 위치는 검게 표시되어 있다.

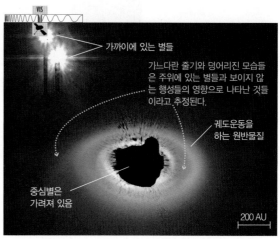

가까이에 있는 별들

가느다란 줄기와 덩어리진 모습들은 주위에 있는 별들과 보이지 않는 행성들의 영향으로 나타난 것들이라고 추정된다.

궤도운동을 하는 원반물질

중심별은 가려져 있음

200 AU

b. 이 영상은 허블우주망원경으로부터 얻은 것인데, HD141569A라는 별 주위를 돌고 있는 원반을 보여준다. 원래는 흑백 사진이었으나 약간의 차이라도 더 분명하게 구분될 수 있도록 빨간색으로 색을 입혀서 나타낸 것이다.

고리가 이루고 있는 원반, 중성자별을 둘러싸고 있는 강착원반들, 근접 연성(連星) 항성계의 블랙홀을 예로 들 수 있다[14.2절].

## ● 행성이 두 가지 주요한 형태로 나뉘는 이유는 무엇인가?

태양계 성운이 수축하여 직경 200AU 정도(현재의 명왕성 궤도의 약 2배)의 원반 모양이 되었을 때 행성들이 생겨나기 시작했다. 태양계 성운 내에 있는 서로 섞인 상태의 가스는 내내 같은 구성으로 이루어져 있었다. 그렇다면 어떻게 지구형 행성들은 목성형 행성과 이렇게 다른 구성을 갖게 되었을까? 장소가 중요한 단서가 된다. 즉, 지구형 행성들은 따뜻한 소용돌이치는 원반의 안쪽 부분에서 형성되었고, 반면 목성형 행성들은 차가운 바깥 부분에서 생겨났다.

**응축 : 행성의 씨앗을 파종하다** 붕괴하는 태양계 성운의 중심 속에서 중력은 태양을 만들어 내기에 충분한 물질들을 모아냈다. 그러나 이를 둘러싸고 있는 원반에서는 가스 형태의 물질들이 너무 멀리 퍼져 있는 상태여서 중력만으로는 이들을 뭉치게 하기 어려웠다. 대신 물질들

고형의 금속, 암석 또는 얼음들이 작은 '씨앗'이 되어 행성이 형성되기 시작한다.

은 다른 방법으로 뭉치기 시작해서 중력이 다시 이들을 뭉쳐 행성으로 만들기 충분한 크기로 자라났다. 본질적으로 행성의 형성은 '씨앗'의 존재를 필요로 했다. 여기서 씨앗이란 중력이 궁극적으로 행성을 만들 수 있게 하는 고체 형태의 물질을 말한다.

씨앗이 형성되는 기본적인 과정은 지구의 구름들 속에서 눈송이들이 만들어지는 과정과 아주 비슷하다. 온도가 충분히 낮다면 가스 속의 원자들이나 물질들은 서로 붙어 굳어진다. 가스 형태의 물질이 서로 뭉쳐 고체(혹은 액체) 형태의 입자로 변하는 과정을 **응축**이라고 한다(우리는 따라서 위의 과정을 "가스가 응축하여 입자가 되었다."라고 말할 수 있다.). 이 입자들은 처음엔 아주 작은 크기이지만, 시간 지남에 따라 자라난다.

서로 다른 물질들은 각자 다른 온도에서 응축한다. 태양계 성운을 구성하는 물질은 네 가지 범주로 분류할 수 있다(표 6.3).

- **수소와 헬륨가스(태양계 성운의 98%).** 이 가스들은 성간 우주에서 절대 응축하지 않는다.
- **수소화합물(태양계 성운의 1.4%).** 물($H_2O$)이나 메탄($CH_4$), 그리고 암모니아($NH_3$)와 같은 물질들은 낮은 온도(태양계 성운과 같이 낮은 압력하에서는 150K 이하의 온도)에서 굳어져 **얼음**이 된다.
- **암석(태양계 성운의 0.4%).** 암석과 같은 물질들은 높은 온도에서는 가스 형태를 띠지만 물질에 따라 500~1,300K 사이의 온도에서는 응축되어 고체가 된다.
- **금속(태양계 성운의 0.2%).** 철, 니켈, 그리고 알루미늄과 같은 금속들 또한 높은 온도에서는 가스 형태를 띠지만 1,000~1,600K 사이의 온도에서는 응축되어 고체가 된다.

수소와 헬륨이 태양계 성운의 98%를 구성하고, 응축되지 않았기 때문에 성운의 거대한 대부분의 영역은 응축되지 않았다. 그러나 다른 물질들

| **표 6.3** 태양계 성운 안에 있는 물질들 | | | |
|---|---|---|---|

태양계 성운에 존재하는 네 가지 형태의 주요한 물질의 요약. 검은색 정사각형의 크기는 서로 간의 질량 비율을 나타낸 것이다.

| | 예 | 전형적인 응결온도 | 상대적인 질량 비율 |
|---|---|---|---|
| **수소와 헬륨 기체** | 수소, 헬륨 | 성운 안에서 응결되지 않음 | 98% |
| 수소화합물 | 물, 메탄, 암모니아 | < 150K | 1.4% |
| 암석 | 다양한 광물들 | 500~1,300K | 0.4% |
| 금속 | 철, 니켈, 알루미늄 | 1,000~1,600K | 0.2% |

은 온도가 허락하는 한 응축되었다(그림 6.17). 태양 가까이는 너무 뜨거워 어떤 물질도 응축되기 힘들었다. 조금 더 멀리 떨어진 곳(지금 수성이 위치한 곳 근방)은 조금 덜 뜨거운 덕분에 금속과 일부 암석들이 작은 고형의 입자로 응축되게 하였다. 그러나 다른 암석들과 수소화합물들은 가스인 상태로 남아 있었다. 더 많은 종류의 암석들이 지금 금성, 지구 그리고 화성이 있는 자리에서 응축되었다. 지금 소행성대가 위치한 자리에서는 탄소가 많은 물질들이 굳어져 검은 빛 물체를 이루었다. 미네랄 또한 응축되어 약간의 물을 만들어 냈다. 현재의 화성과 목성 공전궤도 사이쯤에 위치한 **동결 한계선** 밖은 충분히 차가워 수소화합물들까지도 응축되어 얼음이 되었다.

**생각해보자 ▶** 태양계 성운에 온도가 1,300K인 지점이 있다고 생각해보자. 이 지점에선 어떤 물질들이 가스 상태였을까? 고체의 물질이 있다면 어떤 것으로 이루어져 있는 것일까? 100K 지점에서도 같은 질문에 대답해보라. 100K 지점이 태양에서 더 가까운 곳이었을까, 먼 곳이었을까? 설명해보라.

동결 한계선은 따뜻한 안쪽 지역과 차가운 바깥쪽 지역을 가르는 기준선이 되었다. 전자에서는 지구형 행성들이 형성되었고, 후자에서는 목성형 행성들이 만들어졌다. 동결 한계선 안에서는 철과 암석만이 굳어져 '씨앗'이 될 수 있었다. 동결 한계선 밖에서는 얼음과 철, 그리고 암석들이 굳어져 씨앗이 되었다. 더 나아가서 보면 수소화합물의 양이 금속과 암석을 합한 것보다 3배가량 더 많기 때문에(표 6.3) 고형의 물질은 동결 한계선 안쪽보다는 바깥쪽에 훨

태양계 내부에 있는 고형의 씨앗들은 오로지 금속과 암석들로 이루어져 있는 반면에 태양계 바깥쪽에 있는 것들은 얼음들도 포함하고 있다.

씬 더 많이 있었다. 이제 무대는 두 가지 형태의 행성의 탄생을 받아들일 준비가 되었다. 태양계 안쪽에 위치한 금속과 암석 씨앗에서 생겨난 행성들, 그리고 태양계 바깥쪽에 자리한 얼음으로(또한 금속, 암석 등이 섞인) 만들어진 씨앗에서 태어난 행성들이 바로 그것이다.

**지구형 행성의 형성 과정** 이 시점에서부터 태양계 안쪽의 이야기는 꽤 명확히 진행된다. 금

지구형 행성들은 태양계 내부에서 응결된 금속과 암석으로부터 만들어졌다.

속과 암석으로 이루어진 고체 씨앗들은 자라나 우리가 오늘날 보는 지구형 행성이 된다. 그러나 이런 행성들은 상

동결 한계선 안쪽에서는 암석과 금속들이 응결되고, 수소화합물들은 기체 상태로 남아있게 된다.

동결 한계선 바깥 영역에서는 수소화합물, 암석, 금속들이 모두 응결된다.

동결 한계선

태양계 성운 내부의 물질들은 98%가 수소와 헬륨가스로 되어 있으며 이들은 어느 곳에서도 응결이 일어나지 않는다.

**그림 6.17** 태양계 성운 안에서 온도 차이가 나기 때문에 응결되는 물질들의 종류가 위치마다 각각 다르고 이는 마치 서로 다른 두 종류의 행성이 태어날 수 있도록 다른 씨앗을 뿌리는 효과로 나타난다.

**그림 6.18** 이 그림은 미행성들이 어떻게 지구형 행성으로 강착 현상이 일어나는지 보여준다.

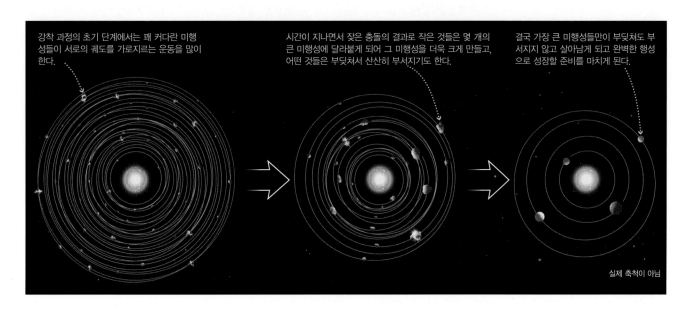

강착 과정의 초기 단계에서는 꽤 커다란 미행성들이 서로의 궤도를 가로지르는 운동을 많이 한다.

시간이 지나면서 잦은 충돌의 결과로 작은 것들은 몇 개의 큰 미행성에 달라붙게 되어 그 미행성을 더욱 크게 만들고, 어떤 것들은 부딪쳐서 산산히 부서지기도 한다.

결국 가장 큰 미행성들만이 부딪쳐도 부서지지 않고 살아남게 되고 완벽한 행성으로 성장할 준비를 마치게 된다.

실제 축척이 아님

대적으로 작은 크기를 갖게 된다. 바위와 철은 태양계 성운 내에서 상대적으로 그 양이 적기 때문이다.

작은 '씨앗'들이 자라나 행성이 되는 과정을 일컬어 **부착**이라고 한다(그림 6.18). 부착은 태양계 성운 내의 가스가 응축되어 만들어진 작은 고체 입자들로부터 시작한다. 이 입자들은 형성 중인 태양 주위를 같은 규칙에 따라 공전하며 이 궤도는 입자들은 응결되기 전에 가스가 돌던 궤도와 일치한다. 따라서 개별적인 입자들은 이웃하는 입자들과 거의 동일한 속도를 유지하며, 그러므로 그들 사이에 일어나는 '충돌'은 가벼운 접촉에 더 가깝다. 이 시점에서는 입자들의 크기가 너무 작아 서로를 중력으로 끌어당길 정도는 되지 않았지만, 서로를 전기적인 힘으로 묶일 수 있었다. 머리카락을 빗에 붙어 있도록 하는 '정전기에너지'로 말이다. 그리하여 작은 입자들은 서로 얽혀 큰 덩어리로 변해갔다. 입자들이 덩어리로 변해가며 그들 사이에는 중력이 작용해 서로를 끌어당기게 되었고, 이는 그들의 성장을 가속하여 **미행성체**로 변하게끔 했다. 미행성체는 '행성의 조각들'을 의미한다.

처음에 미행성체들의 크기는 빠른 속도로 불어났다. 자라나면서 미행성체의 면적과 중력이 늘어났다. 이는 이들로 하여금 다른 미행성체와 더 많이 접촉하고, 서로를 더 잘 끌어당기게끔 했다. 어떤 미행성체들은 아마 불과 수십만 년(사람의 시간으로 보면 긴 시간이지만 지금의 태양계 나이로 보면 1,000분의 1 정도의 시간) 사이에 수백 킬로미터 크기로 자라났을 것이다. 그러나 미행성체들이 이와 같이 상대적으로 큰 크기로 자라나자, 더 이상의 성장은 힘들어지게 되었다.

미행성체들 간의 중력 충돌은[4.4절] 특히 크기가 작은 이들의 공전궤도를 바꾸었다. 서로 다른 공전궤도들이 엇갈리며 미행성체들 간의 충돌이 일어나기 시작했다. 이들의 충돌은 높은 속도에서 일어나는 경향을 보였고, 때문에 매우 파괴적이었다. 이런 충돌들은 미행성체의 성장에는 도움이 되지 않았으며, 오히려 이들을 산산조각 냈다. 가장 큰 미행성체들만이 부서지지 않고 지구형 행성으로 성장할 수 있었다.

컴퓨터 시뮬레이션이 부착 이론에 대한 이 모형을 지지한다. 관측할 수 있는 증거로는 **운석**들, 다시 말해 지구에 떨어진 돌들을 들 수 있다. 부착이 일어나던 시기에 살아남은 것으로 보이는 운석들은 금속성의 알갱이들이 광물에 촘촘히 박힌 듯한 모습을 하고 있다(그림 6.19). 그 운석들은 소행성대의 끝자락에서 온 것으로 알려져 있다. 그곳은 우리가 해당 지역에서 부착되었을 물질로 짐작한 바와 같이 탄소가 많이 함유된 물질과 약간의 물이 있다.

**목성형 행성의 형성 과정** 부착 현상은 태양계의 바깥 지역에서도 비슷하게 일어났을 것이다. 그러나 얼음의 응결은 더 많은 고형물질이 존재한다는 사실과 해당 고형물질에는 금속과 바위 이외에도 얼음이 더 들어 있을 것이라는 사실을 의미했다. 혜성이나 목성형 행성의 위성들과 같은 오늘날 태양계의 바깥쪽에 있게 된 고체물질들은 여전히 다량의 얼음을 갖고 있다. 그러나 얼음에 뒤덮인 미행성체들의 성장만이 목성형 행성의 형성에 대한 모든 이야기일 수는 없다. 목성형 행성들은 상당한 양의 수소와 헬륨가스로 이루어져 있기 때문이다.

목성형 행성들은 태양계 성운에 있는 수소와 헬륨가스를 끌어당길 수 있을 만큼 중력이 크고 얼음형 미행성으로부터 성장하기 시작하여 만들어졌다.

목성형 행성의 가장 중요한 모형에 따르면 얼음에 뒤덮인 미행성체들 중 가장 큰 것들이 자라나 주변의 태양계 성운을 구성하고 있는 수소와 헬륨가스를 붙잡기 충분한 중력을 갖기 시작했다. 그렇게 추가된 가스들은 그들의 중력을 더욱 강하게 만들었고, 더욱더 많은 가스를 붙잡게 했다. 궁극적으로 목성형 행성들은 너무나도 많은 가스를 부착해 처음의 모습, 즉 얼음으로 뒤덮인 씨앗과는 매우 달라지게 되었다.

이 모형은 목성형 행성에 딸린 거대한 위성들에 대해서도 대부분을 설명한다. 태양계 성운을 원반 모양으로 만드는 과정이었던 가열, 회전, 그리고 납작하게 되는 과정이 이제 갓 태어난 목성형 행성에서도 동일하게 적용되었다는 말이다. 각각의 목성형 행성들은 기체원반으로 둘러싸이게 되었고, 해당 원반들은 행성의 자전 방향과 같은 방향으로 회전했다(그림 6.20). 위성들은 이러한 원반에서 형성되어 얼음으로 뒤덮인 미행성체들로 자라났고, 각 행성들의 자전 방향과 같은 방향으로, 즉 원 모양으로 공전하게 되었다. 이 공전궤도들은 각 행성의 적도와 거의 동일선상에 위치한다.

**성운의 정리정돈**  태양계 성운 속 방대한 양의 수소와 헬륨가스 대부분은 어떤 행성에도 포함되지 않았다. 이들에게는 어떤 일이 생겼을까? 이들은 젊은 태양에서 온 고에너지 복사(자외선과 엑스선)와 태양에서 출발하여 모든 방향으로 계속해서 뿜어 나오는 대전된 입자들(태양풍)의 흐름에 의해 깨끗이 치워진 것 같다. 관측을 통해 우리는 별들이 더 젊을 때 더 강력한 에너지 복사와 대전된 입자들의 흐름을 뿜어낸다는 사실을 알아냈다. 이들의 조합은 태양계에 남아 있는 가스를 치워내고 보다 깨끗한 상태가 되게 한다.

가스가 치워진다는 사실은 행성들의 구성 요소들이 정해진다는 것을 의미했다. 가스가 더 많이 남아 있다면 이들은 태양계 안쪽 행성들에 얼음이 될 수소화합물이 부착될 수 있었을

*태양계 성운에 남아 있던 기체들은 행성 형성이 끝나갈 무렵 우주공간으로 모두 날려가서 깨끗한 상태로 된다.*

것이다. 이 경우에 지구형 행성들은 풍부한 얼음, 그리고 어쩌면 수소와 헬륨까지도 가졌을 수 있다. 이는 행성의 환경을 근본적으로 변화시킬 수 있었다. 반대로 가스가 더 빨리 날아가 버렸더라면 행성이 완전히 만들어지기 이전에 행성의 원료들이 날아가 사라져 버릴 수 있었다. 두 극단적인 시나리오가 우리태양계에서는 일어나지 않았지만, 다른 태양계에

**그림 6.19** 운석을 자른 단면에서 암석물질들 사이에 섞여 있는 반짝거리는 금속성 백점들을 볼 수 있다. 이러한 금속성 백점들은 성운설에 의해서 설명되는 것처럼 태양계 성운에서 실제로 일어났던 초기 응결의 결과라고 추측된다.

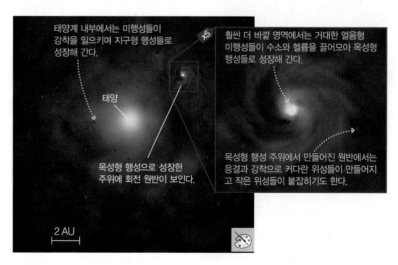

**그림 6.20** 목성형 행성의 형성 초기 단계에서 마치 커다란 태양계 성운에서 원반이 만들어졌던 것처럼 작은 크기의 기체원반이 만들어져 행성 주위를 감싸며 돌고 있다. 이런 모형에 따르면 행성들이 점점 커짐에 따라서 태양계 성운으로부터 수소와 헬륨가스를 끌어당기며 얼음이 풍부한 미행성들로 성장하게 된다. 이 그림에서 기체와 미행성들이 커다란 태양계 성운 안에서 하나의 목성형 행성 주위를 감싸고 있는 것을 볼 수 있다.

서는 가끔 일어난다. 또 때때로 이웃한 뜨거운 별들에 의해 태양계 성운의 물질들이 날아가 버리는 바람에 행성의 형성이 방해받기도 한다.

### • 소행성과 혜성들은 어디에서 온 것일까?

암석으로 이루어진 소행성들과 얼음으로 이루어진 혜성들은 행성 형성 시기에 만들어진 미행성들이 태양계 바깥으로 날려가지 못하고 남아 있는 것들이다.

행성의 형성 과정은 우리태양계 내의 수많은 소행성과 혜성의 기원까지도 설명한다. 왜소행성이 될 정도로 충분히 큰 것들까지 포함해서 말이다. 이들은 행성이 형성되고 난 후 '남은 것들'이다. 소행성들은 태양계 안쪽에 위치한 미행성체들의 암석 잔해이고, 혜성들은 바깥쪽에 위치한 미행성체들의 잔해이다. 우리는 제9장에서 어째서 대부분의 소행성들이 소행성대에 머물게 되었고 혜성들은 카이퍼대나 오오트구름에 자리하게 되었는지 배울 것이다.

소행성과 혜성들이 미행성체들의 부산물이라는 증거는 운석에 대한 조사에서, 혜성과 소행성을 방문한 우주선으로부터, 그리고 태양계에 대한 이론적인 모형들로부터 나온다. 사실 성운 이론은 과학자들로 하여금 혜성이 발견되기도 이전에 카이퍼대에 자리할 것을 예측하게 했다.

오늘날 존재하는 소행성들과 혜성들은 태양계가 젊은 시절 존재했던 미행성체의 잔해의 일부에 불과하다. 나머지는 이제 사라졌다. 어떤 '사라진' 미행성체들은 중력 충돌에 의해 더 먼 우주 속으로 날아갔지만 다수의 다른 미행성체들은 행성과 충돌했을 것이다. 충돌이 딱딱한 것들과 이루어졌을 때 이들은 흉터와도 같은 **충돌 크레이터**를 남겼다. 충돌은 이후 행성의 환경에 영향을 미쳤다. 지구의 경우에는 진화의 흐름을 바꾸기도 했다. 예를 들어 한 충돌은 공룡을 멸종시켰다고 알려져 있다[9.4절].

잔여물로 남게 된 미행성들은 태양계 형성 초기 몇 억년 동안 이미 만들어진 행성들과 심하게 부딪쳐서 많은 손상을 입혔다.

충돌 자체는 아직까지도 가끔 일어나고 있지만, 대부분의 충돌은 우리태양계 역사가 시작된 이후 수십만 년 동안에 집중적으로 일어났다. 우리는 그 시기를 **대폭격기**라고 부른다. 그 시기에 태양계의 모든 곳은 충돌을 받아내야 했다(그림 6.21). 그리고 달과 다른 여러 행성에 있는 대부분의 크레이터들은 그때 생겨 지금까지 그 자국이 남아 있다.

위와 같이 이른 시기의 충돌들은 행성들의 형성이 완료되기 이전에도 많이 일어났는데, 이는 우리가 지금 존재할 수 있게 하는 데 매우 중요한 역할을 했을 것으로 생각된다. 이후 지구형 행성으로 자라난 금속과 바위로 이루어진 미행성체들은 물이나 다른 수소화합물들을 갖고 있지 않았다. 이는 이런 물질들이 존재하기 힘들 정도로 태양계 속 우리가 위치한 지역이 더웠기 때문이다. 그렇다면 어떻게 지구에는 물이 존재하여 바다가 생겨나고, 수증기로 변해 대기가 만들어질 수 있었을까? 그럴듯한 답은 물, 혹은 다른 수소화합물들이 포함된 태양에서 멀리 떨어진 곳에 있던 미행성체와 지구가 충돌했다는 설이다. 놀랍게도 우리가 마시는 물과 숨 쉬는 공기는 아마도 화성 궤도 바깥에서 생겨난 미행성체의 일부였을 것이다.

### • 규칙에서 벗어난 예외들은 어떻게 설명할 것인가?

우리는 지금까지 우리태양계 내의 네 가지 특징에 대해 설명하였다. 규칙에서 벗어난 예외를 제하면 말이다. 우리의 놀랍도록 커다란 달이 이 중 하나이다. 우리는 현재 대부분의 예외들이 충돌이나 스쳐지나가는 중력 충돌에서 기인했다고 추정한다.

**그림 6.21** 약 40억 년 전쯤 지구와 달 그리고 다른 행성들은 남아 있던 미행성들로부터 심하게 많은 충돌을 겪었다. 이 그림은 지구와 달의 매우 초기 모습을 보여주고 있는데, 지구에 큰 충돌이 그려져 있다.

**사로잡힌 위성들** 우리는 목성형 행성들의 가장 거대한 위성들을 살펴보고, 이들이 행성 주위에 있던 원반 속에서 회전하다가 형성된다는 사실을 배웠다. 그러나 '잘못된' 방향으로, 그러니까 규칙에서 벗어난(행성 궤도의 반대 방향) 궤도로 도는 위성들과 행성의 적도에 비해 많이 기울어져서 도는 위성들은 어떻게 설명해야 할까? 이 위성들은 아마 미행성체의 잔재로서 태양 주위를 돌다 행성에 사로잡혀 행성의 둘레를 궤도로 삼아 돌게 되었을 것이다.

행성이 위성을 붙잡는 것은 쉬운 일이 아니다. 어떤 물체는 어떤 방법으로든 궤도에너지를 잃지 않는 이상 무한 구간 궤도(예 : 목성 옆에서 태양 주위를 도는 소행성)에서 유한 구간 궤도(예 : 목성 주위를 도는 위성)로 변하지 않는다[4.4절]. 목성형 행성들은 아마도 형성 초기부터 행성을 둘러싸고 있는 확장되고 상대적으로 밀도 높은 가스와 부딪혀 에너지를 잃은 미행성체들 옆을 지나칠 때 이들을 붙들었을 것이다. 미행성체들은 가스와의 마찰로 인해 느려졌을 것이다. 낮은 궤도를 도는 지구의 위성들이 대기와 마찰하여 느려지는 것과 마찬가지로 말이다. 만약 마찰이 지나치는 미행성체의 궤도에너지를 충분히 줄여주었다면, 이들은 행성 주위를 도는 위성 중 하나가 되었을 것이다. 미행성체를 붙잡을 때의 무작위성 때문에 붙잡힌 위성들은 반드시 모행성과 같은 방향으로 돌거나 이들의 적도선에 일치하여 돌지 않았다. 목성형 행성의 작은 위성들 중 대부분이 이런 방법으로 붙들렸을 것이다. 화성 또한 비슷하게 포보스와 데이모스라는 위성들을 붙잡았다. 그때 화성은 지금과 비교해 더 두터운 대기를 갖고 있었다(그림 6.22).

**거대충돌이 만들어낸 우리의 달** 소위 '붙잡기' 과정은 우리의 달에 대해 설명하지 못한다. 지구는 달과 같이 큰 천체를 붙잡기에는 너무 작기 때문이다. 우리는 또한 달이 지구와 동시에 형성되었다는 생각도 지워낼 수밖에 없다. 만약 달과 지구가 함께 형성되었다면, 비슷한 미행성체의 모습에서 비슷한 양의 파편들을 모아 거의 같은 구성과 밀도여야 하는데 사실 그렇지 않기 때문이다. 달의 밀도는 지구보다 낮은 것으로 생각된다. 평균적으로 매우 다른 구성을 가지기도 했다. 그렇다면 우린 대체 어떻게 달을 갖게 된 것일까? 오늘날 가장 진보된 이론들은 지구와 다른 거대한 천체 간의 **거대충돌**이 달을 만들어내지 않았을까 추정한다.

우리 위성인 달은 매우 거대충돌의 결과로 지구의 껍질인 지각 부분이 달의 궤도 근처로 튕겨져 나가게 된 물질들이 서로 강착되어 형성된 것으로 추정된다.

모형들에 따르면 몇몇 남겨진 미행성체들은 화성에 비할 정도로 컸다. 화성 크기의 물체가 젊은 행성에 충돌할 경우 충돌은 해당 행성의 축을 비틀고 자전주기를 바꾸거나, 아예 행성 자체를 산산조각 낼 수 있다. '거대충돌'설은 화성 크기의 물체가 지구와 충돌하여 지구의 외피를 우주로 날려버릴 정도의 충격을 주었을 것이라고 생각한다. 컴퓨터 시뮬레이션에 의하면 이 파편들은 행성 둘레의 궤도에 자리하고, 부착과 응집이 시작되어 달을 형성했을 것이다(그림 6.23).

거대충돌설을 뒷받침하는 두 가지 근거는 달의 구성에 대한 두 가지 특징에서 기인한다. 첫째로, 달의 전체적인 구성은 지구의 외피와 꽤 비슷하다. 그것들이 어디에서 왔는지 우리가 추정했던 것을 생각해보면 잘 들어맞는다. 둘째로, 달의 구성은 지구와 비교하여 기화될 수 있는 물질들(예 : 물)의 함유도가 더 낮다. 이 사실은 충돌로 인해 발생한 열이 이런 물질들을 증발시켜 버렸다는 점에서 이론을 뒷받침한다. 전부 날아가 버려 달의 구성 중에는 포함될 수 없었던 것이다.

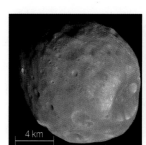
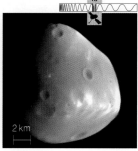

a. 포보스  b. 데이모스

**그림 6.22** 이 두 화성의 위성은 아마도 소행성들이 붙잡혀진 것이라고 추측된다. 포보스는 직경이 약 13km, 데이모스는 8km 정도이며 전형적인 대도시의 크기와 딱 맞아떨어질 정도로 작다(화성 정찰 궤도선으로부터 얻은 영상).

화성 크기의 미행성이 지구가 만들어진 초기에 충돌하고 있으며 둘 모두의 물질이 밖으로 튕겨져 나가고 있다.

몇 시간 후에 우리 지구는 거의 용융체가 될 정도로 뜨거워졌으며 매우 빠른 속도로 회전하게 된다. 지구의 껍질층에서 튕겨진 부스러기들은 지구 궤도에 남아서 같이 궤도운동을 한다. 부스러기의 일부는 다시 지구로 비처럼 떨어지고 어떤 것들은 점점 강착이 일어나며 달로 만들어진다.

수천 년이 채 되기 전에 달의 강착 현상은 빠르게 끝나게 되고 지구 궤도상에 남아 있는 부스러기들은 거의 다 사라졌다.

**그림 6.23** 우리 위성인 달이 거대 충돌에 의해서 만들어졌다는 가설을 바탕으로 예술가에 의해서 그려진 상상도. 지구의 외곽은 주로 암석형 물질로 이루어져 있으며 충돌로 이것들이 분출되어 나갔기 때문에 달을 이루고 있는 물질들에는 거의 금속들이 없다는 사실이 잘 설명되고 있다. 달에서 가져온 암석의 가장 오래된 것들의 나이를 고려해 보면 이런 충돌은 최소한 44억년 이전에 일어났음에 틀림없다. 그림에서 볼 수 있듯이 달은 매우 빠르게 자전하는 지구와 매우 가까운 위치에서 만들어졌으나 수십 억 년간 조석력의 상호작용으로 지구의 자전도 느려지고 달의 공전궤도도 점점 바깥으로 멀어져 가게 된 것이다.

**다른 예외들** 거대충돌들은 주요한 설명 방식에서 벗어난 다른 예외들에 대해서도 설명해준다. 예를 들어, 명왕성의 위성인 카론은 우리의 달에서 일어났던 것과 흡사하게 충돌로 인해 발생했다는 징후를 내비치고 있다. 그리고 수성의 놀랍도록 높은 밀도는 거대충돌로 가벼운 밀도의 외피가 전부 날아가 버려 생긴 것일 수 있다. 거대충돌들은 지구를 포함한 많은 행성들의 축을 비틀어버렸다. 그리고 어쩌면 천왕성의 궤도를 지금과 같이 만들었을 것이다. 금성의 느리고, 정반대 방향으로의 자전도 거대충돌에 의해 만들어졌을 수 있다. 비록 어떤 과학자들은 금성의 두꺼운 대기가 이의 원인이라고 의심하지만 말이다.

우리가 이런 예외들을 일반적인 규칙에 정확히 들어맞게 할 수는 없지만, 전체적으로 알아야 할 점은 분명하다. 행성의 형성에 동반된 무질서한 과정들(명백히 일어났던 수많은 충돌들을 포함)은 비록 몇 개의 예외는 있을지언정 충분히 예측된다는 것이다. 성운설이 우리태양계의 네 가지의 특징에 대해 성공적으로 설명하고 있다는 점을 곱씹으며 마무리하자. 그림 6.24에서 해당 이론을 요약한다.

## 6.4 태양계의 나이

성운설은 우리태양계가 어떻게 태어났는지를 설명하고 있다. 그러나 그것이 언제 태어났으며 어떻게 우리가 그것을 알 수 있는지는 설명하고 있지 않다. 그에 대한 답은 행성들이 약 45억 년 전에 강착을 통해서 만들어지기 시작하였고 태양계에서 가장 오래된 암석의 나이를 측정해서 그러한 것을 알았다는 것을 배우게 될 것이다.

**그림 6.24** 성운설에 따른 우리태양계의 형성 과정 요약

크고 희박한 성간기체구름(태양계 성운)이
자체 중력으로 수축하게 된다.

**태양계 성운의 수축** : 수축이 일어남에 따라 구름
은 뜨거워지고 편평해지며 회전은 더 빨라져 결국
먼지와 기체로 이루어진 회전하는 원반체를 형성
하게 된다.

수축하는 성간구름의 중심부에서는 태양이 태어날 것이다.

원반에서는 행성들이 만들어질 것이다.

태양계의 내부는 온도가 높아서 금속과 암석과 같이 응결
온도가 높은 물질들만이 응결되어 '씨앗'이 된다.

**고체 입자들의 응결** : 수소와 헬륨은 기체 상태로
남아 있는 반면에 다른 물질들은 행성을 형성할
수 있는 '씨앗'으로 응결될 수 있다.

태양계의 바깥 영역의 온도는
매우 낮아서 응결된 '씨앗'에
얼음이 풍부하게 포함되어 있다.

지구형 행성들은 금속과 암석으로
만들어진다.

**미행성들의 강착** : 고형의 '씨앗'들은 서로 충돌하며 달
라붙게 된다. 더 큰 것들일수록 중력이 더 크기 때문에
더 많은 물질을 잡아당겨서 더 커지게 된다.

목성형 행성들의 씨앗이 되는 것들은
수소와 헬륨가스들을 잡아당길 정도
로 크게 성장하여 결국 매우 크고 거
의 기체로 이루어진 행성으로 성장하
게 된다. 또한 형성된 행성들의 주위
를 돌고 있는 먼지와 기체원반으로부
터 위성들이 만들어지게 된다.

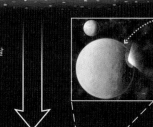
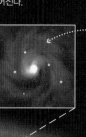

**성운의 청소** : 태양풍은 행성들이 형성되고 남은
기체들을 별들 사이의 공간으로 불어낸다.

태양계 내부에는 지구형 행성들이 남아 있게 된다.

태양계 바깥쪽에는 목성형 행성들이 남아 있다.

행성들이 형성된 후에 남은 잔여물들은
금속과 암석으로 이루어진 소행성들과
거의 얼음으로 이루어진 혜성으로 존재
한다.

실제 축척이 아님

## ● 태양계의 나이는 어떻게 알 수 있을까?

우리가 태양계의 나이를 측정하는 방법을 알기 위한 첫 번째 단계는 각 암석들 하나하나의 나이를 어떻게 결정하는지를 알아야 한다.

**암석 연대 측정** 우리가 암석들의 나이를 측정하는 데 쓰는 방법은 **방사능 연대 측정법**이라 불리는데, 이는 암석 속 다양한 원자들과 동위원소들의 비율을 세심하게 측정하는 것이다. 각각의 원소는 저마다의 특정한 시간 간격을 두고 변화하는데, 이를 통해 암석이 고체 구조를 이루며 얼마나 오랫동안 존재했는지를 알 수 있다. 이렇게 측정된 암석의 나이는 그 속 원자들이 서로 결합되어 지금과 같은 배열을 이루기 시작한 때부터 지금까지의 시간을 뜻한다고 할 수 있다. 대부분의 경우 이는 암석이 마지막으로 굳어져 고체가 되었을 때부터 지금까지의 시간을 의미한다.

각각의 화학원소들은 핵 속 양성자들의 수에 따라 고유한 특성을 갖게 된다는 사실을 기억해보자. 또 같은 원소의 다양한 동위원소들은 중성자의 수에 의해 서로 구분된다[5.1절]. **방사성 동위원소**는 스스로 변화, 혹은 붕괴하려는 성질이 있다. 부서져 버리거나 양성자 중 하나가 중성자로 바뀌어 버리는 것이 그 예다. 특정 동위원소의 붕괴는 언제나 같은 시간에 관측할 수 있는 비율로 나타난다. 이와 같은 붕괴율은 보통 **반감기**로 표현되며, 이는 원소 내 핵들 중 절반이 붕괴하는 데 걸리는 시간을 말한다.

방사성 동위원소 칼륨-40(19개의 양성자와 21개의 중성자로 이루어짐)은 갖고 있는 양성자 중 하나가 중성자로 변해 아르곤-40으로 변하며 붕괴한다. 이 붕괴 과정 절반이 이루어지는 시점(반감기)은 12억 5,000만 년이다(칼륨-40은 다른 방식으로도 붕괴하지만 여기에서 논하지 않을 것이다.). 오래전 굳어졌을 시기에 칼륨-40은 1μg만큼 함유된 반면 아르곤은 들어가지 않은 작은 암석 조각이 있었다고 상상해보자. 반감기가 12억 5,000만 년이라는 말은 해당 암석이 생겨난 지 12억 5,000만 년이 지났을 때 본래 있던 칼륨-40의 절반이 아르곤-40으로 붕괴했다는 것을 의미한다. 그러므로 그때 해당 암석은 0.5μg의 칼륨-40과 0.5μg의 아르곤-40을 갖게 된다. 남아 있는 칼륨-40의 절반은 다음 12억 5,000만 년의 절반에 해당되는 시간 동안 붕괴한다. 따라서 25억 년 후 해당 암석은 0.25μg의 칼륨-40과 0.75μg의 아르곤-40을 갖게 된다. 세 번의 반감기, 다시 말해 37억 5,000만 년이 지난 후, 칼륨-40은 0.125μg만 남게 된다. 남은 0.875μg은 아르곤-40이 된다. 그림 6.25는 칼륨-40의 점진적인 감소와 이에 대응하여 증가하는 아르곤-40을 보여주고 있다.

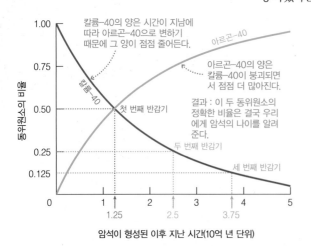

그림 6.25 칼륨-40의 양은 시간이 지남에 따라 아르곤-40으로 변하기 때문에 그 양이 점점 줄어든다.

아르곤-40

아르곤-40의 양은 칼륨-40이 붕괴되면서 점점 더 많아진다.

결과: 이 두 동위원소의 정확한 비율은 결국 우리에게 암석의 나이를 알려준다.

칼륨-40

첫 번째 반감기

두 번째 반감기

세 번째 반감기

동위원소의 비율

1.00
0.75
0.50
0.25
0.125
0       1    1.25    2    2.5    3    3.75    4       5

암석이 형성된 이후 지난 시간(10억 년 단위)

**그림 6.25** 칼륨-40은 12억 5,000만 년의 반감기를 가지고 아르곤-40으로 붕괴되는 방사성원소이다. 빨간색 선은 칼륨-40의 양이 시간이 지남에 따라서 점점 감소하는 것을 보여주고 있으며, 파란색 선은 아르곤-40의 양은 점점 증가하는 것을 보여준다. 칼륨-40의 남아 있는 양은 매 반감기를 지나면서 반으로 줄어든다.

우리는 어떤 암석의 나이를 결정하기 위해서 그 안에 있는 다양한 원자와 동위원소의 비율을 매우 신중하게 분석해야 한다.

여러분이 같은 수의 칼륨-40과 아르곤-40 원소를 가진 암석을 발견했다고 하자. 모든 아르곤-40이 칼륨 붕괴에 의해 생겨났다고 하면(그리고 해당 암석에서 아르곤이 새어나가게 할 추가적인 가열이 있었다고 생각될 증거가 없다면), 그 암석은 같은 양의 두 동위원소를 갖기까지 한 차례의 반감기를 거쳤을 것이다. 여러분은 따라서 그 암석이 12억 5,000만 세라고 결론지을 수 있다. 유일한 의문은 암석이 처음에 형성될 시절 아르곤-40이 전혀 없었는지 여부이다. 이런 경우에는 '암석 화학'이 도움을 준다. 칼륨-40은 암석 속의 많은 광물들의 자연적인 구성 요소이다. 하지만 아르곤 40은 다른 원소들과 섞이지 않는 가스이고, 태양계 성운 내에서 응축되지도 않았다. 여러분이 광물 속에서 아르곤-40을 발견한다면, 이는 필시 칼륨-40의 방사성 붕괴로부터 나왔을 것이다.

방사성 연대 측정은 수많은 다른 동위원소로도 가능하다. 많은 경우 우리는 1개 이상의 방사성 동위원소를 갖고 있는 암석의 연대를 측정할 수 있다. 따라서 서로 다른 동위원소를 통해 측정한 연대가 일치함을 확인함으로써 해당 암석의 연대 측정에 대해 확신을 가질 수 있다. 우리는 또한 방사성 연대 측정법을 통해 다른 방식으로 측정된 연대에 대해 확신할 수 있다. 예를 들어 최근에 발굴된 고고학 유물에 대해 그 위에 쓰여 있는 제작 시기와 더불어 방사성 연대 측정을 통해 그 연대를 가늠할 수 있다. 우리는 방사성 연대 측정과 태양에 대한 자세한 연구를 비교하며 태양계의 나이가 45억 세라는 것을 알 수 있다. 태양의 이론적 모형들은 다른 별들에 대한 관측 자료들과 더불어 별이 나이가 들면서 천천히 팽창한다는 사실을 말해준다. 모형들을 통해 알 수 있는 연대는 방사성 연대 측정과 같이 정밀하지는 않지만, 태양이 40~50억 세라는 사실은 확인시켜준다. 전반적으로 방사성 연대 측정법은 수많은 방법으로 검증되었으며 아주 기본적인 과학 원리를 기반으로 두고 있기 때문에 이의 신뢰성에 대한 심각한 과학적인 논쟁은 벌어지고 있지 않다.

**지구와 달의 암석, 그리고 운석** 방사성 연대 측정은 우리에게 암석이 굳어진 이후 얼마나 많은 시간이 지났는지 말해준다. 그러나 이것이 행성 전체의 나이와 언제나 같다고 할 수는 없다. 예를 들어 우리는 지구에서 다양한 연대의 암석들을 발견한다. 어떤 암석들은 녹은 용암에서 생겨난 지 얼마 되지 않아 꽤 젊은 편이다. 한편 지구에서 가장 나이가 많은 암석들은 40억 세에 이른다(일부 광석 조각들은 더 오래되었기도 한다.). 지구 자체는 이보다 더 나이가 많을 것이 분명하다.

아폴로호 우주인들에 의해 지구로 온 달의 암석들의 나이는 44억 세에 이른다. 이 암석들은 지구의 암석보다 더 오래되었으나 그럼에도 달 자체보다는 젊을 것이다. 이런 암석들의 연대는 달을 형성시킨 거대충돌이 44억 년 전에, 혹은 그보다 더 이전에 발생했다는 것을 알려준다.

**가장 오래된 운석의 연대 측정으로부터 우리는 태양계가 약 45억 년 전에 만들어졌다는 것을 알 수 있다.** 태양계의 기원을 찾아 나가다 보면 태양계 성운에서 처음 응축된 이래 아직 녹거나 기화되지 않은 암석들을 발견하게 된다. 지구에 떨어진 운석들은 그런 암석들에 대해 우리가 갖는 자료이다. 많은 운석들은 이들이 만들어진 이래로 거의 변화하지 않은 것으로 보인다. 이들 운석의 방사성 동위원소에 대한 면밀한 분석을 통해 우리는 많은 운석들이 가장 오래된 형성 시기를 공유한다는 것을 알 수 있다. 이는 45억 5,000만 년 전으로, 태양계 성운에서 부착이 시작된 시기라 할 수 있다. 행성이 형성되기까지 부착 활동이 5,000만 년 정도 진행된 것이 분명하기 때문에 지구를 비롯한 여러 행성들은 45억 년 전에 형성되었을 것이라고 말할 수 있다.

## 계산법 6.1

### 방사성 연대 측정법

반감기의 정의를 이용하면 어떤 암석이 얼마나 오래되었는지 나이를 계산할 수 있는 공식을 유도할 수 있다. 그리고 그 공식을 실제로 이용하기 위해서는 암석의 내부에 원래 방사능 물질이 얼마나 있었으며, 암석이 만들어진 후부터 얼마나 많이 붕괴되어 현재 남아 있는 양은 얼마나 되는지 측정해야 한다. 보통 원래 있던 양은 측정할 수 없기 때문에 붕괴 후 새롭게 생성된 물질의 양을 측정해서 원래의 양을 추론하는 방법을 사용한다.

$$t = t_{반감기} \times \frac{\log_{10}\left(\frac{N}{N_0}\right)}{\log_{10}\left(\frac{1}{2}\right)}$$

여기서 $N$은 현재 남아 있는 방사성 물질의 양이고, $N_0$는 원래 물질의 양이다. 또한 $t$는 암석이 만들어진 이후 지난 시간이고, $t_{반감기}$는 방사능 물질의 반감기이다. '$\log_{10}$'은 지수가 10인 상용로그이고 공학용 계산기를 사용하면 쉽게 계산된다.

예제 : 어떤 운석의 어느 한 부분을 떼어내어 화학 원소의 양을 측정해보니, 칼륨-40과 기체 상태인 아르곤-40의 원자가 각각 0.850 : 9.15의 비율로 들어 있는 것을 알아냈다. 물론 이러한 수치는 상대적인 양이 의미를 가지므로 절대량 또는 단위들은 중요하지는 않다. 이 운석은 생성된 지 얼마나 오래되었는가?

풀이 : 이 운석이 생성될 당시에 기체 상태의 아르곤은 운석 내부에 존재하지 못하였다고 생각할 수 있으므로 9.15만큼 검출된 아르곤-40의 기체는 모두 칼륨-40으로부터 붕괴되어 생성된 것이다. 따라서 방사능 원소인 칼륨-40이 이 운석 안에 원래 들어 있던 양은 0.850 + 9.15 = 10.0임을 알 수 있고, 현재 남아 있는 양은 0.85이므로 다음과 같은 식을 계산할 수 있다.

$$t = 1.25 \times 10^9 \text{yr} \times \frac{\log_{10}\left(\frac{0.85}{10.0}\right)}{\log_{10}\left(\frac{1}{2}\right)} = 4.45 \times 10^9 \text{yr}$$

따라서 이 운석은 약 44억 5,000만 년 전에 고체 상태로 만들어진 것이라고 결론을 내릴 수 있다.

이 장에서는 우리태양계의 주요 특징과 태양계의 형성에 관해 오늘날 과학자들이 받아들이고 있는 이론에 대해서 소개하였다. 태양계에 대해서 계속 관심을 가지고 연구하고 싶은 사람은 다음의 '전체 개요'를 명심하면 도움이 될 것이다.

- 우리태양계는 아무 방향으로 아무렇게나 움직이는 물체들이 모여 만들어진 시스템이 아니라 어떤 그룹을 형성한 물체들이 공통의 특성을 가지고, 정확한 모양을 그리며 운동하고 있는 매우 잘 조직화된 시스템이다.

- 우리태양계의 기원에 대한 이론은 성간기체구름이 서로 간의 중력으로 뭉쳐져서 형성되었다고 하는 성운설이 일반적으로 받아들여진다.
- 태양계의 일반적인 특징 중 대부분은 태양계 역사의 매우 초기에 벌어진 일련의 과정들에 의해서 결정된 것이다.
- 우리태양계는 태어난 지 약 45억 년 정도가 되었는데, 우리 우주의 나이가 약 140억 년이라는 것을 생각하면 겨우 1/3 정도밖에 되지 않은 젊은이에 불과하다.

## 핵심 개념 정리

### 6.1 태양계로의 간략한 여행

#### ● 우리태양계는 어떤 모습일까?

태양계 안에 있는 행성들의 크기는 그들이 서로 떨어져 있는 거리에 비하면 매우 작다. 우리태양계는 태양과 행성들 그리고 행성 주위를 도는 위성들 또한 엄청나게 많은 소행성들과 혜성들로 이루어져 있다. 각각의 세상은 자신만의 독특한 특징을 가지고 있기도 하지만, 각 세상들 사이에도 여러 가지 많은 형태들이 명확하게 나타나기도 한다.

### 6.2 태양계 형성 이론으로서의 성운설

#### ● 우리는 태양계의 어떤 특징을 보고 태양계 형성 과정을 알아낼 수 있을까?

다음과 같은 네 가지 주요한 특징이 단서를 제공해준다. (1) 태양, 행성 그리고 위성 중에서 크기가 큰 것들은 공전과 자전의 형태가 매우 잘 조직화된 방식으로 이루어져 있다. (2) 행성들은 매우 분명하게 **지구형**과 **목성형** 두 가지로 나누어진다. (3) 태양계는 매우 많은 소행성과 혜성들을 가지고 있다. (4) 이러한 일반적인 형태를 보임에도 불구하고 뚜렷하게 다르게 보이는 예외가 존재한다.

#### ● 성운설은 무엇인가?

**성운설**은 우리태양계가 기체와 먼지로 이루어진 매우 큰 구름이 중력수축하면서 형성되었다는 이론이다. 이때 중요한 것은 큰 구름을 이루고 있는 기체와 먼지들은 우리은하 안에서 별들이 여러 차례 세대를 거치는 동안 항상 재활용되고 있다는 것이다.

### 6.3 태양계의 주요 특징 설명하기

#### ● 무엇이 규칙적인 움직임을 일으켰을까?

중력에 의해서 수축되는 태양계의 원시성운은 시간이 지남에 따라서 점점 더 빠르게 돌고 뜨거워지며 편평해지는 과정을 거친다. 우리가 오늘날 볼 수 있는 규칙적인 운동 모습은 이렇게 도는 원반의 규칙적인 모습으로부터 나온 것이다.

#### ● 행성이 두 가지 주요한 형태로 나뉘는 이유는 무엇인가?

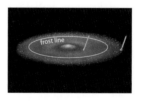

원시 태양계 성운의 안쪽 부분은 상대적으로 뜨거워서 녹는점이 매우 높은 금속과 암석들이 작은 고형의 알갱이로 존재한다. 이런 알갱이들이 좀 더 큰 **미행성**(planetesimal)으로 응집되고 결국은 미행성이 합쳐지면 지구형 행성이 되는 것이다. **동결 한계선**(frost line) 바깥 지역은 온도가 낮아서 상당히 많은 **수소화합물**이 얼음으로 응축되어 얼음이 많은 미행성을 형성하게 된다. 이 중 어떤 것들은 수소와 헬륨가스들을 끌어당길 수 있을 만큼 충분히 커지게 되며 결국 목성형 행성으로 만들어진다.

● **소행성과 혜성들은 어디에서 온 것일까?**

소행성들은 안쪽 태양계의 암석으로 이루어진 미행성들이 지구형 행성으로 성장하지 못하고 남은 찌꺼기들이며 혜성들은 바깥쪽 태양계의 주로 얼음으로 이루어져 있던 미행성들의 찌꺼기라고 할 수 있다. 이러한 것들은 지금까지도 여전히 행성들, 위성들과 충돌하고 있기는 하지만, 대부분은 태양계가 형성된 초기 수억 년 동안 소위 **대폭격기** 때 발생하였다.

● **규칙에서 벗어난 예외들은 어떻게 설명할 것인가?**

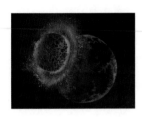

미행성들이 행성 옆으로 매우 가까이 지나가거나 직접 충돌하게 되는 일은 매우 희귀한 사건이라고 생각할 수 있다. 그런데 바로 우리가 현재 보고 있는 달이 지구가 아주 젊었을 때 화성 크기의 미행성과 **거대충돌**을 일으켜 생긴 결과물이라는 것이다.

## 6.4 태양계의 나이

● **태양계의 나이는 어떻게 알 수 있을까?**

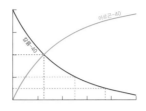

우리는 **방사능 연대 측정법**으로 어떤 암석의 나이를 결정할 수 있다. 이를 위해서 그 암석 안에 있는 다양한 방사성 동위원소의 **반감기**를 알고 있어야 하며, 붕괴되어 변화된 원소의 양과 붕괴되지 않고 남아 있는 원소의 양을 주의 깊게 측정해야 가능한 일이다. 운석 중에서 가장 오래된 암석이 있다면 이 태양계 성운이 강착원반을 형성하여 암석들의 알갱이로 만들어질 때 형성되었다고 추정할 수 있으며, 실제로 측정한 값은 약 45억 5,000만 년 전이라고 측정되었다.

---

## 시각적 이해 능력 점검

천문학에서 사용하는 다양한 종류의 시각자료를 활용해서 이해도를 확인해보자.

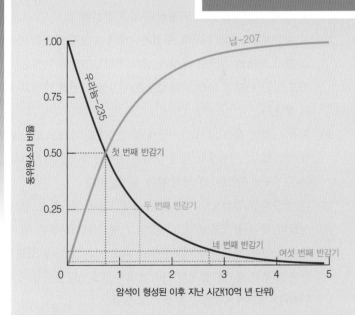

이 그래프는 우라늄-235가 붕괴하여 납-207이 되는 것을 보여주는 것이다(여기서 보이지는 않지만 우라늄-235는 또 다른 경로를 통하여 붕괴할 수도 있다.).

1. 이 그래프를 칼륨-40이 붕괴되는 것을 보여주는 그림 6.25의 왼쪽 그래프와 비교해보라. 어떤 원소가 더 방사성 활동이 더 활발한가? (즉, 방사능 붕괴가 더 빠르게 일어나는가?)

　　a. 우라늄-235

　　b. 칼륨-40

　　c. 둘 다 똑같다.

2. 35억 년이 지난 후 우라늄-235는 처음 양에서 얼마나 남게 되는가?

　　a. 1/2　b. 1/4　c. 1/8　d. 1/32　e. 1/64

3. 지표면에서 정체불명의 암석을 발견하고 우라늄-235의 60%가 납-207로 변하였다는 것을 알아냈다고 하자. 방사능 연대 측정법을 이용하여 이 암석의 기원에 대해서 설명한 것 중 가장 적절한 것은 무엇인가?

　　a. 이 암석은 우리태양계보다 더 오래된 것이므로 다른 태양계로부터 온 것이 틀림없다.

　　b. 이 운석의 나이는 태양계가 형성될 때까지로 거슬러 올라가야 한다.

　　c. 수십 억 년 전에 화산폭발에 의해서 만들어진 암석이다.

　　d. 올해 우리 근처에 있던 화산이 폭발하면서 만들어진 것이다.

## 연습문제

### 복습문제

1. 해왕성 궤도 바깥쪽에서 태양계를 바라본다면 전체적인 모습이 어떻게 보일지 간략하게 기술하라.

2. 태양계 여행(pp. 153~164)에서 만나게 되는 천체들에 대해서 가장 뚜렷하게 구분되는 두 가지 특징을 서술하라.

3. 태양계가 어떻게 형성되었는지 추론할 수 있는 근거가 되는 네 가지 주요한 특징을 간략하게 서술하라.

4. **지구형**과 **목성형** 행성들 사이에서 나타나는 가장 기본적인 차이점은 무엇인가? 각 그룹에 속한 행성들은 어떤 것들이 있는지 써라.

5. 성운설이라는 것은 무엇이고, 오늘날 과학자들이 왜 이런 이론을 쉽게 받아들이고 있는지 설명하라.

6. 태양계 성운은 무엇을 의미하는지 써보라. 그리고 그것은 무엇으로 만들어졌으며 어디로부터 왔는지도 설명하라.

7. 태양계 성운이 회전원반을 형성하게 되는 주요 과정을 3단계에 걸쳐 설명하라. 그리고 이러한 시나리오를 지지하는 증거가 무엇인지 말하라.

8. 태양계 성운 안에 있는 물질들이 응결되는 정도가 각각 다른데, 크게 네 가지 영역으로 구분된다는 사실에 대해서 상세히 기술하라. 그리고 어떤 성분들이 **동결 한계선**의 안쪽과 바깥쪽에 있으며 응결이 일어나게 되는지 설명하라.

9. 지구형 행성들이 어떻게 형성되었을지에 대해서 그 과정을 간단하게 설명하라.

10. 목성형 행성이 만들어지는 과정과 지구형 행성이 만들어지는 과정이 어떤 점에서 유사성이 있는가? 또한 다른 점이 있다면 무엇인가? 왜 목성형 행성들에는 많은 위성들이 존재하게 되었는가?

11. 소행성과 혜성은 무엇이며 그들은 어떻게 존재하게 되었는가? 그들은 서로 어떻게 다르며 또한 왜 그렇게 달라졌는가?

12. 대폭격기는 무엇이고 언제 그 현상이 나타났는가?

13. 달의 형성 이론에 대한 가설은 무엇이고, 이런 가설을 지지하는 증거는 무엇인가?

14. **방사성 연대 측정법**에 대해서 간략하게 기술하라. 반감기란 무엇인가? 태양계의 나이를 결정하기 위해서 방사성 연대 측정법을 어떻게 사용하는가?

### 이해력 점검

**믿을 수 없는 발견인가 아니면 당연한 현상인가?**

아래 기술된 성질들은 새롭게 발견한 태양계의 특징이라고 가정하자(실제로 발견한 것은 아님). 지금까지 우리태양계 형성에 대해서 배운 것을 기본으로 하여 이와 같은 현상이 발견된 것이 타당한 것인지 아니면 정말로 놀랄 만한 것인지 그 이유를 설명하라.

15. 이 태양계의 안쪽 영역에 5개의 지구형 행성이 있고, 바깥쪽 영역에 3개의 목성형 행성이 있다.

16. 이 태양계의 안쪽 영역에는 매우 큰 4개의 목성형 행성이 있고, 바깥쪽 영역에는 7개의 작은 지구형 행성이 있다.

17. 10개의 행성이 있는 태양계를 발견하였는데 그 행성들은 모두 거의 같은 평면에서 어떤 별을 중심으로 돌고 있다. 그런데 그중 5개는 반시계 방향으로 돌고 있으며 나머지 5개는 반대 방향인 시계 방향으로 돌고 있다.

18. 이 태양계는 12개의 행성을 가지고 있는데 거의 동일 평면상에서 같은 방향으로 별 주위를 공전한다. 이 태양계에서 가장 큰 15개의 위성도 역시 거의 같은 평면상에서 같은 방향으로 그 행성 주위를 공전하는데, 그보다 작은 6~7개의 위성은 매우 큰 궤도 경사를 가지고 행성 주위를 공전한다.

19. 이 태양계는 6개의 지구형 행성과 4개의 목성형 행성을 가지고 있다. 6개의 지구형 행성은 각각 적어도 5개의 위성을 가지고 있는 반면에 목성형 행성들은 위성들을 전혀 가지고 있지 않다.

20. 지구와 거의 같은 크기의 지구형 행성 4개를 가지고 있는 태양계가 있다. 이 4개의 행성 각각은 위성 1개씩을 가지고 있는데 지구의 달 크기와 거의 같은 위성들이다.

21. 이 태양계는 암석으로 이루어진 소행성들과 얼음으로 된 혜성들이 많이 있다고 한다. 그런데 그 혜성들 대부분은 이 태양계의 안쪽 영역에서 궤도운동을 하고 있는 반면에 소행성들은 대부분 우리태양계의 카이퍼대와 오오트구름처럼 매우 먼 바깥 영역에서 궤도운동을 하고 있다.

22. 이 태양계는 우리태양계의 목성형 행성들과 비슷한 성분을 가진 행성들이 6~7개 정도 있는데 그 질량은 우리태양계의 지구형 행성들과 비슷하다.

23. 이 태양계는 몇 개의 지구형 행성과 그보다 좀 더 큰 행성들이 거의 얼음으로만 이루어져 있다. (힌트 : 태양풍이 우리태양계에서보다 좀 더 일찍 또는 좀 더 늦게 시작되었다면 무슨

일이 일어났겠는가?)

24. 이 태양계에서 가장 오래된 운석을 방사능 연대로 측정해보니 같은 태양계의 지구형 행성에서 나온 암석의 나이보다 수십 억 년 더 젊게 나타났다.

### 돌발퀴즈

다음 중 가장 적절한 답을 고르고, 그 이유를 한 줄 이상의 완전한 문장으로 설명하라.

25. 지구와 같은 방향으로 태양 주위를 도는 행성들은 얼마나 많은가? (a) 약간 (b) 거의 (c) 모두

26. 우리태양계에서 행성들의 공전운동은 (a) 동일 평면상에서 매우 길쭉한 타원형 궤도를 가지고 (b) 동일 평면상에서 거의 원형을 유지하면서 (c) 원궤도이지만 모두 한 방향을 가리키며 돌고 있다.

27. 태양계 성운의 98%는 (a) 암석과 금속 (b) 수소화합물 (c) 수소와 헬륨으로 이루어져 있다.

28. 태양계 성운이 수축하는 동안에 발생하지 않는 일은 다음 중 무엇인가? (a) 점점 빨라지는 회전운동 (b) 온도가 점점 올라감 (c) 태양에 가까울수록 밀도가 더 큰 물질들이 응축됨

29. 목성을 이루고 있는 주요 성분은? (a) 암석과 금속 (b) 수소화합물 (c) 수소와 헬륨

30. 태양계가 만들어지는 주요 단계를 바르게 배열한 것은?
(a) 수축, 강착, 응결 (b) 수축, 응결, 강착 (c) 강착, 응결, 수축

31. 얼음이 많은 미행성들의 찌꺼기를 (a) 혜성 (b) 소행성 (c) 운석이라고 부른다.

32. 우리 달이 가지고 있는 독특한 특성은? (a) 지구형 행성을 돌고 있는 유일한 위성이다. (b) 태양계에서 가장 큰 위성이다. (c) 행성의 크기에 비해서 공전궤도가 놀랄 만큼 크다.

33. 태양 주위를 도는 행성들은 공전을 하면서 거의 같은 방향을 유지하며 약간만 기울어진 상태로 자전을 하고 있다는 규칙에 대해서 예외인 행성들은 (a) 없다. (b) 금성만이 예외적이다. (c) 금성과 천왕성이 예외적이다.

34. 태양계의 대략적인 나이는? (a) 450만 년 (b) 45억 년 (c) 4조 5,000억 년

## 과학의 과정

35. **역사적인 설명.** 과학을 통해서 수십 억 년 전에 일어났을 법한 일들을 우리가 알아낼 수 있는가? 이러한 질문에 대답하기 위해서 제3장에서 논의되었던 과학의 주요 특징 세 가지를 가

지고 성운설을 검토해보라. 이 이론이 과학의 특징을 충족히는지 못하는지 가능한 한 상세히 설명하라. 이 이론이 우리태양계가 어떻게 형성되었는지 말해줄 수 있는지 없는지 자신의 말로 설명해보라.

36. **아직도 답할 수 없는 질문.** 이 장에서 논의했듯이 성운설은 많은 것들을 답해주었지만, 우리태양계의 기원에 대한 모든 질문에 답한 것은 아니다. 우리태양계의 기원에 대해서 중요하지만 아직 알 수 없는 질문 하나를 선택해서 미래에는 이러한 질문이 어떻게 해결될 수 있을지에 대해서 2~3개의 문단을 기술하라. 이러한 질문의 대답에 필요한 증거들에 대해서 초점을 맞추고 그런 증거를 어떻게 모을 수 있을지 구체적으로 답하라. 이런 질문에 답을 찾는 것은 무슨 장점이 있는가?

## 그룹 활동 과제

37. **차가운 태양계 성운. 역할** : 기록자(그룹 활동을 기록), 제안자(그룹 활동에 대한 설명), 반론자(제안된 설명의 약점을 찾아냄), 중재자(그룹의 논의를 이끌고 반드시 모든 사람이 참여할 수 있도록 함). **활동** : 우리태양계에서는 화성과 목성 사이에 동결 한계선이 있지만 다른 행성계들을 연구해본 결과 우리태양계가 매우 다르다는 것이 판명되었다. 우리태양계 형성 초기에 기체원반이 전체적으로 50K까지 식을 때까지 태양풍이 태양계 성운을 말끔히 불어내지 못했다는 가상의 시나리오를 작성해보라.

a. 50K에서 응결되는 성분들의 목록을 작성하라.

b. 이렇게 대안적인 태양계 형성 시나리오에서는 지구형 행성들이 얼마나 다른 방법으로 출현할 것인지 설명하라.

c. 목성형 행성들에 대해서도 설명하라.

d. 대안적으로 만들어진 태양계의 실제적인 특징들이 정말로 있을 법한지 예측하고 논의하라.

e. 추가적인 가정들을 넣어서 행성들이 전혀 다른 형태로 만들어질 가능성에 대해서 논의하라.

## 심화학습

### 단답형/서술형 질문

38. **진위형.** 각 문장이 맞는지 틀렸는지 판단하고 그렇게 생각한 이유를 설명하라.
a. 평균적으로 금성은 태양계 내에서 어떤 행성보다 표면온

도가 가장 뜨겁다.

b. 우리의 달은 다른 지구형 행성들의 위성과 크기가 같다.

c. 오늘날 화성에서의 기상 상태는 먼 과거와는 아주 다르다.

d. 달은 대기도 없고 화산 활동이나 액체 상태의 물도 없다.

e. 토성은 우리태양계에서 유일하게 고리가 있는 행성이다.

f. 해왕성은 다른 모든 행성과는 다른 방향으로 태양 주위를 공전하고 있다.

g. 명왕성이 수성만큼 크다면 우리는 그것을 지구형 행성으로 분류할 수 있었을 것이다.

h. 소행성들은 지구형 행성들과 근본적으로 같은 물질들로 이루어져 있다.

i. 과학자들이 우리태양계의 나이가 약 45억 년이라고 하는 것은 행성들이 만들어지는 시간이 얼마나 오래 걸리는지 추측해본 근거를 가지고 대략적으로 계산한 결과이다.

39. **행성계의 여행.** 이 장에서 간단하게 행성들을 알아본 결과 지구 이외에 가장 흥미로운 행성은 어떤 것이며 또 왜 그런가? 두세 문단으로 여러분의 의견을 명확하게 나타내 보라.

40. **운동의 형태.** 우리태양계에서 일정한 패턴을 보이는 운동에 대해서 요약하고 이러한 현상이 태양과 행성들이 모두 서로 다른 시간에 따로따로 만들어진 것이 아니라 하나의 기체구름에서 동시에 형성되었다는 설명과 일치한다는 점에 대해서 한두 문단으로 기술하라.

41. **태양계가 가지고 있는 일반적인 성질.** 표 6.1에 있는 자료를 참조하여 다음을 설명하라.

a. 행성들의 표면온도와 태양으로부터 떨어진 거리의 관계를 주의해서 보라. 그 경향성을 기술하고 왜 그런 경향성이 존재하는지 또는 그런 경향성에 맞지 않는 부분은 어떤 것이 있으며 왜 그런지 설명하라.

b. 본문에서는 행성들이 지구형과 목성형으로 나뉠 수 있다고 설명한다. 밀도, 구성 성분, 태양으로부터 떨어진 거리 등이 이 분류 방식을 어떻게 지지하는지 대략적으로 설명하라.

c. 공전주기들을 보고 전체적인 경향성을 기술하고, 케플러의 세 가지 법칙의 관점에서 그 경향성을 설명하라.

d. 어떤 행성의 하루가 가장 짧을지 판단하려면 어떤 자료를 참조해야 하는가? 다른 종류의 행성의 경우 하루의 길이가 두드러지게 다른 것들이 있는가? 있다면 왜 그런지 설명하라.

e. 계절이 없는 행성이 있다고 예상할 수 있는가? 만약 있다면 왜 그런지 설명하라.

42. **두 가지 종류의 행성.** 목성형 행성들은 지구형 행성과 여러 가지 면에서 다르다. 여러분의 가족이 이해할 수 있도록 몇 개의 문장만을 사용해서 목성형 행성들이 지구형 행성과 다르다는 것을 설명하라. 단, 성분, 크기, 밀도, 태양으로부터의 거리, 위성의 수 등을 고려하라.

43. **초기의 태양풍.** 목성형 행성들이 수소와 헬륨을 중력으로 잡아당길 수 있을 만큼 성장하지 못했을 때 태양풍이 태양계 성운을 불어내버렸다고 가정해보자. 태양계 바깥 영역의 행성들은 현재와 어떻게 달라져 있었을까? 그들은 여전히 지금처럼 많은 위성을 거느리고 있었을까? 몇 개의 문장으로 설명하라.

44. **원소의 기원과 역사.** 살아 있는 우리의 몸은 대부분 물로 이루어져 있다. 수소원자가 만들어져서 지구가 형성될 때까지의 역사를 요약하라. 산소원자에 대해서도 요약하라. (힌트 : 어떤 원소들이 빅뱅 때 만들어졌고, 다른 것은 어디에서 만들어졌는가?)

45. **다른 태양계에서의 암석들.** 행성계가 만들어지고 남게 된 상당히 많은 '찌꺼기'들은 우리태양계로부터 탈출하기도 하기 때문에 다른 행성계에서도 비슷한 일이 발생할 수 있을 것이라고 추측할 수 있다. 그런 일이 실제로 일어났다고 하면 다른 별의 행성계로부터 온 운석들을 발견할 수 있을 것이라고 기대할 수 있겠는가? (별들 사이의 거리를 고려해보아야 한다.) 만약 다른 별의 행성계로부터 나온 찌꺼기들이 하나의 운석으로 우리에게 발견되었다면 그것으로부터 무엇을 알아낼 수 있겠는가?

### 계량적 문제

모든 계산 과정을 명백하게 제시하고, 완벽한 문장으로 해답을 기술하라.

46. **방사능 연대 측정법.** 모원소 칼륨-40(반감기 12억 5,000만 년)과 딸원소 아르곤-40의 비율로 암석의 나이를 구하고자 한다. 다음의 경우에 대해서 나이를 구하라.

a. 칼륨-40과 아르곤-40의 양이 똑같이 들어 있는 암석

b. 아르곤-40이 칼륨-40보다 3배 더 많이 들어 있는 암석

47. **월석(달에서 가져온 암석).** 월석의 나이를 알아내기 위해서 우라늄-238(반감기 약 45억 년)과 최종 딸원소인 납의 비율을 이용하여 다음의 경우에 대해 나이를 구하라.

a, 처음 있던 우라늄-238의 55%가 남아 있고, 나머지 45%는 납으로 붕괴한 암석의 경우

b. 처음 있던 우라늄-238의 63%가 남아 있고, 나머지 37%는 납으로 붕괴한 암석의 경우

48. **탄소-14의 연대법.** 탄소-14의 반감기는 약 5,700년이다.

a. 유기 염료로 염색된 천 한 조각을 구하였다고 하자. 그 염료를 분석해본 결과 염료 안에 남아 있는 탄소-14는 원래의 77%였다. 이 천이 염색된 때는 언제인가?

b. 고고학 유적지에서 발굴하여 잘 보존한 나뭇조각을 분석해보니 그것이 원래 살아 있었을 때 가지고 있던 탄소-14의 6.2%만 가지고 있음을 알게 되었다. 이 나무는 언제 잘려졌는가?

c. 지구의 나이를 구하기 위해서 탄소-14를 사용할 수 있는가? 그렇다면 왜 그렇고, 그럴 수 없다면 왜 그런가?

49. **이상한 점은 무엇인가?** 태양 주위를 도는 모든 행성들은 같은 방향으로 돈다는 사실이 성운설을 지지하는 근거로 인용된다. 그러나 처음에는 서로 반대 방향으로 돌고 있던 행성들도 그럴 수 있다는 다른 가설을 생각해보자. 이 가설이 맞는다면 8개의 행성이 결국에는 같은 방향으로 돌게 되는 확률은 얼마나 되는가? (힌트 : 이것은 8개의 동전을 던져서 모두 앞면만 나올 수 있는 확률과 같다.)

### 토론문제

50. **최우선 과제.** 여러분이 나사에서 시행하는 추가적인 행성 임무의 개발자여서 최우선 과제를 결정할 수 있다고 하자. 이 새로운 임무의 최우선 과제는 무엇으로 결정하겠는가? 또한 그 이유는 무엇인가?

51. **여기에 있는 우리는 행운인가?** 태양계 형성의 전체적인 과정을 고려할 때 지구와 같은 행성이 만들어질 수 있는 것에 대해서 어떻게 생각하는가? 태양계가 처음 만들어질 때 발생하는 무작위 사건들이 오늘 여기에 우리가 있을 수 있게 된 것을 방해한 것인가? 다른 별 주위를 돌고 있는 지구와 같은 행성들이 있을 수 있는지 추론하고 여러분의 의견을 제시하라.

### 웹을 이용한 과제

52. **현재 진행되고 있는 행성계 탐색 임무.** 현재 진행되고 있는 행성계의 탐색 임무에 대해서 목록을 조사하라. 그중에서 하나를 선택하여 자세히 조사하고, 그 임무의 기본적인 설계, 목표 그리고 현재의 상황들을 1~2쪽 이내로 요약하라.

53. **과거에 대한 이해.** 방사능 연대 측정법을 통하여 우리는 우리 태양계의 나이뿐만 아니라 과거의 수많은 사건이 언제 일어났는지도 알아내기도 한다. 예를 들면 화석의 나이를 이용하여 인간이 처음 언제 진화되었는지, 유물의 나이를 이용하여 문명이 언제부터 발생하게 되었는지 등을 알아낼 수 있다. 방사능 연대 측정법이 인간 역사의 중요한 양상을 하나의 이야기로 만들어낼 수 있는 매우 중요한 방법이라는 점에서 연구를 시도해보라. 이런 경우에 방사능 연대 측정법이 어떻게 사용되는지 2~3문단으로 서술하라. 어떤 방사능 원소를 사용하여 어떤 물질의 나이를 알아낼 것인가? 그리고 결국에는 어떤 결론을 얻어낼 수 있을까? 그러한 결과들에 대해서 정말로 타당하다고 받아들일 수 있을 만큼 이런 방법에 대해서 충분히 이해하고 있는가? 그렇다면 왜 그렇고, 그렇지 않다면 왜 그렇지 않은가?

# 지구와 지구형 행성

지구는 우리 삶의 터전일 뿐만 아니라 다른 지구형 행성을 이해하기 위한 모형을 제공한다.

## 기본 선행 학습

1. 빛과 물질은 어떻게 상호작용하는가?
   [5.1절]

2. 태양계의 구조는 어떤 형태인가?
   [6.1절]

3. 행성은 왜 크게 두 종류로 구분되는가? [6.3절]

4. 소행성과 혜성은 어디에서 오는가?
   [6.3절]

무 뜨겁지도 차갑지도 않은 충분한 양의 물, 생명을 보호하는 대기의 존재, 비교적 안정적인 환경 등 우리는 지구를 인간이 살 수 있는 곳으로 만드는 이들 요소들을 당연하게 받아들이고 있다. 하지만 지구와 가까운 다른 세계들을 떠올린다면 우리가 얼마나 운이 좋은지 금방 깨달을 수 있을 것이다. 달과 수성은 공기가 없는 척박한 세계다. 금성은 타는 듯이 뜨거운 온실과 같다. 화성은 대기층이 얇고 현재 화성 표면은 액체 상태의 물이 존재할 수 없을 정도로 춥다.

이러한 지구형 '세계'들은 어떤 과정을 거쳐서 현재의 서로 다른 모습으로 진화했을까? 왜 오로지 지구만 풍요로운 생명이 존재하는 환경을 얻을 수 있었을까? 이 장에서는 지구와 다른 지구형 세계들을 변화시킨 주요 과정을 시간에 따라 살펴봄으로써 앞의 질문에 대한 답을 제시하려 한다. 곧 살펴보겠지만, 지구형 세계들의 역사는 처음 만들어졌을 때 타고난 특성에 의해 결정되었다.

## 7.1 행성, 지구

지구의 표면은 단단하고 변하지 않는 것처럼 보인다. 하지만 종종 관측되는 자연 현상은 어떤 것도 영구적이지 않음을 우리에게 일깨워준다. 만약 여러분이 캘리포니아나 알래스카에 살고 있다면 때때로 지진을 느낄 수 있을 것이다. 워싱턴 주에서라면 세인트헬렌즈산의 크고 작은 분출을 목격할 수 있었을지도 모르고, 하와이에서라면 킬라우에아산을 방문해 대양저에서 솟아난 지각의 생성 과정을 확인할 수 있을 것이다.

지구 표면을 변화시키는 과정은 화산과 지진 외에도 또 있다. 매우 드물게 일어나는 일이지만 소행성이나 혜성이 지구로 돌진한다면 어떻게 될까? 반면 느리지만 꾸준한 과정 또한 극적인 변화를 가져올 수 있다. 콜로라도강은 매년 조금씩 풍경을 변화시키지만 지난 수백만 년 동안 꾸준히 쌓인 변화는 그랜드캐니언을 만들어냈다. 로키 산맥은 한때는 현재 높이의 두 배 높이였으나, 천만 년의 세월이 흐르는 동안 바람, 빗물, 얼음에 의한 풍화작용을 겪으며 그 규모가 감소했다. 대륙 전체 규모에서 보아도 각 대륙들은 천천히 움직여 수억 년마다 지구의 지도를 완전히 바꿔버린다.

태어난 이후로 어마어마한 변화를 겪은 것은 지구뿐만이 아니다. 지구와 흡사한 세계(수성, 금성, 지구, 달, 화성)는 모두 태어난 직후에는 암석으로 구성된 표면에 무수한 충돌의 흔적이 남아 있어 비슷비슷하게 보였다[6.3절]. 현재처럼 그 모습이 달라진 것은 긴 시간 동안 진행된 변화들 때문이다.

그림 7.1에는 각 행성과 달을 내려다보는 위치에서 관찰한 표면의 모습과 크기 비교가 제시되어 있다. 수성과 달은 많은 충돌이 진행되는 동안의 흔적이 고스란히 남아 있는 모습이다. 금성은 두껍고 밀도가 높은 대기로 덮여 있지만 레이더를 이용한 표면 지형 측정 결과 화산을 비롯해 여전히 지질학적으로 활발한 곳들이 존재한다. 화성은 물이 흘러서 형성된 것으로 추측되는 지형들이 다수 남아 있지만 현재는 건조하게 보인다. 지구는 다양한 표면 모습으로 생명의 존재를 분명히 보여준다.

이 장의 주요 목표는 지구형 행성과 달이 어떻게 지금과 같이 각자 다른 특징을 갖게 되었는지 살펴봄으로써 우리가 살고 있는 행성 지구를 더 잘 이해하는 것이다. 우선 지구의 기본적인 특징을 짚어보는 것으로부터 논의를 시작하자.

수성

금성

지구

달(지구의 위성)

화성

50 km

100 km

100 km

100 km

50 km

수성의 표면에는 많은 크레이터가 존재하고 길고 가파른 절벽이 보인다(화살표).

레이더 관측으로 금성의 두꺼운 구름 아래 나란히 2개의 봉우리를 가진 화산을 발견하였다.

구름이 없을 때 지구 표면의 일부분

달 표면 여기저기에 크레이터가 분포한다.

화성 표면에는 말라붙은 강바닥을 연상시키는 지형들이 존재하며, 충돌로 인한 크레이터들도 소수 존재한다.

**그림 7.1** 지구형 행성과 달의 크기 비교와 각각의 표면 근접 촬영 사진. 금성의 근접 촬영 사진만 레이더 관측 데이터로부터 재구성했고, 나머지 사진은 가시광선으로 촬영하였다.

## ● 지구는 왜 지질학적으로 활발한가?

다른 지구형 행성이나 달 또한 생성 이후 변화를 겪었지만, 지구는 지금까지도 그 변화가 이어지고 있다는 점에서 특별한 행성이다. 지구의 표면이 꾸준히 화산 폭발, 지진, 풍화와 침식, 다른 지각 활동에 의해 재구성되고 있다는 점을 전달하기 위해 우리는 지구가 지질학적으로 활발하다는 표현을 사용한다. 대부분의 지질학적 활동은 지표면 아래의 작용에 의해 발생한다. 따라서 왜 지구가 다른 세계보다 훨씬 지질학적으로 활발한가를 이해하려면 지구형 행성의 내부를 살펴보아야 한다.

**내부 구조** 지구형 행성의 내부를 직접 들여다볼 수는 없지만 행성의 내부 구조에 대한 힌트는 여러 방법으로 얻을 수 있다. 지구의 경우 가장 직접적인 수단은 지진의 발생 이후 지표면이나 지구 내부를 통과해 전파되어 오는 **지진파**를 관측하는 것이다. 아폴로 미션에서 달에 설치해둔 감시 관측 시스템 덕분에 달에서의 지진(월진) 데이터 또한 확보되어 있고, 2016년 발사 예정인 마스 인사이트 미션에서는 화성의 지진 데이터를 확보하기 위한 계획이 포함되어 있다. 다른 행성의 내부에 대해서는 간접적인 방법을 사용하는데, 예를 들면 행성의 평균밀도를 표면 암석의 평균밀도와 비교함으로써 내부 물질의 밀도가 얼마나 더 높은지 추정한다. 그 외에도 궤도선에서 중력을 측정해 행성 내부의 질량 분포를 추정하거나, 자기장의 세기를 측정하여 자기장을 생성할 만한 내부층의 존재를 연구한다든지, 혹은 화산 폭발로 분출되는 암석으로부터 내부 물질의 조성을 연구하는 방법이 있다.

이러한 방법으로 행성의 내부 구조에 대해 얻은 정보는 우선 지구형 행성들이 여러 층으로 구성되어 있다는 점이다. 밀도에 따라 크게 3개의 층으로 구별해보면 다음과 같다.

- **핵** : 니켈, 철 등 밀도가 높은 금속은 주로 중심핵을 구성한다.
- **맨틀** : 규소, 산소 등을 포함한 광물로 구성된 암석질의 물질은 중심핵 주변의 두꺼운 맨틀을 구성한다.

일반적인
### 오해

**지구는 용융된 용암으로 가득 차 있다? (X)**

많은 사람이 지구가 용융된 용암(마그마)로 가득 차 있을 것이라 생각한다. 이러한 오해는 아마도 화산이 폭발하면서 용암 분출이 일어나기 때문에 생겨났을 것이다. 하지만 지구의 맨틀과 지각은 대부분 단단한 고체이다. 화산 폭발로 분출되는 용암은 지각 아래 아주 좁은 영역에서 부분 용융 상태이던 암석이다. 지구 내부에서 완전히 용융된 상태로 존재하는 층은 외핵뿐으로, 외핵의 물질은 너무 깊이 있어 절대 표면으로 바로 드러날 수 없다.

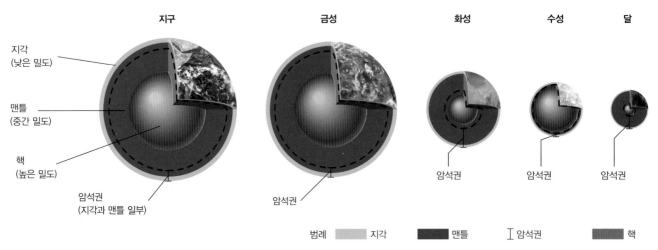

범례 ▨ 지각 ▨ 맨틀 ┬ 암석권 ▨ 핵

**그림 7.2** 지구형 행성과 달의 내부 구조. 각 행성과 달의 크기를 고려하여 전체 크기가 작아지는 순(지구 > 금성 > 화성 > 수성 > 달)으로 나열하였다. 서로 다른 색깔로 표시한 부분은 밀도에 따라 핵 > 맨틀 > 지각으로 구분하였다. 이에 더해 밀도가 아니라 암석의 강도를 사용해 암석권을 정의하고, 암석권의 안쪽 경계를 점선으로 나타내었다. 지구와 금성에서는 가독성을 위해 지각과 암석권의 두께가 실제에 비해 과장되게 그려졌다(주 : 그림에 표시는 되어 있지 않으나 금속으로 구성된 지구의 핵은 고체 상태의 내핵과 액체 상태의 외핵으로 구분된다.).

- **지각** : 화강암, 현무암 등 밀도가 낮은 화성암이 행성의 가장 바깥쪽 껍질로 표현되는 얇은 지각을 구성한다.

그림 7.2는 지구형 행성과 달에 대해 이러한 세 층의 구분을 보여준다. 그림에는 표시되어 있지 않지만 지구의 금속핵은 사실 고체 상태의 **내핵**과 액체 상태의 **외핵**으로 구분된다.

지질학에서는 밀도를 사용하지 않고 암석의 강도에 따라 내부 구조를 구별하기도 한다. 암석의 강도에 차이가 있다는 것은 일견 의아하게 들릴 수도 있을 것이다. 하지만 원자로 만들어진 모든 물질과 마찬가지로 암석에도 원자와 원자 사이에 공간이 존재한다. 암석의 겉보기 고형성은 원자와 원자, 분자와 분자 사이의 전기 결합에 의해 결정된다[5.1절]. 결합은 단단하지만 열을 받거나 지속적인 응력을 가하면 부러지기도 하고 해체 후 재조합될 수도 있다. 따라서 고체인 암석이라 할지라도 수백, 수천만 년의 시간이 지나면 변형되거나 흐를 수 있다. 암석의 변형은 실리콘 합성 소재인 실리푸티(silly putty)와 비슷한 특징을 보이는데, 이 물질은 빠르게 충격을 가하면 절단되는 반면 천천히 충격을 가하면 늘어나고 변형된다(그림 7.3). 실리푸티를 가지고 놀 때와 마찬가지로 암석 역시 온도가 올라가면 변형이 쉬워진다.

**스스로 해보기** ▶ 상온의 실리푸티로 구를 만들어 지름을 측정해보자. 실리푸티 구를 탁자에 놓고 그 위에 무거운 책을 올려놓자. 5초 뒤 찌그러진 구의 높이를 측정하자. 두 번째로 실리푸티 구를 뜨거운 물에 넣었다가 같은 실험을 하고, 마지막으로 실리푸티 구를 차가운 얼음물에 넣었다가 실험을 반복하자. 부피가 줄어드는 정도는 온도의 변화에 따라 어떻게 다른가? 이 실험 결과가 행성 지질학과 어떤 관련이 있는지 설명해보자.

**그림 7.3** 실리콘 합성 소재의 장난감 실리푸티는 천천히 잡아당기면 늘어나지만 빠르게 잡아당기면 깔끔히 절단된다. 암석에서 일어나는 변형도 시간 규모가 훨씬 클 뿐 이와 유사하다.

행성의 암석권은 가장 바깥쪽의 온도가 낮고 강도가 높은 암석층을 의미한다. 암석의 강도로 구조를 구별할 때 지구의 가장 바깥, 온도가 낮고 강도가 높은 영역을 **암석권**(그리스어로 *lithos*는 '돌'이라는 의미)이라 정의하며, 암석권은 온도가 높고 강도가 약한 암석 위를 떠다닌다. 그림 7.2에서 점선으로 표시한 바와 같이 암석권은 지각과 상부 맨틀의 일부를 포함한다.

**분화와 내부 열** 행성의 내부가 층 구조로 나뉘는 이유에 대해 이해하려면 기름과 물의 혼합물에서 어떤 일이 일어나는지를 떠올려보자. 기름과 물의 혼합물을 섞어 가만히 두면 밀도가 높은 물은 중력에 의해 아래로 내려오고 밀도가 낮은 기름은 물 위쪽에 층을 형성하게 된다. 이러한 과정을 서로 다른 물질들이 층으로 나뉜다는 의미에서 **분화**(differentiation)라고 한다.

지구형 행성의 내부는 과거에는 완전히 용융 상태여서 구성물질이 밀도에 따라 다른 층으로 분화될 수 있었다.

층 구조로 나뉜 지구형 행성의 내부는 이들이 과거 언젠가 분화 과정을 거쳤음을 시사한다. 즉, 초기의 어느 시점에는 내부가 전부 용융 상태에 있었으며, 철과 같이 밀도가 높은 물질은 중심으로 가라앉고 밀도가 낮은 암석질 물질은 표면으로 떠올랐다는 의미이다.

지구형 행성과 달이 전부 과거에 내부가 용융 상태였던 이유로 두 가지 물리 과정을 들 수 있다. 첫 번째, 행성이 생성될 때 부착을 통해 크기가 커지므로[6.3절] 부착되는 미행성체들이 가지고 있던 중력퍼텐셜에너지는 최종적으로 열에너지로 변환되어 내부의 온도를 올릴 수 있었다(분화 과정을 거치면서 밀도가 높은 물질이 중심핵으로 쌓이게 되는데, 이 과정 또한 추가적으로 중력퍼텐셜에너지를 열에너지로 전환시키는 과정이다.). 두 번째, 지구형 행성과 달을 구성하는 암석과 금속에는 우라늄, 칼륨, 토륨 등 방사성 동위원소가 포함되어 있다. 방사성 동위원소들이 붕괴하면서 질량–에너지 관계($E=mc^2$)에 따라 열에너지를 생성해내어 내부

---

## 특별 주제 : 지진파

**지진파**에는 크게 두 종류가 있다. 슬링키 장난감을 이용해 이러한 두 종류의 지진파가 생성되고 전파되는 방식을 살펴볼 수 있다(그림 1). 슬링키의 한쪽 끝이 고정된 상태에서 다른 쪽 끝으로 장난감을 밀었다 당겼다 함으로써 일부분은 압축되고 일부분은 팽창되는 방식으로 생성된 파동을 만들어낼 수 있다. 암석에서 이러한 파동이 전달될 때 이를 P파라고 한다. P는 primary(첫 번째)에서 따온 말로, 이러한 지진파는 진행 속도가 빨라 지진이 발생한 뒤 가장 먼저 도달하기 때문에 붙여진 명칭이다. 혹은 압축(pressure, pushing)이라는 의미를 내포하기도 한다. P파는 고체, 액체, 기체 등 모든 상태의 매질을 통과할 수 있는데, 매질을 구성하는 분자들은 결합 강도에 상관없이 언제나 주변 분자에게 압력을 가할 수 있기 때문이다(P파와 진행방식이 유사한 압축파의 예로는 음파를 들 수 있다.).

슬링키 장난감을 위아래로, 혹은 양옆으로 흔들면 P파와는 다른 종류의 파동이 만들어지는데, 암석에서 이와 같은 파동이 생겨날 때 이를 S파라고 한다. S는 secondary(두 번째)에서 따온 말이지만, 옆으로 흔들리는 파도(shear, side to side)라는 의미에서 S라고 기억해도 좋다. 기체나 액체를 구성하는 분자들은 서로 결합 정도가 약해서 위아래, 혹은 양옆 방향으로의 진동을 전파하기 어려우므로 S파가 통과할 수 있는 매질은 고체뿐이다.

지진파의 전파 속도, 전파 방향 등은 매질의 구성 성분, 밀도, 압력, 온도, 상태(고체, 기체 등)에 의해 결정된다. 예를 들면 P파는 진원에서 정반대인 곳까지 도달할 수 있지만 S파는 그렇지 않다. 이러한 관측 사실은 S파가 통과할 수 없는 상태의 매질이 지구 내부에 존재함을 의미하고, 그 결과 우리는 외핵이 액체 상태임을 알게 되었다(그림 2). 지진파에 대한 더 자세한 연구는 지구의 내부구조에 대한 정보를 제공한다.

P파 ▬▬▬▬▬

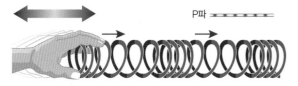

P파는 진행 방향으로 압축과 팽창을 전달하면서 진행한다.

S파 〰〰〰

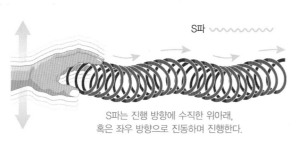

S파는 진행 방향에 수직한 위아래, 혹은 좌우 방향으로 진동하며 진행한다.

**그림 1** 슬링키를 사용한 P파와 S파의 발생 모형

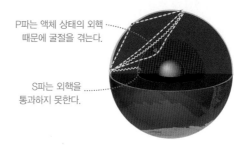

P파는 액체 상태의 외핵 때문에 굴절을 겪는다.

S파는 외핵을 통과하지 못한다.

**그림 2** S파가 진원의 정반대 위치에 도달하지 못한다는 사실로부터 우리는 지구의 핵 일부가 액체 상태임을 알 수 있다.

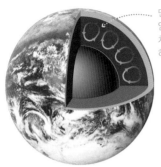

맨틀 대류 – 뜨거운 암석은 상승하고 차가운 암석은 하강한다.

**그림 7.4** 지구 내부의 열 때문에 맨틀에서는 뜨거운 암석이 상승하고 차가운 암석이 하강하는 대류가 일어난다. 화살표는 맨틀의 흐름을 표시한다.

온도의 증가를 유도한다. 방사성 물질은 시간이 지남에 따라 붕괴가 진행되면서 그 양이 줄어들기 때문에 오늘날 방사성 물질에 의해 발생하는 열은 행성의 나이가 어릴 때에 비해 작은 편이다.

지구형 행성과 달의 내부는 오늘날에도 약간의 열에너지를 갖고 있지만 그 양은 행성의 크기에 따라 다르다. 크기가 큰 행성은 작은 행성에 비해 더 긴 기간 내부 온도를 높게 유지할 수 있다(마치 뜨거운 감자가 뜨거운 콩보다 더 오래 뜨겁게 남아 있을 수 있는 것처럼).

**스스로 해보기 ▶** 크기가 큰 물체가 크기가 작은 물체보다 식는 데 시간이 오래 걸린다는 것을 증명하기는 쉬운 일이다. 다음번에 뜨거운 음식을 먹을 기회가 있다면 전체 커다란 덩어리에서 작은 조각을 잘라내어 보라. 작은 조각이 식는 속도는 커다란 덩어리에 비해 무척 빠를 것이다. 반대로 차가운 물체가 데워지는 데에도 크기가 클 경우 더 많은 시간이 필요하다. 크기가 같은 2개의 얼음덩이를 놓고, 한쪽을 작은 조각들로 부숴보자. 어느 쪽이 더 빨리 녹겠는가? 왜 그런지 설명해보자.

**내부 열과 지질 활동** 지질 활동을 일으키는 주요 요인은 행성 내부의 열이다. 행성 내부로 들어갈수록 온도는 상승한다. 온도가 충분히 높으면 맨틀에서는 뜨거운 물질이 상승하고 상승에 따라 팽창하며 식어가고, 차가운 물질이 하강하고 하강함에 따라 수축하는 대류 현상이 일어난다(그림 7.4). 맨틀 대류는 기본적으로 고체인 암석의 움직임이기 때문에 그 속도가 매우 느리다. 1년에 수 센티미터의 속도로, 맨틀 하부에 위치한 암석이 지표로 올라오기까지는 1억 년 가까이 걸린다.

행성의 크기는 행성이 식기까지 걸리는 시간을 결정할 뿐 아니라 맨틀 대류의 세기와 암석권의 두께에 관여하기도 한다. 행성의 내부가 식으면서 단단한 암석권은 두꺼워지고 대류는 행성 내부의 일부분에서만 일어난다. 암석권의 두께가 두꺼우면 용융된 물질이 존재하는 위치가 너무 깊어 지표로 분출하기 어렵고, 판

*크기가 큰 행성은 크기가 작은 행성보다 내부 열을 오래 유지할 수 있고, 내부 열 때문에 지질 활동이 일어난다.*

에 가해지는 응력에 암석권이 견디는 저항도 커져서 화산 활동이나 판 경계에서의 지질 활동이 발생하기 어렵다.

만약 행성의 내부가 더 이상 맨틀 대류를 유지할 수 없을 정도로 식으면 더 이상의 화산폭발이나 판의 이동이 없는 상태가 되고, 그 행성은 지질학적 죽음을 맞이했다고 볼 수 있다.

이제 우리는 그림 7.2에서 제시된 행성들의 암석권 두께 차이와 지질학적 활동 여부 차이 사이의 관계를 이해할 수 있게 되었다. 지구와 금성은 가장 큰 지구형 행성으로서 여전히 내부의 온도가 높고, 이 때문에 암석권은 얇아져 지질 활동이 일어나고 있다(금성은 지구보다 다소 두꺼운 암석권을 가질 것으로 추정되는데, 이에 대해서는 뒤에 다시 논의하겠다.). 크기가 작은 수성과 달은 이미 상당히 식은 상태이므로 암석권이 매우 두껍다(그림 7.2에서는 수성의 암석권이 얇아 보일지도 모르지만, 암석권의 내부 경계가 핵에 달할 정도로 깊이 들어갔다는 점을 생각해보라.). 크기순으로는 중간 정도에 놓일 화성은 적당한 수준의 내부 열로 약간의 지질 활동이 일어나고 있는 상태다.

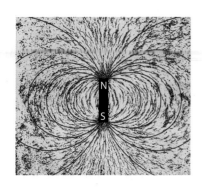

a. 막대자석 주변에 철가루가 늘어선 모양은 막대자석에 의해 형성된 자기장의 형태를 보여준다. 빨간색으로 자기력선을 표시하였다.

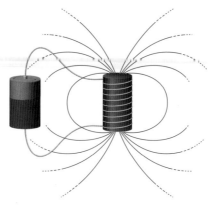

b. 철심에 코일을 감아 전지를 연결해 전자석을 만들어 전류를 흘렸을 때 형성되는 자기장의 형태도 막대자석의 자기장 형태와 유사하다. 전자석의 자기장은 전하를 띤 입자(전자)들이 전기력에 의해 움직이면서 유도된다.

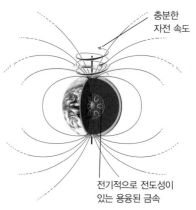

c. 지구의 자기장도 전하를 띤 입자의 움직임에 의해 유도된다. 지구의 외핵은 액체 상태로, 전도성이 강한 금속물질이 대류를 일으키고 있다. 외핵 내의 전하를 띤 입자가 움직이면서 막대자석, 전자석과 같은 형태의 자기장을 유도한다.

**그림 7.5** 자기장의 발생 원인

**자기장** 행성의 내부 열은 또한 지구 자기장의 존재를 설명하기도 한다. 아마 여러분은 막대자석 주변에 형성되는 자기장의 형태를 잘 알고 있을 것이다(그림 7.5a). 지구의 자기장은 전자석과 비슷한 원리로 발생한다. 전자석에서는 전기력으로 전하를 띤 입자를 원 형태로 감긴 코일을 따라 이동시킴으로써 자기장을 유도하는데(그림 7.5b), 지구에서도 비록 전지가 연결되어 있진 않지만 전하를 띤 입자가 용융된 액체 상태의 외핵에서 움직임으로써 자기장이 발생한다(그림 7.5c). 내부의 열은 액체 상태의 금속이 상승, 하강을 반복하게 하며(대류) 지구의 자전 때문에 이 대류 패턴은 꼬이고 비틀린다. 이 결과로 용융된 금속 내부의 전자들은 외핵에서 전자석의 전하입자들이 움직이는 것과 비슷한 방식으로 움직이게 되고, 이 움직임이 지구의 자기장을 유도한다.

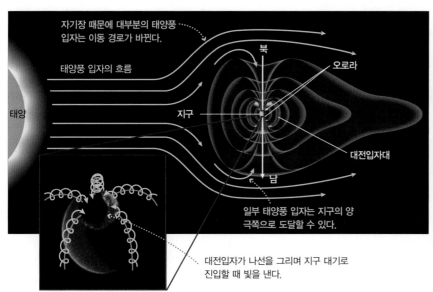

a. 지구의 자기권이 태양풍 입자의 경로를 어떻게 변경하는지를 그림에 나타내었다. 일부 입자들은 지구 주변의 대전입자대에 쌓이게 된다. 왼쪽 하단의 삽입 그림은 북극 주변 오로라의 자외선 사진으로, 오로라가 둥근 고리 모양으로 표시되어 있다. 그믐달처럼 보이는 왼쪽 밝은 부분은 지구에서 낮인 면이다.

b. 캐나다 북서부, 옐로나이프 지역에서 촬영한 오로라의 사진. 동영상으로 오로라를 촬영한다면 하룻밤 내내 초록색 빛이 하늘에서 춤을 추듯 일렁이는 모습을 볼 수 있다.

**그림 7.6** 지구의 자기장은 태양풍을 구성하는 하전입자들을 막아주어 지구를 보호한다.

외핵에서 용융된 금속의 대류가 일어나 형성되는 지구 자기장은 태양풍으로부터 지구를 보호하는 자기권을 형성한다.

자기장의 존재는 지구의 생물들에게 매우 중요한데, 자기장에 의해 형성된 **자기권**은 태양풍[6.3절]을 구성하는 하전입자를 막아줌으로써 지구를 보호하기 때문이다(그림 7.6a). 하전입자들은 대기를 벗겨내고 살아 있는 유기체에 유전적 변이를 일으킬 수 있다. 자기권은 지구에 도달하는 태양풍 입자의 방향을 바꾼다. 일부 입자는 지구의 양쪽 극에 도달하는데, 이렇게 도달한 입자는 대기 중의 원자, 분자와 충돌해 빛을 내므로 극지방에서는 아름다운 **오로라**를 관측할 수 있다(그림 7.6b).

지구를 제외한 다른 지구형 행성들은 자기장이 없거나 지구에 비해 그 세기가 매우 약하므로, 각 행성을 보호해줄 자기권이 존재하지 않는다. 후에 서술하겠지만 자기권의 부재는 금성과 화성의 진화에 큰 영향을 끼쳤다.

## ● 지구의 표면은 어떤 과정을 거쳐 형성되었을까?

지구를 비롯해 다른 지구형 행성, 달 등에서 관측되는 지형은 매우 다양하지만, 크게 나누었을 때 다음의 네 가지 과정을 거쳐 형성된 것으로 설명할 수 있다.

- **충돌 크레이터 형성 과정** : 소행성이나 혜성이 행성의 표면에 부딪쳐 그릇 모양의 충돌 구덩이(크레이터)를 형성하는 과정
- **화산 활동** : 용융된 암석, 혹은 용암이 행성 내부에서 표면으로 분출하는 과정
- **지체구조 활동** : 행성 내부 응력에 의해 표면에서 일어나는 지각의 붕괴 과정
- **침식** : 바람, 물, 빙하, 기타 행성의 기상 관련 현상으로 지질학적 구조가 마모되거나 생성되는 과정

거의 모든 지질구조는 그 생성 원인을 충돌 크레이터 형성 과정, 화산 활동, 지체구조 활동, 침식작용 중 하나로 설명할 수 있다.

위 네 과정 중 외부 요인(우주에서 온 물체의 충돌)에 의해 발생하는 것은 충돌 크레이터 형성 과정뿐이다. 다른 세 과정은 근본적으로 행성의 내부 열 때문에 발생하며 우리가 흔히 **지질 활동**이라고 정의하는 과정들이다.

**충돌 크레이터 형성 과정** 충돌 크레이터는 단단한 표면에 소행성 혹은 혜성이 충돌하여 형성된다(그림 7.7). 충돌할 때의 속도는 40,000~250,000km/h로 매우 빨라서 이때 발생하는 에너지로 고체 암석을 승화시키고 크레이터(*crater*, 그리스어로 '컵'을 의미)를 형성한다. 충돌할 때 물질은 모든 방향으로 흩어지므로 충돌하는 물체의 입사 방향과 관계없이 크레이터는 대개 둥근 모양이다. 크레이터의 너비는 일반적으로 충돌체 크기의 10배, 깊이는 너비의 10~20%이다. 예를 들어 지름이 1km 내외인 소행성이 만드는 크레이터의 너비는 약 10km, 깊이는 1~2km 정도이다.

현대에 살고 있는 우리는 지구에서 대규모 충돌이 일어나는 것을 목격한 적이 없다. 하지만 지질학자들은 지구 표면에서 과거의 충돌로 발생한 충돌 크레이터를 150개 이상 찾아냈다(그림 7.8). 이는 꽤 많은 숫자이긴 하지만 달 표면에서 관측되는 충돌 크레이터 숫자에 비해서는 훨씬 적은데, 이 사실로부터 중요한 결론을 하나 이끌어낼 수 있다. 태양계 내에서 달과 지구의 위치가 충분히 가깝다는 점을 고려하면 달과 지구가 겪은 충돌 횟수도 거의 같을 것이라고 생각할 수 있다. 따라서 달에 비해 지구에 남아 있는 크레이터의 숫자가 적다는 사실은 지구

**그림 7.7** 충돌 과정에 대한 상상도

의 크레이터들이 긴 시간 동안 화산폭발, 침식 등 지질 활동에 의해 사라졌음을 의미한다. 이를 응용하면 어떤 행성의 표면이 형성된 시기, 즉 행성 표면의 나이를 간단하게 추정할 수 있다.

충돌 크레이터의 개수를 셈으로써 행성 표면의 지질학적 나이를 추정할 수 있다. 크레이터 개수가 많을수록 표면의 나이가 오래되었을 것이다.

태양계의 진화 과정에서 지금으로부터 40억 년 전까지 심한 소행성 충돌이 이어지는 시기가 있었고, 모든 행성의 표면은 이런 소행성들에 의해 폭격을 받았다고 앞 장에서 설명했다[6.3절]. 격렬한 충돌 시기가 지나고 40억 년 전부터 최근까지는 비교적 충돌 횟수가 줄어들었다. 따라서 달 표면처럼 많은 충돌 크레이터가 남아 있는 곳은 40억 년 전부터 거의 변한 게 없다는 결론을 내릴 수 있다. 반면 지구에서처럼 충돌 크레이터가 거의 관측되지 않는 곳이라면 최근에 변화를 겪은 곳이라 판단할 수 있다. 달 표면의 크레이터들에 대한 보다 자세한 연구를 통해 태양계의 역사를 통틀어 시기에 따른 충돌률을 추정할 수 있었다. 결론적으로 행성 표면의 나이를 알아내기 위해서는 궤도탐사선이 행성을 공전하면서 사진을 찍고, 그 사진에서 크레이터의 개수를 세기만 하면 된다.

**화산 활동**  지하의 용융된 암석이 지표로 빠져나오는 경로를 찾았을 때 화산 활동이 일어난다(그림 7.9). 용융된 용암의 농도(점도)는 암석을 구성하는 물질 성분에 따라 달라진다. 된 용암은 고도가 높고 경사가 가파른 화산을 형성하고, 묽은 용암은 넓고 납작한 용암 평원을 형성한다. 행성의 크기가 크고, 따라서 내부 열을 유지할 수 있다는 점에서 쉽게 추론할 수 있듯이 지구는 지구형 행성 중 가장 화산 활동이 활발한 행성이다.

지구의 대기와 해양은 화산 분화로 내부에서 분출된 기체로부터 만들어졌다.

화산 활동의 결과물로 가장 쉽게 꼽을 수 있는 것은 화산이겠지만, 화산 활동은 지구라는 행성에 그보다 더 중요한 결과물을 남겼다. 지구의 대기와 해양이 바로 그것이다. 지구는 주로 금속과 암석질 미행성체들이 모여서 만들어졌지만, 앞에서 설명한대로 태양계 바깥쪽으로부터 미행성체에 실려 온 물이나 얼음 역시 원시지구에 포함되어 있었다[6.3절]. 가압 용기에 든 탄산수에 이산화탄소가 갇혀 있는 것처럼, 물과 기체 역시 갓 만들어진 지구 표면 아래 갇혀 있었다. 이후 화산폭발로 이 기체들이 **기체분출**이라는 과정을 통해 대기 중으로 풀려나게 된다(그림 7.10).

지구에서 기체분출로 대기 중에 풀려난 기체는 대부분 물($H_2O$), 이산화탄소($CO_2$), 질소($N_2$)였다. 분출된 수증기는 바다를 이루었고, 질소는 대기 중에 남아 현재 지구의 대기 구성에서 77%를 차지하게 되었다. 대기에서 어떻게 이산화탄소가 제거되고 산소가 생겨났는지는 7.5절에서 논의하겠다.

**지체구조 활동**  지체구조 활동은 암석권에 작용하는 인장력, 횡압력의 결과로 지표면의 모양이 재구성되는 모든 과정을 가리킨다. 그림 7.11은 지구에서 발생하는 지체구조 활동의 두 가지 예를 보여주고 있다. 하나는 횡압력이 작

**그림 7.8** 5만 년 전의 충돌에 의해 형성된 애리조나의 메테오 크레이터는 지구에 존재하는 알려진 150여 개의 충돌 크레이터 중 가장 최근에 만들어진 것이다. 1km가 넘는 지름과 200m 정도의 깊이로부터 이 크레이터를 만든 소행성의 지름이 50m 정도였을 것임을 추정할 수 있다.

**그림 7.9** 화산 활동. 사진은 하와이 빅아일랜드의 킬라우에아 화산의 측면 분화를 보여준다. 삽입된 그림은 이 과정을 설명한 것으로, 용융된 암석이 '마그마 방'에 모여들어 위로 분출한다.

**그림 7.10** 워싱턴 주의 세인트헬렌즈 화산의 분화(1980년 5월 18일). 분화가 엄청난 양의 기체분출을 동반하고 있다.

**그림 7.11** 지체구조력은 다양한 지형을 형성할 수 있다. 횡압력은 산맥을 만들고, 인장력은 계곡이나 바다를 만드는 것이 그 예이다. 각각에 대해 위성사진의 예시를 제시하였다.

용해 표면 위로 구조가 상승하는 예(히말라야 산맥), 다른 하나는 인장력이 작용하는 예(홍해)이다.

지체구조 활동은 화산 활동을 동반하는 경우가 대부분인데, 둘 모두 내부 열에 의해 발생하기 때문이다. 지체구조 활동은 모든 지구형 행성에 존재하지만 특히 맨틀 대류가 존재하며, 맨틀 대류가 암석권을 10여 개 이상의 조각(판)으로 쪼개놓은 지구에서 중요한 작용을 한다. 판은 다른 판 위로 혹은 아래로 움직이거나 빗겨 지나가면서 독특한 지체구조 활동, 즉 **판구조론**을 일으킨다. 판구조론은 태양계에서 유일하게 지구에만 존재한다. 판구조론에 대해서는 7.5절에서 논의하겠다.

*지체구조 활동과 화산 활동은 모두 행성 내부의 열을 필요로 하며, 따라서 행성의 크기와 상관이 있다.*

**침식** 침식은 빙하, 액체 혹은 기체에 의해 표면을 이루는 암석이 파쇄되거나 이동함으로써 일어난다. 쉽게 찾아볼 수 있는 침식의 결과물로는 빙하에 의해 깎인 계곡, 강 때문에 형성된 협곡, 바람이 만들어낸 사구, 물이 운반한 퇴적물에 의해 만들어진 삼각주 등이 있다(그림 7.12). 흔히 침식이라는 단어는 부서지고 파괴되는 것을 떠올리게 하지만, 사구나 삼각주처럼 침식 과정을 통해 구조가 만들어지는 경우도 있다. 실제로 침식은 지구 표면을 덮고 있는 암석 대부분을 만들어냈다. 긴 시간 동안 침식작용을 통해 대양과 바다에 층층이 쌓인 퇴적물은 **퇴적암**을 형성했다. 그 예로 그랜드캐니언의 층층이 쌓인 층서구조는 콜로라도강이 협곡을 조각하기 훨씬 전에 형성된 것이다.

*침식작용은 지질구조를 무너뜨리거나 쌓는 역할을 한다.*

우리의 행성, 지구에는 강한 바람과 액체 상태의 물이 존재하기 때문에 다른 어떤 지구형 행성보다도 침식이 중요한 역할을 한다. 바람과 물 모두 근본적으로는 화산분출과 그로 인한 기체분출로부터 비롯된 것이므로, 침식 또한 행성 내부의 열을 필요로 하는 과정이라고도 할 수 있다. 하지만 행성 내부의 열만으로는 침식을 일으키기에 충분하지 않다. 금성의 경우는 바람이 약하고 표면에 액체 상태의 물이 존재하기에는 너무 온도가 높아 침식작용이 일어나지 않고, 화성은 너무 춥기 때문에 물에 의한 침식이 일어나지 않는다.

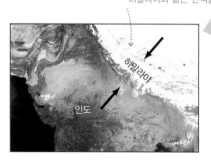

내부 응력이 작용해 지각이 압축되어 히말라야와 같은 산맥을 만들어낸다.

내부 응력이 지각을 잡아당기고 지각 사이의 균열과 바다를 만들어낸다.

지구에서 가장 높은 히말라야 산맥은 인도판이 아시아판을 밀어 올려 생겨났다.

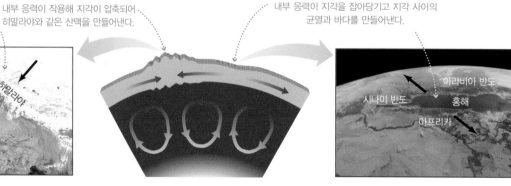

홍해는 아라비아 반도가 아프리카판에서 찢어져 나오면서 생겨났다.

## ● 지구의 대기는 행성에 어떤 영향을 끼쳤을까?

지구의 대기는 호흡에 필요한 산소를 공급할 뿐만 아니라 기상현상을 일으키고 침식작용에 기여하는 등의 역할을 한다. 이 외에도 대기는 위험한 태양복사로부터 지표면을 보호하고 지표면의 온도를 일정하게 유지해 액체 상태의 물이 존재할 수 있게 한다.

지구 대기의 특성을 논의할 때 두 가지 사항을 염두에 둘 필요가 있다. 첫째로 대기의 구성 성분이다. 지구 대기의 약 77%가 질소($N_2$), 21%가 산소($O_2$)로 이루어져 있으며, 그 외는 아르곤, 수증기, 일산화탄소 등 다른 원소들이 차지하고 있다. 둘째로 대기의 두께가 매우 얇다는 점이다. 지구 대기의 평균 두께는 10km 내외로 지구본 크기로 지구를 축소시킨다면 대기층의 두께는 1달러 지폐에 비유할 수 있다.

**지표의 보호** 태양복사의 대부분은 가시광선 영역에서 방출되지만 자외선과 엑스선 복사도 태양복사에서 상당한 비중을 차지한다. 지구의 대기는 이 복사를 흡수해 생물을 보호한다(그림 7.13). 이 과정을 대기와 다양한 파장대의 복사 간 상호작용을 파악함으로써 이해해보자.

엑스선은 거의 모든 원자, 분자에 의해 흡수될 수 있으므로 태양 엑스선 복사는 대기 최상층에 도달하자마자 흡수된다. 엑스선 망원경을 우주에 설치해야 하는 이유도 지표면에 엑스선 복사가 도달할 수 없기 때문이다.

태양 엑스선 복사는 대기 최상층의 원자, 분자에 의해 흡수되고, 자외선 복사는 성층권의 오존에 의해 흡수된다.

자외선은 대부분의 기체가 흡수하지 않으므로 쉽게 제거되지 않는다. 자외선을 흡수해 생물을 보호하는 것은 비교적 드문 기체인 **오존**($O_3$)으로, 지구 대기의 중간 고도(성층권)에 주로 위치한다. 자외선을 흡수하는 오존층이 존재하지 않았다면 생물은 지표면 위에서 살아남지 못했을 것이다.

가시광선은 대기를 전부 통과해 지표에 도달할 수 있으며, 지표에 열을 전달해주고, 광합성의 에너지원이 될 뿐만 아니라, 시야를 제공한다. 하지만 가시광선도 파장에 따라 관측자에게 도달하기까지의 경로가 다르다. 일부는 무작위 방향으로 산란되어, 이 때문에 낮에는 밝은 하늘을 관찰할 수 있다. 만약 대기에 의한 산란이 일어나지 않는다면 지구의 하늘도 달에서 보는 하늘처럼 검은 배경 하늘 위에 태양만이 밝은 원으로 떠올라 있는 모습일 것이다. 하늘의 색도 산란으로 설명할 수 있다(그림 7.14). 가시광선은 다양한 색상의 빛으로 이루어져 있는데, 색이 다른 광자들의 산란 정도는 모두 다르다. 기체 분자는 푸른 빛(파장이 짧고 에너지가 크다)을 붉은 빛(파장이 길고 에너지가 작다)에 비해 더 효과적으로 산란시킨다. 설명의 편의를 위해 푸른 빛만 산란된다고 가정하자. 해가 중천에 떠 있을 때는 산란된 푸른 빛이 모든 방향에서 우리 눈에 도달하므로 하늘이 파랗게 보인다. 일출 혹은 일몰에는 태양빛이 훨씬 긴 경로를 거쳐 관측자에게 도달하므로 푸른 빛은 대부분 산란되고 붉은 빛만 남아 붉은 노을을 관찰할 수 있다.

a. 수백만 년 동안 콜로라도강이 흐르면서 그랜드캐니언을 만들었다.

b. 빙하기, 빙하가 요세미티 국립공원을 만들었다.

c. 바람이 바위를 깎아 모래를 만들고 사구를 형성하였다.

d. 바람과 비에 의해 형성된 퇴적물이 강물에 실려와 삼각주가 형성되었다.

**그림 7.12** 지구에서 일어나는 침식작용의 예

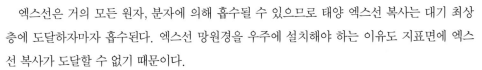

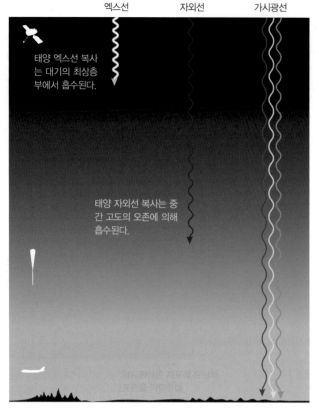

**그림 7.13** 파장이 다른 태양복사가 지구 대기에서 어떤 영향을 받는지 비교하였다.

**그림 7.14** 하늘이 파란 이유, 일출과 일몰에 노을이 붉은 이유에 대한 설명

## 일반적인 오해

### 하늘은 왜 파란가?

일반인에게 이 질문을 던지면 다양한 오답을 접할 수 있을 것이다. 어떤 사람은 하늘이 푸른 바다의 빛을 반사하기 때문에 파랗다고 답할지 모른다. 그러나 그렇다면 바다 위의 하늘이 아닌 육지 위의 하늘도 파란 이유는 무엇일까? 어떤 사람은 "공기는 파란 색이다."라고 모호한 답변을 할지 모르나, 대기 분자가 푸른 빛을 낸다면 밤에도 하늘은 푸르게 보여야 할 것이므로 이 답변은 틀린 답이다. 만약 대기 분자가 붉은 빛을 흡수하고 푸른 빛을 반사한다면 해질녘에 붉은 노을을 관찰할 수 없을 것이다. 하늘이 파란 진짜 이유는 그림 7.14에서 설명하고 있듯이, 빛의 산란 때문이다. 빛의 산란은 노을의 존재 또한 설명해준다.

**온실효과** 지표면에 도달하는 가시광선은 지표를 가열하지만 그 역할은 우리가 상상하는 것만큼 크지 않다. 행성의 온도는 태양으로부터의 거리와 입사하는 태양복사 중 흡수되는 비율

> 온실효과는 지표면의 온도를 증가시켜 대부분의 지면에서 액체 상태의 물이 존재할 수 있게 한다.

(=1−반사되는 비율)을 이용해 추정할 수 있다. 이와 같은 계산은 달이나 수성처럼 대기가 없는 행성 혹은 위성에는 잘 적용할 수 있지만, 대기가 있는 행성의 경우는 이런 계산으로 얻는 온도보다 실제 온도가 더 높다. 대기가 있는 행성에서는 대기 중의 기체가 **온실효과**(greenhouse effect)라는 과정을 통해 열을 붙잡기 때문이다. 온실효과를 고려하지 않았을 때 계산한 금성, 지구, 화성의 온도와 실제 온도가 표 7.1에 주어져 있다. 온실효과가 없다면 지구의 온도는 영하를 가리키는데, 이를 통해 온실효과가 생물의 생존에 결정적인 역할을 한다는 사실을 알 수 있다.

**표 7.1** 금성, 지구, 화성에서의 온실효과

| 행성 | 온실효과를 고려하지 않았을 때의 평균 지표온도* | 실제 평균 지표온도 | 온실효과로 인한 온도 상승폭 |
|---|---|---|---|
| 금성 | −40℃ | 470℃ | 510℃ |
| 지구 | −16℃ | 15℃ | 31℃ |
| 화성 | −56℃ | −50℃ | 6℃ |

* 온실효과를 고려하지 않았을 때의 온도는 온실효과만 제외하고 계산한 온도. 예를 들어 금성은 지구에 비해 태양에 더 가까이 있지만 두꺼운 구름 때문에 반사율이 높으므로 태양복사의 흡수율이 낮아 온실효과를 고려하지 않았을 때의 온도가 지구보다 낮다.

그림 7.15는 온실효과에 대한 기본적인 아이디어를 보여주고 있다. 표면에 도달하는 가시광선 복사의 일부는 반사되고 일부는 흡수된다. 흡수된 에너지가 우주로 재방출되지 않는다면 지표면의 온도는 끝없이 상승하게 될 것이다. 그렇기 때문에 지표면은 흡수한 에너지를 방출하는데, 이때 지표면의 온도가 내는 열적 복사가 최대치인 파장이 적외선 파장대이므로[5.2절] 적외선 복사의 형태로 열이 방출된다. 온실효과는 대기가 일시적으로 이 적외선 복사를 가두어 두면서, 열이 우주공간으로 빠져나가는 것을 늦추는 현상이다.

적외선 복사를 특히 잘 흡수하는 대기의 구성 성분을 **온실기체**라 한다. 온실기체는 수증기($H_2O$), 이산화탄소($CO_2$), 메탄($CH_4$)을 포함한다. 적외선 광자 하나를 흡수한 기체 분자는 사방으로 이를 재방출하고, 재방출된 적외선 광자는 다시 다른 분자에 의해 흡수되고 또 방출하기를 반복한다. 따라서 결과적으로 온실기체는 대기 하층부에서 적외선 복사의 이탈속도를 늦추며 동시에 분자운동으로 주변 기체를 데운다. 이런 과정을 통해 온실기체는 대기가 존재하지 않았을 때에 비해 표면과 대기 하층부의 온도가 높게 유지될 수 있도록 한다. 온실기체의 양이 많을수록 표면온도의 상승 정도도 크다.

**생각해보자** ▶ 이원자 분자($N_2$, $O_2$ 등)는 적외선 흡수율이 떨어진다. 만약 지구 대기의 98%를 구성하는 질소와 산소 분자가 적외선을 흡수했더라면 지금과 어떤 차이가 있을까?

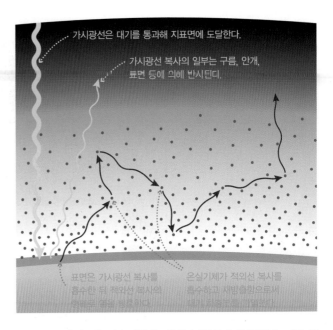

**그림 7.15** 온실효과. 대기 하층부는 온실기체(수증기, 이산화탄소, 메탄 등)가 존재하지 않았을 때에 비해서 높은 온도를 보인다.

## 7.2 달과 수성 : 지질학적으로 죽은 세계

이제 제7장의 남은 부분은 지구가 왜 그리고 어떤 과정을 거쳐 다른 지구형 행성 혹은 위성들과 다른 면을 가질 수 있었는지에 대해 답하기 위해 다른 세계의 역사를 짚어보도록 하겠다. 가장 단순한 역사를 지닌 두 세계인 달과 수성으로부터 시작하자(그림 7.16).

### ● 달과 수성에는 과거 단 한 번이라도 지질 활동이 있었을까?

달과 수성이 단순한 역사를 가진 것은 행성의 크기가 작기 때문이다. 달과 수성 모두 아주 예전에 내부의 열을 잃었고, 그 이후로 두드러진 지질 활동이나 대기를 보충해줄 기체분출이 일어나지 않았다. 크기가 작으므로 중력 역시 대기를 유지할 수 있을 만큼 크지 않다. 기체분출이 없었다는 점과 중력이 작다는 점이 달과 수성에서 대기의 부재를 설명한다.

수십 억 년간 달과 수성이 '지질학적으로 죽어' 있었기 때문에 달과 수성의 표면에는 무수한 충돌로 형성된 충돌 크레이터들이 여전히 남아 있다. 그럼에도 불구하고 달과 수성의 역사를 거슬러 올라가면 내부의 열이 남아 있던 시기가 존재했고, 화산 활동과 지체구조 활동이 있었

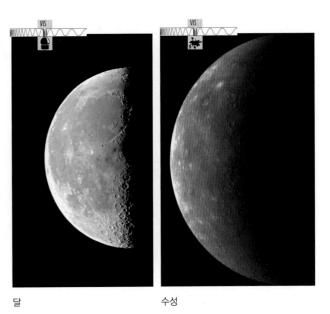

**그림 7.16** 사진은 두 행성(위성)의 크기 차이를 고려하여 나타내었다. 수성의 사진은 메신저 위성에서 촬영한 것이다.

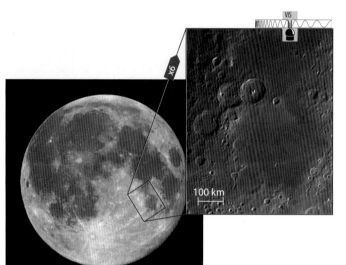

다는 증거가 약간이지만 관측된다.

**달의 지질학적 흔적** 보름달 표면에는 다양한 지형이 존재한다(그림 7.17). 일부 지역은 충돌 크레이터들이 다수 겹쳐 있는 데 반해 **달의 바다**(lunar maria)라 불리는 지역은 다른 지역보다 지형의 고저가 없고 어두운 색의 암석으로 구성되어 있다. 지형이 밋밋하고 색이 어두워 마치 지구의 해양과 흡사해 보인다는 점에서 바다(maria)라는 명칭이 붙었지만, 지구의 바다와 달리 이 지형은 큰 규모의 충돌이 있은 뒤 용암이 해당 지역을 메꿈으로써 형성된 지형이다.

그림 7.18은 달의 바다가 형성된 과정을 보여준다. 잦은 충돌 시기에 달 표면은 온통 충돌 크레이터로 뒤덮였고, 개중 규모가 큰 충돌은 달의 암석권을 갈라 그 내부를 드러낼 정도로 큰 충돌 크레이터를 형성하였다. 갈라진 틈으로 용융된 암석이 즉각 분출되지는 않더라도, 내부에서 방사성 동위원소의 붕괴가 이어지면 결국 맨틀 일부가 용융될 수 있었을 것이다. 이 시기가 지금으로부터 30~40억 년 전으로, 용융된 암석이 표면의 균열을 따라 흘러나와 큰 운석 크레이터가 용암

**그림 7.17** 보름달 표면에는 어두운 색으로 여러 개의 바다가 관측된다.

어두운 색과 매끄러운 표면을 가진 달의 바다는 달의 내부가 방사성 동위원소의 붕괴열로 여전히 고온을 유지하던 수십 억 년 전에 용암이 분출되어 형성되었다.

으로 채워진 바다 지형이 형성되었으리라 추정된다. 바다 지형이 일반적으로 둥근 이유는 용암이 충돌 크레이터(둥근 형태)를 채웠기 때문이고, 색이 어두운 이유는 용암의 구성물이 어두운 색의 철질 암석이기 때문이다. 달의 바다 내에서는 충돌 크레이터가 거의 발견되지 않는데, 이는 태양계 형성 초기 충돌이 활발하던 시기 이후에 바다가 형성되었고, 따라서 그 이후의 상대적으로 훨씬 적은 충돌 횟수를 반영하는 것이라고 생각된다.

이와 같이 달에서의 지질 활동은 오래전에 멈췄다. 오늘날 달은 황량하고 변화가 없는 세계이다. 현재 달에서 진행 중인 지질 활동은 샌드 블래스팅(sand blasting)이라고 불리는 과정이 전부로, 이는 우주를 떠돌아다니는 모래 크기의 **미세운석**이 표면에 충돌해 표면을 천천히 분쇄하는 과정이다. 이 때문에 달의 표면은 미세한 가루로 된 토양층으로 덮여 있는 것처럼 보인다. 달 탐사를 수행한 아폴로 미션 사진들을 보면 달의 표면이 가루로 덮여 있음을 확인할 수 있다(그림 7.19b). 미세운석에 의한 표면의 분쇄는 매우 느리게 진행되므로 월면차의 흔적

**그림 7.18** 달의 바다는 30~40억 년 전 용융된 용암이 수억 년 전 형성된 거대 충돌 크레이터에 흘러넘쳐 크레이터를 메꿈으로써 형성되었다. 아래에 습기의 바다(Mare Humorum)가 형성된 과정을 순서대로 나타내었다.

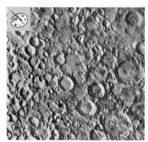

a. 약 40억 년 전, 충돌 크레이터로 뒤덮여 있을 때의 습기의 바다 지역

b. 시간이 지난 뒤 현재 습기의 바다를 형성한 지역에 큰 충돌 크레이터가 형성된다. 이 크레이터는 달의 암석권에 균열을 만들고 기존의 다른 작은 충돌 크레이터들을 지웠다.

c. 수억 년 뒤 방사성 동위원소의 붕괴열이 충분히 축적되면 달의 상부 맨틀이 용융될 수 있고, 용암이 지면의 갈라진 틈을 따라 분출되어 충돌 크레이터를 메꿨다.

d. 오늘날 습기의 바다 사진. 삽입된 그림은 습기의 바다의 위치를 보여준다.

a. 마지막 아폴로 미션에서 우주비행사 유진 서난이 월면차로 주변 순회를 수행하고 있다(아폴로 17호, 1972년 12월).

b. 아폴로 미션에 참가한 우주비행사들은 가루로 뒤덮인 달의 토양에 이와 같은 발자국을 남겼다. 미세운석의 자극은 언젠가는 이 발자국을 지우겠지만, 그러기까지는 수백만 년은 걸릴 것이나.

**그림 7.19** 오늘날 달은 지질학적으로 죽은 상황이지만, 여전히 태양계의 역사에 관한 많은 정보를 제공하고 있다.

이나 우주비행사의 발자국은 수백만 년 동안 달 표면 위에 보존될 수 있을 것이다.

아폴로 미션 이후로 40년 동안 인간이 다시 달을 방문하는 일은 없었지만, 다수의 로봇 궤도선이 달 주변을 선회하며 달을 연구하였다. 이러한 궤도위성들은 달이 젊었을 때 화산 활동과 지체구조 활동이 존재했음을 보여주는 작은 규모의 흔적들을 찾아냈다. 또 궤도위성들은 달의 극 근처 충돌 크레이터의 그림자 속에서 물로 만들어진 얼음을 발견하는 중요한 성과를 거두었다. 수백만 년에 걸쳐 혜성의 충돌로 표면에 물이 도달했을 것이고, 이 물은 충돌 크레이터 그림자에 위치한 영구 동토층에 얼음 상태로 존재할 것으로 예측되었는데, 그 예측을 증명한 것이다. 이 사실은 2009년 엘크로스 위성에서 발사한 로켓이 달의 남극 근처에 위치한 충돌 크레이터에 충돌하면서 튀어 오른 토양 일부를 연구함으로써 최초로 알려졌다. 이후 인도의 찬드라얀-1 위성에 탑재된 전파 센서가 달 북극 근처의 충돌 크레이터에서 얼음 침전물을 검출해냈다. 저장된 물의 양은 만약 달의 극 근처에 유인탐사를 위한 기지를 건설한다면 기지 거주민에게 충분히 물을 공급할 수 있을 정도로 많은 것으로 보인다.

**생각해보자 ▶** 다시 달 탐사를 위해 우주비행사를 보낼 필요가 있다고 생각하는가? 그 이유는 무엇인가?

**수성의 지질학적 흔적** 수성 표면 전역에서 충돌 크레이터가 관측되는데, 이는 수성 표면의 나이가 오래되었음을 시사한다. 그러나 달의 오래된 표면에 비해 수성에서 크레이터의 개수 밀도는 그리 높지 않다. 이러한 관측 사실은 수성에서는 충돌이 많던 시기, 용융된 용암의 분출이 동시에 일어나 일부 크레이터를 지우는 과정이 있었다는 가설로 설명할 수 있다(그림 7.20a). 달에서는 해당 작용이 방사성 동위원소 붕괴열로 상부 맨틀이 용융되기까지의 시간이 지난 후에야 일어났다. 분지라 불리는 가장 큰 규모의 충돌 크레이터들은 분지를 용융된 암석으로 가득 채울 정도로 많은 에너지를 가진 충돌의 결과로 만들어졌다(그림 7.20b). 대부분의 분지 내부에서는 발견되는 충돌 크레이터의 개수가 극히 적은데, 이는 분지 형성 시기가 이미 충돌이 잦아들던 시기였음을 의미한다.

수십 억 년간 수성에는 화산 활동이 존재하지 않았지만 이와 유사한 독특한 지질구조가 존

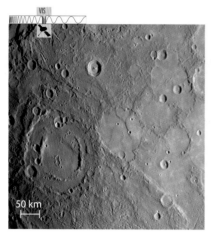

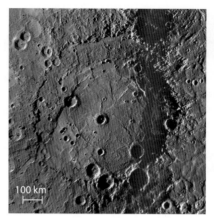

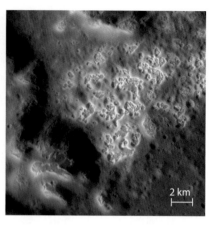

a. 수성 표면의 근접 사진으로 충돌 크레이터와 충돌 크레이터 위에 용암이 덮인 매끄러운 지역을 확인할 수 있다.

b. 렘브란트 분지. 규모가 큰 충돌 크레이터다.

c. 충돌 크레이터의 바닥에 위치한 밝은색 토양의 작은 구멍들은(다른 색상으로 표시) 수백만 년에 걸쳐 기화하기 쉬운 물질들이 이탈하면서 주변 암석을 무너뜨리고 구멍을 형성함으로써 만들어졌다고 생각된다.

**그림 7.20** 메신저 위성에서 촬영한 수성 표면 지질구조 사진

재한다. 메신저 위성은 일부 충돌 크레이터 표면의 암석에서 기화가 잘 일어나는 물질이 방출되는 것을 관측했고, 이 과정에서 주변 암석이 무너져 구멍이라 명명되는 작은 크레이터를 추가로 형성하고 있음을 발견하였다(그림 7.20c). 기화된 기체의 흔적은 조성이 확실히 알려지지 않은 밝은색 토양으로 남아 있다. 메신저 위성은 또한 최근에 수성의 극 근처 충돌 크레이터 그림자에 가려져 있던 물로 구성된 얼음을 발견했다. 달의 극에서 발견된 얼음처럼 수성에서 발견된 얼음도 아마 혜성의 충돌이 원인일 것으로 보인다.

수성 표면의 가장 특이한 점은 행성 여기저기에 높은 절벽이 존재한다는 점이다. 절벽의 높이는 3km 이상, 길이는 일반적으로 수백 킬로미터이다. 이러한 구조는 지체구조력이 지각을 압축하고 표면을 구길 때 형성되었으리라 보인다. 일부 지역에서 지각 표면이 구겨지면서 표면 면적이 줄어들었을 것이므로, 행성의 크기가 변하지 않았다면 다른 지역에서는 지각 표면의 팽창이 있었을 것이다. 하지만 우리는 수성에서 팽창의 증거를 보여주는 지형을 발견하지 못했다. 그렇다면 수성은 전체적으로 크기가 작아진 것일까?

보아 하니 그런 것 같다. 달에 비해 크기가 크다는 점 외에도 수성에 (철로 만들어진) 매우 큰 핵이 있다는 점을 떠올려보자. 이 때문에 수성은 달에 비해 더 많은 내부 열을 확보하고 이를 유지할 수 있었고, 많은 양의 내부 열은 수성의 핵 크기를 키웠다. 이후 수성의 핵은 식으면서 적어도 20km가량 수축했고(그림 7.21), 이때 맨틀과 암석권도 동시에 수축했을 것으로 보인다. 이 과정에서 지체구조 압축력이 지각에서 관찰되는 절벽구조를 형성하였을 것이다. 수축 과정은 남아 있던 화산 분화구를 전부 차단해, 수성에서의 화산 활동은 영영 중단되고 말았다.

수성의 핵과 맨틀이 수축하여

지각 일부는 다른 지각 아래로 끌려들어 간다.

오늘날 우리는 이러한 지각의 움직임 때문에 생성된 길고 가파른 절벽을 관측할 수 있다.

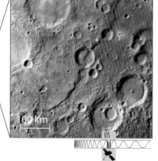

실제 축척이 아님

수성의 지각이 압축된다.

100 km

과거에 수성은 수축을 겪었고, 그 결과 길고 가파른 절벽 지형이 수성 표면에 형성되었다.

a. 수성 표면의 절벽구조가 형성된 과정을 핵의 수축과 이에 따른 표면의 구겨짐으로 설명하고 있다.

b. 사진에서 보이는 절벽구조는 길이가 100km, 높이가 2km 정도이다. (사진 출처 : 매리너 10호)

**그림 7.21** 수성 표면에 존재하는 긴 절벽구조는 수성 역사의 초기 어느 시점, 행성 전체가 수축했다는 증거를 보여주고 있다. 수축으로 수성의 반지름은 적어도 20km가량 감소했을 것으로 보인다.

## 7.3 화성 : 행성 냉동 건조의 희생자

크기를 고려하면(그림 7.1), 화성은 달이나 수성에 비해 지질학적으로 활발하지만 지구나 금성에 비해서는 덜 활발할 것이라고 예상할 수 있다. 관측 자료들은 이러한 기본적인 해석을 지지하며, 이에 더해 화성의 경우 태양으로부터의 거리가 멀다는 점(지구에 비해 50% 더 멂) 또한 화성의 지질학적 역사에 큰 영향을 끼친 것으로 보인다.

겉보기에 화성은 지구와 유사한 점이 많다. 화성의 표면 사진은 종종 지구의 사막이나 화산 분지로 착각할 만큼 비슷하고(그림 6.6 참조), 화성의 하루는 지구의 하루보다 불과 1시간이 짧을 뿐이다. 비록 물과 이산화탄소라는 구성 차이는 있지만 지구 극지방에서 발견되는 얼음처럼 화성의 극지방에서도 극관이 관측된다. 심지어 화성의 자전축은 지구가 그런 것처럼 공전궤도면에 대해 수직이 아니라 기울어져 있어서, 계절의 변화가 존재한다. 지구의 계절 변화와 차이가 있다면 화성의 공전궤도 이심률이 더 크기 때문에 화성 남반구가 여름인 기간 동안 화성-태양 간의 거리가 무척 가까워(반대로 화성 남반구가 겨울인 기간에는 화성-태양 간의 거리가 매우 멀다.) 남반구에서 계절 변화가 더 극단적으로 나타나는 정도이다(그림 7.22). 계절 변화와 관련해 발생하는 바람은 때로 화성 전체에 영향을 주는 대규모 모래 폭풍으로 진화해 지구에서 망원경으로 관측하는 화성의 표면 모양을 변화시키기도 한다. 과거의 천문학자들은 이러한 변화를 계절에 따라 식물 생장이 달라짐으로써 나타나는 현상이라고 오해하기도 했다.

지구와 화성 간의 이러한 유사점 때문에 화성에 생물이 살고 있으리라는 상상은 과학소설의 주된 소재가 되어왔다. 하지만 지구와 화성은 매우 중요한 차이점을 보이는데, 화성의 대기층은 극히 얇다. 화성의 기압은 지구 표면 대기압의 1% 이하에 불과하다. 따라서 인간이 화성 표면에 착륙한다면 우주복을 입지 않고는 살아남을 수 없을 것이다. 대기가 희박하다는 점은 화성 대기가 대부분 이산화탄소로 구성되어 있음에도 불구하고 온실효과 또한 미미할 것이라는 점을 의미한다. 약한 온실효과와 태양으로부터 상대적으로 먼 거리를 고려했을 때 화성 표면의 평균 온도는 -50℃(-58℉)이다. 화성 대기에는 산소가 존재하지 않는데, 따라서 대기에 오존층이 존재하지 않고 이 때문에 태양에서 오는 유해한 자외선 복사는 아무런 제약을 받지 않고 표면에까지 도달한다.

대체로 오늘날 화성의 표면 상황은 생물이 존재하기에 전혀 적합하지 않다. 하지만 화성의 지질에 대한 연구는 과거 화성의 기후가 지금보다 온난하고 습윤했다는 증거를 제시하고 있다. 만약 그렇다면 생명이 탄생할 수 있는 환경이 존재했을 수 있고, 그때 탄생한 생명이 지금까지도 지표 아래에 생존할 가능성 또한 무시할 수 없다. 우리가 다른 어떤 행성들보다도 화성에 많은 탐사선을 보내는 주된 이유 중 하나는 과거의 혹은 현재의 생명의 흔적을 찾아내기 위해서이다.

### ● 과거 화성 표면에 물이 흘렀음을 보여주는 지질학적 증거에는 어떤 것들이 있을까?

오늘날 화성의 표면에는 액체 상태의 물이 존재하지 않는다. 표면 전역을 구석구석 살펴보지 않더라도 표면 환경의 조건이 액체 상태의 물이 존재하기에 적절하지 않기 때문에 이 점을 확

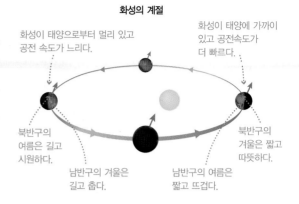

**화성의 계절**

화성이 태양으로부터 멀리 있고 공전 속도가 느리다.

화성이 태양에 가까이 있고 공전속도가 더 빠르다.

북반구의 여름은 길고 시원하다.

남반구의 겨울은 길고 춥다.

남반구의 여름은 짧고 뜨겁다.

북반구의 겨울은 짧고 따뜻하다.

**그림 7.22** 공전궤도 이심률이 크기 때문에 화성의 계절 변화는 북반구에서보다 남반구에서 더 심하다(더운 여름과 추운 겨울).

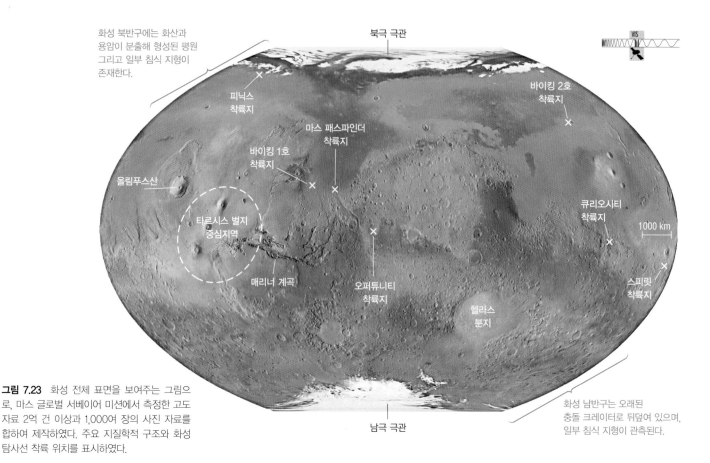

화성 북반구에는 화산과 용암이 분출해 형성된 평원 그리고 일부 침식 지형이 존재한다.

북극 극관

피닉스 착륙지

바이킹 2호 착륙지

마스 패스파인더 착륙지

바이킹 1호 착륙지

올림푸스산

타르시스 벌지 중심지역

큐리오시티 착륙지

1000 km

매리너 계곡

오퍼튜니티 착륙지

헬라스 분지

스피릿 착륙지

남극 극관

화성 남반구는 오래된 충돌 크레이터로 뒤덮여 있으며, 일부 침식 지형이 관측된다.

**그림 7.23**　화성 전체 표면을 보여주는 그림으로, 마스 글로벌 서베이어 미션에서 측정한 고도 자료 2억 건 이상과 1,000여 장의 사진 자료를 합하여 제작하였다. 주요 지질학적 구조와 화성 탐사선 착륙 위치를 표시하였다.

신할 수 있다. 대부분의 시기, 대부분 지역에서 화성의 온도는 매우 낮아 물은 바로 얼음으로 변한다. 적도 근방에서는 때때로 온도가 녹는점 위로 상승할 수 있지만 대기압이 낮기 때문에 액체 상태의 물은 바로 기화되어 버릴 것이다. 만약 화성에 착륙한 우주비행사가 우주복을 입고 컵에 물을 담아서 우주선 밖으로 나온다면 컵 안의 물은 바로 얼거나 끓어 수증기로 사라져버릴 것이다. 자, 그럼에도 불구하고 화성 표면에 과거에 액체 상태의 물이 흘렀다는 지질학적 증거를 여기저기서 찾아볼 수 있다.

**화성 지질학**　그림 7.23은 화성 표면 전체의 지도를 나타내고 있다. 극관을 제외하고 가장 인상적인 특징을 꼽자면 남반구와 북반구 지역의 지형 차이이다. 남반구 대부분 지역은 고도가 높고 헬라스 분지를 비롯, 큰 충돌 크레이터들에 의해 여기저기 움푹 파여 있다. 반면 북반구는 충돌 크레이터가 드물고 대부분은 평지로 그 고도는 화성의 평균 고도 아래이다. 충돌 크레이터 개수 분포의 차이로부터 남반구의 고지대가 북반구 평지에 비해 훨씬 오래된 지각임을 알 수 있다. 북반구에서는 초기 충돌 크레이터들이 여러 지질학적 과정을 거쳐 소실되었는데, 이후의 연구에 의하면 화산 활동이 이 과정에서 가장 중요하게 작용했을 것으로 추정된다.

　　화성에서 화산 활동을 보여주는 가장 인상적인 증거는 층층이 쌓인 층상화산의 존재이다.

과거 화성에는 화산 활동이 활발했으며 지금도 화성 표면에는 곳곳에 커다란 화산이 남아있다.

그 한 예로 **올림푸스산**(그림 7.24)은 태양계에서 가장 높은 화산이다. 올림푸스산의 고도는 평균 화성 표면 기준으로 26km로, 지구 에베레스트산의 해발고도의 3배이며 산기슭의 단면적은 애리조나 주 전체를 덮을 만큼 크다. 산기슭 가장자리는 높이 6km에 달하는 절벽으로 둘러싸여 있다. 이

외에도 몇몇 대형 화산들이 **타르시스** 벌지 근처에서 발견된다. 타르시스 벌지는 대륙 크기 정도로 크게 불룩 솟은 지형으로, 긴 시간 동안 상승하는 맨틀의 기둥 때문에 시각이 **위로 솟고 용융된 암석이 분출되면서** 기대한 화산을 형성했을 것이라 추정된다.

화성에서는 지체구조 또한 발견되는데, 가장 두드러지는 구조는 매리너 계곡이다(그림 7.25). 매리너 계곡은 화성 적도의 1/5을 지나는 긴 계곡으로 미국 대륙 전체의 너비만큼 길고 그 깊이는 그랜드캐니언 깊이의 네 배에 이른다. 매리너 계곡이 생겨난 과정을 완벽하게 이해할 수는 없지만, 협곡의 위치상 아마도 타르시스 벌지와 연관이 있을 것이라 생각된다. 아마도 타르시스 벌지를 생성한 지각물질의 상승 과정에서 지체구조력이 작용해 지표에 균열을 만들고 높은 절벽을 형성함으로써 매리너 계곡이 만들어졌을 것이다.

화산 활동이나 지체구조 활동이 최근 화성에서 관찰된 것은 아니지만 화성은 아직 달이나 수성처럼 '지질학적으로 죽은' 행성이 아니다. 지하에는 아직 화산에 의한 열이 남아 있으며, 어쩌면 몇몇 화산에서는 다시 분출이 관찰될지도 모른다. 그럼에도 불구하고 화성의 크기가 상대적으로 작기 때문에 내부는 서서히 식고, 지각은 두꺼워지고 있다. 따라서 수십억 년이 지나면 화성의 지질 활동은 완전히 멈추게 될 것이다.

**과거에 물이 흘렀던 증거** 궤도 요소, 표면 사진 연구 등의 근거들이 과거 화성 표면에 물이 흘렀음을 강하게 지지하고 있다. 그림 7.26은 그 예로 흐르는 물에 의해 침식되었음이 분명해 보이는 말라버린 강바닥의 사진을 보여준다. 흐르는 물이 강수로 인해 발생했는지 혹은 물을 포함한 입자들의 흐름으로 발생했는지,

*말라버린 강바닥과 다른 지질구조들은 먼 과거에 화성에도 물이 흘렀음을 시사하고 있다.*

지표 아래에 그 근원이 있는지는 불명확하다. 어떤 이유에서든 물이 흐르지 않게 된 것은 아주 오래전이다. 수로 위의 충돌 크레이터 개수를 세고, 그 주변 충돌 크레이터 개수를 세어 비교하면 물의 흐름이 멈춘 것은 적어도 20~30억 년 전임을 추정할 수 있다.

궤도탐사선 영상은 이외에도 과거 화성에 비가 내렸거나, 적어도 표면에 물이 흘렀다는 다양한 증거를 제공한다. 그림 7.27a는 많은 크레이터로 덮인 오래된 남반구의 지형을 보여준다. 대부분 크레이터들의 가장자리가 또렷하지 않고 크기가 작은 크레이터가 별로 없다. 아마 과거에 있었던 강우가 크레이터 가장자리를 침식시키고 작은 크레이터를 지워버렸기 때문이라 추측된다. 그림 7.27b는 2개의 오래된 크레이터 호수 사이에 과거 물이 흐른 흔적의 3차원 구조이다. 그림 7.27c에 나타난 것은 크레이터 사이로 물이 흘러가 형성된 삼각주와 흡사한 지형이다. 분광 관측 결과 크레이터 바닥에 점토광물이 존재함을 확인할 수 있었는데, 점토광물은 강물에 의해 퇴적된 퇴적물로 추정된다. 이 밖에도 수천 장의 궤도탐

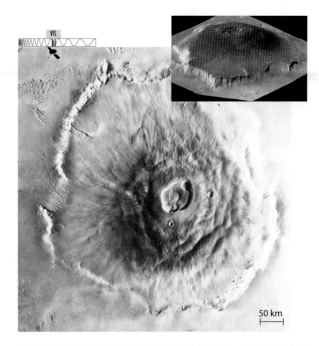

**그림 7.24** 화성궤도선에서 촬영한 올림푸스산의 모습. 가장자리가 높은 절벽으로 둘러싸여 있고 중심부 용암이 분출되어 만들어진 크레이터벽 또한 이와 비슷하게 가파른 절벽이다. 삽입 그림은 이 거대한 화산의 구조를 3D 모델링으로 보여주고 있다.

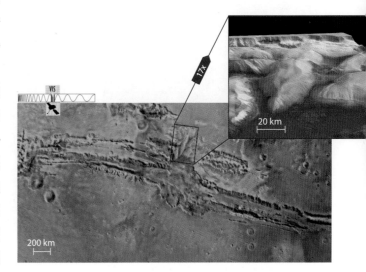

**그림 7.25** 매리너 계곡은 화성의 지체구조 응력에 의해 형성된 커다란 계곡이다. 삽입 그림은 마스 익스프레스 위성에서 촬영한 북쪽에서 계곡의 중심을 바라본 모습이다.

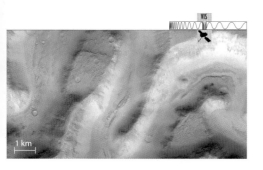

**그림 7.26** 화성 정찰궤도위성에서 촬영한 이 사진은 구불구불한 강이 말라버린 뒤 바닥을 드러낸 모습을 보여준다. 현재 이 강바닥은 바람에 날려 온 먼지들에 의해 모래언덕으로 변했다. 사진 여기저기에 작은 충돌 크레이터들이 보인다.

사선 영상은 물에 의한 침식을 지지하는 증거이다.

착륙선이 얻어낸 표면의 정보들은 과거에 물이 존재했다는 데에 더욱 힘을 실어준다. 2004년 로봇 탐사선 스피릿과 오퍼튜니티가 각각 화성의 거의 반대면에 착륙했다(착륙 위치는 그림 7.23 참조). 쌍둥이 같은 이 두 탐사선은 촬영용 카메라, 암석의 성분 분석기기, 그리고 암석을 채취할 수 있는 시추기기를 탑재하고 있었다. 두 착륙선은 원래 계획된 수명보다 석 달을 더 활동했고, 둘 중 오퍼튜니티는 이 책이 만들어지고 있는 지금(착륙으로부터 9년이 지난 시점)도 여전히 활동 중이다. 보다 최근 2012년에는 큐리오시티 탐사선이 갈레 크레이터(Gale Crater)에 착륙했다(그림 6.6 참조). 큐리오시티는 그간의 어떤 행성탐사선보다도 발달된 과학기기들인 카메라, 드릴, 현미경, 암석과 토양 분석기, 암석을 기화시키기 위한 레이저, 기화된 물질을 분석하기 위한 분광기 등을 싣고 있다(그림 19.14 참조).

세 착륙선은 모두 과거에 액체 상태의 물이 있었음을 지지하는 광물을 많이 찾아냈다. 오퍼튜니티가 착륙한 장소 근처에서 발견된 작은 구 형태의 자갈들은 '블루베리'라는 별명을 얻었

*로봇 탐사선에 의해 발견된 광물 증거는 과거 화성에 액체 상태의 물이 존재했다는 사실을 시사한다.*

다. 이들은 적철석이나 철명반석 같은 염분이 높은 호수에서 퇴적된 광물을 포함하고 있다(그림 7.28). 큐리오시티는 오래된 강바닥을 따라 내려가다가 표면이 둥글게 깎인 조약돌을 발견했는데, 이는 흐르는 물에 의해 형성되었을 가능성이 높다(그림 7.29). 오퍼튜니티에 의해 발견된 광물학적 증거에 따르면 해당 지역에 흐르던 물은 산도가 높았을 것으로 추정된다. 큐리오시티가 연구한 지역에 대한 화학적 분석은 이 지역에 비교적 염분이 적은 (마실 수 있는) 물로 이루어진 호수가 있었을 가능성을 제시한다. 마치 지구의 호수처럼 말이다.

큐리오시티는 갈레 크레이터를 따라 계속 탐사를 진행하고 있으며, 우선적인 목표는 고도가 5km인 샤프산의 탐사이다(그림 7.30). 궤도선의 사진 촬영 결과 샤프산에는 지난 수십 억 년을 망라하는 다양한 연령대의 퇴적층이 있는 것으로 생각되며, 큐리오시티로 이 퇴적층을 연구함으로써 화성의 지질학적·기후학적 역사에 대해 더 잘 파악할 수 있을 것이다. 아마 화

**그림 7.27** 화성에 과거에 물이 흘렀음을 보여주는 더 많은 증거들

a. 화성의 남반구 고원지역. 큰 크레이터 주변의 가장자리는 대부분 침식되었고, 작은 크레이터는 별로 없다. 이는 강우에 의한 침식을 보여준다.

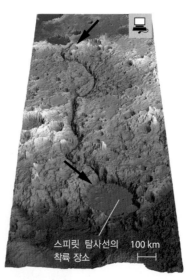

b. 화성의 계곡이 2개의 고대 호수(푸른색으로 표시) 사이에 연결된 물의 흐름으로 형성되었을 가능성을 제시하는 투시도. 지형의 고저를 보여주기 위해 고도 방향의 차이를 14배 과장하여 나타냈다.

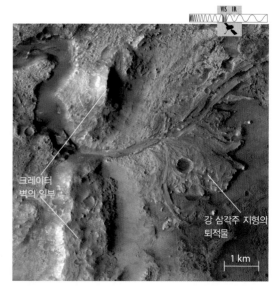

c. 고대 강 하구의 삼각주 지형의 가시광, 적외선 영상. 이 지형은 물이 계곡을 따라 흘러 크레이터를 채우고 있는 호수로 들어가면서 형성되었다. 녹색으로 표시된 부분은 점토 광물이 존재하는 지형이다.

**그림 7.28** 지구와 화성, 두 행성에서 발견된 '블루베리'들. 앞부분의 둥근 조약돌(적철석을 함유한 블루베리)은 배경에 보이는 퇴적층에서 형성된 다음 침식되어 언덕을 굴러 내려왔다. 퇴적층의 기울기가 차이나는 이유는 형성될 당시 바람이나 파도의 방향이 일정하지 않았기 때문이다. 지구의 사진에서 배경에 보이는 암석들은 화성 사진의 배경 암석에 비해 2배가량 멀리 떨어져 있다(화성 사진 촬영 : 오퍼튜니티 탐사선).

화성  지구

**그림 7.29** 큐리오시티가 화성의 오래된 강바닥에서 발견한 둥근 조약돌 덩어리들은 지구의 강바닥에서 자주 찾아볼 수 있는 퇴적구조와 흡사하다. 이는 화성의 자갈이 흐르는 물에 의해 둥글게 깎여서 현재의 모양이 되었다는 설을 뒷받침한다.

성에 생명이 거주할 수 있었던 때가 언제인지도 파악할 수 있을 것이다.

**생각해보자** ▶ 큐리오시티의 활동에 관한 최신 기사를 찾아보자. 큐리오시티는 샤프산에 도달했는가? 물이나 화성의 생물에 관한 새로운 연구결과나 발견이 있는가?

**그림 7.30** 큐리오시티 탐사선이 브래드베리 착륙지에서 바라본 갈레 크레이터 내 샤프산의 모습. 위 이미지 앞부분에는 탐사선의 일부와 그림자가 함께 보이고 있다. 20km 이상 떨어진 샤프산의 확대사진에는 기울어진 퇴적층이 보인다. 과학자들은 이 산의 퇴적층을 연구함으로써 화성에 생명이 존재했다는 증거를 찾아낼 수 있을 것이라 기대하고 있다.

a. 피닉스는 화성의 토양을 채취해 분석하기 위해 로봇팔을 이용했다. 분석 결과에 따라 화성의 극관 지역이 한때 생명이 살 수 있는 환경이었는지가 판가름날 것이다.

b. 피닉스의 로봇팔에 달린 카메라로 찍은 사진에서 밝은 물의 얼음층이 보인다. 착륙과정에서 얼음층을 덮고 있던 먼지층이 날아가 얼음층이 드러난 것으로 추정된다.

**그림 7.31** 피닉스 착륙선은 2008년 북극의 극관 주변에 착륙했다. 피닉스의 로봇팔에 달린 카메라로 촬영한 사진은 착륙선이 먼지층을 날려 보내자 그 아래에 물로 만들어진 얼음층이 드러났음을 보여준다.

**오늘날 화성의 물** 만약 과거에 화성 표면에 물이 흘렀었다면, 지금 그 물은 전부 어디로 간 걸까? 간략히 언급했듯이 대부분의 물은 우주공간으로 영원히 사라졌을 가능성이 크다. 하지만 일부의 물은 현재도 얼음 상태로 남아 있다. 상당량은 극관에 남아 있는데 수 미터 두께의 드라이아이스층 위에 물로 된 얼음층이 덮여 있는 형태로 존재한다. 2008년 북극의 극관 근처에 착륙한 피닉스 탐사선은 착륙 후 탐사선 바로 아래에서 물의 얼음층을 발견해 과학자들을 놀라게 했다(그림 7.31). 화성에 있는 얼음의 분포와 총량에 대해서는 이제 겨우 연구를 시작한 단계이지만, 아마도 모든 얼음이 녹는다면 행성 전체를 10m 깊이의 바다로 뒤덮어버릴 만큼의 얼음이 존재하는 것으로 보인다. 어쩌면 화산 활동 등 열원이 존재하는 지하에서는 액체 상태의 물이 남아 있을지도 모르고, 이 경우 미생물이 생존할 수 있을 것이다.

지난 수억 년 동안 거대한 규모의 물 흐름이 있었다는 지질학적 증거는 찾지 못했지만, 궤

> 크레이터벽의 가늘고 긴 자국은 오늘날 화성에서도 때때로 물이 흐르는 일이 있다는 증거이다.

도선이 촬영한 사진들은 미세한 규모의 물 흐름이 최근까지도 존재했음을 알려준다. 가장 강력한 증거라면 크레이터벽 사진에 나타난 어두운 줄기를 들 수 있다(그림 7.32). 연중 온도가 높아 얼음이 녹을 수 있는 계절에는 이 줄기가 뚜렷해지므로, 이 어두운 줄기는 흐르는 물에 의해 만들어진다고 추정된다. 하지만 물이나 얼음이 검은 줄기가 흐르는 것처럼 보이는 암석층에 어떻게 갇히게 되었는지에 대한 명확한 설명은 아직 부족하다. 흐르는 물과 관련된 다른 변화는 두드러지지 않지만 온도의 변화가 화성의 얼음에 어떤 영향을 끼친다는 것은 확실하다. 예를 들어 그림 7.33은 화성의 봄에 극관의 온도가 상승하면서 발생한 산사태를 보여주고 있다.

## ● 화성은 왜 변화를 겪었는가?

30억 년 전의 화성이 지금에 비해 온난하고 습윤한 기후였던 것은 의심할 여지가 없어 보인다. 이러한 시기가 얼마나 오래 지속되었는가는 여전히 논란이 있는 부분으로, 일부 과학자들은 화성이 초반 10억 년 동안 내내 온난 습윤한 기후를 유지했을 것이라 주장하고, 이 시기에는 꾸준히 강우가 있어 북반구의 상당 부분은 해양으로 덮여 있었을 것이라 한다. 한편으로 화성의 강수 활동은 운석, 소행성 등 큰 규모의 충돌로 인한 열이 존재할 때에만 간헐적으로 발생했다고 보는 시각도 있다. 즉, 고대의 호수나 연못, 해양 등은 쭉 얼음으로 뒤덮여 있었다는 것이다. 어떤 경우에든 화성이 액체 상태의 물을 보존할 수 있는 환경에서 얼어붙은 황무지로 변화한 커다란 기후변화가 존재했음은 분명하다.

과거 화산 활동이 활발하던 시기에는 화산분출로 인해 대규모의 기체가 대기 중으로 방출되었을 것이므로 당연히 화성의 대기는 지금보다 두꺼웠을 것이다. 화성의 대기를 구성하는

> 초기 화성에는 화산분출로 인한 기체방출 덕분에 두꺼운 대기가 형성되었고 오늘날보다 온실효과가 크게 작용했다.

원소 대부분은 수증기와 이산화탄소로 추정되며, 이들 기체에 의한 온실효과는 화성의 기온을 상승시켰을 것이다. 지구의 화산들이 온실기체를 방출하는 양과 동일하게 화성의 화산들이 온실기체를 방출했다면, 화성은 수십~수백 미터 깊이로 바다를 채울 수 있을 만큼의 물을 확보할 수 있었을 것이다.

중요한 질문은 화성에 과연 밀도가 높은 대기가 존재했는가가 아니라, 그 대기에 과연 어떤 일이 일어났는가일 것이다. 화성은 어떤 계기로 인해 대부분의 이산화탄소 기체를 잃게 되었다. 이 때문에 온실효과가 약화되고 최종적으로는 행성 자체가 얼어붙게 되었다. 일부 이산화

**그림 7.32** 그림에서 보이는 크레이터벽에는 흐르는 물에 의해 형성되었으리라 추정되는 길고 가느다란 자국들이 어두운 색으로 나타나 있다. 이 어두운 줄기들은 사진 중앙 부분의 노두에서 출발해 성장한 것으로 계절에 따라 다르게 나타나는데, 봄과 여름에 더 뚜렷하게 보인다. 화성 정찰위성에서 촬영한 데이터로부터 재구성한 이 사진은 색 대비를 강조하여 투시도 형태로 이 지역을 보여주고 있다.

**그림 7.33** 화성 정찰위성은 화성 북극의 극관 지역에서 이 산사태를 포착해냈다. 700m 높이의 절벽에서 먼지를 포함한 얼음층이 북반구의 봄 시기에 녹으면서 산사태를 유발했다.

탄소는 압축되어 극관의 일부분이 되었고, 또 일부는 표면의 암석에 남아 있으리라 추정된다. 하지만 거의 대부분의 기체는 우주공간으로 증발했다.

　화성이 대기 중의 이산화탄소를 잃어버리게 된 과정은 명확하지 않지만, 화성의 자기장 변화와 관련이 있다는 설이 유력하다(그림 7.34). 생성 초기에 화성의 핵은 현재 지구의 핵이 그러하듯 용융된 금속으로 구성되어 대류가 일어나고 있는 상태였다. 금속핵의 대류와 화성의 자전은 자기장을 형성했고 외부로부터 화성을 보호하는 자기권을 형성했다. 하지만 화성은 작은 행성이었으므로 냉각되면서 자기장의 세기는 약해졌고, 핵에서의 대류도 멈춰 대기는 태양풍 입자에 그대로 노출되었다. 태양풍 입자는 화성의 대기를 제거해 기체를 우주로 돌려보낼 수 있었다. 이 가설은 2013년 하반기에 발사될 메이븐 궤도선에 의해 확인될 수 있을 것으로 보인다. 메이븐 궤도선은 오늘날 화성의 대기에서 기체의 이탈량을 측정할 것이며, 이를 통해 우리는 과거의 기체 소실을 이해할 수 있을 것이다.

　한때 화성에 있었던 물 또한 대부분 사라졌다. 이산화탄소와 마찬가지로, 일부 수증기들은 태양풍 입자에 의해 우주로 소실되었다. 여기에 화성이 물을 잃은 과정을 하나 더 들자면 자외선 광자에 의한 수증기의 분해이다. 화성의 대기에는 자외선을 흡수할 수 있는 기체가 존재하지 않았고, 때문에 대기 중의 수증기는 자외선 광자에 의해 쉽게 분해되었다. 물 분자에서

화성은 30억 년 전, 대기 중 이산화탄소 대부분과 물을 잃어버렸을 때 영구적인 기후변화를 겪었다.

분해되어 나온 수소원자는 빠르게 우주공간으로 빠져나갔고, 물 분자가 다시 형성되지 못했다. 초반에는 분해되어 나온 산소원자는 대기 중에 여전히 남아 있었으나, 시간이 지남에 따라 산소 또한 우주공간으로 소실되었다. 일부는 태양풍에 의해 쓸려나갔고, 나머지는 지표의 암석과 화학 반응을 하였다. 이 과정은 말 그대로 화성의 암석을 '녹슬게' 해서 이 행성을 '붉은 행성'으

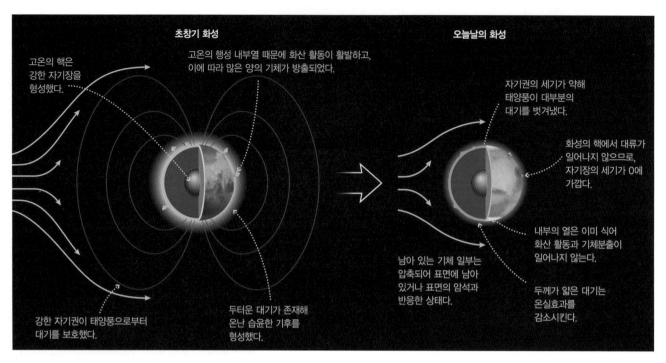

**그림 7.34** 30억 년 전 화성은 극적인 기후변화를 겪어 그 이후로 강우 활동이 사라졌다.

로 바꾸었다.

　정리하면 화성의 운명을 결정한 가장 큰 요인은 비교적 작은 화성의 크기였다고 할 수 있다. 화성의 크기는 생성 직후 대기를 구성하는 기체와 물을 만들어낼 만큼의 화산 활동을 할 수 있을 정도이기는 했다. 하지만 이를 유지하는 데에 필요한 내부 열을 지속적으로 확보하기에는 너무 작았다. 내부가 식으면서 화산 활동은 멈췄고 화성은 자기장을 잃었다. 이 때문에 화성의 대기는 우주공간으로 흩어졌다. 만약 화성의 크기가 지구와 비슷했고 그래서 여전히 화성이 자기장을 유지할 수 있었다면 오늘날 화성의 기후는 온난했을지 모른다.

**생각해보자 ▶** 만약 화성이 태양에서 보다 가까운 곳에서 만들어졌다면 오늘날 화성 표면에는 액체 상태의 물이 남아 있을까? 행성의 운명이 그 크기뿐 아니라 태양으로부터의 거리에 따라서 어떻게 달라지는지 설명해보자.

## 7.4 금성 : 온실 세계

행성의 크기만 놓고 보자면 금성과 지구의 특징은 거의 같아야 할 것이다. 금성의 반지름은 지구에 비해 겨우 5% 작을 뿐이며(그림 7.1) 전체적인 구성물질 또한 지구와 거의 같다. 하지만 앞서 행성들의 특징 소개에서 살펴봤듯이[6.1절] 금성의 표면은 타는 듯 뜨거운 온실과 같으며, 지구의 표면과는 전혀 다르다. 이 장에서는 크기와 조성이 지구와 거의 흡사한 행성이 어떻게 거의 모든 면에서 다르게 진화해왔는지 살펴보도록 하겠다.

### ● 금성은 지질학적으로 활발한가?

금성의 두꺼운 대기 때문에 표면의 구조를 쉽게 살펴볼 수는 없지만, 레이더 지도를 작성함으로써 지질구조를 연구할 수 있다. 레이더 지도는 표면에 전파를 보내고 전파가 반사되어 돌아오는 시간을 측정해 3차원 사진을 만들어내는 방법으로 작성한다. 마젤란 탐사선은 금성 표면의 레이더 지도를 작성해 100m 규모의 해상도로 지형을 찾아냈다. 이러한 연구에 따르면 금성은 우리가 지구 크기의 행성에서 기대하는 바와 같이 여전히 지질학적으로 활발하다.

**금성의 지질학적 흔적** 그림 7.35는 마젤란에서 작성한 금성 전체의 레이더 지도와 일부분을 확대한 것이다. 지구의 지형과 유사한 지형들(충돌 크레이터, 화산, 지체구조력에 의한 지면

> 금성은 지구와 크기가 비슷해서 우리가 기대했던 대로 화산 활동과 지체구조 활동이 일어나고 있다.

뒤틀림)을 관찰할 수 있다. 금성에서만 보이는 독특한 지형도 있는데, 커다란 원형 **코로나**(coronae, 라틴어로 왕관이라는 뜻)가 그것이다. 이 지형은 아마 뜨거운 맨틀 기둥이 상승하면서 만들어졌을 것이라 생각된다. 맨틀 기둥은 용암이 표면 근처로 상승하게 강제하므로 코로나 주변에서는 화산이 관찰된다.

금성은 여전히 지구만큼 내부의 열을 간직하고 있기 때문에 분명 지질 활동이 활발히 일어나고 있을 것이다. 표면에서 발견되는 충돌 크레이터의 개수는 적은데, 이는 지질학적으로 나이가 어리다는 사실을 의미한다. 게다가 금성 구름의 구성 성분은 최근 1억 년 동안 화산 활동이 여전히 일어나고 있음을 보여준다. 금성의 구름에는 황산이 포함되어 있는데, 이는 이산화황($SO_2$)과 물이 화산분출으로 유출된 이후 결합되어 형성된 것이다. 황산은 표면의 암석과 반응해서 대기 중에서 서서히 제거되게 마련이므로, 황산을 포함한 구름이 존재한다는 것은 적어도 1억 년 이내에 화산분출이 있었다는 증거라고 할 수 있다. 유럽우주기구의 비너스 익스프레스 탐사선이 2006년 금성 궤도를 돌면서 수행한 관측은 화산분출이 있었던 시기를 더 좁혀

**그림 7.35** 마젤란 탐사선이 작성한 금성 표면의 레이더 지도. 밝은 지역은 울퉁불퉁한 지역 혹은 고도가 높은 지역이다.

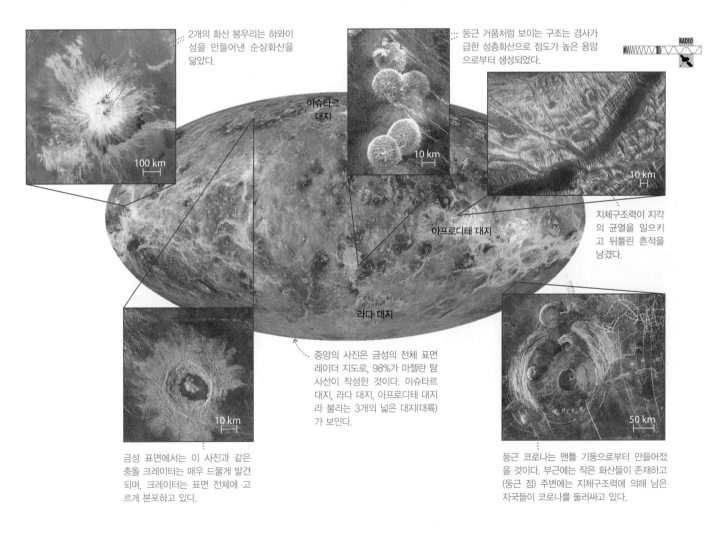

2개의 화산 봉우리는 하와이 섬을 만들어낸 순상화산을 닮았다.

둥근 거품처럼 보이는 구조는 경사가 급한 성층화산으로 점도가 높은 용암으로부터 생성되었다.

이슈타르 대지

RADIO

지체구조력이 지각의 균열을 일으키고 뒤틀린 흔적을 남겼다.

아프로디테 대지

라다 대지

중앙의 사진은 금성의 전체 표면 레이더 지도로, 98%가 마젤란 탐사선이 작성한 것이다. 이슈타르 대지, 라다 대지, 아프로디테 대지라 불리는 3개의 넓은 대지(대륙)가 보인다.

금성 표면에서는 이 사진과 같은 충돌 크레이터는 매우 드물게 발견되며, 크레이터는 표면 전체에 고르게 분포하고 있다.

둥근 코로나는 맨틀 기둥으로부터 만들어졌을 것이다. 부근에는 작은 화산들이 존재하고 (둥근 점) 주변에는 지체구조력에 의해 남은 자국들이 코로나를 둘러싸고 있다.

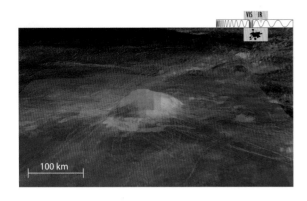

**그림 7.36** 금성의 이둔 화산의 합성 영상. 표면의 지형 고저는 나사의 마젤란 탐사선의 레이더 지도 작성 과정을 통해 얻은 정보로 구성하였고(화산이 두드러지게 보이게끔 30배 과장), 색은 비너스 익스프레스 탐사선의 적외선 관측자료로 구성하였다. 붉은색은 금성의 대기로부터 화학적 영향을 적게 받은 상대적으로 젊은 암석을 나타낸다. 이를 고려하면 용암의 분출은 25만 년 이내에 일어났음을 추정할 수 있다.

**그림 7.37** 구소련의 베네라 착륙선이 보내온 금성의 표면 사진. 앞부분에 보이는 것은 착륙선의 일부분이고, 뒷부분에는 하늘의 일부가 보인다. 행성 표면 전체의 나이는 7억 5,000만 년 정도로 추정되는데, 사진에서 보이는 화성암에는 그 기간 동안 침식 등의 흔적이 거의 없다.

준다. 비너스 익스프레스는 3개의 화산에서 적외선을 방출하는 암석을 관찰했고 이는 이들 화산이 25만 년 전에 분출한 적이 있었음을 시사한다(그림 7.36).

금성은 대기가 두터움에도 불구하고 이렇다 할 침식을 겪지 않았다. 구소련은 1970년대부터 1980년대 초에 걸쳐 금성에 여러 탐사선을 보냈다. 지표면의 뜨거운 열로 파괴되기 전까지 탐사선들은 화산으로 뒤덮인 혹독한 풍경의 사진들을 보내왔는데, 침식의 흔적은 거의 없었다(그림 7.37). 금성에 침식의 흔적이 없다는 것은 두 가지 근거로 설명할 수 있다. 첫째, 금성은 너무 온도가 높아서 표면에 강우나 강설이 일어날 수 없다. 둘째, 금성에는 바람이 거의 불지 않고 자전 속도가 느리므로(자전주기가 243일) 날씨 자체가 거의 존재하지 않아 지표면에 대기가 거의 영향을 미칠 수 없다.

**판구조의 부재** 금성 표면에 침식의 흔적이 없는 이유는 간단하게 설명할 수 있다. 더 중요한 지질학적 특성이 있는데, 금성에는 지구와 같은 판구조가 존재하지 않는다는 것이다. 다음 장에서 살펴보겠지만 판의 지체구조력은 중앙해령, 해구, 산맥을 비롯한 지구의 지질구조 대부분을 만들어냈다.

금성에는 이와 비슷한 지형이 없다. 대신 금성에서는 매우 다른 유형의 지질학적 변화가 관찰된다. 지구에서는 지체구조력이 지표를 서서히 변화시켜 지각의 나이가 지역에 따라 다르다. 반면 금성에서는 몇 개 되지 않는 충돌 크레이터가 전 행성에 고르게 분포하고 있으며, 이는 지각의 나이가 전부 동일하다는 증거이다. 크레이터 개수 세기로 구한 금성 표면의 나이는 7억 5,000만 년 정도로 전체 지각이 어떤 시기에 '재포장'되었다는 결론으로 이끈다.

지구의 지각은 그 아래층 맨틀의 대류가 일으키는 힘에 의해 몇 개의 판으로 나뉘어 있다. 금성에 판구조가 없다는 사실은 금성의 맨틀 대류가 지구에 비해 약하거나 금성의 지각이 분열에 대해 저항성이 강하다는 점을 보여준다. 첫 번째 가능성은 매우 낮아 보인다. 금성의 크기는 지구와 거의 비슷해서 맨틀 대류가 존재한

> 금성에 지구와 같이 판구조가 존재하지 않는 이유는 미스터리다. 어쩌면 금성의 지각이 지구보다 두껍고 강도가 높기 때문일 것이다.

다면 그 힘은 비슷할 것이다. 대부분의 과학자들은 금성의 지각이 지구의 지각에 비해 두껍고 강도가 커서 판으로 나뉠 수 없다고 생각하고 있다.

두껍고 강도가 큰 지각으로 금성에서 판구조가 존재하지 않는 이유를 설명한다 하더라도, 그러면 왜 금성과 지구의 지각이 그 특성이 다른가 하는 의문이 남는다. 한 가지 가능한 설명은 금성 표면의 높은 온도이다. 금성 표면의 고온 덕분에 지각과 맨틀은 시간이 지남에 따라 수분을 완벽히 잃어버리게 된다. 물은 암석을 부드럽게 하고, 윤활유 역할을 하기 때문에 수분의 소실은 금성의 지각을 더 두껍게 그리고 강도가 높아지게 한다. 이 가설이 맞는다면 초기에 금성의 표면이 지금처럼 고온이 아니었을 때에는 금성에도 판구조가 존재했을지도 모른다.

## ● 금성은 왜 이렇게 뜨거울까?

지구보다 태양에 더 가깝기 때문에 금성의 표면온도가 훨씬 높다고 단순히 결정지을 수 있으면 좋겠지만 그럴 수 없다. 금성의 구름은 반사도가 커서 많은 태양복사를 반사하므로 오히려 금성의 표면이 흡수하는 태양복사는 지구에 비해서 작다. 결과적으로 금성은 강한 온실효과가 없다면 오히려 추운 환경일 것이다. 계산 결과 평균 표면온도는 $-40℃$($-40℉$)지만, 실제 온도는 $470℃$($880℉$)이다. 자, 그러면 여기서 질문은 "금성의 온실효과는 왜 이리 강한가?"이다.

간단히 대답하자면 금성의 대기에 이산화탄소가 많기 때문이다. 금성 대기의 이산화탄소

> 금성의 두꺼운 이산화탄소 대기는 강한 온실효과로 금성의 온도를 높인다.

함량은 지구 대기의 20만 배이다. 하지만 여전히 의문은 남는다. 두 행성의 크기와 조성이 비슷하므로, 금성과 지구에서 화산분출로 방출된 기체의 양 또한 거의 비슷할 것이다. 그러면 방출된 기체로 구성된 대기 성분 또한 비슷해야 하지 않을까? 그런데 왜 금성과 지구의 대기 조성이 그렇게 다를까?

**분출된 수증기와 이산화탄소의 운명** 다량의 수증기와 이산화탄소는 지구와 금성 모두에서 대기 중으로 분출되었을 것이라 생각할 수 있다. 금성의 대기에는 이산화탄소가 많은 반면 수증기는 거의 없다. 지구의 대기에는 둘 모두 거의 없다. 지구는 수증기, 이산화탄소를 모두 잃었지만 금성은 수증기를 잃었다. 그러면 이 기체들은 어디로 갔을까?

지구의 경우에는 수증기, 이산화탄소 모두 그 향방을 알고 있다. 대기 중 존재하는 다량의 수증기는 응결되어 비로 내렸고, 바다를 만들어냈다. 다른 의미로는 물은 여전히 지구에 있지만, 기체 상태가 아닌 액체 상태로 존재한다. 지구 대기에 있

> 지구에도 금성만큼 많은 이산화탄소가 있지만, 이산화탄소는 대기 중에 존재하기보다는 암석 내에 갇혀 있다.

었던 이산화탄소 역시 여전히 지구에 있지만, 기체 상태가 아닌 고체 상태이다. 이산화탄소는 물에 용해되고, 이 상태에서 화학 반응을 거쳐 석회암과 같은 **탄산염암**(탄소와 산소가 풍부한 암석)을 만든다. 지구의 대기 중에 있는 이산화탄소의 17만 배 양의 이산화탄소가 암석 속에 갇혀 있다. 즉, 지구에 존재하는 이산화탄소의 총량은 금성에 존재하는 이산화탄소의 총량과 맞먹는다는 것이다. 지구의 이산화탄소 대부분이 대기가 아닌 암석에 갇혀 있다는 것이 금성과 지구의 차이를 만들었다. 만약 지구의 대기에도 이산화탄소가 그대로 남아 있었다면, 지구도 금성처럼 고온의 거주 불가능한 행성이 되었을 것이다.

금성의 물은 어떻게 되었는지에 대한 의문이 남았다. 금성에는 바다가 없고, 대기 중에는 수증기가 거의 없다. 또 이미 언급했듯이 지각과 맨틀에서도 고온으로 물이 완전히 제거된 지

> 금성에는 이산화탄소를 흡수할 바다도 없고, 암석에 이산화탄소를 가두는 과정도 없었기 때문에 대기 중에 이산화탄소가 여전히 남아 있다.

오래다. 물의 부재는 금성이 어떻게 대기 중의 이산화탄소를 유지할 수 있는지 설명해준다. 바다가 없으므로 이산화탄소는 물에 녹거나 석회암 내부에 갇힐 수 없다. 금성에서도 많은 양의 수증기가 대기로 방출된 것이 맞다면, 물 분자는 어딘가로 사라졌을 것이다.

금성에서 물이 사라진 과정은 화성에서 물이 사라진 과정과 유사한 가설로 설명할 수 있다. 태양복사의 자외선이 대기 중의 물 분자를 파괴하고, 수소원자가 우주로 방출됨으로써 물 분자가 다시 생성되지 못했다. 산소 또한 표면의 암석과 화학작용을 거쳐 사라지거나 태양풍 입

**지구가 금성의 궤도에 있었다면**

태양복사의 세기가 더 강하므로

표면의 온도가 30℃
정도 더 높았을 것이다.

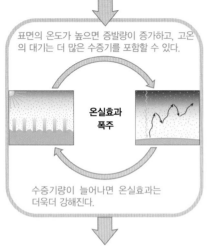

표면의 온도가 높으면 증발량이 증가하고, 고온의 대기는 더 많은 수증기를 포함할 수 있다.

**온실효과 폭주**

수증기량이 늘어나면 온실효과는 더욱더 강해진다.

결과 : 바다가 증발하고 탄산염암은 분해되어 이산화탄소를 방출한다.

따라서 지구도 금성보다 더 뜨거워진다.

**그림 7.38** 지구를 금성의 궤도로 옮긴다면 온실효과 폭주로 바다가 전부 증발할 것이다. 이를 흐름도로 나타냈다.

자에 의해 우주로 빠져나가거나 했다. 금성 역시 자기장이 없으므로, 태양풍 입자는 대기에 바로 영향을 줄 수 있다.

수십 억 년 동안 물 분자의 파괴와 수소원자의 이탈은 금성의 표면에 물이 액체 상태가 아닌 대기 중 수증기로 존재했다는 사실로 물의 소실을 당연하게 설명하고 있다. 금성의 고온을 이해하기 위한 여정은 이제 한 가지 질문을 더 남겨놓고 있다. 왜 금성에는 지구처럼 바다가 만들어질 수 없었을까?

**온실효과 폭주** 금성에 왜 바다가 없는지를 이해하기 위해 지구를 금성의 공전궤도로 옮긴다면 무슨 일이 일어날지 상상해보자(그림 7.38).

태양복사의 세기가 증가하므로 지구의 평균온도가 현재의 15℃에서 45℃(113℉)로 30℃가량 증가할 것이다. 여전히 물이 끓을 만큼의 온도는 아니지만, 온도가 증가함으로써 물의 증발량 또한 늘어난다. 또 온도가 증가하면 대기가 함유할 수 있는 수증기의 양도 늘어난다. 증발이 많고 대기가 함유할 수 있는 수증기압이 증가하므로 대기 중 수증기의 양이 늘어난다. 이산화탄소와 마찬가지로 수증기 또한 온실효과를 일으키는 기체이므로 대기 중 수증기의 증가는 온실효과를 강화해 다시 대기의 온도를 증가시킨다. 온도가 증가하면 증발량은 더 늘어나고, 대기 중 늘어난 수증기는 온실효과를 더 강화한다. 즉, 대기 중 수증기가 더해지면 온도가 올라가고 온도가 올라가면 수증기가 더해지는 식으로 양성 피드백이 발생한다는 것이다. 이러한 과정은 통제 불가능할 정도로 위태롭게 지속되므로 **온실효과 폭주**(runaway greenhouse effect)라 불린다.

온실효과가 폭주하는 과정은 지구의 바다가 완전히 증발하고 탄산염암이 이산화탄소를 전부 대기 중으로 방출할 때까지 지속된다. 모든 과정이 끝나면 '이동된 지구'의 온도는 수증기와 이산화탄소의 온실효과 덕분에 오늘날 금성의 온도보다 더 높아질 것이다. 이후 수증기는 태양복사의 자외선이 물 분자를 파괴하고 수소원자의 이탈이 일어나면서 서서히 사라질 것이다. 요약하자면 지구를 금성의 궤도에 옮김으로써 또 다른 금성을 만들어낼 수 있다.

이로써 금성이 왜 지구보다 뜨거운 세계로 진화했는지에 대한 간단한 설명에 도달했다. 금성은 지구에 비해 겨우 30% 태양에 가까울 뿐이지만 그 차이는 결정적이다. 지구에서는 강수로 바다가 만들어질 수 있을 만큼 온도가 낮았다. 그리고 만들어진 바다는 이산화탄소를 용해시키는 화학작용을 거쳐

금성은 태양에 지나치게 가까워서 액체 상태의 바다를 유지할 수 없었다. 이산화탄소를 용해할 수 있는 물이 없기 때문에 금성은 폭주하는 온실효과를 맞을 수밖에 없었다.

이산화탄소를 탄산염암 내에 갇히게 함으로써, 지구의 온실효과는 지구의 온도를 적당히 유지할 정도로만 작용할 수 있게 되었다. 금성에서는 강한 태양복사로 바다가 만들어지지 못했거나 만들어졌더라도 바로 증발해 없어졌고, 지금처럼 두꺼운 대기는 온실기체로 가득 차게 되었다.

이른 새벽이나 저녁에 금성이 빛나는 것을 보면, 지구와는 완전히 달랐던 금성의 역사를 생각해보고 우리가 살고 있는 행성의 행운에 감사하자. 지구가 만약 태양에 조금이라도 더 가까운 곳에서 만들어졌거나 태양이 조금만 더 뜨거웠다면, 우리 행성도 마찬가지로 엄청난 온실효과를 겪게 되었을 것이다.

**생각해보자** ▶ 지구의 위치를 금성 궤도로 옮긴다면 지구 역시 금성과 같은 환경이 되리라는 것을 확인

했다. 만약 금성을 지구의 위치로 옮긴다면, 금성이 지구와 흡사한 환경이 될 수 있을까? 왜 그렇게 생각하는가?

## 7.5 살아 있는 행성, 지구

지금까지 지구형 행성의 일반적인 지질학적 · 대기과학적 특징들에 대해 각 행성의 간략한 역사와 함께 살펴보았다. 이를 바탕으로 우리가 살고 있는 행성 지구에 대해 좀 더 자세히 살펴보자. 이 단원에서는 생명체의 거주를 가능하게 하는 지구의 특징들에 대해 논하고, 인류의 활동이 이러한 지구의 특징에 어떤 영향을 주고 있는지를 살펴보고자 한다. 또한 어떤 행성들이 거주 가능하고, 어떤 행성들이 그렇지 않은지에 대한 일반적인 근거를 정리해본다.

### ● 지구의 고유한 특징 중 특히 생물의 생존에 중요한 특징은 무엇일까?

지금까지 지구형 행성에 대해 나눈 이야기를 떠올려본다면, 다른 지구형 행성 혹은 달에 비해 지구가 가지고 있는 특별한 점을 몇 가지 떠올릴 수 있을 것이다. 지구에서 생명이 살아가기 위해 특히 중요한 네 가지 특별한 점을 열거해보면 다음과 같다.

- **행성 표면에 물이 액체 상태로 존재** : 지구의 표면온도와 대기압은 표면에 물이 액체 상태로 안정적으로 존재할 수 있게 한다.
- **대기 중 산소의 존재** : 산소는 지구 대기의 상당 부분을 차지하며 지구 대기에는 오존층이 존재한다.
- **판구조론** : 지구의 지각은 판으로 이루어져 있고, 판과 판 사이의 지체구조력에 의해 다양한 지형이 형성된다.
- **기후 안정성** : 지구의 기후는 비교적 안정적으로 유지되어 수십 억 년 동안 지표면에서 물이 액체 상태로 존재할 수 있었다.

**소중한 물과 대기의 존재** 앞에서 열거한 네 가지 중 첫 번째와 두 번째—액체 상태의 물이 충분히 많을 것, 대기 중에 산소가 있을 것—는 분명히 우리의 생존에 중요한 요소다. 적어도 우리가 아는 한 생명은 물을 필요로 하며[19.1절], 동물은 산소를 필요로 한다. 지구에 존재하는 물의 기원은 이미 설명한 바와 같이 화산 활동으로 내부에서 분출된 수증기이며, 이 수증기가 강수로 표면에 바다를 형성한 이래로 적당한 온실효과와 태양으로부터의 거리 덕분에 얼거나 증발하지 않고 유지될 수 있었다. 그런데 대기 중의 산소는 어디서 온 것일까?

산소($O_2$)는 화산폭발로 인한 기체분출로 형성될 수 없다. 사실 어떠한 지질 활동으로도 산소가 지구 대기에서 무려 21%를 차지한다는 사실을 설명할 수는 없다. 게다가 산소는 반응성이 강한 원소이므로 수백만 년이 지나면 사라지게 마련이라 지속적인 산소 공급원이 없다면 대기 중 높은 비율을 유지할 수 없을 것이다. 불에 타고, 녹이 슬고, 과일과 채소의 잘라낸 단면이 변색되는 것 등이 일상생활에서 흔히 볼 수 있는 '산소를 대기로부터 제거해내는' 과정들이다. 산소는 지표 물질과 반응하여 지구의 암석, 점토 등의 색을 붉게 변화시키기도 한다. 이를 고려하면 우리는 맨 처음 어떻게 산소가 지구의 대기에 존재하게 되었는지 뿐만 아니라 흔히 볼 수 있는 화학작용들이 대기 중 산소를 소모함에도 불구하고 대기 중 산소 비중이 비교적 일정하게 유지될 수 있는 이유를 포함한 설명이 필요하다.

산소 미스터리에 대한 대답은 생명 그 자체이다. 식물과 여러 미생물은 광합성 과정을 통해 산소를 생산해낸다. 광합성은 이산화탄소($CO_2$)를 소비하여 산소($O_2$)를 생산해내는 과정으로

생물이 존재하지 않았다면 지구의 대기에는 산소도, 오존층도 존재하지 않았을 것이다.

남은 탄소는 생물 조직의 일부가 된다. 지구에 존재하는 모든 산소는 생물의 광합성 작용에 그 기원을 두고 있다. 오늘날 광합성을 할 수 있는 생물이 대기 중에 산소를 공급하는 속도는 동물과 화학적 작용이 산소를 소비하는 정도와 적절한 균형을 이루고 있으며, 이 덕분에 대기 중 산소의 농도는 상대적으로 일정하게 유지될 수 있다. 대기 중 산소의 비율이 늘어나면서 산소($O_2$)에 의해 오존($O_3$)이 생성되고 지구를 보호해주는 오존층이 형성되었다.

**생각해보자** ▶ 만약 광합성 작용을 하는 모든 생물(예 : 식물)이 어느 날 멸종한다고 상상해보자. 대기 중 산소에는 어떤 일이 일어나겠는가? 우리를 포함한 동물들은 살아남을 수 있을 것인가?

**판구조론** 앞서 열거한 목록의 세 번째와 네 번째—판구조론과 기후 안정성—는 서로 밀접한 연관이 있다. **판구조론**은 지구의 암석권이 10개 이상의 조각으로 나누어져 있고 매우 느린 속도로 움직이고 있음을 전제로 한다(그림 7.39). 판이 움직이는 속도는 1년에 겨우 수 센티미터

판구조론은 지구의 암석권을 싣고 움직이는 거대한 컨베이어 벨트의 작용과 같아, 해저를 끊임없이 재활용하며 대륙을 형성한다.

(사람의 손톱이 자라는 속도와 비교할 만함)에 불과하지만, 수백만 년이라는 시간 규모에서는 지구의 암석권을 실은 거대한 컨베이어 벨트가 움직이

듯이 이동하며 새로운 지각을 생성하고 오래된 지각을 맨틀로 재활용한다(그림 7.40). 맨틀을 구성하는 물질은 위로 상승하여 **중앙해령**(mid-ocean ridges)을 따라 지표면으로 분출되며 새로운 해양지각을 형성한다. 새로 만들어진 지각은 해령으로부터 해저를 확장한다. 해령이 대서양 중앙에서 발견되는 것은 이 때문이다. 수천만 년의 시간에 걸쳐 해양 지각은 해양을 가로지르고, 마침내 맨틀로 되돌아간다.

해저 재활용은 해저가 대륙판 아래로 하강하는 지역에서 **섭입**(subduction)이라 불리는 과정을 거쳐 일어난다. 하강하는 해양 지각의 온도는 상승하고 일부는 용융되어 표면으로 솟아오른다. 이 때문에 대륙 가장자리를 따라 화산 활동이 활발하게 일어나기도 한다. 밀도가 낮은 물질이 먼저 용융되므로 대륙판에서 생성된 화산은 해양 지각보다 밀도가 낮다. 대륙 지각

**그림 7.39** 고도를 나타낸 지도에 판의 경계를 노란 선으로 표시하고, 판의 상대적인 움직임을 화살표로 나타냈다. 고도가 높은 지형은 붉은색, 고도가 낮은 지형은 푸른색으로 색에 따라 고도를 표시하였다.

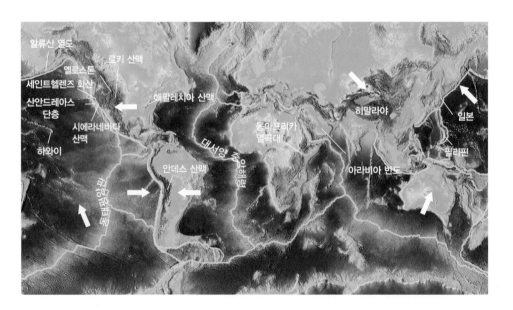

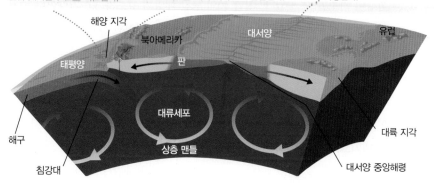

해구에서는 밀도가 높은 해양 지각이 밀도가 낮은 대륙 지각 아래로 파고들면서 침강이 일어나 해양 지각을 맨틀로 되돌린다.

침강하는 해양 지각은 일부 용융되는데, 밀도가 낮은 물질이 먼저 용융되어 화산분출을 거쳐 새로운 대륙 지각으로 편입된다.

중앙해령에서의 분출을 통해 새로운 해양 지각이 형성되어 판이 좌우로 확장된다.

**그림 7.40** 판구조론은 지구의 암석권을 운반하는 거대한 컨베이어 벨트로 묘사할 수 있다.

과 해양 지각의 이러한 밀도 차이는 대륙판이 왜 해저 위에 떠 있는지도 잘 설명해준다. 방사성 동위원소를 이용한 연대 측정 결과도 판구조론을 뒷받침한다. 해양 지각의 나이는 수천만 년에 불과하며(매번 침강대에서 재활용되기 때문) 특히 중앙해령에 가까울수록 지각의 나이가 어리다(지각이 처음 생성되어 고화되는 위치가 해령이므로).

지구에서 발생하는 거의 모든 지질 활동이 판구조론으로 설명된다. 대륙판과 대륙판이 서로 충돌하는 지역에서 산맥이 형성되고, 대륙판과 대륙판이 서로 발산하는 곳에서 계곡이나 바다가 형성될 수 있다(그림 7.11). 2개의 판이 서로를 향해 이동하여 움직임이 막혀 있는 '갇힌' 상태에서 횡압력 때문에 지각이 흔들릴 때 지진이 발생한다. 현재 대륙의 위치 또한 판구조론에 의해 설명되는데, 해저가 확장되고 침강하는 과정을 거쳐 대륙이 천천히 움직이는 도중 현재의 위치에 놓이게 되었다(그림 7.41).

**생각해보자 ▶** 캘리포니아, 오리건, 워싱턴 주 등 미국의 서쪽 해안이 미국의 다른 지역에 비해 지진이 잦고 화산 활동이 흔한 이유를 설명해보자. 전 세계에서 최근에 발생한 지진과 화산폭발의 위치를 살펴보자. 지진, 화산 활동의 분포는 예상한 위치와 일치하는가?

**기후 안정성** 지구의 장기적인 기후 안정성은 생물의 진화에 매우 중요한 요소이며, 따라서 인간이라는 종이 진화하기까지 기후의 안정성은 필수적이었다(그림 1.10 참조). 지구가 금성처럼 온실효과 폭주를 겪었다면 전 생물이 멸종했을 것이다. 지구가 화성처럼 대기를 잃어 전체 온도가 감소했다면 살아 있는 생물들은 모두 액체 상태의 물이 남아 있을 수 있는 지하공간으로 도피했을 것이다.

지구의 기후가 완벽히 안정적이지는 않다. 지구는 과거 수차례의 빙하기와 간빙기를 겪었

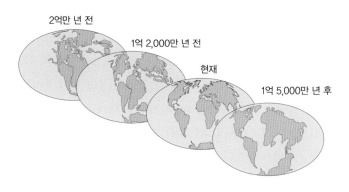

2억만 년 전

1억 2,000만 년 전

현재

1억 5,000만 년 후

**그림 7.41** 과거, 현재, 미래의 지구 대륙 위치 변화. 현재 남아메리카 대륙과 아프리카 대륙의 모양은 과거 이 두 대륙이 맞물려 있었을 가능성을 보여준다. 대륙은 끊임없이 움직이고 있으므로 지구 초기의 대륙 분포와 현재, 현재와 미래의 대륙 분포는 다를 것이다.

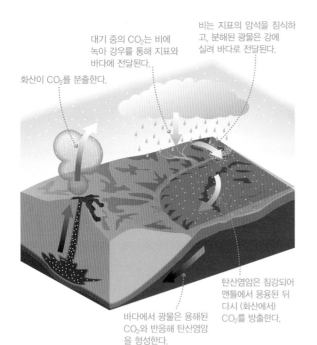

대기 중의 $CO_2$는 비에 녹아 강우를 통해 지표와 바다에 전달된다.

비는 지표의 암석을 침식하고, 분해된 광물은 강에 실려 바다로 전달된다.

화산이 $CO_2$를 분출한다.

바다에서 광물은 용해된 $CO_2$와 반응해 탄산염암을 형성한다.

탄산염암은 침강되어 맨틀에서 용융된 뒤 다시 (화산에서) $CO_2$를 방출한다.

**그림 7.42** 이 그림은 $CO_2$ 순환이 어떻게 대기 중의 이산화탄소를 지속적으로 바다나, 암석으로 돌려보내는지, 또 반대로 바다와 암석에서 다시 이산화탄소를 대기 중으로 방출하는지 보여준다. 이 순환에서 판구조론(특히 지각의 침강)이 중요한 역할을 하고 있음을 기억하라.

다. 그러나 빙하기의 정점, 간빙기의 정점 등 어떤 시기에도 지구는 표면에 액체 상태의 물이 존재할 수 있을 정도의 온도를 유지했기 때문에 지구에는 생명이 거주할 수 있었다. 지난 40억 년간 태양의 광도가 30%가량이나 증가했음에도 불구하고 지구의 기후는 오랫동안 안정적인 상태로 유지되었다. 이러한 안정을 위해서 지구의 온실효과는 자율적으로 그 세기를 조절한다고 생각된다.

지구가 자율적으로 온도를 조절하는 기작은 **이산화탄소 순환($CO_2$ 순환)**이라 불리는 과정이다. 그림 7.42에서 볼 수 있듯이 이산화탄소는 기체분출로 대기로 유입되고, 그 이후 물에 용해되거나 해저의 탄산염암이 되어 맨틀로 침강하면서 다시 지구 내부로 돌아간다. 온도는 대기 중 이산화탄소 양에 매우 민감하므로 $CO_2$ 순환은 긴 시간 규모로 작동하는 온도조절장치처럼 작용한다. 온도가 높으면 이산화탄소가 대기에서 제거되는 속도가 더 빨라진다.

> 지구는 자연적으로 일어나는 이산화탄소 순환 덕분에 수십 억 년 동안 안정적인 기후를 유지하는 거주 가능한 행성으로 존재해왔다.

온도의 자율규제가 어떻게 이루어지는지 이해하려면, 지구의 온도가 지금보다 약간 상승했다고 상상해보자. 온도가 상승하면 증발이 많이 일어나고 강수량이 증가하므로 대기 중에서 이산화탄소가 제거된다. 대기 중 이산화탄소 농도가 감소하면 온실효과가 약화되고 따라서 지구의 온도가 하락해 맨 처음 상승과 반대 방향으로 진화함으로써 온도가 일정하게 유지된다. 반대로 지구의 온도가 약간 하락한다면, 강수량이 줄어들고 $CO_2$의 용해도 줄어들어 대기 중에는 더 많은 이산화탄소가 남아 있게 된다. 이산화탄소 농도의 증가는 온실효과를 강화하고 다시 이 행성의 온도는 상승한다.

이제 판구조론이 왜 우리의 생존에 중요한 역할을 하고 있는지 이해할 수 있을 것이다. 판구조론은 $CO_2$ 순환의 중요 요소 중 하나이다. 지구의 지각이 판으로 이루어져 있지 않았다면, 지각의 소멸과 생성이 존재하지 않았다면, 지구는 스스로의 기후를 조절할 수단을 확보하지 못해 금성이나 화성이 겪었던 것 같은 극심한 기후변화를 겪어야 했을 것이다. 판구조론에서 다루는 시간 규모를 고려하면 이산화탄소 순환이라는 기후 조절 기작이 수억 년이라는 규모로 일어나는 느린 과정임을 상상할 수 있을 것이다. 다음 문단에서 우리가 다루는 것은 이와는 다른 단기간에 일어나는 기후변화이다.

### ● 인간 활동은 지구를 어떻게 변화시키고 있을까?

우리가 살고 있는 행성은 장기적으로 보면 온도가 안정적으로 유지되지만 화석을 비롯한 지질학적 증거들을 볼 때 단기간 동안 급격한 기후변화가 일어날 수도 있는 것으로 보인다. 예컨대 지구는 수만 년 정도의 시간 간격으로 몇 번의 빙하기를 겪었고, 최근 수십 년 동안 지구의 온도는 수 ℃ 상승했다. 과거의 기후변화는 자연적인 요인에 의해 일어났지만 현재 지구가 겪고 있는 기후변화는 인간의 활동이라는 새로운 요인에 기인한다. 인간 활동은 대기 중 이산화탄소를 비롯한 온실기체의 양을 급격히 늘리고 있으며, 온실기체의 양 증가는 지난 세기 동안 지구 전체의 평균온도를 0.8℃(1.4°F) 상승시켰다(그림 7.43). 이러한 **지구온난화**는 현대를 살고 있는 우리들에게 가장 중요한 문제 중 하나이다.

**지구온난화** 지구온난화는 정치적인 문제가 되어 가고 있다. 온난화의 원인에 대해 여전히 논란이 있기는 하지만, 온난화의 속도를 늦추거나 혹은 멈

> 인간 활동은 대기 중 온실기체의 양을 급격히 증가시켜 평균온도 상승을 불러오고 있다.

추기 위해서는 새로운 에너지원을 찾는 노력을 비롯해 전 세계의 산업과 경제에 영향을 끼치는 어떤 조정이 불가피해 보이기 때문이다. 특히 최근 20여 년간 꾸준한 연구를 통해 지구를 위협하는 온난화에 대한 우리의 이해는 다소 깊어졌다. 지구온난화와 인간 활동을 연관지어 생각하는 논의들은 다음 세 가지 사실에 기반을 두고 있다.

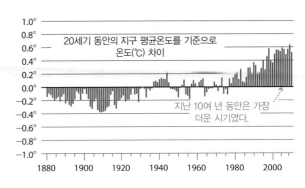

**그림 7.43** 1880~2012년 동안 지구의 평균온도 변화 경향. 지난 수십 년간 온도의 변화를 보면 지구온난화 경향을 뚜렷이 확인할 수 있다(출처 : National Climate Data Center).

1. 우리는 온실효과에 대해 비교적 잘 이해하고 있고, 과학적인 온실효과 모형은 다른 행성의 표면온도를 성공적으로 계산해낼 정도로 잘 설계되어 있다. 이런 모형을 사용해 예측해보면, 지구 대기에 온실기체의 양이 늘어나면 그렇지 않을 때에 비해 우리 행성이 더 뜨거워질 것이라는 점은 자명하다. 논란이 되는 부분이 있다면 얼마나 빨리, 얼마나 더 뜨거워질까 하는 것이다.

2. 화석연료 연소 등 인간의 활동은 분명히 대기 중 온실기체의 양을 늘리고 있다. 관측 결과 현재 대기 중 이산화탄소의 농도는 지난 100만 년 동안의 어떤 순간보다도 최소 30% 이상 높으며, 심지어 지금도 급격히 증가하고 있다(그림 7.44). 과거 화석과는 다른 탄소 동위원소를 포함한 $CO_2$ 양이 증가하고 있으므로 이러한 온실기체 양의 급격한 증가 원인은 인간의 활동임이 분명하다.

3. 인간 활동을 고려하지 않은 기후 모형은 관측된 평균온도 상승을 설명하지 못한다. 반면 인간의 온실기체 생성으로 인한 온실효과 증가를 변수에 넣은 모형은 관측된 온도 상승 경향을 비교적 잘 설명한다(그림 7.45). 이는 인간 활동이 지구온난화에 기여한다는 또 다른 증거이다.

이러한 사실들은 인류가 멀지 않은 미래에 심각한 기후변화를 가져올지 모르는 활동들을 하고 있다는 분명한 근거를 보여주고 있다. 위에서 관측된 온도 상승을 잘 설명했던 인간 활동을 고려한 기후 모형은 또한, 만약 현재의 온실기체 증가 경향이 그대로 이어진다면(우리가 이산화탄소를 비롯한 온실기체 방출량을 줄이기 위한 아무런 행동도 취하지 않는다면), 온난화는 가속될 것이라고 예측하고 있다. 금세기 말에는 지구의 평균온도가 지금에 비해 3~5℃ (6~10℉) 상승할 것이며, 우리의 후손들은 인류의 탄생 이래 가장 뜨거운 지구에서 살게 될 것이다.

**생각해보자 ▶** 그림 7.44에서 제시한 $CO_2$ 농도가 증가하는 비율을 근거로 산업사회 이전 이산화탄소 농도인 280ppm의 2배에 해당하는 이산화탄소 농도를 얻기까지 얼마나 걸릴지 추정해보자. 그 값에는 어떤 의미가 있는가?

**지구온난화가 초래할 결과** 온도가 몇 도 증가한다는 것은 별것 아닌 것으로 들리지만, 평균온도의 미세한 변화도 기후 패턴에 극적인 변화를 초래할 수 있다. 이 변화들은 일부 지역의 온도는 평균보다 높게, 또 일부 지역의 온도는 낮게 할 것이다. 일부 지역의 강우량은 증가할 수도 있고, 또 일부는 사막화를 겪을 수도 있다.

온도가 가장 많이 상승하는 곳은 극지방으로, 온도 상승으로 인해 빙하가 녹게 된다. 이는

**일반적인 오해**

**온실효과는 나쁘다?**

환경에 대한 소식을 다루는 뉴스에서 종종 온실효과를 부정적인 뉘앙스로 언급하지만, 온실효과 자체는 나쁘기만한 기작이 아니다. 사실 온실효과가 없었더라면 우리는 표면에 액체 상태의 물이 흐르는 적당한 온도의 행성을 가질 수 없었을 것이고, 따라서 존재할 수조차 없었을 것이다. 온실효과가 존재하지 않을 경우 지구의 온도는 영하를 기록했을 것이다. 그러면 왜 환경문제를 다룰 때 온실효과가 거론될까? 인간의 활동이 대기에 더 많은 온실기체를 더하고 있고, 과학자들은 대기 중 온실기체의 증가가 지구의 기후를 변화시킨다고 생각하기 때문이다. 생명이 존재하는 지구도 온실효과의 덕을 보고 있지만 470℃라는 금성의 무시무시한 온도도 온실효과 덕분이다. 무엇이든 과하면 좋지 않은 법이다.

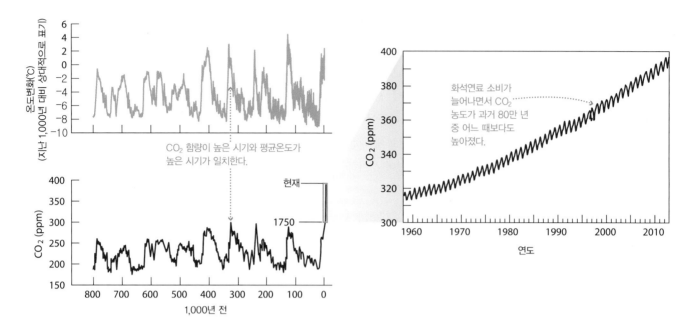

**그림 7.44** 과거 80만 년 동안 대기 중 이산화탄소의 함량과 평균온도의 변화를 보여주는 그림. 지난 수십 년간의 데이터는 직접 관측한 것이고, 그 이전의 데이터는 남극의 얼음에 갇힌 공기방울(얼음 핵 시추 자료) 연구로부터 얻은 것이다. 이산화탄소의 함량은 대기 분자 100만 개 중 이산화탄소 분자의 개수, 즉 100만분의 1 단위(ppm)로 나타냈다.

극지방에 사는 생물들의 생존을 위협한다(유빙의 양에 직접적인 영향을 받는 북극곰은 이미 멸종 위기에 있다.). 그뿐 아니라 전 해양의 온도가 상승하고 빙하가 녹은 민물이 바다로 흘러들면서 바다의 염분도가 변할 것이다. 멕시코만의 수온이 한 세기 동안 최고치를 기록하며 카리브해에서 발생한 허리케인의 세기를 증가시켰다(비록 허리케인의 발생지를 정확히 추정하는 것이 어렵긴 하지만). 대기의 온도가 전반적으로 상승하면 증발량이 늘어나고 따라서 폭풍의 발생 횟수가 늘어나게 되고 그 강도도 강해진다. 역설적이게도 지구온난화가 오히려 겨울 눈보라를 강화시키는 역할을 하는 것이다. 일부 지역에서는 봄이 시작되는 시기가 빨라지고, 여름이 건조해져 산불 발생의 위험이 높아진다. 일부 연구자들은 대량의 민물이 바다로 유입되면서 국지적인 기후를 크게 변화시킬 수 있다는 것을 우려하고 있다.

지구온난화 때문에 해수면 또한 상승할 것이다. 수온이 상승하면서 바다는 약간 팽창할 것이다. 지난 세기에 비해 이미 해수면은 20cm 가량 상승했고 2100년에는 30cm 가까이 상승할 것으로 예상된다. 얼음이 녹으면 더 큰 효과가 나타난다. 극지방의 얼음은 이미 바다에 떠다니는 상태이므로 이들이 녹는다고 해서 평균 해수면에 큰 영향을 주진 않을 것이다. 하지만

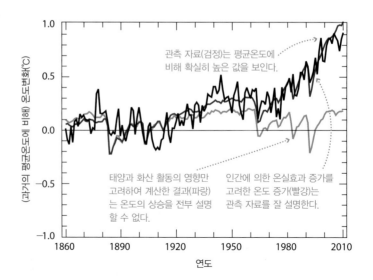

**그림 7.45** 관측된 온도변화(검정)를 태양의 밝기 변화나 화산 활동 등 자연적인 요인만 고려한 온도변화 곡선(파랑)과 인간에 의한 온실기체의 증가를 고려한 온도변화곡선(빨강)과 비교하였다. 관측된 자료를 잘 설명하는 것은 빨간 선이다(빨간, 파란 선은 많은 과학자의 지구온난화 평균치로, 0.1~0.2℃ 내외로 서로 일치한다.).

내륙의 얼음은 큰 영향을 줄 것이다. 최근 관측된 그린란드 빙하의 급격한 면적 변화는 빙하가 녹음으로써 이번 세기 말까지는 해수면이 수 미터 이상 상승할 수도 있다는 부정적인 예측을 지시하고 있나(그림 7.46). 수 미디 이상 해수면이 상승하면 플로리다 주 전체에 홍수를 일으킬 수 있다. 장기적으로는 극의 빙하가 전부 녹으면 해수면이 70m 가까이 상승할 것이다. 그 정도로 빙하가 전부 녹기까지는 수 세기, 혹은 1,000년 가까운 시간이 필요하겠지만, 후세 사람들은 오늘날 우리 도시의 유적을 발견하기 위해 심해 잠수부들을 훈련시켜야 할지도 모른다는 불안한 상상을 떨쳐버릴 수 없다.

지구온난화를 보여주는 증거와 그 결과를 그림 7.47에 정리하였다. 다행히 많은 과학자는 우리에게 온실기체를 감축함으로써 온난화에 의한 극단적인 변화를 방지할 수 있는 시간이 남아 있다고 믿고 있다. 온실기체의 방출을 줄이는 가장 명백한 방법은 에너지 효율성을 높이는 것이다. 예를 들면 자동차의 연비를 2배 증가시키면 차량이 방출하는 이산화탄소를 절반으로 줄일 수 있다. 또 다른 전략으로는 화석연료를 바이오연료, 태양에너지, 풍력에너지 등 대체에너지로 전환하는 것, 또 발생하는 이산화탄소의 매립 방법을 찾아내는 것 등이 있다. 중요한 것은 지구온난화가 인간의 활동에 의해 촉발된다는 것을 인지하고 이를 해결하기 위한 방법을 찾는 의지이다. 다행히 그러한 시도는 이미 있어 왔다. 수십 년 전 우리는 자외선을 차단해주는 오존층이 인간이 만들어낸 화학물질(CFC)에 의해 파괴되는 위기를 겪었고 이런 화학물질의 사용을 단계적으로 금지하는 국제적 행동을 실시한 바 있다. 그 결과 오존층에 가해지던 위협은 상당히 줄어들었다.

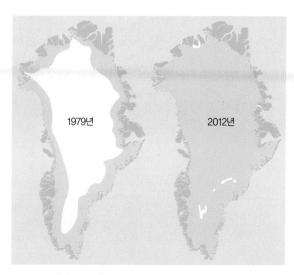

**그림 7.46** 그린란드의 빙하가 1979년과 2012년에 어떻게 변했는지 빙하가 덮은 영역을 하얗게 표시하였다. 분홍색으로 표시한 부분은 온난한 계절에 약간이라도 얼음의 용해가 일어난 지역이다. 2012년에는 빙하 전체의 97%가 용해된 적이 있었다.

**생각해보자** ▶ 만약 여러분이 정치 지도자라면 지구온난화의 위기에 어떻게 대처할 것인가?

## ● 행성을 거주 가능하게 하는 요소들은 무엇인가?

우리는 지구를 거주 가능한 행성으로 만드는 다양한 특징들에 대해 알아보았다. 왜 지구는 이런 특징들을 가진 유일한 행성인 것일까?

지금까지 지구형 행성과 위성들을 비교함으로써 행성에서 생명체의 거주 가능성을 가늠하기 위한 두 가지 주요한 변수를 제시할 수 있게 되었다(그림 7.48). 우선 지구는 그 크기가 충분히 컸기 때문에 생성 초기부터 지질 활동을 계속할 수 있었고, 대기와 바다를 만들어낸 기체와 물을 화산분출로 만들어낼 수 있었다. 이에 더해 핵은 충분히 온도가 높아 대기를 태양풍으로부터 지킬 수 있는 자기권을 형성할 수 있을 정도의 자기장을 만들어낼 수 있었다. 두 번째로, 태양과 지구의 적당한 거리는 방출된 수증기가 응결을 거쳐 비로 내려 바다를 만들 수 있는 조건을 제공했다. 이로써 지구의 기후를 조절할 수 있는 이산화탄소 순환 과정이 만들어졌다.

그림 7.49에서는 행성 크기의 역할을 알아볼 수 있도록 태양계 내 지구형 행성들의 특징을 나열하였다. 이를 사용하면 원칙적으로는 다른 항성 주위를 공전하는 행성의 지질학적·대기과학적 특성에 대해서도 예측할 수 있다. 항성으로부터 적당한 거리에 위치한 적당한 크기의 지구형 행성만이 생명을 키울 수 있는 환경을 확보할 수 있다. 생명의 존재 가능성과 더불어 이러한 조건들에 대해서는 제19장에서 좀 더 논의하기로 하겠다.

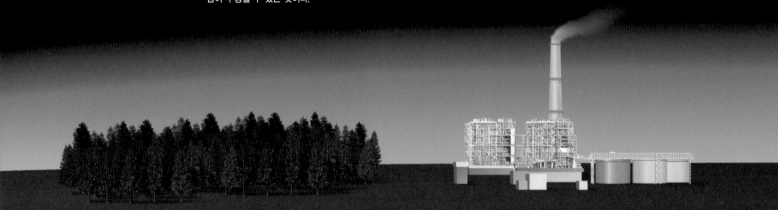

**그림 7.47** 지구온난화

지구온난화 연구는 모든 분야의 과학에 적용되는 접근방법을 사용한다. 자연의 모형을 만들고, 이 모형의 예측을 관측치와 비교하고, 비교를 다시 모형에 반영해 모형을 수정하는 과정을 거친다. 기후 모형은 이산화탄소와 같은 온실기체를 생산해 내는 인간 활동을 포함해야 관측 자료를 설명할 수 있기 때문에, 과학자들은 인간 활동이 지구온난화의 원인이라고 확신을 담아 주장할 수 있는 것이다.

(1) 이산화탄소, 메탄, 수증기와 같은 온실기체는 행성이 내는 적외선 복사의 방출을 막기 때문에 온실효과는 행성의 표면온도 상승을 부른다. 과학자들은 금성, 지구, 화성의 표면온도를 성공적으로 예측할 수 있으므로 온실효과 모형에 대해 상당한 자신감을 갖고 있다.

(2) 인간 활동은 대기 중에 이산화탄소를 비롯한 다른 온실기체의 양을 늘리고 있다. 이산화탄소의 농도는 자연적인 요인으로도 증가하지만, 현재 이산화탄소 농도는 과거 100만 년 중 어느 때보다도 높으며 현재도 급격히 증가하고 있다.

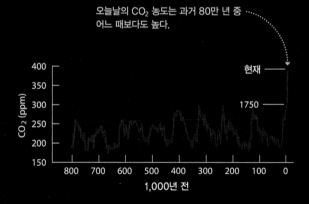

오늘날의 $CO_2$ 농도는 과거 80만 년 중 어느 때보다도 높다.

가시광선은 대기를 투과해 들어온다.

일부 가시광선은 구름, 안개, 표면 등에서 반사된다.

지표는 가시광선을 흡수하고 적외선 복사를 방출한다.

온실기체는 적외선 복사를 흡수하고 재방출함으로써 하층 대기를 가열한다.

**평균 표면온도**

| 행성 | 온실효과가 없을 때의 온도 | 온실효과가 있을 때의 온도 |
|---|---|---|
| 금성 | −40°C | 470°C |
| 지구 | −16°C | 15°C |
| 화성 | −56°C | −50°C |

온실효과가 없다고 가정했을 때 각 행성의 온도와 온실효과가 작용하는 실제 온도의 비교 표. 온실효과 덕에 지구는 표면의 물을 액체 상태로 유지할 수 있고 금성은 오븐보다 뜨거운 상

③ 관측 결과 지구의 평균온도는 지난 수십 년간 계속 증가하고 있다. 지구의 기후를 예측하는 컴퓨터 모형은 인간 활동으로 발생한 $CO_2$가 원인이 된 온실효과의 증가가 관측된 온도 상승을 설명할 수 있음을 보여준다.

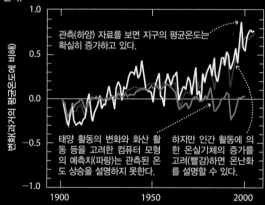

관측(하양) 자료를 보면 지구의 평균온도는 확실히 증가하고 있다.

태양 활동의 변화와 화산 활동 등을 고려한 컴퓨터 모형의 예측치(파랑)는 관측된 온도 상승을 설명하지 못한다.

하지만 인간 활동에 의한 온실기체의 증가를 고려(빨강)하면 온난화를 설명할 수 있다.

**과학의 검증서** 관측된 사실을 설명하기 위해 모형을 만들고 모형을 검증하는 과학 연구 과정은 가능한 간단해야 한다. 지구의 온도가 증가했다는 관측 결과는 과학적인 설명을 필요로 하고, 인간 활동으로 인한 온실효과의 증가를 고려한 모형은 인간 활동을 고려하지 않았을 때보다 관측 결과를 더 잘 설명한다.

④ 모형은 이산화탄소 농도가 지속적으로 증가할 경우 어떤 결과를 초래할 것인지 예측하는 데에 사용될 수도 있다. 온실기체의 발생을 줄이지 않으면 지구 평균온도는 계속 상승하고, 해수면이 상승하여 날씨 변화가 극단적이고 파괴적으로 변할 것이라 예측할 수 있다.

해수면이 1m 상승했을 경우 플로리다의 해안선이 어떻게 변할지 보여준다. 일부 모형은 이러한 상승이 1세기 이내에 일어날 것이라 추정하고 있다.
하늘색으로 표시한 지역은 현재의 해안선에서 해수면이 상승해 잠길 부분을 표시한 것이다.

## 행성의 크기의 역할

### 크기가 작은 지구형 행성

내부가 빠르게 냉각된다.

대략 10억 년이 지나면 지체구조 활동과 화산 활동이 멈춘다. 따라서 오래된 충돌 크레이터가 남아 있을 수 있다.

화산 활동이 일어나지 않아 기체분출이 일어나지 않고 중력이 작아 대기가 쉽게 이탈한다. 대기가 없어 침식이 일어나지 않는다.

### 크기가 큰 지구형 행성

내부의 열 때문에 맨틀 대류가 발생한다.

지체구조 활동과 화산 활동이 이어진다. 대부분의 오래된 충돌 크레이터는 소멸한다.

기체분출로 대기가 형성되고 강한 중력은 대기를 유지할 수 있다. 대기가 존재해 침식이 일어난다.

핵은 용융 상태로 자전속도가 충분히 빠르다면 자기장을 발생시켜 자기권을 형성하고 태양풍으로부터 대기를 보호할 수 있다.

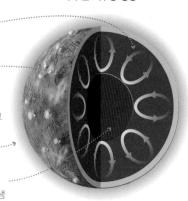

## 태양으로부터의 거리의 역할

**태양**

### 태양에서 가까운 행성

표면이 지나치게 뜨거워 강수, 강설, 빙하 등의 현상이 없고, 침식이 거의 일어나지 않는다.

대기의 온도가 높아 기체가 쉽게 이탈할 수 있다.

### 태양에서 적당한 거리에 위치한 행성

표면온도가 적당해 바다가 존재할 수 있고, 강우, 강설, 빙하 등이 침식 작용을 한다.

중력이 대기 입자를 붙잡을 확률이 높다.

### 태양에서 멀리 떨어진 행성

표면온도가 낮아 빙하나 눈이 존재할 수 있으나, 비나 바다를 통한 침식에는 제한이 있다.

대기가 존재할 수 있지만, 대기를 이루는 기체는 표면의 얼음으로 승화될 확률이 높다.

**그림 7.48** 지구형 행성의 크기와 태양으로부터의 거리가 행성의 지질 역사를 어떻게 결정하는지 그리고 각 요소가 행성에서 생물이 살아갈 수 있는 환경을 만드는 데에 어떤 영향을 주는지 설명하고 있다. 지구는 크기가 충분히 크고 태양으로부터 적당한 거리에 있기 때문에 생명체가 거주 가능한 환경을 유지할 수 있다.

**그림 7.49** 지구형 행성의 지질학적 역사를 정리해서 나타냈다. 그림 윗부분의 괄호는 모든 행성이 동일하게 겪은 충돌 크레이터 생성 시기이다. 화살표는 화산 활동과 지체구조 활동 시기이며, 굵은 화살표는 화산 활동, 지체구조 활동이 더 활발했음을 의미한다. 화살표의 길이는 해당 활동이 지속된 시간을 의미한다. 이러한 활동들이 행성의 크기에 따라 어떤 경향이 있음을 살펴보자. 지구는 오늘날에도 여전히 활동적인 모습을 보여준다. 금성은 확실하지 않지만 여전히 활동적이고, 화성은 중간 정도로 활동적이면서 여전히 낮은 정도의 화산 활동이 일어나고 있다. 수성과 달에는 화산 활동과 지체구조 활동이 거의 일어나지 않는다. 침식작용은 지구(현재)와 화성(과거 그리고 현재 약한 강도로)에서만 중요하므로 이 그림에는 표시하지 않았다.

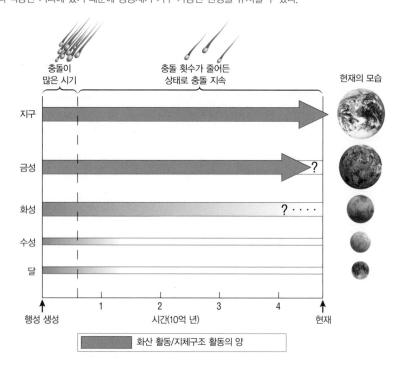

| 전체 개요 | 제7장 전체적으로 훑어보기 |
|---|---|

이 장에서는 지구형 세계(행성 및 위성)의 역사에 대해 살펴보았다. 학습한 세부 내용을 되새기는 것 외에 다음 '전체 개요'를 통해 내용을 이해하도록 하자.

- 지구형 행성은 생성 시기에는 전부 비슷한 형태의 행성들이 었으며, 오늘날 다른 모습들은 지난 45억 년간의 지질 활동의 결과이다.

- 각 지구형 행성의 지질학적 역사에 차이를 불러온 주된 원인은 행성의 크기이다. 행성의 크기가 충분히 큰 경우에만 내부 열이 오래 유지될 수 있어 지질 활동이 지속될 수 있었다. 추가로 표면에 액체 상태의 물이 존재하기 위해 태양으로부터

의 거리가 석냥할 필요가 있다.

- 태양으로부터의 거리에 의해 표면온도가 결정되지만, 온실효과 또한 큰 역할을 한다. 현재 인간 활동은 지구 대기에서 온실효과의 균형을 깨뜨리고 있으며, 이는 심각한 결과를 낳을 수 있다.

- 금성과 화성의 역사는 지구처럼 안정적인 기후를 유지한다는 것이 매우 예외적인 사례임을 시사한다. 우리가 살아갈 수 있을 정도로 안정적인 기후는 판구조, 이산화탄소 순환 등 지구가 가지는 유일한 지질학적 특성들의 결과이다.

## 핵심 개념 정리

### 7.1 행성, 지구

- **지구는 왜 지질학적으로 활발한가?**

 행성의 내부 열이 지질학적 현상을 일으키는데, 지구는 지구형 행성 중에서도 상대적으로 크기가 커서 내부의 열을 유지할 수 있다. 지구 내부의 열은 맨틀 대류의 원인이 되고 암석권의 두께를 얇게 유지함으로써 지표면에서 활발한 지질 및 지체구조 활동이 일어날 수 있게 한다. 또한 내부 열은 핵의 일부가 용융된 상태를 유지할 수 있게 함으로써 액체 상태의 금속핵이 자전하면서 지구의 자기장을 만들어내는 원인이 된다.

- **지구의 표면은 어떤 과정을 거쳐 형성되었을까?**

지구 표면을 형성하는 주요 과정은 **충돌 크레이터의 형성, 화산 활동, 지체구조 활동, 침식** 등 크게 네 가지로 나눌 수 있다. 지구는 무수한 충돌을 겪었지만 이렇게 형성된 크레이터들은 다른 과정들에 의해 침식을 겪고 소멸하였다. 대기와 해양이 존재할 수 있는 것은 화산을 통해서 지구 내부의 기체가 분출되었기 때문이다. 판구조라는 독특한 지체구조 활동이 지구 표면에 존재하는 여러 구조를 만들어냈다. 빙하, 물, 바람 등은 다양한 규모의 침식작용을 일으킨다.

- **지구의 대기는 행성에 어떤 영향을 끼쳤을까?**

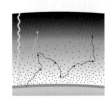 크게 두 가지로 나눠보자면 첫째, 유해한 태양복사로부터 지표를 보호한다. 오존층에서 자외선 복사를 흡수하고, 대기 고층에서는 엑스선을 흡수한다. 둘째, 온실효과를 통해 지구의 표면온도가 영하로 내려가는 것을 방지한다.

### 7.2 달과 수성 : 지질학적으로 죽은 세계

- **달과 수성에는 과거 단 한 번이라도 지질 활동이 있었을까?**

달과 수성 모두 생성 초기에는 제한적이나마 화산 활동과 지체구조 활동이 있었던 것으로 보인다. 하지만 크기가 작기 때문에 아주 예전에 식어버렸고 현재 내부열은 지질 활동을 계속하기에 충분하지 못하다.

### 7.3 화성 : 행성 냉동 건조의 희생자

- **과거 화성 표면에 물이 흘렀음을 보여주는 지질학적 증거에는 어떤 것들이 있을까?**

 말라버린 강바닥, 침식된 크레이터 그리고 화성 표면에 존재하는 광물 연구는 전부 과거 화성 표면에 물이 흘렀음을 지지하는 증거들이다. 비록 강수나 물의 흐름은 적어도 30억 년 전에 끝났던 것으로 보이지만, 오늘날도 여전히 지하나 극

관에는 물로 만들어진 얼음이 존재한다. 어쩌면 지하에는 액체 상태의 물이 존재할지도 모른다.

### ● 화성은 왜 변화를 겪었는가?

과거에는 화성의 대기가 현재보다 두꺼워 온실효과가 더 크게 작용했다. 대부분의 대기를 구성하는 기체는 화성이 자기장과 자기권을 잃어버린 이후 태양풍에 의해 소실되었을 것으로 추정된다. 또한 태양복사 중 자외선이 물 분자를 분해했고 수소가 대기권 밖으로 방출되는 과정을 통해 화성은 물을 잃어버렸다.

## 7.4 금성 : 온실 세계

### ● 금성은 지질학적으로 활발한가?

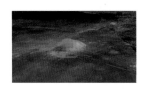

금성에서 현재도 지질 활동이 활발히 일어나고 있음은 의심할 여지가 없다. 표면에서는 화산 활동, 지체구조 활동이 최근 10억 년 이내에 있었음이 관측되고, 지구와 거의 흡사한 만큼의 내부 열을 여전히 유지하고 있는 것으로 보인다. 하지만 금성에서의 지질 활동은 지구와 적어도 두 가지 점에서 차이를 보인다. 하나는 침식 활동이 거의 없다는 것, 또 하나는 판구조가 없다는 것이다.

### ● 금성은 왜 이렇게 뜨거울까?

금성의 표면온도가 극단적으로 높은 것은 두꺼운 이산화탄소 대기로 인한 강한 온실효과 때문이다. 금성의 대기가 매우 두꺼운 이유는 태양에서 가깝기 때문이다. 태양에서 가까웠기 때문에 금성에서는 지구에서처럼 바다가 만들어지지 못했고, 대기 중에 분출된 이산화탄소가 물에 용해되거나 석회암 등으로 암석에 갇히는 식의 이산화탄소 제거가 일어나지 못했다. 대기 중에 남은 이산화탄소는 온실효과를 더욱더 강화시켜 금성 표면의 온도는 현재처럼 높아졌다.

## 7.5 살아 있는 행성, 지구

### ● 지구의 고유한 특징 중 생물의 생존에 중요한 특징은 무엇일까?

우리가 생존할 수 있게 하는 지구 고유 특징들을 나열해보면 첫째, 표면온도가 적당한 덕에 표면에 물이 액체 상태로 존재할 수 있다. 둘째, 광합성의 선물인 산소가 대기 중에 존재한다. 셋째, 내부 열로 인해 판구조가 존재한다. 넷째, 이산화탄소 순환의 결과로 (마찬가지로 판구조를 필요로 하는) 기후가 비교적 안정적으로 유지된다는 점이다.

### ● 인간 활동은 지구를 어떻게 변화시키고 있을까?

지난 100년간 지구의 평균 온도는 0.8℃ 상승했고, 대기 중 이산화탄소는 훨씬 더 많이 증가했다. 이는 화석연료의 연소를 비롯한 인간 활동의 결과이다. 현재 대기 중 이산화탄소의 농도는 과거 100만 년 중 어떤 시점보다도 높으며, 이러한 높은 이산화탄소 농도가 전 지구적인 온난화를 가중시키고 있음이 여러 관측에서 확인된다.

### ● 행성을 거주 가능하게 하는 요소들은 무엇인가?

우리는 지구가 생명이 거주 가능한 행성이 된 일차적인 이유로 비교적 크기가 크다는 점, 태양과의 거리가 적당하다는 점을 든다. 지구의 크기가 커서 내부 열을 유지할 수 있었고, 이 때문에 화산 활동을 통해 대기와 바다를 만들 수 있을 정도로 충분한 기체분출이 이뤄질 수 있었다. 또한 내부 열은 판구조론의 원동력이 되어 이산화탄소 순환을 통해 지구의 기후를 안정적으로 유지하는 데에 기여한다. 태양과 지구 사이의 거리는 너무 멀지도 가깝지도 않아서 이 덕분에 표면에서 물이 액체 상태로 존재할 수 있다.

## 시각적 이해 능력 점검

천문학에서 사용하는 다양한 종류의 시각자료를 활용해서 이해도를 확인해보자.

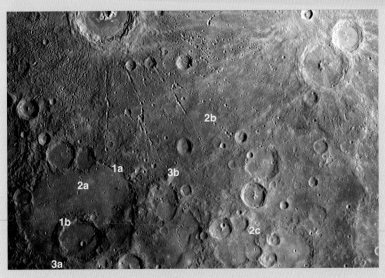

메신저 탐사선이 촬영한 수성의 사진을 활용해 다음 문제를 풀어보라.

1. 크기가 큰 크레이터의 가장자리에 1a, 크기가 더 작은 크레이터의 가장자리에 1b로 표시를 하였다. 두 크레이터 중 어떤 크레이터가 먼저 만들어졌을까?
   a. 1a 크레이터
   b. 1b 크레이터
   c. 알 수 없다.

2. 2b 주변 지역은 2c 주변 지역에 비해 크레이터의 개수가 적다. 2a는 크레이터 바닥으로, 평평하고 매끄러워 크레이터가 별로 없다. 2a, 2b 지역은 왜 평평할까?
   a. 해당 지역에는 원래 크레이터가 거의 만들어지지 않았다.
   b. 원래 이 지역에 존재했던 크레이터들이 침식작용에 의해 지워졌다.
   c. 용암이 분출되어 이 지역에 있던 크레이터들을 덮었다.

3. 지체구조 활동으로 형성된 산등성이가 몇몇 크레이터를 지나며 3a와 3b 지점을 연결하고 있다. 이로부터 미루어 이 산등성이는
   a. 크레이터들이 생성되기 전에 만들어졌으리라 추정할 수 있다.
   b. 크레이터들이 생성되고 만들어졌으리라 추정할 수 있다.
   c. 크레이터와 동시에 만들어졌다고 추정할 수 있다.

4. 1~3 질문에 대한 답을 참고하여 다음 구조를 오래된 순으로 나열하라.
   a. 3a−3b를 연결하는 산등성이
   b. 1a 크레이터
   c. 1b 크레이터의 매끈한 바닥

## 연습문제

### 복습문제

1. 지구형 행성의 핵-맨틀-지각 구조를 설명하라. 암석권은 어떻게 정의하는가? 분화란 무엇인가?

2. 지구형 행성의 생성 시에 분화가 일어난 까닭은 무엇인가? 크기가 큰 행성이 작은 행성에 비해 내부의 열을 더 오래 유지할 수 있었던 이유는 무엇인가?

3. 지구가 자기장을 가질 수 있는 이유에 대해 설명하라. 자기권이란 무엇인가?

4. 네 종류의 주요한 지질학적 과정을 열거하고, 각 과정이 지구에 남긴 흔적의 예를 들어보라.

5. 운석 크레이터의 개수를 셈으로써 지각의 나이를 알 수 있는 까닭은 무엇인가? 지구에 비해 달에 남아 있는 운석 크레이터의 개수가 훨씬 많은 이유를 설명하라.

6. 기체분출은 무엇이며, 이 과정이 지구의 대기와 해양의 생성에 미친 영향은 무엇인가?

7. 대기가 지구의 진화에 어떤 역할을 해왔는지 설명하라. 온실효과란 무엇이며, 어떻게 작동하는가?

8. 달과 수성의 지질학적 역사를 간단히 요약하라. 달의 바다는 어떻게 생겨났는가? 수성의 거대한 절벽 구조는 어떻게 만들어졌다고 생각하는가?

9. 그림 7.23을 보고 화성의 지형 중 세 지역을 골라 각각 어떻게 형성되었을지 추론하라.

10. 현재 화성은 표면에 액체 상태의 물이 안정적으로 존재할 수 없는 환경임에도 불구하고 과거에는 물이 흘렀으리라 생각하는 이유는 무엇인지 설명하라.

11. 30억 년 전 화성이 대기를 잃어버리게 된 과정을 설명하는 가설을 제시하고, 특히 그 가설에서 화성의 크기가 어떤 역할을 했는지 기술하라.

12. 금성의 지질학적 특성을 기술하라. 금성에 판구조가 존재하지 않는다는 사실이 왜 놀라운 일이 되는가? 이는 어떤 이유에서 그렇다고 설명할 수 있을까?

13. 온실효과 폭주는 무엇인가? 지구에서는 이러한 과정이 일어나지 않았지만 금성에서는 온실효과 폭주가 일어났던 이유를 설명하라.

14. 지구가 다른 지구형 행성들에 비해 독특한 점 네 가지를 들고, 각각이 생명의 존재에 어떤 영향을 미쳤는지 기술하라.

15. 판구조론에서 판이 컨베이어 벨트처럼 움직이는 과정을 기술하고, 이 과정이 시간의 흐름에 따라 대륙의 배열을 어떻게 바꾸었는지 설명하라.

16. 이산화탄소 순환이 무엇이며, 이 과정이 지구에서 생명이 존재하는 데에 어떤 중요한 역할을 하는지 설명하라.

17. 인간 활동이 지구온난화에 영향을 미친다는 근거를 간략히 요약하라. 온난화가 진행됨으로써 나타날 수 있는 현상들에는 어떤 것들이 있는가?

18. 그림 7.48을 이용해서 행성의 크기와 태양으로부터의 거리가 지구형 행성의 진화에 어떤 역할을 하는지 요약하라.

### 이해력 점검

**믿을 수 없는 발견인가 아니면 당연한 현상인가?**

여러분이 다음의 발견을 하게 되었다고 가정하자(실제 발견되지 않은 사실들임). 알고 있는 행성지질학 지식을 근거로 다음 발견들이 자연스럽게 유추 가능한 것인지 혹은 놀라운 것인지 판단하라. 왜 그렇게 생각하는지 행성의 크기, 태양으로부터의 거리에 대한 지식을 상기하며 논리를 되짚어 가며 가능한 명쾌하게 설명하라. (이 문제에는 정해진 정답이 없으며, 따라서 여러분이 이 발견을 자연스럽다/놀랍다고 구별하는 것보다 그렇게 판단하게 된 이유를 명료하게 설명하는 것이 더 중요하다.)

19. 새로운 사진 탐사로 수성 표면에서 사구를 발견하였다.

20. 새로운 궤도탐사선이 금성에서 화산폭발을 관측하였다.

21. 달의 크레이터에서 채집한 암석의 연대를 방사성 동위원소를 이용해 측정했더니 이 암석은 불과 1,000만 년 전에 생성된 것이었다.

22. 새로운 궤도탐사선이 화성을 방문해 화성의 크레이터 사진을 촬영하였고, 크레이터의 바닥에서 액체 상태의 물이 담긴 호수를 발견하였다.

23. 아마존의 열대우림을 벌목했더니 달 표면과 비슷할 정도로 크레이터의 개수 밀도가 높은 지면이 드러났다.

24. 로봇 탐사선이 화성의 표면을 시추해서 화산의 능선 몇 미터 아래에서 액체 상태의 물을 발견하였다.

25. 지구 지진파 연구로 대서양 해저 아래에 수천 년 전 거대한 도시가 존재했던 '잃어버린 대륙'이 가라앉아 있음을 발견하였다.

26. 다른 항성 주변의 행성계에서 지구와 비슷하게 대기 중 산소가 충분하지만 생명이 존재하지 않는 행성을 발견하였다.

27. 다른 항성 주변의 행성계에서 지구와 비슷한 판구조를 가진

행성을 발견하였다. 이 행성의 크기는 달과 비슷하고, 모 항성으로부터 1AU 떨어진 궤도를 공전하고 있었다.

28. 지구의 양극에 빙하가 존재하지 않았던 공룡 시대에는 대기 중 이산화탄소의 농도가 현재에 비해 높았다는 증거를 찾아내었다.

**돌발퀴즈**

다음 중 가장 적절한 답을 고르고, 그 이유를 한 줄 이상의 완전한 문장으로 설명하라.

29. 지구의 내부 열에 지속적으로 기여하는 열원은 무엇인가? (a) 강착 (b) 방사성 동위원소의 붕괴 (c) 태양

30. 일반적으로 가장 두꺼운 암석권을 가질 것이라 예상되는 지구형 행성은 어떤 조건을 가진 행성인가? (a) 크기가 큰 행성 (b) 크기가 작은 행성 (c) 태양으로부터 멀리 떨어진 곳에 위치한 행성

31. 행성에서 화산 활동, 지체구조 활동에 가장 큰 영향을 미치는 행성의 기본 특성은 무엇인가? (a) 크기 (b) 태양으로부터의 거리 (c) 자전 속도

32. 화성에서 액체 상태의 물이 흘렀던 사실에 대해 가장 잘 평가한 것을 선택하라. (a) 별로 중요하게 작용한 적이 없다. (b) 과거에는 중요했지만 지금은 중요하지 않다. (c) 오늘날에도 화성의 표면 형태를 변화시키는 데에 중요한 역할을 하고 있다.

33. 어떤 행성에서 어떤 크기의 크레이터도 거의 찾아볼 수 없다면, 여기서 내릴 수 있는 결론은 무엇일까? (a) 이 행성에는 소행성이나 혜성이 충돌한 적이 없다. (b) 이 행성에는 대기가 있어 모든 크기의 충돌체들을 막아낼 수 있었다. (c) 지질 작용이 일어나서 크레이터들을 풍화 침식시켰다.

34. 다섯 개의 지구형 행성 및 위성(수성, 금성, 지구, 달, 화성) 중 지질학적으로 죽은 행성이라고 간주할 수 있는 행성의 숫자는 얼마인가? (a) 없다. (b) 2개 (c) 4개

35. 가장 풍부한 대기를 가진 지구형 행성은 어느 것인가? (a) 금성 (b) 지구 (c) 화성

36. 다음 중 가장 강력한 온실기체는 무엇인가? (a) 질소 (b) 이산화탄소 (c) 산소

37. 지구 대기 중의 산소는 (a) 화산의 기체분출 과정으로 생성되었다. (b) 이산화탄소 순환으로 만들어졌다. (c) 생명이 만들어냈다.

38. 지구의 화산이 만들어낸 이산화탄소의 대부분은 현재 어디에 있는가? (a) 대기 중에 존재한다. (b) 우주공간으로 이탈했다. (c) 암석 내부에 끼어 있다.

**과학의 과정**

39. 어디까지 예측 가능할까? 어떤 행성의 지질학적 역사가 탄생할 때부터 대부분 결정되어 있다고 이야기하는 이유를 간략히 설명하고, 탄생 시의 조건으로부터 예측할 수 있는 범위는 어디까지일지 논하라. 예를 들어 화성의 경우, 일반적으로 화성에서 화산 활동이 얼마나 있을 것인지는 예측할 수 있는 양일까? 올림푸스산이나 매리너 계곡과 같은 크기의 구조는 예측할 수 있는 것일까?

40. 일어난 현상의 원인을 찾는 과학. 일부 사람들은 여전히 인간 활동이 지구온난화를 가속시키고 있다는 논의에 대해 반대의견을 표시하고 있다. 그들의 주장을 뒷받침하는 근거를 찾아보라. 그리고 여러분의 조사와 제3장에서 언급한 과학의 특징에 대한 이해를 바탕으로 그들의 주장을 반박하거나 혹은 지지하는 글을 작성하라.

41. 답변이 완료되지 않은 질문들. 화성의 과거에 대해 명확한 답변이 제시되지 않은, 그러나 중요하다고 생각되는 질문을 하나 선정하여 향후 어떤 방법으로 그 질문에 대한 해답을 찾아갈지를 두세 문단으로 작성하라. 질문에 답변하기 위해 필요한 근거 유형을 제시하고 그 근거를 어떻게 수집할 수 있는지 가능한 구체적으로 기술하라. 그 질문에 대한 해답을 찾음으로써 어떤 이득이 있을 것인가?

**그룹 활동 과제**

42. 우리는 지구온난화를 조장하고 있는가? **역할** : 기록자(그룹 활동을 기록), 제안자(그룹 활동에 대한 설명), 반론자(제안된 설명의 약점을 찾아냄), 중재자(그룹의 논의를 이끌고 반드시 모든 사람이 참여할 수 있도록 함). **활동** :

a. 인간 활동이 지구온난화를 유도한다는 증거로 제시된 과학적 근거를 모두 함께 수집한다. 그림 7.43~7.47에 등장한 근거를 포함한 가급적 많은 근거를 수집하라.

b. 이론지지자는 (a)에서 확보한 근거에 기반하여 인간 활동이 지구온난화를 조장한다는 주장을 제시한다.

c. 회의론자는 과학적인 근거로 이론지지자의 주장을 반박

한다.

　d. 각각의 논리 전개를 듣고, 중재자와 기록자는 누구의 의견
이 더 설득력 있었는지 결정하고 그 이유를 설명한다.

　e. 그룹 내 모든 구성원이 토론 내용 요약문을 작성한다.

## 심화학습

### 단답형/서술형 질문

43. **작은 화성.** 화성이 지금의 크기보다 훨씬 작아서 지구의 달과
비슷한 정도였다고 가정해보자. 이러한 크기 변화는 네 종류
의 지질학적 과정으로 만들어지는 표면의 구조에 어떤 영향
을 미쳤을까? 크기가 지금보다 작았더라도 화성이 외계생명
을 찾기 위한 후보로 지금처럼 주목을 받았을까? 두세 문단으
로 기술하라.

44. **두 개의 갈라진 역사.** 지구와 금성의 대기 조성은 서로 다르다.
행성의 크기와 태양으로부터의 크기라는 기본적인 물리량이
두 행성의 대기 조성이 달라지게 된 데에 어떤 영향을 주었을
지 설명해보자.

45. **생성 당시의 초기값이 달랐다면.** 지구의 크기나 태양으로부터
의 거리 둘 중 어느 하나가 지금과는 달랐다고 생각해보자.
이러한 변화가 지구의 역사와 지구에서 생명의 탄생 가능성
에 어떤 영향을 미쳤을지 기술하라.

46. **실험 : 냉동실과 행성의 냉각.** 모양이 같고 크기가 다른 2개의 플
라스틱 용기에 차가운 물을 담고 동시에 냉동실에 넣자. 1시
간 정도 간격으로 얼어붙은 표면(암석권)의 두께를 측정하고
기록하자. 각 용기의 물이 완전히 얼기 위해서 걸리는 시간
은 어떻게 다른가? 이 실험과 행성지질학 간의 연관성을 설
명하라.

　추가 점수 : x축을 시간, y축을 암석권의 두께로 하여 그래프
를 그려라. 두 용기에서 물이 완전히 어는 데 걸리는 시간의
비는 얼마인가?

47. **아마추어 천문 : 달 관측.** 대부분의 아마추어 망원경의 성능은
달 표면의 지질구조 일부를 구별하기에 충분하다. 밝은 고원
과 어두운 바다가 뚜렷이 대비되어 나타나고, 달의 낮과 밤
사이 경계에서는 그림자가 보인다. 상현이나 하현 즈음 달을
관측하고, 달 표면을 스케치하거나 사진을 촬영하자. 달 표면
의 지형의 이름을 찾아내고 그 지형을 만들어낸 지질학적 과
정을 추론해보자. 크레이터, 화산폭발로 만들어진 평지, 지체
구조 등을 찾아보자. 달의 반지름 1,738km를 이용하여 각 구

조의 크기를 추정해보자.

48. **지구온난화.** 지구온난화의 위협을 줄이려면 무엇을 해야 할
까? 1쪽 정도로 주장을 정리해보자.

### 계량적 문제

모든 계산 과정을 명백하게 제시하고, 완벽한 문장으로 해답을 기술하라.

49. **표면적 대 부피 비율.** 다음에 대해 표면적 대 부피 비율을 계산
해 비교하라.

　a. 달과 화성

　b. 지구와 금성

a, b 두 경우에 대해 위의 답변을 이용해 두 행성(위성)에서
내부 열의 함유량 차이를 설명하라.

50. **덩치가 2배가 된다면.** 표면적 대 부피 비율뿐만 아니라 다른 특
성들도 행성의 크기에 의존한다. 만약 여러분의 크기, 즉 키,
넓이, 깊이 등 모든 신체 부분이 갑자기 2배가 된다고 가정해
보자(키가 150cm였다면 300cm가 된다는 뜻).

　a. 허리둘레는 얼마나 증가하겠는가?

　b. 옷의 면적은 몇 배 증가해야겠는가? (힌트 : 옷의 면적은
몸의 표면 면적에 비례한다.)

　c. 몸무게는 몇 배 증가하겠는가? (힌트 : 몸무게는 부피와 관
련이 있다.)

　d. 관절에 가해지는 힘은 각 관절의 표면적이 얼마나 많은 질
량을 지탱할 수 있는지에 따라 결정된다. 관절에 가해지는
힘은 얼마나 변하겠는가?

51. **판구조론.** 각 판의 다른 판에 대한 상대적인 움직임의 크기는
1년에 1cm 정도이다. 이 정도의 속도라면 3,000km 떨어진
두 판이 서로 부딪치는 것은 몇 년 후가 되겠는가? 이러한 움
직임은 어떤 결과를 낳겠는가?

52. **행성 베스.** 태양과 같은 항성 주위를 1AU 떨어져서 공전하고
있는 베스라는 행성을 상상해보자. 베스의 질량은 지구 질량
의 8배이고 지름은 지구의 2배이다.

　a. 베스와 지구의 밀도를 비교하라.

　b. 베스의 표면 면적은 지구의 몇 배인가?

　c. (a), (b)의 답변에 근거해서 베스의 지질학적 역사는 지구
와 어떻게 다를 것인지 논하라.

### 토론문제

53. **투자할 가치가 있을까?** 정치인들은 종종 행성탐사 미션이 과연

그만큼 돈을 투자할 가치가 있는 것인지 논쟁을 벌인다. 여러분이 의회에 있다면 행성탐사 미션에 더 많은 예산을 부여하겠는가, 혹은 그렇지 않겠는가? 그 이유는 무엇인가?

54. **행운아 지구.** 금성과 화성의 기후 역사를 보면 지구에서처럼 쾌적한 기후를 갖는 것이 어렵다는 것을 분명히 알 수 있다. 이 사실을 고려할 때 다른 별 주위를 공전하는 행성 중 지구와 비슷한 행성이 존재할 확률은 얼마나 된다고 생각하는가?

55. **화성 테라포밍.** 몇몇 사람은 우리가 화성 전체를 개발하여 기후를 온난하게 만들고 대기의 밀도를 증가시킬 수 있다고 제안했다. 이러한 공학적인 행성개발계획을 테라포밍(terraforming)이라고 하며, 이러한 계획은 다른 행성의 환경을 지구와 유사하게 바꾸어 향후 인간의 정착생활을 돕는 등의 목적을 가지고 있다. 화성을 테라포밍하는 가능한 방법에 대해 논하라. 그중 실현 가능해 보이는 계획들이 있는가? 높이 평가할 만한 계획들이 있는가? 스스로의 아이디어를 다른 사람들의 문제제기로부터 방어해보자.

**웹을 이용한 과제**

56. **가장 멋진 사진.** 오늘의 천문 사진(Astronomy Picture Of the Day) 웹사이트를 방문해 지구형 행성의 사진을 찾아보자. 많은 양의 사진 중 가장 멋지다고 생각하는 사진을 고르자. 출력해서 어떤 사진인지 설명문을 작성하고 왜 멋있다고 평가하는지 설명해보자.

57. **행성탐사 프로그램.** 현재 진행 중인 지구형 행성탐사 미션 중 하나를 골라 그 미션의 웹사이트를 방문해 해당 미션이 목적, 현 상황, 주요 발견 등을 요약하는 글을 작성해보자.

58. **화성 이주.** 마스 소사이어티(Mars Society)처럼 화성에 인류를 정착시키는 계획을 지지하는 그룹의 웹사이트를 방문해 인간이 화성에서 살아남기 위해 직면해야 할 어려움을 알아보고, 화성 테라포밍의 전망을 살펴보자. 화성에 인류를 정착시킨다는 것은 좋은 생각일까? 여러분이 알아낸 사실을 정리하고 자신의 의견을 주장하기 위한 짧은 에세이를 작성해보자.

# 목성형 행성계

## 8

카시니 우주선이 토성의 그림자 안에서 있는 동안 촬영한 토성. 토성 고리 바로 안쪽 왼쪽(약 10시 방향)의 작은 푸른 점 광원이 먼 곳에 있는 지구이다.

이 장의 학습목표

**목**

성형 행성들의 이름은 로마 신화 신들의 지배자들 이름과 같다. 목성(Jupiter)은 신들의 왕, 토성(Saturn)은 목성(Jupiter)의 아버지, 천왕성(Uranus)은 하늘의 제왕 그리고 해왕성(Neptune)은 바다의 제왕이다. 그러나 우리 선조들은 이 4개 목성형 행성의 진정한 위엄을 알지 못했다. 가장 작은 해왕성은 지구를 50개 정도 담을 만큼 부피가 크다. 가장 큰 목성의 부피는 지구의 1,400배에 달한다. 지구형 행성과는 달리 표면이 단단하지 않다. 그리고 많은 위성과 고리들은 이들에 대한 강한 흥미로움을 더한다.

우리는 왜 지구와 너무도 다른 행성들에 대해 주시해야 하는 것인가? 자연스러운 호기심을 충족하는 것 외에도 목성형 행성과 그들의 위성에 대한 연구는 행성계의 형성과 진화를 이해하는 데 도움을 준다. 이는 결국 우리 행성인 지구를 이해하는 데 도움이 된다. 이 장에서는 목성형 행성계를 탐험할 것이다. 먼저 각 행성들 자체에 집중하여 살펴보고 다음으로 이들에 속한 많은 위성들, 마지막으로 아름답고도 복잡한 고리들로 초점을 옮겨갈 것이다.

## 8.1 행성의 또 다른 종류

그림 8.1은 보이저 우주선에 의해 수집된 목성형 행성들의 몽타주이다. 엄청난 크기가 지구와 비교되어 보여진다. 4개 행성 모두 거대하지만 수집된 정보는 이들 간의 중요한 차이를 나타낸다. 우리는 [6.1절]에서 목성형 행성에 대해 대략적으로 살펴보았다. 이제 목성형 행성을 더 깊이 있게 살펴볼 준비가 되었다.

### ● 목성형 행성은 어떤 물질로 이루어져 있을까?

제6장에서 살펴본 바와 같이 목성형 행성은 대부분 수소, 헬륨 그리고 수소화합물로 구성되어 있어서, 암석으로 된 지구형 행성과는 매우 다르다. 그러나 목성형 행성들 모두가 정확하게 같은 구성으로 이루어진 것은 아니며, 내부 구조 또한 다르다.

**일반적인 구성** 목성과 토성은 거의 대부분 수소와 헬륨으로 구성되며 단지 몇 퍼센트의 수소화합물, 그리고 매우 소량의 암석과 금속으로 구성된다. 사실 목성과 토성은 전체적인 구성 성분 면에서 지구형 행성보다는 태양과 더 비슷하다. 어떤 사람들은 별과 유사한 구성물질을 가졌으나 빛을 내는 데 필요한 핵융합을 하기에는 부족하기 때문에 목성을 '실패한 별'이라고 부르기도 한다. 크기는 중요하다. 그러나 목성은 행성으로서는 크지만 가장 낮은 질량의 별보다 1/80 정도의 질량밖에 되지 않는다. 결과적으로 목성의 중력은 내부에 핵융합에 필요한 온도와 밀도를 갖도록 수축시키기에는 너무나 약하다.

목성형 행성은 대부분 수소, 헬륨 그리고 수소화합물로 구성되며, 수소화합물의 상대적인 비율에서는 근본적으로 차이가 있다.

천왕성과 해왕성은 목성과 토성에 비하면 매우 작고 더 적은 수소와 헬륨을 함유하고 있으며 주로 물, 메탄 그리고 암모니아와 같은 수소화합물과 적은 양의 금속과 암석으로 구성된다.

**구성 성분 차이에 대한 이해** 목성형 행성들 사이의 성분 차이는 각 행성의 기원을 추적 가능하게 해준다. 목성형 행성은 태양계의 바깥 영역에서 형성되었다는 점을 상기하자. 이 영역은 수소화합물이 응결되어 얼음으로 존재될 만큼[6.3절] 온도가 낮은 곳이다. 수소화합물이 금속이나 암석보다도 월등히 많은 함량을 차지함으로써, 태양계 바깥쪽의 미행성계 일부가 풍부

**그림 8.1** 목성, 토성, 천왕성, 해왕싱이 비율에 맞게 지구와 비교되어 보인다.

한 얼음으로 인해 거대한 크기로 성장한 것이다. 이러한 미행성체들이 일단 충분한 질량을 갖게 되면 이들의 중력은 주변에 존재하는 수소와 헬륨가스를 끌어당기게 된다. 4개 목성형 행성 모두는 얼음이 풍부한 — 대략 지구질량의 10배 이상의 — 비슷한 질량을 가진 미행성체로부터 성장된 것으로 생각된다. 그러나 감싸고 있는 태양계 성운들로부터는 서로 다른 양의 수소와 헬륨가스를 포획하였다. 목성과 토성은 현재 질량의 거대한 부분을 차지하는 수소와 헬륨가스를 아주 많이 포획하였다. 얼음이 풍부한 미행성체로부터 성장하게 되었지만 현재의 미행성체에 의한 질량은 목성 질량의 3% 그리고 토성 질량의 약 10%만을 차지한다. 천왕성과 해왕성은 훨씬 적은 양의 수소와 헬륨가스로 채워졌다. 이들 행성이 지구 질량의 약 10배 정도의 얼음이 풍부한 미행성체 주변에서부터 형성이 되었다고 가정하면 전체 질량(각각 $14M_{지구}$와 $17M_{지구}$)에서 포획된 수소와 헬륨의 양은 이들 질량의 약 1/3 정도만을 차지함을 의미한다.

태양으로부터 더 먼 거리에 있어서 목성형 행성들은 형성되는 데 더 오랜 시간이 걸렸고 수소와 헬륨가스를 덜 포획하였다. 이는 천왕성과 해왕성이 수소화합물, 암석, 금속에서 높은 함량을 보이는 이유를 설명한다.

다른 행성들은 왜 다른 양의 가스를 포획했을까? 그 답은 아마도 그들이 형성되었을 당시 태양과의 거리에 있을 것이다. 태양에서 먼 곳에서 응결된 고체 입자들은 태양과 가까운 곳에서 응결된 입자들에 비하여 더 넓은 공간에 퍼져 있었을 것이고 이것은 거대하고 얼음이 풍부하게 얼린 미행성체로 부착되기에 더 오랜 시간이 걸렸다는 것을 의미한다. 목성은 태양과 가장 가까운 목성형 행성이며 최초로 미행성체가 가스를 끌어당기기 시작할 정도로 충분한 자체 중력으로 성장하였고, 토성, 천왕성, 해왕성이 그 뒤를 이었을 것이다. 모든 행성이 동시에 가스 포획을 멈추었기 때문에 — 태양풍이 남은 모든 가스를 성간 공간으로 날려버린 때 — 더 멀리 있는 행성은 가스를 포획하는 시간이 더 짧았고 그래서 작은 크기로 마감이 되었다.

**밀도 차이** 그림 8.1은 토성이 천왕성이나 해왕성에 비해 밀도가 상당히 낮음을 보여준다. 이것은 천왕성과 해왕성을 구성하는 수소화합물, 암석과 금속이 일반적으로 수소와 헬륨가스에 비해 밀도가 더 높은 이유로 이해해야 한다. 이러한 논리에 의해 우리는 목성이 토성보다 밀도가 낮다고 생각하지만 그렇지 않다.

**생각해보자** ▶ 토성의 0.71g/cm³에 해당하는 평균밀도는 물의 밀도보다도 낮다. 그로 인해 종종 토성은 거대한 바다 위에 둥둥 뜨게 된다고 표현된다. 실제로 거대한 바다가 있는 거대한 행성이 있고 그 바다의 표면에 토성을 둔다고 가정해보자. 토성은 뜰 것인가? 그렇지 않다면 어떤 일이 벌어지겠는가?

우리는 질량이 큰 행성들이 자체 중력에 어떻게 영향을 받는지에 대해 생각해봄으로써 놀랍도록 높은 목성의 밀도를 이해할 수 있다. 수소와 헬륨으로 구성된 행성의 형성 과정에서 푹신한 베개들에 하나를 더하는 것과 유사하다. 베개와 베개로 모인 행성을 상상해보라.

새로운 베개가 더해지면 바닥부분에 위치한 베개들은 위쪽에 위치한 베개들보다 더 많은 압축을 받게 된다. 아래쪽의 베개들이 힘을 더 받게 되면, 서로의 중력적 인력이 증가하면서 이전보다 압축이 더 일어난다. 처음에는 베개 더미가 각각 베개 크기만큼 상당히 높아지다가 추가된 베개들이 더미의 높이를 간신히 이겨낼 수 있을 즈음 결국 높이의 상승 정도가 작아진다(그림 8.2a).

이 비유는 목성의 질량이 토성에 비해 3배 이상 더 큼에도 불구하고 왜 반경 면에서는 토성보다 아주 약간만 더 큰지를 설명한다. 목성의 추가 질량은 목성의 내부를 아주 높은 밀도로 압축시킨다. 좀 더 정교한 계산은 목성의 반경이 목성형 행성이 가질 수 있는 거의 최대 반경임을 보인다. 만약 더 많은 가스가 목성에 추가되었다면 그 무게는 실제로 더 커지기보다는 더 작은 크기의 행성을 만들기에 충분할 정도로 내부를 압축했을 것이다(그림 8.2b). 몇몇 태양계 밖의 행성들은 목성보다 질량이 더 큼에도 크기는 더 작다.

**스스로 해보기** ▶ 여러분의 베개를 베개 더미, 접힌 이불들 또는 옷들의 맨 밑에다 두고 두께를 측정하라. 베개가 위에 있는 더미에 의해서 얼마나 압축이 되었는가? 압력의 차이를 느끼기 위해 베개의 층들 사이에 손을 넣어보라. 그리고 수만 킬로미터 높이의 더미에서 여러분이 알아낼 베개의 압력과 압축을 상상해보라.

**목성형 행성의 내부** 목성형 행성들은 종종 '가스 행성'으로 불린다. 이것은 마치 전체가 지구상의 공기와 같은 가스로 된 것처럼 들린다. 비록 지구상의 가스와 같은 물질들로 대부분 이루어진 것은 사실이지만 목성형 행성 내부의 높은 압력은 이러한 물질들을 다른 상태가 되도록 압축시킨다. 먼저 목성의 내부를 살펴보자. 목성의 단단하지 않은 표면은 이 행성을 마치 '전체가 대기권'처럼 생각하도록 유혹한다. 그러나 여러분은 대기를 통해 비행기가 나는 방식으로 목성의 내부를 통해 비행할 수 없다. 목성에 뛰어든 우주선은 하강하면서 점차적으로 증가하는 높은 온도와 압력을 느끼게 될 것이다. 갈릴레오 우주선은 1995년 급상승하는 압력과 온도에 의해 파괴되기 전까지 약 한 시간 동안 측정치를 모으는 과학적 탐사를 위해 목성으로 들어갔다.

탐사선은 목성의 대기에 관한 귀중한 정보를 제공했다. 그러나 중심부를 표본 조사할 만큼 충분히 지속되진 못했다. 약 200km, 약 0.3%의 목성 반경의 깊이까지만 견뎌냈다.

수치 계산은 목성이 비교적 잘 분화된 내부층을 갖고 있음을 나타낸다(그림 8.3). 각 층들은 구성요소 면에서는 크게 다르지 않다. 핵을 제외하고는 대부분

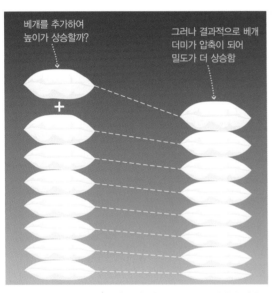

a. 더미에 베개를 추가하는 것은 처음에는 높이를 증가시키게 되나 결국에는 더미를 압축하고 밀도를 더 높이게 된다.

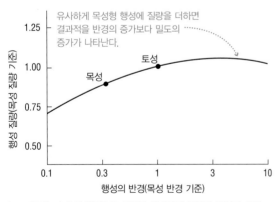

b. 그래프는 수소와 헬륨으로 구성된 행성에서 질량이 반경에 어떻게 의존하는지 보여준다. 목성이 토성보다 3배의 질량임에도 불구하고 반경은 약간 더 크다. 목성보다 질량이 훨씬 더 큰 행성의 중력적 압축은 행성의 반경을 더 작게 만든다.

**그림 8.2** 수소와 헬륨으로 구성된 행성에 대한 질량과 반경 사이의 관계

만약 여러분이 목성의 구름 아래로 추락하게 되더라도 단단한 표면과 마주하지는 못한다. 틴지 매우 밀도가 높고 아주 뜨거운 수소와 헬륨으로 구성된 특이한 액체 및 금속을 만나게 될 것이다.

이 수소와 헬륨이다. 대신 수소의 상태(액체 또는 가스 같은)가 다르다. 바깥층은 수소가 대체로 가스의 상태인 유일한 영역이다. 이 층은 목성의 바깥 10% 정도를 차지하며 우리는 이 층을 보통 목성의 대기층으로 생각한다. 더 깊이 내려가 보면 목성의 다음 10%에서는 높은 압력으로 인해 수소가 액체 상태로 압축된다. 그리고 더 아래층은 매우 극단적인 상태인 온도와 압력의 환경으로 수소가 치밀해져 액체 금속 상태로 변하게 된다. 결국 모형은 목성의 핵이 수소화합물, 암석 그리고 금속이 섞인 상태이지만 이 화합물을 고체나 액체 상태로 만들 수 있는 높은 온도와 밀도에 의해 매우 극단적인 상태로 압축됐음을 의미한다.

**목성형 행성의 내부 B** 4개의 목성형 행성은 거의 같은 질량의 핵을 갖기 때문에 이들의 차이는 내부의 핵을 둘러싸는 수소/헬륨층에 있다. 그림 8.4는 4개 목성형 행성을 대조하고 있다. 바깥층을 모두 가스 수소라고 부르지만 헬륨과 수소화합물로 구성된다는 것을 기억하라.

토성은 목성과 같은 기본적인 층 구조를 갖는다. 하지만 토성의 작은 질량은 목성에 비해 상부층의 무게가 더 가벼움을 의미한다. 그래서 압력에 의해 수소의 상태가 변화되는 곳의 각 층을 찾기 위해서는 토성을 더 깊게 들여다봐야만 한다. 천왕성과 해왕성의 내부 압력은 액체 또는 금속의 수소로 변형시킬 정도로 충분히 높아질 수 없기 때문에 다소 다른 층상을 갖는다. 내부 핵의 주변에 가스 수소로 된 두꺼운 층만을 갖는다. 모형은 수소화합물, 암석 그리고 금속의 혼합인 핵이 아마도 액체 상태이고, 해왕성과 천왕성의 안쪽 깊은 곳에는 매우 이상한 '바다'가 만들어져 있음을 제안한다. 또한 이 핵들은 수소화합물로 된 암석과 금속의 안쪽 핵 위에 외핵이 있는 형태로 분화되어 있을 것이다.

**자기장** 지구가 액체 금속의 지구 외핵에 있는 대전된 입자들의 운동으로 생성된 광범위한 자기장을 갖고 있음을 상기하자[7.1절].

목성형 행성들은 내부 깊은 곳의 대전된 입자들의 운동에 의해 발생된 광범위한 자기장을 갖고 있다. 목성의 자기장은 가장 강력하며 지구 자기장 세기의 2만 배이다. 이 강한 자기장은 목성의 금속 상태인 수소의 두꺼운 층에서 발생하였고, 목성 전면에서 태양풍을 3만 킬로미터 정도를 편향시키는 강력한 자기권을 만든다(그림 8.5). 만약 우리가 목성의 자기권까지

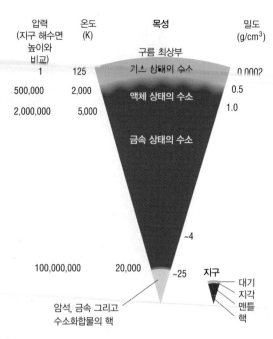

| 압력 (지구 해수면 높이와 비교) | 온도 (K) | 목성 | 밀도 (g/cm³) |
|---|---|---|---|
| | | 구름 최상부 | |
| 1 | 125 | 기스 상태의 수소 | 0.0002 |
| 500,000 | 2,000 | 액체 상태의 수소 | 0.5 |
| 2,000,000 | 5,000 | 금속 상태의 수소 | 1.0 |
| | | | ~4 |
| 100,000,000 | 20,000 | | ~25 |

암석, 금속 그리고 수소화합물의 핵

지구
대기
지각
맨틀
핵

**그림 8.3** 압력, 온도 그리고 밀도로 표시된 다양한 깊이에서의 목성의 내부구조. 비교를 위해 지구 내부구조를 크기 비율을 맞추어 보여주고 있다(지구의 지각과 대기의 두께는 과장되어 있음). 목성의 핵은 지구의 10배 질량 정도임에도 불구하고 지구보다 조금 큼을 확인할 수 있다.

**그림 8.4** 이 그림은 대략적으로 비율을 맞춰 본 목성형 행성의 내부구조를 비교한다. 4개 행성은 암석, 금속 그리고 수소화합물의 핵을 가지며 지구의 핵보다 질량이 약 10배 크다. 핵을 둘러싼 수소/헬륨층의 두께에서 주요한 차이가 난다. 천왕성과 해왕성의 핵은 분화되어서 암석/금속과 수소화합물의 층이 따로 구분되어 있다.

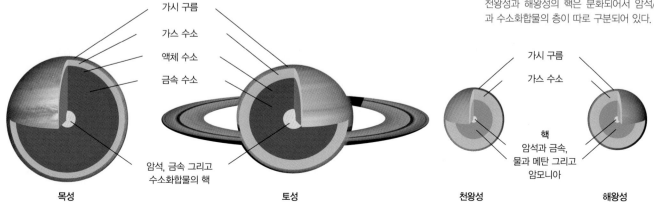

가시 구름
가스 수소
액체 수소
금속 수소
암석, 금속 그리고 수소화합물의 핵

가시 구름
가스 수소
핵
암석과 금속, 물과 메탄 그리고 암모니아

**목성**          **토성**          **천왕성**          **해왕성**

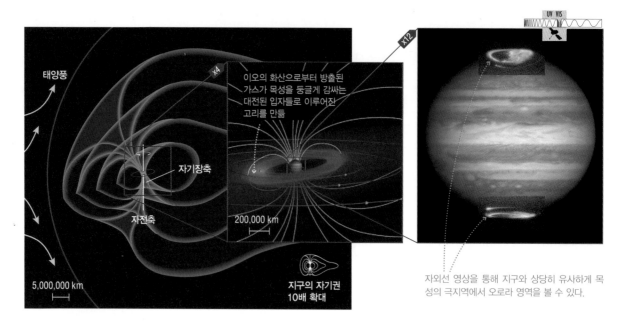

태양풍

×4

이오의 화산으로부터 방출된 가스가 목성을 둥글게 감싸는 대전된 입자들로 이루어진 고리를 만듦

자기장축

자전축

200,000 km

5,000,000 km

지구의 자기권 10배 확대

UV VIS

×12

자외선 영상을 통해 지구와 상당히 유사하게 목성의 극지역에서 오로라 영역을 볼 수 있다.

**그림 8.5** 목성의 강한 자기장은 거대한 자기권을 형성했다. 이오에서 방출된 가스는 도넛 모양의 이오 토러스(환원체)를 공급하고 이 입자들은 목성의 자기극 부근의 대기로 들어가 목성에 오로라를 만드는 데 기여한다. 오른쪽 그림은 극지역에서의 자외선 영상이 전체 행성에 대한 가시광 영상에 입혀진 합성 영상이다. 모든 영상은 허블우주망원경에 의해 촬영되었다.

를 볼 수 있다면, 목성은 보름달보다 더 크게 보일 것이다. 목성의 이오 화산에서 방출된 가스는 이온화되어 대체로 이오의 궤도를 따르는(이오의 토러스로 불리는) 도넛 모양의 대전된 입자 띠를 형성하는 자기권에 엄청난 수의 입자를 공급한다.

다른 목성형 행성들도 자기장과 자기권을 갖는다. 그러나 (지구의 자기장보다는 여전히 무척 강하지만) 목성에서보다는 훨씬 약하다. 토성의 자기장은 전기적으로 전도된 금속 상태인 수소층이 더 얇기 때문에 목성보다 약하다. 천왕성과 해왕성은 크기가 더 작고 금속 상태 수소가 전혀 없다. 비교적 약한 자기장은 수소화합물, 암석 그리고 금속의 핵 '바다'에서 발생되었을 것이다.

### ● 목성형 행성의 기후는 어떤가?

목성형 행성의 대기권은 역동적인 바람과 색채가 다양한 구름과 강한 폭풍의 기후를 보인다. 행성들의 기후는 태양으로부터의 에너지(지구형 행성들에서처럼)에 의해서만 아니라 행성들 자체 사이에서 발생한 열에 의해서도 야기된다. 천왕성을 제외한 행성들은 많은 양의 내부 열을 발생시킨다. 목성형 행성의 내부 열의 정확한 근원에 대해서 아는 사람은 없지만 아마도 중력적 잠재에너지가 내부 열에너지로 전환되어 나왔을 것이다. 가장 유력한 추측은 이 전환이 전체 규모에서 느리지만 미세한 수축 또는 무거운 물질이 핵의 한쪽으로 꾸준히 내려앉는 지속적인 분화로부터 야기되었다는 것이다.

**구름과 색** 목성형 행성들의 색에 관해 많은 수수께끼가 남아 있다. 그러나 구름이 중요한 역할을 하는 것으로 보인다.

지구의 구름은 태양의 백색광을 반사시키는 물로 만들어져 있기 때문에 우주에서 보면 하얗게 보인다. 목성형 행성들은 몇 가지 다른 유형의 구름을 가지고 있고, 서로 다른 색의 빛을 반사시킨다. 구름은 가스가 응결되어 미세한 액체 방울이나 고체 덩어리가 만들어질 때에 형성된다. 지구의 대기에서는 수증기가 구름을 만들기 위해 응결될 수 있는 유일한 가스이다. 하지만 목성의 대기에는 세 가지 주요한 유형의 구름을 가지고 있고, 각각은 다른 고도에서

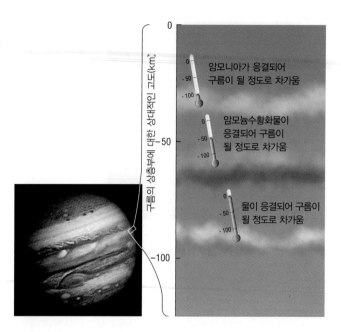

**그림 8.6** 목성 대기의 온도 구조. 목성은 다른 온도 그리고 그런 이유로 다른 고도에서 다른 대기의 가스가 응결되기 때문에 적어도 3개의 구분되는 구름층이 있다. 암모니아 구름의 상부는 보통 목성에서 영점 고도로 고려된다. 이것은 낮은 고도가 음의 값이 되기 때문이다.

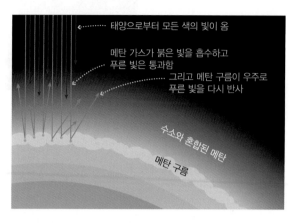

**그림 8.7** 해왕성과 천왕성은 푸르게 보인다. 그 이유는 메탄 가스가 붉은 빛을 흡수하고 푸른 빛은 통과시키기 때문이다. 메탄이 응결된 구름은 투과된 푸른 빛을 다시 우주로 반사시킨다.

형성된다. 그림 8.6의 아래에서 위로 살펴보면, 목성의 가장 낮은 구름층은 가장 높은 구름 상

다른 구성 성분과 색의 구름들은 각 목성형 행성 대기권의 서로 다른 고도들에서 형성된다.

부로부터 100km 아래에 형성되어 있다. 이 깊이에서의 온도는 지구와 유사하고 물은 구름을 만들기 위해 응결될 수 있다. 온도는 고도가 올라갈수록 떨어지고 물구름 상부 약 50km는 암모늄수황화물($NH_4SH$)로 불리는 가스가 구름으로 응결될 수 있을 정도로 차갑다. 이 암모늄수황화물 구름은 붉은 빛과 갈색 빛을 반사시켜 목성의 많은 어두운 색들을 만들어낸다. 이보다 더 높은 곳에는 온도가 매우 낮아서 암모니아($NH_3$)가 응결하여 흰 구름의 상부층을 만든다.

토성도 목성처럼 3개의 구름층을 갖는 동일한 세트로 이루어졌다. 그러나 토성의 더 낮은 온도는 (태양으로부터 더 먼 거리와 약한 중력에 의함) 각 층들의 상대적인 고도가 토성의 대기에서 더 깊어짐을 의미한다. 천왕성과 해왕성은 너무 차가워 목성이나 토성과 유사한 어떤 구름층이라도 그들의 대기가 너무 깊이 있어서 우리에게는 보이지 않는다. 그러나 이 낮은 온도는 풍부한 메탄 가스의 일부를 구름이 되도록 응결하게 한다. 메탄 가스는 붉은 빛을 흡수하고, 푸른 빛만 투과시켜 메탄 구름이 형성되는 층까지 이르게 한다. 메탄 구름은 이 푸른 빛을 위로 반사시켜 이 두 행성을 푸르게 보이게 한다(그림 8.7). 지구와 목성의 바람 패턴은 행성의 자전이 공기를 움직이는 것과 같은 방식이다.

**거대한 바람과 폭풍** 목성형 행성의 가장 놀라운 시각적 특성 중 하나는 목성의 줄무늬이다. 이 줄무늬는 상승과 하강하는 대기가 교차되어 나타나는 띠들이며, 각 색들은 우리가 보는 구름에서 기인한다. 상승 대기의 띠는 상승 대기가 응결하여 높은 고도에서 흰 암모니아 구름을 형성하기 때문에 하얗다(그림 8.6). 하강하는 대기의 띠는 암모니아 구름을 포함하지 않아 낮은 고도에 놓인 적갈색 암모늄수황화물 구름을 볼 수 있게 한다. 이들 띠들이 목성을 둘러싸고 있는 것은 지구의 저기압 지역 주변에서 북반구에서는 반시계 방향으로 남반구에서는 시

a. 이 영상은 폭풍이 지구의 저기압 지대(L)를 어떻게 순환하는지 보여준다. 지구의 자전에 의해 지구의 두 반구에서는 서로 반대 방향으로 폭풍이 회전한다.

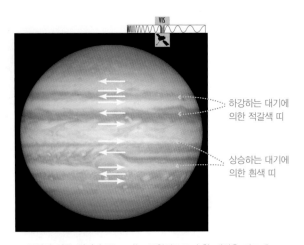

:: 하강하는 대기에 의한 적갈색 띠

:: 상승하는 대기에 의한 흰색 띠

b. 목성의 빠른 회전과 큰 크기는 근원적으로 순환 패턴을 빠르게 움직이고 행성 전체의 대기에 끼쳐 띠들에게 영향을 준다.

**그림 8.8** 행성 자전 효과가 대기를 움직여서 나타나는 지구와 목성의 바람 패턴

게 방향으로 순환하는 폭풍을 만드는 것과 같은 효과(코리올리 효과)의 결과물이다(그림 8.8a). 목성의 빠른 회전과 큰 크기는 이 효과를 더욱 강력하게 만든다. 본질적으로 이 순환은 동서로 뻗어 목성을 전부 뒤덮게 만든다(그림 8.8b). 그래서 목성에는 매우 빠른 속도의 동서풍이 불게 되며, 때때로 시속 400km가 넘는다.

목성형 행성에서 수많은 폭풍을 볼 수 있다. 가장 유명한 것은 **대적점**인데, 이것은 지구 지름의 2배가 넘는다. 이 대적점은 지구의 태풍과 같은데, 차이점은 저기압 지역이 아닌 고기압 지역에서 형성되는 바람이라는 것이다(그림 8.9). 또한 지구의 폭풍에 비해 훨씬 오래 유지된

> 목성형 행성의 빠른 자전은 강한 바람을 만들고, 띠 모양을 만들어내고 때로는 거대한 폭풍을 야기하도록 돕는다.

다. 천문학자들은 지난 3세기 동안 대적점을 확인하기 위해 망원경의 성능을 향상시켜왔다. 하지만 여전히 대적점이 이렇게 오래 지속되는 이유는 모르고

있다. 지구의 폭풍은 대륙을 지나갈 때 그 힘을 잃는 경향이 있다. 목성의 초대형 폭풍이 수백 년간 지속된 이유는 단순하게는 에너지를 약화시킬 단단한 표면 효과가 목성에는 없기 때문일 것이다.

2개의 또 다른 오래된 폭풍에서는 수수께끼 같은 변화가 일어나고 있다. 색이 붉게 변하고 있는 것이다. 둘 중 더 최근인 폭풍은 대적점의 근처를 지나갈 때 찢겨져 분열되었다(그림 8.10a). 다른 목성형 행성들 또한 동적인 기후 패턴을 보인다(그림 8.10b-d). 목성에서처럼 토성의 빠른 자전은 빠르게 동서로 교차하는 바람을 따라 상승하고 하강하는 공기의 교차층을 만들어낸다.

실제로 토성의 바람은 목성에서보다 훨씬 빠르다. 이는 과학자들이 아직도 설명해야 할 놀라운 점이다. 해왕성의 대기도 줄무늬를 가지고 있으며 목성의 대적점과 유사하게 대흑점으로 불리는 높은 압력의 폭풍을 보인다. 그러나 대흑점은 오래 지속되지 않는다. 발견된 후 6년이 지나서는 보이지 않았다. 천왕성은 1986년 보이저 2호가 지나갔을 때 상당히 한산한 모습이었다. 그러나 현재 더 잦은 폭풍을 보인다. 아마도 자전축의 심한 기울어짐과 태양궤도를 공전하는 데 84년이 걸리기 때문에 나타나는 느리지만 극적인 계절 변화 때문일 것이다.

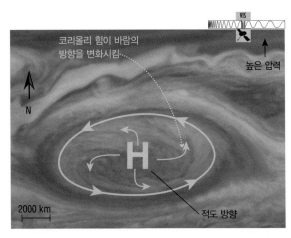

코리올리 힘이 바람의 방향을 변화시킴

높은 압력

N

**H**

2000 km

적도 방향

**그림 8.9** 이 영상은 이 지구의 두세 배 부피를 삼킬 수 있을 정도로 거대한 고기압의 폭풍인 목성의 대적점을 보여준다. 겹쳐진 그림은 이 지역의 기압경도를 보여준다.

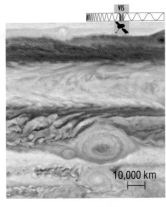

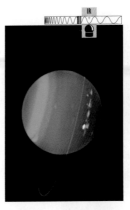

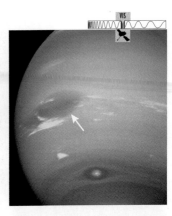

a. 이 허블우주망원경 영상은 대적점, '아기 적점(왼쪽)' 그리고 '적점 주니어(아래쪽)'를 포함한 목성의 남반구를 보여준다. 아기 적점은 며칠 후에 대적점에 의해서 조각으로 찢어졌다.

b. 보이저 1호에 의해 촬영된 토성의 대기권. 띠 형태의 모습은 목성과 매우 유사하지만 훨씬 더 빠르다.

c. 천왕성에 대한 켁망원경 적외선 영상은 몇 개의 폭풍(밝은 반점들)과 천왕성의 얇은 고리(적색)를 보여준다.

d. 보이저 2호에서 본 해왕성의 대기권은 띠들과 종종 강한 폭풍을 보인다. 큰 폭풍(흰색 화살)은 대흑점으로 불린다.

**그림 8.10** 네 목성형 행성의 기후 유형

## 8.2 풍부한 세계 : 얼음과 암석의 위성들

목성형 행성은 장엄하고도 매혹적이다. 하지만 이것은 목성형 행성계에 대한 설명의 시작에 불가하다. 4개 목성형 행성계 각각은 무수한 유성과 고리들의 세트를 포함하고 있다. 어떠한 목성형 행성이라도 모든 위성과 고리들을 다 합한 전체 질량은 그 행성의 전체 질량에 비교하면 극소량이다. 하지만 위성들의 놀랄 만한 다양함은 이들 규모의 부족함을 보상하고도 남는다.

### ● 목성형 행성의 주위를 돌고 있는 위성에는 어떤 종류가 있는가?

현재 우리는 목성형 행성들을 공전하는 170여 개의 위성을 알고 있다. 목성과 토성 각각은 잘 알려진 60여 개 이상의 위성을 가지고 있다. 이들 위성을 크기에 따라 세 그룹으로 나누어 체계화하면 다음과 같다. 지름이 300km 이하인 소형 위성, 지름이 300~1,500km 범위의 중형 위성, 그리고 지름이 1,500km 이상의 대형 위성이 있다. 이러한 분류는 크기가 지질학적 활동과 관련이 있기 때문에 유용하다. 일반적으로 큰 위성들은 과거 또는 현재의 지질학적 활동에 대한 증거를 보여주는 것과 같다.

그림 8.11은 중대형 위성들의 몽타주를 보여준다. 이 위성들은 여러 면에서 지구형 행성과 닮았다. 각각은 딱딱한 표면의 구체이며 지질학적 기원이 독특하다. 어떤 위성들은 대기층과 뜨거운 내부 그리고 자기장까지 보유하고 있다.

가장 큰 2개의 위성(목성의 위성인 가니메데와 토성의 위성인 타이탄)은 행성인 수성보다도 더 크다. 반면 다른 4개의 큰 위성(목성의 이오, 유로파, 칼리스토 그리고 해왕성의 위성인 트리톤)은 가장 큰 왜소행성인 명왕성과 에리스보다 더 크다. 하지만 이 위성들은 구성 성분면에서 지구형 행성과는 다르다. 태양계의 바깥 차가운 영역에서 형성되었기 때문에 이들 대부분이 금속과 암석 그리고 상당히 많은 양의 얼음을 함유한다.

대부분의 중대형 위성은 아마도 각각의 목성형 행성들[6.3절]을 둘러싸고 있는 기체원반 내에 부착되어 형성되었을 것이다. 이것은 왜 위성들의 궤도가 거의 원이며, 모행성의 적도면에 가깝게 위치하고 있는지 그리고 왜 이

몇몇 목성형 위성들은 크기와 지질학적 흥미로움에 있어서 가장 작은 행성들과 견줄 만하다. 하지만 상당한 개수의 더 작은 위성들은 소행성과 혜성이 포획된 것이다.

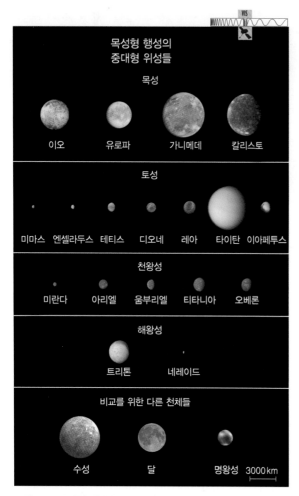

**목성형 행성의
중대형 위성들**

목성

이오 　유로파 　가니메데 　칼리스토

토성

미마스 　엔셀라두스 　테티스 　디오네 　레아 　타이탄 　이아페투스

천왕성

미란다 　아리엘 　움부리엘 　티타니아 　오베론

해왕성

트리톤 　네레이드

**비교를 위한 다른 천체들**

수성 　달 　명왕성 　3000 km

**그림 8.11** 목성형 행성의 중대형 위성들의 크기 비교. 목성형 행성의 중대형 위성은 (거리는 아님) 규모 면에서 매우 크다. 수성, 달 그리고 명왕성이 비교를 위해 제시되었다.

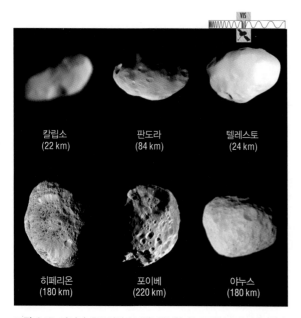

칼립소
(22 km)

판도라
(84 km)

텔레스토
(24 km)

히페리온
(180 km)

포이베
(220 km)

야누스
(180 km)

**그림 8.12** 카시니 우주선이 보내온 영상들 중 토성의 6개 작은 위성. 모두는 그림 8.11의 가장 작은 위성들보다도 더 작은 크기이다. 불규칙한 모양은 구형으로 만들기에는 중력이 너무 약한 작은 크기 때문이다. 괄호 안의 크기는 장축을 따르는 대략적인 길이를 나타낸다.

위성들의 궤도가 모행성의 자전과 같은 방향인지도 설명해준다. 반대로 많은 작은 위성은 아마도 소행성 또는 혜성이 포획된 것으로 특정 궤도 양상을 따르지 않는다.

소형 위성들은 마치 감자 같은 불규칙한 모습을 띤다(그림 8.12). 왜냐하면 단단한 물질들을 구체 안으로 밀어 넣기에 중력이 너무나 약하기 때문이다. 이러한 위성들이 어떤 중대한 지질학적 활동을 할 것으로 기대되진 않는다. 이 위성들은 그저 이들 모행성의 중력에 억류된 돌과 얼음 덩어리인 것이다.

### ● 목성의 갈릴레이 위성은 왜 지질학적으로 활발한가?

목성형 행성의 가장 흥미로운 위성들에 대한 간략한 여행을 막 시작했다. 우리의 첫 정차역은 4개의 갈릴레이 위성을 가진 목성이다(갈릴레이에 의해 발견됨[3.3절]). 사실 이 4개의 위성은 태양을 공전했더라면 태양계 행성이나 왜성의 하나로 분류되었을 정도로 매우 크다(그림 8.13).

**이오 : 화산의 세상** 위성들이 모두 달처럼 황량하고 지질학적으로 죽어 있다고 생각하는 이들이 있다면 이오는 그런 고정 관념을 깨게 한다. 30여 년 이전 보이저호가 이오의 첫 근접 사진을 보내왔을 때, 우리는 어떤 충돌 크레이터도 존재하지 않는 너무나 젊은 표면을 지닌 세상을 확인했다. 더불어 보이저호의 카메라는 진행 중인 화산 분출 영상도 기록했다. 이제 우리는 이오가 우리태양계에서 가장 멀리 있는 화산 활동 지역이라는 것을 알고 있다. 표면 전체를 보면 거대한 화산 수두 자국(그림 8.14)과 분출구들을 흔하게 볼 수 있으며 이 분출물이 거의 모든 충돌 크레이터를 덮어 버렸다. 또한 대개 지질 활동과 화산 활동은 동반해서 일어나기 때문에 아마도 이오에는 지질 구조운동도 있는 것으로 보인다. 그리고 화산성 분출구로부터의 파편이 대부분의 지각변동의 모습을 덮었을 것이다. 이오의 활발한 화산 활동은 이오의 내부가 매우 뜨거울 것임을 의미한다. 그러나 이오는 지질학적으로 죽어 있는 달 크기 정도여서 오래전 탄생했을 때 발생한 열은 이미 모두 잃었고, 지속적인 열을 내기 위한 방사 활동을 하기에도 너무 작은 크기이다.

그렇다면 어떻게 이오는 이렇게 내부가 뜨거울 수 있을까? 가능한 유일한 답은 어떤 다른 지속 활동이 이오 내부를 계속 데우고 있다고 보는 것이다. 과학자들은 이 과정을 규명했고, 이를 **조석열**이라고 부른다. 이는 목성에 의해 야기된 조석력이다. 지구가 달을 항상 우리에게 같은 면을 보이게 만드는 조석력을 행사하듯이[4.4절], 목성의 조석력은 이오를 궤도에서 항상 같은 면을 목성으로 향하게 만든다. 그러나 목성의 질량은 이 조석력을 지구가 달에게 가하는 조석력보다 훨씬 광범위하도록 만든다. 게다가 이오의 궤도는 약간 타원형이다. 그래서 이오의 공전속도와 목성으로부터의 거리가 달라진다. 이 편차는 이오가 궤도를 따라 움직일 때 조석력의 강도와 방향이 조금씩 변한다는 것을 의미한다. 궤도 위치에 따라 이오의 조석 부풀음의 크기와 방향을 차례로 변화시킨다(그림 8.15a). 그 결과 이오가 지속적으로 다른 방향으

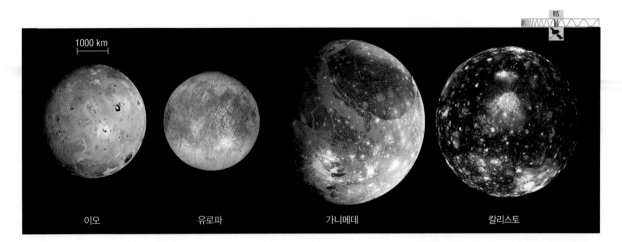

**그림 8.13** 갈릴레이 탐사선이 찍은 영상들. 오늘날 우리가 이해하고 있는 4개의 갈릴레이 위성의 전체적인 모습을 보여준다. 크기가 비율로 보여진다(이오는 대략 달의 크기).

로 움직이고 이것이 내부에서의 마찰로 나타난다. 이 마찰은 탱탱한 고무공이 마찰로 인해 따뜻해지는 것과 같은 방법으로 내부를 데운다. 조석열은 이오 내에 거대한 열로 발생되고, 이 열이 이오의 엄청난 화산 활동을 설명할 수 있다고 본다.

**스스로 해보기** ▶ 종이클립의 중첩되는 끝부분을 살펴보라. 양손에 그 한쪽 끝을 쥐어라. 그리고 부러질 때까지 계속 접었다 펼쳐라. 부러진 부분을 손가락이나 입술로 살짝 만져보라. 마찰이 만들어낸 온기를 느낄 수 있는가? 이 열이 이오의 조석열과 어떻게 유사한가?

그러나 여전히 심도 있는 질문이 남아 있다. 다른 대부분의 대형 위성들은 거의 원형 궤도인데 이오의 궤도는 왜 약간 타원형인가? 답은 이오와 이웃 위성들에 의해 만들어진 흥미로운 궤도운동에 있다(그림 8.15b). 가니메데가 목성의 한 궤도를 완전하게 공전하는 데 걸리는 시간 동안 유로파는 정확하게 2번의 공전을 한다. 그리고 이오는 정확하게 4번의 공전을 한다. 주기적으로 정렬하는 3개 위성의 중력적 끌어당김이 시간이 흐르면서 서로

목성의 위성들 사이의 궤도공명은 이오의 궤도를 약간 타원형으로 만들고 이오의 화산 활동을 설명하는 조석 열로 이어진다.

에게 영향을 준다. 왜냐하면 이 중력적 끌어당김은 각각의 정렬 방향으로 항상 같은 방향이고, 이것은 궤도에 영향을 주어 약간 타원형이 되게 한다. 이 효과는 그네를 타는 아이를 미는 것과 같다. 시간이 잘 맞으면 연속되는 작은 밀어줌은 **공명**을 가중시켜 아이의 그네를 꽤 높이

**그림 8.14** 이오는 태양계에서 화산 활동이 가장 활발한 천체이다.

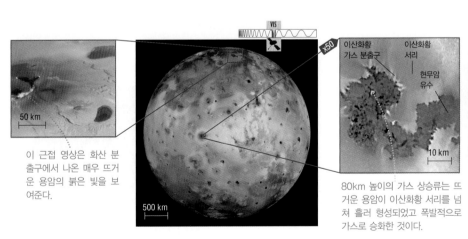

50 km

이 근접 영상은 화산 분출구에서 나온 매우 뜨거운 용암의 붉은 빛을 보여준다.

500 km

×50

이산화황 가스 분출구
이산화황 서리
현무암 유수

10 km

80km 높이의 가스 상승류는 뜨거운 용암이 이산화황 서리를 넘쳐 흘러 형성되었고 폭발적으로 가스로 승화한 것이다.

a. 이오 표면에 있는 대부분의 검정, 갈색 그리고 적색 점들은 최근에 활발한 화산의 모습이다. 희고 노란 지역은 각각 화산성 가스로부터 이산화황($SO_2$)과 황이 모인 곳이다(갈릴레이 탐사선으로부터 찍은 영상들이다. 일부 색은 약간 강조되거나 편집되었다.).

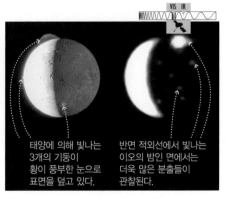

태양에 의해 빛나는 3개의 기둥이 황이 풍부한 눈으로 표면을 덮고 있다.

반면 적외선에서 빛나는 이오의 밤인 면에서는 더욱 많은 분출들이 관찰된다.

b. 뉴호라이즌이 명왕성으로 향하는 길에 촬영한 이오 화산의 모습들이다.

이오의 타원형 궤도는 목성에 의한 조석력의 세기와 방향이 지속적으로 변함을 의미한다.

이 변하는 조석은 이오의 내부를 굴곡지게 하고 조석열을 발생시킨다.

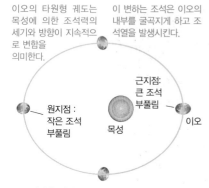

원지점 : 작은 조석 부풀림

근지점: 큰 조석 부풀림

목성

이오

a. 조석열은 변화하는 조석을 야기하는(이 그림에서 과장하여 표현된) 이오의 타원 궤도 때문이다.

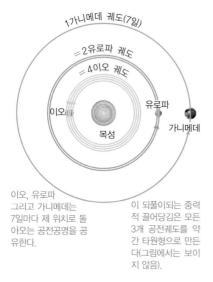

1가니메데 궤도(7일)

=2유로파 궤도

=4이오 궤도

이오

유로파

목성

가니메데

이오, 유로파 그리고 가니메데는 7일마다 제 위치로 돌아오는 공전공명을 공유한다.

이 되풀이되는 중력적 끌어당김은 모든 3개 공전궤도를 약간 타원형으로 만든다(그림에서는 보이지 않음).

b. 이오가 유로파와 가니메데와 함께 공유하는 궤도공명 때문에 이오의 궤도는 타원형이다.

**그림 8.15** 이 그림들은 이오에서 조석열이 발생되는 이유를 설명한다. 조석열은 유로파와 가니메데에서는 약하다. 그 이유는 이들 위성은 목성에서 멀리 떨어져 있고, 조석열은 거리가 멀어짐에 따라 약해지기 때문이다.

오르게 만들 것이다. 3개 위성의 궤도를 타원형으로 만드는 **궤도공명**은 정렬 위치가 반복되는 작은 중력적 끌어당김에서 나온다.

**유로파 : 물의 세상?** 유로파는 이오와 극명한 대조를 보인다. 표면을 점박이로 만드는 활동적인 화산 활동 대신, 유로파의 지표면은 물과 얼음으로 뒤덮여 있다. 유로파는 운석 크레이터가 매우 적으며 액체 물 또는 대류를 겪을 만큼 충분히 푹신한 얼음에 의한 지속적이고 뚜렷한 지질학적 활동의 움직임의 징후를 보인다(그림 8.16). 또한 유로파는 이오와 같이 동일한 형태의 조석열을 겪고 있을 것이다. 유로파는 목성에서 더 멀기 때문에 조석열이 이오보다 약하지만, 얼음의 표면 아래 층을 액체 물로 녹이기에 충분할 것으로 예측된다.

이러한 사실들은 과학자들로 하여금 유로파가 암석질의 맨틀과 얼음 지각 사이에 액체 물의 깊은 바다를 숨기고 있지 않을까 의심하게 한다(그림 8.17). 갈릴레이 우주선이 수집한 자료가 두 가지 측면에서 이 가설을 지지한다. 첫째, 다양한 표면 모습은 표면 아래에 바다가 없이는 설명하기 어렵다. 둘째, 유로파에는 조금씩 변화하는 자기장이 존재한다. 이 현상은 전기적으로 전도체인 액체 상태의 층으로부터 야기되는 것으로 제안되며, 소금기 있는 바다가 잘 맞는 조건이 될 수 있다.

조석열이 유로파의 얼음 지각 아래에 액체 물로 된 깊은 바다를 만들었을 수 있다.

유로파에 바다가 존재한다면 이 액체의 바다는 깊이가 100km가 넘을 정도이며, 지구의 바다 전체의 2배가 넘는 액체 물을 포함할 것이다. 과학자들은 이 예측을 바탕으로 — 해저가 바닷속 화산들에 의한 분화 자국으로 뒤덮여 있을 가능성과 함께 — 유로파에 생명체가 살고 있을지도 모른다는 생각을 한다. 이 가능성은 제19장에서 논의할 것이다.

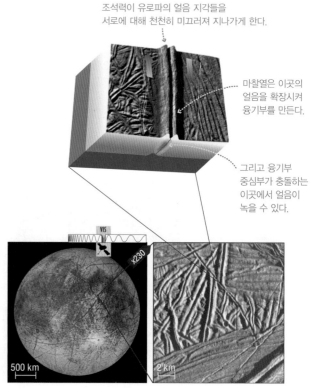

조석력이 유로파의 얼음 지각들을 서로에 대해 천천히 미끄러져 지나가게 한다.

마찰열은 이곳의 얼음을 확장시켜 융기부를 만든다.

그리고 융기부 중심부가 충돌하는 이곳에서 얼음이 녹을 수 있다.

500 km

2 km

**그림 8.16** 유로파는 얼음 지각의 표면 아래에 깊은 액체 물 바다를 숨겨 놓고 있는지 모른다. 이 영상은 갈릴레이 탐사선이 촬영하였으며, 색은 전체적으로 강조되었다.

유로파의 표면은 멀리에서도 심하게 갈라져 보인다.

근접 촬영 사진에서 표면이 이중으로 융기한 것을 볼 수 있는데, 이는 얼음 지각 아래에 액체층이 흐르고 있음을 말해준다.

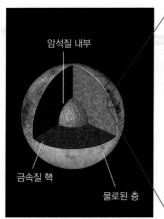

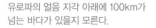

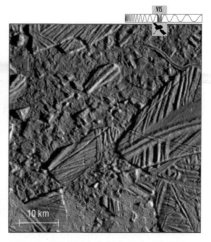

유로파의 얼음 지각 아래에 100km가 넘는 바다가 있을지 모른다.

따뜻한 물의 상승 기둥들이 종종 얼음 내부 안에 호수를 만들 수 있다. 이는 갈라진 틈 상부의 껍질을 야기한다.

액체 또는 얼은 물이 녹은 곳에 떠도는 빙산들로 뒤죽박죽 뒤섞인 것 같은 표면 지형이 보여진다.

**그림 8.17** 이 그림은 유로파의 내부구조의 한 가지 모형을 보인다. $H_2O$층이 실재하는지에 대한 의구심이 있다. 하지만 얼음 지각 아래의 물질이 액체 물인지, 비교적 따뜻한지, 얼음으로 대류하는지 또는 이들 중 일부인지에 대한 질문들이 남아 있다.

**가니메데와 칼리스토** 목성의 나머지 2개 큰 위성인 가니메데와 칼리스토 또한 매우 흥미로운 지질구조를 보인다. 유로파와 같이 모두 물 얼음의 표면을 갖는다.

태양계에서 가장 큰 위성인 가니메데는 이중 인격처럼 보인다(그림 8.18). 일부 지역은 검은 크레이터로 빽빽하게 들어차 있다. 이는 수십 억 년 전부터 지금과 거의 같은 모습이었음을 시사한다. 다른 지역들은 크레이터가 거의 없이 옅은 담채이다. 이는 액상의 물이 최근까지 분출되고 얼었을 가능성을 암시한다. 게다가 자기장 관측 자료는 가니메데가 유로파처럼 표면 아래에 액체 물의 바다를 가지고 있을 것을 시사한다. 만약 그렇다면 가니메데의 표면 아래의 얼음을 녹이는 열의 근원에 대한 설명이 필요하다. 가니메데는 조석열이 약하다. 계산 결과 바다를 고려할 만큼 강하지 않다. 아마도 진행 중인 방사성 붕괴가 바다를 만들 만한 추가적인 충분한 열을 제공하는 것일 수 있다. 또는 아닐 수도 있다. 가니메데가 어떤 비밀들을 숨기고 있는지 정확하지 않다.

갈릴레이 위성 중 가장 바깥쪽에 위치한 칼리스토는 과학자들이 예측했던 태양계 바깥쪽의 위성으로 아주 많은 크레이터로 덮인 얼음공(그림 8.19)의 모습과 매우 유사하다. 표면에 보이는 밝은 부분은 운석 크레이터들이다. 그러나 이 표면 역시 몇몇 놀라운 점들을 갖고 있다. 근접 촬영 영상은 암흑, 저지대에 집중된 가루 형태의 물질, 남은 융기 부분과 밝고 흰색으로 보이는 산꼭대기가 보인다. 이러한 모습이 어떻게 그곳에 있는지 알지 못한다. 더 놀라운 것은 자기장 관측 자료에 의하면 칼리스토 또한 표면 아래에

조석열은 가니메데에 약하게 존재하고 칼리스토에는 없다. 그러나 두 위성 모두는 표면 아래 바다의 존재에 대한 몇몇 증거를 보여준다.

바다를 숨겨놓고 있을 수 있다는 점이다. 무엇이 칼리스토 내부를 뜨겁게 하는지는 모른다. 칼리스토는 다른 갈릴레이 위성들에 의한 궤도공명을 하지 않는데, 이는 조석열이 전혀 없기 때문이다. 그럼에도 불구하고 바다에 대한 가능성은 목성을 공전하는 3개의 위성에 지구의 바다보다 훨씬 많은 양의 물을 가진 바다가 있을지도 모른다는 흥미로운 예측을 하게 한다.

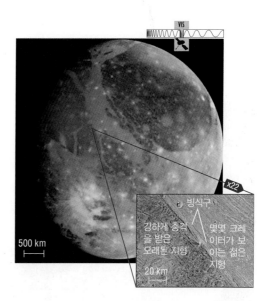

**그림 8.18** 태양계에서 가장 큰 위성인 가니메데는 물 얼음의 표면 위에 오래되고 젊은 영역들이 공존한다. 어두운 영역은 아주 많은 크레이터로 이루어진 곳이고 족히 수십 억 년은 되었을 것이다. 반면에 밝은 영역은 물의 분출이 오래된 크레이터 흔적을 없앴을 것으로 추정할 수 있는 젊은 풍경이다. 밝은 영역에 있는 긴 홈은 아마도 표면 틈새를 따라 물의 분출에 의해 형성되었을 것이다. 두 가지 지형 사이의 경계는 매우 뚜렷하다.

### ● 타이탄과 다른 위성에서 관측되는 지질학적 활동은 무엇인가?

4개의 갈릴레이 위성 이외에 나머지 목성의 위성들은 지질 활동이 없는 것으로 예상되는 소형 분류에 속한다. 그러나 그림 8.11을 다시 보면 남은 목성형 행성들이 중대형 규모의 위성을 14개 더 가지고 있는 것을 볼 수 있을 것이다. 7개는 토성에, 5개는 천왕성에, 2개는 해왕성에 있다. 2004년부터 토성을 촬영했던 카시니 탐사선에 특히 더 감사하는 바이다. 이를 통해 우리는 놀랍게도 앞의 위성들보다 더 작은 위성들도 활동적인 지질운동을 하고 있음을 알아가고 있다.

**타이탄** 토성의 위성인 타이탄은 태양계에서(가니메데 다음으로) 두 번째로 큰 위성이다. 타이탄은 두꺼운 대기로 덮여 있는데, 너무 두꺼워서 가시광으로는 그 안을 들여다볼 수가 없다. 태양계의 위성 중에서 특이한 천체에 해당된다(그림 8.20). 타이탄의 붉은색은 대기 안의 화학물질에 의한 것으로 지구의 도시 하늘에서 스모그를 만드는 것과 매우 유사하다. 타이탄의 대기는 95% 이상이 질소이다. 지구의 대기 성분 중 77%가 질소인 것과 별 차이가 없다. 그러나 지구의 대기성분의 나머지는 대부분 산소인 반면 타이탄의 대기성분의 나머지는 대부분 아르곤과 메탄($CH_4$), 에탄($C_2H_6$) 그리고 여러 수소화합물이다.

타이탄의 대기는 내부와 표면에서 흘러나온 메탄과 암모니아가스의 산물로 생각된다. 일부는 메탄과 암모니아 얼음에서 증발에 의해 방출되고, 또 일부는 폭발적으로 방출되었다. 태양의 자외선 빛은 이 가스 분자들을 분열시킬 수 있다. 해방된 수소원자는 우주로 이탈하고, 탄소와 질소를 포함한 높은 반응성을 갖는 복합물들은 남아서 타이탄 대기의 나머지 구성요소를 만들도록 반응한다. 예를 들어 풍부한 질소 분자는 자외선에 의해 암모니아($NH_3$) 분자가 부서져 만들어진다. 그리고 에탄은 메탄으로부터 만들어진다. 메탄과 에탄은 둘 다 온실가스로 타이탄에 온실효과를 부여한다[7.1절]. 그리고 온실효과가 없었을 때보다 더욱 더워지게 만든다. 타이탄의 표면온도는 태양으로부터 아주 멀기 때문에 냉랭하게 추운

칼리스토는 아주 많은 크레이터로 덮여 있고 이는 오래된 표면을 의미한다. 그렇더라도 깊은 곳에 바다를 매장하고 있을지도 모른다.

근접 촬영 사진은 표면의 저지대와 겹쳐서 검은 분말을 보여준다.

**그림 8.19** 갈릴레이 네 위성 중 가장 바깥에 위치한 칼리스토는 표면이 아주 많은 크레이터들로 된 얼음으로 덮여 있다.

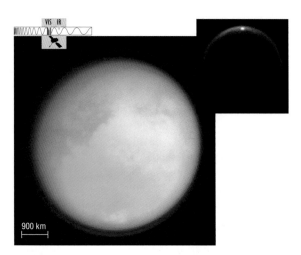

**그림 8.20** 카시니 탐사선이 촬영한 타이탄은 구름과 아지랑이와 함께 두꺼운 대기로 완전히 둘러싸여 있다. 카시니 탐사선은 대기에 영향을 적게 받는 근적외선 파장의 빛으로 대기를 통한 안쪽을 자세히 조사하도록 설계된 필터들을 갖추고 있었다. 삽입된 그림은 타이탄의 가장 큰 호수인 크라켄 바다에서 반사된 태양광을 보여준다.

93K(-180℃) 정도이다. 타이탄의 표면 기압은 지구 해수면 기압의 1.5배이다. 이것은 산소가 부족하지 않고 주운 온노반 아니라면 꽤 편안한 기압 수준이다.

대기가 두꺼운 위성은 매우 흥미로울 수 있다. 그러나 우리가 타이탄에 특별히 관심을 갖는 두 가지 이유가 있다. 첫째, 타이탄의 복잡한 대기의 화학 조성은 많은 생명의 근간이 되는 유기화학물질을 생산한다는 것이다. 둘째, 타이탄에는 액상의 물이 존재하기에는 너무 추운데도 불구하고 메탄이나 에탄 비가 내리기에 적합한 기상조건이라는 것이다. 이러한 사실이 나사와 ESA가 타이탄을 탐험하기로 힘을 합치게 한 이유이다.

**타이탄은 두꺼운 대기층, 메탄, 그리고 놀라운 침식지질을 가지고 있다.**

2005년에 나사의 카시니 '모선'은 ESA가 만든 호이겐스 탐색선을 타이탄 표면에 낙하산으로 투하시켰다(그림 8.21). 탐색선은 하강하는 동안 강이 서로 합쳐지고 해안선처럼 보이는 곳으로 흘러가는 것처럼 보이기도 하는 사진을 연속해서 찍었다. 착륙해서는 탐색선의 장비들을 통해 표면이 딱딱한 껍질로 되어 있다는 것, 즉 그 아래는 약간 질척거리는 아마도 액체가 섞인 모래 같은 표면이라는 것을 알아냈다. 그리고 부식에 의한 빙표석도 보여주었다. 이 모든 결과들은 습윤 기후일 거라는 생각을 뒷받침한다. 그러나 액상의 물이 아닌 액상의 메탄으로 된 습윤 기후이다.

연속된 카시니의 관측은 타이탄에 대해 더 많은 것을 생각하게 만들었다. 그림 8.21의 중앙 그림에서 밝은 지역은 얼음 화산에 의해 만들어진 얼음 언덕으로 보인다. 어두운 계곡은 아마도 메탄 비가 '스모그 입자'들을 가지고 내릴 때 강바닥 면에 집중되어 만들어진 것 같다. 광활한 초원은 저지대이고 그곳의 계곡들은 텅 빈 것처럼 보인다. 하지만 그것이 액체로 보이지는 않는다. 대신 강에서 흘러내려 온 스모그 입자들에 뒤덮여 있는 것으로 추정된다. 그리고 타이탄의 거대하고 광범위한 바람에 의해 사구지면으로 조각된 것 같다.

타이탄 적도지역의 환경은 가끔 호우가 골짜기를 만들어내고 거기서 물이 기화되거나 지면에 빨려 들어가 플라야스로 불리는 마른 호수가 생기는, 미국의 남서부 사막과 유사한 것 같아 보인다. 그리고 극지에 먹구름과 호수로 변해 가는 하천 부지가 보인다. 이는 타이탄이 지구의 물의 대기 순환 구조를 닮은 메탄/에탄의 대기 순환 구조를 띤다고 예상할 수 있다(그림 8.22). 호이겐스 임무 중 가장 놀라운 결과는 아마도 낯선 물질로 된 외계의 환경인 이 풍경이

**그림 8.21** 타이탄의 호이겐스 착륙 지점을 연속적으로 확대해본 것이다. 왼쪽 : 궤도를 운항하는 카시니 탐사선에서 찍은 전체적인 시야. 중앙 : 하강하는 탐색선으로부터 본 항공 시야. 오른쪽 : 착륙 후 탐색선에 의해 촬영된 표면 시야. 10~20cm 지름의 암석들은 얼음으로 만들어졌을 것으로 보인다.

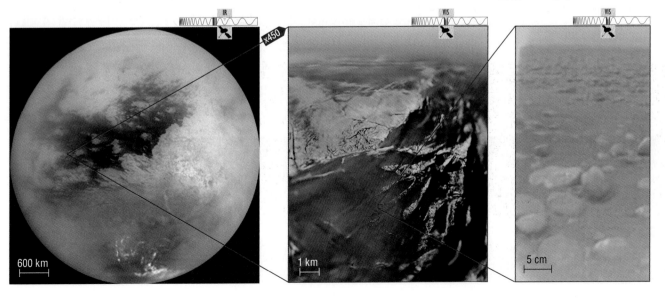

**그림 8.22** −180°C 온도의 액체 메탄과 에탄의 호수로 보이는 타이탄의 북극 부근의 리지아 바다 전파 영상. 대부분의 단단한 표면은 전파에서 잘 반사가 되고 이러한 지역은 육지를 의미하도록 인위적으로 황갈색으로 표현했다. 액체 표면은 전파에서 약하게 반사되고 이러한 지역은 호수를 의미하도록 푸르고 검게 표현하였다.

**그림 8.23** 카시니 탐사선에 의해 촬영된 토성의 중형 위성들 영상(비율은 맞지 않음). 미마스를 제외한 모든 중형 위성이 과거의 화산 활동이나 구조지질의 증거를 보인다.

무척이나 익숙하다는 것을 알아낸 것이다. 타이탄은 액상의 물 대신에 액상의 메탄과 에탄을, 암석 대신에 얼음을, 녹은 용암 대신에 암모니아와 뒤섞인 해빙 상태의 얼음으로, 표면 먼지 대신에 상공에서 발생해서 지상으로 축적되는 스모그 같은 입자들을 가지고 있다. 풍경을 만드는 데 있어 타이탄과 지구에서 일어나는 물리적 과정의 유사성이 타이탄과 지구 사이의 매우 다른 구성 요소와 온도보다 훨씬 더 중요한 것처럼 보인다.

**생각해보자 ▶** 타이탄이 지구와 유사하다는 걸 고려할 때 여러분은 타이탄에서 어떤 지질학적 특성을 기대할 수 있겠는가?

**토성의 중형 위성들** 카시니의 임무 결과들은 토성의 다른 위성들에 대해서도 많은 것을 알려준다. 토성의 6개 중형 위성은 많은 새로운 이야기를 해준다(그림 8.23).

토성의 6개 위성 중 가장 작은 미마스만이 유일하게 과거 화산 활동이나 구조지질 활동의 증거를 보이지 않는다. 미마스는 본질적으로 운석 충돌을 심하게 겪은 아이스볼이다. 거대한 크레이터 중 한 개의 별명은 '다스 크레이터(Darth Crater)'이다. 이유는 그 모양이 스타워즈 영화에 나오는 죽은 별과 매우 닮았기 때문이다. 토성의 다른 중형 위성의 대부분도 심한 운석 충돌을 겪은 표면을 가지고 있고 이것은 현재에 광범위한 지질학적 활동이 없음을 확인해준다. 그러나 과거의 화산 활동이나 구조지질 활동의 충분한 증거들은 있다. 연약 지역은 과거 얼음 용암이 흘렀던 장소로 보이고 밝은 줄기의 근접된 모습(디오네에서 볼 수 있는 긴 줄무늬처럼)은 서로 나란히 쭉 뻗어 있는 거대한 절벽 구조의 세트임을 보여준다.

이아페투스는 유별나게 독특하다(그림 8.24). 이아페투스는 둘레의 거의 반에 걸쳐 높이가 10km가 넘는, 그리고 놀랍게도 적도를 따라 수평하게 놓여 있는 능선이 하나 있다. 아무도 그 기원은 모른다. 그러나 구조지질 활동의 결과 같아 보인다. 게다가 이아페투스 대부분은 포이베로부터 온 어두운 먼지에 의해 뒤덮인 것처럼 보인다(그림 8.12). 포이베는 놀랍도록 먼지를 쉽게 내보내는 작은 달이다. 포이베의 먼지는 안쪽으로 소용돌이쳐 이아페투스로 향한다. 엔셀라두스는 더 놀랍다. 이 위성은 직경이 500km에 간신히 이른다. 이는 미국 콜로라도 주의 지름 정도밖에 안 되는 것이다. 그럼에도 진행 중인 지질학적 활동의 증거들이 보인다(그림 8.25). 엔셀라두스의 표면에는 매우 소수의 운석 충돌 크레이터가 있다. 심지어 어떤 지역에는 운석 충돌 크레이터가 아예 하나도 없다. 이는 최근의 지질 활동들이 오래된 크레이터들을 지워버렸다고 말해주는 것이다. 게다가 남극 근처에 있는 이상한 빙식구는 주변 지역보다 유난히 더 따뜻해 보인다. 그리고 영상에서 보면 이 지역은 거대한 수증기 구름과 빙정을 뿜어내고 있다. 일부는 소금기를 머금은 것으로 보인다. 이 샘플은 분명 표면 아래 기원을 가지고 있다. 아마도 얼음 껍질 아래에 바다가 존재할 것으로 기대된다. 다시 말해 생명이 존재할

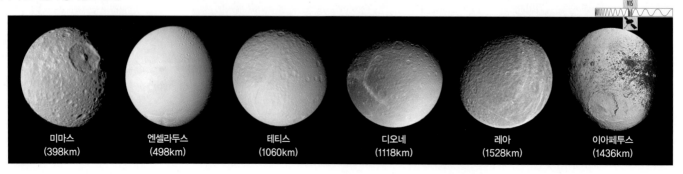

| 미마스 (398km) | 엔셀라두스 (498km) | 테티스 (1060km) | 디오네 (1118km) | 레아 (1528km) | 이아페투스 (1436km) |

엔셀라두스는 현재에도 지질학적인 활동을 하는 태양계에서 가장 작은 위성이다.

지도 모른다는 의구심을 갖게 만든다. 엔셀라두스 내부의 열은 디오네와의 궤도공명을 통한 조석열에서 비롯된다. 비록 과학자들이 그 열이 오늘날까지도 엔셀라두스가 활발할 수 있게 할 만큼 충분하다는 것을 알게 되어 놀랐지만 말이다.

**천왕성과 해왕성의 위성들** 우리는 천왕성과 해왕성의 달에 대해 아는 바가 거의 없다. 왜냐하면 이들에 대한 근접 사진이 1980년대에 보이저 2호의 근접 비행에서 각각 한 번씩밖에 촬영된 적이 없기 때문이다.

천왕성은 5개의 중형 위성이 있다(대형 위성은 없음). 그리고 최소한 그중 셋은 과거 화산 활동 또는 구조지질학적 증거들을 보여준다. 5개 위성 중 가장 작은 달인 미란다는 그중에서 가장 놀랍다(그림 8.26). 미란다는 가장 작은 크기임에도 불구하고 거대한 지구조적 모습과 비교적 적은 크레이터를 보여준다. 심한 포격이 끝난 후에 지질학적인 활동을 겪어서 일찍이 생긴 크레이터를 지워버린 것 같다[6.3절].

이 놀라운 모습은 해왕성의 위성인 트리톤에서도 나타난다(그림 8.27). 트리톤은 처음 보기에 이상한 위성으로 보인다. 커다란 위성이지만 해왕성을 '거꾸로(해왕성의 회전 방향과 반대로)' 공전하기 때문이다. 그리고 궤도는 해왕성의 적도 방향에 대해 상당히 경사져 있다. 이것은 해왕성 주변의 기체원반 내에서 형성되었다기보다는 포획된 위성이라는 명백한 징후이다. 트리톤과 같이 큰 위성이 어떻게 포획되었는지는 아무도 모른다. 그러나 모형은 가능한 메커니즘 하나를 제시한다. 즉, 트리톤은 아마도 한때 해왕성을 근접해서 지나간 카이퍼 대 쌍성 천체였다는 것이다. 트리톤은 에너지를 잃고 포획되어 버린 반면에 트리톤의 일행은 에너지를 얻어서 빠른 속도로 튀어나갔을 것이다.

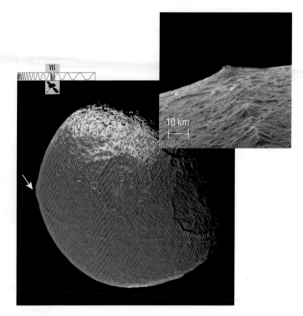

**그림 8.24** 토성의 위성인 이아페투스는 둘레의 반을 가로지르는 10km 높이의 적도 능선(흰 화살표)을 갖고 있다. 영상은 원근법에 따라 능선의 일부를 보여준다.

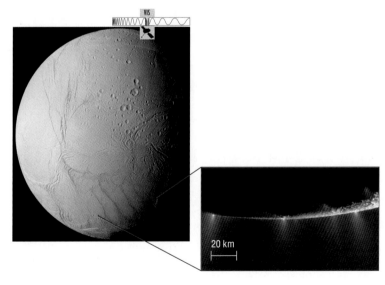

**그림 8.25** 토성의 위성인 엔셀라두스의 카시니 영상. 왼쪽 영상의 아래쪽 부근의 푸른 '호랑이 줄무늬'는 최근에 하부로부터 드러난 것이 확실한 신선한 얼음지역이다. 색은 과장되었다. 근자외선, 가시광 그리고 근적외선 파장에서 관측된 영상이 합성된 것이다. 오른쪽 영상은 확실히 남극지역에서 분무되는 것으로 보이는 얼음 물질의 분수(그리고 물 수증기)와 함께 태양에 의해 배경 조명을 받고 있는 엔셀라두스를 보여준다.

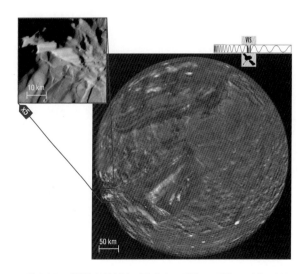

**그림 8.26** 해왕성의 위성인 미란다의 표면은 그 작은 크기에도 불구하고 믿기 어려운 구조적 활동을 보인다. 삽입된 영상 안의 절벽은 지구의 그랜드캐니언보다도 더 높다.

**그림 8.27** 해왕성의 위성인 트리톤은 과거 활발했던 지질학적 활동의 증거를 보여준다.

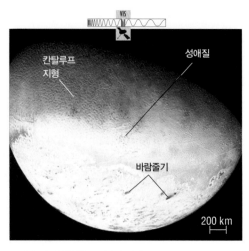

보이저 2호가 촬영한 트리톤의 남반구

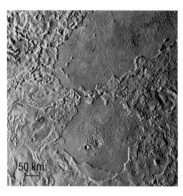

근접 촬영 영상에서 달의 바다와 유사하게 용암이 채워진 충돌 분지를 볼 수 있다. 그러나 용암은 녹은 암석이라기보다는 물이거나 슬러시 상태이다.

트리톤의 지질은 트리톤의 기원만큼이나 놀랍다. 트리톤은 지구의 달보다도 작지만 지표면은 비교적 최근까지 활동한 지질학적 증거들을 보여준다. 어떤 지역은 과거의 화산 활동 흔적

*트리톤은 해왕성을 '거꾸로' 공전하고 상당히 최근에 있은 지질학적 활동의 증거를 보인다.*

들을 보여주는 반면 어떤 지역은 자연적인 구조지질로 보이는 주름진 능선(별명 '칸탈루프 지형')을 보여준다. 트리톤은 매우 얇은 대기를 가지고 있고 그 대기는 트리톤 지표면에 약한 바람줄기를 남겼다. 이러한 모습들은 트리톤이 갖는 타원 궤도가 트리톤의 지질 활동을 설명할 수 있을 만큼의 충분한 조석열을 야기했을 가능성이 높음을 의미한다.

### ● 목성형 행성의 위성들은 왜 암석으로 된 작은 지구형 행성들보다도 지질학적으로 더 활발한가?

지구형 행성의 지질학을 공부할 때 배운 것들을 기초해볼 때, 목성형 행성의 위성들이 이러한 지질학적 활동을 갖는 것은 규모에 맞지 않다. 그러나 많은 목성형 행성의 위성들은 수성이나 지구의 달보다 훨씬 오랫동안 지질학적 활동이 활발하게 남아 있다. 하지만 이들보다 크기가 더 크지 않을 뿐 아니라 많은 경우 규모 면에서 훨씬 더 작다. 그러나 목성형 행성의 위성과 지구형 행성계 사이에는 두 가지 결정적인 차이가 있는데, 바로 구성성분과 조석열이다.

*조석열에 더해 용해의 수월함 그리고 얼음의 변형은 비록 작은 얼음 위성이라도 지질학적으로 활발하도록 유지할 수 있다.*

목성형 행성의 위성들은 태양으로부터 매우 멀리 떨어져서 생성되었기 때문에 대부분의 암석보다는 녹을 수 있거나 매우 낮은 온도에서 변형될

수 있는 얼음을 함유하고 있다. 그 결과 심지어 내부가 매우 낮은 온도로 (바위가 많은 행성의 온도보다도 더 낮은 온도로) 냉각되었을 때도 지질학적 활동을 경험할 수 있다. 또한 이오를 제외한 태양계 바깥 영역에서 나타나는 화산 활동의 대부분은 메탄과 암모니아와 혼합된 물이 주 성분인 용암을 만들어내는 '얼음 화산 활동'일 것이다.

이를 통해 알 수 있는 중요한 사실은 '얼음지질학'이 '암석지질학'보다 훨씬 더 낮은 온도에서도 가능할 것이라는 점이다. 이 사실은 많은 경우에서 조석열과 관련되고 목성형 위성들이 크기가 작음에도 불구하고 왜 흥미로운 지질학적 역사를 보여주는지를 설명해준다. 그림 8.28은 목성형 위성의 지질학과 지구형 행성계의 지질학 간의 차이를 요약한 것이다.

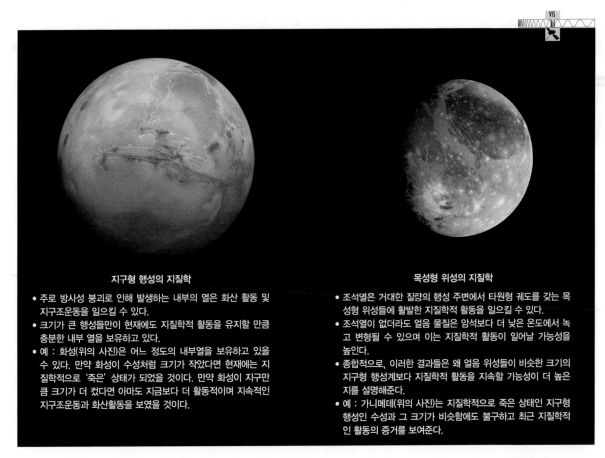

**지구형 행성의 지질학**

- 주로 방사성 붕괴로 인해 발생하는 내부의 열은 화산 활동 및 지구조운동을 일으킬 수 있다.
- 크기가 큰 행성들만이 현재에도 지질학적 활동을 유지할 만큼 충분한 내부 열을 보유하고 있다.
- 예 : 화성(위의 사진)은 어느 정도의 내부열을 보유하고 있을 수 있다. 만약 화성이 수성처럼 크기가 작았다면 현재에는 지질학적으로 '죽은' 상태가 되었을 것이다. 만약 화성이 지구만큼 크기가 더 컸다면 아마도 지금보다 더 활동적이며 지속적인 지구조운동과 화산활동을 보였을 것이다.

**목성형 위성의 지질학**

- 조석열은 거대한 질량의 행성 주변에서 타원형 궤도를 갖는 목성형 위성들에 활발한 지질학적 활동을 일으킬 수 있다.
- 조석열이 없더라도 얼음 물질은 암석보다 더 낮은 온도에서 녹고 변형될 수 있으며 이는 지질학적 활동이 일어날 가능성을 높인다.
- 종합적으로, 이러한 결과들은 왜 얼음 위성들이 비슷한 크기의 지구형 행성계보다 지질학적 활동을 지속할 가능성이 더 높은지를 설명해준다.
- 예 : 가니메데(위의 사진)는 지질학적으로 죽은 상태인 지구형 행성인 수성과 그 크기가 비슷함에도 불구하고 최근 지질학적인 활동의 증거를 보여준다.

**그림 8.28** 목성형 위성들은 지구형 행성계에서는 중요하게 작용되지 않은 요인인 얼음 조성과 조석열에 의해 비슷한 크기의 지구형 행성계보다 지질학적으로 더 활동적일 수 있다.

## 8.3 목성형 행성의 고리

목성형 행성계의 세 가지 주요 구성 요소는 행성 자체와 위성 그리고 고리이다. 우리는 행성과 이들의 위성에 대해서 공부했다. 이제 관심을 환상적인 고리로 옮겨보자.

### ● 토성의 고리는 무엇처럼 보이는가?

소형 망원경으로도 토성의 고리를 볼 수 있지만, 고리의 진짜 본질을 공부하기에는 더 높은 분해능의 망원경이 필요하다(그림 8.29). 지구에서 봤을 때 고리는 연속된 동심원의 얇은 판이 커다란 간극(카시니 간극이라 불리는)에 의해 분리된 것처럼 보인다. 탐사선 영상들은 이들 '얇은 판들'이 각각의 좁은 간극에 의해 분리된 수많은 개별적인 고리로 이루어져 있음을 밝혔다.

그러나 이 모습들도 다소 현혹되어 보인다. 만약 실제로 토성의 고리에 가볼 수 있다면, 고리들이 먼지 알갱이만 한 것부터 때로는 상호 중력에 의해 뭉쳐진 큰 바위만 한 것까지 다양한 크기의 셀 수 없이 많은 얼음 입자로 만들어져 있음을 발견할 것이다. 하지만 이 입자들은 근접 통과한 탐사선에서조차도 사진으로 담기에 멀고 너무나 작다.

**고리 입자의 특성** 분광 관측 결과는 토성의 고리 입자들이 비교적 빛을 잘 반사하는 얼음으로 구성되어 있음을 밝혔다. 고리는 태양 빛을 차단하고 다시 산란시킬 만큼 충분한 입자들을 포함한 곳으로 밝게 보인다. 태양 빛을 반사시킬 입자가 적은 곳이 간극으로 보인다.

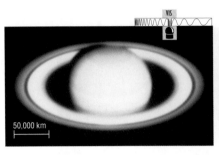

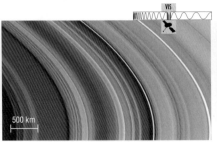

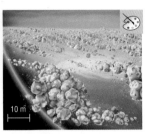

a. 지상망원경은 토성의 고리를 큰 동심원의 얇은 판처럼 보여준다. 고리 사이의 어두운 간극을 카시니 간극이라고 한다.

b. 카시니 탐사선으로부터 본 토성 고리의 영상은 좁은 간극으로 구분된 많은 개개의 고리를 보여준다.

c. 고리를 구성하는 입자들의 예술가다운 구상. 입자들은 중력에 의해 서로 뭉쳐진다. 그러나 작은 무작위 속도들은 이들을 부숴놓는 충돌을 일으키기도 한다.

**그림 8.29** 토성 고리의 확대

토성의 고리는 먼지 알갱이만 한 것부터 바위만 한 크기의 수많은 얼음 입자로 구성되며, 각각 케플러 법칙에 따라 토성을 공전한다.

개개의 고리 입자들이 케플러 법칙에 따라 독립적으로 토성 주위를 돌고 있고 그런 면에서 고리들은 무수히 많은 작은 위성과 상당히 유사하다. 각 고리 입자들은 서로 꽤 가까워서 자주 충돌한다. 고리의 가장 조밀한 부분에서는 각각의 입자들이 몇 시간마다 매번 다른 알갱이와 충돌한다. 그러나 고리 입자들은 매우 가볍게 충돌한다. 이는 입자들이 꽤 빠른 속도로 공전하고 있음에도 불구하고 주변의 입자들과 운동 속도와 방향이 거의 같기 때문에 충돌하더라도 가볍게 접촉하는 정도이기 때문이다.

**생각해보자 ▶** 토성에 더 가까운 고리 입자와 더 멀리 있는 고리 입자 중 어떤 것이 더 빨리 움직일까? 이유를 설명하라. (힌트 : 케플러 제3법칙 참조.)

흰 점으로 보이는 간극의 위성은 간극 안쪽의 위성보다 빠르거나 간극 바깥쪽의 위성보다 더 느리게 공전하여 중력을 교란하는 입자들로 작용해 잔물결구조들을 만들어낸다.

8km 크기의 다프니스 위성이 고리들 안에서 틈을 만든다.

**그림 8.30** 고리 내부의 소형 위성들은 고리 구조에 중요한 영향을 미친다(카시니 위성 사진). 삽입된 영상은 토성의 춘분 근처에서 얻은 것이며 위성과 물결구조들이 왼쪽으로 긴 그림자를 드리우고 있는 모습이 보인다.

잦은 충돌은 토성의 고리가 알려진 천문학적 구조물 중 왜 가장 얇은 것에 해당하는지 이유를 설명한다. 고리의 직경은 270,000km가 넘지만 두께는 단지 수십 미터일 뿐이다. 어떻게 충돌이 고리를 얇게 유지되는게 하는지 이해하기 위해서, 중심부 고리 평면에 대해 약간 경사진 궤도를 돌고 있는 하나의 고리 입자에 어떤 일이 일어날지 상상해보자. 그 입자가 고리 평면을 통과할 때마다 다른 입자들과 충돌했을 것이고, 충돌할 때마다 공전궤도 기울기가 줄어들었을 것이다. 오래지 않아 이러한 충돌들이 다른 입자들의 공전궤도 양식을 따르도록 만들었을 것이다. 그리고 얇은 고리 평면으로부터 벗어나는 입자도 곧 다시 고리 평면 안쪽으로 돌아오도록 했을 것이다.

**고리와 간극** 근접 촬영 영상은 100,000개나 되는 천문학적인 수의 고리, 간극, 잔물결구조물 그리고 다른 특징들을 보여준다(그림 8.30). 과학자들은 모든 특징을 설명하기 위해서 여전히 고군분투 중이지만, 이제 몇 가지 일반적인 생각들은 확실하다.

고리와 간극은 입자들이 어떤 공전 거리에서 뭉쳐지고 또 다른 곳에서는 강제로 퇴출됨으로써 형성된다. 이러한 뭉침은 중력이 고리 입자의 궤도를 어떤 특별한 방향으로 조금씩 몰아갈 때 발생한다. 몰아가게 하는 근원은 간극 위성이라고도 불리는 고리들 자체의 간극에 위치한 소형 위성들이다. 간극 위성의 중력은 간극에서 더 작은 고리 입자들을 효과적으로 제거할 수 있다. 어떤 경우에는 인접한 두 간극 위성이 입자들이 아주 좁은 고리 속에 머무르도록 만든다(간극 위성은 입자들을 고리의 경계 내로 몰아가기 때문에 흔히 양치기 위성이라고 불린다.).

또 고리 입자는 더 크고 더 멀리 있는 위성의 중력에 의해 밀리기도 한다. 예를 들어 토성의 중심에서 약 120,000km 떨어진 궤도의 고리 입자는 미마스 위성이 공전하는 데 소요되는 시간의 정확히 질반의 시간으로 토성을 공전할 것이다. 미마스가 궤도상의 특정 위치로 돌아올 때마다 고리 입자 역시 원래 위치에 있을 것이고, 따라서 미마스의 중력에 의해 매번 동일하게 밀릴 것이다. 카시니 간극의 경우에는 주기적인 밀림이 서로를 보강하고 고리에서 간극을 깨끗하게 한다. 반복된 중력적 끌어당김에 기인하는 이러한 유형의 보강은 **궤도공명**의 다른 예이고, 이오의 궤도를 타원형으로 만든 것과 유사하다(그림 8.15b). 고리 내부와 토성으로부터 멀리 바깥에 위치한 위성에 의해 야기되는 나머지 궤도공명 현상은 우리가 볼 수 있는 고유한 구조들의 대부분을 설명한다.

### ● 목성형 행성들은 왜 고리가 있는가?

토성의 고리는 한동안 태양계에서 유일한 것으로 생각되었고, 초기 과학자들은 토성에 너무 가까이에서 헤매고 다니는 위성처럼 어떤 특이한 사건에 의해 형성되었을 것이라고 가정했다. 그러나 지금은 4개의 목성형 행성 모두가 고리를 가지고 있음을 알고 있다(그림 8.31). 다만 토성의 고리는 다른 행성의 고리계에 비해 매우 많은 수와 반사를 더 잘 일으키는 입자로 이루어져 있음을 안다. 따라서 4개의 모든 행성에 대해 특이한 사건이 일어나지 않은 채 고리가 만들어질 수 있는 설명이 필요하다.

일부 과학자들은 한동안 고리 입자가 각 목성형 행성들이 어렸을 때 궤도에 진입한 기체원반에서 응결된 바위와 얼음 덩어리들이 남은 것이라고 추측했다. 이러한 추측은 4개의 목성형 행성 모두가 왜 고리를 가지는가의 이유를 설명하게 될 것인데, 각 행성 근처의 조석력이 이러한 덩어리들을 뭉쳐서 온전한 자격을 갖춘 위성으로 바뀌는 것을 방해하였기 때문이다. 그러나 이제 우리는 고리 입자들이 수십 억 년 동안 살아남을 수 없기 때문에 행성의 형성에서부터 아직까지 남아 있을 수 없다는 것을 알고 있다. 고리 입자들은 주로 지구 대기권에서 유성이 되거나 달에 충돌하는 미소운석이 되는 입자들과 같은 유형으로 태양궤도에 있는 셀 수 없는 모래 크기의 입자들과의 충돌에 의해 끊임없이 지상으로 떨어지게 된다. 수백만 년 동안의 그런 작은 충돌들은 오래전에 고리 입자들이 먼지 형태로 지상에서 존재하게 했을 것이다.

이제 새로운 입자들이 고리에 계속적으로 공급되어 파괴된 입자들을 대체해야 한다는 한 가지 합리적인 가능성만이 남는다. 이러한 새로운 입자들은 각 행성의 적도면을 이루고 있는 공급지로부터 공급되어야 한다. 가장 가능성 있는 공급지는 수많은 '작은 위성들'이다. 작은 위성들은 간극 위성의 크기만큼 작고(그림 8.30) 초기 목성형 행성 주위에서 궤도를 그리며 도는 물질들로 구성된 원반에서 형성된다. 이러한 위성들은 고리 입자 자체에서뿐만 아니라, 지속되는 작은 충돌에 의해서도 서서히 부서지면서

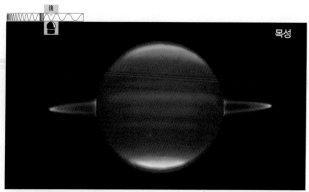
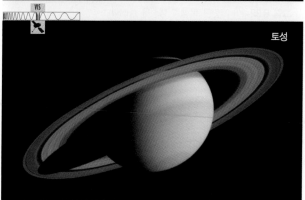
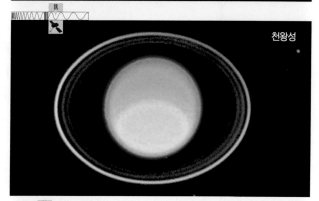
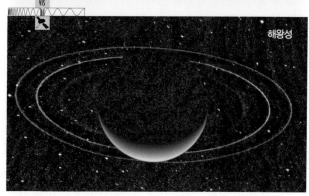

**그림 8.31** 4개의 고리계(실제 축척이 아님). 각 고리들의 모양, 조성, 그리고 고리 입자의 크기가 서로 다르다(목성 : 켁망원경, 적외선 ; 토성 : 카시니 탐사선, 가시광선 ; 해왕성 : 허블우주망원경, 적외선 ; 천왕성 : 보이저 2호 탐사선, 가시광선).

목성형 행성

행성 주변의 조석력은 작은 위성들이
더 큰 위성들에 합쳐지는 것을 막아준다.

작은 위성들은 가끔 충돌에 의해
파괴된다.

계속적인 작은 충돌이 있으면 고리에서
먼지 및 파편이 방출된다.

**그림 8.32** 이 그림은 목성형 행성을 둘러싸고 있는 고리의 기원에 대한 최근의 모형을 요약하여 나타낸 것이다.

고리 입자들은 수십 억 년씩이나 지속될 수 없기 때문에 현재 우리가 볼 수 있는 고리들은 최근에 만들어진 물질들로 이루어져야만 한다.

작은 목성형 위성들은 두 가지 방식으로 고리 입자를 형성한다. 첫째, 각각의 작은 충돌은 새롭고 먼지 크기만 한 고리 입자들로 대체될 입자들을 방출한다. 계속적인 충돌이 일어난다는 것은 고리 입자들 중 일부가 항상 존재한다는 것을 뜻한다. 둘째, 가끔 일어나는 큰 충돌은 *새로운 고리 입자들은 고리 안에 있는 작은 위성에 영향을 주는 충돌에 의해 방출된다.* 작은 목성형 위성을 완전히 산산조각 내서 바위 크기만 한 고리 입자들을 공급한다. 빈번히 일어나는 작은 충돌들은 바위 크기만 한 고리 입자들을 천천히 작은 고리 입자들로 바꾼다. 이러한 입자들 중 일부는 작은 덩어리를 이루면서 '재활용'되고 이후에 분해되는 반면, 나머지 입자들은 먼지로 분해되어 천천히 행성 안으로 나선형을 그리며 들어간다. 요약하면 모든 고리 입자는 궁극적으로 태양계의 탄생 동안에 만들어진 작은 위성들의 점진적인 분해로부터 생긴다(그림 8.32).

형성된다. 하지만 작은 위성의 크기는 그러한 모래 분사가 있고 나서부터 45억 년이 지났음에도 불구하고 현재까지 존재할 만큼 충분히 크다.

## 전체 개요 / 제8장 전체적으로 훑어보기

이 장에서 우리는 목성형 행성이 다른 행성들 및 행성계와는 뚜렷이 구분되는 다른 특징이 있음을 살펴보았다. 태양계에 대해 계속 연구할 때 아래의 '전체 개요'를 항상 기억하라.

- 목성형 행성의 위성들 중 일부는 지구형 행성계만큼 크지만 목성형 행성은 지구형 행성들을 왜소해 보이게 만든다.
- 목성형 행성에는 지질학이 존재할 수 있는 딱딱한 지표면이 적다. 하지만 이 행성에서는 빠른 속도로 바람이 불고 거대한 폭풍이 있으며 자기장이 강하다. 또한 흔한 물질들은 우리가 잘 알지 못하는 방식으로 움직이는 내부로 인해 매우 흥미롭고 역동적이다.
- 목성형 행성의 위성들은 상대적으로 크기가 작고 온도가 낮지만 많은 목성형 행성의 위성들이 태양계 성운의 외부 영역에서 형성되는 결과로 얼음으로 구성된 점과 조석열 때문에 지질학적으로 활발하다.

- 고리계는 아마도 수십 억 년 전에 목성형 행성을 형성한 기체 원반에서 만들어진 작은 목성형 행성의 위성들 때문에 존재할 것이다. 오늘날 우리가 보는 고리는 꽤 최근의 위성들에서 방출된 입자들로 구성되어 있을 것이다.
- 얼음지질학, 조석열 및 궤도공명이라는 개념을 추가적으로 다루게 되면서 목성형 행성계에 대한 이해가 높아졌다. 이는 태양계에 대한 초기 견해를 수정하게 하였다. 우리가 발견한 새로운 현상들은 우주가 어떻게 활동하는지에 대해 배울 수 있는 또 다른 기회를 제공한다.

## 핵심 개년 정리

### 8.1 행성의 또 다른 종류

● **목성형 행성은 어떤 물질로 이루어져 있을까?**

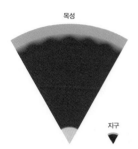

목성과 토성은 거의 대부분이 수소와 헬륨으로 이루어져 있는 반면 천왕성과 해왕성은 주로 금속과 암석, 수소 화합물로 이루어져 있다. 이 행성들은 고체 표면으로 이루어져 있지는 않지만, 내부 압력과 밀도가 매우 높다. 지구에 비해 10배나 큰 수소화합물과 금속 그리고 암석으로 구성된 핵을 갖고 있기 때문에 목성형 행성들은 수소와 헬륨층으로 둘러싸여 있다.

● **목성형 행성의 기후는 어떤가?**

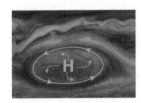

목성형 행성들은 모두 독특한 색과 빠른 바람, 거대한 소용돌이를 만드는 여러 구름층이 있다. **대적점**과 같은 몇몇 소용돌이들은 수세기 동안 또는 그 이상 지속될 수 있을 것이다.

### 8.2 풍부한 세계 : 얼음과 암석의 위성들

● **목성형 행성의 주위를 돌고 있는 위성에는 어떤 종류가 있는가?**

우리는 잘 알려진 위성들의 크기를 소형, 중형, 대형으로 분류할 수 있다. 대부분의 중대형 위성들은 아마도 목성형 행성들이 만들어질 때 주위를 둘러싸고 있던 기체원반에서 형성되었을 것이다. 그보다 작은 위성들은 대체로 소행성이나 혜성에서 포획된 것이다.

● **목성의 갈릴레이 위성은 왜 지질학적으로 활발한가?**

이오는 **조석열**(이오의 근접 궤도는 다른 위성과의 **궤도공명**에 의해 타원형으로 이루어져 있기 때문에 발생한다.) 덕분에 내부를 뜨겁게 유지시킬 수 있어 태양계 내에서 가장 화산 활동이 활발한 천체이다. 유로파(그리고 아마도 가니메데)도 조석열로 인해 얼음으로 된 표면 아래에 깊은 액체 상태의 물로 이루어진 바다가 있을 것이다. 칼리스토는 궤도공명이나 조석열이 없기 때문에 지질학적 활동이

가장 적게 나타나지만 아마도 표면 이 페에는 바다가 있을 것이다.

● **타이탄과 다른 위성에서 관측되는 지질학적 활동은 무엇인가?**

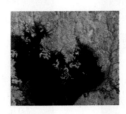

많은 중대형 위성은 놀라울 정도로 높은 수준의 과거 또는 현재의 화산 활동이나 지구조운동을 보여준다. 타이탄은 두꺼운 대기를 가졌으며 침식이 진행 중이고, 엔셀라두스 역시 현재 지질학적으로 활발하다. 해왕성에 포획된 트리톤 역시 최근 지질 활동의 흔적들이 보인다.

● **목성형 행성의 위성들은 왜 암석으로 된 작은 지구형 행성들보다 지질학적으로 더 활발한가?**

얼음은 암석보다 더 낮은 온도에서 변형되고 녹아 놀랍도록 낮은 온도에도 불구하고 얼음 화산 활동과 지구조운동이 일어난다. 또한 몇몇 목성형 행성의 위성들은 지구형 행성의 위성에서는 중요하지 않은 열원인 조석열이 있다.

### 8.3 목성형 행성의 고리

● **토성의 고리는 무엇처럼 보이는가?**

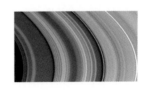

토성의 고리들은 마치 작은 위성처럼 토성 주위를 각각 독립적으로 돌고 있는 수많은 개개의 입자로 이루어져 있다. 이 고리들은 토성의 적도면에 위치하고 매우 얇다.

● **목성형 행성은 왜 고리가 있는가?**

고리를 구성하는 입자들은 아마도 수십 억 년 전에 목성형 행성을 둘러싼 기체원반에서 형성된 소형 위성이 분해된 것이다. 작은 고리 입자들은 이러한 위성의 표면에서 일어난 수많은 작은 충돌로 인해 형성되었을 것이다. 반면 큰 입자들은 위성이 산산이 부서지는 큰 충격으로부터 형성되었을 것이다.

## 시각적 이해 능력 점검

천문학에서 사용하는 다양한 종류의 시각자료를 활용해서 이해도를 확인해보자.

가시광선

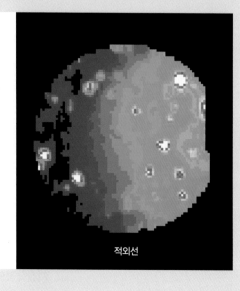

적외선

왼쪽 : 가시광선에서 이오의 거의 정확한 색, 검은 점들은 지금 활동하거나 또는 최근까지 활동했던 화산들이다. 오른쪽 : 이오의 적외선 열방출선, 밝은 점들은 활동하는 화산이다. 각 영상은 갈릴레이 탐사선의 관측영상들로 구성되었으나 서로 다른 시간에 촬영한 것이다.

1. 오른쪽 그림에서 색이 나타내는 것은 무엇인가?

   a. 이오 표면의 실제 색

   b. 우리의 눈이 적외선에 민감하다고 가정했을 때 우리가 볼 수 있는 색

   c. 적외선의 세기

   d. 표면에서 서로 다른 화학 성분으로 이루어진 영역

2. 오른쪽 영상에서 어떤 색이 가장 높은 온도를 나타내는가?

   a. 파란색

   b. 녹색

   c. 주황색

   d. 빨간색

   e. 흰색

3. 오른쪽 영상은 이오에 부분적으로 햇빛이 비칠 때 얻은 것이다. 색깔을 기준으로 햇빛이 비친 곳은 어떤 부분인가?

   a. 왼쪽

   b. 오른쪽

   c. 화산들의 봉우리만

4. 두 영상을 비교했을 때 이오의 화산들에 대해 어떤 결론을 내릴 수 있는가?

   a. 가시광선 영상에서의 모든 검은 점이 적외선 영상에서는 밝은 점으로 나타나므로 사진이 찍혔을 때 이오의 화산들은 모두 활동적이었다.

   b. 적외선 영상에서의 밝은 점들보다 가시광선 영상에서의 검은 점들이 더 많으므로 사진이 찍혔을 때 이오의 화산들 중 다수가 비활동적이었다.

   c. 가시광선 영상에서의 검은 점들보다 적외선 영상에서의 밝은 점들이 더 많으므로 가시광선 사진이 찍힌 이후에 새로운 화산폭발이 시작되었을 것이다.

## 연습문제

### 복습문제

1. 목성형 행성들 사이의 구성 요소 차이로 어떻게 그들의 형성 과정을 추적할 수 있는지 간단하게 설명해보자.

2. 왜 목성은 토성보다 훨씬 더 밀도가 높은가? 목성보다 크기가 작지만 질량은 더 클 수 있을까? 설명해보자.

3. 목성의 내부구조를 간단하게 설명하고, 왜 층을 이루고 있는지 설명해보자. 목성과 비교했을 때 다른 목성형 행성들의 내부구조는 어떠한가?

4. 왜 목성은 강한 자기장을 갖는가? 목성 자기권의 몇 가지 특성에 대해 설명해보자.

5. 목성의 구름층에 대해 간단하게 설명해보자. 어떻게 그 구름층들로 목성의 색을 설명할 수 있는가? 왜 토성의 색은 더 은은할까? 왜 천왕성과 해왕성은 푸른색일까?

6. 목성의 기상 패턴을 설명하고, 다른 목성형 행성과 비교해보자. 대적점은 무엇인가?

7. 크기에 의해 목성형 행성의 위성들을 어떻게 분류하는지 간단하게 설명해보자. 대부분의 중대형 위성들의 기원은 무엇인가? 소형 위성들의 기원은 무엇인가?

8. 목성의 갈릴레이 4개 위성과 엔셀라두스의 주요 특징들을 설명하고, 이러한 특징들을 설명하는 데 조석열과 궤도공명의 역할을 설명하라.

9. 타이탄의 대기와 표면 특징들을 설명하라.

10. 우리는 왜 트리톤이 위성으로 포획되었다고 생각하는가? 어떻게 포획이 지질학적 활동과 관련이 있을 수 있는가?

11. 얼음으로 뒤덮인 위성들은 왜 암석보다 훨씬 더 작은 크기에서 지질학적으로 활발할 수 있는지 간단히 설명해보자.

12. 행성의 고리는 어떻게 만들어진 것이며, 4개의 목성형 행성 사이에는 어떤 차이가 있는가? 고리계에서 간극 위성과 궤도공명의 효과를 간단하게 설명해보자.

13. 왜 고리 입자들은 시간이 지남에 따라 보충되어야 하며 어디에서 오는 것인지 설명하여라.

### 이해력 점검

**믿을 수 없는 발견인가 아니면 당연한 현상인가?**

누군가가 아래에 설명된 발견들을 했다고 가정하자(이는 실제 발견은 아님). 각각의 발견이 얼마나 합리적이고 놀라운 것인지를 결정하라. 명확히 설명하라. 아래 서술된 문장 모두가 실성식한 팁은 아니기 때문에 여러분이 고른 답보다 설명이 더 중요하다.

14. 토성의 핵은 충돌 크레이터로 구멍이 나 있고, 현무암질 용암이 분출하는 화산들이 성기게 존재한다.

15. 해왕성의 짙은 푸른색은 이전에 생각했던 것처럼 메탄 때문이 아니며 표면이 물의 바다로 덮여 있기 때문이다.

16. 다른 항성계의 목성형 행성은 화성만큼 큰 위성을 가지고 있다.

17. 다른 별 주위의 행성은 주로 수소와 헬륨으로 구성되어 있음을 발견하였다. 이는 거의 목성의 질량과 같지만 해왕성과 같은 크기를 가졌다.

18. 기존에 알려져 있지 않았던 목성의 어떤 위성은 다른 알려진 위성들 궤도의 바깥쪽을 돌고 있다. 이것은 목성의 위성들 중에서 가장 작지만 몇 개의 크고 활동적인 화산들을 갖고 있다.

19. 기존에 알려져 있지 않았던 해왕성의 어떤 위성은 행성의 적도면에서 해왕성의 자전 방향과 같은 방향으로 궤도를 돌고 있으며 거의 전부가 철이나 니켈 같은 금속으로 구성되어 있다.

20. 수억 년 된 항성계에서 얼음으로 된 중형의 위성이 목성형 행성의 주위를 돌고 있다. 그 위성은 활동적인 지구조운동의 증거를 보여준다.

21. 우리태양계보다 더 오래된 어떤 항성계에서 목성형 행성이 발견되었다. 그 행성은 위성은 전혀 가지고 있지 않으나 토성의 고리와 같은 장관을 이루는 고리계를 가지고 있다.

22. 미래의 관측들은 타이탄에서 비가 오는 것을 발견한다.

23. 천왕성을 향한 미래 임무 수행 계획 중에 과학자들은 기존에는 알려져 있지 않았던 또 다른 20여 개의 위성이 궤도를 돌고 있음을 발견한다.

### 돌발퀴즈

다음 중 가장 적절한 답을 고르고, 그 이유를 한 줄 이상의 완전한 문장으로 설명하라.

24. 태양으로부터의 거리가 멀어지는 순서대로 목성형 행성을 나열한 것은? (a) 목성, 토성, 천왕성, 명왕성 (b) 토성, 목성, 천왕성, 해왕성 (c) 목성, 토성, 천왕성, 해왕성

25. 왜 해왕성은 푸른색으로, 목성은 붉은색으로 보이는가? (a) 해왕성은 더 뜨겁기 때문에 더 푸른색의 열방출선을 나타낸다. (b) 해왕성 대기의 메탄이 붉은 빛을 흡수하기 때문이다. (c) 해왕성의 기체 분자들이 지구 대기처럼 푸른 빛을 산란시

키기 때문이다.

26. 왜 목성은 토성보다 밀도가 더 큰가? (a) 암석과 금속이 더 큰 비율을 차지하고 있기 때문이다. (b) 수소가 더 큰 비율을 차지하고 있기 때문이다. (c) 질량이 더 크고 중력이 내부를 누르고 있기 때문이다.

27. 몇몇 목성형 행성들은 받은 것보다 더 큰 에너지를 방출한다. 그 원인이 무엇일까? (a) 핵융합 (b) 조석열 (c) 차별 수축

28. 대부분의 목성형 행성의 위성들을 구성하는 주요 구성 요소는 무엇인가? (a) 암석과 금속 (b) 얼어 있는 수소화합물 (c) 수소와 헬륨

29. 이오는 왜 달보다 화산 활동이 더 활발한가? (a) 이오가 더 크기 때문이다. (b) 이오에 방사성 원소가 더 많기 때문이다. (c) 이오의 내부 열원이 다르기 때문이다.

30. 트리톤의 차별되는 특징은 무엇인가? (a) 행성의 주위를 반대 방향으로 돌고 있다. (b) 행성을 향해 항상 같은 면만을 바라보고 있지 않다. (c) 고리를 가진 유일한 위성이다.

31. 액체 상태의 물질에 의한 강수와 침식의 흔적을 보이는 위성은 무엇인가? (a) 유로파 (b) 타이탄 (c) 가니메데

32. 토성의 많은 위성은 무엇을 통해 고리에 영향을 미치는가? (a) 조석력 (b) 궤도공명 (c) 자기장 상호작용

33. 토성의 고리에 대한 옳은 설명은? (a) 토성과 함께 만들어졌기 때문에 기본적으로 같은 것으로 본다. (b) 조석력에 의해 큰 위성의 일부에서 떨어져 나온 것이다. (c) 소형 위성들의 충돌에 의해 새로운 입자들이 지속적으로 공급된 것이다.

## 과학의 과정

34. 유로파의 바다. 과학자들은 비록 우리가 얼음 표면 아래를 확인할 수 없더라도 유로파의 표면 아래에 바다가 있을 것이라고 생각했다. 왜 과학자들이 이러한 바다가 존재할 것이라고 생각했는지 간단하게 설명하라. 이러한 유로파의 바다에 대한 신념은 과학적인지 설명해보자.

35. 제7장에서 설명했던 것처럼 지상에서의 지질학적 방식이 이오만큼 작은 위성에서는 어떠한 지질학적 활동도 나타날 수 없음을 말해준다. 하지만 보이저의 영상에 나타난 이오의 화산들은 오래된 지질학적 설명이 틀렸음을 증명했다. 과학의 본성[3.4절]에 대한 이해를 바탕으로 이것은 과학의 과정에서 실패로 간주해야 하는가?

36. 답이 없는 질문. 목성형 행성이나 위성에 대한 풀리지 않는 의문 하나를 골라라. 그 의문에 대해 논의하는 몇 문단의 글과 답하는 데 필요한 구체적인 형태의 증거들을 써라.

## 그룹 활동 과제

37. 목성형 위성들의 비교. **역할** : 기록자(그룹 활동을 기록), 제안자(그룹 활동에 대한 설명), 반론자(제안된 설명의 약점을 찾아냄), 중재자(그룹의 논의를 이끌고 반드시 모든 사람이 참여할 수 있도록 함).

    **활동** : 부록 E에 있는 자료의 그림에 있는 목성의 위성들을 비교하라.

    a. 부록 E에 있는 표 E.2로부터 목성의 가장 큰 4개 위성의 데이터를 수집하고 어떤 위성이 밀도가 가장 큰지 결정하라.

    b. 표 E.2를 이용해서 질량, 반경, 밀도 값이 (a)에서 답한 위성과 가장 닮은 태양계의 다른 위성은 무엇인가?

    c. (b)에서 답한 위성과의 유사성에 근거해서 (a)에서 답한 위성의 구성 요소에 대한 가설을 세워보자. 그리고 그 가설의 실행 가능성에 대한 잠재적 우려를 검토해보자.

    d. 표 E.2를 이용해서 목성의 주요 위성들 사이의 궤도거리와 밀도가 경향성을 가지고 있는지 여부를 결정하고 어떤 경향성인지 간단하게 설명하라.

    e. (d)에서 찾은 경향성을 설명하는 가설을 제안하고 그 가설의 잠재적 우려를 논의하라.

    f. (c)와 (e)에서의 가설을 검증할 수 있는 실험을 개발하고 설명하라.

## 심화학습

### 단답형/서술형 질문

38. 자전의 중요성. 목성형 성운이 형성될 수 없도록 목성을 형성한 물질이 어떤 회전도 없이 뭉쳐졌고 오늘날 행성이 회전하지 않는다고 가정하자. 가능한 한 많은 효과들을 생각하고 각각을 한 문장으로 설명하라.

39. 목성형 행성들의 비교. 중력에 대한 이해와 오로지 망원경으로 무장한 비교 행성학을 할 수 있다.

    a. 소형 위성 아말테아는 토성의 주위를 돌고 있는 미마스와 같은 거리에서 목성의 주위를 돌고 있지만 미마스가 궤도를 도는 데 거의 2배의 시간이 소요된다. 이러한 관측으로

부터 어떻게 목성과 토성이 다른지에 대해 결론을 내리고 설명하라

   b. (a)의 답에 이 정보를 결합했을 때, 어떤 결론을 내릴 수 있는지 설명하라.

**40. 구성 요소 문제.** 목성형 행성의 대기는 오직 수소와 헬륨으로만 구성되어 있고 수소화합물은 전혀 없다고 가정하자. 그 대기는 구름, 색, 날씨에 어떤 차이가 있는지 설명하라.

**41. 관측 과제 : 목성의 위성.** 쌍안경이나 소형망원경을 이용해서 목성의 위성을 관측해보자. 관측한 것을 스케치하거나 사진으로 찍어보자. 2주 동안 가능하면 매일 밤 관측을 반복하라. 각각이 어떤 위성인지 결정할 수 있는가? 위성의 공전주기를 측정할 수 있는가? 목성으로부터의 대략적인 거리를 알아낼 수 있는가? 설명해보자.

**42. 관측 과제 : 토성의 고리들.** 쌍안경이나 소형망원경을 이용해서 토성의 고리를 관측해보자. 관측한 것을 스케치하거나 사진으로 찍어보자. 토성의 북반구 계절은 무엇인가? 고리들은 토성의 대기 위로 얼마나 멀리 확장되어 있는가? 고리들의 간극들을 식별할 수 있는가? 또 다른 특징들이 있으면 설명해보자.

## 계량적 문제

모든 계산 과정을 명백하게 제시하고, 완벽한 문장으로 해답을 기술하라.

**43. 사라져 가는 위성.** 이오는 초당 약 1톤(1,000kg)의 이산화황을 목성의 자기권에 빼앗긴다.

   a. 이러한 비율일 때 이오는 45억 년 동안 얼마만큼의 질량을 잃게 될 것인가?

   b. 현재 이산화황이 이오 질량의 1%를 차지하고 있다고 가정하자. 현재의 소실 비율로 봤을 때 이오에서 이산화황이 고갈되는 때는 언제인가?

**44. 고리 입자의 충돌.** 토성의 고리에서 가장 밀도가 높은 곳의 각 고리 입자들은 5시간마다 한 번씩 다른 입자와 충돌한다. 만약 어떤 고리 입자가 태양계의 나이만큼 살아남았다면 얼마나 많은 충돌을 겪게 될까?

**45. 프로메테우스와 판도라.** 2개의 위성은 각각 평균 139,350km, 141,700km의 거리에서 토성의 주위를 돌고 있다.

   a. 케플러 제3법칙을 뉴턴 법식을 이용해서 두 위성의 공전주기를 구하라. 그리고 거리와 공전주기에 대해 퍼센트 오차를 구하라.

   b. 프로메테우스의 궤도에서 판도라는 시간 단위로 얼마나 뒤처져 있는가? 프로메테우스가 몇 바퀴를 돌아야 판도라가 한 공전주기만큼 뒤처지는가? 앞에서 구한 공전 횟수를 시간 단위로 바꾸어라. 이것은 두 위성이 얼마나 자주 서로를 지나가는가를 나타낸다.

**46. 궤도공명.** 부록 E의 자료를 사용하여 타이탄과 히페리온 사이의 궤도공명 관계를 정의하라. (힌트 : 둘 중 한 위성의 공전주기가 다른 것의 1.5배라면, 우리는 그것을 3:2 공명이라고 할 것이다.) 엔셀라두스와 2:1 공명인 중간 크기의 위성은 무엇인가?

**47. 거대한 타이탄.** 부록 E에 나열된 토성의 모든 다른 위성들의 총질량에 대한 타이탄의 질량의 비는 얼마인가? 타이탄 중력 크기를 미마스의 중력 크기와 비교하여 계산하여라. 이것이 어떻게 대기의 존재 가능성에 영향을 미치는지 자신의 견해를 밝혀라.

**48. 토성의 얇은 고리.** 토성의 고리계는 폭이 270,000km 이상이고 두께는 50m 정도이다. 지름이 달러 지폐의 폭(6.6cm)이 되도록 고리가 줄어들 수 있다고 가정하면, 두께는 얼마가 될까? 구한 답을 실제 달러 지폐의 두께(0.01cm)와 비교하라.

## 토론문제

**49. 목성형 행성 탐사 계획.** 지구형 행성은 행성 표면에 착륙하여 바로 근접하여 연구할 수 있지만 목성형 행성은 착륙할 표면이 없다. 목성형 행성의 대기에 띄우는 장기 임무를 계획하는 일을 맡았다고 가정하자. 이때 사용할 기술과 이 임무에 배정된 사람들의 생존을 보장하는 방법을 설명하라.

**50. 위성 고르기.** 태양계에서 어떤 하나의 위성을 골라서 방문할 수 있다고 가정하자. 그 위성에 방문했을 때, 어떤 위험에 직면하게 될까? 연구를 위해 어떤 종류의 과학기기를 가져가기를 원하는가?

51. 카시니로부터 온 소식. 토성에 대한 카시니 미션에 대한 최신 소식을 찾아라. 현재 미션은 어떠한가? 미션과 너무 최신이라서 교과서에도 나오지 않는 결과들에 대한 짧은 보고서를 작성하라.

52. 유로파의 바다. 유로파의 표면 아래에 바다가 존재할 가능성은 큰 과학적 관심을 끌고 있다. 지구로부터 또는 우주선으로 유로파의 앞으로의 연구를 위한 계획을 조사하라. 계획의 짧은 요약과 유로파에 정말로 바다가 있는지 여부 또한 만약 바다가 있다면 무엇을 포함하고 있는지를 배울 수 있는 방법을 써라.

# 소행성, 혜성, 왜소행성 :
## 그 특성과 궤도 및 영향

9

맥노트 혜성과 아르헨티나 파타고니아 하늘의 은하수(2007). 혜성꼬리 위의 흐릿한 부분이 우리은하수 은하의 위성은하인 소마젤란성운이다.

이 장의 학습목표

기본 선행 학습

1. 태양계는 어떻게 생겼는가? [6.1절]
2. 소행성과 혜성은 어떻게 생겼을까? [6.3절]
3. 지표면은 어떤 과정을 거쳐 만들어졌을까? [7.1절]

**첫**

눈에 보기에는 지금까지 우리가 다뤄왔던 행성 및 달과 비교해보았을 때 소행성과 혜성은 다소 시시해 보일 수도 있다. 그러나 이들의 엄청난 수를 고려하면 결코 가볍게 여길 수 없게 된다. 혜성의 출현은 혜성에 관한 미신을 좇아 살던 우리 조상들의 인류 역사를 적어도 한 번 이상은 변화시켰다. 좀 더 심오한 표현을 빌리자면, 지구에 떨어진 소행성과 혜성은 지구에 충돌 크레이터라는 흉터를 남기고 생물학적 진화 경로를 변화시켰다고 할 수 있다. 이 소행성과 혜성은 과학적으로도 중요한 의미를 가지고 있다. 즉, 소행성과 혜성은 우리태양계 생성 시의 잔여물로서 태양계의 형성 과정에 대한 정보를 알려주고 있다.

이 장에서는 우리태양계 내의 작은 천체들에 대해 살펴보려고 한다. 우리는 소행성과 지구상에 운석이 되어 떨어지는 소행성의 파편들, 혜성, 플루토나 에리스 같은 왜소행성에 대해 알아볼 것이다. 그리고 드물지 않게 일어나는 작은 천체들과 지구 간의 우주 충돌이 가져오는 극적이고 심오한 영향에 대해서 알아볼 것이다.

## 9.1 소행성과 운석

우리는 우선 서로 밀접한 연관성을 가지고 있는 소행성과 운석에 초점을 맞추어 작은 천체에 관해 분석하려고 한다. 소행성이란 행성 형성 시기에 남겨진 암석형의 '미소행성체 잔재(또는 미소행성체의 파편)'임을 상기하라. 대부분의 운석은 지구로 떨어지기 전에 수십 억 년 동안 태양을 공전해왔던 소행성의 작은 파편들이다.

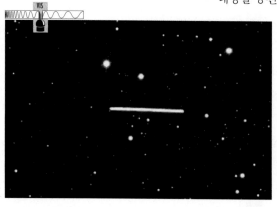

**그림 9.1** 소행성들은 태양 주위를 돌기 때문에 이들은 별들에 대해 상대적 움직임을 보이게 된다. 이 장기 노출촬영 이미지에서 알 수 있듯이 별들에 대해 상대적인 움직임을 갖는 소행성의 움직임은 마치 짧은 선으로 보이는 반면 별들은 뚜렷한 점처럼 보인다.

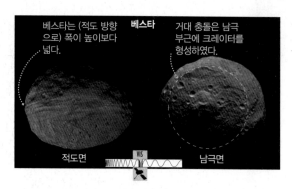

**그림 9.2** 우주선 돈에서 촬영한 베스타의 전체 이미지. 둥근 점선은 거대한 극지 크레이터의 윤곽이다.

### ● 소행성은 어떤 모습일까?

소행성은 사실상 육안으로는 관측이 불가능하고 망원경이 발명된 후로도 거의 2세기 동안 발견되지 못했다. 200년 전에서야 비로소 첫 소행성이 발견되었고 이후 초기 10개의 소행성을 발견하는 데에만 50여 년이 걸렸다. 하지만 오늘날에는 망원경의 발달로 하루저녁에도 그 이상의 소행성을 찾아낼 수가 있다. 소행성은 망원경 이미지상에서 별들에 대해 상대적인 움직임을 보이게 되므로 이를 확인하여 찾아낼 수 있다(그림 9.1).

소행성은 크기와 모양이 다양하다. 가장 큰 소행성인 세레스는 직경이 1,000km가 약간 안 되고 달 직경의 1/3보다 조금 작다. 이 크기는 스스로를 구형으로 만들 만한 자체 중력을 가지고 있어서 세레스는 왜소행성으로 분류된다. 베스타는 두 번째로 큰 소행성이며 최근에 우주선 돈(Dawn)에 의해 근접 탐사되었다(그림 9.2). 우주선 돈은 베스타에 이어 세레스에 대해서도 근접 탐사를 진행 중이며 2015년 3월 궤도에 진입했다. 베스타는 원래는 더 구형에 가까웠으나 남극 쪽의 대규모 충돌 크레이터에서 지나치게 많은 양의 물질이 분출되어 이제는 극축 방향에 비해 적도지역이 훨씬 더 넓어졌다.

소행성 10여 개는 만약 행성을 공전한다면 중간 크기의 달이라 부를 수 있을 정도로 꽤 크지만 대부분의 소행성은 이보다 훨씬 작다. 과학자들은 직경이 최소 1km 이상에 이르는 소행성이 백만 개 이상 될 것이라 추정하고 있으며, 이보다 더 작은 크기의 소행성들은 수백만 개에 이르리라 보고 있다. 작은 소행성들은 다양한 모양을 하고 있으며 이들 중 상당수가 특이한 모양을

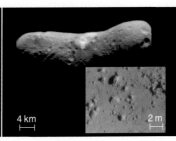
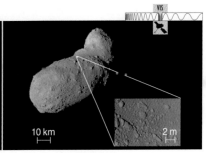

a. 우주선 갈릴레오에서 촬영한 가스프라. 세부 모습을 보여주기 위해 색깔이 과장되었다.

b. 우주선 니어가 에로스 소행성으로 가는 도중 촬영한 마틸드

c. 우주선 니어에서 촬영한 에로스. 우주선 니어는 소행성 표면에 연착륙하여 임무를 마칠 때까지 1년 동안 에로스를 공전하였다.

d. 소행성 표면에 착륙하여 표본을 수집, 지구로 보내는 임무를 맡았던 일본 하야부사 미션 중 촬영된 이토카와 소행성

**그림 9.3** 우주선에서 근접 촬영한 소행성 사진 분석

보이는데, 이는 좀 더 큰 소행성들이 충돌에 의해 부서지면서 생긴 파편들이기 때문이다(그림 9.3).

모든 소행성의 총질량 합은 일반적인 지구형 행성의 질량보다도 훨씬 작다. 엄청난 수에도 불구하고 소행성들의 총질량의 합은 그리 크지 않다. 세레스와 베스타뿐만 아니라 모든 소행성을 한곳에 모아 구형이 되도록 중력이 주어진다고 했을 때 그 직경은 2,000km 미만으로 달의 직경의 1/2보다 약간 크고 어떤 지구형 행성보다도 훨씬 작을 것이다.

## ● 소행성대는 왜 존재할까?

이미 알려진 대부분의 소행성들은 화성과 목성 사이에 있는 소행성대 내에서 태양 주위를 돈다(그림 9.4). 하지만 왜 소행성들은 이 지역에 밀집되어 있으며 왜 제대로 된 행성의 형태를 갖추지 않았을까?

**생각해보자 ▶** 소행성은 왜 목성궤도 밖에서는 발견되지 않을까?
(힌트 : 초기 태양계에서 동결 한계선의 영향을 상기하라.)

정답은 목성의 중력 효과에 있다. 사실상 화성 궤도 안에서 형성된 모든 미소행성체들은 결국에는 화성궤도 내의 행성 중 하나에 이끌리게 된다. 하지만 화성과 목성 사이에서 생성된 소행성들은 목성과의 **궤도공명**에 크게 영향을 받고 이런 미소행성체들의 극히 일부는 태양을 공전하는 소행성으로 오늘날까지 살아남게 되었다. 궤도공명은 두 물체가 주기적으로 일렬로 늘어설 때마다 발생한다는 것을 기억하라[8.2절]. 이 소행성대에서 궤도공명은 소행성이 1/2, 1/4 또는 2/5 같은 목성 공전주기의 단분수 공전주기일 때 발생한다. 이러한 경우 소행성은 목성으로부터 작용되는 반복적인 인력에 의해 그 궤도를 이탈하려는 경향이 있다. 예를 들면 목성의 주기(12년)의 반에 해당하는 공전주기가 6년인 소행성은 12년마다 목성에 의한 동일한 중력작용을 받아 곧 이 궤도에서 벗어나게 되고 만다. 그림 9.5에서 나타낸 것과 같이 다양한 공전주기에 따른 소행성의 수를 보여주는 그래프에서 이러한 궤도공명의 효과를 확인할 수 있다. 그림에서 보면 목성과 궤도공명인 주기를 가지는 소행성의 수가 상대적으로 매우 부족하다는 것을 알 수 있다. 이 공백은 이러한 주기를 따르는 소행성들이 궤도공명 현상에 의해서 사라졌음을 드러내고 있다(이 공백은 발견자의 이름을 따라 **커크우드 공백**으로 불림). 소행성의 주기가 목성의 공명

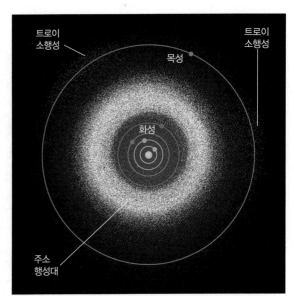

**그림 9.4** 어느 한 시점에 15만 개 이상의 소행성 위치가 계산되어 그림으로 표현되었다. 엄밀하게 비율을 적용하자면 소행성들의 크기는 그림상의 점보다 엄청 작다. 목성 공전궤도상에 위치한 소행성은 태양중심에서 볼 때 목성을 중심으로 60°씩 전후에 위치한다. 이들은 트로이 소행성이라 불린다.

**그림 9.5** 이 그래프는 태양으로부터의 평균거리 및 공전주기에 따른 소행성의 수를 보여주고 있다('가로'축이 평균거리). 목성과의 궤도공명에 의해 생긴 공백을 주시하라. (1/1이나 2/3 같은 공명은 안정적인 공명으로 소행성이 모이는 경향이 있다. 1/1은 트로이 소행성을 나타내며 목성과 공전주기가 동일하다.)

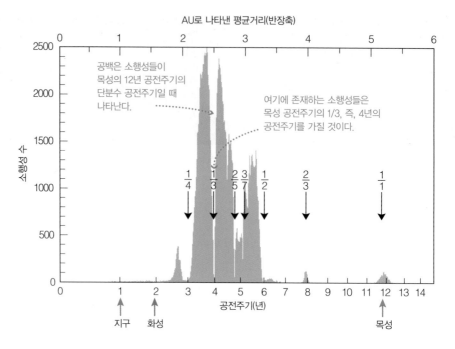

주기와 다른 경우 이 소행성은 훨씬 더 오랫동안 (어떤 경우는 수십 억 년 동안) 존재 가능하지만 결국에는 목성의 중력작용에 의해 궤도를 벗어난 다른 소행성과 충돌할 가능성이 매우 높아진다.

이러한 목성과의 궤도공명 효과가 화성과 목성 사이에 행성이 생성되지 않은 이유가 될 수도 있을 것이다. 초기 태양계 역사에서 이 지역에는 틀림없이 또 다른 지구형 행성을 형성하기에 충분한 암석 물질을 가지고 있었을 것으로 추정된다. 하지만 초기 목성과의 공명은 이 지역 미소행성체들의 궤도를 간섭하여 때로는 서로 충돌하여 부서지게 하기도 하고, 때로는 아예 이 지역을 벗어나게 만들었다. 이 지역을 한 번 벗어난 미소행성체들은 궁극적으로 행성이나 위성과 충돌하여 부서지거나 태양계 밖으로 튕겨 나가거나 혹은 태양으로 끌려들어갔다. 그 후 45억 년이 넘게 지속된 이러한 궤도 간섭에 의해 소행성대는 원래 가진 질량의 대부분을 잃어버리게 되었다. 아직도 소행성대에서는 느린 변화가 계속되고 있다. 목성의 중력은 소행성 궤도를 이동시켜 소행성들을 자기들끼리 충돌하게 하거나 가끔은 행성에 충돌하도록 한다.

> 궤도공명의 영향을 통한 목성의 중력은 소행성들이 행성을 형성하지 못하게 했고 오늘날의 궤도를 유지하게 만들었다.

소행성대에서 대규모의 소행성 충돌은 약 10만 년마다 일어난다. 오랜 시간을 거쳐 크기가 큰 소행성들은 충돌에 의해 지속적으로 더 작은 크기로 부서지며 수많은 먼지 크기의 입자를 발생시킨다. 소행성대에서 40억 년 이상 동안 소행성들은 서로 분쇄되어 크기가 줄어왔으며 태양계가 존재하는 한 앞으로도 계속 그러할 것이다.

## ● 운석은 소행성과 어떤 관계가 있을까?

소행성은 우리태양계 생성 시에 남겨진 잔해이다. 그러므로 소행성의 표본연구를 통해서 우리는 지구와 다른 행성들의 형성 과정에 관한 많은 정보를 알아낼 수 있다. 아마도 소행성 표본을 구하기가 어려울 것이라 생각하겠지만 우리는 이미 수만 개의 소행성 표본을 가지고 있는 셈이다. 운석이라고 불리는 하늘에서 떨어지는 돌덩이 말이다.

### 일반적인 오해

**저 소행성들을 피하라!**

종종 SF 영화를 보면 용감한 파일럿이 우주선을 조종하여 빽빽한 소행성 사이를 이리저리 피해가며 몇 군데 부딪치고 긁힌 것만 빼고는 멀쩡하게 빠져나오는 것을 볼 수 있다. 이는 드라마 속의 멋진 장면일 뿐이고, 현실과는 차이가 있다. 그림 9.4를 보면 소행성대는 매우 조밀해 보이나 사실 이것은 엄청나게 넓은 우주공간이다. 1m 이상의 소행성은 엄청나게 많은 수에도 불구하고 평균적으로 수천 킬로미터 떨어져 있다. 너무 멀리 떨어져 있어서 엄청나게 운이 나쁘지 않고서는 서로 부딪칠 수가 없을 정도이다. 하지만 멋진 소행성 사진을 찍기 위해서는 우주선을 잘 조종하여 소행성에 접근해야 하는 것은 사실이다. 미래의 우주여행자들에게는 걱정해야 할 많은 위험거리가 있기는 하겠지만 소행성을 급격하게 이리저리 피해야 할 일은 없을 것이다.

평소 우리는 유성(meteor)과 운석(meteorite)을 서로 같은 의미로 혼용하고 있지만, 그 의미에는 차이가 있다. '하늘에 떠 있는 **물체**(mcteor)'라는 뜻의 유성은 작은 천체가 지구 대기에 고속으로 진입할 때 발생하는 섬광을 의미하는 것이지 그 천체 자체를 뜻하는 것이 아니다. 이 작은 천체들은 대기권에 시속 250,000km의 속도로 진입한다. 거의 대부분은 크기가 콩알만 하고 지면에 닿기 전에 완전 연소되어 버린다. 아주 드물게 대기를 통과하고 살아남을 수 있을 정도의 크기를 가진 바위 덩어리만이 운석으로 남아 지면에 도달하게 된다. 운석은 유성과 연관되었다는 문자적 의미를 가지고 있으며 대기를 통과하면서 마찰로 생긴 어두운 색깔의 다공성 표면을 가지고 있는 것이 대부분이다(그림 9.6).

**운석의 종류** 운석의 기원은 오랫동안 신비에 싸여 있었으나, 겨우 수십 년 전에야 우리태양계 내의 어디에서 운석이 오는 것인지 알 수 있게 되었다. 운석의 기원에 대한 가장 직접적인 증거는 운석이 지면에 떨어질 때 그 궤적이 목격되거나 혹은 촬영되는 상대적으로 적은 경우에 얻을 수가 있다. 지금까지 알려진 경우는 모두 운석들이 소행성대에 그 기원을 두고 있었다. 수천 개의 운석에 대한 정밀분석 결과는 운석이 기본적인 두 가지 형태를 보이고 있다는 것을 나타내고 있다.

- **원시운석**(primitive meteorites) 그림 9.7a는 태양계 생성 후에 남겨진 잔해물이라는 뜻에서 '원시(primitive)'이며, 그 조성에 따른 차이는 운석이 어디에서 압축 과정이 있었는지를 알려준다. 탄소화합물을 함유하고 있는 운석들은 충분히 차갑고, 압축 과정에 필요한 물도 있을 수 있는 소행성대 외곽에서 생겼을 것으로 추정되고 있다. 또 원시운석에 대한 방사선 연대 측정법[6.4절]을 통해 태양계의 나이를 알 수 있다.

- **분화운석**(processed meteorites) 그림 9.7b는 한때 태양계 성운의 원시물질이 다른 형태로 '가공되어' 생긴 커다란 천체의 한 부분이었을 것으로 보이며, 이런 운석들은 이들이 커다란 소행성의 일부였다가 지구에서처럼 핵-맨틀-지각 구조로 분화현상을 거쳤다는 것을 제시하고 있다[7.1절]. 철 성분으로 이루어진 운석은 아마도 부서진 소행성의 핵으로부터 유래되었을 것으로 보이며, 다른 성분의 운석은 맨틀이나 지각에서 유래하였을 것이다. 그리고 일부는 커다란 소행성의 표면에서 충격에 의해 튕겨 나왔을 것으로 보인다. 분화운석은 원시운석보다는 나중에 탄생한 경우가 일반적이다.

두 형태의 운석 모두 우리태양계에 대한 중요한 정보를 알려주고 있다. 원시운석은 태양계 성운 내에서 처음 생긴 후로 거의 변하지 않은 물질의 표본을 보여주고 있는 셈이다. 그러므

**그림 9.6** 이 아니기토 운석이라 불리는 커다란 운석은 뉴욕에 있는 미국 자연사 박물관에 있다. 어두운 색깔과 다공성의 표면은 지구의 대기권을 통과할 때 불에 타 생긴 것이다.

**그림 9.7** 운석은 (a) 원시운석과 (b) 분화운석 두 가지의 기본 형태로 분류된다. 사진상의 운석은 실물보다 약간 작은 크기이며, 평평한 단면은 절단기로 잘린 면이다.

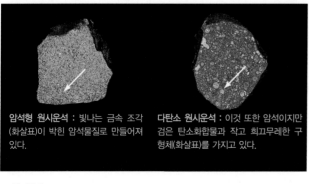

**암석형 원시운석** : 빛나는 금속 조각(화살표)이 박힌 암석물질로 만들어져 있다.

**다탄소 원시운석** : 이것 또한 암석이지만 검은 탄소화합물과 작고 희끄무레한 구형체(화살표)를 가지고 있다.

a. 원시운석

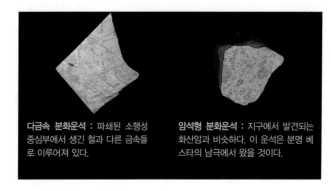

**다금속 분화운석** : 파쇄된 소행성 중심부에서 생긴 철과 다른 금속들로 이루어져 있다.

**암석형 분화운석** : 지구에서 발견되는 화산암과 비슷하다. 이 운석은 분명 베스타의 남극에서 왔을 것이다.

b. 분화운석

대부분의 운석은 소행성의 파편이며 이 운석들을 이용하여 우리태양계의 초기 역사에 대해 많은 것을 알 수 있다.

로 이 원시운석은 행성을 형성하게 된 고형물질의 성분에 대한 정보를 알려주고 있으며, 이 원시운석의 나이로부터 태양계의 나이를 알 수 있다[6.4절]. 분화운석은 이 운석이 분리되어 나온 좀 더 큰 소행성에 대한 상세정보를 알려준다. 화산활동에 의해 생긴 것으로 보이는 운석은 어떤 소행성들은 생성초기에 지질학적으로 활성화되어 있다는 것을 말해준다. 부서진 소행성의 핵 혹은 맨틀에서 유래한 분화운석은 행성 내부구조를 연구할 수 있는 기회를 주고 있으며, 또한 이것은 우리가 지구에 대한 지진학적 연구를 통해서 확인한 거대 천체가 정말로 분화를 경험한다는 사실에 대한 직접적인 증거로 제시될 수 있다.

**달과 화성으로부터 유래한 운석** 어떤 경우에는 분화운석의 조성이 이미 알려진 소행성의 조성과 일치하지 않는다. 하지만 이들의 조성을 자세히 분석해보면 이들이 달(달운석)이나 화성(화성운석)으로부터 유래하였다는 것을 알려준다. 아마도 대규모의 충돌이 이 운석들을 월면이나 화성 표면에서 행성 간 공간으로 날려 보냈고, 태양 주위를 공전하다가 마침내 지구에 부딪친 것으로 보인다. 계산 결과에 따르면 발견되는 달운석과 화성운석의 수를 설명할 수 있을 만큼 그런 일들이 충분히 빈번하게 일어나고 있다는 것을 말해준다. 달운석 및 화성운석은 모두 먼 세계에 대한 표본으로 과학자들에게 매우 유용한 자료이다. 화성운석이 특히 중요한데, 이는 아직 화성에서 표본 회수 미션을 수행해보지 않았기 때문에 이 운석들만이 직접적으로 우리가 확보할 수 있는 화성 표본이기 때문이다.

## 9.2 혜성

이제 혜성에 관심을 돌려보자. 혜성도 소행성과 마찬가지로 우리태양계 탄생의 잔재 미소행성체라는 점을 상기해보라[6.3절]. 소행성은 금속과 암석만이 생길 수 있는 내행성계에서 형성되기 때문에 암석물질이다. 하지만 혜성은 풍부한 수소화합물이 응축되는 동결 한계선 바깥에서 형성되므로 많은 얼음 성분을 함유하고 있다. 우리는 여기서 크기 및 꼬리 여부 혹은 기원에 상관없이 태양을 공전하는 얼음기반의 잔재 미소행성체를 혜성이라고 지칭한다.

### ● 혜성의 꼬리는 어떻게 생길까?

대부분의 인류 역사에서 혜성은 가끔 밤하늘에 나타나는 것만으로 주의를 끌었을 뿐이다. 수년마다 혜성은 긴 꼬리를 가진 윤곽이 뚜렷하지 않은 공 모양으로 나타나 육안으로 관측이 가능하였다(그림 9.8). 사진에서 꼬리를 보면 이는 마치 혜성이 하늘을 가로질러 가는 것처럼 보이지만 사실은 그렇지 않다. 혜성을 몇 분 혹은 몇 시간 동안 바라보면 하늘에서 혜성 주위의 별에 대해 거의 일정하게 머물러 있는 것을 알 수 있을 것이다. 며칠에 걸쳐서 혜성은 별처럼 뜨고 지다가 별자리에 대해 상대적으로 점진적인 이동을 한다. 혜성이 결국 시야에서 사라질 때까지는 몇 주 혹은 그 이상의 기간 동안이라도 밤마다 혜성을 관측할 수 있다.

오늘날에는 거의 대부분의 혜성들은 꼬리가 없다는 것과 우리태양계 외곽에서 해왕성보다도 더 먼 궤도로 태양을 공전하며 지구 근처로 오지 않는다는 것이 잘 알려져 있다. 밤하늘에 보이는 혜성은 아주 드문 경우로 그 공전궤도가 행성, 다른 혜성, 혹은 멀리서 지나가는 다른 별들에 의한 중력으로 변경되어 내부 태양계로 들어오게 된 것이다. 대부분의 이런 혜성들은 수천 년 동안 내부 태양계로 다시 돌아오지 못한다. 하지만 행성 가까이를 지나는 몇몇은 더

a. 하구다케 혜성

b. 헤일밥 혜성

**그림 9.8** 1996년 하쿠다케 혜성이나 1997년 헤일밥 혜성이 연이어 목격된 바와 같이 눈부신 혜성들은 언제든지 나타날 수 있다.

궤도가 변경되고 마침내 타원 궤도로 되어 주기적으로 태양에 접근하게 된다. 이 중 가장 유명한 혜성이 76년을 주기로 태양을 공전하는 핼리 혜성이며 2061년에 다시 볼 수 있게 된다.

**스스로 해보기 ▶** 빛나는 혜성은 매우 좋은 피사체이다. 지구에서 찍은 혜성 사진을 웹에서 찾아보라. 어떤 사진이 제일 좋은가? 어떤 것이 미와 과학적인 흥미를 불러일으킬 세부 묘사를 보여주고 있는가?

**혜성의 찬란한 일생** 혜성은 태양의 열기에 의해 가열되는 내행성계 내로 들어올 때만 꼬리가 자라게 되고(그림 9.9), 태양에서 멀리 떨어져 있을 때는 혜성은 완전히 얼어붙은 채로 남아 있다. 이때 혜성은 얼음 덩어리에 암석먼지와 복잡한 화합물이 뒤섞인 커다란 먼지 눈 덩어리로 보일 것이다. 이 얼음 덩어리를 혜성의 **핵**(nucleus)이라고 하며

대부분의 혜성들은 외행성계에서 영속적으로 얼어붙은 채로 남아 있게 된다. 일부만이 내행성계로 들어와 꼬리가 생기게 된다.

내행성계로 들어오는 혜성의 핵은 대개 수 킬로미터에 이르는 직경을 가지고 있다.

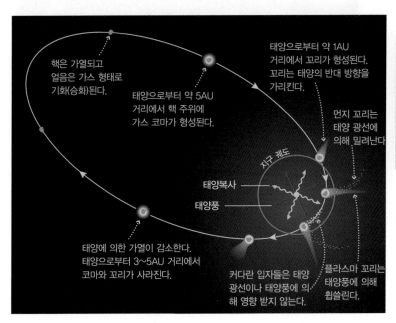

a. 이 그림은 혜성이 궤도를 따라 내행성계로 이동하는 동안의 혜성의 변화를 보여준다.

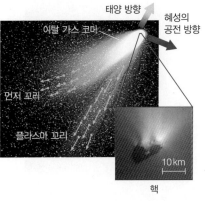

b. 혜성의 해부도. 큰 그림은 지상에서 촬영한 혜일밥 혜성이고, 작은 사각형 내의 그림은 지오토 우주선에서 촬영한 핼리 혜성핵이다.

**그림 9.9** 혜성은 태양 주위에 접근했을 때만 코마와 긴 꼬리를 만들게 된다. 대부분의 혜성은 태양계의 외곽에서 영원히 얼어붙은 채로 남아 있게 된다.

혜성이 태양을 향해 가속되면서, 혜성의 표면온도는 상승한다. 이에 따라 얼음은 승화되기 시작하여 가스가 되고 이 기체는 혜성의 약한 중력을 벗어나 탈출하게 된다. 탈출하는 가스는 핵으로부터 먼지 입자들과 함께 퍼져나간다. 이 가스와 먼지는 **코마**(coma)라 불리는 거대한 먼지 구름을 만들어낸다. 코마는 혜성이 내행성계로 진행함에 따라 더 크게 되고, 일부 가스와 먼지는 태양의 반대 방향으로 밀려나 꼬리를 형성하게 된다. 혜성의 꼬리는 수백만 킬로미터에 이를 수 있다.

> 혜성이 태양에 접근하면서 얼음이 기화되어 가스가 되고, 먼지를 수반하여 코마와 긴 꼬리를 만들게 된다.

혜성은 2개의 꼬리를 가지고 있다. **플라스마 꼬리**(plasma tail)는 태양의 자외선에 의해 이온화된 가스로 이루어져 있으며, 태양풍에 의해 바깥쪽으로 밀려난다. 따라서 플라스마 꼬리는 항상 태양과 거의 정반대 방향으로 뻗어 나가게 된다. **먼지 꼬리**(dust tail)는 먼지 크기의 입자로 구성되어 있으며, 태양풍에 영향을 받지 않고, 훨씬 약한 햇빛 자체의 압력(방사압력)에 의해 밀려나게 된다. 그래서 먼지 꼬리는 일반적으로 태양으로부터 멀어지는 방향을 가리키지만 혜성이 이동해온 방향으로 완만한 곡선을 이루고 있다.

혜성이 태양을 선회한 후에는 다시 외행성계로 향하기 시작하면, 승화가 감소하고, 코마가 소멸되며 꼬리는 사라지게 된다. 영원히 돌아오지 못할 수도 있지만 백년, 천년, 백만 년 후에 다시 혜성이 태양을 향하기 전까지는 아무 일도 일어나지 않는다. 다시 돌아오는 혜성도 결국 얼음이 다 소진되어 우리 눈앞에서 부스러지기도 하고 어떤 혜성은 비활성 핵이 된다(그림 9.10).

우주선 임무는 혜성에 관한 많은 것을 우리에게 신속하게 알려주고 있다. 2004년 나사의 우주선 스타더스트(Stardust)는 에어로겔(aerogel)이라는 물질을 이용하여 빌트 2 혜성에서 떨어져 나온 먼지 입자들을 수집하였다. 수집된 에어로겔은 귀환캡슐에 담겨져 모선에서 지구로 발사되었다. 이는 혜성의 먼지 표본을 직접 확보한 최초의 사례이다. 이 혜성 먼지의 일부 조성이 내행성계에서 생성되었으나, 어떤 경로로 외행성계에서 형성된 혜성물질이 혼합된 것으

**그림 9.10** 이 사진은 2006년 지구를 지나면서 부서진 슈바스만–바흐만 3 혜성의 파편 수십 조각 중 하나이다.

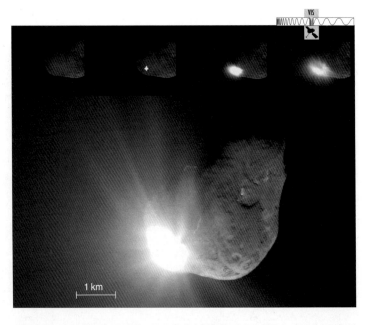

**그림 9.11** 이 사진들은 딥 임팩트 우주선에서 촬영한 것으로 템플 1 혜성에 370kg의 충돌체를 투하했을 때의 장면을 보여주고 있다. 왼쪽 상단의 충돌 직전 광경에서부터 시작하여 전체 충돌 과정은 67초 만에 완료되었다.

로 나타났는지에 대해 설명하기 위해 학자들은 난해한 문제에 봉착해 있는 상황이다. 나사의 딥 임팩트(Deep Impact) 미션은 혜성 핵의 물질을 자세히 볼 수 있는 기회를 제공하였다. 2005년 7월 4일 딥 임팩트는 370kg의 충돌체를 템플 1 혜성에 시속 37,000km로 충돌시켰다 (그림 9.11). 이 폭발은 혜성의 심부에서 기화된 물질로 구성된 고온의 가스 연기를 생성시켰다. 분광분석에 따르면 이 물질이 많은 복잡한 유기분자들을 함유하고 있음을 알려주었다. 또한 이 연기는 엄청난 양의 먼지를 포함하고 있다. 이는 혜성의 표면 수십 미터는 먼지로 덮여 있다는 것을 알려주고 있다. 학자들은 2014년 5월 혜성 추류모프-게라시멘코의 궤도에 진입하여 2014년 11월에 착륙선을 투하하는 ESA의 우주선 로제타(Rosetta) 탐사 미션에서 얻을 데이터를 기다리고 있다(이 책이 번역되는 현 시점 2015년 1월에 착륙선의 배터리 문제로 태양광 충전시기를 기다리고 있다.).

**혜성 꼬리와 유성우** 혜성은 또한 태양풍이나 태양광에 영향을 받기에는 훨씬 큰 모래 크기나 자갈 크기의 알갱이도 분출한다. 이 알갱이들은 실상 눈에 보이지 않는 혜성의 세 번째 꼬리를 혜성의 궤도 주변에 형성하게 되며 이 입자들이 대부분의 유성 및 유성우 현상을 일으킨다.

이 모래나 자갈 크기의 알갱이들은 너무 작아 보이지는 않으나 엄청난 속력으로 대기에 진입하여 그 열로 인해 주변 공기를 빛나게 한다. 이 빛이 유성의 짧지만 눈부신 섬광이며 입자가 열에 의해 기화될 때까지만 지속된다.

혜성의 먼지는 내행성계에 흩뿌려지게 되나 혜성에서 분출된 알갱이들로 이루어진 세 번째 꼬리는 혜성의 궤도 주변에 몰려 있다. 그래서 맑은 밤에 보통은 몇 개의 유성만 볼 수 있지만 우리 지구가 혜성의 궤도를 통과하는 경우에는 훨씬 더 많은 유성을 볼 수 있게 된다. 이와 같이 지구가 공전하여 매년 같은 기간에 특정 혜성의 궤도를 지나가게 되므로 유성우가 매년 거의 같은 기간에 발생하며, 이 **유성우** 기간 동안에는 시간당 수십 개의 유성을 볼 수 있다. 유성우 기간 동안의 유성들은 움직이는 자동차의 정면에서 볼 때 눈이나 폭우가 한 점에서 오는 것처럼 보이듯이 하늘의

*혜성은 작은 알갱이들을 분출하여 지구가 그 궤도를 지나갈 때 유성우를 일으킨다.*

**그림 9.12** 유성우의 구조

눈송이와 유성은 상대적인 관측자의 움직임에 의해 한 방향에서 뻗어 나오는 것처럼 보인다.

a. 움직이는 자동차의 정면에서 볼 때 눈이나 폭우가 한 점에서 오는 것처럼 보이듯이 유성은 하늘에 있는 특정 지점에서 사방으로 뻗어 나오는 것처럼 보인다.

b. 이 디지털 합성 사진은 2001년 사자자리 유성우를 호주에서 찍은 사진이다. 배경에는 별과 성운이 있고 유성들이 빛줄기 형태를 보이고 있다. 커다란 바위는 에어즈락이라고도 알려진 울룰루이다.

**표 9.1 연간 주요 유성우**

| 유성우 명 | 시기 | 관련 혜성 |
|---|---|---|
| 용자리 유성우 | 1. 3. | ? |
| 거문고자리 유성우 | 4. 22. | 대처 |
| 물병자리 에타별 유성우 | 5. 5. | 핼리 |
| 물병자리 델타별 유성우 | 7. 28. | ? |
| 페르세우스자리 유성우 | 8. 12. | 스위프트-터틀 |
| 오리온자리 유성우 | 9. 22. | 핼리 |
| 황소자리 유성우 | 11. 3. | 엥케 |
| 사자자리 유성우 | 11. 17. | 템펠-터틀 |
| 쌍둥이자리 유성우 | 12. 14. | 파에톤 |
| 작은곰자리 유성우 | 12. 23. | 터틀 |

특정 방향에서 사방으로 뻗어 나가는 것처럼 보인다(그림 9.12). 움직이는 자동차의 앞 유리창에 눈이 더 부딪치는 것처럼 유성이 지구의 진행 방향의 후면보다 정면에서 더 많이 지구에 부딪치므로 유성은 하늘의 일부가 지구의 진행 방향을 마주하는 새벽 직전에 가장 잘 관측할 수 있다. 표 9.1에 연중 주요한 유성우를 모혜성(알려진 경우)과 같이 나타냈다.

**스스로 해보기 ▶** 다음 유성우를 관측해보자(표 9.1 참조). 성도와 마커, 어두운 플래시(빨간색)를 준비한다. 유성을 볼 때마다 성도에 경로를 기록한다. 적어도 12개의 유성을 관측하고, 유성우의 원점(radiant), 유성이 발원하는 것으로 보이는 별자리를 결정한다. 유성우가 정말로 이름이 붙은 별자리 방향으로부터 오고 있는가?

## • 혜성은 어디서 올까?

혜성이 외행성계로부터 온다는 것은 알았지만 좀 더 구체적으로 살펴보자. 태양에 근접하는 혜성의 궤도를 분석한 결과 학자들은 우리태양계에 2개의 주요한 혜성 보유고가 있다는 것을 알았다(그림 6.1, 3단계 참조).

내행성계로 들어오는 대부분의 혜성은 거의 무작위적으로 보이는 궤도를 따르고 있다. 이 혜성들은 행성들의 공전 방향과는 다른 방향으로 태양을 돌고 있으며 이들의 타원형 궤도는 임의의 방향성을 보인다. 게다가 혜성의 궤도는 혜성들이 행성의 궤도보다는 훨씬 더 먼 곳에서 발원하고 있음을 보여주고 있다. 어떤 경우에는 가까운 별과의 약 1/4 거리에서 오는 것처럼 보인다. 이 혜성들은 천문학자 얀 오오트의 이름을 따서 **오오트구름**이라 불리며 아득히 먼 구형의 우주공간에서 태양을 향해 가파르게 낙하하고 있는 것처럼 보인다[6.2절]. 여기서 오오트구름이 기체구름이 아닌 혜성의 구름이라는 것을 주목해야 한다. 내행성계로 들어오는 오오트구름에서 발원한 혜성의 수에 기반하여 볼 때 오오트구름에는 약 1조 개($10^{12}$)의 혜성이 있는 것으로 보인다.

내행성계로 들어오는 혜성 중 일부는 특정 패턴을 보이는 궤도를 가지고 있다. 이 혜성들은 행성들과 거의 같은 평면에서 태양의 주위를 이동하며 이들의 타원 궤도 반경은 해왕성까지의 거리의 2배 이내이다. 이 혜성들은 해왕성의 궤도 바깥에서 태양을 공전하는 혜성 고리에서 왔음에 틀림없다고 여겨진다. 이 고리는 천문학자 제럴드 카이퍼의 이름을 따서 명명된 **카이퍼대**라는 도넛 모양의 우주공간이다. 그림 9.13은 카이퍼대와 오오트구름의 일반적인 특징을 비교하고 있다.

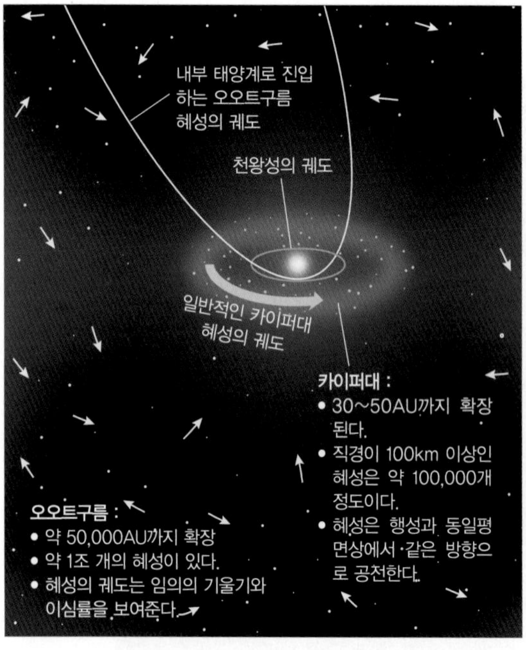
내부 태양계로 진입하는 오오트구름 혜성의 궤도
천왕성의 궤도
일반적인 카이퍼대 혜성의 궤도
카이퍼대 :
• 30~50AU까지 확장된다.
• 직경이 100km 이상인 혜성은 약 100,000개 정도이다.
• 혜성은 행성과 동일평면상에서 같은 방향으로 공전한다.
오오트구름 :
• 약 50,000AU까지 확장
• 약 1조 개의 혜성이 있다.
• 혜성의 궤도는 임의의 기울기와 이심률을 보여준다.

**그림 9.13** 때때로 내행성계에서 보이는 혜성은 외행성계의 두 주요한 혜성 보유고인 카이퍼대와 오오트구름에서 온다.

어떻게 혜성들은 이 태양계의 멀고먼 우주공간에 남겨졌을까? 과학적으로 설명 가능한 유일한 답은 목성형 행성이 탄생한 공간을 떠돌던 얼음으로 된 잔재 미소행성체들에게 무슨 일이 일어났는지 생각해봄으로써 알 수 있을 것이다.

목성, 토성, 그리고 해왕성 사이를 떠돌던 잔재 미소행성체들은 충돌하거나 혹은 젊은 목성형 행성의 중력조우(gravitational encounter) 현상을 경험할 수밖에 없었다. 작은 물체가 거대한 행성을 지나쳐 갈 때, 행성은 거의 영향을 받지 않지만, 그 물체는 고속으로 튕겨 나갈 수 있다는 것을 상기해보라[4.4절]. 그러므로 행성에 빨려 들지 않은 미소행성체들은 모든 방향으로 튕겨 나가게 되었을 것이다. 일부는 태양계를 완전히 벗어날 수 있는 속력으로 태양계 바깥쪽으로 던져졌을 수 있으며, 나미지는 평균적으로 태양에서 아주 먼 곳에 자리잡아 오오트구름의 혜성이 되었다. 이 혜성들이 임의의 방향으로 튕겨 나갔으므로 오오트구름이 구형 형태를 보이는 것이다. 오오트구름의 혜성은 태양으로부터 너무 멀리 떨어져 있어 근처의 다른 별들의 중력에 영향을 받으며 경우에 따라서는 은하 전체의 질량에 의해 영향을 받아 어떤 혜성들은 다시는 행성계에 돌아오지 못하고 혹은 일부 혜성들은 태양을 향해 낙하하게 된다.

해왕성 궤도 바깥에서는 얼음 성분의 미소행성체들이 중력조우 현상을 경험할 가능성이 훨씬 적고 튕겨 나가지도 않는다. 대신에 이 혜성들은 행성들의 궤도와 같은 방향으로 가는 궤도에 머물렀다. 그리고 상대적으로 황도면 근방에 밀집되었으며 이들이 카이퍼대의 혜성들이다. 카이퍼대의 혜성들은 궤도공명을 통해

> 카이퍼대의 혜성들은 해왕성 바로 바깥에서 형성되어 공전한다. 더 먼 거리에있는 오오트구름의 혜성들은 한때는 목성형 행성들 사이에서 공전하던 혜성들이다.

목성형 행성의 중력에 영향을 받아 일부 혜성을 내행성계로 보낼 수 있다.

요약하면 현재는 오오트구름의 혜성들이 태양으로부터 훨씬 더 멀어져 있긴 하지만, 카이퍼대의 혜성들이 오오트구름의 혜성보다 태양에서 더 먼 곳에서 발원한 것처럼 보인다. 카이퍼대는 태양계의 외곽에서 잔재 미소행성체로 만들어져 여전히 그곳에 남아 있지만 오오트구름의 혜성들은 목성형 행성들의 사이에 있던 잔재 미소행성체가 튕겨 나가 형성된 것이다.

## 9.3 플루토[1] : 이제는 외톨이가 아니다

플루토는 1930년 발견된 이래 75년 동안 아홉 번째 행성으로 여겨졌으나, 오랫동안 행성으로는 부적격한 것으로 생각되었다. 플루토의 248년 주기의 궤도는 8개의 다른 행성보다도 더 타원형이며, 황도면에 대해 더 기울어져 있다(그림 9.14). 플루토는 충돌할 가능성은 없지만 어떤 때는 해왕성보다도 더 태양에 근접한다. 해왕성은 플루토가 2회 공전할 때 정확히 3회 공전을 한다. 그리고 이 안정적인 궤도공명은 플루토가 해왕성의 궤도에 접근할 때마다 해왕성을 충분히 먼 거리에 있게 한다. 해왕성과 플루토는 이 숨바꼭질을 아마도 태양계가 사라질 때까지 계속할 것이다.

플루토에 대해 알면 알수록 크기 및 조성이 행성으로는 부적합하다는 것이 증명되었다. 지구형 행성보다도 훨씬 작은 크기와 얼음이 풍부한 조성은 지구형이나 목성형 행성에도 맞지 않는다. 이와 같은 특이성이 플루토를 외행성계의 외톨이로 여기게 만들었다. 그런데 실상은 그렇지 않다. 우리는 플루토가 태양계의 한 영역에서 공전하고 있는 유사한 천체로 구성된 엄청난 많은 무리(사실상 커다란 혜성들) 중의 일부라는 것을 알게 되었으며 사실 플루토가 이 무리 중에 가장 큰 것도 아니라는 것이다.

### ● 혜성은 얼마나 클까?

1950년대까지 내행성계로 들어오는 혜성 중 상당수가 카이퍼대로부터 온다는 것이 분명해졌다. 또한 플루토는 이 카이퍼대 중심 부근에서 태양을 공전한다는 것도 확실했다. 하지만 플루토의 위치가 우연이 아니고 카이퍼대를 구성하는 일부 천체는 우리가 내행성계에서 볼 수 있는 어떤 혜성보다도 훨씬 크다는 놀라운 사실을 인지

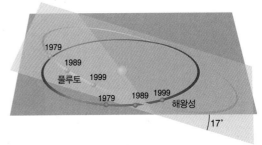

**그림 9.14** 플루토의 궤도는 황도면에 대해 기울어진 뚜렷한 타원형 궤도이다. 플루토는 1979~1999년까지 그랬던 것처럼 248년 주기 중 20년 동안은 해왕성보다도 태양에 더 가깝게 접근했다. 플루토가 2번 공전할 동안 해왕성은 3번 공전하므로 두 천체는 가까이 접근하는 법이 없어 충돌 가능성은 없다.

---

1) 역자 주 : 이전에 명왕성이라 불렸지만 다른 소행성들과 호칭을 일치하기 위해 영어명 '플루토'로 칭한다.

하기까지에는 상당히 많은 시간이 걸렸다.

**카이퍼대의 커다란 혜성** 돌이켜보면 카이퍼대 내에 커다란 혜성들이 많이 있다는 것이 그리 놀라운 사실은 아니다. 천문학자들은 그런 천체의 존재를 관측으로 확인하기 전에 이미 예견했었다. 내행성계에서 볼 수 있는 혜성은 작을 수밖에 없었다. 왜냐하면 카이퍼대나 오오트구름 내의 비교적 작은 천체들만이 공전궤도가 변경되어 내행성계로 들어올 수 있었기 때문이다. 이 사실은 그 영역에 훨씬 더 큰 천체가 있을 수 있다는 것을 의미한다고도 볼 수 있다. 게다가 태양계 형성에 대한 지금의 이론은 카이퍼대 내에서도 근처에 얼음 성분의 미소행성체들이 존재하면 서로 엉겨붙어 커질 수 있다는 것을 암시한다. 이론적으로는 이 미소행성체 중 하나가 해왕성 다음의 다섯 번째 목성형 행성의 씨앗이 될 수도 있을 것이다. 그러나 태양으로부터 이렇게 멀리 떨어진 곳에서는 필시 물질의 밀도가 너무 낮아 그런 일은 일어나지 않았을 것이다. 그래도 그 미소행성체들 중 상당수가 직경 수백 혹은 수천 킬로미터까지 성장했다고 생각하는 것은 비교적 합리적일 것이다.

플루토가 이 천체들 중 하나라는 것을 인지하는 데에 그렇게 시간이 오래 걸린 이유는 관측상의 어려움에 기인한다. 지구에서 플루토의 거리에 있는 1,000km의 얼음 덩어리를 관측하는 것은 600km 떨어져 있는 주먹만 한 눈덩이를 희미한 어둠 속에서 찾으려는 것과 같기 때문이다. 사실 플루토가 비교적 일찍 발견된 것은 천왕성과 해왕성의 궤도에 대한 잘못된 분석이 학자들로 하여금 또 다른 커다란 천체의 존재를 의심하게 만들었고, 발견자 클라이드 톰보우(1906~1997)가 열정적으로 이를 파헤쳤기 때문이다. 이런 일화를 제외한다면 1990년대가 되어서야 비로소 카이퍼대에 대한 체계적 탐색을 할 수 있는 기술 수준에 이르렀다고 할 수 있다.

일단 한 번 탐색이 시작되자 빠른 속도로 천체가 발견되기 시작했고, 플루토 규모의 천체를 찾아내는 것은 단지 시간 문제에 불과했다. 2005년 캘리포니아 공대의 천문학자 마이클 브라운이 에리스를 발견했다. 에리스의 반경은 플루토와 거의 비슷했으나 질량은 27% 더 무거웠다. 에리스는 인간들 사이에서 싸움을 불러일으킨 그리스 신화에 나오는 여신의 이름을 따라 지어진 이름이다. 이는 에리스의 발견으로 인해 '행성'의 정의에 대한 논

에리스는 2005년 발견되었으며 플루토보다 27% 더 무거워 현재 알려진 카이퍼대 내의 가장 무거운 천체이다.

쟁이 시작되었음을 비유적으로 표현한다. 에리스는 디스노미아라는 달이 있으며, 이 이름은 그리스 신화 속 에리스의 딸인 무법의 여신의 이름을 따서 지어졌다(그림 9.15).

**카이퍼대 혜성의 분류** 플루토, 에리스 그리고 다른 커다란 얼음덩어리를 무엇이라고 명명할 수 있을까? 이를 두고 많은 논쟁이 벌어져 왔지만 그 바탕에 있는 과학적 사실에 기반하면 무엇이라 해야 할지는 분명해 보인다. 2013년까지 1,100개 이상의 얼음 천체가 카이퍼대에서 직접 목격되어 과학자들은 직경 100km 이상의 천체가 적어도 100,000개는 있을 것이며, 이보다 작은 천체는 훨씬 더 많을 것이라고 추산하고 있다. 그리고 새로운 판스타스(Pan-STARRS) 망원경이 이들 중 수만 개를 발견하게 될 것으로 기대하고 있다. 작은 천체들은 혜성이라고 쉽게 분류할 수 있지만 커다란 천체들은 그림 9.16에 나타낸 것과 같이 크기로 봐서는 분류하기가 쉽지 않다. 카이퍼대에 있는 수많은 천체는 가장 큰 소행성보다 훨씬 크지만 지구나 다른 지구형 행성보다는 훨씬 작다는 사실을 주목해볼 만하다.

현재의 분류법에 따르면 (p. 9, '특별 주제' 참조), 카이퍼대의 네 천체(플루토, 에리스, 마케

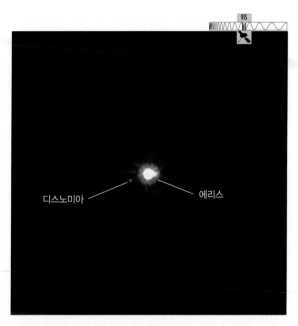

**그림 9.15** 허블우주망원경으로 촬영한 에리스와 디스노미아

**그림 9.16** 지구 및 소행성 세레스, 베스타의 크기와 비교된 카이퍼대 내의 거대 천체 및 그 달 그림. 플루토, 에리스, 마케마케, 하우메아는 왜소행성으로 인정받았고, 다른 천체들도 왜소행성 대열에 합류할 수 있을 것이다. 카이퍼대 내의 천체들은 아직 고해상도로 촬영된 적이 없어 외형에 대한 상상으로 그린 그림이다.

마케, 하우메아)는 충분히 커서 구형을 이룰 수는 있으나, 공전궤도 주변의 천체들을 흡수하지 못하였기 때문에 **왜소행성**(dwarf planets)으로 분류되었다. 하우메아는 길쭉한 형태이기는 하지만 왜소행성으로 분류되었는데, 이는 하우메아의 회전 속도가 고속이 아니었다면 구형이 되었을 것이기 때문이다. 카이퍼대 내의 수십 개의 다른 천체들도 실제로 구형인지는 좀 더 관측이 필요하기는 하지만 왜소행성으로 분류될 수 있을 것이다.

우리가 이 천체들을 무어라고 부르든지 간에 가장 작은 바위 크기부터 가장 큰 왜소행성에 이르는 카이퍼대 내의 모든 천체는 얼음과 암석의 기본 조성으로 이루어져 있을 것으로 보인다. 다시 말하면 이들은 다양한 크기의 혜성이라고 할 수 있다. 그러나 어떤 천문학자들은 내행성계로 들어오지 않고 꼬리가 없는 천체들을 혜성이라고 하는 것에 반대의견을 보이고 있다. 그래서 이들을 **카이퍼대 천체**(Kuiper Belt Objects, KBO) 혹은 **해왕성 역외 천체**(Trans-Neptunian Objects, TNO)라고 하기도 한다.

### ● 카이퍼대의 거대 천체는 어떤 모습일까?

작은 크기와 먼 거리로 인해 카이퍼대 내의 천체들을 연구하는 데에는 많은 어려움이 있다. 지구에서 찍은 가장 선명한 사진에서도 이 천체들은 희미한 얼룩이나 한 점의 빛으로 보인다. 그래서 이 천체들에 대해서는 공전궤도, 반사도나 스펙트럼이 얼음 성분이 풍부한 조성일 것이라는 사실 외에는 거의 알려진 바가 없다. 물론 2015년 여름 우주선 뉴호라이즌(New Horizon)이 플루토를 통과할 때쯤이면 훨씬 더 많은 정보를 알아낼 수 있을 것이다. 그 동안에 카이퍼대의 플루토와 카이퍼대 천체 무리를 이해하기 위해 예비 탐사를 해보자.

**플루토** 우리는 카이퍼대의 다른 어떤 천체보다 플루토에 대해 많은 연구를 하였다. 그러나 플루토에 대해 많이 알 수 있었던 것은 플루토의 커다란 달, 카론 덕분이었다. 플루토는 적어도 4개의 다른 작은 달을 가지고 있다(그림 9.17a).

천체의 질량은 그 천체가 다른 천체에 미치는 중력 효과를 관측할 수 있다면 뉴턴 법식으

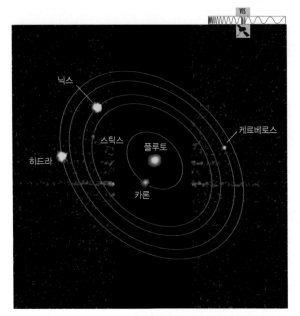

a. 허블우주망원경에서 찍은 이 사진은 플루토와 함께 5개의 달과 그 공전궤도를 보여주고 있다. 수평으로 보이는 줄무늬는 장기 노출촬영에 따른 카론과 플루토의 빛이 산란된 것이다.

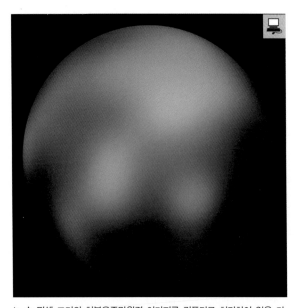

b. 수 픽셀 크기의 허블우주망원경 이미지를 컴퓨터로 처리하여 얻은 거의 자연색으로 보이는 플루토의 표면. 8년 전에 찍은 사진과 비교하면 플루토의 계절변화에 기인한 것으로 유추되는 표면 무늬의 변화가 보인다.

**그림 9.17** 플루토의 먼 거리와 작은 크기는 연구에 어려움을 주고 있다.

로 표현된 케플러 제3법칙을 이용하여 결정할 수 있다는 것을 상기해보라 [4.4절]. 1978년 카론이 발견되어서야 마침내 플루토의 정확한 질량을 알게 되었다.

카론은 때맞춰 학자들에게 플루토에 대해서 심층 분석할 수 있는 기회를 제공하였다. 1985년부터 1990년까지 우연히도 카론과 플루토는 지구에서 볼 때 일직선으로 늘어서 며칠마다 식현상을 연출하였다(이 현상은 120년마다 찾아옴). 이 식현상 동안의 밝기 변화에 대한 상세 분석 결과에 의해 플루토 및 카론의 정확한 크기, 질량, 밀도를 계산할 수 있게 되었다. 그리고 둘 다 얼음과 암석이 섞인 혜성과 같은 조성을 가지고 있다는 것을 확인할 수 있었다. 식현상의 데이터는 플루토 표면의 무늬에 대한 개략적인 지도를 작성할 수 있게 해주었고 최근의 이미지를 보면 플루토의 표면이 변형되고 있다는 것을 알 수 있다. 이는 아마도 플루토의 회전축 경사 변화 및 태양으로부터의 거리 변화에 따른 계절의 변화에 기인한 것으로 보인다(그림 9.17b).

플루토와 카론을 비교하다 보면 놀라운 사실을 알게 된다. 플루토의 약 1/8 크기인 카론은 지구와 달의 크기 비율 대비 더 큰 비율을 보이고 있으며 카론은 플루토보다 밀도가 약간 더 낮고 겨우 20,000km 거리에서 공전한다. 이러한 사실로부터 과학자들은 카론이 지구에서 달이 거대 충돌로 형성되었을 것이라고 추론하는 것과 유사하게 거대 충돌에 의해 형성되었을 것이라고 보고 있다[6.3절]. 플루토에 거대한 혜성이 충돌하면서 저밀도의 외층을 날려 보내 처음에는 플루토 주위에 고리 형태로 있다가 마침내는 카론과 다른 작은 달들이 만들어졌을 것으로 추측하고 있다. 이는 왜 플루토가 거의 누워서 자전하는지에 대한 이유가 될 수도 있을 것이다.

플루토는 태양으로부터 엄청난 거리에 있어 예상할 수 있듯이 평균온도가 겨우 40K로 매우 차갑다. 하지만 표면 얼음의 기화에 의해 형성되는 질소와 다른 가스로 이루어진 얇은 대기층을 가지고 있다. 플루토의 대기는 248년 주기의 공전궤도 중 태양에서 멀어질 때 점차 다시 표면에 얼어붙어야 할 것으로 보이나 최근의 관측 결과는 정반대의 경향을 보여 천문학자들을 당황하게 만들었다. 그러나 이는 플루토의 얼어붙은 극이 천천히 태양을 향하면서 방출된 일산화탄소를 분출하기 시작함으로써 나타나는 현상으로 보인다.

차가운 온도에도 불구하고 플루토에서 바라보는 하늘은 장관일 것이다. 지구에서 바라보는 달보다 10배는 더 큰 카론이 하늘을 가득 채울 것이다. 플루토와 카론은 오래전부터 서로의 인력에 의해 동기화되어 회전하고 있다 [4.4절]. 그래서 카론은 플루토의 한쪽 면(항상 같은 면)에서만 볼 수 있다. 이 동기화 회전은 플루토의 하루가 지구의 6.4일에 해당하는 카론의 한 달(공전주기)과 같다는 것을 뜻한다. 플루토의 표면에서 보면 카론은 뜨거나 지지 않고 상이 변하여 한 주기가 완료되는 6.4일마다 미동 없이 제자리에 있게 된다. 태양은 지구에서 보는 것에 비해 1,000배 이상 더 희미하고 우리 지구의 하늘에서 보이는 목성의 크기보다 크지 않을 것이다.

**스스로 해보기** ▶ 플루토의 하늘에서 카론의 이미지를 형상화하는 것을 돕기 위해 여러분의 머리를 플루토라고 상상해보면, 약 지름이 10cm 정도 되는 둥근 물건을 준비하고 머리에서 2미터 정도 떨어뜨려두면 이것이 카론과 같은 비율이 된다. 달의 크기는 손을 뻗었을 때 새끼손가락의 손톱만 한 그기이다. 이와 카론 모형을 비교하며 상대적인 크기를 비교해보라.

**다른 카이퍼대의 천체들** 과학자들은 우주선 뉴호라이즌이 플루토와 조우한 후에도 적어도 한두 개의 다른 천체에 보낼 수 있게 되기를 희망하고 있지만 우리는 카이퍼대의 다른 거대한 혜성에 대해 잘 알지 못하고 있다. 그럼에도 불구하고 모든 카이퍼대의 혜성들이 태양계의 같은 지역에서 생성되었다고 가정한다면 그 특성과 조성은 플루토와 유사하리라고 예상하고 있다. 공전궤도를 자세히 연구하면 이러한 유사성에 대한 증거를 찾을 수 있다. 플루토처럼 다른 많은 카이퍼대 혜성은 해왕성과 안정적인 궤도공명을 하고 있다. 실제로 수백 개에 달하는 카이퍼대의 혜성들이 플루토와 동일한 거리에서 동일한 궤도로 태양을 공전하고 있다. 또 다른 증거는 에리스를 포함한 다른 카이퍼대 혜성들이 달을 가지고 있다는 사실이 알려져 있고 이 경우에는 질량과 밀도를 계산해낼 수 있다. 이 결과는 스펙트럼 정보와 함께 이런 천체들이 혜성과 같은 얼음과 암석조성이라는 것을 확인시켜준다.

홍미롭게도 플루토는 근접 촬영되는 첫 번째 카이퍼대 천체는 아니며 이 영광은 아마도 해왕성의 달인 트리톤이 차지하게 될 것이다. 트리톤의 '후진' 공전이 포획천체라는 것을 말한다는 사실을 상기하면[8.2절], 트리톤은 카이퍼대에서 포획되었다는 것이 분명해진다. 이 경우 그림 8.27에 볼 수 있는 트리톤의 이미지는 과거 카이퍼대의 일원이었던 천체를 보여주고 있는 것이다. 이 이미지들은 멀

플루토와 다른 거대한 카이퍼대의 천체들은 다른 행성들에 비해 더 작고 얼음이 많고 더 멀다. 이들은 달과 대기를 가질 수도 있고 경우에 따라서는 지질 활동도 일어날 수 있다.

지 않은 과거 혹은 현재에 트리톤에서 지질 활동이 있었음을 나타내며 이는 유사한 활동이 플루토나 다른 카이퍼대의 천체에서도 일어날 수 있음을 말해준다.

**생각해보자** ▶ 2006년 IAU에서 있었던 행성의 정의에 대한 뜨거운 토론에도 불구하고 IAU의 2009년 모임에서는 행성의 정의에 대한 다른 대안이 제시되지 않았다. 여러분은 이 정의에 대해 다시 한 번 생각해봐야 된다고 생각하지 않는가? 행성은 어떻게 정의되어야 하고 또 그 정의에 따르면 태양계에는 몇 개의 행성이 있겠는가?

## 9.4 우주 충돌 : 지구에 미치는 영향

작은 운석들은 거의 매일 지구에 떨어지고 있으며 충돌 크레이터들의 존재[7.1절]는 과거에 훨씬 더 큰 충돌이 있었음을 입증하고 있다. 다행히도 대부분의 충돌은 거의 40억 년 전에 끝난 대폭격기(heavy bombardment) 중에 일어났다. 그리고 수많은 작은 천체가 지금도 태양계를 떠돌아 다니고 있으며 지금도 여전히 우주 충돌은 가끔 일어난다.

우리가 여러 차례 직접 목격한 것처럼 거대한 충돌은 아직도 여전히 일어나고 있다. 태양은 빈번히 혜성과 충돌하며 이 과정에서 시달리는 것은 오직 혜성뿐이다. 1994년에 일어난 극적인 충돌은 혜성과 목성의 충돌이었다. 슈마커 레비 9(SL9) 혜성은 과거 목성 주위를 지나칠 때 목성의 인력으로 이미 여러 조각으로 부서진 상태였다. 따라서 이 혜성은 하나의 핵 대신에 작은 핵들이 띠 형태로 구성되어 있었다(그림 9.18a). 혜성 SL9은 목성과 충돌하기 1년 이전에 발견되었다. 그리고 공전궤도에 대한 계산 결과 천문학자들은 정확히 언제 충돌이 일어날지 알 수 있게 되었다. 그래서 충돌이 일어났을 때 시야가 확보된 위성뿐만 아니라, 지구상에 있

a. 목성의 인력이 SL9 혜성의 핵을 작은 핵의 사슬로 찢어놓았다.

b. 목성의 위성 이오에서 본 SL9 충돌 장면의 상상도. 충돌은 목성의 밤시간대에 일어났다.

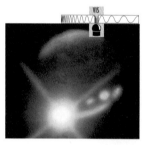

c. 이 적외선 사진은 1994년도에 있었던 SL9의 충돌 후 떠오르는 불덩어리의 눈부신 섬광을 보여주고 있다. 목성은 둥근 모양의 접시 형태로 충돌은 왼쪽 아래에서 일어났다.

d. 허블우주망원경이 찍은 이 사진의 검은 반점은 2009년 7월에 있었던 미지의 충돌로 인한 흉터이다.

**그림 9.18** 천문학자들은 목성과 슈마커레비 9 혜성의 충돌을 통해 첫 번째 우주 충돌을 목격하였다.

는 거의 모든 망원경으로 이를 관측할 수 있었다. 각각의 핵들은 100만 개의 수소폭탄에 해당하는 위력으로 목성과 충돌하였다(그림 9.18b, c). 1km 남짓한 혜성의 핵은 어떤 것들은 지구보다 큰 크기의 자국을 남겼고 이들은 목성의 강력한 폭풍 속으로 사라지기 전까지 수개월 동안 유지되었다. 그 여파로 목성에 두어 번의 충돌이 더 일어나는 것을 우리는 목격하였다(그림 9.18d).

### ● 우주 충돌이 공룡을 멸종시켰을까?

지질학자들은 우리 행성에서 150개 이상의 충돌 크레이터들을 발견하였고 이에 따라 과거 지구에서 거대한 충돌이 있었다는 것은 의심할 여지가 없다. 그러므로 우리는 우리의 일생 중에 이런 충돌이 다시 일어날 것인가 고민하기에 앞서 만약 그런 충돌이 일어난다면, 잠재적인 위험성은 어떨 것인지 생각해볼 가치가 있다. 분명히 그런 충돌은 광범위한 물리적 손상을 일으킬 수 있다. 그리고 지난 30년간 수집된 증거들은 그 영향이 훨씬 더 심각할 수 있음을 나타내고 있으며 경우에 따라서 거대 충돌은 진화 과정을 통째로 변경시킬 수도 있다는 것을 말해준다.

1978년 이탈리아에서 수집된 지질학적 표본들을 분석하던 도중에 루이스와 월터 알바레즈 부자가 이끌던 연구팀은 놀라운 사실을 발견하였다. 그들은 6,500만 년 전 공룡이 멸종했던 시기에 적층된 검은 퇴적물의 얇은 층에서 비정상적으로 이리듐 원소가 많다는 것을 발견했다. 이리듐은 분화 과정 중 다른 금속과 함께 지구의 핵 속으로 가라앉아 지구 표면에서는 희귀하지만 운석에는 많이 포함된 금속이다. 후속 연구에서 전 세계적으로도 6,500만 년 전의 퇴적층에는 이리듐이 풍부하다는 것을 재차 확인하였다(그림 9.19). 그 후 알바레즈 팀은 공룡의 멸망은 소행성이나 혜성의 충돌로 일어났다는 충격적인 가설을 제시하였다.

사실 공룡의 멸망은 6,500만 년 전에 일어난 것으로 보이는 생물학적 대멸종의 일부분일 뿐이다. 화석 기록에 따르면 모든 살아 있는 유기체의 99%가 사라졌고 75%의 종이 멸종했다. 이는 모든 살아 있는 종의 급속한 멸종을 뜻하는 대규모 멸종의 분명한 예를 보여주는 것이다. 이 **대멸종**이 과연 거대충돌에 의해 일어난 것일까?

이 충돌이 대규모 멸종의 직접적인 원인인지 아니면 많은 원인 중의 하나인지에 대해서는

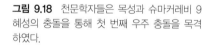

이리듐이 풍부한 퇴적층과 6,500만 년된 크레이터는 공룡이 멸종했을 당시에 거대 충돌이 있었음을 보여준다.

논쟁의 여지가 있지만 공룡의 멸종과 이 거대한 충돌의 시기가 일치한다는 것은 논란의 여지가 없다. 과학자들은 퇴적층 내의 광범위한 증거들뿐만 아니라 분명 10km 직경의 소행성이나 혹은 혜성의 충돌로 생긴 것으로 보이는 6,500만 년 된 크레이터를 발견했다(그림 9.20).

만약 이 충돌이 대규모 멸종의 직접적인 원인이라면, 그런 일이 어떻게 일어났을지는 다음과 같이 설명할 수 있을 것이다. 6,500만 년 전 운명의 날에 한 소행성이나 혹은 혜성이 수소폭탄 1억 개의 위력으로 멕시코에 충돌했다(그림 9.21). 북아메리카는 즉시 파괴되었을 것이

**그림 9.19** 전 세계적으로 6,500만 년 이전대의 퇴적암층에서는 공통적으로 혜성 혹은 소행성의 충돌 증거들이 발견된다. 공룡 및 다른 종의 화석은 이리 듐층 아래의 바위에서만 나타난다.

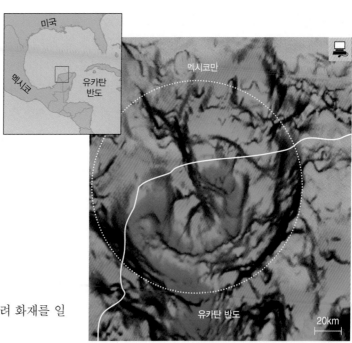

**그림 9.20** 중력 크기의 국부적 변화 측정에 기반한 위의 컴퓨터 이미지는 멕시코 유카탄 반도 북서부 코너에서의 충돌 크레이터(점선 영역)를 보여준다. 삽입된 그림은 지도상의 위치이다.

다. 얼마 지나지 않아 고온의 폭발잔재들이 전 세계에 비처럼 내려 화재를 일으키고 많은 생명체들을 죽음에 이르게 하였다.

장기적인 피해는 훨씬 더 심각했다. 먼지와 연기는 대기 중에 수 주 혹은 수 개월 동안 잔류하여 햇볕을 가리고 마치 지구가 전 세계적으로 혹독한 겨울을 겪고 있는 것처럼 온도를 급강하시켰다. 줄어든 햇볕으로 거의 1년 동안 광합성이 이루어질 수 없었고 먹이 사슬에서 많은 종들이 사라질 수밖에 없었을 것이다. 또 다른 부산물인 산성비는 식물을 고사시켰고, 전 세계의 호수들을 산성화시켰다. 또한 대기 중의 화학작용으로 질소산화물과 다른 화합물이 생성되었고 이는 바닷물에 용해되어 바다 생명체들을 몰살시켰을 것이다.

여기에서 가장 놀랄 만한 일은 75%의 종이 멸종되었다는 것이 아니고, 25%의 종이 살아남았다는 사실일 것이다. 살아남은 종 중에는 몇몇의 작은 포유류가 있었다. 이 포유류는 아마도 지하 땅굴에서 살았고 충돌 후에 전 세계적으로 찾아온 혹독한 겨울을 견딜 수 있는 충분한 먹이를 저장하고 있었을 것이다.

멸종이 불러일으킨 진화상의 충격은 훨씬 더 심각했다. 1억 8,000만 년 동안 공룡은 다양한 종들로 분화했지만, 공룡과 거의 동시에 출현한 대부분의 포유류들은 일반적으로 작은 설치류의 형태로 남아 있었다. 그러나 공룡이 사라지자 포유류가 지구의 새 주인이 되었고 다음 6,500만 년 동안 작은 포유류들은 궁극적으로 우리를 포함한 훨씬 더 큰 포유류의 집합체로 급속히 진화했다.

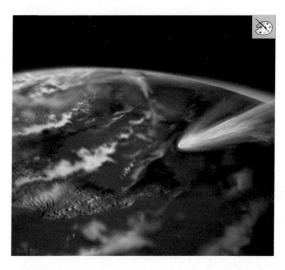

**그림 9.21** 이 그림은 약 6,500만 년 전 소행성 혹은 혜성이 지구와 충돌하기 직전의 모습을 보여주고 있다. 이 충돌로 공룡이 멸종했을 것으로 추측되고 있으며, 만약 이 충돌이 없었다면 공룡은 오늘날에도 지구를 지배하고 있을지 모른다.

### ● 우주 충돌의 위험도는 얼마나 클까?

공룡의 멸종은 과거 지구에서 일어난 원인을 알 수 없는 대멸종 중의 하나에 불과하다. 그리고 나머지 일부 멸종 사건들도 과거 우주 충돌들과 시기가 일치하는 것으로 보인다. 작은 우주 충돌은 우리 인류를 멸종시키지는 않겠지만 만약 대도시 중심이나 근교에서 그런 충돌이 일어난다면 인명피해와 손해를 초래할 것이다. 이런 우주 충돌의 위험성은 대중매체에서 가끔 언급이 되고 있기는 하지만 얼마나 심각하게 이를 받아들여야 할까?

천문학자들은 지구의 공전궤도 근처를 통과하는 궤도를 가진 수천 개의 소행성들을 발견했으며 이들은 잠재적으로 지구와의 충돌 위험을 안고 있다. 그러한 궤도를 가진 대규모 소행성들은 대부분 확인되었지만, 소규모의 많은 소행성은 탐지하기가 매우 어려워 아직 발견하지 못하고 있다. 혜성도 이와 유사한 미확인 충돌 위험성을 내포하고 있다. 비록 충돌 가능성이 있는 혜성의 수는 훨씬 적지만 외행성계로부터 혜성이 가파른 궤도로 하락하여 마침내 충돌 경로로 들어서기 전에는 이를 인지하기가 쉽지 않다. 그래서 우리에게 대비 기간이 겨우 몇 달이나 몇 년밖에 없을 수도 있는 것이다.

우주 충돌의 위협에 대해 의구심을 품고 있던 사람들에게 2013년 2월 15일은 잊을 수 없는 날이 되었다. 이 날로부터 약 1년 전에 이미 스페인의 천문학자가 2012DA14라는 이름의 40m 길이의 소행성을 발견했고 후속 관측 결과 이 소행성은 그런 규모로는 여태까지 관측 이래 가장 가까운 경로인 지구 상공 28,000km 아래로, 즉 통신위성의 궤도 안으로까지 들어와 지구를 통과할 것으로 예측되었다. 비록 실제로 지구와 충돌할 위험은 없었으나 2012DA14는 역사상 가장 대규모의 미확인 충돌 사건으로 기록되었던, 1908년 지구 대기권 내로 돌진하여 시베리아 퉁구스카 상공의 폭발사건을 일으켰던 소행성과 거의 같은 크기였다. 퉁구스카 폭발은 지구 상공에서 폭발이 일어나 크레이터가 생기지는 않았으나 숲을 완전히 초토화시켰고 사람들은 수백 킬로미터 밖에서도 이를 감지했다.

2013년 2월 15일, 세계 각국의 관찰자들이 소행성 2012DA14의 근접 통과를 기다리던 바로 그날 러시아 첼랴빈스크 지역 사람들은 갑자기 눈부신 섬광을 보았다. 이는 이전에는 발견하지 못했던 작은 소행성이 시속 60,000km 이상의 속도로 그들 머리 위의 상공으로 진입하면서 만들어낸 것이었다(그림 9.22). 나중에 추정해본 결과 이는 2012DA14의 절반 크기인 10,000

심각한 피해를 가져온 충돌은 최근 역사에서 1908년 퉁구스카 상공과 2013년 러시아 첼랴빈스크 상공에서 적어도 두 번은 일어났다.

톤 질량의 소행성으로 대기권과의 마찰에 의해 핵폭탄 500킬로톤의 위력으로 폭발할 때까지 거대한 유성처럼 지구 상공을 가로질러 돌진했다. 1,000명 이상의 사람들이 부상을 입었고, 대부분 충격파에 의해 생긴 유리조각에 의해 상처를 입었다. 그나마 다행이었던 것은 만일 소행성의 궤도가 지표면에 더 수직이었고 더 낮은 고도상에서 폭발이 일어났다면 그 피해는 훨씬 더 컸을 것이다. 1세기 전의 퉁구스카 충돌처럼 공중에서 일어난 이 폭발은 커다란 충돌 크레이터를 만들지는 않았지만, 첼랴빈스크 근처의 광범위한 지역에 운석 조각들을 흩뿌려 놓았다. 2012DA1가 통과하기 전 불과 15시간 차이로 첼랴빈스크 충돌이 일어났지만 그 두 소행성은 서로 연관이 없었고 전혀 다른 궤도로 접근했었다.

**그림 9.22** 이 사진은 2013년 2월 15일 사전에 발견되지 않았던 러시아 첼랴빈스크 상공에서 폭발한 10,000톤짜리 소행성의 유성 궤적을 보여주고 있다. 이 폭발은 원자폭탄 500킬로톤 위력을 가지고 있었으며 1,000명 이상의 사상자를 발생시켰다.

앞으로도 이런 충돌들이 일어날 것은 사실상 자명하다고 할 수 있다. 그림 9.23은 과거의 충돌에서 나온 지질학적 자료에 근거하여 지구가 다양한 크기의 천체와 충돌할 평균 빈도를 보여준다. 희소식이라면 지구가 공룡을 멸종시킬 만큼 큰 소행성에 부딪칠 확률은 매우 낮다는 것이다. 그 정도 규모의 충돌은 평균적으로 수천만 년 간격으로나 일어나며 이는 대규모 소행성이나 혜성이 충돌하여 발생되는 위험보다도 오히려 우리 스스로가 만들어내는 위험이 훨씬 더 심각하다는 것을 의미한다.

나쁜 소식은 작은 우주 충돌들이 앞으로 더 빈번하게 일어날 것이라는 점이다. 불과 직경 몇 미터 크기의 천체는 아마도 매주 지구 대기권으로 진입하고 미래에 우주 충돌은 분명히 일어날 것이며 그중 일부는 우리 문명에 치명적인 피해를 줄 수 있을 정도로 클 것이다.

있을 것이다. 2013년 첼랴빈스크 상공에서 폭발했던 소행성과 같은 크기의 천체는 평균 1세기에 한 번꼴로 지구를 강타할 것이다.

잠재적인 우주 충돌 위험을 예방하기 위해 하늘을 더 면밀히 관찰하기 전까지는 심각한 피해를 가져오게 될 우주 충돌의 가능성을 줄일 수는 없을 것이다. 예를 들어 1908년 퉁구스카 규모의 충돌이 오늘날 대도시 상공에서 일어났다면 수백만 명이 목숨을 잃었을 수도 있다.

잠재적 충돌 위험을 찾아내기 위한 다방면의 노력이 현재 진행 중이지만 하늘로부터 천체가 날아오는 것을 우리가 안다고 하더라도 막상 눈앞에 닥친 우주 충돌에 대해 우리가 할 수 있는 일이 있는지는 분명하지 않다. 일부에서는 지구를 구하기 위한 대책으로 핵무기나 다른 도구를 이용하여 날아오는 소행성을 폭파시키거나 그 진로를 돌리자는 의견을 내놓았으나 현재의 기술력이 실제로 그러한 일을 감당할 만한 수준이 될지는 아무도 모른다. 다만 우리가 준비가 될 때까지 그런 일이 현실로 일어나지 않기를 희망할 수 있을 뿐이다.

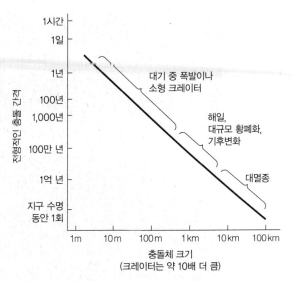

**그림 9.23** 이 그래프는 소행성이나 혜성 같은 대형 천체가 지구에 충돌하는 빈도가 작은 천체들과의 충돌 빈도보다 낮다는 것을 보여준다. 크기별로 분류된 설명은 크기에 따른 충돌의 영향을 의미한다.

**생각해보자 ▶** 첼랴빈스크 충돌 후에 다음과 같은 말이 떠돌았다. 유성은 우주 프로그램이 어떻게 돼 가는지 자연이 물어보는 방식이다. 이 문장의 의미에 대해 의견을 제시해보라. 충돌 위험에 대비하기 위해 시간과 돈을 얼마나 투자해야 한다고 생각하는가? 자신의 주장을 펼쳐보라.

## ● 목성형 행성은 우주 충돌률과 지구 생명체에 어떤 영향을 미칠까?

고대 사람들은 하늘에 보이는 별들에 대한 단순한 행성들의 움직임이 어떤 식으로든 사람들의 일생에 점성학적 영향력을 미칠 것이라 여겼다. 이제 과학자들은 이 고대 미신을 더 이상 믿지 않지만 행성들이 지구상의 생명체에 실제적인 영향을 줄 수 있다는 것을 알고 있다. 행성들은 소행성과 혜성의 궤도에 영향을 미쳐 우리의 운명을 결정한 우주 충돌에 일조를 하였다.

목성형 행성들, 그중 특히 목성은 가장 큰 영향력을 미치고 있다(그림 9.24). 이미 논의된 바와 같이 목성은 화성 궤도 밖의 암석 조성의 미소행성체들의 공전궤도에 영향을 미쳐 행성의 형성을 방해하고 소행성대를 형성하였다. 목성형 행성들은 얼음으로 된 미소행성체들을 궤도 밖으로 내보내 머나먼 거리에 있는 혜성으로 구성된 오오트구름을 만들어냈고, 해왕성과 혜성들의 궤도공명은 지금까지도 카이퍼대 내 많은 혜성의 공전궤도를 결정한다. 결과적

지구를 강타했던 거의 모든 소행성이나 혜성이 지구의 공전궤도로 들어온 것은 어떤 의미에서는 목성형 행성들의 영향 때문이다.

으로 대폭격기 이래로 지구를 강타했던 거의 모든 소행성이나 혜성이 지구의 공전궤도로 들어온 것은 어떤 의미에서는 목성형 행성들의 영향 때문이다. 목성형 행성들과 우주 충돌 간의 연관성은 태양계가 만약 지금과 다르게 자리 잡았다면 우리가 알고 있는 바와 같은 생명체가 과연 존재할 수 있었을까 하는 의구심이 들게 한다. 우주 충돌이 진화에 있어서 주된 역할을 했음은 확실하고(공룡에게 물어보라!), 그 충돌률은 목성형 행성 그룹에 따라 상당한 차이를 보였을 것이다. 예를 들어 만약에 목성이 없었다면 소행성대를 구성하는 천체들은 행성의 일부가 되었을 것이므로, 소행성으로부터 받는 위험은 훨씬 작았을 것이다. 물론 이에 비례하여 혜성으로부터의 위협은 그만큼 증가하게 되었을 것이다. 즉, 목

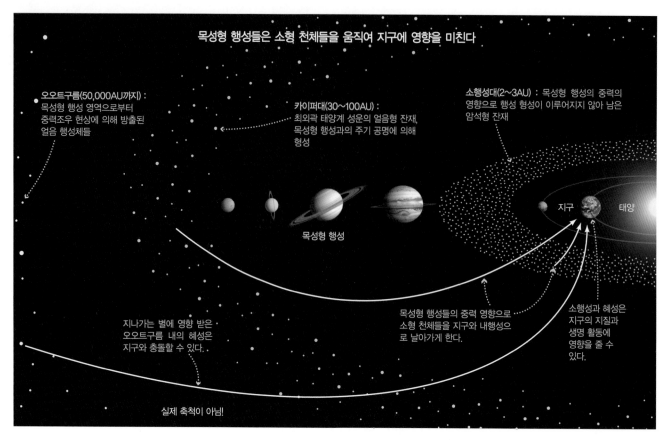

**목성형 행성들은 소형 천체들을 움직여 지구에 영향을 미친다**

오오트구름(50,000AU까지) : 목성형 행성 영역으로부터 중력조우 현상에 의해 방출된 얼음 행성체들

카이퍼대(30~100AU) : 최외곽 태양계 성운의 얼음형 잔재, 목성형 행성과의 주기 공명에 의해 형성

소행성대(2~3AU) : 목성형 행성의 중력의 영향으로 행성 형성이 이루어지지 않아 남은 암석형 잔재

목성형 행성

지구    태양

지나가는 별에 영향 받은 오오트구름 내의 혜성은 지구와 충돌할 수 있다.

목성형 행성들의 중력 영향으로 소형 천체들을 지구와 내행성으로 날아가게 한다.

소행성과 혜성은 지구의 지질과 생명 활동에 영향을 줄 수 있다.

실제 축척이 아님!

**그림 9.24** 목성형 행성과 소형 천체들 그리고 지구와의 연관도. 목성형 행성들의 중력은 소행성대와 카이퍼대를 형성하는 데 일조하였다. 그리고 오오트구름은 대규모 행성들의 중력조우 현상에 의해 목성형 행성대로부터 방출된 혜성으로 구성되어 있다. 계속되는 이런 중력작용은 소행성이나 혜성들이 지구를 향해 돌진하게 할 수 있다.

성은 다른 어떤 목성형 행성보다 많은 혜성을 오오트구름으로 보냈을 것임에 틀림없으므로 이 목성이 없었다면 그런 혜성들은 위험스럽게 지구 가까이에 남아 있었을 것이다. 지금과는 다른 목성형 행성 그룹의 영향을 받았다면 이로 인해 우리의 삶이 어떻게 달라졌을지 결코 정확히 알 수는 없겠지만 이러한 행성들이 지구 생명체에 심오한 영향을 끼쳤다는 데에는 의심의 여지가 없다.

## 전체 개요    제9장 전체적으로 훑어보기

이 장에서 우리는 태양계 내의 가장 작은 천체들에 초점을 맞추어 이들이 엄청난 영향을 끼칠 수 있다는 것을 알아내어 태양계에 대한 연구를 마무리하였다. 아래의 주요 개념을 기억하라.

● 소행성, 혜성 및 운석은 크기에 있어서는 행성에 비해 작지만 이들은 태양계가 형성된 과정에 대한 이해를 돕는 많은 증거 자료를 제공한다.

● 태양계 내의 작은 천체들은 태양계에서 가장 큰 천체의 중력에 의해 영향을 받는다. 목성형 행성들은 카이퍼대나 오오트구름 같은 소행성대를 형성하였고, 천체들을 끊임없이 원 궤도에서 밀어내어 다른 행성들과의 충돌을 유발하고 있다.

● 한때 행성으로 평가되었던 플루토는 이제는 카이퍼대 내에 있는 보통 크기의 많은 혜성 중 하나로 간주된다. 조성을 보면 왜소행성인 플루토나 에리스는 그 크기가 유난히 클 뿐 다른 유사 천체들과 마찬가지로 근본적으로는 혜성이다.

● 우주 충돌은 운석을 수반하고, 충돌 크레이터를 남길 뿐만 아니라 지구 생명체에 엄청난 영향을 미칠 수 있다. 우주 충돌로 인해 공룡이 사라졌음에 틀림없고 또한 미래의 우주 충돌은 무시 못할 위협이 되고 있다.

## 핵심 개념 정리

### 9.1 소행성과 운석

#### ● 소행성은 어떤 모습일까?

소행성은 행성이 형성되던 시기에 남겨진 암석형 잔재물이다. 대부분 크기가 작고, 숫자상으로는 많지만 총질량은 어떤 지구형 행성보다도 작다.

#### ● 소행성대는 왜 존재할까?

소행성대란 한때 화성과 목성 사이에 있었던 미소행성체 군집의 잔재물 전체를 의미한다. 이 지역의 궤도공명이 궤도를 밀어내 소행성 간의 충돌을 야기하고 점차 그 안의 천체들을 궤도 밖으로 내보내 그 지역에 존재했던 천체들의 초기 질량 대부분을 잃고 말았다. 공명은 소행성 궤도 형성에 영향을 주어 오늘날까지도 소행성 간의 충돌을 발생시키고 있다.

#### ● 운석은 소행성과 어떤 관계가 있을까?

대부분의 운석은 소행성의 파편들이다. 원시운석은 태양계 생성 이래로 근본적으로 변하지 않았고, 분화운석은 분화 과정을 거친 거대 소행성의 조각들이다.

### 9.2 혜성

#### ● 혜성의 꼬리는 어떻게 생길까?

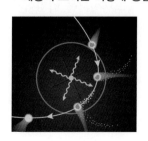

혜성은 행성 형성 시기에 남겨진 결빙체들이며 대부분 태양으로부터 매우 먼 거리에서 공전을 한다. 혜성이 태양에 근접하면 혜성의 핵이 가열되어 그 얼음 성분은 증발되어 가스가 되고, 분산되어 흩어지는 가스는 약간의 먼지를 동반하여 코마와 이온화된 가스로 구성된 플라스마 꼬리와 먼지 꼬리를 만들어낸다. 더 큰 입자들은 방출되어 지구상에 유성우가 되기도 한다.

#### ● 혜성은 어디서 올까?

혜성 발생의 두 근간이 되는 곳은 카이퍼대와 오오트구름이다. 카이퍼대 혜성들은 처음 이들이 형성되었던 곳인 해왕성 너머 지역에 여전히 머무르고 있다. 목성형 행성들 사이에서 형성되었던 혜성들은 목성형 행성들의 중력조우 현상에 의해 머나먼 거리에 있는 오오트구름으로 방출되었다.

### 9.3 플루토 : 이제는 외톨이가 아니다

#### ● 혜성은 얼마나 클까?

카이퍼대 내에서 얼음처럼 차가운 미소행성체들은 그 직경이 수백에서 수천 킬로미터에 이르기까지 크기가 커질 수 있었다. 최근에 발견된 에리스는 이런 혜성들 중에서 가장 크며 플루토는 두번째로 크다.

#### ● 카이퍼대의 거대 천체는 어떤 모습일까?

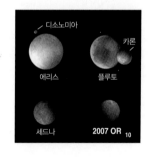

소규모 혜성들처럼 이 혜성들 역시 얼음 성분이 많은 조성으로 되어 있다. 이들은 대략 해왕성의 궤도와 해왕성과 태양 간 거리의 2배 정도 사이에서 태양을 공전하고 있다. 이들의 공전궤도는 다른 천체들보다 더 타원형을 이루며 지구형 행성이나 목성형 행성들의 공전궤도보다 황도면에 더 기울어져 있다. 많은 혜성들은 해왕성과 궤도공명을 이루고 있으며 플루토를 포함한 몇몇은 위성을 가지고 있다.

### 9.4 우주 충돌 : 지구에 미치는 영향

#### ● 우주 충돌이 공룡을 멸종시켰을까?

우주 충돌이 공룡멸종의 유일한 원인은 아니겠지만 거대충돌은 약 6,500만 년 전 공룡들이 죽어갔던 **대멸종** 시기와 맞아 떨어지는 것은 분명하다. 이 시기의 퇴적층은 이리듐과 다른 우주 충돌의 증거물들을 담고 있으며 이와 정확히 일치하는 연

대의 충돌 크레이터가 멕시코 해안에 있다.

### ● 우주 충돌의 위험도는 얼마나 클까?

비록 거대충돌이 우리 일생에 일어날 가능성은 희박하지만 이 거대충돌이 위협적이라는 것은 확실하다. 비교적 작은 충돌이라 할지라도 인구 밀집지역에서 발생한다면 분명 인명손상과 피해를 유발할 것이다.

### ● 목성형 행성은 우주 충돌률과 지구 생명체에 어떤 영향을 미칠까?

우주 충돌은 항상 어떤 식으로든 목성 및 다른 목성형 행성들의 중력작용과 관련이 있어 왔다. 이들의 중력효과는 소행성대, 카이퍼대 그리고 오오트구름을 형성하였고 지구 궤도로 천체가 돌진해올 시기를 결정해왔다.

---

## 시각적 이해 능력 점검

**천문학에서 사용하는 다양한 종류의 시각자료를 활용해서 이해도를 확인해보자.**

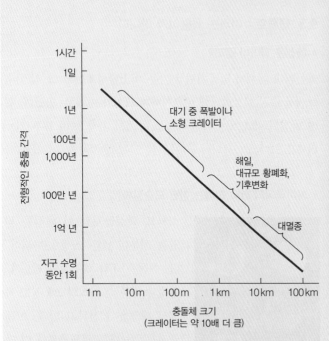

위 그래프(그림 9.24)는 지구에 충돌하는 물체들의 크기별 발생 빈도를 보여준다. 위의 사진은 딥임팩트 우주선이 충돌하기 바로 전의 템펠 1 혜성을 촬영한 것이다.

1. 사진에 표시된 길이 척도를 사용하여 템펠 1 혜성의 크기를 추정해보라.

2. 위의 그래프에 의거하면, 템펠 1 혜성 크기의 천체들이 지구에 얼마나 자주 충돌을 할까?
   a. 지구 전체 역사에서 한 번
   b. 1억 년마다 한 번 정도
   c. 100만 년마다 한 번 정도
   d. 1,000년마다 한 번 정도

3. 템펠 1 혜성 크기의 2배 정도 되는 천체가 지구에 충돌을 한다면 어떤 피해를 일으킬까?
   a. 대멸종
   b. 광활한 지역의 황폐화 및 기후변화
   c. 대기 중 폭발 또는 작은 크레이터

4. 미국 애리조나 주에 있는 미티오 크레이터는 직경이 1.2km 정도이다. 위 그래프에 의하면 이 크레이터를 만든 천체의 크기는 얼마나 클까?
   a. 1m              b. 10m
   c. 100m            d. 1km

5. 미티오 크레이터를 만들 만큼 큰 천체들은 지구에 얼마나 자주 충돌을 하는가?
   a. 지구 전체 역사에서 한 번
   b. 1억 년마다 한 번 정도
   c. 100만 년마다 한 번 정도
   d. 대부분 대기 중에서 타버리거나 바다에 빠져버리지만 매일 일어난다.

## 연습문제

### 복습문제

1. 소행성은 얼마나 큰가? 모든 소행성의 총질량은 지구의 질량과 비교하면 어떻게 되는가?

2. 소행성대는 어디에 위치하고 그 이유는 무엇인가? 목성에 의한 궤도공명이 소행성대에 어떻게 영향을 미치는가에 대해 간단히 설명하라.

3. 유성과 운석의 차이점은 무엇인가? 원시운석과 분화운석 간의 구성과 기원에서 차이점을 설명하라.

4. 혜성은 태양으로부터 멀리 떨어져 있을 때 어떻게 보이는가? 왜 오직 몇몇의 혜성만이 태양계 안쪽으로 들어오는가?

5. 혜성의 코마와 꼬리는 무엇을 생성하는가? 핵은 무엇인가? 왜 꼬리는 태양으로부터 반대 방향으로 형성되는가?

6. 유성우들은 어떻게 혜성과 관련되는가? 그리고 유성우들이 매년 거의 같은 때 나타나는 이유는 무엇인가?

7. 카이퍼대와 **오오트구름**을 그들의 위치와 그들로 형성되는 혜성의 궤도와 관련지어 설명하라. 혜성은 어떻게 위의 두 지역에 존재하기에 이르렀는가?

8. 카이퍼대에서 가장 큰 천체는 얼마나 큰가? 어떠한 의미에서 위와 같은 천체를 굉장히 큰 혜성으로 볼 수 있는가?

9. 플루토를 간략하게 설명하라. 왜 플루토는 해왕성과 충돌하지 않을 것인가? 에리스와 다른 **카이퍼대 천체(KBO)**들을 어떻게 플루토와 비교하는가?

10. 공룡들을 없앤 대멸종을 유발한 우주 충돌의 증거를 간단하게 설명하라. 어떻게 충돌이 대멸종으로 이어졌을까?

11. 다양한 크기의 충돌이 지구에서 얼마나 자주 일어나는 것으로 예측해야 하는가? 이러한 충돌들로부터 얼마나 심각한 위협을 받게 되는가?

12. 목성형 행성들이 태양계의 작은 천체들의 궤도 형태에 미친 영향과 지구의 생명체에 미친 영향을 간략히 요약하라.

### 이해력 점검

#### 믿을 수 없는 발견인가 아니면 당연한 현상인가?

여러분이 다음의 발견을 하게 되었다고 가정하자(실제 발견되지 않은 사실들임). 알고 있는 행성지질학 지식을 근거로 다음 발견들이 자연스럽게 유추 가능한 것인지 혹은 놀라운 것인지 판단하라. 왜 그렇게 생각하는지 행성의 크기, 태양으로부터의 거리에 대한 지식을 상기하며 논리를 되짚어 가며 가능한 명쾌하게 설명하라. (이 문제에는 정해진 정답이 없으며, 따라서 여러분이 이 발견을 자연스럽다/놀랍다고 구별하는 것보다 그렇게 판단하게 된 이유를 명료하게 설명하는 것이 더 중요하다.)

13. 소행성대에서 공전하는 한 작은 소행성은 활발한 화산을 갖고 있다.

14. 과학자들은 방사능연대측정에 근거하여 운석이 79억 년이나 되었다는 것을 발견한다.

15. 크기와 구성 성분이 혜성과 닮은 한 천체가 안쪽 태양계에서 궤도운동하는 것이 발견된다.

16. 카이퍼대의 한 커다란 천체에 대한 연구결과들은 그 천체가 거의 전체적으로 암석(얼음이 아닌)으로 이루어져 있다는 것을 보인다.

17. 천문학자들은 지금으로부터 약 2년간 밤하늘에서 밝게 보일, 이전에 알려지지 않은 혜성을 발견한다.

18. 에리스에 대한 미션은 에리스 표면에 액체 물의 호수가 있다는 것을 찾는 것이다.

19. 지질학자들은 1억 년보다 이전에 지구에 충돌한 5km 크기의 천체로 인해 생긴 크레이터를 발견하였다.

20. 고고학자들은 아시아에서의 소행성 충돌이 고대 로마제국의 멸망에 아주 큰 원인이 되었다고 가르친다.

21. 천문학자들은 다른 항성계에서 카이퍼대의 거리에서 별을 공전하는 지구 크기의 천체를 발견한다.

22. 천문학자들은 2064년에 지구와 충돌할 것으로 추정되는 궤도를 도는 한 소행성을 발견한다.

#### 돌발퀴즈

다음 중 가장 적절한 답을 고르고, 그 이유를 한 줄 이상의 완전한 문장으로 설명하라.

23. 소행성대는 (a) 지구와 화성 (b) 화성과 목성 (c) 목성과 토성의 궤도 사이에 놓여 있다.

24. 목성은 (a) 조석력 (b) 궤도공명 (c) 자기장의 영향을 통해 소행성을 밀어낸다.

25. 소행성이 순수한 금속일 수 있는가? (a) 아니다. 모든 소행성들은 암석을 포함한다. (b) 그렇다. 그 소행성은 태양계 성운 중에 오직 금속만 응결할 수 있는 곳에서 형성되었을 것이다. (c) 그렇다. 그 소행성은 산산이 조각난 소행성의 핵이었을 것이다.

26. 한 커다란 지구형 행성은 소행성대의 지역에서 형성되었나? (a) 아니다. 그곳에는 충분한 질량이 없기 때문이다. (b) 아니

다. 목성이 강착을 방해하기 때문이다. (c) 그렇다. 하지만 이것은 한 커다란 충돌에 의해 산산이 조각났다.

27. 플루토는 무엇을 가장 닮았는가? (a) 지구형 행성 (b) 목성형 행성 (c) 혜성

28. 얼마나 큰 천체가 전형적인 유성이 되는가? (a) 모래알 또는 자갈 (b) 바위 (c) 자동차 크기의 천체

29. 어느 것이 가장 타원형이고 기울어진 궤도를 가졌는가? (a) 소행성 (b) 카이퍼대 혜성 (c) 오오트구름 혜성

30. 어느 것이 태양으로부터 가장 먼 곳에 형성되었다고 생각하는가? (a) 소행성 (b) 카이퍼대 혜성 (c) 오오트구름 혜성

31. 1km의 천체는 대략 얼마나 자주 지구를 강타하는가? (a) 매년 (b) 수백만 년마다 (c) 수십 억 년마다

32. 1km의 천체가 지구를 강타한다면 무슨 일이 벌어지는가? (a) 천체는 대기 중에서 부서지고, 그에 의한 손상은 널리 퍼지지 않을 것이다. (b) 천체는 넓은 지역에 걸친 파괴와 기후변화를 유발할 것이다. (c) 천체는 대멸종을 유발할 것이다.

## 과학의 과정

33. 플루토 논쟁. 플루토를 왜소행성으로 재분류한 결정을 조사하라. 여러분의 의견에서 이는 과학적 과정 적용의 좋은 사례인가? 이는 제3장에서 설명된 과학의 특징이 드러나는가? 이 논쟁에 대해 찾은 의견을 여러분의 결론과 비교하고, 미래에 천문학자들이 다뤄야 하는 비슷한 논쟁들을 여러분은 어떻게 생각하는지 설명하라.

34. 생사가 달린 천문학. 대부분의 경우 태양계의 연구는 우리의 삶에 약간의 직접적인 영향을 갖는다. 하지만 지구와의 충돌이 예상되는 상황에 놓여 있는 소행성과 혜성의 발견은 또 다른 문제이다. 제3장에 설명된 증명할 수 있는 관찰을 위한 기준은 이러한 경우에 어떻게 적용해야 하는가? 소행성의 지구 충돌의 추정되는 위험이 클 경우, 임박한 충돌의 증거를 가진 천문학자라면 되도록 빨리 소식을 가능한 한 빨리 세상에 퍼트려야 하는가? 또는 사회를 공황으로 몰아넣을 가능성이 크다면 더 높은 검증 기준들이 적용되어야 할까? 만약에 있다면 어떤 종류의 검토 과정을 만들겠는가? 충돌의 위기를 누구에게 언제 알릴 것인가?

## 그룹 활동 과제

35. 충돌 위험의 평가. **역할** : 기록자(그룹 활동을 기록), 제안자(그룹 활동에 대한 설명), 반론자(제안된 설명의 약점을 찾아냄), 중재자(그룹의 논의를 이끌고 반드시 모든 사람이 참여할 수 있도록 함). **활동** : 다음과 같이 지구에서 우리가 직면한 운석과 혜성 충돌로부터의 위험에 접근하라.

a. 여러분의 일생 동안 인류 문명이 충돌에 의해 파괴될 것이라는 이상한 사람들의 질문을 고려하라. 여러분이 필요로 할 정보의 종류를 결정하고, 추정치를 만드는 방법을 발전시키고, 여러분의 방법을 적어라.

b. 그림 9.24를 분석하고, 이것이 필요한 정보를 포함하는지 아닌지 결정하라.

c. 여러분의 일생 동안 충돌에 의해 문명이 파괴될 확률을 측정하는 여러분 그룹의 방법을 적용하라(100년으로 가정).

d. 여러분의 일생 동안 지구의 넓은 지역에 걸친 파괴를 유발할 충돌의 가능성을 추산하라.

e. 근지구 소행성의 이른 발견은 이 소행성들의 궤도를 바꿀 기회를 크게 증가시켰다. (c)와 (d) 부분으로부터 주어진 확률들과 이러한 충돌 사건이 일으킬 손해를 고려하여 근지구 소행성을 찾는 것에 1년당 얼마나 투자해야 하는지 결정하고, 여러분의 추론 과정을 설명하라.

## 심화학습

### 단답형/서술형 질문

36. 목성의 역할. 목성이 존재하지 않았다고 가정하라. 태양계 내에서 달라질 것을 적어도 3개를 왜 그런지 명확하게 설명하라.

37. 철 원자의 인생 이야기. 여러분이 대부분이 철로 이루어진 가공된 운석 안의 철 원자라고 상상하라. 46억 년 전에 태양계 성운 안에서 여러분이 가스의 한 부분이었을 때로부터 시작하여서, 여러분은 지구에 어떻게 갈 것인지 말하라. 가능한 한 자세하게 설명하라. 여러분의 이야기를 과학적으로 정확하게, 하지만 또한 창조적이고 흥미롭게 하라.

38. 소행성 대 혜성. 혜성과 소행성의 구성 성분과 위치를 비교하고, 왜 그들이 다르게 나타나는지 설명하라.

39. 혜성 꼬리. 왜 혜성이 꼬리를 갖는지 설명하라. 왜 대부분의 혜성은 2개의 구분되어 보이는 꼬리를 갖고 왜 다른 방향을 향하는가? 작은 자갈들로 이루어진 눈에 보이지 않는 세 번째 꼬리에 대해 지구에 사는 우리가 관심을 가져야 하는가?

40. 오오트구름 대 카이퍼대. 어떻게 그리고 왜 2개의 다른 혜성 저

상고기 있는지 설명하라. 혜성의 두 그룹이 형성된 곳과 어떤 종류의 궤도를 도는지를 확인하라.

41. **프로젝트 : 더러운 눈덩이.** 여러분이 살거나 연구하는 곳에 눈이 있다면, 더러운 눈덩이를 만들어라(바퀴가 지나간 자리에 형성된 얼음 덩어리). 얼마나 많은 먼지가 눈을 더럽게 하는가? 여러분의 더러운 눈덩이를 컨테이너에서 녹임으로써 그리고 대략적인 물과 먼지의 비율을 측정함으로써 찾아내어라. 여러분의 결과가 혜성의 성분에 대해 어떻게 얘기할 수 있는가?

## 계량적 문제

모든 계산 과정을 명백하게 제시하고, 완벽한 문장으로 해답을 기술하라.

42. **소행성의 결합.** 1km 또는 그 이상의 직경인 100만 개의 소행성이 있다고 추정한다. 만약 1km 직경인 100만 개의 소행성이 모두 하나의 천체로 결합했다면, 얼마나 커지는가? 얼마나 많은 수의 1km 소행성들이 뭉쳐야 지구 정도의 크기가 되는가? (힌트 : 여러분은 소행성들이 구형이라고 가정할 수 있다. 구의 부피 방정식은 $4/3\pi r^3$, $r$은 반경. 직경이 아님)

43. **충돌 에너지.** 직경 20km 정도의 상대적으로 작은 크레이터들은 30km/s로 운동하는 직경 2km의 혜성에 의해 만들어질 수 있다.

   a. 혜성의 총질량은 $4.2\times10^{12}$kg이라고 가정한다. 총운동에너지는 얼마인가? (힌트 : 운동에너지의 공식은 $1/2mv^2$, $m$은 혜성의 질량, $v$는 속력. 만일 여러분이 kg으로 질량을 구하고 m/s로 속도를 구하면 운동에너지의 양은 J의 단위일 것이다.)

   b. 여러분의 답을 (a)로부터 핵폭탄에서 쓰이는 단위인 TNT의 메가톤 단위로 변환하라. 지구에 혜성이 충돌할 때 어느 정도의 피해를 주는지 설명하라. (힌트 : TNT의 1메가톤은 $4.2\times10^{15}$J이다.)

44. **투타티스의 충돌을 겨우 피하다.** 5km의 소행성인 투타티스는 2004년에 지구로부터 150만 킬로미터 떨어진 지점을 통과하였다. 투타티스는 지구로부터 300만 킬로미터 이내의 어떤 지점을 통과할 운명이었다고 가정하라. 그 어딘가가 이 소행성이 지구에 충돌한다는 것을 의미할 때의 확률을 계산하라. 여러분의 결과를 기반하여 2004년 통과를 '충돌을 겨우 피하다'라고 부르는 것은 타당한가? (힌트 : 여러분은 6,378km인 지구반경을 다트판의 중앙 부분으로, 300만 킬로미터를 다트

판의 반지름으로 상상함으로써 확률을 계산할 수 있다.)

45. **혜성으로 가득 찬 공간.** 5만 AU 밖의 오오트구름에는 1조 개의 혜성이 있다고 추정한다. AU 단위로 오오트구름의 부피를 계산하면 얼마인가? 각 혜성들이 차지하는 공간을 AU 단위로 평균을 나타내어라. 혜성 하나당 평균 부피의 세제곱근을 구하여 그들의 일반 AU 단위의 간격을 구하라. (힌트 : 이 계산을 위해 여러분은 오오트구름이 5만 AU에 걸쳐 가득 차 있다고 가정할 수 있다. 구의 부피에 대한 방정식은 $4/3\pi r^3$, $r$은 반경)

46. **먼지의 누적.** 수백 톤의 혜성과 소행성 먼지는 매일 지구 대기에 들어오는 수백만 개의 유성으로부터 지구에 추가된다. 위의 비율로 지구가 0.1% 무거워지는 시간을 예측하라. 이런 질량의 누적은 지구와 같은 행성에서 중요한가? 설명하라.

## 토론문제

47. **포유동물의 태동.** 6,500만 년 전에 충돌이 일어나지 않았다고 가정하자. 그러면 지구가 어떻게 달라졌을까? 포유동물이 결국에는 지구를 지배했을 것이라고 생각하는가? 우리가 지구에 있을까? 의견을 설명하라.

48. **아이들이 어떻게 행성의 개수를 셀까?** 명왕성을 공식적으로 행성에서 왜소행성으로 강등시킨 새로운 정의는 교육적인 영향을 갖는다. 예를 들어 많은 아이들은 '9개 행성'과 명왕성이라는 노래를 학교에서 배운다. 학교 선생님들이 새로운 정의를 어떻게 다뤄야 할지 뭐라고 권고하겠나? 이 정의가 공식적이지만 이것이 미래에 다시 바뀔 수도 있음을 고려하라.

## 웹을 이용한 과제

49. **소행성과 혜성 탐사선.** 소행성이나 혜성을 연구하기 위한 과거나 현재의, 하야부사, 돈, 로제타와 같은 우주 탐사선에 대해 조사하라. 이 탐사선이 무엇을 달성했나? 찾은 것을 한두 페이지로 요약하라.

50. **명왕성에 대한 뉴호라이즌 탐사선.** 뉴호라이즌 미션의 현재 상태를 알아내라. 그것의 과학적인 목표는 무엇인가? 얼마나 멀리 가 있는가? 몇 개의 문단으로 여러분이 찾은 것을 요약하라.

51. **충격 피해들.** 많은 그룹이 지구에 충돌할지 모르는 근지구 소행성에 대해 찾고 있다. 그들은 토리노스케일을 사용하여 소행성의 궤도의 지식에 기반하여 소행성에 의해 위협당할 가

능성이 있는지를 나타낸다. 이 스케일은 무엇인가? 어떤 천체가 이 스케일에서 가장 높은 레벨에 도달하는가? 이 천체에 의한 충돌의 추정된 확률은 무엇이었으며 충돌 시점은 언제로 예상되었는가?

# 다른 행성계 :

## 먼 거리 천체에 대한 새로운 과학

# 10

20 AU
0.5″

켁망원경으로 촬영된 이 적외선 영상은 4개로 된 행성계의 직접 탐지 모습이다(행성은 b, c, d, e로 표시). 이 천체들이 발견된 이후로 천천히 움직이고 있었기 때문에 행성이라는 것을 알 수 있다. 별(*에 위치) 자체에서 방출되는 빛은 노출 시간 동안 대부분 차단되었다. 차단되지 못한 나머지 빛은 영상처리 과정에서 최소화되었다. 이 행성들은 태양계 목성형 행성보다 훨씬 크고 밝으며 중심별로부터 더 멀리 떨어져 있다.

이 장의 학습목표

**기본 선행 학습**

1. 우주는 얼마나 큰가? [1.1절]

2. 중력과 에너지는 궤도를 어떻게 설명하고 있는가? [4.4절]

3. 빛은 어떻게 멀리 떨어져 있는 천체의 속도를 설명하는가? [5.2절]

4. 우리태양계의 형성 과정에 대한 실마리를 제공하는 태양계의 특징은 무엇인가? [6.2절]

5. 성운설은 무엇인가? [6.2절]

**지**구가 태양 주위를 궤도운동하는 행성이라는 사실을 알려준 코페르니쿠스 혁명은 다른 별 주변을 궤도운동하는 행성의 존재 가능성을 열어주었다. 1990년대까지 여전히 외계행성은 알려지지 않았다. 하지만 또 다른 과학적 혁명이 시작된 이후에 알려진 외계행성계의 목록은 수천 개이며, 점점 그 숫자가 빠르게 증가하고 있다.

외계행성계에 대한 전진하는 과학은 우주에서 우리의 위치에 대한 이해에 극적인 영향을 주었다. 우주에서 행성은 일반적이라는 사실은 우주의 다른 곳에서 언젠가 생명체를 아마도 지적인 생명체 찾을 수 있을지도 모른다는 생각을 갖게 한다. 게다가 우리 세계와 비교할 수 있는 더욱더 많은 세계를 갖는다는 것은 우리 행성 지구를 이해하는 데 도움을 주는 행성운동 방법을 배우는 우리의 능력을 크게 향상시킨다. 다른 행성계를 배우는 것은 우주 기원에 대한 심오한 통찰을 주는 행성 형성 과정을 더 배울 수 있게 한다. 이 장에서 우리는 다른 행성계에 대한 흥미롭고 새로운 과학에 대해 주의를 기울여 살펴본다.

## 10.1 다른 별 근처 행성에 대한 탐사

우리는 수세기 동안 행성들이 별 주변을 돌고 있다는 생각을 자연스럽게 하게 만드는 다른 별들은 태양과 같은 별로서 멀리 떨어져 있다고 알고 있었다. 이런 행성들은 우리태양계 밖에 존재하기 때문에 **외계행성계(외부태양계)**로 알려져 있다. 태양계 형성의 성운설은 수십 년 전에 잘 확립되었다. 성운설은 태양 탄생에 수반되는 자연적인 결과로서 우리 행성계를 설명하고 있기 때문에 행성은 다른 별 주변을 회전하는 것이 일반적이라는 것을 예측하게 한다. 그러나 지난 20년 동안에 기술은 이 예측을 시험할 수 있는 수준에 도달했다. 시험 결과는 성운설에 대한 놀라운 성공을 가져왔다.

### ● 어떤 방법으로 다른 별 주위를 도는 행성을 탐사하는가?

외계행성계 탐사는 기초적인 두 가지 이유로 거대한 도전을 받고 있다. 첫째, 제1장에서 논의된 바와 같이 행성은 별들 사이의 방대한 거리에 비해서 극도로 작다. 둘째, 별은 궤도를 돌고 있는 행성에서 반사된 빛보다 전형적으로 수십 억 배 더 밝다. 그래서 별빛은 사진에서 어떤 행성의 빛이라도 능가하는 경향이 있다. 행성 자체에서 적외선이 방출되고 별은 적외선 영역에서 어둡기 때문에 적외선으로 행성을 관찰한다면 이 문제는 완전히 제거될 수 없지만 다소 줄일 수 있다.

어떻게 과학자들이 이 도전을 극복하는가를 이해하는 첫 번째 단계는 멀리 떨어져 있는 천체에 대한 일반적인 두 가지 연구를 이해하는 것이다. 첫째, **직접적**으로 천체의 영상이나 스펙트럼을 얻는 방법, 둘째, **간접적**으로 실제로 관측하지 않고 천체의 존재나 특징을 추정하는 방법이다. 과학자들이 직접적인 탐사에서 어느 정도 성공을 이뤄낸 반면에(이 장의 첫 번째 영상과 같은 결과), 고분해능 영상이나 스펙트럼을 얻을 수 있기 전에 기술의 의미 있는 발전이 필요하다. 그 결과로서 거의 현재 외계행성계에 대한 이해는 간접적인 연구를 통해 얻는다. 외계행성계를 찾고 연구하는 두 가지의 간접적인 접근이 있다.

1. 궤도운동하는 행성의 미세한 중력적 인력을 탐지하기 위해 별운동을 관측

2. 지구에서 보았을 때 별 앞을 행성이 통과할 때 발생하는 별의 밝기 변화를 관측

현재까지 발견한 거의 모든 외계행성계는 직접적 관측보다는 간접적으로 발견되었다.

외계행성계의 초기 발견은 첫 번째 접근을 통해서 이루어졌으나 외계행성계 발견에 대한 최근 미션(나사의 케플러 미션)은 두 번째 접근을 이용한다. 각각의 접근은 멀리 떨어져 있는 행성에 대한 다른 정보를 제공할 수 있기 때문에 이 두 가지 간접적 접근을 병행하면 더 많은 것을 알아낼 수 있다.

**중력적 끌림(인력)** 보통 별은 고정된 상태이고 행성은 별 주변을 돈다고 생각한다 하더라도 그것은 단지 대략적으로 옳은 것이다. 실제로는 별 자체를 포함한 항성계의 모든 천체는 균형점 또는 질량중심에 대해 궤도운동을 한다. 이 사실이 어떻게 외계행성계를 발견할 수 있게 하는지 이해하기 위해서 먼 곳에서 우리태양계를 관측하는 외계행성계의 천문학자 관점에서 상상하면 된다.

목성의 영향만을 고려하는 것에서부터 시작해보자(그림 10.1). 목성은 가장 무거운 행성이지만 태양은 여전히 목성보다 1,000배 이상 무겁다. 그 결과 태양과 목성 사이의 질량중심은 태양 광구 표면 바로 바깥쪽에 목성 중심으로부터 태양중심과 목성중심까지 거리의 약 1,000분의 1에 해당되는 곳에 위치하게 된다. 즉, 우리가 일반적으로 생각하는 태양중심으로 목성의 12년 궤도운동은 태양이 실제로 질량중심에 대한 12년 궤도운동을 한다는 것이다. 태양과 목성은 항상 질량중심에 대해서 항상 반대쪽에 위치하기 때문(그렇지 않으면 '중심'이 될 수 없다.)에 태양은 똑같은 12년 주기로 질량중심에 대한 궤도운동을 해야만 한다. 태양의 평균 궤도반경은 태양 반경에 대해 약간 크기 때문에 태양의 궤도는 12년 주기로 매우 작은 타원을 그린다. 그럼에도 불구하고 충분히 정확한 관측으로 외계행성계 천문학자는 태양의 궤도운동을 탐지함으로써 목성에 대한 관측이 없어도 목성의 존재를 유추한다. 목성이 질량중심에 대해 움직임에 따라 태양의 궤도 특성으로부터 목성 질량까지도 결정할 수 있게 된다. 같은 거리의 목성보다 더 무거운 행성은 태양이 더 큰 궤도운동을 하게 하여 태양중심으로부터 더 멀리에서 질량중심을 잡아당기게 된다. 중심에 대한 태양의 궤도운동 주기는 여전히 12년이기 될 것이기 때문에, 더 큰 궤도는 질량중심에 대한 더 빠른 궤도운동 속도를 의미한다.

**스스로 해보기 ▶** 어떻게 작은 행성이 큰 별을 흔들리게 만드는가를 알아보기 위해서 연필을 찾아서 무거운 물체(예 : 열쇠 세트)와 반대편에 가벼운 물체(몇 개의 동전)를 붙여 보자. 균형점(질량중심)에 줄(또는 치실 조각)을 매달아서 연필이 평행해지게 한다. 그런 다음에 무거운 물체 주변의 궤도운동하게 가벼운 물체를 가볍게 두들겨 본다. 무거운 물체는 무엇을 하는지 그리고 왜 그렇게 하는가? 어떻게 이 배치가 별 주변을 궤도운동하는 행성에 연관되는가? 무게가 다른 물체나 더 짧은 연필을 이용해서 더 심도 있게 실험해 볼 수 있다. 관찰한 차이점을 설명해보라.

궤도운동하는 행성은 계의 질량중심에 대한 별의 궤도운동을 발생시키는 중력적 별에 대해 인력을 발휘한다.

나머지 다른 행성들도 목성의 영향에 작은 추가적인 효과를 더하여 태양에 중력적 인력을 작용한다(그림 10.2). 수십 년 동안에 걸친 태양의 궤도운동에 대한 충분히 정확한 측정에 의해서 외계행성계 천문

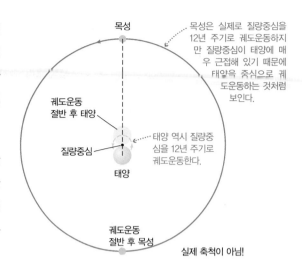

목성은 실제로 질량중심을 12년 주기로 궤도운동하지만 질량중심이 태양에 매우 근접해 있기 때문에 태양을 중심으로 궤도운동하는 것처럼 보인다.

태양 역시 질량중심을 12년 주기로 궤도운동한다.

목성

궤도운동 절반 후 태양

질량중심

태양

궤도운동 절반 후 목성

실제 축척이 아님!

**그림 10.1** 태양에 매우 가까운 상호 질량중심에 대해 태양과 목성이 어떻게 궤도운동을 하는지 보여준다. 이 그림은 실제 크기가 아니며, 태양과 태양의 궤도 크기는 목성의 궤도 크기에 대해서 약 1,000배 과장되어 있고, 목성의 크기 역시 과장되어 있다.

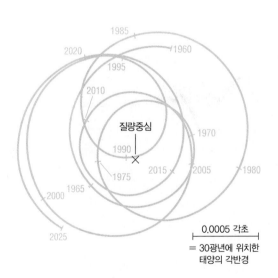

0.0005 각초
= 30광년에 위치한 태양의 각반경

**그림 10.2** 1960~2025년 기간 동안 30광년 떨어진 곳에서 나타나는 태양계의 질량중심에 대한 태양의 궤도를 보여준다. 이 기간 동안 총 운동한 범위는 허블우주망원경의 각분해능보다 거의 100배 작은 0.0015각초임을 주의하자. 그럼에도 불구하고 외계 천문학자는 이 운동을 측정할 수 있고 우리태양계 내의 행성 존재에 대해 알 수 있다.

학자는 이론상으로 우리태양계 내의 모든 행성의 존재를 유추할 수 있다. 이 아이디어에 의한다면, 항성계의 질량중심에 대한 매우 작은 별의 궤도운동을 조심스럽게 관측함으로써 다른 항성계의 행성을 찾을 수 있다.

**측성학적 방법** 천문학자는 별에 대한 행성의 중력적 인력을 알아내기 위한 뚜렷한 두 가지 관측방법을 이용한다. 첫 번째 방법은 **측성학적 방법**(astrometric method, 측성학은 별에 대한 측정을 의미)으로 궤도운동하는 행성에 의해서 야기되는 미약한 운동을 찾기 위해서 하늘에서 별의 위치에 대한 매우 정확한 측정을 이용한다. 별이 평균 위치(질량중심)에 대해서 점진적으로 흔들린다면 보이지 않는 행성의 영향을 관측하고 있음이 틀림없다.

측성학적 방법의 가장 어려운 점은 근처 별에 대해 매우 작은 위치의 변화를 찾는다는 것이

> 측성학적 방법은 별의 위치에 대한 작은 흔들림을 찾는다.

고 이러한 변화는 더 멀리 떨어져 있는 별에 대해서 더욱 작아진다는 점이다. 게다가 별의 운동은 별로부터 멀리 떨어져 있는 질량이 큰 행성에 대해서 크지만, 행성의 긴 궤도주기는 궤도운동을 알아채는 데 수십 년이 걸린다는 것을 의미한다. 그 결과 측성학적 방법은 현재까지 매우 제한적으로 이용되고 있다. 그러나 2013년 하반기에 발사 예정인 ESA의 GAIA 미션은 수천 개의 외계행성계를 탐지할 수 있게 하는 10μ 각초의 정확성으로 우리은하 내의 10억 개의 별에 대해서 측성학적 관측을 수행하는 어마어마한 목표를 가지고 있다.

**도플러 방법** 궤도운동하는 행성에 의한 중력적 인력을 찾는 두 번째 방법은 **도플러 방법**으로서, 별의 스펙트럼[5.2절]에 나타나는 도플러 이동의 변화를 찾아서 질량중심에 대한 별의 궤도운동을 찾아낸다. 별이 관찰자인 우리에게 다가오는 운동을 할 때 청색이동, 우리에게 멀어지는 운동을 할 때 적색이동을 발생시키는 도플러 효과를 상기하자. 그래서 청색이동과 적색이동이 교대로 나타나는 것(별의 평균 도플러 이동에 대해서)은 질량중심에 대한 궤도운동을 가리킨다(그림 10.3).

예를 들면 그림 10.4는 태양과 같은 별 주변의 외계행성에 대한 첫 번째 발견 자료이다(51 페가시 별 주변을 궤도운동하는 행성 1995년 발견). 별의 4일 주기 운동은 행성의 궤도주기임에 틀림없다. 그러므로 행성이 별에 매우 가까이 있어 공전주기 1년이 겨우 지구의 4일과 같

> 도플러 방법은 별의 스펙트럼에서 청색이동과 적색이동의 반복을 찾는다.

아서 표면온도가 아마도 1,000K 이상임을 의미한다. 질량이 큰 행성은 별에 더 큰 중력적 효과(주어진 궤도거리에서)를 주기 때문에 따라서 계의 질량중심을 더 빠른 속도로 별이 운동하게 만들므로 도플러 자료는 또 행성의 대략적인 지량을 결정할 수 있게 한다. 51 페가시의 경우 행성이 목성 질량의 절반 정도임을 자료가 보여준다. 그러므로 목성 정도의 질량을 가지지만 훨씬 높은 표면온도 때문에 과학자들은 이 행성을 **뜨거운 목성**(hot Jupiter)으로 부른다.

도플러 방법은 매우 성공적으로 증명되었다. 2013개 중에서 다중 행성계에서 100개 이상을 포함해서 700개의 행성을 탐사하는 데 사용되었다. 도플러 방법은 궤도운동하는 행성으로부터의 중력적 인력을 찾기 때문에, 지구처럼 작은 행성보다 목성과 같이 질량이 큰 행성을 찾는 데 훨씬 좋은 방법이라는 것을 명심하자. 별에 상대적으로 가까이에서 궤도를 돌고 있는 행성을 찾는 데 역시 가장 적합한 방법이다. 가까이 근접한다는 것은 더 강한 중력적 인력과 계의 질량중심을 궤도운동하는 별의 더 큰 속력을 의미하기 때문이다.

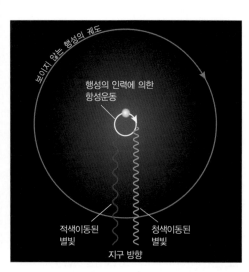

**그림 10.3** 외계행성 발견에 이용되는 도플러 방법 : 질량중심을 궤도운동하는 행성에 의해서 발생하는 별의 작은 운동을 감지할 수 있는 별의 도플러 이동은 청색, 적색 쪽으로 교대로 나타난다.

**통과** 간접적으로 행성을 탐사하는 일반적인 두 번째 방법은 궤도운동하는 행성에 의한 별의 밝기 각의 변화를 찾는 것에 의존한다. 행성을 동반한 많은 수의 별을 탐사할 수 있다면, 이 계의 작은 수(아마도 약 1%)가 별의 행성 중에 1개 또는 그 이상이 우리와 별 사이를 운동하는 궤도에서 한 번 직접적으로 우연히 정렬하게 된다. 이것이 **통과**인데, 계의 밝기의 작고 일시적인 골짜기(감소, dip)를 발생하는 행성이 별 앞쪽을 지나가는 것이 보인다(그림 10.5). 큰 행성일수록 발생하는 어두워짐은 더 커지게 될 것이다. 몇몇의 통과하는 행성은 행성이 별 뒤에서 움직일 때 측정가능한 **식**을 보여준다. 행성은 계의 가시광 밝기보다 적외선 밝기에 더 크게 기여하기 때문에 식 관측은 적외선 영역에 쉽게 수행할 수 있다.

**통과 방법**은 여러 번의 주기 기간 동안에 걸쳐 항성계의 밝기를 신중하게 감시함으로써 통과와 식을 찾는다. 대부분의 별들은 본질적인 밝기의 변화를 보여주기 때문에, 같은 행성이 각 궤도의 같은 시간에 별 앞을 지나가는 것을 의미하는 규칙적인 주기로 반복되는 밝기의 골짜기(dip)를 관측했다

> 지구에서 보았을 때 행성이 궤도 가장자리에 있다면, 행성이 별 앞을 지나감에 따라 별은 조금씩 어두워질 것이다.

면 행성을 발견했다는 것을 확신할 수 있다. 반복되는 통과주기는 행성의 궤도주기이다. 과학자들은 일반적으로 행성에 의한 것이라고 결론짓기 전에 지구와 같은 궤도에 있는 행성을 감시하는 3년을 의미하는 최소한 3회의 통과 반복을 요구한다.

**생각해보자** ▶ 우리태양 주위를 돌고 있는 행성을 찾는 외계 천문학자라고 가정해보자. 태양을 가로지르는 통과를 관측하기 위해서 여러분의 항성계는 어디에 위치해야만 하는가? 통과를 통해서 우리태양계의 어떤 행성이 발견되기 가장 쉬운가? 설명하라.

통과는 어떤 경우에는 작은 망원경으로 관측되기도 하지만, 대다수의 통과 탐지는 2009년부터 2013년까지의 행성의 통과를 찾는 나사의 케플러 미션에 의해서 이루어졌다. 이 기간 내내, 매 30분 간격으로 밝기를 측정하여 케플러는 150,000개 별들에 대해서 통과를 감시하였다. 케플러의 처음 22개월 관측에 의한 자료를 기초로 해서(2013년 중반까지의 모든 자료가 분석되었다.), 지구처럼 작은 행성들은 수십여 개의 무리를 포함해서 2,700개의 행성 '후보'들이 궤도운동을 하고 있는 2,000개

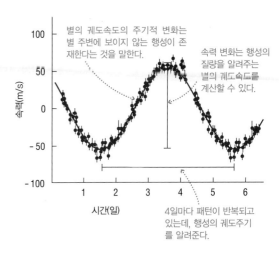

**그림 10.4** 51 페가시 별의 스펙트럼에 나타나는 주기적인 도플러 이동은 4일의 궤도주기를 가진 큰 행성의 존재를 말해준다. 점은 실제 관측 자료이고, 점에 연결된 막대는 관측 불확실성을 나타낸다.

**그림 10.5** 이 그림은 별 HD 189733을 궤도운동하는 행성의 통과와 식을 나타낸다. 그래프는 항성의 가시광 밝기가 약 2.5%의 깊이(극소)를 보여주는 약 2시간 동안 지속되는 각각의 통과를 보여준다. 별이 행성의 적외선 기여 부분을 차단하기 때문에, 식은 적외선에서 관측 가능하다. 통과와 식은 2.2일 행성의 궤도주기마다 한 번씩 발생한다.

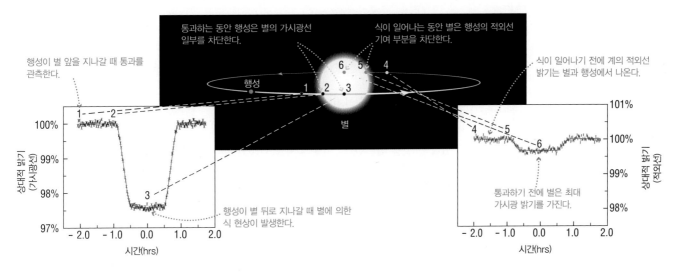

의 별들을 과학자들은 이미 동정하였다. 케플러 자료가 3회(또는 그 이상) 통과를 보여줘도, 후속 관측(예 : 도플러 방법에 의해서)에 의해서 아직 확정되지 않았기 때문에 '후보'라는 용어가 사용된다. 그 결과로서 별을 어둡게 만드는 궤도운동하는 행성을 제외하고 '후보'들은 무언가의 실제 결과물일 수 있는 작은 가능성이 여전이 존재한다. 통계적으로 그래도 후보의 최소한 90%가 실제 행성으로 판명될 수 있을 것이다.

**생각해보자** ▶ 케플러의 성공을 이어 가기 위해서 나사는 2017년에 발사되는 테스라고 하는 후속 미션을 계획 중에 있다. 한편 유럽우주국(ESA)은 쿠푸라고 하는 행성 사냥 미션을 위해서 작업 중이다. 이러한 미션들의 목적과 현재 상태를 찾아보라. 이 미션들은 어떻게 케플러의 발견을 계승할 것인가?

맥락 파악하기의 그림 10.6은 논의된 주요 행성 탐사 방법에 대해서 요약한 것이다. 이 방법들이 오랜 기간 동안 거의 확실히 가장 중요한 방법일 것이라고 하는 사이에 몇몇의 다른 방법들은 성과를 거두었다. 예를 들면 또 다른 별이 한 별의 앞을 통과하여 빛을 휘어지게 할 때 별빛이 일시적으로 증폭되는 중력 렌즈[18.2절]의 형태인 미세중력렌즈라고 불리는 방법에 의해서 10여 개 이상의 행성들이 탐지되었다. 미세중력렌즈 이벤트에 대한 신중한 연구는 전경에 있는 별이 행성을 가지고 있는가의 여부를 말해줄 수 있다. 미세중력렌즈를 위한 특별한 정렬이 필요한 일회성 이벤트여서 확정 또는 후속 관측에 대한 기회가 없다는 것을 일반적으로 의미한다는 것이 이 방법에 대한 주요한 문제점이다. 또 다른 탐지 방법은 많은 별들이 티끌의 원반에 둘러싸여 있다는 사실에 대한 장점을 가지고 있다. 이런 원반 내에 있는 행성은 탐지 가능한 틈, 파동, 물결을 생성할 수 있는 작은 중력적 인력을 티끌 입자에 발휘한다. 외계행성계에 대한 더 많은 탐구를 한다면, 새로운 탐색 방법이 등장하게 될 것이다.

## 10.2 다른 별 근처 행성의 성질

우리의 태양계가 유일한 것이 아니기 때문에 다른 별 근처의 행성의 희박한 존재는 우주에서 우리의 위치에 대한 인식을 바꾸어 놓았다. 과학적으로 그러나 훨씬 더 많은 행성이 존재하는지를 우리는 알고 싶어 한다. 이 절에서는 다른 행성 근처의 행성에 대해서 현재까지 알려진 바에 대해 탐험한다.

### ● 측정할 수 있는 외계행성계(외부태양계)의 특성은 무엇인가?

외계행성계 탐사에 대한 도전에도 불구하고, 외계행성계에 대한 놀랄 만한 양의 정보를 알게 되었다. 방법 또는 방법들에 의존하여, 궤도주기, 궤도 크기, 궤도 이심률, 질량, 크기, 밀도 그리고 행성의 대기 성분과 온도에 대한 일부 정보와 같은 행성 특성을 결정할 수 있다.

**궤도주기와 크기** 주요한 간접적 탐사 세 방법 모두는 행성의 궤도주기를 알려준다. 측정학적 방법은 계의 질량중심에 대한 별의 궤도운동을 관측하게 해주는데, 이는 곧 별의 궤도주기를 알 수 있다는 것을 의미한다. 행성의 궤도주기는 같다. 도플러 방법에 의해서 측정된 행성의 궤도주기는 단순히 시선속도 곡선(그림 10.4)에서 최대 정점 사이의 시간이다. 통과 방법으로는 궤도주기는 반복되는 통과 사이의 시간이다.

일단 궤도주기를 알게 되면, 케플러 제3법칙의 뉴턴 법식[4.4절]을 이용해서 평균 궤도 크기(장반경)를 결정할 수 있다. 별과 같이 훨씬 더 무거운 천체 주변을 궤도운동하는 행성과 같

주요 탐사 방법은 궤도크기를 계산할 수 은 작은 천체에 대해서 이 법칙은 별의 질량, 행성의 궤도주
있는 것으로부터 궤도주기를 알려준다. 기 그리고 행성의 평균거리(장반경) 사이의 관계를 표현(천
문 계산법 4.1 참조)함을 상기하자. 외계행성계를 동반한 별의 질량은 일반적으로 알려져 있
다(제12장에서 논의하게 될 방법을 통해서). 그러므로 별의 질량과 행성의 궤도주기를 이용해
서 행성의 평균 궤도 크기를 계산할 수 있다.

**궤도 이심률** 모든 행성 궤도는 타원이나 얼마나 잡아당겨졌는지를 측정하는 타원의 이심률
(그림 3.13 참조)은 다양하다는 것을 상기하자. 우리태양계 내의 행성들은 모두 원에 가까운
궤도(작은 이심률)를 가지고 있는데, 태양으로부터 실제 거리가 항상 상대적으로 평균거리에
가깝다는 것을 의미한다. 이심률이 큰 행성은 궤도 한쪽에서 별에 매우 가깝게 휩쓸다가 반대
쪽에서는 별에서 훨씬 멀리 떨어져서 움직인다.

비록 현재까지 대부분 측정 방법이 도플러 자료라고 하더라도 측성학, 도플러 방법의 두 방
법을 통해서 이심률을 결정할 수 있다. 완벽한 원궤도의 행성은 별 주변을 일정한 속도로 운
동한다. 그래서 행성의 속력 곡선은 완벽하게 대칭적이다. 속력 곡선에서 비대칭은 행성이 궤
도를 따라 변화하는 속도로 움직인다는 것을 말하므로 훨씬 찌그러진 타원궤도를 갖게 된다.

**행성 질량** 측성학, 도플러 방법의 두 방법 모두 행성에 의한 중력적 인력에 의한 운동을 측정
할 수 있으므로 두 방법은 이론적으로 모두 행성의 질량을 계산할 수 있다. 주어진 궤도거리,
더 무거운 행성이 근처 별이 질량중심을 근처를 더 큰 속력으로 움직이게 할 수 있기 때문에
이 방법들은 행성의 질량에 대한 정보를 알려준다.

도플러 방법에 대한 중요한 경고(caveat)가 존재한다. 도플러 이동은 관찰자에 접근하거나
멀어지는 방향으로의 별의 운동 일부를 설명하고 있음을 상기하자(그림 5.15 참조). 그 결과
별 궤도의 정확한 가장자리를 보았을 때만이 도플러 이동은 완전한 궤도 속력을 알려준다. 다
른 모든 경우에서는 도플러 이동에서 유추된 속력은 완전한 궤도 속력보다 작아질 것이다. 계
산된 질량은 행성의 **최소** 가능 질량(또는 하한 질량)이 될 수 있다는 것을 의미한다. 통계적으
로 그러나 최소한 약 85%의 경우에서는 실제 행성 질량은 최소 질량의 2배 정도로 기대할 수
있다. 그래서 도플러 방법에서 계산된 질량은 대부분의 행성 질량에 대한 상대적으로 좋은 추
정값을 제공한다.

**행성 크기** 통과 관측은 행성의 크기 또는 반경을 측정할 수 있는 현재까지 유일한 방법이다.
기본 개념은 이해하기 쉽다. 통과하는 동안에 행성이 차단하는 별의 빛이 많을수록 행성의 크
기가 더 커진다.

케플러 11 행성계는 좋은 예이다. 그림 10.7은 110일 주기 동안에 케플러 11 별의 밝기를
보여준다. 각각의 아래쪽 경사(골짜기)는 행성이 별빛의 작은 부분을 차단하는 통과를 나타낸
다. 주의 깊은 분석은 별을 통과하는 서로 다른 6개의 행성(여러 색의 점들)이 있다는 것을 보
측성학 및 도플러 방법은 행성 질량을 알 수 있는 여준다. 골짜기의 깊이로부터 계산된 행성의 크기
반면에, 통과 방법은 행성 크기를 알게 해준다. 에 따라서 오른쪽 그림은 더 자세한 각 행성의 통과
를 보여준다. 골짜기의 깊이와 궤도주기 및 거리를 결합할 때, 이 행성계의 행성은 지구 크기
의 2~5배 크기와 별로부터 0.1~0.5AU 거리에 있다는 것을 알 수 있다. 우리태양계에 적용
하면 6개의 행성은 금성 궤도의 안쪽에 놓이게 된다.

**그림 10.6** 외계행성 탐색

다른 별 주변의 행성 찾기는 가장 빠르게 성장하고 매우 흥미로운 천문학의 분야이다. 첫 번째 행성 발견 이후 약 20여 년이 지났지만, 알려진 외계행성은 이미 수천 개가 넘는다. 이 그림은 천문학자들이 외계행성을 찾고 연구하는 주요 기술에 대해서 요약하고 있다.

① **중력적 인력(끌림)** : 별과 동반된 행성이 상호 질량중심을 궤도운동하므로 별의 작은 궤도운동 관측을 통해서 행성을 탐색할 수 있다. 별의 궤도주기는 행성의 궤도주기와 같고, 별의 궤도 속도는 행성의 궤도거리와 질량에 따라 결정된다. 별 주변의 다른 행성이 별의 궤도운동에 추가적인 형태를 만들어낼 것이다.

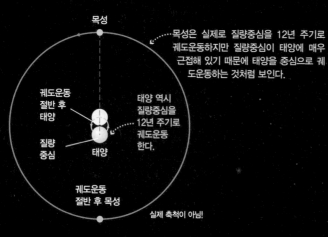

목성은 실제로 질량중심을 12년 주기로 궤도운동하지만 질량중심이 태양에 매우 근접해 있기 때문에 태양을 중심으로 궤도운동하는 것처럼 보인다.

태양 역시 질량중심을 12년 주기로 궤도운동 한다.

실제 축척이 아님!

⒜ **도플러 방법** : 별이 질량중심 근처에서 우리에게 다가오거나 멀어지는 교대 운동을 해서 별의 스펙트럼에 나타나는 반복되는 도플러 이동을 관측함으로써 별의 운동을 탐지할 수 있다. 별이 접근하면 청색이동, 후퇴하면 적색이동

⒝ **측성학적 방법** : 질량중심에 대한 별의 궤도는 천구상의 별의 위치에 작은 변화를 가져오게 된다. GAIA 미션은 측성학적 방법을 통해서 많은 새로운 행성을 발견하리라 기대된다.

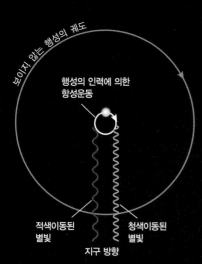

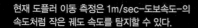

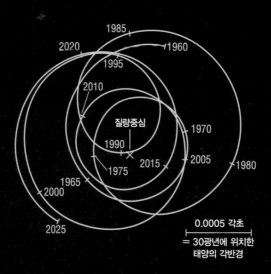

현재 도플러 이동 측정은 1m/sec−도보속도−의 속도처럼 작은 궤도 속도를 탐지할 수 있다.

10광년 거리에서 바라본, 태양의 겉보기 위치의 변화는 5km 거리에서 바라본 인간의 머리카락 굵기와 같은 각넓이와 비슷하다.

고리가 있는 목성형 행성에서 바라본
다른 행성계의 상상도

② **통과 방법** : 행성의 궤도면이 우리의 시선 방향에 놓여 있다면, 행성은 각 궤도 회전에 한 번씩 별 앞을 통
과하여, 별의 가시광 밝기의 감소를 발생시킬 것이다. 식 현상은 통과가 발생한 이후 절반 정도의 궤도운
동 후에 발생하게 되는데, 행성의 적외선 밝기 기여 부분이 별에 의해 차단되기 때문에 계의 적외선 밝기
가 감소하게 될 것이다.

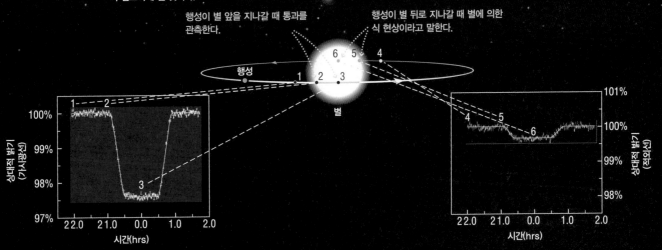

행성이 별 앞을 지나갈 때 통과를
관측한다.

행성이 별 뒤로 지나갈 때 별에 의한
식 현상이라고 말한다.

③ **직접적 방법** : 원칙적으로 외계행성을 연구할 수 있는 가장 좋은 방법은 행성이 반사하는 가시광 별빛 또
는 행성이 방출하는 적외선 빛을 직접적으로 관측하는 것이다. 현재 기술은 어떤 경우에 직접 탐지가 가능
하나, 행성의 표면에 대한 상세한 것을 알 수가 없다.

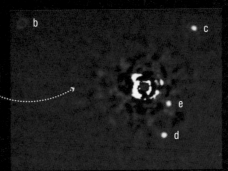

켁망원경은 적외선 영역에서 HR 8799 별 근처
영역을 촬영하였다. 그 결과 기호 b부터
e까지의 4개 행성을 발견하였다(기호 a는
별 자체를 나타냄).

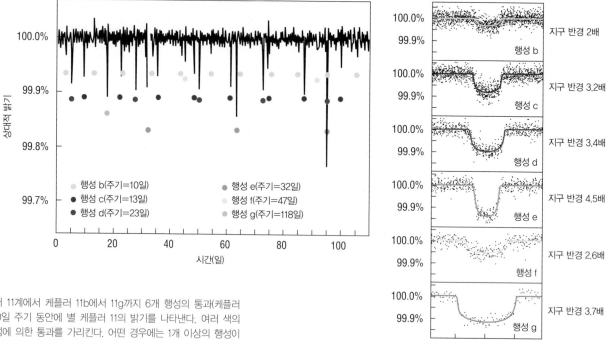

**그림 10.7** 케플러 11계에서 케플러 11b에서 11g까지 6개 행성의 통과(케플러 11a). 검은색은 110일 주기 동안에 별 케플러 11의 밝기를 나타낸다. 여러 색의 점들은 6개의 행성에 의한 통과를 가리킨다. 어떤 경우에는 1개 이상의 행성이 동시에 통과하기도 한다. 오른쪽 그림은 각각의 골짜기를 나타낸다. 행성의 크기는 지구 반경 크기로 표현되었다.

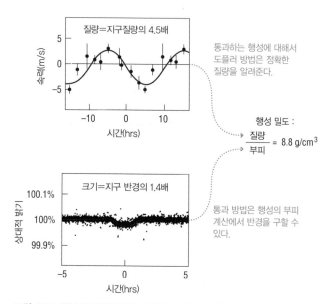

**그림 10.8** 행성의 평균밀도를 계산하는 도플러 및 통과 방법으로부터 얻은 자료를 어떻게 병합하는지를 요약해서 보여준다. 자료는 행성 케플러 10b에 대한 것이다. 최종 밀도 계산은 g(질량), cm$^{-3}$(부피)의 단위 변환이 필요하다. 통과하는 행성에 대해서 도플러 방법은 정확한 질량을 제공해준다. 통과 방법은 행성의 부피를 구할 수 있으므로 반경을 계산한다.

**생각해보자 ▶** 새로운 자료가 매우 빠르게 들어오게 되어서 최저 질량과 최저 크기의 행성에 대한 기록이 빠르게 변한다. 확정된 최저 질량과 측정된 최저 크기에 대한 기록이 현재 유지되고 있는 외계행성계를 찾기 위해 웹 검색을 해보라.

**행성 밀도**  단순한 방법으로 행성의 평균밀도(부피로 나눈 질량)를 측정하지 않지만 통과 방법으로부터 행성의 크기와 도플러 방법으로부터 행성의 질량을 알고 있다면 행성의 밀도를 계산할 수 있다. 통과하는 행성은 가장자리 궤도를 가져야 해서 이 경우에 도플러 방법은 정확한(최솟값이라기보다는) 질량을 제공하기 때문에 이 경우에 정확한 밀도값을 얻을 수 있다는 것에 주목하자. 그림 10.8은 케플러 10b로 알려진 행성에 적용되는 과정을 보여준다.

**대기 성분과 온도**  외계행성계의 대기와 온도에 대한 자세한 이해가 직접 관측과 스펙트럼을 할 수 있는 기술을 기다려야 한다고 해도, 통과와 식 현상에서 얻는 자료에 대한 조심스러운 분석이 어떤 정보를 제공할 수 있다.

식 현상에 대한 적외선 관측은 온도에 대한 중요한 자료를 제공한다. 행성은 일반적으로 적외선을 방출하고 적외 복사의 양(단위 면적당)은 행성의 온도에 결정된다는 것을 상기하자. 행성이 별 뒤로 갈 때 행성의 적외 복사를 볼 수 없기 때문에 계의 적외선 밝기는 감소한다. 감소 넓이는 행성이 방출하는 적외 복사 양을 알려주고, 대략적인 온도를 추정할 수 있는 행성의 반경(통과에 의해서 측정)과 이 적외

**표 10.1** 외계행성계의 특징을 측정하는 주요 방법

| | 행성의 특징 | 사용되는 방법 | 설명 |
|---|---|---|---|
| **궤도 특성** | 주기<br>거리(장반경)<br>이심률 | 도플러, 측성학 또는 통과<br>도플러, 측성학 또는 통과<br>도플러, 측성학 | 직접적으로 궤도주기를 측정한다.<br>케플러 제3법칙의 뉴턴 법식을 이용하여 궤도주기로부터 궤도 반경을 계산한다.<br>시선속도 곡선, 측성학적 별 위치가 이심률을 알려준다. |
| **물리적 특성** | 질량<br>크기(반경)<br>밀도<br>대기 성분, 온도 | 도플러 또는 측성학<br>통과<br>통과와 도플러 방법 결합<br>통과 또는 직접 탐지 | 행성의 중력적 인력에 의한 별 운동량에 기초해서 질량을 계산한다.<br>통과 동안에 별의 밝기에 생긴 골짜기의 양을 기초로 해서 크기를 계산한다.<br>질량을 부피로 나누어서 밀도를 계산한다(통과 방법으로부터 크기를 이용).<br>통과와 식 현상은 대기 성분과 온도에 대한 자료를 제공한다. |

복사량을 병합할 수 있다.

통과와 식 현상은 대기 성분에 대한 제한된 정보도 제공할 수 있다. 대기가 있는 행성에 대해서 천문학자는 별 앞에서(통과에 대해서) 또는 별 뒤에서(식에 대해서) 다른 시간에 측정한 계의 스펙트럼을 비교한다. 이 스펙트럼의 차이에 대한 조심스런 분석은 행성 대기에 의한 스펙트럼선을 보여줄 수 있다. 가스에 의해서 특정 스펙트럼선이 만들어진다는 것이 일반적으로 잘 알려져 있기 때문에 행성 대기에서 가스의 존재를 유추할 수 있다. 표 10.1은 행성의 특성을 측정하는 방법을 요약한 것이다.

## ● 태양계 내의 행성들과 외계행성계를 어떻게 비교할 수 있는가?

주요 특성이 측정되어 알려진 외계행성계의 수는 이제 충분히 많아서 이 행성들이 어떻게 우리태양계의 행성에 비교할 수 있는가에 대한 통찰을 얻을 수 있게 되었다. 오늘날 우리가 알고 있는 외계행성계의 일반적인 특징에 대해 탐구해 보자.

**궤도 특성** 몇몇의 외계행성계는 지구의 크기와 궤도와 비슷한 것으로 발견되었다(그림 10.9). 그러나 우리가 우리태양계에 알고 있는 것에 비추어볼 때, 대부분 다른 행성계는 하나 또는 둘 모두의 궤도 특성이 놀라워 보인다. 첫째, 질량이 목성 크기처럼 보이지만 대다수가 꽤 별에 가까워서 궤도운동을 하고 있다. 대다수가 태양에 대한 수성의 궤도보다 훨씬 더 가깝다. 둘째, 태양계의 행성의 거의 원에 가까운 궤도와 대조적으로 많은 수가 상대적으로 큰 이심률을 가지고 있다.

이 놀라운 특징에 대한 원인이 행성계 탐사 방법의 원리이다. 모든 방법이 짧은 궤도주기의 행성보다 긴 궤도주기의 행성(별로부터 멀리 떨어진 행성의 궤도)을 발견하려면 훨씬 더 많은 시간이 요구된다는 것을 상기하자. 오랜 기간 동안 외계행성을 관측해오지 않았기 때문에, 외계행성 발견의 대부분이 짧은 궤도주기를 가진 근접한 거리에 있는 행성이라는 것이 당연하다.

성운설은 큰 행성은 별로부터 먼 거리에 형성되는 것으로 예측하기 때문에, 왜 목성 크기 행성이 근접한 거리에 있는지 이해하는 것은 더욱 도전적이다. 성운설은 우리태양계에서 거의 원에 가까운 궤도에 대한 당연한 설명을 제공하기

천문
## 계산법 10.1

### 외계행성계의 크기 구하기

통과 동안의 별빛 차단의 양을 통해서 행성의 반경을 결정한다. 하늘을 배경으로 해서 보면, 별과 행성 모두 매우 작은 원형의 원반으로 보인다. 이 원반들은 망원경에서 분해하기 어려울 정도로 아주 작지만, 가려진 별빛의 일부는 행성 원반의 면적($r^2_{행성}$)을 별 원반의 면적($r^2_{별}$)으로 나눈 값과 같아야 한다.

$$빛이\ 차단된\ 정도 = \frac{행성\ 원반의\ 면적}{별\ 원반의\ 면적}$$

$$= \frac{\pi r^2_{행성}}{\pi r^2_{별}} = \frac{r^2_{행성}}{r^2_{별}}$$

행성의 반경에 대해서 풀면,

$$반경_{행성} = 반경_{별} \times \sqrt{빛이\ 차단된\ 정도}$$

예제 : 그림 10.5는 HD189733의 통과를 나타낸다. 별의 반경은 약 800,000km(태양 반경의 1.15배)이고 통과 동안 별빛의 1.7% 정도를 행성이 차단한다. 행성의 반경은 얼마인가?

풀이 : 주어진 자료를 위 식에 대입하면,

$$반경_{행성} = 반경_{별} \times \sqrt{빛이\ 차단된\ 정도}$$
$$= 800,000km \times \sqrt{0.017}$$
$$\approx 100,000km$$

행성의 반경은 약 100,000km이다. 목성(반경 71,500km)보다 반경이 약 40% 정도 크다.

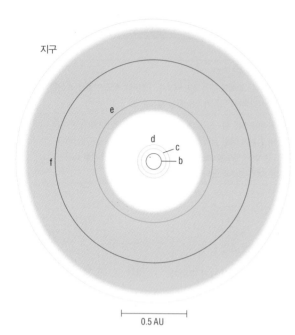

지구

0.5 AU

**그림 10.9** 지구의 궤도와 비교하여 케플러 11 계에서 행성의 궤도를 위에서 내려다본 그림. 녹색 영역은 이 행성계의 주거 가능 지역[19.3절]. 케플러 11 별은 태양보다 1/4 정도 밝기 때문에 주거 가능 지역은 태양 근처에서 안쪽에 있다. 주거 가능 지역(녹색 영역)에 있는 2개의 행성은 지구보다 반경이 40%와 60% 큰 '슈퍼-지구'이다. 2013년 하반기에 가장 작고 잠재적으로 주거 가능한 행성으로 알려졌다.

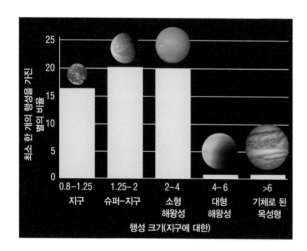

**그림 10.10** 이 막대 그래프는 2013년 중반까지 출판된 케플러 결과에 기초로 해서 다른 크기의 분류의 행성을 가진 모든 별의 추산된 비율을 나타낸다. 케플러 자료가 현재까지 상대적으로 짧은 궤도주기의 행성에 대해서 분석되어 왔기 때문에, 이 추산은 추가적인 자료 분석에 의해서 확실히 증가할 것이다.

많은 외계행성은 별에 놀라울 정도로 가까이 궤도운동을 하거나 놀라울 정도로 이심률이 크다.

때문에, 큰 이심률도 역시 도전을 제기한다. 실제로 다음 절에서 논의하게 되겠지만 이러한 관측은 성운설을 제고해야 할 필요성을 제시하고, 성운설에 대한 철저한 검토와 강화하는 반면에, 우리태양계의 행성 연구에 의해서 고찰되지 않았었을 수도 있는 특징을 성운설에 추가해왔다.

쌍성계 연구로부터 또 다른 흥미로운 사실이 발견되었다. 행성이 쌍성계에서 형성되었는지에 대해 과학자들은 확신하지 못했다. 그러나 케플러 미션의 자료는 최소한의 몇몇 경우에 가능하다는 것을 보여주었다. 그래서 2개(또는 그 이상의) 태양을 가지는 어떤 행성은 '스타워즈' 영화에서 묘사되었던 가상 행성 타투인과 매우 비슷하다.

**크기, 질량과 밀도** 케플러 미션이 많은 행성을 탐색해서 다양한 크기의 행성을 가진 모든 별의 비율을 추산할 수 있는 통계를 이용할 수 있다. 그림 10.10은 2013년 중반까지의 통계에서 얻은 결과를 나타낸다. 눈에 띄는 2개의 결론은 첫째, 행성은 일반적이다. 모든 크기 분류에 걸쳐서 살펴봄으로써, 적어도 1개의 행성을 가진 별이 적어도 70%라고 천문학자는 결론을 내린다. 둘째, 지구 크기의 행성 역시 매우 일반적임을 제시하고, 작은 행성은 중요한 한계에 의해서 큰 행성보다 수가 많은 것으로 보인다. 통계가 불완전하다는 것을 기억하자. 케플러 미션에서 행성 확정을 위해 필요한 반복되는 통과를 관측하기에 큰 궤도를 가진 행성은 오랜 시간이 걸린다. 그리고 작은 행성은 탐지하기에 더욱 어렵기 때문에 현재 통계는 상대적으로 짧은 궤도주기를 갖는 행성만을 반영하고 있다(많은 경우에 작은 행성에 대해서 50일 이하이고 큰 행성에 대해서 250일의 주기). 케플러 미션으로 더 많은 자료가 분석됨에 따라 행성을 가진 별의 추산된 비율은 증가할 수만 있다.

별에 상대적으로 가까운 작은 행성만을 포함한 현재 통계는 그림 10.10에 나타난 행성을 의미하는 사실은 아마도 모든 행성이 생명체가 살기에는 매우 뜨거울 것이다. 그러나 그림 10.11은 다른 방식인 행성의 크기와 궤도주기 간의 그래프로서 케플러 자료를 보여준다. 이 표현은 지구 크기의 행성도 역시 일반적이라는 것을 제시한다. 다시 말해 더 작은 크기의 행성에 대한 자료수가 집중되고 있음은 작은 행성은 큰 행성보다 더 일반적이라는 것을 나타낸다. 그러나 이 경우에 '지구와 유사(크기, 궤도주기 및 거리가 지구와 같은 행성. 이 행성에는 잠재적인 주거지가 있을 것이다.)'로 표시된 영역에 대한 케플러 탐사가 급하게 마무리되었다는 것을 분명하게 알 수 있다.

일반적으로 작은 행성은 큰 행성보다 더 일반적인 것으로 보인다.

지구형 또는 목성형 행성인가를 판단함과 동시에 외계행성의 일반적인 특성을 결정하기 위해서, 행성의 크기뿐만 아니라 질량을 결정할 필요가 있다. 그래서 행성의 평균밀도를 계산할 수 있다. 제한된 행성에 대해서 크기와 질량 자료 모두를 현재 가지고 있다고 해도, 연구결과는 이미 놀라운 사심을 말하고 있다. 우리태양계의 행성보다 외계행성의 밀도 범위는 상당히 넓다. 극단적인 경우에 철만큼 크거나 스티로폼만큼 밀도가 작은 평균밀도를 가진 행성을 동정할 수 있다. 그리고 그 사이의 평균밀도를 가진 행성을 발견할 수 있었다.

**외계행성계의 본질** 이제 외계행성계에 대한 중요한 물음으로 옮겨가 보자. 우리 태양계의 행성인 지구형 및 목성형 행성과 같이 분류되는가? 또는 추가로 다른 형태의 행성을 발견할 수 있는가?

외계행성의 성분을 알 수 있는 충분히 상세한 스펙트럼을 얻을 수 있는 직접적인 방법이 없기 때문에 아직까지 확실하게 알 수가 없다. 그럼에도 불구하고 다른 별들에 대해서 다른 화학 원소 함량을 측정해왔기 때문에 모든 행성계는 태양을 형성했던 성운의 성분과 비슷한 기체구름에서 발생한 것임을 알고 있다. 즉, 모든 항성계는 최소한 약 98%의 수소, 헬륨 그리고 소량의 수소화합물, 암석, 금속이 간간이 섞여 있는 기체구름에서 탄생한다(표 6.3 참조). 이 사실로부터 행성의 평균밀도를 아는 것은 직접적으로 관측할 수 없다고 해도 행성에 존재할 것 같은 성분에 대한 많은 이해를 가져다준다.

더 특이하게 행성의 질량과 반경에 기초해서 예상되는 화학 성분을 알려주는, 즉 평균밀도를 계산할 수 있는 모형을 세울 수 있는 다른 물질들의 행동에 대한 이해를 이용할 수 있다. 그림 10.12는 질량(보통 도플러 방법에 의해서 계산)과 반경(통과 방법에서 계산) 모두 2013년 중반에 알려진 모든 행성에 대한 결과이다. 그림에 나타난 주요 특징들을 이해할 수 있다.

- 평행축(x축)은 지구 질량 단위로 표시한 행성의 질량이다(그래프 위쪽은 목성 질량 단위로 표시한 것이다.). 이 축은 질량이 넓은 범위에 걸쳐서 변하기 때문에 10의 지수승을 사용하고 있음을 주목하라.
- 수직축(y축)은 지구 반경 단위로 표시한 행성의 반경이다(그래프 오른쪽은 목성 반경 단위로 표시한 것이다.).
- 각각의 점은 질량과 반경이 모두 측정된 행성을 가리킨다. 이 장에서 논의된 행성들은 이름으로 불리고 있다. 우리태양계의 행성들은 녹색으로 표시되었다.
- 그래프 주변에 그려진 그림은 대표적인 행성의 모습일 것으로 보이는 가상도이다.
- 평균밀도는 질량과 반경으로부터 쉽게 계산할 수 있으나, x, y축 양쪽에 표시된 다른 스케일의 그래프로부터 직접 평균밀도를 읽기가 어렵다. 이것을 돕기 위해서 왼쪽 아래쪽에서부터 위쪽까지의 3개의 곡선이 3개의 대표적인 평균밀도를 보여주고 있다.
- 색으로 칠해진 영역은 질량과 반경으로부터 계산된 모형에 기초한 각기 다른 일반적인 성분의 행성들을 나타낸다.

그림 10.12를 살펴본 바와 같이 외계행성은 우리태양계의 행성들보다 훨씬 더 많은 다양성을 보여주고 있음에 주목하게 될 것이다. 예를 들면 HAT-P-32b 행성은 목성과 같은 질량이지만 목성보다 반경이 2배 이상 크다. 그래서 평균밀도가 약 0.14g/cm³으로 스티로폼의 밀도와 비슷하다. 이렇게 낮은 평균밀도는 아마도 별로부터 0.035AU 떨어진 곳에서 궤도운동한 결과이다. 이 접근은 수성과 태양의 거리보다 10배 이상 가까운 거리이다. 근접 궤도는 행성을 고온 상태로 만들어 행성의 대기를 불어 날려서 왜 질량에 비해서 큰 크기를 갖게 되었는지 설

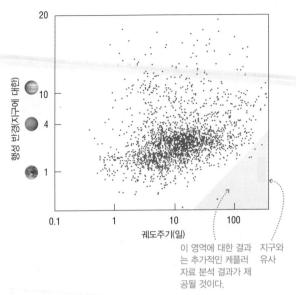

이 영역에 대한 결과는 추가적인 케플러 자료 분석 결과가 제공될 것이다. 지구와 유사

**그림 10.11** 이 그림은 2013년 초기까지 케플러 미션 자료로부터 동정된 모든 행성 후보에 대한 궤도주기와 크기를 나타낸다. 지구형 행성일 가능성을 포함하고 있는 그래프 하단부 오른쪽 영역에 대한 연구가 미흡해 충분한 자료가 없다.

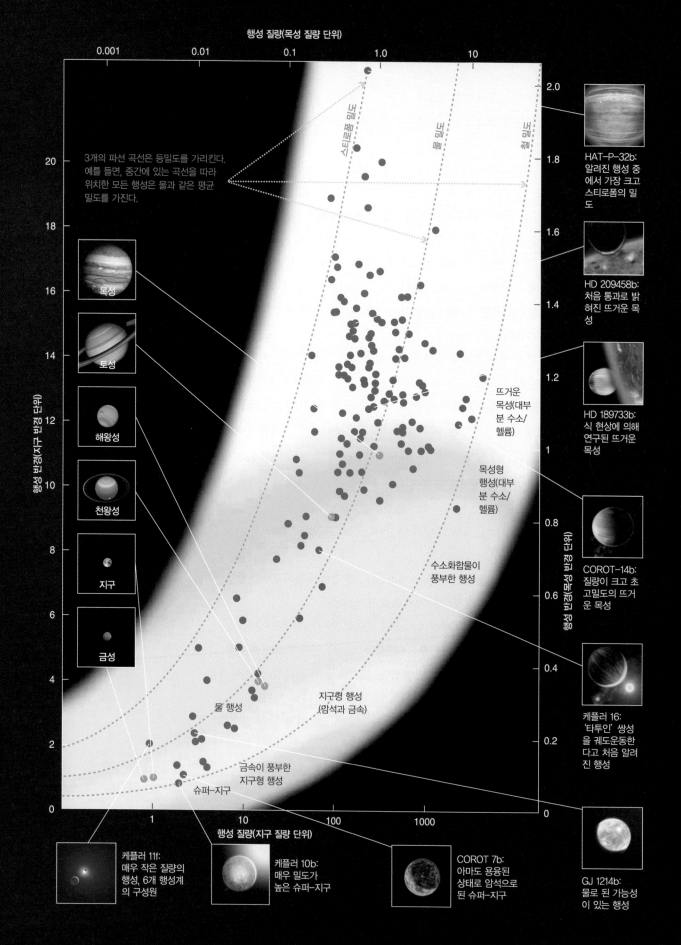

**그림 10.12** 질량과 크기가 모두 측정된 외계행성의 질량과 크기, 우리태양계 행성의 값과 비교되었다. 각 점은 행성을 가리킨다. 파선은 다른 질량의 행성에 대한 일정한 밀도(등밀도)를 그린 선이다. 색으로 칠해진 영역은 행성의 구성성분에 대한 모형에 기초로 한 기대되는 행성의 형태이다.

행성 질량(목성 질량 단위)

3개의 파선 곡선은 등밀도를 가리킨다. 예를 들면, 중간에 있는 곡선을 따라 위치한 모든 행성은 물과 같은 평균 밀도를 가진다.

행성 반경(지구 반경 단위)

행성 반경(목성 반경 단위)

스티로폼 밀도

물 밀도

철 밀도

목성

토성

해왕성

천왕성

지구

금성

뜨거운 목성(대부분 수소/헬륨)

목성형 행성(대부분 수소/헬륨)

수소화합물이 풍부한 행성

지구형 행성 (암석과 금속)

물 행성

금속이 풍부한 지구형 행성

슈퍼-지구

행성 질량(지구 질량 단위)

HAT-P-32b: 알려진 행성 중에서 가장 크고 스티로폼의 밀도

HD 209458b: 처음 통과로 밝혀진 뜨거운 목성

HD 189733b: 식 현상에 의해 연구된 뜨거운 목성

COROT-14b: 질량이 크고 초고밀도의 뜨거운 목성

케플러 16: '타투인' 쌍성을 궤도운동한다고 처음 알려진 행성

GJ 1214b: 물로 된 가능성이 있는 행성

케플러 11f: 매우 작은 질량의 행성, 6개 행성계의 구성원

케플러 10b: 매우 밀도가 높은 슈퍼-지구

COROT 7b: 아마도 용융된 상태로 암석으로 된 슈퍼-지구

명할 수 있다. 또 다른 극한 근처에서 철의 밀도와 같은 약 $8g/cm^3$에 가까운 평균밀도를 가진 COROT-14b 행성은 목성보나 약간 그지만 질량이 수배 더 무겁다.

비록 높은 평균밀도가 놀라워 보이더라도 완전히 예상하지 못한 것은 아니다. 목성보다 무거운 목성형 행성은 더 작은 크기와 훨씬 더 높은 밀도로 압축될 수 있는 강한 중력을 가졌을 것으로 기대되는 것을 상기하자(그림 8.2b 참조). 넓게 퍼진 밀도의 범위에도 불구하고 HAT-P-32b와 COROT-14b 모두 명확하게 대부분 수소와 헬륨으로 된 목성형 행성 분류에 속한 것처럼 보인다.

그림 10.12는 또 암석과 금속 성분으로 되어 지구형 행성인 것처럼 보이는 많은 행성을 보여준다. 예를 들면 COROT-77b는 지구의 밀도와 비교할 수 있는 $5g/cm^3$ 근처의 평균밀도를 가지고 있다. 질량이 지구의 약 5배 정도이기 때문에 COROT-7b는 때때로 '슈퍼-지구'로 불리는 행성의 예이다. 별에 매우 가깝게 궤도운동을 하고 있어서 표면은 아마 용해되었을 것이다. 이 행성과 알려진 많은 다른 슈퍼-지구 행성들은 우리태양계의 지구형 행성들과 비슷한 암석/금속 성분으로 구성된 것 같다.

그림 10.12에서 아마도 가장 놀라운 행성들은 명확하게 지구형 또는 목성형 행성에 속하지 않는 것들이다. 몇몇 행성들은 천왕성과 해왕성의 영역에 그룹을 만들고 있고 수소와 헬륨 가스의 껍질에 가려진 수소화합물 성분을 아마도 공유하고 있을 것이다. 다른 행성들은(아마도 GJ 1241b) '물 행성'에 대한 모형에 적합한 것으로 보이고 액체 상태 또는 고압고체 상태의 물로 대부분 구성되어 있고, 아마도 다른 수소화합물로 되어 있을 것이다. 그렇지 않으면 이 행성들의 일부는 밀도가 높은 암석/금속 핵과 저밀도의 수소-헬륨 가스의 막강한 껍질로 구성되어 있을지도 모른다.

마지막으로 외계행성들이 매우 많고 다양하다. '전형적인 행성'의 2개의 분명한 종류인 우리태양계와 달리, 다른 행성계들은 쉬운 분류를 거부하는 부가적인 형태의 행성들이 존재한다.

## 10.3 다른 행성계의 형성

외계행성의 발견은 태양계 형성 이론을 시험해볼 수 있는 기회를 준다. 현재 존재하는 이론이 다른 행성계를 설명할 수 있을까? 혹은 처음으로 다시 돌아가야만 할 것인가?

### ● 태양계 형성 가설을 수정해야 할 필요가 있는가?

제6장에서 논의한 바와 같이, 성운설(nebular theory)은 우리태양 형성에 수반된 과정으로 자연적인 결과로서 우리태양계의 행성들이 형성되었다는 것을 주장한다. 이 이론이 맞는다면 똑같은 과정이 다른 별들의 탄생에 수반되어야 한다. 그래서 성운은 다른 행성계의 존재를 분명하게 예측한다. 이런 관점에서 대부분의 기본적인 예측이 증명되었기 때문에 외계행성계의 발견은 이 이론이 중요한 시험대를 통과했다는 것을 의미한다. 이 이론의 다른 중요한 상세 내용도 역시 뒷받침하는 것 같다. 예를 들면 목성형 행성의 형성은 더 큰 크기로 부착되고 성운 가스를 포획하는 암석과 얼음의 고체 입자의 응축에서 성운설은 설명하고 있다(그림 6.20 참조). 그러므로 그러한 행성은 암석과 얼음의 함량이 높은 성운에서 보다 쉽게 형성된다는 것을 기대할 수 있으며, 사실 더욱 더 큰 행성들은 이런 성분들을 만드는 원소가 풍부한 별 근처에서 발견되었다.

그럼에도 불구하고 외계행성은 이미 성운설에 적어도 두 가지 중요한 도전을 제시하고 있다. 행성의 분류에 관한 그림 10.12에서 살펴본 바와 같이, 많은 외계행성이 지구형 또는 목성형 분류에 정확하게 해당되지 않는다. 더 중요한 도전은 외계행성의 궤도에 의해 제기된다. 성운설에 의하면 젊은 별 주변의 회전하는 물질 원반에서 부착되는 큰 얼음 미행성체 부근의 가스에서 중력이 끌어당김에 따라 목성형 행성이 형성된다. 그러므로 목성형 행성은 항성계의 온도가 낮은 외곽부에서 형성되어야 한다는 것을 성운설은 예측한다(얼음이 응결될 수 있도록 온도가 낮기 때문). 뜨거운 목성으로 알려진 많은 행성은 그 특성이 목성형 행성으로 보이지만, 이 성운설에 직접적으로 도전하는 근접궤도를 가지고 있다.

**행성의 궤도에 대한 설명** 과학의 특성은 관측이나 실험에 의해서 어떤 이론이 도전받을 때마다 이론의 타당성에 대해 이의를 요구한다[3.4절]. 이론이 새로운 관측을 설명할 수 없다면, 그 이론을 수정하거나 폐기해야 한다. 알려진 많은 외계행성의 놀라운 궤도는 태양계 형성의 성운설을 실제로 다시 검증하게 만들었다. 첫 번째 외계행성이 발견된 이후로 의문이 즉시 생겼다. 성운설에 근본적인 오류가 있는가에 대한 의문을 품게 하는 이 행성들은 질량이 매우 크고 근접궤도를 가지고 있다. 예를 들면 별에 매우 근접해서 목성형 행성이 형성될 수 있는가? 행성 형성의 많은 가능한 모형을 연구하고 성운설의 기저에 대한 재검증을 통해서 천문학자는 이 의문을 다룬다. 이러한 재검증의 수년 동안에 기본 이론을 폐기하거나 별 근처에서 목성형 행성 형성에 대한 대체 가능한 방법이 나타나지 않았다. 주요한 결점이 발견되지 않았을 가능성을 완벽히 배제되지 않았을 경우 성운설의 기초적인 개요가 훨씬 더 옳은 것처럼 보인다. 그러므로 외계 목성형 행성이 행성으로부터 먼 곳에서 원궤도를 가진 채로 태어났고, 일종의 '행성 이동'을 경험한 근접궤도를 갖게 되었는가에 대해서 과학자들은 의심하고 있다.

이동에 대한 아이디어는 논리적으로 크게 이상하지 않고, 태양계 형성에 대한 컴퓨터 모형은 그럴듯한 기작을 제안한다. 기체원반을 통과하는 파동에 의해서 이동이 발생된다(그림 10.13). 원반을 통해서 움직이는 행성의 중력은 파동이 통과하면서 물질을 모으게 해서 원반을 통해 전파되어 가는 파동을 만들어낼 수 있다. 그런 다음에 이 '집결된'[파동의 마루(정점)]에서 물질은 행성이 별 안쪽으로 움직이게 하는 궤도에너지를 감소시키는 경향을 가진 행성에 중력적 인력을 발휘한다.

성운가스는 많은 영향을 받기 전에 휩쓸려 나가기 때문에 이 이동의 형태는 우리태양계의 중요한 역할을 하는 것으로는 생각되지 않는다. 그러나 행성은 다른 행성계에서 더 빨리 형성되거나 목성형 행성이 상당히 안쪽으로 이동하는 데 시간이 충분해서 성운가스가 나중에 휩쓸려 나갈 것이다. 어떤 경우에는 행성이 일찍 형성되어서 별로 결국에 완전히 휘감기게 된다. 별이 행성 전체를 삼키는 것(목성형 행성과 목성형 행성을 따라서 안쪽으로 안내된 아마도 지구형 행성을 포함해서)을 제안하며, 몇몇의 별은 외부층에서 원소에 대한 혼치 않는 모음을 가진다는 것을 천문학자는 실제로 주목하고 있다. 이러한 생각은 단지 가설만은 아니다. 최근 발견된 행성은 별로 100만 년에 죽은 나선에 있는 것처럼 보인다.

연관된 기작은 많은 외계행성의 놀라울 정도로 큰 궤도 이심률을 설명할

궤도운동하는 행성은 원반에 있는 가스와 입자를 밀고 나간다.

물질을 모으게 만든다. 이 밀도가 높은 지역은 차례로 행성을 끌어당겨, 안쪽으로 이동을 발생시킨다.

**그림 10.13** 별을 둘러싼 물질의 원반에 삽입된 행성에 의해서 만들어진 파동에 대한 모사를 보여준다.

수 있을 것이다. 예를 들면 행성이 서로 중력적으로 영향을 줄 수 있는 기회를 행성 이동이 증가시킨다. 어떤 경우에는 한 행성이 항성계에서 완전히 이탈될 수 있는 충분한 에너지를 얻을 수 있으며, 다른 행성은 이심률이 큰 타원궤도로 던져질 수 있는 중력적 조우[4.4절]에 행성이 충분히 가깝게 통과할 수 있다. 또 다른 경우에는 지속적인 중력적 인력이, 예를 들면 목성의 위성인 이오, 유로파, 가니메데의 궤도를 원래와 달리 더욱더 타원으로 만든 것과 매우 비슷한 효과가 궤도공명 현상을 만든다(그림 8.15b 참조).

**행성 형태(분류)에 대한 설명** 뜨거운 목성의 놀라운 궤도에 대한 설명에 있어서 행성 이동의 역할이 옳다고 가정한다면, 성운설의 기본 주의(개념)는 유지되는 것 같다. 즉, 비록 이동이 몇몇의 목성형 행성을 나중에 안쪽으로 휘감아서 옮긴다고 하더라도(그리고 더 작은 행성의 궤도도 역시 변화시킬 것 같다.), 암석으로 된 지구형 행성은 태양계의 안쪽에서 형성되고 수소로 된 목성형 행성은 바깥쪽에 형성되는 것을 기대할 수 있다. 그러면 남아 있는 의문은 다른 행성계는 왜 우리태양계에서 동정된 지구형 및 목성형 분류에 말끔히 해당되지 않은 행성 분류를 갖는가 하는 것이다.

외계행성 성질의 넓은 범위에 대해서 완벽하게 아직 설명하지 못하고 있지만, 이치에 맞고 기본적으로 성운설을 변경시킬 것 같지 않은 가능한 설명을 상상할 수 있다. 예를 들면 수소로 된 외계행성은 100배 차이 — 우리태양계에서 관측된 밀도 범위보다 훨씬 큰 범위 — 로 밀도가 다양하다(그림 10.12). 그러나 이 범위의 대부분은 별에 매우 가까운 몇몇의 목성형 행성에 의한 온도 상승에 기인한 것이라고 생각하는 것이 타당한 것처럼 보인다. 앞서 논의한 것과 같이 모형이 전체 밀도 범위를 아직 설명할 수 없지만, 열이 대기를 부풀어 올려서 크기를 크게 하고 밀도를 낮추게 한다. 목성보다 더 많은 수소와 헬륨 가스를 포획하고 더 큰 중력에 의해서 작은 크기로 압축하는 행성에 의해서 더 높은 밀도는 설명된다(그림 8.2 참조).

이와 비슷하게 우리태양계 내에서 '물 행성'의 부재는 보기에 이해하기 힘든 것은 아니다. 비록 몇몇의 행성은 훨씬 작아도 물로 된 행성은 천왕성과 해왕성과 비슷해 보인다. 이 행성들은 우리태양계에서 목성형 행성의 형성에 씨앗이 된 철이 풍부한 미행성체와 같은 것이다. 그런 경우에 아마도 물 행성의 존재는 별이 별의 성운가스를 치워 없애서 행성 형성의 시간을 지연시켰는가 여부에 달려 있다. 우리태양계에서 철이 풍부한 미행성체가 태양 성운으로부터 방대한 양의 수소와 헬륨가스를 끌어당기기 전까지 행성 발생이 일어나지 않는다. 아마도 다른 행성계에서는 미행성체가 가스를 포획하기 전에 초기의 태양풍이 수소와 헬륨가스를 불어날렸을지도 모른다.

슈퍼-지구는 다른 의문을 제기한다. 즉, 암석물질은 행성계가 태어난 것으로부터 물질의 함량이 낮은 것을 나타내는데, 특히 별에 근접한 이 행성들은 어떻게 그렇게 많은 암석물질을 모을 수 있었는가? 금속물질만 응축될 수 있을 정도로 뜨거운 성운으로부터 가장 높은 밀도의 슈퍼-지구는 형성되었을 것인가? 암석 또는 금속물질이 행성에 결합할 수 있는 효율성을 결정하는 요인에 대해 더 나은 이해가 필요하다. 가스 포획이 가스의 막대한 껍질 아래에 존재하는 행성의 실제 성질을 감추기 때문에 슈퍼-지구 또는 물 행성이 수소와 헬륨가스를 포획하는 과정의 조건에 대한 더 나은 이해 역시 필요하다. 매년 발견되는 수천 개의 새로운 행성에서 다른 놀라운 행성 형태가 미래에 발견될 것이다.

**개선된 성운설** 외계행성의 발견이 성운설이 불완전하다는 것을 보여준 것이 핵심이다. 행성의 형성과 우리태양계와 같은 행성계의 단순한 배열을 설명해준다. 그러나 다른 행성계의 다른 배열을 설명하는 새로운 특성—행성 이동과 기본 행성 분류의 변화와 같은—이 필요하다. 외계행성 발견 전에 추측했던 것보다 다양한 행성계 정렬이 가능해 보인다.

## ● 다른 행성계는 우리태양계와 같은가?

외계행성에 대한 연구에서 여전히 고심되는 성운설의 타당성은 외계행성에 대한 연구에서 존재하는 가장 심오한 질문에 이르게 한다. 우리태양계와 꽤 비슷한 다른 행성계를 아직 발견하지 못했다는 것은, 우리태양계가 드물다는 것을 의미하는 것인지 혹은 우리태양계가 얼마나 일반적인가를 알기 위한 충분한 자료를 아직 얻지 못했다는 것을 의미하는 것인가?

이 질문이 갖는 함축성 때문에 우주에서 우리의 위치를 바라보는 방법에 대한 심오한 질문이다. 우리태양계와 같은 행성계가 일반적이라면, 그러면 지구와 같은 행성—그리고 아마도 생명체와 문명—도 역시 일반적이라고 상상하는 것은 합리적인 것으로 보인다. 그러나 우리태양계가 드물거나 유일하다면, 그러면 지구는 우리은하 혹은 우주에서까지 생명체가 살고 있는 유일한 행성이 될 것이다.

앞서 논의한 바와 같이 통과에 의한 탐색(그림 10.7) 및 도플러에 의한 발견에 의한 현재 증거는 행성계가 일반적이라는 아이디어를 이미 강하게 지지하고 있다. 그러면 남은 질문은 우리태양계와 같은 행성계도 역시 일반적인가이다. 2013년 현재 지구와 같은 궤도에 있는 지구 크기의 행성과 목성과 같은 궤도에 있는 목성 크기의 행성을 발견하기 직전에 있어서 답변은 그리 멀지 않은 것 같다.

**생각해보자 ▶** 대부분의 현재 대학생이 태어나기 전보다 오래지 않는 과거에 우리태양계의 행성들만이 알려졌다. 오늘날 많은 또는 대부분의 별은 행성을 가지고 있다고 증거는 제시하고 있다. 은하 전체에 대해서 10개 이하에서 $10^{11}$개 이상으로 추산된 행성의 수에 변화가 있다. 이러한 변화가 우주에서 우리태양계에 대한 관점을 바꿀 수 있다고 생각하는가? 견해를 변론하라.

---

| 전체 개요 | 제10장 전체적으로 훑어보기 |
| --- | --- |

이 장에서 천문학의 최신 분야 중의 한 분야, 즉 우리태양계 밖에 있는 행성계에 대한 연구를 탐험하였다. 연구를 계속하고자 한다면 다음에 제시된 중요한 아이디어를 기억하라.

- 거의 20년의 주기에서 다른 별에 행성이 없다고 한 생각에서 많은 혹은 대부분의 별이 하나의 행성 또는 그 이상의 행성을 가지고 있는 사실로 옮겨가게 되었다. 결과로서 우주에서 행성은 일반적이라는 사실에 더 이상 의문을 품지 않게 되었다.

- 다른 행성계의 발견은 태양계 형성의 성운설에 의한 중요한 예측에 대한 눈에 띄는 확신을 나타낸다. 그럼에도 불구하고 다른 행성과 행성계의 정확한 특성은 과학자들이 조사하고 있는 이론의 상세에 대한 도전을 쩔쩔매게 하고 있다.

- 수천 개의 외계행성 또는 행성 후보를 이미 동정하는 동안에 거의 모든 행성이 간접적 방법으로 찾아졌다. 이 방법들을 통해서 행성의 많은 특성을 결정하였지만 행성에 대해서 더 자세하게 연구하기 위해서 직접적인 영상이나 스펙트럼이 필요해질 것이다.

- 우리태양계와 같은 배치와 형태를 가진 행성계가 드문지, 일반적인지 알아내는 것은 아직 이르다. 그러나 이 질문에 답변하고 지구와 같은 행성이 역시 일반적이라면 배울 수 있는 기술이 이미 존재한다. 이 근원적 질문에 답변을 알아내는 것은 오직 시간 문제이다.

## 핵심 개념 정리

### 10.1 다른 별 근처 행성에 대한 탐사

#### ● 어떤 방법으로 다른 별 주위를 도는 행성을 탐사하는가?

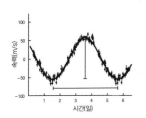

별의 위치에 대한 작은 변위를 찾는 **측성학적 방법**이나, 별의 전후운동을 설명해주는 도플러 이동을 찾는 **도플러 방법**을 통해서 별에 대한 행성의 중력적 효과를 찾을 수 있다. 지구에 대해서 가장자리에 정렬된 궤도를 지닌 행성계의 일부분에 대해서 통과를 찾을 수 있는데, 별의 전면을 지나갈 때 별빛의 일부를 행성이 차단한다.

### 10.2 다른 별 근처 행성의 성질

#### ● 측정할 수 있는 외계행성계(외부태양계)의 특성은 무엇인가?

모든 탐색 방법으로부터 별로부터 궤도주기와 궤도거리를 결정할 수 있다. 측성학적 및 도플러 방법은 행성의 질량(또는 최소 질량)을 제공하는 반면에, 통과 방법은 행성의 크기를 제공한다. 통과 및 도플러 방법이 함께 사용하는 경우에 행성의 평균밀도를 결정할 수 있다. 혹은 통과(식 현상과 함께)는 대기 성분과 온도에 대한 제한 자료를 포함한 다른 자료를 제공할 수 있다.

#### ● 태양계 내의 행성들과 외계행성계를 어떻게 비교할 수 있는가?

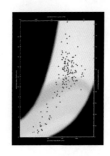

알려진 외계행성은 우리태양계의 행성보다 훨씬 넓은 범위의 물리적 특성을 지니고 있다. 훨씬 큰 이심률의 경로로 별에 더 가까운 대부분의 궤도, 즉 뜨거운 목성이라 불리는 몇몇의 외계 목성형 행성은 별 근처에서 발견된다. 물 행성과 같이 전형적인 지구형 및 목성형 행성 분류에도 속하지 않는 행성의 분류에 대한 특성도 관측하였다.

### 10.3 다른 행성계의 형성

#### ● 태양계 형성 가설을 수정해야 할 필요가 있는가?

우리의 기본 가설(성운설)은 적합해 보이나, 행성의 이동과 우리태양계 내에서 발견되는 행성 분류보다 넓은 범위를 설명할 수 있도록 보완해야만 한다. 해결되지 않은 사실들이 많이 남아 있으나, 태양계 형성에 대한 성운설을 크게 바꿀 필요는 없어 보인다.

#### ● 다른 행성계는 우리태양계와 같은가?

비록 행성계가 우리 행성계(아마도 지구와 같은 행성)가 일반적인가를 확신하기에는 충분한 자료가 없지만 현재 증거로서는 외계행성계가 우리태양계와 매우 비슷해 보인다.

## 시각적 이해 능력 점검

천문학에서 사용하는 다양한 종류의 시각자료를 활용해서 이해도를 확인해보자.

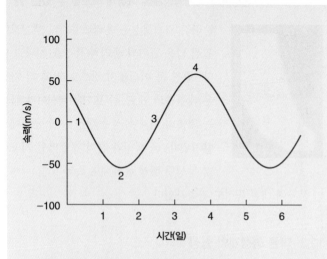

이 그래프는 별 주변을 돌고 있는 행성에 의해 발생하는 별의 도플러 이동의 주기적 변화를 나타낸다. 양의 속도는 지구로부터 별이 멀어지고 있고, 음의 속도는 별이 지구로 가까워지고 있다는 것을 의미한다(궤도가 지구로부터 가장자리에 있다고 가정해도 된다.).

1. 질량중심에 대해 별과 행성이 궤도를 완벽하게 도는 데 얼마나 걸리는가?
2. 별이 도달하는 최대 속도는 얼마인가?
3. 그래프의 1, 2, 3, 4 위치에 해당하는 별의 위치를 다음 보기와 연결해보라.
   a. 지구를 향해 일직선 방향으로
   b. 지구로부터 멀어지는 일직선 방향으로
   c. 지구에 가장 접근
   d. 지구에서 가장 먼
4. 그래프의 1, 2, 3, 4 위치에 해당하는 행성의 위치를 3번 문항의 보기에 연결해보라.

5. 행성의 질량이 더 커진다면(그러나 같은 궤도거리에서) 그래프는 어떻게 변화할까?
   a. 행성의 운동이 아니라 별의 운동을 나타내고 있기 때문에 그래프는 변화 없다.
   b. 커진 중력적 인력 때문에 최대와 최소는 상당히 커질 것이다(양 및 음의 속도가 더 커짐).
   c. 커진 중력적 인력 때문에 최대와 최소는 상당히 서로 가까워질 것이다(궤도주기가 짧아짐).

## 연습문제

### 복습문제

1. 왜 직접적으로 외계행성을 탐지하는 것이 어려운가?
2. 간접적으로 외계행성을 탐지하는 2개의 주요 방법은 무엇인가?
3. 행성의 궤도운동으로부터 중력적 인력은 어떻게 별의 운동에 영향을 주는가?
4. 측성학적 방법을 간략히 기술하라. 외계 천문학자가 태양의 운동을 관측하여 우리태양계 내의 행성의 존재를 어떻게 추측할 수 있는지 설명하라.
5. 도플러 방법을 간략히 기술하라. 51 페가시 별을 궤도운동

하고 있는 행성이 뜨거운 목성인가를 알려주는 증거를 요약하라.
6. 통과 방법은 어떻게 작용하는가? 케플러 미션은 무엇인가?
7. 현재 탐색 방법으로 측정할 수 있는 행성의 특성을 간략히 요약하라.
8. 도플러 방법으로 왜 행성의 최소 질량만을 결정할 수 있는가? 어떤 경우에 정확한 질량을 확신할 수 있는가? 설명하라.
9. 통과 방법이 어떻게 행성의 크기를 결정할 수 있는가? 어떤 경우에 질량과 밀도를 알 수 있는가?
10. 알려진 외계행성의 궤도는 우리태양계 행성의 궤도와 어떻게

다른가? 왜 외계행성 궤도가 놀라운가?

11. 외계행성의 질량과 크기에 내해 현재 알려진 사실을 요약하라. 증거에 기초해서 작은 질량의 행성 또는 큰 질량의 행성이 일반적일 것 같은가?

12. 그림 10.12에 제시된 주요 특성을 요약하라. 그리고 그래프에 표시된 각각의 모형 곡선에 맞는 행성의 성질에 대해 간략히 기술하라.

13. 행성의 이동은 무엇인가? 많은 외계행성의 놀랄 만한 궤도에 대해서 어떻게 설명하는가?

14. 외계행성이 우리태양계의 행성보다 넓은 범위의 분류에 존재하는지를 어떻게 과학자들이 설명하는가?

15. 결국 다른 행성계의 기원을 설명하는 데 성운설은 적합한 것처럼 보이는가? 설명하라.

16. 현재 증거에 의해서 행성계가 얼마나 일반적인가?

## 이해력 점검

### 이해했는가?

다음 문장이 합당한지(또는 명백하게 옳은지) 혹은 이치에 맞지 않는지(또는 명백하게 틀렸는지) 결정하라. 명확히 설명하라. 아래 서술된 문장 모두가 결정적인 답은 아니기 때문에 여러분이 고른 답보다 설명이 더 중요하다.

17. 도플러 방법으로 태양계를 탐사하는 외계 천문학자는 수 일 내의 관측을 통해서 목성의 존재를 발견할 수 있다.

18. 지구와 같은 궤도에 있는 지구 크기의 외계행성이 아직 발견되지 않았다는 사실은 그런 행성들이 매우 드물다는 것을 말해준다.

19. 모든 행성의 통과를 관측하여 측성학 및 도플러 방법에 의한 모든 행성 탐사가 다음 수년 이내에 이루어질 것이라고 천문학자들은 기대한다.

20. 행성이 식 현상을 일으킬 때 항성계의 적외선 밝기는 감소한다.

21. 몇몇의 외계행성은 주로 물로 구성되어 있을 것으로 보인다.

22. 몇몇의 외계행성은 주로 금으로 구성되어 있을 것으로 보인다.

23. 현재 증거는 1,000억 개 또는 그 이상의 행성이 우리은하에 존재할 것이라고 제안한다.

24. 케플러 2 미션이 별 주변의 해왕성과 같은 많은 행성의 발견을 발표하게 되는 때는 2018년이다.

25. 바다와 대륙을 가진 지구 크기의 행성을 천문학자들이 성공적으로 촬영하게 되는 때는 2020년이다.

26. 은하수 중심에 위치한 행성계에서 궤도운동하고 있는 외계행성에 우리의 첫 번째 우주탐사선 도착을 과학자들이 발표하는 것은 2040년이다.

### 돌발퀴즈

다음 중 가장 적절한 답을 고르고, 그 이유를 한 줄 이상의 완전한 문장으로 설명하라.

27. 이제까지 대부분의 외계행성을 탐색하는 방법은 무엇인가?
(a) 통과 방법 (b) 허블망원경의 사진 자료 (c) 도플러 방법

28. 통과 방법에 의해서 탐색되는 외계행성의 양은? (a) 1% 미만
(b) 약 20% (c) 100%

29. 특징적인 질량을 갖는 행성에 대해서, 행성이 어떻게 궤도운동할 때 측성학적 방법은 큰 별 운동을 탐색할 수 있는가?
(a) 별에 매우 가깝게 (b) 별에 멀리 떨어져서 (c) 극대로 멀리 떨어진 별 근처에서

30. 통과 방법이 행성의 무엇에 대해서 알려줄 수 있는가? (a) 질량 (b) 크기 (c) 궤도의 이심률

31. 지구쪽을 향하고 있는 궤도에 있는 행성을 탐색할 수 있는 방법은 무엇인가? (a) 도플러 방법 (b) 통과 방법 (c) 측성학적 방법

32. 케플러 미션에서 사용된 탐사 방법은 무엇인가? (a) 도플러 방법 (b) 통과 방법 (c) 측성학적 방법

33. 행성의 평균밀도를 결정하기 위해서 (a) 통과 방법 (b) 측성학적 및 도플러 방법을 함께 (c) 통과 및 도플러 방법을 함께 사용한다.

34. 그림 10.12에 나타난 모형 분류를 기준으로 거의 대부분 수소 화합물로 되어 있는 행성은 (a) 지구형 행성 (b) 목성형 행성 (c) 물 행성이다.

35. 뜨거운 목성의 위치에 대한 가장 적합한 설명은 무엇인가?
(a) 목성보다 별에 가까운 위치에서 형성되었다. (b) 목성보다 먼 위치에 형성되었다가 나중에 안쪽으로 옮겨왔다. (c) 별의 강한 중력은 근처로 끌어당긴다.

36. 현재 자료에 따르면 행성계는 (a) 극도로 드물다. (b) 최소한 1/3의 별 주변에 존재한다. (c) 최소한 99%의 별에 존재한다.

## 과학의 과정

37. 언제 이론이 틀렸는가? 앞서 논의된 바와 같이 태양계 형성의 성운설의 원래 이론은 알려진 많은 외계행성의 궤도를 설명하지 않는다. 그러나 행성의 이동과 같은 보완을 통해서 설

명할 수 있다. 보완하기 전에 이론이 틀린 것인지 또는 불완전한 것뿐인지를 의미하는 것인가? 설명하라. 과학적 사실 및 과학적 이론에 대한 제3장의 논의를 되돌아보고 분명하게 하라.

38. **미제의 질문.** 앞서 논의된 바와 같이 우리는 이제 외계행성에 대해서 연구하기 시작했다. 다른 별 근처의 행성 연구에 대한 중요하지만 해결되지 않은 질문에 대해서 간략히 기술하라. 미래에 이 질문에 어떻게 답변할 것인가를 논의하는 글을 2~3개 단락으로 쓰라. 질문 답변에 필요한 증거와 어떻게 증거를 모을 것인가에 집중하여 구체적으로 서술하라. 이 질문에 대한 답변을 찾는 것에 대한 혜택은 무엇인가?

## 그룹 활동 과제

39. **더 나아가기. 역할** : 기록자(그룹 활동을 기록), 제안자(그룹 활동에 대한 설명), 반론자(제안된 설명의 약점을 찾아냄), 중재자(그룹의 논의를 이끌고 반드시 모든 사람이 참여할 수 있도록 함).

    **활동** : 과학 소설의 일반적이 주제는 인간이 살 수 있는 새로운 행성을 찾아 '지구를 떠나기'이다. 이제 우리는 수천 개의 행성에 대해서 안다. 어떤 행성을 선택할 것인지 상상해보자.

    a. 우리가 찾는 좋은 주거지가 될지도 모르는 행성의 특징을 나열해보자.

    b. 그림 10.12에 있는 행성들을 점검해보라. 이 그림은 행성이 좋은 주거지 또는 나쁜 주거지인가를 결정하는 데 충분한 정보를 제공하고 있는가? 그렇지 않다면 무엇이 빠졌는가?

    c. 그림 10.12의 행성에 대해 그림 10.11의 정보를 가지고 있다고 가정해보라. 그러면 잠재적인 좋은 주거지를 찾는 데 좀 더 쉬워질 것인가? 왜 그런가 또는 그렇지 않은가?

## 심화학습

40. **도플러 방법 설명하기.** 초등학교 학생이 이해할 수 있는 용어로 도플러 방법이 어떻게 작동되는지 설명하라. 직접적 방법의 어려움과 도플러 이동의 일반적 현상을 비유로 설명하는 것이 도움이 될지도 모른다.

41. **방법에 대한 비교.** 도플러 및 통과 방법의 강점과 한계점은 무엇인가? 각각의 방법으로 탐색하기 쉬운 행성의 종류는 무엇인가? 행성이 매우 커도 각각의 방법으로 탐색되지 않는 행성이 확실히 있는가? 이에 대해 설명하라. 행성이 2개의 방법 모두에 의해 탐색이 된다면 얻게 되는 장점은 무엇인가?

42. **여기에 뜨거운 목성이 없다.** 뜨거운 목성의 형성에 대해 어떻게 생각하는가? 우리태양계에서는 왜 형성이 되지 않았을까?

43. **저밀도의 행성.** 우리태양계에서는 한 개의 행성만 $1g/cm^3$보다 작은 밀도를 가지고 있다. 그러나 많은 수의 외계행성은 밀도가 $1g/cm^3$보다 작다. 그 이유를 몇 개의 문장으로 설명하라. (힌트 : 그림 8.1에 주어진 목성형 행성의 밀도를 고려하라.)

44. **스스로 외계행성을 탐색해보라.** 많은 대학과 아마추어 천문학자들은 통과 방법을 이용하여 알려진 외계행성을 탐색하는 데 필요한 장비들을 보유하고 있다. 필요한 장비는 10인치 또는 그 이상 구경의 망원경, CCD 카메라 시스템, 자료분석에 필요한 컴퓨터 시스템이다. 예측된 통과 근처에서 수 시간 동안에 걸친 기간 동안에 수 분 정도의 노출을 하는 것이 기본 방법이다. 그리고 같은 CCD 프레임 안에서 행성이 통과하는 별과 다른 별의 밝기를 비교한다.

모든 계산 과정을 명백하게 제시하고, 완벽한 문장으로 해답을 기술하라.

45. **빛에 심취하기.** 우리태양계의 행성에서 나오는 빛을 외계 천문학자가 탐지하기가 태양에서 나오는 빛과 비교해서 얼마나 어려운가?

    a. 방출되는 햇빛이 지구에 의해 반사되는 양을 계산하라. [힌트 : 구의 반경이 $a$이고, $a$는 태양으로부터 행성의 평균 궤도거리이다(면적$=4\pi a^2$). 행성의 원반(면적$=\pi r^2_{행성}$)에 얼마 정도의 구의 면적이 흡수되는가? 지구의 반사도는 29%이다.]

    b. 지구보다 목성을 탐지하는 것이 더 쉬운가 혹은 어려운가? 목성의 큰 크기 또는 먼 거리가 탐지에 큰 영향을 주는가에 대한 의견을 말하라. 지구와 목성 간의 반사도에 대한 차이를 무시할 수 있다.

46. **TrES-1의 통과.** 멀리 떨어져 있는 별을 궤도운동하는 행성 TrES-1은 통과 및 도플러 방법 모두에 의해서 탐색되었다. 그래서 밀도를 계산할 수 있고 어떤 종류의 행성인가를 알 수 있다.

    a. 천문 계산법 10.1의 방법을 이용해서 통과하는 행성의 반

지름을 계산하라. 행성의 통과는 별빛의 2%를 차단한다. TrES-1이 궤도운동하는 별의 반경은 태양반경의 85% 정도이다.

b. 행성의 질량이 목성의 약 0.75배이고, 목성의 질량은 $1.9 \times 10^{27}$kg이다. g/cm³의 단위로 행성의 평균밀도를 계산하라. 토성(0.7g/cm³)과 지구(5.5g/cm³)의 밀도와 비교하라. 행성의 성질은 지구형 혹은 목성형인가? [힌트 : 행성의 부피를 구하기 위해서, 구의 부피 방정식($V=4/3\pi r^3$)을 이용하라. 단위 환산에 주의하라.]

47. **51 페가시 주변 행성.** 51 페가시 별은 태양과 같은 질량을 가지고 있다. 별 주변에 궤도운동이 발견된 행성은 4.23일의 궤도주기를 가지고 있다. 행성의 질량은 목성 질량의 0.6배로 추정된다. 별로부터 행성의 평균거리(장반경)를 찾기 위해서 케플러 제3법칙을 이용하라. (힌트 : 51 페가시 별의 질량이 우리태양과 거의 같기 때문에, 케플러 제3법칙을 원래 형태 $p^2 = a^3$[3.3절]로 사용할 수 있다. 이 식을 이용하기 전에 주기를 연 단위로 바꾸어야 한다.)

## 토론문제

48. **어떻게 생각하는가?** 외계행성의 발견이 있다면, 외계행성 발견의 중요성은 무엇인가? 천문학 역사에 대한 이 책의 논의

관점에서 답변을 정당화하라.

49. **가치 있는 일인가?** 빠르게 발전하는 기술 덕분에, 지구 크기의 행성인가를 결정할 수 있는 충분한 분해능과 생명체의 존재를 암시하는 스펙트럼 특징을 탐지할 수 있어서 다른 별 주변의 지구 크기의 행성의 영상과 스펙트럼을 얻을 수 있는 우주관측소를 아마도 이제 건설할 수 있다. 그러나 이러한 관측소는 거의 수십 억 달러의 비용이 필요하다. 여러분이 미국 의원이라고 가정해보자. 이러한 관측소에 기꺼이 비용을 사용하겠는가? 의견을 옹호해보라.

## 웹을 이용한 과제

50. **새로운 행성.** 최근 외계행성 발견을 조사하라. 최소한 최근 발견된 행성 3개에 대해 1쪽 필요하다면 삽화를 포함해서 '행성 잡지'를 완성하여 작성하라. 각각의 페이지에 행성을 발견하는 데 사용했던 방법을 기술하고, 행성 특징에 대한 정보를 나열하라. 그리고 행성계에 대한 현재의 이해에 적합한지 그렇지 않은지를 논의하라.

51. **외계행성 미션.** 외계행성을 연구하는 제안된 설계, 성능, 목표를 포함한 제안된 미래 미션에 대해 학습하라. 찾은 내용에 대해 간단한 보고서를 작성하라.

제3부 한눈에 보기. 다른 행성으로부터 배우기

태양계의 행성들과 비교하는 것은 지구와 왜 지구가 생명체에 적합한가에 대한 중요
한 정보를 알려주었다. 이 그림은 우리태양계의 행성 및 외계행성에 대해서 배운 내
용들을 정리해주고 있다.

① 지구형 행성들의 비교는 행성의 크기와 태양으로부터 거리가 시간에 따라서 행성들이
어떻게 진화할 것인가를 결정해주는 중요한 요인이라는 것을 보여준다[제7장].

금성은 태양으로부터 거리에 대한 중요성을 증명한다. 지구가 금성의 궤도로 옮겨간다고 한다면,
지구는 걷잡을 수 없는 온실효과를 겪게 되어 생명체가 살기에 너무 뜨거워진다.

화성은 왜 크기가 중요한가를 보여
준다. 지구보다 크기가 작은 행성
은 빨리 내부 열을 잃게 되어, 지질
학적 활동의 감소와 대기 기체의

가장 작은 지구형 행성인 수성과 달은
아주 오래전에 지질학적 활동을 멈추었다.
그러므로 오래전의 충돌 크레이터를 보유하고
있으며, 충돌이 어떻게 지구와 다른
행성들에게 영향을 주었는가에 대한
기록을 제공한다.

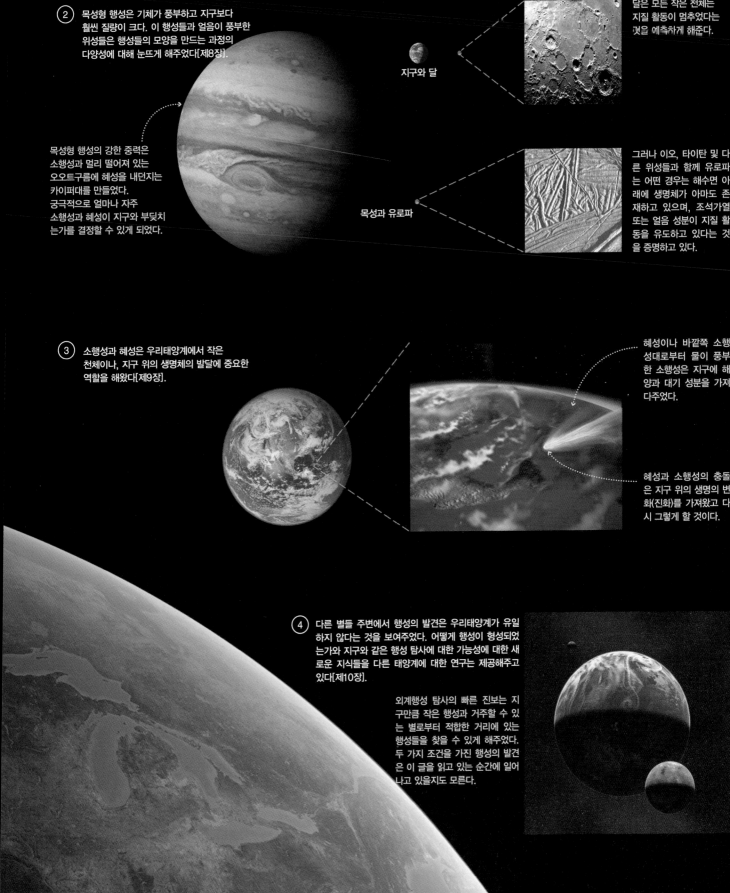

(2) 목성형 행성은 기체가 풍부하고 지구보다 훨씬 질량이 크다. 이 행성들과 얼음이 풍부한 위성들은 행성들의 모양을 만드는 과정의 다양성에 대해 눈뜨게 해주었다[제8장].

달은 모든 작은 천체는 지질 활동이 멈추었다는 겻을 예측하게 해준다.

지구와 달

목성형 행성의 강한 중력은 소행성과 멀리 떨어져 있는 오오트구름에 혜성을 내던지는 카이퍼대를 만들었다. 궁극적으로 얼마나 자주 소행성과 혜성이 지구와 부딪치는가를 결정할 수 있게 되었다.

목성과 유로파

그러나 이오, 타이탄 및 다른 위성들과 함께 유로파는 어떤 경우는 해수면 아래에 생명체가 아마도 존재하고 있으며, 조석가열 또는 얼음 성분이 지질 활동을 유도하고 있다는 것을 증명하고 있다.

(3) 소행성과 혜성은 우리태양계에서 작은 천체이나, 지구 위의 생명체의 발달에 중요한 역할을 해왔다[제9장].

혜성이나 바깥쪽 소행성대로부터 물이 풍부한 소행성은 지구에 해양과 대기 성분을 가져다주었다.

혜성과 소행성의 충돌은 지구 위의 생명의 변화(진화)를 가져왔고 다시 그렇게 할 것이다.

(4) 다른 별들 주변에서 행성의 발견은 우리태양계가 유일하지 않다는 것을 보여주었다. 어떻게 행성이 형성되었는가와 지구와 같은 행성 탐사에 대한 가능성에 대한 새로운 지식들을 다른 태양계에 대한 연구는 제공해주고 있다[제10장].

외계행성 탐사의 빠른 진보는 지구만큼 작은 행성과 거주할 수 있는 별로부터 적합한 거리에 있는 행성들을 찾을 수 있게 해주었다. 두 가지 조건을 가진 행성의 발견은 이 글을 읽고 있는 순간에 일어나고 있을지도 모른다.

# 태양, 우리별 11

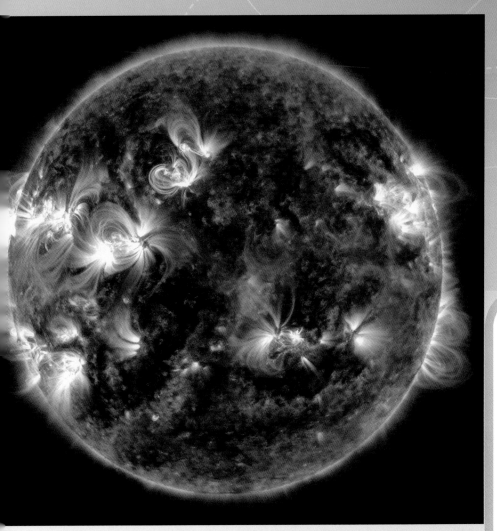

나사의 태양 역학 관측소(SDO)가 2013년 5월 13일에 관측한 태양의 엑스선 영상. 중앙의 왼쪽 윗부분에 있는 밝은 점으로 나타난 태양 플레어가 폭발하고 있다. 색들은 엑스선 방출의 강도에 해당하는데 가장 밝은 것이 파란색과 보라색으로 나타났다.

오늘날 천문학은 우주를 전체적으로 연구하는 것을 포함한다. 그러나 천문학이라는 단어의 어원은 별을 가리키는 그리스 단어에서 기원한다. 이 책에서 지금까지 우주에 관해 상당히 많은 것을 배웠지만 이제야 우리는 천문학의 이름에 맞는 별의 연구에 관심을 돌리려 한다.

별을 생각할 때 우리는 맑은 밤에 보이는 아름다운 별빛을 생각한다. 그러나 가장 가깝고 가장 쉽게 연구되는 별은 오직 낮에만 보인다. 우리 태양 말이다. 이 장에서는 태양에 대해 자세히 알아보려 한다. 태양이 어떻게 지구상의 생명체를 있게 하는 에너지를 만드는지 알아보려 한다. 같은 중요성을 염두에 두고 별로서 태양을 연구할 것이다. 그렇게 함으로써 우주 전체에 퍼져 있는 별들을 연구하는 다음 장들에 대한 도입에 해당한다.

## 11.1 태양 자세히 알아보기

제6장에서 태양계를 알아보는 동안 태양의 일반적인 특징을 논의하였다. 이제 우리에게서 가장 가까운 별에 더 익숙해질 시간이다.

### ● 태양은 왜 빛날까?

고대 철학자들은 태양을 일종의 불이라고 종종 상상했다. 아마 불타는 석탄더미나 장작더미 정도로 말이다. 그 당시로는 아마 합당한 설명이었다. 왜냐하면 개념이 조사되지 않았기 때문이다. 이 상황은 19세기 초에 변하게 되었다. 이 당시 태양의 크기와 거리가 합당한 정확도로 측정되었다. 과학자들은 태양에서 나오는 에너지의 양을 계산할 수 있었고 따라서 태양이나 나무 등 화학적 연소는 빠르게 제외되었다. 화학적 과정들은 태양의 막대한 에너지를 설명할 방법이 없었다.

19세기 말에 천문학자들은 더 합당해 보이는 생각을 하게 되었다. 적어도 처음에는 말이다. 이들은 태양이 천천히 수축하면서 에너지를 생성한다고 생각했다. **중력적 수축**(제안한 과학자들의 이름을 따서 **켈빈-헬름홀츠 수축**이라고 부름)이라고 불렀다. 수축하는 기체구름이 가열되는 것을 기억하자. 왜냐하면 구름 중심에서 멀리 떨어진 기체 입자의 중력 에너지가 기체가 안으로 움직임에 따라 열에너지로 바뀌기 때문이다(그림 4.12b 참조). 점차적으로 수축하는 태양은 언제나 안쪽으로 움직이는 기체를 갖게 될 것이고 중력에너지는 열에너지로 전환될 것이다. 이 열에너지가 태양 내부를 뜨겁게 할 것이다.

질량이 크기 때문에 태양은 온도를 유지하기 위해 매년 조금씩만 수축하면 된다. 그러나 이 수축은 너무 작아서 19세기 천문학자들에게는 관측되지 않았다. 계산에서는 태양이 빛나기 위해 중력수축이 약 2,500만 년 동안 꾸준히 유지될 수 있었다. 잠시지만 천문학자들은 태양이 어떻게 빛나는지 고대의 미스터리를 풀 수 있는 생각이라고 생각했었다. 그러나 지질학자들은 치명적 결점을 지적했다. 바위와 화석의 연구는 지구의 나이가 2,500만 년보다 훨씬 많다는 것을 이미 제시했다. 즉 중력적 수축은 태양의 에너지 생성을 설명할 수 없었다.

화학적 작용과 중력적 수축은 태양이 빛나는 이유에 대한 가능한 설명에서 제외되었다. 과학자들은 당황했다. 태양 크기의 물체가 수십 억 년 동안 그렇게 큰 에너지를 방출할 수 있는 알려진 방법이 없었다. 완전히 새로운 형태의 설명이 필요했다. 1905년 아인슈타인의 특수상대성이론 발표와 함께 이 설명이 도출되었다.

아인슈타인의 이론은 그의 유명한 공식인 $E=mc^2$이 포함되어 있다. 이것은 질량 자체가 엄청난 양의 에너지를 갖고 있음을 말해준다[4.3절]. 계산은 태양이 수십 억 년 동안 빛나는 것을 설명하기에 충분한 에너지 이상의 질량을 갖고 있음을 증명한다. 만약 태양이 자기의 질량 일부를 열에너지로 바꾸면 말이다. 자세한 계산을 하는 데는 수십 년이 걸렸지만 1930년대 말에는 **핵융합** 과정을 통해 질량을 에너지로 태양이 바꾼다는 것을 알게 되었다[1.2절].

> 태양은 핵융합 과정을 통해 질량을 에너지로 전환함으로써 빛난다.

**핵융합은 어떻게 시작하는가** 핵융합은 높은 온도와 밀도를 요구한다(다음 절에서 논의). 태양에서 이러한 조건은 핵 아주 깊은 곳에서 발견할 수 있다. 그러나 태양은 처음에 어떻게 핵융합이 시작하기에 충분히 뜨겁게 되었나?

> 중력적 수축은 핵융합에 충분히 태양의 핵을 뜨겁게 만드는 에너지를 방출한다.

대답은 중력수축의 기작을 포함한다. 태양은 성간기체구름의 수축에서 45억 년 전에 태어났음을 기억하라[6.2절]. 구름의 수축은 중력에너지를 방출하여, 내부 온도와 압력을 증가시킨다. 이 과정은 핵이 마침내 핵융합이 유지되기에 충분이 뜨겁게 될 때까지 지속된다. 이로 인해 태양은 오늘날 갖는 안정성을 갖기에 충분한 에너지를 만들어냈다.

**안정한 태양** 태양은 오늘날 일정하게 계속해서 빛나고 있다. 왜냐하면 크기와 에너지 방출이 안정하게 유지할 수 있게 두 가지 균형을 이루고 있기 때문이다. **중력평형**(혹은 유체 정역학적 평형)이라고 불리는 첫 번째 균형은 밖으로 미는 내부 기체 압력과 안으로 잡아당기는 중력 사이의 평형이다. 곡예사는 중력평형의 단순한 예를 제공한다(그림 11.1). 맨 아래에 있는 사람은 그 위에 있는 모든 사람의 무게를 지탱해서 그의 팔이 이 모든 무게를 지탱하기 위한 충분한 압력으로 위를 밀어야 한다. 높은 위치에 있을수록 놓인 무게가 작다. 따라서 가장 밑에 있는 사람이 가장 무거운 무게를 지탱하고 가장 위에 있는 사람은 가장 가벼운 무게를 지탱한다.

태양에서의 중력평형은 같은 방식으로 작동한다. 곡예사 단원의 팔이 아니고 내부 기체 압력으로부터 중력에 반대해서 밖으로 미는 것을 제외하고는 말이다. 태양에서의 내부 압력은 이 안에 모든 지점에서 중력과 정확하게 균형을 이룬다. 그래서 태양은 크기를 안정되게 유지한다(그림 11.2). 태양 안으로 들어갈수록 위에 놓인 무게가 점점 커지기 때문에 내부에서는 깊이에 따라 압력이 증가한다. 태양 핵의 깊은 곳에서는 핵융합을 유지하기에 충분하게 압력이 기체를 뜨겁고 밀도 있게 한다. 핵융합에 의해 발생한 에너지는 기체를 데우고 안으로 잡아당기는 중력에 반해서 균형을 이루게 하는 압력을 만들어낸다.

**생각해보자** ▶ 지구의 대기 역시 중력평형 상태에 있다. 상부층의 무게는 하부층의 압력에 의해 유지된다. 왜 고도가 올라갈수록 기체가 옅어지는지 설명하기 위해 이 개념을 이용해보자.

두 번째 종류의 균형은 **에너지 균형**이다. 태양 핵에서 핵융합이 방출하는 정도

**그림 11.1** 곡예사들은 중력평형 상태에 있다. 맨 아래에 있는 사람은 가장 많은 몸무게를 지탱하고 가장 큰 압력을 느낀다. 지탱해야 하는 무게와 아래로 누르는 압력은 위로 갈수록 감소한다.

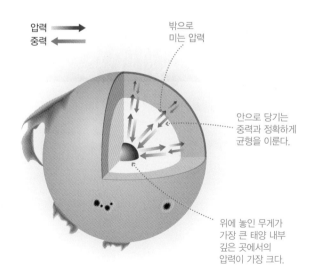

압력 ⟶
중력 ⟵

밖으로 미는 압력

안으로 당기는 중력과 정확하게 균형을 이룬다.

위에 놓인 무게가 가장 큰 태양 내부 깊은 곳에서의 압력이 가장 크다.

**그림 11.2** 태양에서의 중력평형. 내부의 각 지점에서 위에 놓인 층의 무게와 밖으로 미는 압력의 힘은 균형을 이루고 있다.

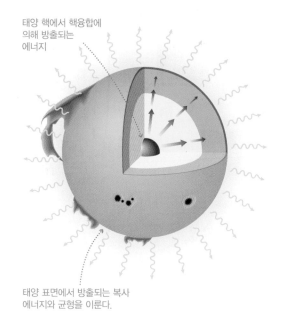

태양 핵에서 핵융합에 의해 방출되는 에너지

태양 표면에서 방출되는 복사 에너지와 균형을 이룬다.

**그림 11.3** 태양에서 에너지 균형 : 핵융합은 태양이 표면에서 방출하는 동일한 비율로 내부에서 에너지를 제공해야 한다.

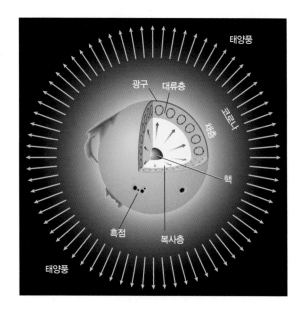

태양풍

광구 대류층

코로나

채층

핵

복사층

흑점

태양풍

**그림 11.4** 태양의 기본 구조

두 종류의 균형이 태양을 안정하게 유지한다. 중력과 압력의 균형과 핵융합 에너지와 우주공간으로의 복사에너지 균형이다.

중력과 압력의 균형은 한결같이 유지되지 않기 때문이다. 핵에서 핵융합으로 발생하는 에너지가 표면에서 방출되지 않는다면 중력수축에 의해 핵의 온도는 상승할 것이다.

와 표면에서 우주공간으로 복사하는 정도 사이의 균형 말이다(그림 11.3). 에너지 균형은 중요하다. 왜냐하면 에너지 균형 없이

요약하면 '왜 태양은 빛날까'에 대한 대답은 45억 년 전 중력수축이 태양의 핵에서 핵융합을 유지하기에 충분하게 태양을 뜨겁게 만들었기 때문이다. 그 이후 핵에 의해 발산되는 에너지는 태양 내부에서 중력평형과 에너지 균형을 유지했고 태양이 안정되게 빛나도록 만들었다. 태양은 100억 년 동안 핵융합이 유지되기에 충분한 연료를 가지고 태어났다. 이 뜻은 태양이 겨우 절반 동안 살았다는 것을 의미한다.

## ● 태양은 어떤 구조인가?

태양은 기본적으로 거대한 뜨거운 기체 공이다. 기술적으로 말하자면 높은 온도 때문에 원자가 이온화된 기체인 플라스마로 이루어져 있다. 깊이에 따라 플라스마의 온도와 밀도가 다르기 때문에 그림 11.4에서 보인 층상 구조를 갖게 된다. 층상 구조를 이해하기 위해 지구에서 태양 중심까지 상상의 여행이 가능하도록 엄청난 열과 압력을 견딜 수 있는 우주선을 갖고 있다고 상상해보자.

**태양의 기본 성질** 지구에서 여행을 시작함에 따라 태양은 빛나는 기체로 이루어진 흰색 공으로 보인다. 천문학자들이 하는 것처럼 태양의 기본 성질을 결정하는 단순한 관측을 이용할 수 있다. 분광관측[5.2절]은 태양이 거의 전체적으로 수소와 헬륨으로 이루어져 있다고 말해준다. 태양의 각 크기와 거리로부터 여러분은 반지름이 70만 km 정도라는 것을 알 수 있다. 이것은 지구의 100배보다 조금 큰 정도이다. 태양 표면의 어두운 얼룩으로 보이는 **흑점**조차도 지구의 지름보다 크다. 태양의 질량은 케플러 제3법칙의 뉴턴 법식 설명으로부터 얻을 수 있다. 질량은 약 $2 \times 10^{30}$kg인데 지구의 30만 배이고 태양계 행성 전체 질량의 1,000배 정도 된다. 흑점의 운동을 추적하거나 태양 양쪽 편의 도플러 이동[5.2절]을 이용해서 태양의 자전 속도를 측정할 수 있다. 회전하는 공과 달리 전체 태양은 같은 속도로 회전하지 않는다. 태양의 적도는 한 바퀴 도는 데 약 25일이 걸리지만 이 주기는 위도에 따라 증가하여 극에서는 약 30일이 걸린다.

**생각해보자 ▶** 간단한 복습을 위해 태양의 질량을 결정하기 위해 케플러 제3법칙의 뉴턴 법식 해석을 천문학자들이 어떻게 이용하는 설명해보자. 지구 궤도의 어떤 두 가지 성질을 알 필요가 있는가?

태양은 엄청난 양의 복사에너지를 우주공간으로 방출한다. 과학에서 우리는 에너지를 주울[4.3절] 단위로 측정한다. 우리는 에너지가 사용되거나 방출되는 정도로서 **일률**을 정의한다. 일률의 표준 단위는 **와트**이다. 와트는 1초당 1주울의

에너지로 정의된다. 즉 1와트=1주울/1초이다. 예를 들어 100와트 전구는 켜져 있으면 매 초 100주울의 에너지를 요구한다. 태양의 전체 방출 에너지 양, 즉 **광도**는 믿을 수 없게 큰 $3.8 \times 10^{26}$와트이다. 표 11.1은 태양의 기본 성질을 요약하고 있다.

**표 11.1 태양의 기본 성질**

| | |
|---|---|
| 반경($R_{태양}$) | 696,000km(지구 반지름의 약 109배) |
| 질량($M_{태양}$) | $2 \times 10^{30}$kg(지구 질량의 약 300,000배) |
| 광도($L_{태양}$) | $3.8 \times 10^{26}$와트 |
| 성분(질량비) | 70% 수소, 28% 헬륨, 2% 중원자 |
| 회전속도 | 25일(적도), 30일(극) |
| 표면온도 | 5,800K(평균), 4,000K(흑점) |
| 핵 온도 | 1,500만 K |

**태양 대기** 태양이 멀리 있지만 태양풍으로부터의 효과를 우주선이 느낄 수 있다. **태양풍**은 태양에서 모든 방향으로 연속적으로 불려나가는 대전된 입자 흐름이다. 태양풍은 행성의 자기권을 만드는 데 도움을 주고(그림 7.6 참조), 혜성의 플라스마 꼬리를 형성하는 물질을 방출해낸다[9.2절].

여러분이 태양에 더 가까워짐에 따라 일반적으로 태양 대기로 생각하는 것을 대표하는 낮은 밀도의 기체와 만나기 시작한다. 코로나로 불리는 이 대기의 가장 바깥층은 태양의 표면 위로 수백만 킬로미터까지 뻗어 있다. 코로나의 온도는 놀랍게 높다. 약 100만 K인데 이것은 이 지역이 태양 엑스선의 대부분을 방출하는 지역임을 설명한다. 그러나 코로나의 밀도는 매우 낮아서 온도가 100만 K나 되지만 열을 거의 느낄 수 없다[4.3절].

표면 가까이 갈수록 **채층**에서 온도는 약 10,000K 정도로 갑자기 낮아진다. 채층은 태양 대기의 중간층인데 이 지역은 태양의 자외선의 대부분이 방출되는 곳이다. 그다음 가장 낮은 층인 **광구**로 내려가게 된다. 이 층은 눈으로 볼 수 있는 태양면이다. 광구는 지구의 잘 정의된 표면처럼 보이지만 이것은 지구의 대기보다 훨씬 밀도가 낮은 기체로 이뤄져 있다. 평균적으로 광구의 온도는 6,000K보다 낮다. 표면은 끓는 물 항아리처럼 펄펄 끓으며 소용돌이친다. 광구는 또한 흑점을 발견할 수 있는 곳이다. 흑점은 나침판 바늘이 거칠게 회전하게 하는 강력한 자기장의 영역이다.

*태양의 상부 대기는 눈으로 볼 수 있는 표면, 즉 광구보다 훨씬 더 뜨겁다. 그러나 밀도는 훨씬 낮다.*

**태양의 내부** 여러분의 여행에서 지금까지 뒤돌아볼 때 지구와 별들을 볼 수 있었을 것이다. 광구 밑으로 미끄러져 갈수록 번쩍이는 빛으로 삼켜질 것이다. 태양 속에 있다고 상상해보자. 믿을 수 없는 난류가 여러분의 우주선을 여기저기로 뒤흔든다. 주변에서 무슨 일이 일어나는지를 보기에 충분히 오랫동안 고정되어 있다면 뜨거운 기체가 위로 솟구치고 위로부터 차가운 기체가 폭포수처럼 내려가는 것을 보게 될 것이다. 여러분은 대류층에 있다. **대류층**은 에너지가 대류라고 불리는 현상으로 에너지가 밖으로 전달된다. 대류에서는 찬 기체는 아래로 떨어지고 뜨거운 기체는 위로 올라간다[7.1절]. 여러분 위의 광구는 대류층의 맨 꼭대기이고 대류는 태양의 끓고 소용돌이치는 표면의 원인이다.

태양의 중심까지의 약 3분의 1 지점에서는 대류층의 난류가 조용한 **복사층**의 플라스마로 자리를 양보한다. 에너지는 빛의 광자의 형태로 대부분 전달된다. 온도는 약 1,000만 K까지 올라가고 여러분의 우주선은 표면의 가시광선보다 1조 배 강력한 엑스선을 받게 된다.

*태양 내부에서는 온도가 깊이에 따라 증가하고 핵에서는 1,500만 K까지 증가한다.*

진짜 우주선은 살아남을 수가 없다. 단지 여러분의 상상 속의 것만 태양 **핵**까지 직접 들어갈 수 있다. 거기서 태양에너지의 근원을 마침내 발견하게 된다. 수소가 헬륨으로 바뀌는 핵융합 말이다. 태양의 중심에서 온도는 약 1,500만 K이다. 밀도는 물의 약 100배보다 더 높고 압력은 지구 표면의 2,000억 배가 된다. 오늘 핵에서 만들어진 에너지는 표면에 닿는 데 수십 만 년이 걸린다.

**일반적인 오해**

**태양은 불타지 않는다**

우리가 종종 태양이 '불탄다'고 말하는데 이 용어는 하늘에서 거대한 모닥불의 이미지를 상상하는 용어이다. 그러나 태양은 지구에서 불타는 것과 같은 의미로 불타지 않는다. 불은 산소를 소비해서 불꽃을 만드는 화학적 변화를 통해 빛을 만든다. 태양빛은 불꽃이 다 탄 후 빛나는 잿불과 더 비슷하다. 뜨거운 잿불과 같이 태양 표면은 빛난다. 왜냐하면 가시광선을 포함하는 열적 복사는 방출하기에 충분히 뜨겁기 때문이다[5.2절].

뜨거운 잿빛은 이것이 식으면 빛내기를 멈추지만 태양은 핵에서 나오는 에너지에 의해 계속 뜨겁게 표면이 유지되기 때문에 계속 빛난다. 이 에너지가 핵융합에 의해 생성되기 때문에 우리가 가끔 이것은 '핵연소'의 결과라고 말한다. '화학적 연소'가 화학적 변화를 제안하는 것과 같은 식으로 핵 변화를 제안하여는 의도를 갖는 용어이다. 태양의 핵에서 태양이 핵연소가 진행되고 있다고 말하는 것이 적당한 반면 열적 복사에 의해 주로 빛이 만들어지는 태양 표면에서의 연소를 말하는 것은 정확하지 않다.

여러분의 여행이 끝났다. 이제 집으로 돌아갈 시간이다. 태양 핵에서 핵융합에 대해 연구하고 태양 밖으로 나옴에 따라 핵융합에 의한 에너지 흐름을 추적함으로써 이 장을 계속하겠다.

## 11.2 태양 내부에서의 핵융합 반응

핵융합에 의해 만들어진 에너지 때문에 태양이 빛난다는 것을 보았다. 태양의 깊은 핵에서 발견되는 극도의 온도와 밀도에서만 이런 핵융합 반응이 일어남도 보았다. 그러나 정확이 어떻게 핵융합이 일어나고 에너지를 방출할까? 보이지 않는 태양 내부에서 어떤 일이 일어나는지 안다고 어떻게 주장할 수 있을까?

이런 질문에 대해 대답을 시작하기 전에 태양에서 에너지를 생성하는 핵 반응은 사람이 만든 지구의 핵융합기에서 일어나는 반응들과 매우 다름을 아는 것이 중요하다. 핵발전소는 우라늄이나 플루토늄 같은 큰 원자핵을 작은 것들로 나누어 에너지를 생성한다. 원자핵을 나누는 과정을 **핵분열** 과정이라고 부른다. 반대로 태양은 2개나 그 이상의 핵을 더 큰 하나의 핵으로 합치는, 즉 핵융합 과정을 통해 에너지를 생성한다. 이것이 이 과정을 **핵융합** 과정이라고 부르는 이유이다. 그림 11.5는 핵분열과 핵융합 과정 사이의 차이를 요약하고 있다.

### ● 태양 내부에서 어떻게 핵융합이 일어나는가?

태양 내부에서는 핵융합 과정이 일어난다. 왜냐하면 태양 핵에서 1,500만 K의 플라스마가 극도로 높은 속도로 날아다니는 양으로 대전된 원자핵(그리고 음으로 대전된 전자)이 가득한 뜨거운 기체 '수프'와 같다. 언제든 이런 핵들의 일부는 서로 높은 속도로 충돌한다. 대부분의 경우 전자기력은 핵들을 충돌 못하도록 빗겨나게 한다. 양의 전하들은 서로 밀어내기 때문이다. 그러나 만약 핵들이 충분한 에너지를 갖고 충돌하면 이들은 더 무거운 핵을 형성하기 위해 서로 달라붙는다.

양으로 대전된 핵들이 서로 붙는 것은 쉽지 않다(그림 11.6). 원자핵에서 양성자와 중성자를 묶는 **강력**은 자연에서 2개의 양으로 대전된 핵 사이의 전자기적 척력을 극복할 수 있는 유일한 힘이다. 입자들 사이의 거리가 증가할수록 점차로 작아지는(거리 제곱에 반비례[4.4절]) 중력과 전자기력과 달리, 강력은 아교나 벨크로와 비슷하다. 매우 짧은 거리에서는 전자기력

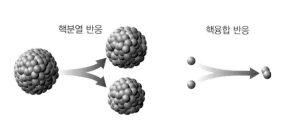

**그림 11.5** 핵융합은 작은 핵들이 더 큰 핵으로 융합하는 반면 핵분열 반응은 작은 핵(일반적으로 동일한 크기가 아닌)으로 원자핵을 쪼갠다.

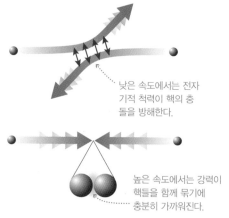

낮은 속도에서는 전자기적 척력이 핵의 충돌을 방해한다.

높은 속도에서는 강력이 핵들을 함께 묶기에 충분히 가까워진다.

**그림 11.6** 양의 전하를 띠는 핵은 높은 속도의 충돌이 강력이 작용할 수 있기에 충분히 가깝게 할 때만 핵융합할 수 있다.

을 이긴다. 하지만 두 입자 사이의 거리가 원자핵의 전형적인 크기보다 크면 의미가 없어진다. 핵융합의 요점은 전자기력이 반발력을 강력이 이길 수 있도록 양으로 대전된 두 핵을 충분히 가깝게 밀어넣는 것이다.

태양 핵에서 높은 압력과 온도는 수소 핵이 헬륨 핵으로 융합하기에 딱 적절하다. 높은 온도는 중요하다. 왜냐하면 핵들이 핵융합하기에 서로 충분히 가까워지려면 매우 높은 속도에서 충돌해야 하기 때문이다. 온도가 더 높을수록 충돌은 더 강력해져서 핵융합 반응이 더 높은 온도에서 쉽게 일어난다. 위에 놓인 층의

> 전자기적 척력을 극복할 만큼 가까이 지나게 되면 양의 전하를 갖는 핵자는 융합하게 된다.

높은 압력이 또한 필요하다. 이것이 없다면 태양 핵에서 뜨거운 플라스마는 우주 공간으로 폭발하고 핵융합은 멈출 것이기 때문이다.

**생각해보자** ▶ 태양은 수소를 헬륨으로 핵융합 함으로써 에너지를 생성한다. 그러나 나중에 보듯이 어떤 별은 헬륨이나 더 무거운 원소들을 핵융합한다. 무거운 원소들의 핵융합을 위해서 태양 핵보다 더 높은 온도가 필요하겠는가, 더 낮은 온도가 필요하겠는가? 왜 그런가? (힌트 : 핵의 양의 전하는 또 다른 핵과 융합하기 위해 어떻게 영향을 미치는가?)

**양성자-양성자 연쇄 반응** 태양의 핵융합 반응을 조금 더 자세히 조사해보자. 헬륨의 가장 일반적인 형태가 2개의 양성자와 2개의 중성자인 반면(그림 5.6 참조) 수소 핵은 단순히 양성자임을 기억하자. 전반적인 수소의 핵융합 반응은 그러므로 4개의 양성자 각각이 2개의 양성자와 2개의 중성자로 구성된 1개의 헬륨 핵으로 변환되는 것이다.

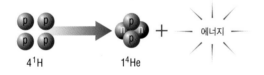

$4\ ^1H \qquad 1\ ^4He$

이 전체적인 반응은 실제로 한 번에 2개의 핵만을 포함하는 여러 개의 과정으로 진행된다. 태양에서 일어나는 과정들의 순서를 **양성자-양성자 연쇄 반응**이라고 부른다. 개개의 양성자들(수소 핵) 사이의 충돌로 시작되기 때문이다. 그림 11.7은 양성자-양성자 연쇄 반응의 단계들을 설명하고 있다. 전체 반응은 위에서

> 태양의 핵융합은 4개의 수소 핵을 하나의 헬륨 핵으로 결합하고 이 과정에서 에너지를 방출한다.

설명된 것과 같이 하나의 헬륨 핵을 만들기 위해 결합된 4개의 양성자로 이루어져 있음을 기억하자. 에너지는 과정에서 방출된 감마선과 아원자 입자들(중성미자와 양전자)을 통해 전달된다.

수소의 헬륨으로의 핵융합 반응은 에너지를 생성한다. 왜냐하면 결합한 4개의 수소 핵의 질량보다 만들어진 헬륨 핵의 질량이 약간 작기 때문이다(약 0.7%). 즉, 4개의 수소 핵이 1개의 헬륨 핵으로 핵융합하면 약간의 질량이 사라진다. 이 사라진 질량이 아인슈타인의 공식 $E=mc^2$의 공식에 따라 에너지가 된다. 전체적으로 태양에서 핵융합은 초당 수소 6억 톤을 헬륨 5억 9,600만 톤으로 변환한다. 이것은 물질 400만 톤이 초당 에너지로 변환한다는 의미이다. 상당히 많은 것 같지만 태양의 전체 질량에 비하면 미약한 정도이고 태양의 전체 질량에는 측정할 방법이

---

천문
**계산법 11.1**

**이상기체법칙**

기체의 압력($P$)은 온도($T$)와 수밀도($n$) — 세제곱센티미터당 포함된 입자 수 — 에 의존한다. 이상기체법칙은 다음의 관계식으로 표현된다.

$$P=nkT$$

여기에서 볼츠만 상수 $k=1.38\times10^{23}$Joule/K이다.

예제 : 태양의 핵의 밀도는 세제곱센티미터당 약 $10^{26}$ 입자이다. 우리는 $10^{26}$cm$^{-3}$이라고 쓴다. 핵의 온도는 약 1,500만 K이다. $K=1.5\times10^7$K이다. 태양 내부의 압력을 지구 대기의 해수면 기압과 비교하라. 지구의 해수면에서는 약 300K이고 $2.4\times10^{19}$cm$^{-3}$이다.

해답 : 태양 핵의 압력을 지구 표면 압력으로 나누면 우리는 다음과 같은 비율을 얻는다.

$$\frac{P_{태양(핵)}}{P_{지구(대기)}} = \frac{n_{태양}kT_{태양}}{n_{지구}kT_{지구}}$$

$$= \frac{10^{26}\ cm^{-3}\times(1.5\times10^7\ K)}{(2.4\times10^{19}\ cm^{-3})\times300K}$$

$$= 2\times10^{11}$$

태양 핵의 압력은 지구 대기압의 약 2,000억($2\times10^{11}$)배이다.

### 양성자-양성자 연쇄 반응에 의한 수소 핵융합

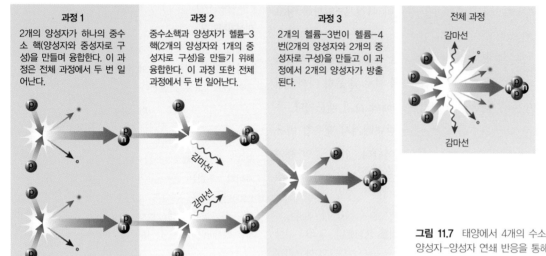

**그림 11.7** 태양에서 4개의 수소 핵(양성자)가 1개의 헬륨-4 핵으로 양성자-양성자 연쇄 반응을 통해 융합된다. 감마선과 중성미자와 양전자로 알려진 아원자들이 반응에서 방출되는 에너지를 나른다.

없을 정도로 영향이 거의 없다.

**태양 온도 조절 장치** 핵융합은 우주로 태양이 방출하는 모든 에너지의 근원이다. 만약 핵융합 속도가 달라지면 태양의 에너지 방출 양도 달라질 것이고, 태양의 광도에서 큰 변화가 지구의 생명체에 치명적일 것이다. 다행스럽게 태양은 일정한 속도로 수소를 핵융합한다. 태양 내부에 대해서 온도 조절 장치로서 작동하는 자연적 피드백 작동 때문이다. 이것이 어떻게 작동하는지 알기 위해 핵의 온도에서 작은 변화가 있을 때 무슨 일어나는지 조사해보자(그림 11.8).

태양 핵의 온도가 약간 올라간다고 가정해보자. 핵융합 반응 속도는 온도에 상당히 민감하다. 약간 온도가 올라가면 핵에서 양성자들이 더 자주 충돌하고 더 많은 에너지를 포함하기 때문에 핵융합 반응이 크게 향상된다. 태양의 내부에서 에너지가 천천히 이동하기 때문에 이

**그림 11.8** 태양 온도 조절 장치. 중력적 평형은 태양 핵의 온도를 조절한다. 핵을 떠난 에너지의 양이 핵융합에 의해 만들어진 에너지의 양과 같다면 모든 것은 균형 잡혀 있다. 핵 온도가 증가하면 핵을 팽창시키는 원인이 되는 사건들의 연쇄 반응을 일으키고 원래 값의 온도로 낮추게 된다. 핵의 온도가 낮아지면 반대 사건들의 연쇄 반응이 일어나 원래 핵의 온도를 복원한다.

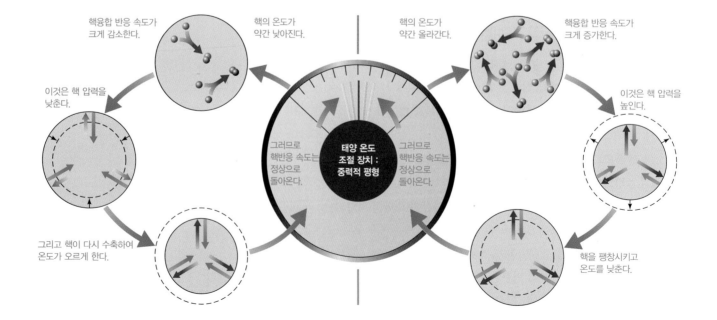

핵융합 반응 속도가 크게 감소한다.

핵의 온도가 약간 낮아진다.

핵의 온도가 약간 올라간다.

핵융합 반응 속도가 크게 증가한다.

이것은 핵 압력을 낮춘다.

이것은 핵 압력을 높인다.

**태양 온도 조절 장치 : 중력적 평형**

그러므로 핵반응 속도는 정상으로 돌아온다.

그러므로 핵반응 속도는 정상으로 돌아온다.

그리고 핵이 다시 수축하여 온도가 오르게 한다.

핵을 팽창시키고 온도를 낮춘다.

**범례 :**
- n 중성자
- p 양성자
- ∿ 감마선
- 중성미자
- 양전자

중력평형과 에너지 균형은 태양 핵의 온도와 핵융합 반응 속도를 일정하게 유지하는 온도 조절 장치로서 함께 작동한다.

초과 에너지는 핵에 저장되고 일시적으로 태양의 에너지 균형이 깨져서 핵의 압력을 증가시킨다. 이 압력의 증가는 일시적으로 중력을 초과하게 되어 핵을 팽창시켜 온도를 낮추게 된다. 순차적으로 온도가 낮아져서 핵융합 속도를 낮추게 된다. 핵이 원래 크기와 온도가 돌아가서 중력평형과 에너지 균형을 복원하게 된다.

태양 핵에서 온도가 낮아지면 사건의 반대 연쇄 반응이 발생한다. 핵의 온도가 낮아지면 핵융합 반응 속도를 작게 한다. 이렇게 되면 압력을 낮추고 핵의 수축을 야기한다. 핵이 수축함에 따라 핵융합 반응이 정상적으로 돌아가고 핵이 원래 크기와 온도로 복원될 때까지 온도는 증가한다.

## ● 핵융합 반응으로 만들어진 에너지가 태양에서 어떻게 나오는가?

태양의 온도 조절 장치는 태양의 핵융합 반응 속도를 균형을 이루게 해서 핵에서 만들어지는 핵에너지 양이 태양 빛으로 표면에서 방출되는 에너지 양과 같다. 그러나 핵에서 광구까지의 태양에너지의 여행은 수십 만 년이 걸린다.

핵융합에 의해 발생하는 에너지의 대부분은 광자의 형태로 태양 핵에서 밖으로 여행을 시작한다. 광자가 빛의 속도로 여행을 하지만 태양 내부를 통해 가는 경로는 지그재그여서 밖으로 가는 과정은 매우 긴 시간이 걸린다. 태양 내부 깊은 곳에서 플라스마는 매우 밀도가 높아서 광자는 전자와 상호 작용을 하기 전에 어느 방향으로든 1mm도 못 간다. 매시간 광자는 전자와 '충돌'한다. 광자는 새로운 임의의 방향으로 굴절된다. 그러므로 광자는 우연한 방식으로 밀도 높은 내부 주변으로 되튕겨져 가고(가끔 마구 걷기라고 불림) 태양 중심에서 밖으로 매우 느리게 움직인다(그림 11.9).

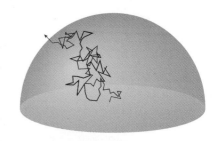

**그림 11.9** 태양 내부에서 광자는 전자 사이에서 임의적으로 되튕기고 밖으로 천천히 방출된다.

핵융합에 의해 방출된 에너지는 주로 임의로 되튕기는 광자의 방식으로(그림 11.4) 태양의 복사층을 통해 밖으로 움직인다. 약 200만 K까지 온도가 낮아지는 복사층의 꼭대기에서 태양

임의적으로 되튕기는 광자는 태양의 가장 깊은 층을 통해 에너지를 전달한다. 대류는 더 위층을 통해 표면으로 에너지를 운송한다.

플라스마는 주변으로 되튕기기보다는 플라스마는 광자를 더 쉽게 흡수한다. 이 흡수는 대류에 필요한 조건을 만들고, 그러므로 태양의 대류층의 시작을 알린다. 뜨거운 플라스마의 상승과 차가운 플라스마의 하강은 대류층의 바닥에서 광구까지 밖으로 에너지를 전달하는 순환을 만든다(그림 11.10).

광구에서 기체의 밀도는 광자가 공간으로 이탈하기에 충분히 낮다. 태양 핵에서 수십 만 년 전에 생성된 에너지는 마침내 광구의 거의 6,000K 기체에서 나오는 열적 복사로 태양으로부터 나오게 된다. 공간에 나오면 일단 광자들은 빛의 속도로 여행하며 햇빛은 행성들을 일광욕시킨다.

## ● 태양 내부에서 어떤 일이 일어나는지 어떻게 알 수 있나?

우리는 태양의 안쪽을 볼 수 없다. 그래서 태양의 표면 아래에서 무슨 일이 일어나는지 많이 알고 있다고 어떻게 주장할 수 있는지 궁금하다. 세 가지 기본적인 방식으로 태양의 내부를 연구할 수 있는데, 수학적 모형을 통해서, 태양 진동 관측을 통해서, 태양 중성미자 관측을 통해서이다.

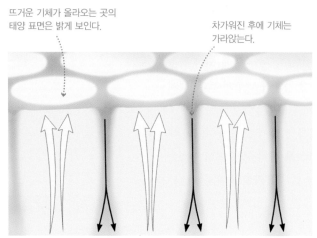

뜨거운 기체가 올라오는 곳의 태양 표면은 밝게 보인다.

차가워진 후에 기체는 가라앉는다.

a. 이 그림은 태양 표면 아래의 대류를 보여준다. 차가운 기체(검은 화살표)는 주변으로 내려가고 뜨거운 기체(노란 화살표)는 올라간다.

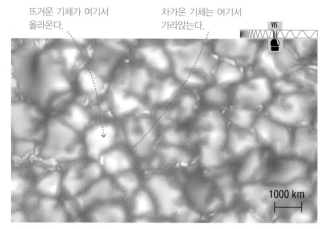

뜨거운 기체가 여기서 올라온다.

차가운 기체는 여기서 가라앉는다.

1000 km

b. 이 사진은 태양의 사진의 얼룩진 모양을 보여준다. 밝은 점은 a의 그림에서 뜨거운 기체가 올라오는 부분에 해당한다.

**그림 11.10** 태양의 광구는 대류의 결과로 뜨거운 기체는 올라가고 차가운 기체는 내려가 서로 섞인다.

-2500 -2000 -1500 -1000 -500  0  500 1000 1500 2000
속도(m/s)

**그림 11.11** 이 영상은 도플러 이동으로부터 측정된 태양 표면의 진동을 보여준다. 오렌지 명암은 태양 표면의 각 지점이 특정 순간에 얼마나 빨리 우리로부터 멀어지거나 가까워지는지 보여준다. 어두운 음영(음의 속도)은 우리로 향하는 운동을 나타내고 밝은 음영(양의 속도)은 우리로부터 멀어지는 운동을 나타낸다. 왼쪽에서 오른쪽으로 큰 규모의 색 변화는 태양의 자전을 반영하고 작은 규모의 잔물결은 표면 진동을 나타낸다.

**수학 모형** 태양(다른 별들) 내부에 대해 우리가 알 수 있는 주된 방법은 내부 조건을 예측하는 물리 법칙을 사용한 수학 모형을 만드는 것이다. 기본 모형은 태양의 관측된 조성과 질량에서 시작한다. 그다음 중력적 평형과 에너지 균형을 설명하는 방정식들을 푼다. 컴퓨터의 도움으로 우리는 태양의 온도, 압력 그리고 밀도를 깊이에 따라 계산하게 모형을 이용한다. 우리는 지구의 연구실에서 모은 핵융합에 관한 지식을 이 계산과 합해서 태양 핵에서 핵융합의 속도를 예측한다.

만약 모형이 태양 내부에 대한 적합한 설명이라면 반지름과 표면온도, 광도, 나이 그리고 태양의 다른 관측 성질들을 바르게 예측할 수 있어야 한다. 현재 모형은 이런 성질들을 꽤 정확하게 예측한다. 그래서 우리는 태양 내부에서 무슨 일이 일어나는지 우리가 진짜 이해하고 있다고 확신을 갖게 한다.

**태양 진동** 태양 내부에 대해 배울 수 있는 두 번째 방법은 지구의 지진을 야기하는 진동과 유사한 태양 표면에서의 진동을 관측하는 것이다. 태양 내부에서 움직이는 기체는 공기를 통해 전파되는 음파처럼 태양을 통해 전달되는 진동들을 만든다. 우리는 도플러 이동을 찾음으로 해서 태양 표면에서의 진동을 관측할 수 있다[5.2절]. 우리를 향해 솟아오르는 표면에서 나오는 빛은 약간 청색이동을, 반면 우리로부터 멀어지는 가라앉는 부분에서 나오는 빛은 약간 적색이동이 된다. 진동은 상대적으로 작지만 관측될 수 있다(그림 11.11).

우리는 이 진동들을 세심하게 분석하여 태양 내부에 대해 상당히 많은 것을 유도해낼 수 있다(지구의 지진학과 유사하기 때문에 태양의 이런 연구를 태양 진동의 특성은 우리의 태양 내부의 **태양지진학**이라고 부른다.). 관측 자료의 결수학적 모형을 지지한다. 과는 태양 내부의 수학 모형이 옳다고 확인해주었다. 하지만 이 모형을 더 개선할 수 있도록 도와주는 자료를 제공하기도 한다.

**태양 중성미자** 태양 내부를 연구하는 세 번째 방법은 핵에서 핵융합 때 생성되는 아원자 입자들을 관측하는 것이다. 만약 그림 11.7을 다시 본다면 핵융합에서 방출되는 약간의 에너지(전체의 약 2%)가 **중성미자**라고 불리는 아원자 입자에 의해 운반된다는 것을 알게 될 것이다. 중성미자는 거의 아무것과도 반응하지 않기 때문에 거의 모든 것을 통과하는 성질이 있는 이상한 종류의 입자이다. 예를 들면 엑스선은 약 1인치의 납을 통과하지 못한다. 그러나 평균적인 중성미자를 멈추기 위해서는 1광년 이상 되는 두께의 납이 필요하다.

태양의 핵에서 만들어진 중성미자는 마치 텅 빈 것처럼 태양 내부를 통해 밖으로 진행한다. 거의 빛의 속도로 여행하여 우리에게 수 분 안에 도착한다. 원칙적으로 태양 핵에서 무슨 일이 일어나는지 우리가 즉각적으로 감시할 수 있게 한다. 실질적으로는 이들이 파악하기 어렵기 때문에 아찔할 정도로 검출하기가 어렵다. 수천 조 개의 태양 중성미자가 이 문장을 읽고 있는 여러분의 몸속을 통과해 날아가고 있다. 하지만 겁먹을 필요는 없다. 전혀 해가 되지 않기 때문이다. 사실 이들 중 거의 모두는 지구 전체도 뚫고 지나갈 것이다.

그럼에도 불구하고 중성미자는 종종 물질과 반응을 하고 이것은 충분히 큰 검출기를 사용해서 몇 개의 태양 중성미자를 포획하는 것이 가능하다. 다른 입자들에 의해 야기되는 작용으로부터 중성미자 포획과 구별하기 위해 중성미자 검출기는 보통 광산 밑 깊은 곳에 놓여진다. 위에 놓인 바위는 대부분의 다른 입자들을 막지만 중성미자는 아무런 어려움 없이 통과한다.

태양에서 나오는 중성미자를 측정하는 초기 실험은 어리둥절하게 하는 결과를 낳았다. 왜냐하면 기대한 중성미자의 수보다 약 3분의 1만 검출되었기 때문이다. 모형 예측과 실제 관측 사이의 불일치는 **태양 중성미자 문제**라고 불리게 되었다. 30년 이상 태양 중성미자 문제는 천문학에서 큰 불가사의 중 하나였다. 그러나 지금은 해결되었다. 중성미자의 대부분은 검출되지 않는다. 왜냐하면 태양의 핵에서 지구로 오는 동안 이들의 성질이 변하기 때문이다.

중성미자는 전자 중성미자, 뮤온 중성미자, 타우 중성미자로 불리는 세 종류가 있다. 이들은 물질을 통과하는 동안 한 가지에 또 다른 형태로 변할 수 있다. 태양의 핵융합 과정은 오직 전자 중성미자만 만든다. 태양 중성미자를 측정하기 위해 건설된 초기 검출기는 오직 전자 중성미자를 검출할 수 있었다. 서드베리 중성미자 관측소(그림 11.12) 같은 최신 검출기

*중성미자는 태양에서 일어나는 핵융합을 직접 측정한다. 최근 관측 결과는 모형이 예측하는 것과 일치한다.*

는 세 종류의 중성미자를 모두 검출할 수 있도 태양의 핵융합 모형의 예측과 일치하는 전체 중성미자 수를 확인해 주었다. 노벨상이 2002년 레이몬드 데이비스와 마사토시 코시바에게 주어졌는데 궁극적으로 이 발견이 될 수 있게 태양 중성미자의 돌파구를 제시한 관측 때문이었다.

## 11.3 태양-지구 관계

태양의 핵에서 핵융합에 의해 방출된 에너지는 결국 태양 표면에 도달한다. 태양 표면은 우리가 지구에서 볼 수 있는 매우 다양한 현상들이 만들어지는 곳이다. 흑점은 이런 현상들 중 가장 분명한 것이다. 흑점과 태양 표면의 다른 특징들이 시간에 따라 변하기 때문에 이들은 우리가 **태양 활동**(종종 태양 기상이라고 불림)이라고 부르는 것을 구성한다. 태양 기상과 관련된 '폭풍'은 단지 학문적 관심이 아니다. 종종 이들은 지구의 일상생활에도 영향을 미친다. 이 절에서는 태양 활동과 이것의 효과들을 탐험하겠다.

**그림 11.12** 이 사진은 지하 2km 이상 깊이에 있는 탄광 바닥에 위치한 캐나다 서드베리 중성미자 관측소의 메인 탱크를 보여준다. 지름 12m인 큰 공 모양은 극도로 순수한 중수(중수는 물 분자에서 2개의 수소 대신 2개의 중수소로 대치된 물이다. 따라서 이것은 일반 물 분자보다 더 무겁다.) 1,000톤을 담고 있다. 세 종류의 중성미자는 중수 분자에서 변화를 야기하고 탱크 주변에 있는 검출기는 변화가 있을 때 이 반응을 기록한다.

## ● 태양 활동을 야기하는 것은 무엇인가?

태양 표면의 대부분은 오르고 내리는 기체로 계속해서 끓고 있다. 그래서 그림 11.10b에 보인 것처럼 확대 사진처럼 보인다. 그러나 더 큰 특징들이 가끔 나타난다. 흑점을 포함해서 **태양 플레어**로 알려진 거대한 폭발 그리고 태양 코로나로 높게 확대되는 뜨거운 기체의 거대한 루프들이다. 이 모든 특징은 자기장에 의해 형성된다. 자기장은 태양 바깥층에서 대류하는 플라스마에서 쉽게 만들어지고 변화한다.

**흑점과 자기장** 흑점은 태양 표면의 가장 충격적인 특징이다(그림 11.13a). 만약 눈에 지장 없이 태양 흑점을 직접 볼 수 있다면 이것은 눈을 어지럽힐 정도로 밝을 것이다. 흑점은 사진에서 검게 나타난다. 이것은 단지 주변 광구보다 덜 밝기 때문이다. 이들은 약간 온도가 낮기 때문에 덜 밝다. 흑점의 플라스마의 온도는 약 4,000K이다. 흑점을 둘러싸고 있는 5,800K 플라스마보다 훨씬 온도가 낮다.

흑점이 주변보다 어쩌다가 그렇게 온도가 낮은지 의문이 들 수도 있다. 기체는 일반적으로 쉽게 흐른다. 그래서 흑점 주변의 더 뜨거운 기체가 흑점 안에 있는 더 차가운 기체와 섞일 것으로 기대할 것이다. 결과적으로 흑점을 따뜻하게 할 것이다. 흑점이 상대적으로 차갑게 유지된다는 사실은 어떤 것이 뜨거운 기체가 흑점 안으로 들어오는 것을 막아야 한다는 것을 의미한다. 어떤 것은 바로 자기장임이 밝혀졌다.

태양 스펙트럼선의 자세한 관측은 흑점이 강한 자기장을 갖는 지역임을 밝혔다. 이 자기장은 원자와 이온의 에너지 준위를 변화할 수 있다. 그래서 어떤 스펙트럼선들은 둘 이상의 가깝게 배치된 선들로 나누어질 수 있다(그림 11.13b). 우리가 이 효과(제만 효과라고 부름)를 볼 때마다 우리는 자기장이 있어야 함을 안다. 과학자들은 태양 표면의 다른 부분의 빛에서 나누어진 스펙트럼선들을 찾음으로 인해 태양에서의 자기장 지도를 그릴 수 있다.

흑점이 어떻게 주변보다 온도가 낮게 유지될 수 있는지 이해하기 위해서 우리는 더 자세히

흑점은 강한 자기장에 의해 주변 광구보다 차갑게 유지된다.

자기장의 성질을 연구해야만 한다. 자기장은 눈에 보이지 않는다. 그러나 우리는 **자기력선**을 그려서 이들을 나타낼 수 있다(그

**그림 11.13** 흑점은 자기장이 강한 지역이다.

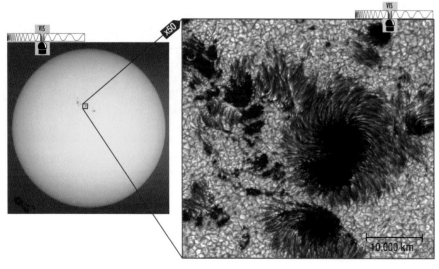

a. 태양 표면의 이 확대 영상은 두 개의 큰 흑점과 여러 개의 작은 흑점을 보여준다. 각각의 큰 흑점은 지구 크기 정도이다.

10,000 km

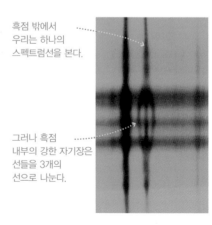

흑점 밖에서 우리는 하나의 스펙트럼선을 본다.

그러나 흑점 내부의 강한 자기장은 선들을 3개의 선으로 나눈다.

b. 매우 강한 자기장은 태양 흑점 지역의 스펙트럼의 흡수선을 나눈다. 검은 수직 띠는 태양의 스펙트럼의 흡수선들이다. 이 선들이 흑점에 해당하는 검은 수평대를 지나는 곳에서 선들이 나누어짐을 주목하라.

림 11.14). 이 선들은 자기장에 나침반을 놓았을 때 나침반 바늘이 가리키는 방향을 나타낼 수 있다. 선들은 자기장이 더 센 곳에서 서로 가깝게 있고 자기장이 약한 곳에서는 서로 멀리 위치한다. 이 가상의 자기력선이 자기장 자체보다 쉽게 명시화할 수 있기 때문에 우리는 종종 자기력선이 어떻게 나타날지 이야기함으로써 자기장에 대해 논의한다. 태양 플라스마의 이온이나 전자 같은 대전된 입자들은 자기력선을 쉽게 가로질러 움직이지 못한다. 대신 이들은 자기력선을 따라서 나선 궤적을 그리며 움직인다.

태양 자기력선은 탄력 있는 밴드와 유사하게 행동한다. 태양 대기에서 난류의 움직임에 의해 뒤틀리고 마디를 만든다. 흑점은 태양 내부에서 거의 직선으로 삐져나온 자기장이 팽팽하게 감긴 곳에서 형성된다(그림 11.15a). 이 탱탱하게 감긴 자기력선이 주변 플라스마가 흑점 지역으로 옆에서 움직여 들어가는 것을 방해하고 흑점 안에서의 대류를 억누른다. 지역으로 들어갈 수 없는 뜨거운 플라스마로 인해 흑점 플라스마는 광구의 나머지보다 온도가 낮아지게 된다. 개개의 흑점은 전형적으로 몇 주 정도까지 살 수 있다. 이들의 자기장이 약해지고 뜨거운 플라스마가 안으로 흘러들어 분해될 때까지 말이다.

흑점은 짝을 이루려는 경향이 있다. 태양 표면 위로 높게 아치를 만들 수 있는 자기력선의 루프에 연결되어서 말이다(그림 11.15b). 태양의 채층과 코로나에 있는 기체는 이 거대한 루프에 갇히게 되는데 이것은 **태양 홍염**이라고 불린다. 어떤 홍염은 태양 표면 위로 100,000km 높이까지 솟아오른다. 개개 홍염은 수 일에서 수 주까지 유지된다.

**태양 폭풍** 흑점이나 홍염을 통해 꼬인 자기장은 극적이고 급작스런 변화를 겪게 된다. 이것은 태양에서 짧게 살지만 강력한 폭풍을 만든다. 이런 폭풍의 가장 극적인 것은 **태양 플레어**이다. 이것은 엑스선 폭발이나 우주공간을 향해 발사되는 빠르게 움직이는 대전 입자들을 보낸다(그림 11.16).

플레어는 일반적으로 흑점 주변에서 발생한다. 이것이 왜 우리가 이들이 자기장의 변화에 의해 만들어진다고 생각하는 이유이다. 태양 플레어의 가장 유력한 모형은 이들이 자기력선이 상당히 꼬이고 매듭지어져서 더 이상 장력을 견딜 수 없을 때 발생한다고 제안한다. 이들은 갑자기 꺾여서 덜 꼬인 상태로 재조정된다고 생각된다. 이 과정에서 방출된 에너지가 주변 플라스마를 1억 K 이상으로 다음 수 분에서 여러 시간 동안 가열하고 엑스선을 만들며 어떤 대전된 입자들을 거의 빛의 속도까지 가속시킨다.

> 자기력선이 갑자기 꺾일 때 방출된 에너지는 극적인 태양 폭풍을 야기한다. 이것은 우주공간으로 엄청난 에너지의 입자들의 폭발을 분출한다.

**채층과 코로나의 가열** 우리가 이제까지 봐온 것처럼 태양에서 가장 극적인 기상 경향과 폭풍의 많은 것은 태양의 채층과 코로나의 매우 뜨거운 기체를 포함한다. 그러나 왜 이 기체들이 처음에 뜨거워졌을까?

태양의 핵에서 광구의 꼭대기까지 밖으로 나옴에 따라 온도가 점차로 낮아짐

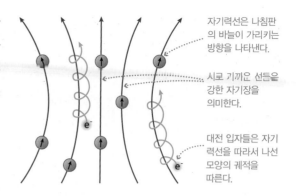

**그림 11.14** 우리는 보이지 않는 자기장을 나타내기 위해 자기력선(붉은)을 그린다.

자기력선은 나침판의 바늘이 가리키는 방향을 나타낸다.

서로 가까운 선들은 강한 자기장을 의미한다.

대전 입자들은 자기력선을 따라서 나선 모양의 궤적을 따른다.

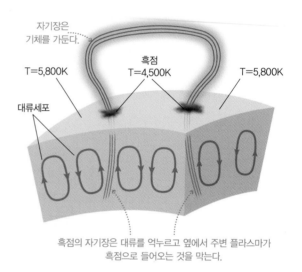

**a. 흑점 쌍은 팽팽하게 감긴 자기력선에 의해 연결되어 있다.**

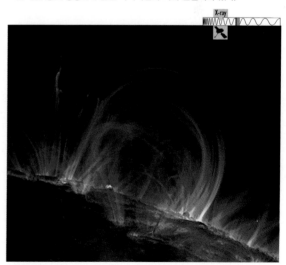

**b. 엑스선 사진(나사의 트레이스 임무)은 루프를 만든 자기력선 안에 갇힌 뜨거운 기체를 보여준다.**

**그림 11.15** 강한 자기장은 주변 광부보다 흑점을 차갑게 한다. 반면 자기장이 태양 표면 위로 높게 흑점에서 높은 아치를 만들 수 있다.

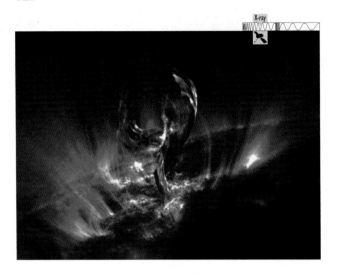

**그림 11.16** 이 엑스선 사진(트레이스에서 관측한)은 태양 표면으로부터 분출되는 태양 플레어를 보여준다.

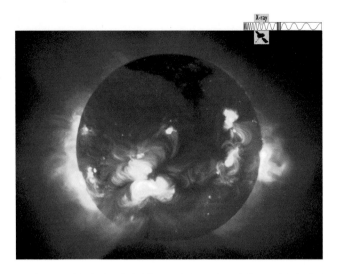

**그림 11.17** 태양의 엑스선 사진은 코로나의 100만 K 기체를 보여준다. 이 영상의 밝은 지역(노란색)은 엑스선이 더 강한 지역에 해당한다(사진의 꼭대기에 북극 주변 같은). 더 어두운 지역은 태양풍이 이탈하는 코로나 구멍이다(요코 우주관측소).

을 기억하라. 태양의 대기에서 계속해서 온도가 낮아질 것으로 기대할 수 있지만 대신 이것은 반대가 된다. 태양의 표면보다 채층과 코로나가 훨씬 더 뜨거워진다. 이 대기 가열의 어떤 부분은 오늘날까지도 불가사의한 부분으로 남아 있지만 적어도 대략적인 설명을 알고 있다. 태양의 강한 자기장이 태양의 끓고 있는 표면에서 채층과 코로나로 에너지를 위로 이동시킨다.

더 특정하게는 대류층의 올라오고 내려가는 기체가 태양 표면 아래에 단단하게 감겨 있는 자기력선을 휘젓는다. 자기력선은 이 에너지를 태양 대기 위로 이동시킨다. 거기에서 이들은 이들의 에너지를 열로서 저장한다. 흑점을 차갑게 유지시키는 같은 자기장이 그러므로 채층과 코로나의 위에 놓인 플라스마를 뜨겁게 만든다.

관측은 자기장과 채층과 코로나의 구조 사이의 연관성을 확인했다. 채층과 코로나의 기체의 밀도는 매우 낮아서 우리는 개기일식 때를 제외하고는 우리의 눈으로 이 기체를 볼 수 없다. 개기일식 때 우리는 코로나의 전자에 의해 산란된 약한 가시광선을 볼 수 있다(그림 2.26 참조). 그러나 우리는 우주에서 자외선과 엑스선 망원경으로 언제든 채층과 코로나를 관측할 수 있다. 채층의 10,000K 기체는 자외선을 강하게 방출하고, 코로나의 대략 100만 K 기체는 태양에서 나오는 거의 모든 엑스선의 근원이다. 그림 11.17은 태양의 엑스선 영상을 보여준다. 엑스선 방출은 뜨거운 기체가 자기장 루프에 갇혀서 가열되는 곳에서 가장 밝다. 코로나의 밝은 점들은 광구의 흑점 바로 위에 있는 경향이 있다. 이것은 이들이 같은 자기장에 의해 만들어진다는 것을 확정 짓는다.

*자기장은 태양의 표면 위에 에너지를 축적하고 채층과 코로나를 가열한다.*

코로나의 어떤 지역은 엑스선 영상에서 간신히 보이는 것에 주목하자. **코로나 구멍**이라고 불리는 이 지역들은 뜨거운 코로나 기체가 거의 없다. 더 자세한 분석은 코로나 구멍의 자기력선이 끊어진 고무 밴드처럼 우주로 발사된 것임을 보여준다. 이 자기력선을 따라서 입자들이 나선운동을 하며 태양으로부터 온전히 이탈할 수 있게 한다. 코로나에서 밖으로 흐르는 이 입자들은 태양풍의 근원이다.

플레어와 다른 태양 폭풍은 태양의 코로나로부터 매우 에너지가 높은 대전 입자들을 상당 활동성이 높은 시기 동안 태양에서 방출된 입자들은 전파 통신을 방해하고, 전력 공급을 파괴하며 궤도 인공위성에 피해를 줄 수 있다.

히 많이 쏟아낸다. 이 입자들은 기대한 거품 모양으로 태양에서부터 밖으로 여행한다. 이것을 우리는 **코로나 질량 분출**이라고 부른다(그림 11.18). 이 거품들은 우연히 우리를 향하게 되면 하루나 이틀 안으로 지구에 도달할 수 있고 강한 자기장을 가지고 있다. 코로나 질량 방출이 지구에 도달하고 이것은 지구의 자기권에 지자기 폭풍을 만들 수 있다. 긍정적인 면에서 이 폭풍은 북극지역에서 볼 수 있는 일반적이지 않게 강한 오로라를 야기할 수 있다(그림 7.6 참조). 부정적인 면에서 이들은 전파 통신을 망칠 수도 있고, 전력 공급을 파괴할 수 있으며 궤도를 도는 인공위성의 전기 부품에 해를 줄 수도 있다. 이 또한 지구 상층 대기를 가열할 수 있어서 저궤도 인공위성의 마찰력을 증가시킬 수 있게 대기를 팽창시킬 수 있다. 가끔 이 마찰력 때문에 인공위성이 지구로 떨어지기도 한다.

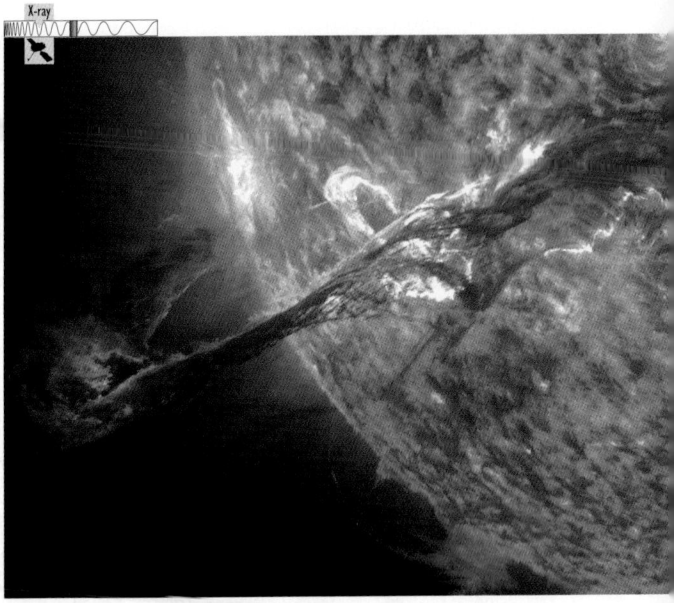

**그림 11.18** 태양 동역학 관측소에서 촬영한 엑스선 영상은 2012년 8월 31일 관측된 코로나 질량 분출을 만든 태양 분출을 보여주고 있다.

## ● 태양 활동은 시간에 따라 어떻게 변하는가?

태양 기상은 지구의 기상과 마찬가지로 예측할 수 없다. 개개의 흑점은 거의 아무 때나 나타나기도 하고 사라지기도 한다. 우리는 태양 폭풍이 우리 망원경을 통해 관측되기 전까지 나타날지 알 수 있는 방법이 없다. 그러나 긴 기간 관측은 흑점과 태양 폭풍이 다른 때에 비해 특정 시기에 더 자주 있는 일이라는 것을 알려주는 태양 활동에서 양식을 밝혀냈다.

**흑점 주기** 태양 활동에서 가장 주목할 만한 양식은 **흑점 주기**이다. 이 흑점 주기는 태양에서 흑점의 평균 수가 증가하거나 감소하는 주기이다(그림 11.19). 흑점이 가장 많은 태양 활동 극대기 시기에는 우리는 한 번에 태양 표면에서 수십 개의 흑점을 볼 수 있다. 반대로 태양 활동 극소기 때는 흑점을 거의 볼 수 없거나 몇 개 정도 볼 수 있다. 홍염, 플레어, 코로나 질량 방출의 빈번한 정도도 흑점 주기를 따른다. 즉 태양 활동 극대기 때는 이런 사건들이 가장 흔하고 태양 활동 극소기 때는 일반적이지 않다.

흑점 주기의 길이가 한 주기에서 또 다른 주기 동안 변하는 것을 주목하자(그림 11.19a). 극대기 사이의 평균 길이가 약 11년이지만 그 시간이 7년까지 짧아질 수도 있고 15년까지 길어

태양의 평균 흑점 수는 약 11년을 주기로 증가하고 감소한다.

질 수도 있다. 시간을 더 거슬러 뒤로 관측한 것은 어떤 기간에 태양 활동이 거의 전적으로 멈출 수도 있음을 제안한다. 예를 들어 천문학자들은 1645년부터 1715년 사이에 흑점을 거의 관측하지 못했다. 이 기간을 흑점의 역사적 기록에서 처음 확인한 E. W. 몬더의 이름을 따 몬더 극소기라고 부른다. 2013년 현재 100년 이상 긴 기간 동안 현재 흑점 주기가 제일 약하다. 태양이 낮은 활동기로 들어서는 것이 아닌지 과학자들을 의심하게 하고 있다.

태양에서의 흑점의 위치는 흑점 주기와 함께 또한 변한다(그림 11.19b). 태양 활동 극소기에서 주기가 시작함에 따라 흑점은 주로 태양의 중위도에서(30~40°) 형성된다. 주기가 진행함에 따라 흑점은 더 낮은 위도에서 형성되려는 경향이 있고 다음 태양 활동 극소기가 가까워지면 흑점은 태양 적도와 매우 가까운 곳에서 나타난다. 그다음 주기의 흑점은 다시 중위도 근처에서 형성되기 시작한다.

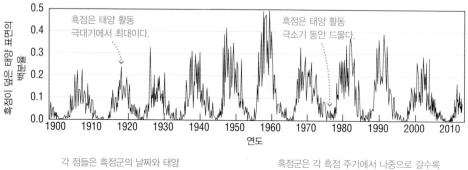

a. 이 그래프는 태양의 흑점 수가 시간에 따라 변하는 것을 보여준다. 수직축은 흑점이 차지한 태양 표면 넓이의 백분율이다. 주기는 약 11년 주기이다.

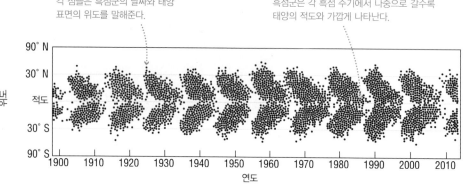

b. 이 그래프는 흑점의 주기 동안 흑점군들이 나타나는 위도가 어떻게 움직여 가는지를 보여준다.

**그림 11.19** 지난 세기 동안 흑점 주기

흑점 주기의 덜 분명한 특징은 각 태양 활동 극대기에서 태양의 자기장에 약간 특이한 것이 발생하는데 태양 전체 자기장이 뒤집어지기 시작한다. 태양 자기 북극이 자기 남극이 되고 자기 남극이 자기 북극이 된다. 적도를 기준으로 한쪽에 위치한 흑점 쌍을 연결하는 자기력선이 11년 태양 주기에 걸쳐서 같은 방향을 가리키는 경향이 있기 때문에 우리는 이것을 알고 있다 (그림 11.15). 예를 들어 태양의 북반구에 있는 각 흑점 쌍에서 모든 나침반의 바늘은 가장 동쪽에 있는 흑점에서 가장 서쪽에 있는 흑점을 가리킨다. 그러나 태양 활동 극소기에서 주기가 끝날 때쯤 자기장은 역전된다. 다음 태양 활동 주기에서는 흑점 쌍을 잇는 자기력선은 반대 방향을 가리킨다. 그러므로 태양의 완전한 태양 자기장 주기(**태양 주기**라고 불림)는 평균적으로 22년이라고 할 수 있다. 왜냐하면 자기장 주기가 시작한 방식으로 되돌아오는 데는 두 개의 11년 흑점 주기가 필요하기 때문이다.

**흑점 주기의 원인** 흑점 주기의 정확한 이유는 완전히 이해되지 않았다. 그러나 유력한 이론들은 태양의 회전과 대류의 복합적인 것으로 설명하고 있다. 대류는 태양 내부에서 생성된 약한 자기장을 들춰내어 이들이 올라오는 동안 자기장을 강화시킨다고 생각된다. 극보다 적도 지역에서 빠르게 회전하는 자전은 자기장을 길게 잡아 늘려 모양을 만든다.

**생각해보자** ▶ 2개의 흑점을 관측하고 있다고 상상해보자. 하나는 태양의 적도 부근에 있고 하나는 바로 북쪽 방향으로 위도 20°에 있다. 며칠이 지난 후 태양을 다시 관측한다면 두 흑점이 어디에 있을 것으로 기대되는가? 하나가 또 다른 흑점의 바로 북쪽에 있겠는가? 설명해보라.

태양의 표면에서 남쪽에서 북쪽으로 달리기 시작하는 자기력선에 어떤 일이 생기는지 상상해보자(그림 11.20). 적도에서 자기력선들은 25일마다 태양을 한 바퀴 돌지만 좀 더 높은 위도에서는 자기력선들이 뒤로 처진다. 결과적으로 자기력선들은 천천히 태양 주변으로 점점 더 팽팽하게 감기게 된다. 전체 태양에서 언제나 작동하는 이 과정은 흑점과 다른 태양 활동을

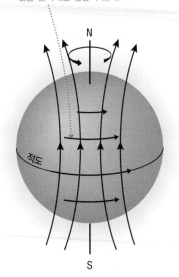

대전된 입자들은 태양의 자전과 함께 자기력선을 밀어내는 경향이 있다.

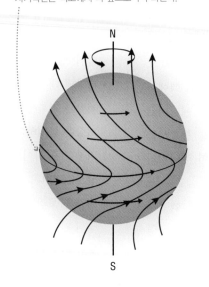

태양이 극에서보다 적도에서 더 빠르게 자전하기 때문에 자기력선은 적도에서 더 앞으로 구부러진다.

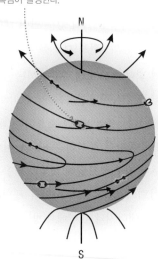

자기력선은 시간이 지남에 따라 점점 더 많이 뒤틀리게 되고 뒤틀린 자기력선이 태양 표면 위에 고리를 만들 때 흑점이 발생한다.

**그림 11.20** 태양은 극 근처보다 적도지역에서 더 빠르게 자전한다. 태양을 돌고 있는 기체가 적도에서 더 빠르게 움직이기 때문에 이것은 태양의 남북 방향의 자기력선을 더 뒤틀린 모양으로 끌고 간다. 녹색과 검은 방울 모양으로 표시되어 있는 흑점 쌍을 연결하는 자기력선이 길게 늘어지고 뒤틀린 자기력선의 방향을 추적하고 있다.

만들어내는 비틀린 자기력선을 생성한다.

이런 자기장의 자세한 행동은 매우 복잡하다. 그래서 과학자들은 복잡한 컴퓨터 모형을 이용해서 연구하려고 시도하고 있다. 이런 모형을 이용해서 과학자들은 흑점 주기의 많은 특징들을 성공적으로 재생해냈다. 11년마다 일어나는 자기장의 역전과 흑점의 수와 발생 위도의 변화가 포함되어 있다. 그러나 아직도 흑점 주기의 길이가 왜 변하는지, 태양 활동의 세기가 왜 주기마다 다른지 등 많은 부분이 원인 불명이다.

**흑점 주기와 지구의 기후** 흑점 주기 동안 발생하는 변화에도 불구하고 태양의 전체 에너지 방출량은 거의 변하지 않는다. 관측된 가장 큰 변화도 태양의 평균 광도의 0.1%보다 더 작다. 그러나 자기적으로 가열된 채층과 코로나 기체에서 나오는 태양의 자외선과 엑스선 방출량은 훨씬 중요하게 변할 수 있다. 이런 변화가 지구의 기상 현상이나 기후에 영향을 줄 수 있을까?

어떤 자료는 태양의 활동과 지구의 기후 사이에 연관성이 있다고 제안한다. 예를 들어 태양 활동이 실질적으로 멈춘 것 같은 1645년과 1715년 사이의 몬더 극소기는 소빙하기라고 알려진 유럽과 북아메리카의 예외적으로 낮은 온도 시기이다. 그러나 낮은 태양 활동이 이 낮은 온도를 야기했는지 아니면 우연의 일치인지 아무도 모른다. 비슷하게 어떤 연구자들은 가뭄 주기나 폭풍 빈도수와 같은 특정한 기상 현상들이 태양 활동의 11년 혹은 22년 주기와 상관관계가 있다고 주장한다. 지구의 최근 온난화가 태양의 변화 때문이라고 어떤 사람들은 심지어 주장하기도 한다. 관측된 온난화 정도가 태양 변화와 다른 자연적 요소뿐 아니라 인간의 활동을 포함해야만 설명된다고 기후 모형이 지시함에도 불구하고 말이다(그림 7.45 참조). 그럼에도 불구하고 기후에 대한 태양 활동의 가능한 효과 연구는 활발한 연구 주제이다.

이 장에서 우리는 가장 가까이 있는 별인 태양을 조사했다. 이 장을 뒤돌아볼 때 다음의 '전체 개요'를 확실히 이해하도록 하자.

- 태양이 왜 빛나는지 고대 수수께끼는 풀렸다. 태양의 핵에서 수소가 헬륨으로 핵융합하는 것에 의해 만들어진 에너지로 태양은 빛난다. 수십 만 년 소요되는 태양 내부를 통과하는 여행과 우주공간을 통과하는 8분의 여행 후에 이 에너지의 작은 부분이 지구에 도달해 햇빛과 열을 제공한다.

- 태양은 압력의 힘과 중력 사이의 평형(중력평형)과 핵에서 만들어지는 에너지와 표면에서 방출되는 에너지 사이의 균형(에너지 균형) 덕분에 일정하게 빛나고 있다. 이 두 종류의 균형은 태양의 핵융합 속도를 조정하는 자연적 태양 온도 조

절 장치를 만든다. 이를 통해 태양은 지구에서 생명체가 번성할 수 있게 일관되게 태양빛을 낸다.

- 태양의 대기는 태양 자기장에 의해 지배를 받는 자기 자신의 기상과 기후를 드러낸다. 코로나 질량 방출과 같은 어떤 태양 기상은 분명하게 지구의 자기권에 영향을 준다. 태양 활동과 지구 기후 사이의 주장된 다른 연관성은 진짜일 수도 있고 아닐 수도 있다.

- 태양은 우리의 빛과 열의 근원으로서뿐만 아니라 우리가 상당히 자세히 연구할 수 있기에 충분히 가까운 별이기 때문에 중요하다. 다음 장에서 우리는 다른 별들을 이해하기 위해 태양에 관해 배운 것을 이용할 것이다.

## 핵심 개념 정리

### 11.1 태양 자세히 알아보기

● **태양은 왜 빛날까?**

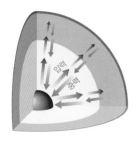

태양은 핵융합 반응을 유지하기에 충분히 뜨겁게 **중력수축**이 핵을 만들었을 때 45억 년 전에 빛나기 시작했다. 두 종류의 균형 때문에 그때 이후로 꾸준히 빛나고 있다. (1) 안으로 잡아당기는 중력과 밖으로 미는 압력의 힘 사이의 균형인 **중력평형**, (2) 핵에서 핵융합에 의해 방출된 에너지와 태양의 표면에서 우주로 복사되는 에너지 사이의 **에너지 균형**이 그것이다.

● **태양은 어떤 구조인가?**

안에서 밖으로 태양 내부의 구조는 **핵**, **복사층** 그리고 **대류층**이다. 대류층 꼭대기에 광자들이 자유롭게 우주로 도망칠 수 있는 표면층인 **광구**가 있다. 광구 위에는 더 뜨거운 채층과 매우 뜨거운 **코로나**가 있다.

### 11.2 태양 내부에서의 핵융합 반응

● **태양 내부에서 어떻게 핵융합이 일어나는가?**

핵의 극도의 온도와 밀도는 **양성자-양성자 연쇄 반응**을 통해 일어나는 수소의 헬륨으로의 핵융합에 딱 적절하다. 핵융합 속도가 온도에 민감하기 때문에 중력 평형과 에너지 균형은 더불어 핵융합 속도를 조절하는 온도 조절 장치의 역할을 한다.

● **핵융합 반응으로 만들어진 에너지가 태양에서 어떻게 나오는가?**

태양의 가장 깊은 층인 핵과 복사층을 통해 나오는 에너지는 임의로 되튕기는 광자의 형태로 나온다. 에너지가 복사층을 이탈한 후에는 광구까지 나머지 길을 대류가 운송한다. 광구는 태양빛으로서 에너지가 우주로 복사되는 곳이다. 핵에서 만들어진 에너지는 광구에 닿는 데 수십 만 년이 걸린다.

● **태양 내부에서 어떤 일이 일어나는지 어떻게 알 수 있나?**

알려진 물리법칙을 이용하여 태양 내부의 이론적 모형을 만든 다음 태양의 크기, 표면온도 그리고 에너지 방출량 등의 관측에 대해서 비교할 수 있다. 우리는 태양의 진동과 태양 **중성미자**를 또한 연구할 수 있다.

## 11.3 태양–지구 관계

### ● 태양 활동을 야기하는 것은 무엇인가?

극보다는 적도에서 빨리 도는 태양의 자전 양상과 대류가 **태양 활동**을 만든다. 왜냐하면 기체의 운동이 태양 자기장을 잡아 늘리고 비틀기 때문이다. 이런 자기장의 뒤틀림이 **흑점, 태양 플레어, 태양 홍염** 그리고 **코로나 질량 방출**, 채층과 코로나에서의 기체 가열 같은 현상을 일으킨다.

### ● 태양 활동은 시간에 따라 어떻게 변하는가?

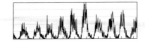

태양 표면의 흑점의 수가 변하는 것, 즉 **흑점 주기**는 평균적으로 11년 주기이다. 자기장은 11년마다 역전된다. 그래서 결과적으로 22년 자기장 주기를 만든다. 흑점은 태양 활동 극소기에 중위도 지역에서 처음 나타난다. 그다음 다음 태양 활동 극소기가 됨에 따라 태양의 적도 근처에서 더 흔하게 보이게 된다. 그리고 결국 전혀 안 보이기도 한다.

---

## 시각적 이해 능력 점검

**천문학에서 사용하는 다양한 종류의 시각자료를 활용해서 이해도를 확인해보자.**

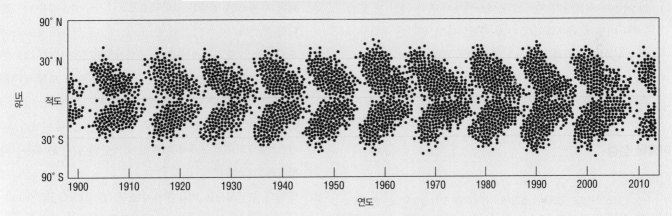

위 그림은 20세기 동안 태양의 표면에 나타난 흑점의 위도를 나타내고 있다. 그림에 제공된 정보를 이용하여 다음 질문에 답하라.

1. 다음 중 어떤 해에 태양 활동이 최소였는가?
   a. 1930  b. 1949  c. 1961  d. 1987

2. 흑점들이 나타난 위도의 대략적인 범위는?

3. 그림에 의하면 한 흑점 주기 동안 흑점이 나타나는 위치가 어떻게 변하는 것처럼 보이는가? 시간이 지남에 따라 그 위치는 적도에 가까워지는가 아니면 멀어지는가?

---

## 연습문제

### 복습문제

1. **중력수축**이 어떻게 에너지를 생성하는지 설명하라. 중력수축은 태양의 역사에서 언제 중요한가? 이에 대해 설명하라.

2. **중력 평형**에서 어떤 두 힘이 균형을 이루는가? 태양이 에너지 균형에 있다는 것은 무슨 의미인가?

3. 태양의 광도, 질량, 반경 그리고 평균 표면온도를 설명하라. 그리고 대략적인 숫자를 말하라.

4. 그림 11.4에 보인 태양의 각 층의 구별되는 특징을 간단히 설명하라.

5. **핵분열과 핵융합**을 구별하여 설명하라. 핵발전소에서 사용되는 것은 무엇인가? 태양이 사용하는 것은 무엇인가?

6. 핵융합은 왜 높은 온도와 압력을 필요로 하는가?

7. 태양에서의 전체적인 핵융합 반응은 무엇인가? 양성자-양성자 연쇄 반응을 짧게 설명하라.

8. 자연적 '태양 온도 조절 장치'가 어떻게 태양에서 핵에서 핵융합 속도를 일정하게 유지하는지 설명하라.

9. 핵융합에 의해 만들어진 에너지가 태양의 표면으로 어떻게 전달되는지 설명하라. 얼마나 오래 걸리는가?

10. 수학 모형이 태양 내부의 조건에 대해 우리가 배우는 데 어떻게 돕는가? 이 모형에 무엇이 확신을 주는가?

11. 중성미자는 무엇인가? 태양 중성미자 문제란 무엇인가? 어떻게 해결되었는가?

12. 태양 활동은 무엇인가? 흑점, 태양 홍염, 태양 플레어, 그리고 코로나 질량 방출을 포함한 중요 특징을 설명하라.

13. 자기장이 어떻게 주변 플라스마보다 흑점의 온도를 낮게 유지하는가? 설명하라.

14. 왜 채층과 코로나가 자외선과 엑스선에서 각각 가장 잘 보이는가? 어떻게 채층과 코로나가 가열된다고 우리가 생각하는지 간단히 설명하라.

15. 흑점 주기는 무엇인가? 이것을 설명하는 유력한 모형을 설명하라. 흑점 주기가 지구의 기후에 영향을 미치는가?

## 이해력 점검

### 이해했는가?

다음 문장이 합당한지(또는 명백하게 옳은지) 혹은 이치에 맞지 않는지(또는 명백하게 틀렸는지) 결정하라. 명확히 설명하라. 아래 서술된 문장 모두가 결정적인 답은 아니기 때문에 여러분이 고른 답보다 설명이 더 중요하다.

16. 아인슈타인 전에 태양에너지 생성에 대해 중력수축이 완벽하게 적당한 기작으로 보였다.

17. 태양풍은 일반적으로 태양에서 밖으로 불어온다. 그러나 가끔 태양풍이 뒤돌아 뒤로 흐를 때도 있다.

18. 태양의 핵에서 핵융합이 오늘 멈춘다면 태양이 어두워지기 시작함에 따라 내일 전세계적인 공황이 발생할 것이다.

19. 천문학자들은 최근 태양 광구 아래 깊은 곳에서 소용돌이치는 자기장을 사진 촬영했다.

20. 나는 태양 중성미자로부터 자신을 보호하기 위해 납으로 만든 조끼를 입었다.

21. 올해는 흑점이 많지 않았다. 그러나 5년 후에 더 많은 흑점이 있어야 한다.

22. 태양 플레어에 대한 뉴스는 전파 통신과 전기 생산과 관련한 사업 사이의 우려를 야기했다.

23. 중성미자를 관측함으로써 우리는 태양 핵 깊은 곳에서의 핵융합 반응에 대해 배울 수 있다.

24. 만약 태양 자기장이 어떻게든 없어진다면 더 이상 태양에서 흑점은 존재하지 않는다.

25. 과학자들은 현재 태양 핵에서 핵융합 반응을 관측하기 위해 적외선 망원경을 제작하고 있다.

### 돌발퀴즈

다음 중 가장 적절한 답을 고르고, 그 이유를 한 줄 이상의 완전한 문장으로 설명하라.

26. 어떤 입자 그룹이 질량이 가장 큰가? (a) 양성자 2개와 중성자 2개로 이루어진 헬륨 핵 (b) 전자 4개 (c) 양성자 4개

27. 태양의 어떤 층이 가장 온도가 낮은가? (a) 핵 (b) 복사층 (c) 코로나

28. 태양의 엑스선 영상은 일반적으로 (a) 광구 (b) 채층 (c) 코로나를 보인다.

29. 과학자들은 다음을 이용해서 중심온도를 알아낸다. (a) 지구 대기의 변화를 측정하는 탐사 (b) 태양의 수학 모형 (c) 태양의 작은 모형을 만드는 연구실

30. 흑점은 주변보다 어둡게 보인다. 왜냐하면 (a) 주변보다 온도가 낮아서 (b) 광구에서 태양빛이 차단되어서 (c) 아무 빛도 방출하지 않아서

31. 태양의 중심에서는 핵융합이 수소를 (a) 플라스마로 (b) 탄소와 질소 같은 원소와 복사로 (c) 헬륨, 에너지, 중성미자로 전환한다.

32. 태양에너지는 태양의 핵을 (a) 광자 (b) 떠오르는 뜨거운 기체 (c) 음파 형태로 떠난다.

33. 밤 동안에 여러분의 몸을 통과하는 중성미자 수와 낮에 통과하는 중성미자의 수는? (a) 같다 (b) 훨씬 적다 (c) 훨씬 많다.

34. 태양 활동 주기는 무엇이 만드나? (a) 태양의 핵융합 반응 속도의 변화 (b) 태양 자기장 구조의 변화 (c) 태양풍 속도의 변화

35. 다음 중 통신 위성에 가장 위험한 것은? (a) 태양에서 나온 광자 (b) 태양 자기장 (c) 태양에서 나온 입자들

## 과학의 과정

36. **태양 내부.** 태양 내부를 직접 관측할 수 없지만 과학자들은 태양 내부에서 어떤 일이 일어나는지 알고 있다고 주장한다. 이

런 주장의 근거가 무엇인가? [3.4절]에 요약한 과학적 검증과 어떻게 조정이 되는가?

37. **태양 중성미자 문제.** 초기 태양 중성미자 실험들은 태양에서의 핵융합 반응 이론이 예측한 수의 약 1/3만 검출했었다. 그 당시 왜 과학자들은 그들의 모형을 폐기하지 않았는가? 모형은 태양의 어떤 특징과 맞았는가? 예측과 관측 사이의 불일치를 설명하기 위해 어떤 다른 가능성이 있었는가?

## 그룹 활동 과제

38. **태양의 미래. 역할** : 기록자(그룹 활동을 기록), 제안자(그룹 활동에 대한 설명), 반론자(제안된 설명의 약점을 찾아냄), 중재자(그룹의 논의를 이끌고 반드시 모든 사람이 참여할 수 있도록 함). **활동** : 태양 핵에서 핵융합 반응에서 나온 에너지로 태양이 어떻게 일정하게 빛나는지 배운 것을 생각하자. 그리고 다음 질문들을 논의하자.

   a. 핵융합 반응을 위한 수소가 다 떨어진 후에 태양의 핵 온도에 어떤 일이 일어나겠는가? 온도는 증가하겠는가 감소하겠는가?

   b. 온도가 증가한다고 생각한다면 계속해서 증가하겠는가? 어떤 것이 계속해서 온도가 증가하는 것을 결국 멈추겠는가? 만약 온도가 감소한다고 생각했다면 영원히 감소하겠는가? 무엇이 결국 감소를 멈추겠는가?

   c. (b)에서 여러분의 가정을 시험할 수 있는 별 관측이나 지구에서 가능한 실험을 제안하고 설명하라.

## 심화학습

**단답형/서술형 질문**

39. **핵융합의 종결 I** 핵융합 반응이 갑자기 멈춘다면 태양에 무슨 일이 일어나겠는지 설명하라.

40. **핵융합의 종결 II** 만약 태양에서 핵융합이 갑자기 멈춘다면 우리가 알 수 있겠는가? 만약 그렇다면 어떻게 그런가?

41. **정말 강한 힘.** 만약 핵을 잡아둘 강력이 10배 강하다면 태양의 내부 온도가 어떻게 달라져야 되는가?

42. **흑점으로 덮임.** 만약 전체 광구가 흑점과 같은 온도라면 지구에서 태양이 어떻게 보이겠는지 설명하라.

43. **태양 내부.** 태양 내부가 어떻게 생겼는지 과학자들이 어떻게 결정하는지 설명하라. 거기서 무슨 일이 일어나는지 측정하

기 위해 태양 내부로 탐사선을 보낼 수 있겠는가?

44. **태양에너지 방출량.** 지난 세기 동안 관측은 태양의 가시광선 방출량이 1% 미만으로 변한다는 것을 증명했다. 그러나 엑스선 방출량은 10배나 그 이상으로 변할 수 있다. 엑스선 방출량의 변화가 가시광선 방출량의 변화보다 훨씬 더 분명한 이유를 설명하라.

45. **성난 태양.** 타임지 표지는 인류의 활동이 지구 기후를 변화시킨 것처럼 '성난 태양'이 더 활동적이 될 것이라는 것을 제안했다. 인간이 지구에 영향을 줄 그 시점에 태양이 더 활동적일 수는 있다. 그러나 태양이 인간의 활동에 반응을 보일 것이 가능한가? 인간이 태양에 중요하게 영향을 미칠 수 있는가? 이에 대해 설명하라.

**계량적 문제**
모든 계산 과정을 명백하게 제시하고, 완벽한 문장으로 해답을 기술하라.

46. **태양의 색.** 태양 표면의 평균 온도는 약 5,800K이다. 빈의 법칙(천문 계산법 5.1 참조)을 이용하여 태양으로부터 나오는 열적 복사가 최대가 되는 파장을 계산하라. 가시광선 스펙트럼에서 이 파장은 어떤 색에 해당하는가? 우리 눈에 태양이 하얗게 보일지 노랗게 보일지 생각하는 이유가 무엇인가?

47. **흑점의 색.** 흑점의 전형적인 온도는 약 4,000K이다. 빈의 법칙(천문 계산법 5.1 참조)을 이용하여 태양으로부터 나오는 열적 복사가 최대가 되는 파장을 계산하라. 가시광선 스펙트럼에서 이 파장은 어떤 색에 해당하는가? 이 색은 태양의 색과 어떻게 비교되겠는가?

48. **태양의 질량 손실.** 100억 년 동안 핵융합 반응을 통해 얼마나 많은 질량을 잃겠는지 계산하라. 태양의 에너지 방출량이 일정하다고 가정해서 문제를 단순화할 수 있다. 사라진 질량을 지구의 질량과 비교하라.

49. **광구의 압력.** 광구의 기체 압력은 상층부에서 저층부로 갈수록 상당히 변한다. 광구의 꼭대기 근처는 온도가 약 4,500K이고 거기엔 기체가 $cm^3$당 약 $1.6 \times 10^{16}$개 있다. 중간에는 온도가 약 5,800K이고 기체가 $cm^3$당 약 $1.0 \times 10^{17}$개 있다. 광구 바닥에는 온도가 약 7,000K이고 기체가 $cm^3$당 약 $1.5 \times 10^{17}$개 있다. 각 층에서의 압력을 비교하고 여러분이 찾은 압력의 추세에 대한 이유를 설명하라. 이 기체 압은 지구의 해면 대기압과 어떻게 비교되겠는가? (힌트 : 천문 계산법 11.1 참조.)

50. **태양의 일생.** 태양의 전체 질량은 $2 \times 10^{30}$kg이다. 이 중 태양이 형성될 때 수소는 약 75%이다. 그러나 핵에서 핵융합을 위해 사용 가능한 수소는 이 중 오직 13%뿐이다. 나머지는 온도가 핵융합하기에 너무 낮은 층에 남아 있다.

    a. 주어진 정보에 근거해서 태양의 일생 동안 핵융합을 위해 사용 가능한 수소의 전체 질량을 계산하라.

    b. (a)에서 얻은 결과와 태양이 초당 수소의 6,000억 kg을 핵융합한다는 사실을 합쳐서 수소의 초기 공급이 얼마나 유지되겠는지 계산해보라. 여러분의 답을 초 단위와 연 단위로 하라.

    c. 우리태양계가 약 46억 살이라는 것을 생각할 때 언제 태양이 핵융합을 위한 수소가 다 떨어질지 걱정할 필요가 있겠는가?

51. **태양 전지.** 이 문제는 지구에서 태양 전지에 의해 얼마나 많은 태양에너지가 모아질 수 있는지 계산하고 논의하게 인도한다.

    a. 태양을 둘러싸고 있는 반지름이 1AU인 거대한 구를 상상하자. 이 구의 표면적은 몇 m²인가? (힌트 : 구의 표면적을 위한 공식은 $4\pi r^2$이다.)

    b. 이 상상의 구가 태양을 둘러싸고 있기 때문에 태양의 전체 광도 $3.8 \times 10^{26}$와트는 이것을 통과해야 한다. 이 가상적인 구의 각 m²를 통과하는 파워를 m²당 와트의 단위로 계산하라. 왜 이 숫자가 지구 궤도에 있는 태양에너지 집열 장치가 모을 수 있는 m²당 최대 파워를 의미하는지 설명하라.

    c. 지표에 있는 태양 집열기가 모을 수 있는 m²당 평균 파워가 언제나 (b)에서 얻은 숫자보다 작은 이유 몇 가지를 나열하라.

    d. 여러분의 지붕에 태양광 집열기를 설치하기 원한다고 가정하자. 만약 여러분이 모을 수 있는 파워의 양을 극대화하기 원한다면 집열기의 방향을 어떻게 해야 하는가? (힌트 : 최상의 방향은 여러분의 위도와 1년 중 언제인지에 의존한다.)

**토론문제**

52. **태양의 역할.** 태양이 지구에 있는 우리에게 어떻게 영향을 미치는지 간단히 논의하라. 빛과 열 같은 요소뿐 아니라 과학의 새로운 이해와 기술 개발에 태양의 연구가 어떻게 우리를 인도하는지도 반드시 고려하라. 전체적으로 태양 연구가 우리 삶에 어떻게 중요한가?

53. **태양과 지구온난화.** 가장 절실한 지구환경 문제 중 하나는 우리 행성의 온난화에 인간의 방출이 얼마나 영향을 미치는가이다. 어떤 사람들은 지난 세기에 관측된 온난화의 일부 혹은 전부가 인간이 한 행동이라기보다는 태양에서의 변화 때문이라고 주장한다. 태양의 더 나은 이해가 온실기체 방출에 의해 놓인 위험을 우리가 파악하는 데 어떻게 도와주는지 논의하라. 태양이 어떻게 지구의 기후에 영향을 주는지 확실하게 이해하는 것이 왜 어려운가?

**웹을 이용한 과제**

54. **현재 태양 기상.** 태양 활동에 대한 일별 자료는 수많은 웹사이트에서 활용 가능하다. 우리는 흑점 주기 중 현재 어디에 있는가? 다음 태양 활동 극대기 혹은 극소기가 언제라고 기대되는가? 과거 몇 달 동안 주요 태양 폭풍이 있었는가? 만약 그렇다면, 이들은 지구에 중요한 영향을 미쳤는가? 한두 페이지 보고서에 여러분이 찾은 것을 요약하라.

55. **우주공간에서의 태양 관측소.** 태양을 관측하기 위해 설계된 우주 임무에 대한 웹사이트를 방문해보자. 그리고 임무에서 얻은 영상의 짧은 앨범을 만들어보라. 각 영상이 의미하는 것에 대해 간단히 설명하라.

# 별 관측 12

오리온자리의 왼쪽 위에는 베텔지우스별이 있고, 중심부의 별은 오리온자리의 세 별이다. 그리고 그 벨트에서 아래에는 새로운 별이 탄생하고 있는 오리온성운이 있다. 이 장에서는 수많은 종류의 별이 어떻게 분류되는지에 대해 살펴본다.

이 장의 학습목표

**맑**고 어두운 밤에는 수천 개의 별을 육안으로 관찰할 수 있다. 쌍안경으로는 더 많은 별을, 성능 좋은 망원경으로는 셀 수도 없을 만큼 많은 별을 볼 수 있다. 마치 개개인의 사람들처럼 별들도 각각의 특성을 지니고 있다. 사람이 가족 단위로 구성되는 것처럼 모든 별들도 공통점이 있다.

오늘날 우리는 별이 성간구름에서 생성되었고 수백 만 년에서 수천만 년 동안의 핵융합 반응으로 인해 밝게 빛난다. 그리고 이후에 아주 극적인 방법으로 소멸된다는 것을 알고 있다. 이 장에서는 별을 연구하고 분류하는 방법과 별이 사람처럼 시간이 경과함에 따라 변한다는 사실을 어떻게 알게 되었는지 살펴보자.

## 12.1 별의 특성

외계 비행물체가 사소한 일로 지구를 스쳐 지나간다고 상상해보자. 지구를 방문하는 외계인들에게는 인간 종족에 대한 모든 것을 학습하는 데 단 1분만 주어졌다. 그들이 60초 동안 어떤 인간 개인의 삶에 대해 습득할 수 있는 것은 거의 없다. 대신 그들이 얻게 되는 것은 삶의 모든 단계에서 그들의 일상생활을 하고 있는 인류의 스냅사진일 뿐이다. 이로부터 얻을 수 있는 정보는 매우 제한적이어서 인간의 출생에서 죽음까지의 모든 과정을 종합해야만 인류를 이해할 수 있다.

우리도 마찬가지로 별을 볼 때 같은 문제에 직면한다. 수천 수백 만 년의 별의 일생을 단지 몇백 년 동안 망원경을 통해 별을 공부해온 인간이 이해하고자 하는 것은 외계인이 1분 동안 인류를 이해하려는 것과 같다. 우리가 보는 것은 어떤 별의 일생 중 아주 짧은 순간이고, 별의 수백 만 년 중 아주 단편적인 순간들이 담긴 스냅사진의 종합일 뿐이다. 우리는 이 스냅사진을 통해 별의 일생을 재구성하는 방법을 알게 되었다.

이제 우리는 모든 별이 태양과 공통점이 아주 많다는 것을 알고 있다. 모두 거대한 가스와 먼지구름에서 생성되고 처음에는 화학적 구성 성분이 태양과 거의 같다. 질량의 약 3/4은 수소, 1/4은 헬륨으로 이루어져 있고 헬륨보다 무거운 구성 요소는 약 2% 정도이다. 그렇지만 모든 별이 다 같은 건 아니다. 크기, 나이, 밝기 그리고 온도가 모두 다르다. 이번 장과 다음 장은 별의 크기, 나이, 밝기, 온도가 왜 그리고 어떻게 다른지를 살펴볼 예정이다. 그러나 그전에 별의 가장 중요한 세 가지 특성, 밝기, 표면온도, 질량을 측정하는 방법을 알아보자.

### ● 별의 광도는 어떻게 측정할까?

어느 맑은 날 밤에 야외에 나가 하늘을 보면 별들의 밝기가 다르다는 것을 바로 알 수 있다. 어떤 별들은 너무 밝아서 별자리를 확인하는 데 사용되기도 한다[2.1절]. 또 어떤 별들은 너무 흐려서 우리의 육안으로는 전혀 볼 수 없기도 하다. 하지만 밝기의 차이만으로는 이러한 별들이 얼마만큼의 빛을 방출하는지 알 수 없다. 그 이유는 별의 밝기는 방출하는 빛의 양뿐만 아니라 거리에도 영향을 받기 때문이다. 예를 들어 프로키온별과 베텔지우스별은 겨울의 대삼각형(Winter Triangle, 그림 2.2 참조)의 꼭짓점을 이루는 3개의 별 중 2개로 우리가 보는 하늘에서는 동일한 밝기로 나타난다. 하지만 실제로는 베텔지우스가 프로키온보다 15,000배 더 많은 양의 빛을 방출한다. 동일하게 보이는 이유는 훨씬 더 먼 거리에 위치해 있기 때문이다.

**스스로 해보기** ▶ 20세기 전까지 사람들은 주로 별의 밝기나 하늘에서의 위치로 별의 종류를 분류하였다. 하늘이 맑은 날 밤 가장 좋아하는 별자리를 찾아 육안으로 별의 밝기에 따라 순서를 매겨보고 그 별이 부록 1에 있는 별자리표에 어떻게 나와 있는지 보아라. 왜 빛지리표에는 별들이 크기가 다른 점들로 표시되어 있을까? 표에 나와 있는 밝기의 등급이 눈으로 보는 것과 다른가?

비슷하게 보이는 2개의 별도 매우 다른 양의 빛을 방출하기 때문에 하늘에서의 별의 밝기와 그 별이 실제로 우주로 방출하는 빛의 양을 확실하게 구분해야 한다 (그림 12.1).

- 별의 **겉보기 밝기**는 실제로 방출하는 빛, 광도와 우리로부터의 거리 모두에 따라 다르다.
- 밝은 별을 거리에 관계없이 절대적인 의미로 말할 때 의미하는 것은 **광도**, 즉 별이 우주에 방출하는 에너지의 총량이다.

별의 겉보기 밝기는 실제 방출하는 빛, 즉 광도와 거리에 따라 다르다.   겉보기 밝기와 광도를 구분하기 위해서 100와트 전구를 생각해보자. 전구는 항상 동일한 양의 빛을 내보내기 때문에 광도는 변하지 않는다. 하지만 전구의 겉보기 밝기는 거리에 따라 달라진다. 전구에 가까울수록 더 밝게 보일 것이고, 멀어질수록 어둡게 보일 것이다.

**빛의 역제곱법칙** 별이나 다른 빛을 내는 무언가의 겉보기 밝기는 거리의 **역제곱법칙**을 따르며, 중력 작용의 역제곱법칙과 유사하다[4.4절]. 예를 들어 지구와의 거리보다 2배 더 먼 곳에서 태양을 바라보면 $2^2 = 4$배만큼 어둡게 보일 것이다. 만약 지구와의 거리보다 10배 더 먼 곳에서 본다면 $10^2 = 100$배만큼 더 어둡게 보일 것이다.

그림 12.2는 겉보기 밝기가 역제곱법칙을 따르는 이유를 설명하고 있다. 같은 양의 빛이 별을 둘러싸고 있는 각각의 상상의 구를 통과한다. 만약 빛이 1 AU 거리에 있는 구의 작은 사각형 하나를 통과하면, 2AU 거리에 있는 구에서는 같은 크기의 4개의 사각형을 통과해야 볼 수 있다. 그러므로 2AU 거리에 있는 구의 각각의 사각형을 통과하는 빛의 양은 1AU에 있는 사각

별까지의 거리를 제곱하면 겉보기 밝기는 $2^2$ 혹은 4가 된다.   형을 통과하는 빛의 양의 $1/2^2 = 1/4$가 된다. 같은 맥락에서 3AU 거리에 있는 동일한 크기의 사각형을 통과하는 빛은 1AU에 있는 사각형이 받는 빛의 $1/3^2 = 1/9$이다. 종합하자면 단위 면적당 받는 빛의 양은 거리가 늘어나면 그것의 제곱으로 줄어들고 따라서 역제곱법칙을 따르게 된다. 역제곱법칙은 겉보기 밝기, 광도, 및 광원의 거리에 관련된 아주 간단하면서도 중요한 법칙을 나타낸다. 우리는 그것을 **빛의 역제곱법칙**이라 부른다.

$$겉보기\ 밝기 = \frac{광도}{4\pi \times 거리^2}$$

광도의 기본 단위는 와트이므로[11.1절], 겉보기 밝기의 단위는 m²당 와트이다(공식에 있는 $4\pi$는 구의 표면적이 $4\pi \times 반지름^2$에서 나온 것이다.).

광도는 별이 단위시간 동안 우주로 방출하는 에너지의 총량이다.

겉보기 밝기는 지구에 도달하는 별 빛의 양(초당, m²당 에너지)

실제 축척이 아님!

**그림 12.1** 광도는 에너지의 양, 겉보기 밝기는 단위 면적당 에너지의 양

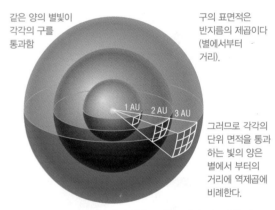

같은 양의 별빛이 각각의 구를 통과함

구의 표면적은 반지름의 제곱이다 (별에서부터 거리).

그러므로 각각의 단위 면적을 통과하는 빛의 양은 별에서 부터의 거리에 역제곱에 비례한다.

**그림 12.2** 빛의 역제곱법칙 : 별의 겉보기 밝기는 거리의 제곱에 반비례한다.

**빛의 역제곱법칙**

광도를 $L$, 거리를 $d$, 겉보기 밝기를 $b$라고 하면 다음과 같은 빛의 역제곱법칙을 만들 수 있다.

$$b = \frac{L}{4\pi \times d^2}$$

본문에 나와 있듯이 일반적으로 겉보기 밝기를 측정할 수 있고 이것은 이 공식을 이용하여 거리를 알면 광도를 계산할 수 있다. 그리고 광도를 알면 거리를 계산할 수 있다.

예제 : 태양의 측정된 겉보기 밝기는 $1.36 \times 10^3$와트/m²이고 지구로부터 태양까지의 거리는 $1.5 \times 10^{11}$m이다. 이때 태양의 광도는 얼마인가?

해답 : 광도 $L$을 구하기 위한 역제곱법칙을 풀기 위해서는 먼저 양쪽 변에 $4\pi \times d^2$를 곱한다. 그리고 주어진 값을 대입한다.

$$b = 4\pi \times d^2 \times b$$
$$4\pi \times (1.5 \times 10^{11}\text{m}) \times (1.36 \times 10^3 \frac{\text{와트}}{\text{m}^2})$$
$$3.8 \times 10^{26}\text{와트}$$

태양의 겉보기 밝기와 거리를 측정하면, 우주에서 모든 방향으로 방출하는 총에너지를 계산할 수 있다.

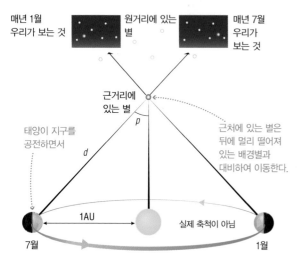

**그림 12.3** 시차는 근거리별의 시 위치가 원거리별에 대하여 매년 이동하도록 한다. 시차라 불리는 $p$ 각은 각 연도의 총 시차의 반을 나타낸다. $p$ 값을 각초로 측정하면, 별까지의 거리 $d$는 파섹으로 $1/p$이다. 이 그림에 나와 있는 각도는 매우 과장된 것이다. 모든 별은 1초 이하의 시차를 가지고 있다.

원칙적으로 별의 겉보기 밝기는 우리가 별에서 받는 m²당 빛의 양을 면밀히 측정한 것으로 결정할 수 있다. 그리고 나서 거리를 측정할 수 있으면, 별의 광도를 계산하기 위해 역제곱법칙을 적용할 수 있고 광도를 알면 별의 거리를 측정할 수 있다.

**생각해보자** ▶ 별 A가 별 B보다 광도가 4배 크다고 가정해보자. 둘 다 지구에서부터 거리가 같다면 겉보기 밝기는 얼마일까? 만약 별 A가 별 B보다 2배 멀리 있다면 겉보기 밝기는 어떻게 비교될까? 설명하라.

**별의 시차를 통한 거리측정** 별의 거리를 측정하는 가장 직접적인 방법은 별의 시차로, 태양을 중심으로 공전하는 지구의 움직임으로 인한 별의 시 위치가 매년 조금씩 변하는 것이다[2.4절]. 천문학자들은 6개월 간격으로 인근의 별을 비교 관찰하여 별의 시차를 측정한다(그림 12.3). 근처에 있는 별은 멀리 떨어져 있는 뒤에 배경으로 있는 별과 대비하여 이동하는 것으로 나타나는데 그 이유는 우리가 지구의 궤도 중 2개의 반대되는 지점에서 관찰하기 때문이다.

시차에 의한 별의 정확한 연간 이동량을 알면 별의 거리를 측정할 수 있다. 이것이 별의 **시차 각도**라 부르는 그림 12.3에서 $p$로 표시된 값이다. 별이 멀리 떨어져 있을수록 각도 값은 감소하므로 원거리에 있는 별일수록 시차 각이 작다. 실제 별의 시차 각은 아주 작다. 심지어 가장 가까운 별들의 시차 각은 1초 이하로 육안으로 관찰 가능한 1분보다 매우 작은 값이다.

1초의 시차 각을 가진 물체까지의 거리는 1파섹으로 3.26광년과 동일하다(파섹이라는 단어는 시차를 뜻하는 'parallax'와 각초를 뜻하는 'arcsecond'의 합성어). 이에 따른 별의 거리에 관한 간단한 공식이 만들어진다. 1초로 시차 $p$값을 측정하면 파섹으로 나타내는 별의 거리 $d$는 $d = 1/p$이다. 파섹을 광년으로 바꾸려면 3.26을 곱하면 된다. 예를 들어 시차 $p$가 1/10초 거리에 있는 별은 10파섹 혹은 $10 \times 3.26 = 32.6$광년 떨어져 있는 것이다. 천문학자들이 거리를 말할 때 파섹, 킬로파섹(1,000파섹) 혹은 메가파섹(100만 파섹) 단위를 사용하기도 하지만 이 책에서는 광년을 거리 단위로 사용할 것이다.

**생각해보자** ▶ 별 A의 시차가 0.2초이고 별 B가 0.4초라고 가정해보자. 지구로부터 별 A까지의 거리는 별 B까지의 거리와 비교하면 얼마인가?

시차는 천문학자들이 별까지의 거리를 측정하기 위해 개발한 최초의 신뢰할 만한 기술로 별의 특성과 관계없이 별의 거리를 측정하는 유일한 방법으로 남아 있다. 별의 거리를 시차를 통해 알면 빛의 역제곱법칙을 이용해 광도를 측정할 수 있다. 사실 시차 측정은 모든 우주의 거리 측정에서 중요한데 왜냐하면 천문학자들이 별의 일반적 특성을 연구하기 위해 인근의 별의 거리를 측정하는 데 있어서 시차를 이용했기 때문이다.

천문학자들은 2013년부터 100,000개 이상의 별의 시차를 측정했고 그중에는 1,500광년 이상인 것들도 있다. 이것은 아주 중요한 발견이지만 은하수의 지름인

100,000광년에 비하면 아주 작은 것이다. 2013년 말 발사되는 유럽의 가이아(GAIA) 우주선은
수십 수천 광년 거리에 있는 최대 10억 개의 별의 시차를 측정할 예정이다.

**별의 광도 범위** 지금까지 별의 광도를 측정하는 법을 알아보았고 이제는 그 결과를 살펴보
자. 보통 별의 광도를 태양의 광도 $L_{태양}$에 비교해서 이야기한다. 예를 들어 센타우루스자리의
알파별 3개 중 가장 가까이에 있는 따라서 태양을 제외하고 가장 가까운 별인 센타우루스자리
의 프록시마별은 태양의 광도보다 0.0006배 혹은 0.0006$L_{태양}$, 오리온자리 왼쪽 상단에서 가장
빛나는 별 베텔지우스는 120,000$L_{태양}$, 즉 태양의 광도보다 120,000배 밝다. 많은 별의 광도에
대한 연구는 아래에 나와 있는 두 가지 중요한 사항을 알려주었다.

- 별의 광도 범위는 아주 다양하며 태양은 그 중간에 있다. 가장 어두운 별의 광도는 태양
  의 1/10,000배 ($10^{-4}L_{태양}$)이고 가장 밝은 별은 태양 광도의 100만 배($10^6L_{태양}$)이다.
- 어두운 별들은 밝은 별들보다 더 많다. 예를 들어 태양은 별의 광도 범위에서 중간 정도
  에 있지만 우리은하계에 있는 대부분의 별들보다 더 밝다.

**시스템의 규모** 많은 천문학 자료(별자리표)는 별의 겉보기 밝기와 광도를 대안적인 방법으로
나타내고 있다. 그 자료들은 그리스 천문학자 히파르코스(c. 190~120 B.C)가 고안한 고대 등
급계를 이용한다. 이 책에서 많이 인용하지는 않겠지만 다른 곳에서 볼 수도 있으니 미리 알
아보는 것이 좋다.

히파르코스는 하늘에서 가장 빛나는 별을 '1등성'으로 지정하고 그 다음으로 밝은 별을 '2등
성'으로 계속해서 등급을 매겼다. 가장 흐린 별은 6등성이다. 별이 하늘에서 얼마나 밝은지를
나타내는 이것을 오늘날에는 **실시등급**이라고 칭한다. 이 등급계는 '반대로' 적용되는 것을 주
의해야 한다. 실시등급이 큰 것은 겉보기 밝기가 어둡다는 것을 의미한다. 예를 들어 실시등
급이 4인 별은 등급이 1인 별보다 더 어둡다.

현대시대에서 등급계는 좀 더 확대되고 세분화되었다. 5등급의 차이는 정확히 100의 밝기
차로 나타낸다. 예를 들어 1등성 별이 6등성 별보다 100배 더 밝고, 3등성 별은 8등성 별보다
100배 더 밝다. 이 정확한 개념 정의로 인해 분수 개념의 실시등급의 별들이 발견되었고 몇몇
밝은 별들의 실시등급은 1 이하로 1등성보다 더 밝다는 것을 의미한다. 예를 들어 밤하늘에서
가장 빛나는 별은 시리우스로 실시등급은 −1.46이다.

현대적인 등급계는 또한 별의 광도를 표현하는 한 방법으로 절대등급을 정의하고 있다. 별
의 **절대등급**은 만약 지구로부터 10파섹(32.6광년)의 거리에 있을 경우의 실시등급이다. 예를
들어 태양의 절대등급이 약 4.8이라면 이것은 태양이 우리로부터 10파섹 거리에 있다는 조건
하에서의 실시등급으로 육안으로 보일 정도로는 밝지만 어두운 밤에 눈에 띌 정도는 아니라
는 것을 의미한다.

## ● 별의 온도는 어떻게 측정할까?

두 번째로 근본적인 별의 특성은 표면온도이다. 왜 내부 온도가 아니고 표면온도를 강조하는
지 궁금해할 것이다. 답은 표면온도만이 직접적으로 측정할 수 있기 때문이다. 내부 온도는
별의 수학 모형을 근거로 유추한 것이다[11.1절]. 천문학자들이 '온도'를 이야기할 때는 별도
로 언급하지 않는 이상 거의 대부분 **표면온도**를 뜻한다.

**그림 12.4** 허블우주망원경 사진은 다양한 색과 밝기의 별들을 보여준다. 이 사진에 나와 있는 대부분의 별들은 우리의 은하계 중심에서부터 2,000광년 떨어져 있다. 이 별들이 은하계 중심에 위치하고 있음에도 불구하고 보이는 이유는 대부분의 별 관찰을 방해하는 먼지구름들 사이의 간극('바데의 창'이라고 불리는) 때문이다.

## 일반적인 오해

### 별의 사진

별, 성단, 은하의 사진은 엄청난 양의 정보를 담고 있지만 동시에 사실이 아닌 인위적인 것들도 포함하고 있다. 예를 들면 그림 12.4에서 보듯이 사진상으로는 별들이 다양한 크기로 나타나지만, 실제로는 너무 멀리 떨어져 있어서 빛의 점으로 보여야 한다. 크기는 우리가 사용하는 장비가 빛을 어떻게 기록하는가에 따른 인공물이다. 밝은 별은 사진에서 과잉 노출되는 경향이 있어 어두운 별보다 더 크게 나타난다. 과잉 노출은 구상성단의 중앙과 은하계가 사진상으로는 커다란 얼룩으로 보이는 이유이기도 하다. 이러한 것들의 중앙 부분에는 바깥쪽보다 더 많은 별이 있고, 많은 별의 밝기의 합은 과잉 노출되어 커다란 빛의 반점을 만든다.

사진에서 밝은 별 주변 돌기는 가운데 별을 두고 십자가 모양을 만드는데 이것도 그러한 인공적인 결과물 중 하나이다. 그림 12.4에 있는 많은 별에서 이러한 돌기를 볼 수 있다. 이러한 돌기는 실제로 존재하지는 않고 오히려 망원경의 부경을 지지하는 것과 별빛이 작용하여 만들어낸 것이다[5.3절]. 돌기는 일반적으로 별과 같은 광원에서 발생하고, 은하와 같은 큰 천체에서는 나타나지 않는다. 많은 은하계를 담고 있는 사진을 볼 때(예 : 그림 16.1 참조) 돌기를 찾으면 어떤 것이 별인지 알 수 있다.

별의 표면온도를 측정하는 것은 광도를 측정하는 것보다 더 수월하다. 왜냐하면 별의 거리는 측정에 영향을 미치지 않기 때문이다. 대신 표면온도를 별의 색이나 스펙트럼을 통해 결정한다.

**색과 온도** 그림 12.4를 자세히 보자. 별들의 색의 종류가 무지개의 거의 모든 색을 띤다는것을 볼 수 있다. 단순히 별을 보는 것으로 별의 표면온도에 대해 어느 정도 알 수 있다. 예를 들어 붉은색의 별은 파란색의 별보다 온도가 낮다.

별은 열복사를 하기 때문에 다른 색으로 나타난다[5.2절]. 물체가 방출하는 (표면)온도에만 의존하는 열복사 스펙트럼(그림 5.11 참조)을 생각해보자. 예를 들어 태양의 표면온도 5,800K는 스펙트럼의 가시광선 부분의 중앙에서 가장 강하게 방출하도록 하는데, 그것이 태양이 황색 혹은 백색으로 보이는 이유이다. 베텔지우스(표면온도 3,650K)와 같은 온도가 낮은 별은 청색보다 적색 빛을 더 많이 방출하기 때문에 붉게 보인다. 시리우스와 같은(표면온도 9,400K) 온도가 높은 별은 적색 빛보다 청색 빛을 좀 더 방출하여 푸른 빛을 띤다.

천문학자들은 다른 두 가지 빛의 별의 겉보기 밝기를 비교하여 표면온도를 매우 정확하게 측정할 수 있다. 예를 들면 천문학자들은 시리우스의 푸른 빛과 붉은 빛의 양을 비교하여 붉은 빛보다 푸른 빛을 얼마나 더 방출하는지 측정할 수 있다.

열복사 스펙트럼은 독특한 모양(그림 5.11 참조)을 하고 있기 때문에 푸른 빛과 붉은 빛의 방출량 차이는 천문학자들이 표면온도를 측정할 수 있도록 한다.

**스펙트럼형과 온도** 별의 스펙트럼선은 별의 표면온도를 측정하는 두 번째 방법을 제공한다. 사실상 성간먼지가 별의 겉보기 색에 영향을 주기 때문에 스펙트럼선에서 결정된 온도는 일반적으로 색으로만 정한 온도보다 더 정확하다. 고이온화된 요소들의 스펙트럼선을 나타내는

**표 12.1  분광계열**

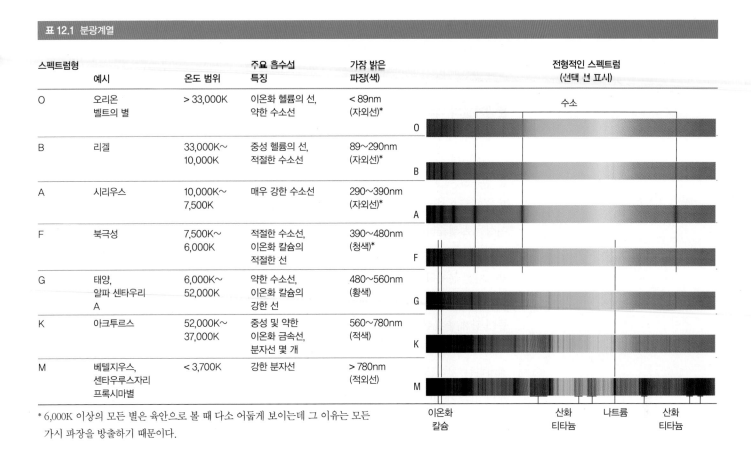

| 스펙트럼형 | 예시 | 온도 범위 | 주요 흡수선 특징 | 가장 밝은 파장(색) |
|---|---|---|---|---|
| O | 오리온 벨트의 별 | > 33,000K | 이온화 헬륨의 선, 약한 수소선 | < 89nm (자외선)* |
| B | 리겔 | 33,000K~ 10,000K | 중성 헬륨의 선, 적절한 수소선 | 89~290nm (자외선)* |
| A | 시리우스 | 10,000K~ 7,500K | 매우 강한 수소선 | 290~390nm (자외선)* |
| F | 북극성 | 7,500K~ 6,000K | 적절한 수소선, 이온화 칼슘의 적절한 선 | 390~480nm (청색)* |
| G | 태양, 알파 센타우리 A | 6,000K~ 52,000K | 약한 수소선, 이온화 칼슘의 강한 선 | 480~560nm (황색) |
| K | 아크투르스 | 52,000K~ 37,000K | 중성 및 약한 이온화 금속선, 분자선 몇 개 | 560~780nm (적색) |
| M | 베텔지우스, 센타우루스자리 프록시마별 | < 3,700K | 강한 분자선 | > 780nm (적외선) |

\* 6,000K 이상의 모든 별은 육안으로 볼 때 다소 어둡게 보이는데 그 이유는 모든 가시 파장을 방출하기 때문이다.

별들은 꽤 온도가 높은데, 원자를 이온화하는 데 매우 높은 열을 필요로 하기 때문이다. 분자의 스펙트럼선을 나타내는 별들은 상대적으로 낮은 온도의 상태가 아니라면 분자가 각각의 원자로 쪼개지기 때문에 상대적으로 온도가 낮다. 그러므로 별의 스펙트럼에서 제시하는 스펙트럼선의 종류들은 별의 표면온도의 직접 측정을 가능하게 한다.

천문학자들은 별의 스펙트럼에서 제시하는 스펙트럼선으로부터 정해진 **스펙트럼형**에 따른 표면온도에 따라 별을 분류한다. 푸른색을 띠는 가장 뜨거운 별은 스펙트럼 O형이라고 불리고 점차 감소하는 순서에 따라 B, A, F, G, K, M 형으로 진행된다. 이 순서를 기억하는 가장 전형적인 방법은 'Oh Be A Fine Girl/Guy, Kiss Me!' 라는 문장의 앞 글자 OBAFGKM 암기하는 것이다. 각각의 스펙트럼형의 특징은 표 12.1에 요약되어 있다(스펙트럼형의 순서는 M형을 넘어 L, T, Y를 포함한다. 이들은 별과 같은 것들로 보통 갈색 왜성으로[13.1절] 스펙트럼 M형보다 온도가 낮다.).

별의 스펙트럼은 분광계열 OBAFGKM 형에 대응하는 표면 40,000K 이하에서 3,000K 이상까지의 범위에 있는 표면온도를 나타낸다.

각 스펙트럼형은 숫자로(B0, B1, ……, B9) 표현되는 하위 범주로 세분화된다. 숫자가 클수록 별의 온도는 낮다. 예를 들면 태양은 스펙트럼형 G2로 표시되는데, 이것은 G3 별보다는 뜨겁고 G1보다는 차갑다는 것을 의미한다.

별의 표면온도 범위는 광도의 범위보다 좁다. 스펙트럼형 M 중에서 가장 온도가 낮은 별은 3,000K보다 낮은 경우도 있다. 스펙트럼형 O형 중에서 가장 뜨거운 별은 표면온도가 40,000K 이상인 것들도 있다. 온도가 낮은 적색 별들은 청색의 뜨거운 별들보다 좀 더 많이 보인다.

**생각해보자** ▶ OBAFGKM을 암기할 자신만의 연상법을 개발해보자. 생각하는 것을 돕기 위해 두 가지 예를 들자면 (1) Only Bungling Astronomers Forget Generally Known Mnemonics 혹은 (2) Only Business Acts For Good, Karl Marx

**분광계열의 역사** 스펙트럼형이 왜 OBAFGKM 순서를 따르는지 궁금해할 것이다. 답은 항성 분광학의 역사에 있다.

1800년대 말 하버드대학교 천문대의 에드워드 피커링(1846~1919) 관장이 별의 스펙트럼을 연구하는 프로젝트를 시작하였다. 좀 더 진행해야 할 일들이 많아 '컴퓨터'라고 불리는 보조원을 고용했다. 그 당시 여성들에게는 다른 기회가 많지 않았기 때문에 대부분의 컴퓨터는 여성들로 웰즐리나 래드클리프에서 물리학 혹은 천문학을 수학한 사람들이었다.

그중 첫 번째 컴퓨터는 윌리아미나 플레밍(1857~1911)으로 수소선의 강도에 따라 별의 스펙트럼을 분류하였다. A형이 가장 강한 수소선, B형이 그다음 이런 방식으로 수소선이 가장 약한 O형까지 진행되었다. 피커링은 1890년 플레밍이 작성한 10,000개 이상의 별에 대한 분류에 관해 출판했다.

별의 스펙트럼이 증가하고 연구가 점점 더 상세해지면서 수소선에만 의존하는 분류는 부적절하다는 것이 분명해졌다. 결국 더 나은 분류법을 찾는 것이 1896년 피커링의 팀에 합류한 애니 점프 캐넌(1863~1941)의 몫으로 돌아갔다(그림 12.5). 캐넌은 플레밍과 다른 컴퓨터 안토니아 마우리(1866~1952)의 작업에 추가하여 자연적인 순서에 따르는 스펙트럼 분류를 실현하였지만, 수소선에 의해서만 결정되는 알파벳 순서는 아니었다. 게다가 기존의 분류가 다른 것들과 겹치거나 삭제될 수 있다는 것을 발견했다. 캐넌은 자연적인 순서가 피커링과 플레밍의 OBAFGKM 순서로 되어 있는 기존 분류로 구성된다는 것도 발견했다. 그리고 숫자로 하위 범주를 추가했다.

천문학계에서는 1910년 캐넌의 별 분류 시스템을 채택했다. 그러나 당시 그 누구도 스펙트럼이 왜 OBAFGKM 순서로 되었는지를 알지 못했다. 많은 천문학자가 여러 종류의 스펙트럼선들이 별의 구성물의 차이점을 나타낸다고 잘못 추측했다. 정답은 모든 별은 수소와 헬륨으로 이루어져 있고, 별의 표면온도는 그것의 스펙트럼선의 강도를 조절하는 것으로, 1925년 하버드 천문대의 세실리아 페인-가포스킨(1900~1979)에 의해 밝혀졌다. 페인-가포스킨은 그 당시의 새롭게 개발되고 있던 양자역학의 과학에 의존하여 별들의 스펙트럼선상의 차이는 단순히 방출하는 원자의 이온화된 정도의 변화를 반영한다는 것을 밝혀냈다.

예를 들면 O형 별들은 약한 수소선을 가지고 있는데, 높은 표면온도에서 거의 모든 수소가 이온화되었기 때문이다. 에너지 단계 사이에서 '이동'하는 전자가 없는 이온화 수소는 빛의 특정한 파장을 방출할 수도 흡수할 수도 없다. 분광계열의 반대쪽 끝에서 M형 별은 안정적인 분자가 생성될 정도로 온도가 낮아서 강력한 분자 흡수선을 나타낸다.

## ● 별의 질량은 어떻게 측정할까?

일반적으로 질량은 표면온도나 광도보다 더 측정하기 어렵다. 별을 '저울질'할 만한 가장 믿을 만한 방법은 케플러 제3법칙의 뉴턴 법식이다[4.4절]. 이 법칙을 적용할 수 있는 경우는 한 물체가 다른 물체를 공전할 때이고, 공전주기와 공전하는 물체의 공전거리를 측정할 수 있어야만 한다. 별의 경우 이러한 요구사항들은 2개의 별이 끊임없이 서로를 공전하는 **쌍성계**에서

**그림 12.5** 에드워드 피커링과 그의 '컴퓨터들'이 1913년 하버드 천문대에서 포즈를 취하고 있다. 애니 점프 캐넌은 뒷줄 왼쪽에서 5번째에 있다.

만 질량 측정이 가능하다는 것을 의미한다. 케플러 제3법칙의 뉴턴 법식을 통해 어떻게 공전 주기와 거리를 측정하는지 알아보기 전에 우리가 관측할 수 있는 쌍성의 종류에 대해 간단히 살펴보자.

**쌍성의 종류** 조사에 따르면 모든 별의 반 이상이 다른 별을 공전하고 있으므로 대부분이 쌍성에 속한다는 것을 보여준다. 이러한 쌍성은 다음 세 가지로 분류될 수 있다.

- 안시쌍성은 서로를 공전하는 한 쌍의 별들로 (망원경으로) 잘 보인다. 마치 쌍성의 일부인 것처럼 천천히 위치를 이동하는 별을 관찰할 수 있지만, 그 짝이 되는 별은 너무 흐려 잘 보이지 않는다. 예를 들면 하늘에서 가장 밝은 별인 시리우스의 이동은 그 짝이 되는 별이 발견되기 이전에 이미 쌍성이라는 것이 밝혀졌다(그림 12.6).

- 분광쌍성은 스펙트럼선에서 도플러 이동 관찰을 통해 확인되었다[5.2절]. 어떤 별이 다른 별을 공전한다는 것은 주기적으로 우리를 향해 다가왔다가 또 멀어져 가는 것으로, 스펙트럼선상에서는 청색이동과 적색이동이 반복적으로 나타난다는 것을 의미한다(그림 12.7). 가끔 우리는 앞뒤로 변화하는 두 세트의 선을 보게 되는데 이것은 시스템 안에서 각각 2개의 별의 한 세트씩이다(이열 분광쌍성). 다른 경우에는 짝이 되는 별이 너무 어두워서 한 별에서만 이동하는 선을 볼 수 있다(일열 분광쌍성).

- 식쌍성은 우리의 시선 방향에서 공전하는 별의 한 쌍이다(그림 12.8). 둘 다 빛이 가려지지 않았을 경우에는 두 별의 빛의 합을 볼 수 있다. 한 별이 다른 별을 가리면 빛의 일부가 우리의 시야에서 차단되어 시스템의 겉보기 밝기가 감소한다. 광도곡선 혹은 시간에 대한 겉보기 밝기는 식(eclipse)의 패턴을 드러낸다. 식변광성 중 가장 유명한 예는 알골성[(아랍어로 '유령(ghoul)')]으로, 페르세우스자리의 '악마성'이다. 알골의 밝기는 3일 주기로 3등성으로 떨어지고 나머지 2개의 별의 밝기는 흐린 짝별에 의해 가려진다.

쌍성을 발견하는 이 세 가지 방법은 외계행성을 찾기 위해 사용한 세 가지 방법과 일치한다[10.1절]. 안시쌍성을 관찰한다는 것은 위치의 이동을 관찰한다는 뜻이고, 따라서 **천문학적인 방법**과 동일하다고 할 수 있다. 분광쌍성에서 스펙트럼의 변화를 보는 것은 **도플러 방법**과 같다. 그리고 식쌍성은 **통과(transits)**와 식 현상을 모두 겪는다.

어떤 항성계는 이러한 쌍성 형태가 2개 혹은 그 이상의 결합이기도 하다. 예를 들면 망원경 관측을 통해 미자르(큰곰자리의 손잡이 부분에 있는 두 번째 별)가 안시쌍성인 것을 발견했다. 그리고 분광학을 통해 안시쌍성의 두 별이 각각 분광쌍성이라는 것이 나타났다(그림 12.9).

**쌍성계에서의 질량** 쌍성계에서도 궤도주기와 두 별의 분리 모두를 측정할 수 있다는 조건하에서 케플러 제3법칙의 뉴턴 법식을 활용하여 질량을 측정할 수 있다. 세 가지 쌍성계형 모두 궤도주기를 직접 측정할 수 있지만 쌍성의 평균 분리를 결정하기 위해서는 별 궤도가 우리의

**그림 12.6** 각각의 그림은 1900년부터 1970년까지 10년 간격으로 시리우스 A와 시리우스 B의 상대적 위치를 보여준다. 시리우스 A가 앞뒤로 '요동치는' 것은 천문학자들이 망원경으로 두 별을 알아내기 이전에 시리우스 B의 존재를 추론할 수 있게 하였다. 쌍성계의 평균 궤도분리는 약 20AU이다.

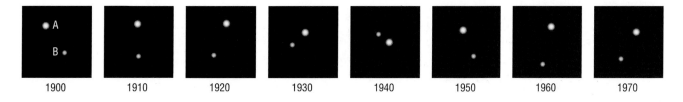

| 1900 | 1910 | 1920 | 1930 | 1940 | 1950 | 1960 | 1970 |

궤도의 한쪽 면에서 별 B가 우리 쪽으로 다가온다.

따라서 스펙트럼은 청색이동을 했다.

지구 쪽 →

궤도의 또 다른 쪽에서는 별 B가 우리로부터 멀어진다.

따라서 스펙트럼은 적색이동을 했다.

**그림 12.7** 쌍성계에서 스펙트럼선은 궤도에서 우리 쪽으로 올수록 청색이동하고 멀어질수록 적색이동한다.

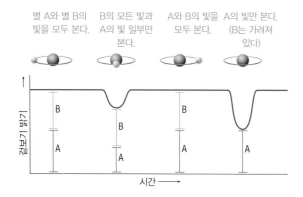

별 A와 별 B의 빛을 모두 본다.

B의 모든 빛과 A의 빛 일부만 본다.

A와 B의 빛을 모두 본다.

A의 빛만 본다. (B는 가려져 있다)

겉보기 밝기

시간 →

**그림 12.8** 식쌍성계의 겉보기 밝기는 한 별이 다른 별을 가릴 때 감소한다.

미자르는 안시쌍성이다.

미자르

그리고 분광특성은 각각의 안시 '성'들이 그 자체로 쌍성이라는 것을 보여준다.

**그림 12.9** 미자르는 육안으로는 하나로 보이지만 실제로는 4개의 별로 이루어져 있다. 망원경을 통해서 보는 미자르는 2개의 별로 이루어진 쌍성으로 나타나고, 미자르 A와 B는 점점 이동하여 몇천 년마다 서로의 궤도를 돈다는 것을 보여준다. 게다가 이 두 '별'은 각각 식쌍성으로 총 4개의 별이다.

시선 방향에서 어떤 방향으로인지 정확히 알아야 한다. 안시쌍성과 분광쌍성에서는 이 방향을 종종 확인할 수 있는 반면, 식쌍성에서는 항상 알 수 있다.

외계행성의 통과와 같이 쌍성계에서의 식은 두 별이 우리의 시선 방향 가장자리에서 공전한다는 것을 말해준다. 그러므로 도플러 이동 측정은 별의 실제 궤도 최저 속도를 알려주고(그림 5.15 참조), 이 속도를 궤도주기와 함께 이용해서 궤도 분리를 계산할 수 있다. 그러고 나면 케플러 제3법칙의 뉴턴 법식을 적용하여 별의 질량을 알 수 있다. 추가로 식쌍성은 별의 반경을 직접 계산할 수 있도록 한다. 왜냐하면 어떤 별이 다른 별을 가리는 것을 통해 별이 시선 방향을 통과해 얼마나 빠르게 움직이는지 알 수 있기 때문에 각각의 식이 얼마나 오래 지속되는지 시간을 계산하여 반경을 측정할 수 있다.

쌍성계에 있는 별의 질량은 궤도주기와 분리주기를 측정할 수 있는 경우에만 확인 가능하다.

천문학자들은 식쌍성과 다른 쌍성계를 자세히 관찰하여 많은 종류의 별들의 질량을 밝혀냈다. 전체적인 범위는 아주 작게는 태양의 0.08배($0.08M_{태양}$)에서부터 150배($150M_{태양}$)까지이다. 이 질량 범위에 대해서는 제13장에서 다시 자세히 살펴볼 것이다.

## 12.2 별의 종류

별의 광도, 표면온도 및 질량이 다양한 범위에서 나타난다는 것을 살펴보았다. 그렇다면 이러한 특성들이 별마다 임의적으로 나타나는 것일까 아니면 별의 일생에 대해서 말해줄 어떤 패턴이 있는 걸까?

다음으로 넘어가기 전에 그림 12.4를 다시 보고 이 별들을 어떻게 분류할지 생각해보자. 거의 모든 별이 지구로부터 동일한 거리에 분포하고 있고, 따라서 사진의 겉보기 밝기를 관찰하여 실제 광도를 비교할 수 있다. 자세히 보면 몇 가지 주요한 특성을 찾을 수 있다.

• 밝은 별들의 색은 대부분은 적색이다.
• 상대적으로 밝은 몇몇 적색 별들을 제외하면 나머지 별들에서는 공통적인 광도와 색이 나타난다. 밝은 별들은 약간의 푸른 빛을 띤 백색이고, 중간 정도의 별들은 노란 빛의 흰색으로 우리의 태양과 유사하며 가장 흐린 것들은 거의 보이지 않는 붉은 반점들이다.

색이 표면온도(청색은 뜨거운 것, 적색은 차가운 것)를 말해준다는 것을 유념하면 이러한 양식에서 표면온도와 광도 사이의 관계에 대해 알 수 있다.

덴마크 천문학자 헤르츠스프룽과 미국 천문학자 헨리 노리스 러셀은 이 관계들에 대해서 1910년대에 발견했다. 헤르츠스프룽과 러셀은 애니 점프 캐넌과 다른 이들의 업적에 추가하여 별의 광도를 한 축에 입력하고 스펙트럼형을 다른 축에 입력해서 독자적으로 별의 특성에 대한 그래프를 만들었다. 이러한 그래프들은 별의 특성 중 이전에 의심하지 않았던 양식을 드러내고 궁극적으로는 별의 생애 주기의 비밀을 밝혀냈다.

## ● 헤르츠스프룽-러셀도는 무엇인가?

헤르츠스프룽과 러셀이 고안한 형태의 그래프는 헤르츠스프룽 러셀(H-R)도라고 불린다. 이 도표는 바로 천문학 연구에서 가장 중요한 수단이 되었고 별을 연구하는 데 있어서 매우 중요하다.

**H-R도의 기본** 그림 12.10은 어떻게 H-R도를 나타내는지 보여주며, 오른쪽 그림은 완성된 H-R도이다.

- 가로축은 별의 표면온도를 나타내며 앞서 말했듯이 스펙트럼형에 대응한다. 온도는 왼쪽에서 오른쪽으로 갈수록 감소하는데 그 이유는 헤르츠스프룽과 러셀이 OBAFGKM 순서에 기반을 두었기 때문이다.
- 세로축은 별의 광도를 나타내며 태양의 광도($L_{태양}$)의 단위로 표시된다. 별의 광도는 범위가 넓어서 각 눈금 하나가 이전 눈금보다 10배 더 큰 광도를 나타내도록 하며 촘촘하게 구성되어 있다.

H-R도에는 별의 광도에 대응하는 표면온도가 그려져 있다. H-R도에 있는 각각의 위치는 스펙트럼형과 광도의 고유한 결합을 보여준다. 예를 들면 그림 12.10에서 태양을 나타내는 점은 스펙트럼형에서는 G2이고 광도는 $1L_{태양}$이다. 도표에서 위로 올라갈수록 광도가 증가하고 왼쪽으로 갈수록 표면온도가 증가하므로 왼쪽 상단에 있는 별은 온도가 높고 밝으며, 오른쪽 하단에 있는 별은 온도가 낮고 흐리다. 그리고 왼쪽 하단에 있는 별은 온도가 높고 흐리다.

**생각해보자** ▶ 그림 12.10에 있는 별의 색이 어떻게 별의 표면온도를 나타내는지 설명하라. 이 색상들이 내부 온도에 대해서 무엇을 알려주는가? 왜 혹은 그렇지 않다면?

H-R도는 별의 반지름에 대한 정보를 제공하는데 왜냐하면 별의 광도가 표면온도 및 표면적 혹은 반지름에 따라 다르기 때문이다. 2개의 별이 동일한 표면온도의 조건이라면 한 별이 크기가 클 경우에만 다른 별보다 더 밝게 빛난다. 따라서 H-R도 하단 왼쪽 높은 온도, 낮은 광도에서 도표 상단 오른쪽 낮은 온도에서 높은 광도로 갈수록 별의 반경은 늘어난다. 그림 12.10에 있는 별의 반경을 나타내는 사선을 보자.

**별의 종류와 H-R도** 별들은 그림 12.10에서와 같이 H-R도에서 무작위로 표시된 것은 아니지만 대신 4개의 주요 그룹으로 모여 있다.

- 대부분의 별은 H-R도상에서 왼쪽 상단에서 시작하여 오른쪽 하단으로 이어지는 선 안에 분포하는 **주계열성**이다. 태양은 이러한 주계열성 중 하나이다.
- 오른쪽 상단에 있는 별은 크기도 매우 크고 밝기도 매우 밝아 **초거성**이라 불린다.
- 초거성 바로 아래에는 지름이 작고 광도가 낮은 **거성**이 있다(그래도 여전히 같은 스펙트럼형의 주계열성과 비교했을 때에는 크고 밝다.).
- 왼쪽 하단에 있는 별들은 반지름도 작고 높은 온도로 인해 흰색으로 보인다. 이러한 별을 **백색왜성**이라 부른다.

---

천문
## 계산법 12.2

**별의 반경**

거의 모든 별은 직접 그 반경을 측정하기에는 너무 멀리 떨어져 있다. 그렇다면 어떤 것은 작고 어떤 것은 크다는 것을 어떻게 알 수 있을까? 우리는 별의 광도와 표면온도를 통해 별의 반경을 계산할 수 있다. 천문 계산법 5.1을 보면 온도가 $T$인 별이 단위 면적당 방출되는 복사열의 양은 $\sigma T^4$으로, 상수 $\sigma = 5.7 \times 10^{-8}$와트/(m² × Kelvin⁴)이다. 별의 총광도 $L$은 이 단위 면적당 에너지에 반지름이 $r$인 별의 표면적 $4\pi r^2$을 곱한 것과 같다.

$$L = 4\pi r^2 \times \sigma T^4$$

별의 반지름 $r$을 구하기 위한 공식으로 바꾸면

$$r = \sqrt{\frac{L}{4\pi\sigma T^4}}$$

예제 : 베텔지우스는 표면온도가 약 3,650K이고 광도는 $120,000 L_{태양}$으로 약 $4.6 \times 10^{31}$와트이다. 반지름은 얼마인가?

해답 : 위의 공식에 $L = 4.6 \times 10^{31}$와트를, $T$에는 3,650K를 대입해 보자.

$$
\begin{aligned}
r &= \sqrt{\frac{L}{4\pi\sigma T^4}} \\
&= \sqrt{\frac{4.6 \times 10^{31}\,\text{watts}}{4\pi \times \left(5.7 \times 10^{-8}\,\dfrac{\text{watt}}{\text{m}^2 \times \text{K}^4}\right) \times (3650\text{K})^4}} \\
&= \sqrt{\frac{4.6 \times 10^{31}\,\text{watts}}{1.3 \times 10^8\,\dfrac{\text{watt}}{\text{m}^2}}} = 5.9 \times 10^{11}\,\text{m}
\end{aligned}
$$

베텔지우스의 반지름은 약 5,900억 m, 혹은 5억 9,000만 km이다. 이것은 태양과 지구의 거리(1AU ≈ 1억 5,000만 km)의 거의 4배이다. 이것이 베텔지우스를 초거성이라고 부르는 이유이다.

**그림 12.10** H-R도 읽는 법

헤르츠스프룽-러셀(H-R)도는 별의 특성들 사이의 주요한 관계를 나타내는 천문학에서는 매우 중요한 수단이다.
H-R도는 별의 표면온도와 광도를 나타낸다. 이 그림은 H-R도를 한 단계씩 순서대로 접근하여 설명하고 있다.

**①** **H-R도 그래프이다** : 가로선은 별의 색과 스펙트럼형과 연관된 표면온도를 나타낸다. 세로선은 광도를 나타낸다.

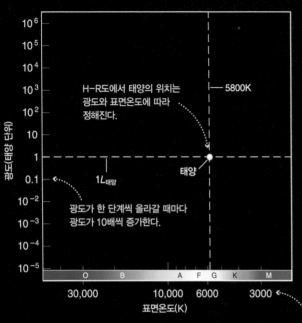

H-R도에서 태양의 위치는 광도와 표면온도에 따라 정해진다.

5800K

태양

$1L_{태양}$

광도가 한 단계씩 올라갈 때마다 광도가 10배씩 증가한다.

가로축에서 온도는 반대로 뜨거운 청색별이 왼쪽, 차가운 적색별이 오른쪽에 있다.

**②** **주계열성** : 태양은 왼쪽 위에서 오른쪽 아래로 이어지는 선에 분포되어 있는 주계열성이다. 대부분의 별들은 수소가 융합하여 헬륨으로 변하면서 빛을 발하는 주계열성이다.

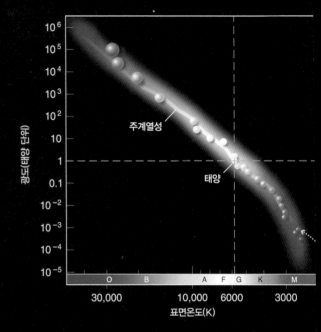

주계열성

태양

이 도표에 나온 별의 크기는 일반적인 경향을 나타내지만 실제 크기는 보이는 것보다 더 크다.

**③** **거성과 초거성** : H-R도에서 오른쪽 위에 있는 별은 같은 표면온도의 주계열성보다 더 밝다. 그리하여 지름이 큰 거성, 초거성으로 알려져 있다.

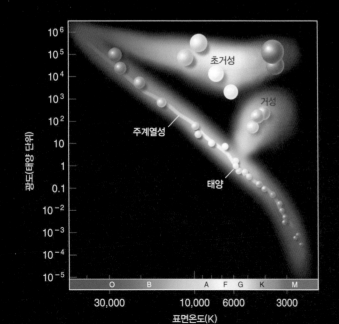

초거성

거성

주계열성

태양

**④** **백색왜성** : 왼쪽 아래에 있는 별은 표면온도가 높고, 광도는 낮으며 반지름도 작다. 이러한 별들은 백성왜성으로 알려져 있다.

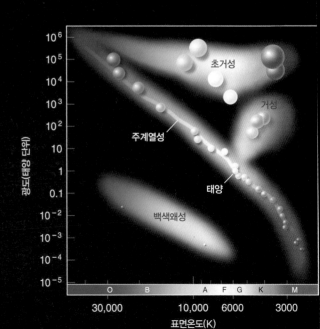

초거성

거성

주계열성

태양

백색왜성

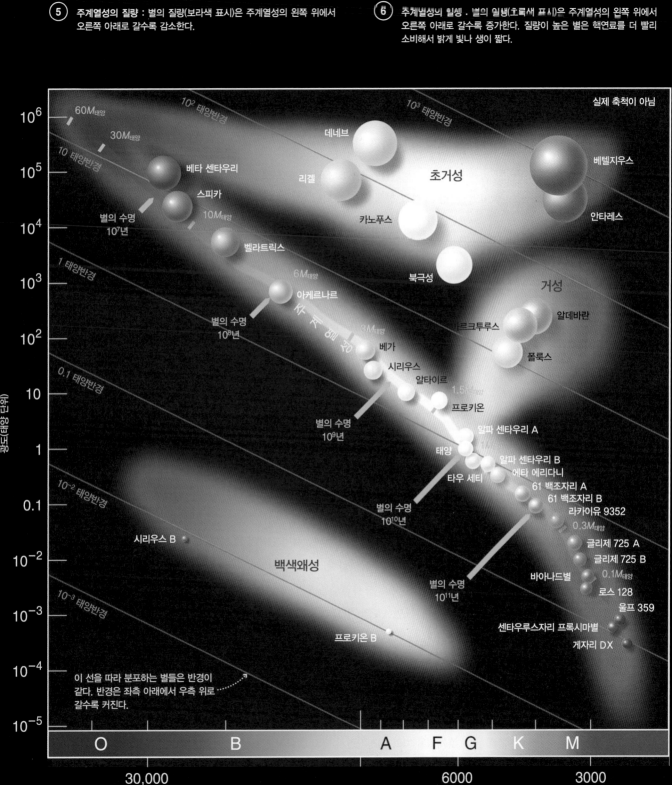

**5** 주계열성의 질량 : 별의 질량(보라색 표시)은 주계열성의 왼쪽 위에서 오른쪽 아래로 갈수록 감소한다.

**6** 주계열성의 일생 · 별의 일생(초록색 표시)은 주계열성의 왼쪽 위에서 오른쪽 아래로 갈수록 증가한다. 질량이 높은 별은 핵연료를 더 빨리 소비해서 밝게 빛나고 생이 짧다.

**광도 분류** 위에서 언급한 4개의 주요 그룹과 더불어 중간 범주에 속하는 별들도 있다. 그리하여 천문학자들은 좀 더 정확하게 하기 위해 각 별의 광도를 로마 숫자 I에서 V로 표시하였다. 광도는 H-R도에서 별의 위치를 나타낸다. 따라서 그 명칭에도 불구하고 별의 **광도계급**은 광도보다는 질량에 더 관계있다. 기본적인 광도 분류에서 I은 초거성, III는 거성, V는 주계열성이다. 광도 II와 IV는 중간 정도이다. 예를 들면 광도 IV는 주계열성보다는 지름이 크지만 거성으로 분류되기에는 작은 단계이다. 표 12.2는 광도계급을 요약해서 보여준다. 백색왜성은 이 분류 시스템 범위 밖에 있고 종종 광도 'wd'로 분류된다.

**별의 분류** 지금까지 별을 분류하는 두 가지 방법을 살펴보았다.

- 별의 스펙트럼형은 OBAFGKM 순서로 표시되어 표면온도와 색을 나타낸다. O형 별이 가장 뜨겁고 청색을 띠며 M형 별은 가장 차갑고 적색이다.
- 별의 광도계급은 로마 숫자로 표시되고 광도에 근거하고 있지만 별의 반경도 나타낸다. 광도계급 I은 반경이 가장 크고 V로 갈수록 반지름과 광도는 감소한다.

완전한 별 분류 시스템은 스펙트럼형(OBAFGKM)과 광도계급을 모두 포함하고 있다.

별을 완전하게 분류하기 위해 스펙트럼형과 광도계급을 모두 사용한다. 예를 들면 지구의 온전한 분류는 G2 V로 나타낼 수 있다. G2는 스펙트럼형에서 노란 빛을 띠는 백색을 의미하고 광도계급 V는 수소핵융합 반응을 하는 주계열성을 의미한다. 베텔지우스는 M2 I으로 붉은색의 초거성이다. 센타우루스자리 프록시마별은 M5 V로 베텔지우스와 비슷한 색과 표면온도를 가지고 있지만 더 작기 때문에 좀 더 어둡게 보인다.

**생각해보자** ▶ 그림 12.10을 보고 다음 별들의 대략적인 스펙트럼형, 광도계급, 지름을 측정해보라. 벨라트릭스, 베가, 안타레스, 폴룩스, 센타우루스자리 프록시마별

## ● 주계열의 중요성은 무엇인가?

태양을 포함한 대부분의 별은 H-R도의 주계열성에 위치하는 특성을 지니고 있다. 그림 12.10에서 보듯이 높은 광도의 주계열성은 표면이 뜨겁고, 낮은 광도의 주계열성의 표면은 차갑다. 광도와 표면온도의 이러한 관계가 나타나는 이유는 주계열을 따르는 별의 위치가 질량과 관련 있기 때문이다. 주계열성은 모두 태양처럼 수소핵융합 반응으로 헬륨을 생성하고 별의 질량에 따라 표면온도와 광도가 결정되는데, 이것은 수소융합률에서 중요한 요소로 작용하기 때문이다.

**주계열성에 따른 질량** 그림 12.10에 있는 주계열성을 보면 보라색은 별의 질량을, 녹색은 별의 수명을 나타내는 것을 알 수 있다. 더 쉽게 보기 위해 그림 12.11에서 같은 데이터를 H-R도 전체가 아닌 주계열만 표시하였다. 먼저 질량부터 살펴보자.

주계열을 따라 내려가면서 별의 질량이 감소하는 것을 보자. 주계열의 위쪽 끝에서 뜨겁고 밝은 O형 별은 150 정도의 높은 질량으로 태양보다 몇 배 더 무겁다. 오른쪽 아래에 있는 차갑고 흐린 M형 별은 태양보다 0.08배($0.08 M_\text{태양}$) 가볍다. 많은 별이 위쪽보다는 아래쪽에 많이 분포되어 있고, 이것은 질량이 낮은 별이 높은 별보다 많다는 것을 의미한다.

주계열을 따라 별의 질량을 순서대로 표시한 것은 질량이 수소핵융합하는 별에 기여하는

가장 중요한 요수이기 때문이다. 그 이유는 질량이 수소핵융합으로 방출하는 에너지와 별의 표면에서 소실된 에너지와의 균형을 맞추는 지점을 결정하기 때문이다. H-R도에서 광범위한 별의 광도는 에너지 균형점이 질량에 매우 민감하다는 것을 보여준다. 예를 들어 10$M_{태양}$인 주계열성은 태양에 비해 10,000배 정도 밝다.

질량과 표면온도의 관계는 좀 더 민감하다. 일반적으로 매우 밝은 별은 매우 크거나 매우 높은 표면온도를 갖거나 두 경우의 조합일 수 있다. 질량이 가장 큰 주계열성들은 태양보다 수천 배 밝지만, 반경은 태양의 단지 10배 정도이다. 이들의 표면은 매우 밝아서 태양보다 매우 뜨겁다. 그러므로 태양보다 질량이 더 큰 주계열성들은 태양보다 높은 표면온도를 갖고, 질량이 작은 것들은 더 낮은 표면온도를 갖는다. 이것이 주계열이 H-R도에서 왼쪽 위로부터 오른쪽 아래로 대각선을 이루는 이유이다.

**주계열성의 질량은 광도와 표면온도에 모두에 의해 결정된다.**

질량과 표면온도, 그리고 광도가 서로 관련이 있다는 사실로부터, 주계열성의 분광형을 알면 질량을 계산할 수 있다. 예를 들면, 태양과 같은 분광형(G2)을 가지고 있는 수소 연소 단계의 주계열성들은 태양과 같은 질량과 광도를 갖는다. 이와 유사하게 분광형 B1인 주계열성은 스피카와 같은 질량과 광도를 갖는다(그림 12.10). 단, 질량과 온도 그리고 광도와의 이러한 단순한 연관성은 주계열성에만 적용되며, 거성이나 초거성, 또는 백색왜성들에는 적용되지 않는다.

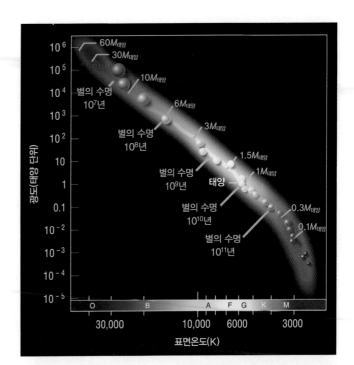

**그림 12.11** 이 그림에는 그림 12.10에 있는 주계열성만 표시하여 좀 더 쉽게 질량과 그에 따라 변하는 생애를 볼 수 있도록 하였다. 높은 질량의 수소융합 별들이 낮은 질량의 별들보다 더 밝고 뜨겁지만 수명은 짧다(별의 질량은 태양질량 단위로 나타난다. 1$M_{태양}$ = 2 × 10³⁰kg).

**주계열에 따른 수명** 별은 제한된 수소 공급량을 가지고 태어나기 때문에 특정 기간 동안에만 수소핵융합 반응을 하는 주계열성 단계에 머무른다. 이것이 별의 **주계열 수명**이다. 별들이 거의 대부분의 삶을 주계열성으로 보내기 때문에 주계열성에 머무는 일생을 간단하게 '수명'이라고 하기도 한다. 질량과 유사하게 별의 일생은 주계열의 위로 갈수록 순서대로 변한다. 주계열 위쪽 끝에 있는 거대한 별은 아래쪽 끝에 있는 작은 크기의 별들보다 수명이 짧다(그림 12.11).

왜 크기가 큰 별들의 수명이 더 짧을까? 별의 수명은 질량과 광도에 따라 모두 다르다. 질량은 처음에 별에 수소가 얼마나 있었는지를 결정한다. 광도는 별이 수소를 얼마나 빨리 소비하는지를 알려준다. 커다란 별은 많은 수소 공급량을 가지고 시작하지만 수소에서 헬륨으로의 핵융합 반응이 매우 빠르게 일어나 결국에는 짧은 생으로 끝나버린다. 예를 들어 10태양질량(10$M_{태양}$)의 별은 태양보다 10배 많은 수소를 지니고 있다. 그러나 10,000$L_{태양}$의 광도는 태양보다 10,000배 빠른 속도로 수소를 소비한다는 것을 의미한다. 10배 많은 수소를 10,000배 빨리 소비하는 비율로, 10$M_{태양}$의 생애는 태양의 생애 10/10,000 = 1/1000 혹은 100억/1000 = 1000만 년이다. (실제 수명은 이것보다 좀 더 긴데 그 이유는 중심핵에 있는 수소를 태양보다 더 많이 융합하는 데 사용할 수 있기 때문이다.)

**더 거대한 별은 빠른 속도로 수소핵융합 반응을 하기 때문에 수명이 짧다.**

등급의 또 다른 끝에는 0.3태양질량 주계열성이 태양보다 0.01배 높은 광도를 지니고 있고 결과적으로 수명은 태

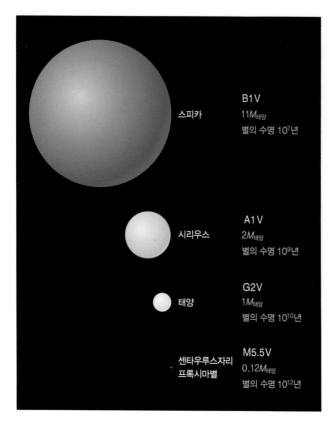

B1V
스피카
11$M_{태양}$
별의 수명 $10^7$년

A1V
시리우스
2$M_{태양}$
별의 수명 $10^9$년

G2V
태양
1$M_{태양}$
별의 수명 $10^{10}$년

M5.5V
센타우루스자리
프록시마별
0.12$M_{태양}$
별의 수명 $10^{12}$년

**그림 12.12** 4개의 주요별의 비율을 보여준다. 주계열성의 질량은 광도, 표면 온도, 반지름, 그리고 수명의 기본적인 특성을 결정짓는다. 질량이 큰 주계열성은 질량이 작은 주계열성보다 더 뜨겁고 더 밝지만 수명은 더 짧다.

양의 0.3/0.01 = 30이고 이것은 약 3,000억 년이다. 140억 년 정도 된 우주에서 작고 어둡고 붉은 스펙트럼형 M이 여전히 살아남았고 앞으로 수백 수억 년 동안 어둡지만 계속해서 빛날 것이다.

**질량 : 별의 가장 기본적인 특성** 천문학자들은 이러한 별의 특성들이 왜 다른지 이해하기 이전에 별을 스펙트럼형과 광도계급으로 분류하기 시작했다. 오늘날에는 어떤 별이든 가장 기본적인 특성은 **질량**이라는 것을 알고 있다(그림 12.12). 별의 질량은 주계열의 삶을 사는 동안 표면온도와 광도를 결정하고, 이러한 특성들은 반대로 왜 질량이 높은 별들의 수명이 짧은지를 설명한다.

**생각해보자** ▶ 그림 12.10에 표시된 별들 중 가장 수명이 긴 별은 무엇인가? 설명하라.

## ● 거성, 초거성, 백색왜성은 무엇인가?

주계열성의 중심에서는 수소를 헬륨으로 핵융합하는데 H-R도상에 있는 다른 별들은 어떠할까? 나머지 별들은 수소를 모두 소진해버린 별들로 태양과 동일하게 에너지를 생산해낼 수 없다.

**거성과 초거성** 그림 12.4에 있는 밝은 적색 별들은 그들의 특성 때문에 H-R도에서 오른쪽 위에 있는 거성과 초거성이다. 이 별들이 태양보다 온도가 더 낮지만 훨씬 더 밝다는 것은 태양보다 지름이 더 크다는 것을 의미한다. 별의 표면온도가 표면의 단위 면적당 방출하는 빛의 양을 결정한다는 것을 기억하자[5.2절]. 뜨거운 별은 차가운 별들에 비해 표면 단위 면적당 더 많은 양의 빛을 방출한다. 예를 들어 붉은 색의 차가운 A별은 표면적이 매우 넓을 경우에만 밝게 빛날 수 있는데, 이것은 크기가 엄청나게 커야 한다는 것을 의미한다.

제13장에서 살펴보겠지만 거성과 초거성은 별로서의 일생이 거의 끝나간다는 것을 이제는 알고 있다. 그들은 중심부에 있는 수소 연료를 거의 다 소진했고 간신히 중력수축 붕괴를 모면하고 있는 에너지 위기에 처해 있다. 이 위기로 별들은 무서운 속도로 핵융합에너지를 방출하고, 따라서 매우 밝게 빛난다. 에너지 보존은 이러한 별들이 엄청난 양의 에너지를 방출하는 것을 요구하고, 따라서 그 크기가 커질 수밖에 없다(그림 12.13). 예를 들어 아르크투루스와 알데바란(황소자리에서 황소의 눈)은 태양의 반지름에 비해 10배나 큰 거성이다. 오리온자리의 왼쪽 어깨에 있는 베텔지우스는 태양의 반지름보다 1,000배, 지구와 태양 간의 거리에 거의 4배의 반지름인 초거성이다.

*거성과 초거성은 삶이 끝나가는 별들이다.*

거성과 초거성은 매우 밝아 우리와 가까이 있지 않아도 볼 수 있다. 하늘에 있는 많은 밝은 별들은 거성 혹은 초거성으로 붉은 빛으로 구분할 수 있다. 하지만 전반적으로 거성과 초거성은 주계열성보다 그 수가 현저히 적다. 하늘을 찍은 사진에서 보이는 별들은 대부분 수소핵융합을 하고 있고 일생의 마감에 있는 별들은 상대적으로 적다.

**백색왜성** 결국에는 거성과 초거성에서 핵융합 반응을 할 수 있는 연료가 완전히 바닥난다.

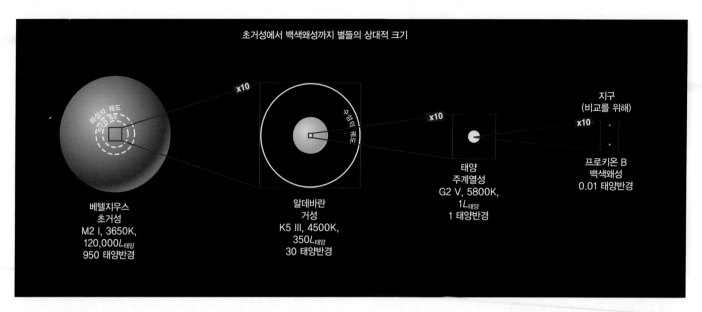

베텔지우스
초거성
M2 I, 3650K,
120,000$L_{태양}$
950 태양반경

알데바란
거성
K5 III, 4500K,
350$L_{태양}$
30 태양반경

태양
주계열성
G2 V, 5800K,
1$L_{태양}$
1 태양반경

지구
(비교를 위해)

프로키온 B
백색왜성
0.01 태양반경

**그림 12.13** 별의 상대적 크기. 베텔지우스와 같은 초거성은 내태양계(inner solar system은 내행성과 소행성대를 포함) 정도의 크기이다. 알데바란과 같은 거성은 내태양계의 3번째 위치인 수성 궤도 정도의 크기이다. 태양의 지름은 지구와 거의 같은 크기의 백색왜성보다 100배 더 크다.

태양과 질량이 유사한 거성은 모든 핵융합이 끝나버린 '죽은' 핵을 남긴 채 표층을 날려버린다. 백색왜성은 거성이 타다 남은 잔여물이다.

백색왜성은 별의 중심핵을 노출했기 때문에 뜨겁기는 하지만 에너지원이 부족하여 어둡게 빛나며 남아 있는 열만 우주로 방출한다. 일반적인 백색왜성은 지구의 크기와 별다른 차이는 없지만 태양과 비슷한 질량이다. 백색왜성은 지구에서 발견되는 물질들과는 다르게 극도로 응축된 물질로 이루어진 것이 분명하다. 백색왜성과 죽은 별들의 특성에 대해서는 제14장에서 살펴볼 것이다.

*거성과 초거성은 삶이 끝나가는 별들이다.*

## 12.3 성단

모든 별은 거대한 기체구름에서 생성된다. 하나의 성간구름이 많은 별을 생성하기에 충분한 양을 보유하고 있기 때문에 별은 일반적으로 무리지어 생성된다. 사진을 보면 그들이 탄생한 별들이 무리지어 모여 있는 것을 관찰할 수 있다. 이러한 그룹을 **성단**이라고 하며 천문학자들에게 다음과 같은 두 가지 중요한 이유로 매우 유용하다.

1. 성단에 있는 별은 모두 지구와 동일한 거리에 위치하고 있다.
2. 성단에 있는 별은 모두 거의 동일한 시기에 형성되었다(각각 수백만 년 차이로).

천문학자들은 성단으로 유사한 나이를 가진 별의 특성을 비교한다.

### ● 두 종류의 성단은 무엇인가?

성단에는 두 가지 기본적인 종류가 있다. 보통 크기의 **산개성단**과 밀집해 있는 **구상성단**이다. 두 종류는 별의 밀집도뿐만 아니라 위치와 나이도 다르다.

태양을 포함하여 은하계에 있는 별, 가스, 먼지가 상대적으로 편평한 은하원반에 있다는 것을 기억해보자. 은하원반의 위아래에 있는 부분은 은하의 헤일로라고 불린다(그림 1.14 참조). 산개성단은 항상 은하원반에 있고 그 별들은 상대적으로 젊다. 수천 년 된 별들도 있고 일반적으로는 30광년 정도 된 별들이다. 산개성단 중 가장 유명한 7자매별이라고 불리는 플레이아

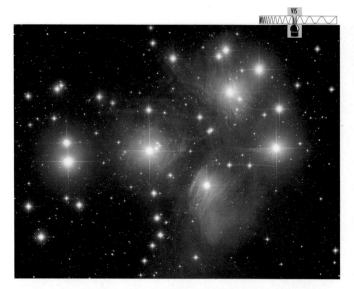

**그림 12.14** 황소자리에 있는 산개성단 플레이아데스의 사진. 이 산개성단에서 가장 눈에 띄는 별은 스펙트럼 B형으로 이는 플레이아데스의 나이가 1억 년 이상은 되지 않은 상대적으로는 젊은 별이라는 것을 의미한다. 이 지역의 크기는 약 11광년 이다.

**그림 12.15** 구상성단 M80의 나이는 120억 년 이상이다. 허블우주망원경 사진에서 눈에 띄는 붉은색 별은 거의 생이 다한 적색거성이다. 여기에 찍힌 중심 부분의 크기는 15광년이다.

데스(그림 12.14)는 육안으로는 수천 개의 별 중에서 6개의 별만 보인다. 성단의 이 아름다운 별 그룹은 다른 이름을 가지고 있다. 일본에서는 **스바루**라고 불리며, 스바루 자동차 회사는 플레이아데스의 다이어그램을 로고로 사용한다.

반대로 대부분의 구상성단은 헤일로에 있고, 그 별들은 우주에서 가장 나이가 많다. 구상성단은 60~150광년의 중심부 안에 집중되어 있다. 단지 몇 광년인 중심 부분에 10,000개의 별이 밀집해 있다(그림 12.15). 구상성단에 있는 행성에서 바라보는 모습은 알파 센타우리가 태양과 근접해 있는 것보다 더 가까이 행성과 수천 개의 별이 놓여 있어 장관을 이룰 것이다.

### ● 성단의 나이는 어떻게 측정할까?

각각의 별을 H–R도에 표시하면 성단의 나이를 측정할 수 있다. 그림 12.16은 H–R도를 이용한 플레이아데스의 나이 측정법의 예이다. 이 성단에 있는 대부분의 별은 한 가지 중요한 제외 사항을 빼고는 주계열을 따라 있다. 별은 주계열 위쪽 끝에서 오른쪽으로 차츰 잦아든다. 즉, 뜨겁고 생이 짧은 스펙트럼 O형 별이 주계열에는 빠져 있다. 확실히 플레이아데스성단의 주계열 O별의 중심핵은 수소핵융합 반응을 끝냈을 정도로 늙었지만, 주계열에 있는 스펙트럼 B형 별의 중심핵에서는 여전히 수소핵융합이 일어날 만큼은 젊다.

성단의 별이 H–R도상에서 주계열로부터 벗어나는 정확한 지점은 **주계열 전향점**이라 한다. 플레이아데스의 주계열 전향점은 스펙트럼형 B6이다. B6별의 주계열로서의 일생은 1억 년 정도로, 이것이 곧 플레이아데스의 나이이다. 스펙트럼형 B6보다 온도가 높은 플레이아데스에 있는 별의 주계열로서의 일생은 1억 년보다 짧기 때문에 주계열에서 볼 수 없다. 앞으로 몇 십억 년 동안 플레이아데스에 있는 B형 별은 소멸할 것이고 그 뒤로 A형과 F형 별이 소멸할 것이다. 수백만 년 주기로 플레이아데스 H–R도를 제작한다면 주계열이 점차 짧아질 것이다.

성단의 나이는 성단 내에 있는 수소핵융합 반응한 가장 큰 주계열성의 일생과 대략 일치한다.

그림 12.7은 몇몇 산개성단의 주계열을 비교한 것이다. 각각의 경우 성단의 나이는 주계열 전향점에

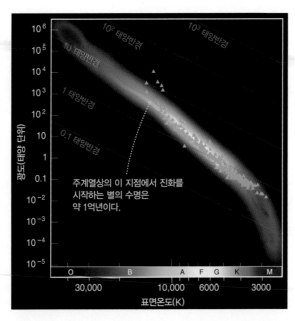

**그림 12.16** 플레이아데스에 대한 H–R도. 삼각형은 각각의 별을 나타 낸다. 플레이아데스성단에 있는 별에서는 수소핵융합 반응이 끝났기 때문에 주계열의 윗부분이 없다. 주계열 전환점이 스펙트럼형 B6에 나타난다는 것은 플레이아데스의 나이가 약 1억 년이라는 것을 의미 한다.

있는 별의 일생과 일치한다. 주계열 전향점에 있던 특정 성단의 별의 핵에서는 수소가 고갈되 었고 전향점 아래에 있는 별은 주계열에 남아 있다.

**생각해보자 ▶** 성단이 정확히 100억 년이라고 가정해보자. 주계열 전향점을 어디에서 찾을 수 있을까? 이 성단에 스펙트럼 A형의 주계열성이 존재할 것이라고 예상하는가? 스펙트럼 K형의 주계열성이 존재할 것이라고 예상하는가? 이에 대해 설명하라. (힌트 : 태양의 주계열성으로서의 일생은 얼마인가?)

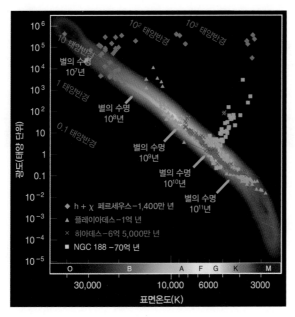

**그림 12.17** 4개의 성단(페르세우스, 플레이아데스, 히아데스, NGC 188)에 대한 H–R도이다. 각 성단의 주계열 전향점이 각각 다르다는 것은 나이가 다르다는 것을 나타낸다.

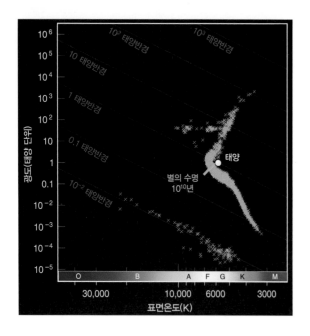

H–R도에서 주계열 전향점의 위치를 확인하는 것은 성단의 나이를 측정하는 데 가장 좋은 방법이다. 우리는 산개성단 중 50억 년이 넘은 별이 별로 없고, 상대적으로 젊다는 것을 안다. 대조적으로 구상성단 내 주계열 전향점에 있는 별들은 태양보다는 질량이 가볍다(그림 12.18). 태양과 같은 종류의 별은 주계열로서의 일생이 100억 년으로 이미 구상성단에서 수명을 다했기 때문에 구상성단의 나이는 100억 년보다는 더 오래되었다고 결론지었다.

구상성단의 주계열 전향점에 대한 좀 더 정확한 연구는 별의 일생의 이론적 측정과 함께 성단의 나이를 130억 년으로 보았다. 즉, 은하에서 가장 오래된 별들로 우주의 140억 년 역사의 초기 10억 년 동안 생성됐다는 것을 함축하고 있다.

**그림 12.18** 구상성단 M4의 H–R도이다. 주계열 전향점이 태양과 같은 별의 근처에 있는데, 이것은 이 성단의 나이가 약 100억 년이라는 것을 나타낸다. 좀 더 기술적인 성단 분석(이 늙은 별들의 헬륨보다 무거운 중원소성분의 양을 측정하는 것)에 의하면 그 나이는 약 130억 년이다.

---

## 전체 개요 | 제12장 전체적으로 훑어보기

하늘에서 보이는 다양한 별의 유형을 분류해 보았다. 우리가 별, 은하, 우주에 대해 알고 있는 것들 대부분은 이 장에서 소개한 별의 기본적인 특성에 근거하고 있다. 다음의 '전체 개요'를 확실히 이해하자.

- 모든 별은 생성될 때 주로 수소와 헬륨으로 이루어져 있다. 별들이 서로 다른 이유는 주로 질량과 수명의 차이 때문이다.
- 별은 일생의 대부분을 중심핵에서 헬륨을 만드는 수소핵융합 반응을 하는 주계열성으로 보낸다. 가장 질량이 크고, 뜨겁고, 가장 밝은 별의 일생은 단지 몇백만 년 정도에 불과하다. 가장 작은 차갑고 어두운 별은 우주가 지금의 나이보다 몇 배

더 될 때까지 살 수 있을 것이다.

- 별의 유형(종류)을 알아보는 방법은 H–R도로 H–R도의 가로축은 표면온도를 세로축은 광도를 나타낸다. H–R도는 현대 천문학에서 가장 중요한 도구이다.
- 우리가 별에 관해 알고 있는 지식의 대부분은 성단 연구에서 기인한다. 별을 H–R도에 대입하고 주계열에 있는 가장 밝고 질량이 큰 별의 수소핵융합 반응을 얼마나 할 수 있는지를 결정하는 것을 통해(주계열성으로서의 일생) 성단의 나이를 측정할 수 있다.

---

## 핵심 개념 정리

### 12.1 별의 특성

● 별의 광도는 어떻게 측정할까?

하늘에서 보이는 별의 **겉보기 밝기**는 우주로 방출하는 빛의 양, 광도와 **빛의 역제곱법칙**으로 표현되는 지구와의 거리에 따라 좌우된다. 따라서 겉보기 밝기와 거리를 알면 광도를 계산하고 후자는 별의 시차를 통해 측

정할 수 있다.

● 별의 온도는 어떻게 측정할까?

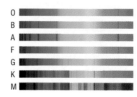

별의 표면온도는 색이나 스펙트럼을 통해 측정하고 별을 **스펙트럼형** OBAFGKM으로 뜨거운 것부터 차가운 것 순으로 분류한다. 스펙트럼 M형의 차가운 적색별이 스펙트럼 O형의 뜨거운 청색별보다 더 흔하다.

● **별의 질량은 어떻게 측정할까?**

케플러 제3법칙의 뉴턴 법식을 이용해 **쌍성계**에 있는 별의 질량을 측정할 수 있는데, 단 궤도주기와 별의 간격(분해각)을 측정할 수 있는 경우에만 해당된다.

## 12.2 별의 종류

● **헤르츠스프룽–러셀도는 무엇인가?**

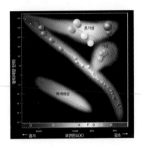

H-R도상의 **별**은 표면온도(혹은 스펙트럼형)와 광도에 따라 배열한다. 대부분의 별은 H-R도에서 **주계열**이라고 알려진 가는 선상에 나타난다. **거성**과 **초거성**은 주계열의 오른쪽 위에 있고, **백색왜성**은 왼쪽 아래에 있다.

● **주계열의 중요성은 무엇인가?**

주계열에 있는 별은 중심핵에서 수소핵융합 반응으로 헬륨을 만든다. H-R도상에서 주계열성의 위치는 질량과 관련이 있다. 질량이 높은 별은 왼쪽 상단에 위치하고 오른쪽 아래로 내려갈수록 별의 질량은 줄어든다. 별의 수명은 반대로 나타나는데 무거울수록 별의 주계열로서의 일생이 더 짧기 때문이다.

● **거성, 초거성, 백색왜성은 무엇인가?**

거성과 초거성은 중심핵에 있던 수소가 모두 고갈된 별들로 그들의 일생이 끝나감에 따라 엄청난 속도로 다른 형태의 핵융합 반응이 일어나고 있다. 백색왜성은 이미 죽은 핵을 노출시켜 이제 더 이상 핵융합을 통한 에너지 생산이 불가능하다.

## 12.3 성단

● **두 종류의 성단은 무엇인가?**

**산개성단**은 수천 개의 별을 포함하고 있으며 은하의 원반에서 볼 수 있다. **구상성단**은 수십만 개의 별을 포함하며 촘촘하게 밀집해 있고 주로 은하의 헤일로에서 발견된다.

● **성단의 나이를 어떻게 측정할까?**

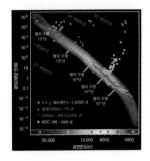

모든 성단의 별이 거의 같은 시기에 탄생했기 때문에 그 별의 H-R도상에서의 **주계열 전향점**을 찾으면 성단의 나이를 측정할 수 있다. 성단의 나이는 주계열에 남아 있는 뜨겁고 가장 밝은 별의 수소핵융합 반응을 할 수 있는 기간(주계열성으로서의 수명)과 일치한다. 산개성단은 130억 년 된 구상성단에 비해 젊다.

---

**시각적 이해 능력 점검**

천문학에서 사용하는 다양한 종류의 시각자료를 활용해서 이해도를 확인해보자.

그림 12.13과 비슷한 위 그림은 거성과 초거성의 크기를 지구와 태양의 크기와 비교하기 위해 줌인방법을 사용했다.

1. 우리가 이러한 것들을 제1장에서 태양이 대략 자몽 정도의 크기로 나타났던 1부터 100억까지의 단계로 표시한다고 가정해 보자. 이 단계에서 알데바란 별의 지름은 얼마

나 될까?

a. 40cm(일반적인 비치볼 크기)

b. 4m(대략 기숙사 방 크기)

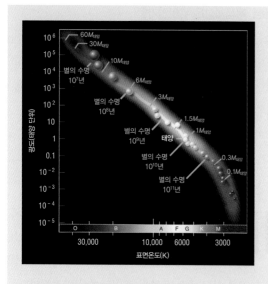

옆 H-R도는 그림 12.11과 동일하다. 그림에 나온 내용을 바탕으로 아래 질문에 답하라.

c. 15m(일반적인 집의 크기)

d. 70m(축구장보다 약간 작은 크기)

2. 같은 단계에서 베텔지우스별의 지름은 얼마나 될까?

   a. 40cm(일반적인 비치볼 크기)

   b. 4m(대략 기숙사 방 크기)

   c. 130m(축구장보다 약간 작은 크기)

   d. 3m(작은 마을 크기)

3. 같은 단계에서 프로키온 B의 지름은 얼마나 될까?

   a. 10cm(자몽 크기)

   b. 1cm(포도 알갱이 크기)

   c. 1mm(포도 씨 크기)

   d. 0.1mm(사람 머리카락의 단면 길이)

4. 질량이 태양의 10배인 별의 광도와 수명은 얼마인가?

5. 질량이 태양의 3배인 별의 광도와 수명은 얼마인가?

6. 질량이 태양의 2배인 별의 광도와 수명은 얼마인가?

## 연습문제

### 복습문제

1. 비록 별의 수명이 사람보다 훨씬 더 길지만 별의 나이를 어떻게 측정하는지 간단하게 설명하라.

2. 어떤 면에서 별들이 유사한가? 또 어떤 면에서 다른가?

3. 별의 겉보기 밝기가 광도와 어떤 관계가 있는가? 빛의 역제곱법칙을 이용해 설명하라.

4. 별의 거리를 결정하는 데 별의 시차를 어떻게 이용하는가, 그리고 광도는 어떻게 결정할 수 있는가?

5. 별의 스펙트럼형은 무엇을 의미하는가, 그리고 별의 표면온도와 색은 어떤 관계가 있는가? 스펙트럼형의 순서 OBAFGKM에서 어떤 형이 뜨겁고 어떤 형이 차가운가?

6. 쌍성계의 세 가지 기본형은 무엇인가? 식쌍성이 별의 질량을 측정하는 데 중요한 이유는 무엇인가?

7. 기본적인 헤르츠스프룽-러셀(H-R)도를 그려보라. 주계열, 거성, 초거성, 백색왜성을 표시하라. 이 도표에서 차갑고 흐린 별은 어디에 있는가? 차갑고 밝은 별은? 뜨겁고 흐린 별은? 뜨겁고 밝은 별은 무엇인가?

8. 별의 광도계급은 무엇을 의미하는가? 스펙트럼형과 광도계급으로 별을 분류하는 방법을 간단히 설명하라.

9. 주계열성의 주요 특징은 무엇인가? 질량이 높은 별이 낮은 질량의 주계열성보다 더 밝고 표면온도가 더 높은 이유를 간단히 설명하라.

10. 질량이 큰 별과 작은 별 중 어떤 별의 수명이 더 긴가? 그 이유를 설명하라.

11. 거성과 초거성이 주계열성과 어떻게 다른가? 백색왜성은 무엇인가?

12. 별의 탄생 질량이 가장 근본적인 특징인 이유는 무엇인가?

13. 산개성단과 구상성단에서 별의 수, 나이, 은하에서의 위치가

어떻게 다른지 일반적인 용어로 설명하라.

14. H-R도가 다른 나이의 성단에 따라 다르게 나타나는지 설명하라. 성단의 나이를 어떻게 **주계열 전향점**의 위치로 파악하는가?

## 이해력 점검

### 이해했는가?

다음 문장이 합당한지(또는 명백하게 옳은지) 혹은 이치에 맞지 않는지(또는 명백하게 틀렸는지) 결정하라. 명확히 설명하라. 아래 서술된 문장 모두가 결정적인 답은 아니기 때문에 여러분이 고른 답보다 설명이 더 중요하다.

15. 매우 다르게 보이는 두 별은 다른 종류의 요소로 만들어졌다.

16. 하늘에서 겉보기 밝기가 동일한 두 별은 광도도 같다.

17. 시리우스는 알파 센타우리별보다 더 밝게 보이지만, 알파별이 더 가까이 있다는 것을 안다. 왜냐하면 하늘에서의 시 위치가 지구가 태양을 도는 것만큼 크게 이동하기 때문이다.

18. 뜨거운 적색으로 보이는 별은 청색으로 보이는 별보다 더 뜨겁다.

19. H-R도의 주계열에 있는 몇몇 별은 수소를 헬륨으로 전환시키지 않는다.

20. 가장 작고 뜨거운 별은 H-R도에서 왼쪽 아래에 있다.

21. 가장 무겁게 태어난 별은 수소 연료가 더 많아서 가볍게 태어난 별보다 수명이 더 길다.

22. 수많은 밝은 별, 푸른 스펙트럼 O형 및 B형 별이 있는 성단은 그러한 별이 없는 성단보다 일반적으로 더 젊다.

23. 모든 거성, 초거성 및 백색왜성은 한때는 주계열성이었다.

24. 하늘에 있는 대부분의 별은 태양보다 더 무겁다.

### 돌발퀴즈

다음 중 가장 적절한 답을 고르고, 그 이유를 한 줄 이상의 완전한 문장으로 설명하라.

25. 알파 센타우리별이 지구로부터 지금보다 10배 더 떨어진 거리에 있다면, 그 시차 각은 (a) 증가한다. (b) 감소한다. (c) 변하지 않는다.

26. 별의 광도를 측정하기 위해서는 무엇을 계산해야 하는가? (a) 겉보기 밝기와 질량 (b) 겉보기 밝기와 온도 (c) 겉보기 밝기와 거리

27. 식쌍성계에서 별의 질량을 측정하기 위해 필요한 정보 두 가지는 무엇인가? (a) 식 간격의 시간과 별 사이의 평균거리 (b) 쌍성계의 주기와 태양과의 거리 (c) 별의 속도와 흡수선의 도플러 변이

28. 다음 중 표면온도가 가장 낮은 별은? (a) 별 A (b) 별 F (c) 별 K

29. 다음 중 가장 무거운 별은? (a) 주계열성 A (b) 주계열성 G (c) 주계열성 M

30. 다음 중 수명이 가장 긴 별은? (a) 주계열성 A (b) 주계열성 G (c) 주계열성 M

31. 다음 중 반지름이 가장 긴 별은? (a) 초거성 A (b) 거성 K (c) 초거성 M

32. 다음 중 표면온도가 가장 높은 별은? (a) 주계열성 B (b) 초거성 A (c) 거성 K

33. 다음 중 가장 젊은 성단은? (a) 가장 밝은 주계열성이 백색인 성단 (b) 가장 밝은 별이 적색인 성단 (c) 모든 색을 가진 성단

34. 다음 중 가장 나이가 많은 성단은? (a) 가장 밝은 주계열성이 백색인 성단 (b) 가장 밝은 주계열성이 황색인 성단 (c) 모든 색을 가진 성단

## 과학의 과정

35. **분류.** 본문에서 이야기했듯이 애니 점프 캐넌과 그녀의 동료들이 우리가 현재 사용하는 별의 분류 시스템을 개발하였다. 우리가 별을 이해하는 데 있어서 이 노력 이후에 빠르게 진행되는 이유는 무엇인가? 개선된 분류 시스템 이후 향상된 과학 분야는 무엇인가?

36. **별의 수명.** 과학자들은 융합을 위해 필요한 총에너지를 별이 우주로 방출하는 에너지의 속도로 나눠 별의 수명을 측정한다. 그러한 계산은 높은 질량의 별의 수명이 질량이 낮은 별보다 짧다는 것을 예측한다. 이것을 시험해볼 수 있는 관측을 설명하고, 그것이 옳은지 설명하라.

## 그룹 활동 과제

37. **별의 특성 비교하기. 역할** : 분석자 1(표 F.1에 있는 데이터를 분석), 기록자 1(표 F.1에 대한 결과와 결론을 기록), 분석자 2(표 F.2에 있는 데이터를 분석), 기록자 2(표 F.2에 대한 결과와 결론을 기록). **활동** : 짝을 지어 아래의 질문에 답하라. 팀 1은 표 F.1을, 팀 2는 표 F.2를 활용하라.

    a. 두 표에 나온 각각의 스펙트럼형(OBAFGKM)의 별의 수를 세고 기록하라.

    b. 두 표에 나온 광도계급(I, II, III, IV, V)의 별의 수를 세고 기록하라.

    c. 두 표에 있는 스펙트럼형의 설명을 비교하라. 발견한 차이

점에 대해 토론하고 그것을 설명할 수 있는 가설을 세워
보라.

d. 두 표에 있는 광도계급의 설명을 비교하라. 발견한 차이
점에 대해 토론하고 그것을 설명할 수 있는 가설을 세워
보라.

e. 각 스펙트럼형과 가장 가까이에 있는 별을 적어보자. 측정
할 수 없으면 그 이유를 설명하라.

f. 표에 있는 데이터를 바탕으로 태양으로부터 200광년 안에
O형 별이 있을지 알아보고 그 이유를 설명하라.

## 심화학습

### 단답형/서술형 문제

38. **별의 데이터.** 밝은 별에 관련하여 다음 표를 참고하라. $M_V$는
절대등급, $m_V$는 시등급이다. 이 정보를 이용하여 아래 질문
에 답하고, 각 답변에 간략하게 설명하라. (힌트 : 등급척도는
거꾸로 가기 때문에 밝은 별은 더 작거나 혹은 마이너스라는
것을 기억하라.)

a. 하늘에서 가장 밝은 별은?

b. 하늘에서 가장 흐린 별은?

| 별 | $M_V$ | $m_V$ | 스펙트럼형 | 광도계급 |
|---|---|---|---|---|
| 알데바란 | −0.2 | +0.9 | K5 | III |
| 알파 센타우리 A | +4.4 | 0.0 | G2 | V |
| 안타레스 | −4.5 | +0.9 | M1 | I |
| 캐노푸스 | −3.1 | −0.7 | F0 | II |
| 포말하우트 | +2.0 | +1.2 | A3 | V |
| 레굴루스 | −0.6 | +1.4 | B7 | V |
| 시리우스 | +1.4 | −1.4 | A1 | V |
| 스피카 | −3.6 | +0.9 | B1 | V |

c. 광도가 가장 큰 별은?

d. 광도가 가장 낮은 별은?

e. 표면온도가 가장 높은 별은?

f. 표면온도가 가장 낮은 별은?

g. 태양과 가장 유사한 별은?

h. 적색 초거성은 어떤 별인가?

i. 반지름이 가장 큰 별은?

j. 중심핵에서 수소융합이 끝난 별은?

k. 열거된 주계열성 중 질량이 가장 큰 별은?

l. 열거된 주계열성 중에서 수명이 가장 긴 별은?

39. **데이터 표.** 부록 F에 있는 스펙트럼형을 보고 20개의 가장 밝
은 별과 지구의 12광년 안에 있는 별을 살펴보자. 왜 두 리스
트가 다르다고 생각하는가? 설명하라.

40. **H-R도 해석하기.** 그림 12.10에 있는 정보를 이용하여 센타우
루스자리 프록시마별이 시리우스와 어떻게 다른지 설명하라.

41. **목성으로부터의 시차.** 목성으로 여행을 가서 태양을 한 바퀴
도는 동안 근거리에 있는 별의 위치가 변하는 것을 관찰할 수
있다고 가정해보자. 그러한 변화가 우리가 지구에서 측정한
것과 어떻게 다른지 서술하라. 목성의 시점에서 별의 거리를
측정하는 것과 어떻게 다른가?

42. **확장하는 별.** 광도는 변하지 않고 반지름의 크기만 2배 증가하
면 별의 표면온도는 어떻게 되는지 서술하라.

43. **식쌍성의 색.** 그림 12.7은 작은 청색별과 큰 적색별로 구성된
식쌍성계를 보여준다. 결합된 시스템의 겉보기 밝기가 적색
별이 가려졌을 때보다 청색별이 가려졌을 때 더 많은 폭으로
감소하는지 설명하라.

44. **안시 및 분광쌍성.** 지구에서 같은 거리에 있는 2개의 쌍성계를
관찰한다고 가정해보자. 둘 다 유사한 종류의 별로 구성된 분
광쌍성이지만 둘 중 하나만 안시쌍성이다. 둘 중 어느 것이
스펙트럼에서 더 큰 도플러 이동이 예상되는가? 그 이유를 설
명하라.

45. **성단의 생애.** 탄생하는 성단부터 130억 년인 성단까지 관찰할
수 있다고 상상해보자. 그동안 어떤 일이 일어났을지 한두 단
락으로 서술하라.

### 계량적 문제

모든 계산 과정을 명백하게 제시하고, 완벽한 문장으로 해답을 기술하라.

46. **빛의 역제곱법칙.** 지구는 태양으로 부터 약 1억 5,000만 km이
고 하늘에서 태양의 겉보기 밝기는 1,300watt/m²이다. 이러
한 두 가지 사실과 빛의 역제곱법칙을 이용하여 다음과 같은
위치에 있을 경우 태양의 겉보기 밝기를 계산하라.

a. 태양으로부터 지구의 거리의 반

b. 태양으로부터 지구의 거리의 2배

c. 태양으로부터 지구의 거리의 5배

47. **알파 센타우리 A별의 광도.** 알파 센타우리 A별은 지구로부터
4.4광년 거리에 있고 밤하늘에서 겉보기 밝기는 $2.7 \times 10^{-8}$
watt/m²이다. 1광년 $= 9.5 \times 10^{15}$m라는 것을 기억하자.

a. 알파 센타우리 A별의 광도를 계산하기 위해 빛의 역제곱

법칙을 이용하라.

b. 100와트의 가시광을 방출하는 전구가 있다고 가정해보자. (주의 : 일반적으로 열을 내고 10~15와트의 가시광만 방출하는 표준 100와트 전구의 경우가 아니다.) 이 전구를 하늘에 있는 알파 센타우리 A별과 동일한 겉보기 밝기로 보려면 얼마나 멀리 두어야 하는가? (힌트 : 빛의 역제곱법칙에서 $L$ 대신에 100와트를 대입하고 위에서 주어진 알파 센타우리 A별의 겉보기 밝기를 대입하라. 그리고 거리를 계산하라.)

48. **빛의 역제곱법칙 추가 문제.** 빛의 역제곱법칙을 써서 다음 문제에 답하라.

a. 별이 태양과 같은 광도($3.8 \times 10^{26}$ 와트)를 가지고 있지만 지구로부터 10광년 떨어진 곳에 있다고 가정해보자. 겉보기 밝기는 얼마인가?

b. 별이 알파 센타우리 A별과 같은 겉보기 밝기($2.7 \times 10^{-8}$ watts/m²)이지만 지구로부터 200광년 거리에 있다고 가정해보자. 광도는 얼마인가?

c. 별의 광도가 $8 \times 10^{26}$이고, 겉보기 밝기는 $3.5 \times 10^{-12}$ watt/m²라고 가정해보자. 지구로부터의 거리는 얼마인가? km와 광년 단위로 답하라.

d. 별의 광도가 $5 \times 10^{29}$이고, 겉보기 밝기는 $9 \times 10^{-15}$ watt/m²라고 가정해보자. 지구로부터의 거리는 얼마인가? km와 광년 단위로 답하라.

49. **시차와 거리.** 다음 별의 거리를 측정하기 위해 시차 공식을 이용하라. 파섹 및 광년 단위로 답하라.

a. 알파 센타우리별 : 시차 각은 0.7420 각초

b. 프로키온 : 시차 각은 0.2860 각초

50. **별의 반지름.** 시리우스 A의 광도는 $26L_{태양}$이고 표면온도는 9,400K이다. 반지름은 얼마인가? (힌트 : 천문 계산법 12.2 참조)

### 토론문제

51. **하늘 사진.** 이 장의 시작 부분에서 별의 생애를 연구하는 것을 인간의 삶을 1분으로 파악하는 것에 비유했었다. 아이들, 부모 및 조부모가 함께 있는 가족사진 한 장만 보고 그 사람에 대해서 알 수 있는 것은 무엇인가? 그렇게 사진을 보는 것이 과학자들이 별의 생애를 연구하는 것과 어떻게 유사한가? 혹은 어떻게 다른가?

### 웹을 이용한 과제

52. **천문학계에서 여성의 위치.** 최근까지 전문적인 천문학 분야에서는 남성들이 우세했었다. 그럼에도 불구하고 역사적으로 볼 때 많은 여성들이 천문학 분야에서 별의 분광계열을 포함한 중요한 발견을 하였다. 시기를 구분하지 말고 여성 천문학자들의 삶과 그들이 발견한 것들을 조사하여 2~3쪽 정도의 과학 전기를 써보라.

53. **시차 우주비행.** 유럽우주기구의 히파르코스 우주선은 1989년부터 1993년까지 40,000개 이상의 별의 시차를 정확히 측정하였고, 더 많은 별의 시차를 측정하기 위해 가이아 계획을 세웠다. 이러한 인공위성들이 어떻게 지구에서 가능한 것보다 더 작은 시차 각을 측정할 수 있는지, 그리고 그 측정값들이 우주에 대한 우리의 지식에 어떤 영향을 미치는지 학습해보자. 발견한 것들을 1~2쪽으로 작성하라.

# 별에서 온 우리　13

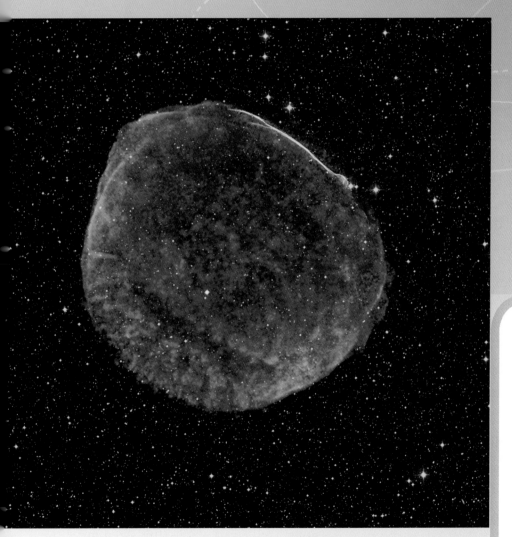

폭발을 통해 새롭게 만들어낸 원소를 성간으로 흩뜨리고 있는 별의 엑스선, 전파, 가시광 사진 합성

이 장의 학습목표

**우**리가 숨을 쉬며 들이마신 산소를 우리 피 속에 있는 철분이 함유된 적혈구가 몸 전체로 전달한다. 탄소와 질소의 화합물이 우리 몸 세포 안의 단백질, 지방, 탄수화물의 근간이 된다. 칼슘은 우리 뼈를 튼튼하게 하고 질소와 인 이온은 우리 신경계의 신호 전달을 담당한다. 이러한 생물학과 천문학이 무슨 관련이 있는 것일까? 그 근본적인 답변은 생명을 이루는 모든 원소가 별에 의해 만들어졌다는 점이다.

이 장에서 별의 일생을 통해 원소의 기원을 상세히 이야기하려고 한다. 우리의 일상생활과 전혀 관련 없어 보이는 별이 실제로는 우리의 존재 자체와 매우 직접적으로 연관되어 있다는 점을 꼭 기억하기 바란다. 별의 탄생, 일생 그리고 죽음이 없었다면 우리는 존재하지 않았을 것이다. 우리를 이루는 모든 것은 진정 별에서 왔다.

## 13.1 별의 탄생

별의 일생 이야기는 별과 별 사이 어두운 공간에서 시작된다. 주계열 전향점[12.3절]을 활용하여 별무리(성단)의 나이를 파악하고 보니 젊은 별무리는 항상 가스와 먼지가 섞여 있는 검은 성운과 연관되어 있다는 것을 알게 되었다. 이로부터 별이 태어나는 장소가 성운임을 알게 되었다. 별형성과 관련한 이론적 모형에서도 사실이 확인되어 어떠한 물리적 과정을 거쳐서 성간성운이 별을 형성하게 되는지를 설명한다. 이번 절에서 별 탄생 과정을 알아봄으로써 별의 일생과 관련한 이야기를 시작하려 한다.

### ● 별은 어떻게 형성되는가?

성간기체구름이 자체 중력에 의해 수축을 지속하여 뭉쳐지고 있는 물체 중심의 온도가 핵융합을 유지할 수 있는 높은 온도에 도달하는 시점에 다다를 때 별이 탄생한다. 하지만 성운을 이루는 가스가 서로 밀어내는 내부 압력으로 작용하여 중력수축을 방해할 수 있기 때문에 성간구름이 항상 수축하는 것은 아니다.

우리태양이 일정한 크기를 유지하는 것은 중력에 의해 가운데로 모이려는 힘과 가스 압력에 의해 밖으로 흐트러지려는 힘의 균형, 즉 **중력평형**[11.1절] 때문임을 기억하자. 별과 별 사이의 공간(성간)에서는 가스의 밀도가 낮기 때문에 압력이 매우 약하지만 동시에 중력도 매우 작다. 우리은하 내 대부분의 위치에서 중력이 성간기체의 내부 압력을 이겨낼 수 있을 만큼 크지 못하기 때문에 별의 탄생이 아무 데서나 일어나지 못하는 것이다.

압력이 중력을 이기지 못하는, 차갑고 밀도가 높은 가스의 구름에서 별이 태어난다.

압력보다 중력이 커지게 되어 별 탄생으로 이루어지기 위해서 두 가지가 도움이 될 것임이 분명하다. (1) 높은 밀도, 가스 입자들이 가깝게 있을 때 서로 잡아당기는 중력이 강할 것이다. 그리고 (2) 낮은 온도, 성운의 온도가 낮으면 가스 압력도 낮다. 따라서 성간기체보다 차갑고 밀도가 높은 성운에서 별이 형성될 수 있을 것으로 생각한다.

차갑고 밀도가 높은 상태에서는 원자가 결합해서 분자를 이루기 때문에 별이 형성될 수 있을 만큼 매우 차갑고 밀도가 높은 구름은 분자 상태의 가스가 모인 **분자구름**을 이루며, 이러한 분자구름에서 별이 형성되는 것이 관측되었다(그림 13.1). 분자구름은 일반적으로 10~30K의 낮은 온도를 나타낸다(0K는 절대온도 0도를 나타냄)(그림 4.10 참조). 분자구름의 밀도는 지구 기준에서 보면 진공이라고 생각할 수 있을 정도로 매우 낮지만 별과 별 사이 공간의 밀도

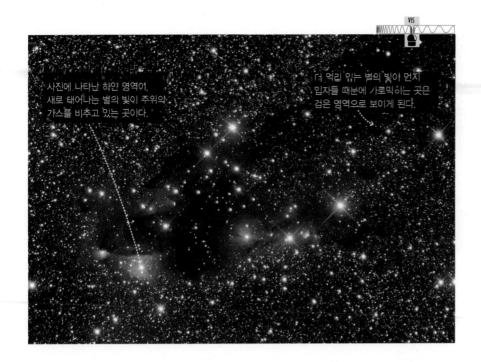

사진에 나타난 하얀 영역이, 새로 태어나는 별의 빛이 주위의 가스를 비추고 있는 곳이다.

더 멀리 있는 별의 빛이 먼지 입자들 때문에 가로막히는 곳은 검은 영역으로 보이게 된다.

**그림 13.1** 전갈자리 안의 별 생성 분자구름. 약 50광년 크기의 영역이 사진에 나타나 있다.

에 비교하면 수백 배에서 수천 배 정도 밀도가 높다. 분자구름의 전체 질량이 클수록 중력이 커서 가스 압력을 이기기 쉽기 때문에 큰 분자구름에서 별의 형성이 이루어진다. 일반적인 별 형성 분자구름의 질량은 일반적인 별 질량의 수천 배에 이르며 동시에 여러 개의 별을 형성한다. 이렇기 때문에 별들은 일반적으로 별무리(성단)에 속해 있는 것이다.

**성운에서 원시별로** 커다란 분자구름이 수축을 시작함에 따라 구름의 가장 밀도가 높은 영역을 기준으로 중력에 의해 가스가 모이게 되며, 이 과정에서 각각 별을 형성할 수 있는 더 작은 성운 조각으로 나뉜다(그림 13.2). 각각의 뭉치고 있는 성운 조각들은 질량중심으로의 수축을 지속함에 따라 중력위치에너지[4.3절]가 변하게 되고 이로 인해 점점 뜨거워지게 된다. 빛에 의해 에너지가 외부로 쉽게 방출될 수 있는 별형성 과정 초기에는 온도와 압력의 상승이 일어나지 않아 중력수축이 지속될 수 있다. 이때 성운의 온도는 100K 이하로 유지되며 긴 파장의 적외선 빛을 발하게 된다(그림 13.3).

분자구름의 조각이 중력에 의해 수축하게 되면 온도가 올라가고 그 중심에 원시별이 생성된다.

성운이 계속 수축하여 밀도가 증가하게 되면 특히 중심에서 빛의 이탈이 점점 더 어렵게 된다. 성운 조각의 중심 부분 밀도가 충분히 높아져서 적외선의 방출이 용이하지 않게 되면 중심의 열을 복사 냉각할 수 없게 되어 중심부의 온도와 압력이 매우 빠르게 증가하게 된다. 압력이 증가하면 중력과 반대로 밀어내는 힘으로 작용하여 수축하는 속도가 줄어들게 된다. 성운 조각 중심의 밀도가 높은 부분이 새롭게 태어나는 별이 될 가스 덩어리인 **원시별**이 된다. 주위의 구름을 이루는 가스가 계속해서 원시별로 떨어짐으로써 원시별의 질량이 점점 증가한다. 핵융합을 할 수 있을 만큼 중심의 온도가 높지는 않기 때문에 원시별은 아직은 진정한 별은 아니다. 그럼에도 불구하고 원시별 표면으로 떨어지는 물질

**천문
계산법 13.1**

**별 탄생 조건**

본문에서 이야기한 것처럼, 가스의 온도($T$)가 상대적으로 낮고 가스 밀도($n$)가 상대적으로 높을 때에만 중력이 압력보다 커서 성간구름의 수축이 시작될 수 있다. 정확히 얼마나 차갑고 밀도가 높아야 하는지는 성운의 전체 질량에 따라 달라진다. 성운의 질량이 클수록 더 쉽게 중력에 의한 수축이 시작될 수 있다. 성운의 질량이 얼마나 커야 중력에 의한 수축이 시작될 수 있는지를 나타내는 천문학자들이 발견한 간단한 방정식은 다음과 같다.

$$M_{최소} = 18 M_{태양} \sqrt{\frac{T^3}{n}}$$

이 식에서 $T$는 절대온도 K로 표시하는 가스의 온도이고 $n$은 m³당 입자의 개수로 나타내는 가스 밀도이다. $M_{최소}$는 별을 만들 수 있는 성운의 최소 질량을 나타낸다. 성운의 질량이 $M_{최소}$보다 커야만 중력이 성운을 수축시켜 별을 탄생시킬 수 있다.

예제: 온도 30K 그리고 평균밀도 1m³ 부피에 300개 입자가 있는 성운이 있다. 별이 형성되기 위해서 이 성운의 질량이 얼마여야 하는가?

해답: $M_{최소}$를 구하는 방정식에 $T = 30$K 그리고 $n = 300$개 입자/m³를 대입하면

$$M_{최소} = 18 M_{태양} \sqrt{\frac{30^3}{300}} = 18 M_{태양} \sqrt{90} \approx 171 M_{태양}$$

중력에 의해 이 성운이 수축하여 별이 형성되려면 이 성운의 질량이 적어도 태양질량의 171배보다 커야 한다.

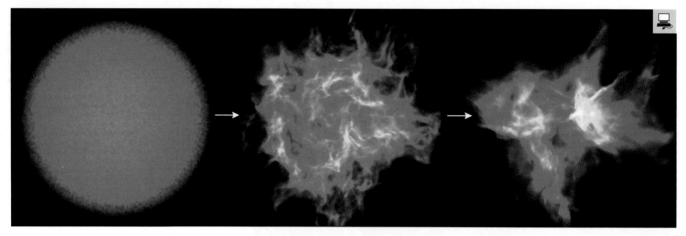

a. 태양질량의 50배 질량의 가스가 1.2광년 크기의 성운을 이루고 있는 경우의 수치 모사

b. 성운 안에서의 무작위 운동이 주위보다는 밀도가 조금 더 높은 영역들을 만들어낸다. 이렇게 밀도가 높은 영역에서 중력이 압력보다 커지면 더 수축하여 밀도가 더욱더 높은 작은 덩어리를 이루게 된다.

c. 전체적인 성운은 결과적으로 여러 개의 작고 밀도가 높은 덩어리로 나누어지게 되며 각각의 덩어리의 지속적인 수축으로부터 별이 탄생하게 된다.

**그림 13.2** 쪼개지고 있는 분자구름의 전산 수치모사. 중력에 의해 분자구름의 밀도가 가장 높은 부분으로 물질들이 모이게 된다. 밀도가 높은 영역의 압력보다 중력이 클 때 밀도가 더 높은 작은 덩어리로 수축하게 된다. 이러한 덩어리에서 하나 혹은 여러 개의 별이 탄생할 수 있다.

의 중력에너지가 모두 방출되기 때문에 상당히 밝을 수 있다.

**원반과 제트** 원시별은 매우 빠르게 자전한다. 가스 입자들의 무작위 운동은 결과적으로 기체구름 전체를 보이지 않을 정도로 매우 느리지만 자전하도록 한다. 피겨스케이팅 선수가 팔을 몸 쪽으로 끌어당기는 것과 같이 수축하는 성운은 총 각운동량보존을 위해서 점점 더 빨리 회전하게 된다[4.3절].

낙하하는 성운 조각의 자전은 또한 원시별 주위에 회전하는 기체원반을 만들어낸다(그림 13.4). 가스 입자들 사이의 충돌이 성운 조각들로 하여금 자전축 방향으로 납작하게 하여 원반이 만들어지게 되며 이 원반은 각운동량이 보존되어야 하기 때문에 계속 회전하게 된다. 행성은 추후에 이 원반에서 형성된다.

각운동량보존에 의해서 원시별이 빨리 자전하며 또한 회전하는 기체원반에 둘러싸여 있게 된다.

매우 빠른 속도의 가스 흐름, **제트**가 새로 태어나는 원시별로부터 성간으로 뿜어져 나가는 것이 관측

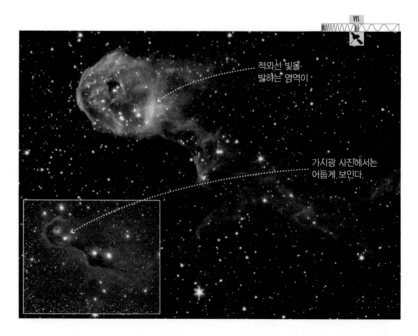

적외선 빛을 발하는 영역이

가시광 사진에서는 어둡게 보인다.

**그림 13.3** 별이 형성되고 있는 분자구름은 별보다 차갑고 따라서 가시광선보다는 적외선 빛을 발한다. 스피처우주망원경으로 찍은 적외선 사진에 세페우스 별자리에 속한 적외선 방출선이 사진의 핑크 색깔로 보이는 별 생성 성운이 나타나 있다. 사진 안에 같은 영역의 가시광선 사진이 포함되어 있다. 약 15광년 넓이의 지역이 사진에 나타나 있다.

된다(그림 13.5). 일반적으로 원시별의 자전축을 따라 서로 반대 방향으로 2개의 제트가 관측된다. 때로는 빛을 발하는 가스의 덩어리가 제트와 함께 발견되기도 하는데, 이것은 뿜어져 나온 제트에 의해 성간물질이 밀려나가면서 생기는 현상으로 생각된다.

원시별이 이러한 제트를 어떻게 만드는지 정확히는 모르지만 자기장이 중요한 역할을 하는 것이라고 생각한다. 원시별의 빠른 자전이 강한 자기장의 생성에 기여하고 이 자기장이 제트가 자전축을 따라 분출되도록 방향을 잡아주는 역할을 할 수 있을 것이다. 더구나 강한 자기장은 원시별이, **태양풍**[11.1절]과 유사하지만 훨씬 강하게 원시별의 입자가 밖으로 불려나가는 현상인 강한 **항성풍**을 일으키는 데 기여한다. 항성풍과 제트가 둘러싸고 있는 가스를 흩어트려 결국 그 안의 원시별이 드러날 수 있도록 한다. 이렇게 흩어지는 물질과 함께 각운동량도 손실됨으로써 원시별의 자전이 느려지게 된다.

**홀별(단독성)과 짝별(쌍성)?** 많은 별이 쌍성계를 이루는 것 또한 각운동량 때문이다. 수축하는 분자구름이 여러 개의 조각으로 나눠지며 원시별들이 만들어지는 과정에서 서로 매우 가깝게 생성되는 별들이 있다. 바로 옆에 있는 2개의 원시성이

*바로 이웃하는 원시별은 서로의 궤도를 따라 움직이다 결국 근접쌍성계를 이루게 된다.*

중력에 의해 서로 잡아당기게 되어도 서로 충돌하여 부서지지는 않는다. 대신 각각의 원시별이 처음부터 어느 정도 가지고 있는 각운동량 때문에 서로의 주위를 일정 궤도에 따라 움직이게 된다. 큰 각운동량을 가지고 있던 원시별들은 큰 궤도를 가진 쌍성계를 이루게 되며, 작은 각운동량을 가진 별들은 서로 가까운 궤도를 따라 운동하게 된다. 두 별이 서로 매우 가까운 경우 **근접쌍성계**를 이루게 된다. 근접쌍성계에 속한 별들은 보통 지구-태양 간 거리의 10분의 1(0.1AU) 이내에 서로 위치하며 며칠에 한 바퀴씩 서로의 주위를 공전한다.

**원시별에서 주계열성으로** 원시별은 그 중심핵의 온도가 1,000만K($10^7$K)가 되어 수소융합이 효율적으로 일어날 수 있는 상태에 도달하면 비로소 진정한 별이 된다. 중심핵에서의 융합에 의한 에너지 생성률이 표면에서 별빛의 형태로 잃는 에너지 소실률과 균형을 이룰 때까지 중심의 온도는 계속 상승한다. 이렇게 에너지 평형 상태가 되면 중력에 의한 수축이 정지되어 드디어 주계열성으로 탄생된다[12.2절].

원시별이 형성되어 주계열성으로 탄생될 때까지 걸리는 시간은 별의 질량에 따라 다르다. 무거운 별은 모든 것이 빠르다. 큰 질량의 원시별이 수축하여 O형 혹은 B형 주계열성으로 탄

*중심에서의 수소융합과 표면에서의 별빛 에너지 사이의 균형이 이루어질 때 원시별이 비로소 주계열성이 된다.*

생되는 데는 대략 100만 년이 채 걸리지 않는다. 우리태양과 같은 별은 원시별로 시작해서 주계열성이 되는 데까지 약 3,000만 년이 걸린다. 분광 M형의 매

우 작은 질량을 가진 별은 원시별 단계에서 수억 년 이상의 시간을 보낸다. 한 젊은 별무리에 속한 가장 큰 질량의 별은 가장 작은 질량의 별이 그 중심에서 수소융합을 시작하기도 전에 이미 일생을 마무리한다.

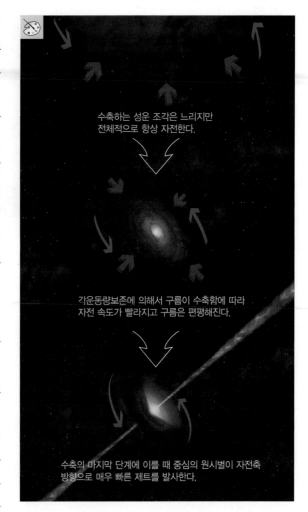

수축하는 성운 조각은 느리지만 전체적으로 항상 자전한다.

각운동량보존에 의해서 구름이 수축함에 따라 자전 속도가 빨라지고 구름은 편평해진다.

수축의 마지막 단계에 이를 때 중심의 원시별이 자전축 방향으로 매우 빠른 제트를 발사한다.

**그림 13.4** 별 탄생에 대한 그림

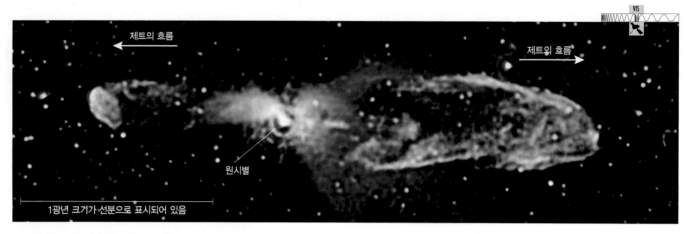

**그림 13.5** 원시별로부터 별과 별 사이 공간으로 뿜어져 나오는 가스의 제트가 이 사진에 나타나 있다.

a. 원시별로부터 2개의 제트가 서로 반대 방향으로 뿜어져 나오는 것이 나타나 있다.

b. 원시별 주위의 기체원반이 초록색으로 그리고 붉은색으로 보이는 제트가 상세히 보인다.

### ● 새로 탄생한 별은 얼마나 무거운가?

별형성 구름이 어떻게 수축하고 또한 조각으로 나눠지는지에 따라 갓 태어난 별들의 질량이 결정되는 것으로 보인다. 이 과정이 아직 잘 이해되지는 못하지만 그 결과는 관측을 통해 알 수 있다.

젊은 별무리를 관측하면 가벼운 별이 무거운 별보다 훨씬 많다는 것을 알 수 있다. 태양질량의 10배를 가진 별이 하나 있을 때 태양질량의 2배에서 10배 사이의 별은 10개 정도 있고, 0.5배에서 2배 사이의 별은 50개 그리고 0.5배 이하의 별은 수백 개 존재한다(그림 13.6). 태양은 별 질량 범위의 중간쯤에 해당하는 질량을 가지고 있지만, 새로 태어난 별무리에 속한 별들의 대다수가 태양보다 가볍다. 무거운 별들의 일생이 짧아 빠르게 죽어 없어지기 때문에 시간이 지남에 따라 별들의 질량분포는 더욱더 작은 질량의 별들 쪽으로 치우치게 된다.

**별 질량의 한계** 별이 가질 수 있는 질량에는 최소와 최대 한계가 있다. 더 클 수도 있겠지만 대략 태양질량의 150배 정도가 별이 가질 수 있는 최대 질량인 것으로 관측된다. 이론적 모형을 바탕으로 고려해도 태양질량의 약 100배 이상인 별은 중심핵에서의 에너지 생성이 너무 커서 별

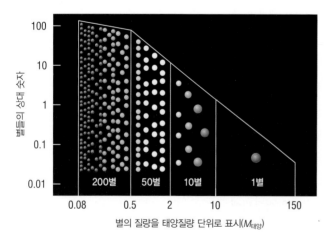

**그림 13.6** 새로 태어난 별들의 개수 통계 자료. 별들이 한꺼번에 여러 개 생성될 때 태양보다 10배 이상의 질량을 가진 별이 한 개, 각각의 질량 단위의 별들이 몇 개 정도 탄생하는지를 나타낸 개략적인 분포도이다. 큰 질량의 별은 상대적으로 적고, 작은 질량의 별이 훨씬 더 많다.

바깥 부분이 우주공간으로 흩어지게 될 것이라고 생각한다.

**별이 가질 수 있는 최소 질량**은 원시별이 참된 별로서 탄생할 수 있으려면 그 질량이 태양 질량의 0.08배 이상은 되어야 할 것이라고 이론적으로 계산된다. 이 질량은 대략 목성 질량의 80배 정도 되는 질량이다. 이 질량보다 작을 경우 그 핵을 수축하여 수소융합이 일어나기 위한 임계온도인 1,000만 K에 이르기에는 원시별의 중력이 너무 작다. 이 경우 원시별은 **갈색왜성**이라고 불리는 일종의 실패한 별로서 안정화된다. 갈색왜성은 주로 적외선 빛을 발하여 갈색보다는

태양의 100배 이상의 질량을 가진 별들은 별의 바깥 부분을 불어내고, 태양의 0.08배보다 작은 질량을 가진 별은 핵융합이 일어나기 위해 필요한 높은 온도에 이르지 못하기 때문에 갈색왜성이 된다.

짙은 붉은색이나 자홍색을 띤다(그림 13.7). 갈색왜성은 그 중심핵에서 핵융합이 안정적으로 일어나고 있는 것이 아니기 때문에 시간이 지남에 따라 내부의 열에너지를 방출하면서 식게 된다. 본질적으로는 갈색왜성은 우리가 별이라고 부르는 것과 행성이라고 부르는 것 사이에 속하는 천체이다.

**갈색왜성의 내부 압력**  갈색왜성의 중심핵을 수축하여 핵융합을 할 수 있는 상태에 이르게 하려는 중력을 방해하는 내부 압력은 우리가 일반적으로 알고 있는 압력과는 매우 다르다. 보통의 가스 압력은 온도와 밀접하게 연관되어 있기 때문에 일반적으로 **열적 압력**이라고 불린다. 온도가 올라감에 따라 입자의 속도가 빨라지고, 그 결과로 열적 압력이 증가하게 된다. 그러나 갈색왜성에서는 열적 압력이 중력을 이겨내기에 충분하지 않은 것으로 판단된다. 대신에 갈색왜성 내부의 중력에 의한 매우 강한 수축은 온도와 무관한 매우 특별한 종류의 압력인 **축퇴압**에 의해 정지된다. 원자의 양자화된 에너지 준위와 관련되어 있는 **양자역학**의 법칙에 의한 압력이다[5.2절].

**그림 13.7** 갈색왜성은 핵융합에 필요한 0.08$M_{태양}$보다 질량이 작아 별이 되지 못한 천체이다.

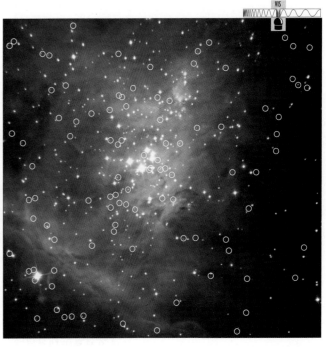

a. 여러 별로 이루어진 다중성계 안에 속한 갈색왜성을 그 주위를 도는 행성(원쪽)과 함께 그린 상상도. 사람의 눈에 갈색왜성이 어떻게 보이는지를 고려하여 붉은색으로 나타냈다. 갈색왜성은 별보다는 거대한 목성형 행성과 유사할 것임을 고려하여 검은 띠를 그려 넣었다.

b. 오리온자리의 갈색왜성(원으로 표시됨)을 보여주는 적외선 영상. 갈색왜성은 우리은하 내의 별 탄생 영역에서 쉽게 발견되는데 젊은 갈색왜성은 중력수축 과정에서 얻은 열에너지를 아직도 많이 가지고 있고 따라서 적외선 빛을 많이 방출한다.

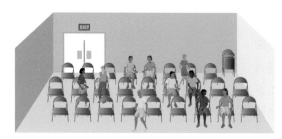

a. 입자(사람)보다 의자가 많을 때는 입자들이 굳이 같은 위치에 있으려 하지 않을 것이다. 온도에 따른 입자의 움직임으로부터만 압력이 발생한다.

b. 입자(사람)의 수가 가능한 위치(의자)의 수와 비슷하게 되면 가능한 위치를 찾기 위하여 입자들이 더 빨리 움직여야 할 것이다. 이러한 추가의 움직임이 축퇴압을 만들어낸다.

**그림 13.8** 축퇴압에 대한 강당 비유. 의자는 전자에게 가능한 양자역학적인 상태를 나타내고 항상 의자에서 의자로 옮겨야 하는 사람은 전자를 나타낸다.

원자 안의 전자들이 특정 에너지 준위에 제한되어 존재할 수 있는 것과 같이 양자역학은 가스 안의 전자들(다른 아원자들도)이 서로 얼마나 가까운 위치에 있을 수 있는지에 제한을 둔다. 대부분의 경우에 전자의 운동이나 위치에 끼치는 영향이 매우 작아 압력도 아무런 영향을 받지 않는다. 그러나 태양질량의 0.08배 이하인 원시별의 경우 전자들이 매우 작은 공간에 조밀하게 위치하게 되어 이러한 양자역학적인 효과가 중요하게 된다. 이러한 사실이 어떻게 축퇴압과 연관되는지를 간단한 비유를 통해서 알아보자.

양자역학의 법칙에 따라 배치된 의자들과 사람들(전자들)이 있는 강당을 상상해보자(그림 13.8). 전자들은 항상 움직이고 있듯이 마치 자리 잡기 게임처럼 사람들이 의자와 의자를 항상 옮겨 앉는다. 대부분의 물질은 사람들보다 의자가 많은 강당과 같아

> 갈색왜성의 중력은 온도가 떨어져도 약해지지 않는 축퇴압에 의해 지지된다.

서 사람들(전자들)은 옮겨 앉을 의자를 손쉽게 찾을 수 있다. 그러나 0.08$M_{태양}$보다 작은 질량을 가진 원시별의 중심핵은 의자의 개수가 몇 개 안 되는 매우 좁은 강당과 같아서 거의 대부분의 의자에 사람들(전자들)이 차지하고 앉아 있는 경우이다. 사실상 빈의자가 거의 없기 때문에 모든 사람(전자들)이 강당의 비좁은 영역에 모두 꽉 끼어 있을 수 없다. 더 이상 꽉 끼어 있을 수 없는 상태가 축퇴압이다. 사람이 정말로 전자와 같다면 양자역학의 원리에 따라 공간이 작아질수록 빈자리를 찾기 위해 점점 더 빠르게 움직이게 될 것이다. 그러나 이 경우의 움직이는 속도는 온도와 무관하다. 축퇴압과 그에 따른 입자의 운동은 오직 입자가 갈 수 있는 위치가 제한적이라는 것 때문에 발생하는 것이며, 따라서 온도는 영향을 미치지 않는 것이다.

축퇴압이 온도에 따라서 오르거나 내려가지 않는다는 사실은 시간이 흐름에 따라 온도가 내려감에도 불구하고 갈색왜성의 내부 압력은 안정적으로 유지됨을 의미한다. 그 결과 갈색왜성이 아무리 차가워지더라도 중력에 의해 더 수축하는 일은 결코 일어나지 않는다. 항상 무한히 작아지려는 만유인력의 힘을 이겨내어 일정한 크기를 유지하려는 별들 중에서 갈색왜성은 비록 어둡기는 하지만 분명한 승자이다. 제14장에서 살펴보겠지만 백색왜성과 중성자별이라고 불리는 별의 시체에서 또한 축퇴압이 매우 중요하다.

## 13.2 가벼운 별의 일생

별에 있어서 가장 중요한 물리량은 질량이다. 주계열(별 중심에서 수소융합) 단계[12.2절]에서 별의 밝기와 표면온도뿐 아니라 주계열에 머무는 시간과 최종 운명도 질량에 따라 결정된다. 태어날 때 비슷한 질량을 가진 별들은 비슷한 일생을 살고 비슷한 모습으로 죽는다. 그러나 별이 가질 수 있는 전체 질량 범위에서 작은 쪽에 해당하는 별들의 일생은 큰 질량의 별들과 매우 다르다. 따라서 별의 일생에 대한 이야기를 질량에 따라 크게 세 부류로 나누어 진행하는 것이 편리하다.

- **가벼운 별**은 태양질량의 2배(2$M_{태양}$)보다 작은 질량을 가지고 태어난 별이다.
- **중간별**은 태양질량의 2배에서 8배 사이의 질량을 가지고 태어난 별이다.
- **무거운 별**은 태양질량의 8배(8$M_{태양}$)보다 큰 질량을 가지고 태어난 별이다.

이 절에서는 가벼운 별의 일생에 대하여 무거운 별의 일생과 크게 다른 점에 주로 중점을 두

어 설명한다. 중간 질량을 가진 별의 일생 과정은 그 마지막 순간을 제외하면 무거운 별과 매우 유사하기 때문에 무거운 별에 포함하여 함께 설명한다.

별의 일생에 대하여 우리가 잘 알고 있다고 이렇게 자신 있어 하는 것에 대하여 의문을 가질 수 있다. 우리의 자신감은 이론적인 모형을 관측과 비교함으로써 얻게 되었다. 천문학자들은 확립되어 있는 물리 법칙을 사용하여 별 내부에 대한 수학적인 모형을 만들어냈다. 태양 내부에서 어떤 일이 일어나고 있는지 알기 위하여 태양 모형을 활용한다[11.2절]. 일생의 어떤 단계에 있는 별 내부에서 어떤 일이 있어나고 있는지와 별이 일생 동안 지속적으로 어떻게 변화하는지를 모형을 통해 예측한다. 또한 일생의 각 단계에 있는 별의 겉모습이 어떻게 할 것인지도 예측한다. 각각 다른 나이의 별들을 관측함으로써 우리의 별 모형이 성공적으로 별을 설명하고 있는지를 검증할 수 있다. 이렇게 모형과 관측을 함께 비교함으로써 별의 일생에 대한 우리의 이해가 빠르다는 확신을 갖게 되었다.

## ● 가벼운 별이 거치는 일생의 단계

우리가 태양이라고 부르는 별을 포함하여 모든 작은 질량의 별들은 비슷한 일생의 과정을 겪게 된다. 작은 질량 별의 대표적인 예로써 태양이 평생 어떻게 변화하는지 살펴보자.

**주계열 단계** 별의 다양한 계층에서 우리의 태양은 중간 정도에 불과하다. 태양이 별들의 세계에서 중간밖에 안 되는 것에 대하여 우리는 감사하게 생각해야 한다. 만약 태양이 매우 큰 질량을 가진 별이었다면 단지 몇백만 년밖에는 살지 못할 것이고, 따라서 지구에서 생명이 탄생하기도 전에 소멸했을 것이다. 태양이 거의 50억 년 동안 주계열성으로서 지속적으로 빛과 열을 발해주었기 때문에 우리 행성 표면에서 생명이 번창할 수 있었다. 태양은 앞으로 50억 년 정도를 더 주계열성으로서 지내게 될 것이다.

제11장에서 이야기했던 것처럼 태양중심에서 **양성자-양성자 연쇄 반응**이 일어나서 수소가 헬륨으로 융합한다. 중력평형과 에너지 균형이 함께 작동하여 태양의 핵융합률과 전체적인 에너지 발산율(luminosity)을 매우 안정적으로 유지되도록 조절하는 **태양 온도계**라고 부르는 자체 조절 과정이 태양으로 하여금 안정적으로 빛을 발할 수 있게 한다. 별이 주계열 단계에 머무는 기간은 전체 일생의 약 90%에 해당하며 이 단계의 주요한 특성은 별 중심에서 안정적인 수소융합이 일어나고 있다는 점이다.

별은 일생의 약 90%에 해당하는 시간을 주계열성으로서 안정적으로 빛을 발하며 지낸다. 이와 유사하게 가벼운 별들도 일반적인 규칙에 따라 다른 일생의 길이를 가진다. 태양보다 무거운 별은 100억 년 태양의 일생보다는 짧은 주계열 단계를 지내고 태양보다 가벼운 별들은 더 긴 일생을 살게 된다.

**적색거성 단계** 주계열성의 역학적 균형상태를 유지하는 데 필요한 열에너지는 수소융합에 의해 공급된다. 결국 태양 중심핵의 수소가 소진되면 핵융합 반응이 정지하게 된다. 별 표면에서 발산하는 별빛(복사에너지)을 다시 채워줄 핵융합이 일어나지 않게 되면 중심핵은 중력의 끌어당김을 더 이상 견뎌내지 못하게 되어 수축하기 시작한다. 100억 년 동안 지속적으로 빛을 발한 후에 태양은 일생의 전혀 새로운 단계에 접어들게 된다.

조금 뜻밖으로 생각되겠지만 이 새로운 단계에서 중심핵은 중력에 의해 수축함에도 불구하고 태양의 바깥 부분이 팽창한다. 약 10억 년 정도의 기간(주계열 단계 기간의 약 10% 정도의

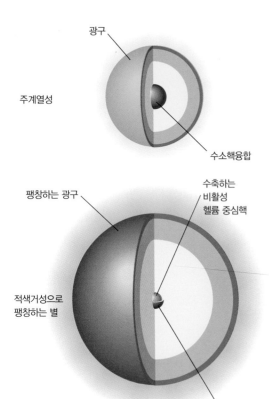

광구

주계열성

수소핵융합

팽창하는 광구

수축하는
비활성
헬륨 중심핵

적색거성으로
팽창하는 별

수소층
핵융합

**그림 13.9** 별의 주계열 단계 이후에 비활성 헬륨 중심핵은 수축하고 주위 수소층에서의 핵융합이 시작된다. 수소층에서의 핵융합 반응이 빠르게 진행되기 때문에 별의 바깥 부분이 팽창하게 된다(실제 축척이 아님).

기간) 태양은 점점 커지고 밝아져서 **적색거성**이 된다. 적색거성 단계의 최고조에 다다랐을 때 태양은 지금보다 반경으로는 100배 이상 그리고 밝기로는 1,000배 이상 커지게 될 것이다.

중심핵이 수축하는 동안 태양의 바깥층이 팽창하는 이유를 이해하기 위하여 태양의 주계열단계 마지막 시점에서 중심핵의 구성 성분을 고려할 필요가 있다. 수소핵융합의 결과물이 헬륨이므로 수소가 소진된 중심핵은 거의 헬륨으로만 구성된다. 그러나 중심핵 주위의 핵융합

*중심핵에 있는 수소가 고갈된 후에 중심핵을 둘러싼 층에서 일어나는 빠른 수소핵융합에 의해 태양은 팽창하여 적색거성이 될 것이다.*

에 관련되어 있지 않았던 가스는 수소를 포함하고 있을 것이다. 비활성(핵융합이 일어나지 않는) 헬륨 중심핵과 중심핵을 둘러싼 수소가 포함된 층이 중력에 의해 함께 수축함에 따라 수소가 포함된 층에서 수소핵융합(**수소층 핵융합**)이 가능한 온도에 도달하게 된다(그림 13.9). 중심핵을 둘러싼 층의 온도가 매우 높기 때문에 수소층 핵융합은 현재 중심핵에서의 수소융합보다 빠른 속도로 진행될 것이다. 높은 핵융합률은 매우 많은 에너지를 발생하여 태양 밝기를 극적으로 증가시킬 것이며, 바깥의 가스층을 밀어내기에 충분한 압력을 제공한다. 이러한 팽창에 의해 표면에서의 중력이 약화되어 많은 양의 물질이 항성풍으로 휩쓸려 나가게 된다. 현재 태양풍으로 휩쓸려 나가는 양보다 훨씬 많은 양의 물질이 적색거성에서 항성풍으로 휩쓸려 나가고 있음이 관측된다.

헬륨핵이 비활성인 상태로 남아 있는 한 이러한 상황이 지속된다. 현재는 태양이 온도 조절 장치처럼 작동하여 스스로 핵융합률을 조절한다. 핵융합률이 증가하면 중심핵이 팽창하여 온도를 낮춤으로써 핵융합률을 감소시켜 원래 상태가 되도록 한다. 반면에 적색거성 단계 별의 수소층 핵융합에서 발생되는 열에너지는 비활성 중심핵의 팽창과는 무관하다. 대신에 새롭게 생성된 헬륨이 중심 헬륨핵에 포함됨에 따라 중심핵의 질량이 증가하게 되고, 이에 따른 중력의 증가로 인해 중심핵은 더욱 수축하게 된다. 중심핵과 함께 수소층 핵융합도 수축하게 되어 더 뜨겁고 더 높은 밀도를 가지게 된다. 결과적으로 수소층 핵융합률이 증가하고 더 많은 헬륨을 생산하여 중심핵에 공급한다. 이렇게 별은 자체 조절 능력을 상실한 상태가 된다.

비활성 헬륨으로 이루어진 중심핵의 온도가 1억 K에 도달할 때까지는 중심핵과 중심핵을 둘러싼 층은 지속적으로 수축하며 뜨거워짐에 따라 태양은 전체적으로 더 커지고 밝아지게 된다. 헬륨핵자가 함께

*태양이 적색거성으로 성장함에 따라 태양 중심핵은 수축하고 수소층 핵융합은 계속해서 활발해진다.*

융합할 수 있을 만큼 높은 온도에 도달하는 시점이 되면 태양은 그 일생의 다음 단계에 진입하게 된다. 걸리는 시간은 질량에 따라 다르지만 작은 질량의 별들은 대부분 이와 유사하게 팽창하여 적색거성이 된다. 별 일생의 모든 단계가 더 무거운 별일수록 빠르게 진행되고 가벼운 별일수록 천천히 진행된다. 매우 가벼운 별의 경우에는 비활성 헬륨으로 이루어진 중심핵이 헬륨핵융합을 시작하기에 필요한 온도에 도달하지 못할 수 있다. 이 경우에는 중심핵이 축퇴압에 의해 지탱될 수 있을 때까지 중력에 의해 계속 수축하여 **헬륨 백색왜성**이라고 불리는 별로서 일생을 마감하게 된다.

**생각해보자 ▶** 더 읽어 나가기 전에 별이 중심핵에 있는 수소를 소진한 후에 커지고 밝아지는 이유를 간단히 요약해보자. 언제 그리고 왜 적색거성의 커짐이 멈추는가? 헬륨핵융합에 필요한 온도가 1억 K가 아니고 2억 K라고 가정하면 별의 적색거성 단계가 어떻게 그리고 왜 달라질까?

**헬륨핵융합** 2개의 핵자가 매우 가까워져서 서로 끌어당기는 강한 핵력(강력)이 전자기 척력보다 커져야만 비로소 핵융합 반응이 일어날 수 있다[11.2절]. 헬륨핵자는 2개의 양성자(그리고 2개의 중성자)로 이루어져 있어서 양성자 하나로 이루어진 수소핵자에 비해 강한 양의 전하를 띠고 있다. 강한 전하를 띠고 있다는 것은 헬륨핵자 간에 서로 밀어내는 힘이 수소핵자보다 강하다는 것을 의미한다. 따라서 **헬륨핵융합**은 수소핵자보다 훨씬 빠른 속도로 핵자가 서로 부딪칠 때만 일어날 수 있고, 이는 헬륨핵융합은 매우 높은 온도가 요구됨을 의미한다.

헬륨핵융합 과정[헬륨핵자를 **알파입자**(alpha particles)라고 부르기 때문에 헬륨핵융합 과정을 삼중알파 반응이라고 부른다.]은 3개의 헬륨핵자를 하나의 탄소핵자로 융합한다.

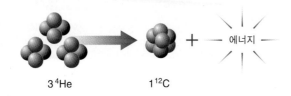

$$3\,^4He \qquad 1\,^{12}C$$

헬륨-4 핵자 3개의 질량 합보다 탄소-12 핵자가 질량이 약간 작으며 이 차이만큼의 질량이 $E = mc^2$에 따라 에너지로 방출된다.

태양과 같이 적은 질량의 별들에서 일어나는 헬륨핵융합 과정과 관련하여 조금 더 구체적인 설명이 필요하다. 이론적으로 비활성 헬륨 중심핵에서 그 열적 압력이 중력을 이겨내기에는 충분하지 않다. 대신 중력과 균형을 이루는 힘(갈색왜성을 유지하는 것과 같은 종류의 압력)은 축퇴압이다. 축퇴압은 온도에 크게 영향을 받지 않기 때문에 헬륨핵융합이 시작되면 중심핵은 팽창은 거의 하지 않은 채로 온도만 급격히 상승하게 된다. 온도의 상승은 헬륨핵융합 반응을 폭발적으로 활성화시켜서 **헬륨섬광 현상**(helium flash)이 발생한다.

헬륨섬광 현상은 엄청난 양의 에너지를 중심핵으로 주입시킨다. 수 초 내에 온도가 급격히 상승하여 열적 압력이 다시 한 번 축퇴압보다 더 중요한 압력이 된다. 실제로는 열적 압력이 중력보다 강해져서 중심핵이 팽창하기 시작한다. 이러한 중심핵의 팽창은 핵융합이 진행되고 있는 수소층을 밖으로 밀어내어 그 온도와 핵융합률을 낮춘다. 그 결과 별에서 중심핵에서의 헬륨핵융합과 수소층에서의 수소핵융합이 동시에

*태양 중심핵에서 헬륨핵융합이 급작스럽게 시작되면 중심핵의 수축이 멈추어지고 적색거성일 때에 비해 상대적으로 작고 어두운 별이 된다.*

진행되고 있음에도 불구하고(그림 13.10), 총에너지 발생량은 적색거성 단계 때의 최대치보다는 줄어들어 별이 조금 어두워지고 별 반경도 조금 작아지게 된다. 별의 바깥층이 수축함에 따라 별의 표면온도는 상승하고 그 색깔도 붉은색에서 노란색 쪽으로 되돌아오게 된다. 태양은 약 10억 년 동안을 붉고 밝은 적색거성으로 지낸 뒤에 크기와 밝기가 줄어들어 **헬륨 중심핵 핵융합 별**(helium core-fusion star)이 될 것이다.

구상성단의 H-R도(그림 13.11)에서, 지금까지 이야기한 별 일생의 여러 단계에 있는 가벼운 별들의 예를 찾아볼 수 있다. 주계열 전향점 아래 오른쪽 밑에 나란히 있는 별들은 아직도 중심핵에서 수소융합이 진행되는 주계열 단계에 머물러 있다. 주계열 전향점의 오른쪽 바로

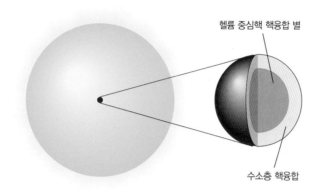

**그림 13.10** 헬륨핵융합이 진행되고 있는 별의 중심핵 구조. 헬륨층 핵융합과 수소층 핵융합 층을 팽창시킴으로써 수소층 온도가 조금 낮아지고, 그 결과 총에너지 생성률이 적색거성 단계 때보다 낮아진다. 바깥층은 수축하여 헬륨 중심핵 핵융합 별이 되며 같은 질량의 적색거성보다 작다.

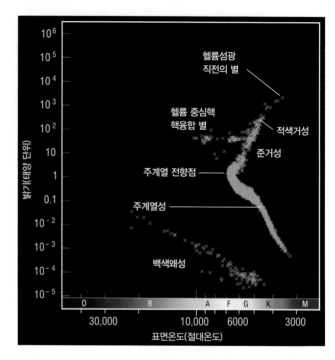

**그림 13.11** 다른 진화 단계에 있는 가벼운 별들이 표시되어 있는 한 구상성 단의 H-R도

위에서 **준거성**(subgiants)을 찾을 수 있다. 준거성은 중심핵에서 수소융합이 종료되고 수소층에서의 핵융합이 시작되어 지금 막 적색거성으로 팽창하기 시작한 단계의 별이다. 수소층 핵융합이 길어질수록 별은 더 커지고 더 밝아지기 때문에 헬륨섬광이 발생하기 직전의 가장 밝고 붉은 거성까지 별들이 연속적으로 분포되어 있는 것을 볼 수 있다. 이미 헬륨섬광 현상을 겪고 중심핵에서 헬륨핵융합을 하고 있는 별들은 헬륨섬광 순간에 비해 조금 작고 뜨겁고 어둡기 때문에 적색거성의 끝보다 왼쪽 아래에 위치한다. 헬륨 중심핵 핵융합 별은 표면온도는 다양하지만 밝기는 서로 비슷하기 때문에 H-R도상의 **수평가지**(the horizontal branch)라고 부르는 선을 따라 수평으로 분포하게 된다.

### ● 가벼운 별은 어떤 죽음을 맞이할까?

결국에는 중심핵의 모든 헬륨이 핵융합을 통해 탄소로 바뀌게 된다. 태양의 경우 100억 년 주계열 단계의 1%에 불과한 약 1억 년이면 모두 소진된다. 중심핵의 헬륨이 고갈되면 핵융합은 다시 한 번 정지된다. 헬륨핵융합의 결과물인 탄소만으로 이루어진 중심핵은 중력의 영향으로 다시 수축하기 시작한다.

**마지막 숨** 중심핵의 헬륨이 고갈되면 주계열 단계 이후 적색거성이 될 때와 같이 태양은 다시 팽창한다. 이번에는 비활성 탄소 중심핵을 둘러싸고 있는 헬륨층에서의 핵융합이 팽창을 야기한다. 동시에 헬륨층 바깥의 수소층에서 수소핵융합이 지속된다. 태양은 2개의 층에서 핵융합이 일어나고 있는 별이 된다. 2개의 층 모두 비활성 중심핵과 함께 수축하여 층의 온도와 핵융합률이 매우 높아지고 그 결과 태양은 팽창하여 첫 번째 적색거성 단계 때보다 더 크고 밝아진다.

수소층과 헬륨층에서의 급격한 핵융합률은 몇백만 년을 지속하지 못하고 끝나게 된다. 이 중심핵에서의 헬륨핵융합이 종료되면 중심핵의 수축이 다시 시작되고 헬륨층 핵융합과 수소층 핵융합 층을 갖게 된 태양을 어느 때보다 더 크고 더 밝은 별이 된다.

단계의 태양이 별로서 지속되기 위한 유일한 기회는 탄소 중심핵에 있지만 태양과 같이 가벼운 별에게는 헛된 희망일 뿐이다. 탄소핵융합은 6억 K 이상의 온도에서만 가능한데 태양 중심핵의 온도가 이렇게 높아지기 이전에 축퇴압이 태양 중심핵의 수축을 가로막는다. 중심핵의 탄소가 핵융합하지 못하고 따라서 새로운 에너지를 공급할 수 없는 상태가 되면 태양은 그 일생의 끝을 맞이하게 된다.

**생각해보자 ▶** 가벼운 별들만 존재하는 우주를 가정하자. 탄소보다 무거운 원소가 존재할 수 있을까?

죽음을 맞이한 태양은 거대한 크기 때문에 표면에서의 중력이 매우 작을 것이다. 태양의 밝기가 증가함에 따라 빛에 의해 불어 내보내는 힘(복사 압력)은 강해지고 반경이 계속 증가함에 따라 표면의 물질을 붙잡아두는 중력은 약해지기 때문에, 항성풍이 강해질 것이다. 일생의 마지막 단계에 있는 별에서 나오는 항성풍이 별 생성 성운에서 발견되는 성간먼지 알갱이의 주요한 공급원임을 관측을 통해 확인할 수 있다. 항성풍이 별로부터 불려나가 차가워지게 됨에 따라 먼지 알갱이가 형성된다. 가스의 온도가 1,000~2,000K 정도로 떨어지게 되는 시점에 항성풍에 포함되어 있는 무거운 원소 중 일부가 미세한 덩어리로 응결하게 되어 먼지의 작은 고체 입자를 형성한다. 먼지 형성 과정은 행성이 형성되기 전 태양 성운 안에서의 응집 과정과 유사하다[6.3절]. 먼지 입자가 항성풍에 의해 성간 공간으로 날려가 은하 내 다른 가스나 먼지 등과 섞이게 된다.

**행성상성운** 멀리 떨어져서 볼 수 있다면 태양의 최후 모습은 매우 아름다울 것이다. 항성풍과 그 밖의 다른 과정에 의해 태양은 그 바깥층을 우주공간으로 모두 방출하여 비활성 탄소 중심핵을 중심으로 멀리 퍼져나가는 거대한 가스의 껍질이 만들어진다. 노출된 중심핵은 아직도 매우 뜨거울 것이고 따라서 매우 강한 자외선 복사를 방출할 것이다. 이 빛이 팽창하고 있는 껍질의 가스를 이온화시켜 **행성상성운**(planetary nebula)으로서 밝게 빛나게 한다. 이렇게 최후를 맞이한 가벼운 별 주위에 나타난 행성상성운의 잘 알려진 여러 경우 중에서 2개의 사진이 그림 13.12이다. 이름은 행성상성운이지만 행성과는 아무런 관계가 없다. 작은 망원경으로 볼 때 가까운 행성상성운이 마치 행성처럼 간단한 원반 모양으로 관측되기 때문에 붙여진 이름이다.

> 태양은 죽을 때 바깥층은 우주로 흩어뜨려져서 행성상성운을 만들고 노출된 중심핵은 백색왜성으로 남겨지게 된다.

태양의 일생 마지막에 남게 되는 행성상성운의 빛은 노출된 중심핵이 차가워지고 방출된 가스가 우주로 흩어짐에 따라 점차 어두워질 것이다. 행성상성운은 약 10만 년 정도면 사라질 것이고 탄소 중심핵은 **백색왜성**(white dwarf)으로 남게 된다. 제12장에서 소개된 것처럼 백색왜성은 일반적으로 반경이 매우 작고 매우 뜨겁다. 반경이 작은 것은 백색왜성은 죽은 별의 노출된 중심핵으로서 중력수축이 축퇴압에 의해 균형을 이루고 있는 상태이기 때문이다. 뜨거운 이유는 별의 중심핵이었다가 최근에야 노출이 된 경우로서 시간이 지남에 따라 점차 식게 되고 결국에는 어두워져서 보이지 않게 될 것이다.

**지구의 운명** 태양의 죽음이 지구에 영향을 끼칠 것은 분명하고 태양 일생의 마지막 단계에 도달하기 전에도 그 영향이 나타나기 시작할 것이다. 중심핵에서의 수소핵융합을 통해 앞으로도 50억 년을 더 태양이 꾸준히 빛을 발하겠지만 이론적 모형에 따르면 시간이 지남에 따라

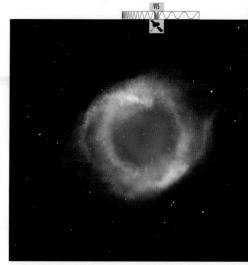

a. 나선성운. 중심의 하얀 점이 뜨거운 백색왜성이다.

b. 나비성운. 중심부의 검은 고리모양 먼지에 의해 뜨거운 백색왜성이 가려져 있다.

**그림 13.12** 허블우주망원경으로 찍은 행성상성운 사진. 가벼운 별은 일생의 마지막에 바깥층의 가스를 우주로 흩뜨려 뜨거운 중심핵을 노출시킨다. 뜨거운 중심핵의 빛이 그 주위의 흩어진 가스 껍데기를 이온화시켜 빛을 발하게 하면 행성상성운으로 관측되고 노출된 중심핵은 백색왜성이 된다.

조금씩 더 밝아지게 될 것이다. 적색거성 단계에서 일어날 변화에 비하면 작은 변화에 불과하지만 주계열 단계 동안 조금씩 밝아지게 됨에 따라 지구에서 **온실효과 폭주**(runaway greenhouse effect, [7.4절])가 일어나 지금으로부터 대략 10억 년에서 40억 년 사이에는 지구의 바닷물이 모두 증발하게 될 것이다.

대략 AD 50억 년이 되면 태양 중심핵의 수소가 소진되고 이때 지구의 온도는 매우 급격하게 증가하게 될 것이다. 그 후 몇억 년이 지나 태양이 적색거성으로 성장함에 따라 그 상황이 더욱 극단적으로 바뀌게 될 것이다. 헬륨섬광 직전에 태양은 지금보다 1,000배 밝을 것이고 이러한 엄청난 밝기로 인해 지구의 표면온도가 1,000K를 넘게 될 것이다. 그때 살아 있는 인류는 새로운 행성을 찾아야 할 것이다.

헬륨섬광 이후 헬륨핵융합이 중심핵에서 일어나는 별이 되면 태양은 반경이 줄어들고 표면온도가 차가워져 지구가 타 없어지는 것이 잠시 지체된다. 그러나 이 상태는 1억 년 정도만 지속되고 그 이후 지구는 최후의 재앙을 맞이하게 될 것이다. 중심핵의 헬륨이 소진된 이후 태양은 일생의 마지막 100만 년 정도 기간 동안 다시 팽창할 것이다. 그 밝기(광도)는 지금의 몇천 배로 치솟을 것이며 그 반경은 현재 지구 공전궤도에 가깝게 증가할 것이다. 태양 표면 홍염이 지구 표면에 닿을 정도로 커지게 된다. 최종적으로 태양의 바깥층은 방출되어 행성상성운으로서 성간으로 흩어지게 될 것이다. 이때까지 지구가 파괴되지 않고 남아 있다면 태양의 최후 모습인 백색왜성의 어두워지고 있는 미약한 빛을 받아 이미 불에 그을린 지표는 더욱 차갑고 어두워질 것이다.

**H-R도 위의 태양의 일생** 지금까지 태양 일생의 여러 단계를 일반적 표현으로 설명하였다. 그러나 천문학자들은 컴퓨터로 별의 모형을 만들어 태양 표면온도와 밝기가 각 단계에서 어떻게 변하는지를 알아낸다. 그 결과를 H-R도상에 그려 넣음으로써 일생 각 단계에서의 광도와 표면온도를 보여주는 일생 경로(진화 경로라고 부름)를 만들어낸다(그림 13.13).

일생의 경로에는 나타낼 수 없지만 태양은 중심핵에서 수소핵융합을 하는 주계열성으로서

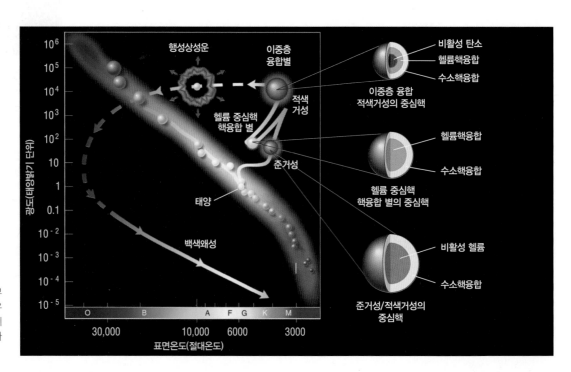

**그림 13.13** 주계열 단계에서부터 백색왜성 단계에 이르는 우리태양의 일생 경로. 주요 단계에서의 중심핵 구조가 나타나 있다.

## 특별 주제 : 50억 년은 도대체 얼마나 긴 시간일까?

50억 년 이후 **태양의 몰락**이라는 이야기가 매우 걱정스럽게 느껴지겠지만 50억 년은 매우 긴 시간이다. 지구가 존재해온 기간보다 길며 인간의 시간개념과 상대가 안 된다. 사람의 일생을 100년이라고 하면 50억 년의 $2 \times 10^{-8}$, 혹은 200억 분의 1에 불과하다. 인간 일생의 $2 \times 10^{-8}$은 약 1분 정도 되기 때문에 인간 일생을 태양의 일생과 비교하면 인간의 일생에서 심장 박동을 60번 정도 하는 시간에 불과하다.

인류의 탄생과 비교해보면 어떨까? 이집트 피라미드를 '영원한 것'으로 표현하곤 하지만 바람, 비, 공기오염 그리고 관광객들의 영향으로 조금씩 소멸하고 있다. 몇십만 년이면 자취도 없이 완전히 사라질 것이다. 몇십만 년이면 상당히 긴 시간으로 인식되겠지만 태양의 남아 있는 일생은 이보다 1,000배는 더 길다.

한 번 더 확실하게 설명하면 진화의 시간 길이를 생각해보면 50억 년이 얼마나 긴 시간인지 깨달을 수 있을 것이다. 지난 한 세기 동안 인류는 스스로를 멸망시킬 수도 있는 충분한 기술과 힘을 얻게 되었다. 그리고 그런 불행한 일이 발생한다고 해도

몇 종의 생명체(여러 곤충들)는 살아남을 가능성이 높다.

지구상에서 또 다른 지적 생명체가 나타날까? 우리가 알 방법은 없지만 과거를 보고 추측해볼 수는 있을 것이다. 6,500만 년 전에 갑자기 멸종된 여러 종류의 공룡은 진정한 의미의 지적생명체가 아니었을지는 몰라도 생물학적으로는 매우 발전되어 있었다. 작은 쥐와 같은 포유류가 살아남아 6,500만 년이 지난 지금 우리가 존재하고 있다. 따라서 인류 멸망 후 약 6,500만 년이 지나면 새로운 지적인 종이 진화할 수 있을 것으로 추측할 수 있다. 이들이 스스로 멸망을 자초한다고 하더라도 그 이후 6,500만 년이 지나면 또 다른 종이 나타날 것이다.

6,500만 년 주기로 생각하면, 50억 년 동안 지구상에 거의 80종의 지적인 생명체가 나타날 기회가 있는 것이다(50억 년 ÷ 6,500만 년 = 77). 이 중에서 스스로 자멸하지 않는 종이 하나 존재한다면 그 미래의 세대는 태양이 최후를 맞이하기 전에 외계 태양계로 이주할 수도 있을 것이다. 바로 그 미래의 세대가 인류일 수도 있을 것이다.

일생의 대부분을 지낸다는 것을 기억하자. 중심핵의 수소가 소진되어 더 이상 주계열성이 아닌 상태가 되었을 때 태양이 어떻게 되는지가 일생 경로에 표현되어 있다. 태양이 수소층 핵융합이 일어나는 준거성 그리고 적색거성이 됨에 따라 크기와 광도가 커지게 되어 일생 경로가 일반적으로 위쪽으로 향한다.

이 단계 동안 표면온도가 많이 떨어지기 때문에 그 경로는 또한 약간 오른쪽으로 향한다. 적색거성 단계의 끝은 헬륨섬광의 순간에 해당하며 그 이후 태양이 헬륨 중심핵 융합별이 되면 크기가 줄어들게 되어 진화 경로가 왼쪽 아래로 향하게 된다. 헬륨층과 수소층에서 일어나는 핵융합에 의해 에너지가 생성되는 두 번째로 적색거성 단계에 접어들면 태양의 일생 경로는 다시 위쪽으로 방향을 전환된다. 태양의 바깥층이 방출되어 행성상성운으로 나타남에 따라 적색거성의 표면온도를 표시하던 것에서 노출되는 중심핵의 표면온도를 표시하는 것으로 점차적으로 바뀜을 점선으로 표시하고 있다. 왼쪽 밑부분에서 다시 실선으로 바뀐 것은 중심핵이 완전히 노출되어 뜨거운 백색왜성이 되었음을 나타낸다. 이 시점부터는 백색왜성이 차가워지고 어두워짐에 따라 곡선은 계속해서 오른쪽 아래 방향을 향하게 된다.

## 13.3 무거운 별의 일생

가벼운 별 혹은 무거운 별만 있었다면 인간의 존재는 불가능했을 것이다. 가벼운 별의 일생이 길기 때문에 몇십 억 년의 진화가 지속될 수 있었지만 생명에 필수적인 다양한 원소의 생성은 무거운 별에서만 이루어진다. 가벼운 별은 헬륨보다 무거운 원소의 핵융합을 일으킬 수 있을

만큼 뜨거워지지 못하기 때문에 다양한 원소들을 생산하지 못한다.

훨씬 빠르게 진행된다는 점만 다를 뿐 무거운 별의 일생도 초기 단계는 태양과 유사하다. 하지만 마지막 단계는 매우 다르다. 가벼운 별의 중심핵은 헬륨보다 무거운 원소의 핵융합을 일으킬 수 있을 만큼 뜨거워지지 못한다. 무거운 원소의 핵은 양전하를 띤 양성자를 많이 포함하고 있어 가벼운 원소보다 서로 밀어내는 힘이 강하다. 그 결과 무거운 원소들은 매우 높은 온도에서만 핵융합이 가능하다. 수소가 고갈된 중심핵을 내리누르는 바깥층의 무게가 매우 커지는 무거운 별의 중심핵에서만 이렇게 높은 온도가 나타날 수 있다.

매우 큰 질량을 가진 별은 모든 가능한 핵융합 에너지원이 소진될 때까지 점차적으로 무거운 원소의 융합을 계속한다. 핵융합이 최종적으로 정지하게 되면 중력에 의해 갑작스러운 수축이 일어난다. 앞으로 이야기하겠지만 중심핵의 급격한 중력수축은 **초신성폭발**이라고 부르는 별 전체의 매우 커다란 자폭을 초래한다. 무거운 별의 매우 빠르게 진행되는 일생과 급격한 죽음은 우주에서 일어나는 위대한 드라마 중 하나이다.

### ● 무거운 별이 거치는 일생의 단계

다른 별들과 마찬가지로 성운 조각이 중력에 의해 수축하여 원시별을 형성함으로써 무거운 별들이 만들어진다. 가벼운 별에서처럼 중력수축에 의해 생성된 에너지가 중심핵의 온도를 충분히 높이면 수소핵융합이 시작된다. 그러나 무거운 별의 수소핵융합은 다른 과정의 연쇄 반응을 통해 진행되기 때문에 더욱 밝은 빛을 짧은 기간 동안 발하게 되는 것이다. 구체적인 예로써 태양보다 25배 무거운 별의 일생 단계를 살펴보자.

**무거운 별에서의 수소핵융합** 태양처럼 가벼운 별은 양성자-양성자 연쇄 반응을 통해 수소원자를 헬륨원자로 융합한다(그림 11.7 참조). 무거운 별에서는 중력수축으로 인해 중심핵이 가벼운 별의 경우보다 더 높은 온도에 이르게 된다. 더 뜨거운 온도로 인해 양성자가 다른 양성자뿐 아니라 탄소, 산소, 혹은 질소원자핵에 충돌하는 것이 가능해진다. 그 결과 무거운 별에서 일어나는 수소핵융합은 **CNO 연쇄 반응**(CNO cycle, 여기서 CNO는 각각 탄소, 질소 그리고 산소를 의미)을 통해 진행된다. 그림 13.14에 CNO 연쇄 반응의 6단계가 표현되어 있다.

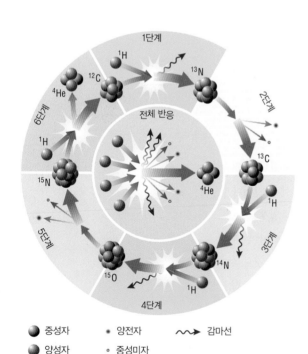

CNO 연쇄 반응을 통해 중심핵의 수소를 헬륨으로 빠르게 융합함으로써 무거운 별은 짧은 일생을 살게 된다.

결과만 보면 CNO 연쇄 반응과 양성자-양성자 연쇄 반응은 같다. 4개의 수소핵자가 원자량 4의 헬륨핵자 1개로 융합하는 과정이다. 따라서 생성되는 에너지 양 또한 동일하다. 수소핵자 4개와 헬륨핵자 1개의 질량 차이에 곱하기 $c^2$한 것과 같다. 그러나 무거운 별 중심핵에서의 CNO 연쇄 반응 과정을 통한 수소융합이 양성자-양성자 연쇄 반응에 의한 것보다 훨씬 빠른 속도로 진행된다.

**초거성 되기** 태양보다 25배 무거운 별은 몇백만 년 내에 중심핵의 수소가 거의 소진된다. 중심핵에 있는 수소가 고갈되면 가벼운 별과 비슷하지만 훨씬 빠른 속도로 변하게 된다. 수소층 핵융합이 시작되고 별의 바깥쪽 부분은 팽

**그림 13.14** 이 그림은 무거운 별이 수소를 헬륨으로 융합하는 과정인 CNO 연쇄 반응의 6단계를 나타내고 있다. 전체적으로는 양성자-양성자 연쇄 반응과 마찬가지로 4개의 수소원자핵이 융합하여 1개의 헬륨원자핵을 만들게 된다. 탄소, 질소 그리고 산소는 연쇄 반응이 진행되도록 돕는 역할만을 하는 것이기 때문에 이 핵융합 과정 중에 이 원자들이 소모되거나 생성되지는 않는다.

창하여 궁극적으로는 **초거성**(supergiant)으로 변하게 된다. 동시에 중심핵은 수축하여 그 중력 수축이 에너지가 중심핵의 온도를 상승시킴으로써 헬륨을 탄소로 융합할 수 있을 만큼 높은 온도에 이르게 된다. 하지만 무거운 별에서는 헬륨섬광 현상이 일어나지 않는다. 중심핵의 온도가 매우 높아서 축퇴압보다 열적 압력이 항상 더 강하다. 별 일생 초기에 중심핵에서 수소핵 반응이 시작되었던 것과 마찬가지로 중심핵에서의 헬륨핵융합 반응은 점진적으로 시작된다.

무거운 별에서는 헬륨을 탄소로 핵융합하는 과정이 매우 빠르게 진행되어 불과 몇십만 년 안에 비활성 탄소 중심핵이 형성된다. 핵융합이 일어나지 않게 됨에 따라 중심핵은 중력수축 과 균형을 이룰 수 있는 에너지원이 없는 상태가 된다. 비활성 중심핵은 수축함에 따라 중력 은 더욱 강해지며 중심핵의 압력, 온도 그리고 밀도가 함께 상승한다. 동시에 비활성 중심핵 과 수소층 핵융합 사이에 헬륨층 핵융합이 형성되고 별의 외곽부는 더욱 거대해진다. 마침내 탄소가 더 무거운 원소로 핵융합할 수 있을 정도로 중심핵이 뜨거워지게 되고, 별은 중심핵에 서의 핵융합과 그 이후 핵융합 층의 형성이라는 과정을 반복하게 된다.

무거운 별의 외관은 상대적으로 내부의 변화에 천천히 반응한다. 중심핵에서의 핵융합이 멈추는 각 단계에서 중심핵을 둘러싼 층에서의 핵융합이 강렬해지고 별의 바깥 부분을 팽창 시킨다. 중심핵에서 핵융합이 시작될 때마다 바깥 부분은 조금 수축하지만 별의 전체적인 광 도는 비교적 일정하게 유지된다. 그 결과 별의 일생 경로는 H-R도 위쪽 영역에서 좌우로 왔 다 갔다 한다(그림 13.15). 매우 무거운 별의 경우는 별의 바깥 부분이 반응한 시간적 여유가 없을 만큼 빠르게 중심핵이 변화하여 별은 적색거성이 되는 방향으로 점진적으로 진행한다.

오리온자리 왼쪽 위에 위치한 베텔지우스 별이 바로 이렇게 무겁고 붉은 거성이다. 그 반경 이 태양반경의 900배, 즉 태양-지구 간 거리의 약 4배에 해당하고 상대적으로 가까운 거리인 600광년 떨어져 있다. 밤하늘에 보이는 그 별의 모습만 가지고는 베텔지우스의 중심핵에서 어떤 핵융합 반응이 일어나고 있는지 알 방법은 없다. 앞으로도 수천 년간 핵 융합을 할 수 있는 단계일 수도 있고, 죽음 직전의 단계에 있는 것일 수도 있 다. 후자의 경우라면 우주에서 일어날 수 있는 가장 극적인 사건(초신성폭발) 을 곧 목격하게 될 수 있다. 초신성 현상이 어떻게 일어나게 되는지를 이해하 기 위하여 큰 질량의 별이 어떻게 탄소보다 무거운 원소를 만드는지를 자세 히 살펴볼 필요가 있다.

### ● 무거운 별은 생명체에 필요한 원소를 어떻게 만들어낼까?

축퇴압이 비활성 탄소 중심핵의 중력수축을 저지함으로써 핵융합을 할 수 있 을 만큼 뜨거워지지 못하기 때문에 가벼운 별은 탄소보다 무거운 원소를 만 들지 못한다. 중간 정도의 질량을 가진 별들(태양질량의 2배에서 8배 정도 무 거운 별들)도 비슷한 결말은 맞게 된다. 이와 달리 무거운 별의 강한 중력수 축은 탄소 중심핵의 온도를 매우 높게 유지하고 따라서 축퇴압은 아무런 역 할을 하지 못한다. 헬륨핵융합이 완료된 후에 주로 탄소만 남아있는 중심핵 이 탄소가 더 무거운 원소로 핵융합할 수 있는 6억 K의 온도에 도달할 때까지 중력에 의해 수축한다.

탄소핵융합의 시작에 따라 새로운 에너지원을 가지게 된 중심핵은 일시적

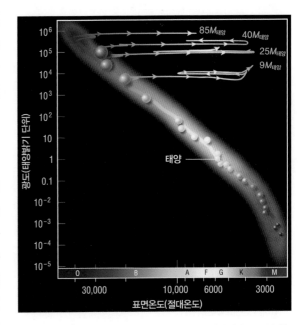

**그림 13.15** 몇몇 무거운 별들이 주계열성에서 적색거성으로 변하는 일생 경로가 H-R도에 나타나 있다. 경로마다 주계열 단계 시작 부분 에 별의 질량이 표시되어 있다(출처 : Based on models from A. Maeder and G. Meynet).

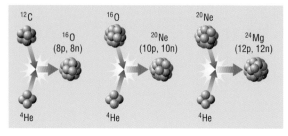

a. 헬륨포획 반응

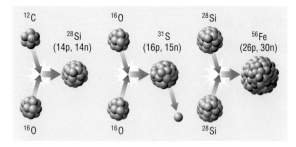

b. 다른 반응들(2개의 규소핵자가 융합하면, 먼저 원자량 56을 가진 니켈 동위원소가 만들어지고 이는 매우 빠르게 원자량 56의 코발트 동위원소로 붕괴한 뒤에 다시 원자량 56의 철이 된다.)

**그림 13.16** 무거운 별 일생의 마지막 단계에서 일어나는 여러 핵융합 중에서 몇 반응

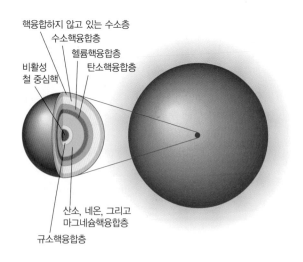

**그림 13.17** 무거운 별이 일생의 마지막에 도달하기 직전에 그 중심핵은 여러 겹의 핵융합층으로 이루어진다.

이긴 하지만, 중력적인 평형을 되찾게 된다. 태양에 비해 25배 무거운 별에서는 탄소핵융합이 단지 몇백 년 동안만 지속된다. 중심핵에 있는 탄소가 소진되었을 때 중심핵의 수축에 의해 또 다시 온도가 상승하여 더 무거운 원소의 핵융합이 가능하게 될 때까지 줄어들게 된다. 이렇게 지속적으로 강해지는 중력의 영향을 이겨내기 위한 절망적인 싸움의 마지막 단계에 이르게 된다. 별은 궁극적으로 중력수축을 이겨내지 못하며 이것이 우주 안의 생명 현상을 위한 승리가 된다. 중력에 의한 수축을 피하려고 노력하는 과정에서 별은 지구와 같은 행성과 생명을 구성하는 무거운 원소들을 생산해낸다.

**무거운 원소의 핵융합** 매우 무거운 별의 일생 마지막 단계에서 일어나는 핵융합은 매우 복잡하고 여러 다른 반응이 동시에 진행된다. 가장 단순한 핵융합 연쇄 반응은 연속적인 **헬륨포획 반응**(helium-capture reactions)을 통해 일어난다. 헬륨의 핵자가 다른 원자핵과 융합하는 반응이다(그림 13.16a). 탄소가 산소로, 산소가 네온으로, 네온이 마그네슘으로 등의 융합 반응이 헬륨포획을 통해 이루어진다. 충분히 높은 온도에서는 별의 중심핵에 있는 무거운 원소들끼리의 융합도 이루어질 수 있다. 예를 들어 탄소와 산소가 융합하면 규소가 만들어지고 2개의 산소 원자핵이 융합하면 황을 만들고, 2개의 규소 원자핵이 융합하여 철을 생성한다(그림 13.16b). 무거운 원소들끼리의 융합 과정에서 중성자가 자유롭게 방출되기도 하는데, 이러한 중성자가 무거운 원자핵에 포획되어 더욱 희귀한 원소들을 만들게 된다. 최소한 우리태양계 안의 생명을 구성하는 물질이 되는 다양한 원소들은 모두 별이 만들어낸 것이다.

핵융합에 의해 원소가 소진될 때마다 중심핵은 다른 핵융합 반응이 시작할 수 있을 만큼 뜨거워질 때까지 수축한다. 동시에 중심핵와 더 바깥쪽 층의 사이에서 새로운 원소의 핵융합층이 형성된다. 거의 마지막에 도달하면 별의 내부는 각각 다른 원소들의 핵융합이 진행되고 있는 여러 층으로 이루어져서 마치 양파와 유사한 구조를 가지게 된다(그림 13.17). 별 일생의 마지막 며칠 동안 규소핵융합이 진행되고 있는 중심핵 안에 철이 쌓이게 된다.

무거운 별의 중심핵은 우리와 지구를 구성하는 원소들을 생산해낼 수 있을 만큼 뜨거워진다.

**철 : 별 중심핵에게는 나쁜 소식** 중심핵이 계속해서 수축하며 뜨거워지고 그 안에 철이 차곡차곡 쌓이게 된다. 이전 단계 핵융합과 관련한 다른 원소들과 철이 다를 바 없다면 철의 핵융합이 시작됨에 따라 중심핵의 수축이 정지될 것이다. 그러나 매우 중요한 의미에서 철은 특이한 원소이다. 어떠한 종류의 핵 에너지도 생산해낼 수 없는 유일한 원소이다.

철이 왜 특이한지를 이해하기 위하여 오로지 두 가지 기본적인 과정을 통해서만 핵 에너지가 방출될 수 있음을 상기하자. 가벼운 원소가 융합하여 무거운 원소가 되거나 매우 무거운 원소가 분열하여 덜 무거운 원소가 되는 과정이다(그림 11.5 참조). 수소핵융합은 4개의 양성자(수소 원자핵)를 2개의

양성자와 2개의 중성자로 이루어진 헬륨핵자로 바꾸는 반응이다. 핵자의 총 개수(양성자와 중성자의 개수)는 변하지 않지만 융합에 사용된 수소핵자 4개의 질량 합보다 헬륨핵자 1개의 질량이 작기 때문에 이 융합 반응($E = mc^2$에 따라)에서 에너지가 발생한다.

다른 말로 하면 헬륨은 수소보다 적은 핵자당 질량을 가지고 있기 때문에 수소를 융합해서 헬륨을 만드는 과정에서 에너지가 발생한다. 마찬가지로 탄소원자의 질량을 핵을 이루는 핵자의 개수로 나눈 값(핵자당 질량)이 헬륨보다 적기 때문에 3개의 헬륨-4로 한 개의 탄소-12를 만드는 과정에서 에너지가 발생한다. 이 반응에서 감소된 만큼의 질량이 에너지로 바뀌는 것을 의미한다. 수소에서 헬륨을 지나 탄소까지 핵자당 질량이 감소하는 것은 그림 13.18에서 볼 수 있는 일반적인 경향의 일부분이다.

핵자당 질량은 가벼운 원소에서 철에 이를 때까지 감소하는 경향이 있다. 이는 가벼운 원자가 융합하여 무거운 원자가 되는 과정에서 에너지가 방출된다는 것을 의미한다. 철을 넘어서게 되면 이러한 경향성이 반대로 나타난다. 더 무거운 원자가 됨에 따라 핵자당 질량이 증가하는 경향이 있다. 그 결과 철보다 무거운 원소들은 가벼운 원소로 분열되는 과정을 통해서 핵에너지를 방출한다. 예를 들어 우라늄이 납보다 큰 핵자당 질량을 가지기 때문에 우라늄 붕괴(최종 부산물로서 납이 남음)는 질량의 일부를 에너지로 바꾼다.

모든 원소 중에서 철이 가장 적은 핵자당 질량을 가진 원소이고 따라서 융합이나 분열을 하더라도 에너지를 발생할 수 없다. 별 중심핵의 물질들이 철로 바뀌면 더 이상의 에너지 생성은 불가능하다. 중심핵이 중력에 의한 수축을 견디어 낼 수 있는 유일한 방법은 축퇴압이지만 축퇴압조차도 중심핵을 지탱할 수 없는 상태가 될 때까지 철은 계속

**철의 융합은 에너지를 발생하지 않기 때문에 중심핵에 철이 쌓이게 되면 무거운 별의 죽음이 임박한 것이다.**

쌓이게 된다. 핵 잔여물의 급격한 종말이 불가피하다. 별이 초신성으로 폭발하여 새롭게 만들어낸 원소들을 성간으로 흩뿌린다.

**생각해보자 ▶** 만약 핵자당 질량이 가장 적은 원소가 철이 아니라 수소였다면 우주는 어떻게 그리고 왜 달라졌을까?

**원소의 기원에 대한 증거** 초신성이 어떻게 발생하는지 알아보기 전에 우리가 원소의 기원을 실제로 이해하는 것인지에 대한 증거를 고려해보자. 별의 내부를 들여다볼 수는 없고 따라서 원소가 생성되는 것을 관측할 수도 없다. 그러나 무거운 별에서 일어나는 핵융합의 자취는 우주의 원소 함량비에서 찾아볼 수 있다.

예를 들어 실제로 무거운 별이 수소나 헬륨보다 무거운 원소들을 만들고 이렇게 만들어낸 원소들을 죽을 때 우주공간으로 흩어뜨리는 것이라면 성간기체의 무거운 원소의 총량은 시간이 지남에 따라(더 많은 무거운 별들이 죽을 것이므로) 점진적으로 증가할 것이다. 젊은 별들은 무거운 원소를 더 많이 포함한 성간기체에서 생겨날 것이기 때문에 오래전에 태어난 별들보다 새롭게 태어난 별이 무거운 원소를 더 많이 포함하고 있을 것이다. 별빛의 스펙트럼을 통해 이러한 예측이 옳음을 확인할 수 있다. 구상성단 내에서 매우 나이 많은 별의 경우에 수

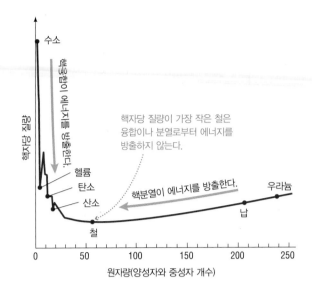

**그림 13.18** 선제적으로 핵자당 질량의 평균값은 수소부터 철까지 감소한 이후에 증가한다. 참고할 수 있도록 몇 개 원소가 표시되어 있다. (이 도표는 일반적인 경향만을 보여준다. 더욱 상세한 도표를 보면 일반적인 경향을 바탕으로 수많은 위-아래로의 변화가 덧입혀져서 나타난다. 일반적인 이해를 돕기 위해 그렸기 때문에 수직축의 비례는 임의로 나타냈다.)

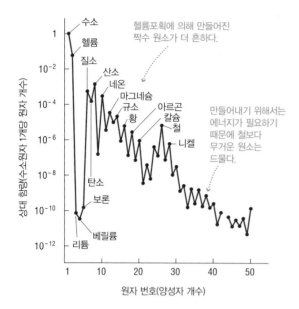

**그림 13.19** 수소 함량을 1로 놓았을 때 은하에서 관측되는 원소들의 상대적인 함량비를 나타낸다. 예를 들어 질소의 함량이 약 $10^{-4}$, 즉 1/10,000이며, 은하 내에 수소원자의 개수가 질소원자보다 10,000배 많다는 것을 의미한다.

소와 헬륨 이외의 원소들이 총 질량의 0.1%에 불과한 반면 산개성단에 있는 젊은 별에서는 2~3% 정도에 이른다.

우주 안에 있는 여러 원소의 함량을 비교해보면 원소의 기원에 대한 우리의 생각에 더 확신할 수 있게 된다. 헬륨포획 반응이 일어날 때마다 2개의 양성자(그리고 2개의 중성자)가 더해지는 것이기 때문에 양성자의 개수가 짝수인 원소가 홀수인 원소보다 많을 것으로 예상할 수 있다. 탄소, 산소 그리고 네온과 같은 짝수 원소가 그 사이의 원소들보다 많음을 관측으로부터 확인할 수 있다(그림 13.19). 또한 (대부분 초신성폭발 직전 혹은 과정 중에 발생하는) 매우 드물게 일어나는 융합 반응에 의해 만들어지기 때문에 철보다 무거운 원소가 많지 않을 것이라고 예상할 수 있다. 관측으로부터 이 사실 또한 확인할 수 있다.

*큰 질량의 별이 어떻게 무거운 원소를 만들어 내는지에 대한 우리의 생각을 우주의 원소 함량비를 측정함으로써 확인할 수 있다.*

## ● 무거운 별은 어떤 죽음을 맞이할까?

중심핵에 철이 축적되고 있는 무거운 별을 생각해보자. 이미 이야기한 대로 철을 융합함으로써 에너지가 생성될 여지는 전혀 없다. 몇백만 년을 매우 밝게 빛나고 나면 사라질 것이다.

**초신성폭발** 전자들끼리 너무 가까워지는 것을 금지하는 양자역학의 법칙에 의한 축퇴압이 비활성 철로 이루어진 중심핵을 잠시 지탱할 것이다. 그러나 중력에 의해 전자가 양자역학의 한계를 넘도록 힘을 받게 되면 전자는 더 이상 자유롭게 존재할 수 없게 된다. 전자는 양성자와의 결합을 통해 중성미자를 방출하며 중성자를 이룸으로써 순식간에 사라지게 된다(그림 13.20). 전자에 의해 공급되던 축퇴압은 사라지고 중력만이 남게 된다.

태양 정도의 질량과 지구 정도의 크기를 가진 철 중심핵이 순식간에 수축하여 중성자가 뭉쳐진 몇 킬로미터 크기의 덩어리가 된다. 중력수축이 지속되지 않고 일정 수준에서 정지되는 유일한 이유는 중성자가 축퇴압을 가지기 때문이다. 중심핵 전체가 하나의 거대한 원자핵과 같이 된다. 일반적인 원자가 거의 대부분 공간으로 이루어져 있고[5.1절], 거의 대부분의 질량이 원자핵에 있음을 상기할 때 거대한 원자핵이 지극히 높은 밀도를 가졌을 것임은 자명하다.

중심핵의 중력수축은 매우 커다란 에너지(태양의 전체 수명인 100억 년 동안 발산하는 빛에너지 총량의 100배 이상의 에너지)를 방출한다. 이 많은 에너지가 어디로 갈까? **초신성**(supernova)이라고 부르는 엄청난 폭발로 별의 바깥층을 모두 우주로 날려 보낸다. 남게 되는 중성자의 덩어리는 **중성자별**(neutron star)이라고 부른다. 남겨진 질량이 매우 커서 중력이 중성자 축퇴압보다 큰 경우에는 중심핵이 계속 중력수축하여 블랙홀이 된다[14.3절].

초신성의 이론적인 모형은 실제 초신성이 발산하는 에너지를 성공적으로 설명하지만 폭발의 기작을 정확하게 설명하지는 못한다. 2개의 일반적인 과정이 폭발에 관여할 것이다. 한 가지는 중성자 축퇴압이 중력수축을 정지시킴으로써 중심핵이 살짝 커지면서 중심 쪽으로 낙하하고 있는 물질들과 충돌하게 될 것이다. 그러나 현재의 초신성 모형에서는 전자가 양성자와 합하여 중성자를 만드는 과정에서 생성되는 중성미자가 더 중요한 역할을 할 것이라고 생각한다. 중성미자는 어떤 것과도 상호작용하지 않지만[11.2절], 중심핵이 급격하게 중력수축하

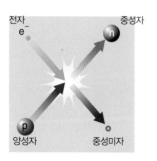

**그림 13.20** 무거운 별의 중심핵이 마지막 급격한 수축을 하는 동안 전자와 양성자가 합하여 중성자를 형성하며 중성미자를 방출한다.

철로 이루어진 중심핵에서 중력이 축퇴압보다 커지면 중심핵은 중성자의 덩어리로 수축하게 되고 별은 초신성으로 폭발하게 된다.

는 과정에서 너무나 많이 생성되기 때문에 별 바깥 부분 전체를 우주로 초당 10,000km의 속도(태양과 지구 사이 거리를 약 4시간 안에 이동할 수 있을 만큼 빠른 속도)로 날려 보낼 수 있을 것이다.

폭발의 열에 의해 가스가 눈부시게 빛을 발한다. 약 한 주 동안 100억 개 태양만큼 보통 크기의 은하 전체 밝기에 버금갈 정도로 밝아진다. 뿜어져 나간 가스는 몇 달에 걸쳐 점차 차가워지고 어두워지며 계속 밖으로 퍼져 나가게 되고 결국에는 성간의 다른 가스와 섞이게 된다. 초신성의 잔재는 별에서 융합된 여러 종류의 원소들과 중심핵의 수축 때에 생산된 중성자가 다른 원소에 부딪치며 만들어낸 원소들도 성간으로 흩어지게 한다. 수백만 년 혹은 수십 억 년 후에 이 잔여물이 새로운 세대의 별이 형성되는 데 포함될 것이다. 오래전에 폭발한 별의 잔재로부터 우리와 우리 행성이 만들어진 것이기 때문에 진정 '우리는 별에서 왔다'.

**스스로 해보기** ▶ 초신성에서 중심핵이 반등하는 것과 비슷한 현상을 보기 위하여 테니스공과 농구공을 준비하자. 테니스공을 농구공 위에 올려놓고 단단한 바닥에 함께 떨어뜨리자. 떨어질 때와 비교하여 테니스공이 튀어 오를 때의 속도를 어떻게 될까? 테니스공의 반응이 초신성의 바깥층이 중심핵의 반등에 반응하는 것과 어떻게 유사한가?

**초신성 관측** 여러 다른 시대와 문화의 천문학자들에 의해 초신성이 연구되어 왔다. 선조들은 밤하늘을 차근차근 살펴봄으로써 지금도 그 잔해를 확인할 수 있는 초신성들을 발견했다. 가장 유명한 예는 황소자리에 있는 게성운이다. 게성운은 **초신성잔해**(supernova remnant)이다 [초신성폭발의 잔해물이 팽창하고 있는 성운(그림 13.21)]. 게성운 중심에서 자전하고 있는 중성자별이 발견되어 초신성에서 실제로 중성자별이 탄생한다는 증거가 되었다. 몇 년 사이를

**그림 13.21** 게성운은 서력기원 1054년에 관측된 초신성의 잔해이다.

**이전** : 1987년에 폭발한 별을 화살표가 가리키고 있다.

무거운 별이 어떻게 살고 죽는지에 대한 우리의 모형이 초신성잔해 관측을 통해 여러 면에서 확인되었다.

**이후** : 초신성이 밝은 점으로 보인다. 이 사진에서 조금 퍼져 보이는 것은 과노출 때문이다.

**그림 13.22** 초신성 1987A 위치의 이전과 이후 사진

두고 찍은 사진을 비교해보면 성운이 초당 수천 킬로미터의 속도로 커지고 있음을 알 수 있다. 현재의 크기로부터 거꾸로 계산하면 기원후 1100년경에 이 성운이 생성되었음을 알 수 있다. 이 성운이 만들어진 초신성임에 분명한 '객성'이 게성운 위치 근처에서 1054년 7월 4일 발견되었다는 중국의 관측 기록이 남아 있다.

1604년 이후 우리은하에서는 초신성이 발견되지 않았으나 현대 천문학자들은 다른 은하에서 초신성을 일상적으로 발견한다. 외부은하에서의 초신성 중에서 가장 가까운 것이 1987년 발견되었다. 그해에 처음으로 발견된 초신성이기 때문에 **초신성 1987A**라고 이름 붙여졌다(그림 13.22). 은하수 주위를 도는 작은 은하인 대마젤란성운에서 폭발이 일어났고 남반구에서는 맨눈으로도 볼 수 있었다. 지난 4세기 동안 관측된 초신성 중에서 가장 가까운 초신성 1987A는 초신성과 그 잔해를 상세히 연구할 수 있는 초유의 기회가 되었다.

**생각해보자** ▶ 베텔지우스별이 초신성으로 폭발하면 밤하늘의 보름달보다 10배 이상 밝을 것이다. 만약 몇백 년 전에 혹은 몇천 년 전에 선조들이 베텔지우스가 폭발하는 것을 보았다면 인류 역사에 어떠한 영양을 끼쳤을지 생각해보자. 만약 내일 베텔지우스가 폭발한다면 현대 사회는 어떻게 반응할 것이라고 생각하는가?

**별의 일생 요약** 별의 일생에 대한 이야기를 통해 별이 태어날 때 가지는 질량이 그 일생을 결정하는 가장 중요한 요소임을 확인했다. 이번 장에서 다룬 태양질량과 태양질량의 25배 되는 별의 일생 과정을 그림 13.23에 요약하였다.

가벼운 별에서는 주계열 기간 동안 상대적으로 천천히 핵융합이 진행되기 때문에 일생이 긴 시간 동안 지속되고 일생의 마지막까지 중심핵의 온도가 탄소핵융합을 할 수 있을 만큼 뜨거워지지 않는다는 점이 중요하다. 이런 별들은 행성상

가벼운 별과 중간 별은 모두 태양과 유사한 일생을 거치게 되고 무거운 별은 짧지만 매우 밝은 삶 이후에 초신성으로 폭발한다.

성운 형태로 죽으면서 그 중심핵은 백색왜성으로 남게 된다. 무거운 별의 경우는 중심핵에서 핵융합 반응이 훨씬 빠르게 진행되기 때문에 그 일생이 짧은 것이다. 더구나 질량이 크다는 것은 각 단계의 핵융합이 종료될 때마다 중력이 중심핵을 강하게 짓눌러서 결국에는 중심에 철이 쌓이게 될 때까지 지속된다는 것을 의미한다. 철의 융합은 에너지를 발생하지 않기 때문에 중심핵은 급격히 수축하며 에너지를 발산하고 그 결과로 별의 바깥 부분은 초신성으로서 폭발하게 된다. 죽은 중심핵은 중성자별이나 블랙홀로 남게 된다.

## 13.4 근접쌍성계를 이루는 별

지금까지 별이 고립되어 일생을 지내는 것처럼 이야기하였지만 우리가 밤하늘에서 볼 수 있는 별들 중에서 과반수가 쌍성계이다. 이 마지막 절에서 별 사이에 질량 교환이 가능할 정도로 가까운 거리에서 서로의 주위를 궤도운동하는 경우에 별의 일생에 어떤 영향을 줄지 살펴보자.

### ● 근접쌍성계를 이루는 별의 일생은 어떻게 다를까?

대부분 쌍성계의 별들도 태어나서 죽을 때까지 독립적인 별처럼 일생의 단계를 거친다. 그러

나 근접쌍성계의 경우는 다르다. 페르세우스자리의 '악마 별', 알골이 좋은 예가 된다. 맨눈이나 망원경으로 볼 때 하나의 별처럼 보이지만, 실제로는 2개의 별($3.7M_{태양}$ 주계열성과 $0.8M_{태양}$ 준거성)이 매우 가까운 거리에서 서로의 주위를 돌고 있는 식쌍성계이다[12.1절].

조금만 생각해보아도 무엇인가 이상한 점을 발견할 수 있다. 쌍성계를 이루는 두 별은 같은 시간에 태어나기 때문에 두 별의 나이가 같을 것이다. 무거운 별이 짧은 일생을 살 것이므로 더 무거운 별이 그 중심핵에 있는 수소를 소진하여 가벼운 별보다 먼저 준거성이 될 것이 분명하다. 알골의 무거운 별이 아직 주계열성으로서 그 중심핵에서 수소핵융합을 하고 있는데 가벼운 별이 어떻게 준거성이 되었을까?

근접쌍성계에서 별의 일생 과정이 어떻게 복잡해질 수 있는지를 이러한 **알골 역설**을 통해 알 수 있다. 근접쌍성계를 이루는 두 별은 서로에게 강한 조석력을 끼칠 수 있을 만큼 가까운 거리에 위치한다[4.4절]. 각자 별의 중력은 상대별의 먼 쪽보다 가까운 쪽을 더 강하게 잡아당긴다. 따라서 별의 모양은 구형을 유지하지 못하고 럭비공과 같이 길쭉한 모양이 된다. 또한 달이 항상 한쪽 면만을 지구로 향하고 있는 것과 마찬가지로 조석력에 의한 **묶임 현상**에 의해 서로 항상 같은 면을 대하게 된다.

조석력은 두 별 모두 주계열성인 동안에는 거의 아무런 영향을 끼치지 않는다. 그러나 (중심핵에 있는 수소가 더 빨리 소진되는) 더 무거운 별이 적색거성으로 팽창하기 시작하면 별의 외곽 부분에 있던 가스가 곁에 있는 상대별로 넘쳐 흐르게 된다. 매우 커진 거성의 외곽 부분이 조력에 의해 찌그러지게 되고 곁에 있는 가벼운 상대별의 중력에 의해 끌어당겨지면 이러한 **질량 교환**(mass exchange)이 일어난다. 이렇게 상대별은 거성으로부터 질량을 빼앗아 오기 시작한다.

이제는 알골 역설을 쉽게 설명할 수 있다(그림 13.24). 질량이 $0.8M_{태양}$인 준거성은 원래는 더 무거운 별이었다. 더 무거운 별이었기 때문에 적색거성으로 팽창하기 시작했다. 팽창함에 따라 너무 많은 양의 물질이 상대별로 넘어가 버리게 되어 결국 덜 무거운 별이 된 것이다.

앞으로 알골에서 더 흥미로운 일이 벌어질 수도 있다. 질량이 $3.7M_{태양}$인 별은 준거성인 상대별로부터 아직도 질량을 얻고 있다. 중력이 늘어나는 만큼 중심핵에서의 수소핵융합률이 높아지고 그 결과 일생의 변화가 점점 더 빨리 진행된다. 지금부터 백만 년이 지나면, 수소가 모두 소모되고 적색거성으로 팽창하기 시작할 것이다. 이때가 되면 질량이 상대별로 되돌아가기 시작할 것이다. 질량 교환이 일어나는 쌍성계에서 한쪽 별이 백색왜성이나 중성자별인 경우에는 이보다 더 놀라운 일도 발생할 수 있다. 이것은 다음 장의 주제이다.

**그림 13.23** 별의 일생 요약

모든 별은 주계열성으로서 일생의 대부분을 지낸 후에 일생의 마지막 단계에 이르면 극적으로 변화한다. 일생 각 단계의 기간을 상호 비교할 수 있도록 제1장에서 나온 우주 달력을 활용하여 무거운 별과 가벼운 별의 일생을 그림에 나타내었다. 이 달력에서는 140억 년 우주의 나이를 1년으로 나타내었다.

무거운 별
(25$M_{태양}$의 일생

이렇게 무거운 별은 약 600만 년 안에 우주달력으로는 4시간 이하의 짧은 시간 안에 원시별에서 초신성으로 변화한다.

① 원시별 : 성간기체구름이 중력에 의해 수축하면 항성계가 형성된다.

② 푸른 주계열성 : 무거운 별의 중심핵에서 CNO 연쇄 반응에 의해 4개의 수소핵자가 1개의 헬륨핵자로 융합된다.

③ 적색 초거성 : 중심핵에 있는 수소가 소진된 후에 중심핵은 작아짐에 따라 뜨거워진다. 비활성 헬륨으로 이루어진 중심핵을 둘러싸고 있는 층에서 수소핵융합이 시작되면 별은 팽창하여 적색 초거성이 된다.

| 각 단계의 실제 길이 | 4만 년 | 500만 년 | 10만 년 |
|---|---|---|---|
| | 12:00:00AM→12:01:30AM | 12:01:30AM→3:10:00AM | 3:10:00AM→3:14:00AM |

우주 달력의 어느 날 밤 12시에 태어난 25$M_{태양}$ 별의 일생을 시간으로 나타낸 것이다.

가벼운 별의 일생
(1$M_{태양}$)

이러한 가벼운 별은 우주달력의 10개월에 해당하는 기간인 115억 년에 걸쳐 원시별에서 행성상성운으로 진행한다.

① 원시별 : 성간기체구름이 중력에 의해 수축하면 항성계가 형성된다.

② 노란 주계열성 : 가벼운 별의 중심핵에서 양성자-양성자 연쇄 반응에 의해 4개의 수소핵자가 1개의 헬륨핵자로 융합한다.

③ 적색거성 : 중심핵에 있는 수소가 소진되면 중심핵은 수축하며 뜨거워진다. 비활성 헬륨으로 이루어진 중심핵을 둘러싼 층에서 수소핵융합이 시작되면 별은 팽창하여 적색거성이 된다.

| 각 단계의 실제 길이 | 3,000만 년 | 100억 년 | 10억 년 |
|---|---|---|---|
| 우주달력의 시간 | 3월 1일 → 3월 2일 | 3월 2일 → 11월 30일 | 11월 30일 → 12월 27일 |

우주달력의 3월 초에 태어난 1$M_{태양}$ 별의 일생을 시간으로 나타낸 것이다.

④ 중심핵에서 헬륨핵융합이 일이니는 ㅈ거선 : 헬륨이 융합하여 탄소를 만들 수 있을 만큼 중심핵의 온도가 높아지면 중심핵에서 헬륨핵융합이 시작된다. 중심핵은 팽창하여 수소핵융합률은 감소시키고 별의 바깥층은 수축한다.

⑤ 여러 층에서 핵융합이 일어나는 초거성 : 헬륨이 소진된 중심핵은 부서운 원소융합이 시작될 수 있을 때까지 크기가 줄어들고 온도가 상승한다. 일생의 후반부에 별은 철이 쌓이는 중심핵 주위를 둘러싼 여러 층에서 다른 원소들을 융합한다.

⑥ 초신성 : 철은 핵융합 에너지를 발생할 수 없기 때문에 중심핵에 그대로 쌓이게 되고 축퇴압이 지탱할 수 없는 상태에 노닐하면 중심핵이 급격히 수축하여 결과적으로 급격한 큰 폭발이 일어나게 된다.

⑦ 중성자별 혹은 블랙홀 : 수축한 중심핵은 중성자의 덩어리를 이루어 중성자별로 남게 되게ㅏ 혹은 수축을 지속하여 블랙홀을 형성한다.

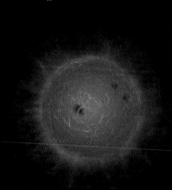

| 백만 년 | 만 년 | 몇 달 | 무한 |
|---|---|---|---|
| 3:14:00AM→3:52:00AM | 3:52:00AM→3:52:23AM | 3:52:23AM | — |

④ 헬륨 중심핵 핵융합 별 : 중심핵에서 헬륨이 탄소로 핵융합할 수 있을 만큼 뜨거워지면 헬륨핵융합이 시작된다. 중심핵은 팽창하여 수소핵융합률을 낮추고 별의 바깥층은 수축한다.

⑤ 두 층에서 핵융합이 일어나는 붉은 거성 : 헬륨이 고갈되어 비활성 탄소만 남은 중심핵 주위에서 헬륨핵융합이 시작된다. 별은 수소층 핵융합과 헬륨층 핵융합을 갖게 되며 다시 한 번 붉은 거성의 단계에 이르게 된다.

⑥ 행성상성운 : 죽어가는 별은 행성상성운으로 그 바깥층을 방출하여 비활성의 중심핵을 노출하게 된다.

⑦ 백색왜성 : 가벼운 별의 중심핵은 무거운 원소를 만들어낼 수 있을 만큼 뜨거워지지 않기 때문에, 남겨진 백색왜성은 주로 탄소와 산소로 이루어져 있다.

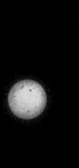
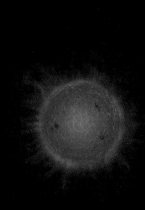
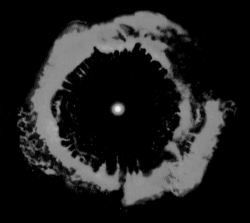

| 1억 년 | 3,000만 년 | 만 년 | 무한 |
|---|---|---|---|
| 12월 27일 → 12월 30일 | 12월 30일 → 12월 31일 | 12월 31일 | — |

$1M_{태양}$ 별은 $25M_{태양}$ 별보다 거의 200배 긴 시간의 일생을 산다.

**그림 13.24** 알골 근접쌍성계의 변화를 나타낸 그림

알골 쌍성계가 태어난 직후 : (왼쪽의) 더 무거운 별이 (오른쪽의) 가벼운 동반 별보다 더 빨리 진화한다.

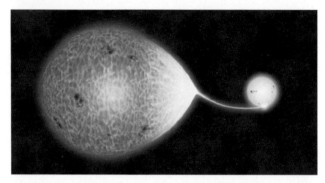

질량 교환이 시작된 알골 쌍성계 : 더 무거운 별이 적색거성으로 팽창함에 따라 중심핵에서 수소핵융합을 하고 있는 동반별로 물질을 보내기 시작한다.

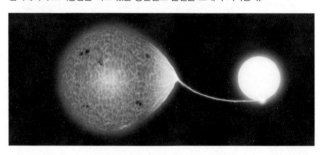

현재의 알골 쌍성계 : 질량 교환의 결과로 적색거성은 준거성으로 줄어들었고, 오른쪽에 그려져 있는 정상의 별은 현재 더 무거운 별이 되었다.

## 전체 개요    제13장 전체적으로 훑어보기

이번 장에서는 제1장에서 처음 이야기되었던 원소의 기원이 어떻게 별의 일생과 죽음에 연관되어 있는지를 알아보았다. 되돌아보며 전체 개요에서 기억하자.

- 수소와 헬륨을 제외하고 사실상 우주에 존재하는 모든 원소가 별에서 만들어졌다. 따라서 우리와 우리의 행성은 오래전에 살았었고 이미 죽은 별에서 만들어진 물질들로 이루어진 것이다.

- 우리태양과 같이 가벼운 별은 오래 살고 죽을 때에 행성상성운을 흩뿌리며 백색왜성을 남긴다.

- 무거운 별은 짧은 일생을 살고 초신성으로서 극적인 폭발을 하며 중성자별이나 블랙홀을 남긴다.

- 근접쌍성계가 질량 교환을 하면 일반적인 별 일생의 과정과는 다르게 될 수 있다.

## 핵심 개념 정리

### 13.1 별의 탄생

#### ● 별은 어떻게 형성되는가?

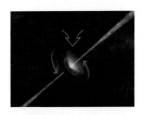

별은 차갑고 상대적으로 밀도가 높은 **분자구름**에서 태어난다. 성운 조각이 중력의 의해 수축하면 행성이 형성될 수도 있는 회전하는 기체원반에 둘러싸인 채 매우 **빠른** 속도로 자전하는 **원시별**이 된다. 원시별은 극 방향으로 물질의 **제트**를 발사하기도 한다.

#### ● 새로 탄생한 별은 얼마나 무거운가?

새롭게 태어나는 가장 무거운 별은 약 $150M_{태양}$이다. 별은 $0.08M_{태양}$보다 가벼울 수 없다. 이보다 가벼울 경우 **축퇴압**이 중력을 방해하여 별 중심핵의 온도가 수소핵융합을 할 수 있을 만큼 뜨거워지지 못하기 때문에 **갈색왜성**이라는 천체가 된다. 가벼운 별이 무거운 별보다 훨씬 더 많다.

### 13.2 가벼운 별의 일생

#### ● 가벼운 별이 거치는 일생의 단계

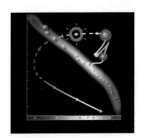

가벼운 별은 중심핵에서 수소융합을 통해 에너지를 생성하며 일생의 대부분을 보낸다. 중심핵에 있는 수소가 소진되면 중심핵은 수축하고 별은 전체적으로 팽창하여, 비활성 헬륨 중심핵 주위에 **수소층 핵융합**이 있는 **적색거성**이 된다. 중심핵이 충분히 뜨거워지면 **헬륨섬광**과 함께 헬륨을 탄소로 융합하는 **헬륨핵융합**이 중심핵에서 시작된다. 이 때 별의 크기와 밝기가 조금 작아진다. 중심핵에서의 헬륨핵융합이 끝나면 중심핵은 다시 수축하고 헬륨핵융합과 수소핵융합이 비활성 탄소로 이루어진 중심핵을 둘러싼 층에서 일어나게 되어 별의 바깥층은 또 다시 팽창하게 된다.

#### ● 가벼운 별은 어떤 죽음을 맞이할까?

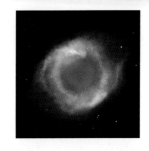

중심핵의 중력수축을 축퇴압이 막기 때문에 태양과 같이 가벼운 별은 탄소핵융합을 할 수 있을 만큼 뜨거워질 수는 없다. 방출된 별의 바깥층은 **행성상성운**이 되고 노출된 별의 중심핵은 백색왜성으로 남게 된다.

### 13.3 무거운 별의 일생

#### ● 무거운 별이 거치는 일생의 단계

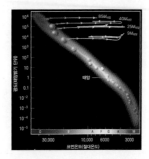

**CNO 연쇄 반응**을 통해 수소를 헬륨으로 융합하는 무거운 별은 가벼운 별보다 훨씬 짧은 일생을 산다. 중심핵의 수소를 모두 소모한 후에 수소층 핵융합을 시작하며 계속해서 순차적으로 더 무거운 원소를 융합하는 단계를 거친다. 이러한 급속한 융합률에 의해 별은 거대해져서 초거성이 된다.

#### ● 무거운 별은 생명체에 필요한 원소를 어떻게 만들어낼까?

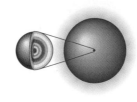

일생의 마지막 단계에서 무거운 별의 중심핵은 탄소를 비롯한 다른 무거운 원소를 융합할 수 있을 만큼 충분히 뜨거워진다. 다양한 융합 반응은 생명에 필요한 모든 원소를 포함하여 여러 종류의 원소를 만들어내고 이 원소들이 별의 죽음과 함께 우주공간으로 흩어진다.

#### ● 무거운 별은 어떤 죽음을 맞이할까?

무거운 별은 새롭게 만들어진 원소를 우주공간으로 흩어뜨리는 **초신성**이라고 부르는 급격한 폭발과 함께 죽게 되고 중성자별 혹은 블랙홀을 남긴다. 무거운 별의 중심핵에 핵융합의 결과로 철(Fe)이 쌓이게 되면 초신성이 발생한다. 철의 핵융합 반응으로부터는 에너지가 발생하지 않기 때문에 중심핵은 중력에 의한 수축을 오래 견디지 못한다. 중력이 축퇴압보다 커지는 순간 중심핵은 수축하고 별은 폭발한다. 방출된 가스는 그 후 몇천 년 동안 **초신성잔해**로 보이게 된다.

## 13.4 근접쌍성계를 이루는 별

● **근접쌍성계를 이루는 별의 일생은 어떻게 다를까?**

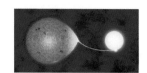

근접쌍성계의 한 별이 주계열 단계 마지막에서 커지기 시작하면 물질이 그 동반성으로 흘러가게 된다. 이러한 **질량 교환**은 두 별의 남은 일생에 변화를 일으킨다.

---

### 시각적 이해 능력 점검

**천문학에서 사용하는 다양한 종류의 시각자료를 활용해서 이해도를 확인해보자.**

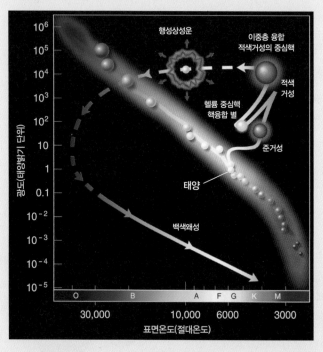

그림 13.13의 왼쪽 부분과 비슷한 이 그림은 태양이 앞으로 어떠한 일생 과정을 지내게 될지를 H-R도상에 나타낸다. 이 그림을 사용하여 다음의 질문에 답하라.

1. 준거성 단계에 있는 태양의 대략적인 광도는?

2. 태양이 적색거성일 때 표면온도는 어떻게 될 것인가?

3. 태양이 행성상성운을 만들어내기 직전 대략적인 광도는?

4. 태양이 현재 태양의 표면온도와 비슷한 온도를 가진 백색왜성이 되었을 때 그 광도는 어떻게 될까?

## 연습문제

### 복습문제

1. 분자구름은 무엇인가? 분자구름의 가스로부터 원시별이 형성되는 과정을 간략하게 설명하라.

2. 원시별이 빠르게 자전하는 이유는? 근접쌍성계는 어떻게 형성될까?

3. 돌고 있는 기체의 원반이 원시별을 둘러싸고 있는 이유는? 원시별에서 보이는 강한 항성풍과 제트 같은 주요 현상을 설명하라.

4. 별이 가질 수 있는 최대와 최소 질량은 얼마이고, 이러한 한계가 존재하는 이유는? 갈색왜성은 무엇인가?

5. **축퇴압**이란 무엇이고 열적 압력과 어떻게 다른가? 별의 중심핵이 차가워지더라도 축퇴압이 중력을 지탱할 수 있는 이유를 설명하라.

6. 중심핵의 수소가 모두 소진된 이후 태양의 일생에 대하여 간략하게 설명하라. 태양의 중심핵에서 일어나는 변화와 태양 외부에서 보이는 모습의 변화 모두를 이야기하라.

7. 헬륨핵융합이 일어나기 위해서 수소핵융합보다 훨씬 높은 온도가 필요한 이유는? 태양에서의 헬륨핵융합은 **헬륨섬광**과 함께 시작되는 이유를 간단히 설명하라.

8. **행성상성운**은 무엇인가? 행성상성운이 발생한 후에 별의 중심핵은 어떻게 될까?

9. 앞으로 태양이 변하게 되면 지구는 어떻게 될까?

10. H-R도상 별의 일생 경로는 무엇을 의미하는가? 그림 13.13에 나타난 태양의 일생 경로를 요약하라.

11. 무거운 별의 일생과 가벼운 별의 일생이 어떻게 다른지 개략적으로 설명하라.

12. 중심핵에 있는 헬륨이 소진된 이후 무거운 별에서 일어날 수 있는 핵반응들을 설명하라. 가벼운 별에서는 일어나지 않는 이러한 핵반응이 무거운 별에서 일어날 수 있는 이유는?

13. 철이 융합을 통해 에너지를 발생할 수 없는 이유는?

14. 무거운 별에서 원소들이 만들어졌다는 설명을 뒷받침하는 관측적 증거를 요약하라.

15. 어떤 사건이 초신성을 일으키고 중성자별 혹은 블랙홀이 남는 이유는? 초신성에 대한 우리의 이해를 지지하는 어떤 관측적 증거는 무엇인가?

16. 근접쌍성계의 별이 혼자 있는 별과 다른 일생을 살게 되는 이유는? 알골 역설과 그 해결책을 설명하라.

### 이해력 점검

#### 이해했는가?

다음 문장이 합당한지(또는 명백하게 옳은지) 혹은 이치에 맞지 않는지(또는 명백하게 틀렸는지) 결정하라. 명확히 설명하라. 아래 서술된 문장 모두가 결정적인 답은 아니기 때문에 여러분이 고른 답보다 설명이 더 중요하다.

17. 내 피 안에 있는 철은 40억 년 전에 폭발한 별로부터 왔다.

18. 극히 밀도가 낮고 뜨거운 성간기체의 조각에서 생겨나고 있는 별을 발견했다.

19. 언젠가는 태양이 초신성으로 폭발할 것이기 때문에 인류는 살아남기 위해 다른 행성을 찾아야 한다.

20. 다른 어떤 원소들보다 수소가 가장 큰 핵자당 질량을 가진 것이 다행이다. 만약 반대로 핵자당 질량이 가장 작았다면 우리는 존재하지 못했을 것이다.

21. 45억 년 전에 태양이 가벼운 별이 아니라 무거운 별로 태어났다면 목성은 지금의 지구와 같은 상태일 것이고 지구는 금성처럼 뜨거울 것이다.

22. 현재 태양의 중심을 들여다볼 수 있다면 그 중심핵에는 새로 태어났을 때에 비해 헬륨의 비율은 훨씬 많고, 수소는 훨씬 적음을 발견할 것이다.

23. $2.5M_{태양}$ 적색거성 주위를 궤도운동하는 $3.5M_{태양}$ 주계열성을 발견했다. 과거에 적색거성이 주계열성이었을 때에는 그 질량이 $3M_{태양}$ 이상이었을 것이 분명하다.

24. 일반적으로 구상성단에는 많은 수의 백색왜성이 포함되어 있다.

25. 가벼운 별에서 수소핵융합이 정지된 이후에 별이 적색거성이 될 때까지 그 중심핵은 차가워진다.

26. 내가 새로 산 반지의 금(gold)은 초신성폭발에서 온 것이다.

#### 돌발퀴즈

다음 중 가장 적절한 답을 고르고, 그 이유를 한 줄 이상의 완전한 문장으로 설명하라.

27. (a) 차갑고 밀도가 높은, (b) 따뜻하고 밀도가 높은, (c) 뜨겁고 밀도가 낮은, 성운에서 별이 쉽게 만들어진다.

28. 갈색왜성은 (a) 별이 되기에는 충분히 무겁지 못한 천체이다. (b) 차갑게 식어버린 백색왜성이다. (c) 목성보다 가벼운 별과 유사한 천체이다.

29. 다음의 어느 별이 가장 뜨거운 중심핵을 가지고 있는가? (a) 푸른 주계열성 (b) 붉은 초거성 (c) 붉은 주계열성

30. 중심핵에서 핵융합이 일어나고 있지 않은 별은? (a) 붉은 거성 (b) 붉은 주계열성 (c) 푸른 주계열성

31. 헬륨섬광 이후에 가벼운 별은 어떻게 되나? (a) 더 밝아진다. (b) 더 어두워진다. (c) 밝기에 변화가 없다.

32. 핵자당 질량이 가장 적은 원소가 수소라고 가정한다면 별은 어떻게 될까? (a) 별은 더 밝을 것이다. (b) 모든 별이 붉은 거성일 것이다. (c) 어떤 별에서도 핵융합이 일어나지 않을 것이다.

33. 탄소가 가장 작은 핵자당 질량을 가진 원소라면, 별은 어떻게 될까? (a) 초신성이 더 일반적인 현상이 될 것이다. (b) 초신성이 결코 발생하지 않을 것이다. (c) 무거운 별이 더 뜨거울 것이다.

34. 100억 년 후에 태양계는 어떤 모습일까? (a) 중성자별 (b) 백색왜성 (c) 블랙홀

35. 기대 수명이 가장 짧은 별은? (a) 혼자 있는 $1M_{태양}$ 별 (b) $0.8M_{태양}$ 별과 근접쌍성계를 이루고 있는 $1M_{태양}$ 별 (c) $2M_{태양}$ 별과 근접쌍성계를 이루고 있는 $1M_{태양}$ 별

36. 무거운 별에서 수소가 모두 소진된 중심핵은 어떻게 되는가? (a) 수축하며 뜨거워진다. (b) 수축하며 차가워진다. (c) 헬륨 핵융합이 바로 시작된다.

## 과학의 과정

37. 태양의 미래 예측하기. 별 진화 모형은 태양의 운명에 대하여 매우 구체적인 예측을 제시한다. 다음 각각의 예측에 대한 증거를 한 가지씩 설명하라.
   a. 태양은 영원히 지속적으로 빛과 열을 지구에 공급해줄 수는 없다.
   b. 일생을 끝마치기 전에 태양은 적색거성이 될 것이다.
   c. 태양이 죽고 나면 백색왜성이 남게 될 것이다.

38. 갈색왜성의 특성 예측하기. 별 생성에 대한 모형에서 $0.08M_{태양}$ 보다 가벼운 천체는 수소핵융합을 하는 진짜 별이 되지 못하고 갈색왜성이 될 것이라고 예측한다. 표면을 통해 잃고 있는 열적 에너지를 충당해줄 수 있는 어떠한 핵융합도 일어나지 않기 때문에 형성된 백색왜성은 계속해서 차가워진다. 젊은 성단 안의 갈색왜성과 비교하여 나이 많은 성단에 속한 갈색왜성의 특성이 어떠할 것이라고 예상하는가? 스스로 만든 예

상을 검증할 수 있도록 관측계획을 제안해보라.

## 그룹 활동 과제

39. 별 모형과 자료 비교하기. 다음에 열거한 이론적인 예측들과 그림 12.10, 12.17, 그리고 12.18에 있는 성단 자료를 고려하자. **역할** : 제안자(특정 그림의 자료가 어떻게 근거가 되는지를 설명함으로써 각 예측에 대한 토의를 시작), 반론자(설명에 대한 반박을 제시), 중재자(제시된 자료가 예측을 강하게, 약하게 지지하는지 혹은 전혀 지지하지 않는지를 결정), 기록자(중재자의 토의와 결론을 기록). **활동** : 각 예측을 평가한다.
   a. O형 별은 G형 별보다 짧은 일생을 산다.
   b. K형 초거성은 초신성으로 폭발하기 전에 철을 생산한다.
   c. F형 별은 주계열성일 때보다 일생의 마지막 단계에 다다를수록 훨씬 더 밝아진다.
   d. O형 별은 일생의 마지막에 가까워진다고 더 밝아지지는 않지만 더 붉어지기는 한다.
   e. M형 별은 K형 별보다 오래 산다.
   f. 태양과 비슷한 별은 적색거성 단계에서 최대 크기인 태양 반경의 약 100배에 도달한다.
   g. 중심핵에서 수소가 고갈되면 K형 주계열성은 적색거성이 될 것이다.
   h. 일생의 마지막에 백색왜성이 되는 별들이 있다.
   i. 백색왜성은 시간이 지날수록 차가워지지만 반경은 크게 변하지 않는다.

## 심화학습

단답형/서술형 문제

40. **갈색왜성.** 갈색왜성과 목성형 행성의 유사점은? 갈색왜성은 별과 어떤 면에서 유사한가?

41. **문명의 요람?** 얼마나 많은 별이 지구형 행성을 가지고 있는지 아직 잘 모르고, 또한 그러한 행성에서 우리와 같이 진보된 문명이 탄생하는 것이 얼마나 용이한 것인지도 모른다. 그러나 어떤 별들은 진보된 문명의 후보에서 쉽게 제외할 수 있다. 예를 들어 지구상에서 인간이 진화하는 데 몇십 억 년이 걸렸다는 점을 고려할 때 몇백만 년 된 별 주위에서 진화를 통해 진보된 생명체가 되기까지 시간적으로 충분할 것이라고

보기는 어렵다. 다음 각각의 별들에 대하여 진보된 문명이 발달할 가능성이 있는지 판단하라. 판단의 논리를 한 두 문장으로 설명하라.

   a. $10M_{태양}$ 주계열성

   b. $1.5M_{태양}$ 주계열성

   c. $1.5M_{태양}$ 적색거성

   d. $1M_{태양}$ 중심핵에서 헬륨핵융합이 일어나는 별

   e. 적색 초거성

42. **희귀 원소.** 리튬(Li), 베릴륨(Be) 그리고 보론(B)은 각각 원자번호 3, 4, 그리고 5의 원소이다. 가장 단순한 5개 원소 중 3개임에도 불구하고, 다수의 무거운 원소에 비해 상대적으로 희귀하다는 것을 그림 13.19에서 볼 수 있다. 이렇게 희귀한 이유를 생각해보라. (힌트 : 헬륨이 융합하여 탄소가 되는 과정을 살펴보자.)

43. **미래의 하늘.** 태양이 적색거성이 되면 하늘에 약 30° 정도의 각 크기로 떠 있는 것을 보게 될 것이다. 일출과 일몰이 어떤 모습일지 상상해보자. 현재의 하늘색깔과 어떻게 다를 것이라고 생각하는지 설명해보라.

44. **연구 : 역사적인 초신성.** 역사적인 사료에 1006년, 1054년, 1572년 그리고 1604년의 초신성에 대한 기록이 존재한다. 이 중에서 하나의 초신성을 선택하여 그 역사적 기록을 찾아보자. 초신성이 인류 역사에 어떤 영향을 끼쳤는가? 이렇게 찾은 내용을 요약하여 두세 장짜리 보고서를 작성하라.

## 계량적 문제

모든 계산 과정을 명백하게 제시하고, 완벽한 문장으로 해답을 기술하라.

45. **독립되어 있는 별 탄생 성운.** 혼자 떨어져 있는 분자구름은 10K 이하의 온도와 cm³ 부피 안에 10만 개 이상의 입자가 들어 있는 정도의 개수 밀도를 가질 수 있다. 이러한 성운이 별을 형성하기 위한 최소 질량은 얼마인가?

46. **적색거성의 밀도.** 일생이 끝날 무렵에 태양은 거의 지구 궤도 반경까지 커지게 된다. 구의 부피를 나타내는 식($V = 4\pi r^3/3$)을 사용하여 이때 태양의 부피를 구해보라. 그 결과를 이용하여 이렇게 커진 태양의 평균 밀도를 계산해보라. 이 밀도가 물의 밀도(1g/cm³)와 비교했을 때 어떠한가? 지구 평균 수면 높이에서의 평균대기 밀도(약 $10^{-3}$g/cm³)와 비교하면?

47. **베텔지우스 초신성폭발.** 지구로부터 붉은 초거성 베텔지우스까지의 거리는 약 643광년이다. 초신성으로 폭발한다면 하늘에서 가장 밝은 별로 보이게 될 것이다. 태양을 제외하고 현재 가장 밝게 보이는 별은 $26L_{태양}$의 광도와 8.6광년 거리의 시리우스이다. 베텔지우스가 초신성이 되어 최대 광도인 $10^{10}L_{태양}$에 도달했을 때 밤하늘에서 시리우스보다 얼마나 더 밝게 보이게 될까?

48. **원소의 생성.** 부록 D에 있는 원소 주기표를 사용하여 다음의 핵융합 반응에 의해 어떤 원소들이 만들어지는지 결정하라 (반응 과정에서 양성자의 수는 변하지 않는다고 가정하자.).

   a. 탄소원자핵이 다른 탄소원자핵과 융합

   b. 탄소원자핵과 네온원자핵의 융합

   c. 철원자핵과 헬륨원자핵의 융합

49. **알골의 궤도반경.** 알골 쌍성계는 2.87일 주기로 서로의 주위를 궤도운동하는 $3.7M_{태양}$ 별과 $0.8M_{태양}$ 별로 이루어져 있다. 뉴턴역학으로부터 유도한 케플러 제3법칙을 이용하여 이 쌍성계의 궤도반경을 구하라. 이 반경과 일반적인 적색거성의 크기를 비교해보자.

## 토론문제

50. **별과의 연관성.** 과거에는 많은 사람이 하늘에 있는 별들의 분포 형태에 의해 우리의 삶이 영향을 받는다고 믿었다. 현대과학은 이러한 믿음에 어떠한 근거도 발견하지 못했고, 대신에 우리가 별과 더 근원적인 연관을 가지고 있다는 것을 발견했다. 우리는 '별에서 왔다'. 현대 천문학에서 밝혀낸 우리와 별과의 실질적인 연관성을 조금 자세히 설명하라. 이러한 연관성이 우리가 우리 삶과 우리 문명을 보는 철학적인 관점에서 의미를 가진다고 생각하는가? 이에 대해 설명하라.

51. **기원 후 50억 년의 인류.** 지금으로부터 50억 년 후에 태양이 적색거성이 될 때까지도 인류가 생존하고 있을 것이라고 생각하는가, 혹은 그렇지 않을 것이라고 생각하는가?

## 웹을 이용한 과제

52. **별 탄생과 스피처 망원경.** 스피처 우주망원경은 별 탄생에 대해 연구함에 있어 가장 훌륭한 도구이다. 스피처 망원경 누리집을 방문하여 별 탄생에 대한 최신의 발견을 찾아보라. 찾아본 내용을 요약한 한두 장짜리 보고서를 작성하라.

53. **별 탄생과 죽음 사진.** 몇 개만 이 장에서 소개했지만 별 탄생(분자구름) 그리고 죽음(행성상성운과 초신성잔해)과 연관된 지역을 사진으로 보면 매우 아름답다. 인터넷에서 다른 멋진

사진들을 찾아보자. 개인 누리집에 이 사진들과 그에 대한 한 문단 정도의 설명을 올려보라. 최소한 20개 이상의 사진을 모아보자.

# 별의 무덤 14

게성운 중심의 펄서를 허블우주망원경으로 찍은 가시광 이미지와 찬드라 엑스선 우주망원경에서 찍은 엑스선 이미지를 합성한 사진

# 별

이 죽은 후의 모습인 백색왜성, 중성자별, 블랙홀의 세계에 온 것을 환영한다. 이러한 죽은 별은 과학자들이 일반상대성이론과 양자론의 극한 상황을 테스트할 수 있는 실험실이다. 일반인들은 별 시체가 보여주는 이상한 모습에서 우주가 상상할 수 있는 것보다 훨씬 더 괴상하다는 사실을 알 수 있다.

죽은 별에서는 우리가 일상에서 가능하다고 믿는 한계를 넘어 예측할 수 없는 현상이 나타난다. 핵융합을 마친 별을 찌그러뜨리게 하는 엄청난 중력의 힘을 피할 수 있는 유일한 희망은 축퇴압의 양자역학 효과에 있다. 그렇지만 이 이상한 압력도 모든 별의 붕괴를 막을 수는 없다. 이 장에서는 별 묘지에서 보이는 괴상한 현상과 때로 나타나는 재앙을 배운다.

## 14.1 백색왜성

앞 장에서 다른 질량을 가진 별은 죽은 후에 다른 종류의 별 시체가 된다는 것을 배웠다. 태양처럼 가벼운 별은 죽어서 백색왜성이 된다. 무거운 별은 죽으면서 초신성으로 알려진 엄청난 폭발을 하고 중성자별 또는 블랙홀을 남긴다. 우선 백색왜성이라는 별의 시체부터 배우자.

### ● 백색왜성이란?

제12장과 제13장에서 배운 대로 별이 죽으면서 바깥 껍질이 행성상성운이 되면서 중심부에 드러난 핵이 백색왜성이다[13.2절]. 별의 핵에서 나타났기에 초기 온도는 무척 높지만 시간이 지나면서 서서히 식는다. 백색왜성은 질량이 별과 비슷하고 크기는 무척 작아서 밝기가 태양보다 훨씬 어둡다[12.2절]. 그렇지만 백색왜성의 표면온도가 높아서 에너지가 큰 자외선과 엑스선에서는 밝게 보인다(그림 14.1).

백색왜성의 큰 질량과 작은 크기로 인하여 표면에서의 중력은 매우 강하다. 중력을 떠받치지 못한다면 백색왜성이 쭈그러질 수밖에 없어서 백색왜성을 안정적으로 유지할 수 있는 내부 압력이 필요하다. 그런데 이 별의 내부 압력을 유지하는 핵융합이 일어나지 않기 때문에 다른 근원을 가진 압력, 즉 축퇴압이 백색왜성을 지탱한다. **축퇴압**은 실패한 별인 갈색왜성을 지탱하는 압력과 같은 종류로 아원자 입자들이 양자역학 법칙이 작용할 정도로 서로 가까이 뭉쳐져 있을 때 나타난다[13.1절]. 특히 백색왜성의 축퇴압은 전자가 뭉쳐져서 생기는 **전자축퇴압**이라고 한다. 백색왜성은 전자축퇴압이 바깥으로 미는 힘과 중력이 안으로 미는 힘이 평형을 이룬 상태이다.

> 백색왜성은 질량이 작은 별의 시체로 전자축퇴압으로 붕괴하려는 중력의 힘을 떠받치고 있다.

**백색왜성의 성분, 밀도, 크기** 백색왜성은 별이 핵융합을 멈춘 후에 남은 핵이므로 그 성분은 별의 마지막 핵융합 과정의 산물이다. 우리 태양의 질량($1M_\text{태양}$)과 같은 별은 생의 마지막 단계에서 헬륨융합을 하기 때문에 이 경우 백색왜성은 대부분 탄소로 구성되어 있다.

탄소는 우리에게 친숙한 성분이지만 백색왜성의 물질은 우리가 지구에서 보는 어떤 물질과도 다르다. 태양과 같은 질량의 백색왜성은 지구의 크기로 압축되어 있다.

> 백색왜성 한 티스푼의 무게는 수 톤이다.

a. 허블우주망원경에서 적외선으로 관측한 시리우스

b. 찬드라 엑스선 우주망원경으로 관측한 시리우스

**그림 14.1** 밤하늘에서 가장 밝은 별 시리우스는 주계열성(Sirius A)과 백색왜성(Sirius B)으로 구성된 쌍성이다. 주계열성은 가시광선과 적외선에서 더 밝게 보이지만, 뜨거운 백색왜성은 고에너지 파장대에서 더 밝게 보인다(그림의 별 주변에 보이는 4개 또는 6개의 방사선은 망원경 광학계에 의한 현상이다).

지구의 크기가 태양 표면의 평범한 흑점보다 작다는 사실을 기억하면 태양의 모든 물질을 지구 크기에 집어넣는 것이 얼마나 대단한 일인지 알 수 있다. 백색왜성의 밀도는 너무 높아서 한 티스푼을 지구로 가져온다면 트럭 몇 대에 해당하는 수 톤의 무게가 된다.

그런데 더 무거운 백색왜성은 가벼운 백색왜성보다 크기가 더 작다. 예를 들면 $1.3M_{태양}$ 질량의 백색왜성의 크기는 $1.0M_{태양}$ 질량의 백색왜성 크기의 절반밖에 되지 않는다(그림 14.2). 더 무거운 백색왜성의 더 큰 중력은 물질을 더 크게 압축하기 때문이다. 양자역학 법칙에 따르면 백색왜성의 전자가 압축이 커질수록 더 빨리 운동하면서 축퇴압이 더 커지고 더 이상의 중력수축을 막는다. 따라서 가장 무거운 백색왜성의 크기가 가장 작다.

**백색왜성 한계** 더 무거운 백색왜성에 있는 전자의 속도가 훨씬 빠르다는 사실에서 백색왜성의 최대 질량에는 한계가 있다는 것을 알 수 있다. 이론적 계산은 백색왜성의 질량이 태양질량의 1.4배인 경우($1.4M_{태양}$) 전자의 속도는 빛의 속도가 된다는 사실을 보여준다. 전자뿐 아니라 다른 어떤 것도 빛의 속도보다 빠를 수 없기 때문에(p. 398, '특별 주제' 참조) 태양질량의 1.4배인 백색왜성은 존재할 수 없다. 이것을 **백색왜성 한계**(또는 발견자의 이름을 따라서 **찬드라세카르 한계**)라고 한다.

백색왜성은 태양질량의 1.4배보다 큰 질량을 가질 수 없다.

이 이론적 한계는 여러 가지 관측을 통해 증명되었다. 많은 백색왜성은 쌍성계 안에 있어서 우리는 그 질량을 정확히 측정할 수 있다[12.1절]. 이 이론이 예측한 대로 모든 관측에서 백색왜성의 질량은 $1.4M_{태양}$보다 작았다.

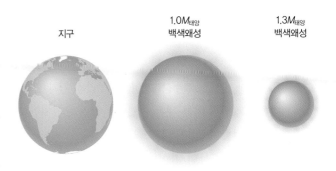

지구  1.0$M_{태양}$ 백색왜성  1.3$M_{태양}$ 백색왜성

**그림 14.2** 우리가 예상하는 것과는 달리 더 무거운 백색왜성은 가벼운 백색왜성보다 더 작고 밀도가 더 높다. 크기의 비교를 위해 지구를 같이 놓았다.

## ● 근접쌍성계의 백색왜성에서는 무슨 일이 일어날까?

그대로 놔둔 상태에서 백색왜성은 예전 별이었을 때처럼 밝은 빛을 다시는 낼 수 없다. 핵융합을 할 수 있는 연료가 더 이상 없으므로 시간이 지날수록 천천히 식어서 차가운 '흑색왜성'이 될 것이다. 내부의 전자 축퇴압은 붕괴하려는 중력과 영원히 평형 상태를 유지하여 백색왜성의 크기는 절대로 바뀌지 않는다. 그렇지만 근접쌍성계의 경우에는 상황이 달라진다.

**강착원반** 만약 근접쌍성계에 있는 백색왜성의 동반성이 주계열 또는 거성이라면 백색왜성의 질량은 조금씩 커진다(그림 14.3). 동반성에서 나온 물질 덩어리는 백색왜성 주위로 오면서 공전속도가 작아진다. 각운동량 보존법칙에 따라 이 덩어리가 백색왜성에 떨어지면서 공전속도는 점점 커지고 결국 백색왜성 주위에 소용돌이 모양의 원반을 만든다. 물질이 다른 천체에 떨어지는 현상을 강착이라고 하므로 이렇게 빨리 회전하는 원반을 **강착원반**이라고 한다.

근접쌍성계에서는 동반성에서 흘러나온 가스가 백색왜성으로 흐르면서 소용돌이 모양의 강착원반을 만든다.

원시성 표면에 물질이 유입되면서 원반을 만드는 경우와 마찬가지로[13.1절], 백색왜성의 강착원반으로 유입된 가스 입자들은 케플러 법칙을 따른다. 따라서 원반의 안쪽에 있는 가스는 바깥쪽 지역의 가스보다 더 빨리 공전한다. 이렇게 속도가 다른 가스 입자들이 공전하면서 서로 마찰되어 원반 안쪽의 가스는 위치에너지를 잃는다. 결국 서서히 소용돌이를 따라 안쪽으로 이동하여 백색왜성 표면에 떨어진다.

## 특별 주제 : 상대론과 우주의 속도 한계

빛보다 빠른 것은 존재할 수 없다는 아이디어는 아인슈타인이 1905년에 발표한 **특수상대성이론**의 놀라운 결과 중의 하나다. 상대론을 정확히 아는 것은 어렵다고 알려져 있지만 기본 개념은 쉽게 이해할 수 있다.

상대론의 '상대적'이 무엇인지를 이해하기 위해서 시속 1,670km의 속도로 여행하는 초음속 여객기를 타고 케냐의 나이로비에서 에콰도르 퀴토까지 가는 여행을 생각해보자. 이 비행기는 얼마나 빠른가? 우선 이 질문은 단순한 것처럼 보인다. 비행기의 속도는 시속 1,670km라고 했다. 그런데 나이로비와 퀴토는 모두 지구 적도 가까이에 있고 적도에서의 지구 자전속도는 비행기 속도와 같은 시속 1,670km이고 방향이 반대이다(그림 참조). 만약 우리가 달에서 살고 있다면, 비행기 아래의 지구는 자전하고 있지만 이 비행기는 정지한 것처럼 보일 것이다.

아인슈타인 이론은 여기에서 두 가지 관점을 설명한다. 비행기는 지구에 있는 사람에게는 시속 1,670km로 날고 있지만, 달에 있는 사람에게는 정지한 상태다. 두 설명 모두 맞다. "도대체 누가 움직이는가?" 그리고 "얼마나 빨리 나는가?" 하는 질문에는 절대적 답이 없고, 단지 비행기가 지구 표면에 **상대적**으로 시속 1,670km로 이동하고 있다는 사실에는 모두 동의한다. 시공간에서 움직임을 측정할 때 우리는 상대적으로 누구를 또는 상대적으로 무엇을 측정하는가를 명시해야 의미가 있기에 상대성이론이라고 한다.

아인슈타인의 이론에서 운동은 상대적이라고 하지만 '모든 것'이 상대적이라는 것은 아님을 주의해야 한다. 이 이론은 우주에서 다음 두 가지는 절대적이라고 명시한다.

1. 자연법칙은 모두에게 똑같이 적용된다.
2. 빛의 속도는 모두에게 똑같이 측정된다.

첫 번째, 자연법칙이 모두에게 똑같이 적용된다는 말은 운동에 대한 모든 관점은 똑같이 유효하다는 아이디어의 일반적인 표현이다. 만약 그렇지 않다면 다른 관찰자마다 다른 물리 법칙을 주장할 수 있다. 두 번째, 빛의 속도가 모두에게 똑같이 측정된다는 법칙은 쉽게 이해되지 않는다. 일반적으로 속력은 더해지거나 빼진다. 움직이는 자동차를 탄 사람이 앞으로 공을 던진다면 자동차 밖에서는 그 사람이 던진 속력에 자동차의 속력이 더해져서 공이 움직이는 것을 볼 수 있다. 그렇지만 움직이는

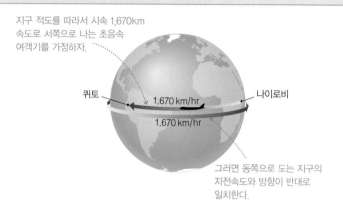

지구 적도를 따라서 시속 1,670km 속도로 서쪽으로 나는 초음속 여객기를 가정하자.

퀴토  1,670 km/hr  나이로비
1,670 km/hr

그러면 동쪽으로 도는 지구의 자전속도와 방향이 반대로 일치한다.

비행기는 시속 1,670km로 나이로비에서 퀴토까지 지구 자전의 정확히 반대 방향으로 날아간다.

자동차에서 쏜 빛은 자동차의 속도가 얼마나 빠른가에 상관없이 정확히 빛의 속도(약 300,000km/s)로 보일 뿐이다. 이 이상한 사실은 수없이 많은 실험을 통해 증명되었다.

우주의 속력 한계는 빛의 속도에 제한된다. 왜 그런지 알기 위해 여러분이 믿을 수 없을 만큼 빠른 로켓을 만들어서 우주로 시험 비행을 하는 경우를 생각해보자. 로켓을 계속 가속한다면 빛의 속도보다 빨라질 수 있다. 그런데 의문이 생긴다. 이 로켓을 무슨 속도에 비교해야 할까? 모든 사람은 빛의 속도를 항상 300,000km/s로 측정한다는 사실을 기억하자. 따라서 이 로켓의 헤드라이트 빛도 300,000km/s로 전진한다. 이건 놀라운 사실이 아니다. 다만 여러분이 그 헤드라이트 빛을 따라잡을 수 없다는 말을 하는 것과 마찬가지다. 모든 사람은 항상 빛의 속도가 같다고 측정하기 때문에 지구에 있는 사람도 그 로켓의 헤드라이트 빛 속도가 300,000km/s라고 말해야 한다. 우리는 여러분이 헤드라이트 빛과 같아질 수 없다는 사실을 이미 알고 있으므로 지구의 관측자는 여러분의 로켓이 헤드라이트 빛의 속도보다 **천천히**, 즉 광속보다 느리게 여행하고 있는 것을 보게 된다.

이러한 운동의 상대성과 광속의 절대성은 아인슈타인 이론의 다른 유명한 결과를 유도한다. 예를 들면 만약 여러분이 광속에 가까운 속도로 지나가는 사람을 본다면 그 사람의 시간이 여러분보다 천천히 흐르고 그 사람의 크기는 움직이는 방향으로 찌그러지고 그 사람의 질량은 커지는 것을 알 수 있다. 이 이론은 또한 질량과 에너지는 동등하다는 유명한 아인슈타인 공식($E = mc^2$)을 예측했다. 이러한 모든 상대성이론의 예측은 정밀한 실험을 통해 검증되었다.

**그림 14.3** 이 상상도는 왼쪽 동반성의 질량이 오른쪽 백색왜성으로 조금씩 흐르면서 강착원반을 만드는 모습을 보여준다. 백색왜성은 강착원반이 중심에 있는데 너무 작아서 이 그림에서는 볼 수 없다. 유입된 물질은 강착원반과 만나는 지점에서 뜨겁게 가열된다. 오른쪽 위의 작은 그림은 이 현상을 위에서 보았을 때의 모습이다.

강착은 '죽은' 백색왜성에 새로운 에너지를 공급한다. 강착원반에서 소용돌이치며 안쪽으로 떨어지는 가스는 위치에너지가 열에너지로 바뀌면서 무척 뜨거워진다[4.3절]. 이때 강한 자외선과 엑스선이 방출된다. 동반성의 신선한 수소 가스가 백색왜성의 표면에 축적되면서 더욱 극적인 현상이 나타난다.

**신성** 동반성에서 흘러나온 수소는 강착원반에서 소용돌이를 따라 돌면서 서서히 백색왜성에 가까워지고 결국 표면에 떨어진다. 백색왜성 표면의 강한 중력은 이 수소 가스를 압축하여 표면에 얇은 껍질을 만든다. 더 많은 가스가 표면에 쌓이면서 껍질의 압력과 온도가 올라간다. 껍질 아래쪽의 온도가 약 1,000만 K가 되면 순간적으로 수소융합이 점화된다.

이 수소층의 융합 반응으로 에너지를 받아 백색왜성은 불이 붙은 것처럼 다시 빛을 낸다. 이 열핵융합섬광으로 쌍성계는 수 주 동안 찬란한 빛을 내는 **신성**이 된다(그림 14.4a). 신성은 초신성보다는 훨씬 어둡지만 태양의 10만 배만큼 밝다. 이 껍질에서 발생한 열과 압력은 백색왜성에 강착으로 유입된 대부분의 물질을 다시 밖으로 분출시킨다. 이 물질들은 계속 바깥 방향으로 날아가면서 **신성잔해**를 만들고 이 잔해는 신성폭발 이후 수년 후에도 볼 수 있다(그림 14.4b).

신성폭발이 잦아진 후에 강착 현상은 다시 시작되고 전체 과정은 다시 반복된다. 다음의 신성폭발이 다시 일어나기까지의 시간은 수소 가스가 백색왜성 표면에 유입되는 비율 그리고 표면 껍질에 압축되는 정도에 따라 결정된다. 수소 가스의 압축은 표면 중력이 큰 가장 무거운 백색왜성의 표면에서 가장 크게 일어난다. 신성폭발은 수십 년 주기로 반복되기도 하지만 대부분의 경우에는 수천 년이 지나야 신성폭발이 다시 일어난다.

**백색왜성 초신성** 신성폭발이 일어날 때마다 백색왜성은 질량의 일부를 방출한다. 신성폭발이 잦아들 때마다 백색왜성은 다시 유입된 물질을 축적한다. 이 과정에서 백색왜성의 총질량이 조금씩 커지는지 작아지는지는 아직 이론적 모형으로 설명할 수 없다. 만약 백색왜성의 질량이 커진다면 백색왜성 한계에 다다를 수 있다. 아니면 백색왜성이 동반성과 병합되면서도 백색왜성 한계로 커질 수도 있다. 어느 경우든 언젠가 백색왜성이 질량 한계인 $1.4M_{태양}$가 될

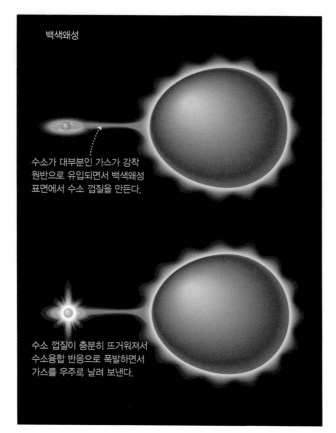

백색왜성

수소가 대부분인 가스가 강착 원반으로 유입되면서 백색왜성 표면에서 수소 껍질을 만든다.

수소 껍질이 충분히 뜨거워져서 수소융합 반응으로 폭발하면서 가스를 우주로 날려 보낸다.

a. 신성이 생기는 과정

**그림 14.4** 쌍성계의 백색왜성 표면에서 수소융합 반응이 점화되면서 신성이 탄생한다.

b. 허블우주망원경으로 관측한 나침반자리 신성(T Pyxidis)의 신성잔해 모습이다. 중심의 밝은 부분이 신성이 탄생했던 쌍성계이고, 바깥으로 분출된 가스 덩어리들이 주변에 보인다.

때 백색왜성의 마지막 순간이 온다.

백색왜성이 백색왜성 한계인 $1.4M_{태양}$ 질량으로 커지면 백색왜성 초신성으로 완전히 폭발한다.

모든 백색왜성은 대부분 탄소로 구성되어 있다는 사실을 기억하자. 백색왜성 질량이 $1.4M_{태양}$만큼 커지면 그 온도가 탄소융합 반응을 점화할 수 있을 만큼 높아진다. 탄소융합이 시작되면서 순식간에 별 전체의 융합을 촉발하여 백색왜성은 완전히 폭발하는데 이러한 현상을 **백색왜성 초신성**이라고 한다.

**생각해보자** ▶ 신성과 백색왜성 초신성 현상은 백색왜성이 쌍성계가 아닌 경우에도 나타날 수 있을까? 우리가 배운 지식을 바탕으로 설명해보라.

백색왜성 초신성을 일으키는 탄소 폭발은 질량이 높은 별의 최후에 철의 붕괴에 의해 나타나는 **무거운 별 초신성**[1] 현상[13.3절]과 전혀 다르다. 천문학자들은 초신성폭발 때의 밝기 변화를 관측하여 두 경우를 구분한다. 두 경우 모두 태양 밝기의 100억 배($10^{10}L_{태양}$)만큼 크게 밝아진다. 폭발 후 백색왜성 초신성은 서서히 일정하게 어두워지지만 무거운 별 초신성의 밝기 변화는 종종 복잡하게 관측된다(그림 14.5). 그리고 수소가 거의 없는 백색왜성 초신성 스펙

---

1) 무거운 별 초신성 : 천문학자들은 분광관측한 스펙트럼에 수소선이 나타나는 경우에 제2형 초신성, 수소선이 안 보이는 경우에는 제1형 초신성이라고 분류한다. 모든 제2형 초신성은 무거운 별 초신성이라고 추정한다. 그렇지만 제1형 초신성은 백색왜성 초신성 또는 폭발 전에 수소를 모두 날려버린 무거운 별 초신성이다. 제1형 초신성은 제1a형 초신성, 제1b 초신성, 제1c 초신성의 세 가지로 세분한다. 제1a형 초신성만 백색왜성 초신성이라고 생각된다.

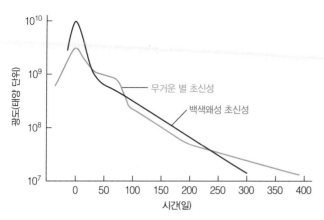

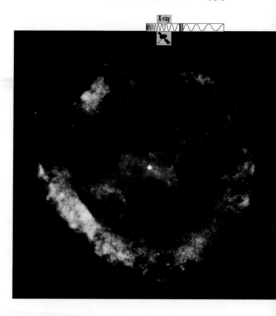

**그림 14.5** 이 그래프는 근원이 다른 두 가지 초신성의 밝기 변화를 보여준다. 백색왜성 초신성은 초기에 빠르게 밝기가 어두워지다가 몇 주 후에는 서서히 어두워진다. 반면 무거운 별 초신성의 폭발 후 밝기 변화는 훨씬 복잡한 패턴으로 나타난다.

**그림 14.6** 찬드라 엑스선 우주망원경으로 촬영한 이 엑스선 사진은 초신성잔해 G11.2–03의 모습을 보여준다. 서기 386년에 중국 천문학자가 이 초신성폭발을 관측했다. 중심의 흰 점이 초신성폭발 후에 남은 중성자별이다. 그림의 색은 각각 다른 파장의 엑스선에 대응한다. 사진에 보이는 지역의 크기는 23광년이다.

트럼에는 수소 원자선이 거의 나타나지 않는 반면 대부분의 무거운 별 초신성 스펙트럼에는 강한 수소 원자선이 있다.

## 14.2 중성자별

티스푼 양의 질량이 수 톤이 되는 백색왜성은 믿기 어려운 천체였다. 그런데 중성자별은 더 이상한 천체다. 중성자별의 존재 가능성은 이미 1930년대에 발표되었지만 대부분의 천문학자들은 자연이 그러한 괴물 천체를 만든다는 것이 터무니없다고 생각했다. 여하튼 지금은 중성자별의 존재가 확실한 증거를 통해 밝혀졌다.

### ● 중성자별이란?

**중성자별**은 무거운 별 초신성의 철 중심부가 붕괴하여 생긴 중성자 덩어리다(그림 14.6). 일반적으로 태양보다 무겁고 반지름 10km에 중성자가 중력으로 뭉쳐진 거대 원자핵이다. 백색왜성의 경우처럼 중성자별은 입자가 자연이 허용하는 한계까지 가까이 있을 때 나타나는 축퇴압으로 중력 붕괴를 막고 있다. 단지 중성자별에서는 뭉쳐진 입자가 전자가 아니고 중성자라는 사실만 다르다. 즉 **중성자 축퇴압**이 중력 붕괴가 일어나지 않도록 지지하고 있는 것이다.

*중성자별은 반지름이 수 킬로미터이고 질량은 태양과 비슷한 중성자 덩어리다.* 중성자별 표면의 중력은 경외할 만하다. 이탈속도는 광속의 절반이다. 우리가 어리석게도 중성자별 표면을 방문한다면 우리 몸은 즉시 부서져서 원자보다 작은 미세한 얇은 팬케이크 형태로 산산조각 날 것이다.

만약 중성자별 조각이 우리에게 온다면 상황은 약간 좋아질 뿐이다. 중성자별 물질의 밀도와 같은 종이집게가 있다면 그 질량은 에베레스트 산만큼 크다. 만약 이렇게 무거운 종이집게를 손 위에 올려놓는다면 떨어지는 것을 막을 수 없다. 떨어지는 것은 걷잡을 수 없어서 돌이 공중에서 떨어지는 것처럼 지구를 뚫고 떨어지면서 지구중심까지 가속된다. 이미 충분히 얻은 운동량으로 종이 집게는 중심을 지나고 마침내 속도가 점점 줄어 지구 반대편 끝에서 멈춘다. 그리고 다시 중심으로 떨어지기 시작한다. 만약 이것이 우주에서 온다면 지구중심을 향해 돌진할 때마다 구멍을 뚫는데, 지구가 자전하면서 구멍의 위치가 달라진다. 천문학자 칼 세이건의 표현에 의하면 중성자별 조각이 마찰에 의해 지구중심에서 멈출 때(녹은 바위가 구멍을 메우기 전이라면)는 이미 지구는 스위스 치즈처럼 구멍이 마구 생긴 상태일 것이다.

불행하게도 중성자별 **전체**가 우리에게 접근하는 경우에는 단순히 지구 표면에 떨어지는 것이 아니다. 중성자별 반지름은 단지 10km로 평범한 도시 크기다. 그렇지만 중성자별은 지구의 300,000배만큼 무겁다는 사실을 기억하자. 결국 중성자별의 어마어마하게 큰 표면 중력은 순식간에 한 도시를 파괴한다. 먼지가 가라앉을 때에는 이미 지구는 으깨어져서 중성자별 표면에 손톱 정도 두께의 껍질이 되어 있을 것이다.

## ● 중성자별은 어떻게 발견했을까?

중성자별의 첫 번째 관측 증거는 1967년 나왔다. 당시 24세의 대학원생 조셀린 벨이 정확하게 1.337301초의 간격으로 펄스 신호를 내는 이상한 전파원을 발견했다(그림 14.7). 이때 천문학자들은 이렇게 시계처럼 정확하게 신호를 내는 자연 현상을 생각할 수 없어서 농담 반 진담 반으로 이 전파원을 'LGM(Little Green Men)'이라고 불렀다. 지금은 이렇게 빠른 파동 신호를 내는 전파원을 **펄서**라고 한다.

펄서의 수수께끼는 곧 풀렸다. 1968년이 지나가기 전에 천문학자들은 2개의 명백한 증거를 찾았다. 즉, 돛자리성운과 게성운의 중심에 각각 펄서가 있었다(그림 14.8). 펄서는 초신성폭발 후에 남은 중성자별인 것이다.

맥동 현상은 중성자별이 각운동량 보존법칙으로 빠르게 회전하기 때문이다[4.3절]. 철 중심부가 붕괴하여 중성자별이 될 때 크기가 줄어들면서 자전속도는 빨라진다. 붕괴는 또한 중심부를 통과하는 자기장선을 더욱 단단하게 묶어서 자기장을 증폭한다. 이렇게 강해진 자기장은 복사 빔을 자극 방향으로 방출되도록 유도한다. 그런데 복사 방출이 어떻게 생기는지는 정확히 모르고 있다. 만약 중성자별의 자극이 자전축과 일치하지 않는다면 복사 빔은 회전하면서 둥글게 쓸고 지나가면서 에너지를 방출한다(그림 14.9). 등대의 경우처럼 중성자별은 단지 일정한 에너지의 빔을 방출하고 있다. 그렇지만 그 빔이 지구를 지날 때마다 우리는 빛의 펄스를 보는 것이다.

펄서는 정확한 시계는 아니다. 중성자별 자기장은 지속적으로 돌면서 전자기파를 방출하는 과정에서 에너지와 각운동량이 줄어든다. 그리고 중성자별의 자전속도는 점차 늦어진다. 예를 들면 게성운의 펄서는 지금 1초에 30회 회전하지만 2,000년 후에는 회전속도가 지금의 반으로 줄어들 것이다. 결국 펄서의 회전이 많이 늦어지고 자기장도 약해지면 우리는 더 이상 이 펄서를 관측할 수 없게 된다. 그리고 중성자별은 방출하는 빔이 우리를 지나가지 않는 회

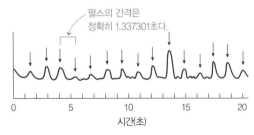

**그림 14.7** 1967년 조셀린 벨이 발견한 첫 번째 펄서를 20초 동안 측정한 데이터

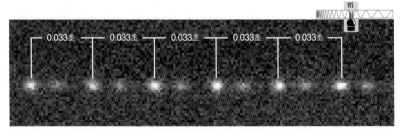

**그림 14.8** 이 시간차로 찍은 펄서는 0.033초 주기로 신호를 낸다. 초신성잔해인 게성운 중심에 있다. 큰 펄스 사이에 있는 펄스 신호는 펄서의 다른 쪽 등대 신호 같은 것이라고 추정한다. 남유럽 공동천문대 VLT(Very Large Telescope)에서 촬영한 사진이다.

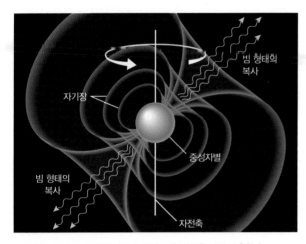

a. 펄서는 자전하는 중성자별이다. 복사 빔은 자극을 따라 방출한다.

b. 만약 자극이 회전축과 일치하지 않는다면 펄서의 빔은 등댓불처럼 공간을 쓸
   면서 회전한다. 펄서의 빔이 쓸면서 지구를 지날 때마다 우리는 펄서의 복사
   를 보게 된다.

**그림 14.9** 회전하는 중성자별의 복사는 등댓불처럼 펄스로 나온다.

전축의 각도를 가지고 있을 수도 있다. 그래서 '모든 펄서는 중성자별이지만 모든 중성자별이 펄서는 아니다'라는 결론을 얻을 수 있다.

**생각해보자 ▶** 우리가 어떤 중성자별에서 펄스를 볼 수 없어서 펄서라고 부르지 않았다. 다른 항성계에 살고 있는 외계인은 이 중성자별을 펄서라고 하는 것이 가능할까? 그 이유를 설명하라.

어떤 다른 무거운 천체도 이렇게 빠르게 자전할 수 없기 때문에 펄서는 중성자별일 수밖에 없다. 표면에서의 회전속도는 이탈속도보다 빠를 수 없다. 예를 들면 백색왜성이 1초에 한 회전을 한다면 산산조각으로 부서진다. 관측된 펄서 중에서 가장 빨리 회전하는 펄서는 1초에 716회 회전한다. 중성자별처럼 작고 밀도가 높은 천체만 이렇게 빨리 회전하면서 부서지지 않는다.

## ● 근접쌍성계의 중성자별에서는 무슨 일이 일어날까?

백색왜성의 경우처럼 근접쌍성계의 동반성에서 넘쳐서 흘러온 가스가 중성자별 주위에 뜨거운 강착원반을 만들면 중성자별은 찬란하게 다시 생명을 얻는다. 그렇지만 중성자별은 백색왜성보다 훨씬 강한 중력을 가지고 있어서 강착원반이 훨씬 뜨겁고 밀도가 높다.

근접쌍성계의 중성자별 주위의 뜨거운 강착원반에서는 강한 엑스선이 나온다. 중성자별 주위 강착원반 안쪽 지역의 높은 온도는 엑스선 파장대에서 강한 복사를 만든다. 중성자별이 있는 근접쌍성

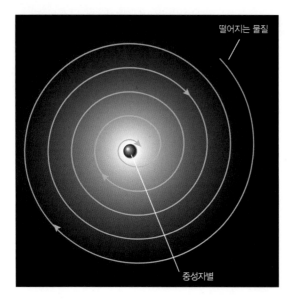

**그림 14.10** 중성자별로 강착되는 물질은 각운동량을 더해주어 중성자별의 자전속도를 크게 한다. 중성자별의 표면 바로 위의 물질은 중성자별의 회전보다 더 빠르게 공전하면서 표면 떨어지기 때문에 회전속도는 커진다.

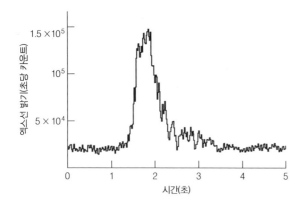

**그림 14.11** 엑스선폭발체의 광도 곡선. 이 폭발에서는 1초보다 짧은 시간에 중성자별의 엑스선 밝기가 보통 때보다 6배 이상 커졌다.

중에는 태양이 내는 모든 파장 빛의 에너지보다 100,000배 강한 에너지를 엑스선 파장대에서 방출한다. 이렇게 강한 엑스선을 내기 때문에, 강착원반이 있는 중성자별이 포함된 근접쌍성을 종종 **엑스선쌍성**이라고 한다. 지금까지 우리은하에서 100여 개의 엑스선쌍성이 발견되었다.

대부분의 엑스선쌍성의 복사 방출은 중성자별이 회전하는 만큼 빠르게 맥동한다. 그렇지만 다른 펄서가 시간이 지나면서 회전속도가 줄어드는 것과는 다르게 엑스선쌍성의 맥동 주기는 점점 빨라지는 경향이 있다. 이 현상은 중성자별로 떨어지는 물질이 각운동량을 더하는 것이라고 해석된다(그림 14.10). 어떤 중성자별은 너무 빨리 회전하여 수천분의 1초마다 맥동한다(이러한 경우 밀리초 펄서라고 함).

강착하는 백색왜성이 가끔 신성폭발을 하는 것처럼 강착하는 중성자별은 산발적으로 엄청난 밝기를 내며 폭발한다. 동반성에서 흘러온 수소가 대부분인 물질은 중성자별 표면에 1m 두께의 층을 만든다. 이 수소층 바닥의 압력은 충분히 높아서 지속적인 수소융합을 유지하면서 수소층 아래에 헬륨층이 생긴다. 이 층의 온도가 1억 K만큼 높아지면 갑자기 헬륨융합이 점화된다. 이 헬륨융합으로 탄소와 더 무거운 원소가 빠르게 만들어지고 중성자별에서는 폭발적으로 엑스선 에너지가 방출된다. 이러한 **엑스선폭발체**는 수 시간에서 수일 간격으로 플레어가 생긴다(그림 14.11). 각 폭발은 수 초 동안 지속되지만 이 짧은 시간에 이 천체는 태양보다 100,000배 강한 복사에너지를 모두 엑스선으로 방출한다. 폭발 후 수 분이 지나면 이 엑스선폭발체는 식어서 강착이 다시 시작된다.

## 14.3 블랙홀 : 중력의 궁극적인 승리

별이 죽어서 백색왜성 또는 중성자별이 되는 이상한 이야기는 이미 충분히 이해하였겠지만 이것이 전부가 아니다. 간혹 죽은 별의 중력이 너무 강해서 어떠한 것도 이 별이 스스로 붕괴하는 것을 막을 수 없는 경우가 있다. 이러한 별 시체에 막을 수 없는 붕괴가 일어나면 스스로의 존재가 으스러뜨려져서 우주에서 가장 괴상한 형태인 **블랙홀**이 된다.

### ● 블랙홀이란?

**블랙홀(검은구멍)** 이름에서 '블랙(검은)'이라는 말은 빛을 포함하여 아무것도 여기서 빠져나올 수 없다는 사실에서 나왔다. 천체의 이탈속도는 그 중력의 크기에 따른다. 여기서 중력은 천체의 질량과 크기로 결정된다[4.4절]. 즉 질량이 있는 어떤 물체의 크기를 작게 하면 중력이 강해지고 그 이탈속도가 커진다. 블랙홀은 너무 작아서 그 이탈속도가 광속보다 크다. 어떤 것도 광속보다 빠를 수 없기에 빛뿐만 아니라 어떤 것도 블랙홀을 탈출할 수 없다.

블랙홀에서 '홀(구멍)'이라는 단어를 쓰게 된 데는 더 이상한 사연이 있다. 우리가 일상적으

블랙홀은 중력이 너무 강해서 아무것도 심지어 빛조차 빠져나올 수 없는 공간이다.

로 생각하는 것과는 달리 아인슈타인은 공간과 시간이 다르지 않고 4차원의 **시공간**에서 서로 연결되어 있다는 사실을 발견했다. 더 나아가 아인슈타인은 일반상대성이론에서 우리가 인식하는 중력은 시공

간곡률에서 나타난다는 것을 보여주었다(p. 406, '특별 주제' 참조). 우리는 오직 3차원 공간을 한 번에 볼 수 있을 뿐이라서 휘어진 시공간은 상상하기 쉽지 않다. 그렇지만 우리는 이 개념을 2차원 비유로 이해할 수 있다.

그림 14.12는 고무판을 사용하여 시공간의 2차원 단면을 보여준다. 이 비유에서 어떤 질량에서 멀리 떨어진 지역, 즉 약한 중력에서는 고무판이 평평하다(그림 14.12a). 이 판은 강한 중력에 해당하는 무거운 물체 주변에서 휘어진다(그림 14.12b). 여기에서 휘어짐이 크다는 것은 중력이 크다는 것을 의미한다. 블랙홀 주변에서 시공간곡률은 너무 커서 고무판은 바닥이 없는 구멍을 만든다(그림 14.12c). 이 그림은 단지 비유이고 블랙홀은 실제로 깔때기 모양이 아니고 구형이라는 사실을 명심해야 한다. 여하튼 이 비유는 블랙홀은 우리가 우주의 구멍과 같다는 중요한 개념을 설명한다. 만약 우리가 블랙홀에 들어간다면 우리의 관측 가능한 우주를 떠나는 것이고 다시는 돌아올 수 없다.

**스스로 해보기** ▶ 휘어진 공간에서는 평평한 공간에서와는 다른 기하법칙이 적용된다. 공의 표면에 둘레의 1/4 길이로 직선을 그어보자. 그리고 그 직선의 끝에서 직각으로 또 다른 둘레 1/4 길이의 직선을 긋고 그 끝에서 처음에 그리기 시작했던 위치로 세 번째 직선을 그어 삼각형을 완성한다. 이 삼각형의 세 꼭지각의 각도를 측정하자. 세 각의 합은 무엇인가? 평면에서 그린 삼각형의 세 각의 합이 180°라는 사실과 비교하라.

**사건의 지평선** 블랙홀의 안쪽과 그 바깥쪽의 우주와의 경계를 **사건의 지평선**이라고 한다. 사건의 지평선은 물체가 블랙홀에 들어가서 다시 돌아올 수 없는 지점을 의미한다. 즉 이탈속도가 광속과 같아지는 블랙홀 주위의 경계다. 아무도 이 경계 안으로 들어간 후에 빠져나올 수 없다. 이 경계 안에서 일어나는 일에 대해 알 수 있는 가능성이 전혀 없어서 사건의 지평선이라는 이름을 붙였다.

우리는 보통 블랙홀의 '크기'를 사건의 지평선의 크기로 생각한다. 그런데 사건의 지평선 안에서는 시간과 공간이 너무 뒤틀려 있어서 우리가 일상에서 이해하는 '크기'라는 개념을 적용하기는 쉽지 않다. 그렇지만 블랙홀 바깥에 있는 사람에게는 사건의 지평선이 구형으로 인식되고, 그 구의 크기는 블랙홀의 **슈바르츠실트 반지름**이라고 정의한다. 칼 슈바르츠실트는 아인슈타인의 일반상대성이론을 적용하여 이 반지름을 처음으로 계산했다. 슈바르츠실트 반지름은 오직 블랙홀의 질량에 의해 결정된다. 태양질량을 가진 블랙홀은 슈바르츠실트 반지름이 약 3km이다. 이 크기는 같은 질량의 중성자별 반지름보다 조금 작을 뿐이다. 더 무거운 블랙홀은 슈바르츠실트 반지름이 더 크다. 예를 들면 태양보다 10배 무거운 블랙홀의 슈바르츠실트 반지름은 약 30km가 된다.

본질적으로 별의 핵이 붕괴하면서 슈바르츠실트 반지름보다 작아지는 순간 블랙홀이 된다. 이 순간 이 핵은 사건의 지평선을 넘어서 우리의 시야에서 사라진다. 이 블랙홀은 여전히 모든 질량을 포함하고 이 질량에 의한 중력이 존재하지만 바깥에서는 그 안에 있는 것을 볼 수 없다.

**특이점과 인식의 한계** 어떤 정보도 사건의 지평선 안에서 빠져나올 수 없기 때문에 별의 중심핵이 블랙홀로 붕괴를 시작하면 우리는 그 중심핵에서 어떤 일이 일어나는지 알 수 없다. 그래도 우리가 이해하는 물리 지식을 사용하면 블랙홀 안에서 일어나는 사건을 추측할 수 있다. 블랙홀에서는 어떤 것도 중력의 붕괴를 막을 수 없기 때문에 블랙홀을 구성

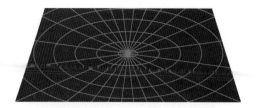

a. 평형한 시공간을 비유한 2차원의 모습. 동심원의 간격은 일정하다.

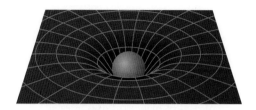

b. 시공간곡률에서 나타난 중력을 비유한 모습. 고무판이 중심에 있는 추는 아래로 떨어지려고 한다. 중심으로 갈수록 고무판은 더 휘어지고 동심원 간격은 더 커지는 것을 볼 수 있다.

사건의 지평선

c. 우리가 블랙홀에 가까이 갈수록 시공간곡률은 점점 더 커진다. 시공간에서 블랙홀 자체는 바닥이 없는 구멍이다.

**그림 14.12** 우리는 2차원 고무판을 사용하여 4차원 시공간곡률 현상을 비유적으로 설명할 수 있다.

## 특별 주제 : 일반상대성이론과 시공간곡률

**아인슈타인의 특수상대성이론**(p. 398, '특별 주제' 참조)은 중력을 고려하지 않은 '특수'한 경우에 적용한다. 1905년에 이 이론을 발표한 후 아인슈타인은 중력을 포함한 일반적인 이론을 구상했다.

1907년 아인슈타인은 나중에 그의 회고에 나오는 '인생에서 가장 행복한 순간'을 경험한다. 그는 중력의 효과와 가속의 효과는 작은 스케일에서 구별하기 어렵다는 것을 깨닫고, 두 현상은 동등하다고 결론을 내렸다. 우리는 이 개념을 **등가원칙**이라고 한다. 이 의미는 다음과 같이 설명할 수 있다. 우리가 창도 없고 문도 없는 방에 앉아 있다고 가정하자. 이 방을 중력이 없는 우주공간으로 옮긴 후 지구의 중력가속도와 같은 9.8m/s² [4.1절]로 돌진하도록 했다. 등가원칙에 따르면 우리는 지구를 떠났는지 알 수 없다. 방 안에서 다른 질량의 공을 떨어뜨리는 등 수행하는 어떤 실험도 지구 표면에서 하는 실험과 동일한 결과를 보여준다. 마찬가지로 자유낙하를 하는 엘리베이터 안에서 하는 실험은 우주공간을 일정한 속도로 나는 엘리베이터 안에서 하는 실험과 같은 결과를 보여준다.

아인슈타인의 운동, 가속, 중력에 대한 새로운 관점은 우리가 공간과 시간을 어떻게 생각해야 하는지에 대해 혁명적인 변화를 가져왔다. 3차원 공간과 1차원 시간을 따로 생각하는 대신에 우리는 **시공간**이라는 4차원 세계로 같이 생각해야 함을 배웠다. 어떤 사람의 4차원 시공간에서의 운동 궤적이 직선이라면, 이 사람은 무중력 상태를 경험한다.

그럼 왜 인공위성은 휘어진 궤적으로 지구 궤도를 공전하는데 내부의 우주비행사가 무중력을 경험할까? 일반상대성이론에 따르면 우주비행사는 4차원 시공간에서 가능한 **최대의 직선운동**을 하는 것이다. 지구 주변의 시공간 자체가 휘어져 있기에 그 궤적이 휘어진 것이다. 즉, 뉴턴은 우주비행사의 휘어진 공전궤도가 중력의 힘에 의한 것이라고 보았고, 아인슈타인은 그 휘어진 궤도가 시공간곡률에 의한 것이라고 본 것이다. 그것이 **중력은 시공간곡률에서 나온다**는 뜻이다.

시공간곡률은 질량에 의하고 더 강한 중력은 더 큰 시공간곡률을 의미한다. 예를 들면 지구의 중력보다 큰 태양의 중력은 시공간을 더 휘게 하고, 백색왜성 표면의 매우 강한 중력은 태양의 표면에서보다 시공간을 더 휘게 한다. 비록 우리는 시공간곡률을 시각적으로 인지할 수 없지만, 우리는 그림 14.12에서 보여주는 고무판의 그림을 사용하여 2차원 비유로 설명할 수 있다. 이 새로운 관점에서는 공간이 태양에 의해 휘어졌기 때문에 행성이 태양을 공전하는 것이다. 샐러드 사발 안의 공이 둥글게 도는 것처럼 각 행성은 최대한 가능한 직선으로 운동하고 있지만 시공간이 휘어져서 둥글게 도는 것이다(그림 참조).

우리가 실제로 시공간의 4차원을 한 번에 인식할 수 없다는 사실에서 과학자들은 왜 시공간곡률이 사실이라고 생각할까? 아인슈타인의 이론이 이 휘어짐에서 나타나는 측정 가능한 효과를 예측하기 때문이다. 예를 들면 중력이 시공간곡률에서 나타난다면 빛이 큰 질량 옆을 지날 때 그 경로가 휠 것이다. 과학자들은 태양 옆을 통과하는 빛이 휘어지는 것을 측정했다. 그리고 그 휘어진 정도는 일반상대론에서 예측한 수치와 정확히 일치했다. 우리는 또한 이렇게 빛이 휘는 현상을 먼 은하에서 관측할 수 있다. 이 현상을 **중력렌즈**[18.2절]라고 한다. 일반상대론의 다른 중요한 예측은 중력이 강한 지역에서 시간이 천천히 흐른다는 것이다. 중력은 시간과 공간 모두 영향을 미치기 때문이다. 물론 수많은 관측과 실험을 통해 이러한 아인슈타인의 예측이 모두 증명되었다. 이상하게 보이겠지만 우리는 공간과 시간이 서로 얽혀서 절대로 분리될 수 없는 4차원 우주에 살고 있는 것이다.

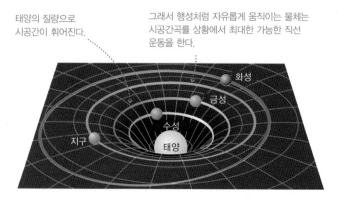

태양의 질량으로 시공간이 휘어진다.

그래서 행성처럼 자유롭게 움직이는 물체는 시공간곡률 상황에서 최대한 가능한 직선 운동을 한다.

화성
금성
수성
지구
태양

일반상대성이론에 의하면, 우리가 샐러드 사발 안에서 구슬을 떨어뜨리지 않고 돌리듯이 행성은 태양 주위를 공전한다. 이때 행성은 최대한 가능한 직성으로 움직이지만 시공간곡률로 이 행성의 궤적은 공간에서 휘어진다.

하는 모든 물질은 결국 블랙홀 중심에서 무한히 작고 밀도가 높은 점이 된다. 우리는 이 점을 **특이점**이라고 부른다.

불행하게도 특이점의 개념은 우리의 과학적 지식의 한계를 벗어난다. 문제는 매우 성공적인 두 이론이 특이점의 본질에 대해 서로 다른 예측을 한다는 현실이다. 중력이 우주에서 작용하는 법칙을 설명하는 아인슈타인의 일반상대성이론에서는 특이점으로 갈수록 시공간이 한없이 휘어진다고 설명한다. 원자의 본질과 빛의 스펙트럼을 설명하는 양자론에서는 시공간이 특이점 근처에서 무질서하게 요동친다고 설명한다. 이렇게 서로 다른 두 주장을 중재할 수 있는 이론은 아직까지 나오지 않았다.

## ● 블랙홀을 방문하면 어떤 일이 생길까?

여러분이 미래에 우주탐험가가 되어 인류 최초의 블랙홀 탐사팀에 참여한다고 가정하자. 여러분의 목적지는 질량이 $10M_{태양}$이고 슈바르츠실트 반지름이 30km인 블랙홀이다. 우주선이 블랙홀 가까이 도달했을 때 엔진을 점화하여 우주선이 사건의 지평선 위 수천 킬로미터 상공에서 원 궤도를 돌도록 한다. 이 궤도는 완벽하게 안정적이라서 블랙홀로 '빨려 들어갈' 걱정을 하지 않아도 된다.

여러분의 첫 번째 임무는 아인슈타인의 일반상대성이론을 테스트하는 것이다. 이 이론은 중력의 힘이 강해질수록 시간은 점점 더 천천히 흐른다고 예측한다. 또한 강한 중력장에서 나오는 빛은 적색이동된다고 예측하는데, 이 현상은 도플러 효과가 아닌 중력으로 생기므로 '중력적색이동'이라고 한다. 이 예측을 테스트하기 위해 숫자판이 파란색으로 발광하는 2개의 동일한 디지털 스톱워치를 준비한다. 시계 하나는 우주선에 보관하고 다른 시계를 작은 로켓에 붙여서 블랙홀을 목표로 발사하면서 두 시계의 시작 버튼을 누른다. 그리고 작은 로켓은 자동으로 역분사하여 시계가 사건의 지평선을 향해 천천히 떨어지도록 속도 조절을 한다(그림 14.13). 작은 로켓에 있는 시계는 블랙홀로 가까이 갈수록 느리게 작동하고 숫자판의 빛은 점점 적색이동한다. 시계가 사건의 지평선 위 10km 지점에 도달하면 우주선의 시계보다 2배만큼 느리게 시간을 세고 숫자판은 파란색이 아닌 붉은색으로 빛난다.

강한 중력장에서 이 시계가 공중에 떠 있도록 하기 위해 로켓은 더 빨리 연료를 분사해야 한다. 결국 연료가 바닥나면 이 로켓과 시계는 블랙홀로 빨려 들어간다. 우주선 안에 안전하게 있는 여러분은 이 시계가 떨어지면서 점점 느려지는 것을 볼 것이다. 그렇지만 시계 숫자판은 가시광 파장대의 붉은색에서 적외선으로 적색이동하고 더 나아가 전파로 이동하여 이 시계를 보기 위해서는 전파망원경이 필요하다. 결국 이 숫자판의 빛은 너무 적색이동하여 어떠한 망원경으로도 관측할 수 없게 된다. 이 시계가 여러분의 시야에서 사라지는 순간 이 시계는 멈춘 것으로 보인다.

호기심이 지나쳐서 이성적인 판단을 못하는 동료가 우주선에 있다. 그는 황급히 우주복을 착용하고 다른 스톱워치를 집어 들고 시작 버튼을 누른 후, 공기 차단실 밖으로 나가서 블랙홀로 뛰어내렸다. 그는 손에 시계를 들고 발을 아래로 뻗은 상태로 떨어진다. 그와 시계는 같이 움직이고 있기에 그에게 시계는 정상적으로 작동

천문
### 계산법 14.1

#### 슈바르츠실트 반지름

블랙홀의 슈바르츠실트 반지름($R_S$)은 다음의 간단한 수식으로 표시한다.

$$슈바르츠실트\ 반지름 = R_S = \frac{2GM}{c^2}$$

여기에서 $M$은 블랙홀의 질량, 중력상수 $G = 6.67 \times 10^{-11} m^3/(kg \times s^2)$, 광속 $c = 3 \times 10^8 m/s$이다. 이 식에 수치를 넣어서 정리하면 다음과 같이 쓸 수 있다.

$$슈바르츠실트\ 반지름 = R_S = 3.0 \times \frac{M}{M_{태양}} km$$

예제 : 질량이 $10M_{태양}$인 블랙홀의 슈바르츠실트 반지름을 계산하라.

해답 : 우리는 블랙홀의 질량을 태양질량 단위로 주었다. 따라서 위의 두 번째 식에 $10M_{태양}$을 대입하면 다음과 같다.

$$R_S = 3.0 \times \frac{10M_{태양}}{M_{태양}} km = 30km$$

질량이 $10M_{태양}$인 블랙홀의 슈바르츠실트 반지름은 약 30km이다. 지구에 있는 큰 도시의 크기에 태양의 10배 무거운 질량이 있는 것이다.

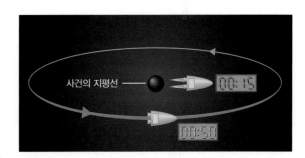

**그림 14.13** 블랙홀 가까이에서 시간은 더 늦게 흐른다. 그리고 이 시계의 파란색 숫자판의 빛은 중력적색이동으로 우주선에서는 붉은색으로 보인다.

하고 숫자판도 파란색으로 보인다. 그의 관점에서 시간은 빨라지거나 느려지는 것이 아니다. 예를 들면 그의 시계가 00:30을 가리킬 때 그와 그의 시계가 사건의 지평선을 통과한다고 하자. 사건의 지평선은 실제로 존재하는 물체가 아니고 수학적인 경계선이므로 여기에는 장벽도 없고 담도 없고 딱딱한 표면도 없다. 통과하는 순간에도 그의 입장에서는 시계가 계속 작동할 뿐이다. 그는 사건의 지평선 안으로 들어가고 블랙홀에서 실종된 첫 번째 인간이 된다.

> 만약 여러분이 블랙홀로 떨어진다면 빠르게 가속하여 금세 사건의 지평선을 넘어간다. 그렇지만 밖에서 보는 사람에게는 여러분의 추락이 영원히 지속되는 것처럼 보인다.

다시 우주선으로 돌아가자. 여러분은 지나치게 호기심 많던 동료가 블랙홀로 빨려 들어가는 끔찍한 장면을 목격했다. 그런데 여러분의 관점에서는 그 친구는 아직 사건의 지평선을 넘어가지 않은 것이다. 어마하게 큰 빛의 중력적색이동으로 그가 시야에서 사라지는 순간 그 친구와 그의 시계를 위해 시간이 정지된 것을 볼 것이다. 여러분이 지구로 귀환했을 때 동료의 실종에 대한 책임 소재를 결정하는 재판이 열릴 것이다. 여러분은 판사와 비디오를 보면서 여러분의 동료는 아직 블랙홀 밖에 있다는 것을 증명할 수 있다. 이상하게 보이지만 아인슈타인의 이론에 따르면 이것은 사실이다. 여러분의 관점에서 이 동료는 (비록 한없이 늘어진 적색이동으로 시야에서는 사라졌지만) 사건의 지평선을 넘는 데 한없이 긴 시간이 걸리는 것이다. 그런데 그의 관점에서는 그가 망각에 빠져들기 전의 순간적인 추락일 뿐이다.

이 스토리에서 정말로 슬픈 사실은 그 친구가 사건의 지평선을 넘어가는 경험을 할 때 살아 있지 않았다는 것이다. 그가 블랙홀에 가까워지면서 중력의 힘이 너무 빨리 커져서 그의 머리보다 다리를 더 강하게 잡아당기고 동시에 그를 가로 방향으로 납작하게 세로 방향으로 길게 늘어뜨린다(그림 14.14). 본질적으로 여러분의 친구는 바다가 조석에 의해 당겨지는 것과 같은 원리로 당겨지는데 블랙홀 주변의 **조석력**은 달이 지구에 미치는 조석력의 수 조 배만큼 크다[4.4절]. 이 상황에서는 어떤 인간도 살아남을 수 없다.

만약 여러분의 친구가 좀 더 신중했다면, 은하의 중심에 있는 **초대질량** 블랙홀 같이 더 큰 블랙홀을 방문할 때까지 뛰어내리는 것을 기다렸을 것이다[16.4절]. 10억 태양질량($10^9 M_{태양}$)을 가진 블랙홀은 슈바르츠실트 반지름이 약 30억 km, 즉 태양부터 해왕성까지의 거리다. 비록 어느 블랙홀이든지 사건의 지평선에서 빠져나오는 것은 똑같이 힘들지만 초대질량 블랙홀의 큰 크기에서는 조석력이 상대적으로 약해서 치명적이지 않다. 여러분의 친구는 그 사건의 지평선으로 안전하게 들어갈 수 있었을 것이다. 그렇지만 그가 밖에 있는 여러분에게 정보를 보낼 방법이 전혀 없기 때문에 사라지는 과정에서 그가 보고 배운 것은 그 혼자만 알고 있을 것이다.

## ● 블랙홀은 정말로 존재할까?

중성자별의 경우와 마찬가지로 천문학자들은 처음에는 블랙홀의 개념이 너무 이상해서 사실일 수 없다고 생각했었다. 오늘날에는 우리의 물리 지식으로 블랙홀이 무척 흔할 수 있는 이유를 설명할 수 있고 여러 관측 증거는 블랙홀이 진짜로 존재한다는 것을 강력히 주장한다.

**블랙홀의 형성** 블랙홀이 어떻게 생기는가를 알아보면 블랙홀이 존재해야 하는 당위성을 알 수 있다. 질량이 $1.4 M_{태양}$ 이상에서는 중력이 전자축퇴압을 이기므로 백색왜성 질량은 이 한계를 넘을 수 없음을 상기하자. 이론적 계산에 의하면 중성자별의 경우에는 이러한 한계가 2~3 태양질량이다. 이 질량보다 크면 별의 중심에서 중성자 축퇴압은 중력에 의한 수축을 막

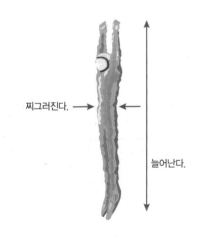

찌그러진다.

늘어난다.

사건의 지평선

**그림 14.14** 별의 붕괴로 생긴 블랙홀 가까이에서는 조석력이 치명적이다. 블랙홀의 중력은 우주인의 머리보다 다리를 더 강하게 잡아당겨서 그를 가로 방향으로 납작하게 세로 방향으로 길게 늘어뜨린다.

을 수 없다.

무기운 별의 금속핵을 지탱하는 전자축퇴압이 중력에 굴복할 때 초신성이 나타난다. 이때 핵은 비극적으로 붕괴하여 중성자 공이 된다[13.3절]. 이것이 대부분의 초신성폭발 후에 중성자별이 남는 이유다. 그러나 이론적인 모형은 매우 무거운 별의 경우에도 그 바깥 껍질 모두를 우주공간으로 날려버리지 않는다는 것을 보여준다. 만약 충분한 물질이 중성자별로 다시 유입되면 그 질량은 중성자별의 한계를 넘어간다.

그 별이 중성자별의 한계를 넘는 순간 중력은 중성자 축퇴압을 이겨서 핵 붕괴가 다시 일어난다. 이번에는 어떤 힘도 핵이 붕괴하여 블랙홀로 사라지는 것을 막을 수 없다. 더구나 아인슈타인의 일반상대성이론에서 설명하는 또 다른 효과에 의하면 아직 알려지지 않은 어떤 힘이 이 과정에 끼어들 가능성이 거의 없다.

에너지와 질량이 동등하다는($E = mc^2$) 아인슈타인의 이론을 상기하면[4.3절], 질량처럼 에너지도 중력의 인력에 작용해야 한다. 순수한 에너지의 중력은 무시할 수 있지만 중성자별에

**우리가 아는 물리법칙에 의하면 질량이 3 태양질량보다 큰 별 시체의 붕괴는 아무것도 막을 수 없다.**

서 한계를 넘어서 붕괴하는 별의 핵에서는 경우가 다르다. 이 경우 별 내부에서 증가한 온도와 압력과 연계된 에너지는 추가된 질량처럼 작용하여 중력의 찌그러뜨리려는 힘을 더 크게 한다. 즉, 별의 붕괴가 진행될수록 중력은 더 강해진다. 우리가 아는 한 이 시점에서 중력의 힘을 막을 수 있는 것은 아무것도 없다.

**블랙홀의 관측 증거**  블랙홀에서는 빛조차 빠져나올 수 없다는 사실에서 블랙홀을 발견하는 것은 불가능하다고 생각할 수 있다. 그렇지만 블랙홀의 중력은 주변에 영향을 주면서 그 존재를 드러낸다. 천문학자들은 많은 천체에서 블랙홀이 될 수밖에 없는 충분히 큰 중력에서 나타나는 현상을 발견했다.

초신성에 의해 생기는 블랙홀의 매력적인 관측 증거는 엑스선쌍성의 연구에서 찾을 수 있다. 근접쌍성의 중성자별은 중력이 강해서 동반성의 물질을 끌어당겨서 강착원반이 생기고, 여기에서 강한 엑스선이 나오기 때문에 엑스선쌍성이라고 했었다. 블랙홀은 중성자별보다 훨씬 중력이 커서 근접쌍성계의 블랙홀은 엑스선을 방출하는 뜨거운 강착원반에 둘러싸여 있다. 그래서 엑스선쌍성 중 일부는 중성자별이 아닌 블랙홀을 포함하고 있을 것이다.

가장 확실한 블랙홀 후보 중의 하나는 엑스선쌍성계에 있는 시그너스 X-1이라는 천체다(그림 14.15). 이 쌍성계는 추정 질량이 $19M_{태양}$인 무척 밝은 별을 포함하고 있다. 분광선의 도플러 이동을 측정하여 천문학자들은 이 별이 질량이 $15M_{태양}$인 작고 보이지 않는 동반성과 공전하고 있다는 사실을 알았다. 비록 이 동반성의 추정 질량이 정확하지 않을 수 있지만 보이지 않고 주위에 강착이 진행되는 천체의 질량이 $3M_{태양}$인 중성자별의 한계를 넘는 것은 확실하다. 중성자별이 되기에는 너무 질량이 커서 우리의 지식으로 이것이 블랙홀이라고 결론을 내릴 수 있다. 수십 개의 다른 엑스선쌍성에서도 무거운 별의 핵이 붕괴하여 생긴 블랙홀이 있다는 비슷한 증거를 발견했다. 우리가 다음 장에서 논의하겠지만 태양질량의 100만 배 또는 수십 억 배 되는 초대질량 블랙홀이 우리은하를 포함하여 많은 은하의 중심에 있다는 증거도 있다.

**생각해보자 ▶**  중성자별을 포함한 엑스선쌍성 중 일부는 때로 엑스선폭발 현상이 있다는 사실을 기억하라. 블랙홀을 포함한 엑스선쌍성에서도 이러한 엑스선폭발 현상이 일어날까? 왜 그럴까? (힌트 : 중성자별이 포함된 엑스선쌍성에서 엑스선폭발이 일어나는 지역은 어디인가?)

**일반적인 오해**

**블랙홀은 빨아들이지 않는다**

만약 우리태양이 갑자기 블랙홀이 된다면 어떤 일이 일어날까? 이 경우 우리 지구와 행성이 필연적으로 블랙홀로 빨려 들어간다는 생각은 우리에게 잘 알려진 문화의 일부가 되었다. 그러나 이것은 사실이 아니다. 비록 태양의 빛과 열이 갑자기 사라지면서 우리 행성은 어두워지고 차가워지지만 지구의 궤도는 변하지 않는다.

뉴턴의 중력법칙에 의하면 중력장에서 허용된 공전궤도는 타원, 쌍곡선, 포물선이다[4.4절]. '빨려 들어가는 것'은 이 가능한 궤도의 리스트에 없다는 사실에 주목하라. 다만 우주선이 블랙홀에 너무 가까이 가는 경우, 즉 슈바르츠실트 반지름의 3배만큼 위치에 다가가면 중력의 힘은 뉴턴 법칙의 예측에서 심각하게 벗어난다. 그런 경우가 아니면 블랙홀 근처를 지나가는 우주선은 일반적인 궤도(타원, 포물선, 쌍곡선)를 따라 휘어질 뿐이다. 실제로 대부분의 블랙홀에서 슈바르츠실트 반지름은 별 또는 행성 크기보다 무척 작아서 블랙홀에 우연히 떨어지는 것은 우주에서 가장 일어나기 힘든 사건 중의 하나이다.

**그림 14.15** 시그너스 X-1의 상상도. 이 이름은 시그너스(백조자리)에서 가장 밝은 엑스선 광원이라는 뜻이다. 엑스선은 블랙홀을 둘러싸고 있는 강착원반의 매우 뜨거운 가스에서 나온다. 그림 왼쪽 위의 작은 삽입 그림은 백조자리에서 시그너스 X-1의 위치를 보여준다.

## 14.4 감마선폭발의 기원

1960년대 초 미국은 원자폭탄 시험에서 나오는 감마선을 감시하는 인공위성을 극비리에 여러 대 쏘아 올렸다. 그런데 이 인공위성은 곧 수 초 동안 지속되는 산발적인 감마선폭발들을 감지하기 시작했다(그림 14.16). 이러한 잦은 감마선폭발 현상은 은밀한 인간의 행동 결과가 아니고 우주에서 오는 것이라는 것을 국방과학자들이 확신하는 데에는 몇 년의 시간이 걸렸다. 결국 미국방부는 이 발견을 일반에 공개 발표했다. 그 이후 우리는 **감마선폭발체**가 믿을 수 없이 강한 힘의 폭발 현상이라는 것을 알게 되었다.

### ● 감마선폭발은 왜 생길까?

감마선폭발체는 종종 지구에서 수십 억 광년 떨어진 곳에서 나타난다. 이 현상은 가시광 파장대에서 잔광을 남기는데(그림 14.17), 밝은 것은 쌍안경으로 볼 수 있다. 이것은 우리가 우주에서 관측하는 천체 중에서 가장 강력한 에너지의 폭발이다. 만약 이 폭발이 별처럼 빛을 모든 방향으로 같은 세기로 방출한다면, 그 밝기에서 유추한 총광도는 우리은하 같은 은하를 100만 개 더한 광도보다 커진다. 이렇게 큰 광도는 쉽게 설명할 수 없다. 과학자들은 감마선폭발체가 펄서의 경우처럼 그 에너지를 가늘게 모아서 탐조등처럼 지구에서만 보이는 방향으로 보낸다고 추측한다. 그러나 이 경우에도 감마선폭발체는 폭발하는 잠시 동안 우주의 어떤 것보다 훨씬 밝다.

무엇이 이렇게 큰 에너지의 폭발을 일으킬까? 적어도 일부 감마선폭발체는 엄청나게 큰 초신성폭발에서 나오는 것처럼 보인다. 중성자별을 남기는 초신성폭발은 이렇게 밝은 감마선폭발체의 광도를 설명할 수 있는 충분한 에너지를 방출하지 않는다. 그렇지만 블랙홀이 생성되는 초신성폭발에서는 작은 반지름에 더 많은 물질들이 빨려 들어가면서 중성자별의 경우보다 훨씬 큰 중력위치에너지를 방출한다. 이러한 종류의 현상을 **극초신성**이라고 부르기도 하는데

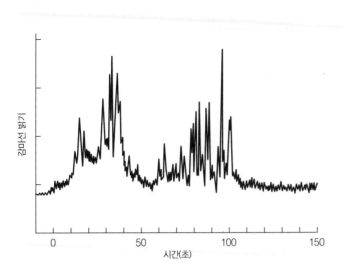

**그림 14.16** 감마선폭발체의 밝기는 수 초 동안 극적인 변화를 보여준다.

**그림 14.17** 이 사진의 중앙에 보이는 밝은 점이 감마선폭발체의 가시광 잔광이다. 밝은 점의 위로 길게 뻗은 형태는 폭발이 일어난 먼 은하의 모습이다. 허블우주망원경에서 찍은 사진이다.

가장 극단적인 감마선폭발체의 에너지원으로 충분히 설명할 수 있다.

감마선폭발체가 폭발하는 별과 관련 있다는 핵심 증거는 가시광선과 엑스선을 포함한 여러 파장대 관측에 있다. 일부 감마선망원경은 감마선폭발원의 위치를 하늘에서 빠르게 찾을 수 있다. 그래서 폭발이 감지된 즉시 다른 망원경으로 관측할 수 있도록 한다. 이러한 관측을 통해 적어도 일부 감마선폭발체는 강력한 초신성폭발(그림 14.18)과 일치하는 것을 보여주었다. 감마선폭발은 새로운 별이 활발히 탄생하는 먼 은하에서도 많이 관측되었다. 이것은 감마선폭발이 무척 무거운 별이 폭발하는 과정에서 나온다는 이론을 뒷받침한다. 무거운 별은 수명이 매우 짧기 때문에 별이 활발히 탄생하는 지역에서만 찾을 수 있기 때문이다.

일부 감마선폭발은 초신성으로 설명할 수 있지만, 원인을 밝히기 힘든 다른 종류의 감마선폭발도 있다. 이 두 번째 폭발은 오직 수 초 동안만 지속되어 다른 파장대 망원경으로 폭발 즉시의 관측이 쉽지 않다. 하지만 후속 관측을 통해 초신성과는 관련이 없다는 것을 알게 되었다. 그럼 어떻게 생긴 폭발일까? 가장 신빙성 있는 가정은 중성자별-중성자별 또는 중성자별-블랙홀로 이루어진 쌍성계에서의 충돌이다. 아인슈타인의 일반상대성이론에 의하면 이러한 쌍성계는 시간이 지나면서 많은 에너지를 중력파로 잃고, 두 천체는 나선형으로 가까워져서 결국 충돌한다. 이러한 충돌 모형은 두 천체가 병합하여 하나의 블랙홀이 되는 순간 짧지만 강한 감마선폭발이 일어나는 현상을 설명할 수 있다.

**그림 14.18** 위의 날짜순으로 찍은 사진의 왼쪽 첫 번째 사진에서 '감마선폭발원'이라고 표시한 밝은 점은 '모은하'라고 표시한 먼 은하에서 생긴 감마선폭발의 가시광 잔광 모습이다. 이 천체에서 측정한 빛의 세기는 서서히 어두워지는데 무거운 별의 초신성폭발 후의 광도 곡선과 비슷한 경향을 보인다.

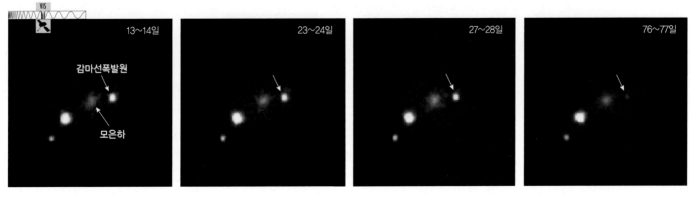

## 제14장 전체적으로 훑어보기

우리는 정신을 혼란스럽게 하는 별 죽음의 결과를 보았다. 이 장에서 설명한 별의 무덤에 있는 괴상한 천체를 이해할 때 다음의 '전체 개요'에 대한 개념을 명심하라.

- 별 시체의 이상한 성질에도 불구하고 백색왜성, 중성자별, 블랙홀이 존재한다는 증거는 매우 명확하다.
- 백색왜성, 중성자별, 블랙홀은 강착할 수 있는 물질을 공급하

는 가까운 거리에 동반성을 가질 수 있다. 이러한 근접쌍성계는 우주에서 가장 극적인 신성, 백색왜성 초신성, 엑스선폭발체 등의 사건을 유발한다.

- 블랙홀은 그 주위의 공간과 시간을 강하게 휘는 관측 가능한 우주의 구멍이다. 블랙홀 특이점의 본질은 현대과학의 이해 범위를 벗어난다.

## 핵심 개념 정리

### 14.1 백색왜성

#### ● 백색왜성이란?

백색왜성은 가벼운 질량의 별이 죽은 후에 남긴 핵이다. **전자축퇴압**으로 중력의 찌그러뜨리는 힘을 떠받치고 있다. 백색왜성은 일반적으로 태양 정도의 질량을 가지고 있고 지구 정도의 크기로 압축되어 있다.

#### ● 근접쌍성계의 백색왜성에서는 무슨 일이 일어날까?

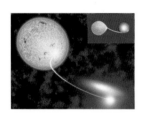

근접쌍성계의 백색왜성은 동반성의 수소를 **강착원반**을 통해서 공급받고 있다. 수소가 소용돌이를 치면서 백색왜성 표면에 떨어지고 축적되면서 핵융합이 시작되고 이때 태양의 10만

배 밝은 빛을 수 주 동안 방출하는 신성이 된다. 극단적인 경우 강착 현상은 백색왜성의 질량이 **백색왜성 한계**인 $1.4M_{태양}$이 될 때까지 지속되는데, 이 한계를 넘으면 **백색왜성 초신성**으로 폭발한다.

### 14.2 중성자별

#### ● 중성자별이란?

중성자별은 무거운 별의 초신성폭발에서 금속 핵이 붕괴하면서 생긴 중성자 덩어리다. 이것은 태양의 질량과 반지름 10km를 가진 대형 원자핵과 비슷하다.

#### ● 중성자별은 어떻게 발견했을까?

중성자별이 만들어질 때 빠르게 회전하는데, 그 강한 자기장이 전자기파의 방출을 가는 빔으로 모은다. 이 빔이 중성자별의 회전과 함께 우주를 휩쓸며 지나간다. 우리는 이러한 중성자별을 **펄서**라고 한다. 이 펄서가 중성자별의 존재를 보여주는 첫 번째 증거였다.

#### ● 근접쌍성계의 중성자별에서는 무슨 일이 일어날까?

근접쌍성계의 중성자별은 동반성으로부터 수소를 받아서 밀도가 높고 뜨거운 강착원반을 만든다. 이 뜨거운 가스는 엑스선을 강하게 방출하여 이러한 천체를 **엑스선쌍성**이라고 한다. 가끔 이 시스템의 중성자별 표면에서 헬륨융합에 의한 폭발이 종종 발생하는데, 이것을 **엑스선폭발**이라고 한다.

### 14.3 블랙홀 : 중력의 궁극적인 승리

#### ● 블랙홀이란?

블랙홀은 중력이 물질을 찌그러뜨려서 망각의 세계로 만든 지역으로 빛조차 빠져나올 수 없는 우주의 구멍이다. **사건의 지평선**은 우리의 관측 가능한 우주와 블랙홀을 나누는 경계

로 블랙홀의 크기는 **슈바르츠실트 반지름**으로 나타낸다.

● **블랙홀을 방문하면 어떤 일이 생길까?**

여러분이 블랙홀의 주위를 공전하는 것은 같은 질량의 천체 주위를 공전하는 것과 같다. 그렇지만 블랙홀로 떨어지는 물체를 관찰한다면 이상한 현상을 보게 될 것이다. 블랙홀 가까이 갈수록 그 물체의 시간은 점점 느려지고 그 물체에서 나오는 빛은 점점 심하게 적색이동되어 관측된다. 그 물체는 사건의 지평선을 넘지 않는 것으로 보이지만 적색이동이 너무 심해져서 어떤 기기로도 관측이 불가능해지면서 시야에서 사라진다.

● **블랙홀은 정말로 존재할까?**

별 시체의 질량이 중성자별 한계인 2~3 태양질량보다 커지면 어떤 힘도 중력 붕괴를 막을 수 없다. 초신성의 이론적인 연구에 의하면 이러한 천체는 가끔 생길 수 있다. 관측을 통해 일부 엑스선쌍성은 중성자별보다 훨씬 무겁고 작은 천체를 가지고 있다는 것이 알려졌는데, 이것이 블랙홀일 것이다.

## 14.4 감마선폭발의 기원

● **감마선폭발은 왜 생길까?**

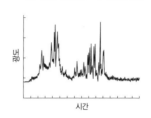

**감마선폭발**은 먼 은하에서 나타나지만 하늘에서 너무 밝게 보여서 우리가 관측할 수 있는 우주에서 가장 강력한 폭발이다. 적어도 일부 감마선폭발은 블랙홀을 만드는 매우 강한 초신성폭발일 것이다. 다른 종류는 중성자별들 또는 중성자별과 블랙홀의 충돌에서 나타나는 것이라고 생각된다.

---

### 시각적 이해 능력 점검

천문학에서 사용하는 다양한 종류의 시각자료를 활용해서 이해도를 확인해보자.

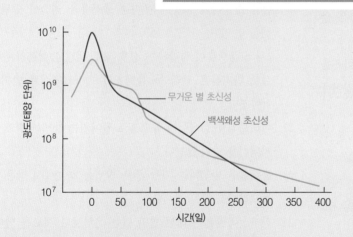

그림 14.5에서 언급한 대로 초신성의 밝기가 시간에 따라 어떻게 변하는지를 보여준다. 이 그림의 정보를 이용하여 다음 문제에 답하라.

1. 최고 밝기에서 백색왜성 초신성은 무거운 별 초신성보다 약 ＿＿＿ 배 밝다.
   a. 1.5   b. 3
   c. 10   d. 100

2. 백색왜성 초신성의 경우 최고 밝기 후 175일째 되는 날의 밝기는 최고 밝기의 ＿＿＿ 이다.
   a. 30%   b. 10%
   c. 3%   d. 1%

3. 백색왜성 초신성이 그 최고 밝기의 10%로 어두워지는 데는 약 며칠이 걸리는가?

   a. 3일   b. 30일
   c. 170일   d. 300일

4. 무거운 별 초신성이 그 최고 밝기의 10%로 어두워지는 데는 약 며칠이 걸리는가?
   a. 10일   b. 30일
   c. 100일   d. 300일

5. 무거운 별 초신성이 그 최고 밝기의 1%로 어두워지는 데는 약 며칠이 걸리는가?
   a. 3일   b. 30일
   c. 170일   d. 300일

## 연습문제

### 복습문제

1. 축퇴압이란 무엇이고 이것이 백색왜성과 중성자별에 어떤 중요성이 있는가? 전자 축퇴압과 중성자 축퇴압의 차이는 무엇인가?

2. 일반적인 백색왜성의 질량, 크기, 밀도를 써라. 백색왜성의 크기는 그 질량과 어떤 관계가 있는가?

3. 백색왜성의 질량이 커질수록 전자 속도는 어떻게 변하는가? 이 개념을 사용하여 **백색왜성 한계 질량**을 설명하라.

4. 강착원반은 무엇인가? 강착원반이 백색왜성에 새로운 에너지원을 공급하는 과정을 설명하라.

5. 신성은 무엇인가? 신성이 생기는 과정과 신성이 어떻게 보이는지를 설명하라.

6. **백색왜성 초신성**은 무엇인가? 우리는 백색왜성 초신성과 무거운 별 초신성을 관측하여 어떻게 구별할 수 있을까?

7. 일반적인 중성자별의 질량, 크기, 밀도를 써라. 만약 중성자별이 여러분이 사는 동네에 온다면 무슨 일이 생길까?

8. 펄서가 중성자별인지 어떻게 알았을까? 모든 중성자별은 펄서인가?

9. 근접쌍성에 중성자별이 있는 경우 **엑스선쌍성**이 되는 이유를 설명하라. 왜 이러한 쌍성계의 일부에서 **엑스선폭발**이 일어나는가?

10. 무슨 근거로 블랙홀이 관측 가능한 우주의 구멍이라고 할 수 있는가? 사건의 **지평선**과 **슈바르츠실트 반지름**을 정의하라.

11. 블랙홀의 **특이점**이란 무슨 뜻인가? 현대의 우리가 아는 지식은 특이점에서 일어나는 일을 설명하는 데 적절하지 않다고 말할 수 있는 근거는 무엇인가?

12. 여러분이 블랙홀로 떨어지고 있다고 가정하자. 여러분은 여러분의 시간이 어떻게 흐른다고 느낄까? 밖에서 여러분을 보는 사람은 여러분의 시간이 어떻게 흐른다고 볼까? 왜 여러분이 블랙홀로 떨어지는 것이 치명적인지 간단히 설명하라.

13. 블랙홀이 초신성으로 생길 수 있는 이유를 설명하라. 블랙홀의 존재를 뒷받침하는 관측 증거는 무엇인가?

14. **감마선폭발**은 무엇이고, 어떻게 생기는가?

### 이해력 점검

#### 이해했는가?

다음 문장이 합당한지(또는 명백하게 옳은지) 혹은 이치에 맞지 않는지(또는 명백하게 틀렸는지) 결정하라. 명확히 설명하라. 아래 서술된 문장 모두가 결정적인 답은 아니기 때문에 여러분이 고른 답보다 설명이 더 중요하다.

15. 나사성운 중심에 있는 백색왜성은 우리태양 질량의 3배이다.

16. 나는 쌍성계가 아닌 지역에 존재하는 백색왜성이 백색왜성 초신성으로 폭발하는 것을 관측했다.

17. 만약 여러분이 펄서를 발견하고 싶다면 고대 중국 천문학자가 발견한 초신성잔해 근처를 찾아야 한다.

18. 과학자들은 명왕성 궤도 근처에 $10M_{태양}$ 블랙홀이 숨어 있다는 사실을 최근에 알았다.

19. 만약 여러분의 우주선이 블랙홀에서 수천 킬로미터 떨어진 곳을 지나간다면 여러분의 우주선은 블랙홀로 빠르게 빨려 들어갈 것이다.

20. 블랙홀에 떨어지는 물질이 사건의 지평선과 충돌하면서 엑스선을 방출하기 때문에 우리는 블랙홀을 엑스선 망원경으로 찾을 수 있다.

21. 2개의 블랙홀이 병합하는 경우 새로 생긴 블랙홀의 슈바르츠실트 반지름은 원래 두 블랙홀의 슈바르츠실트 반지름보다 작아진다.

22. 여러분의 관점에서는 블랙홀로 떨어지는 물체는 결코 사건의 지평선을 넘지 않는다.

23. 블랙홀을 발견하는 가장 좋은 방법은 하늘에서 작은 검은색 동그라미를 찾는 것이다.

24. 감마선폭발은 오래된 별만 있는 은하보다 새로운 별이 빠르게 태어나는 은하에서 관측될 가능성이 높다.

#### 돌발퀴즈

다음 중 가장 적절한 답을 고르고, 그 이유를 한 줄 이상의 완전한 문장으로 설명하라.

25. 반지름이 가장 작은 천체는? (a) $1.2M_{태양}$ 백색왜성 (b) $0.6M_{태양}$ 백색왜성 (c) 목성

26. 반지름이 가장 큰 천체는? (a) $1.2M_{태양}$ 백색왜성 (b) $1.5M_{태양}$ 중성자별 (c) $3.0M_{태양}$ 블랙홀

27. 만약 우리가 신성을 보았다면 우리는 다음의 천체를 관측한 것이다. (a) 빠르게 자전하는 중성자별 (b) 감마선을 방출하

는 초신성 (c) 쌍성계의 백색왜성

28. 만약 태양이 질량 변화 없이 갑자기 블랙홀이 된다면 어떤 일이 벌어질까? (a) 그 블랙홀이 즉시 지구를 삼켜버린다. (b) 지구는 나선궤도를 따라 서서히 블랙홀로 가까워진다. (c) 지구는 현재의 궤도에 그대로 남는다.

29. 다음 쌍성계의 중성자별 중에서 동반성에 의해 각운동량이 변한 것은? (a) 초당 30회 맥동하는 펄서 (b) 초당 600회 맥동하는 펄서 (c) 맥동하지 않는 중성자별

30. 중성자별의 자전 방향이 강착원반의 공전 방향과 반대인 경우에는 어떤 일이 생기는가? (a) 자전이 빨라진다. (b) 자전이 느려진다. (c) 자전속도에 변화가 없다.

31. 다음 쌍성계 중에서 블랙홀을 포함할 가능성이 가장 높은 것은? (a) O형 별의 동반성으로 같은 질량의 천체가 있는 엑스선쌍성 (b) 엑스선폭발체가 있는 쌍성 (c) G형 별의 동반성으로 같은 질량의 천체가 있는 엑스선쌍성

32. 주기적으로 붉은 빛을 내는 플래시가 블랙홀로 떨어지는 것을 멀리서 관측하면 어떻게 보이는가? (a) 붉은 빛의 방출 주기가 점점 짧아진다. (b) 방출하는 빛이 점점 푸른색으로 보인다. (c) 방출하는 빛이 스펙트럼의 적외선 파장대로 이동한다.

33. 다음 블랙홀 중에서 사건의 지평선 근처에서 조석력이 가장 작은 것은? (a) $10M_{태양}$ 블랙홀 (b) $100M_{태양}$ 블랙홀 (c) $10^6 M_{태양}$ 블랙홀

34. 감마선폭발은 어디에서 생기는가? (a) 우리은하의 중성자별 (b) 엑스선폭발을 하는 쌍성 (c) 무척 먼 은하

## 과학의 과정

35. 블랙홀은 정말로 존재하는가? 블랙홀은 빛을 내지 않기 때문에 존재를 확인하는 것은 쉽지 않다. 비록 직접 볼 수는 없지만 우리는 블랙홀이 가까운 천체에 미치는 중력의 영향에서 그 존재를 유추할 수 있다. 이 장에서 설명한 블랙홀의 존재 증거를 복습하고 여러분이 납득할 수 있는지 없는지를 판단하라. 그리고 여러분의 판단을 한두 쪽의 논술문으로 작성하라.

36. 답변하지 못한 질문. 여러분은 현대의 이론적 모형이 블랙홀의 본질에 대에 여러 가지 예측을 하고 있지만, 아직 답할 수 없는 의문을 많이 남기고 있다는 것을 배웠다. 블랙홀과 관련하여 중요하지만 답변하지 못한 질문 하나를 간단히 기술하라. 만약 미래에 이 질문에 답하는 것이 가능하다고 생각한다면 우리가 어떻게 그 해답을 찾을 수 있는지 그리고 필요한 증거는 무엇인지, 가능한 한 상세하게 기술하라. 만약 미래에도 이 질문에 답하는 것이 불가능하다고 생각한다면 왜 그렇게 생각하는지 기술하라.

## 그룹 활동 과제

37. 시그너스 X-1을 자세히 살펴보자. **역할** : 기록자(그룹 활동을 기록), 제안자(그룹 활동에 대한 설명), 반론자(제안된 설명의 약점을 찾아냄), 중재자(그룹의 논의를 이끌고 반드시 모든 사람이 참여할 수 있도록 함). **활동** : 근접쌍성계 시그너스 X-1은 스펙트럼 O형인 거성과 질량이 약 $15M_{태양}$인 블랙홀을 포함하고 있다. 이 정보와 그림 14.15의 상상도를 활용하여 다음의 활동을 수행하라.

a. 기록자와 제안자는 같이 협력하여 그 거성의 반지름을 구한다. 여기에서 그림 12.10의 H-R도를 참조한다.

b. 반론자와 중재자는 같이 협력하여 블랙홀의 슈바르츠실트 반지름을 계산한다. 천문 계산법 14.1을 참조한다.

c. 위의 (a)와 (b)의 결과를 비교하여 O형 별과 블랙홀의 상대적 크기 비를 계산한다. O형 별은 블랙홀의 몇 배인가?

d. 그림 14.15의 거성은 약 5cm의 크기로 그려졌다. 위에서 계산한 실제 천체의 크기를 적용하여 사회자는 이 그림에 그려지는 대략적인 블랙홀의 크기를 계산한다. 이 값과 그림에 그려진 크기는 얼마나 차이가 나는가?

e. 물질이 이 정도 크기의 블랙홀로 직접 떨어지는 것이 쉬운지 어려운지 토의한다. 기록자는 조의 토의 내용을 간략히 요약한다.

f. 그림 14.15의 거성에서 나오는 물질의 줄기는 블랙홀로 직접 흐르지 않고 블랙홀의 반대쪽으로 흘렀다가 강착원반으로 방향을 바꿔서 흐른다. 제안자는 흐름 줄기가 반대쪽으로 가는 이유를 제안한다.

g. 반론자는 제안자의 설명에 대해 다른 이유를 제시하든지 물질의 흐름이 대신 블랙홀로 바로 향해야 하는 이유를 설명한다.

h. 중재자가 주도하여 거성의 물질이 블랙홀로 흐르는 그림의 묘사가 정확한지 아닌지 토의한다. 기록자는 조의 토의 내용을 간략히 요약한다.

## 심화학습

### 단답형/서술형 질문

**별의 일생 스토리** 아래 38~41번의 정보를 사용하여 별의 일생 스토리를 한두 쪽 분량으로 써라. 각 스토리는 상세하고 과학적으로 정확하면서 창의적이어야 한다. 즉, 여러분이 별의 진화를 이해하는 것을 보여주면서 재미있게 써야 한다. 그리고 여러분이 쌍성계의 구성원인지 아닌지를 밝혀야 한다.

38. 여러분은 0.8$M_{태양}$인 백색왜성이다.

39. 여러분은 1.5$M_{태양}$인 중성자별이다.

40. 여러분은 10$M_{태양}$인 블랙홀이다.

41. 여러분은 근접쌍성계의 백색왜성이고 여러분의 동반성으로부터 물질이 유입되고 있다.

42. **별 시체의 통계 조사.** 우리은하의 백색왜성, 중성자별, 블랙홀 중에서 어떤 천체가 가장 흔할까? 여러분의 이유를 설명하라.

43. **엑스선쌍성의 운명.** 강착을 하는 중성자별의 표면에서 나타나는 엑스선폭발은 폭발한 물질을 이탈속도 이상으로 가속할 수 있을 만큼 강하지 않다. 이 엑스선쌍성에서 중성자별의 강착원반으로 유입된 동반성 물질의 질량이 3 태양질량보다 큰 경우에 어떤 일이 일어나는지 예측하라.

44. **왜 블랙홀이 안전할까?** 각운동량 보존법칙이 블랙홀로 떨어지는 것을 매우 어렵게 하는 이유를 설명하라.

45. **뛰어내려서 살아남기.** 별 질량을 가진 블랙홀로 뛰어내린 사람은 사건의 지평선으로 떨어지기 전에 조석력에 의해 찢어질 것이다. 블랙홀 연구자들은 기발하지만 공상적인 '블랙홀 구명 기구'가 이렇게 강한 조석력을 상쇄시킬 수 있다고 지적한다. 그 구명 기구는 소행성 정도의 질량을 가지고 있고 사람의 허리에 두를 수 있는 평평한 테의 형태이다. 그 테의 중력은 그 사람 머리를 어느 방향으로 당길까? 그리고 그 사람 다리는 어느 방향으로 당길까? 이 대답을 바탕으로 어떻게 그 '구명 기구'의 중력이 블랙홀의 조석력을 상쇄시키는지 쉽게 설명하라.

### 계량적 문제

모든 계산 과정을 명백하게 제시하고, 완벽한 문장으로 해답을 기술하라.

46. **슈바르츠실트 반지름.** 다음 각 경우의 슈바르츠실트 반지름을 km 단위로 계산하라.

 a. 퀘이사 중심에 있는 $10^8 M_{태양}$ 블랙홀

 b. 무거운 별의 초신성폭발 후에 남은 5$M_{태양}$ 블랙홀

 c. 달 질량의 소형 블랙홀

 d. 문명이 고도로 발달한 외계인이 여러분을 (부당하게) 처벌하려고 여러분의 몸을 아주 작게 만들어서 여러분 자신의 사건의 지평선 안으로 사라지게 했다. 이 경우 여러분 질량의 소형 블랙홀

47. **게성운 펄서가 약해지고 있다.** 이론적 모형에 의하면 펄서의 맥동이 느려져서 맥동이 멈추는 시간, 즉 펄서의 수명은 $p/(2r)$와 같다. 여기서 $p$는 펄서의 현재 주기이고 $r$은 주기가 느려지는 비율이다. 게성운 펄서의 관측에 의하면 현재 주기는 초당 30회($p = 0.0333$초)인데, 각 맥동의 간격은 초당 $4.2 \times 10^{-13}$초씩 길어지고 있다($r = 4.2 \times 10^{-13}$초/초). 이 정보를 이용하여 게성운 펄서의 수명을 계산하라. 게성운 펄서는 서기 1054년에 관측된 초신성으로 생겼다.

48. **물 블랙홀.** 물질 덩어리의 질량이 충분히 크다면 중력에 의한 이탈속도가 광속보다 커지기 위해서는 그 물질의 밀도가 놀라울 만큼 높을 필요는 없다. 우리는 슈바르츠실트 반지름 공식 $R_S$를 질량 $M$인 블랙홀의 체적 공식 $4/3\pi R_S^3$에 넣어서 블랙홀의 질량과 체적의 관계를 유도할 수 있다. 블랙홀 질량을 체적으로 나눈 값이 물의 밀도 값(1g/cm³)과 같아지기 위한 블랙홀의 질량을 계산하라.

49. **초신성의 에너지.** 무거운 별 초신성폭발에서 별의 핵이 붕괴하여 반지름이 약 10km인 중성자별이 생긴다. 이러한 중력 붕괴에서 발생하는 중력위치에너지는 약 $GM^2/r$이다. 여기서 $M$은 중성자별의 질량, $r$은 그 반지름이고 중력상수 $G = 6.67 \times 10^{-11}$ m³/(kg s²)이다. 이 식을 이용하여 무거운 별 초신성폭발에서 방출되는 중력위치에너지를 계산하라. 그리고 이 에너지를 태양이 주계열성으로 있는 전 기간 동안 방출하는 모든 에너지와 비교하라.

### 토론문제

50. **믿을 수 없을 만큼 이상한 천체?** 중성자별과 블랙홀의 존재는 탄탄한 이론을 바탕으로 하고 있지만 많은 과학자들은 매우 강한 관측 증거가 나오기 전까지는 존재를 믿지 않았다. 이러한 과학적 의심은 과학자들이 굳게 가지고 있는 과학적 믿음을 포기하게 만드는 부작용이 있다고 주장하는 사람이 있다. 한편 이러한 과학적 의심은 과학의 발전에 필요하다고 주장하는 사람도 있다. 여러분은 어떻게 생각하는가? 여러분의 생각을 변호하라.

51. **대중문화의 블랙홀.** '블랙홀로 빨려 들어갔다'라는 말은 대중

문화에서 흔히 사용하고 있다. 블랙홀이라는 단어가 대중문화에서 비유로 사용되는 예를 몇 개 제시하라. 그 예에서 비유한 경우와 실제 블랙홀 물리적 의미에 공통점이 있는 부분은 무엇인가? 비유한 경우와 실제 블랙홀의 물리적 의미가 잘못 적용된 부분은 무엇인가? 블랙홀처럼 소수의 전문가만 알 수 있는 과학적 개념이 일반인의 상상력을 강하게 자극하는 이유는 무엇이라고 생각하는가?

## 웹을 이용한 과제

52. **감마선폭발.** 스위프트 또는 페르미와 같은 우주과학 프로젝트의 홈페이지를 방문하여 가장 최근의 폭발에 대한 정보를 찾는다. 새로운 발견 내용과 이것이 감마선폭발의 기원 연구에 이바지한 내용을 바탕으로 한두 쪽의 논술문을 작성한다.

53. **블랙홀.** 콜로라도대학교의 앤드류 해밀턴 교수는 블랙홀에 대한 정보와 블랙홀의 방문이 어떠할지에 대해 자료를 정리한 홈페이지를 운영하고 있다. 그 홈페이지를 방문하여 여러분이 특별히 관심 있는 블랙홀을 조사하라. 그리고 간단한 리포트를 작성하라.

우리는 별의 생애 주기를 압력과 중력평형이 변하는 것으로 이해할 수 있다. 이 그림은 이 균형이 시간에 어떻게 변하는지 그리고 왜 이러한 변화가 별의 초기 질량에 의존하는지를 보여준다. 여기서 별의 크기는 실제 비율이 아니다.

③ 핵에 수소가 모두 소진되면 평형이 깨져서 중력이 우세해진다. 수소가 헬륨이 되는 핵융합 반응은 핵에 더 이상 열에너지를 공급할 수 없다. 핵은 다시 수축하면서 온도가 올라가서 헬륨 핵 주위의 껍질에서 수소핵융합반응이 일어난다. 그 바깥 껍질은 팽창하면서 온도가 낮아진다. 따라서 별은 더 붉은색으로 변한다[13.2절].

---

**핵심**

압력 ⟶
중력 ⟵

---

② 핵이 충분히 뜨거워져서 수소핵융합이 시작되고 이때 발생하는 에너지가 별의 표면에서 방출하는 에너지와 같아지면 열 압력은 중력과 평형을 이룬다[11.1절].

주계열성에서는 압력이 중력과 평형을 이룬다.

**주계열성**

압력과 중력의 평형 상태는 내부 온도를 일정하게 유지하는 자동 온도 조절 장치의 역할을 한다.

내부 온도가 낮아지면 핵융합이 덜 일어나서 내부 압력이 줄어든다. 따라서 핵이 수축하여 온도가 높아진다.

내부 온도가 높아지면 핵융합이 더 일어나서 내부 압력이 높아진다. 따라서 핵이 팽창하여 온도가 낮아진다.

압력과 중력이 평형을 이루는 지점은 별의 질량에 따라 달라진다.

무거운 별에서는 압력과 중력이 높은 온도에서 평형을 이루어 핵융합이 활발히 일어나서 별이 더 밝아진다. 따라서 별의 수명은 더 짧아진다.

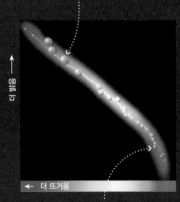

더 밝음

← 더 뜨거움

가벼운 별에서는 압력과 중력이 낮은 온도에서 평형을 이루어 핵융합이 활발하지 않고 덜 밝아진다. 따라서 별의 수명은 더 길어진다.

---

**수소 껍질에서 핵융합이 일어나는 별**

핵의 수축으로 온도가 높아지고 수소 껍질의 핵융합이 더 일어난다. 따라서 별의 밝기는 점점 밝아진다.

---

① 중력은 원시성 내부의 압력을 이겨서 핵을 수축시키고 가열한다.

**원시성**

수축은 중력위치에너지를 열에너지로 변환한다.

> 0.08$M_{태양}$

< 0.08$M_{태양}$

질량이 0.08$M_{태양}$ 이하인 천체에서 그들의 핵은 안정적으로 핵융합을 이룰 만큼 충분히 뜨거워지기 전에 축퇴압이 중력과 평형을 이룬다. 이 천체는 별이 되지 못하고 결국 갈색왜성이 된다.

④ 핵의 온도가 충분히 높아져서 헬륨이 탄소가 되는 핵융합 반응이 시작되면 별이 방출하는 에너지를 충분히 공급할 수 있게 된다. 따라서 열 압력과 중력이 다시 평형 상태가 된다[13.2절].

⑤ 핵의 헬륨이 모두 소진되면 다시 중력이 우세해진다. 앞의 경우처럼 핵융합 반응은 핵에 더 이상 열에너지를 공급할 수 없다. 핵은 다시 수축하면서 온도가 올라가서 탄소 핵 주위의 껍질에서 헬륨핵융합 반응이 일어난다[13.2절].

⑥ 무거운 별의 경우에는 핵이 계속 수축하여 다중의 껍질 핵융합 반응을 유도한다. 이 융합반응은 핵이 금속이 되어 초신성으로 폭발할 때까지 지속된다.

⑦ 별 생애의 마지막 순간에 축퇴압이 중력과 평형을 이루거나 블랙홀이 된다. 별의 마지막 운명은 남아 있는 핵의 질량에 따라 달라진다(제14장).

**다중 껍질에서 핵융합 반응이 일어나는 별**

**블랙홀**

축퇴압은 블랙홀의 중력과 평형을 이루지 못한다.

**껍질에서 융합이 나타나는 헬륨 별**

핵의 헬륨핵융합 반응이 중력과 평형 상태가 되어 별의 밝기가 일정해진다.

**이중 껍질에서 핵융합 반응이 일어나는 별**

**무거운 별**

**중성자별($M < 3M_{태양}$)**

질량이 약 $2{\sim}3M_{태양}$인 별 시체에서는 중성자 축퇴압이 중력과 평형을 이룬다.

**가벼운 별**

가벼운 별의 핵에서는 탄소 이상의 핵융합 반응이 생길 수 있는 온도로 높아지기 전에 전자축퇴압이 중력과 평형을 이룬다. 별은 바깥 껍질을 우주로 날려 보내고 핵은 백색왜성이 된다.

**백색왜성($M < 1.4M_{태양}$)**

질량이 $< 1.4M_{태양}$인 별의 핵에서는 전자축퇴압이 중력과 평형을 이룬다.

**갈색왜성($M < 0.08M_{태양}$)**

갈색왜성은 계속 차가워지지만 축퇴압은 일정한 크기를 유지하도록 받쳐준다.

# 우리은하 15

스피처 우주망원경이 촬영한 우리은하 중심부 600광년 크기의 사진으로서 별과 먼지기체구름에서 방출되는 적외선 빛을 보여준다.

기본 선행 학습

1. 뉴턴의 중력법칙은 어떻게 케플러 법칙으로 확장되었나? [4.4절]
2. 빛이란 무엇인가? [5.1절]
3. 우리태양계의 어떠한 특징들이 태양계 형성의 단서를 제공해줄까? [6.2절]
4. 별은 어떻게 생성되나? [13.1절]
5. 무거운 별은 어떻게 생을 다할까? [13.3절]

**앞**장에서 우리는 별에서 어떻게 새로운 원소들이 만들어지고 우주공간에 방출되는지 살펴보았다. 그러나 새로 만들어진 원소들은 다시 성간기체와 섞여 새로운 세대의 별들을 만드는 데 다시 사용된다. 이는 죽은 생명체의 물질이 새로운 생명체의 형성에 다시 사용되는 생물 생태계와 매우 흡사한데, 이와 같은 '은하 생태계'가 없다면 우리태양계의 형성과 지구상 생명체의 진화는 불가능했을 것이다.

이번 장에서 우리는 우리은하라는 생태계를 유지시키는 데 필요한 여러 과정에 대해 배울 것이다. 또한 현재 우리가 이해하고 있는 우리은하의 진화 역사와 우리은하 중심에 있는 거대 블랙홀에 대해 살펴볼 것이다. 이를 통해 우리는 별의 산물일 뿐만 아니라 은하의 산물임을 확인할 수 있을 것이다. 즉, 우리는 우리은하에 있는 물질과 에너지가 재활용되고 재처리되는 복잡한 과정의 산물이라고 할 수 있다.

## 15.1 우리은하의 정체

어두운 밤에 궁수자리, 백조자리 그리고 오리온자리와 같은 몇 개의 별자리를 지나며 밤하늘을 관통하는 희미한 빛의 띠를 볼 수 있다. 고대 그리스 사람들은 이러한 빛의 띠가 흐르는 우유의 띠와 비슷하다고 생각하여 이를 은하수라고 불렀다(그림 2.1 참조). 17세기 초에 갈릴레오는 자신이 제작한 망원경을 이용하여 은하수의 빛이 무수히 많은 별들에서 나온 것임을 증명하였다. 즉, 우유에 해당하는 그리스어인 갈락토스(*galactos*)를 상징하면서 이처럼 많은 별들이 모여 은하라고 불리는 거대한 천체 집단을 구성한다.

밤하늘에서 보이는 모습으로부터 우리은하의 정확한 크기와 형태를 유추하기란 매우 어렵다. 왜냐하면 우리는 우리은하의 내부에 위치하고 있기 때문에 우리은하의 구조를 파악하는 것은 마치 집 밖이 아닌 침실에서 집의 모양을 그리는 것과 같다. 더욱이 우리은하에서 나오는 많은 양의 가시광이 우리에게 보이지 않기 때문에 우리은하의 구조를 파악하는 것이 더욱 어렵다. 그럼에도 불구하고, 우리은하를 세밀하게 관측하고 다른 외부은하들과 비교함으로써 우리은하의 형성 과정에 대해 잘 이해할 수 있게 되었다. 이번 장에서 우리은하의 기본적인 구조와 궤도운동을 공부하면서 우리은하를 탐색해보자.

a. 바깥에서 본 우리은하의 개념도

b. 우리은하 옆모습의 개략도

**그림 15.1** 우리은하

### ● 우리은하는 어떤 모습일까?

우리은하는 편평한 원반, 나선팔, 중심 팽대부, 그리고 이들을 둘러싸고 있는 구형의 헤일로로 구성되어 있다.

우리은하에는 1,000억 개 이상의 별이 있으며, 우리은하는 관측 가능한 우주에 있는 약 1,000억 개 은하 중의 하나에 지나지 않는다 [1.1절]. 그림 15.1a가 보여주는 것과 같이 화려한 **나선팔**을 가지고 있기 때문에 우리은하는 거대한 **나선은하**로 불린다. 그림 15.1b에서 보이는 것처럼 우리은하를 옆에서 보면 별들로 구성된 매우 편평한 원반 모양이고 **원반** 중심에는 밝은 **팽대부**가 있다. 은하원반 전체를 희미한 구형의 **헤일로**가 감싸고 있다. 우리은하에 있는 밝은 별들의 대부분이 은하원반에 분포하고 있다. 헤일로에서 눈에 잘 띄는 대부분의 별들은 약 200여 개의 **구상성단**에서 발견된다 [12.3절].

우리은하 전체의 크기는 약 10만 광년의 직경에 해당하지만 은하원반의 두께는 고작 1,000광년이나. 은하 원반에 위치하고 있는 우리의 태양은 은하중심에서 약 27,000광년 떨어져 있는데, 이는 은하중심에서 은하원반 경계 지점까지의 절반을 약간 넘는 거리에 해당한다. 그런데 이 거리는 우리가 상상할 수 없을 정도로 매우 크다는 사실을 기억해야 할 것이다[1.1절]. 우리가 밤하늘에서 맨눈으로 볼 수 있는 수천여 개의 별을 다 합쳐보았자 그림 15.1에서 보는 것과 같은 그림에서는 고작 한 점에 지나지 않는다.

이와 같은 우리은하의 크기와 구조를 정확히 알기까지 많은 시간이 소요되었다. **성간매질**로 통칭되는 성간기체와 먼지구름들은 은하원반을 채우고 있고, 이는 가시광 영역에서 관측할 때 우리은하의 전반적인 모습을 파악하는 데 방해 요소가 된다. 이 때문에 천문학자들은 우리은하의 중심 근처에 우리가 살고 있다는 믿음을 오랜 시간 동안 갖게 되었는데, 1920년대에 와서야 할로 섀플리는 우리은하의 구상성단들이 태양으로부터 수만 광년 떨어진 한 점을 중심으로 분포하고 있다는 사실을 밝힘으로써 이러한 믿음을 반박하였다(p. 424, '특별 주제' 참조).

오늘날 우리는 우리은하가 상대적으로 큰 은하라는 것을 알고 있다. 국부은하군에서(그림 1.1 참조) 안드로메다은하만이 우리은하와 그 크기가 비슷하다. 우리은하의 강한 중력에 의해 우리은하 근처에 있는 작은 은하들이 영향을 받는다. 예를 들어 대마젤란은하와 소마젤란은하로 알려진 2개의 작은 은하는 각각 16만 광년 및 20만 광년 떨어진 거리에서 우리은하 주위를 궤도운동하고 있다. 남반구에서 맨눈으로 두 마젤란은하를 관측할 수 있다. 마젤란은하들은 매우 작은 은하에 해당하지만, 여전히 약 10억에서 수십 억 개의 별을 포함하는 거대한 천체임을 명심해야 할 것이다. 마젤란은하들은 우리은하와 같은 거대한 은하와 비교해서 작을 뿐이지 전형적인 구상성단들보다 1,000배 이상 더 많은 별을 갖고 있다.

*우리은하는 거대은하이고 우리은하 주위에 작은 은하들이 궤도운동을 하고 있다.*

몇몇 작은 은하들은 마젤란은하들보다 우리은하에 더 가까이 위치하고 있는데, 이들 은하들은 덜 밝기 때문에 가장 최근에 발견되었다. 이들 은하들 중 궁수자리 왜소은하와 큰개자리 왜소은하는 현재 우리은하와 충돌하고 있는 과정에 있다. 우리은하의 조석력에 의해 이들 은하들은 결국 와해된다.

## ● 우리은하에서 별들은 어떻게 궤도운동을 하나?

우리은하와 같은 나선은하는 거대한 바람개비와 같은 모습을 보여주는데 은하에 있는 개별 별들은 은하의 중심 주위에 자신만의 궤도운동을 하고 있다. 이러한 궤도운동 성질은 별들이 은하원반, 헤일로 또는 팽대부의 어디에 위치하느냐에 따라 달라진다(그림 15.2).

**은하원반 별들의 궤도**  은하원반에 있는 별들은 거의 비슷한 평면에서 같은 방향으로 움직이며 은하중심에 대해 거의 원궤도운동을 한다. 그러나 만약 우리은하 밖에 서서 수십 억 년 동안 관찰하면 은하원반은 놀이공원에 있는 회전목마와 비슷하게 개별 별들이 은하원반을 위아래로 일렁일렁하게 움직인다. 은하 주위를 운

**그림 15.2** 은하중심에 대한 은하원반 별(노란색), 팽대부 별(붉은색) 그리고 헤일로 별(초록색)들의 특징적인 궤도의 모습(노란색의 은하원반 별들의 궤도의 경우 상하운동을 과장되게 그렸다.)

## 특별 주제 : 어떻게 우리은하의 구조를 알 수 있었을까?

대부분의 인류 역사에서 사람들은 은하수를 밤하늘에 있는 희미한 빛의 띠로 생각해 왔다. 1610년 갈릴레오는 자신의 망원경을 사용하여 무수히 많은 별로 은하수가 이루어졌음을 발견하였다. 그러나 그 당시에 여전히 우리은하의 크기와 모습에 대해서는 알지 못했다.

이후 18세기에 영국의 천문학자이며 남매인 윌리엄 허셜과 캐롤라인 허셜은 밤하늘의 각 지역에 있는 별들의 개수를 측정하는 방법으로 우리은하의 모습을 좀 더 정확히 결정하고자 하였다. 이와 같은 시도로부터 그들은 우리은하의 폭이 은하의 두께보다 5배 정도 크다는 사실을 제안하였다. 20세기 초 네덜란드 천문학자인 야코부스 캅테인과 그의 동료들은 은하의 크기와 모습을 측정하기 위해 더욱 정교하게 별의 개수를 세는 방법을 사용하였다. 그들은 자신들의 결과로부터 허셜의 발견을 확인하였으며, 이로부터 태양이 은하의 중심 근처에 위치하고 있음을 제안하였다.

캅테인의 결과는 역사 의식이 있는 천문학자들로 하여금 과잉반응을 일으키게 하였다. 캅테인의 결과가 있기 4세기 전에 코페르니쿠스가 톨레미의 체계에 반기를 들었으며, 이 사건이 있기 전에 천문학자들은 지구가 우주의 중심이라고 믿어왔다. 태양이 우리은하의 중심부에 위치한다는 캅테인의 제안은 지구 중심의 관점을 다시금 불러일으키는 듯했다. 캅테인은 성간안개 등 차폐하는 물질이 우리들로 하여금 은하의 다른 부분을 볼 수 없도록 방해한다는 것을 잘 알고 있었지만 이와 같은 안개의 존재를 나타내는 증거를 찾지는 못했다.

캅테인이 별의 개수를 측정하는 동안 미국의 천문학자인 할로 섀플리는 구상성단들에 대해 연구하였다. 이 구상성단들이 태양으로부터 수만 광년 떨어진 한 점을 중심으로 분포하는 것처럼 보이는 사실을 발견하였다. 섀플리는 이 지점이 진정한 우리은하의 중심이고 캅테인의 주장이 틀렸다고 결론지었다.

오늘날 우리는 섀플리가 옳다는 것을 알고 있다. 우리은하의 성간매질이 '안개'라고 생각하였기 때문에 캅테인이 잘못 생각하였던 것이다. 1920년대 캘리포니아의 릭천문대에서 근무한 로버트 트럼플러는 산개성단에 있는 별들을 연구함으로써 먼지가스의 존재를 밝혀내었다. 모든 산개성단의 크기가 동일하다는 가정에서 그는 밤하늘에서 관측되는 산개성단들의 겉보기 크기로부터 산개성단들까지의 거리를 측정하였다. 이는 마치 밤에 자동차 전조등 간의 거리로부터 자동차까지의 거리를 측정하는 것과 비슷하다. 안개 낀 날 자동차의 전조등을 보는 것과 같이 거리가 먼 산개성단들에 있는 별들의 경우 측정한 산개성단들의 거리를 바탕으로 예측되는 것보다 더 어둡게 보인다는 것을 발견하였다. 트럼플러는 별들 간의 공간에 빛을 흡수하는 물질들이 가득 차 있어 멀리 있는 성단들을 부분적으로 가리게 되고, 이에 따라 실제보다 성단들이 더 어둡게 보인다고 결론지었다. 따라서 우리는 성간매질로 인하여 초창기 천문학자들은 사실을 오해하였으며 밤하늘에 보이는 별들은 관측 가능한 우주의 극소수에 지나지 않는다는 것을 알게 되었다.

천문학자들은 성간먼지에 의한 효과를 이해함에 따라 자신들의 관측 결과를 잘 설명할 수 있게 되었고, 이로부터 우리은하의 실제 크기와 모양에 대해 잘 알게 되었다. 1950년대부터 별과 기체구름의 운동에 대한 정밀한 연구로부터(p. 430에서 배우겠지만 수소원자 가스에서 방출되는 21cm 전파 관측에 의해) 점차 나선팔의 위치와 운동 등 우리은하 원반의 자세한 구조에 대해 알게 되었다.

은하원반의 별들은 은하중심에 대해 같은 방향으로 정돈된 원궤도운동을 하며 궤도운동 시 약간 위아래로 일렁일렁하게 움직인다. 동하는 개별 별의 일반적인 궤도는 은하중심 방향으로 작용하는 중력에 의해 나타난 반면 은하원반 위아래로 움직이는 것은 은하원반 내에서 국부적인 중력의 끌어당김에 의해 나타난 것이다. 은하원반 위 방향의 최극단에 떨어져 있는 별은 은하원반의 중력에 의해 은하원반 방향으로 끌어당겨지게 된다. 성간기체의 밀도는 별들의 속도를 줄일 만큼 크지 않기 때문에 이렇게 운동한 별은 은하원반의 반대편 아래 방향 최극단까지 운동하게 된다. 이번에는 중력이 별을 끌어당겨 별이 다시 은하원반 방향으로 움직이게 된다. 이와 같이 지속적인 과정에 의해 별들이 은하원반 위아래로 움직이게 된다.

은하원반에 있는 별들의 상하운동에 의해 은하원반은 약 1,000광년의 두께를 갖게 되는데, 이는 사람의 기준으로 보면 매우 큰 거리에 해당하지만 고작 10만 광년에 이르는 은하원반 직경의 1%에 해당한다. 태양계 근처에서 각 별은 은하중심에 대해 2억 년에 한 번꼴로 회전운동을 하고 수천 만 년에 한 번 은하원반에 대해 상하운동을 한다.

은하의 회전운동은 한 가지 중요한 부분에서 회전목마의 회전운동과 다르다. 회전목마에서 바깥쪽에 있는 말들은 안쪽에 있는 말들보다 빠르게 움직인다. 그러나 은하원반에서는 은하 바깥쪽 별들과 중심부 근처 별들의 회전 속도는 거의 비슷하다. 따라서 은하중심에 가까운 별들은 바깥쪽에 있는 별들보다 한 바퀴 운동하는 시간이 더 빠르다.

**헤일로 별들의 궤도** 헤일로에 있는 별들의 궤도운동은 매우 체계적이지 못한 양상을 나타낸다. 헤일로에 있는 각각의 별들도 은하중심에 대해 궤도운동을 하지만 이들 궤도의 방향은 상대적으로 무질서하게 나타난다. 그리고 인접한 별들은 은하중심에 대해 반대 방향으로 궤도운동을 하기도 한다. 은하원반 위에서 아주 멀리 떨어진 헤일로 별들은 은하원반 아래로 급강

헤일로 별들은 궤도가 무질서하며 은하원반 위아래를 급상승과 급강하는 운동을 한다.

하하고 이후에 다시 은하원반 위로 급상승하는 등 매우 빠른 속도로 은하원반을 통과하며 돌진한다. 이러한 운동 때문에 은하원반의 중력에 의해 이들 헤일로 별들의 궤도가 변화되는 것은 매우 힘들다.

헤일로가 은하원반과 비교하여 훨씬 부풀어 오른 모습을 보이는 이유는 이와 같이 헤일로 별들의 급강하와 급상승하는 궤도 때문이라고 할 수 있다. 헤일로 별들은 은하원반 별들이 상하운동을 보이는 영역보다 훨씬 더 높은 곳까지 상승하여 도달한다. 은하원반과 헤일로에 있는 별들의 궤도가 다르다는 것은 이들 별들의 기원이 다르다는 것을 의미한다. 이후에 살펴보겠지만 이와 같은 궤도의 차이점은 우리은하의 형성에 대한 실마리를 제공해준다.

**생각해보자 ▶** 헤일로 별들이 은하원반을 급격하게 통과하는 운동을 하면서 언젠가 태양이나 지구에게 큰 위협을 줄 수 있을까? 그런지 그렇지 않을지 생각해보자. (힌트 : 제1장에서 1~100억 개까지의 규모가 묘사된 것과 같이 일반적인 별들 간의 거리를 생각해보자.)

**팽대부 별들의 궤도** 팽대부는 가장 가깝게 있는 은하원반과 헤일로 별들보다 우리로부터 멀리 떨어져 있기 때문에 은하원반과 헤일로에 있는 별들에 비해 팽대부에 있는 별들의 궤도를 측정하는 것이 더욱 어렵다. 팽대부가 은하원반보다 부풀어 오른 모습을 나타내기 때문에 한때 팽대부 별들의 궤도가 헤일로 별들의 궤도와 비슷할 것으로 생각되었다. 그러나 최근 관측

어떤 팽대부 별들은 헤일로 별들의 궤도와 비슷하고, 다른 어떤 팽대부 별들은 은하원반 별들의 궤도와 비슷하다.

결과에 의하면 팽대부 별들의 궤도 특성이 다양하게 나타나는 등 더 복잡한 양상을 보인다. 어떤 팽대부 별들은 헤일로 별들과 같이 무질서한 궤도를 갖는가 하면 어떤 별들은 은하원반 별들과 같이 동일한 방향으로 회전운동하지만 좀 더 찌그러진 궤도를 갖는다. 이러한 궤도 형태로 말미암아 우리가 만약 은하 밖에서 본다면 팽대부는 우리은하 중심에 막대가 가로지르는 것과 같이 시가담배 모양을 나타낸다고 할 수 있다.

**별들의 궤도와 우리은하의 질량** 태양의 궤도는 전형적인 은하원반 별들의 궤도와 매우 비슷하다. 태양에 대한 구상성단들의 속도를 측정함으로써 천문학자들은 태양과 인접한 별들이 우리은하 중심에 대해 초속 220km(시속 80만 km)의 속도로 궤도운동하는 것을 알아냈다[1.3절]. 그러나 이처럼 빠른 속도라도 태양이 은하중심을 한 바퀴 회전하는 데 약 2억 3,000만 년

## 특별 주제 : 별들의 궤도를 어떻게 결정하나?

천문학자들은 다양한 많은 별의 태양에 대한 상대적인 운동을 측정함으로써 우리은하에 있는 별들이 어떠한 궤도를 갖게 되는지 배우게 된다. 이러한 측정은 원리적으로는 간단하지만 실제로는 어려울 수가 있다.

태양에 대한 별들의 운동을 정밀하게 측정하기 위해 공간에서 별들의 실제 속도를 알아야 한다. 그러나 우주에서 속도를 측정하는 주된 방법인 도플러 효과를 이용하여 우리로부터 멀어지거나 가까워지는 속도 성분인 별의 시선속도만을 알 수 있다(그림 5.15 참조). 별의 진정한 속도를 알고 싶으면, 우리의 시선 방향을 가로지르는 속도 성분인 접선속도도 함께 측정해야 한다.

별들까지의 거리가 매우 멀기 때문에 접선속도를 측정하는 것이 매우 어렵다. 수만 년 이상의 기간에 걸쳐 별들의 접선속도로 인하여 밤하늘에서 별들의 겉보기 위치가 변하게 되어 별자리의 모습이 달라진다. 이러한 위치 변화는 사람의 눈으로 알아채기 어려울 정도로 너무나 미미하다. 그러나 망원경을 이용하여 몇 년 또는 몇십 년의 간격으로 사진을 촬영하고 이를 비교함으로써 많은 별들의 접선속도를 측정할 수 있다. 예를 들어 10년 간격으로 사진을 찍은 결과 한 별이 밤하늘에서 1초의 각도로 이동하였다면 그 별은 1년에 0.1초의 비율로 움직이고 있다는 것을 알 수 있다. 이처럼 각도의 비율로 표시한 별의 운동을 고유운동이라고 부르는데 별까지의 거리를 안다면 별의 접선속도를 구할 수 있다. 거리가 먼 별들의 고유운동값은 매우 작으므로 현재까지 정확한 별의 궤도운동을 아는 별들은 상대적으로 우리에게 가까운 별들에 국한된다. 그러나 유럽우주기구가 발사한 가이아 우주망원경은 우리은하 전체에 분포한 10억 개의 별에 대한 궤도를 측정해줄 것이다.

이 걸린다. 태양이 바로 전에 은하 주위를 한 바퀴 돌아 현재 위치에 있던 시기에 지구에는 초창기 공룡이 등장했던 것이다.

태양과 다른 별들의 궤도운동으로부터 은하의 질량을 결정할 수 있다. 뉴턴의 중력법칙으로부터 물체가 얼마나 빨리 회전하는지 상기해보자. 뉴턴 법식의 케플러 제3법칙에 의하면[4.4절], 큰 물체 주위를 궤도운동하는 작은 물체의 공전주기와 큰 물체로부터 떨어진 평균거리를 안다면 큰 물체의 질량을 결정할 수 있다.

*태양의 궤도 특징과 뉴턴 법식의 케플러 법칙을 이용하여 태양궤도 이내에 있는 은하의 질량을 계산할 수 있다.*

예를 들어 태양궤도 이내에 있는 우리은하의 질량을 결정하기 위해 태양의 궤도속도와 은하중심으로부터 떨어진 태양의 거리를 이용할 수 있다. 태양의 궤도운동으로부터 우리은하 전체의 질량이 아닌 태양궤도 이내의 질량을 결정할 수 있는지 이해하기 위해서는 태양궤도 이내의 질량과 태양궤도 바깥에 있는 질량에 의한 중력의 차이를 고려할 필요가 있다. 태양이 궤도운동을 할 때 은하의 모든 부분이 태양에 중력을 가하지만, 태양궤도 바깥에 있는 물질에 의한 최종적인 중력은 상대적으로 작다. 왜냐하면 은하의 반대 방향에서 끌어당기는 힘과 상쇄되기 때문이다. 반면에 태양궤도 안쪽에 있는 질량에 의한 최종 중력은 은하중심 방향인 한 방향으로 태양을 끌어당기게 된다. 따라서 태양의 궤도속도는 오직 태양궤도 내부에 있는 물질에 의한 중력적인 힘에만 반응한 결과에 해당한다. 은하중심으로부터 27,000광년 떨어진 태양의 거리와 초속 220km의 궤도운동 속도를 뉴턴 법식 케플러 제3법칙에 적용하면 태양궤도 안쪽에 있는 은하의 총질량은 약 $2 \times 10^{41}$kg이고 이는 태양질량의 약 1,000억 배에 해당하는 값이다.

우리은하 중심에서 더 멀리 있는 별들의 궤도로부터 비슷한 계산을 해보면 제1장에서 처음 접했듯이(그림 1.14 참조), 천문학에서 가장 수수께끼와 같은 문제들 중 하나와 직면하게 된다. 나선은하의 사진을 보면 은하 대부분의 질량은 은하중심부에 집중되어 있는 것처럼 보인다. 그러나 별들의 궤도운동을 살펴보면 이와 정반대의 결과를 보여준다. 만약 대부분의 질량이 은하의 중심 근처에 집중되어 있다면 마치 태양계에서 태양으로부터 멀리 떨어져 있는 행성들의 궤도속도가 느려지듯이 은하중심에서 멀리

우리은하에 있는 별들의 궤도운동을 통해 은하의 대부분 질량은 눈에 보이지 않는 헤일로의 암흑물질로 구성되어 있음을 알게 되었다.

떨어져 있는 별들의 궤도속도는 느려질 것이다. 그러나 이와 달리 은하중심에서 멀리 떨어진 곳에서도 별들의 궤도속도는

일정하게 나타나는 것을 볼 수가 있다. 이는 곧 대부분의 질량이 은하중심에서 멀리 떨어진 곳에 존재하고 헤일로 전체에 분포한다는 것을 알려준다. 헤일로에는 별들이 드물며 사실상 가스와 먼지가 없기 때문에 은하 대부분의 질량은 우리가 검출할 수 있는 어떤 형태의 빛을 내지 않는다고 결론내릴 수 있다. 따라서 우리는 이러한 물질을 **암흑물질**이라고 부른다. 제18장에서 암흑물질의 본질과 우주의 역사와 운명과 관련된 의의와 더불어 암흑물질 존재의 증거에 대해 자세히 논의할 것이다.

## 15.2 은하물질의 재활용

우리은하는 우리가 살고 있는 은하로서 우리의 존재와 관련하여 매우 중요하다고 할 수 있다. 우리은하의 원반과 그 안에 존재하는 성간매질들이 재활용되지 않았다면 우리의 태양계는 탄생하지 않았을 것이다.

은하물질의 재활용으로부터 새로운 세대의 별들이 탄생하고 성간매질의 화학 조성이 변하게 된다. 초기 우주에는 수소와 헬륨이라는 가장 가벼운 원소 두 가지만 존재함을 기억하자. 천문학자들이 '중원소'라고 부르는 다른 모든 원소들은 모두 별에서 탄생한 후 우주공간으로 방출된다. 이러한 중원소들이 기존에 존재하는 성간기체와 섞이면서 중원소 함량이 증가되고 은하 내에서 이러한 가스들이 재활용되어 새로운 세대의 별들이 탄생하게 된다. 100억 년 이상 기간 동안 이러한 은하물질이 재활용된 덕분에 우리은하에서 헬륨보다 무거운 원소가 전체 가스 질량 중 약 2% 정도를 차지한다. 나머지 98% 원소는 수소(약 70%)와 헬륨(약 28%)이 차지한다.

은하물질의 재활용이 간단한 과정으로 생각되겠지만 이 과정은 우리에게 가장 중요한 질문 하나로 던진다. 초신성폭발에 의해 별에서 생성된 중원소들이 우주공간으로 뿌려지게 된다. 초신성폭발 잔해물이 초속 수천 킬로미터의 속도로 날아가게 되고 이 속도는 우리은하의 이탈속도보다 훨씬 크다. 따라서 별에 의해 나타난 가스의 화학적인 증가가 우리은하에서 어떻게 잘 유지될 수 있을까? 초신성폭발에 의한 물질의 방출과 은하원반을 가득 채우고 있는 성간매질 간의 상호작용과 결부시켜 이 물음에 대한 답을 할 수 있다. 이번 장에서는 이러한 상호작용에 대해 좀 더 자세히 살펴보고 별에서의 중원소 생성에 따른 은하의 재활용 덕분에 왜 우리가 존재할 수 있는지에 대해 배울 것이다.

**생각해보자** ▶ 제12장에서 우리은하 구상성단에 있는 별들은 매우 나이가 많은 반면 산개성단에 있는 별들은 상대적으로 젊다는 사실을 배웠다. 이 사실로부터 어떤 별들이 더 많은 양의

---

**천문**
## 계산법 15.1

### 궤도속도 방정식

뉴턴의 운동 및 중력법칙을 이용하여 임의의 물체의 궤도가 포함하는 영역의 총질량을 계산하는 공식을 유도할 수 있다. 원궤도로 운동하는 물체의 궤도속도 방정식은 다음과 같다.

$$M_r = \frac{r \times v^2}{G}$$

이 식에서 $M_r$은 물체의 궤도가 포함하는 영역의 총질량이고, $r$은 궤도 반지름, $v$는 물체의 궤도속도이며, $G = 6.67 \times 10^{-11}$ m³/kg×s²은 중력상수이다. 주어진 거리에서 큰 궤도속도는 큰 질량을 의미하는데, 이는 궤도에서 빠르게 움직이는 물체를 붙잡아두기 위해서는 큰 중력의 끌어당김이 필요함을 나타낸다.

**예제:** 궤도속도 방정식을 이용하여 태양궤도 이내에 있는 우리은하의 질량을 계산하라.

**해답:** 태양의 궤도속도 220km/s와 은하중심으로부터의 거리 27,000광년의 값을 궤도속도 방정식에 사용할 수 있다. 중력상수 $G$의 단위와 맞추기 위해 거리를 m 단위로 변환하면, $v = 2.2 \times 10^5$m/s와 $r = 2.6 \times 10^{20}$m(1광년 $= 9.46 \times 10^{15}$m이므로)가 된다. 이 값들을 궤도속도 방정식에 대입하면 다음과 같은 질량값을 얻는다.

$$M_r = \frac{r \times v^2}{G}$$
$$= \frac{(2.6 \times 10^{20} \text{m}) \times (2.2 \times 10^5 \text{ m/s})^2}{6.67 \times 10^{-11} \text{ m}^3/\text{kg} \times \text{s}^2}$$
$$= 1.9 \times 10^{41} \text{kg}$$

즉 태양궤도 이내에 있는 우리은하의 질량은 약 $2 \times 10^{41}$kg이다. 이 값을 태양의 질량인 $2 \times 10^{30}$kg으로 나누면 태양질량의 약 $10^{11}$배(1,000억 배) 정도 된다.

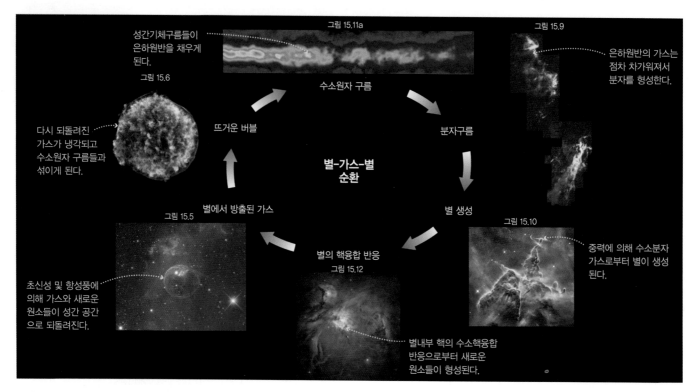

성간기체구름들이
은하원반을 채우게
된다.

그림 15.11a

그림 15.9

그림 15.6

수소원자 구름

은하원반의 가스는
점차 차가워져서
분자를 형성한다.

다시 되돌려진
가스가 냉각되고
수소원자 구름들과
섞이게 된다.

뜨거운 버블

분자구름

별-가스-별
순환

별 생성

별에서 방출된 가스

그림 15.5

별의 핵융합 반응
그림 15.12

그림 15.10

중력에 의해 수소분자
가스로부터 별이 생성
된다.

초신성 및 항성풍에
의해 가스와 새로운
원소들이 성간 공간
으로 되돌려진다.

별내부 핵의 수소핵융합
반응으로부터 새로운
원소들이 형성된다.

**그림 15.3** 별–가스–별 순환 과정의 그림 묘사. 각 사진들은 본문의 각 장에 개별적으로 다시 등장하며 그림 번호가 표시되어 있다.

중원소를 가질 것으로 예상할 수 있는가? 구상성단에 있는 별들인지 아니면 산개성단에 있는 별들인지 설명해보자.

## ● 우리은하에서 어떻게 가스가 재활용되나 ?

은하물질의 재활용 과정은 몇 가지 단계로 진행되는데, 그림 15.3에 요약되어 있는 것처럼 우리는 이 과정을 **별-가스-별 순환**의 이름으로 부르겠다. 우리는 이미 그림 15.3의 아래쪽 3개 그림에서 보이는 과정에 대해 논의한 바가 있다. 중력에 의한 분자구름의 수축으로부터 별이 생성되고, 핵융합 반응으로 생성된 에너지를 이용하여 수백만 년부터 수십 억 년 동안 빛을 내며 진화의 최종 단계에서 별의 물질을 성간매질로 되돌려준다. 이번에는 그림 15.3에서 나머지 과정(즉, 죽어가는 별에서 가스가 방출되는 과정부터 새로운 별의 탄생 과정까지)을 살펴보면서 모든 순환 과정을 완성해보자.

**죽어가는 별들로부터 방출되는 가스** 모든 별은 두 가지 기본적인 방법으로 원래 질량의 상당량을 우주공간으로 되돌려준다. 별의 일생 동안 나타나는 항성풍과 진화의 마지막 단계에서 나타나는 행성상성운(질량이 가벼운 별들의 경우)과 초신성폭발(질량이 무거운 별의 경우)이 있다. 질량이 가벼운 별의 경우 주계열 단계에서는 항성풍의 세기가 작다. 그러나 적색거성이 되면 항성풍의 세기가 커지게 되어 우주공간으로 물질을 많이 방출하게 된다. 태양과 같이 질량이 작은 별이 행성상성운[13.2절]으로 물질을 방출하며 진화를 마감할 시점에 원래 질량의 절반 정도를 성간매질로 되돌려주게 된다(그림 15.4).

질량이 큰 별의 경우 좀 더 역동적이고 폭발적으로 질량을 잃어버리게 된다. 초거성과 O형 및 B형의 무거운 별들에서 나타나는 강력한 항성풍에 의해 상당히 많은 양의 물질이 은하로 되돌려진다. 진화의 마지막 단계에서 이들 별들은 초신성으로 폭발하게 된다. 초신성폭발 또는 강력한 항

초신성폭발과 고속의 항성풍은 성간매질에서 고온의 가스 버블을 만들 수 있다.

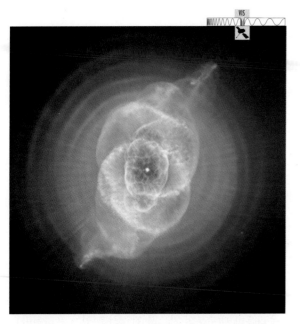

그림 15.4 생을 다하는 질량이 작은 별은 행성상성운 단계에서 가스를 성간매질로 되돌려준다. 이 사진은 허블우주망원경이 촬영한 고양이눈성운으로 알려진 행성상성운으로서 직경은 약 1.2광년이다.

뜨거운 별의 항성풍에 의해 휩쓸려 나온 성간매질의 버블.

그림 15.5 이 사진은 뜨거운 별 중심으로부터 방출되는 항성풍으로부터 휩쓸려 나온 뜨겁고 이온화된 가스 버블의 모습이다. 이 모습은 비눗방울과 매우 흡사하지만 약 10광년의 직경을 가지는 팽창하는 고온가스의 껍질에 해당한다. 버블이 성간매질을 통과하여 바깥으로 휩쓸고 진행함에 따라 가스가 쌓이게 되고 발광하게 된다.

성풍에 의해 빠른 속도로 가스가 방출되는데, 이로 인하여 주위에 있는 성간매질이 휩쓸리게 되고 뜨겁고 이온화된 가스의 **버블**(bubble)이 만들어진다(그림 15.5). 이와 같이 온도가 높은 버블의 형성은 우리은하 원반에서 매우 흔한 현상이지만 항상 쉽게 관측되는 것은 아니다. 어떤 버블들은 가시광을 강하게 방출하고 어떤 것들은 충분히 온도가 높아 많은 양의 엑스선을 방출하는 반면에 많은 버블들은 전파 영역의 방출선 관측을 통해 그 존재를 확인할 수 있다.

초신성폭발에 의해 만들어진 버블은 고속의 항성풍에 의해 생긴 버블과 비교하여 성간매질에 더 극적인 영향을 미친다. 초신성폭발은 **충격파면**을 발생시킨다. 충격파면이란 급격하게 생긴 가스의 높은 압력 장벽으로 성간 공간을 진행하는 음파의 속도보다 더 빨리 진행한다. 충격파면이 이동하면서 주위의 가스를 휩쓸고 지나가게 되고, 맨 앞에서 고속으로 움직이는 가스의 장벽을 만들게 된다. **초신성잔해**를 관측해보면 [13.3절] 바깥 방향으로 움직이는 충격파면에 의해 압축되고 가열된 이온화 가스의 장벽을 목격할 수 있다.

그림 15.6은 젊은 초신성잔해의 모습인데 이곳에서 충격파의 영향을 받은 가스는 엑스선을 방출할 만큼 매우 온도가 높다. 반면에 그림 15.7은 나이가 많은 초신성잔해의 모습으로 충격파면이 더 많은 물질을 휩쓸고 감에 따라 충격파면의 에너지가 더 넓게 분포하고 온도가 더 낮아지게 된다. 충격파의 영향을 받은 가스는 원래 에너지의 대부분을 방출하게 되고 팽창하는 가스 장벽의 속도는 점점 느려져 음속보다 느린 속도가 된다. 그리고 결국 주변의 성간매질과 합쳐지게 된다.

최근에 많은 초신성폭발이 일어난 은하원반 영역들에서 거대하고 길쭉한 버블들을 발견할 수 있는데, 이들은 젊은 성단들에서 약 3,000광년의 거리까지 또는 은하원반 위 아래로 길게 뻗어 있다. 이 영역들에서 많은 초신성이 만들어낸 각각의 버블들이 서로 합쳐져 우리은하 원반에 갇혀 있을 수 없을 정도로 큰 거대 버블을 이루게 된다.

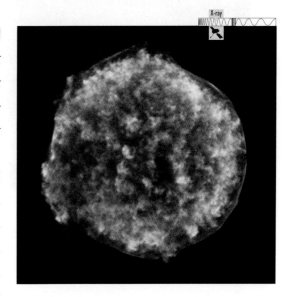

그림 15.6 이 영상은 젊은 초신성잔해에 있는 고온의 가스로부터 나온 엑스선 방출선의 모습이다. 가장 강력한 엑스선(파란색)은 팽창하는 충격파면 바로 뒤에 있는 2,000만 ℃ 온도의 가스에서 나온다. 덜 강력한 엑스선(초록색과 붉은색)들은 폭발한 별에서 방출된 1,000만 ℃ 온도의 잔해로부터 나온다. 초신성잔해의 직경은 약 20광년 정도이다.

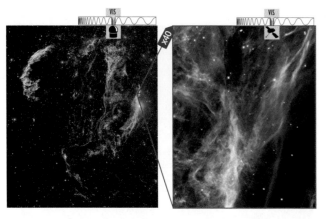

a. 초신성잔해 전체의 모습을 나타내는 가시광선 영상으로서 그 직경 크기가 약 130광년이며 이는 밤하늘의 보름달 크기의 6배 정도의 각크기에 해당한다.

b. 초신성잔해의 작은 지역에 대한 세밀한 필라멘트 구조를 보여주는 허블우주망원경의 영상. 원자 및 이온 방출선에서 나온 여러 색들은 그림 c에 나타냈다.

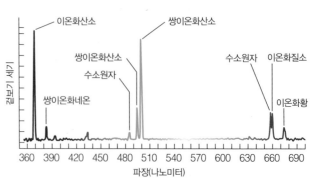

c. 백조자리 고리의 가시광선 스펙트럼에서 강한 방출선들이 나오며 이들은 허블우주망원경 영상에서 보이는 뚜렷한 여러 색들을 반영한다.

**그림 15.7** 오래된 초신성잔해인 백조자리 고리의 가시광선 방출

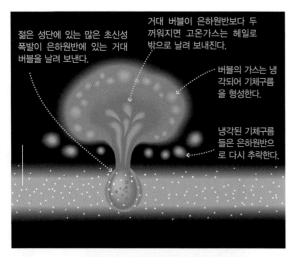

**그림 15.8** 거대 버블로부터 우리은하 헤일로로 분출된 고온가스는 점차 기체구름으로 냉각되어 은하원반으로 다시 추락한다. 이 과정은 은하 전반의 재활용 체계에서 중요한 부분을 차지하며, 초신성폭발로 만들어진 물질이 다음 세대의 별과 행성을 만드는 데 사용된다.

거대 버블의 윗부분이 우리은하 대부분의 가스를 간직하고 있는 은하원반으로부터 이탈하게 되면 중력 이외의 어떤 것도 이 버블의 팽창을 더디게 할 수 없다. 그 결과 화산폭발과 같은 **분출**이 은하 규모에서 나타난다. 고온의 가스가 은하원반으로부터 분출하여 은하의 헤일로로 솟아오르면서 퍼져나간다(그림 15.8). 은하원반의 중력이 가스의 상승을 더디게 하여 결국 가스를 은하원반으로 다시 끌어내린다. 이러한 가스운동의 정점에서 분출된 가스는 냉각되기 시작하여 기체구름들이 만들어진다. 이러한 기체구름들은 은하원반으로 다시 떨어져 내리게 되고 은하의 넓은 영역에 있던 가스와 섞이게 된다.

새로운 원소들을 생성시키고 성간매질을 마구 휘젓는 것 이외에 초신성폭발은 유전적인 생물체의 돌연변이를 유발할 수 있는 **우주선**(cosmic ray)을 발생시킴으로써 지구상의 생명체에 영향을 줄 수 있다. 우주선은 전자, 양성자 그리고 원자핵들로 구성되어 빛의 속도에 근접하여 성간 공간을 빠르게 뚫고 지나간다. 일부 우주선들은 지구 대기를 통과하여 지표면에 도달한다. 평균적으로 매초 한 개의 우주선 입자가 우리의 몸에 부딪친다. 이러한 우주선의 공습 비율은 제트 여객기가 운행하는 매우 높은 고도에서 100배 더 크며 더 많은 우주선은 자기력선을 따라 지구의 자기극으로 이동한다.

**냉각과 성간운의 형성** 초신성폭발에 의해 가열되어 온도가 높아진 버블의 이온화 가스는 역동적이고 광범위하게 분포하고 있지만 우리은하 가스량의 일부분만 차지한다. 대부분의 가스는 훨씬 차가워서 수소원자의 경우 이온화 상태보다 중성 상태로 존재한다. 은하에서 수소는 중성 헬륨과 더 무거운 중원소들과 함께 일정한 비율로 섞여 있지만(질량비로 수소 70%, 헬륨 28%, 중원소 2%), 대부분의 가스를 **수소원자 가스**로 통칭하여 부른다. 버블을 구성하는 가스가 냉각되면 은하에 있는 수소원자 가스의 일부분이 된다.

전파 관측을 통하여 우리은하에 있는 중성 수소 가스의 분포를 탐색할 수 있다. 수소 가스는 21cm에 해당하는 파장의 분광선을 방출하며, 이는 전자

기 스펙트럼에서 전파영역에 위치한다(그림 5.2 참조). 모든 방향에서 이러한 **21cm 전파**가 방출되는 것이 관측되기 때문에 수소원자 가스가 우리은하 원반 전역에 분포함을 알 수 있다. 21cm 방출선의 전반적인 세기에 의하면 우리은하에 있는 수소원자 가스의 총량이 태양질량의 약 50억 배 정도 되는데, 이 양은 우리은하에 있는 별의 총질량 중 몇 %에 불과하다.

별-가스-별 순환 과정에서 물질은 수백만 년 동안 수소원자의 상태로 남아있게 된다. 중력에 의해 수소 가스가 서로 끌어당겨져 단단한 덩어리로 만들어지고, 점점 밀도가 커짐에 따라 에너지가 효율적으로 방출된다. 따라서 이러한 가스의 덩어리는 차갑고 수축된 상태를 유지하는데, 결국 점점 더 차갑고 밀도가 높은 가스의 구름이 형성된다. 이러한 과정은 별의 죽음으로부터 별의 탄생에 이르는 순환의 다른 어떤 과정보다 훨씬 더 오랜 시간이 소요된다. 이 때문에 별-가스-별 순환 과정에서 우리은하에 있는 가스의 상당량이 수소원자로 존재하게 된다.

수소원자 구름에는 소량의 성간먼지도 포함되어 있다. **성간먼지알갱이**는 미세한 고체 탄소와 실리콘 광물의 부스러기에 해당하는데 연기 입자와 비슷하며 적색거성의 항성풍에서 생성된다[13.2절]. 일단 형성된 후 성간먼지알갱이는 지나가는 충격파에 의해 가열되고 파괴되거나 원시별에 병합되기 전까지 성간매질에 남아 있게 된다. 성간먼지알갱이는 수소원자 구름 질량의 고작 1% 정도만 차지하지만 이들은 가시광선을 흡수해서 우리은하 원반 전체를 볼 수 없게 방해한다.

차가운 수소원자 구름의 중심부 온도가 더욱 낮아짐에 따라 수소원자들은 분자들과 결합하여 **분자구름**을 만들게 된다[13.1절]. 분자구름은 성간매질에서 가

초신성폭발로 가열된 가스는 처음에 냉각되어 수소구름이 되고, 좀 더 온도가 낮아지면 분자구름이 된다.

장 온도가 낮고, 밀도가 가장 높은 가스의 무리에 해당한다. 이러한 분자구름들이 모여서 태양질량의 수백만 배에 이르는 가스를 포함하는 거대 분자구름을 형성한다. 우리은하에 있는 분자구름의 총질량은 다소 불확실하지만 아마도 태양질량의 50억 배 정도 되는 수소원자 가스의 총질량과 비슷할 것으로 예측된다. 이러한 대부분 분자 가스의 전반적인 온도는 절대온도로 고작 수십 K 정도밖에 되지 않는다.

수소분자는 분자구름에서 압도적으로 가장 흔한 분자인데, 수소분자가 방출선을 만들기에는 온도가 너무 낮아 수소분자를 검출하는 것이 어렵다. 분자구름에서 매우 적은 양을 차지하지만 낮은 온도에서 방출선을 만드는 분자들의 분광선 관측으로부터 분자구름에 대한 대부분의 정보를 얻게 된다. 이러한 분자들 중 일산화탄소(CO)가 가장 흔한 분자에 해당한다. 일산화탄소는 10~30K 정도 온도인 분자구름에서 전파영역의 강한 방출선을 만든다(그림 15.9). 전파 방출선을 통하여 분자구름에서 125개 이상의 다른 종류의 분자들이 확인되었는데 물, 암모니아, 에틸알코올 등이 대표적인 분자들이다.

다른 성간기체와 비교하여 분자구름들은 무겁고 밀도가 높기 때문에 우리은하 원반의 중심층에 위치하는 경향이 있다. 이러한 경향에 의해 육안으로 관찰

**그림 15.9** 구조가 복잡한 오리온자리의 분자구름 영상. 이 사진은 일산화탄소 분자 방출선의 도플러 이동을 측정하여 만든 것으로서, 다양한 색은 가스의 서로 다른 운동을 나타낸다. 푸른색 부분은 우리에게 다가오고, 붉은색 부분은 우리로부터 멀어지는 운동을 한다(기체구름 전체에 대한 상대운동으로서). 이 거대한 구름은 우리로부터 약 1,340광년 떨어져 있으며 수백 광년의 직경 크기를 갖는다.

**그림 15.10** 허블우주망원경이 촬영한 용골성운의 일부 모습. 어두운 가스 덩어리들은 분자구름들이며 이들 구름 중 밀도가 가장 높은 부분에서 현재 별들이 생성되고 있다. 이 사진에 나타난 영역의 크기는 직경으로 약 3광년 정도이다.

근처에 있는 별들로부터 방출된 복사에 의해 이들 기체구름들의 표면이 침식되고 그 결과로 발광하게 된다.

그러나 밀도가 가장 높은 기체구름의 덩어리들은 침식의 영향을 견뎌내고 별들이 계속 생성된다.

가능한 현상이 만들어지는데 밤하늘에서 은하수라고 부르는 밝은 빛의 띠를 가로지르는 검은 띠가 바로 그것이다(그림 2.1 참조).

**순환의 완료** 거대한 분자구름으로부터 성단이 탄생한다. 일단 새로 탄생한 성단에서 많은 별들이 생성되면, 이들 별들로부터 나오는 빛의 복사에 의해 별들 주위에 있는 분자구름 가스들을 침식시키게 된다. 무거운 별에서 방출되는 자외선 광자들은 가스를 가열하고 이온화시키며 항성풍과 복사압력은 이온화된 가스들을 밀어서 날려보낸다. 이와 같은 피드백은 분자구름의 가스들로부터 별이 생성되는 과정을 방해한다.

분자구름이 침식되는 과정은 새로운 별들이 탄생하고 있는 기체구름들의 집합체인 용골성운에서 생생하게 표현되고 있다(그림 15.10). 어두운 혹 덩어리와 같은 구조들이 분자구름에 해당한다. 그림 15.10 상단 경계 밖 지역에 새로 생성된 질량이 큰 별들이 자외선 복사를 하면서 밝게 빛나고 있다. 이러한 빛의 복사에 의해 분자구름의 표면이 가열됨에 따라 분자들이 파괴되고 원자들로부터 전자들이 분리된다. 결과적으로 분자구름들로부터 물질이 '증발' 됨으로써 분자구름들을 둘러싸고 있는 뜨거운 이온화 가스에 합류하게 된다.

이제 별-가스-별 순환 과정에서 출발했던 지점에 다시 도달하였다. 용골성운에서 생성된 가장 무거운 별들은 수백만 년 이내에 초신성으로 폭발할 것이고 이로부터 공간은 뜨거운 가스로 이루어진 버블과 새로 형성된 중원소들로 가득 찰 것이다. 팽창하는 버블에 있는 가스가 넓게 분포하는 수소원자 가스와 합쳐지면서 버블의 속도는 점점 느려지고 차가워질 것이다. 결국 이러한 가스는 더 차가워지고 분자구름에 합병됨에 따라 새로운 별, 행성 그리고 아마도 새로운 문명들이 형성될 것이다.

이전 세대의 별들로부터 나온 물질이 재활용되어 다음 세대 별로 만들어짐에도 불구하고 이러한 별-가스-별의 순환 과정은 영원히 지속될 수 없다. 은하에 있는 가스의 일부는 갈색

**일반적인
오해**

**우주공간에서의 소리**

많은 공상과학영화에서 우주선이 폭발하면 우레와 같은 굉음이 나타난다. 그런데 영화제작자들이 좀 더 현실적으로 만들기를 원한다면 이러한 폭발은 조용하게 일어나야 한다. 지구에서는 음파(상승 및 하강을 반복하는 압력의 파동)가 엄청난 양의 가스 원자들로 하여금 우리의 고막 앞뒤를 밀어붙이게 함으로써 우리는 소리를 감지할 수 있다. 음파가 성간기체 사이를 진행할 수 있지만 성간기체의 밀도가 매우 낮으므로 1초당 몇 개 안 되는 원자들만 인간의 고막 정도 크기의 물체와 충돌할 수 있다. 따라서 인간의 귀 또는 비슷한 크기의 마이크가 어떤 소리를 인식하는 것은 불가능하며 이 때문에 우주공간에서의 진짜 소리는 적막이라고 할 수 있다.

왜성에 갇히게 되어 물질이 우주공간으로 전혀 방출되지 않고, 별이 진화를 다하게 되면 잔해로 남게 된다. 성간매질에 있는 기스는 천천히 고갈되고 별 탄생률도 점차 감소하여 아마도 지금부터 약 500억 년 후에 결국 별 탄생이 멈추게 된다.

**우리은하에서 가스의 분포**  은하의 서로 다른 지역은 각기 별-가스-별 순환의 서로 다른 과정에 놓여 있다. 이러한 순환 과정은 인간의 수명과 비교하여 더 오랜 기간 동안 진행되므로 우리에게 순환 과정의 각 단계는 한 장의 스냅사진과 같다. 따라서 수백만 K의 가스 버블부터 차갑고 온도가 낮은 분자구름에 이르기까지 성간매질에서 나타나는 매우 다양한 현상들을 목격하게 된다. 표 15.1에 우리가 관측하는 은하원반 성간기체의 다양한 상태에 대해 요약되어 있다.

우리는 다른 파장대의 빛을 관측함으로써 이와 같이 서로 다른 상태에 있는 가스가 우리은하에 어떻게 배열이 되어 있는

> 우리은하에서 나타나는 별-가스-별의 순환 과정에 대한 완벽한 모습을 알기 위해서는 서로 다른 많은 파장에서 가스를 관측하는 것이 필요하다.

지 알 수 있다. 그림 15.11에서 서로 다른 7개 파장에서의 우리은하 원반의 전체 모습을 볼 수 있다. 각 그림은 특정 파장 영역에서 얻은 전경인데 지구의 모든 방향에서 우리은하 원반에 대해 사진을 찍은 것이다.

- 그림 15.11a는 수소원자 가스 분포의 지도를 나타내는 21cm 전파방출선 모습으로서 은하원반의 상당 부분이 수소원자 가스로 채워져 있음을 보여준다.
- 그림 15.11b는 일산화탄소에서 나오는 전파방출선의 모습으로 분자구름 분포의 지도에 해당한다. 온도가 낮고 밀도가 높은 분자구름들은 은하원반에서 얇은 중심층에 집중해 있다.

**표 15.1** 성간매질 가스의 일반적인 상태

| | 가스 상태 | | |
|---|---|---|---|
| | 고온의 버블 | 수소원자 구름 | 분자구름 |
| 주요 구성원 | 이온화수소 | 수소원자 | 분자 수소 |
| 대략적인 온도 | 1,000,000K | 100~10,000K | 30K |
| 대략적인 밀도 (cm³당 원자 수) | 0.01 | 1~100 | 300 |
| 설명 | 항성풍 또는 초신성폭발에 의해 가열된 가스로 만들어진 공간 | 가장 흔한 형태의 가스로서 은하 원반의 많은 지역을 채움 | 별 생성 영역 |

**그림 15.11** 스펙트럼의 서로 다른 파장대역에서의 우리은하 전체 모습. 각 그림의 중심이 우리은하의 중심이다. 각 그림의 나머지 영역은 지구에서 본 우리은하의 다른 모든 방향의 모습에 해당한다. (각 그림의 왼쪽과 오른쪽 끝을 이어 붙이면 밤하늘에서 보이는 은하수의 360° 모습이 됨을 상상해보자.)

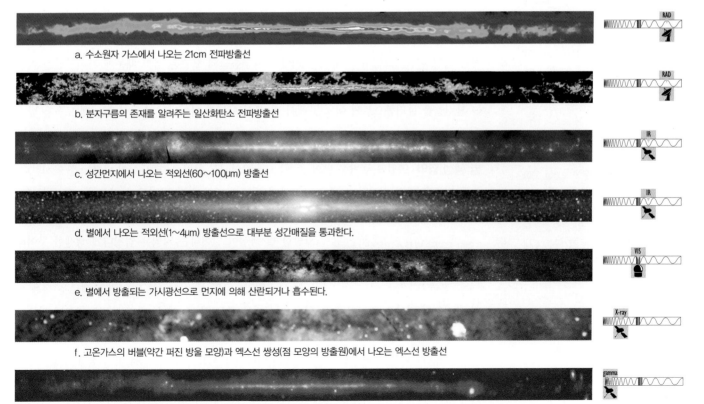

a. 수소원자 가스에서 나오는 21cm 전파방출선

b. 분자구름의 존재를 알려주는 일산화탄소 전파방출선

c. 성간먼지에서 나오는 적외선(60~100μm) 방출선

d. 별에서 나오는 적외선(1~4μm) 방출선으로 대부분 성간매질을 통과한다.

e. 별에서 방출되는 가시광선으로 먼지에 의해 산란되거나 흡수된다.

f. 고온가스의 버블(약간 퍼진 방울 모양)과 엑스선 쌍성(점 모양의 방출원)에서 나오는 엑스선 방출선

g. 우주선과 성간구름에 있는 원자핵과의 충돌에 의해 만들어진 감마선 방출선

- 그림 15.11c는 성간먼지알갱이로부터 나오는 긴 파장의 적외선 분포에 해당한다. 그림 15.11b와 비교해보면 먼지와 분자구름들이 연관되어 있음을 알 수 있다.

- 그림 15.11d는 별에서 방출되어 먼지가 많은 기체구름을 뚫고 나온 짧은 파장의 적외선 빛의 분포로서 우리의 시야를 방해하는 먼지가 없을 때의 우리은하 모습을 보여준다고 할 수 있다. 그림의 중심부에 뚜렷한 은하의 팽대부가 있음을 볼 수 있다.

- 그림 15.11e는 가시광선에서의 은하원반 모습에 해당한다. 가시광선은 분자구름에 있는 성간먼지들을 통과할 수 없으므로 어두운 반점들은 그림 15.11b와 그림 15.11c에서 보이는 분자 전파방출선과 적외선 먼지방출선의 밝은 부분들과 밀접한 연관성을 갖는다.

- 그림 15.11f는 엑스선 방출의 모습이다. 점 모양의 엑스선 방출원들은 대부분 엑스선 쌍성들에 해당한다[14.2절]. 나머지 엑스선 방출은 주로 뜨거운 가스 버블로부터 나온다. 뜨거운 가스들은 원반에서 헤일로로 상승하는 경향이 있으므로 원자 및 분자가스들과 달리 그림의 중심선에 덜 집중되어 있다.

- 그림 15.11g는 감마선 방출의 모습으로 감마선은 대부분 우주선 입자와 성간구름에 있는 원자핵의 충돌에 의해 생성된 것이다. 이러한 충돌은 가스의 밀도가 가장 높은 곳에서 가장 빈번하게 발생하므로 감마선 방출은 분자 및 원자가스의 분포와 밀접한 관계가 있다.

**생각해보자** ▶ 그림 15.11에 있는 우리은하 원반의 모습들을 자세히 비교하고 차이를 살펴보자. 어떤 분포에서 검게 나타나는 지역들이 다른 분포에서는 왜 밝게 나는가? 이들 모습에서 알게 된 일반적인 경향은 무엇인가?

### 일반적인 오해

**성운이란 무엇인가?**

성운이라는 용어는 '구름'을 의미하지만, 천문학에서는 매우 다양한 종류의 천체를 나타내기 때문에 종종 오해를 불러일으킨다. 작은 망원경으로 보면 많은 천체들이 구름처럼 보이는데, 과거 수 세기 전에 천문학자들은 이들 천체가 혜성처럼 긴 모양만 갖지 않는다면 이들을 성운으로 일컬었다. 예를 들어 은하들이 흐릿하게 둥글거나 나선 형태의 작은 방울처럼 보였기 때문에 은하들도 성운으로 일컬어졌다.

이와 같이 별들로 구성된 멀리 있는 은하와 우리은하 성간매질에서 발견되는 작은 규모의 기체구름 사이에는 큰 차이가 있기 때문에 오늘날 은하를 성운이라는 용어로 부르는 것은 다소 구식이라고 할 수 있겠다. 그러나 몇몇 사람들은 여전히 나선은하를 '나선성운'으로 부르고 있다. 오늘날 우리는 일반적으로 우리은하에 있는 성간구름에 대해서만 성운이라는 용어를 사용하고 있지만, 여전히 어떤 경우에는 다른 용도로 쓰고 있음을 알고 있어야 한다.

## ● 별들은 우리은하의 어느 지역에서 형성되나?

별-가스-별 순환 과정은 우리은하가 형성된 이후에 지속적으로 작동되지만, 새로 생성된 별들은 은하 전체에 고르게 퍼져 분포하고 있지 않다. 어떤 지역들은 다른 지역과 비교하여 별 생성이 왕성하다. 분자구름이 많은 지역에서는 새로운 별들이 쉽게 생성되는 반면에 가스가 적은 지역에서는 그렇지 못하다. 그러나 분자구름들의 모습은 검기 때문에 가시광선을 이용하여 관측하기 힘들다. 별 생성의 다른 특징들은 더욱 분명하다. 은하에서 별 생성이 나타나는 환경들을 둘러봄으로써 어느 곳에서 별 생성 활동이 나타나는지 알아채는 데 도움을 받을 수 있다.

**별 생성 영역** 뜨겁고 무거운 별의 존재는 그 지역에서 활발한 별 생성이 나타남을 암시한다. 이들 별들은 빨리 진화하고 생을 마감하기 때문에 질량이 작은 별들이 지속적으로 생성되는 반면에 생성된 지역으로부터 먼 곳까지 이동할 기회를 갖지 못하고 진화하여 사라지게 된다.

*뜨겁고 무거운 별들과 이온화성운들은 활발하게 별이 생성되는 기체구름들 주변에서만 발견된다.* 활발한 별 생성이 일어나는 지역은 엄청나게 생생한 곳이라고 할 수 있다. 뜨거운 별들 근처에는 **이온화성운**(발광성운 또는 H II 영역으로도 불리는)으로 알려진 다채로운 색을 띠며 상기되어 빛나는 밀도가 높지 않은 덩어리를 종종 볼 수 있다. 뜨거운 별들로부터 방출되는 자외선 광자들을 가스가 흡수함에 따라 원자들에 있는 전자들이 더 높은 에너지 준위로 천이하거나 이온화되고 전자들이 다시 낮은 에너지 준위로 되돌아올 때 빛이 방출되기 때문에 이러한 성운들이 빛나게 된다[5.2절]. 약 1,340광년 떨어진 오리온자리의 '검'에 해당하는 영역에 위치하는 오리온성운은 가장 유명한 발광성운에 해당한다(그림 15.12). 이온화성운에서

**그림 15.12** 허블우주망원경이 촬영한 오리온성운의 사진으로 고온의 별들로부터 방출된 자외선 광자들에 의해 만들어진 이온화성운이다.

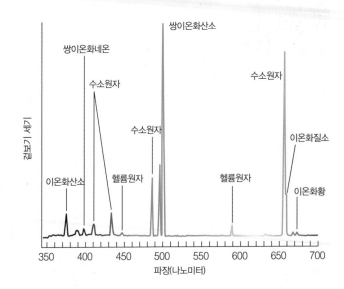

**그림 15.13** 오리온성운의 스펙트럼. 두드러진 방출선들은 대부분의 빛을 내는 원자와 이온들의 존재를 나타낸다. 이러한 방출선들을 자세히 연구함으로써 성운의 화학적 성분을 결정할 수 있다.

가장 눈에 띄는 대부분의 색들은 특정 원자들의 천이에 의해 만들어지는 특정 분광선들 때문에 나타난다. 예를 들어 수소원자에서 전자가 에너지 준위 3에서 2로 떨어지는 천이를 함에 따라 656나노미터 파장의 붉은색 광자가 만들어진다(그림 5.10 참조). 이와 같이 특정한 천이에 의해 방출된 붉은색 광자들 때문에 이온화성운은 사진에서 주로 붉게 나타난다. 다른 원소들에서 나타나는 전자의 천이는 다른 색을 갖는 분광선을 만들게 된다(그림 15.13).

파란색과 검은색 색조를 띤 별 생성 영역들은 다른 생성 기원을 갖는다. 먼지알갱이들에 의해 반사된 별빛들에 의해 파란색이 나타나는데, 이는 성간먼지알갱이들이 붉은 빛보다 파란색 빛을 더 잘 산란시키기 때문이다(그림 5.14). 이러한 **반사성운**은 빛을 제공하는 별보다 더 파란색을 나타낸다(이러한 효과는 지구 대기에서 나타나는 태양빛의 산란에 의해 하늘이 파랗게 보이는 것과 비슷함[7.1절]). 반사성운에서 검은 지역은 어둡고 먼지가 많은 기체구름 영역으로서 구름 너머에 존재하는 별을 차단하여 우리로 하여금 볼 수 없게 만든다. 그림 15.15는 뜨거운 별 주위에서 다채로운 배색을 나타내는 반사성운의 특징을 보여준다.

**생각해보자** ▶ 그림 15.15에서 붉은색의 이온화된 영역들, 파란색의 반사성운 영역들 그리고 암흑의 차폐 영역들을 찾아보자. 각 영역의 색이 나타나는 기원에 대해 간단히 설명해보자.

**나선팔** 우리은하에 대한 시야를 좀 더 넓혀 보면 새로 생성된 별들이 나선팔들에 가득 차 있음을 볼 수 있는데, 이는 나선팔이 별 생성의 전형적인 특징을 간직하고 있기 때문이다. 나선팔은 분자구름은 물론 이온화성운으로 둘러싸여 있고 나이가 젊으며 밝은 파란색 별들로 구성된 수많은 성단이 거주하는 지역이다. 다른 나선은하들의 영상을 자세히 살펴보면 이러한 특징들이 더 명확하게 보인다(그림 15.16). 뜨거운 파란색 별들과 이온화성운들의 분포는 나선팔들의 윤곽을 나타내는 반면, 나선팔과 나선팔 사이에 분포하는 별들은 일반적으로 붉은색을 띠고 나이가 더 많다. 나선팔에 많은 양의 분자 및 원자가스가 있는 것을 볼 수 있으며, 성

**그림 15.14** 전갈자리성운의 옅은 파란색은 파란색 별빛이 먼지알갱이에 반사되어 만들어진 것이다.

**그림 15.15** 말머리성운과 그 주변의 사진(사진에 있는 영역은 직경으로 150광년의 크기임)

**그림 15.16** M51 외부은하의 나선팔들의 모습. 허블우주망원경으로 촬영된 이 사진에서 2개의 장대한 나선팔과 더불어 하나의 나선팔과 충돌하고 있는 작은 은하(우측 상단)가 보인다. 나선팔은 중심 팽대부에 비해 더 푸른색으로 나타남을 주목하자. 질량이 큰 푸른 별들은 고작 수백만 년만 존재하므로 나선팔이 상대적으로 푸르다는 사실은 은하의 다른 부분에 비해 별들이 나선팔에서 더욱 활발하게 생성되고 있음을 말해 준다(좌측 큰 영상은 약 9만 광년 직경의 크기).

간먼지로 이루어진 기다란 줄 모양 구조로 인하여 나선팔 안쪽 부분이 잘 보이지 않는다. 따라서 나선팔은 젊은 별들과 새로운 별들을 만드는 데 필요한 물질을 포함하고 있다.

언뜻 보면 거대한 바람개비에 달린 지느러미 모양의 돌기와 같이 나선팔들은 별과 함께 움직이는 것처럼 보인다. 그러나 관측에 의하면 은하원반 도처에 있는 별들은 거의 비슷한 속도로 궤도운동을 한다. 은하의 중심부 근처에 있는 별들은 작은 반지름의 원궤도운동을 하고 은하중심부에서 멀리 떨어져 있는 별들보다 좀 더 짧은 시간 안에 한 바퀴 궤도운동을 한다. 결

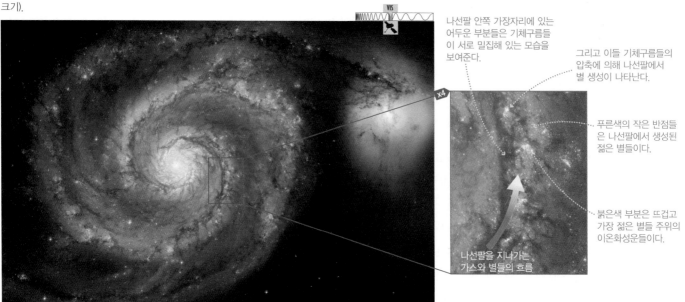

나선팔 안쪽 가장자리에 있는 어두운 부분들은 기체구름들이 서로 밀집해 있는 모습을 보여준다.

그리고 이들 기체구름들의 압축에 의해 나선팔에서 별 생성이 나타난다.

푸른색의 작은 반점들은 나선팔에서 생성된 젊은 별들이다.

붉은색 부분은 뜨겁고 가장 젊은 별들 주위의 이온화성운들이다.

나선팔을 지나가는 가스와 별들의 흐름

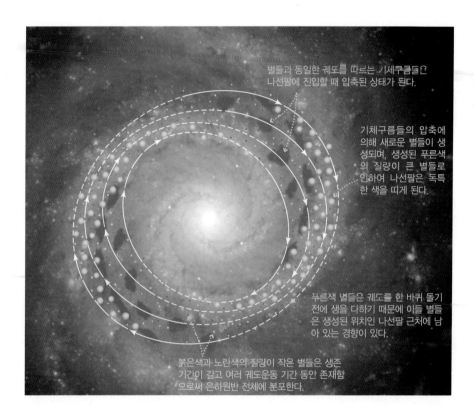

별들과 동일한 궤도를 따르는 기체구름들이 나선팔에 진입할 때 압축된 상태가 된다.

기체구름들의 압축에 의해 새로운 별들이 생성되며, 생성된 푸른색의 질량이 큰 별들로 인하여 나선팔은 독특한 색을 띠게 된다.

푸른색 별들은 궤도를 한 바퀴 돌기 전에 생을 다하기 때문에 이들 별들은 생성된 위치인 나선팔 근처에 남아 있는 경향이 있다.

붉은색과 노란색의 질량이 작은 별들은 생존 기간이 길고 여러 궤도운동 기간 동안 존재함으로써 은하원반 전체에 분포한다.

**그림 15.17** 나선팔 밀도파에 의한 별 생성의 개략도. 별과 기체구름들이 은하에서 궤도운동할 때 나선팔들을 통과하여 지나간다. 별과 기체구름들이 나선팔을 통과하여 진행할 때 중력에 의해 별과 기체구름들의 속도가 느려지고 더욱 밀집되기 때문에 각 나선팔은 자체적으로 패턴이 실 유지된다.

과적으로 만약 나선팔이 별과 함께 운동한다면 은하중심부에 있는 나선팔들은 바깥쪽에 있는 나선팔들에 비해 더 많이 감겨 있을 것이다. 나선팔들이 은하중심에 대해 몇 번 회전운동을 하게 되면 단단한 여러 겹의 고리처럼 휘감기게 된다. 실제로 은하들에서 이와 같이 단단히 감긴 고리 모양의 나선팔들을 볼 수는 없다. 그렇기 때문에 우리는 나선팔이 거대한 바람개비에 달린 지느러미 모양의 돌기 같은 것이 아니라 태풍에서 소용돌이치는 잔물결 같은 것으로 생각할 수 있다.

더 구체적으로 말하면 나선팔에서 매우 큰 수준의 별 생성이 나타난다. 이론적인 모형에 의하면 나선팔 밀도파라고 불리는 요동이 우리은하와 같은 나선은하의 기체원반을 통과하여 진행함으로써 별 생성이 나선형 패턴으로 나타난다. **나선팔 밀도파**가 은하원반을 관통하여 진행함에 따라 밀도파에 있는 별들 간의 중력이 변하게 되고 이로 인하여 별들과 기체구름들이 밀도가 더 높아진 상태로 다져지게 된다. 별의 경우에는 이러한 중력의 변화가 거의 영향을 미치지 않는데, 이는 각 별들끼리 서로 멀리 떨어져 있어 별들 간의 충돌이 힘들기 때문이다. 그러나 나선팔 중력파에 의해 기체구름들끼리 서로 가깝게 묶일 경우 기체구름 내부의 중력이 커지게 되어 새로운 성단이 형성되기 시작한다(그림 15.17). 이러한 성단에 있는 무거운 별들에서 초신성폭발이 발생하면 기체구름 주위를 더 압축시키고, 더욱 활발하게 별이 생성된다. 이와 같이 오랜 시간 동안 지속되는 밀도와 별 생성의 증가 양상이 은하원반에 있는 가스와 별을 관통하여 진행됨에 따라 은하원반의 회전은 점차 나선팔까지 이어지게 된다.

나선팔은 별 생성을 일으키는 파동으로서 은하원반의 전체에 확산되어 나간다.

## 15.3 우리은하의 역사

지금까지 우리은하의 기본적인 성질에 대해 논의하였는데 이제는 우리의 관심을 우리은하의 역사로 돌리고자 한다. 앞으로 공부하겠지만 은하원반에 있는 별들과 헤일로에 있는 별들 간의 차이는 이들 별들의 기원에 대한 중요한 실마리를 제공해줄 뿐만 아니라 천문학자들로 하여금 우리은하의 형성에 대한 기본적인 모형을 만들 수 있도록 도와준다.

### ● 헤일로 별들은 우리은하 역사의 어떠한 사실을 알려주나?

우리는 앞에서 헤일로 별들의 무질서한 궤도가 은하원반 별들의 질서정연한 궤도와 어떻게 다른지 알아보았다. 두 가지 또 다른 중요한 차이점으로부터 헤일로 별들과 은하원반 별들을 구분할 수 있다. 첫째, 여러 증거에 의하면 헤일로 별들은 나이가 매우 많다. 예를 들어 구상성단의 H-R도에 있는 주계열 전향점의 위치에 의하면 구상성단에 있는 별들은 최소한 120억 년 전에 생성되었다[12.3절]. 반면에 은하원반 별들의 나이가 매우 다양함을 발견할

> 팽대부에 있는 별들은 은하원반 별과 헤일로 별들이 갖는 모든 특징을 보여 다양한 나이와 중원소 함량을 갖는다.

수 있다. 둘째, 분광선을 살펴보면 헤일로 별들은 은하원반 별들에 비해 중원소 함량이 낮다. 이러한 차이점을 바탕으로 천문학자들은 우리은하에 있는 대부분의 별들을 다음과 같이 두 가지의 뚜렷한 항성 종족으로 나눈다.

1. **은하원반 종족**(종족 I으로 부르기도 함)은 은하원반에서 규칙적인 궤도운동의 형태를 보이는 별들로 구성된다. 이 종족에는 젊은 별과 나이가 많은 별 모두 포함되며 우리의 태양과 같이 전체 원소 중 약 2% 정도 비율의 중원소들을 갖고 있다.
2. **헤일로 종족**(종종 종족 II로 부르기도 함)은 은하중심에 대해 다양한 경사각의 궤도를 가지는 별들로 구성되는데, 이들 별들은 궤도운동을 하는 동안 은하원반을 가로지른다. 헤일로 종족 별들은 모두 나이가 많고 질량이 작다. 이들 별들은 0.02% 정도로 낮은 중원소 함량을 갖는데, 이는 태양의 약 1/100 정도의 양에 해당하는 값이다.

우리은하의 가스가 어떻게 분포하는지 살펴봄으로써 왜 헤일로 별들이 은하원반 별들과 다른지 이해할 수 있다.

헤일로에는 별 생성에 필요한 온도가 낮고 밀도가 높은 분자구름들이 없다. 실제로 헤일로에는 차가운 가스가 거의 없으며, 소량의 가스는 일반적으로 온도가 매우 높다. 별 생성이 일어나는 분자구름들은 은하원반에서만 발견되므로, 새로운 별들은 헤일로가 아닌 은하원반에서만 탄생한다.

상대적으로 헤일로 별들에서 중원소 함량이 낮다는 사실은 이들 별들이 은하 역사의 초창기에 생성되었다는 것을 의미한다. 즉, 헤일로 별들은 많은 초신성폭발이 발생하고 중원소들이 별 생성 기체구름에 추가되기 전에 생성되었다. 따라서 우리는 헤일로에 매우 오래전부터 별 생성에 필요한 가스가 부족했다고 결론내릴 수 있다. 즉, 우리은하에 있는 모든 가스는 오래전부터 은하원반에 정착했던 것으로 보인다. 현재까지 헤일로에 존재하는 별들은 오랫동안 살아온 질량이 작은 별들이다.

**생각해보자** ▶ 현재의 우리은하 헤일로는 매우 먼 미래에 예측되는 은하원반의 운명과 어떻게 비슷한지 설명해보라.

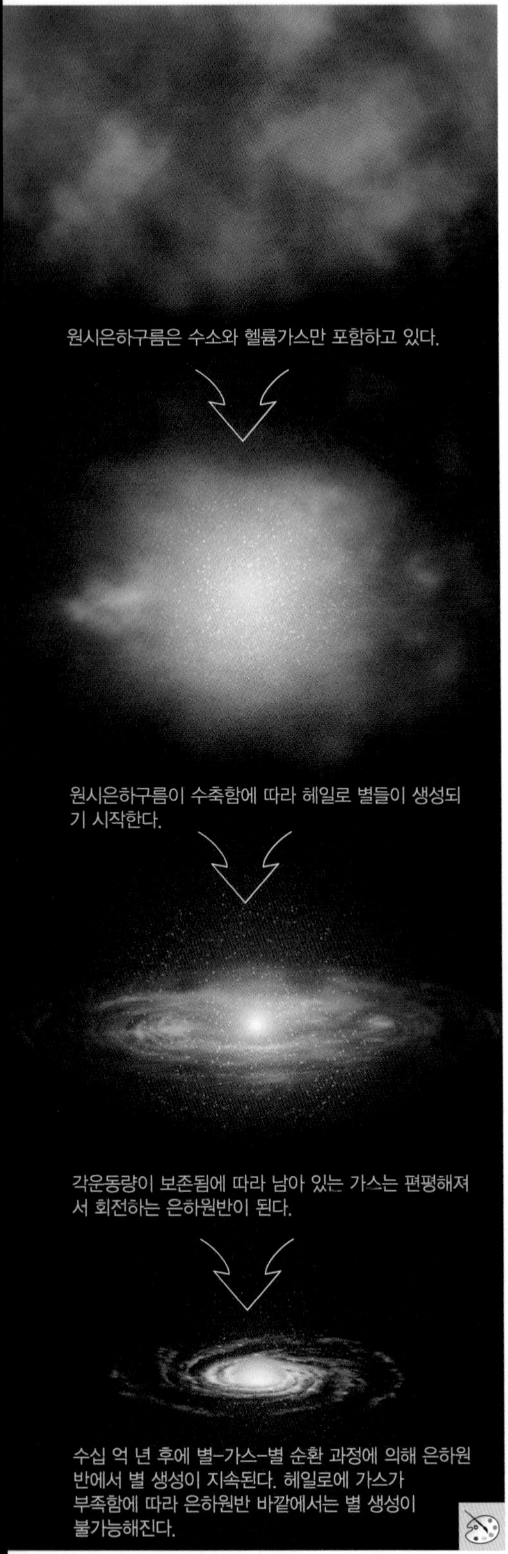

### ● 우리은하는 어떻게 형성되었나?

우리은하의 형성에 대한 모형은 은하원반 별과 헤일로 별 간의 차이를 설명할 수 있어야 한다. 그림 15.18에서 보는 것과 같이 가장 단순한 은하 형성 모형은 우리은하가 수소와 헬륨가

원시은하구름은 수소와 헬륨가스만 포함하고 있다.

원시은하구름이 수축함에 따라 헤일로 별들이 생성되기 시작한다.

각운동량이 보존됨에 따라 남아 있는 가스는 편평해져서 회전하는 은하원반이 된다.

수십 억 년 후에 별-가스-별 순환 과정에 의해 은하원반에서 별 생성이 지속된다. 헤일로에 가스가 부족함에 따라 은하원반 바깥에서는 별 생성이 불가능해진다.

**그림 15.18** 4개의 그림은 은하 형성 모형에 대한 순차적인 개략도로서 수소와 헬륨가스로 구성되는 원시은하구름에서 나선은하가 어떻게 생성되는지를 보여준다.

스로 이루어진 거대한 **원시은하구름**으로부터 생성되었다는 것이다.

초기에는 이러한 원시은하구름에 의한 중력이 모든 방향의 물질을 끌어당김으로써 규칙적인 회전운동이 거의 없고 뚜렷하지 않은 모양의 구름이 형성된다. 이어서 중력에 의해 현재 관측되는 별 생성 구름들과 같이 원시은하구름 안에 있는 국부적인 지역들이 수축되고 조각들로 분리된다[13.1절]. 결과적으로 초기에 생성된 별들은 어떠한 방향의 궤도라도 갖게 되는데, 이는 헤일로에서 별들이 무질서하게 운동하는 사실을 잘 설명해준다. 이러한 은하 형성 모형에서 헤일로에 있는 별들이 은하의 형성 과정에서 가장 처음 생성된 별들이므로 헤일로 별들의 오래된 나이도 잘 설명된다. 많은 세대에 걸쳐 생성된 별들이 별 생성 구름들에 중원소들을 추가하기 이전에 헤일로 별들이 생성되었기 때문에 이들 별에서 낮은 중원소 함량이 발견된다.

시간이 지남에 따라 중력에 의해 남아 있는 가스들이 계속 수축하게 된다. 각운동량 보존법칙에 의해 수축하는 원시은하구름은 결국 편평하고 회전하는 원반 모양의 구조로 정착하게 된다. 즉, 이는 우리태양계의 형성이라는 작은 규모에서 발생하는 기본적인 과정을 따른다[6.2절]. 가스 입자들 간의 충돌은 무질서한 운동을 상쇄시키게 되고 이로부터 가스들은 동일한 평면에서 동일한 방향으로 궤도운동을 하게 된다. 따라서 이처럼 회전하는 원반이 형성된 후 만들어진 별들은 은하원반의 규칙적인 운동을 공유하게 된다. 새로 갓 태어난 별부터 100억 년 이상의 나이를 갖는 별에 이르기까지 은하원반 별들이 다양한 나이를 갖는 것은 은하원반이 형성된 이후부터 별-가스-별 순환 과정에 의해 지속적인 별 생성이 유지되기 때문이다.

그림 15.18에 제시된 은하 형성 모형이 헤일로와 은하원반에 있는 별들 간의 기본적인 차이점들을 성공적으로 설명해주고 있다. 하지만 중원소 함량에 대한 좀 더 자세한 연구결과에 의하면 이 모형은 너무나 단순하다. 만약 우리은하가 하나의 원시은하구름에서 형성되었다면 구름의 수축이 진행됨에 따라 별들이 생성되고 초신성폭발이 일어나므로 중원소들이 지속적으로 쌓이게 될 것이다. 이 경우 헤일로의 바깥 영역에 있는 별들은 나이가 가장 많으며 가장 적은 양의 중원소를 갖게 될 것이고 은하원반 및 팽대부에 더 가까운 지역에서 궤도운동을 하는 헤일로 별들일수록 중원소 함량이 증가할 것이다. 그러나 실제로 관측되는 경향은 이와 다르다.

우리는 헤일로에서 중원소 함량의 변화를 관측하게 되는데, 이는 우리은하에 있는 나이가 가장 많은 별들이 몇 개의 구상성단을 포함하는 상대적으로 작은 원시구름들로부터 생성되었

우리은하의 헤일로 별들은 몇 개의 작은 원시은하구름들에서 생성되는데 이들 원시은하구름들은 서로 병합하여 하나의 커다란 원시은하구름이 된다.

음을 의미한다. 이들 구름들은 이후에 서로 충돌하고 병합함으로써 우리은하와 같은 단일은하가 형성된다(그림 15.19). 이와 비슷한 과정들은 현재에도 일어나고 있는 것으로 생각된다. 궁수자리 및 큰개자리 왜소은하들이 우리은하 원반을 통과하여 진입함에 따라 이들 왜소은하들이 현재 해체되고 있음을 기억하자. 수십억 년 후에는 이들 왜소은하에 있는 별들은 헤일로 별들과 구분이 되지 않는다. 이는 이들 은하가 우리은하 주위를 궤도운동하면서 해체된 별들이 은하원반 위로 끌려가기 때문이다. 발견된 증거에 의하면 이러한 과정은 과거에 발생한 것으로 여겨진다. 일부 헤일로 별들은 규칙적으로 줄지어진 흐름으로 운동하는데, 이들은 아마도 오래전에 우리은하의 중력에 의해 해체된 왜소은하의 잔재로 생각된다.

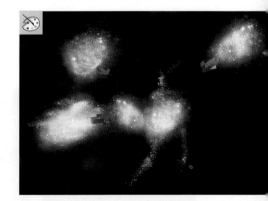

**그림 15.19** 이 그림은 우리은하의 헤일로가 어떻게 형성되는지에 대한 모형을 보여준다. 우리은하 헤일로에 있는 별들의 특징에 의하면 이미 별들과 구상성단을 갖고 있는 몇몇 작은 기체구름들이 서로 병합하여 우리은하의 원시은하구름을 형성하는 것으로 생각된다. 가스가 우리은하의 원반에 안착하는 동안 이들 별과 성단은 헤일로에 남게 된다.

은하 내에서의 원소 분포에 의하면 팽대부에는 중원소들이 집중해 있다. 하지만 은하원반이 최종적으로 형성된 시기에 은하원반이 포함하는 중원소 함량은 현재 은하원반이 갖는 중원소 함량의 10% 정도에 지나지 않는다. 시간이 지남에 따라 별-가스-별 순환 과정에 의해 은하원반의 중원소 함량이 점차 증가하는데, 이 때문에 젊은 별들은 나이가 많은 별들보다 더 많은 중원소 함량을 갖는 경향이 있다.

**생각해보자 ▶** 앞의 은하 형성 모형이 맞는다면, 우리은하는 형성 역사 초기에 몇 번의 충돌을 겪었을 것이다. 왜 먼 과거에는 은하 간 충돌(또는 원시은하구름 간의 충돌)이 활발했을 것으로 생각하는지 설명해보자. (힌트 : 과거의 평균적인 은하 간 거리는 오늘날 평균적인 은하 간 거리와 비교해서 얼마나 다른가?)

## 15.4 우리은하의 중심

우리은하의 중심은 궁수자리 방향에 위치하고 있으며 맨눈으로 보면 그다지 특별한 점이 없는 것처럼 보인다. 그러나 우리의 시야를 방해하는 성간먼지를 제거할 수만 있다면 은하중심에 있는 팽대부는 밤하늘에서 가장 화려한 모습을 보일 것이다. 여러 증거에 의하면 더 깊숙한 부분인 우리은하의 바로 중심에는 거대한 블랙홀이 존재한다.

### ● 우리은하 중심부 블랙홀 존재의 증거는 무엇일까?

우리은하에 있는 가스와 먼지구름에 의해 은하중심부의 가시광을 볼 수 없다. 하지만 전파, 적외선 그리고 엑스선 망원경들을 이용하여 우리은하의 중심부를 자세히 들여다볼 수 있다. 그림 15.20은 우리은하 중심에 대해 적외선 및 전파 영역에서 지금까지 가장 깊게 들여다본 모습이다. 은하중심의 약 1,000광년 이내 영역에서 기체구름과 수백만 개의 별로 이루어진 성단이 소용돌이치며 운동하는 것을 볼 수 있다. 밝은 전파방출선 관측으로부터 이와 같이 요동치는 영역을 엮어주는 자기장의 흔적을 찾을 수 있다. 은하의 바로 중심에 궁수자리 A*('궁수자리 A별'이라고 부름) 또는 짧게 궁수 A*로 명명된 전파방출원이 발견되었는데 우리은하에 있는 다른 전파원들과 성질이 매우 다르다.

**그림 15.20** 적외선 및 전파 파장 영역에서 확대해서 본 은하중심 모습

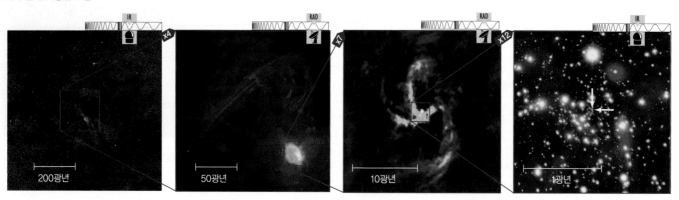

a. 우리은하 중심부 1,000광년 이내에 있는 별들과 기체구름들의 적외선 영상

b. 전파 영상에서 방대한 방출선 묶음이 보이며 이는 우리은하 중심 근처에 있는 자기장의 존재를 확인시켜준다.

c. 거대 블랙홀을 포함하는 것으로 생각되는 궁수 A* (하얀색 점으로 표시) 전파원 주위에서 소용돌이치는 가스를 확대한 전파 영상

d. 궁수 A*를 중심으로 1광년 크기 영역에 있는 별들의 적외선 영상. 2개의 화살표는 궁수 A*의 정확한 위치를 나타낸다.

스스로 해보기 ▶ 부록 I에 있는 성도를 이용하여 궁수자리를 찾아보자. 궁수자리는 여름과 가을철 밤에 잘 보이는데 왼쪽에 손잡이가 있고 오른쪽에 주둥이가 있는 주전자와 같은 모양이다(북반구에서 보았을 때). 우리은하의 중심은 주둥이 끝 근처에 있다. 우리은하의 어두운 빛의 띠가 궁수자리, 백조자리, 그리고 카시오페이아자리를 통과하며 지나는 것이 보이는지 확인해보자.

궁수 A*를 중심으로 1광년 이내 영역에 수백 개의 별이 밀집해 있는데 이들 별의 운동으로부터 매우 무거운 천체의 존재가 제안되고 있다. 그림 15.21은 이들 별의 일부에 대해 관측된 궤도 경로를 보여준다. 이들 궤도에 대해 뉴턴 법식의 케플러 제3법칙을 적용해보면 중심부 천체는 태양보다 약 400만 배 더 질량이 크며, 이 천체의 모든 물질은 우리태양계보다 약간 큰 공간에 밀집되어 있다. 이처럼 작은 공간에서 큰 질량을 갖는 천체는 블랙홀 외에는 없다.

그러나 궁수 A*는 몇 가지 수수께끼 같은 면을 갖고 있다. 대부분 블랙홀로 의심되는 천체들은 강착원반을 통해 물질을 축적하고 밝은 엑스선을 방출한다. 백조자리 X-1[14.3절]과 같은 쌍성에 있는 블랙홀과 다른 외부은하들의 중심부에 있는

> 우리은하 중심과 매우 가까운 별들은 우리태양보다 약 400만 배 무거운 밀집 천체(거의 확실하게 거대한 블랙홀) 주위를 궤도운동한다.

몇몇 거대 블랙홀[16.4절] 등이 그 예이다. 만약 우리은하 중심에 있는 블랙홀이 강착원반을 갖고 있다면, 블랙홀로부터 방출되는 엑스선이 우리은하의 먼지가스를 쉽게 뚫고 나와 엑스선 망원경으로 꽤 밝게 관측될 것이다. 그러나 대부분의 경우 궁수 A*의 엑스선은 상대적으로 어둡다.

궁수 A*에 대해 다른 파장 영역의 빛을 관측함으로써 이처럼 놀라운 현상을 이해하는 데 도움을 받을 수 있다. 예를 들어 블랙홀로 의심되는 지역에서 거대한 엑스선 플레어가 관측되고 있다(그림 15.22). 이처럼 급격한 엑스선 밝기의 변화는 혜성 크기의 물질 덩어리가 블랙홀이 만드는 사건의 지평선 안쪽으로 사라지기 전에 블랙홀의 조석력에 의해 찢어지는 과정에서 나타나는 것으로 생각된다. 궁수 A*에서 방출되는 비슷한 플레어를 계속 관측하면 이와 같이 낮은 엑스선 광도가 나타나는 이유가 물질이 강착원반으로 부드럽게 소용돌이치며 쌓이는 대신, 물질의 덩어리가 블랙홀로 떨어지는 것으로 설명될 수 있다. 궁수 A*는 잘 이해하기 위해 꾸준히 관측해야 하는 가장 흥미로운 대상임에는 틀림이 없다.

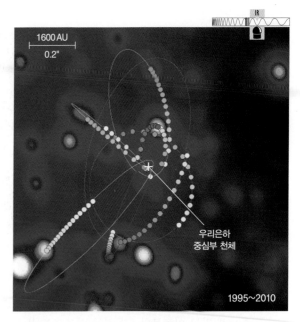

**그림 15.21** 우리은하 중심에 있는 블랙홀의 증거. 서로 다른 색을 가지는 점들의 무리는 켁망원경을 이용하여 1년 간격으로 관측한 특정 별들의 위치를 나타내며 계산된 궤도도 함께 보인다. 뉴턴 법식의 케플러 제3법칙을 적용해보면 중심부 천체는 태양보다 약 400만 배 더 질량이 크며 이 천체의 모든 물질은 우리태양계보다 약간 큰 공간에 밀집되어 있음을 추측할 수 있다(1,600AU 크기의 눈금은 약 9광년에 해당).

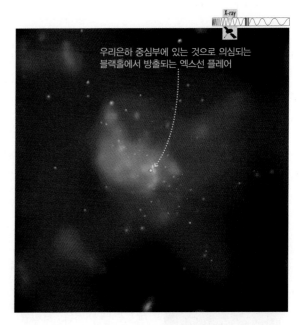

**그림 15.22** 찬드라 엑스선 우주망원경으로 얻은 우리은하 중심부 60광년 크기의 엑스선 영상으로 이곳에 있을 것으로 생각되는 거대 블랙홀로부터 나오는 엑스선 플레어를 볼 수 있다.

## 전체 개요 | 제15장 전체적으로 훑어보기

이번 장에서 우리 인간의 존재를 가능케 한 은하물질의 재활용과 더불어 우리은하의 구조, 운동 그리고 역사에 대해 살펴보았다. 복습을 위해 아래 나열한 '전체 개요'를 기억하도록 하자.

- 가시광선이 성간기체와 먼지를 통과하지 못함으로써 최근까지 우리은하의 진정한 성질이 감춰져 있었다. 현대적인 관측기기 덕분에 우리은하는 별들과 가스로부터 지속적으로 새로운 별들과 행성계가 생성되는 역동적인 시스템이라는 사실이 밝혀졌다.

- 항성풍과 별의 폭발로 말미암아 성간 공간은 격렬한 지역이 되었다. 고온가스는 은하원반을 가득 채우고 있는 수소가스를 돌파해 가고 이로부터 팽창하는 버블과 빨리 움직이는 구름들의 흔적을 남기게 된다. 이와 같은 격렬함은 위험해 보이

지만 새롭게 형성된 중원소들이 우리은하에 있는 가스와 섞이게 하는 데 기여한다.

- 우리 인간을 만드는 원소들이 별에서 만들어지지만 별들이 은하를 구성하지 않는다면 우리는 존재할 수 없을 것이다. 우리은하는 거대한 재활용 공장과 같은 역할을 하는데, 각 세대의 별에서 방출된 가스가 다음 세대의 별로 만들어지고 몇몇 중원소들은 우리 지구와 같은 행성에 쌓이게 된다.

- 우리은하 중심에 있는 별들의 궤도운동으로부터 태양보다 400만 배 큰 질량의 블랙홀이 있음이 제안되고 있다. 다음 장에서 공부하겠지만 은하중심부 거대 블랙홀은 은하에서 일반적으로 보이는 현상으로 보인다.

## 핵심 개념 정리

### 15.1 우리은하의 정체

● **우리은하는 어떤 모습일까?**

우리은하는 **나선은하**로서 중심부 **팽대부**와 더불어 직경 약 10만 광년의 얇은 **원반**을 가지며 은하원반 주위에 구형의 **헤일로**가 감싸고 있다. 은하원반에는 가스와 먼지의 **성간매질**이 있는 반면, 헤일로에는 소량의 고온가스가 있고 차가운 가스는 거의 없다.

● **우리은하에서 별들은 어떻게 궤도운동을 하나?**

은하원반에 있는 별들은 은하중심에 대해 동일 평면에서 같은 방향으로 궤도운동을 한다. 헤일로 별들도 은하중심에 대해 궤도운동을 하지만 이들 별의 궤도는 은하원반에 대해 무질서하게 기울어져 있다. 일부 팽대부 별들은 헤일로 별들과 같이 무질서한 궤도운동을 하지만 다른 팽대부 별들은 은하원반 별들과 같은 궤도운동을 한다. 별들의 궤도운동으로부터 우리은하의 질량 분포를 결정할 수 있다.

### 15.2 은하물질의 재활용

● **우리은하에서 어떻게 가스가 재활용되나?**

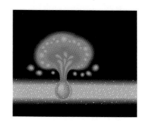

별들은 **분자구름**에 있는 가스 덩어리의 중력수축으로부터 생성된다. 무거운 별들은 초신성폭발로 생을 마감하고, 이로부터 성간매질에서 고온의 **버블**이 만들어지며 무거운 별에서 생성된 새로운 원소들을 포함하게 된다. 이와 같은 고온의 가스는 냉각되어 성간매질과 섞이게 되고 **수소원자 가스**를 형성하게 된다. 가스가 더 냉각되면 분자구름이 형성되고 새로운 별이 생성됨으로써 **별-가스-별 순환** 과정을 완료하게 된다.

● **별들은 우리은하의 어느 지역에서 형성되나?**

고온의 무거운 별과 **이온화성운** 등의 존재로 확인되는 격렬한 별 탄생 영역은 대부분 **나선팔**에서 발견된다. 나선팔이란 **나선팔 밀도파**가 기체구름들을 압축하여 별 탄생이 좀 더 잘 이루어지는 지역을 나타낸다.

## 15.3 우리은하의 역사

### ● 헤일로 별들은 우리은하 역사의 어떠한 사실을 알려주나?

헤일로에는 은하원반 별들에 비해 중원소 함량 비율이 매우 낮은 나이가 많고 질량이 작은 별들만 있다. 따라서 헤일로 별들은 은하 형성의 역사 초기에 가스가 은하원반에 안착되기 전 생성된 것으로 생각된다.

### ● 우리은하는 어떻게 형성되었나?

헤일로 별들은 수소와 헬륨으로 구성된 몇 개의 서로 다른 **원시은하구름**들에서 생성되었을 것이다. 중력에 의해 이들 기체구름들이 합쳐져 하나의 거대한 구름이 형성된다. 이 거대 구름의 수축에 의해 은하중심에 대해 회전하는 원반이 만들어진다. 이후에 은하원반에서 별들이 지속적으로 생성되지만 헤일로에서는 별들이 더 이상 생성되지 않는다.

## 15.4 우리은하의 중심

### ● 우리은하 중심부 블랙홀 존재의 증거는 무엇일까?

우리은하 중심 영역 별들의 궤도운동으로부터 태양보다 약 400만 배 무거운 블랙홀의 존재가 제시되고 있다. 블랙홀은 궁수 A*로 알려진 밝은 전파원의 에너지원으로 생각된다.

---

## 시각적 이해 능력 점검

천문학에서 사용하는 다양한 종류의 시각자료를 활용해서 이해도를 확인해보자.

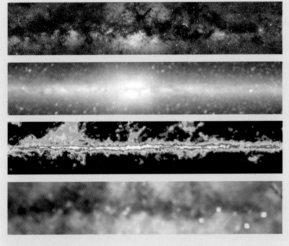

별들의 가시광선

별들의 적외선

분자들의 전파방출

뜨거운 가스의 엑스선 방출

이 사진들은 그림 15.11에서 가져온 것으로서 서로 다른 파장의 빛으로부터 본 우리은하 중심부의 모습을 나타낸다. 이 사진들을 이용하여 다음의 질문에 답하자.

1. 전파방출선 영상에서 서로 다른 색을 사용하여 서로 다른 빛의 밝기 차이를 나타냈다. 어떤 색이 가장 밝은 전파방출선을 나타낼까? 어떤 색이 가장 낮은 밝기를 나타낼까?

2. 엑스선 방출선 영상에서 서로 다른 색을 사용하여 서로 다른 빛의 밝기 차이를 나타내었다. 어두운 푸른색이 가장 낮은 밝기의 엑스선 방출선을 나타낸다. 어떤 색이 가장 밝은 엑스선 방출선을 나타낼까?

3. 가장 강한 분자 전파방출선이 나타나는 영역들은 가시광선 영상에서는 어떤 모습을 보이는가? 이들 영역은 밝게 보이는가 아니면 어둡게 보이는가?

4. 가장 강한 분자 전파방출선이 나타나는 영역들은 적외선 영상에서는 어떤 모습을 보이는가? 이들 영역은 밝게 보이는가 아니면 어둡게 보이는가?

5. 전파, 적외선 그리고 가시광선 영상을 비교함으로써 기체구름들은 _____ 분자들을 포함하고 있다고 결론 내릴 수 있다.

   a. 적외선과 가시광선 모두 비슷한 양을 흡수하는

   b. 상당량의 가시광선을 흡수하지만 적외선은 흡수하지 않는

   c. 가시광선을 흡수하는 만큼 적외선을 효과적으로 흡수하지 않는

6. 전파 영상과 엑스선 영상을 서로 비교하라. 기체구름들에 엑스선을 흡수하는 분자들이 포함되어 있다고 결론 내릴 수 있을까?

## 연습문제

### 복습문제

1. 우리은하를 위에서 본 모습과 옆에서 본 모습을 간단하게 그려보자. 원반, 팽대부, 헤일로 그리고 나선팔을 나타내고 은하의 대략적인 크기도 표시하자.

2. 대마젤란은하와 소마젤란은하 그리고 궁수자리 왜소은하와 큰개자리 왜소은하란 무엇인가?

3. 우리은하의 원반, 헤일로 그리고 팽대부 별들의 궤도를 비교하여 설명해보자.

4. 은하의 질량을 알기 위해 별들의 궤도 성질을 어떻게 사용하면 될까? 이로부터 무엇을 알 수 있을까?

5. 그림 15.3에 나와 있는 별-가스-별 순환 과정의 각 단계에 대해 요약하라.

6. 무엇이 고온의 이온화 가스로 이루어진 버블을 만들까? 시간이 지나면서 버블에 있는 가스에 어떤 현상이 나타날까?

7. 우주선이란 무엇이며, 어디에서 오는 것으로 생각되는가?

8. 수소원자 가스란 무엇을 의미하는가? 수소원자 가스는 얼마나 흔하며 은하에서 어떻게 이들의 분포를 파악할 수 있을까?

9. 은하원반에 존재하는 서로 다른 종류의 가스에 대해 간단히 요약하고, 서로 다른 파장의 빛으로 은하를 관측할 때 이들 가스의 분포는 어떻게 나타나는지 설명하여라.

10. 이온화성운이란 무엇이며, 이들은 왜 고온의 질량이 무거운 별 근처에서 발견될까?

11. 나선팔들이 거대한 풍차와 같은 방식으로 회전하지 않는지 어떻게 알 수 있을까? 무엇 때문에 나선팔들이 밝게 보이나?

12. 무엇 때문에 나선팔에서 별 생성이 유발되는가? 어떻게 나선팔이 유지되는가?

13. 어떠한 특징 때문에 은하원반 별들이 헤일로 별들과 다르게 구분지어지는지 간단히 설명해보라.

14. 우리은하가 몇 개의 작은 원시은하구름들의 병합에 의해 형성된다는 사실의 증거에는 어떤 것이 있을까?

15. 궁수 A*란 무엇인가? 궁수 A*에 거대 블랙홀이 있다는 증거는 무엇인가?

### 이해력 점검

다음 문장이 합당한지(또는 명백하게 옳은지) 혹은 이치에 맞지 않는지(또는 명백하게 틀렸는지) 결정하라. 명확히 설명하라. 아래 서술된 문장 모두가 결정적인 답은 아니기 때문에 여러분이 고른 답보다 설명이 더 중요하다.

16. 나사가 인공위성을 우리은하의 헤일로에 쏘아 올려 은하 바깥에서 본 우리은하의 모습이 어떤지 파악할 수 있기 전까지 우리은하의 진정한 크기와 모양은 알 수 없을 것이다.

17. 지구와 같은 행성들은 우주 역사에서 초창기 별들 주위에서는 형성되지 않았을 것이다. 왜냐하면 이들 별들에는 중원소 함량이 매우 낮기 때문이다.

18. 적외선으로 본다면 우리은하의 중심은 훨씬 더 인상적으로 보일 것이다.

19. 장관을 이루는 많은 이온화성운들은 우리은하 헤일로 전체에서 관측된다.

20. 내 손가락에 있는 다이아몬드 반지의 탄소는 한때 성간먼지 알갱이의 일부분이다.

21. 우리은하를 운동하는 태양의 속도에 의하면 우리은하에 있는 대부분 암흑물질은 은하원반의 중심 근처에 위치한다.

22. 블랙홀이 우리은하 중심에 위치하고 있다는 사실을 잘 알고 있다. 왜냐하면 블랙홀 근처의 많은 별들이 지난 수년에 걸쳐 사라짐으로써 블랙홀이 별들을 끌어당긴다는 사실을 알려주기 때문이다.

23. 만약 수백만 년에 걸친 나선은하에 관한 영화를 본다면 많은 별들이 은하의 나선팔에서 태어나고 죽는 것을 볼 수 있다.

24. 별-가스-별 순환 과정에 의해 현재 보는 것과 같이 우리은하가 1,000억 년 동안 밝게 보일 것이다.

25. 헤일로 별들은 은하원반 별들보다 훨씬 빠르게 우리은하 중심에 대해 궤도운동을 한다.

다음 중 가장 적절한 답을 고르고, 그 이유를 한 줄 이상의 완전한 문장으로 설명하라.

26. 우리은하 헤일로는 어떤 모양인가? (a) 공과 같은 구형 (b) 원반과 같은 편평한 모양 (c) 중심에 구멍이 있는 원반과 같은 편평한 모양

27. 우리은하의 구상성단들은 대부분 어디에서 발견되나? (a) 은

하원반 (b) 팽대부 (c) 헤일로

28. 왜 은하원반 별들은 궤도운동을 하면서 원반의 위아래로 움직이는가? (a) 다른 은하원반 별들의 중력이 항상 은하원반 쪽으로 끌어당기므로 (b) 성간매질과의 마찰에 의해 (c) 헤일로 별들이 은하원반 별들로 하여금 은하원반에 위치하는 것을 방해하므로

29. 태양궤도 바깥에 있는 우리은하의 질량은 어떻게 결정되는가? (a) 태양의 궤도속도와 우리은하 중심으로부터의 거리 (b) 태양 근처에 있는 헤일로 별들의 궤도로부터 (c) 은하중심에서 태양보다 더 멀리 떨어져 있는 별과 기체구름들의 궤도로부터

30. 은하의 어느 부분에 가장 온도가 낮은 가스들이 분포하는가? (a) 은하원반 (b) 헤일로 (c) 팽대부

31. 현재 태양 근처에서 태어나고 있는 별들에서 수소와 헬륨 이외의 원소들이 차지하고 있는 전형적인 질량 비율은 얼마인가? (a) 20% (b) 2% (c) 0.02%

32. 다음의 복사 형태 중 어떤 것이 우리은하 원반을 가장 잘 통과할까? (a) 붉은색 빛 (b) 푸른색 빛 (c) 적외선

33. 이온화성운이 가장 잘 발견되는 곳은 어디인가? (a) 헤일로 (b) 팽대부 (c) 은하원반

34. 어떤 종류의 별들이 헤일로에서 가장 많이 발견되는가? (a) O형 별 (b) A형 별 (c) M형 별

35. 은하중심에 있는 블랙홀의 질량을 측정하는 가장 좋은 방법은? (a) 은하중심에 있는 별들의 궤도운동 (b) 은하중심에 있는 기체구름들의 궤도운동 (c) 은하중심에서 오는 복사량

## 과학의 과정

36. 은하 구조의 발견. 은하의 구조를 인간이 어떻게 알게 되었는지에 대한 이야기(p. 424, '특별 주제' 참조)는 과학이 어떻게 발전하는지 입증하는 훌륭한 예라고 할 수 있다. 과학자들로 하여금 우리은하의 폭이 두께보다 훨씬 더 크다고 결론지을 수 있도록 하는 천구상 은하수 모습의 특징들에는 어떤 것들이 있을까? 과학자들은 왜 처음에는 태양이 우리은하의 중심에 있다고 믿었을까? 우리은하에서 태양의 위치에 대한 과학자들의 시각을 바꾸게 한 결정적인 관측적 사실들은 무엇일까?

37. 우리은하의 형성. 그림 15.18은 우리은하의 일부 특징만을 설명하는 기본적인 모형의 개요를 보여준다. 우리은하의 원시 구름에 수소 및 헬륨 이외의 원소가 거의 없다는 것은 어떤 관측적인 증거로부터 제시된 것일까? 어떤 증거로부터 헤일로 별들이 처음 생성되었고 은하원반 별들이 나중에 생성되었다고 제시되고 있을까? 이러한 기본적인 모형에 의해 설명되지 않는 우리은하의 특징들에는 어떤 것들이 있을까?

## 그룹 활동 과제

38. 성단과 우리은하의 구조. **역할** : 기록자(그룹 활동을 기록), 제안자(그룹 활동에 대한 설명), 반론자(제안된 설명의 약점을 찾아냄), 중재자(그룹의 논의를 이끌고 반드시 모든 사람이 참여할 수 있도록 함). **활동** : 다음의 활동을 위하여 부록 H에 있는 전천도를 사용한다.

   a. 다음의 별자리에서 구상성단들을 찾을 수 있다. 물병자리, 독수리자리, 사냥개자리, 염소자리, 용골자리, 센타우루스자리, 비둘기자리, 머리털자리, 헤르쿨레스자리, 바다뱀자리, 토끼자리, 살쾡이자리, 거문고자리, 파리자리, 뱀주인자리, 페가수스자리, 고물자리, 궁수자리, 전갈자리, 조각실자리, 뱀자리, 큰부리새자리, 돛자리. 기록자와 제안자는 이들 별자리를 함께 찾고 우리은하의 원반과 궁수자리에 있는 우리은하 중심에 대한 구상성단의 상대적인 위치를 얻는 결과를 이끌어내야 한다.

   b. 다음의 별자리에서 나이가 1억 년 또는 그 이하인 산개성단을 찾을 수 있다. 큰개자리, 용골자리, 카시오페이아자리, 남십자자리, 백조자리, 외뿔소자리, 직각자자리, 뱀주인자리, 페르세우스자리, 고물자리, 궁수자리, 전갈자리, 방패자리, 뱀자리, 황소자리, 돛자리. 중재자와 반론자는 함께 이들 별자리를 찾고 우리은하의 원반과 우리은하 중심에 대한 젊은 산개성단의 상대적인 위치를 얻는 결과를 이끌어내야 한다.

   c. 한 팀으로서 두 부류의 성단에 대한 위치를 비교하고 발견한 차이점을 기술한다.

   d. 제안자는 이러한 차이점에 대한 설명을 제안해야 한다.

   e. 반론자는 다른 설명을 제안해야 한다.

   f. 중재자와 기록자는 이들 설명에 대해 토의하고 어떤 설명이 더 적절한지 결정하기 위해 천문학자들이 수행하는 몇 가지 관측들을 나열한다.

## 심화학습

### 단답형/서술형 질문

39. **화학적 진화가 안 된 별.** 온전히 수소와 헬륨으로만 이루어진 별을 발견했다고 가정해보자. 이 별의 나이는 얼마나 되었는지 설명해보자.

40. **성단에서의 중원소 함량 증가.** 독립된 구상성단의 중력이 약하기 때문에 하나의 초신성폭발에 의해 구상성단에 있는 성간 기체가 휩쓸려 나갈 수 있다. 이러한 사실이 구상성단에서는 오래전에 별 생성이 끝났다는 관측적인 사실과 어떠한 관련성을 가질까? 또한 구상성단에는 수소 및 헬륨보다 무거운 중원소가 부족하다는 사실과 어떠한 연관성이 있을까? 한두 문장으로 답을 요약해보자.

41. **고속의 별.** 태양계 근처에 있는 별들의 평균적인 속도는 태양에 대해 약 20km/s 정도이다. 태양계 근처에서 태양에 대한 상대 속도가 200km/s로 빠르게 움직이는 별을 발견하였다고 가정해보자. 이 별은 우리은하 주위에서 어떠한 궤도를 가지는가? 이 별은 우리은하의 어디에서 대부분의 시간을 보낼까? 설명해보자.

42. **우리은하의 미래.** 지금부터 1,000억 년 동안 우리은하를 밖에서 관찰한다면 어떤 모습이 될지 묘사해보자. 우리은하의 모습이 어떻게 변화할 것인가?

43. **은하중심에서 별의 궤도.** 그림 15.21의 정보를 이용하여 가장 빠른 궤도속도를 갖는 두 별을 확인해보자. 이 두 별의 궤도로부터 케플러 제1법칙 및 제2법칙을 어떻게 증명할 수 있는지 설명해보자.

44. **회전하지 않는 은하.** 각운동량이 없는 원시은하구름이 수축되었다면 우리은하는 어떻게 다른 양상으로 형성되었을까? 이렇게 형성된 우리은하는 현재 어떤 모습을 갖게 되는지 그 이유를 설명해보자.

45. **우리은하의 가스 분포.** 그림 15.11에 있는 사진들을 바탕으로 우리은하에서 가스의 분포를 그려보자. 그린 분포에 분자구름, 수소원자 구름 그리고 고온가스의 버블들을 표시해보자. 여러분이 그린 위치에서 이들 각 성간매질의 구성 성분들이 발견되는 이유를 설명해보자.

### 계량적 문제

모든 계산 과정을 명백하게 제시하고, 완벽한 문장으로 해답을 기술하라.

46. **우리은하 헤일로의 질량.** 대마젤란은하가 우리은하 중심에 대해 약 16만 광년 떨어진 궤도에서 약 300km/s의 속도로 운동을 한다. 이 값들을 궤도속도식에 대입하여 우리은하 중심으로로부터 16만 광년 이내의 우리은하 질량을 계산해보자.

47. **은하중심 블랙홀의 질량.** 은하중심에 대해 20광년의 반지름을 갖는 원궤도에서 1,000km/s의 속도로 운동하는 별 하나를 관측했다고 가정하자. 별이 운동을 하는 궤도의 중심에 있는 물체의 질량을 구해보자.

48. **구상성단의 질량.** 구상성단 외곽 지역에 있는 별들은 일반적으로 구상성단 중심으로부터 약 50광년 떨어져 있으며 약 10km/s의 속도로 궤도운동을 한다. 이 값을 이용하여 일반적인 구상성단의 질량을 계산해보자.

49. **토성의 질량.** 토성의 가장 안쪽에 있는 고리들은 67,000km의 반지름을 갖는 원궤도에서 23.8km/s의 속도로 운동을 한다. 궤도속도식을 이용하여 이 고리들 안쪽에 있는 질량을 계산해보자. 계산된 결과를 부록 E에 있는 토성의 질량과 비교해보자.

### 토론문제

50. **은하 생태계.** 우리은하의 별-가스-별 순환 과정을 지구상에서 생명체를 유지시키는 생태계로 비유하였다. 우리 지구에서 물분자는 바다에서 하늘로 그리고 다시 지상의 바다로 이동하는 순환 과정을 거친다. 우리의 몸은 대기의 산소분자를 이산화탄소로 변환시키고, 식물은 이산화탄소를 수소분자로 되돌려준다. 지구상 물질의 순환은 은하에 있는 물질의 순환과 어떻게 비슷할까? 또한 어떻게 다를까? 은하를 논의할 때 생태계라는 단어가 적절하다고 생각하는가?

51. **은하의 산물.** 별에 관한 내용을 담은 장에서 왜 우리는 '별에서 만들어진 산물'인지에 대해 배웠다. 그러면 왜 우리는 또한 '은하에서 만들어진 산물'인지 설명해보자. 은하 전체가 지구상에 생명체를 만드는 데 관여를 했다는 사실이 지구 또는 생명체에 대한 여러분의 관점을 바꾸었는가? 만약 그렇다면 어떻게 바꾸게 되었는가? 그렇지 않다면 그 이유는 무엇인가?

### 웹을 이용한 과제

52. **별-가스-별 순환 과정의 그림.** 웹에서 이온화성운과 별-가스-별 순환 과정의 서로 다른 과정에 있는 여러 형태의 성간기체에 대한 사진들을 찾아보자. 성간매질의 순환에 대한 이야기

를 알려주는 순서로 사진들을 나열하여 구성하고 각 사진마다 한 문장의 설명을 적어보자.

53. **은하의 중심.** 웹에서 은하의 중심에 대한 최신 사진과 중심에 있는 것으로 여겨지는 거대 블랙홀의 정보를 찾아보자. 사진과 더불어 이에 대해 현재 우리가 알고 있는 최신 지식에 대한 2~3쪽의 보고서를 작성하자.

# 은하들의 우주 16

메시어 M106이라고 알려진 나선은하는 우리태양의 약 4천 만 배의 질량을 가진 블랙홀로 끌려들어가는 강착원반에 의해 발생하는 에너지의 근원, 활동성 은하핵을 포함한다.

이 장의 학습목표

**한** 세기가 될까 말까 한 그 이전에, 우주가 우리은하의 경계를 넘어서 펼쳐져 있는지 없는지 아무도 알지 못했다. 오늘날 우리는 우리가 관측할 수 있는 우주가 1,000억여 개의 은하를 포함하고 있고, 이 은하들이 다양한 모양과 크기로 존재하고 있음을 알고 있다. 또한 우리는 우리의 우주가 팽창 중이고 거의 대부분의 은하들이 시간이 흐름에 따라 서로 점점 멀어지고 있다는 것도 알고 있다.

이번 장에서는 우주 도처에 있는 우리가 관측할 수 있는 은하들에 대해 살펴볼 것이다. 은하의 종류와 분류법을 먼저 알아보고 이후 은하계의 거리를 측정하는 방법과 이러한 측정이 우주의 팽창률과 나이를 아는 데 어느 정도 도움을 주었는지에 관해 논의해볼 것이다. 우리는 이제 은하의 진화와 우주의 역사에 대해 전체적으로 이해할 수 있게 되었다.

## 16.1 별들로 이루어진 섬

그림 16.1은 놀라운 허블망원경 이미지를 보여준다. 이 망원경은 하늘의 한 점을 가리키고 있고, 10일 동안 모을 수 있는 모든 빛을 모았다. 만약 여러분이 모래알을 한아름 안고 있다면, 모래알의 각도 크기는 이 그림에서 보여주는 하늘의 일부의 각도 크기와 일치할 수도 있다. 이 영상으로부터 보이는 대부분의 모든 빛 무리는 은하이다. 별들의 섬(island of stars)은 우리은하와 매우 유사한 중력으로 긴밀하게 묶여 있다.

우리는 이와 같은 사진이나 제1장(p. 1)을 펼치면 나오는 관측 가능한 우주 안의 모든 은하들의 총수를 추정하기 위해 보다 더 정밀하게 관측된 영상을 사용할 수 있다. 단순하게 사진 속 은하의 개수를 셀 수 있고, 이렇게 구한 은하의 수에 전체 하늘을 찍은 사진 수를 곱하면 천체 은하의 수를 추정할 수 있다. 그 결과에 의하면 관측할 수 있는 우주는 1,000억 개 이상의 은하를 포함하고 있다는 것을 말해준다. 게다가 각각의 은하들의 거리에 관한 정보 없이도, 관측 사진은 은하들이 많은 다양한 크기, 색깔, 모양으로 되어 있다는 것을 말해준다. 이제 우리가 은하들을 구분하는 방법을 살펴보는 것으로 우리의 연구를 시작해보자.

### ● 은하를 분류하는 세 가지 유형

천문학자들은 은하를 다음 세 가지로 분류해 놓았다.

- **나선은하**는 우리은하와 같은 은하로 중심부에 노르스름한 팽대부가 있는 평평한 하얀색 원반 모양을 하고 있다. 원반은 차가운 가스와 먼지로 가득 차 있고, 사이사이에 이온화된 뜨거운 가스가 있다. 대부분의 은하들은 매우 아름다운 나선팔을 보여준다.
- **타원은하**는 더 붉고, 둥글고, 종종 미식축구공처럼 길게 늘어나 있다. 나선은하와 비교해 보면, 타원은하는 아주 뜨거운 이온화 가스를 포함하고 있긴 하지만 차가운 가스와 먼지는 거의 없는 것으로 알려져 있다.
- **불규칙은하**는 원반 모양도, 둥근 모양도 아니다.

은하들의 서로 다른 색은 그 은하를 구성하고 있는 별들의 종류가 다름에서 유발된다. 나선

은하는 나선은하, 타원은하, 불규칙은하의 세 유형으로 나누어진다.

은하와 불규칙은하는 흰색으로 보이는데, 그들은 모두 다른 색과 나이를 가진 별들을 포함하고 있기 때문이다. 반면 타원은하는 붉은색으로 보이는데, 늙고 붉은 별들이 그들의 빛의 대부분을 내기 때문이다.

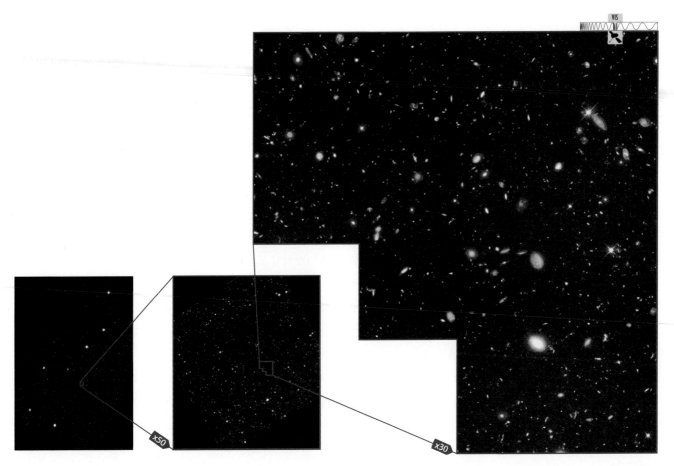

**그림 16.1** 허블 딥 필드. 허블망원경으로 10일 간 노출해 만들어진 이미지로, 은하들이 하늘의 작은 점으로 보인다. 확대한 사진들은 북두칠성 내의 필드를 보여준다. 왼쪽 아래의 프레임을 보면 확실히 알 수 있다.

은하들은 또한 10억 개 이하의 별을 가진 왜소은하에서부터 1조 이상의 별을 가진 거대은하까지 다양한 크기의 범위가 있는 것으로 알려져 있다.

**생각해보자 ▶** 그림 16.1에서 순간을 포착해 더 큰 은하들을 분류해 보자. 나선은하, 타원은하, 불규칙 은하가 얼마나 있는가? 은하의 색이 그들의 모양과 관련이 있다고 보는가?

**나선은하** 우리은하와 같이 다른 나선은하 또한 얇은 원반과 팽대부를 가지고 있다(그림 16.2). 팽대부는 10만 광년 이상의 반지름으로 확장할 수 있는 근처의 보이지 않는 헤일로 (halo)와 부드럽게 합쳐진다. 나선은하의 헤일로는 은하의 원반이나 팽대부에 비해 상당히 보기가 어려운데, 이는 헤일로 별이 일반적으로 흐릿하고, 우주의 넓은 지역에 걸쳐 퍼져 있기 때문이다.

나선은하들은 우리은하와 같이 원반, 팽대부, 그리고 헤일로로 이루어져 있다.

우리은하의 원반과 헤일로가 두 별개의 별 구성원을 대표한다는 것을 상기하자[15.3절]. 원반에 속한 별(disk star, 은하원반 별)들은 같은 면에서 궤도를 돌고, 모든 나이와 질량의 별을 포함하는 반면, 헤일로에 속한 별(halo star, 헤일로 별)들은 무작위로 궤도를 돌고 있다. 또한 이 별들은 나이가 많고 질량이 작은 별들이다. 반면에 우리은하의 팽대부에 속한 별들은 원반과 헤일로의 특징을 혼합한 것이다. 다른 나선은하들은 이러한 특징을 공유하지만, 특히 큰 팽대부를 가진 나선은하에 있어서 팽대부에 속한 별들은 은하원반 별들보다는 헤일로 별들과 유사한 궤도를 가지고 움직이고 있다. 그러므로 우리는 이 두 요소 안에서 은하들의 별을 구분함으로써 은하에 대한 우리의 논의를 단순화할 수 있다.

**그림 16.2** 거대나선은하 M101. 반지름이 약 17만 광년이다.

- **원반 성분**(disk component)은 은하의 중심 주위를 질서 있고 거의 원에 가까운 궤도로 도는 별과 먼지기체구름으로 이루어져 있다. 은하원반은 항상 성간매질을 포함하지만, 분자 · 원자 · 이온화 가스의 양과 비율은 개개 은하마다 다르다.

- 우리가 헤일로와 팽대부 모두를 포함하기 위해 취하는 **헤일로 성분**(halo component, 때때로 회전타원체 요소 혹은 타원체 요소라고도 불림)은 일반적으로 둥글거나 타원형이다. 헤일로 성분은 일반적으로 거의 없지만 차가운 가스와 먼지를 포함하고 있고, 이에 속한 별들은 많은 다른 경사의 궤도를 가지고 있다. 원반은 이에 속해 있다.

모든 나선은하는 일반적으로 팽대부를 포함하지만, 일반적인 테마에 따른 변형이 있는 원반 요소와 헤일로 요소 둘 다 가지고 있다. 팽대부의 크기는 극적으로 다양해질 수 있다. 예를 들어 그림 16.3을 보면 헤일로의 일반적인 모양으로 묘사된 몹시 거대한 크기를 가진 나선은하이다. 다른 나선은하(막대나선은하로 알려진)는 중심을 가로지르는 곧은 막대가 보이고, 막대 끝에는 구부러진 나선팔이 있다(그림 16.4). 천문학자들은 우리가 살고 있는 은하계 또한 막대나선은하가 아닐까 의심하는데, 이는 우리은하의 팽대부가 길쭉해 보이기 때문이다.

어떤 은하들은 나선은하와 유사한 원반과 헤일로를 가지고 있지만, 나선팔이 부족해 보인다. 이러한 렌즈형 은하들은 때때로 나선은하와 타원은하의 중간 단계에 있는 은하들로 여겨지는데, 이는 이러한 천체들이 일반 나선은하보다는 적고 타원은하보다는 많은 차가운 가스를 가지고 있는 경향이 있기 때문이다. 우주에 있는 거대은하들 사이에서 대부분(75~85%)의 은하들은 나선은하 혹은 렌즈형 은하에 속한다.

**타원은하** 타원은하는 나선은하와 주로 아래 설명한 부분이 다르다. 타원은하는 오직 하나의 헤일로 요소를 가지고 있고, 중요한 원반 요소는 부족하다는 것이다. 즉, 타원은하는 원반이 없는 나선은하의 팽대부와 그리고 헤일로 요소와 흡사하다. 우주 내에 비교적 드물게 분포하는 거대타원은하는 우주에 있는 대부분의 거대한 은하(그림 16.5)들 사이에 위치하는 반면, 왜소타원은하는 상대적으로 균일하게 분포하고 있음을 볼 수 있다.

'완전한 헤일로(all halo)'가 된다는 의미는 타원은하가 보통 아주 적은 먼지와 차가운 가스로 이루어져 있고, 결과적으로 이들은 일반적으로 별을 거의 형성하지 않거나 아예 형성하지

**그림 16.3** NGC 4954(솜부레로 은하)는 거대한 팽대부와 거의 가장자리만 보이는 먼지로 이루어진 원반을 가진 나선은하이다. 훨씬 크지만 거의 보이지 않는 헤일로는 은하 전체를 둘러싸고 있고 팽대부와 부드럽게 합쳐진다. 이 이미지에서 보이는 범위는 약 82,000광년을 가로지르고 있다.

**그림 16.4** NGC 1300, 반지름이 약 11만 광년인 막대나선은하

않는다는 것이다. 그러므로 타원은하는 붉은색이나 노란색으로 보이는데, 이는 나선은하의 원반을 구성하고 있는 뜨겁고, 젊고, 푸른 별들이 부족하기 때문이다. 그러나 거대타원은하들은 때때로 엑스선을 내뿜는 아주 뜨거운 가스들을 상당량 포함하고 있고, 이는 우리은하 안에 분포하는 초신성 그리고 강력한 항성풍들에 의해 형성된 뜨거운 거품(hot bubble)을 구성하고 있는 가스와 유사한 성질을 보인다[15.2절].

국부은하군에서 가장 많이 분포하고 있는 은하들은 다른 타원은하들과 마찬가지로 둥글고 원반이 없지만, 일반적인 타원은하들보다 작고 어두운 천체

**타원은하들은 나선은하와 달리 뚜렷한 은하원반 구조를 보이지 않는다.** 들이다. 이 분명한 차이 때문에 천문학자들은 이 은하를 특별한 아류형인 **왜소타원은하**(dwarf spheroidal galaxy)라고 명명했다. 이들 은하들은 빛이 약해서 몇백만 광년보다 더 먼 거리에서는 발견되는 것이 거의 불가능했다. 그럼에도 국부은하군에서의 그들이 차지하는 비율이 큰 것을 보면, 이 은하 형태가 우주에서 가장 보편적으로 존재하는 은하 유형이 아닐까 여겨진다.

**불규칙은하** 우주에 존재하는 은하들 중에는 대표적인 이 두 분류의 유형에 속하지 않는 은하들이 있다. 이런 종류의 은하를 **불규칙은하**라고 하는데, 여러 가지 형태를 보인다. 예를 들어 마젤란운(그림 16.6)과 같이 광학망원경으로 보았을 때 불규칙하고 '특이한' 형태를 지닌 은하들을 총망라한다. 이렇게 불규칙해 보이는 은하계는 나선은하의 원반처럼 보통 흰색이거나 먼지투성이이고, 젊고 거대한 별들을 대거 포함하고 있다.

불규칙은하는 거대은하 근처의 작은 부분만을 상징하지만 우주를 면밀히 살펴보는 망원경 관측은 불규칙한 형태가 은하들 사이에서 더욱 일반적인 은하 모습임을 보여준다. 더 멀리 있

**불규칙은하들은 부정형의 형태를 보인다.** 는 은하들의 빛은 우리에게 닿기까지 그만큼 오래 걸리기 때문에, 이러한 관측이 우리에게 말해주는 바는 불규칙은하가 우주가 더 젊었을 때 더 일반적으로 존재했음을 의미한다.

**허블의 은하 분류** 에드윈 허블은 그림 16.7처럼 소리굽쇠 모양의 도표로 은하의 종류를 구분하는 은하 분류 시스템을 개발했다. 타원은하는 왼쪽 '핸들' 부분에 나타나 있고, 글자 *E*와 숫자로 나타낸다. 숫자가 커질수록 타원은하는 더 편평해진다. E0 은하는 구체이고, 숫자는 최고 E7까지 늘어난다. 갈퀴같이 생긴 두 부분은 나선은하를 나타내는데, 보통나선은하는 알파벳 *S*로, 막대나선은하는 *SB*로 표기한다. 또한 이 뒤에 소문자 *a*, *b*, *c*를 붙여 나타내는데, 팽대부의 크기는 *a*에서 *c*로 갈수록 줄어드는 반면, 먼지와 가스의 양은 증가한다. 렌즈형 은하는 S0로 표기하고, 불규칙은하는 Irr로 표기한다.

천문학자들은 다양한 은하들의 모습을 비교하여 은하를 형태별로 분류할 수 있기를 희망했다. 20세기 초에 별에 대한 분류를 했던 것처럼 말이다. 허블 분류법은 한때 은하가 시간이 흐름에 따라 점점 편평해지고 넓게 퍼지는 진화 단계를 제시하는 것으로 생각했지만, 천문학자들은 이러한 현상이 실제로는 그렇지 않을 수 있다는 것을 발견하게 되었다. 은하의 진화는 별의 진화보다 한층 더 복잡한 것으로 밝혀졌고, 허블 분류법으로는 시간의 흐름에 따른 은하 형태의 변화에 관한 답을 쉽게 도출해내기 어려웠다.

**그림 16.5** M87, 처녀자리에 속하는 거대타원은하로 우주에서 가장 거대한 은하 중 하나이다. 30만 광년 이상의 범위를 가로지른다.

**그림 16.6** 대마젤란운. 우리은하의 자매인 불규칙은하. 약 30,000광년을 가로지른다.

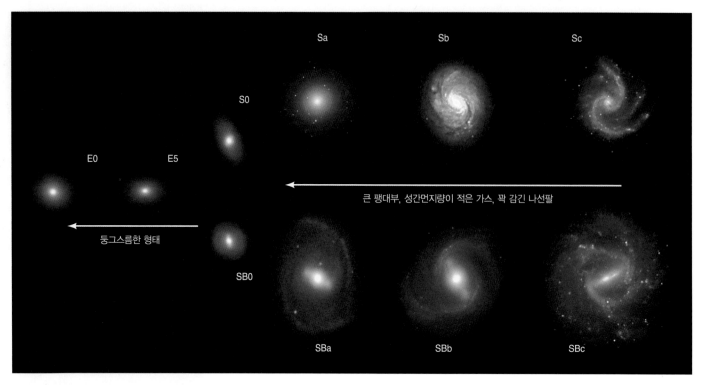

둥그스름한 형태

큰 팽대부, 성간먼지량이 적은 가스, 꽉 감긴 나선팔

**그림 16.7** 허블의 소리굽쇠 그림은 허블의 은하 분류를 나타낸다.

**그림 16.8** 힉슨 밀집은하군 87. 거대 가장자리 나선은하(가운데), 2개의 더 작은 나선은하(위), 타원은하(오른쪽)를 포함하는 작은 은하단이다. 모든 단은 반지름이 약 17만 광년에 이른다. (그림에 나오는 다른 천체들은 우리은하 안에 있는 별들이다.)

### ● 어떻게 은하들이 그룹으로 존재하게 되었는가?

우주 내의 많은 은하들은 주변 은하들과 중력으로 묶여 있다. 나선은하들은 종종 수십 개 이상으로 이루어진 촘촘하지 않은 무리에서 발견되었고, 이를 군(groups)이라고 부른다. 우리의 국부은하군은 하나의 일례이다(그림 1.1 참조). 그림 16.8은 다른 은하군 모습을 보여준다.

더 큰 무리는 은하단(galaxy cluster)이라 부르고, 폭이 1,000만 혹은 그 이상 광년쯤 될 수 있

나선은하들은 작은 그룹으로 모여 있는 반면, 타원은하들은 주로 거대은하단에서 발견된다.

는 구역 안에 밀집한 수백, 수천의 각각 다른 은하들을 포함하고 있다(그림 16.9). 타원은하들은 이러한 천체

**그림 16.9** 은하단 중심부의 에이벨 1689. 사진에 있는 대부분의 불명확한 천체들은 단에 속해 있는 은하들이다. 노르스름한 타원은하는 흰색의 나선은하보다 그 수가 많다. 사진에 찍힌 구간은 그 폭이 약 200만 광년 정도 된다. (우리은하에 있는 몇몇의 별들은 십자형 스파이크 중심에 있는 흰 점처럼 전경에 나타난다.)

들이 외부은하단에서 발견되는 거대은하의 극소수(약 15%)만을 나타낸다고 하더라도 은하단
의 중심 구역에서는 거대은하의 절반을 이러한 타원은하들이 구성하고 있다.

## 16.2 은하까지의 거리

은하들의 형태, 색상, 종류 이외에 은하에 대해 더 많은 것을 배우기 위해 우리는 은하들이 얼
마나 떨어져 있는지 알 필요가 있다. 은하의 거리를 측정하는 것은 전체로서 은하와 우주를
이해하기 위해 노력하는 동안 우리가 직면한 가장 도전적인 과제 중 하나이다. 하지만 이에
대한 대가는 막대하다. 이러한 측정은 우리에게 은하가 어디에 위치하는지를 알려주는 것 외
에도 관측할 수 있는 우주의 크기와 나이를 말해준다. 다시 말해서 은하계의 거리를 측정하는
것은 바로 **우주론**(cosmology, 우주의 전체적인 구조와 진화에 대한 연구)의 기초라고 할 수
있다.

### ● 은하까지의 거리를 어떻게 측정하는가?

우리가 천문학적 거리를 확인하는 각 단계는 우주에서 꽤 먼 거리를 측정할 수 있
게 하는 일련의 과정이다. 우리는 이미 시차[12.1절]를 이용하여 주변 별들까지 거
리를 측정하는 데에 대해 논의했다. 시차에 의한 거리 측정은 지구-태양 간의 거리
나 천문학적 단위(AU)를 정확히 알도록 요구한다. 천문학자들은 전파가 지구로부
터 전송되고 금성에 반사된 레이더 **거리측정**(radar ranging)이라 불리는 기술을 이
용하여 AU를 측정한다. 전파는 빛의 속도로 움직이고, 레이더 신호로부터 측정된
왕복 시간은 지구에서부터 금성까지의 거리를 말해준다. 그러면 우리는 케플러의
법칙과 약간의 기하학을 이용하여 단위 AU의 정확한 길이를 계산할 수 있다. AU
를 알기 위한 레이더 거리측정은 우주거리사슬(사다리)의 첫 번째 연결고리를 나
타내고, 주변 별들까지의 시차 측정은 두 번째 연결고리를 나타낸다. 우리는 이제
관측 가능한 우주의 범위 가장 바깥쪽을 향하여 순차적으로 연결된 거리 측정 방
법들에 대해 논의하고자 한다.

**표준촉광** 한 번은 우리가 시차를 통해 주변 별들까지 거리를 측정해보니, 밤에 가
로등까지의 거리를 추정했던 것과 같은 방법으로 다른 별들까지의 거리를 측정할
수 있었다. 만약 가로등이 아주 밝아 보이지 않는다면, 이는 매우 멀리 떨어져 있
음을 의미한다. 만약 이 빛이 매우 밝아 보인다면 이는 가까이 있음을 의미한다.

우리는 이미 광도를 알고 있는 천체의 겉보기
밝기를 측정하고 빛의 역제곱법칙을 적용함으로써
천체까지의 거리를 결정할 수 있다.

우리가 램프의 겉보기 밝기를 측
정할 수 있다면 램프까지의 거리를 더 정
확하게 확인할 수 있다. 예를 들어, 우

리는 가로등의 거리로부터 1,000와트의 빛을 내는 모든 유형의 가로등을 알 수 있
다고 해보자. 그리고 나서 겉보기 밝기를 측정한다면, 우리는 빛의 역제곱법칙을
이용하여 거리를 계산할 수 있다[12.1절].

위에서 언급한 정확한 광도를 알 수 있는 가로등과 같은 천체들을 천문학자들은
**표준촉광**(알려져 있는 빛의 근원, 표준광도)이라고 부른다. 그러나 전구와는 달리
천체는 처음 관측한 것의 겉보기 밝기와 거리 없이 이에 대한 정확한 광도를 알 수

---

천문
**계산법 16.1**

**표준촉광**

빛의 역제곱법칙은 천체의 겉보기 밝기가 광도와 거리에
따라 어떻게 결정되는지를 말해준다(천문 계산법 12.1
참조). 약간의 대수학을 이용하여 이 법칙을 어떤 천체에
표준촉광으로서의 자격을 부여할 때와 같이 광도와 겉보
기 밝기를 알고 있는 천체까지의 거리를 측정할 수 있는
형태로서 다음과 같이 표현할 수 있다.

$$거리 = \frac{광도}{4\pi \times (겉보기\ 밝기)}$$

예제 : 여러분은 어떤 별의 겉보기 밝기를 $1.0 \times 10^{-12}$와
트/m²로 측정했다. 이 별은 태양과 같은 분광형과 광도
를 가지고 있다. 이 천체는 얼마나 떨어져 있는가?

해답 : 이 별은 본질적으로 태양과 유사하고 따라서 이 별
이 태양과 같은 광도인 $3.8 \times 10^{26}$와트라 추측할 수 있다.
우리는 다음 공식에 이 광도와 별의 겉보기 밝기를 사용
한다.

$$거리 = \frac{3.8 \times 10^{26} \text{watts}}{4\pi \times (1.0 \times 10^{-12} \frac{\text{watt}}{\text{m}^2})} \approx 5.5 \times 10^{18} \text{m}$$

이 별은 약 $5.5 \times 10^{18}$m 떨어져 있다. 우리는 이를 광년으
로 나타내기 위해 $9.5 \times 10^{15}$m/ly로 나눈다(부록 A 참조).
우리는 결과값으로 약 580광년을 얻을 수 있다.

있는 방법이 있어야만 표준촉광으로서의 역할을 할 수 있다. 운 좋게도 많은 천체들은 이러한 조건에 들어맞는다. 일례로 우리의 태양과 매우 흡사한 어떤 별―분광형이 G2인 주계열성―은 태양과 비슷한 광도가 필요하다. 만약, 우리가 태양 같은 별의 겉보기 밝기를 측정한다면 이 별이 태양과 같은 광도를 가지고 있고, 이에 대한 거리를 측정하기 위해 빛의 역제곱 법칙을 사용한다고 가정할 수 있다.

우리가 측정할 수 있는 시차거리를 넘어(2013년 현재로 약 1,500광년, 하지만 우주선 가이아로 인하여 수천, 수백 광년이 증가할 것으로 기대), 우주거리를 구할 때 우리는 대부분 표준촉광을 사용한다. 이러한 거리 측정은 완벽한 표준촉광을 가지는 천체는 없다고 판단했기 때문에 늘 불확실하다고 생각되었다. 따라서 거리를 정확하게 측정하고자 하는 노력들이 천문학 분야에서 이루어졌고, 최상의 표준촉광을 제공하는 대상을 찾으려고 하였다. 대상 천체에 대한 정확한 광도를 측정함은 거리에 관한 관측 결과가 그만큼 정확함을 말한다.

**주계열 맞추기** 가장 중요한 표준촉광 방법 중 하나는 성단의 H-R도상의 주계열과 비교하는 데 의존하는 것이다. 기본 발상은 표준촉광으로서 주계열성들을 이용하는 것이다. 특정 분광형의 모든 주계열성은 같은 광도를 가져야 하기 때문에, 우리가 이미 알고 있는 거리를 가진 성단 안의 주계열성들과 거리를 알지 못하는 성단의 주계열성들의 겉보기 밝기를 비교하여 이 성단까지의 거리를 계산할 수 있다. 그림 16.10은 이러한 측정 방법을 설명하고 있는데, 이를 **주계열 맞추기**(main-sequence fitting)라고 부른다. 주계열 맞추기는 우주거리사슬이 성립함을 밝히는 데 중요한 역할을 했다. 하지만 현재는 더 멀리까지 연주시차를 사용하여 측정할 수 있기 때문에 이 방법이 빈번하게 사용되지는 않는다.

**세페이드 변광성** 오늘날 과거에 비해 연주시차를 이용하여 훨씬 더 멀리 존재하는 천체들까지의 거리를 측정할 수 있게 되었다. 일반적으로 직접 거리를 측정하는 방법은 우리은하 내에 존재하는 천체들에 대해서만 주로 사용된다. 다른 은하까지의 거리를 측정하기 위해서는 아주 먼 거리에서도 충분히 보이는 밝기의 표준촉광이 필요하다. 이를 위한 가장 유용한 표준촉광으로 **세페이드 변광성**(Cepheid Variable Stars 또는 요약해서 Cepheids)이 있다. 이 별들은

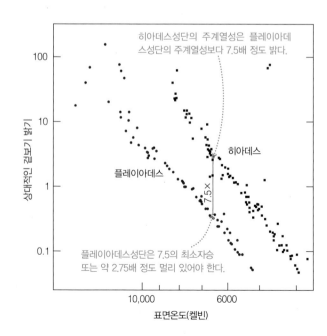

**그림 16.10** 주계열 맞추기 방법을 사용하기 위해 알지 못하는 거리에 있는 성단의 주계열의 겉보기 밝기(이 경우에는 플레이아데스성단)와 우리가 이미 알고 있는 거리를 가진 성단(히아데스와 같은 시차로부터 거리를 알게 된)의 겉보기 밝기를 비교한다.

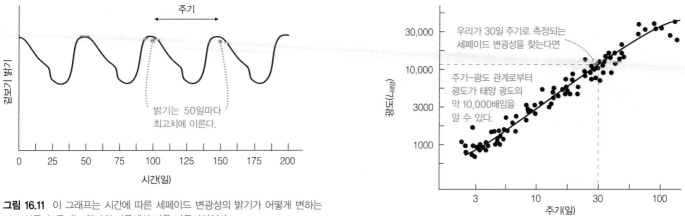

**그림 16.11** 이 그래프는 시간에 따른 세페이드 변광성의 밝기가 어떻게 변하는지 보여준다. 주기는 하나의 마루에서 다음 마루까지이다.

**그림 16.12** 세페이드 변광성의 주기-광도 관계. 이 데이터는 특정 주기의 모든 케페우스 변광성은 아주 비슷한 광도를 가지고 있고, 이로 아주 훌륭한 표준촉광이 됨을 보여준다. (세페이드 변광성은 두 가지의 다른 주기-광도 관계를 가진 두 유형이 있다. 그 관계는 우리태양의 중원소 함량과 매우 유사한 세페이드 변광성 또는 '유형 1 세페이드 변광성'이다.)

나앙한 광도를 가지고 있고(따라서 겉보기 밝기도 다양함), 수일에서 몇 달 동안 번갈아 가며 어두워졌다 밝아졌다 한다. 그림 16.11은 약 50일 동안의 세페이드 변광성의 다양한 밝기 변화를 보여준다.

1912년 헨리에터 레빗은 세페이드 변광성의 주기가 그들의 광도와 매우 밀접한 연관이 있음을 발견했다. 주기가 길수록 별은 더욱 선명한 빛을 냈다(그림 16.12). 세페이드 변광성은 **세페이드 변광성의 광도-주기 관계로부터 거리를 측정할 수 있다.** 밝기가 변화하는 동안의 시간을 측정하여 세페이드 변광성의 광도를 결정(약 10 % 이내)할 수 있게 해주는 **주기-광도 관계**를 따른다. 그림 16.12는 30일마다 가장 밝게 빛나는 세페이드 변광성이 실제로 "이봐, 친구들! 내 광도는 태양의 천 배라고!" 하며 소리치는 것처럼 보인다. 우리가 세페이드 변광성의 주기를 측정하면, 이 별의 광도를 알게 되고, 빛의 역제곱법칙을 이용하여 거리를 측정할 수 있게 된다.

레빗은 대마젤란운 안에 있는 세페이드 변광성을 정밀하게 관측하여 주기-광도 관계를 발견했지만, 그녀는 세페이드 변광성이 이러한 특별한 방식으로 밝기가 변하는 이유에 대해서는 알지 못했다. 이제 우리는 세페이드 변광성이 실제로는 크기가 커지면 더 밝아지고, 원래의 크기로 돌아가면 다시 어두워진다는 것을 알고 있다. 이는 더 큰(게다가 더 밝은) 세페이드 변광성이 맥동하는 데 더 오랜 시간이 소요되기 때문인 것으로 생각되었다.

세페이드 변광성은 거의 한 세기가량 가까운 은하의 거리를 측정하는 데 이용되었다. 이에 대해 간단히 논의하겠지만 이 천체들은 허블의 발견에 중요한 역할을 한 것으로 알려져 있다. 최근까지 허블우주망원경의 주된 임무 중 하나가 가까운 은하 내의 세페이드 변광성을 연구함으로써 1억 광년 이상 떨어진 은하의 거리를 정확하게 측정하는 것이었다. 이 거리는 듣기에 매우 멀어 보이지만, 그림 16.1에 나와 있는 은하들의 거리와 비교하면 여전히 꽤 가까운 거리에 있는 은하로 볼 수 있다. 더 나아가 훨씬 밝은 표준촉광의 광도를 알기 위해 세페이드 변광성으로 계산한 거리를 사용한다.

**먼 표준촉광** 천문학자들은 세페이드 변광성을 관측할 수 있는 너머에 있는 천체까지의 거리를 측정하기 위해 몇몇 기술을 개발해왔다. 이러한 측정 기술 중 가장 유용한 방법으로 백색왜성 초신성(white dwarf supernovae)을 표준촉광으로 사용하는 것이다.

백색왜성 초신성은 [14.1절] $1.4 M_{태양}$ 한계에 도달한 백색왜성이 폭발하는 천체이다. 이러한

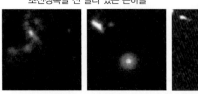

초신성폭발 전 멀리 있는 은하들

초신성폭발 후 같은 은하들

**그림 16.13** 대략 1,000만 광년 떨어진 은하에 위치한 백색왜성 초신성. 아래 그림의 하얀 화살표가 가리키는 것이 초신성이고, 위 그림은 이 은하들이 초신성 없이 어떻게 보이는지를 나타낸다.

초신성은 모두 거의 비슷한 광도를 가지고 있고, 이는 아마 그들 모두가 비슷한 방식으로 광도가 커지고 또한 유사한 질량의 별로부터 유래했기 때문일 것으로 생각된다. 비록 백색왜성 초신성은 개개 은하에서는 보기 드물지만 지난 세기 동안 우리은하에서 약 5천만 광년 내의 은하들에서 발견되어 왔다. 이러한 현상들을 꼼꼼히 기록했던 천문학자들 덕분에, 오늘날 우리가 세페이드 변광성을 사용하여 은하까지의 거리를 측정하고 은하 내에서 발생하는 초신성들의 실제 광도들을 확인할 수 있게 되었다.

백색왜성 초신성은 매우 밝기 때문에 — 최고 태양광도의 약 1,000만 배 — 몇백만 광년 떨어진 은하에서 발견될 때도 있었다(그림 16.13). 우리는 이 천체들을 이용하여 관측 가능한 우주 내 광범위하게 존재하는 은하들까지의 거리를 측정할 수 있다. 비록 이 방법을 이용하여 측정할 수 있는 거리를 가진 은하의 수가 비교적 적을지라도(이는 백색왜성 초신성이 보이는 은하에서만 가능하기 때문이다.), 다른 방법 — 하나는 우주팽창과 관련된 — 으로 은하들의 거리를 측정할 수 있다.

*백색왜성 초신성은 밝고 광도의 최고치가 거의 유사하기 때문에 먼 거리를 측정하는 데 유용하다.*

## ● 허블의 법칙은 무엇인가?

은하까지의 거리를 정확하게 측정할 수 있는 기술력은 우주의 크기와 나이에 대한 현대적인 이해에 있어 중요한 열쇠가 되었다. 우리는 허블의 이름을 딴 법칙을 포함하여 에드윈 허블이 이 법칙을 발견하기까지의 과정을 밟고자 한다. 이는 우주의 크기와 나이를 측정하는 제반 과정에 관한 우리들의 이해를 도울 것이다.

**허블과 안드로메다은하** 1920년대에 허블의 획기적인 업적 이전에 그 누구도 그들이 하늘에서 보는 나선형의 천체가 단지 은하계 내에 있는 기체구름인지 — 그 때문에 은하계는 우주 전체로 대변되었다 — 멀고 나름대로의 독립적인 은하인지 확실히 알지 못했다. 천문학자들의 견해는 분분했고, 이는 그 당시 대논쟁의 논점이 되었다.

허블은 1924년에 이러한 논쟁을 잠재웠다. 그는 새로운 장치, 남부 캘리포니아 윌슨산 꼭대기에 있는 100인치 망원경(그림 16.14), 당시 세계에서 가장 큰 망원경을 이용하여 날짜별로 찍은 은하의 사진을 비교함으로써 안드로메다은하 내에 존재하는 세페이드 변광성을 발견했다. 레빗의 주기-광도 관계를 이용하여, 그는 세페이드 변광성의 광도를 측정하고 은하의 거리를 계산할 수 있었다. 그는 그렇게 함으로써 안드로메다은하가 우리은하의 외곽 훨씬 너머에 위치함을 증명했다.

*에드윈 허블은 세페이드 변광성을 이용하여 안드로메다은하가 우리은하로부터 멀리 떨어져 있음을 입증하였다.*

이 유일무이한 과학적 발견은 우주에 대한 우리의 시각을 극적으로 바꾸었다. 우리은하계가 우주의 전체가 아니라 거대한 우주 안에 있는 수많은 은하 중 하나일 뿐임을 비로소 인지하게 되었다. 이 발견은 새로운 시작에 불과했다.

**거리 및 적색이동** 천문학자들은 대부분의 나선은하들의 스펙트럼이 적색이동되어

**그림 16.14** 윌슨산 천문대에 있는 에드윈 허블

나타나는 경향이 있다는 것을 이미 알고 있었다(그림 16.15). 적색이동은 방사능을 방출하는 천체가 우리로부터 멀어질 때 발생한다는 것을 기억하자[5.2절]. 허블이 아직 나선은하가 은하계로부터 분리되어 있다는 것을 증명하지 못했었기 때문에 아무도 나선은하의 움직임의 진정한 의미를 이해할 수 없었다.

안드로메다의 세페이드 변광성에 대한 그의 발견에 따르면, 허블과 그의 동료들은 다음 몇 년간을 은하의 거리를 추정하고 적색이동을 측정하는 데 보냈다. 세페이드 변광성조차 대부분의 이런 은하들처럼 매우 희미하게 빛났기 때문에, 허블은 거리를 측정하기 위한 더 밝은 표준촉광이 필요했다. 그가 가장 좋아하는 관측 방법 중 하나는 표준촉광 대상 천체로 각 은하의 가장 밝은 천체를 이용하는 것이었다. 그는 이들 천체들이 항시 일정한 광도를 가지고 있는 매우 밝은 별일 것이라고 생각했기 때문이다.

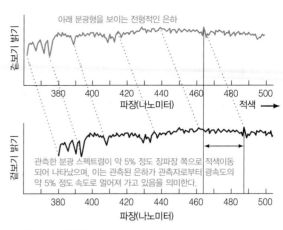

**그림 16.15** 적색이동 은하 스펙트럼

*은하의 적색이동 현상은 은하가 우리로부터 얼마나 빨리 멀어져 가고 있는지를 말해주며 적색이동과 거리와의 상관관계는 우리 우주가 팽창하고 있음을 나타낸다.*

1929년 허블은 그 동안의 연구결과를 발표했다. 은하의 거리가 멀수록 적색이동은 더 크다, 즉 은하들이 더욱 빠른 속도로 우리로부터 멀어진다. 우리가 제1장에서 논의했던 것처럼(그림 1.15 참조), 허블의 발견은 우주 전체가 팽창하고 있다는 것을 암시한다.

허블의 주장은 극히 작은 은하 모형에 기초한다. 즉, 그가 그의 표준촉광 광도를 극도로 과소평가했음을 의미한다. 그가 표준촉광으로 사용했던 '가장 밝은 별'은 정말로 밝은 별들의 전체 성단이었다. 다행히도 허블은 대담하면서도 운 좋은 사람이었다. 훨씬 큰 은하 모형을 이용한 차후의 연구들이 실제로 허블의 예상보다 은하들이 더 멀리 존재한다는 사실을 밝히기는 했지만 우리로부터 은하들이 멀어지고 있다는 허블의 연구결과를 바꾸지는 못했다.

**허블의 법칙**　은하가 우리로부터 멀리 있을수록 멀어지는 속도가 더 빨라진다는 개념을 표현한 간단한 식이 있는데, 이 식이 바로 우리가 **허블의 법칙**(Hubble's Law)이라고 알고 있는 경험식이다.

$$v = H_0 \times d$$

$v$는 은하가 우리로부터 멀어지는 속도를 의미하고(후퇴속도라고 불림), $d$는 은하와 관측자 사이의 거리이고, $H_0$는 **허블 상수**를 나타낸다. 거리에 따른 은하의 시선속도의 개념을 표현할 때 보통 이 식을 사용한다. 하지만 천문학자들은 이 법칙을 역으로 더 많이 사용하기도 한다. 은하의 적색이동으로 속도를 측정한 후 은하까지의 거리를 측정하기 위해 허블의 법칙을 사용한다.

*허블의 법칙은 은하 속도와 거리와의 상관관계를 나타내고 따라서 은하의 속도로부터 거리를 측정할 수 있도록 해준다.*

허블의 법칙은 우리가 적색이동을 측정할 수 있는 먼 거리에 있는 모든 은하에 이 원리가 적용되기 때문에 아주 멀리 떨어진 은하까지 거리를 계산할 수 있는 가장 유용한 방법이다. 그럼에도 불구하고 우리는 허블의 법칙을 이용하여 은하의 거리를 계산할 때 두 가지 문제에 부딪힌다.

천문
**계산법 16.2**

**허블의 법칙**

우리는 허블의 법칙 $v = H_0 \times d$를 후퇴속도 $v$로부터 은하의 거리 $d$를 구하기 위해 사용할 수 있다. 우리는 양변을 $H_0$로 나누어 다음과 같은 식을 얻을 수 있다.

$$d = \frac{v}{H_0}$$

만약 우리가 거리를 광년으로 구하길 원하거나, 측정된 속도를 km/s로 알고 있다면, 우리는 km/s/Mly 단위를 가진 허블 상수가 필요하다.

예제 : 지구로부터 22,000km/s의 속도로 멀어지는 것을 나타내는 적색이동을 보이는 은하의 거리를 측정하려 한다. 허블 상수는 $H_0 = 22$km/s/Mly로 추정된다.

해답 : 주어진 값을 위의 식에 대입하면

$$d = \frac{v}{H_0} = \frac{22,000 \text{km/s}}{22 \frac{\text{km/s}}{\text{Mly}}} = 1000 \text{Mly}$$

은하의 거리는 약 10억 광년이다.

1. 은하는 허블의 법칙을 완벽히 따르지 않는다. 허블의 법칙으로는 오로지 우주팽창에 의해 단독으로 결정되는 속도를 가진 은하에 대해서만 정확한 거리를 계산할 수 있다. 실제로는 거의 모든 은하가 다른 은하로부터 중력적 당김(gravitational tug)을 경험하고, 이러한 인력은 허블의 법칙에 의한 예상 값과는 다른 은하의 속도를 나타낸다.

2. 허블의 법칙이 보편적으로 받아들여진다 하더라도 우리가 찾고자 하는 은하까지의 거리를 정확하게 측정하기 위해서는 허블 상수를 정확하게 결정하는 것이 우선 전제되어야 한다.

첫 번째 문제는 가까운 은하들에 있어 가장 큰 문제이다. 예를 들어 국부은하군 내에서 허블의 법칙이 적용된다고는 보기 어렵다. 국부은하군에 속하는 은하들은 중력적으로 긴밀하게 묶여 허블의 법칙에 따라 우리로부터 멀어지지는 않을 것이다. 오히려 우리로부터 멀리 있는 은하들의 경우 허블의 법칙을 잘 따른다고 볼 수 있다. 먼 곳에 위치한 은하들은 후퇴속도가 매우 크기 때문에 주변 은하들에 의한 중력적 당김 현상이 상대적으로 미약해 보이기 때문이다.

두 번째 문제의 의미는 먼 곳에 있는 은하의 경우에 우리는 $H_0$의 실제 값을 분명하게 결정할 수 있을 때까지 오직 상대적인 거리만을 알 수 있다는 것이다. 일례로 허블의 법칙은 20,000km/s의 속도로 우리로부터 멀어지는 은하가 10,000km/s로 움직이는 은하보다 2배 멀리 떨어져 있다는 것을 알려주지만, 우리가 $H_0$를 정확히 알 경우에만 두 은하의 관측자로부터 위치한 실제거리를 계산할 수 있다.

허블우주망원경은 우리가 $H_0$의 정확한 값을 얻을 수 있도록 도와준다. 천문학자들은 이 망원경을 약 1억 광년 이상의 은하들에 있는 세페이드 변광성까지의 거리를 측정하기 위해 사용

## 특별 주제 : 누가 팽창하는 우주를 발견했는가?

우리는 일반적으로 허블이 팽창하는 우주를 발견한 것으로 알고 있다. 하지만 다른 대부분의 과학적 발견처럼 허블의 발견 또한 허블에 의해서만 이루어진 것으로 보기는 어렵다. 허블과 그의 조력자 밀턴 휴메이슨이 함께 연구한 거리 측정값에 기초하여 팽창하는 우주의 발견이 가능했다는 사실을 부인하기는 어렵다. 하지만 허블이 초기에 사용했던 적색이동 측정은 수년 전 로웰천문대의 천문학자에 의해 관측된 것이었다. 벨기에 성직자와 천문학자 조르주 르메트르는 1927년 허블의 논문이 출간되기 2년 전에 우리가 현재 허블의 법칙이라고 부르는 과학 현상에 대해 발표한 적이 있다. 또한 우주팽창률(현재 허블 상수라고 부르는)을 계산해서 발표하기도 했다.

이러한 사실은 일부 과학사 전공학자들에 의해 밝혀졌으며, 허블보다는 르메트르가 우주가 팽창함을 발견하는 데 더 큰 공헌을 했다고 제안하기에 이른다. 하지만 이러한 논쟁에는 몇 가지 문제점이 있다. 첫째, 허블은 르메트르의 논문을 몰랐으며, 이 논문은 벨기에의 잘 알려지지 않은 저널에 출간되었다. 둘째, 르메트르의 연구는 허블의 이미 출간된 은하에 대한 거리와 슬라이퍼의 논문으로 출간된 적색이동 측정 결과에 기초하였다. 더욱이 1931년 일반적인 독자들을 위해 르메트르가 그의 논문을 영어로 번역했을 때 우주팽창에 대한 그의 발견에 대한 부분을 포함하지 않았다*. 아마도 르메트르는 단순히 겸손해서 그러했을 수도 있지만, 우주팽창에 대한 발견의 지적재산권을 허블에게 양보하려고 그랬을 수도 있다. 아무튼 르메트르가 팽창하는 우주를 발견한 것은 처음이지만, 허블이 그의 발견을 독립적으로 수행했고, 이로부터 유명해진 것 또한 인정하지 않을 수 없다.

* 한동안 일부 사람들은 이렇게 누락된 부분에 대해 어떤 음모가 관련되어 있을 것으로 생각했다. 하지만 미국 우주망원경과학연구소의 마리오 리비오 과학자는 르메트르 과학자 자신이 누락된 부분을 포함하지 않은 것임을 보이는 편지를 최근 발견했다고 발표하였다.

하고, 측정한 거리는 백색왜성 초신성과 같이 멀리 있는 표준촉광의 광도를 계산하기 위해 사용한다.

적색이동으로 측정된 속도값에 대응하는 먼 은하들의 거리(표준촉광으로부터 도출된) 분포를 그래프로 나타내면 21~23km/s/Mly 사이에 $H_0$의 값이 존재함을 알 수 있다(그림 16.16). 즉, 은하가 우리로부터 멀어지는 속도는 백만 광년 동안 21~23km/s이다. 예를 들어, 이러한 범위 내의 허블 상수로 1억 광년 떨어진 곳에 위치한 은하가 우리로부터 2,100~2,300km/s의 속도로 멀어지고 있는 것을 허블의 법칙을 통해 예측할 수 있다.

**거리사슬 요약** 그림 16.17에 요약된 다음 방법은 우주에서 거리를 확인할 수 있도록 해주는 일련의 측정값을 제공한다.

- 레이더 거리 측정 : 금성에서 반사되는 전파와 약간의 기하학을 이용하여 지구-태양의 거리를 구할 수 있다.
- 시차 : 지구가 태양궤도를 공전함에 따라 별들의 위치가 어떻게 바뀌어 보이는지 관측하여 가까운 별들의 거리를 측정한다. 이러한 거리는 레이더 거리 측정 방법으로 구한 지구-태양의 거리에 대한 지식이 필요하다.
- 주계열 맞추기 : 연주시차를 통해서 우리 은하계의 히아데스성단까지의 거리를 알 수 있었다. 주계열성의 겉보기 밝기와 다른 성단에 있는 별들을 비교하여 다른 성단까지의 거리를 구한다.
- 세페이드 변광성 : 연주시차 또는 주계열 맞추기를 사용하여 측정한 거리를 가진 성단 안의 세페이드 변광성을 연구함으로써 세페이드 변광성의 정확한 주기-광도 관계를 알 수 있었다. 좀 더 먼 성단이나 은하에서 세페이드 변광성을 찾으면 밝기의 정점 사이 기간을 측정함으로써 실제 광도를 결정하고, 이로부터 거리를 계산할 수 있다.

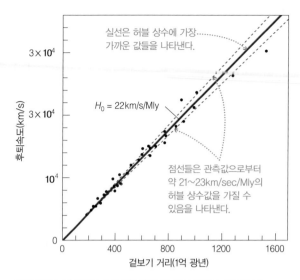

**그림 16.16** 백색왜성 초신성은 매우 먼 거리 밖으로 허블의 법칙을 성립하는 표준촉광으로 사용할 수 있다. 이 그림에 보이는 점들은 백색왜성 초신성의 분명한 거리와 폭발하는 은하의 후퇴속도이다. 이 점들이 모두 직선에 가깝게 떨어진다는 사실은 이러한 초신성이 훌륭한 표준촉광이라는 것을 입증한다.

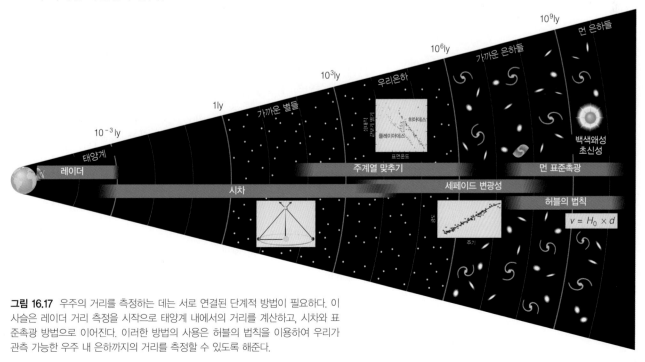

**그림 16.17** 우주의 거리를 측정하는 데는 서로 연결된 단계적 방법이 필요하다. 이 사슬은 레이더 거리 측정을 시작으로 태양계 내에서의 거리를 계산하고, 시차와 표준촉광 방법으로 이어진다. 이러한 방법의 사용은 허블의 법칙을 이용하여 우리가 관측 가능한 우주 내 은하까지의 거리를 측정할 수 있도록 해준다.

- **먼 표준촉광** : 세페이드 변광성으로 주변 은하까지의 거리를 측정함으로써, 우리는 우주 전반에 걸쳐 분포하는 백색왜성 초신성의 실제 광도를 알 수 있고, 이로 말미암아 우주 도처의 아주 먼 거리도 측정할 수 있다.

- **허블의 법칙** : 백색왜성 초신성으로 구한 은하까지의 거리는 허블 상수 $H_0$를 측정할 수 있게 한다. $H_0$ 값을 알게 되면, 우리는 허블의 법칙을 사용하여 은하의 적색이동으로부터 그 천체까지의 거리를 결정할 수 있다.

거리사슬 안의 각각의 연결고리는 거리를 측정함에 있어서 불확실성을 가중시킨다. 결과적으로 우주거리사슬에서 지구–태양 거리를 매우 정확하게 알고 있다고 할지라도 관측 가능한 우주, 가장 멀리 도달할 수 있는 곳까지의 거리는 적어도 5% 정도의 불확실성을 내포한다.

## ● 거리측정은 우주의 나이와 어떤 관계가 있는가?

허블의 법칙은 우주를 이해하기 위한 매우 강력한 도구이다. 이 법칙은 우주가 팽창한다는 것을 알려주고 우주거리를 측정하는 방법을 제공할 뿐만 아니라 관측 가능한 우주의 나이와 크기도 계산할 수 있도록 해준다. 그 방법을 구체적으로 알아보기 위해 우선 좀 더 자세하게 우주의 팽창에 대해 생각해 봐야 할 것이다.

**우주팽창** 우주 안에 존재하는 은하들은 모두 개개 은하로부터 멀어지고 있고, 이 사실은 은하들이 과거에는 상대적으로 서로 가까이 있었음을 암시한다. 이 수렴 지점으로 되돌아가 추적하면 우리는 관측 가능한 우주 내의 모든 물질이 서로 아주 가까이에서 시작되었고, 우주 전체는 찰나에 생성되었음을 추론할 수 있다. 이것이 빅뱅이다[1.2절].

공간으로 확장되는 한 무리의 은하처럼 팽창하는 우주에 대한 생각은 매력적이겠지만 이는 사실이라고 보기 어렵다. 우리가 알고 있는 바에 의하면 우주는 어디로도 확장되지 않는다. 상식적인 선에서 바라볼 때 우주에는 은하가 분포되어 있는 경계가 없다. 거대구조 측면에서 바라볼 때 은하들은 매우 균일하게 분포되어 있으며 이는 우리가 우주의 어느 위치에 있든지 상관없이 보이는 우주의 총괄적인 모습은 비슷해 보일 것을 의미한다. 우주는 중심도 끝도 없고 큰 규모에서는 어느 곳을 바라보아도 유사하게 보일 것이라는 이 관점은 종종 **우주론 원리**(cosmological principle)라고 불린다. 이 원리가 사실인지 입증하지 못한다고 하더라도 이 우주론 원리는 우주에 대한 우리의 모든 관측 결과를 뒷받침한다[18.3절].

> 우주팽창은 우주가 태초에 한 시공간의 특이점에서 시작되었음을 의미한다.

만약 우주가 어디로도 팽창하지 않는다면 어떻게 확장될 수 있다는 것일까? 제1장에서 우리는 팽창하는 우주를 건포도 케이크를 굽는 것에 비교했지만[1.3절], 케이크는 중심이 있고 구워지는 동안 공간을 향해 점점 커지는 가장자리도 있다. 가장 나은 비유는 중심도 없고 가장자리도 없이 팽창한다는 것이다. 모든 방향으로 무한히 확장하는 얇은 고무처럼, 무한한 표면을 가진 풍선을 생각하면 쉽게 이해할 수 있다.

무한한 시공간을 상상하기는 힘들기 때문에 팽창하는 우주를 풍선의 **표면**으로 비유해보자 (그림 16.18). 이 비유는 삼차원 우주를 대신하여 풍선의 이차원적인 표면을 사용한다는 것을 기억하자. 풍선의 표면은 우주 전체 모습을 대신하고, 이 비유에서 풍선의 안팎은 아무 의미도 없는 것이다. 차원이 하나 줄어든 것 외에는 어느 도시도 지구의 중심이 될 수 없고, 여러분이 걷거나 항해하는 곳에 가장자리는 존재하지 않는다. 풍선의 구체 표면 역시 중심도 가장

자리도 없기 때문에 이 비유는 아주 적절하다고 할 수 있다. 우리는 풍선에 플라스틱 점을 붙이는 것으로 은하를 대신할 수 있고, 팽창하는 풍선으로 확장하는 우주 모형을 만들 수 있다.

**스스로 해보기** ▶ 고무줄과 페이퍼클립으로 팽창하는 우주의 일차원 모형을 만들어보자. 고무줄을 잘라 일직선으로 만든 후 이를 따라 페이퍼클립을 붙여보자. 고무줄 끝을 핀으로 고정한 후 각 페이퍼클립 간의 거리를 추정해 보자. 고무줄 끝의 핀을 풀고 고무줄을 늘인 다음 다시 고무줄 끝에 클립 간의 거리를 다시 측정해보자. 각 클립 간의 거리는 얼마나 변하였는지, 또한 이렇게 측정한 값과 허블의 법칙은 어떠한 관련이 있는지 살펴보자.

**우주의 나이** 우리는 허블의 법칙으로 우주의 나이를 측정할 수 있게 되었다. 어떤 과학자를 축소하여 풍선 위에 놓자. 이 과학자가 그림 16.18의 점 B에 살고 있다고 상상해보자. 3초 후 풍선이 부풀기 시작하면 각각 다음을 측정할 수 있다.

점 A는 1cm/s의 속도로 3cm만큼 이동한다.
점 C는 1cm/s의 속도로 3cm만큼 이동한다.
점 D는 2cm/s의 속도로 6cm만큼 이동한다.

다음에 나오는 관측을 요약하면, 모든 점은 3cm마다 1cm/s의 속도로 각자의 집으로부터 멀어질 것이다. 풍선의 팽창은 한결같기 때문에 다른 점에 살고 있는 과학자들도 같은 결론에 도달할 것이다. 풍선 위에 있는 과학자들은 다음 식에 따라 거리와 풍선의 각각 다른 점에서의 속도를 계산할 수 있다.

$$v = \left(\frac{1}{3s}\right) \times d$$

$v$와 $d$는 각 점에서의 속도와 거리이다.

**생각해보자** ▶ 점 B에서 보았을 때 위 식으로부터 점 C와 점 D에서의 속도를 구할 수 있음을 확인해보자. 3초 후 풍선이 팽창하기 시작했다. 점 B에 있는 과학자 기준에서는 점 B로부터 9cm 떨어진 곳까지 얼마나 빠르게 이동하겠는가?

만약 위에서처럼 축소된 과학자들이 그들의 풍선이 거품이라고 생각한다면 그들은 거리와 속도에 관한 수 — 앞 식의 1/3s항 — 를 '버블 상수'라고 불렀을 것이다. 특히 통찰력 있는 과학자라면 버블 상수를 뒤집어서 이 상수가 풍선이 팽창을 시작했을 때부터 흐른 시간과 정확히 같다는 것도 찾아냈을 것이다. 즉, 버블 상수 1/3s은 3초 동안 풍선이 팽창한다는 것을 말한다. 아마 여러분은 우리가 어디를 향하고 있는지 알 수 있을 것이다.

버블 상수의 역수가 과학자들에게 그들의 풍선이 3초 동안 팽창했음을 알려주는 것처럼, 허블 상수의 역수 또는 $1/H_0$은 우리에게 우주가 얼마나 오랫동안 팽창해왔는지를 알려준다. 풍선의 버블 상수는 풍선이 측정될 때에 결정되지만 이는 항상 1을 풍선이 팽창하기 시작한 때부터의 시간으로 나눈 값과 같다. 이와 유사하게 허블 상수도 시간에 의해 바뀌는데, 1을 우주의 나이로 나눈 값과 거의 같게 유지된다고 볼 수 있다. 우리는 이를 '상수'라고 부르는데, 우주 어디에서나 비슷한 값을 같기 때문이다. 또한 이 값은 인간 문명 아래 시간의 척도에서도 크게 바뀌지 않기 때문이기도 하다.

허블 상수만 고려한 간단한 계산에 의하면 우주의 나이는 약 140억 년에 조금 못 미친

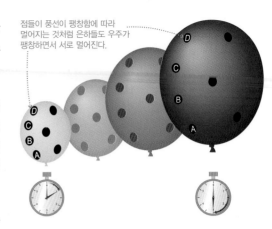

점들이 풍선이 팽창함에 따라 멀어지는 것처럼 은하들도 우주가 팽창하면서 서로 멀어진다.

**그림 16.18** 풍선이 팽창함에 따라 팽창하는 우주에서 은하들이 이동하는 것처럼 점들도 상대적으로 움직인다.

일반적인
# 오해

### 우주의 팽창은 어디로?

우리가 우주팽창에 대해 처음 알게 될 경우 당연히 우주가 어디로 팽창해 가는 것으로 생각한다. 빅뱅이라는 용어는 종종 물질이 거대하고 비어 있는 공간으로 분출해 나가는 거대한 폭발을 떠올린다. 그러나 빅뱅의 과학적인 측면은 매우 다르다. 현대과학에 따르면, 빅뱅은 우주의 모든 공간을 물질과 에너지로 가득 채우게 된다.

빅뱅이론은 우주가 비어 있는 공간으로 팽창해 나가는 형태가 아닌 모든 공간이 팽창으로부터 시작했음을 뒷받침한다. 이에 대한 해석은 아인슈타인의 일반상대성이론을 필요로 하며, 이에 의하면 공간은 우리가 측정할 수 있는 형태로 휘어져 있으나(또는 굽어져 있으나), 이를 가상화하기는 어렵다(p. 460, '특별 주제' 참조). 풍선을 우주로 비유함으로써 우주팽창 및 빅뱅에 대한 핵심적인 아이디어를 이해할 수 있다. 풍선의 표면이 우주 공간으로 비유될 때, 풍선의 표면이 중심도 없고 가장자리도 없는 것처럼 우주는 중심도 없고 가장자리도 없는 것으로 해석할 수 있다. 이러한 분석에 의하면 팽창하는 우주는 마치 팽창하는 풍선의 표면과 같으며, 빅뱅은 무척 작은 풍선이 처음으로 팽창하기 시작했을 때와 비유될 수 있다. 풍선이 팽창함에 따라 표면에 있던 두 점은 멀어지는데, 이는 두 점이 전부터 있던 표면 위의 무한한 공간으로 이동하기 때문이 아니라, 표면 자체가 늘어나기 때문으로 이해된다. 이와 같이 은하들은 은하들 사이의 공간이 과거의 비어 있던 공간으로 이동하기 때문이 아니라, 은하들 사이의 공간이 점점 확장되기 때문에 팽창하는 우주에서 점점 서로 멀어져 간다.

다. 좀 더 정확한 값의 우주의 나이를 얻기 위해 우리는 우주의 팽창속도가 시간에 따라 빨라

우주팽창속도로부터 우주의 나이가 약 140억 년임을 추정할 수 있다.

지고 있는지, 아니면 느려지고 있는지 알 필요가 있다. 이 문제에 대해 제18장에서 좀 더 자세히 검토할 것이다. 만약 팽창속도가 시간에 따라 느려지고 있다면(예 : 중력으로 인해), 우주의 나이는 $1/H_0$에 약간 못 미칠 것이다. 만약 팽창속도가 시간에 따라 가속된다면(최근에 발견된 증거는 팽창속도가 약간 가속되었음을 보여준다.) 우주의 나이는 $1/H_0$보다 다소 많을 것이다. 쓸 만한 최상의 증거는 우주의 나이가 140억 년에 매우 가깝다는 것을 암시한다.

**전환확인시간과 적색이동** 우리는 우주의 팽창을 무시해 왔기 때문에 우주의 거리를 논의하는 데 있어 혼란스러웠다. 빛은 현재 우리가 있는 곳까지 도달했지만, 발생 시점은 약 4억 년 전으로 멀리 있는 초신성을 생각해보자. 초신성이 포함된 은하로부터 출발하여 우리에게 도달한 광자는 총거리 4억 광년을 빛의 속도로 이동했으며 광자가 여행한 거리는 4억 광년에 이를 것이다. 하지만 이 4억 광년이라는 거리는 초신성이 있는 은하까지의 현재의 거리보다는 가깝고, 초신성이 생길 당시의 거리보다는 멀다. 이는 은하의 거리가 초신성의 빛이 우리에게 오는 데 걸린 시간 동안 계속해서 증가하고 있기 때문이다. 결과적으로 은하의 거리를 설명하는 가장 유용한 방법은 간단히 말해서 이 빛이 우리에게 오기까지 4억 년이 걸린다는 것이다. 우리는 이 시간을 은하의 **전환확인시간**[lookback time(lookback : 과거를 되돌아보는 것, 회고 _역자 주)이라고 부른다. 이는 우리가 보고 있는 은하가 4억 년

한 천체의 전환확인시간은 그 천체로부터 방출된 빛이 우리에게 도달하기까지의 시간을 말한다.

전의 은하라는 것을 의미한다. 천문학자들은 보통 전환학인시간을 이용하여 먼 거리를 설명한다. 예를 들어 천문학자들이 은하에 대해 "4억 광년 떨어져 있어."라고 말할 때, 이는 일반적으로 은하가 4억 광년의 전환확인시간을 가진다는 것을 의미한다.

이러한 사실은 우리가 먼 은하의 적색이동을 이해하는 방법에도 영향을 미친다. 은하의 적색이동을 이해하기 위한 한 가지 방법은 은하가 우리로부터 얼마나 빠르게 멀어지는지에 대해 아는 것이다(허블의 법칙에 있는 $v$). 그러나 만약 우리가 건포도 케이크나 풍선의 비유를 다시 생각해본다면, 대안 설명이 가능하다는 것을 알게 될 것이다. 우리는 또한 은하가 있는 우주에 관하여 그들 사이의 우주가 커지는 동안 비교적 정지한 듯 보이는 은하에 대해서도 생각해볼 수 있다. 이런 관점에서 볼 때 풍선이 커짐에 따라 풍선 표면 위에 그려 넣은 곡선이 늘어나듯이 우주의 팽창은 시간에 따라 광자의 파장이 좀 더 길어지게(더 붉어지게) 만든다고 볼 수 있다(그림 16.19).

본질적으로 우리는 먼 은하의 적색이동을 이해할 때 한 가지를 선택해야 한다. 적색이동이 우리로부터 멀어지는 은하로 인한 도플러 효과에 의해 생기는 것인지, 팽창하는 우주에서 늘어나는 광자로부터 발생하는 **우주론적 적색이동**(cosmological redshift)인지 생각해볼 수 있다. 하지만 먼 은하에 대해서 천문학자들은 공간이 시간에 따라 팽창하고, 은하와 함께 이동하며, 광자의 파장을 늘어나게 한다고 생각되는 후자의 관점이 더 설득력이 있음을 깨달았다. 은하의 적색이동은 그러므로 은하의 빛이 우리에게 오는 시간 동안 얼마나 많은 공간이 팽창했는지를 알려주고, 전환확인시간은 우리에게 그 빛이 이동한 거리를 알려준다.

**우주 지평선** 우리가 팽창하는 우주에 대한 논의를 시작했을 때, 우리는 우주의 전체적인 모

습에 가장자리를 가지고 있어 보이지 않는 것에 대해 강조했다. 그러나 우리가 제1장에서 논의한 것에 따르면 우주나이는 ~~관측 기능한~~ 우주의 크기를 제한한다(그림 1.3 참조). 우리는 전환확인시간인 우주나이 140억 년과 같은 거리에 해당하는 **우주 지평선** 너머로 어떤 천체도 볼 수 없다. 우주 지평선은 시간의 경계이지 공간의 경계는 아니

관측 가능한 우주의 크기는 우주의 나이로부터 결정된다.

다. 다시 말하면 우리가 과거를 볼 수 없는 이유가 은하가 존재할 수 있는 거리에 한계가 있기 때문은 아니라는 말이다. 따라서 관측 가능한 우주는 우주 지평선에서 끝이 난다고 볼 수 있다.

## 16.3 은하의 진화

이 장의 시작에 나오는 그림 16.1의 은하들은 비교적 가까운 곳으로부터 우주 지평선까지 분포한다. 우리가 이들 은하들의 전환확인시간을 어떻게 구하는지 이해한 지금, 이제 은하가 팽창하는 우주에서 어떻게 형성되었고 성장했는지에 관한 연구, 즉 바로 **은하진화**라고 알려진 주제에 우리의 관심을 돌리고자 한다.

### ● 우리는 어떻게 은하의 진화를 연구하는가?

대부분의 천문학 분야에서 천문학자들은 관측과 이론 모형의 조합을 통해서 은하의 진화를 연구한다. 관측은 우리에게 시간이 지남에 따라 은하가 어떻게 진화를 하는지에 관한 중요한 단서들을 보여준다. 이론적인 설명 또는 모형의 도입은 우리가 직접적으로 관측할 수 없는 초기 은하의 형성을 이해하는 데 중요한 역할을 한다.

**다른 나이의 은하 관측** 우리가 더 먼 우주를 연구할수록 시간을 더 거슬러 올라가야 하기 때문에 배율이 높은 망원경은 타임머신처럼 은하의 생의 역사를 관측하기 위해 사용될 수 있다 [1.1절]. 가장 먼 은하는 이미 약 130억 년 전에 형성된 별들을 가지고 있다. 이 별들은 우리은하 내의 가장 오래된 별들과 나이가 일치한다는 의미이다. 그러므로 대부분의 은하들이 대략 이 시간에 형성되기 시작했다고 주장할 수 있다. 이 경우 대부분의 은하들이 오늘날과 같은 나이가 될 것이다. 은하의 전환확인시간은 은하의 나이와 직접적인 연관이 있다. 주변 은하들(10억 년보다 훨씬 적은 전환확인시간을 가진)은 130억 년보다 많을 수 있는 반면에, 140억 년의 우주 안에 있는 130억 년의 전환확인시간을 가진 은하는 분명 10억 년보다는 나이가 적을 것이다.

**생각해보자 ▶** 우리는 매우 넓은 의미에서 '오늘날'이라는 용어를 사용했다. 예를 들어 상대적으로 가까운 은하가 2천만 광년 떨어져 있는 곳에 위치해 있다면 우리가 보는 대상은 2천만 년 전의 것이라는 것이다. 이 '오늘날'은 어떤 뜻일까?

이 전환확인시간과 나이 사이의 관련성은 우리에게 놀라운 사실을 말해준다. 단순하게 다른 거리에서 은하 사진을 찍는 것으로 각각의 진화단계를 보여주는 청사진을 만들 수 있다. 그림 16.20은 예를 들어 각각 타원은하, 나선은하, 불규칙은하를 보여준다.

대부분의 은하들은 우주진화 과정 중 상대적으로 초기에 형성되었으며, 은하들의 거리는 은하의 나이와 밀접한 관련이 있다.

이 사진은 은하의 일생에 있어 연대별 은하의 진화 모습을 보여주기도 한다. 은하의 종류별로 사진을 분류하는 것은 특정 유형의 은하가 시간에 따라 어떻게 변화해 왔는지를 보여준다.

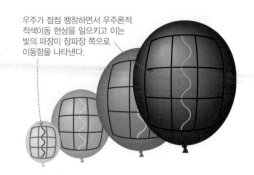

우주가 점점 팽창하면서 우주론적 적색이동 현상을 일으키고 이는 빛의 파장이 장파장 쪽으로 이동함을 나타낸다.

**그림 16.19** 우주가 팽창함에 따라 광자 파장은 이 확장되는 풍선 위의 물결 모양의 선처럼 늘어난다.

---

**일반적인 오해**

### 지평선 너머

우리는 우주의 지평선 너머에 무엇인가가 존재할 것으로 생각한다. 그리고 또한 시간이 지남에 따라 점점 멀리 볼 수 있을 것으로 여긴다. 우리에게 보이는 우주 내 물질은 어디서 유입이 되어야만 했는가, 아니면 그렇지 않은가. 이에 대한 설명을 할 때 우선 고려되어야 할 점은 지구의 지평선과 다르게 우주의 지평선은 시간에 대한 경계이지 공간에 대한 경계가 아니다.

어느 순간 우리가 어떤 방향으로 보든지 우주의 지평선은 우주의 시작, 즉 시간의 시작에 있다. 시간이 지남에 따라 우주의 지평선은 우주의 시작, 다시 말해 시간의 시작에 있으나, 이전보다 확장된 공간을 포함하게 된다. 먼 우주를 바라볼 경우 우리는 우주가 시작하기 전의 시간을 뒤돌아볼 수는 없기 때문에 지평선 너머의 우주를 관측할 수는 없다.

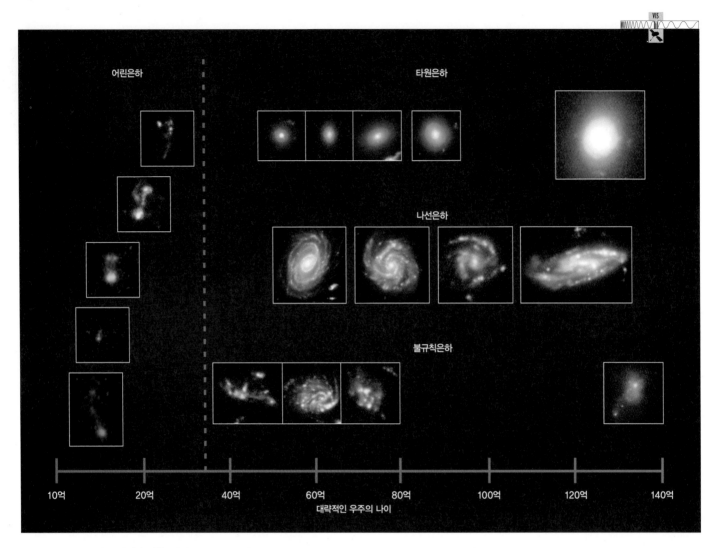

어린은하

타원은하

나선은하

불규칙은하

| 10억 | 20억 | 40억 | 60억 | 80억 | 100억 | 120억 | 140억 |

대략적인 우주의 나이

**그림 16.20** 서로 다른 나이의 타원, 나선, 불규칙은하를 나타내는 사진이다. 가장 왼쪽에 아주 어린은하들을 몇몇 추가했다. 이 사진들은 모두 허블 울트라 딥 필드에 나오는 은하들을 확대한 것이다. 어느 부분인지는 1쪽에 나와 있다. 수평축은 우주의 대략적인 나이를 나타낸다. 가장 어린은하는 불규칙한 모양을 갖는 경향이 있음을 눈여겨보자.

**은하 형성의 모형화** 현재의 기술은 우주 탄생 후 약 10억 년 후의 몇몇 은하들을 보게 해주지만, 여전히 은하 형성의 초기 단계는 관측하기 어렵다. 과학자들은 2018년에 개시될 예정인 제임스웹 우주망원경(James Webb Space Telescope)으로 우주의 더 먼 곳을 볼 수 있기를 희망하지만, 아직 은하 형성의 초기 단계를 연구하기 위해서는 이론적인 모형에 의지해야 한다. 가장 성공적인 모형은 확실한 관측적 증거에 의해 뒷받침되는 두 가지의 중요한 가정으로부터 출발한다[17.2절].

- 산소와 헬륨가스는 우주가 아주 어렸을 때, 말하자면 우주가 태어난 후 처음 백만 년 동안 모든 공간을 거의 균일하게 채웠다.
- 우주에서 물질의 분배는 완벽하게 균일하지 않았다. 우주에서 어떤 구간은 다른 공간보다 밀도가 조금 더 높은 상태로 시작했고, 높은 밀도를 가진 공간은 은하 형성의 '씨앗'으로서 기여했다.

이러한 가정을 시작으로 우리는 은하들이 어떠한 과정을 통해 형성되었는지를 이해하기 위해 물리법칙 및 은하 형성 과정을 모형화하기 위한 컴퓨터 시뮬레이션을 이용한다(그림 16.21). 이 모형은 전체로서의 우주가 계속해서 팽창하는 바로 그 순간에, 몇십 억 년 내에 밀도가 증가된 씨앗 주변으로 조금 더 강한 중력의 당기는 힘이 이 구간의 팽창을 중단시켰을 것이라는 것을 보여준다. 이 영역에 존재했던 물질들은 이후 **원시은하구름**(proto-galactic cloud)으로 응축했고, 이로부터 마침내 형성된 우리은하의 모습과 흡사하다[15.3절].

나선은하의 형성에 대해서는 다음과 같이 설명할 수 있다. 원시은하구름이 붕괴되면서 수축함에 따라 열에너지를 방출하며 냉각된다. 별들의 첫 번째 세대는 단지 몇백만 년 내에 살다가 죽는, 매우 거대한 별이 형성되는 차가운 가스 덩어리에서 성장한다. 거대한 별들이 초신성으로 폭발할 때 중원소를 원시은하구름에 배포하고, 주변의 성간기체를 가열하며

은하 형성에 관한 이론 중 가장 성공적인 모형은 초기우주에 밀도가 약간 높은 부분에서 원시은하구름이 형성되었음을 제시한다.

충격파를 발생시킨다. 이 열은 원시은하구름의 붕괴와 구름 내에 존재하는 별들의 생성 비율을 감소시킨다. 또한 원시은하구름이 은하로 형성되고 남은 성간기체들이 원시은하구름의 회전하는 원반에 안착하는 시간을 벌어준다.

우리는 제15장에서 나선은하가 어떻게 원반과 헤일로 요소를 둘 다 갖추게 되었는지, 원반과 헤일로 내에 존재하는 별들의 차이는 무엇인지를 설명하는 기본 은하 형성 모형에 대해 논의했었다. 하지만 이 기본 모형은 적어도 해답을 구하기 어려운 2개의 주요한 문제점을 제시하였다. 첫 번째는 은하가 밀도가 더 높은 영역에서 형성된다고 가정하는데, 이 영역에서 밀도가 커지는 이유에 대해 아직 정확하게 알지 못한다. 초기우주에서 밀도 증가의 원인은 천문학의 주요 수수께끼 중 하나이고, 우리는 이에 대해 제17장과 제18장에서 다시 논의할 것이다. 두 번째로 기본 모형은 나선은하의 기원을 꽤 잘 설명하는 반면, 왜 어떤 은하는 타원은하이고 다른 은하들은 불규칙은하들인지에 대한 이유에 대해서는 제대로 설명하지 못한다.

초기우주 당시 가스는 균일하게 분포함을 알 수 있다.

시간이 지남에 따라 가스는 중력에 의해 밀도가 높은 곳으로 뭉축하게 된다.

시간

원시은하구름이 밀도가 높은 곳에서 형성되고 이 원시은하구름으로부터 은하가 형성된다.

**그림 16.21** 원시은하구름 형성을 보여주는 컴퓨터 시뮬레이션. 공간의 시뮬레이션된 구간은 너비가 약 5억 광년이고, 이로부터 많은 은하들이 형성되었을 것이다.

### ● 은하들은 왜 서로 다른가?

원시은하구름의 형성과 붕괴의 초기 단계에서는 형성된 모든 은하가 서로 비슷하다고 생각하였다. 그렇기 때문에 타원은하의 존재를 설명하기 위해서는 기본 은하 형성 모형에 의해 제시된 기술 중 은하들이 성간기체가 풍부한 원반을 갖게 되는 이유에 대해 되짚어봐야 한다. 좀더 자세한 은하 형성 모형은 두 가지 일반적인 해석을 제시한다. (1) 은하들은 원시은하구름에서 조금씩 다른 모습으로 형성되었기 때문에 달라 보일 것이다. 또는 (2) 은하들이 형성되었을 초기 단계에서는 다른 점들을 찾기 어려웠으나 후에 다른 은하들과의 상호작용으로 은하들의 형태가 변형되었을 것으로 추정한다.

**탄생 조건** 우리는 여기서 은하가 형성된 원시은하구름이 갖는 특성들에 대해 알아보고 이로부터 은하의 종류의 기원에 대해 설명해 보고자 한다.

- **원시은하구름 회전** 은하의 종류는 은하들이 형성되는 원시은하구름의 회전에 의해 부분적으로 결정될 수 있다. 각운동량이 상대적으로 큰 계가 붕괴될 경우 더욱 빠르게 회전할 것이다. 이러한 계로부터 형성되는 은하의 경우 원반이 형성되는 확률이 높아지고 따라서 나선은하 형태를 갖게 된다. 원시은하구름계가 각운동량이 매우 작거나 0에 가깝다면, 이로부터 형성된 은하는 원반이 형성되기 어렵고, 따라서 타원은하의 모습을 갖출 것이다.

- **원시은하구름 밀도** 은하의 종류는 은하가 형성되는 원시은하구름의 밀도에 의해 부분적

으로 결정될 수 있다. 비교적 높은 가스 밀도를 가진 원시은하구름은 효율적으로 에너지를 방출하고 더 빠르게 차가워졌을 것이다. 이러한 이유 때문에 별의 형성도 빠르게 진행되었을 것이다. 별형성 과정이 빠르게 진행되는 경우 대부분의 성간기체는 원반에 정착하기 전에 별로 탄생될 수 있다. 그 결과 원반이 발달되지 못한 타원은하의 형태를 띨 것이다. 반면에 상대적으로 밀도가 작은 원시은하구름에서는 별들이 더 느리게 형성되면서 은하의 기체원반이 발달하고 나선은하의 모습을 갖추게 될 것이다.

탄생 조건의 역할에 대한 증거는 아주 먼 거리에 있는 몇 개의 거대타원은하의 예를 들어 설명할 수 있다(그림 16.22). 이 은하들은 우리가 꽤 어렸을 때의 우주에서 비롯된다고 하더라도 이러한 은하들에게 더 이상 속하지 않는 새롭게 탄생한 별들인 청색과 흰색 별들이 매우 부족하다. 이 발견은 원반이 발달하기 전에 대부분의 별들이 형성될 수 있다는 발상과 일치한다. 즉, 타원은하의 대부분 별들이 동일한 시기에 형성되었음을 의미한다.

> 타원은하들은 나선은하가 형성된 원시은하구름보다 높은 밀도였거나 또는 회전속도가 느린 원시은하구름에서 형성되었을 것으로 본다.

**이후 상호작용** 탄생 조건의 차이는 아마도 왜 어떤 은하는 가스가 풍부한 원반을 가지고 있고 다른 은하들은 그렇지 않은지에 대한 원인을 이해하는 데 중요한 역할을 할 것이다. 여기서 간과해서는 안 될 사실이 있다. 은하는 완전히 고립된 상태에서는 좀처럼 진화하지 않는다는 것이다.

제1장에서 다룬 우리의 태양계 모형 비율로 돌아가 생각해보자. 태양을 자몽 크기 정도로 놓은 비율을 사용하니, 가장 가까운 별은 몇천 킬로미터 떨어진 또 다른 자몽 같았다. 별 사이의 평균거리가 별의 크기에 비해 너무 거대하기 때문에 별 사이의 충돌은 매우 드물다. 하지만 우리은하가 자몽 정도의 크기가 되도록 우리가 우주의 크기를 재조정한다면, 안드로메다은하는 약 3m 떨어진 또 다른 자몽 같을 것이고, 몇몇 작은 은하는 상당히 가까운 거리에 놓이게 된다. 즉, 은하 사이의 평균거리가 은하의 크기보다 크지 않은데, 이는 은하 사이의 충돌이 불가피하다는 것을 의미한다.

은하의 충돌은 수억 년에 걸쳐 펼쳐진 장대한 사건이다(그림 16.23). 우리의 짧은 생애 동안 우리는 단지 충돌하는 은하의 모양이 비틀어진, 충돌이 진행 중인 스냅사진만 볼 수 있다.

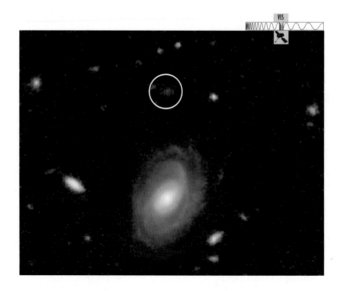

**그림 16.22** HUDF-JD2(원으로 표시된)라고 불리는 먼 타원은하로부터 관측된 빛은 우주가 약 8억 년이었을 때 은하에 남았다. 은하계보다 약 8배 많은 별을 포함하고 있고, 이 은하의 색은 내부에 새로운 별들이 형성되고 있음을 뜻한다.

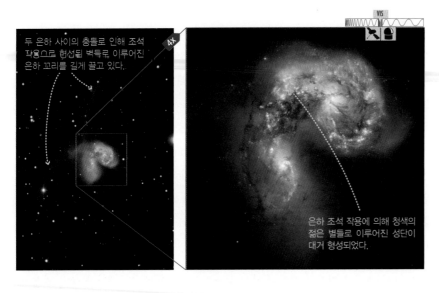

두 은하 사이의 충돌로 인해 조석 작용으로 형성된 벽돌로 이루어진 은하 꼬리를 길게 끌고 있다.

은하 조석 작용에 의해 청색의 젊은 별들로 이루어진 성단이 대거 형성되었다.

**그림 16.23** 안테나(또는 NGC 4038/4039)라고 알려진 충돌하고 있는 나선은하 한 쌍. 땅에서 찍은 사진(왼쪽)은 그들의 어마어마한 조석 작용으로 형성된 은하 꼬리를 드러내는 반면, 허블 우주망원경으로 찍은 사진(오른쪽)은 충돌의 중심에서 별형성의 폭발을 보여준다.

충돌은 대부분 우주가 더 작고 은하들은 서로 더 가까이 있었을 먼 과거에서 더 빈번하게 발생했었을 것이 틀림없다. 관측 결과들은 왜곡되어 보이는 은하, 즉 아마 충돌이 진행 중인 은하가 오늘날보다 초기우주에서 더욱 일반적인 존재들이었음을 말해준다(그림 16.20).

우리는 자연적으로 수억 년에 걸쳐 펼쳐진 충돌을 '볼 수 있는' 컴퓨터 시뮬레이션의 도움을 받아 은하계의 충돌에 관해 더욱 많이 배울 수 있다. 이 시뮬레이션은 2개의 나선은하 사이

**컴퓨터 시뮬레이션은 두 나선은하의 충돌로 인해 타원은하가 형성됨을 보여준다.**

의 충돌이 타원은하를 만들 수 있음을 보여준다(그림 16.24). 충돌하는 은하 사이의 엄청난 기조력은 별의 궤도를 무작위로 바꾸어 놓는다. 그동안에 그들 가스 중 상당량은 충돌하는 과정 중 보다 빠르게 새로운 별들을 형성하게 된다. 초신성과 항성풍은 남아 있는 가스들을 날려버리고, 이러한 대재앙이 마침내 진정되었을 때, 두 나선은하의 합병은 하나의 타원은하를 생성하게 된다. 상대적으로 적은 양의 가스가 은하원반에 남겨지고, 별의 궤도는 임의의 방향성을 갖게 된다.

관측 결과에 의하면 적어도 일부 타원은하는 충돌과 그 이후의 합병에 의해 형성되었을 것이라는 은하 형성 모형이 타당하다고 할 수 있다. 타원은하는 충돌이 가장 빈번하게 일어나는

**관측 결과에 의하면 적어도 몇몇의 타원은하들이 과거에 충돌을 경험하였음을 알 수 있다.**

은하들이 모여 있는 중심부에서 주로 형성된다고 볼 수 있다. 이러한 사실은 나선은하들이 충돌 과정을 통해 타원은하로 될 수 있음을 의미한다. 또한 타원은하의 구조를 자세히 들여다보

**그림 16.24** 최종적으로 타원은하가 되는 두 나선은하의 충돌 과정을 슈퍼 컴퓨터로 시뮬레이션한 그림. 적어도 현재 우주에 있는 몇 개의 타원은하는 이러한 방식으로 형성되었을 것이다. 이 모든 과정은 약 15억 년에 걸쳐 이루어진다.

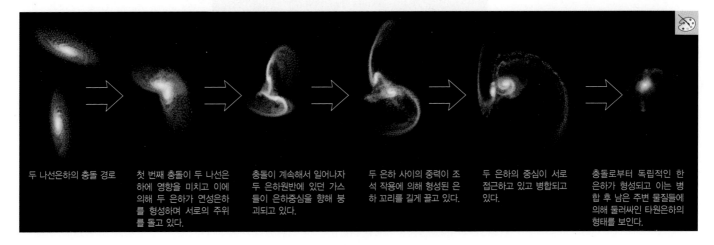

두 나선은하의 충돌 경로

첫 번째 충돌이 두 나선은하에 영향을 미치고 이에 의해 두 은하가 연성은하를 형성하며 서로의 주위를 돌고 있다.

충돌이 계속해서 일어나자 두 은하원반에 있던 가스들이 은하중심을 향해 붕괴되고 있다.

두 은하 사이의 중력이 조석 작용에 의해 형성된 은하 꼬리를 길게 끌고 있다.

두 은하의 중심이 서로 접근하고 있고 병합되고 있다.

충돌로부터 독립적인 한 은하가 형성되고 이는 병합 후 남은 주변 물질들에 의해 둘러싸인 타원은하의 형태를 보인다.

면 격렬했던 과거의 흔적을 쉽게 볼 수 있다. 예를 들면, 은하들이 충돌하는 과정 중 은하로부터 제거된 가스에서 형성되었을 수 있는 별들로 이루어진 껍질로 둘러싸여 있는 경우가 있는 반면, 충돌 과정에서 분리된 은하들의 파편임을 나타내는 궤도를 가진 별들과 기체구름들로 이루어져 있는 은하들도 보인다.

은하들의 충돌이 타원은하의 진화에 영향을 미쳤음을 입증할 수 있는 결정적인 증거는 많은 밀집 무리의 중심에서 발견된 **중심 우세 은하**(central dominant galaxies)이다. 중심 우세 은하는 충돌을 통해 다른 은하들을 삼킴으로써 거대한 크기로 커지는 거대타원은하이다. 그들은 개별 은하의 중심이었던 단단히 뭉친 몇몇의 별 무리들을 포함한다(그림 16.25). 우주에서 가장 거대한 은하를 만드는, 은하끼리 서로 잡아먹는(galactic cannibalism) 이 과정은 우리은하보다 10배 더 거대한 중심 우세 은하들을 창출할 수 있다.

**폭발적 별형성** 탄생 조건의 결과로 형성된 타원은하에서는 별형성의 진행이 부족한 것을 설명하기 쉽다. 이러한 시나리오는 별형성에 필요한 모든 차가운 가스가 초기은하의 역사에서도 사용된다는 것을 나타내기 때문이다. 그러나 우리는 최근의 충돌로 형성된 타원은하도 젊은 별과 차가운 가스가 부족하다는 것을 어떻게 설명할 수 있는가? 그 해답은 아마 충돌 중인 은하에서 관측된 빠른 별들이 형성되며 발생한 거대한 폭발과 관계가 있다고 하겠다. 약간의 원반을 형성하기 위해 남겨둔 차가운 성간기체는 전부 별로 바뀌거나 폭발적으로 별들을 형성한다고 할 수 있다.

컴퓨터 모형은 '폭발적 별형성'을 예측하고 관측은 알려진 빠른 속도로 별들을 형성하고

> 폭발적 별형성 은하들은 빠른 속도로 별들을 형성하였고 이로 인해 수백년이 지난 후 은하들의 가스가 대부분 소진되었다.

있는 **폭발적 별형성 은하**가 존재함을 보여주었다. 어떤 폭발적 별형성 은하는 우리은하의 약 100배 이상의 속도로 매년 100개 이상의 새로운 별들을 만들어내고 있다. 이러한 속도로 폭발적 별형성 은하는 우주의 나이에 비해 짧은 시간인, 단지 몇억 년 동안 모든 성간기체를 소비한다고 볼 수 있다. 별들의 높은 형성률은 짧은 수명을 가진 거대한 별들이 보다 빨리 초신성 단계에 이르기 때문에, 폭발적 별형성 은하는 은하 간 공간으로 가스들을 빨리 배출할 수 있다. 고온가스의 거품이 **은하풍**(galactic wind)을 창출하며 은하 간 공간

이 거대한 천체는 은하단 중심의 은하이다.

이와 같은 천체들은 은하단 내에 존재하는 은하단 중심에 있는 은하보다 작은 은하이다.

이렇게 밝은 별의 집단은 예전에 은하단 내에 존재했던 작은 은하의 중심에 있었다.

**그림 16.25** 이 사진은 에이벌 3872의 더 작은 은하와의 충돌로 이 은하를 삼킴으로써 외관상 커지는 중심 우세 은하를 보여준다. 이 은하의 중심은 한때 은하의 중심이었을지 모르는 별들로 이루어진 많은 무리들을 포함하고 있는 것으로 추정된다.

a. 허블우주망원경으로 찍은 이 가시광선 사진은 은하원반의 위아래로 가스 (붉은색)를 내뿜으며 요동치는 현상을 보여준다.

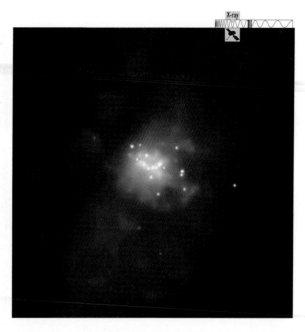

b. 찬드라 엑스선 관측소에서 찍은 이 엑스선 사진은 (a)의 가시광선 사진과 같은 지역에서 찍은 것이다. 붉은 구간은 은하원반이 내뿜는 고온의 가스 로부터 나온 엑스선 방출을 나타낸다. 은하원반에 있는 밝은 점은 블랙홀 이나 최근 초신성으로 인해 생성된 중성자별 주위의 강착원반에서 나온 엑스선 방출을 나타낸다.

**그림 16.26** M82라 불리는 폭발적 별형성 은하 의 가시광선과 엑스선 사진, 그리고 이들이 나타 내는 은하풍. 두 사진 모두 직경 약 16,000광년 인 영역을 보여준다.

바깥쪽으로 분출하는 매우 큰 거대한 거품으로 병합하는 현상을 볼 수 있는데, 이러한 현상은 많은 개별 초신성들이 폭발하며 융합하는 현상으로 유발됨을 의미한다(그림 16.26).

가장 빛나는 폭발적 별형성의 많은 부분은 실제로 은하 충돌 과정에서 발생되는 것으로 나타난다. 예를 들어 그림 16.23에 보이는 충돌하는 은하 쌍은 폭발적으로 별들을 형성하는 중이다. 폭발적 별형성은 따라서 타원은하에서 젊은 별과 차가운 가스가 부족한 이유에 대한 해답을 제시한다고 볼 수 있다. 폭발적 별형성은 차가운 가스의 대부분을 사용하며, 은하풍으로부터 남아 있는 먼지와 가스들을 날려버린다. 뜨겁고 거대한 모든 별들은 이러한 폭발적 별형성 과정이 종료된 후 곧 소멸한다. 이때까지는 충돌하는 과정이 종료되고 타원은하로의 합병이 이루어진다. 이후 지속적인 별형성을 지원하기 위한 차가운 가스는 더 이상 남아 있지 않게 된다.

**미완성의 해답** 탄생 조건과 이후의 상호작용은 은하의 진화에 있어서 매우 중요한 역할을 할 것이다. 우리는 앞서 살펴본 두 가지 설명 중 아직 어떤 것이 더 영향력이 큰지를 확실하게 말할 수는 없다. 그럼에도 불구하고 두 종류의 설명을 함께 고려할 때, 이는 은하 종류의 근본적인 차이점을 설명한다고 볼 수 있다. 탄생 조건 시나리오는 왜 은하의 대부분이 나선 혹은 타원 형태인지를 설명한다. 상호작용 시나리오는 나선은하가 바깥쪽 충돌이 일반적인 반면, 타원은하는 왜 내부 충돌이 더 일반적인지를 설명한다고 볼 수 있다. 불규칙은하의 비교적 작은 부분도 이러한 맥락과 비슷하게 설명할 수 있을지 모른다. 적어도 어떤 불규칙은하는 어느 정도 영향을 미치는 상호작용을 겪었을 것이고 또는 겪고 있는 중이라고 말할 수 있다. 일반적 추세는 은하들이 다른 은하들과 충돌하고 합병함으로써 더욱 커질 수 있으며, 또한 폭발적 별형성을 야기할 수 있다는 것이다. 어떤 경우에는 이러한 충돌과 합병이 궁극적으로 별형성이 중단되는 거대타원은하 형성으로 이어질 수 있음을 의미한다. 그림 16.27은 이러한 추세가 은

**그림 16.27** 슬로언 디지털 스카이 서베이에 기초를 둔 이 그림은 은하의 색과 광도 사이의 관측된 관계를 보여준다. 이는 별의 H-R도와 유사하다. 수직축의 광도와 수평축의 색을 따른 은하를 표시한 것이다(그래프의 색 밝기는 해당하는 색과 광도를 가진 은하의 수를 반영). 모든 은하들은 별 형성계로서 시작해야 하고, 왼쪽에 있는 푸른색 구름에 놓인 이런 은하들의 병합은 후에 별들의 형성이 중단된 더 거대한 은하로 진화할 것이다. 도식으로 나타낸 검은색 선은 위로 이동하고 오른쪽으로 이동해, 그들을 도표의 붉은색 계열 위에 배치하고, 이는 병합이 이루어진 은하의 속성을 관측적인 측면에서 보여준다.

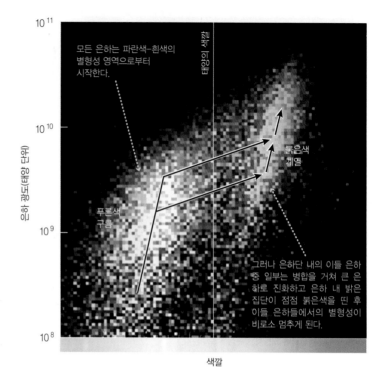

하의 색과 광도 사이의 관계에 중요한 영향을 끼침을 나타낸다. 모든 은하는 파란색-흰색인 별형성성 체계로 시작한다. 그러나 우리는 시간이 경과함에 따라 더 크고, 더 붉은 타원은하의 수가 증가하는 은하 합병을 예상한다. 한편, 별형성률이 더 낮은 은하들에서는 그들이 비축된 차가운 가스를 더 빠르게 소진하고, 그들 중 몇몇은 붉게 되는 현상 또한 중단될 수 있다. 이러한 이론적 설명을 뒷받침하고 은하의 진화에 대한 우리의 이해를 완성하기 위해서는 지속적인 관측이 필요하다.

## 16.4 활동성 은하핵

폭발적 별형성은 매우 장관이며 은하들 내에 존재하는 일반적으로 매우 밝은 천체들과는 다르다. 은하들 중 일부는 은하중심부의 제한된 영역에서 엄청난 양의 복사를 방출하는 것을 볼 수 있는데, 이러한 복사는 종종 거의 빛의 속도로 분출되는 물질들로 이루어진 제트를 수반한다(그림 16.28). 이렇게 거대한 에너지를 방출하는 근원이 은하 내 존재하는 별들이라고 보기 어렵기 때문에, 막대한 에너지를 제공하는 원인으로 우리은하 중심에 있는 블랙홀보다 훨씬 무거운 블랙홀로 과학자들은 생각했다[15.4절].

### ● 은하중심에 초대질량 블랙홀이 존재하는 증거는 무엇인가?

비정상적으로 밝은 중심 영역을 포함하고 있는 은하들을 활동은하라고 일컫는데, 은하중심에 위치한 매우 밝은 영역을 특히 **활동성 은하핵**이라고 한다. 이들 중 가장 밝은 예로 **퀘이사**라는 천체가 있다. 광도는 우리은하의 약 1,000배 정도로 매우 밝다. 이 퀘이사들은 지금보다 우주 초기에 더 보편적으로 존재했었기 때문에 은하중심 영역에서 보이는 활동성은 은하의 진화와 밀접한 관련이 있음을 뜻한다. 시간이 지남에 따라 이들 퀘이사에서 보이는 매우 밝은 광도의 원인을 제공했던 격렬한 에너지 근원 또는 활동도 점점 잠잠해지는 것을 볼 수 있다. 무엇이 이렇게 믿기 어려울 정도의 밝은 광도를 내게 하는 원인이며, 이러한 밝기가 점점 줄어드는 이유는 무엇인가? 이에 대한 설명으로 활동성 은하핵의 에너지 방출이 **초대질량 블랙홀** 주변의 기대한 강착원반으로부터 기인함이 제시되었다. 참고로 초대질량 블랙홀은 태양질량의 약 100만 배~1억 배의 질량을 지닌 블랙홀을 일컫는다. 그렇다면 천문학자들은 어떠한 과성을 통해 이와 같은 결론에 이르게 되었는가. 활동성 은하핵의 강한 에너지 방출에 대한 근원을 밝혀내는 과정은 과학적인 사실들을 이끌어내는 과정을 보여주는 훌륭한 예라고 할 수 있다.

**활동성 은하핵의 크기** 천문학자들이 초대질량 블랙홀의 존재를 의심하기 오래전에 천문학자들은 약 1% 가까이 있는 은하들(때때로 세이퍼트은하라고 부름)이 밝은 은하중심, 즉 활동성 은하핵에서는 일반적으로 보이지 않는 강도가 매우 강한 방출선들을 나타내는 것을 알 수 있었다. 이렇게 밝은 중심부 영역은 매우 높고 크기가 작은 관계로 분해능이 좋은 망원경으로 관측하더라도 이들 은하들을 정확하게 변별해내기는 쉽지 않다. 이들 은하들은 전파장 영역에 걸쳐, 즉 전파 영역으로부터 감마선 영역까지 상당한 양의 빛을 방출한다. 가시광선 영역대에서 최상의 관측 사진들은 활동성 은하핵이 100광년보다 작은 은하들임을 보여준다. 간섭계[5.3절]의 도움을 받아 관측된 전파 영역 영상들은 활동성 핵 크기가 3광년보다 작으며 광도변화로부터 구한 이 은하들의 크기는 훨씬 더 작을 수 있음을 보여준다.

광도 변화를 앎으로써 천체의 크기를 어떻게 유추할 수 있는지 이해하기 위해 여러분은 우주의 주인이며 또한 여러분의 동료들이 여러분으로부터 약 10억 광년 정도 떨어져 있는 것을 상상해보자. 활동성 은하핵은 매우 밝기 때문에 강한 시그널을 발산하는 천체이다. 그럼에도 불구하고 가장 작은 은하핵의 크기는 직경 1광년 정도이다. 여러분이 사진기의 플래시를 터

활동성 은하핵으로부터 빛이 방출되는 영역은 우리태양계와 거의 비슷한 크기인 것으로 알려져 있다.

뜨리면 여러분이 보고 있는 은하 앞에 1년 정도 더 일찍 도착하고 은하의 뒷면 끝에는 1년 정도 후에 도달한다. 유사하게 여러분이 직경 1광일 정도의 크기를 가진 천체를 발견했으면 여러분은 시그널을 하루 동안 그 천체에 통과시킬 수 있다. 여러분이 단지 몇 시간 떨어져 있는 시그널을 보내면 여러분은 직경이 몇 광시간보다 작은 천체를 통과시킬 수 있다. 때때로 활동성 은하핵의 광도는 몇 시간 내에 2배가 될 수 있는데, 이는 그 빛을 방출하는 천체의 크기가 몇 광년 정도이고 우리태양계보다 그리 크지 않음을 의미한다. 은하의 그렇게 작은 부분이 어떻게 모든 빛을 발하는지를 이해하는 것은 우리에게 도전적인 문제이다. 특히 쿼이사(준항성체)로부터 발산되는 거대한 빛을 설명하는 것은 우리에게 가장 큰 도전이라고 할 수 있다.

**준항성체의 광도** 1960년대 초 칼텍대학의 젊은 교수 마틴 슈미트(Mearten Schmidt)는 전파를 방출하는 우주의 근원을 밝혀내는 데 매우 집중하고 있었다. 전파천문학자들은 새로 발견된 전파원의 좌표들을 그에게 알려주고 그는 그 천체들을 가시광선 영역 망원경으로 보이는 천체들과 대응하는 천체들을 찾고자 하였다. 보통 전파원들은 정상은하들인 것으로 밝혀졌지만, 그는 어느 날 매우 중요한 발견을 하게 된다. 3C273 전파원은 망원경으로 청색 별처럼 보였으나, 강한 방출선을 나타냈고 이 방출선의 기작을 일으키는 원소에 대해 알 수 없었다.

몇 달 동안 고민한 끝에 슈미트는 한 가지 사실을 깨달았다. 이 방출선들이 실제로 수소로부터 여기된 것이고 그러나 상당히 적색이동되어 나타남을 발견하였다. 3C273은 빛의 속도의 17% 정도로 움직이고 있으며 그는 허블의 법칙을 이용해서 이 천체까지의 거리를 계산했다.

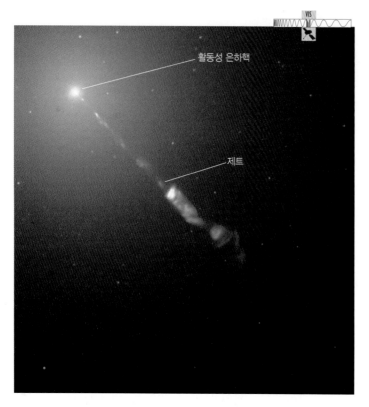

**그림 16.28** 타원은하 M87 안에 있는 활동성 은하핵. 밝고 노란 점이 활동성 핵이고 파란색 줄은 거의 빛의 속도로 핵으로부터 분출되는 입자들로 이루어진 제트이다.

**그림 16.29** 이 허블우주망원경 사진은 3C273 퀘이사를 나타낸다. 이 천체는 1963년 준항성체(퀘이사)로 처음 발견되었다. 이 천체의 광도는 태양 광도의 약 1조 배가 넘는다. (위의 사진은 퀘이사가 위치한 지점에서 275,000광년 정도의 영역을 나타낸다.)

**퀘이사는 태양보다 1조 배 더 밝다.** 겉보기 밝기와 빛의 역제곱법칙을 사용해서 마틴 슈미트는 3C273이 $10^{39}$ W 의 광도를 가지고 있고 이는 태양의 $10^{12}$배 정도 밝은 천체임을 밝혀냈다. 따라서 이 천체는 우리은하 전체의 수백 배보다 더 밝은 천체이다(그림 16.29). 비슷한, 그렇지만 훨씬 멀리 있는 천체들의 발견이 이어졌다. 처음 발견된 몇몇의 유사한 천체들은 전파를 강하게 내고, 가시광선 영역 망원경으로 보았을 때 별처럼 보이는 그래서 **준항성체** 또는 줄여서 **퀘이사**라고 불리게 되었다. 후에 천문학자들은 대부분의 퀘이사가 아주 강한 전파원은 아니라는 것을 알게 되었다.

지금 우리는 퀘이사가 빅뱅 후 초기 몇십 년 동안 가장 보편적으로 존재하는 천체들임을 알고 있다. 왜냐하면 대부분의 퀘이사의 적색이동은 3C273보다 훨씬 크기 때문이다. 대부분의 경우 퀘이사의 분광관측에서 보이는 정지파장보다 3배 이상 적색이동되어 나타난다. 즉, 이는 우주가 현재 나이의 약 1/3보다 적었을 때의 퀘이사로부터 오는 빛임을 말한다. 그리고 이들 퀘이사들은 훨씬 큰 적색이동을 나타낸다. 잘 알려진 퀘이사로부터 오는 빛은 정지파장의 8배보다 더 적색이동되어 나타나며, 이는 우주가 10억 년 전보다 훨씬 젊었을 때의 광자가 우주로부터 지구에 도달함을 의미한다.

**전파은하와 제트** 활동성 은하핵이 전파 영역에서 비정상적으로 강한 방출선들로 특징되는 전파은하로부터 유래되었다는 주장이 있다. 오늘날 전파 망원경들은 **전파은하**의 구조를 생생하게 분해하고 이러한 전파방출은 대부분 은하의 별들 이상으로 뻗어 있는 거대한 **전파 로브** 쌍으로부터 나오는 것임을 보여주었다(그림 16.30). 플라스마의 긴 **제트**는 은하중심에 로브들

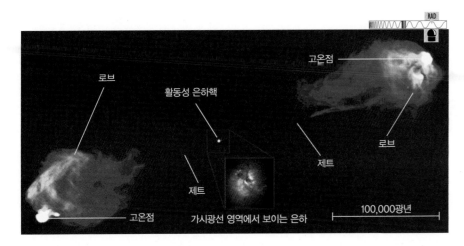

**그림 16.30** 미국 뉴멕시코 주에 있는 거대 전파 간섭계로 촬영한 사진으로 전파은하 시그너스 A로부터 방출되는 전파 복사를 나타낸다. 좀 더 밝은 영역은 강한 전파방출을 의미한다. 킹힌 전파방출은 가시광선 영역(삽입된 사진)에서 보이는 은하의 별들보다 더 넓게 퍼져 있는 두 전파 로브로부터 야기된다. 이 두 로브는 입자들로 이루어진 기다란 제트에 의해 중심에 위치한 활동성 은하핵과 연결되어 있다.

을 연결하는 반면 우리는 활동성 은하핵이 빛의 속도에 가까운 속도로 플라스마 제트를 분출함을 알게 되었다. 이러한 로브들은 제트의 끝에 놓여 있고 여기서 제트는 은하 간 가스로 빨려 들어간다.

　쿼이사와 전파은하들은 유사하지만 서로 다른 유형에 속한다. 많은 쿼이사들은 제트와 전파은하들에 있는 전파 로브를 가지고 있다(그림 16.31). 더욱이 많은 전파은하들의 활동성 은하핵은 어두운 분자구름들로 이루어진 도넛 모양으로 된 링 밑에 감추어져 있는 듯하다(그림 16.32). 이러한 구조들은 쿼이사처럼 보인다. 이들 은하들이 도넛 모양의 중심에 있는 활동성핵을 볼 수 있도록 우리를 향해 있

**전파은하에서 보이는 활동성 은하핵은 거의 빛의 속도에 가까운 속도로 움직이는 입자들로 이루어진 거대한 제트를 가지고 있다.**

거나 혹은 링 또는 도넛 모양의 성간먼지와 가스가 중심 천체를 가리고 있어 어둡게 보이는 쿼이사의 구조를 띨 수 있다. [활동성 은하핵의 하위구조인 *BL Lac Objects*는 아마도 전파은하의 중심(우리를 향해 있는)을 나타내는 것이다.]

**블랙홀 가설**　요약하자면 세이퍼트은하, 쿼이사, 전파은하들은 공통적인 여러 가지 양상을 보인다. 특히 세이퍼트은하, 쿼이사, 전파은하들은 매우 작은 중심 천체를 가지고 있는 것을 볼 수 있는데, 이 작은 중심 천체는 어떠한 이유로 극도로 밝은 광도를 가지고 있는 것을 볼 수 있다. 이는 전파에서부터 엑스선까지 전 파장대역에서 방출하며 은하 간 공간으로 플라스마 제트를 방출하고 있음을 보여준다. 모든 이러한 현상을 설명하는 유일한 방법은 중심에 있는 천체가 초대질량 블랙홀로 이루어져 있으며 매우 뜨거운 고온가스의 강착원반으로 둘러싸여 있는 은하 모형으로 설명이 가능하다. 엑스선 쌍성에서[14.2절]처럼 이러한 방출은 강착원반으로부터 유래하고 블랙홀 자체가 제공자는 아닌 것으로 여겨진다.

　다음과 같이 초대질량 블랙홀을 설명할 수 있다. 매우 큰 값의 광도는 물질이 블랙홀로 빨려 들어감에 따라 중력퍼텐셜에너지가 열에너지와 복사로 바뀌기 때문이다. 블랙홀 주위의 사건 지평선으로 물질이 떨어지는 동안 물질이 물질-에너지의 10~40% 정도에 해당

**활동성 은하핵은 초대질량 블랙홀로 가스와 물질들이 끌려 들어가면서 강한 에너지를 방출함으로써 형성된다.**

하는 에너지로 열에너지와 복사로 바뀌게 된다. 블랙홀에 의한 강착은 핵융합 반응보다 훨씬 효율적으로 빛을 만들 수 있다(질량-에너지의 약 0.7%가 복사로 바뀐다.). 블랙홀이 이와 비슷한 질량을 가진 별을 매년 하나씩 먹어 치운다고 가정하면 이 과

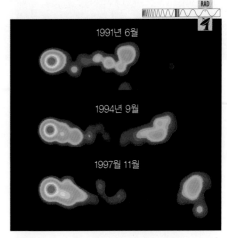

**그림 16.31** 수년간 관측해온 전파 사진들은 쿼이사 3C279로부터 확장된 제트에서 거의 빛의 속도로 움직이는 하전입자들의 덩어리들을 보여준다. 각각의 영상에서 쿼이사는 맨 왼쪽 끝에 위치한다.

**그림 16.32** 전파은하의 수백 광년에 이르는 중심부를 나타내는 일러스트 사진. 성간먼지 분자구름으로 가려진 활동성 은하핵으로부터 제트가 분출되는 것이 보인다. 제트가 분출되는 방향에서 이 은하를 바라본다면 더 이상 활동성 은하핵이 성간먼지로 이루어진 분자구름에 의해 가려지지 않고 쿼이사처럼 보일 것이다.

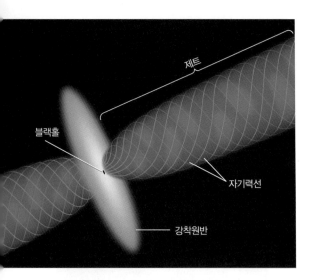

**그림 16.33** 이 개략도는 초대질량 블랙홀이 제트를 분출하는 과정을 묘사한다. 이 모형은 블랙홀을 둘러싼 강착원반에 자기력선이 꿰어져 있으며, 강착원반이 돌면서 자기력선이 조여진다고 본다. 강착원반에 있는 하전된 입자들은 조여진 자기력선을 따라 밖으로 분출된다.

정은 가장 밝은 퀘이사의 대부분의 파워를 설명해준다.

방출의 넓은 파장대역은 초대질량 블랙홀 주변의 환경에 의해 설명된다. 강착원반 안에 있는 뜨거운 가스는 자외선과 엑스선을 방출한다. 이러한 복사는 주변 가스들을 이온화하고 가시광선 영역 빛을 방출하는 이온화된 성운을 형성한다. 분자구름 안에 있는 먼지알갱이들은 활동성 은하핵을 둘러싸고(그림 16.32) 고에너지 빛을 흡수한다. 이후 적외선 파장대역의 빛으로 다시 재방출한다. 전파방출은 밖으로 분출하는 플라스마 제트 안에 있는 고속의 전자들로부터 방출된다.

강력한 제트는 이론적으로 설명하기 어렵지만 많은 양의 에너지, 즉 거의 빛의 속도로 분출하는 물질들을 방출할 만큼 강한 제트는, 강착원반을 통해 비틀어진 자기장에 의존한다(그림 16.33). 강착원반이 자전함에 따라 주변에 있는 자기력선을 당기게 된다. 하전된 입자들은 자기력선을 따라 멀리까지 날아갈 것이고 이는 마치 꼬인 줄로 꿰어져 있는 구슬들과 같이 공간으로 분출되는 제트를 형성하게 된다.

**초대질량 블랙홀을 찾아서** 은하중심에 몬스터 블랙홀이 존재하는지를 입증하는 것은 어려운데, 그 이유는 주로 블랙홀들이 빛을 방출하지 않기 때문이다. 따라서 블랙홀이 존재함을 이들 블랙홀이 그들 주변을 변화시키는 것을 조사함으로써 또는 블랙홀 근처에서 물질들이 굉장히 빠른 속도로 보이지 않는 무언가의 주위를 도는 것을 포착함으로써 간접적으로 알수 있었다. 우리는 이미 우리은하 중심에 있는 별들의 궤도가 어떠한지를 보았고, 이는 그곳에 블랙홀이 존재함을 의미한다는 것을 알게 되었다[15.4절]. 그럼 다른 은하들은 어떠한가? 이러한 은하들의 중심은 우리로부터 멀리 있기 때문에 관측하기가 쉽지 않다.

물질들이 가까운 은하들의 중심에 대해 돌고 있는 데에 대한 자세한 관측은 지난 20년간 수행되어 왔으며, 이로부터 초대질량 블랙홀이 매우 보편적으로 존재함을 알게 되었다. 사실상 모든 은하가 그들의 중심에 초대질량 블랙홀을 보유한다는 것은 가능하다. 한 가지 주된 예는 상대적으로 가까운 은하 M87이다. 이 은하는 매우 밝은 활동성 은하핵을 가지고 있고 제트는 전파와 가시광선 영역 두 영역에서 빛을 낸다(그림 16.28). 영상 혹은 이미지와 M87 은하의 중심 영역의 분광 스펙트럼은 중심으로부터 약 60광년의 성간기체가 보이지 않는 천체를 중심으로 초당 수백 킬로미터의 속도로 도는 것을 나타내었다(그림 16.34). 이 초고속의 궤도운동은 중심천체가 우리태양의 약 20~30억 배 정도의 질량을 가지고 있음을 말해준다.

천문학자들은 활동성 은하핵과 같은 많은 다른 은하들에서 중심블랙홀에 대한 유사한 증거

활동성 은하핵 주위를 회전하고 있는 별들과 기체구름들의 운동으로부터 이들 물질들이 초대질량 블랙홀과 관련됨을 알 수 있다.

들을 발견해왔다. 각각의 경우 초대질량 블랙홀이 거대한 궤도 속도에 대한 유일한 설명임을 알 수 있었다. 초대질량 블랙홀은 보이지는 않지만 가장 무거울 수 있는 유일한 천체이다. 이러한 관측 결과 때문에 초대질량 블랙홀 모형은 활동성 은하핵과 연관된 현상들을 설명하는 데 최적합 모형으로 여겨진다.

### ● 은하핵에 존재하는 블랙홀의 성장은 은하진화와 어떤 관계가 있는가?

과학에서는 종종 있는 일로 활동성 은하핵에 대한 미스터리에 대한 해답을 찾으려는 노력들이 새로운 질문들로 이어졌다. 예를 들면, 은하중심에 있는 블랙홀들이 어떻게 형성되었는지, 그리고 왜 그들의 강착원반이 종국에는 가스들을 다 소멸하고 그렇게 밝게 빛나는지 이러한

질문들에 대한 대답은 아직 모른 채로 남아 있다. 하지만 관측 결과들은 이에 대한 대답들이 은하진화 과정과 연관되어 있음을 나타낸다.

은하진화와 중심블랙홀 사이의 관계를 나타내는 자료는 다른 은하들 내에 존재하는 초대질량 블랙홀에 대한 정보를 알려준다. 우리는 거의 모든 은하 안에 있는 중심

*은하의 중심에 위치한 블랙홀은 팽대부 내에 존재하는 별들의 전체 질량과 깊은 연관이 있다.*

블랙홀을 찾아왔다. 그러나 활동성 은하핵과 같은 블랙홀뿐만 아니라 블랙홀의 질량 분포가 매우 흥미로운 패턴을 따름을 볼 수 있다. 이들 블랙홀들은 그들을 둘러싸고 있는 은하들의 성질 또는 특성에 가깝게 관련되어 있다. 보다 면밀하게 살펴보면 은하의 중심블랙홀의 질량은 전형적으로 은하 팽대부의 질량의 약 1/500이다(그림 16.35). 이러한 관계는 넓은 범위의 크기를 가진 은하들에 대해서도 나타난다. 팽대부의 질량이 태양질량의 1억 배보다 작은 나선은하에서부터 팽대부의 질량이 1,000억 배보다 큰 거대타원은하까지 망라하여 위의 관계가 성립함을 볼 수 있다. 그러므로 중심블랙홀의 성장은 은하진화 과정과 밀접한 연관성이 있다고 결론지을 수 있다.

이러한 연관성에 대해 모두 의심스러운 것은 아니다. 퀘이사들은 우주초기에 매우 압도적으로 존재했던 천체들이었으며, 이 당시 은하들은 빠르게 성장하고 근접한 은하들과의 충돌이 잦았다. 은하의 성장 과정에서 중심블랙홀의 영향이 매우 중요한데, 이는 비교적 젊은 은하들의 중심 영역에서 보이는 중심블랙홀들이 가스연료를 제공하는 역할을 하고, 이에 의해 퀘이사들이 밝게 빛나며 은하에 존재하는 블랙홀들이 점점 빠르게 성장하는 것으로 보기 때문이다. 은하들이 대부분의 별들을 형성하는 동안 만약 별형성이 계속해서 일어나고 블랙홀이 꾸준히 성장한다면, 이는 거대한 블랙홀이 은하를 이루는 별들만큼 상당수 존재할 것이라는 의미이다.

블랙홀의 성장과 은하진화 사이의 관계는 훨씬 더 긴밀할 것으로 보인다. 일부 과학자들은 은하가 형성된 후 상대적으로 초기에는 아마도 은하중심에 있는 중심블랙홀이 처음으로 별들이 폭발적으로 형성되는 시기에 생성된 중성자별들의 집단이 병합됨으로써 형성되었을 것으로 추정한다. 이와 달리 원시은하구름의 냉각과 수축 과정을 통해 직접적으로 형성되었을 수도 있다. 한 번 중심블랙홀이 형성되면, 블랙홀은 은하 내에서의 별형성을 촉진시키고 이후 별형성 과정에 중요한 영향을 미친다. 블랙홀 주변에서 관측되는 산발적인 에너지 방출은 별을 형성하기에 필요한 가스의 공급을 저해하는 원인이 되기도 한다. 현재까지의 관측 결과들은 이러한 블랙홀에 의한 피드백 과정이 거대한 은하들에서 과거에 형성되었던 별들보다 더 많은 별이 만들어지지 못하는 이유임을 제시한다. 이와 같은 이론적 해석이 맞는다면, 거대한 중앙블랙홀들의 존재는 거대질량을 가진 은하들에서 보이는 현재의 낮은 별형성률을 설명하는 데 반드시 필요하다. 이에 대한 검증이 현재 이루어지고 있으며, 이와 다른 이론적 해석도 검토되고 있는 중이다. 그럼에도 불구하고 아직까지 초대질량 블랙홀들의 근원과 은하진화에 관한 연관성에 대한 정확한 이해는 풀어야 할 숙제로 남아 있다.

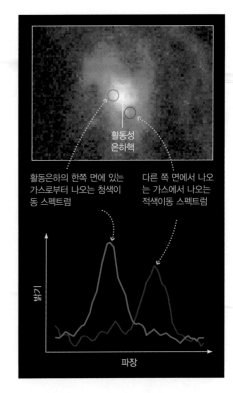

활동성 은하핵

활동은하의 한쪽 면에 있는 가스로부터 나오는 청색이동 스펙트럼

다른 쪽 면에서 나오는 가스에서 나오는 적색이동 스펙트럼

세기

파장

**그림 16.34** 위의 허블우주망원경 사진은 M87 은하중심 근방에 있는 가스 성분을 보인다. 사진 아래 그래프는 중심으로부터 약 60광년 정도 반대 방향에 위치한 가스의 분광관측에서 보이는 도플러 효과를 나타낸다. 도플러 효과는 가스가 은하중심을 약 800km/s의 속도로 돌고 있음을 말해준다. 이 속도와 회전속도에 관한 식으로부터 중심천체는 적어도 태양질량의 20~30억 배 정도 클 것이라고 유추할 수 있다.

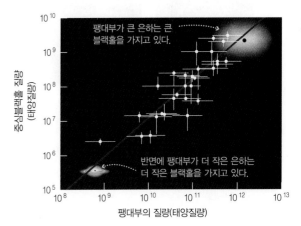

중심블랙홀 질량 (태양질량)

팽대부가 큰 은하는 큰 블랙홀을 가지고 있다.

반면에 팽대부가 더 작은 은하는 더 작은 블랙홀을 가지고 있다.

팽대부의 질량(태양질량)

**그림 16.35** 팽대부의 질량과 중심블랙홀 질량 사이의 관계를 나타내는 그래프

우주의 시공간을 돌아보면 관측 가능한 우주 경계선까지 퍼져가는 다양한 은하들을 볼 수 있다. 이에 대한 다음과 같은 전체 개요를 놓치지 말자.

- 우주는 다양한 크기와 형태를 가지는 은하들로 이루어져 있다. 이들 은하들의 그간의 행적을 돌아보기 위해서는 우주 자체가 어떻게 진화했는지를 이해하는 것이 필요하다.

- 우주 구조와 진화에 대한 현재의 연구는 멀리 있는 은하들까지의 거리를 측정함으로써 가능하다. 거리에 대한 측정은 우주거리 사슬 연구에서 보았듯이 거리 측정 방법이 단계적으로 서로 맞물려 있다.

- 허블이 처음으로 우리은하계가 단지 수백 억 개의 은하 중 하나라는 사실을 발견한 것은 1세기도 채 안 된다. 이 발견과 함께 우주가 팽창하고 있다는 허블의 발견은 현대우주론이 발전하는 데 초석을 다졌다. 우주의 팽창속도를 관측함으로써 우리는 우주가 약 140억 년 전에 형성되었음을 알 수 있었다.

- 비록 아직 은하진화에 관해 완전히 파악하지는 못한다 하더라도 점점 더 자세하게 그리고 급속도로 우리는 우주에 대해 알아가고 있다. 은하들은 원시은하구름에서 형성되었을 가능성이 크나, 늘 안정되게 형성되어 오지는 않았던 것 같다. 어떤 은하들은 주변의 은하들과 충돌하고 이에 의해 극적인 결과를 가져왔다.

- 퀘이사들과 다른 활동성 은하핵들 그리고 전파은하들로부터 방출되는 엄청난 에너지는 초대질량 블랙홀로 빨려 들어가는 가스들에 의해 분출되는 것으로 이해된다. 현재의 대다수 은하들의 중심은 오래전에 퀘이사로 빛났었을 것이고 아직까지 초대질량 블랙홀을 포함하고 있을 것이다.

## 핵심 개념 정리

### 16.1 별들로 이루어진 섬

● **은하를 분류하는 세 가지 유형**

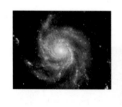  

**나선은하**(왼쪽)는 뚜렷한 원반과 나선팔을 가지고 있다. **타원은하**(중앙)는 나선은하보다 둥글고 붉은 천체이다. 차가운 성간기체와 먼지를 나선은하보다 덜 포함하고 있다. **불규칙은하**(오른쪽)는 형태학으로 볼 때 원반 구조도 아니고 또한 타원형의 구조도 보이지 않는다.

● **어떻게 은하들이 그룹으로 존재하게 되었는가?**

나선은하는 그룹을 구성하고 있고 이들 은하들은 수십 개의 은하로 이루어져 있다. 타원은하는 일반적으로 수백 혹은 수천 개의 은하로 이루어진 은하단에 존재하며 이들 은하는 중력으로 은하단에 묶여 있다.

### 16.2 은하까지의 거리

● **은하까지의 거리를 어떻게 측정하는가?**

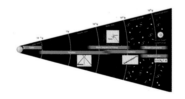

은하까지의 거리를 측정하는 여러 방법, 즉 우주거리사슬은 **레이더 거리 측정**이라 불리는 기술로부터 시작하여 주변 별들까지의 시차 측정이 두 번째 연결고리를 나타낸다. 그다음 **표준촉광**을 이용하여 먼 거리에 놓인 은하들까지의 거리를 측정한다. 중요한 표준촉광으로는 **세페이드 변광성**이 있으며, 이 별들은 **주기-광도 관계**를 따르는데, 이를 통해 광도와 거리를 측정할 수 있다. **백색왜성 초신성** 또한 표준촉광으로 사용되는데, 이들은 먼 거리까지도 측정할 수 있게 해준다.

● **허블의 법칙은 무엇인가?**

**허블의 법칙**은 은하가 우리로부터 멀리 있을수록 멀어지는 속도가 더 빨라진다는 것으로 $v = H_0 \times d$이다. $H_0$는 **허블 상수**를 말한다. 은하의 분광관측으로부터 적색이동을 측정한 후 은하의 후퇴속도를 계산한다. 이후 허블의 법칙을 사용하여 은하까지의 거리를 추정한다.

### • 거리측정은 우주의 나이와 어떤 관계가 있는가?

시간에 따라 우주가 어떻게 진화해왔는지를 보여주는 자료와 허블 상수의 역을 활용함으로써 우주의 크기가 언제 현재 크기에 도달했는지를 알 수 있는데, 이는 우주의 팽창률이 변하지 않았다는 전제하에 가능하다. 우리는 우주의 나이가 약 140억 년 정도 될 것으로 추정한다. **전환확인시간**은 이 우주의 나이와 같으며 이는 우리가 볼 수 있는 한계인 **우주 지평선**에 대응한다.

## 16.3 은하의 진화

### • 우리는 어떻게 은하의 진화를 연구하는가?

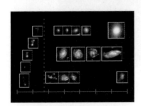

우리는 대부분의 은하가 우주초기에 형성되었다는 사실을 관측으로 알 수 있으며, 이를 적용하여 다른 나이에 있는 은하들 또한 연구할 수 있다. 가까운 은하들보다 젊은 나이의 은하처럼 보이는 은하들, 다시 말해 좀 더 멀리 있는 은하들을 볼 수 있을 것이다. 한편, 이론적인 모델링은 우리가 은하 형성의 초기 단계를 연구할 수 있게 해준다. 이론적인 모형 중 가장 보편적으로 받아들여지는 설명으로는 주변보다 밀도가 높은 우주의 영역이 중력에 의해 서로 끌어당겨져 진화하는 것으로 해석하는 것이다. 성간기체는 중력에 의해 원시은하구름으로 모여졌고, 점차 성간구름이 차가워지면서 별들이 형성되기 시작했다.

### • 은하들은 왜 서로 다른가?

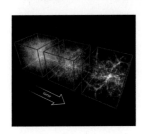

은하들 간의 물리적인 차이는 그들이 생성된 원시은하구름의 특성과 다른 은하와의 충돌 등에 의해 결정된다. 원시은하구름의 회전속도가 느리거나 밀도가 높은 경우 타원은하보다는

나선은하를 형성하기가 쉽다. 나선은하들이 서로 충돌하여 병합되는 과정 중에 타원은하가 형성되었을 가능성이 크고, 이 상대적으로 짧은 기간 내에 **폭발적 별형성**이 이루어진 것으로 본다.

## 16.4 활동성 은하핵

### • 은하중심에 초거대질량 블랙홀들이 존재하는 증거는 무엇인가?

**활동성 은하핵**으로 알려진 은하들의 매우 밝은 중심 영역들, 특히 이 중에서 가장 밝은 활동성 은하핵인 **퀘이사**라고 알려진 천체 등을 관측한 결과에 의하면 은하중심 또는 핵에 **초대질량 블랙홀**이 존재함을 알 수 있다. 활동성 은하핵이 매우 밝은 이유는 은하 내 성간물질이 블랙홀 주변의 강착원반을 통해 초대질량 블랙홀로 떨어지며 발산하는 중력에너지가 효율적으로 열에너지와 빛으로 전환되기 때문인 것으로 설명된다. 활동성 은하핵에 위치한 별과 가스의 빠른 회전속도는 초대질량 블랙홀의 존재 및 앞서 설명한 이론적 모형을 뒷받침한다.

### • 은하핵에 존재하는 블랙홀의 성장은 은하의 진화와 어떤 관계가 있는가?

대부분의 가까운 은하들의 중심을 관측한 결과 은하중심에서의 회전속도가 매우 빠르며, 이는 은하들의 중심에 초대질량 블랙홀이 존재함을 간접적으로 말해준다. 이들 블랙홀의 질량은 각각의 블랙홀이 속한 은하의 특성과 관련되어 있으며, 따라서 블랙홀의 성장은 은하진화 과정과 밀접한 연관성이 있는 것으로 파악된다. 하지만 이에 대한 자세한 설명은 아직 제시되지 못했다.

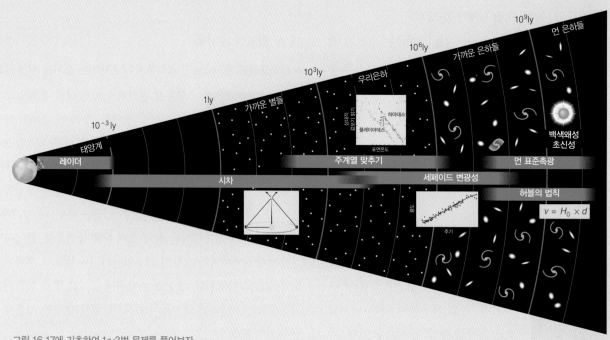

그림 16.17에 기초하여 1~3번 문제를 풀어보자.

1. 지금까지 기술된 거리측정 방법 중 천만 광년 거리에 있는 천체까지의 거리를 측정하는 데 가장 적합한 방법은 무엇인가?

2. 지금까지 기술된 거리측정 방법 중 10광년 거리에 있는 천체까지의 거리를 측정하는 데 가장 적합한 방법은 무엇인가?

3. 표준촉광을 이용하여 거리를 측정하는 경우 먼 은하까지의 거리를 측정하는 데 가장 적합한 천체는 무엇인가?

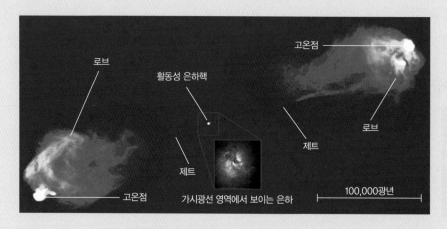

그림 16.30에 기초하여 4~7번 문제를 풀어보자.

4. 어떤 색이 전파를 강하게 방출하는 영역을 나타내는가?

5. 어떤 색이 전파원이 없는 영역을 말해주는가?

6. 위의 그림에서 보이는 두 고온점 사이의 거리는 얼마인가?

7. 위의 그림에 삽입된 영상, 즉 가시광선 영역에서 보이는 은하의 실제 크기는 얼마인가?

## 연습문제

### 복습문제

1. 은하들의 세 가지 유형은 무엇이고 그들의 형태는 어떻게 다른가?

2. 정상나선은하, 막대나선은하, 렌즈형 은하의 차이점에 대해 설명하라.

3. 나선은하의 원반과 헤일로 영역의 특성에 대해 설명하라. 은하 구조에서 차가운 가스를 포함하고 활발한 별형성이 일어나는 영역은?

4. 은하원반과 헤일로 성분이 존재하는지 존재하지 않는지로 나선은하와 타원은하를 구분하라.

5. 은하단에 있는 은하 유형이 작은 은하들 그룹 그리고 독립적으로 존재하는 은하 유형과 어떻게 다른지 설명하라.

6. **표준촛광**이 의미하는 바는 무엇인가? 우리가 거리를 측정하기 위해 표준촛광을 어떻게 사용하는지 설명하라.

7. 우주거리사슬에서 각각 구성요소가 어떻게 연결되는지에 대해 간략하게 설명하라. **세페이드 변광성**이 중요한 이유를 설명하라. 백색왜성 초신성이 빈도가 낮게 발생함에도 불구하고 우주거리사슬에서 유용하게 쓰이는 이유를 설명하라.

8. 허블이 세페이드 변광성을 사용해서 어떠한 근거로 안드로메다은하가 우리은하 경계 너머에 존재하는지를 밝혔는지 설명해보라.

9. 허블의 법칙은 무엇인가? 허블 상수가 백만 광년당 초속 21~23km 사이임이 의미하는 바를 설명하라.

10. **우주론 원리**란 무엇인가? 그리고 우리가 우주를 이해하는 데 우주론 원리가 왜 중요한지 설명하라.

11. 어떻게 급팽창하는 풍선의 표면이 우주팽창과 유사한가? 풍선의 비유를 이용하여 허블 상수가 우주의 나이와 어떻게 관련이 있는지 설명하라.

12. **전환확인시간**이 멀리 있는 은하에 대해 의미하는 바는 무엇인가? 매우 멀리 있는 천체의 경우 전환확인시간이 거리보다 덜 모호한 이유에 대해 설명하라.

13. **우주론적 적색이동**이 의미하는 바는 무엇인지 설명하라. 만약 우리가 도플러 이동보다 우주론적 적색이동을 고려한다면 멀리 있는 은하의 적색이동에 대한 우리의 해석이 어떻게 달라지는가?

14. 우주 **지평선**이 의미하는 바는 무엇이며 우주 지평선이 우리로부터 얼마나 떨어져 있는지를 어떻게 결정하는가?

15. 은하진화는 무엇을 의미하는가? 망원경 관측을 통한 은하진화 방법에 대해 논하라.

16. 은하 형성에 관한 이론적 모형들은 어떠한 가정 또는 가설로부터 시작되는가? 나선은하가 어떠한 과정을 통해 형성되었는지 설명하라.

17. 은하원시구름으로부터 나선은하보다 타원은하를 형성하기 위해 반드시 필요한 두 가지 조건에 대해 설명하라.

18. 은하 충돌의 결과에 대해 논하라. 왜 충돌 현상이 은하진화 과정 중에 보편적으로 나타나는 현상이었는지 설명하라.

19. **폭발적 별형성** 은하가 무엇인지 설명하라. 폭발적 별형성에 관한 관측 연구가 타원은하에 있는 별들이 나이가 많은 별들인지를 어떻게 설명할 수 있는지 논하라.

20. **활동성 은하핵**이란 무엇인가? 전파은하로부터 퀘이사를 구별할 수 있는 특징들에 관해 설명하라.

21. 어떤 천체의 방출 영역의 크기에 대한 한계를 알기 위해 광도의 변화를 어떻게 사용할 수 있는지 예를 들어 설명하라.

22. 초대질량 블랙홀을 포함하는 은하 모형이 퀘이사의 에너지 방출을 어떻게 설명하는지 보여라. 블랙홀이 은하중심에 위치하는지를 어떻게 입증할 수 있는지를 설명하라.

### 이해력 점검

**이해했는가?**

다음 문장이 합당한지(또는 명백하게 옳은지) 혹은 이치에 맞지 않는지(또는 명백하게 틀렸는지) 결정하라. 명확히 설명하라. 아래 서술된 문장 모두가 결정적인 답은 아니기 때문에 여러분이 고른 답보다 설명이 더 중요하다.

23. 많은 타원은하들을 발견하려고 하면 우주의 다른 지역보다도 은하단을 관측하는 것이 효율적일 것이다.

24. 세페이드 변광성은 이들 별들이 항상 일정한 광도를 갖기 때문에 표준촛광으로 적절하다.

25. 은하의 적색이동을 측정한 후에 허블의 법칙을 사용하여 은하까지의 거리를 측정할 수 있다.

26. 우주의 중심은 우주의 다른 곳보다 은하들이 많이 모여 있다.

27. 우주가 팽창하는 방향에 있는 블랙홀을 볼 수 있을 것이기 때문에 우주 지평선 근처 은하들 중 한 은하에서 살고 싶다.

28. 누군가가 45억 광년의 전환확인시간에 놓인 은하를 볼 수 있

는 거대 망원경을 가지고 있다면 그는 우리태양계가 형성되고 있는 과정을 볼 수 있을 것이다.

29. 은하들은 100억 년 이상으로 오래되었으며 따라서 거대 망원경으로 보기에도 어려울 만큼 멀리 떨어져 있다.

30. 먼 훗날 안드로메다은하가 우리은하와 충돌하고 병합한다면 그 결과 남은 은하는 타원은하일 것이다.

31. NGC 9645는 100억 년 동안 같은 곳에서 별들을 형성해온 폭발적 별형성 은하이다.

32. 천문학자들은 3C473 퀘이사의 중심이 검은 것을 발견하고 이 은하의 중심에 초대질량 블랙홀이 존재함을 입증했다.

### 돌발퀴즈

다음 중 가장 적절한 답을 고르고, 그 이유를 한 줄 이상의 완전한 문장으로 설명하라.

33. 다음 은하들 중 가장 나이가 많은 은하는? (a) 국부은하군 내의 은하 (b) 50억 광년 거리에서 관측된 은하 (c) 100억 광년 거리에 있는 은하

34. 다음 은하들 중 은하단 중심에서 발견될 가능성이 높은 은하는? (a) 큰나선은하 (b) 거대타원은하 (c) 작은불규칙은하

35. 우리는 세페이드 변광성의 거리를 다음과 같이 결정한다. (a) 시차를 측정함으로써 (b) 주기-광도 관계로부터 광도를 구하고 빛의 역제곱법칙을 적용함으로써 (c) 모든 세페이드 변광성은 동일한 광도를 가지고 있으므로 빛의 역제곱법칙을 적용함으로써

36. 매우 멀리 있는 은하들까지의 거리를 측정하기 위해 가장 적절한 천체는 무엇인가? (a) 백색왜성 (b) 세페이드 변광성 (c) 백색왜성 초신성

37. 왜 우주 내에 있는 모든 은하는 우리은하로부터 멀어져 가는 것처럼 보이는가? (a) 우리가 빅뱅이 일어난 지점과 가깝기 때문에 (b) 우리가 우주 중심에 위치하기 때문에 (c) 팽창으로 인해 모든 은하가 대부분의 다른 은하들로부터 멀어지기 때문에

38. 멀리 있는 은하로부터 오는 광자가 지구에 도달하기까지 약 100억 년이 소요된다면 이 은하는 우주의 나이가 약 얼마일 때를 반영하는가 (a) 100억 년 (b) 70억 년 (c) 40억 년

39. 다음의 설명 중 은하 형성 이론을 가장 적절하게 설명한 구절은? (a) 물질의 분포가 우주초기에는 매우 균일하게 분포하였다. (b) 우주의 일부 영역은 다른 영역보다 매우 밀도가 높다. (c) 은하들은 초대질량 블랙홀 주변에서 형성된다.

40. 퀘이사의 광도는 다음의 천체 크기 중 어느 정도에 의해 결정되는가? (a) 우리은하 (b) 성단 (c) 태양계

41. 무거운 블랙홀을 지니고 있는 은하들을 관측하게 될 경우 다음의 특징들을 나타낸다. 적절한 답을 골라보라. (a) 팽대부에 존재하는 질량이 무거운 별들 (b) 전반적으로 보이는 높은 광도 (c) 타원은하 형태

42. 퀘이사로부터 방출되는 에너지의 주된 근원은? (a) 화학에너지 (b) 핵에너지 (c) 중력퍼텐셜에너지

### 과학의 과정

43. **허블의 법칙 유도.** 우리가 허블의 법칙을 테스트하기 위해 은하들의 거리와 속도 측정을 하고 있다고 가정하자. 약 90% 은하들의 속도는 허블의 법칙에 의해 초속 200km 이내로 예측이 가능하다. 한편, 10%의 은하들은 허블의 법칙에 근거해서 예측된 속도와 초속 1,000km 정도까지 차이를 보인다. 이러한 허블의 법칙으로부터 유도되는 속도와 관측으로부터 구한 속도와의 차이를 설명할 수 있는 가설을 제시해보라. 또한 제시한 가설을 입증하기 위해 필요한 관측 방법 및 도구도 함께 설명하라.

44. **은하들은 왜 서로 다른가.** 은하들이 서로 다른 이유에 대해 설명하라. 그렇게 생각하는 이유에 대해 두 문장 이내로 간략하게 설명하고, 본 장에서 제시한 관측 사실들 및 이론적 모형을 토대로 그 이유가 타당함을 보여라.

45. **미해결 문제.** 은하진화에 관한 매우 중요한 그러나 아직 해결되지 않은 문제에 대해 설명하라. 만약 우리가 앞으로 이에 대한 해답을 제시할 수 있다면 어떻게 이를 입증할 수 있는지에 관해 보다 자세하게 기술하라. 만약 이에 대한 해답을 제시할 수 없다면 왜 그러한지도 함께 기술하라.

### 그룹 활동 과제

46. **은하의 수 세기.** 기록자(그룹 활동을 기록), 제안자(그룹 활동에 대한 설명), 반론자(제안된 설명의 약점을 찾아냄), 중재자(그룹의 논의를 이끌고 반드시 모든 사람이 참여할 수 있도록 함). **활동** : 다음의 과제를 수행하기 위해 허블 딥 필드(그림 16.1)에 대해 공부해보자.

   a. 각 팀원은 관측 사진에 있는 은하들의 수를 개별적으로 예측해야 한다.

   b. 각 팀원의 예측한 결과를 비교하고 결과를 도출하기 위해

사용했던 방법들에 관해 논의하라.

    c. 중재자는 팀의 결과에 대해 토의를 이끌고 왜 나른 방법들이 서로 다른 결과값을 결정하는지를 설명하도록 이끈다.

    d. 제안자는 팀원의 각각 달리 사용한 방법들을 통섭하는 새로운 방법을 제안해야 하고 반론자들은 새로운 방법에 대한 개선책을 제안해야 한다. 또한 잠정적인 문제들을 지적해야 한다. 중재자는 토론을 이끌고 기록자가 기록하도록 하며, 기록된 방법 중 최선의 방법을 팀원과 함께 결정해야 한다.

    e. 이렇게 선출된 방법을 일괄적으로 적용하여 결과를 다시 도출하고, 기록자는 이 모든 과정을 기록해야 한다.

## 심화학습

### 단답형/서술형 문제

47. 허블 딥 필드. 그림 16.1의 허블 딥 필드와 제1장 앞부분에 보인 울트라 딥 필드는 천구에서 보편적으로 보이는 일반적인 영역이기 때문에 넓은 영역에 걸쳐 관측이 이루어졌다. 왜 천문학자들은 그렇게 귀한 망원경 관측 시간을 별로 다를 바 없는 천구의 영역을 관측하는 데 전적으로 사용하는가? 그 이유를 설명하라.

48. 다른 은하들에 있어서 초신성폭발. 어떤 은하 유형에서 질량이 큰 초신성을 관측할 확률이 높겠는가? 거대타원은하인가 아니면 큰나선은하인가? 그 이유에 대해 설명하라.

49. 허블의 은하 유형. 그림 16.7에 나타나는 계를 활용하여 어떠한 방법으로 다음의 은하들을 분류할 수 있는지 설명하라.

    a. 은하 M101(그림 16.2)

    b. 은하 NGC 4594(그림 16.3)

    c. 은하 NGC 1300(그림 16.4)

    d. 은하 M87(그림 16.5)

50. 표준촉광으로서 세페이드. 여러분이 가까운 은하에 있는 세페이드 변광성을 관측한다고 가정하자. 여러분은 8일을 주기로 밝아지는 세페이드 변광성과 35일을 주기로 밝아지는 변광성을 관측한다고 가정하자. 각 별의 광도를 그림 16.12를 이용하여 구해보자. 이러한 관측 결과에 대한 해석이 맞다면 거대한 중심블랙홀들은 거대한 은하들에서 반드시 필요하다. 현재 이들 은하들에서의 별형성률이 왜 낮은지를 설명하기 위해서는 거대한 은하들 내에 초대질량 블랙홀들이 존재

해야 이에 대한 설명이 가능하다. 이에 대한 이론 및 이와 다른 이론적 모형들에 대한 검증이 현재 이루어지고 있다. 하지만 아직까지도 초대질량 블랙홀의 기원과 은하 진화에 대한 연결고리를 이해하는 것이 풀리지 않는 수수께끼로 남아 있다.

51. 먼 거리에 있는 은하들. 천문학자들이 지금까지 관측해온 가장 멀리 있는 은하들은 가시광선 영역보다 적외선 영역에서 관측하기가 훨씬 쉽다. 이에 대한 이유를 설명하라.

52. 풍선에 있는 우주. 어떤 점에서 풍선 표면이 우주를 설명하기 위해 효율적인 방법인가? 예를 들어, 임의의 과학자를 축소하여 풍선 위의 한 물방울무늬 위치에 놓는다면 다른 모든 점은 멀어져 가고 있으며 더 멀리 있는 점일수록 더 빨리 멀어져 가는 것처럼 보일 것이다.

53. 나선은하의 생. 여러분이 나선은하라고 가정하자. 지금까지의 삶을 되짚어보자. 여러분 인생의 역정 이야기는 자세하면서도 과학적으로 설명이 가능해야 하며 또한 창의적이어야 한다. 즉, 여러분의 설명은 흥미로우면서도 동시에 나선은하 형성에 관한 현재의 과학적인 이론들을 통섭할 수 있어야 한다.

54. 타원은하의 생. 여러분이 타원은하라고 상상해보자. 태어나면서부터 지금까지의 여러분 삶을 돌이켜보자. 타원은하 형성에 대한 여러 가설이 있는데, 이 중 하나를 선택해서 설명해보자. 여러분이 타원은하에 관한 형성 이론 및 모형을 이해하고 있음을 과학적인 해석에 근거하여 설명함으로써 이를 입증하고 동시에 이에 대한 창의적인 생각들을 보여주기 바란다.

55. 타원은하의 색. 나이가 많은 타원은하의 색이 지난 100억 년 동안 어떻게 변했는지를 설명하라. 은하의 색을 이용하여 이들 은하들이 언제 형성되었는지를 알 수 있는 방법을 설명하라.

### 계량적 문제

모든 계산 과정을 명백하게 제시하고, 완벽한 문장으로 해답을 기술하라.

56. 은하 세기. 얼마나 많은 은하들이 그림 16.1에 포함되어 있는지를 말해보자. 이를 계산하기 위해 사용한 방법에 관해 설명해보자. 이 사진은 천구의 약 3억분의 1 영역을 나타내고 따라서 전 우주에 걸쳐 얼마나 많은 은하들이 존재하는지를 예측하려면 여러분이 계산한 결과값에 3억을 곱하면 될 것이다.

57. 성단까지의 거리. 히아데스성단까지의 거리는 시차를 측정함으로써 약 151광년임이 알려져 있다. 그림 16.10에 있는 정보

와 천문 계산법 16.1의 형식을 활용하여 플레이아데스성단까지의 거리를 측정해보자.

58. **M101의 세페이드 변광성.** 허블우주망원경을 사용하여 과학자들은 M100 은하 내에 있는 세페이드 변광성들을 관측해왔다. M100 세페이드 변광성 내에 있는 세 변광성의 실제 자료는 다음과 같다.

- 변광성 1 : 광도=$3.9 \times 10^{30}$ W, 밝기 $9.3 \times 10^{-19}$ W/m²
- 변광성 2 : 광도=$1.2 \times 10^{30}$ W, 밝기 $3.8 \times 10^{-19}$ W/m²
- 변광성 3 : 광도=$2.5 \times 10^{30}$ W, 밝기 $8.7 \times 10^{-19}$ W/m²

3개의 세페이드 변광성 각각에 대한 자료로부터 M100까지의 거리를 계산하자. 이 세 별의 거리가 모두 일치하는가? 계산한 값에 기초하여 여러분이 구한 거리의 불확실성 또한 계산하라.

59. **허블의 법칙으로부터의 거리.** 여러 은하에 대한 분광관측으로부터 각 은하들의 적색이동을 측정한 후 우리로부터 멀어져가는 후퇴속도를 결정했다고 하자. 그 결과값은 각각 다음과 같다.

- 은하 1 : 우리로부터 후퇴하는 속도는 15,000km/s
- 은하 2 : 우리로부터 후퇴하는 속도는 20,000km/s
- 은하 3 : 우리로부터 후퇴하는 속도는 25,000km/s

허블의 법칙으로부터 유도한 각 은하까지의 거리를 조사해보자. 허블 상수 $H_0$는 22km/s/Mly를 가정하자.

60. **마지막 응원.** 여러분이 초대질량 블랙홀로 빨려 들어가는 강착원반으로 끌려 들어간다고 상상해보자. 여러분이 블랙홀로 빨려 들어갈 때 원반은 질량에너지 법칙 $E=mc^2$에 의해 약 10%의 에너지를 복사하게 된다.

a. 여러분의 질량은 몇 kg인가? (1kg=2.2파운드) 블랙홀로 빨려 들어갈 때 강착원반에 의해 어느 정도의 복사에너지가 방출되는지 계산하라.

b. 100W의 전구가 앞서 계산한 에너지를 방출한다면 그 수명이 어떻게 될지를 계산하라.

**토론문제**

61. **우주론과 철학.** 약 100년 전 많은 과학자들은 우주가 끝도 없고 시작도 없이 무한하고 영원하다고 믿었다. 아인슈타인이 처음 그의 일반상대성이론을 발견했을 때 그는 우주가 팽창하거나 수축해야 한다고 예측했다. 그는 영원하고 변하지 않는 우주를 생각했기 때문에 그의 이론을 수정했다. 후에 그는 큰 실수를 했음을 시인했다. 왜 아인슈타인과 다른 우주론 학자들은 우주가 시작이 없다고 가정했는가? 우주가 시간에 있어 정확한 시작점이 있다면 다시 말해 약 140억 년 전에 시작했다면 이는 철학적으로 어떠한 의미를 갖는지를 설명하라.

62. **초대질량 블랙홀 경우.** 은하중심의 초대질량 블랙홀에 대한 증거는 확실하다. 그럼에도 불구하고 블랙홀 자체는 빛을 내지 않기 때문에 블랙홀이 존재함을 밝히는 것은 매우 어렵다. 우리는 단지 그들의 존재를 주변물질들에 미치는 강력한 중력의 영향으로부터 간접적으로 파악할 수 있다. 이에 대한 증거는 얼마나 타당한가? 여러분은 천문학자들이 블랙홀의 존재에 대한 합리적인 근거들을 제시했다고 보는가? 여러분의 의견을 말해보자.

**웹을 이용한 과제**

63. **은하 갤러리.** 훌륭한 은하 영상들을 웹을 통해 대부분 볼 수 있다. 은하 유형별로 은하 사진들을 수집하고 여러분만의 은하 갤러리를 만들어 보자. 각 은하에 대한 설명 구절들도 포함해보자.

64. **큰 전환확인시간.** 큰 전환확인시간(또는 적색이동)으로 최근 발견된 천체들을 조사해보자. 우리로부터 멀리 있는 천체 중 가장 최근에 알려진 천체는 무엇인지 그리고 이 천체는 어떤 종류의 천체인지 설명해보자.

65. **차세대 천문대.** 은하진화는 매우 중요한 연구 주제이다. 은하진화를 연구하는 데 필요한 현재 그리고 미래의 망원경 또는 천문대, 예를 들면 제임스웹 우주망원경과 같은 망원경들에 대한 정보를 조사해보자. 이러한 망원경들은 얼마나 큰가? 이들 망원경들은 어느 파장대역을 관측할 수 있는가? 이들 망원경 또는 천문대들은 언제 완성되거나 건설될 것인가? 이들 망원경들 및 관측소들의 임무에 대해 아는 바를 간단하게 설명하라.

# 우주의 탄생  17

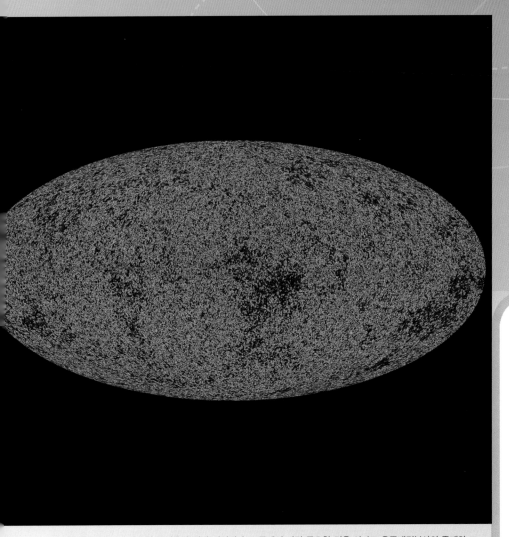

빅뱅이론은 몇 가지 주요한 증거들에 의해 지지된다. 그중에서 가장 중요한 것은 아마도 우주배경복사의 존재와 그 특징들이라고 할 수 있을 것이다. 이 사진은 플랑크 우주선에서 관측한 우주배경복사의 전천 영상이다.

이 장의 학습목표

**이** 책을 통해서 우리는 초기우주에서 생성된 물질이 어떻게 점진적으로 은하, 별, 행성들을 구성하게 되었는지 공부했다. 그러나 다음과 같은 핵심적인 질문에는 아직 답하지는 않았다. 물질 자체는 어디서 기원했는가?

이 질문에 답하려면 가장 멀리 있는 은하들을 넘어 우주 지평선 근처에서 관측 가능한 천체까지도 넘어가야 한다. 물질과 에너지의 기원뿐만 아니라 시간의 시작까지 거슬러 올라가야 한다. 이 장에서 배우게 되겠지만 우주 탄생에 관한 많은 질문들이 해결되지 않고 남아 있다. 하지만 빅뱅 직후 1초도 되지 않은 찰나에 시작된 사건들을 우리는 대략적으로 이해하게 되었다.

## 17.1 빅뱅이론

우주 전체의 기원에 대해 연구하는 것이 실제로 가능할까? 한 세기 전에는 이 주제가 과학 연구의 주제로 걸맞지 않다고 여겨졌다. 과학계의 태도는 허블이 우주팽창을 발견하면서 달라지기 시작했고, 그 발견은 빅뱅(Big Bang)이라 부르게 된 한 시점에 모든 것이 시작되었다는 통찰을 낳았다. 오늘날 우리는 고성능의 망원경들을 가지고 은하들이 140억 년 동안 어떻게 변해왔는지 지켜보게 되었고, 먼 거리에 있는 젊은 은하들이 형성되어 가는 과정을 보게 되었다[16.3절]. 이같은 관측은 현재 140억 년의 나이를 가진 우주가 점진적으로 성장해왔음을 확인해준다.

불행하게도 우리는 시간이 시작한 순간을 관측할 수는 없다. 가장 먼 거리에 있는 은하들에서 오는 빛은 수억 년밖에 되지 않은 우주의 모습이 어떤 모습이었는지를 보여준다. 그보다 더 어린 우주의 모습은 별들이 생성되기도 전이므로 관측하기가 더 어렵다. 하지만 결국 우리는 더 근본적인 문제에 부딪힌다. 우주는 빅뱅의 열기를 담은 약한 배경복사로 가득 차 있다. 이 약한 빛은 바로 우주의 나이가 약 38만 년이었을 때, 즉 우주가 처음으로 투명해져서 빛이 관측 가능해진 그 시점부터 우주공간을 유유히 날아온 빛이다. 그 전에는 빛이 우주공간을 자유롭게 통과할 수 없었다. 그래서 그 시점보다 더 초기우주의 모습은 관측이 불가능하다. 마치 태양 내부의 모습을 알아내기 위해서는 이론적 모형에 기댈 수밖에 없듯이, 초기우주의 모습을 연구하기 위해서는 모형을 사용할 수밖에 없다.

### ● 초기우주의 조건은 어떠했는가?

초기우주의 모습을 다루는 과학이론을 **빅뱅이론**이라고 부른다. 이 이론은 오늘날 관측되는 모든 것이 엄청난 고온과 고밀도의 물질과 복사로부터 출발했다는 개념을 이미 알려지고 검증된 물리법칙을 적용해서 설명한다. 빅뱅이론은 상상을 초월하는 강도로 입자와 광자가 뒤죽박죽 섞여 있던 초기우주가 팽창과 냉각의 거치며 어떻게 별과 은하로 구성된 현재우주로 변해왔는지를 성공적으로 기술한다. 또한 빅뱅이론은 현재우주의 주요한 특성들을 상당히 정확하게 설명한다. 이 장의 주요 목표는 빅뱅이론을 지지하는 증거들을 이해하는 것이지만 우선 빅뱅이론이 초기우주에 대해 어떤 예측을 하는지를 먼저 탐구해야 한다.

> 빅뱅이론은 초기우주의 조건과 시간에 따른 변화를 설명하는 과학 모형이다.

관측 결과들은 우주가 시간에 따라 팽창하면서 냉각되었음을 보여주는데, 이는 과거에는 우주가 온도와 밀도가 더 높은 상태였음을 암시한다. 더 압축되어 있던 상태의 우주가 얼마나 뜨거웠고 밀도가 높았는지 정확히 계산하는 일은 우주의 조건이 훨씬 더 극단적이라는 점을 제외하면 풍선을 압축할 때 풍선 내부 가스의 온도와 밀도를 계산하는 것과 비슷하다. 그림 17.1은 이같은 계산을 토대로 우주 온도가 어떻게 변해왔는지를 나타낸다. 빅뱅 후 수 분의 시점까지 거슬러 올라가는 우주 역사 대부분에서 우주의 조건은 별의 내부처럼 현재우주의 다양한 영역에서 발견되는 것과 크게 다르지 않다. 그래서 이 책에서 다루어온 물리법칙을 가지고 이해할 수 있다. 그러나 매우 초기에는 우주의 온도가 너무나 높기 때문에 현재우주와는 다른 과정이 일어났다.

**입자의 생성과 소멸** 빅뱅 후 수 초 동안에는 우주가 너무나 뜨거워서 아인슈타인의 식 $E=mc^2$에 따라[4.3절] 광자는 물질로, 물질은 광자로 변형될 수 있었다. 물질을 생성하거나 소멸하는 반응은 상대적으로 매우 드물지만 물리학자들은 거대강입자충돌기와 같은 입자가속기를 사용하여 이러한 반응들을 만들어낼 수 있다(그림 17.2).

그중 하나가 전자-반전자 쌍(그림 17.3)의 생성과 소멸이다. 전자의 질량에너지(전자의 질량 곱하기 $c^2$)의 2배보다 큰 총에너지를 갖는 광자 2개가 충돌하면 2개의 새로운 입자가 생성된다. 하나는 음전하를 띠는 전자이고 다른 하나는 양전하를 띠는 반전자(양전자라고도 알려짐)이다. 전자는 **물질**을 구성하는 입자이고 반전자는 **반물질**을 구성하는 입자이다. 전자-반전자를 생성하는 반응은 우주에서도 발생한다. 전자와 반전자가 충돌할때 이 두 입자는 완전히 '소멸'되고 질량에너지는 광자에너지로 전환된다.

이와 유사한 반응들이 양성자-반양성자나 중성자-반중성자와 같은 입자-반입자 쌍을 생성하거나 파괴할 수 있다. 그러므로 초기우주는 매우 뜨겁고 고밀도의 상태로 광자와 물질, 반물질이 뒤섞여 있었으며 맹

초기우주는 매우 고온이라서 에너지와 물질이 서로 바뀔 수 있었다.

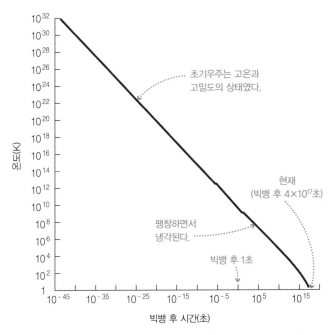

**그림 17.1** 우주는 팽창하면서 냉각된다. 이 그림은 시간에 따라 온도가 어떻게 변하는지 계산한 결과를 나타내고 있다. 각 축은 10의 지수로 표시되어 있기 때문에 주로 빅뱅 이후 수 초 동안의 온도를 보여주지만 왼쪽 끝부분은 현재를 나타낸다(140억 년 = $4\times10^{17}$초). 그래프의 튀는 구간은 물질과 반물질의 소멸 구간을 나타낸다.

그래프 내 라벨:
- 초기우주는 고온과 고밀도의 상태였다.
- 현재 (빅뱅 후 $4\times10^{17}$초)
- 팽창하면서 냉각된다.
- 빅뱅 후 1초
- 온도(K)
- 빅뱅 후 시간(초)

**그림 17.2** 하늘에서 내려다본 거대강입자충돌기. 거대한 원은 지하에 건설된 지름 27km의 입자가속기의 경로를 나타낸다.

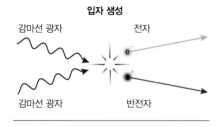

**입자 생성**

감마선 광자             전자

감마선 광자             반전자

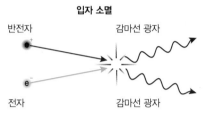

**입자 소멸**

반전자             감마선 광자

전자             감마선 광자

**그림 17.3** 전자–반전자의 생성과 소멸. 초기우주에서는 이러한 반응들을 통해 광자는 입자로, 입자는 광자로 끝없이 변환된다.

렬하게 서로 변형되고 있었다. 이러한 왕성한 반응들에도 불구하고 초기우주의 조건을 기술하는 일은 최소한 이론적으로는 명료하다. 단지 물리법칙을 사용해서 초기우주 역사의 각 단계에서 다양한 형태의 복사와 물질의 비율을 계산하면 된다. 유일한 어려움이라면 우리가 물리법칙을 완전하게 이해하지 못한다는 점이다.

현재까지 물리학자들은 빅뱅 후 '100억분의 1초'($10^{-10}$)에 해당되는 온도에서 물질과 에너지의 작용을 연구해왔으며 초기우주에서 발생한 일을 우리가 제대로 이해하고 있음을 확신시켜 주었다. 그보다 더 초기의 우주는 더 극단적인 조건들에 놓여 있었으며 이에 대한 우리의 이해는 덜 확실하다. 그러나 우주나이가 $10^{-38}$초였을 때 우주가 어떤 모습이었는가에 대한 약간의 아이디어들은 갖고 있으며, 우주나이가 $10^{-43}$초였을 때 어떤 모습이었을지에 대해서는 어렴풋한 그림을 그리고 있다. 1초를 아주 작게 자른 조각인 초기우주의 시간은 매우 짧기 때문에 실질적으로 우리는 우주 생성의 바로 그 순간, 즉 빅뱅 자체를 공부하는 셈이다.

**기본적인 힘** 초기우주에서 발생하는 변화를 이해하려면 힘의 관점에서 생각하는 것이 도움이 된다. 현재우주에서 발생하는 모든 일은 네 가지 힘, 즉 중력, 전자기력, 강력, 약력에 의해서 좌우된다. 각각의 힘이 일으키는 현상의 예는 이미 앞에서 살펴보았다.

네 가지 힘 중에서 가장 익숙한 중력은 행성, 별, 은하들이 유지되도록 '접착제'와 같은 작용을 한다. 전자기력은 입자의 질량이 아니라 전하에 따라 달라지는데 중력보다 훨씬 크다. 그래서 원자와 분자 간에 주로 작용하는 힘이며, 모든 화학적 생물학적 반응을 일으킨다. 하지만 양전하와 음전하가 존재하기 때문에 큰 규모에서는 중력에 비해 약한 힘이 된다. 물론 중력과 전자기력 모두 거리 역제곱의 법칙을 만족하므로 거리에 따라 약해진다. 대부분의 거대한 천체들은(가령 행성과 별) 전기적으로 중성이기 때문에 전자기력이 중요하지 않다. 그래서 질량이 클수록 중력이 세지기 때문에 중력이 이러한 천체들의 주요한 힘이 된다.

강력과 약력은 매우 작은 거리에서만 작용하기 때문에 원자의 핵 안에서는 중요하지만 더 큰 거리에서는 의미가 없다. 강력은 원자핵들을 묶는 힘이다[11.2절]. 약력은 핵융합이나 핵분열과 같은 핵반응에서 핵심적인 역할을 한다. 그렇기 때문에 중력과 더불어 약하게 상호작용하는 중성미자와 같은 입자에 영향을 미치는 힘이다.

네 가지 힘은 서로 다르게 작용하지만 기본 물리학의 최근 모형들은 이 네 가지 힘이 더 적은 수의 기본적인 힘들이 다르게 나타난 것으로 예측하고 있다(그림 17.4). 이 모형들은 초기우주처럼 매우 고온의 환경에서는 네 가지 힘이 오늘날 관측되듯이 서로 다르게 구별되지 않았을 것으로 예측한다.

예를 들어 얼음과 물과 수증기를 생각해보자. 이 세 가지는 모양이나 작용에 관해서는 꽤나 다르지만 $H_2O$라는 물질의 다른 형태일 뿐이다. 이와 유사하게 실험에 의하면 전자기력과 약력은 매우 고온이나 고에너지의 조건에서 각각의 정체성을 잃어버리고 하나의 **전기약력**으로 합쳐진다. 더 높은 온도와 에너지의 조건이 되면 전기약력과 강력이 합쳐지고 궁극적으로는 중력과도 합쳐질 것이다. 전기약력과 강력이 합쳐지는 이론을 **대통일이론**(Grand Unification Theory, GUT)이라고 부른다. 그래서 강력, 약력, 전자기력이 합쳐진 힘을 GUT 힘이라고 부르기도 한다. 많은 물리학자들은 더 높은 에너지 조건이 만족되면 GUT 힘과 중력이 합쳐져서 하나의 '초력(super force)'이 되어 모든 작용을 좌우한다고 생각하고 있다(네

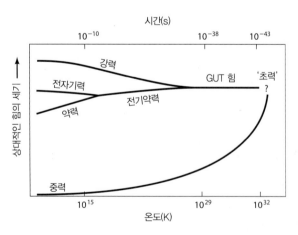

**그림 17.4** 네 가지 힘은 저온에서 구별되지만 빅뱅 이후 1초보다 매우 작은 초기우주와 같은 매우 높은 온도에서는 서로 합쳐진다.

현재우주에서 작용하는 네 가지 힘은 초기우주에서는 통일되어 있었고 우주가 팽창하고 냉각됨에 따라 서로 분리되었을 것이다. 가지 힘을 모두 합친 이론들은 초대칭이론, 초끈이론, 초중력이론 등으로 불리기도 함).

이 이론들이 맞다면 우주는 빅뱅 후 첫 순간에 오로지 초력에 의해서 좌우되었을 것이다. 우주가 팽창하고 냉각되면서 초력은 중력과 GUT 힘으로 분리되고, 그 후 GUT 힘은 강력과 전기약력으로 분리되었을 것이다. 결국 네 가지 힘이 모두 서로 다르게 분리되었을 것이다. 다음 절의 내용처럼, 기본적인 힘들의 변화는 아마도 우주나이가 100억분의 1초가 되기 전에 발생했을 것이다.

## ● 초기우주는 시간에 따라 어떻게 변했는가?

빅뱅이론은 입자와 힘에 대한 과학적 이해를 바탕으로 초기우주의 역사를 재구성한다. 여기서 우리는 우주의 역사를 '시대별'로 보여줄 것이다. 각 시대는 우주가 식어감에 따라 물리적 조건이 확연히 바뀌는 것을 기준으로 구별한다. 이 절을 읽을 때 그림 17.5에 제시된 연대를 참조하는 것이 유용할 것이다. 그림 17.5의 시간은 10의 지수함수로 표현되어 있기 때문에, 초기 시대들의 경우는 그림 상에서는 길게 나타나 있지만 실제로는 매우 짧은 시간이다. 우주가 첫 다섯 시대를 보내는 시간보다 여러분이 이 절을 읽는 데 걸리는 시간이 더 길 것이다. 이 다섯 시대 동안 초기우주의 화학 구성이 이미 결정되었다.

**플랑크 시대** 빅뱅 후 첫 시대는 물리학자 막스 플랑크(1858~1947)의 이름을 따라 **플랑크 시대**라고 불린다. 이 시대는 빅뱅 후 $10^{-43}$초까지를 포함한다. 양자역학법칙에 따르면 이 시기 동안 상당한 에너지 요동이 있었을 것이다. 에너지와 물질이 등가이기 때문에 아인슈타인의 일반상대성이론에 따라 에너지 요동이 중력장을 빠르게 변화시켜서 시공간을 무작위로 휘어지게 만든다. 불행하게도 이런 요동의 규모는 너무 커서 현재의 물리학 이해로는 실제로 어떤 일들이 일어났는지 적합하게 이해할 수 없다. 주요한 걸림돌은 양자역학(매우 작은 규모를 성공적으로 다루는 이론)과 일반상대론(매우 큰 규모를 성공적으로 다루는 이론)을 통일하는 이론이 아직 없다는 점이다. 아마도 미래에 우리는 매우 작은 규모와 매우 큰 규모를 다루는 이론들을 합쳐서 '모든 것의 이론'을 만들어낼 수 있을지도 모른다. 그 전까지는 과학으로 플랑크 시대 이전을 다룰 수 없다.

*물리학에 대한 이해가 부족하기 때문에 플랑크 시대의 우주를 기술하기 어렵다.*

그럼에도 불구하고 플랑크 시대가 어떻게 끝났는지 우리는 어느 정도 이해하고 있다. 그림 17.4를 다시 보면 플랑크 시대를 대표했던 온도인 $10^{32}$K를 넘어가면 네 가지 힘이 하나의 힘, 초력으로 합쳐진다. 즉, 플랑크 시대는 단지 하나의 힘이 작용한 궁극적으로 명료한 시대였을 것이며 플랑크 시대의 끝에는 온도가 충분히 떨어지면서 먼저 중력이 다른 세 힘과 분리되고 나머지 세 힘은 여전히 GUT 힘으로 통일되어 있었을 것이다. 마치 물의 온도가 떨어지면서 얼음결정이 되듯이 중력이 플랑크 시대의 끝에 '얼어서 떨어져 나간 것'으로 생각할 수 있다.

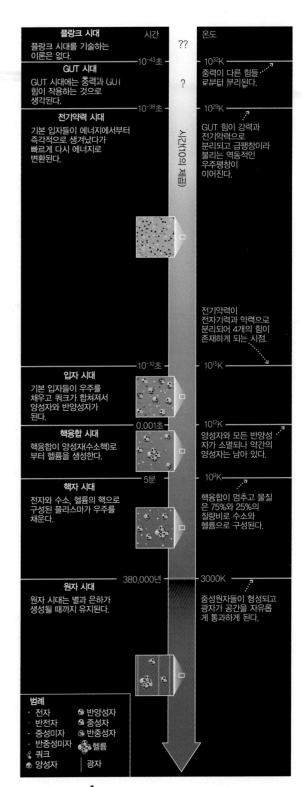

**그림 17.5** 초기우주의 시대별 흐름. 우주나이가 수억 년 되었을 때 별과 은하의 탄생으로 시작된 은하시대는 그림에서 제외되었다.

**GUT 시대** 그다음 시대는 **GUT 시대**로 불리는데 GUT는 대통일이론의 약자이며 $10^{29}$K보다 높은 온도에서 강력, 약력, 전자기력을 하나의 힘, 즉 GUT 힘으로 통합하는 이론이다(그림 17.4). 여러 종류의 대통일이론들은 세부적으로 다르지만, 중력과 GUT 힘이 GUT 시대에 작용한 두 힘이라는 것을 동일하게 예측한다. 이 시대는 GUT 힘이 강력과 전기약력으로 나뉘면서 끝나는데 그 시점의 우주나이는 $10^{-38}$초로 이는 1초의 1조의 1조의 1조보다 작은 시간이다.

현재 우리가 갖고 있는 물리학 지식으로는 플랑크 시대보다 GUT 시대에 관해서 아주 약간 더 말할 수 있을 뿐이며 GUT 시대에 대해 이해하고 있는 어떤 것도 충분히 검증되지 않았기 때문에 이 시기에 실제로 어떤 일이 발생했는지 큰 확신을 가질 수는 없다. 그러나 대통일이론이 맞다면 강력과 전기약력이 분리되는 시점에 막대한 에너지가 방출되면서 **급팽창**이라고 부르는 급격하고 역동적인 우주팽창이 동반되었을 것이다. 단지 $10^{-36}$초라는 짧은 시간 동안 원자핵 크기가 태양계의 크기로 팽창했을 것이다. 급팽창은 매우 이상한 개념이지만, 앞으로 다룰 내용처럼 현재우주의 몇 가지 중요한 특징들을 설명한다.

> GUT 시대의 끝무렵에 방출된 에너지가 우주를 역동적으로 팽창시킨 급팽창의 원인이었을 것이다.

**전기약력 시대** GUT 힘이 분리되면서 세 가지의 힘, 즉 중력, 강력, 전기약력이 구별되어 작용하는 시기가 시작된다. 이 시기는 **전기약력 시대**라 부르며 전자기력과 약력이 여전히 합쳐져 있는 시대이다. 강한 복사가 우주공간을 계속 채우면서 플랑크 시대와 같이 물질과 반물질 입자들이 순간적으로 생겨났다가 다시 소멸되면서 광자로 변하는 과정이 이어진다.

우주는 전기약력 시대 동안 계속 팽창하고 냉각되어 우주나이가 $10^{-10}$초가 되면 우주의 온도는 $10^{15}$K까지 떨어진다. 여전히 이 온도는 오늘날 태양 중심의 온도에 비해서 1억 배 이상 높은 온도지만, 전기약력이 전자기력과 약력으로 분리될 수 있을 정도로 낮은 온도이다. 이 시점이 되면($10^{-10}$초) 우주에는 네 가지 힘이 따로 존재하게 된다.

전기약력 시대의 끝은 물리적 우주뿐만 아니라 우주에 대한 인간의 이해에 있어서도 중요한 변환을 특징으로 갖는다. 1970년대에 만들어진 약력과 전자기력을 통합하는 이론은 우주나이가 $10^{-10}$초였던 시점의 온도인 $10^{15}$K보다 높다면 새로운 종류의 입자(W 보존과 Z 보존, 혹은 **약보존**이라 불린다.)가 생성됨을 예측하였다. 1983년에는 입자가속기 실험을 통해서 최초로 이 온도에 해당하는 고에너지 조건을 갖추는 데 성공하였다. 새로운 입자는 예측된 대로 $E = mc^2$에 따라 매우 고에너지로부터 생성되어 관측되었다. 그러므로 전기약력 시대가 끝나는 시점에 해당하는 우주의 조건에 대해 우리는 실험적 증거를 갖게 되었다. 그러나 이보다 이전의 시점에 대해서는 실험적 증거를 갖고 있지 않다. 그래서 전기약력 시대의 초기나 GUT 시대를 다루는 이론들은 전기약력 시대가 끝나는 시점 이후를 다루는 이론들에 비해서 훨씬 더 사변적이다.

> 실험적 증거가 우주나이 $10^{-10}$초에 관한 이론을 지지해주고 있지만 이보다 더 과거에 관해서는 직접적인 증거가 없다.

**입자 시대** 우주에서 입자들이 즉각적으로 생성되고 소멸될 정도로 뜨거운 조건이 유지되는 동안, 대략적으로 입자의 숫자는 광자의 숫자와 균형을 이루었다. 그러나 온도가 내려가서 물질과 에너지의 상호 변환이 더 이상 일어나지 않으면 광자가 우주의 에너지를 대변하게 된다. 전기약력 시대가 끝나는 시점에서부터 즉각적인 물질 생성이 끝나는 시점까지를 **입자 시대**라고 부르는데 이 시기에는 아원자 입자들이 중요하다.

입자 시대의 초기(그리고 그 전 시대들)에는 현재우주에서는 자유롭게 존재할 수 없는 다양한 형태의 이색적인 입자들로 광자가 변환된다. 그중에는 양성자와 중성자를 구성하는 네 기초가 되는 **쿼크**도 포함된다. 입자 시대가 끝나는 시점이 되면 모든 쿼크는 양성자와 중성자로 뭉쳐지고 그 이후로 양성자와 중성자는 전자와 중성미자와 함께 우주를 구성한다. 입자 시대는 우주의 나이가 약 1,000분의 1초가 되었을 때 끝나는데, 이때 온도는 $10^{12}$K로 떨어진다. 이 시점이 되면 우주의 온도가 너무 낮아서 순수한 에너지로부터 양성자와 반양성자가 즉각적으로 생성될 수 없게 된다.

만일 입자 시대가 끝나는 시점에 우주가 같은 숫자의 양성자와 반양성자(혹은 중성미자와
*입자 시대에 양성자가 반양성자보다 약간 더 많았을 것이다. 그렇지 않았다면 오늘 우리가 존재할 수 없다.* 반중성미자)로 구성되어 있었다면 모든 입자-반입자 쌍이 서로 소멸되어 광자로 바뀌고 우주에는 입자가 남지 않게 되었을 것이다. 그러나 우주에 물질이 존재한다는 확실한 사실에 기초하면 입자 시대의 끝무렵에 양성자의 숫자가 반양성자의 숫자보다 약간 더 많았을 것이라고 결론 내릴 수 있다.

물질과 반물질의 비율은 현재우주의 양성자와 광자의 숫자를 비교함으로써 추정할 수 있다. 이 두 숫자는 아주 초기의 우주에서는 비슷했을 것이지만 오늘날 광자의 숫자는 양성자의 숫자보다 약 10억 배 크다. 이 비율은 초기우주에서 10억 개의 반양성자마다 10억+1의 양성자가 존재해야 함을 알려준다. 즉, 입자 시대가 끝나는 시점에 10억 개의 양성자와 반양성자의 쌍이 소멸되는 동안 1개의 양성자가 남는다는 뜻이다. 반물질에 비해 약간 더 많이 존재했던 물질이 현재우주의 보통 물질을 구성하게 된다. 우주나이가 1,000분의 1초였던 시점에서 남겨진 양성자(그리고 중성미자)들이 바로 우리 몸을 구성하는 물질이다.

**핵융합 시대** 지금까지 다룬 시대는 우주가 존재한 지 1,000분의 1초밖에 되지 않는 시기로 눈을 깜빡하는 데 걸리는 시간보다 짧은 시기다. 이 시점이 되면 물질과 반물질의 소멸에서 남은 양성자와 중성자가 핵융합을 통해서 더 무거운 핵이 된다. 그러나 우주의 온도가 여전히 높기 때문에 무거운 핵들이 생성되자마자 감마선에 의해서 다시 분열된다. 이러한 핵융합과 분열의 댄스가 **핵융합 시대**의 특징이며, 이 시기는 우주나이가 약 5분이 되면 마감된다. 이때가 되면 팽창하는 우주의 밀도가 매우 낮아지고 더 이상 핵융합이 일어나지 않게 된다. 온도는 여전히 수십 억 캘빈($10^9$K)에 해당되며 태양의 핵보다 여전히 높은 온도이다.

핵융합 시대의 끝무렵에 핵융합이 멈추게 되면 우주의 화학 구성은 질량비로 보았을 때
*우주에 존재하는 대부분의 헬륨은 초기 5분 동안 생성되었다.* 75%의 수소와 25%의 헬륨, 그리고 소량의 중수소(중성자가 하나더 많은 수소)와 리튬(수소와 헬륨 다음으로 무거운 원자)으로 구성된다. 후대에 별들이 만들어내는 무거운 원소들을 제외하면 우주의 화학 구성은 오늘날까지 그대로 남아 있다.

**핵자 시대** 핵융합이 끝나면 우주는 수소의 핵, 헬륨의 핵, 그리고 전자로 구성된 고온의 플라스마로 구성된다. 이 구성은 우주가 계속 팽창하고 식어서 나이가 38만 년이 되는 시점까지 계속된다. 완전히 이온화된 핵들이 (전자와 합쳐져서 중성원자로 움직이는 대신) 전자와는 별도로 움직이는 이 시기를 **핵자 시대**라고 부른다. 이 시기에는 광자가 마치 태양 내부에서처럼

[11.2절] 전자들과 계속 충돌하면서 멀리 나갈 수 없다. 핵자가 전자를 포획하여 중성원자를 형성하려고 하면 광자가 다시 중성원자를 이온화시킨다.

핵자 시대는 팽창하는 우주의 나이가 약 38만 년이 되면 마감된다. 이 시점에 우주의 온도는 약 3,000K가 되는데, 이는 태양 표면온도의 반에 해당된다. 수소와 헬륨 핵은 결국 전자를 포획하여 처음으로 안정된 중성원자들이 된다. 전자가 원자 안에 묶이면서 마치 갑자기 안개가 걷히듯이 우주는 투명하게 된다. 전자 때문에 멀리 나가지 못했던 광자는 우주공간을 자유롭게 달리기 시작한다. 이 광자들은 오늘날 우주배경복사로 관측된다.

> 빅뱅 후 38만 년이 되면 전자와 핵자가 융합되어 원자가 되고, 광자는 우주를 자유롭게 여행하게 된다.

**원자와 은하의 시대** 초기우주 이후의 역사에 대해서는 앞의 장들에서 이미 다루었다. 핵자 시대는 우주가 중성원자와 플라스마(이온과 전자), 그리고 많은 수의 광자로 구성되는 **원자 시대**가 시작되면서 마감된다. 물질 밀도는 우주의 지역마다 약간씩 다르기 때문에 중력은 고밀도 지역으로 원자와 플라스마를 점점 끌어당기고, 고밀도 지역은 원시은하구름으로 뭉쳐진다 [16.3절]. 이 구름들 안에서 별들이 생성되고 구름들이 계속 뭉쳐지면서 은하가 형성된다.

성숙한 은하가 처음으로 만들어지는 시점은 우주의 나이가 약 10억 년 되었을 때이다. 그 이후를 **은하 시대**라고 부르는데, 은하 시대는 오늘날까지 계속된다. 은하 내에서 별 생성이 세대를 거치면서 헬륨보다 무거운 원소를 점진적으로 만들어내고 이 무거운 원소들은 새로운 별들의 재료가 된다. 일부 별들은 행성들을 생성하는데 그중에서 적어도 하나에서는 약 수십 억 년 전에 생명체가 꽃피게 된다. 그래서 지금 우리는 이 모든 것에 대해 상고하고 있다.

> 첫 은하들은 우주나이가 10억 년 되었을 때 생성되었다.

**초기우주 요약** 그림 17.6은 빅뱅이론이 제시하는 초기우주 역사에 관해서 우리가 살펴본내용들에 담긴 주요 아이디어들을 정리해준다. 나머지 장에서는 이 이론을 지지하는 증거들을 살펴볼 것이다. 다음으로 넘어가기 전에 그림 17.6에 제시된 요약을 공부하도록 하라.

## 17.2 빅뱅의 증거

다른 과학이론과 마찬가지로 빅뱅이론은 일련의 관측들을 설명하기 위해 구성된 자연에 관한 하나의 모형이다. 만일 이 이론이 진실에 가깝다면 실제 우주에 대한 예측이 가능할 것이며 더 많은 관측과 실험을 통해 검증될 수 있을 것이다. 빅뱅모형은 두 가지 면에서 과학계에 넓게 수용되었다.

- 빅뱅모형은 핵자 시대의 끝에 우주공간을 퍼져나가기 시작한 복사파가 오늘날에도 여전히 관측된다고 예측했다. 실제로 우주는 **우주배경복사**라 부르는 복사파로 채워져 있음이 발견되었다. 이 배경복사의 특성들은 빅뱅모형이 예측하는 것과 정확히 들어맞는다.
- 빅뱅모형은 우주에서 처음 만들어진 수소가 핵융합 시대 동안 융합되어 헬륨으로 바뀔 것으로 예측했다. 우주의 헬륨량을 실제 관측해 보면 빅뱅이론이 예측한 헬륨량과 잘 들어맞는다.

우주배경복사를 필두로 이 증거들에 대해 좀 더 자세히 살펴보자.

## ● 우주배경복사 관측은 어떻게 빅뱅이론을 지지하는가?

우주배경복사의 발견은 1965년에 발표되었다. 뉴저지의 벨연구소에서 근무하던 아노 펜지어스와 로버트 윌슨이라는 두 물리학자는 위성통신을 위해 고안된 검출력이 좋은 극초단파 안테나를 보정하고 있었다(그림 17.7).(극초단파는 전자기파 스펙트럼에서 전파 영역에 해당된다. 그림 5.2 참조) 안타깝게도 그들은 측정할 때마다 예상치 못한 '잡음'을 계속 검출하였다. 안테나를 어디로 향하든 간에 그 잡음은 항상 똑같았으며, 이는 하늘의 모든 방향에서 이 잡음이 오고 있음을 제시했고, 어떤 특별한 천체나 지구의 어느 위치에서 이 잡음이 나올 가능성을 배제시켰다.

한편 인근 프린스턴대학교의 물리학자들은 빅뱅의 열기에서 비롯된 복사파가 어떤 특성을 갖는지 계산하느라 분주했다. 이 복사파는 1940년대에 조지 가모와 그의 동료들이 처음 예측하였다. 그들은 빅뱅이 정말로 일어났다면 이 복사파가 우주 전체에 퍼져 있을 것이며 극초단파 안테나로 검출될 수 있다고 예측했다. 프린스턴대학교 연구진은 곧 펜지어스와 윌슨을 만나서 연구 노트를 비교했고 양 팀은 벨연구소의 안테나에 잡혔던 '잡음'이 예측된 우주배경복사라는 것을 깨달았다. 이것이 바로 빅뱅이 실제로 일어났다는 첫 번째 강한 증거이다. 펜지어스와 윌슨은 이 발견의 공로로 1978년에 노벨상을 수상했다.

우주배경복사는 핵자시대의 끝에서부터 우주공간을 날아온 극초단파 광자로 구성되어 있으며 핵자 시대의 끝에는 우주에 존재하는 대부분의 전자가 핵자와 결합하여 중성원자를 만들고 중성원자는 광자와 훨씬 약하게 상호작용하게 된다. 광자와 충돌할 전자가 얼마 남아 있

**우주배경복사는 빅뱅에서 남겨진 복사파다.** 지 않기 때문에 이 시기 이후 대부분의 광자는 방해받지 않고 우주를 여행한다(그림 17.8). 우주배경복사를 관측할 때 우리는 결국 우주나이가 38만 년이 되던 핵자 시대의 끝을 보는 셈이다.

빅뱅이론은 우주배경복사가 본질적으로 완벽한 열복사 스펙트럼을 갖는다고 예측하는데 그 이유는 우주의 열 그 자체에서 복사파가 나오기 때문이다[5.2절]. 우주배경복사는 우주가

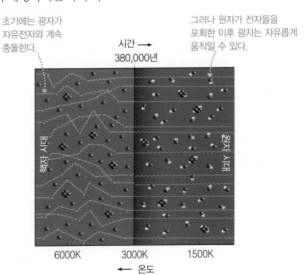

초기에는 광자가 자유전자와 계속 충돌한다.

시간 →
380,000년

그러나 원자가 전자들을 포획한 이후 광자는 자유롭게 움직일 수 있다.

6000K          3000K          1500K
← 온도

**그림 17.8** 핵자 시대에는 광자(노란선)가 자유전자와 빈번하게 충돌한다. 그렇기 때문에 전자들이 원자 안에 구속된 이후에 광자는 자유롭게 여행할 수 있다. 이 변화는 짙은 안개에서 맑은 공기로 바뀌는 것과 비슷하다. 우주나이 38만 년인 핵자 시대의 끝에 광자들이 방출되어 우주배경복사를 구성한다. 배경복사를 정확히 관측하면 이 시점에 우주가 어떤 모습이었는지를 알 수 있다.

**그림 17.7** 벨연구소의 극초단파 수신기로 우주배경복사를 발견한 아노 펜지어스와 로버트 윌슨

**그림 17.6** 초기우주

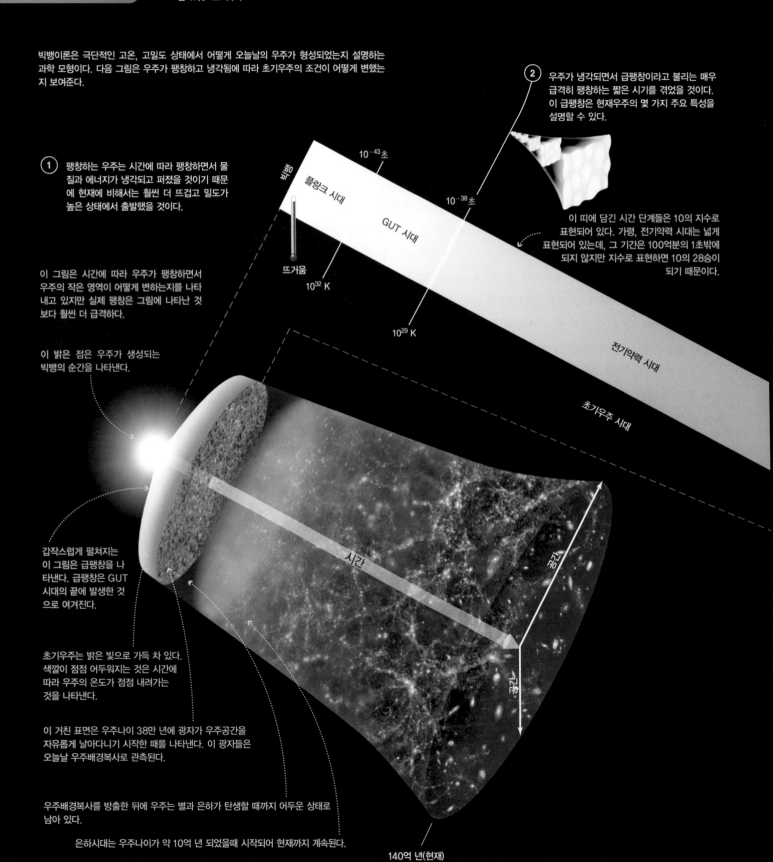

빅뱅이론은 극단적인 고온, 고밀도 상태에서 어떻게 오늘날의 우주가 형성되었는지 설명하는 과학 모형이다. 다음 그림은 우주가 팽창하고 냉각됨에 따라 초기우주의 조건이 어떻게 변했는지 보여준다.

② 우주가 냉각되면서 급팽창이라고 불리는 매우 급격히 팽창하는 짧은 시기를 겪었을 것이다. 이 급팽창은 현재우주의 몇 가지 주요 특성을 설명할 수 있다.

이 띠에 담긴 시간 단계들은 10의 지수로 표현되어 있다. 가령, 전기약력 시대는 넓게 표현되어 있는데, 그 기간은 100억분의 1초밖에 되지 않지만 지수로 표현하면 10의 28승이 되기 때문이다.

① 팽창하는 우주는 시간에 따라 팽창하면서 물질과 에너지가 냉각되고 퍼졌을 것이기 때문에 현재에 비해서는 훨씬 더 뜨겁고 밀도가 높은 상태에서 출발했을 것이다.

이 그림은 시간에 따라 우주가 팽창하면서 우주의 작은 영역이 어떻게 변하는지를 나타내고 있지만 실제 팽창은 그림에 나타난 것보다 훨씬 더 급격하다.

이 밝은 점은 우주가 생성되는 빅뱅의 순간을 나타낸다.

갑작스럽게 펼쳐지는 이 그림은 급팽창을 나타낸다. 급팽창은 GUT 시대의 끝에 발생한 것으로 여겨진다.

초기우주는 밝은 빛으로 가득 차 있다. 색깔이 점점 어두워지는 것은 시간에 따라 우주의 온도가 점점 내려가는 것을 나타낸다.

이 거친 표면은 우주나이 38만 년에 광자가 우주공간을 자유롭게 날아다니기 시작한 때를 나타낸다. 이 광자들은 오늘날 우주배경복사로 관측된다.

우주배경복사를 방출한 뒤에 우주는 별과 은하가 탄생할 때까지 어두운 상태로 남아 있다.

은하시대는 우주나이가 약 10억 년이 되었을때 시작되어 현재까지 계속된다.

$10^{-43}$초

플랑크 시대

GUT 시대

$10^{-38}$초

뜨거움

$10^{32}$ K

$10^{29}$ K

전기약력 시대

초기우주 시대

복사

시간

공간

공간

140억 년(현재)

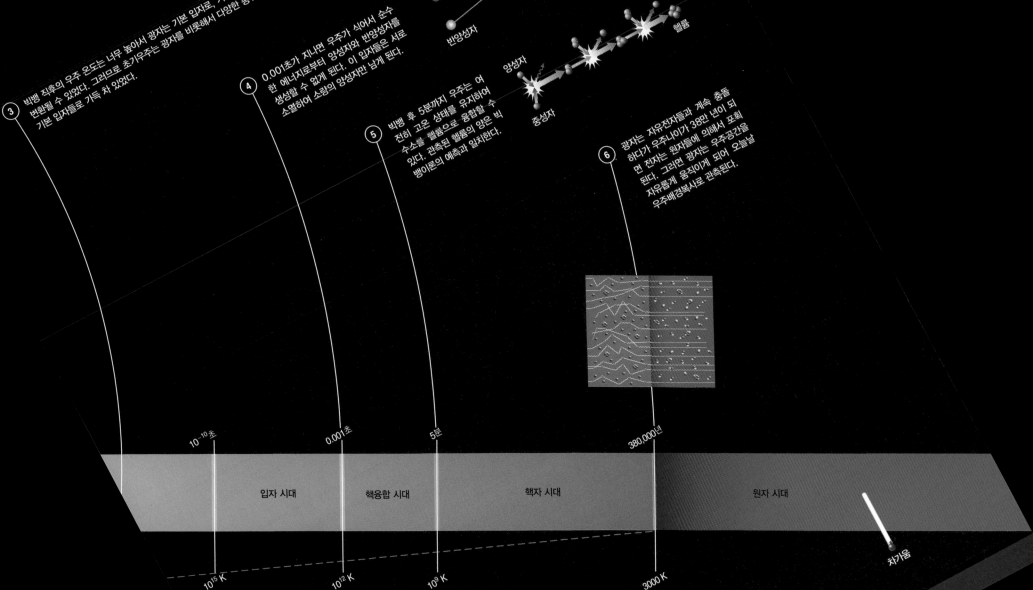

③ 빅뱅 직후의 우주 온도는 너무 높아서 광자는 기본 입자로, 기본 입자는 광자로 변환될 수 있었다. 그러므로 초기우주는 광자를 비롯해서 다양한 종류의 기본 입자들로 가득 차 있었다.

④ 0.001초가 지나면 우주가 식어서 순수한 에너지로부터 양성자와 반양성자를 생성할 수 없게 된다. 이 입자들은 서로 소멸하여 소량의 양성자만 남게 된다.

⑤ 빅뱅 후 5분까지 우주는 여전히 고온 상태를 유지하여 수소를 헬륨으로 융합할 수 있다. 관측된 헬륨의 양은 빅뱅이론의 예측과 일치한다.

⑥ 광자는 자유전자들과 계속 충돌하다가 우주나이가 38만 년이 되면 전자는 원자들에 의해서 포획된다. 그러면 광자는 우주공간을 자유롭게 움직이게 되어 오늘날 우주배경복사로 관측된다.

반양성자

헬륨

양성자

중성자

10⁻¹⁰초         0.001초         5분                    380,000년

입자 시대     핵융합 시대        핵자 시대                          원자 시대

차가움

10¹⁵ K          10¹² K          10⁹ K                 3000 K

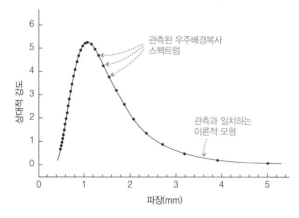

**그림 17.9** 이 그래프는 나사의 코비 위성에 의해 검출된 우주배경복사 스펙트럼이다. 2.73K에 맞게 이론적으로 계산된 열복사 스펙트럼(실선)은 관측된 값(점)과 일치한다(관측 오차는 점의 크기보다 작음). 이렇게 뛰어나게 일치한다는 점은 빅뱅이론을 지지하는 중요한 증거다.

식어서 3,000K가 되었을 때 생성되었기 때문에 그 스펙트럼은 1,000nm 정도의 파장에 (마치 적색 별의 열복사파와 마찬가지로) 최고점을 갖는다. 우주는 그 이후에 약 1,000배가량 팽창했으므로 이 광자들의 파장은 원래 파장보다 약 1,000배가량 늘어났다[16.2절]. 그러므로 우주배경복사의 최고점은 현재 밀리미터파, 즉 극초단파 영역에 있고 이는 절대온도 0K 보다 몇 도가량 높은 온도에 해당한다.

우주의 온도 자체라고 할 수 있는 우주배경복사는 2.73K에 해당하는 완벽한 열복사 스펙트럼을 보여준다.

1990년대 초기에 코비(Cosmic Background Explorer, COBE)라 불리는 나사의 위성이 발사되어 우주배경복사에 대한 이론들을 검증했다. 그 결과는 빅뱅이론에 대단한 성공을 안겨주었고 코비 팀의 책임자였던 조지 스무트와 존 매더가 2006년에 노벨 물리학상을 받았다. 그림 17.9에 나타낸 것처럼 우주배경복사는 정말로 완벽한 열복사 스펙트럼을 보이며 그 최고점은 2.73K에 해당된다.

**생각해보자** ▶ 우주배경복사가 우주의 열 자체에서 온 것이 아니라 많은 숫자의 별과 은하에서 온 것이라고 가정해보자. 그렇다면 이 경우에는 왜 완벽한 열복사 스펙트럼을 기대할 수 없는지 설명해보라. 우주배경복사의 스펙트럼은 빅뱅이론을 어떻게 지지하고 있는가?

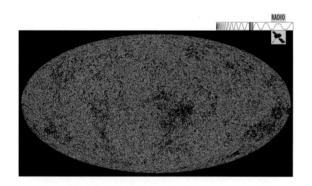

**그림 17.10** 이 전천 지도(485쪽에 있는 더 큰 지도 참조)는 플랑크 위성이 측정한 우주배경복사의 온도 차이를 나타낸다. 배경복사의 온도는 어느 지역이든 2.73K이지만 이 지도의 밝은 지역은 어두운 지역에 비해서 0.0001K 정도 더 뜨겁다. 이것은 핵자 시대의 끝에 우주는 아주 약간 비균일했음을 의미한다. 궁극적으로 우리는 그림 17.6에 38만 년으로 표시된 시점에 우주가 어떤 모습이었는지를 보는 셈이다. 중력은 밀도가 높은 지역을 중심으로 물질을 끌어당겼고 오늘날 우주에서 관측되는 구조를 형성했다.

코비와 그 이후의 탐사선인 WMAP(Wilkinson Microwave Anisotropy-Probe)과 유럽의 플랑크 위성은 우주의 모든 방향에 대해 우주배경복사의 온도 지도를 만들었다(그림 17.10). 온도의 분포는 빅뱅이론이 예측한 것처럼 우주 전체를 통해서 극도로 균일한 것으로 밝혀졌고, 지역과 지역 사이의 차이는 10만분의 1 정도였다. 더군다나 이러한 작은 차이는 빅뱅이론의 예측이 성공적임을 잘 드러낸다. 은하 형성 이론이 초기우주가 '완벽히 균일하지 않다'는 가정에 기초하고 있음을 상기해보라. 우주의 어느 영역은 다른 영역에 비해서 약간 밀도가 낮은 상태로 출발했을 것이며, 그래서 은하 형성에 씨앗 역할을 할 수 있었을 것이다[16.3절]. 우주배경복사 온도의 작은 차이는 초기우주의 밀도가 지역마다 약간 달랐음을 알려준다.

실제로 이러한 작은 온도차에 대한 자세한 관측은 은하진화를 연구하는 데 매우 중요하다. 그 이유는 우주의 모든 거시 구조가 밀도가 약간 높은 영역들

우주배경복사 지도는 밀도가 높은 영역들을 드러내며 이곳에서 은하와 거시 구조가 형성된다.

에서 형성되었다고 생각되기 때문이다[18.3절]. 우주배경복사 차이의 패턴을 측정함으로써 그보다 더 초기의 우주에서 이러한 차이가 만들어지기 위해 어떤 일이 발생했는지 그리고 은하진화 모형에서 어떤 초기 조건을 사용해야 하는지를 알아낼 수 있다.

● **원소의 함량비는 어떻게 빅뱅이론을 지지하는가?**

빅뱅이론은 천문학의 또 하나의 오래된 문제인 우주적 헬륨의 기원 문제를 해결해준다. 우주의 어느 영역에나 암흑물질을 제외한 보통 물질의 약 3/4은 수

소이며 나머지 1/4은 헬륨이다. 우리은하의 헬륨 비율은 약 28%이고 헬륨 비율이 25%보다 적은 은하는 존재하지 않는다. 헬륨은 별의 수소핵융합을 통해서 만들어지지만 계산을 해보면 이렇게 만들어진 헬륨은 관측된 전체 헬륨의 일부만을 설명할 수 있을 뿐이다. 그러므로 우주에 존재하는 대부분의 헬륨은 은하가 형성된 원시은하구름 안에 이미 존재했다고 결론 내릴 수 있다.

빅뱅이론은 헬륨 함량을 구체적으로 예측한다. 앞에서 다룬 것처럼 이 이론은 수소를 헬륨으로 융합하기에 충분히 우주가 뜨거웠던 핵융합 시대에 발생한 핵융합의 결과로 헬륨이 존재한다고 설명한다. 현재 우주배경복사의 온도인 2.73K와 우주에서 관측되는 양성자의 숫자를 종합해보면 먼 과거의 우주가 얼마나 고온이었는지를 정확히 알 수 있으며, 이를 통해 과학자들은 얼마나 많은 헬륨이 만들어졌는지를 정확히 계산할 수 있다. 그 결과에 따르면 헬륨의 함량은 25%이며 이것은 빅뱅이론의 성공을 인상적으로 보여준다.

**초기우주의 헬륨 형성** 왜 보통 물질의 25%가 헬륨이 되었는지를 보기 위해서는 5분간의 핵융합 시대 동안 양성자와 중성자가 어떤 일을 했는지를 이해해야 한다. 우주의 온도가 $10^{11}$K였던 이 시대의 초기에는 핵융합 반응을 통해 양성자가 중성자로 변환되고 그 반대의 변환도 일어난다. 우주가 $10^{11}$K보다 더 뜨거운 상태가 지속되면 핵반응은 양성자와 중성자의 숫자가 거의 같도록 유지한다. 그러나 우주가 식으면 중성자-양성자 변환 반응이 양성자를 더 선호하게 된다.

중성자는 양성자보다 질량이 약간 더 크다. 그래서 양성자를 중성자로 변환하는 반응은 에너지를 필요로 한다($E = mc^2$). 온도가 $10^{11}$K 이하로 떨어지면 중성자 생성에 필요한 에너지가 더 이상 공급되지 않아서 반응 횟수가 적어진다. 반면에 중성자를 양성자로 변환하는 반응은 에너지를 분출하기 때문에 더 낮아진 온도에 방해받지 않는다. 우주의 온도가 $10^{10}$K로 떨어지게 되면 변환 반응이 한쪽으로만 일어나기 때문에 양성자의 숫자가 중성자의 숫자보다 많아진다. 중성자는 양성자로 바뀌지만 양성자는 다시 중성자로 바뀔 수 없다.

그다음 수 분간 우주는 여전히 핵융합 반응이 일어날 수 있는 고온과 고밀도의 상태이다. 양성자와 중성자는 끊임없이 융합하여 **중수소**를 만드는 데 이 중수소는 핵 안의 양성자에 중성자를 하나 더 더한 드문 형태의 수소이다(그림 17.11). 그러나 핵융합 시대의 초반부에는 우주공간을 채우고 있는 수많은 감마선에 의해서 헬륨의 핵이 거의 즉각적으로 분해된다.

우주의 나이가 약 1분가량 되어 파괴적인 감마선이 별로 남지 않으면, 핵융합은 수명이 긴 헬륨핵을 생성시킨다. 계산에 따르면 이 시기에 양성자 대 중성자의 비율은 약 7 : 1이다. 더군다나 남아 있는 대부분의 중성자는 헬륨-4의

빅뱅우주론은 우주의 화학 조성이 75%의 수소와 25%의 헬륨의 질량비로 구성되었다고 예측하며 관측 결과와 일치한다.

핵을 만드는 데 사용된다. 그림 17.12는 양성자와 중성자의 7 : 1 비율에 따라 핵융합 시대가 끝나는 시점에 우주가 75%의 수소와 25%의 헬륨의 질량비로 구성되어야 함을 보여준다. 이러한

천문
**계산법 17.1**

**배경복사의 온도**

그림 17.9는 우주배경복사가 1.1mm에 최고점 파장을 갖는 거의 완벽한 열복사 스펙트럼을 갖는다는 것을 보여준다. 그러므로 빈의 법칙(천문 계산법 5.1)으로 이 복사의 온도를 계산할 수 있다.

$$\lambda_{최고점} \approx \frac{2,900,000}{T(켈빈)} nm$$

여기서 $\lambda_{최고점}$은 나노미터 단위로 최고점의 파장이다. 양 변에 $T$를 곱하고 $\lambda_{최고점}$으로 나누면 다음과 같이 된다.

$$T(K) \approx \frac{2,900,000nm}{\lambda_{최고점}}$$

주어진 $\lambda_{최고점} = 1.1mm$는 $1.1 \times 10^6 nm$($10^6 nm = 1mm$이므로)가 된다. 이 값을 사용하면

$$T(K) \approx \frac{2,900,000nm}{1.1 \times 10^6 nm}$$

$$\approx 2.6K$$

보다 정확한 계산에 따르면 우주배경복사의 온도는 2.73K이다.

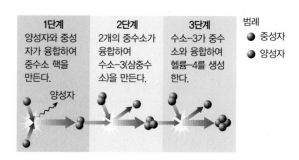

**그림 17.11** 5분간 지속된 핵자 시대 동안 우주의 거의 모든 중성자가 양성자와 융합하여 헬륨-4를 생성한다. 이 그림은 여러 가지 가능한 핵반응 과정을 제시하고 있다.

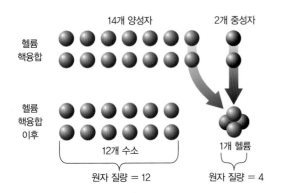

**그림 17.12** 계산에 따르면 핵융합 시대에 양성자가 중성자보다 7：1의 비율로 더 많으며 이는 14：2의 비율과 같다. 이 결과는 12개의 수소원자(12개의 양성자) 대 1개의 헬륨원자(2개의 양성자와 2개의 중성자)와 같다. 그러므로 예측되는 수소 대 헬륨의 질량비는 12：4이며 이는 75%：25%가 되며 관측된 헬륨 함량과 일치한다.

예측된 헬륨 함량과 관측된 헬륨 함량의 일치는 빅뱅이론을 강하게 지지한다.

**생각해보자** ▶ 어떤 은하들이 25%보다 약간 더 많은 헬륨을 보유하고 있다는 사실이 왜 놀랍지 않은지 간단히 설명해보라. (**힌트** : 우주의 수소와 헬륨의 비율이 별의 핵융합 반응에 의해 어떻게 달라지는지 생각해보라.)

**다른 가벼운 원소들의 함량** 빅뱅은 왜 더 무거운 원소들은 생성하지 않았을까? 안정된 헬륨의 핵이 생성되는 시점은 우주나이가 약 1분이고 빠르게 팽창하는 우주의 온도와 밀도는 급격히 떨어져서 탄소 생성(3개의 헬륨이 융합하여 탄소를 만든다.)[13.3절]과 같은 반응은 불가능하다. 양성자와 중수소 그리고 헬륨 간의 반응은 여전히 가능하지만 이러한 반응들은 특별한 결과를 낳지 않는다. 특히 2개의 헬륨-4핵을 융합하면 양성자와 헬륨-4핵을 융합하는 것과 마찬가지로 불안정한 핵이 생성되어 1초도 안 되는 짧은 순간에 다시 분리되고 만다.

수소-3(삼중수소라고도 불린다.)이나 헬륨-3이 사용되는 몇 가지 반응들은 수명이 긴 핵들을 생성할 수 있다. 가령 헬륨-4와 수소-3을 융합하면 리튬-7이 생성된다. 그러나 이러한 반응들을 통해 생성되는 비율은 우주 전체의 구성비에 비해 미약한데, 그 이유는 수소-3이나 헬륨-3이 매우 드물기 때문이다. 초기우주 원소 생성의 모형들은 우주가 식어서 핵융합이 완전히 끝나기 전에 이러한 반응들을 통해 헬륨 다음으로 무거운 리튬이 소량 생성되었음을 보여준다. 수소, 헬륨, 리튬을 제외하고 모든 다른 원소들은 별들의 핵융합 과정을 통해 후대에 생성된다. (베릴륨과 붕소는 리튬보다 무겁고 탄소보다 가벼우며, 고에너지 입자가 별 내부에서 생성된 무거운 입자의 핵을 파괴시키는 과정에서 생성된다.)

초기우주가 빠르게 팽창하고 냉각되자 헬륨보다 무거운 원소들이 만들어지기 전에 핵융합이 정지되었다.

---

### 특별 주제 : 정상 상태 우주론

빅뱅이론은 오늘날 과학계에서 폭넓게 수용되고 있지만 대안적인 이론들도 제시되어 연구되고 있다. 그중에서 뛰어난 이론 중 하나는 1940년대 후반에 만들어진 **정상 상태 우주론**이다. 이 이론은 우주가 팽창한다는 것은 받아들이지만 빅뱅은 부정한다. 그 대신 우주가 무한히 오래되었다고 가정한다. 정상 상태 우주론의 가정은 언뜻 보기에는 역설적이다. 우주가 영원히 팽창한다면 모든 은하가 다른 은하들로부터 무한대로 멀리 떨어져 있어야 하지 않을까? 정상 상태 우주론의 지지자들은 우주가 팽창하면서 생겨난 공간에 새로운 은하들이 끊임없이 생성된다고 주장한다. 그래서 은하들 사이의 평균거리는 항상 똑같아진다고 설명한다. 정상 상태 우주론의 가정을 따르면 어떤 의미에서 는 우주의 생성은 빅뱅을 통해서 한 번 일어나는 것이 아니라 지속적이고 영원한 과정이다.

정상 상태 우주론이 지지를 잃게 된 두 가지 주요한 발견이 있다. 첫째는 1965년에 발견된 우주배경복사로 이는 빅뱅이론의 예측과 잘 맞지만 정상 상태 우주론은 적합하게 설명할 수 없었다. 둘째는 정상 상태 우주는 어느 시기에나 똑같이 보여야 하지만 지난 반세기 동안 고성능의 망원경들로 관측한 결과에 따르면 먼 거리에 있는 은하들이 가까이에 있는 은하들에 비해 젊게 보인다는 점이다. 이러한 예측의 실패로 인해 대부분의 천문학자들은 정상 상태 우주론이 틀렸다고 결론 내렸다.

## 17.3 빅뱅과 급팽창

이 장의 앞부분에서 우주의 여러 시대들을 다룰 때 우주는 **급팽창**으로 불리는 갑작스럽고 역동적인 팽창 단계를 거친 것으로 보인다고 설명했다. 급팽창은 GUT 시대가 끝나는 시점인 우주나이가 $10^{-38}$초 되었을 때 발생했다(급팽창의 몇 가지 모형들은 역동적인 팽창이 전기약력 시대의 끝 무렵에 일어났다고 설명한다.). 물리학자 앨런 구스는 GUT 시대를 마감하는 특징인 강력이 GUT 힘에서 분리되는 과정을 고려하다가 1981년에 이 모형을 만들었다. 몇몇 고에너지 물리학 모형들은 강력이 분리되면서 엄청난 에너지가 방출되었을 것으로 예측한다. 구스는 이 에너지가 매우 짧은 기간 동안 급팽창을 일으킬 수 있다는 것을 깨달았다. 단지 $10^{-36}$초 동안 급팽창이 우주를 $10^{30}$배 팽창시켰음을 알아냈다. 이 아이디어는 이상하게 들리지만 현재 몇 가지 풀리지 않는 우주의 특징들을 설명하는 것으로 여겨진다. 더군다나 우주배경복사에 대한 자세한 연구에서 나온 최근 증거들은 우주 초기에 급팽창이 실제로 일어났다는 가정을 지지한다.

### ● 급팽창이 설명하는 우주의 주요한 특징은 무엇인가?

빅뱅이론은 우주배경복사와 우주의 헬륨 함량이라는 강한 증거 때문에 폭넓게 인정되고 있다. 그러나 가장 단순한 면에서 이 이론은 우주의 몇 가지 주요한 특징들을 설명하지 못한다. 가장 급박한 세 가지 질문은 다음과 같다.

- 은하 형성을 이끌어낸 밀도차는 어디서 기원했는가? 성공적인 은하 형성 모형들은 초기우주의 밀도가 약간 높은 지역에서 중력이 물질들을 서로 끌어 모았다는 가정에서 출발한다(16.3절). 우리는 우주배경복사의 차이를 관측함으로써 우주나이 38만 년에 밀도가 높은 지역이 존재했음을 알고 있다. 그러나 아직 어떻게 이러한 밀도차가 만들어졌는지는 설명하지 못하고 있다.

- 왜 우주의 거시 구조는 거의 균일한가? 우주배경복사에 약간의 차이가 있다는 것은 우주가 거시 규모에서 완벽히 균일하지는 못함을 보여주지만 10만분의 1 차이로 우주가 균일하다는 것은 단지 우연히 발생한 결과로 보기는 어렵다.

- 왜 우주의 곡률은 편평한가? 아인슈타인의 일반상대성이론은 물질과 에너지가 시공간을 휘어지게 한다고 알려준다(p. 406, '특별 주제' 참조). 그렇기 때문에 우주의 전반적인 곡률은 팽창률과 우주 안에 담긴 물질과 에너지의 양에 의존한다. 그러나 우주의 거시 규모의 기하학을 연구하려는 관측적 노력들은 아직 어떤 곡률도 측정하지 못했다. 우리가 말할 수 있는 것은 우주의 거시적 곡률이 편평하다는 것이며, 이는 물질과 에너지가 전반적인 곡률에 미치는 영향이 우주팽창의 영향과 정확히 균형을 이룬다는 것을 의미한다. 이러한 정확한 균형은 우연으로 돌리기에는 어려운 또 하나의 특징이다.

초기우주에 대해 과학적으로 연구하려면 우리는 위와 같은 질문들에 대해 자연적 과정에 의존하는 해답을 찾아야 한다. 급팽창이라는 가정이 그 해답들을 제공한다. 즉, 급팽창이 일어났다고 가정한다면 밀도 증가와 거시 규모의 균일성과 편평한 곡률은 모두 자연스럽게 예측되는 결과다. 급팽창은 현재 우리가 수행할 수 있는 관측으로 검증될 수 있기 때문에 과학적 가정이다. 그리고 지금까지 당면한 모

*초기 빅뱅이론은 몇 가지 해결되지 않은 문제를 남겼다.*

든 검증을 통과했기 때문에 이 가정에 대한 확신은 커지고 있다.

**밀도 증가 : 거대한 양자 요동** 급팽창이 어떻게 해서 은하 형성을 끌어낸 밀도 증가의 기원을 설명하는지 이해하려면 에너지 장의 특성을 알아볼 필요가 있다. 실험실에서 입증된 양자역학 법칙들은 매우 작은 규모에서 공간의 어느 점에서나 에너지 장이 항상 요동하고 있음을 알려준다. 그렇기 때문에 우주공간 안의 에너지 분포는 완벽한 진공 상태에서도 아주 약간 불규칙하다. 불규칙성을 만들어내는 매우 작은 양자 '주름'들은 그 크기에 해당하는 파장으로 특징될 수 있다. 원칙적으로 초기우주의 양자 주름은 차후에 은하 형성을 이끄는 밀도 상승의 씨앗이 될 수 있다. 그러나 처음 생성된 주름들의 파장은 너무나 작아서 우주배경복사에 담겨 있는 밀도 상승을 설명하지 못한다.

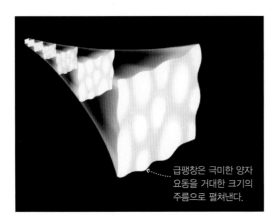

급팽창은 극미한 양자 요동을 거대한 크기의 주름으로 펼쳐낸다.

**그림 17.13** 급팽창 동안 시공간의 주름은 $10^{30}$배로 늘어났다. 이 주름들의 최고점들은 오늘날 우리가 보는 구조를 생성한 밀도 상승 영역이 된다.

급팽창은 이러한 양자 요동의 파장을 극적으로 증가시켰다. 그 팽창 기간 동안에 우주가 매우 빠르게 성장하면서 원자핵 크기보다 작았던 주름들을 태양계의 크기로 펼쳐서(그림 17.13) 은하와 거시 구조가 나중에 형성될 수 있도록 밀도 증가가 가능하게 했다. 그것이 사실이라면 오늘날 우주의 구조는 급팽창 시기 이전의 매우 작은 양자 요동에서 시작된 것이다. 급팽창은 작은 양자 주름들을 거대한 크기로 펼쳐냈을 것이며 그래서 밀도 상승이 가능해지고 그로부터 은하가 형성될 수 있었다.

> 급팽창은 매우 작은 양자 주름들을 거대한 크기로 펼쳐서 밀도 증가로 변화시켰고 그 주변에서 차후에 은하들이 생성된다.

**균일성 : 온도와 밀도의 균일화** 우주배경복사가 놀라울 정도로 균일하다는 사실은 처음에는 자연스럽게 보이지만 깊이 생각해보면 설명하기 어렵다. 하늘의 한 영역에서 배경복사를 관측한다고 상상해보자. 여러분은 빅뱅 이후 38만 년이 지난 핵자 시대의 끝에서부터 우주를 여행해온 복사파를 관측한다. 그러므로 여러분은 140억 년 전의 우주의 모습을 담은 지점을 보고 있는 것이다. 이제 뒤로 돌아서 반대 방향에서 오는 배경복사를 관측한다고 해보자. 이번에도 역시 우주나이가 38만 년일 때의 모습을 담은 지점을 보는 것인데, 이 지점은 앞에서 본 지점과 온도와 밀도가 거의 똑같게 보인다. 놀라운 점은 바로 다음과 같다. 이 두 지점은 관측 가능한 우주에서 반대 방향으로 서로 수백 억 광년 떨어져 있다. 그러나 이 두 지점은 우주나이 38만 년의 모습으로 보인다. 이 두 지점은 빛이나 어떤 정보도 서로 교환할 수 없다. 신호가 한 지점에서 다른 지점으로 빛의 속도로 날아간다고 해도 이제 겨우 출발했을 뿐이다. 그렇다면 어떻게 해서 두 지점은 같은 온도와 밀도를 갖게 되었을까?

급팽창 가설에 따르면 답은 이렇다. 이 두 지점이 급팽창 이후에는 서로 정보를 교환할 수 없지만 급팽창 이전에는 서로 정보를 교환할 수 있었다는 것이다. 급팽창이 일어나기 전 우주의 나이가 $10^{-38}$초 되었을 때, 두 지역 사이의 거리는 $10^{-38}$광초(light second)보다 작았다. 빛의 속도로 날아가는 복사파는 이 두 지점 사이를 왕복할 수 있었다. 그리고 이를 통해 에너지를 교환함으로써 온도와 밀도를

> 급팽창이론의 가정은 오늘날 멀리 떨어진 두 영역이 과거에는 복사를 교환할 수 있을 정도로 가까운 거리에 있었다고 설명함으로써 거시적 균일성을 설명한다.

균일화했다. 급팽창은 이 두 균일화된 지점을 매우 먼 거리로 떼어놓아서 그 후로는 서로 정보를 교환할 수 없게 된다. 마치 범법자들이 서로 다른 방에 갇히기 전에 사전모의를 하듯이 두 지점은(그리고 관측 가능한 우주의 모든 지점은) 급팽창이 멀리 떼어놓기 전에 같은 온도와 밀도로 균일하게 되었다.

급팽창은 매우 짧은 시간 동안 우주의 서로 다른 지역들을 멀어지게 하기 때문에 어떤 물체도 빛의 속도보다 빠르게 움직일 수 없다는 아인슈타인의 이론에 어긋나는 것이 아닌지 많은 사람들이 궁금해했다. 하지만 그렇지 않다. 왜냐하면 급팽창이나 우주 팽창의 경우에는 어떤 물체가 빛의 속도보다 빠르게 공간 안에서 움직이는 것이 아니기 때문이다. 우주팽창은 **공간 자체**가 팽창하는 것임을 상기하라. 어떤 경우에는 천체들이 빛의 속도보다 더 빠르게 서로 분리될 수도 있다. 그러나 그동안 어떤 물질이나 복사가 그 둘 사이를 여행할 수는 없다. 요약하면, 급팽창은 서로 가까웠던 두 천체 사이에 거대한 공간을 만들어낸다. 천체들은 매우 빠르게 멀어지지만 어떤 물체도 빛의 속도보다 빠르게 날아간 것은 아니다.

**밀도 : 우주의 균형 잡기**  세 번째 질문은 왜 우주의 곡률이 '편평'한가라는 점이다. 이 점을 이해하려면 우주의 곡률에 대해 좀 더 자세히 살펴봐야 한다.

아인슈타인의 일반상대성이론은 물질이 존재하면 시공간의 구조가 휘어질 수 있다고 알려준다(p. 406, '특별 주제' 참조). 공간의 3차원(혹은 시공간의 4차원)이 휘어지는 것을 시각화하기는 어렵지만 빛이 우주를 어떻게 통과하는지를 보면 곡률을 알아낼 수 있다. 비록 우주의 곡률은 지역마다 다를 수 있지만, 우주 전체로 보면 반드시 전반적인 형태를 갖고 있을 것이다. 모든 형태가 가능하겠지만 세 가지 일반적인 형태로 분류된다(그림 17.14). 3차원 공간에서 볼 수 있는 대상을 유추하여 과학자들은 이 세 가지 형태를 **편평한** 우주(혹은 임계 우주), **구형** 우주(닫힌 우주), **말안장** 우주(열린 우주)로 부른다.

일반상대성이론에 따르면 우주의 전반적인 곡률은 우주의 물질과 에너지의 평균적인 밀도에 의해 좌우되고 물질과 에너지를 합한 밀도가 **임계밀도**라고 알려진 값과 정확하게 똑같으면 우주의 곡률은 편평해진다. 만일 우주의 평균밀도가 임계밀도보다 작으면, 전반적인 곡률은 말안장 모양이 된다. 만일 평균밀도가 임계밀도보다 크면, 우주의 곡률은 구형이 된다.

*급팽창이론의 우주가 편평하다고 예측하며 물질과 에너지 밀도가 임계밀도와 같다고 예측한다.*

급팽창은 왜 우주의 곡률이 편평한 상태에 가까운지를 설명할 수 있다. 아인슈타인의 이론에 따르면 급팽창이 시공간의 곡률에 미치는 영향은 풍선을 불어서 풍선의 표면을 편평하게 하는 것과 비슷하다(그림 17.15). 급팽창에 의해서 우주가 편평해지는 것이 너무나 막대해서 우주에 존재했던 어떤 휘어짐도 관측 가능한 우주의 크기보다 큰 규모에서만 눈에 띌 수 있게 된다. 그러므로 급팽창은 우주의 전반적인 곡률을 편평하게 한다. 이 말은 물질과 에너지의 밀도가 임계밀도와 거의 같다는 뜻이 된다.

## ● 급팽창은 실제로 일어났는가?

우리는 앞에서 급팽창이론이 우주에 관한 세 가지 주요 질문에 자연스러운 해답을 제공하는 것을 보았다. 그러나 급팽창은 정말 일어났을까? 급팽창이 일어났다고 생각되는 매우 초기의 우주를 우리는 직접 관측할 수 없다. 그럼에도 불구하고 우리는 급팽창에 대한 예측이 후대의 우주 모습과 일치하는지를 탐구함으로써 급팽창이론을 검증할 수 있다. 과학자들은 이제 겨우 급팽창을 검증할 관측을 시작하고 있다. 그러나 지

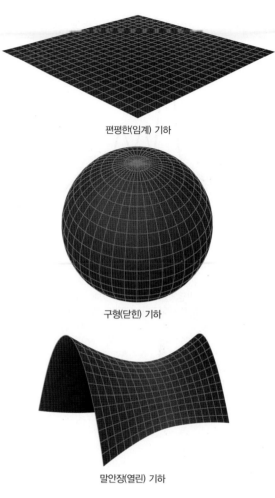

편평한(임계) 기하

구형(닫힌) 기하

말안장(열린) 기하

**그림 17.14** 우주의 전반적인 곡률의 세 가지 가능성. 실제 우주는 우리가 보는 모양보다 1차원이 더해진 형태임을 기억하라.

*매우 큰 곡률을 가진 표면은 그 위에 사는 작은 대상에게는 편평하게 보인다.*

**그림 17.15** 풍선이 팽창하면서 표면 위를 기어다니는 개미에게는 표면이 점점 더 편평해진다. 급팽창은 이와 비슷하게 우주를 편평하게 한다.

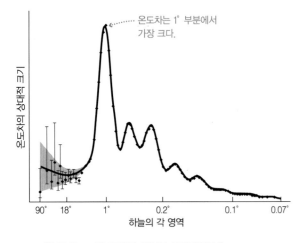

온도차는 1° 부분에서 가장 크다.

**그림 17.16** 그림 17.10에 제시된 우주배경복사의 전천 지도를 가지고 과학자들은 하늘의 다른 영역들의 온도 차이를 측정한다. 이 그래프는 그 온도차가 각 영역들의 각크기 차이에 따라 어떻게 달라지는지 보여준다. 데이터 점들은 우주배경복사에서 실제로 측정된 값들을 나타내고, 붉은선은 우주에 약간의 온도와 밀도 차이를 만들어내는 급팽창 모형의 예측을 나타낸다. 데이터와 모형이 상당히 일치함을 주목하라(데이터 값의 오차는 검은 실선으로 표기됨).

금까지의 발견에 의하면 급팽창 기간 동안 우주가 균일하고 편평해졌으며 급팽창이 거시 구조 형성의 씨앗을 심은 것이라는 주장과 일치한다.

오늘날까지 급팽창에 대한 가장 강력한 검증은 우주배경복사, 특히 WMAP과 플랑크 관측 위성들이 제공한 우주배경복사 지도를 자세히 연구한 결과에서 나왔다(그림 17.10). 이 지도들은 우주가 38만 년 되었을 때인 핵자 시대 끝에 있었던 밀도 요동에 해당되는 작은 온도 차이를 보여준다. 그러나 급팽창 이론에 따르면 이 밀도 상승은 그 이전 시대, 즉 급팽창이 작은 양자 주름들을 펼쳐서 거시 구조의 씨앗으로 만들었던 때에 형성되었다. 배경복사의 온도차를 자세히 관측하면 매우 이른 시기의 우주 구조에 대해서 알 수 있다.

우주배경복사에서 관측되는 온도의 패턴은 급팽창이론과 부합되며 우주의 편평도, 화학 조성, 나이를 알려준다.

그림 17.16은 WMAP과 그 밖에 초극단파 망원경을 통해 관측된 우주배경복사의 온도차에 대한 분석을 보여준다. 이 그래프는 하늘의 두 영역의 전반적인 온도 차이는 두 영역 사이의 천구에서의 각크기에 달려 있음을 보여준다. 점선은 관측 데이터를 나타내고 붉은선은 관측을 가장 잘 맞추는 급팽창 모형을 보여준다. 이 모형은 이 그림에 나타난 데이터뿐만 아니라 우주의 기하학이나 성분 구성, 나이와 같은 다른 특징들에 대해서도 구체적으로 예측한다. 어떤 의미에서는 이러한 우주배경복사의 새로운 관측들이 우주가 자라난 씨앗의 특성들을 드러내준다. 이렇게 씨앗들을 관측한 내용에 따르면 그 씨앗의 특성들은 확실히 오늘날 우리가 관측하는 우주와 잘 들어맞는다.

핵심은 모든 것을 고려했을 때 급팽창이론은 빅뱅이론으로 설명되지 않는 우주의 특성들을 놀랍게도 잘 설명해낸다는 것이다. 많은 천문학자들과 물리학자들은 급팽창과 관련 있는 어떤 과정이 초기우주에 영향을 주었다고 생각한다. 그러나 고에너지 입자물리학과 진화하는 우주 사이의 관계에 관한 자세한 내용은 아직 확실치 않다. 만일 이러한 세부 내용들이 성공적으로 알려진다면 우리는 관측 가능한 가장 큰 규모인 우주를 연구함으로써 가장 작은 입자들을 이해하는 놀라운 성공을 거두게 될 것이다.

## 17.4 빅뱅 직접 관측하기

여러분은 종종 신문이나 잡지에서 빅뱅이 정말로 일어났는지를 다루는 기사를 보았을 것이다. 우리는 결코 절대적인 확신을 가지고 빅뱅이론이 옳다고 증명할 수는 없다. 하지만 관측된 내용을 아주 성공적으로 설명하는 다른 우주 모형을 아무도 제시하지 못했다. 앞에서 다룬 바와 같이 빅뱅모형은 최소한 구체적인 예측을 보여주었고 그 예측은 관측적으로 입증되었다. 그것은 바로 우주배경복사의 특성과 우주의 화학 조성이다. 빅뱅이론은 또한 다른 많은 우주의 특성들도 자연스럽게 설명한다. 지금까지 빅뱅 모형과 들어맞지 않는 내용은 알려지지 않았다.

빅뱅이론의 성공은 존경받는 과학자들과 회의적인 비과학자들, 미치광이들의 공동 목표가 되었다. 과학의 특성은 어떤 확립된 지혜가 정말 유효한지 확인하기 위한 검증 과정을 요구한다. 빅뱅이론에 반하는 확실한 과학적 반증은 매우 중요한 발견이 될 것이다. 그러나 빅뱅이론에 대한 반증이라고 대중매체에 실리는 이야기들은 빅뱅이론을 무너뜨리는 근본적인 문제들이라기보다는 세부사항의 차이점에 대한 것이다. 물론 과학자들은 이론을 가다듬고 불일치를 해결해야 한다. 왜냐하면 한때 작은 차이였던 내용이 전면적인 과학 혁명으로 확장될 수 있기 때문이다.

여러분이 읽은 모든 내용을 의심 없이 받아들일 필요는 없다. 다음번에 여러분이 우주의 기원에 대해 숙고할 때 스스로 실험해보라. 맑은 날 밖에 나가서 하늘을 보고 밤하늘이 왜 어두운지 스스로 질문해보라.

**스스로 해보기** ▶ 여러분이 사는 곳의 밤하늘은 얼마나 어두운가? 달이 없는 밤에 밖에 나가서 관측해보라. 여러분 눈에 보이는 별들의 숫자를 추정해보라. 얼마나 많은 별이 있어야 전체 하늘을 완전히 덮을 수 있을까?

## ● 밤하늘이 어둡다는 것이 왜 빅뱅의 증거인가?

만일 우주가 무한하고 불변하며 어디나 똑같다면 밤하늘 전체가 태양처럼 빛날 것이다. 요하네스 케플러[3.3절]는 이런 결론에 도달한 첫 번째 사람들 중 하나이다. 그러나 우리는 이제 이 결론을 독일의 천문학자 하인리히 올버스(1758~1840)의 이름을 따서 **올버스의 역설**이라고 부른다.

올버스의 역설을 더 잘 이해하기 위해서 여러분이 어느 평지에 있는 울창한 숲 속에 있다고

우주가 무한하고 변하지 않고 균일하다면 밤하늘 전체가 밝아야 한다. 왜냐하면 밤하늘 전체가 별로 뒤덮여 있을 것이기 때문이다.

상상해보라. 어느 방향을 보든 간에 여러분은 나무를 보게 된다. 만일 숲이 작다면 나무 사이의 틈새를 통해 열린 평지를 볼 수 있다. 그러나 숲이 크면 클수록 틈새는 작아진다(그림 17.17). 무한히 큰 숲에는 전혀 틈새가 없을 것이다. 그것은 어느 방향을 보든 간에 나무가 여러분의 시선을 가로막기 때문이다.

우주는 이런 관점에서 보면 별들의 숲과 같다. 무한히 많은 별을 가진 변하지 않는 우주라면 어느 방향을 보든 우리는 별을 보게 되고, 그래서 밤하늘의 모든 점이 태양의 표면처럼 밝게 빛날 것이다. 빛을 흡수하는 먼지가 있다고 해도 이 결론을 바꿀 순 없다. 강렬한 별빛이

**그림 17.17** 올버스의 역설은 숲을 보는 관점으로 이해할 수 있다.

a. 울창한 숲에서는 어디를 보든 나무가 시선을 가로막는다. 마찬가지로 무한한 숫자의 별로 채워진 변하지 않는 우주라면 어느 방향을 보든 별을 보게 될 것이며 그래서 밤하늘도 낮처럼 밝을 것이다.

b. 나무 숫자가 많지 않은 작은 숲에서는 나무들 사이로 바깥 공간을 볼 수 있다. 밤하늘은 어둡기 때문에 마찬가지로 우주는 별이 없는 공간이 있어야 한다. 이것은 별의 숫자가 유한하거나 우주가 시간에 따라 변해서 무한한 숫자의 별을 볼 수 없도록 한다는 뜻이다.

계속 먼지를 가열해서 먼지도 태양처럼 빛나게 하거나 먼지가 사라지게 하기 때문이다.

이 딜레마를 해결하는 방법은 두 가지밖에 없다. 우주가 유한개의 별을 갖고 있다면 모든 방향에서 별을 보게 되지는 않을 것이다. 혹은 우주가 시간에 따라 변한다면 그로 인해 무한 개의 별을 볼 수 없도록 할 수도 있다. 케플러가 이 딜레마를 처음 인식한 이후 수 세기 동안 천문학자들은 첫 번째 해결책에 관해 배웠다. 케플러 자신은 우주공간이 모종의 암흑의 벽으로 둘러싸여서 우주가 유한해야 한다고 생각했기 때문에 우주는 유한개의 별을 갖고 있다고 믿기를 선호했다. 20세기 초의 천문학자들은 우주는 공간적으로 무한하지만 우리는 유한한 숫자의 별들이 이룬 집합체 안에 살고 있다고 믿는 것을 선호했다. 그들은 우리은하가 광대한 어둠의 공간 위를 떠도는 섬이라고 여겼다. 그러나 이후의 관측을 통해서 은하들이 우주공간을 어느 정도 균일하게 채우고 있다는 것이 알려졌다. 그러므로 두 번째 해결책이 남는다. 우주는 시간에 따라 변한다.

빅뱅이론은 특히 간단한 방법으로 올버스의 역설을 해결한다. 그 이론에 따르면 우주가 특정한 순간에 시작되었기 때문에 우리는 유한한 숫자의 별만을 볼 수 있다. 우주는 무한개의 별을 포함할 수 있지만 우리는 관측 가능한 우주, 즉 우주 지평선 [16.2절] 안에 들어 있는 별들만을 볼 수 있다. 우주가 시간에 따라 변해서 우리가 무한개의 별을 볼 수 없도록 막는 다른 방법들도 가능하다. 그래서 올버스의 역설은 우주가 빅뱅로 시작되었음을 증명할 수는 없다. 그러나 우리는 왜 밤하늘이 어두운지를 설명할 수 있어야 한다. 그리고 빅뱅이론을 제외하면 우주에서 관측된 다른 많은 특성들을 잘 설명해내는 이론은 없다.

> 빅뱅이론은 밤하늘이 어두운 이유를 가장 잘 설명해준다.

---

| 전체 개요 | 제17장 전체적으로 훑어보기 |
|---|---|

우리의 전체 개요는 시간의 초기 순간까지 확장되었다. 이 장의 내용을 복습할 때 다음의 내용들을 기억하라.

- 물질과 에너지가 극단적인 조건에서 어떻게 작용하는지 알 수 있다면 초기우주의 조건을 예측하는 일은 간단하다.
- 현재 우리가 아는 물리학 지식을 통해서 우주의 첫 $10^{-10}$초 동안에 해당되는 조건들을 재구성할 수 있다. $10^{-38}$초 이전으로 가면 우리의 이해 수준은 덜 확실해진다. $10^{-43}$초 이전으로 가면 오늘날 인간 지식의 한계를 넘어서게 된다.

- 1초보다 짧은 찰나의 시간 동안의 우주에 관해 말하는 것이 이상하게 들릴지 모르지만 빅뱅에 관한 우리의 이해는 관측적, 실험적 그리고 이론적 증거의 단단한 토대에 의해 뒷받침된다. 우리는 빅뱅이 정말로 발생했다는 것을 절대적 확신으로 말할 수는 없지만 다른 어떤 모형도 우리 우주가 어떻게 지금처럼 생성되었는지를 성공적으로 설명하지 못했다.

## 핵심 개념 정리

### 17.1 빅뱅이론

#### ● 초기우주의 조건은 어떠했는가?

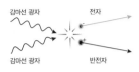

초기우주는 복사와 기본 입자로 가득 차 있었다. 너무나 고온이고 고밀도여서 복사에너지가 **물질**과 **반물질** 입자로 변환될 수 있었고 변환된 입자들은 충돌해서 다시 복사로 변했다.

#### ● 초기우주는 시간에 따라 어떻게 변했는가?

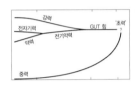

우주는 독특한 물리적 조건으로 구별되는 여러 단계의 시대를 거쳐 성장했다. 4개의 기본 힘이 하나처럼 작용했던 **플랑크 시대**에 대해서는 별로 알려진 바가 없다. **GUT 시대**가 시작되면서 중력이 따로 분리되었고 전자기력과 약력은 **전기약력 시대**의 끝에 서로 분리되었다. **입자 시대**가 끝나는 시점에는 물질 입자들이 모든 반물질 입자들을 소멸시켰다. 양성자와 중성자가 헬륨으로 융합되던 반응은 **핵융합 시대**가 끝나면서 멈추었다. 수소핵은 자유전자들을 포획하여 **핵자 시대**가 끝나는 시점에는 수소원자가 만들어진다. **원자 시대**가 끝나는 시점에는 은하들이 형성되기 시작했다. **은하 시대**는 오늘날까지 이어진다.

### 17.2 빅뱅의 증거

#### ● 우주배경복사 관측은 어떻게 빅뱅이론을 지지하는가?

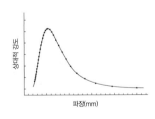

초극단파를 검출할 수 있는 망원경을 사용하여 빅뱅에서 남겨진 복사파인 **우주배경복사**가 관측된다. 배경복사의 스펙트럼은 핵자 시대의 끝에 방출되는 복사에서 기대되는 특징들과 일치하며, 이는 빅뱅이론의 주요한 예측을 확증한다.

#### ● 원소의 함량비는 어떻게 빅뱅이론을 지지하는가?

빅뱅이론은 핵융합 시대 동안 양성자와 중성자의 비율이 어떠할지를 예측하여 우주의 화학 조성이 75%의 수소와 25%의 헬륨 (질량비)으로 구성된다고 예측한다. 그 예측은 우주의 입자 화학 조성을 관측한 결과와 일치한다.

### 17.3 빅뱅과 급팽창

#### ● 급팽창이 설명하는 우주의 주요한 특징은 무엇인가?

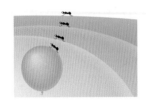

우주가 **급팽창**이라는 빠르고 역동적인 팽창 과정을 거쳤다는 가정은 다른 방식으로는 설명되지 않는 세 가지 주요한 특성을 성공적으로 설명한다. 그 세 가지는 (1) 은하 형성을 이끌어 낸 밀도 상승, (2) 우주배경복사의 균일성, (3) 관측 가능한 우주의 곡률의 편평성이다.

#### ● 급팽창은 실제로 일어났는가?

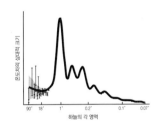

급팽창이론은 우주배경복사를 통해 관측 가능한 구체적인 특징들을 예측하기 때문에 검증이 가능하다. 지금까지 초극단파 망원경들로 관측한 결과들은 이 예측과 일치하며, 그래서 급팽창(혹은 그와 매우 비슷한 사건)이 실제로 발생했다는 신뢰를 더해준다.

### 17.4 빅뱅 직접 관측하기

#### ● 밤하늘이 어둡다는 것이 왜 빅뱅의 증거인가?

**올버스의 역설**에 따르면, 우주가 무한하고 변하지 않고 별들로 가득 차 있다면 밤하늘은 어둡지 않을 것이다. 빅뱅이론은 우주나이가 유한하며 그래서 유한한 숫자의 별만을 볼 수 있기 때문에 밤하늘이 어둡다고 설명함으로써 이 역설을 해결한다.

## 시각적 이해 능력 점검

천문학에서 사용하는 다양한 종류의 시각자료를 활용해서 이해도를 확인해보자.

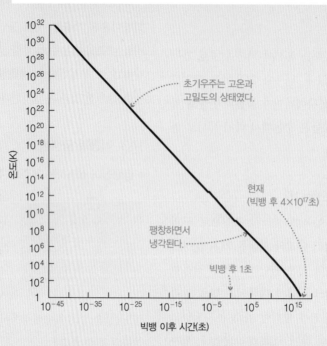

위의 그림(그림 17.1과 같은 그림)을 토대로 다음 질문에 답하라.

1. 우주나이 $10^{15}$초에 우주의 온도는 약 얼마인가?

   a. 약 1K    b. 100K    c. 약 $10^5$K    d. 약 $10^{12}$K

2. 우주나이 5분에 우주의 온도는 약 얼마인가?

   a. 약 300K    b. $10^6$K    c. 약 $10^9$K    d. 약 $10^{12}$K

3. 우주나이 1초 때에 비해서 현재의 우주(빅뱅 후 $4 \times 10^{17}$ 초)는 얼마나 더 차가운가?

   a. 현재우주의 온도는 우주나이 1초 때의 온도의 1억분의

   1이다($10^{-8}$).

   b. 현재우주의 온도는 우주나이 1초 때의 온도의 10만분 의 1이다($10^{-5}$).

   c. 현재우주의 온도는 우주나이 1초 때의 온도의 100분의 1이다($10^{-2}$).

   d. 현재우주의 온도는 우주나이 1초 때의 온도의 100억분 의 1이다($10^{-10}$).

## 연습문제

### 복습문제

1. 빅뱅이론이 무슨 의미인지 설명하라.

2. 반물질은 무엇인가? 초기우주에서는 물질과 반물질의 쌍이 어떻게 생성되고 소멸되는가?

3. 오늘날 우주에서 작용되는 네 가지 힘은 무엇인가? 초기우주 에서는 더 작은 숫자의 힘이 작용했다고 생각되는 이유는 무 엇인가?

4. 우주 역사의 주요 시대들을 나열해보고 각 시대에 일어난 주

요한 사건들을 요약하라.

5. 현재 우리가 가진 이론들로 플랑크 시대에 우주의 조건이 어 떠했는지 기술할 수 없는 이유는 무엇인가?

6. 대통일이론이란 무엇인가? 이 이론에 따르면 GUT 시대에 작 용한 힘은 몇 가지인가? 이 힘들은 오늘날 작용하는 힘들과 어떻게 연관되는가?

7. 급팽창이란 무슨 뜻인가? 급팽창은 언제 발생하는가?

8. 초기우주에 물질이 반물질보다 약간 더 많았다고 생각되는

이유는 무엇인가? 반물질에는 언제 어떤 일이 벌어졌는가?

9. **핵융합 시대**는 얼마나 지속되었는가? 이 시대가 우주의 화학 조성을 결정하는 데 중요한 이유는 무엇인가?

10. 우주배경복사를 관측하면 우주의 나이가 얼마일 때를 보는 것인가? 배경복사에 담긴 광자들은 얼마나 오랫동안 공간을 여행했는지 설명하라.

11. 우주배경복사가 어떻게 발견되었는지 간단히 설명하라. 배경복사의 존재와 배경복사의 특성들이 어떻게 빅뱅이론을 지지하는가?

12. 우주의 헬륨 함량이 어떻게 빅뱅이론을 지지하는지 설명하라.

13. 급팽창을 통해 설명할 수 있는 우주의 세 가지 주요 특성에 대해 기술하고 급팽창이 각각의 특성을 어떻게 설명하는지 기술하라.

14. 급팽창 가설을 지지하는 관측적 증거는 무엇인가? 우주배경복사를 관측함으로써 급팽창이 일어난 더 초기의 우주에 관해 연구할 수 있음을 꼭 설명하라.

15. 올버스의 역설은 무엇이며 빅뱅이론이 어떻게 이 역설을 해결했는가?

## 이해력 점검

### 이해했는가?

다음 문장이 합당한지(또는 명백하게 옳은지) 혹은 이치에 맞지 않는지(또는 명백하게 틀렸는지) 결정하라. 명확히 설명하라. 아래 서술된 문장 모두가 결정적인 답은 아니기 때문에 여러분이 고른 답보다 설명이 더 중요하다.

16. 빅뱅이론에 따르면 초기우주는 거의 같은 양의 물질과 반물질을 갖고 있었다.

17. 빅뱅이론에 따르면 고에너지 광자가 우주에 가득 차 있던 중성수소를 이온화하면서 우주배경복사가 발생했다.

18. 우주배경복사의 관측된 특성들은 배경복사가 별이나 은하에서 발생했다고 가정하면 설명될 수 있다.

19. 빅뱅이론에 따르면 우주에 존재하는 대부분의 헬륨은 별의 핵에서 핵융합을 통해 생성되었다.

20. 급팽창 가설에 따르면 우주의 거시 구조는 작은 양자 요동에서 시작되었다.

21. 급팽창 가설에 따르면 우주의 '편평'한 곡률은 우연히 생성되었다.

22. 급팽창은 괜찮은 이론이지만 실제로 발생했는지를 검증할 방법은 알려져 있지 않다.

23. 먼 과거에는 우주배경복사가 주로 적외선 빛으로 구성되어 있었다.

24. 밤하늘이 어두운 주된 이유는 별들이 매우 멀리 있기 때문이다.

25. 우주배경복사의 형태들은 은하 형성을 이끌어낸 초기우주의 조건들에 대해서 알려준다.

### 돌발퀴즈

다음 중 가장 적절한 답을 고르고, 그 이유를 한 줄 이상의 완전한 문장으로 설명하라.

26. 우주 전체의 현재 온도는 (a) 절대온도 0K (b) 1~3K (c) 수천 K

27. 반양성자의 전하는 (a) 양 (b) 음 (c) 중성

28. 양성자와 반양성자가 충돌할때 그들은 (a) 서로 밀어낸다. (b) 융합된다. (c) 2개의 광자로 변환된다.

29. 다음 중 어느 것이 빅뱅이론에 대한 강한 증거가 될 수 없는가? (a) 우주배경복사 관측 (b) 우주의 수소량 관측 (c) 우주의 수소와 헬륨의 비율 관측

30. 우주가 38만 년 되었을 때 열복사 스펙트럼은 대부분 (a) 전파와 극초단파로 (b) 가시광선과 적외선으로 (c) 엑스선과 자외선으로 구성되어 있었다.

31. 다음 중 어느 항목을 설명하는 데 급팽창이론이 도움이 되는가? (a) 우주배경복사의 균일성 (b) 우주의 헬륨 함량 (c) 우주배경복사의 온도

32. 다음 중 어느 항목을 설명하는 데 급팽창이론이 도움이 되는가? (a) 수소의 기원 (b) 은하의 기원 (c) 원자핵의 기원

33. 다음 중 급팽창이 실제로 일어났음을 지지하는 증거는 어느 것인가? (a) 관측 가능한 우주의 크기 (b) 우주에 담긴 많은 양의 암흑물질 (c) 편평해 보이는 우주의 곡률

34. 우주에서 빛을 볼 수 있는 가장 이른 시기는 언제인가? (a) 빅뱅 이후 수억 년 (b) 빅뱅 이후 수십만 년 (c) 빅뱅 이후 수 분

35. 다음 중 밤하늘이 어두운 이유를 가장 잘 설명하는 것은 무엇인가? (a) 우주공간은 무한하지 않다. (b) 우주는 항상 오늘날의 모습 같지는 않았다. (c) 우주의 물질 분포는 거시 규모에서 균일하지 않다.

## 과학의 과정

36. **해결되지 않은 질문들.** 빅뱅 직후에 발생한 중요한 사건들 중에서 아직 밝혀지지 않은 내용을 간단히 기술하라. 미래에 이 질문에 대해 답할 수 있다면 어떻게 그 해답을 찾을 수 있을지 기술하라. 가능하면 그 질문에 답하기 위한 증거에 대해

구체적으로 말하라. 만일 그 질문이 결코 답변할 수 없는 것이라면 왜 그런지 설명하라.

37. **밤하늘의 어두움.** 여러분이 케플러라고 가정하고 빅뱅이나 팽창하는 우주에 대한 지식 없이 밤하늘이 왜 어두운지 고민하고 있다고 해보자. 빅뱅이론에 의존하지 않지만 케플러 시대에 받아들여졌을 만한 가정을 세워서 밤하늘이 어두운 이유를 설명하라. 그 가정이 옳은지 검증하기 위해서 오늘날 과학자들이 해볼 만한 실험을 고안하라.

## 그룹 활동 과제

38. **빅뱅이론 검증하기.** 빅뱅이론은 우주의 많은 관측된 특성들을 예측했으며 이론과 강하게 불일치하는 관측 결과가 없기 때문에 폭넓게 수용되었다. 이 연습문제에서는 빅뱅이론이 예측하지 않은 다섯 가지 가상의 관측내용을 다루게 된다. **역할** : 기록자(그룹 활동을 기록), 찬성론자(빅뱅이론을 논증), 반론자(빅뱅이론의 약점을 지적), 중재자(그룹의 논의를 이끌고 반드시 모든 사람이 참여할 수 있도록 함). **활동** : 빅뱅이론이 예측하지 않은 다섯 가지 가상의 관측 내용이 아래에 제시되어 있다. 여러분의 목표는 각각의 내용이 현재의 빅뱅이론으로 설명될 수 있는지, 혹은 빅뱅이론을 수정해서 설명될 수 있는지, 아니면 빅뱅이론을 포기하게 하는지를 판단해야 한다. 각 항목마다 찬성론자와 반론자가 가상의 관측적 발견을 토론한 뒤에, 기록자와 중재자가 빅뱅이론과 들어맞는지(혹은 그렇지 않은지) 결정한다. 각 항목에 대해 여러분의 팀이 찾은 논리들을 기록하라.

가상의 관측 내용 1 : 나이가 150억 년이 된 성단

가상의 관측 내용 2 : 나이가 1,000만 년이 된 은하

가상의 관측 내용 3 : 100억 광년 거리에 있는 은하의 청색이동된 스펙트럼

가상의 관측 내용 4 : 90%의 수소와 10%의 헬륨을 갖고 있는 은하

가상의 관측 내용 5 : 우주배경복사의 온도가 시간에 따라 증가한다는 증거

## 심화학습

단답형/서술형 질문

39. **양성자의 일대기.** 빅뱅 직후 형성된 양성자로부터 지금 여러분이 흡입한 산소의 핵에 들어 있는 양성자까지, 양성자의 일대기를 설명하라. 여러분의 스토리는 창의적이고 상상력이 있어야 한다. 그러나 양성자의 일생이 거쳐간 가능한 한 많은 단계에 대해 여러분이 과학적으로 이해한 내용을 담아내야 한다. 이 책 전체에서 관련된 내용을 뽑아도 좋으며, 3~5쪽 되는 분량으로 기술하라.

40. **창의적인 우주의 역사.** 빅뱅이론이 제시하는 창조의 이야기는 꽤나 극적이다. 그러나 그것은 상당히 간단하면서도 과학적인 방식으로 제시된다. 단편이나 극본, 혹은 시의 형태로 그 이야기를 보다 극적으로 표현하라. 여러분이 원하는 만큼 창의적으로 쓰되, 오늘날 우리가 이해하고 있는 과학에 따라 정확하게 써라.

41. **빅뱅을 재창조하기.** 지구에 건설된 입자가속기는 입자들을 극단적으로 높은 속도로 가속할 수 있다. 이 입자들이 충돌하면 충돌하는 입자들이 갖는 에너지의 양은 정지하고 있을 때의 입자들이 갖는 질량에너지의 양보다 훨씬 크다. 그 결과 충돌을 통해서 순수한 에너지로부터 많은 다른 입자들이 생성될 수 있다. 여러분의 말로 입자가속기에서 발생한 조건들이 빅뱅 직후의 우주의 조건과 어떻게 비슷한지 설명하라. 또한 입자가속기에서 발생한 일들과 초기우주에서 발생한 일들의 차이점을 지적하라.

42. **빅뱅이론에 내기 걸기.** 여러분에게 10만 원이 있다면, 빅뱅 이후 1분이 지났을 시점의 우주에 관해 우리가 합리적인 과학적 이해를 갖고 있다는 명제에 얼마나 많은 돈을 걸겠는가? 이 책에 제시된 과학적 증거를 가지고 여러분이 내기한 이유를 설명하라.

43. **초기우주 관측하기.** 핵융합 시대에 나온 복사를 직접 검출해서 핵융합 시대를 관측할 수 없는 이유가 무엇인지 설명하라. 그렇다면 우리는 이 핵융합 시대에 관해 어떻게 공부할 수 있는가?

44. **빅뱅의 입자 생성.** 초기우주의 핵융합은 헬륨보다 무거운 원소는 극소량밖에 생성하지 못했다. 다양한 원소들의 질량을 보여주는 그림 13.18을 이용해서 리튬(3개의 양성자), 붕소(4개의 양성자), 베릴륨(5개의 양성자)과 같은 원소들을 생성하는

것이 왜 어려우지 설명하라.

45. **빅뱅의 증거.** 빅뱅이론에(급팽창이론을 포함하여) 의해 잘 설명되는 우주의 관측적 특성들을 최소한 7가지를 나열해보라.

## 계량적 문제

모든 계산 과정을 명백하게 제시하고, 완벽한 문장으로 해답을 기술하라.

46. **반물질로부터 생성되는 에너지.** 미국의 연간 에너지 소모량은 약 $2 \times 10^{20}$줄이다. 이 에너지를 여러분이 순수한 물질과 반물질을 합쳐서 공급할 수 있다고 가정하자. 1년간 미국에서 사용할 에너지를 공급하기 위해 필요한 물질과 반물질의 질량을 계산하라. 여러분의 자동차 연료통에 담긴 물질의 양과 비교하라.

47. **우주의 온도.** 은하 간의 평균거리가 현재보다 2배 멀어진다면 우주배경복사의 온도는 얼마가 되는가? (힌트 : 배경복사의 정점에 떨어지는 광자의 파장은 마찬가지로 오늘날에 비해 2배로 길어질 것이다.)

48. **우주배경복사의 균일성.** 우주배경복사의 온도는 전 하늘에 걸쳐서 단지 약 10만분의 1 정도의 차이를 보인다. 다음과 같이 테이블의 표면의 균일성과 비교하라. 1m 크기의 테이블을 고려해보자. 만일 테이블 표면이 10만분의 1의 차이를 가질 정도로 균일하다면 가장 크게 튀어나온 돌출부는 얼마나 큰가? 여러분은 이 정도 크기의 돌출부를 테이블 표면에서 볼 수 있을까?

49. **'밤'의 낮시간.** 올버스의 역설에 의하면, 우주공간이 무한하고 시간에 따라 변하지 않으며 모든 곳이 균일하다면 밤하늘 전체가 별의 표면처럼 밝게 빛날 것이다. 그러나 밤하늘이 한낮처럼 밝게 빛나기 위해서 이렇게 극단적인 조건이 필요한 것은 아니다.

 a. '천문 계산법 12.1'로부터 거리의 역제곱법칙을 이용하여 태양의 겉보기 밝기를 계산하라.

 b. 거리의 역제곱법칙을 이용하여 태양이 100억 광년의 거리에 있다고 가정했을 때의 겉보기 밝기를 계산하라.

 c. (a)와 (b)의 해답을 가지고 태양과 같은 별 몇 개가 100억

광년의 거리에 있어야 실제 태양의 밝기와 같아지는지 계산하라.

 d. (c)에서 구한 답과 1.1절에서 관측 가능한 우주 안에 별이 $10^{22}$개가 있다는 추정을 비교하라. 이 결과를 가지고 밤하늘이 낮보다 훨씬 더 어두운지 설명하라. 밤하늘이 낮과 같이 밝아지려면 별의 총 숫자가 얼마나 더 많아야 하는가?

## 토론문제

50. **창조의 순간.** 빅뱅이론을 다룰 때 우리가 첫 순간에 대해 언급하지 않았다는 점을 여러분은 눈치챘을 것이다. 가장 사변적인 이론도 우주나이 $10^{-43}$년 이전을 다루지 않는다. 여러분은 과학이 창조의 순간 자체를 다루는 것이 앞으로 가능할 것이라고 생각하는가? 왜 빅뱅이 발생했는가와 같은 질문에 과학이 답을 줄 수 있다고 생각하는가? 자신의 생각을 변호하라.

51. **빅뱅.** 빅뱅이론의 증거가 얼마나 확실하다고 생각하는가? 어떤 장점을 갖고 있는가? 어떤 면을 설명하지 못하는가? 여러분은 빅뱅이 실제로 일어났다고 생각하는가? 자신의 생각을 변호하라.

## 웹을 이용한 과제

52. **빅뱅이론 검증하기.** 코비와 WMAP 위성은 빅뱅이론의 몇 가지 예측을 놀랍게도 확증해주었다. 최근의 플랑크 탐사 계획은 빅뱅이론을 더 자세히 검증하기 위해 고안되었다. 웹을 이용하여 코비와 WMAP, 그리고 플랑크에 관한 그림과 정보를 수집하라. 이 위성들을 통해 얻어진 증거들의 장점에 대해 1~2쪽의 리포트를 작성하라.

53. **급팽창의 새로운 아이디어.** 급팽창이론은 표준 빅뱅이론이 갖는 많은 수수께끼들을 해결해주었다. 그러나 급팽창이 발생했다는 것을 확증하기에는 갈 길이 멀다. 급팽창에 대해 새로운 아이디어를 담은 최근의 글을 찾아보고 그 아이디어들을 어떻게 검증할 수 있을지 토론하라. 여러분이 찾은 내용을 2~3쪽의 리포트를 작성하라.

# 암흑물질, 암흑에너지, 우주의 운명

총알은하단의 합성 사진. 엑스선을 방출하는 뜨거운 가스(빨간색)의 분포는 중력렌즈 효과를 통해 추정된 은하단 질량(푸른색)의 분포와 다르다.

이 장의 학습목표

우주의 역사에 관한 과학적인 지식을 뒷받침하는 강력한 증거들에 대해 앞의 여러 장에서 이야기하였다. 이에 따르면 우주는 빅뱅을 통해 약 140억 년 전에 태어났고 지속적으로 팽창해왔다. 초기에 밀도가 주변보다 조금 높았던 지역에서는 중력에 의해 빅뱅에서 생성된 일부 수소와 헬륨원자들이 합쳐져 별과 은하들이 만들어졌다. 초기에 형성된 별들이 합성한 중원소는 은하 내에서 재활용되어 지구와 같은 행성계를 가진 별을 형성하는 데 사용되었으며, 이로 인해 우리가 존재할 수 있게 되었다.

전체적인 맥락에서 과학자들은 위 내용에 동의하지만 아직까지 세부적인 측면에서 이해되지 못하는 부분들이 많다. 특히 몇몇의 현상들은 이해하기 어려운 최대의 수수께끼로 남아 있는데, 이 장에서는 이들 중 우주의 대부분을 차지하는 것처럼 보이는 암흑물질과 암흑에너지의 특성에 대해 알아본다. 아래 설명된 것처럼 이들 수수께끼들은 우주가 그동안 어떻게 진화해왔는지 뿐만 아니라 우주의 운명에 대한 핵심적인 단서들을 가지고 있다.

## 18.1 우주의 보이지 않는 힘

우주는 무엇으로 이루어졌을까? 간단해 보이는 이 질문을 천문학자들에게 물어본다면 얼굴을 붉힐지도 모른다. 지금까지 얻은 모든 자료를 토대로 말하지면 이 질문에 대한 답변은 '우리는 모른다'이다.

아직까지 우주의 대부분을 구성하는 것이 무엇인지를 모른다는 사실을 믿기 어려울 것이다. 왜 그토록 알 수 없는지 의문을 갖을 수도 있다. 천문학자들은 멀리 위치한 별과 은하의 화학 조성을 스펙트럼을 통해 측정하는데, 이를 통해 별과 기체구름은 거의 대부분 수소와 헬륨으로 이루어져 있고 중원소의 함량은 적다는 것을 알게 되었다. 여기에서 '화학 조성'이라는 단어를 주의해서 사용해야 한다. 이는 수소, 헬륨, 탄소, 철과 같은 원자들로부터 만들어지는 물질의 조성을 이야기한다.

인간, 행성, 별과 같이 대부분 우리에게 익숙한 물질들은 원자로부터 만들어졌지만 우주 전체는 그렇지 않을 수도 있다. 실제로 우주의 대부분이 원자들로 구성되어 있지 않다는 확실한 증거도 있다. 관측을 통해 우주의 대부분은 **암흑물질**이라고 불리는 수수께끼 같은 물질과 역시 수수께끼 같은 에너지의 한 형태인 **암흑에너지**로 이루어져 있음을 알게 되었다.

### ● 암흑물질과 암흑에너지는 무엇을 말하는가?

과학자들은 암흑물질과 암흑에너지에 대해 거리낌 없이 이야기한다. 그렇다면 도대체 이러한 단어가 의미하는 것은 무엇인가? 이들은 말 그대로 우주의 보이지 않는 힘들을 의미한다. 관측적인 증거들을 통해 무엇인가 있다는 것을 알지만 정작 우리는 그 '무엇'이 무엇인지 정확히 알지 못하고 있다.

별들을 구성하는 같은 종류의 가스가 은하를 중력을 통해 하나로 묶어둔다고 간단히 생각할 수 있다. 하지만 그렇지 않다는 것을 관측 자료가 말해준다. 별들이나 발광하는 성운처럼

암흑물질은 빛을 방출하지 않아 보이지는 않지만 중력 작용을 통해 그 존재를 알 수 있는 물질을 말한다.

관측 가능한 천체들에 가해지는 중력의 영향을 자세히 관측해본 결과, 보이는 것보다 훨씬 많은 물질이 이 우주에 존재해야 한다는 것을 알게 되었다. 이러한 물질은 매우 적은 빛을 내거나 아예 빛을 내지 않기 때문에 **암흑물질**이라고 불린다. 다시 말해 암흑물질은

보이지는 않지만 중력의 영향을 통해 관측할 수 있는 물질을 의미한다. 제1장과 제15장에서 이미 암흑물질에 대해 간단히 이야기를 하였다. 우리은하의 회선에 관한 연구를 통해 우리은 하의 질량은 대부분 헤일로에 퍼져 있는 반면, 대부분의 빛은 은하의 얇은 원반에 위치한 별 이나 성운에서 온다는 것을 알게 되었다(그림 1.14 참조).

두 번째 보이지 않는 힘의 존재는 우주의 팽창을 자세히 연구하면서 밝혀졌다. 에드윈 허블 이 우주의 팽창을 처음 발견한 이래, 우주의 팽창은 시간이 지남에 따라 중력에 의해 줄어든 다고 보통 생각되어왔다. 하지만 지난 20여 년간 얻은 관측 증거들을 통해 우주의 팽창은 실

암흑에너지는 보이지는 않지만 우주를 가속팽창시키는 힘을 말한다. 제로 가속되고 있으며 수수께끼 같은 어떤 힘이 넓은 범위에 걸쳐 중력과 반대로 작용한다는 것을 알게 되었다. **암흑에너 지**는 이러한 수수께끼 같은 힘을 내는 것으로 알려져 있지만, **정수**(quintessence) 또는 우주 상 수 역시 보이지 않는 동일한 힘을 설명하는 데 사용되기도 한다. 여기에서 기억할 점은 암흑 물질은 빛을 내지 않기 때문에 평범한 물질과 비교하여 '암흑'이라는 표현을 사용할 수 있지 만, 힘이나 에너지 장에서는 빛이 나오지는 않기 때문에 암흑에너지의 '암흑'은 보이지 않는 것과는 특별한 연관은 없다.

암흑물질과 암흑에너지에 대해 좀 더 자세히 알아보기 전에 과학적인 관점에서 이들에 대 해 생각해볼 필요가 있다. 이들 아이디어들은 이상하게 보일지는 몰라도 제3장에서 이야기된 것처럼 과학의 원칙에 따라 조심스럽게 이루어진 연구에서 나온 결과들이다(그림 3.21 참조). 암흑물질과 암흑에너지는 우주에서 관측되는 각각의 움직임들을 가장 간단하게 설명할 수 있 는 방법이기 때문에 필요하게 된 것이다. 이들의 존재를 가정하여 우주의 모형을 만들었고, 이들 모형을 관측 가능한 예측을 하였고, 적어도 지금까지 이루어진 관측들이 이러한 예측의 일부를 증명하였기 때문에 이들의 존재를 믿게 되었다. 언젠가 암흑물질이나 암흑에너지의 존재가 틀린 것으로 밝혀지더라도 지금까지 얻은 관측 자료들을 설명할 수 있는 또 다른 이론 이 필요해질 것이다. 어쨌거나 보이지 않는 힘들을 연구하면서 얻게 될 지식들은 우주에 대한 우리의 관점을 바꿔놓을 것이다.

## 18.2 암흑물질의 증거

지난 수십 년 동안 암흑물질이 존재한다는 과학적인 증거들이 쌓여왔으며 지금은 우주의 구 조를 설명하는 데 있어 반드시 필요한 구성 성분으로 생각되고 있다. 이러한 이유로 이번 장 에서는 중력적으로 우주에 가장 큰 영향을 끼치는 암흑물질의 특성에 대해 주로 알아보기로 한다. 암흑에너지에 대해서는 이번 장의 마지막에서 다루기로 한다.

### ● 은하에서 찾은 암흑물질의 증거들은 무엇이 있는가?

암흑물질이 존재한다는 증거는 우리은하, 외부은하, 은하단에서 다양하게 찾아볼 수 있다. 우 선 개별적인 은하부터 살펴보고 은하단에 대해 이야기해보자.

**우리은하 내 암흑물질** 제15장에서는 은하중심을 공전하는 태양의 움직임으로부터 공전궤도 안에 있는 총질량의 합을 어떻게 구할 수 있는지 알아보았다. 이와 비슷한 방법으로 별들의 궤도운동을 이용하여 각 궤도 안에 있는 물질의 전체 질량을 측정할 수 있다. 기본적으로 은 하중심으로부터 다양한 거리에 있는 별들의 궤도를 사용하면 우리은하의 전체적인 질량 분포

를 측정할 수 있다.

현실적으로 은하원반 위에 있는 별들은 성간먼지의 영향으로 수천 광년 떨어진 경우 별의 후퇴속도를 측정하기 매우 어려워진다. 하지만 전파는 이러한 먼지를 뚫고 지나갈 수 있으며 수소원자 기체구름에서는 21cm 전파방출선이 나온다[15.2절]. 21cm 파장의 도플러 이동을 측정하면 이 기체구름의 시선 방향 속도를 측정할 수 있게 된다. 그리고 간단한 기하학을 이용하여 구름의 공전속도를 측정할 수 있게 된다.

이러한 관측 결과들을 종합하여 은하중심으로부터의 거리에 따른 천체들의 은하 내 공전속도를 그래프로 표현할 수 있다. 이러한 그래프를 종종 회전 곡선이라고 부르는데, 가장 간단한 예시로서 회전목마의 속도가 중심으로부터의 거리에 따라 어떻게 달라지는지 살펴볼 수 있다. 회전목마 위에 있는 모든 물체는 주어진 시간 동안(회전목마의 주기) 회전의 중심을 동일하게 회전한다. 하지만 중심으로부터 멀리 있는 물체는 훨씬 큰 원을 따라 돌기 때문에 속도가 빠르다. 중심으로부터의 거리에 비례하여 속도가 증가하므로 거리와 속도의 관계를 보여주는 그래프는 증가하는 직선 형태가 된다(그림 18.1a).

이와 반대로 태양계에서 공전속도는 태양으로부터의 거리가 증가할수록 감소한다(그림 18.1b). 거리에 따른 속도의 감소는 태양계 내 대부분의 질량이 태양에 집중되어 있기 때문이다. 행성들을 궤도에 붙잡아두는 중력은 태양으로부터의 거리가 증가함에 따라 감소하고 행성들은 약한 중력으로 인해 작은 공전속도를 갖게 된다. 중심에 질량이 집중되어 있는 어떤 천체 시스템에서도 공전속도는 거리에 따라 감소한다.

그림 18.1c는 우리은하에서 공전궤도 속도가 거리에 따라 어떻게 변하는지 보여준다. 각 점들은 은하중심으로부터의 거리에 따라 특정 별이나 성운이 보이는 공전속도를 나타내고, 이 점들을 따라 그려진 곡선은 관측 자료에 가장 잘 맞는 회전 곡선을 나타낸다. 주의 깊게 살펴보아야 할 점은 은하중심으로부터 수천 광년 밖에서는 공전속도가 거의 일정해지고 그래프의 형태가 편평해진다는 사실이다. 태양계에서 공전속도가 감소하는 것과 전혀 다른 형태이기 때문에 우리은하의 질량은 중심부에 집중되어 있지 않다고 결론 내릴 수 있다. 좀 더 멀리 위치한 성운은 좀 더 많은 질량 주위를 공전하고 있다. 태양의 공전궤도 안에는 태양보다 1,000억 배 많은 질량이 포함되어 있지만 태양의 공전궤도보다 2배나 큰 궤도 안에는 2배 많은 질량이 포함되어 있다. 훨씬 큰 궤

> 우리은하의 회전 곡선은 중심으로부터 매우 먼 거리에서도 높은 값을 나타낸다. 이는 은하의 밝은 부분에서 멀리 떨어진 지역까지 많은 양의 암흑물질이 존재한다는 것을 의미한다.

**그림 18.1** 다음 그래프는 세 가지 다른 시스템에서 거리에 따라 공전속도가 어떻게 변하는지 보여준다.

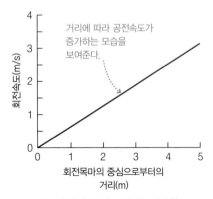

a. 회전목마의 회전 곡선은 증가하는 직선 형태이다.

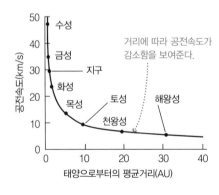

b. 태양계 안에서 행성들의 회전 곡선

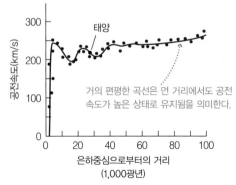

c. 우리은하의 회전 곡선. 각 점들은 별이나 성운들의 실제 관측값을 보여준다.

두 안에는 훨씬 많은 질량이 포함되어 있는 것이다.

요약하자면 우리은하의 회전속도는 우리은하 내 대부분의 질량이 태양의 공전궤도 밖에 있다는 것을 말해준다. 좀 더 자세한 분석에 따르면 대부분의 질량은 은하원반을 감싸고 있는 구형의 헤일로에 분포되어 있으며, 관측되는 구상성단이나 헤일로 별들보다 훨씬 더 멀리까지 퍼져 있다. 특히 이 질량의 총합은 은하원반에 있는 모든 별의 질량보다 약 10배나 크다. 이 엄청난 질량을 갖는 물질에서는 거의 아무런 빛이 나오지 않기 때문에 암흑물질이라고 불린다. 자료에 대한 해석이 틀리지 않았다면 우리은하 원반의 밝은 부분은 빙산의 일각에 불과하며 훨씬 더 많은 양의 물질로 이루어진 거대한 공간의 중심부에 위치한다(그림 18.2).

**생각해보자 ▶** 목성의 위성들에 대해 위성들의 공전궤도 속도가 목성으로부터의 거리에 따라 어떻게 변하는지 그래프를 그려보자. 그림 18.1 중에 가장 비슷한 그래프는 무엇이 될까? 그 이유는 무엇인가?

**외부은하의 암흑물질** 외부은하들 역시 엄청난 양의 암흑물질을 포함하고 있는 것으로 보인다. 외부은하에 포함된 암흑물질의 양은 은하의 질량과 광도를 비교함으로써 알 수 있다(천문학자들이 실제로 계산하는 것은 **질량–광도비**라 불린다. 천문 계산법 18.1 참조). 우선 은하의 광도를 통해 은하 내 별들의 전체 질량을 계산한다. 그 후 중력법칙을 이용하여 별이나 성운의 공전속도를 통해 은하의 전체 질량을 계산한다. 만약 중력을 통해 구한 총질량이 별빛으로부터 유추된 질량보다 크다면 바로 그 차이 값이 암흑물질의 질량에 해당한다.

우리는 제16장에서 다룬 방법들을 사용하여 은하까지의 거리를 측정할 수 있고 이로부터 은하의 광도를 계산할 수 있다. 망원경을 이용하여 관측하고자 하는 은하의 겉보기 밝기를 측정한 후 측정된 거리와 빛의 역제곱법칙[12.1절]을 이용하여 광도를 계산할 수 있다. 은하의 총질량을 구하기 위해서는 은하의 중심으로부터 최대로 멀리 떨어진 지점에서의 회전속도를 측정해야 한다. 나선은하의 경우에는 보통 중성수소 구름에서 관측되는 21cm 파장을 이용하여 측정한다. 21cm 파장의 도플러 현상을 통해 성운이 우리로부터 멀어지는지 가까워지는지 측정할 수 있다(그림 18.3).

일단 공전속도와 거리를 측정하였다면 어떤 나선은하든지 그림 18.1c와 같은 그래프를 그릴 수 있다. 그림 18.4는 이러한 예시들로서 우리은하에서와 같이 대부분의 나선은하에서는 은하의 중심부로부터 멀리 떨어진 지역에서는 공전속도가 일정한 상태로 유지된다. 나선은하의 경우에도 대부분 암흑물질이 별들보다 적어도 10배 이상 된다. 그리고 이러한 물질들의 대부분은 각 은하의 헤일로에 퍼져 있다는 것이 좀 더 자세한 분석을 통해 밝혀졌다.

타원은하는 매우 적은 양의 수소원자 가스를 가지고 있기 때문에 21cm 전파 방출선이 거의 관측되지 않는다. 그렇게 때문에 타원은하에서는 은하에 포함되어 있는 별들의 운동을 통해 은하의 질량을 측정한다. 타원은하의 서로 다른 부분에서 관측되는 스펙트럼 선을 비교함으로써 은하의 중심부에서 멀리 떨어

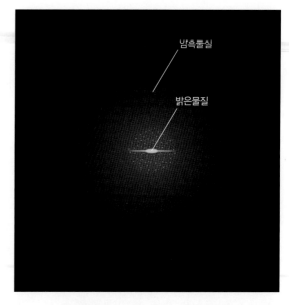

**그림 18.2** 우리은하에 속해 있는 암흑물질은 은하의 밝은물질들이 차지하는 것보다 훨씬 큰 공간을 차지하고 있다. 암흑물질로 이루어진 헤일로의 반지름은 별들로 이루어진 헤일로에 비해 대략 10배 정도 크다.

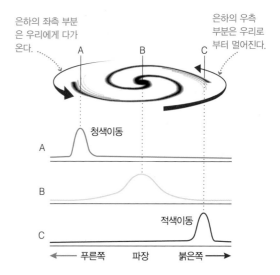

**그림 18.3** 중성수소에서 방출되는 21cm 파장을 이용하여 나선은하의 회전속도를 측정할 수 있다. 청색이동된 방출선은 원반의 좌측 부분이 우리에게 얼마나 빨리 다가오는지를 보여준다. 적색이동된 방출선은 원반의 우측 부분이 얼마나 빨리 멀어지는지 알려준다(이 그림은 은하의 평균 적색이동을 보정해준 후 은하의 회전에 따른 편차만을 보여줌).

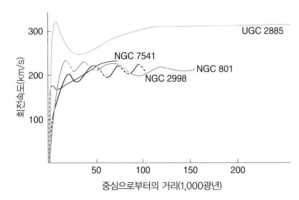

**그림 18.4** 4개의 나선은하로부터 관측된 거리에 따른 회전속도 곡선. 각 은하에서 보이듯이 은하의 중심으로부터 먼 거리에 걸쳐 회전속도는 거의 일정하다. 이는 나선은하에 암흑물질이 일반적으로 존재한다는 것을 보여준다.

### 천문 계산법 18.1

#### 질량-광도비

천체의 질량-광도비($M/L$)는 태양질량의 단위로 표시한 천체의 총질량을 태양광도의 단위로 표시한 천체의 관측된 광도로 나눈 값이다. 예를 들어 태양의 질량-광도비는

$$\left(\frac{M}{L}\right)_{태양} = \frac{1M_{태양}}{1L_{태양}} = 1\frac{M_{태양}}{L_{태양}}$$

위 식에서 얻은 답은 '태양광도당 태양질량'의 단위로 말할 수 있다.

예제 1 : $100L_{태양}$의 광도와 $1M_{태양}$의 질량을 가진 적색거성의 질량-광도비는 얼마인가?

해답 : 적색거성의 질량-광도비는

$$\frac{1M_{태양}}{100L_{태양}} = 0.01\frac{M_{태양}}{L_{태양}}$$

적색거성은 태양에 비해 단위 질량당 더 많은 에너지를 발생하기 때문에 질량-광도비가 1보다 작다.

예제 2 : 우리은하에서 태양의 공전궤도 안에는 1,000억($10^{11}$) 태양질량에 해당하는 물질이 있는 반면, 총광도는 150억($1.5 \times 10^{10}$) 태양광도에 해당한다. 태양의 궤도 안에 위치한 물질의 질량-광도비는 얼마인가?

해답 : 태양의 단위로 이 지역에서의 질량을 광도로 나누면

$$\frac{10^{11}M_{태양}}{1.5 \times 10^{10}L_{태양}} = 6.7\frac{M_{태양}}{L_{태양}}$$

태양의 궤도 안에 위치한 물질의 질량-광도비는 태양광도당 약 7 태양질량에 해당한다. 태양의 질량-광도비(태양광도당 1 태양질량)보다 크다는 것은 태양에 비교하여 단위 질량당 밝기가 작다는 것을 의미한다.

외부은하들의 바깥 지역에서 관측한 회전속도를 통해 이들 은하에 많은 양의 암흑물질이 있음을 알게 되었다.

저 있을수록 별들의 공전속도가 대체로 일정하다는 것을 알게 되었다. 나선은하에서와 마찬가지로 대부분의 질량은 빛이 관측되는 중심부로부터 멀리 떨어진 지역에 위치하고 있고, 이를 통해 암흑물질이 존재한다는 결론에 이르렀다. 타원은하에 암흑물질이 있다는 좀 더 구체적인 증거들은 은하중심으로부터 멀리 돌고 있는 구상성단의 속도를 측정함으로써 얻을 수 있다. 이러한 관측으로부터 알 수 있게 된 사실은 나선은하와 마찬가지로 타원은하에서도 별보다 10배 이상의 암흑물질이 존재한다는 것이다.

#### ● 은하단에 있는 암흑물질의 증거는 무엇인가?

은하단에는 개개의 은하에서보다 훨씬 많은 양의 암흑물질이 존재하고 있다. 은하단에 있는 암흑물질을 관측하고 그 질량을 측정하기 위해서는 여러 가지 방법을 사용한다. 은하단의 중심을 회전하는 은하의 회전속도를 측정할 수도 있고, 은하단 내에 퍼져 있는 뜨거운 가스에서 방출되는 엑스선을 연구할 수도 있다. 또한 은하단이 만드는 중력렌즈 효과를 통해 휘어지는 빛을 관측함으로써도 암흑물질의 양을 추정할 수 있다.

**은하단 내 은하의 공전속도** 실제로 암흑물질은 새로운 개념이 아니다. 이미 1930년대에 프리츠 츠비키라는 천문학자가 은하단에 엄청나게 많은 질량을 갖는 어떤 이상한 물질이 있다고 주장하였다(그림 18.5). 그 당시에는 이 주장에 큰 관심을 보이지는 않았지만 이후의 관측 자료들은 츠비키의 주장이 맞다는 것을 증명하게 되었다. 츠비키는 은하단의 엄청나게 많은 은하들이 중력으로 묶여 있다고 처음 생각한 천문학자 중의 한 사람이었다. 공간상에 근접해 있는 은하들이 마치 성단 내에 있는 별들과 마찬가지로 서로가 서로를 공전하고 있다는 것은 츠비키에게 너무나 자연스러운 사실이었다. 그는 은하들의 운동을 관측하고 뉴턴의 운동법칙과 중력법칙을 적용한다면 은하단의 질량을 구할 수 있을 것이라고 생각했다.

츠비키는 분광기를 이용하여 어떤 특정한 은하단 내에 있는 은하들의 적색이동을 측정하였고, 이를 이용하여 각각의 은하가 우리로부터 멀어지는 속도를 측정하였다. 은하단의 전체적인 후퇴속도, 즉 우주의 팽창에 따라 우리로부터 멀어지는 속도는 개별 은하에서 얻은 후퇴속도의 평균값으로부터 구했다. 이후 각 은하의 속도에서 평균 속도를 뺌으로써 은하의 공전궤도 속도를 구해냈다. 마지막으로 공전궤도 속도로부터 은하단의 질량을 측정하였고, 이를 은하단의 광도와 비교하였다.

놀랍게도 츠비키는 은하단의 광도에 비해 그 질량이 훨씬 무겁다는 것을 발견했다. 즉, 은하단의 총광도로부터 추정된 별들의 전체 질량이 은하들의 속도로부터 계산된 질량에 비해 턱없이 부족하다는 것을 발견했다. 이로부터 츠비키는 은하단에 있는 대부분의 질량은 별들이 아닌 형태, 즉 어두운 물질로 이루어져 있다고 결론 내렸다. 대부분의 천문학자들은 츠비키가 무언가 잘못 분석하였기 때문에 이상한 결과가 나오게 되었다고 생각하여 그의 결과를 믿지 않았다. 하지만 훨

은하단에서 관측되는 은하들의 운동은 엄청나게 많은 양의 암흑물질이 은하단에 존재함을 말해준다.

씬 더 정교해진 관측들은 결국 츠비키가 찾아냈던 것이 옳았음을 증명하게 되었다.

**은하단의 초고온가스** 은하단의 질량을 측정하는 두 번째 방법은 은하단 내 은하 사이를 채우고 있는 초고온가스에서 방출되는 엑스선 관측을 기반으로 한다(그림 18.6). 종종 은하단내매질로 불리는 이 가스의 온도는 보통 절대온도가 수천 만 K 정도로 매우 뜨겁기 때문에 주로 엑스선에서 에너지를 방출하며 가시 영역 사진에서는 나타나지 않는다. 큰 은하단의 경우 이 초고온가스의 질량은 별들의 질량보다 7배 정도까지 크다.

초고온가스의 온도는 은하단의 총질량과 연관되어 있기 때문에 암흑물질에 관한 정보를 제공해준다. 대부분의 은하단에서는 바깥으로 향하는 가스의 압력과 안쪽으로 향하는 중력 사이의 평형, 즉 **정역학적 평형**[11.1절] 상태가 유지된다. 이러한 평형 상태에서 가스 입자의 평균 운동에너지는 은하단의 질량이 만들어내는 중력의 세기에 가장 큰 영향을 받는다. 가스의 온도는 가스 입자들의 평균 운동에너지를 의미하므로 엑스선 망원경을 통해 관측한 가스의 온도는 엑스선을 방출하는 입자들의 평균 속도를 말해준다. 따라서 입자들의 속도를 통해 은하단의 총질량을 측정할 수 있다.

**그림 18.5** 은하단에서 암흑물질을 발견한 프리츠 츠비키. 특이한 성격을 지녔던 것으로 알려진 츠비키의 생각은 1930년대에 이상하다고 여겨졌지만 수십 년이 지난 뒤에 옳은 것으로 판명되었다.

은하단에서 발견되는 초고온가스의 높은 온도 역시 은하단 내에 많은 암흑물질이 있음을 알려주며 그 양은 은하들의 운동을 통해 유추한 값과 일치한다.

이러한 방법을 통해 얻은 은하단의 질량은 은하단 내 은하들의 운동속도를 이용하여 측정된 값과 일치한다. 초고온가스의 질량을 고려한다해도 은하단 내의 암흑물질은 별들의 질량을 통해 추정된 값보다 적어도 40배 이상 많다. 중력에 의해 물질들이 하나의 은하에 묶여져 있는 것과 같이 암흑물질이 만들어내는 중력은 은하단 내의 은하들을 하나로 묶어두고 있다.

**생각해보자 ▶** 은하들의 속도는 변화시키지 않은 채 은하단 안에 포함된 모든 암흑물질을 순간적으로 사라지게 한다면 은하단에는 어떤 일이 벌어질 것인가?

**중력렌즈 현상** 위에서 말한 은하와 은하단의 질량을 측정하는 방법들은 결국 만유인력의 법칙을 포함한 뉴턴의 운동법칙에서 나온 것이다. 하지만 거대한 공간에서 뉴턴의 법칙을 신뢰할 수 있을까? 이를 확인할 수 있는 한 가지 방법은 질량을 측정하는 다른 방법을 사용하는 것이다. 최근 천문학자들은 이를 위해 **중력렌즈 현상**을 이용한다.

중력렌즈 현상은 질량이 시공간(옷감처럼 짜여진 우주, [14.3절])을 휘어놓기 때문에 발생한다. 따라서 무거운 물체는 그 주변을 지나는 빛의 경로를 휘어놓게 되고 이로써 **중력렌즈 현상**이 발생된다. 이는 아인슈타인의 일반상대성이론에서 예측되는 현상으로 1919년 일식 중에 처음 증명되었다. 중력렌즈에 의해 빛이 휘는 각도는 렌즈로 작용하는 물체의 질량과 연관되어 있기 때문에 얼마나 빛이 휘는가를 관측하면 천체의 질량을 측정할 수 있다.

그림 18.7은 은하단에서 관측되는 중력렌즈 현상을 보여준다. 중심에 모여 있는 노란색 은하들 주변으로 푸른색의 타원들이 곳곳에 관측된다. 이 타원들은 실제로 은하단의 중심 바로 뒤, 훨씬 멀리 위치하고 있는 하나의 푸른색 은

은하단 바로 뒤에 있는 은하들에서 나온 빛은 은하단의 중력에 의해 휘어지게 되고 이를 통해 은하단의 질량을 뉴턴의 법칙을 사용하지 않고도 측정할 수 있다.

하인데 중력렌즈 현상에 의해 여러 개의 상으로 나누어져 나타나는 것이다. 여러 상이 나타나는 이유는 멀리 있는 은하에서 출발한 광자들이 직선의 경로를 따라 지구에 도달하지 않기 때문이다. 은하단의 중력이 이들 광자의 경로를 휘어놓게 되어 결국 몇 개의 경로를 통해서만

과학자들은 세상을 놀랄 만한 결과를 발표할 때 언제나 위험을 감수한다. 만약 그 결과가 틀린 것으로 판정된다면 과학자 자신의 명성에 먹칠을 할 수 있기 때문이다. 암흑물질과 관련해서도 많은 과학자가 자신의 명성을 걸고 연구를 수행하였다. 그중 유명한 일화가 1930년대 은하단 내의 암흑물질을 주장한 프리츠 츠비키이다. 그 당시 대부분의 연구자들은 특이한 성격을 지닌 츠비키가 너무 이른 결론을 내렸다고 생각했다.

암흑물질을 발견한 또 다른 개척자는 카네기 연구소의 천문학자인 베라 루빈이다. 루빈은 1960년대에 세계에서 가장 큰 망원경이었던 캘리포니아 팔로마 천문대를 그녀 자신의 이름으로 관측했던 첫 여성 천문학자였다. (또 다른 여성 천문학자는 마거릿 버비지였는데 버비지는 조금 더 일찍 팔로마에서 관측을 허가받기는 했지만 천문학자였던 남편의 이름으로 망원경 시간을 지원해야 했다.) 루빈은 안드로메다은하의 별들을 관측하여 스펙트럼을 얻었고 이로부터 암흑물질의 중력적인 효과를 최초로 확인하였다. 루빈은 안드로메다의 바깥 부분에 위치한 별들이 매우 빠른 속도로 움직이는 것을 알아차렸고, 이로부터 은하의 별들에 의한 것보다 훨씬 강한 중력이 필요함을 알게 되었다.

동료였던 켄트 포드와 함께 연구하면서 루빈은 다른 외부 나선은하의 수소기체구름을 관측하여 (수소가스의 스펙트럼에 나타난 도플러 현상을 측정함으로써) 회전속도를 측정하였고, 안드로메다은하에서 관측된 현상이 매우 일반적이라는 사실을 발견했다. 초기에 루빈과 포드는 자신들의 결과가 얼마나 중요한지를 알아차리지는 못했지만 곧 우주에는 많은 양의 암흑물질이 있어야 함을 주장하게 되었다.

오랫동안 다른 천문학자들은 이 결과를 믿기가 어려웠다. 어떤 천문학자들은 루빈과 포드가 연구했던 밝은 은하들이 어떤 이유에서든 특이할 것이라고 생각했다. 그래서 루빈과 포드는 어두운 은하들의 회전속도 역시 측정하였다. 1980년대에 들어 루빈과 포드 그리고 다른 천문학자들이 모은 은하 회전 곡선의 자료는 넘쳐나게 되었고 애초의 결과를 비판하던 사람들조차 그 결과를 믿기 시작하였다. 어쨌거나 중력에 관한 이론이 틀렸거나 천문학자들이 나선은하에서 회전속도를 측정하여 암흑물질을 발견하게 된 것이다. 위 이야기는 과학자들이 위대한 발견을 위해 감수했던 위험을 보상받은 경우이다.

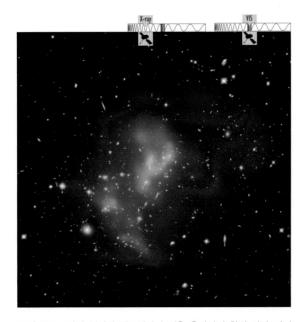

**그림 18.6** 가시 영역과 엑스선에서 찍은 은하단의 합성 사진. 가시 영역에서는 개별 은하가 관측된다. 푸른색과 보라색은 엑스선 방출선을 겹쳐 나타낸 것으로 은하단의 초고온가스에서 나오는 것이다. 푸른색은 매우 높은 온도를, 보라색은 상대적으로 낮은 온도를 나타낸다. 암흑물질에 대한 증거는 개별 은하들의 운동뿐 아니라 초고온가스의 온도로부터도 얻어진다(위 그림은 가로 길이가 800만 광년임).

**그림 18.7** 중력렌즈 현상을 보이는 은하단의 허블우주망원경 사진. 노란색 타원은하들은 은하단에 속해 있는 은하들이다. 푸른색의 작은 타원들(화살표로 표시)은 은하단 중심의 바로 뒤에 놓여 있는 한 은하의 상이 은하단의 중력렌즈 현상에 의해 여러 쌍으로 나누어진 것이다(위 그림은 가로 길이가 140만 광년임).

지구에 도달하게 된다(그림 18.8). 서로 다른 경로들을 따라가는 광자들은 멀리 위치한 푸른색 은하의 왜곡된 상을 각각 만들게 된다.

중력렌즈 현상에 의해 한 은하의 상이 여러 개로 나누어지는 현상은 자주 관측되지 않는다. 이는 멀리 위치한 은하가 은하단의 바로 뒤에 위치하고 있어야만 가능하기 때문이다. 하지만 중력렌즈에 의해 하나의 왜곡된 상이 만들어지는 경우는 흔히 관측된다. 그림 18.9는 이러한 예시를 보여준다. 이 사진은 정상처럼 보이는 많은 수의 은하를 보여주기도 하지만 길쭉하게 늘어진 은하들도 보여준다. 이 이상하게 휘어진 은하들은 은하단의 구성원도 아니며 실제로 휘어져 있지도 않다. 이들은 은하단보다 멀리 있는 정상적인 은하들이며, 단지 은하단의 중력에 의해 상이 왜곡된 것이다.

은하단에 의해 왜곡된 상을 자세히 연구하면 뉴턴의 법칙을 사용하지 않고도 은하단의 질량을 측정할 수 있다. 아인슈타인의 일반상대성이론을 이용하여 왜곡된 상을 만들기 위해 필요한 은하단의 질량을 계산할 수 있다. 이러한 방법으로 구한 은하단의 질량은 은하들의 공전궤도 속도나 엑스선 온도를 기반으로 한 결과들과 대체로 일치한다. 서로 다른 세 가지 방법을 통해 많은 양의 암흑물질이 은하단에 있음을 알게 된 사실에 큰 의미가 있다.

> 중력렌즈를 통해 측정한 은하단의 질량은 은하의 속도와 가스의 온도를 통해서 구한 값과 일치한다.

### ● 암흑물질은 실제로 존재할까?

비록 천문학자들이 암흑물질의 존재에 대한 확실한 증거를 찾아내기는 했지만 지금까지 이야기한 관측들을 전혀 다른 방법으로 설명할 수도 있지 않을까? 이러한 의문은 과학이 어떻게 작동하는지 알 수 있는 좋은 기회를 제공해준다.

암흑물질에 관한 모든 증거는 우리가 이해하는 중력법칙에 기반한다. 개별적인 은하 안에서는 별이나 성운의 궤도운동 속도에 뉴턴의 운동법칙과 만유인력의 법칙을 적용함으로써 암흑물질에 대해 알아낼 수 있다. 은하단에서도 역시 같은 법칙을 사용하여 암흑물질의 존재를 확인하였고, 아인슈타인의 일반상대성이론을 이용한 중력렌즈 현상을 통해 추가적인 증거를 찾아냈다. 따라서 다음 중 하나는 사실이어야 한다.

1. 실제로 암흑물질은 존재하며 암흑물질이 만들어내는 중력의 영향을 우리는 관측하고 있다.

2. 우리가 알고 있는 중력법칙에 문제가 있으며, 이 때문에 암흑물질이 존재한다고 잘못 결론 내리게 되었다.

아직까지 위 두 번째 가능성을 완전히 배제시킬 수는 없지만 대부분의 천문학자들은 그 가능성이 희박하다고 생각한다. 뉴턴의 운동법칙과 중력법칙은 과학에서 사용되는 가장 믿을 만한 법칙 중의 하나이기 때문이다. 우리는 이들 법칙을 이용하여 궤도 특성으로부터 천체의 질량을 구한다. 뉴턴의 역학에 기

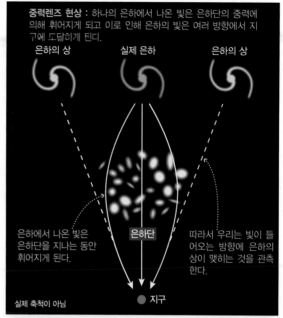

**그림 18.8** 은하단의 거대한 중력으로 인해 후면에 위치한 은하에서 나온 빛의 경로는 지구에 휘어져서 도달한다. 빛이 서로 다른 방향에서 도달하게 됨에 따라 우리는 동일한 은하로부터 만들어진 여러 상을 동시에 관측하게 된다.

**그림 18.9** 에이벨 383 은하단의 허블우주망원경 사진. 길게 늘어져 있는 은하는 은하단의 중력에 의해 휘어진 멀리 위치한 은하의 상이다. 휘어진 상을 측정하여 천문학자들은 은하단에 포함된 물질의 총질량을 계산할 수 있다(위 그림의 가로 길이는 100만 광년임).

반한 케플러의 제3법칙을 이용하여 지구와 태양의 질량을 이들을 공전하는 물체들로부터 계산하였다[4.4절]. 동일한 법칙을 쌍성계에 포함된 별의 질량을 계산하는 데 이용하였고, 이로부터 별들의 질량과 별들의 특성 사이의 일반적인 관계들을 찾아냈다. 또한 뉴턴의 법칙은 엑스선 쌍성계 안의 중성자별이나 활동성 은하핵의 블랙홀처럼 우리가 직접 관측할 수 없는 천체들의 질량을 측정하는 데도 이용되었다. 아인슈타인의 일반상대성이론 역시 여러 관측과 실험을 통해 높은 정확도로 확인되고 증명되었기 때문에 믿을 수 있다. 즉, 중력에 관한 우리의 이해가 틀리지 않았음을 알 수 있다.

많은 과학자가 암흑물질을 가정하지 않고 관측을 설명할 수 있는 새로운 중력 모형을 찾기 위해 노력하기도 하였다. 하지만 적어도 지금까지 이들 모형은 만유인력의 법칙으로 설명되는 다른 수많은 관측을 설명하지 못한다. 반면 암흑물질이 없으면 설명하지 못하는 관측 자료

**암흑물질이 존재하거나 중력에 관한 우리의 생각이 틀렸을 수도 있다.**

들을 천문학자들이 점점 더 많이 찾아내고 있다. 그중 하나의 예가 충돌하는 두 은하단이다. 비록 초고온가스는 은하단의 별들에 비해 몇 배나 더 무겁지만, 중력렌즈를 통해 유추한 질량은 대부분 초고온가스와 같은 지역에 분포되어 있지 않다(그림 18.10). 중력렌즈 현상이 초고온가스에 의해 만들어져야 한다는 새로운 중력법칙으로는 이러한 관측을 설명할 수 없다.

결국 대안적인 중력 가설로는 설명하지 못하지만 암흑물질의 존재를 가정하면 설명될 수 있는 관측들과 만유인력의 법칙이 있기 때문에 우리는 암흑물질이 실제로 존재할 가능성이 매우 높음을 알 수 있다. 물론 앞으로 암흑물질에 관한 이해가 바뀔 수 있는 가능성을 언제나 열어두어야 하지만 일단 암흑물질이 존재한다는 가정을 하고 이야기를 진행하기로 한다.

**생각해보자 ▶** 은하단의 질량을 세 가지 다른 방법으로 측정한 사실을 통해 우리가 중력을 잘 이해하고 있고 암흑물질이 실제로 존재하고 있다고 확신할 수 있을까? 그렇게 또는 그렇지 않게 생각되는 이유는 무엇인가?

## ● 암흑물질은 무엇으로 이루어져 있을까?

암흑물질이 정확히 무엇인지 알지는 못하지만 적어도 2개의 가능성이 있다. (1) 양성자나 중성자, 전자와 같이 우리에게 친숙한 입자들로부터 만들어진 **평범한 물질**(또는 **중입자 물질**)일 가능성이 있다. 이 경우 암흑물질은 너무 어둡기 때문에 현재의 관측 기술로는 관측할 수 없

**그림 18.10** 총알은하단에서 얻은 관측 자료는 암흑물질의 강력한 증거로 사용된다. 총알은하단은 실제로 두 은하단으로 이루어졌는데, 작은 은하단이 빠른 속도로 큰 은하단에 충돌하여 만들어진 것이다. 중력렌즈 현상을 통해 유추해낸 은하단의 전체 질량 분포(파란색)는 엑스선을 통해 관측한 은하단의 초고온가스 분포(빨간색)와 일치하지 않는다. 가스의 질량은 은하단에 포함된 모든 별의 질량보다 수 배나 많기 때문에 암흑물질 없이는 위 관측을 설명하기 힘들다. 암흑물질이 존재한다면 초고온가스는 충돌 전 암흑물질과 같은 위치에 있었을 것이고 충돌로 인해 초고온가스가 밀려나갔다고 간단히 생각할 수 있다.

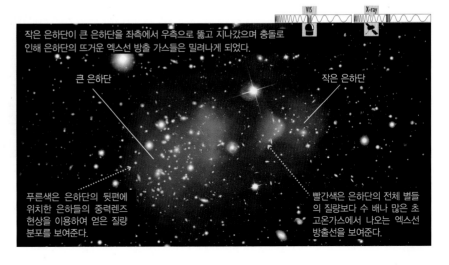

VIS    X-ray

작은 은하단이 큰 은하단을 좌측에서 우측으로 뚫고 지나갔으며 충돌로 인해 은하단의 뜨거운 엑스선 방출 가스들은 밀려나게 되었다.

큰 은하단

작은 은하단

푸른색은 은하단의 뒷편에 위치한 은하들의 중력렌즈 현상을 이용하여 얻은 질량 분포를 보여준다.

빨간색은 은하단의 전체 별들의 질량보다 수 배나 많은 초고온가스에서 나오는 엑스선 방출선을 보여준다.

는 것이다. (2) 평범한 원자 안에 있는 입자들과는 전혀 다른 입자들로 만들어진 특이한 물질일 수 있다. 이 경우 암흑물질은 빛과 상호작용하지 않기 때문에 어두운 것이다.

이 두 가지 가능성을 구별하기 위해 가장 먼저 해야 하는 일은 우주에 얼마나 많은 암흑물질이 있는지 측정하는 것이다. 우주에 포함된 물질을 전체적으로 이야기할 때 보통 천문학자들은 질량보다는 밀도를 사용한다. 평균적인 조건을 갖는 큰 공간 안에서 별이나 가스 또는 암흑물질과 같은 특정 형태의 질량의 합을 구하고, 이를 공간 부피로 나누어 평균밀도를 구한다. 이를 한계밀도, 즉 편평한 우주를 만드는 데 필요한 질량-에너지 밀도[17.3절]와 비교하여 백분율로 표시할 수 있다. 현재 우주의 한계밀도는 단위 cm³당 $10^{-29}$g 정도로 옷장 안에 몇 개의 수소원자가 들어 있을 정도로 매우 작다.

은하나 은하단의 관측으로부터 추정된 별들의 총질량은 한계밀도의 0.5% 정도밖에 되지 않는다. 반면 암흑물질은 한계밀도의 약 1/4에 해당한다. 결국 많은 양의 암흑물질이 이 우주에 존재하고 있는 것이다.

**평범한 물질로는 부족하다** 이러한 암흑물질이 평범하지만 관측하기 어려운 물질이라고 간단히 생각할 수 있을까? 어쨌든 어둡게 보이기 위해서 물질이 특이할 필요는 없다. 우리은하의 헤일로나 그보다 멀리 있는 천체가 너무 희미해서 관측되지 않는다면 천문학자들은 그 천체가 암흑물질이라고 생각할 수 있다. 만약 여러분의 몸이 우리은하의 헤일로를 떠다닌다고 하면 망원경으로 관측하기 어렵기 때문에 암흑물질의 후보가 된다. 행성이나 별이 되지 못한 갈색왜성[13.1절] 또는 어둡고 붉은 주계열성들 역시 현재의 망원경으로는 헤일로에 있다 해도 너무 어두워 관측하기 어려우므로 암흑물질의 후보가 될 수 있다.

하지만 과학자들은 빅뱅 모형으로부터 이 우주에 얼마나 많은 평범한 물질이 있는지 계산할 수 있다. 우주 초기 핵융합이 이루어지는 시기에 양성자와 중성자는 핵융합하여 하나의 양성자와 하나의 중성자로 이루어진 중수소의 핵을 만들고 이는 헬륨으로 핵융합된다[17.2절]. 중수소의 일부가 지금까지

*암흑물질의 대부분이 보통물질로 이루어져 있지 않은 사실을 빅뱅이론을 바탕으로 한 계산을 통해 알 수 있다.*

우주에서 관측되는 것은 이러한 핵융합 과정이 중수소를 모두 소모하기 이전에 끝마쳐졌음을 말해준다. 따라서 현재 우주에 남아 있는 중수소의 양을 통해 핵융합 당시 평범한 물질인 양성자와 중성자의 밀도를 알 수 있다. 만약 밀도가 높았다면 핵융합이 훨씬 효율적으로 이루어졌을 것이다. 초기우주의 밀도가 높았다면 현재우주에는 적은 양의 중수소가 남아 있을 것이고 낮은 밀도에서는 많은 중수소를 남겼을 것이다.

실제 관측된 중수소 함량을 바탕으로 한 계산에 따르면, 평범한 물질의 전체 밀도는 한계밀도의 약 5%에 해당된다(그림 18.11). 우주배경복사(그림 17.9, 17.16 참조)의 온도 분포를 통한 연구에서도 같은 결과가 얻어졌다. 임계밀도의 1/4에 해당하는 암흑물질에 비해 임계밀도의 5% 값에 해당하는 보통물질의 양은 상대적으로 적으며, 따라서 대부분의 암흑물질은 보통물질이 아니라고 결론지을 수 있다.

**특이한 물질 : 가능성이 높은 가설** 결국 암흑물질은 우리가 지금까지 한 번도 찾아낸 적이 없는 특이한 입자들로 이루어졌을 가능성이 높다. 우선 태양의 핵융합에서 발생하는 특이한 입자인 중성미자[11.2절]에 대해 살펴보도록 하자. 중성미자는 전하가 없고 어떤 형태로든 전자기파를 발생하지 않기 때문에 기본적으로 '보이지' 않는다. 또한 원자핵에 중성자들이 함께

**그림 18.11** 이 그림은 중수소의 양을 통해 보통물질의 밀도가 임계밀도의 5%에 해당한다는 결론에 어떻게 이르렀는지 보여준다. 수평의 밴드는 관측을 통해 얻은 중수소의 양을 보여준다. 곡선은 빅뱅이론으로부터 예측되는 중수소의 함량으로 우주에 있는 보통물질의 밀도에 따라 어떻게 변하는지 보여준다. 회색으로 표시된 수직의 밴드에서 보여지는 것과 같이 관측된 중수소의 함량에 해당하는 보통물질은 임계밀도의 약 5%에 해당하며 그 범위는 매우 좁다.

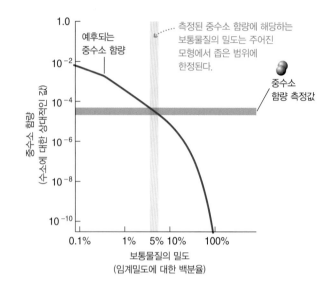

묶여 있는 것과는 달리 중성미자는 전하를 지닌 입자들과 절대 함께 붙어 있지 않기 때문에 빛을 내는 입자를 통해 이들의 존재를 알아내기도 어렵다. 중성미자는 자연계의 네 가지 힘 중에 중력과 **약력**[17.1절]을 통해서만 다른 물질들과 상호작용한다. 이러한 이유로 중성미자를 **약한 상호작용하는 입자**로 볼 수 있다.

하지만 중성미자가 은하에서 관측되는 암흑물질이 될 수 없는 이유는 질량이 거의 없고 매우 **빠른** 속도를 지녀 은하의 중력장을 쉽게 탈출할 수 있기 때문이다. 그렇다면 중성미자와는 비슷하지만 좀 더 무겁고 약한 상호작용을 하는 입자들은 어떨까? 이들 역시 직접 관측하기는 어려울 것이다. 하지만 이러한 입자들은 조금 더 느리게 움직일 것이고 자체 중력에 의해 덩어리지어져 있을 것이다. 이러한 가상의 입자를 **약하게 상호작용을 하는 무거운 소립자**, 또는 **WIMP**(weakly interacting massive particles)라고 부른다. 물론 이들 입자는 원자보다 작기 때문에 무겁다는 것은 상대적인 것이며 중성미자와 같은 소립자들에 비해 질량이 크다는 의미이다. 이러한 입자들이 은하나 은하단에서 관측되는 대부분의 질량을 차지할 수는 있지만 어떤 파장에서도 관측은 불가능할 것이다. 현재 대부분의 천문학자들은 이들 WIMP가 암흑물질, 즉 우주에 있는 물질의 대부분을 차지하고 있다고 생각한다.

또한 WIMP 가설은 암흑물질이 보이는 물질처럼 나선은하의 원반에 집중되어 있기보다는 은하의 헤일로에 퍼져 있다는 것을 설명할 수 있다. 초기우주에서 밀도가 조금 높았던 부분은

> 과학자들은 암흑물질이 중성미자처럼 약하게 상호작용하지만 훨씬 무거운 입자일 것이라고 추정하고 있다.

중력이 조금 더 강하여 물질이 모이고 은하가 형성되었다 [16.3절]. 이는 물질은 대부분 암흑물질이었을 것이고 적은 양의 수소와 헬륨가스가 포함되었을 것이다. 평범한 물질을 이루는 가스 입자들이 궤도에너지를 잃어 중력수축하면 은하의 회전원반을 형성할 수 있다. 가스 입자들 사이에 일어나는 충돌은 입자들의 궤도운동에너지를 복사에너지로 바꾸고 복사에너지는 광자의 형태로 은하를 빠져나가게 된다. 반대로 WIMP는 광자를 만들 수도 없고 다른 입자들과 상호작용하거나 에너지를 거의 교환하지도 않는다. 따라서 가스가 중력수축하여 은하원반을 형성할 때 WIMP는 지속적으로 궤도운동하게 되어 대부분의 암흑물질은 은하의 헤일로에 남아 있게 된 것이다.

**암흑물질을 이루는 입자를 찾아보다**  WIMP의 존재는 확실한 것 같지만 우리는 아직까지 간

접적인 증거들만 가지고 있다. 이들을 직접 관측해낸다면 WIMP 가설이 훨씬 더 믿을 만하게 받아지게 될 것이므로 물리학자들은 두 가지 방식으로 WIMP를 찾아내고자 노력하고 있다. 우선 우주에서 오는 WIMP를 직접 검출할 수 있는 기기를 이용할 수 있다. 이들 입자들은 매우 약하게 상호작용하기 때문에 이를 검출하기 위해서는 우주에서 날아오는 다른 입자들을 걸러 낼 수 있도록 민감하고 큰 검출 장치를 지하에 건설해야 한다. 이들 기기로부터 흥미로운 결과가 나오기는 했지만 2013년까지 암흑물질 입자에 대한 확실한 증거를 얻지는 못했다.

과학자들은 암흑물질을 이루고 있는 이상한 입자들을 찾고자 노력하고 있으며 곧 발견할 수 있을 것이라 확신하고 있다.

암흑물질을 찾는 두 번째 방법은 입자가속기, 특히 대형강입자충돌기(그림 17.2 참조)를 사용하는 것이다. 2013년까지 검출된 입자들 중 WIMP의 특성을 갖는 경우는 없었지만 과학자들은 곧 이들을 발견할 수 있을 것이라 전망하고 있다.

## 18.3 구조의 형성

비록 암흑물질의 정체는 아직까지 밝혀지지 못했지만 우주에서 암흑물질이 차지하는 역할은 좀 더 확실해졌다. 이미 이야기했듯이 은하와 은하단에 작용하는 중력의 대부분은 암흑물질 때문이다. 그렇기 때문에 암흑물질에 의한 만유인력으로 인해 은하와 은하단과 같은 우주의 구조가 처음 형성된 것으로 보인다.

### ● 은하의 형성에 암흑물질이 차지하는 역할

별이나 은하, 은하단은 모두 자체의 중력이 강하여 스스로 **중력에 의해 묶여** 있는 시스템이다. 이러한 천체들의 경우 대부분 우주의 팽창보다 중력이 우세하였다. 즉, 우주 전체적으로는 팽창하지만 태양계 안에서나 우리은하 안에서 또는 국부은하군 안에서의 공간은 팽창하지 않는다.

앞 장에서 기술한 것처럼 은하의 형성을 가장 잘 설명하는 모형에서는 초기우주에 밀도가 주변보다 조금 높았던 곳에서 암흑물질의 양이 증가하였을 것이라고 본다[16.3절]. 빅뱅 이후 수백만 년 동안 우주의 팽창은 어디에서든 있었다. 밀도가 높은 지역에서는 강한 중력으로 인 해 물질들이 점차 끌려들어 왔으며 우주 전체는 팽창하고 있더라도 이 지역에서는 결국 팽창 이 멈추고 원시은하구름을 형성하게 되었다. 이미 설명된 것처럼 WIMP로 만들어진 암흑물질 은 궤도에너지를 빛으로 방출할 수 없었기 때문에 은하의 헤일로에 남겨졌고, 보통물질로 이 루어진 가스는 수축하여 별이나 은하원반을 형성하게 되었다.

**생각해보자 ▶** 다음의 물체들이 중력적으로 묶여 있는 시스템인지 알아보고 그 이유에 대해 설명해보 자. (a) 지구 (b) 지구상의 허리케인 (c) 오리온성운 (d) 초신성

마찬가지 방법으로 은하단도 형성되었을 것이다. 초기에는 우주가 팽창함에 따라 은하단을

암흑물질의 중력은 아마도 원시은하구름을 은하로 만들고 은하를 모아 은하단으로 만든 원동력이었을 것이다.

구성하게 될 개별 은하들은 서로에게서 멀어 져 갔을 것이다. 하지만 결국 은하단을 구성 하게 될 암흑물질의 중력이 이들의 운동 방향을 바꾸게 되었다. 그리고 은하들이 다시 은하단 의 중심으로 떨어지게 되면서 은하 헤일로에 있는 별들처럼 무작위 궤도운동을 시작하게 되 었다.

어떤 은하단들은 그들 자체의 중력이 워낙 강하여 아직까지 새로운 은하들을 끌어당기고

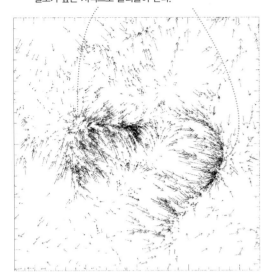

중력에 의해 은하들은 우주에서 상대적으로 질량 밀도가 높은 지역으로 끌려들어 간다.

**그림 18.12** 이 그림은 중력의 효과에 의한 은하들의 움직임을 보여준다. 검은색 화살표는 허블의 법칙에서 예측되는 속도 성분을 제외한 은하의 실제 속도(관측과 모형을 통해 유추)를 나타낸다. 이 그림의 한 변의 길이는 대략 6억 광년이고, 우리은하는 그림의 중심에 위치하고 있다(대표적인 은하들만 표시). 보이는 것처럼 은하들은 은하의 밀도가 높은 지역으로 흘러들어 가려는 특성이 있다. 이 거대하고 밀도가 높은 지역은 지금도 구조를 형성하고 있는 초은하단일 것이다.

있기 때문에 구조 형성이 끝났다고 말할 수 없다. 예를 들어 약 6,000만 광년 떨어진 상대적으로 가까운 처녀자리은하단은 우리은하와 국부은하군의 은하들을 끌어당기고 있는 것처럼 보인다. 국부은하군은 지금 처녀자리은하단으로부터 멀어지고 있다. 하지만 이러한 중력으로 인해 운동 방향을 바꾸게 될 것이고, 우리은하와 주변 은하들은 결국 은하단에 합쳐질 것이다. 훨씬 큰 규모에서 보면 은하단들 역시 서로 끌어당기고 있으며, 이는 은하단들이 아직까지 초기 형성 단계에 놓여 있는 **초은하단**(그림 18.12), 즉 중력으로 묶여 있는 훨씬 큰 시스템의 일부일 가능성을 보여준다. 암흑물질에 의한 중력은 우주의 거대 구조 형성에 매우 큰 영향을 끼쳤으며 아직도 그 영향을 끼치고 있다.

## ● 우주에서 가장 큰 구조는 무엇인가?

지난 수십 년 동안 천문학자들은 수백만 개의 은하들에 대한 적색이동 값을 측정하였다. 적색이동 값은 허블의 법칙[16.2절]을 통해 거리로 환산될 수 있기 때문에 이를 통해 공간상에 퍼져 있는 은하들의 삼차원 분포를 만들 수 있다. 이들 지도를 통해 은하단이나 초은하단보다 훨씬 더 큰 우주의 **거대 구조**가 있음이 밝혀졌다.

그림 18.13은 거리에 따른 은하의 분포를 세 가지 단면에서 보여준다. 우리은하는 가장 왼쪽 꼭짓점에 위치하고 있고 각 점은 개별 은하를 나타낸다. 왼쪽의 단면은 1980년대 하버드-스미소니언 천체물리센터(CfA)에서 수행한 최초의 우주구조 탐사에서 얻은 자료이다. 이 지도에서 보이는 것처럼 은하들은 공간 내에 무작위로 흩어져 있지 않고 수백 만 광년 정도 긴 끈이나 면을 따라 위치하고 있다. 은하단은 이러한 끈들이 서로 만나 얽혀 있는 지점에 위치하고 있다. 은하들로 이루어진 끈과 면 사

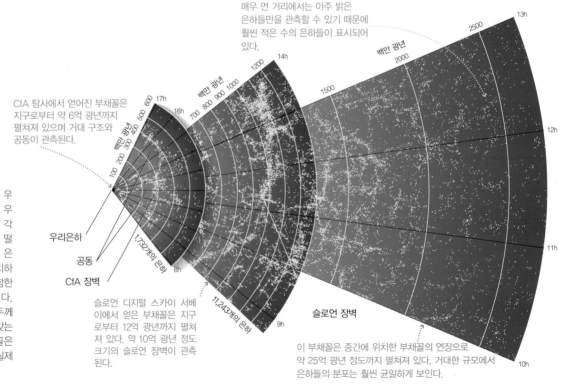

**그림 18.13** 세 개의 부채꼴은 우리은하를 기점으로 펼쳐 있는 우주의 '단면'을 각각 보여준다. 각 점은 지구로부터 특정 거리에 떨어져 있는 은하들을 나타낸다. 은하들은 긴 끈이나 면 위에 위치하고 있고 적은 수의 은하를 포함한 거대한 공동에 둘러싸여 있다. (부채꼴들은 납작하지만 그 두께는 각도로 수 도의 각도를 갖는다. 가장 왼쪽의 CfA 부채꼴은 나머지 슬로언 부채꼴들과 실제로 겹치지는 않는다.)

매우 먼 거리에서는 아주 밝은 은하들만을 관측할 수 있기 때문에 훨씬 적은 수의 은하들이 표시되어 있다.

CfA 탐사에서 얻어진 부채꼴은 지구로부터 약 6억 광년까지 펼쳐져 있으며 거대 구조와 공동이 관측된다.

우리은하
공동
CfA 장벽

슬로언 디지털 스카이 서베이에서 얻은 부채꼴은 지구로부터 12억 광년까지 펼쳐져 있다. 약 10억 광년 크기의 슬로언 장벽이 관측된다.

1,732개의 은하
11,243개의 은하
슬로언 장벽

이 부채꼴은 중간에 위치한 부채꼴의 연장으로 약 25억 광년 정도까지 펼쳐져 있다. 거대한 규모에서 은하들의 분포는 훨씬 균일하게 보인다.

이에는 밀도가 낮은 지역인 **거시 공동**이 위치한다.

다른 2개의 단면은 최신의 슬로언 디지털 스카이 서베이(Sloan Digital Sky Survey)에서 얻

**은하들은 수억 만 광년 크기의 엄청나게 큰 구조물 위에 놓여 있다.**

은 자료이다. 슬로언 탐사에서는 천구의 1/4에 해당하는 지역에 위치한 수백만 개 은하의 적색이동을 측정하였다. 이 그림에서 몇몇의 구조는 엄청나게 크다. 슬로언 장벽(Sloan Great Wall)은 한쪽 끝에서 다른 쪽 끝까지 10억 광년 이상에 이르며 그림의 중심 부근에 위치하고 있다. 거대 구조들은 중력에 의해 묶여져 무작위 운동하는 시스템으로 아직까지 중력수축되지는 않았다. 아마도 이처럼 우주의 거대한 규모에서는 구조 형성이 아직까지 진행 중일 것이다. 하지만 거대 구조의 최대 크기에는 제한이 있는 것처럼 보인다. 그림 18.13의 가장 오른쪽 단면을 자세히 보면 수십 억 광년에 걸쳐 있는 은하의 분포는 거의 일정하게 나타난다. 다른 말로 큰 규모에서 보았을 때 우주는 어디에서나 비슷하게 보이며, 이는 **우주론 원리**[16.2절]에서 의미하는 바와 일치한다.

이러한 거대 규모에서 중력이 물질을 끌어당기는 이유는 무엇일까? 우주 초기에 밀도가 약간 높았던 지역에서 은하가 형성된 것처럼 이러한 거대 구조들도 밀도가 상대적으로 높았던 지역에서 만들어졌을 것이다. 크기는 다르지만 상대적으로 밀도가 높은 곳에서 은하와 은하단, 초은하단과 슬로언 장벽이 만들어졌을 것이다. 은하의 분포에 나타나는 거시 공동은 상대적으로 밀도가 낮은 지역에서 형성되었을 것이다.

이러한 거대 구조 형성 모형에 따르면 오늘날의 우주에 보이는 구조들은 초기우주 암흑물질들의 분포를 말해준다. 슈퍼컴퓨터를 이용한 우주의 거대 구조 모형은 우주의 진화에 따라

**오늘날의 우주에서 관측되는 구조들은 아마도 우주 초기 암흑물질의 분포를 보여주는 것이다.**

미세한 밀도 요동으로부터 은하와 은하단 그리고 거대 구조가 형성되는 것을 재현해내고 있다(그림 18.14). 이러한 모형 결과들은 그림 18.13에 보여주는 것과 같은 우주의 단면을 놀라울 정도로 예측해내며 이로부터 구조 형성 시나리오가 맞다는 것을 알 수 있다. 게다가 질량 분포 형태는 우주배경복사로부터 얻은 밀도 요동의 형태와 거의 흡사하다. 결론적으로 우주가 형성된 후 1초도 안 된 시각에 있었던 것으로 추측되는 양자 요동으로부터 은하와 거대 구조가 형성되는 과정을 우리는 전반적으로 이해하고 있다고 생각된다[17.3절].

**그림 18.14** 슈퍼컴퓨터를 이용한 우주 거대 구조의 형성. 그림에 나타난 다섯 상자는 각 변의 길이가 현재우주에서 1억 4,000만 광년인 정육면체 내부의 진화를 보여준다. 우주의 나이는 각 상자 위에 표시되어 있고 상자 아래에는 우주가 팽창함에 따라 증가하는 상자의 크기를 보여준다. 초기우주(좌측 상자)에서는 물질이 약간 뭉쳐 나타난다. 시간이 흐를수록 밀도가 높은 덩어리가 점차 많은 물질들을 끌어당기면서 거대 구조는 점차 확연해진다.

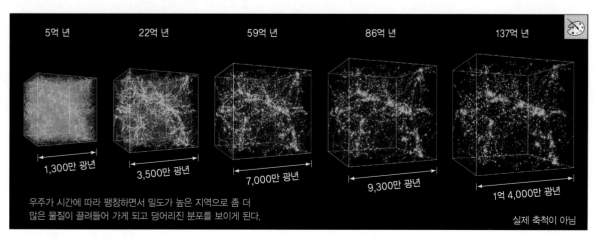

| 5억 년 | 22억 년 | 59억 년 | 86억 년 | 137억 년 |

1,300만 광년    3,500만 광년    7,000만 광년    9,300만 광년    1억 4,000만 광년

우주가 시간에 따라 팽창하면서 밀도가 높은 지역으로 좀 더 많은 물질이 끌려들어 가게 되고 덩어리진 분포를 보이게 된다.

실제 축척이 아님

어떤 이는 이 세상이 불로 끝이날 것이라 말하고,

어떤 이는 얼어버릴 것이라고 말한다.

내가 맛 본 욕망에 비춰보면

나는 불로 끝나는 자들과 같은 편에 서 있다.

하지만 이 세상이 두 번 끝이 날 수 있다면,

증오를 충분히 경험해본 나에겐

얼어버림으로써 파괴되는 것

이 역시 엄청날 것이고

또한 충분할 것이다.

– 로버트 프로스트, '불과 얼음'

## 18.4 암흑에너지와 우주의 운명

우주의 거대 구조 형성에는 두 가지 상반되는 힘이 작용한다. (1) 빅뱅 이후 지속된 팽창은 은하와 은하 사이의 거리를 점차 멀어지게 하는 반면, (2) 중력은 빅뱅 이후 형성된 고밀도 지역으로 물질들을 끌어당겨 은하와 거대 구조를 형성한다.

이러한 생각들은 과연 우주의 운명이 어떻게 될 것인가라는 중요한 질문을 자연스럽게 던진다. 에드윈 허블이 우주의 팽창을 발견한 이래 천문학자들은 우주의 끝이 보통 로버트 프로스트의 시에 나오는 두 운명 중의 하나일 것이라고 일반적으로 생각해왔다. 만약 중력이 충분히 강하다면 팽창은 어느 순간 멈춘 후 방향을 바꾸게 될 것이고 다시 수축하고 뜨거워지면서 모든 물체가 부딪치며 부서져버리는 종말을 맞이하게 될 것이다. 반면 중력이 너무 약하다면 중력으로 인해 결코 팽창이 멈추거나 수축하지 못할 것이며, 은하와 은하 사이의 거리는 멀어지고 온도는 떨어지면서 차가운 우주의 미래를 맞게 될 것이다. 하지만 많은 천문학자가 예상하지 못했던 것처럼 우주의 팽창은 느려지지도 않고 오히려 가속되고 있다는 것이 지난 20여 년의 관측으로부터 증명되었다. 이 밀어내는 힘은 이미 이야기한 것처럼 암흑에너지라고 불리는 수수께끼 같은 에너지 때문일 것으로 추측된다.

### ● 가속 팽창하는 우주의 증거는 무엇인가?

천문학자들은 매우 멀리 떨어져 있는 은하들의 후퇴속도와 거리를 정확히 측정함으로써 우주의 팽창속도가 시간에 따라 어떻게 변화하였는지 알아낸다. 이러한 관측을 통해 우주의 나이가 적었을 때에도 은하들이 얼마나 빨리 멀어졌는지를 측정할 수 있기 때문에, 시간에 따라 은하의 속도가 느려졌는지, 일정했는지, 아니면 증가했는지를 정확한 후퇴속도의 측정으로부터 알 수 있게 된다.

**네 가지 팽창 모형** 서로 다른 강도를 갖는 중력과 척력이 우주의 팽창속도를 시간에 따라 어떻게 변화시켰는지 보여주는 아래 네 가지 간단한 모형을 살펴봄으로써 천문학자들이 우주가 가속 팽창한다는 결론을 내리기 위해 사용한 증거를 이해할 수 있다(그림 18.15).

- **다시 수축하는 우주** 만약 중력이 워낙 강하고 척력이 약하다면 우주의 팽창은 시간에 따라 점차 약해질 것이고, 결국 멈춘 후 돌아서게 될 것이다. 은하들은 서로 다시 부딪치게 될 것이고 우주는 끔찍한 '빅크런치'로 끝나게 될 것이다. 마지막에는 물질들이 모두 수축하여 빅뱅으로 시작한 우주의 초기 상태와 거의 비슷해지기 때문에 다시 수축하는 우주라고 부른다.

- **임계 우주** 척력이 없는 상태에서 중력이 우주를 다시 수축시킬 정도로 강하지 않다면 우주의 팽창은 점차 감속될 것이다. 이로 인해 우주는 절대 수축하지도 않고 팽창속도는 시간이 지남에 따라 점차 느려질 것이다. 암흑에너지는 없고 오직 물질들에 의한 우주의 밀도값이 임계밀도와 동일할 때 이러한 상황이 발생한다는 것을 계산을 통해 알 수 있기 때문에 임계 우주라고 부른다.

- **관성 우주** 만약 중력이 약하고 척력이 없다면 은하들은 현재의 팽창속도와 비슷한 속도로 언제나 멀어지게 될 것이다. 우주선에 가해지는 힘이 없다면 속도가 줄지도 늘지도 않으면서 우주 곳곳을 같은 속도로 관성 비행할 수 있는 것과 비슷하다. 우주의 팽창속도가

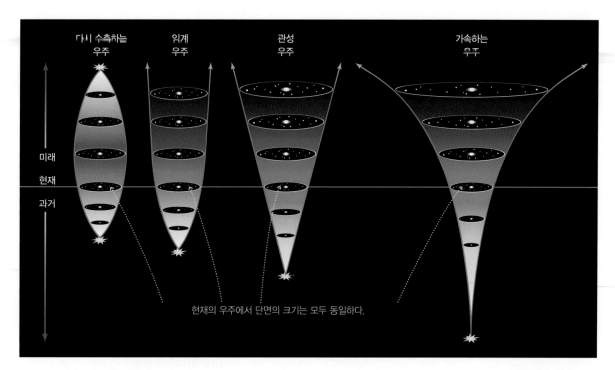

다시 수축하는 우주 　임계 우주 　관성 우주 　가속하는 우주

미래
현재
과거

현재의 우주에서 단면의 크기는 모두 동일하다.

**그림 18.15** 시간에 따라 팽창률이 변하는 우주의 네 가지 모형. 개개의 다이어그램은 우주의 한 단면을 표현하는 원의 크기가 시간에 따라 어떻게 변하는지 보여준다. 각 단면은 빨간색 선으로 표시된 현재우주에서 그 크기가 모두 동일하다. 하지만 각 모형에서는 그 단면의 크기가 과거와 미래에 모두 다를 것이라고 예측한다.

어떠한 힘에 의해 변화되지 않는다면 이러한 일이 일어날 수 있기 때문에 이를 관성 우주라고 부른다.

- **가속하는 우주** 만약 중력보다 척력의 힘이 강하다면 우주의 팽창은 시간이 지남에 따라 가속될 것이고 은하들은 서로에게서 점차 빠른 속도로 멀어지게 될 것이다.

중요한 점은 서로 다른 모형에 따라 우주의 나이가 바뀐다는 것이다. 그림 18.15에서 붉은색 수평선으로 표시된 오늘날 우주에서의 특정 공간의 크기나 팽창률은 위 네 가지 모형에서 모두 동일하다. 이는 우리가 측정한 오늘날의 은하와 은하 사이의 거리와 허블 상수가 모두 같아야 하기 때문이다. 그렇지만 네 가지 모형은 과거까지 서로 다른 길이로 늘어나 있다. 관성 우주의 경우에는 우주의 팽창률이 절대 바뀌지 않기 때문에 허블 상수만을 가지고 구한 시작점까지의 시간이 바로 우주의 나이가 된다. 다시 수축하는 우주와 임계 우주의 경우에는 은하 사이의 거리가 과거에는 훨씬 더 빨리 멀어졌을 것이다. 그리고 지금과 같은 거리로 떨어져 있기 위해서는 훨씬 짧은 시간이 걸렸을 것이기 때문에 우주의 나이는 관성 우주의 경우보다 적을 것이라고 예측할 수 있다. 가속 팽창하는 우주의 모형에서는 은하들이 과거에 좀 더 천천히 멀어졌을 것이다. 현재 관측되는 거리에 도달하기 위해서는 훨씬 많은 시간을 필요로 했을 것이기 때문에 우주의 나이는 훨씬 많을 것이라고 예측할 수 있다.

우주의 팽창률은 팽창을 줄이려는 중력과 가속시키려는 암흑에너지 사이의 균형에 따라 달라진다.

**가속 팽창의 증거** 천문학자들이 어떤 이유로 가속되는 우주가 맞다고 생각하는지 그 결정적인 증거를 그림 18.16이 제시해준다. 네 가지 실선은 서로 다른 네 가지 모형에서 은하와 은하 사이의 평균거리가 시간에 따라 어떻게 변화하는지 보여준다. 가속하는 우주, 관성 우주, 임계 우주에서 우주는 지속적으로 팽창하기 때문에 각 우주가 나타내는 실선은 시간이 지남에 따라 언제나 증가한다. 실선의 기울기가 클수록 팽창은 훨씬 빠르다. 다시 수축하는 우주의 경우에는 처음 실선이 위로 증가하지만 결국 우주가 수축함에 따라 다시 감소하게 된다. 현재

**그림 18.16** 백색왜성이 폭발한 초신성을 관측하여 얻은 자료. 우주의 팽창을 보여주는 네 가지 모형도 함께 보여준다. 곡선은 각 모형에서 시간에 따라 두 은하 사이의 평균거리가 어떻게 변하는지 보여준다. 증가하는 곡선은 우주가 팽창함을 이야기해주고, 감소하는 곡선은 우주가 수축함을 보여준다. 초신성 자료는 다른 모형보다 가속하는 우주의 모형과 훨씬 좋은 일치를 보인다.

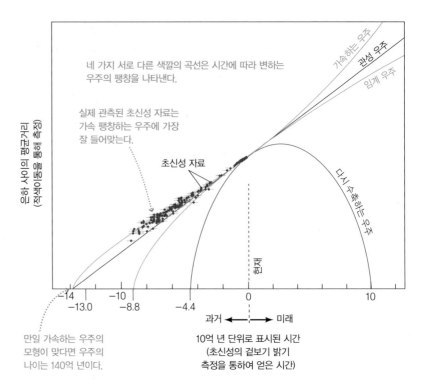

우주에서 은하 사이의 거리와 우주의 팽창률은 관측된 값과 동일해야 하기 때문에 모든 실선은 '현재'라고 표시된 시간에서 같은 지점을 지나고 기울기가 같다.

**스스로 해보기** ▶ 공중에 던진 공이 올라가다 떨어지는 것을 관찰해보자. 이를 가로축은 시간, 세로축을 높이로 하는 그래프 위에 표시해보자. 이 그래프와 가장 비슷한 우주의 모형은 무엇인가? 비슷한 이유는 무엇인가? 만약 지구의 중력이 충분히 강하지 않다면 그래프는 어떤 모양을 할 것인가? 공이 올라가고 떨어지는 시간이 길어질 것인가 아니면 짧아질 것인가?

그림 18.16에 표시된 검은 점들은 백색왜성이 폭발하여 만들어지는 초신성을 표준촉광으로 사용하여 거리를 측정한 실제 관측 자료를 나타낸다. (각 점들에 표시된 수평선들은 과거의 시간을 측정하는 데 따른 불확실 정도를 보여준다[16.2절].)

> 백색왜성이 폭발하는 초신성까지의 거리측정을 통해 우주가 가속 팽창하고 있다는 사실을 알게 되었다.

관측된 자료가 어느 정도 흩어져 있기는 하지만 다른 모형보다는 가속하는 우주의 모형에 가장 잘 들어맞는다. 시간에 따라 우주의 팽창이 가속되는 모형이 관측 자료와 가장 잘 일치한다.

**암흑에너지의 특성** 가속 팽창이 있었다는 사실은 어떤 힘에 의해 은하와 은하 사이의 거리가 멀어지고 있음을 말해준다. 이러한 힘의 원천은 바로 우리가 이야기했던 암흑에너지이다. 하지만 암흑에너지가 도대체 무엇인지는 실제로 많이 알려져 있지 않다. 자연계에 존재하는 네 가지 힘은 중력에 반대되는 힘을 낼 수 없고 기초물리학에서 여러 이론들이 제시되기는 했지만 지금까지 알려진 그 어떤 에너지도 가속되는 팽창을 충분히 설명할 수 없다.

우주의 진화에 암흑에너지가 얼마나 큰 영향을 끼치며 시간에 따라 그 강도가 어떻게 변화하는지 알 수 있기 위해서는 멀리 위치한 초신성들의 지속적인 발견이 필요하다. 이미 몇 가지 사실이 밝혀지기도 했다. 예를 들어 빅뱅 직후에 우주의 팽창이 가속되지는 않았고, 암흑에너지가 우세해지기 전 처음 수십 억 년 동안에는 오히려 중력

> 암흑에너지가 무엇인지 아직 알 수 없지만 시간에 따라 그 영향이 어떻게 변하는지 관측하게 되면 암흑에너지에 대한 단서를 얻을 수 있을 것이다.

이 강하여 팽창률이 감소하였다(그림 18.16에 나타난 가속하는 우주의 모형이 이러한 경우를 보여줌). 흥미로운 점은 아인슈타인이 처음 일반상대성이론에 넣었지만 나중에 빼버린 우주 상수를 이용하여도 이러한 형태의 변화를 설명할 수 있다는 것이다. 이러한 이유로 일부 과학 자들은 중력을 기술하는 아인슈타인의 방정식의 한 부분(아래 특별 주제 참조)이 암흑에너지를 성공적으로 설명할 수 있을 것이라고 제안하기도 하였다. 이러한 생각이 옳다고 해도 실질 적인 암흑에너지의 특성을 이해하기까지는 아직 많은 시간이 필요하다.

### ● 암흑에너지가 존재하는 편평한 우주의 증거는 무엇인가?

우주가 가속 팽창한다는 사실로부터 암흑에너지의 존재를 유추해낸 것은 믿을 만한 것이다. 하지만 이러한 결과가 백색왜성이 폭발하여 만들어지는 초신성폭발을 기반으로 한 것임에 주 의해야 할 필요가 있다. 비록 이러한 종류의 초신성이 신빙성 있는 표준촛광으로 사용되기는 하지만 한 가지 증거를 바탕으로 가속 팽창의 결과가 유추되었다는 것은 좀 더 생각해보아야 할 점이다. 다행히도 암흑에너지의 존재는 지난 20여 년 동안 밝혀낸 완전히 독립적인 관측을 통해서도 증명이 되었다.

**편평한 우주와 암흑에너지** 아인슈타인의 일반상대성이론에서는 우주의 기하학적 구조가 구 형을 이루거나 편평하거나 아니면 말안장과 같은 세 가지 기본적인 구조 중 하나를 지닌다고 말한다(그림 17.14 참조). 하지만 우주가 편평하다는 사실이 우주배경복사의 세밀한 관측을 통해 확실히 증명되었다(그림 17.16 참조). 제17장에서 기술된 것처럼 편평한 우주에서는 물 질과 에너지의 **총밀도값**이 임계밀도와 정확히 일치한다.

암흑물질의 관측으로부터 알게 된 사실은 물질들이 이루는 총밀도는 임계밀도의 30%에 이 른다는 것이다. 따라서 우주를 이루는 밀도의 나머지 70%는 에너지 형태여야 한다. 놀랍게도

---

### 특별 주제 : 아인슈타인의 가장 큰 오점

1915년 아인슈타인이 자신의 일반상대성이론을 완성한 직후 우 주가 정지된 상태로 남아 있을 수 없다는 것을 알게 되었다. 물 질과 물질 사이에 발생하는 중력에 의한 상호 인력이 우주를 수 축하게 만드는 것이다. 그 당시 아인슈타인은 우주는 영원하고 정지해 있는 상태에 놓여 있다고 믿었기 때문에 그의 수식을 변 경하기로 결심하였다. 결국 아인슈타인은 수축시키려는 중력에 반하여 밀어내려는 힘을 낼 수 있도록 **우주 상수**라고 불리는 임 의의 인자를 식에 넣게 되었다.

만약 아인슈타인이 우주가 정지해 있다고 믿지 않았다면 우주 가 왜 수축하지 않는지 정확한 설명(우주는 시작부터 지금까지 지속적으로 팽창하기 때문)에 이르렀을지도 모른다. 허블이 우 주가 팽창한다는 사실을 발견한 직후 아인슈타인은 우주 상수를 넣은 것은 자신의 경력에 가장 큰 오점이었다고 말했다고 한다.

오늘날 우리는 매우 멀리 위치한 은하들의 관측을 통해 (백색 왜성에 의한 초신성폭발을 거리측정에 사용하여) 우주가 가속 팽창하고 있다는 사실을 알게 되었다. 이런 점에서 보았을 때 우주에는 밀어내는 힘이 존재한다는 아인슈타인의 생각이 아주 틀린 것은 아니다. 실제 지금까지 얻은 자료들을 바탕으로 알게 된 암흑에너지의 특성은 아인슈타인이 처음 고안해낸 우주 상 수의 특성과 동일하다. 주어진 공간 안에 있는 암흑에너지의 양 은 우주가 팽창하더라도 변하지 않는다. 이는 아인슈타인의 방 정식에서 우주 상수가 하는 역할과 동일하며 마치 진공의 공간 에서 에너지가 물결치듯이 존재하는 것과 같다. 이에 대해 좀 더 자세히 알아보기 위해서는 더 많은 관측이 필요하다. 어쨌든 우리는 아인슈타인의 가장 큰 오점이 실제로 오점이 아닐 수 있 음을 알기 시작했다.

우주가 편평하다는 것은 우주의 총밀도가 임계밀도와 동일하다는 것을 말해준다. 임계밀도에 비해 물질밀도는 턱없이 부족하다. 따라서 우주의 대부분은 에너지 형태로 이루어져 있어야 한다.

우주의 가속 팽창을 설명하기 위해 필요한 암흑에너지의 양은 임계밀도의 70%에 해당한다. 한마디로 우주를 구성하는 질량-에너지의 약 70%가 암흑에너지의 형태로 존재한다는 것이다.

**우주의 구성 요소** 오늘날의 천문학자들은 우주의 대부분이 무엇으로 이루어졌는지 잘 알지 못한다는 이야기로 이 장을 시작하였다. 비록 우주는 암흑물질과 암흑에너지로 이루어져 있는 것처럼 보이지만 아직 우리는 이들의 특성을 알지 못한다. 그럼에도 불구하고 위에서 이야기한 관측들을 바탕으로 우리가 모르는 것들을 정량화할 수 있다. 우주배경복사에 나타나는 온도 변화를 가장 잘 설명하는 모형에 따르면 우주의 질량 및 에너지 밀도의 총합은 임계밀도와 같으며 다음과 같은 요소들로 구성되어 있다.

- 양성자, 중성자, 전자로 만들어진 보통물질들은 우주의 총질량-에너지의 약 5%에 해당한다. 이 모형에서 유추된 결과는 중수소의 관측으로부터 얻은 값과 일치한다. 질량의 일부는 별들로 구성되어 있으며 우주의 전체 질량-에너지의 약 0.5%에 해당한다. 나머지는 은하단의 초고온가스와 같은 은하간기체로 이루어져 있다.
- 암흑물질로 가장 유력한 약한 상호작용을 하는 중입자(WIMP)는 우주 질량-에너지의 약 27%에 해당하며, 이는 은하단의 질량 측정으로부터 얻은 값과 일치한다.
- 우주의 전체 질량-에너지 중 나머지 68%는 암흑에너지로 이루어져 있고, 이는 우주의 가속 팽창과 우주배경복사의 온도 변화를 통해 설명될 수 있다.

우주의 구성 성분 : 암흑에너지 68%, 암흑물질 27%, 보통물질 5%

그림 18.17은 우주의 구성 요소를 파이 그래프를 이용하여 보여주고 있고, 그림 18.18은 위에서 이야기한 암흑물질과 암흑에너지의 증거들을 요약해준다. 우리는 암흑물질이나 암흑에너지가 실제로 무엇인지 알 수 없지만 얼마나 많은 암흑물질과 암흑에너지가 있는지는 관측을 통해 좀 더 명확해지고 있다.

**우주의 나이** 우주배경복사에 나타나는 온도 변화는 우주의 구성 요소에 관한 정보를 제공해 줄 뿐만 아니라 우주의 나이를 정확히 예측할 수 있도록 해준다. 관측 자료에 가장 잘 맞는 모형에 따르면 (위 우주의 구성 요소에서 사용된 동일한 모형) 우주의 나이는 약 138억 년이며

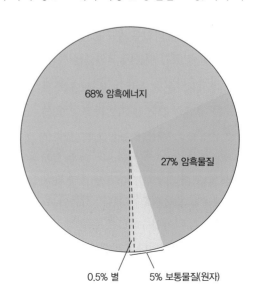

68% 암흑에너지

27% 암흑물질

0.5% 별    5% 보통물질(원자)

**그림 18.17** 이 파이 그래프는 관측을 바탕으로 얻은 현재우주의 주된 물질과 에너지의 비율을 보여준다.

오차는 약 1억 년이다. 바로 이러한 이유에서 이 책에서는 우주의 나이가 '대략 140억 년'이라고 했다. 이 나이 측정값은 허블 상수와 우주팽창률의 변화로부터 유추해낸 값과 일치를 보이며 우주에서 가장 나이가 많은 별이 약 130억 년이라는 사실과도 일치한다.

그 자신의 끝으로<br>
지쳐 차갑게 쓰러질 때까지<br>
마지막 별이 빛을 다할 때까지<br>
– 레베카 엘슨, '빛이여 영원하라'에서 발췌

## ● 우주의 운명은 어떻게 될 것인가?

이제 우주의 미래에 대한 질문을 좀 더 자세히 생각해볼 수 있다. 팽창하는 우주에 가능한 네 가지 우주의 모형 중 다시 수축하는 우주만이 (앞서 언급한 로버트 프로스트의 시에 나오는) 뜨거운 끝을 맞이하는 경우에 해당되지만 실제 관측 자료와는 맞지 않는다. 우주의 운명은 지속적으로 팽창하는 것이며 은하들은 차갑고 텅빈 공간 속에서 점차 빠르게 멀어져버리게 될 것이다. 우주의 끝은 아마도 오른편에 적혀 있는 레베카 엘슨의 시구와도 비슷할 것이다.

**생각해보자 ▶** 우주의 여러 가능한 운명 중 (뜨겁게 또는 차갑게) 다른 것들보다 훨씬 가능성이 높은 운명이 있다고 생각하는가? 그 이유는 무엇인가?

**앞으로 $10^{100}$년** 지속적으로 팽창하는 우주 속에서 시간이 흐르면 무슨 일이 벌어질까? 이 질문에 답하기 위해 현재 우리가 이해하고 있는 물리학 지식을 이용할 수 있다.

우선 질문에 대한 답은 미래에 우주의 가속 팽창 정도가 얼마인지에 따라 달라진다. 어떤 과학자들은 시간이 흐름에 따라 암흑에너지에 의한 척력은 점차 증가할 것이라고 믿고 있다. 이 경우 점차 강해지는 척력에 의해 우리은하, 태양계뿐만 아니라 물질들을 '빅립'이라 불리는 격동적인 현상을 통해 수백 억 년 이내에 찢어버릴 것이다. 하지만 이러한 형태로 척력이 강해진다는 증거는 미약하며 오히려 점진적으로 우주의 팽창속도가 가속될 가능성이 크다.

현재 자료를 바탕으로 보았을 때 우주는 지속적으로 팽창하여 결국 어둠으로 끝나는 것처럼 보인다. 만일 이렇게 우주가 팽창한다면 은하와 은하단은 매우 먼 미래에도 중력에 의해 묶여 있을 수 있다. 하지만 별-가스-별 순환 과정[15.2절]은 영원히 지속될 수 없기 때문에 은하들은 같은 모습을 유지할 수 없다. 각 세대의 별들로부터 더 많은 양의 물질이 행성, 갈색왜성, 백색왜성, 중성자별, 블랙홀로 묶이게 될 것이다. 결국 약 1조 년 뒤에는 가장 오래 사는 별들조차 나이가 들어 은하는 어둠 속에 갇히게 될 것이다.

이 상황에서 두 갈색왜성이나 두 백색왜성 같은 천체가 서로 충돌하게 되는 극히 드문 현상이 은하 내에서 벌어지게 될 것이다. 은하 내에서 별들 사이의 거리는 상당히 멀기 때문에 이러한 충돌은 매우 드물게 일어난다. 예를 들어 태양(또는 태양이 진화하여 남겨질 백색왜성)이 다른 별과 충돌할 가능성은 매우 낮아서 $10^{15}$년에 한 번 정도만 일어날 수 있다. 하지만 시간이 충분히 길다면 이처럼 낮은 확률의 사건도 결국 일어날 수 있다. 만약 별들이 $10^{15}$년에 한 번씩 충돌한다면 $10^{17}$년 안에는 100여 개의 충돌이 있을 것이다. 우주의 나이가 $10^{20}$년이 되면 평균 100,000개의 충돌이 발생하게 될 것이고, 시간에 따라 은하가 변화하는 모습은 당구 게임과도 비슷하게 보일 것이다.

이러한 충돌로 인해 은하는 심하게 부서져버릴 것이다. 중력에 의해 상호작용하며 스쳐 지나가는 경우에 어떤 천체는 충돌에 의해 에너지를 잃어버리지만 어떤 천체들은 에너지를 얻는다. 충분한 에너지를 얻은 천체들은 은하 사이의 우주공간으로 튕겨져 나가게 될 것이고 결국 우주의 팽창에 의해 은하로부터 점차 멀어지게 될 것이다. 에너지를 잃은 천체는 은하중심으로 빠져들게 될 것이고 은하중심부의 블랙홀로 빨려들어 결국 은하는 하나의 거대한 블랙

**그림 18.18** 암흑물질과 암흑에너지

과학자들은 우주에 있는 대부분의 물질이 암흑물질로 이루어져 있으며 우주의 팽창이 직접 검출되지 않는 암흑에너지의 영향으로 가속되고 있다고 생각한다. 암흑물질이나 암흑에너지가 존재한다고 생각되는 이유는 이를 포함한 모형이 관측과 훨씬 잘 일치하기 때문이며 이는 과학의 절차를 따라 얻어진 결과이다. 다음 그림은 암흑물질이나 암흑에너지가 존재한다는 몇 가지 증거를 제시해준다.

**①** **은하 내의 암흑물질** : 뉴턴의 운동법칙과 만유인력의 법칙을 이용하여 별과 성운의 공전속도를 분석한 결과, 은하에는 별이나 밝게 빛나는 성운처럼 보이는 물질보다 더 많은 물질이 존재하는 것을 알게 되었다.

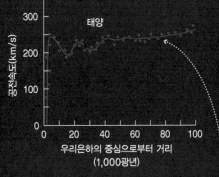

은하의 중심에서 상당히 멀리 떨어진 위치에서도 별과 성운은 높은 공전속도를 유지한다.

암흑물질

밝은 물질

**②** **은하단 내의 암흑물질** : 은하단을 연구함으로써 암흑물질의 또 다른 증거를 찾을 수 있다. 은하의 운동이나 초고온가스 그리고 중력렌즈 현상을 통한 관측 자료 모두 은하단 내에 별이나 가스처럼 보이는 물질보다 훨씬 더 많은 물질이 있음을 알려준다.

은하단의 뒷편에 위치한 은하에서 방출된 빛은 중력렌즈로 작용하는 은하단에 의해 휘어지면서 아래 사진에서처럼 푸른색의 여러 상으로 관측된다.

③ **거대 구조의 형성 :** 만일 우주에 작용하는 대부분의 중력이 암흑물질에 의한 것이라면 최초로 은하와 은하단을 형성하게 된 것도 암흑물질이었을 것이다. 이러한 예측은 슈퍼컴퓨터 모형에서 암흑물질을 포함한 경우와 포함하지 않은 경우 거대 구조가 서로 다르게 형성되는 것을 비교함으로써 확인할 수 있다. 실제 우리가 관측하는 우주는 암흑물질을 포함한 모형과 더 나은 일치를 보인다.

④ **우주의 팽창과 암흑에너지 :** 만약 우주가 주로 암흑물질로만 구성되어 있다면 중력에 의해 우주의 팽창은 시간에 따라 느려질 것이다. 하지만 관측 자료는 우주가 가속 팽창하고 있음을 보여준다. 과학자들은 수수께끼 같은 암흑에너지에 의해 우주의 팽창이 가속되고 있다는 가설을 내놓았다. 암흑물질과 암흑에너지를 포함한 모형은 암흑물질만 포함한 모형에 비해 멀리 위치한 초신성이나 우주배경복사의 관측보다 더 정확한 일치를 보인다.

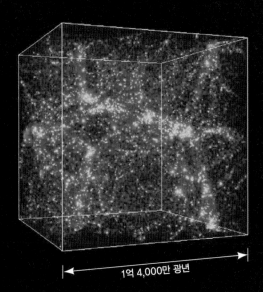

암흑물질에 의한 중력이 우세한 경우, 슈퍼컴퓨터 시뮬레이션에서 예측하는 은하들은 실제 우주에서 관측되는 것과 비슷한 크기와 형태의 끈이나 면을 따라 분포한다.

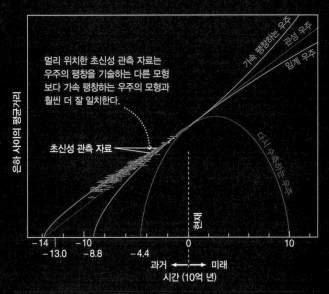

멀리 위치한 초신성 관측 자료는 우주의 팽창을 기술하는 다른 모형보다 가속 팽창하는 우주의 모형과 훨씬 더 잘 일치한다.

초신성 관측 자료

과학의 검증서    과학에서 모형은 자연 현상에 대해 확인 가능한 예측을 내놓는다. 만약 모형이 관측과 일치하지 않는다면 그 모형은 수정되거나 아예 사라지게 된다. 우주의 팽창에서 얻은 관측 자료들은 우주의 모형에 이러한 수정을 요구하게 되었고 암흑물질뿐 아니라 암흑에너지도 필요하게 되었다.

홀이 될 것이다. 우주에는 $10^{12}$ 태양질량 정도로 무거운 블랙홀들이 띄엄띄엄 존재하게 될 것이고, 행성, 갈색왜성 그리고 별들의 잔해들이 넓게 퍼져 있게 될 것이다. 만약 지구가 살아남는다면 팽창하는 어두운 우주 속에 얼어붙은 돌맹이가 될 것이고 지각이 있는 다른 천체로부터 수십 억 광년 떨어져 있게 될 것이다.

만약 대통일이론[17.1절]이 옳다면 지구가 영원하리라는 보장도 없다. 이 이론에 따르면 양성자는 결국 붕괴되어 버릴 것이다. 양성자의 반감기는 적어도 $10^{33}$년으로 매우 길지만 양성자가 붕괴한다면 우주가 $10^{40}$년일 때 지구뿐 아니라 모든 원자로 만들어진 물질들은 광자와 아원자 입자들로 분해될 것이다.

가장 마지막 단계는 물리학자 스티븐 호킹이 제안한 기작을 통해 설명될 수 있을 것이다. 호킹은 블랙홀이 자신의 질량–에너지를 빛으로 바꾸어 결국에는 '증발' 될 것이라고 예측하였다(이를 호킹 복사라고 부름). 이러한 과정은 매우 느려서 현존하는 블랙홀에서 관측하기는 어렵지만 이 이론이 맞다면 블랙홀들은 매우 먼 미래에 모두 빛으로 사라져버리게 될 것이다. 질량이 큰 블랙홀은 훨씬 오래 살아남을 수 있지만 $10^{12}$ 태양질량의 블랙홀도 우주의 나이가 $10^{100}$년이 되면 모두 증발해버릴 것이다. 이즈음 되면 우주에는 광자들과 아원자 입자만 있고, 서로 엄청난 거리를 두고 떨어져 있게 될 것이다. 새로운 현상은 더 이상 일어나지 않을 것이고, 전지전능한 관측자라고 해도 과거와 미래를 구분하기 힘들어지게 될 것이다. 이러한 측면에서 우주는 결국 시간의 끝에 도달하게 될 것이다.

**영원이라는 오랜 시간** 위에서 이야기한 것들은 모두 매우 긴 시간 뒤의 일이기 때문에 걱정할 필요는 없다. $10^{11}$년은 현재우주의 나이보다 거의 10배에 가까우며(140억 년은 $1.4 \times 10^{10}$년), $10^{12}$년은 이에 10배를 더 곱한 시간이다. $10^{100}$년은 매우 긴 시간이어서 기술하기도 어려운 정도이지만 이것이 얼마나 큰 숫자인지를 이해하기 위해서는 (최근까지 생존했던 칼 세이건이 사용한 방식처럼) 1과 $10^{100}$개의 0을 종이 위에 써보는 것을 상상해볼 수 있다(숫자로는 $10^{10^{100}}$에 해당). 쉬운 것처럼 보이지만 이를 모두 쓸 수 있는 종이가 있다고 해도 관측 가능한 우주보다 훨씬 더 커야 할 것이다. 아직도 걱정이 사그러지지 않는다면 몇몇 철학자들이 생각해낸 시간조차 끝나버리고 차가워진 우주의 운명을 피해 다시 태어날 수 있는 방안에 안도할 수도 있을지 모른다.

우주의 미래를 생각한다는 것은 영원에 대해 생각한다는 것이고, 영원은 새로운 현상을 발견할 수 있는 긴 시간을 우리에게 제공해준다는 사실이 아마도 좀 더 중요할 것이다. 결국 우리가 팽창하는 우주에 살고 있다는 사실을 알게 된 것도 지난 100년 사이의 일이었으며 우주의 팽창이 가속되고 있다는 놀라운 사실을 알게 된 것도 20여 년 전에 불과하다. 아마도 우주에는 새로운 놀라움들이 엄청나게 숨어 있을 것이고, 이를 통해 현재와 시간의 끝 사이에 무슨 일이 벌어질지에 대해 다시 생각해볼 수 있는 기회가 언제든 다시 찾아올지 모른다.

우리는 우주에 보이는 것보다 훨씬 많은 것이 있다는 것을 알게 되었다. 우리에게 거의 보이지 않는 암흑물질은 별들보다 더 많은 질량을 포함하고 있고, 수수께끼 같은 암흑에너지는 훨씬 더 많이 존재한다. 암흑물질과 암흑에너지는 우주의 역사에서 아마도 가장 큰 변화를 일으킨 요인들이다. 다음은 이 장에서 기억해야 할 몇 가지 개요이다.

- 암흑물질과 암흑에너지는 비슷한 것처럼 보이지만 이들은 각각 서로 다른 관측을 설명하기 위해 제안된 것이다. 암흑물질의 존재는 이들이 나타내는 중력의 영향을 통해 알게 되었다. 암흑에너지는 우주의 가속 팽창을 일으키는 힘의 원천을 말하는 것이다.

- 암흑물질이 존재할 수도 있지만 은하 정도의 크기에서 중력이 어떻게 작용하는지 우리가 이해하지 못하고 있을 수도 있다. 하지만 우리가 이해하는 중력이 정확하다는 여러 이유들이 있고 이 때문에 많은 천문학자들은 암흑물질이 실제로 존재한다고 믿고 있다.

- 지금까지 알려지기로는 암흑물질은 우주에서 가장 많은 질량을 포함하고 있다. 이 때문에 초기우주에 존재했던 미세한 밀도 요동으로부터 은하와 거대 구조를 형성하는 데 필요한 주요한 중력의 원천으로 작용하였다. 아직까지 암흑물질이 무엇인지 모르지만 아마도 우리가 발견하지 못한 아원자 입자들로 이루어졌을 가능성이 높다.

- 시간에 따른 우주의 팽창률과 우주배경복사의 온도 변화를 통해 암흑에너지의 존재를 알게 되었다. 이러한 관측을 바탕으로 만들어진 모형을 이용하여 우주의 구성 요소와 나이를 점차 정확하게 계산할 수 있게 되었다.

- 우주의 운명은 우주가 영원히 팽창할지 여부에 따라 다른데 가속 팽창하는 우주는 지속적으로 팽창할 것임을 알려준다. 그럼에도 불구하고 영원이라는 것은 오랜 시간이며 우주의 먼 미래에 대한 우리의 생각을 새로운 발견이 바꿔줄지는 오직 시간만이 말해줄 수 있을 것이다.

## 핵심 개념 정리

### 18.1 우주의 보이지 않는 힘

**● 암흑물질과 암흑에너지는 무엇을 말하는가?**

암흑물질과 암흑에너지가 직접 관측된 것은 아니지만, 우주에서 관측되는 천체의 운동을 가장 간단히 설명하기 위하여 그 존재가 제안되었다. **암흑물질**은 질량은 있으나 보이지 않는 것을 가리키며 별이나 기체구름의 운동은 암흑물질의 중력에 의해 결정된다. **암흑에너지**는 우주의 팽창을 가속시키는 에너지의 한 형태이다.

### 18.2 암흑물질의 증거

**● 은하에서 찾은 암흑물질의 증거들은 무엇이 있는가?**

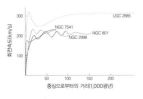

은하 내에서 별이나 기체구름의 공전속도는 은하중심에서의 거리에 따라 크게 달라지지 않는다. 뉴턴의 운동 법칙과 만유인력의 법칙을 이들 궤도에 적용해보면 별이 차지하는 질량보다 은하의 전체 질량은 훨씬 크다는 것을 알 수 있다. 이 차이에 해당하는 질량은 빛이 나오지 않기 때문에 암흑물질이라고 불린다.

**● 은하단에 있는 암흑물질의 증거는 무엇인가?**

은하단 안에 존재하는 암흑물질의 양을 측정하는 세 가지 방법이 있다. 바로 개별 은하들의 궤도운동, 초고온 가스의 온도, 아인슈타인이 예측했던 **중력렌즈 현상**을 이용하는 것이다. 은하단에 있는 암흑물질의 전체 질량이 별이 차지하는 질량의 거의 40배라는 사실을 이 세 가지 방법 모두에서 알려준다.

**● 암흑물질은 실제로 존재할까?**

직접 관측 가능한 물질에 중력의 영향이 끼치는 것을 보고 암흑물질의 존재를 추정하였다. 암흑물질이 실제로 존재할 수도 있고 우리가 알고 있는 만유인력의 법칙이 무엇인가 잘못되었을 수도 있다는 두 가지 가능성이 있다. 두 번째 가능성을 완전히 배제시킬 수도 없지만, 우리가 알고 있는 만유인력의 법칙이 정확하다는 증거들도 적지 않고 암흑물질이 실제로 존재한다는 증거들도 있다.

● **암흑물질은 무엇으로 이루어져 있을까?**

암흑물질의 일부는 어두운 별이나 행성과 같은 보통물질(중입자)일 수도 있다. 하지만 빅뱅 이후 남겨진 중수소의 양과 우주배경복사의 관측은 보통물질이 편평한 우주를 만드는 데 필요한 임계밀도의 5%밖에 채 안 된다는 것을 보여준다. 따라서 임계밀도의 약 1/4에 해당하는 나머지 물질은 이상한 특성을 지닌 (중입자가 아닌) 암흑물질로 이루어졌으며, 이들은 아마도 아직까지 발견되지 않는 **WIMP**와 같은 입자일 것이라고 추정된다.

## 18.3 구조의 형성

● **은하의 형성에 암흑물질이 차지하는 역할**

암흑물질은 은하 질량의 대부분을 차지하고 있다. 따라서 초기우주의 미세한 밀도 증가로부터 암흑물질에 의한 중력으로 인해 원시은하구름이 뭉쳐지고 은하가 형성된 것으로 보인다.

● **우주에서 가장 큰 구조는 무엇인가?**

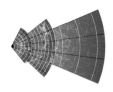

은하들은 큰 **공동**을 둘러싸고 있는 엄청나게 긴 끈이나 큰면 위에 분포되어 있다. 이러한 **거대 구조**는 초기우주에 있었던 미세한 밀도 변화로부터 기인한 것이다.

## 18.4 암흑에너지와 우주의 운명

● **가속 팽창하는 우주의 증거는 무엇인가?**

멀리 위치한 초신성폭발을 관측함으로써 우주의 팽창이 지난 수십 억 년 동안 가속되고 있다는 사실을 알게 되었다. 아직까지는 이러한 가속 팽창을 일으키는 수수께끼와 같은 힘의 정체를 알지 못한다. 하지만 그 특성은 우주에 퍼져 있는 암흑에너지를 가정하는 모형의 결과와 일치한다.

● **암흑에너지가 존재하는 편평한 우주의 증거는 무엇인가?**

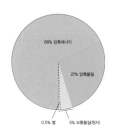

우주배경복사의 관측은 우주의 전체적인 기하학이 편평하다는 것을 보여주며, 이는 우주에 암흑에너지가 있다는 증거가 된다. 아인슈타인의 상대성이론에 의하면 우주에 포함된 질량-에너지의 총량이 임계밀도와 동일할 때 우주는 편평하다. 하지만 우주의 총질량은 임계밀도의 약 30%밖에 차지하고 있지 않기 때문에 질량-에너지의 나머지 70%는 암흑에너지의 형태라는 것을 추측할 수 있다. 이 값은 초신성 자료를 통해서 얻은 수치와 일치한다.

● **우주의 운명은 어떻게 될 것인가?**

만일 암흑에너지에 의해 우주가 가속 팽창하고 시간에 따라 암흑에너지의 영향이 바뀌지 않으며 우주의 운명을 뒤바꿀 다른 요인이 없다면 미래에도 우주의 팽창은 지속될 것이라고 추측할 수 있다.

## 시각적 이해 능력 점검

천문학에서 사용하는 다양한 종류의 시각자료를 활용해서 이해도를 확인해보자.

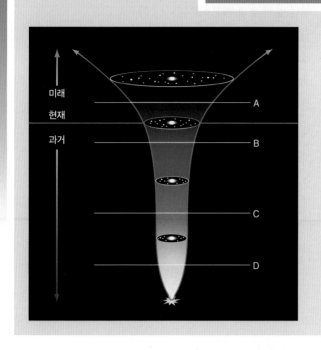

이 도식은 그림 18.15에 나타난 네 가지 간단한 모형에 비해 훨씬 복잡한 우주팽창의 역사를 보여준다. 이 그림에 주어진 정보를 이용하여 아래 질문에 답해보자.

1. 시점 A에서 우주는 가속 팽창하는가, 관성 팽창하는가, 아니면 감속 팽창하는가?
2. 시점 B에서 우주는 가속 팽창하는가, 관성 팽창하는가, 아니면 감속 팽창하는가?
3. 시점 C에서 우주는 가속 팽창하는가, 관성 팽창하는가, 아니면 감속 팽창하는가?
4. 시점 D에서 우주는 가속 팽창하는가, 관성 팽창하는가, 아니면 감속 팽창하는가?

## 연습문제

### 복습문제

1. **암흑물질과 암흑에너지**를 정의하고 그 차이점을 기술하라. 과학자들이 이들의 존재를 각각 주장하는 데 이용한 관측 자료들은 무엇인가?

2. 우리은하에서 회전속도가 은하중심으로부터의 거리에 따라 어떻게 변하는지 기술하라. 이러한 관계로부터 많은 양의 암흑물질이 있다는 결론을 어떻게 얻었는가?

3. 외부 나선은하에서 은하중심으로부터 거리에 따라 회전속도가 어떻게 변하는지 기술하라. 이러한 관측은 나선은하에 있는 암흑물질에 대해 무엇을 알려주는가?

4. 타원은하의 질량은 어떻게 측정하는가? 타원은하 안에 얼마나 많은 암흑물질이 있는지에 대해 이러한 질량 측정은 무엇을 알려주는가?

5. 은하단의 질량을 측정할 수 있는 세 가지 방법을 간단히 기술하라. 이 세 가지 방법을 통해 측정한 질량은 모두 일치하는가? 이러한 측정이 은하단의 암흑물질에 대해 무엇을 알려주는가?

6. **중력렌즈 현상**은 무엇인가? 왜 이런 현상이 나타나는가? 중력렌즈 현상을 이용해 렌즈 천체의 질량을 어떻게 측정하는가?

7. 어떤 이유로 우리는 만유인력의 법칙에 대해 잘 알고 있다고 가정하고 암흑물질이 있다고 주장하게 되었는지 간단히 설명하라. 우리가 이해하는 만유인력의 법칙이 틀렸을 수도 있는가? 그 이유를 설명하라.

8. 또는 어떤 이유에서 암흑물질은 '암흑'인가? 여러분의 몸이나, 행성, 어두운 별들이 암흑물질이 될 가능성이 있는지 간단히 설명하라.

9. 어떤 증거로 우주에 있는 대부분의 물질은 보통(중입자)물질이 아니라고 말할 수 있는가?

10. 중성미자가 **약하게 상호작용하는 입자**라고 말한 이유는 무엇인가? 은하에 있는 암흑물질이 중성미자가 아닌 이유는 무엇인가?

11. WIMP의 의미는 무엇인가? WIMP가 무엇인지도 모르면서 어떤 이유로 암흑물질은 WIMP로 이루어졌다고 말할 수 있는가?

12. 우주에 있는 다양한 거대 **구조**에 대해 간단히 설명하라. 또한 구조 형성에 있어 암흑물질의 역할과 거대 구조가 초기우주의 미세한 밀도 요동과 연관되어 있는 이유를 설명하라.

13. 다음 우주팽창의 네 가지 대표적인 경우를 설명하고 비교하라. 다시 수축하는 우주, 임계 우주, 관성 우주, 가속하는 우주. 어떤 관측 증거들이 가속 팽창하는 우주와 암흑에너지의 존재를 알려주는가?

14. 우주배경복사의 관측을 통해 어떻게 암흑에너지가 있다는 사실을 알 수 있는가?

15. 지금까지 얻은 관측 자료를 바탕으로 보았을 때 우주의 질량-에너지 구성 성분은 어떻게 되는가?

16. 암흑에너지의 존재는 우주의 운명이 어떨 것이라고 알려주는가?

## 이해력 점검

### 이해했는가?

다음 문장이 합당한지(또는 명백하게 옳은지) 혹은 이치에 맞지 않는지(또는 명백하게 틀렸는지) 결정하라. 명확히 설명하라. 아래 서술된 문장 모두가 결정적인 답은 아니기 때문에 여러분이 고른 답보다 설명이 더 중요하다.

17. 이상하게 보이지만 우주를 구성하는 대부분의 질량과 에너지는 우리가 직접 측정할 수 없는 것들이다.

18. 은하단은 은하 안에 있는 별들의 상호 중력에 의해 묶여 있다.

19. 은하단을 지나면서 만들어지는 찌그러진 은하의 상을 연구함으로써 은하단의 총질량을 측정할 수 있다.

20. 은하단은 우리가 우주에서 발견한 가장 큰 구조이다.

21. 우리은하 안에 포함된 젊은 별들을 주로 연구함으로써 우주가 가속 팽창한다는 사실을 알게 되었다.

22. 우주가 지속적으로 팽창할 운명이라는 것에 모든 천문학자가 동의한다.

23. 암흑물질이 '암흑'인 이유는 별들 사이의 공간을 이동하는 별빛을 가로막기 때문이다.

24. 암흑에너지는 암흑물질을 구성하는 입자들의 운동에너지와 연관이 있다.

25. 50억 년 전보다 현재 은하와 은하 사이의 평균거리가 증가한 관측 사실로부터 우주가 가속 팽창한다는 결론에 이르게 되었다.

26. 만약 암흑물질이 WIMP로 이루어져 있다면 이러한 입자들 사이의 충돌에서 만들어지는 광자를 관측할 수 있어야 한다.

### 돌발퀴즈

다음 중 가장 적절한 답을 고르고, 그 이유를 한 줄 이상의 완전한 문장으로 설명하라.

27. 암흑물질이 존재한다고 생각되는 이유는 무엇인가? (a) 밤하늘에 있는 많은 검은색 조각들 때문이다. (b) 우주가 어떻게 가속 팽창하는지 설명하기 때문이다. (c) 보이는 물체에 가해지는 중력 효과 때문이다.

28. 암흑에너지가 존재한다고 생각되는 이유는 무엇인가? (a) 우주의 팽창이 가속된다는 관측 사실을 설명하기 위하여 (b) 은하중심에서 멀리 떨어진 별들의 높은 공전속도를 설명하기 위하여 (c) 은하와 은하 사이의 거대한 공동을 만드는 데 필요한 폭발을 설명하기 위하여

29. 우리은하 중심으로부터 멀어질수록 공전속도가 어떻게 변하는지 관측한 결과 은하의 가장자리에 위치한 별들은 (a) 안쪽에 위치한 별들만큼 빠르게 공전한다. (b) 빠르게 자전한다. (c) 타원궤도보다는 직선에 가까운 운동을 한다.

30. 암흑물질이 존재한다는 강력한 증거는 (a) 태양계 (b) 우리은하의 중심 (c) 은하단에서 왔다.

31. 은하단의 사진에는 은하단 뒷편 훨씬 먼거리에 위치한 은하의 왜곡된 상이 나타난다. 천문학자들은 이러한 현상을 (a) 암흑에너지 (b) 나선 밀도파 (c) 중력렌즈 현상이라고 한다.

32. 관측 자료를 토대로 생각해보았을 때 암흑물질이 실제로 존재하지 않을 수도 있는가? (a) 아니다. 암흑물질의 증거는 너무 강력하여 거짓일 수 없다. (b) 그렇다. 하지만 이는 거대한 규모에서 중력이 어떻게 작용하는지 우리가 그동안 알고 있던 만유인력의 법칙이 틀린 경우에만 가능하다. (c) 그렇다. 하지만 모든 관측 자료에 문제가 있는 경우에만 사실이다.

33. 관측 자료를 토대로 생각해보았을 때 은하 내 암흑물질의 대부분을 차지하는 물질은 무엇일 가능성이 가장 높은가? (a) 지금까지 관측되지 않은 아원자 입자 (b) 상대적으로 어둡고 붉은 별들 (c) 초대질량 블랙홀

34. 초기우주에서 은하가 만들어진 지역으로 가장 가능성이 높은 곳은 어디인가? (a) 평균보다 물질의 밀도가 낮은 지역 (b) 평균보다 물질의 밀도가 높은 지역 (c) 다른 지역보다 암흑에너지가 집중되어 있는 지역

35. 우주가 가속 팽창한다는 주요한 증거는 어느 천체의 관측으로부터 얻은 것인가? (a) 백색왜성이 폭발하여 만들어지는 초신성 (b) 은하 내 별들의 공전속도 (c) 퀘이사의 진화

36. 다음 우주의 모형 중 영원히 팽창하지 않는 경우는 무엇인가? (a) 임계 우주 (b) 가속하는 우주 (c) 다시 수축하는 우주

## 과학의 과정

37. **암흑물질.** 암흑물질의 존재가 얼마나 믿을 만한 것이라고 생각하는가? 암흑물질이 무엇인지, 그 증거가 무엇인지에 대해 짧은 글을 써보고 그 증거가 어느 정도 믿을 만한지 자신의 생각을 기술해보라.

38. **암흑에너지.** 암흑에너지의 존재가 얼마나 믿을 만한 것이라고 생각하는가? 암흑에너지가 무엇인지, 그 증거가 무엇인지에 대해 짧은 글을 써보고 그 증거가 어느 정도 믿을 만한지 자신의 생각을 기술해보라.

39. **새로운 만유인력의 법칙.** 암흑물질을 가정하지 않고도 은하 안의 별이나 은하단 내 은하의 움직임을 설명하는 새로운 중력 이론을 누군가 제안했다고 가정하자. 중력이 어떻게 작용하는지 지금으로서는 가장 잘 설명하는 상대성이론보다 이 이론이 좀 더 정확하다는 것을 증명해줄 수 있는 실험을 한 가지 이상 고안해보라.

## 그룹 활동 과제

40. **암흑물질과 왜곡된 은하의 상. 역할** : 기록자(그룹 활동을 기록), 제안자(그룹 활동에 대한 설명), 반론자(제안된 설명의 약점을 찾아냄), 중재자(그룹의 논의를 이끌고 반드시 모든 사람이 참여할 수 있도록 함). **활동** :

    a. 그림 18.8의 중력렌즈 다이어그램에 나타난 것처럼 은하단의 뒷편에 있는 은하가 중력렌즈 현상에 의해 은하단의 중심에서 멀리 떨어진 지역에 상이 맺히는 것을 확인하자. 제안자는 이러한 상의 이동이 은하의 모습을 어떻게 바꾸어 놓는지 설명하고 동그란 은하가 중력렌즈 현상을 통해 어떤 모습으로 관측될지 예측해본다. 반론자는 제안자의 생각에 동의하는지 말해보고 만약 동의하지 않는다면 다른 예측을 내놓아야 한다.

    b. 기록자는 큰 종이 위에 직선자를 이용하여 아래와 같은 다이어그램을 그린다. 모든 직선은 한 점에서 만나야 하며 둥근 원은 이 교차점에 가까이 위치해야 한다(교차점은 은하단의 중심을 나타내고 동심원은 지구로부터 훨씬 더 멀리 떨어진 동그란 은하의 실제 위치와 그 형태를 나타냄).

    c. 중재자는 은하의 상이 은하단의 중력렌즈에 의해 왜곡되는 현상을 아래와 같이 보이도록 한다. 원 위에 위치한 각 점으로부터 직선을 따라 '렌즈 변위'라고 표시된 거리만큼

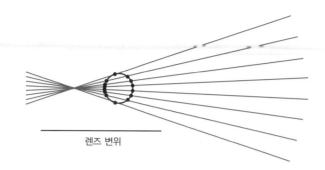

렌즈 변위

오른편에 떨어진 위치에 점을 표시한다. 새로운 점들을 연결하여 렌즈로 왜곡된 은하의 상을 만든다. 결과가 제안자의 예측과 일치하는가? 반론자의 예측이 훨씬 나은 일치를 보이는가? 그림 18.9에 나타난 중력렌즈로 인해 왜곡된 은하의 상과 비교하면 어떠한가? 만약 일치하지 않는다면 그 이유는 무엇인지 이야기해본다.

## 심화학습

### 단답형/서술형 질문

41. **우주의 미래.** 우주 거대 구조의 형성에 대한 지금까지의 관측 증거를 바탕으로 100억 년 전 우주의 거대 구조가 어떤 모습이었을지 간단히 기술해보라.

42. **암흑물질과 생명.** 지구에 생명체가 존재하는 데 있어 암흑물질이 반드시 필요하다는 (또는 과거에 그러했다는) 주장을 뒷받침하는 이유를 두 가지 이상 들어보고 설명해보라.

43. **공전궤도 속도와 반지름.** 다음 가상의 세 은하에 대해 은하중심으로부터 공전궤도 속도가 어떻게 변하는지 그래프를 그려보도록 하라. 가로축에 대략적인 거리를 표시한다.

    a. 중심에 모든 질량이 집중되어 있는 은하

    b. 중심으로부터 20,000광년 이내에는 동일한 밀도를 보이나 그 외부에서는 물질이 존재하지 않는 은하

    c. 중심으로부터 20,000광년 이내에는 동일한 밀도를 보이나 그 외부에서는 은하중심으로부터의 거리에 비례하여 그 내부에 포함된 총질량이 점차 증가하는 은하

44. **암흑에너지와 초신성의 밝기.** 백색왜성이 폭발하는 초신성을 관측하고 이들의 밝기와 적색이동을 측정하고자 할 때 천문학자들은 우주의 팽창이 점차 느려질 것이라고 예측했다. 하지만 우주는 실제로 가속 팽창하고 있었다. 초신성이 예측했던 것보다 훨씬 밝았기 때문인가 아니면 어두웠기 때문인가? 그 이유를 설명해보라. (힌트 : 그림 18.16에서 초신성의 세로

축 값은 적색이동과 관련되어 있다. 가로축 값은 초신성의 밝기와 연관되어 있으며, 과거에 있었던 초신성은 현재우주에서 관측되는 초신성에 비해 어둡게 보인다.)

45. 암흑물질은 무엇인가? 암흑물질을 구성하는 물질 세 가지 이상을 말해보라. 이들 물질들이 빛과 상호작용할 가능성에 대해 말해보고 이들을 직접 관측하기 위하여 어떤 방법을 고안해낼 수 있는지 말해보라.

46. **새로운 중력이론.** 암흑물질 없이 은하의 회전 곡선을 설명하기 위해서 중력은 어떻게 수정되어야 할 것인가? 아주 먼 거리에서 중력이 훨씬 강해져야 하는가 아니면 더 약해져야 하는가? 그 이유는 무엇인지 설명해보라.

## 계량적 문제

모든 계산 과정을 명백하게 제시하고, 완벽한 문장으로 해답을 기술하라.

47. **백색왜성의 $M/L$.** $0.001L_\text{태양}$의 광도와 질량이 $1M_\text{태양}$인 백색왜성의 질량-광도비는 얼마인가?

48. **초거성의 $M/L$.** $300,000L_\text{태양}$의 광도와 질량이 $30M_\text{태양}$인 초거성의 질량-광도비는 얼마인가?

49. **태양계의 $M/L$.** 태양계의 질량-광도비는 얼마인가?

50. **공전궤도로부터 계산된 질량.** 그림 18.4에 나타난 나선은하 NGC 7541의 공전속도 그래프를 보고 다음 질문에 답하라.

   a. 공전궤도 공식(천문 계산법 15.1 참조)을 이용하여 NGC 7541의 중심으로부터 30,000광년 이내에 있는 질량(태양질량 단위)은 얼마나 되는지 계산하라. (힌트 : 1광년= $9.461 \times 10^{15}$m)

   b. 위 공전궤도 공식을 사용하여 NGC 7541의 중심으로부터 60,000광년 이내에 포함된 질량을 구하라.

   c. 위 (a)와 (b) 답안을 바탕으로 이 은하 내의 질량 분포는 어떨 것이라고 추측할 수 있는가?

51. **은하단의 질량 측정.** 은하단의 반지름은 약 510만 광년($4.8 \times 10^{22}$m)이고 은하단내매질의 온도는 약 $6 \times 10^7$K이다. 공전궤도 공식(천문 계산법 15.1)을 이용하여 은하단의 질량을 구하라. 질량을 kg과 태양질량 단위로 표현하라. 은하단에 포함되어 있는 모든 별의 광도가 $8 \times 10^{12} L_\text{태양}$이라고 가정하자. 은하단의 질량-광도비는 얼마나 되는가?

## 토론문제

52. **암흑물질 또는 수정된 만유인력의 법칙.** 암흑물질의 증거로 삼은 관측 자료들을 해석하는 또 다른 방법은 바로 만유인력의 법칙이 거대한 물체의 질량을 측정하는 데 있어 정확하지 못하다는 것이다. 우리가 중력을 정확히 알지 못한다면 물리학의 많은 기본적인 이론뿐만 아니라 아인슈타인의 일반상대성이론도 수정이 불가피하다. 암흑물질과 수정된 만유인력의 법칙 중 어떤 것이 관측 자료를 더 잘 설명한다고 생각하는가? 그 이유는 무엇인가? 천문학자들이 암흑물질의 존재에 더 높은 가능성을 두는 이유는 무엇이라고 생각하는가?

53. **우리의 운명.** 과학자와 철학자 그리고 시인들은 모두 우주의 운명에 대해 생각해보았다. 우리가 알고 있는 우주가 어떻게 끝나기를 바라는가? '빅 크런치'로 끝나기를 바라는가 아니면 영원한 팽창으로 끝나기를 바라는가? 그 이유는 무엇인지 설명해보라.

54. **중력렌즈 현상.** 중력렌즈 현상이 나타나는 경우는 다양하나. 중력렌즈 현상을 보이는 별, 퀘이사, 은하들의 사진을 인터넷에서 찾아 모아보라. 각 사진에 대한 설명을 한 문단으로 작성하라.

55. **가속 팽창하는 우주.** 가속 팽창하는 우주에 대한 최신의 결과들을 찾아보자. 찾은 내용을 1~3쪽 분량의 보고서로 정리해보라.

56. **암흑물질의 특성.** 암흑물질의 특성에 대한 최신의 결과를 찾고 연구해보라. 암흑물질이 무엇으로 이루어졌는지에 대한 최신의 제한들을 정리하여 1~3쪽 분량의 보고서로 작성해보자.

우리은하를 포함한 대부분의 은하는 중력을 통해 주변보다 밀도가 조금 더 높았던 지역으로 물질을 끌어당기면서 진화해왔다. 아래 그림은 좌측 상단에 위치한 빅뱅부터 시작하여 우측 하단에 위치한 오늘날까지 허블의 법칙에 따라 점차적으로 팽창하는 우주공간에서 시간에 따라 은하가 어떻게 형성되는지를 보여준다.

빅뱅

38만 년

10억 년

시간

**①** 초기우주에 있었던 급팽창을 통해 물결과 같은 밀도 변화가 형성되었다. 오늘날 관측되는 거대 구조는 이러한 물결의 정점에 해당하는 지역으로 물질들이 중력에 의해 끌려들어 오면서 형성되었다[17.3절].

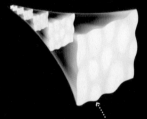

아마도 매우 작은 양자 요동이 급팽창을 통해 거대한 물결로 형성되었을 것이다.

**②** 우주배경복사 자료는 빅뱅 이후 38만 년 뒤에 밀도가 증가된 지역이 어떤 모습이었는지 보여준다[17.2절].

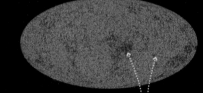

사진(플랑크 우주망원경)

우주배경복사에 나타난 변화는 밀도 변화가 몇십만 분의 1 정도임을 보여준다.

**③** 초기에 밀도가 높았던 지역은 중력에 의해 점차 거미줄 같은 거대한 구조를 만들게 되었고 은하들은 끈이나 면 위에 위치하게 되었음을 우주의 넓은 지역을 탐사함으로써 알게 되었다[18.3절].

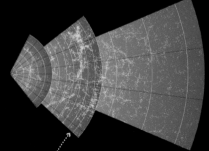

슬로언 디지털 스카이 서베이

우주의 넓은 지역을 탐사함으로써 알게 된 거미줄 같은 거대 구조는 구조 형성을 실험하는 컴퓨터 시뮬레이션에서 나온 결과와 일치한다.

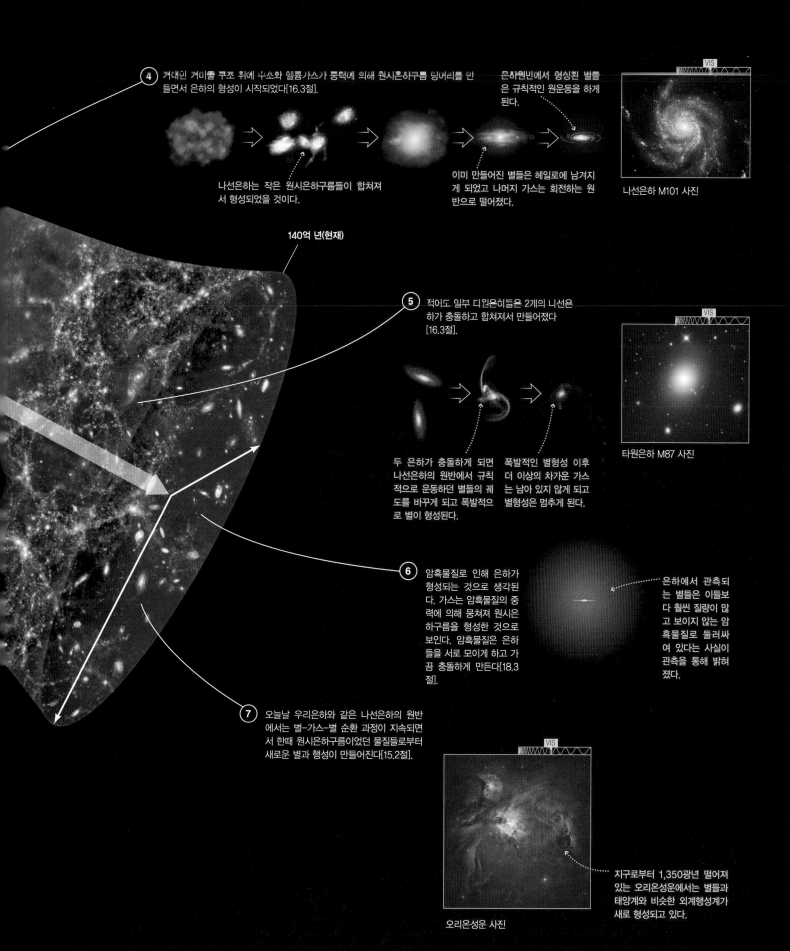

④ 거대인 거미줄 무쪼 위에 수소와 헬륨가스가 중력에 의해 원시은하구름 딩어리를 만들면서 은하의 형성이 시작되었다[16.3절].

나선은하는 작은 원시은하구름들이 합쳐져서 형성되었을 것이다.

은하원반에서 형성된 별들은 규칙적인 원운동을 하게 된다.

이미 만들어진 별들은 헤일로에 남겨지게 되었고 나머지 가스는 회전하는 원반으로 떨어졌다.

나선은하 M101 사진

140억 년(현재)

⑤ 적어도 일부 디원은히들은 2개의 니선은하가 충돌하고 합쳐져서 만들어졌다[16.3절].

두 은하가 충돌하게 되면 나선은하의 원반에서 규칙적으로 운동하던 별들의 궤도를 바꾸게 되고 폭발적으로 별이 형성된다.

폭발적인 별형성 이후 더 이상의 차가운 가스는 남아 있지 않게 되고 별형성은 멈추게 된다.

타원은하 M87 사진

⑥ 암흑물질로 인해 은하가 형성되는 것으로 생각된다. 가스는 암흑물질의 중력에 의해 뭉쳐져 원시은하구름을 형성한 것으로 보인다. 암흑물질은 은하들을 서로 모이게 하고 가끔 충돌하게 만든다[18.3절].

은하에서 관측되는 별들은 이들보다 훨씬 질량이 많고 보이지 않는 암흑물질로 둘러싸여 있다는 사실이 관측을 통해 밝혀졌다.

⑦ 오늘날 우리은하와 같은 나선은하의 원반에서는 별-가스-별 순환 과정이 지속되면서 한때 원시은하구름이었던 물질들로부터 새로운 별과 행성이 만들어진다[15.2절].

지구로부터 1,350광년 떨어져 있는 오리온성운에서는 별들과 태양계와 비슷한 외계행성계가 새로 형성되고 있다.

오리온성운 사진

# 우주에서의 생명 19

외계 지적 생명체 탐사(SETI)를 위하여 앨런 망원경 어레이(미국 캘리포니아 주 해트크리크)가 사용된다.

이 장의 학습목표

**이** 책을 통해 우주에 대한 현대과학적인 큰 그림을 뒷받침하는 증거들을 탐구하였다. 우리는 140억 년 전에 빅뱅으로 생성된 팽창하는 우주에 살고 있으며 생명은 우리 은하 내의 별들의 기체로부터 재활용되어 만들어질 수 있다는 명백한 증거를 보았다. 별들의 탄생과 이 별들이 행성을 어떻게 만드는지에 대한 과정을 알고 있으며 우리 행성 또한 어떻게 생성되었는지도 알아보았다. 하지만 가장 근본적인 질문에 대해서는 아직 모른다. 우주에는 과연 우리뿐일까?

우주를 구성하고 있는 것은 우리의 상상을 넘어선다. 우리은하만 해도 1,000억 개 이상의 별로 구성되어 있고 관측 가능한 우주에는 1,000억여 개의 은하가 있다. 하지만 생명의 보금자리가 있는 지구 외에 다른 세상이 있는지 여부에 대해서는 아직 모른다. 이 장에서는 우리가 현재 이해하고 있는 지구 생명의 기원에 대해 논의할 것이고 이 지식으로 어딘가에서 생명을 발견할 가능성에 대해 다룰 것이다. 이러한 과정 동안 외계 지적 생명을 탐사하는 것이 우리의 미래에 놀랄 만한 영향을 미친다는 것을 알게 될 것이다.

## 19.1 지구에서의 생명

외계인은 어디에나 존재하는 것처럼 보인다. 외계인은 텔레비전 쇼나 영화에서 많이 볼 수 있으며, 외계인의 만행을 주장하는 웹사이트나 외계인 시체를 숨기려는 정부 음모에 대해 그린 '에어리어 51'과 같은 영화를 어렵지 않게 찾을 수 있다. 대부분의 과학자들은 이러한 자료에 대해 매우 회의적이지만(p. 571, '특별 주제' 참조), 외계 생명의 가능성에 대해서는 과학적으로 상당히 관심을 가지고 있다. 사실 우주에서 과학적으로 생명을 탐사하는 것을 **우주생물학**이라 한다.

우주생물학 연구는 대부분 다음 세 가지 주요 주제 중 하나에 초점을 맞추고 있다. (1) 지구 생명의 기원과 진화에 대해서 이해하고자 하며 지구 외에 생명이 발생하고 진화하는 조건에 대해서 알고자 한다. (2) 우리태양계와 그 외 모든 세계에서 생명이 존재하기에 적합한 조건을 알고자 한다. (3) 다른 세계에서 생명의 실재 증거를 실제 찾고자 한다. 이 절에서는 우주생물학 연구의 첫 번째 영역에 대해 이야기할 것이다.

### ● 지구에서 생명이 언제 탄생했는가?

지구에서 생명이 언제 생겨났는지 알아내는 것은 지구 생명의 발생과 진화를 이해하는 데 중요한 시작점이 된다. 지구라는 유일한 예로 결정적인 결론을 내릴 수는 없지만 지구에서 생명이 상대적으로 빠르게 생성되었다면 지구와 조건이 비슷한 환경에서도 생명이 쉽게 발생할 것이라고 주장할 수 있다. 다른 한편으로 만약 지구에서 생명이 탄생하는 데 오래 걸렸다면 다른 세상에서도 생명 탄생이 쉽지 않을 것이라고 주장할 수 있다. 지구에서 생명이 쉽고 빠르게 발생했다는 아이디어를 뒷받침하는 증거가 많아지고 있다.

지구 역사의 초기에 생명이 발생했다는 것을 나타내는 증거는 지구와 비슷한 다른 세계에서도 쉽게 생명이 발생할 것이라고 암시하기도 한다.

지구 생명의 역사는 오래전에 살았던 생물의 유물인 **화석**을 연구함으로써 알 수 있다. 죽은 생물들이 바다 밑으로 가라앉고 퇴적층에 의해 점차적으로 덮이면서 화석의 대부분이 형성된다. 육지에서 침식에 의해 퇴적물들이 만들어지고 강을 따라 바다로 흘러들어 간다. 퇴적물은 바다 밑에 수백만 년 동안 쌓이고 위층에 쌓인 중량이 아래

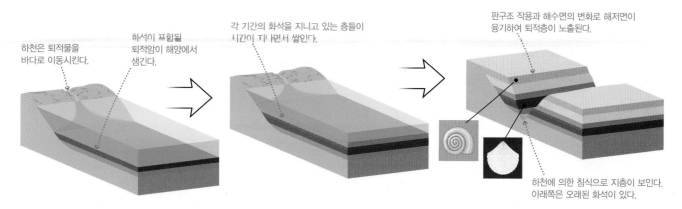

하천은 퇴적물을
바다로 이동시킨다.

하석이 포함될
퇴적암이 해양에서
생긴다.

각 기간의 화석을 지니고 있는 층들이
시간이 지나면서 쌓인다.

판구조 작용과 해수면의 변화로 해저면이
융기하여 퇴적층이 노출된다.

하천에 의한 침식으로 지층이 보인다.
아래쪽은 오래된 화석이 있다.

**그림 19.1** 퇴적암의 형성. 각 층은 지구 역사에서 특정 시간과 위치를 나타내며 그때 거기서 살았던 생물의 화석의 특징을 보여주고 있다.

층을 누르면서 암석이 된다. 화석은 침식이나 지구조운동에 의해 표면에 노출될 수 있다(그림 19.1). 그랜드캐니언 같은 곳의 퇴적층은 수억 년의 지구 역사를 기록하고 있다(그림 19.2).

생명의 역사를 재구성하는 주요 열쇠는 화석이 된 유기체가 존재했던 때를 결정하는 것이다. 서로 다른 층에서 발견된 화석의 '상대적' 나이를 결정하는 것은 쉽다. 깊은 층은 초기에 형성되어 오래된 화석을 가지고 있다. 방사능 연대 측정법[6.4절]으로 암석의 상대적인 나이를 검증하며, 꽤 정확한 화석의 나이를 알 수 있다. 지질학자들은 암석층과 화석으로부터 45억 년의 지구 역사를 뚜렷한 간격으로 구분하여 **지질학적 연대표**를 만들었다. 그림 19.3은 다양한 간격의 이름과 지구 역사에서 수많은 중요한 사건을 표시한 연대표이다.

**생각해보자** ▶ 동식물이 육지에 살았던 기간과 생명이 존재했던 기간을 비교하는 방법은 무엇일까? 인간이 존재해왔던 기간과 포유류와 공룡이 처음 나타난 이후의 기간을 비교하는 방법은 무엇일까?

**그림 19.2** 5억 년 이상의 지구 역사를 기록하고 있는 그랜드캐니언의 암석층

지난 몇억 년의 지질학적 시간 척도가 그 이전보다 훨씬 자세한 이유가 궁금할 것이다. 지구 역사를 깊이 들여다보면 볼수록 화석을 발견하기가 매우 어려워진다. 세 가지 이유가 있다. 첫째, 지표면은 지질학적으로 최근에 형성된 것이므로 오래된 암석이 최근의 암석보다 드물다. 둘째, 매우 오래된 암석을 찾았다 하더라도 열과 압력에 의해서 쉽게 변해왔다. 그러므로 이들이 포함하고 있었을 화석의 증거가 없어졌을 수 있다. 셋째, 수억 년 전의 생명은 거의 대부분이 미생물이어서 이러한 화석은 판별하기 훨씬 어렵다.

지질학자들은 이러한 어려움에도 불구하고 이미 35억 년 전 혹은 그 이전부터 생명이 번성

화석은 지구의 생명이 35억 년 전에
이미 번성했다는 증거를 제시한다.

했다는 것을 지지하는 아주 오래된 암석을 발견했다. **스트로마톨라이트**라고 불리는 암석이 가장 확실한 증거다. 이것의 크기, 모양과 내부구조는 미생물군에 의해 만들어진 '현존하는 스트로마톨라이트'와 놀랄 만큼 비슷하다(그림 19.4). 고대 스트로마톨라이트는 고대 미생물의 화석이라는 것을 확실히 암시한다. 더욱이 고대 스트로마톨라이트를 만들었던 미생물이 현재 살아 있는 스트로마톨라이트 안에 있는 미생물과 비슷하다면 적어도 고대 미생물은 광합성하여 에너지를 생산했을 것이다. 광합성은 꽤 정교한 대사 과정이기 때문에 생명체는 이 과정을 통하여 긴 기간 동안 진화했을 것으로 예상된다. 즉, 광합성을 하는 생명이 35억 년 전에 존재했다는 것을 가장 오래된 스트로마톨라이트가 보여주며, 그 이전에 좀 더 오래된 원시 생명이 있었다는 것을 제안할 수 있다.

35억 년보다 오래된 암석에서 명확한 화석을 찾을 가능성이 희박한데, 긴 기간 동안 변성이

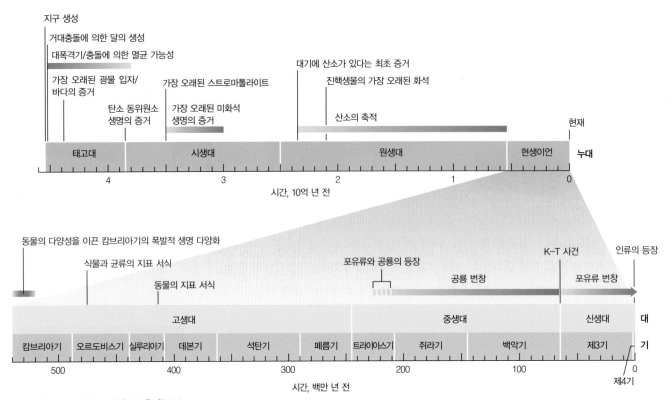

**그림 19.3** 지질학적 연대표. 아랫부분은 윗부분 시간 척도의 마지막 영역을 확대한 것이다. 누대(eons), 대(eras)와 기(period)는 화석 기록의 변화를 관찰하여 결정된 것이다. 절대나이는 방사성 연대 측정으로 결정한다. (K-T 사건은 공룡의 대량 멸종과 연관된 충돌에 대한 지질학적 용어이다[9.4절].)

**그림 19.4** 스트로마톨라이트라고 불리는 암석은 35억 년보다 더 이전에 미생물이 있었다는 증거가 될 수 있다.

많이 되었기 때문이다. 하지만 38억 5,000만 년 전에 생명이 존재했으리라는 것을 암시하는 증거가 있다. 그린란드 근처의 아킬리아섬에 세계에서 가장 오래된 암석이 상당량 있다(그림 19.5). 이 다양한 시대의 광물 알갱이들을 포함하는 혼합 침전물로 이루어진 퇴적암이기 때문에 정확히 언제 형성되었는지 결정할 수 없다. 하지만 방사성 연대 측정에 의해 38억 5,000만 년으로 추정되는 화산암을 뚫고 올라온 것으로 보아 이 퇴적암은 그보다는 더 오래된 것임에 틀림없다. 흥미롭게도 탄소 동위원소를 주의 깊게 해석한 바에 따르면 살아 있는 생명체를 포함하고 있었을 가능성을 제시한다.

안정한 상태의 탄소 동위원소는 2개가 있는데, 6개의 양성자와 6개의 중성자로 이루어진 핵을 가지고 있는 탄소-12와 여기에 중성자 1개가 더 있는 탄소-13(그림 5.6 참조)이 있다. 살아 있는 생명체는 탄소-13보다는 탄소-12로 조금 더 수월하게 구성된다. 그 결과 화석에서 나

a. 호주 동쪽 샤크 만에 위치한 무릎 높이의 편평한 돌은 살아 있는 스트로마톨라이트라고 알려진 미생물 집단이다.

b. 샤크 만의 스트로마톨라이트 중 띠 모양의 구조는 얇은 미생물층으로 덮여진 퇴적층에 의해 생성된 것이다.

c. 이것은 호주 서쪽에 있는 스트렐리 풀 지층에서 발견된 35억 년 된 스트로마톨라이트로 살아 있는 스트로마톨라이트에서 발견된 구조와 같은 형태를 보인다. 검은 층은 고대 미생물 유해의 잔재가 퇴적된 유기물이다(센티미터 단위로 표기).

타나는 탄소-13의 비율은 화석이 없는 암석 샘플보다 항상 약간 적다. 2개의 탄소 동위원소의 비율은 지금까지 검토한 모든 생명과 모든 화석에서 약간 적은 비율을 보이며 아킬리아 암석에서 발견된 것에서도 이 특징이 나타난다. 다른 설명을 완전히 배제할 수는 없지만 이들 암석이 형성될 당시에 생명을 포함했다는 가장 그럴듯한 결론에 도달한다. 이 경우 생명은 적어도 38억 5,000만 년 전의 지구에서 생성되었다. 이러한 오래된 암석을 발견한다는 것이 상당히 드문 일이므로 탄소 동위원소 증거가 그 당시 생명에 대한 것이라면 이 생명이 지구에 이미 널리 퍼져 있었다는 것을 암시한다. 그렇지 않다면 우리가 이런 증거를 찾는 것은 로또에 버금가는 행운일 것이다.

**그림 19.5** 웨스트 그린란드의 남쪽 해안으로부터 조금 떨어진 아킬리아섬에 있는 고대 암석으로 알려진 생명의 증거 중 가장 오래전에 형성된 것이다.

생명은 언제쯤 생겨났을까? 오래된 광물 알갱이로부터 43억 년 전에 지구의 바다가 있었다는 증거를 얻었지만, 생명은 39억 년보다 이전에 생겨났을지에 대해서는 많은 과학자들이 여전히 의구심을 가지고 있다. 태양계 형성 초기에 큰 소행성이나 혜성이 지구에 셀 수 없이 충돌한 **대폭격기** [6.3절]를 상기하자. 39억 년 전 무렵에 충돌이 마무리되면서 특히 강한 운석 대충돌이 있었다는 것이 달 크레이터 연구로 제안되었는데, 이는 특히 중요하다. 이 시기의 달 크레이터의 크기를 고려할 때 후기 대폭격기의 충격은 대부분의 바다 혹은 전부를 수증기로 날려버렸고, 아마도 지구 지각의 일부를 녹였을 것이다. 그래서 이러한 충격은 기존에 존재하던 어떤 생명도 멸종시켜 버릴 수 있었으므로 종종 '멸종 충돌'이라고 불린다. 더욱이 이러한 충돌로부터 생명의 일부가 살아남았다 하더라도 살아남은 미생물은 대양 깊은 곳에 있거나 지하 환경에 있을 것이므로 오늘날 증거로 찾을 수 있는 암석에서는 발견되기가 어려울 것이다.

> 탄소 동위원소는 지구에서 38억 5,000만 년 전에 생명이 존재했다는 것을 보여주며 이는 가장 최초의 생명으로 여겨진다.

정리하자면, 39억 년 전보다 더 오래전에는 생명이 존재하기가 어려웠을 것이다. 만약 그렇다 하더라도 우리는 아마 그 증거를 찾을 수 없을 것이다. 35억 년 전에 널리 존재했을 생명을 알려주는 화석 증거와 38억 5,000만 년 전까지 거슬러 올라가는 방사성 동위원소의 결과를 종합해보면 의미 있는 결론을 이끌어낼 수 있다. 지구에서 생명의 증거는 이러한 증거가 있을 때까지 거슬러 올라갈 수 있으며 아마도 그만큼 오래전에 존재했을 것이다. 지구에서 생명체의 탄생은 상대적으로 쉽게 이루어졌을 것이며 아마도 지구가 아닌 다른 세계에서도 그러했을 것이라 추측한다.

### ● 지구에서 생명이 어떻게 나타났는가?

초기 생명의 기원은 쉽게 발생했을 것을 암시하지만 지구에서 생명이 나타난 방법을 안다면 이 발상이 좀 더 믿을 만해질 것이다. 과학자들은 생명이 오랜 기간 동안 진화한 방식에 대해 연구하며 이 질문에 대한 답을 얻고자 한다. 이는 초기 생명이 어떤 모습이었는지 알려줄 것이며 실험을 통해서 생명이 어떻게 나타났는지 알게 될 것이다.

**진화론** 생명은 시간이 흐르면서 큰 변화를 겪었다는 것을 화석 기록이 명확히 보여준다. 생명이 어떻게 발현되었는지 이해하고자 한다면 이를 추적하기 위해 변화의 원인이 무엇이었는지 알아야 한다. 과학자들이 지구 생명에 대해 전반적으로 이해하는 통합이론은 진화론이며 이는 1859년 찰스 다윈에 의해 발표되었다.

진화는 간단히 말해 '시간에 따른 변화'를 말한다. 다윈 이전(고대로 거슬러 올라가기도 함)

화석 기록은 시간이 지남에 따라 생명이 어떻게 변화했는지 보여주고 진화론은 이러한 변화가 어떻게 발생했는지 설명한다.

에도 화석의 증거로 많은 과학자들이 진화를 인지하고 있었지만 어느 누구도 한 종이 변화를 겪는 방법에 대해 성공적으로 설명할 수 없었다. 요지는 화석 기록은 진화가 일어났다는 강력한 증거이며 다윈의 진화론은 진화가 어떻게 일어났는지에 대해 설명하고 있다.

다윈은 멸종된 종의 화석뿐만 아니라(가장 유명한 갈라파고스 제도에 있는) 살아 있는 종과의 관계를 면밀히 연구했다. 그리고 수집한 증거에 기초하여 진화가 발생한 이유를 설명하는 단순한 모형을 제안하였다. 생물학자 스티븐 제이 굴드(1941~2002)는 다윈이 '명백한 두 가지 사실과 불가피한 결론'으로 모형을 만들게 되었다고 설명한다.

- 사실 1 : 과잉생산과 생존 경쟁. 국한된 지역의 개체군은 그 지역이 제공할 수 있는 식량과 보금자리 같은 자원을 지닌 환경보다 더 많은 개체를 충분히 만들어낼 수 있다. 이러한 과잉생산은 개체군에서 개체 사이의 생존을 위한 경쟁을 불러일으킨다.
- 사실 2 : 개체 변이. 어떤 종 집단 내의 개체는 유전적 특질이 다양하다(부모로부터 자식까지 거치면서). 똑같은 구성원은 있을 수 없고 식량이나 생존 자원을 위해 경쟁에서 살아남을 수 있는 특질을 갖는 개체도 있다.
- 불가피한 결론 : 공평하지 않은 생식적 성공. 생존 경쟁에서 마지막까지 살아남고 자식을 번창시킬 수 있는 특질을 가진 개체가 평균적으로 가장 많은 수의 자손을 남기게 될 것이고, 이들은 또 다음 세대에 그럴 것이다. 그래서 한 지역 환경에서 생존과 자손 번식을 강화하는 유전적 특질이 다음 세대에서 점진적으로 일반적이 된다.

자손을 남기는 데 유리한 유전적 특질은 덜 유리한 특질을 자연적으로 이길 것이며('선택'될 것이며), 이것이 다윈이 말한 **자연선택**인 공평하지 않은 생식적 성공이다. 시간이 지나면서 자연선택은 종의 구성원이 한정된 자원을 잘 극복할 수 있도록 도울 것이다. 구성원 간의 작은 차이가 충분히 누적된다면 자연선택은 완전히 새로운 종을 발생시킬 수 있다.

수많은 증거들로 뒷받침된 다윈의 모형은 과학적 이론이라는 위상을 빠르게 얻었으며 그의 이론이 출판된 이후에도 150년 이상 이를 지지하는 증거들로 연구가 진행되고 있다. 이 이론을 가장 강력하게 뒷받침하는 증거는 지구의 모든 생명이 가지고 있는 유전물질인 DNA(deoxyribonucleic acid의 약자) 연구인데, 어떻게 분자 단위에서 진화가 일어날 수 있는지 이해할 수 있도록 해주었다.

살아 있는 생명체는 DNA를 복사하고 후손들에게 복사본을 전해주며 번식한다. 2개의 긴 사슬로 구성된 DNA 분자는 지퍼 가닥이 맞물려 있는 것과 비슷하게 나선 형태로 꼬여 있으며 이중 나선 구조라 알려져 있다(그림 19.6). 생명체를 이루기 위한 지시사항은 화학적 이름의 첫 알파벳으로 줄여 쓴 A, T, G, C, 4개의 화학 염기의 정확한 순서대로 쓰여진다. DNA 분자의 양쪽 사슬은 동일한 유전 정보를 확보하는 방식으로 염기쌍을 이룬다. 사슬이 풀어지고 세포 내에 떠다니는 화학 성분으로 만들어진 새로운 사슬이 기존 사슬과 연결되면서 하나의 DNA 분자는 동일한 2개의 복제물을 스스로 만들 수 있다. 이렇게 하여 유전물질이 복제되어 후손에게 전해진다.

한 세대로부터 다음 세대로 유전 정보를 항상 완벽하게 전할 수 없기 때문에 진화가 일어난다. 생명체의 DNA는 외부 영향에 의해 유전 정보를 실수로 복사하기도 할 것이다. 예를 들

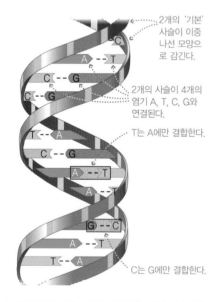

2개의 '기본' 사슬이 이중 나선 모양으로 감긴다.

2개의 사슬이 4개의 염기 A, T, C, G와 연결된다.

T는 A에만 결합한다.

C는 G에만 결합한다.

**그림 19.6** 이 그림은 나선처럼 꼬인 지퍼 같은 DNA의 일부를 보여준다. 유전 정보는 각 가닥들을 연결하는 '이빨'에 담겨 있다. 이들 '이빨'을 DNA 염기라고 한다. DNA 염기는 4개만이 사용되고 있으며 정해진 방법으로 2개의 가닥 사이를 연결한다. T는 A에만 연결되며 C는 G에만 연결된다(색은 임의로 사용했으며 화학 구성이 다른 형태라는 것을 의미). 중심부에 있는 파란색과 노란색은 각각 당질과 인산염을 나타낸다.

어 태양으로부터 오는 UV라든가 독성 물질이나 방사능 물질에 노출되는 것 등이 있다. 생물의 DNA에서 일어나는 변화를 **돌연변이**라고 부른다. 많은 돌연변이는 돌연변이가 일어난 세포를 죽일 정도로 치명적이다. 하지만 어떤 것은 세포가 생존하고 번식할 수 있는 능력을 개선시킬 것이다. 이때 세포는 이러한 개선된 형질을 자손에게 넘겨준다.

자연선택이 일어나는 방법에 대한 이해는 진화론을 더욱더 확고하게 만든다. 의심의 여지 없이 사실로 증명된 이론은 없을지라도 진화론은 중력이론이나 원자이론 같은 과학이론처럼 탄탄하다. 생물학자는 실험실에서 미생물의 진화를 직접 보거나 수십 년이 넘는 기간 동안 식

> 진화론을 뒷받침하는 증거가 굉장히 많이 있다. 중력이나 원자에 대한 것만큼이나 진화론은 신뢰받고 있다.

물과 동물이 환경적인 어려움을 겪으며 진화하는 것을 항상 관찰한다. 더욱이 진화론은 사실상 모든 현대 생물학, 의학, 농업의 기초가 되고 있다. 예를 들어 농업 과학자들은 유익한 종들을 해치는 일 없이 해충을 줄이는 방법을 개발하기 위해 자연선택 아이디어를 적용한다. 의학을 연구하는 사람들은 유전적으로 인간과 비슷한 동물에게 신약을 시험한다. 유전적으로 비슷한 종은 비슷한 생물학적 반응을 나타내기 때문이다. 생물학자는 생물 간의 DNA를 비교하면서 유전적 상관 관계를 연구한다.

**살아 있는 최초 생명체**  DNA의 기본적인 화학 특징은 살아 있는 모든 생명체 간에 사실상 동일하다. 이 사실은 모든 생명체가 공유하는 생화학적 유사점과 마찬가지로 오늘날 지구상의 모든 생명의 기원이 오래전에 살았던 공통 조상으로 거슬러 올라갈 수 있다는 것을 알려준다.

> 오늘날 모든 생명체는 오래전에 살았던 공통 조상으로부터 진화했다.

최초 생물의 화석을 찾을 수는 없지만 살아 있는 생물의 DNA를 꼼꼼히 연구하여 초기 생명에 대한 것을 알 수 있다. 생물학자는 살아 있는 생명체의 DNA 염기서열(chemical base)을 비교하면서 진화 관계를 밝힐 수 있다. 예를 들어, 특정 유전자 내 염기서열이 다섯 군데가 다른 두 생명체는 한 군데가 다른 두 생명체보다 유연 관계가 더 멀 것이다. 이러한 DNA 비교로 살아 있는 모든 생명체에 대한 개략적인 관계를 그린 것이 '생명 계통 나무'이다(그림 19.7). 이 나무의 상세한 구조는 확실하지 않다 하더라도(특히 종들은 때때로 유전자를 대체할 수 있기 때문에) 지구 생명은 3개의 주요 그룹 혹은 범주, 즉 **박테리아류, 고세균류, 진핵생물류**로 나뉜다. 3개의 모든 그룹은 공통 조상을 갖는다. 식물과 동물은 진핵생물류에 속한 2개의 작은 부류로 나타냄을 주목하라.

생명 계통 나무의 뿌리에 가까이 위치한 가지에 있는 생명체는 진화적으로 오래된 DNA를 가지고 있을 것이며, 이는 지구 역사상 초기에 살았던 대부분의 생물은 상당히 비슷했을 것이라는 것을 암시한다. 온도가 매우 높은 해저 화산구 근처 물에서 사는 미생물은 현존하는 생물 중 진화적으로 가장 오래된 것이다(그림 19.8). 태양빛에 의존하며 지구 표면에 살고 있는 대부분의 생명과는 다르게 이들 생물은 화산구 주변의 뜨겁고 무기물이 풍부한 물에서 화학 반응하며 에너지를 얻는다.

초기 생물이 이러한 '극한의' 조건에서 살 수 있었다는 아이디어는 놀랄 만하지만 생각을 조금만 해보면 그럴만하기도 하다. 초기지구에는 지구를 보호하는

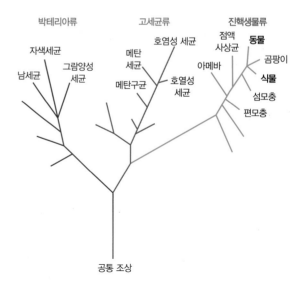

**그림 19.7** 다양한 생물의 DNA 배열 비교로 알아낸 진화 관계를 보여주는 생명 계통 나무. 작은 두 개의 가지만이 모든 동식물의 종들을 나타낸다.

**그림 19.8** 이 사진은 무기질이 풍부하고 온도가 높은 물을 뿜어내는 해저의 화산구이다. DNA 연구로 이러한 화산구 근처의 살아 있는 미생물은 현재 살아 있는 생명체 대부분보다 진화적으로 오래되었다는 것을 알게 되었으며 초기 생명도 비슷한 환경에서 나타났을 것으로 본다.

초기 생물은 아마도 깊은 바다의 화산구 같은 화학 에너지원 근처에서 발생했을 것이다. 산소나 오존층이 없어, 해로운 자외선이나 충돌에 노출되었으나, 깊은 바다 환경에서는 이런 것들로부터 보호받았을 것이다. 더욱이 무기물이 풍부한 뜨거운 물로부터 에너지를 뽑아 사용하는 화학적 경로는 살아 있는 생명체가 에너지를 얻는 다른 화학 경로(광합성 같은)보다 더 단순하다. 이러한 이유로 많은 과학자들은 화학에너지를 제공하는 깊은 바다의 화산구 근처나 비슷한 환경에서 생명이 발생했을 것이라 믿는다.

**화학에서 생물로의 전이** 진화론은 초기의 생물로부터 오늘날 지구에서 다양한 생명의 형태로 진화한 방법에 대해 설명한다. 하지만 최초의 생물은 어디에서 왔을까? 비생명에서 생명으로의 전이를 보이는 화석을 찾을 수 없어서 확실히 알 수는 없다. 하지만 지난 수십 년간 과학자들은 젊은 지구 시절의 환경을 모사하는 실험을 설계하여 진행해왔다.

1950년대에 처음으로 그러한 실험(그림 19.9)이 수행되었으며 그 이후 개선되고 향상되어 왔다. 요점은 초기지구에 있었을 것이라 여겨지는 화학물질을 실험실에서 혼합하여 이 전기로 '불꽃' 반응을 가해 번개나 다른 에너지원을 모사하는 것이

## 특별 주제 : 생명이란 무엇인가?

우리가 생명에 대해 논의할 때 실제로 이 단어를 정의하지 않았다는 것을 알 것이다. 생명과 비생명 사이의 명확한 경계를 정하기란 대단히 어렵지만 한 가지 방법은 모든 알려진 생명체의 공통된 특징 목록을 만드는 것이다. 예를 들어, 지구상 대부분의 살아 있는 생명체는 다음 6개의 주요 항목을 공유한다.

1. 질서 : 생명체는 분자들이 무작위로 구성된 것이 아니라 분자들이 체계적 형태로 배열되어 세포를 구성하고 있다.
2. 생식 : 생명체는 번식할 수 있다.
3. 성장과 발달 : 생명체는 적어도 유전적으로 결정된 형태에 따라 성장하고 변형된다.
4. 에너지 이용 : 생명체는 다양한 활동에 에너지를 사용한다.
5. 환경에 반응 : 생명체는 그들의 환경 변화에 적극적으로 대응한다. 예를 들어, 생물은 식량 자원이 있는 곳에서 그들의 화학 반응이나 이동을 진행할 것이다.
6. 진화 적응 : 생명체는 주변 환경에 적응을 더 잘하는 우세한 형질을 자손에게 전해주는 자연선택을 통하여 진화한다.

이 6개 특징은 특히 중요하지만 오늘날 생물학자는 그중 진화를 가장 기본이 되며 통합적인 요소로 본다. 진화 적응은 지구상에서 생명의 엄청난 다양성을 설명할 수 있는 유일한 요소이

다. 게다가 진화가 이루어지는 방법을 이해하는 것은 어떻게 다른 특징들이 일어나는지에 대해서도 이해할 수 있게 해줄 것이다. **생명**에 대한 정의를 간단하게 말하자면 '자연선택을 통하여 생식하고 진화하는 것'이다.

이러한 생명의 정의는 대부분의 현실적인 목적에 대해서는 충분할 수 있지만 다른 경우에 대해서는 여전히 비판의 여지가 있다. 예를 들어 컴퓨터 과학자가 쓴 프로그램(즉, 컴퓨터 코드 라인)은 동일한 라인을 만들어내면서 스스로 번식할 수 있다. 컴퓨터 코드에 무작위 변화를 하도록 라인을 넣는다면 컴퓨터 과학자는 컴퓨터에서 진화하는 '인공 생명'을 만들 수 있다. 컴퓨터 칩에 의해 생성된 전기신호 외에는 아무것도 없는 '인공 생명'이 생명으로 여겨지는가?

지구상에서 비생명으로부터 생명을 구분하는 것이 어렵다는 사실은 지구 밖에서 생명을 찾는 일에 대해서도 각별히 주의할 것을 요구한다. 우리가 선택한 생명의 정의가 무엇이든지 간에 언젠가 직면하게 될 생명이 생명의 정의를 바꿀 가능성은 항상 있다. 그럼에도 불구하고 번식과 진화의 특성은 우주의 모든 생명은 아닐지라도 대부분의 생명체가 공유하는 것이어서, 외계 생명체의 존재 가능성을 탐사할 방법을 고안할 유용한 시작점으로 여겨진다.

다. 이어지는 화학 반응은 아미노산이나 DNA 염기를 포함하는 대부분의 분자를 만들어낸다. 이들 분사는 또한 운석에서도 많이 발견되어 이러한 유기 분자들이 우주로부터 왔을지도 모른다는 것을 암시한다.

좀 더 최근의 실험실 실험에서는 초기 바다에 풍부했을 것으로 여겨지는 자연 상태의 점토가 짧은 RNA 가닥을 형성하는 데 촉매작용을 한다는 것을 보여주고 있다. RNA는 DNA 한 가닥과 거의 비슷한 분자이다. 이와 동일한 점토광물은 가끔 RNA가 들어 있는 미세한 막[살아 있는 세포와 비슷하기 때문에 '전세포(pre-cell)'라고 불리기도 하는]을 형성

> 실험실 실험에서는 생명을 이루는 분자들이 초기지구 환경과 비슷한 조건에서 쉽게 형성될 수 있다는 것을 보여준다.

하기도 한다(그림 19.10).

어떤 RNA 분자는 자기복제가 가능하기 때문에(지금까지 실험실에서 만들어볼 수는 없었지만) 그림 19.11에서 과정을 정리하여 그려볼 수 있다. 자연적으로 생성된 화학적 구성 요소는 점토에 의해 촉매되어 자기복제하는 RNA 분자를 만들어낸다. 이들 중 일부는 현미경적 전세포를 포함하게 되었다. RNA 복제를 좀 더 빠르고 정확하게 수행하는 전세포는 더 빠르고 정확하게 복제를 일으키는 양성 피드백 형태를 가지며 널리 퍼졌을 것이라 생각한다. 전 지구적으로 일어나는 이러한 형태의 화학 반응으로 전세포가 RNA를 가진 생명으로 바뀌는 것은 시간문제일 뿐이다. 이는 곧 DNA를 가진 생명으로 진화할 수 있다. 생명이 이러한 방식으로 생겨났을지는 결코 알 수 없지만, 우리가 만약 퍼즐의 중요한 한 조각을 잃어버리지 않았다면 일련의 자연스러운 화학 반응을 통해서 생명이 쉽게 생겨났을 것이라 상상하는 것은 일리가 있어 보인다.

**생명은 지구로 이주해왔을 수 있는가?** 우리의 시나리오는 생명이 여기 지구에서 자연스럽게 생성되었을 수 있다는 것을 제안한다. 하지만 생명은 처음에 다른 곳에서(아마도 금성이나 화성) 생성되어 운석을 통하여 지구로 이동해왔을 가능성이 있다. 달이나 화성의 표면에서 충돌에 의해 튕겨져 나왔을 운석이 있다는 것을 기억하자[9.1절]. 이론적인 계산에 의하면 충돌이 아주 빈번했을 초기지구에서는 금성, 지구, 화성 모두 수 톤의 암석을 서로 교환했다는 것을 보여준다.

**그림 19.9** 생명의 기원에 대한 경로를 연구하기 위해 1950년대에 처음으로 실험을 설계하였고, 이를 재현한 기구 앞에서 스탠리 밀러가 자세를 취하고 있다(해럴드 유리와 함께 작업하여 이 실험은 밀러-유리 실험이라고 불림).

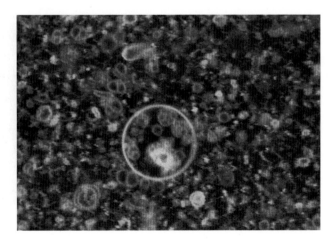

**그림 19.10** 형광으로 물들여 현미경으로 찍은 사진에서 세포막(녹색 동그라미) 안에 포함된 짧은 RNA(붉은색) 가닥들이 보인다. 이들은 점토광물 위에서 동시에 형성된다. 이 구조는 살아 있는 세포의 특징을 많이 가지고 있으나 살아 있지 않기 때문에 '전세포'라고 불린다.

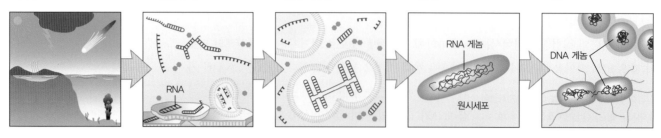

1. 생명을 구성하는 물질인 유기 분자가 자연스럽게 생성된다.
2. 점토광물은 RNA와 세포 전 단계를 형성하는 막의 촉매 작용을 한다.
3. 분자의 자연선택은 RNA 분자가 효율적으로 자기복제하도록 이끈다.
4. RNA 게놈을 가진 살아 있는 세포는 'RNA 세상'을 생성한다.
5. DNA는 RNA로부터 진화하며 생물학적 진화를 계속한다.

**그림 19.11** 생명의 기원을 보여주는 초기지구의 화학 반응의 단계를 정리한 것이다.

생명이 우주공간을 여행하여 지구에 도달했을 것이라는 발상은 이상하게 보인다. 무엇보다도 공기도 물도 없으며 태양과 다른 별에서 퍼붓는 유해한 빛을 가진 공간보다 더 척박한 환경을 상상하기란 어렵다. 하지만 유기 물질이 운석과 혜성에 있다는 것은 생명 구성 물질이 우주에서 살아남을 수 있다는 것을 말해주며, 수년간의 실험에서 어떤 미생물은 살아 있을 수 있음을 보여준다. 우주에서 이 기간 동안 살아 있는 동물종도 있다(그림 19.12).

지구와 금성, 화성은 수십 억 년 동안 서로 '재채기' 같은 것을 하고 있다. 생명은 이 3개의 행성에서 생성되어 서로에게 전이되었을 것이라 생각해볼 수 있다. 이는 충분히 흥미롭다고 생각되지만 이것이 생명의 기원에 대한 기본 시나리오를 변화시키지는 않는다. 즉, 생명은 한 행성에서 다른 행성으로 단순히 움직인다.

**지구 생명의 간략한 역사** 그림 19.3의 지질학적 연대표에 정리된 지구 생명의 역사를 보자. 지구는 45억 년 전에 생성되었고 달[6.3절]을 생성시켰을 것이라고 여겨지는 거대한 충돌이 곧바로 있었을 것이다. 광물 증거에 따르면 지구는 43억 년 전에 바다가 이미 있었으며 이 초기 바다는 생명을 만들어냈을 수 있는 화학 반응이 자연스럽게 일어나는 실험실이었을 것이다. 만약 생명이 매우 일찍 생성되었다면 거대한 충돌에 의해 파괴되었을 수도 있다. 하지만 일단 생명이 발생하면 진화에 의해 생명의 다양화가 빠르게 진행되었을 것이다.

빠른 진화 속도에도 불구하고 대부분의 복잡한 생물은 처음 생겨나고 나서 적어도 수십 억

**그림 19.12** 실제 존재하는 것처럼 보이지 않으나 이 사진은 완보류('물곰'으로 알려져 있음)라고 불리는 밀리미터 크기의 작은 동물을 보여준다. 완보류는 거의 진공에 가까운 우주공간 같은 '극한'의환경에서도 살아남을 수 있다.

년 동안 단세포로 남아 있었다. 이들 대부분은 지구 표면을 안전하게 지켜주는 오존층이 없어서 아마도 바다에 있었을 것이다. 지구 대기에 산소가 많아지기 시작할 때에 비로소 일이 발생했다.

지구 대기의 대부분의 산소는 **남세균**으로 알려진 단세포 생물의 광합성에 의해 만들어졌다 (그림 19.13). 남세균은 적어도 27억 년 전이나 혹은 더 오래전부터 광합성으로 산소를 만들어 냈다는 것을 화석을 통해 알아냈다. 하지만 산소가 대기에 바로 쌓이기 시작한 것은 아니다. 수천만 년 동안 남세균이 산소를 생성하는 것만큼 빠르게 암석 또한 화학 반응으로 산소를 이용하였고 다시 대기로 보냈다. 하지만 이 작은 생물은 풍부하였고 끊임없이 지속되어 결국엔 산소로 포화되었고 지구 표면의 암석들이 산소를 없애는 일이 느려졌다. 이때 드디어 산소가 지구 대기에 쌓이게 되었지만, 물론 인간이 숨을 쉴 수 있을 정도의 산소 농도는 아니었으며 수억 년이 지나서야 숨 쉬기에 가능해졌다.

오늘날 산소는 생명에 꼭 필요한 것이라고 생각한다. 하지만 산소는 약 20억 년 전에 존재했던 살아 있는 생물에게는 아마도 독극물이었을 것이다(오늘날에도 수많은 미생물에게는 산소가 여전히 유해하다.). 대기에 산소가 증가하면서 진화적인 측면에서 엄청난 위협이 되었을 것이며, 이는 복잡한 동식물 진화에 주요 요인이었을 것이다.

초기 미생물이 다세포 생물이나 초기 동식물로 점진적으로 진화하면서 결정적인 변화가 많았을 것이라는 점은 의심의 여지가 없지만 화석 기록은 이러한 모든 변화가 있었났을 시기를 정확하게 알려주지 않는다. 하지만 5억 4,200만 년 전에 시작된 **캄브리아기** 동안의 화석 기록의 변화가 인상적이다. 이 시기에 아주 작고 원시적인 생물이 오늘날 지구에서 발견할 수 있는 보통의 형태(phyla)로 진화했다. 주목할 만한 다양화는 지구 역사상 상대적으로 짧은 시기에 일어났는데 이를 **캄브리아기 폭발적 생명 다양화**라고 부른다.

초기 공룡과 포유류는 2억 2,500~2억 5,000만 년 전에 나타났지만 1억 년 이상 동안 공룡이 주를 이루었다. 6,500만 년 전 그들의 갑작스러운 멸종으로 큰 포유류와 인간이 진화할 수 있었다[9.4절]. 최초 인간이 등장한 것은 수백만 년 전이며 지구 역사 전체로 보았을 때 이미 99.9%의 시간이 흐른 뒤이다. 수년간의 산업과 기술의 발전은 지구 역사에서 본다면 99.99999%가 지난 이후이다.

최근 수억 년 동안에 발생했던 큰 동식물은 지구 역사 대부분 동안 단세포로 남아 있었다.

### ● 생명에 필요한 조건은 무엇인가?

지구에서 생명의 기원과 적절한 타이밍에 대한 이해는 다른 세계에서도 비슷하게 일어났을 것이라는 것을 암시하지만 이는 생명에 필요한 조건이 충족된 경우에 그러할 것이다. 그렇다면 생명에 필요한 조건은 과연 무엇인가? 다른 세계의 생명이 지구의 생명과는 사뭇 다를지라도 지구 생물이 살고 있는 곳의 조건을 견지하며 조건을 찾는 것이 가장 쉽게 접근하는 길이다.

우리 자신을 생각해본다면 생명의 요구 조건은 상당히 엄격해 보인다. 유독하지는 않으면서 충분한 산소가 대기에 있어야 하며 온도 범위가 상당히 좁아야 하고 다양하고 충분한 식량 자원이 필요하다. 하지만 '극한' 환경(해저 화구 주변의 뜨거운 물이 있는 곳)에서 발견된 생물들을 생각해보면 많은 미생물들이(극한성 생물) 훨씬 광범위한 조건에서 살아갈 수 있다는

**그림 19.13** 현존하는 남세균의 연결고리를 현미경으로 찍은 사진이다. 이 살아 있는 생명체의 조상은 기본적으로 지구 대기의 모든 산소를 만들어냈다.

것을 알 수 있다.

온도가 높은 물에서 살아가는 생명체를 보면 생물들이 우리가 예상할 수 있는 것보다 훨씬 높은 온도에서 살아갈 수 있다는 것을 알 수 있다. 다른 생명체는 또 다른 극한 환경에서 살고 있다. 모든 것이 얼 정도로 춥고 건조한 남극 지역의 계곡에서 과학자들은 태양으로부터 에너지를 얻어 암석 내부의 작은 물방울 안에서 살고 있는 미생물을 발견했다. 또한 물로 기공을 가득 채우고 있는 지하 깊은 곳에 있는 암석에서도 미생물들이 발견된다. 인간에게는 즉시 독극물이 될 수 있는 산성이거나 알칼리성, 염도가 높은 환경에서도 생명이 번창하고 있는 것을 발견했다. 많은 양의 복사를 받으며 살고 있는 미생물도 발견되었는데, 이들은 복사로 가득 찬 우주 환경에서 수년간 생명을 유지할 수 있었다.

지구상의 모든 다양한 형태의 생명을 종합적으로 비교해보면 생명의 기본 구성 요소 세 가지를 알아낼 수 있다.

- 살아 있는 세포를 만드는 필수 영양소(원자와 분자)
- 태양으로부터 얻든 화학 반응으로부터 얻든 지구 열에너지 그 자체로부터 얻든지 간에 생명 활동을 만드는 에너지
- 액체 상태의 물

이러한 요구 조건은 지구가 아닌 다른 곳에서 생명을 찾기 위한 기본 지침이 될 것이다. 만약 우리가 다른 곳에서 생명을 찾고자 한다면 기본적인 필요 조건을 충족하는 곳에서 찾는 것이 당연할 것이다.

흥미롭게도 단지 세 번째 조건(액체 상태의 물)만이 큰 제약이 될 것으로 보인다. 유기 분자는 운석이나 혜성에도 있을 정도로 거의 모든 곳에 존재한다. 다른 세계는 생명에게 에너지를 제공할 수 있는 내부 열을 가지고 있을 정도로 크며 거의 모든 표면에 충분한 태양빛(혹은 별빛)을 받고 있다. 물론 별로부터 멀어질수록 표면에 도달하는 빛의 양이 역제곱에 비례하여 줄어드는 것은 사실이다[12.1절]. 거의 모든 행성과 위성들에서 영양소와 에너지가 어느 정도는 존재할 것으로 보인다. 반대로 액체 상태의 물(혹은 액체 상태의 다른 물질)은 우리 우주에서 생명을 찾는 주요한 요소가 된다.

> 지구에서의 생명은 양분, 에너지, 액체 물을 필요로 한다. 액체 물은 모든 세상에서 흔한 것이 아니다.

## 19.2 태양계에서의 생명

생명이 발생할 수 있는 조건으로 액체 상태의 물을 고려한다면 우리태양계 대부분이 제외된다. 수성과 달은 황량하고 건조하며 금성에는 물이 액체 상태로 있기에는 온도가 너무 높고 (혹은 액체 상태의 다른 물질에서 생명이 있을 수 있음), 우리태양계 외곽에 있는 대부분의 작은 소행성체들은 너무 차갑다. 목성형 행성은 대기에 액체 상태의 물방울을 가지고 있을 수 있지만(그림 8.6 참조) 이들 행성에서 수직으로 부는 강한 바람은 어떠한 물방울도 액체 상태로 오래 유지할 수 없게 할 것이기 때문에 이들 행성이 생명이 발생할 지역이 될 것 같지는 않다. 그럼에도 불구하고 몇 곳에서는 액체 상태의 물이 있다는 증거가 보이고 있으며 액체 상태인 다른 물질의 존재는 생명의 가능성을 약하게나마 제시한다. 가장 눈에 띄는 것은 화성과 목성형 행성의 몇몇 위성, 특히 목성의 위성 유로파이다. 이 절에서는 우리태양계 내에서 외계생명체의 가능성에 대해 생각해볼 것이다.

## ● 화성에 생명이 있을 수 있는가?

지구 생명으로부터 알게 된 생명의 구성 요소를 가지고 있는 세계를 찾을 때 우리는 **거주 가능 영역**이라고 불리는 곳을 찾고 있다고 한다. 다른 말로 하면 거주 가능 영역은 생명의 구성 요소를 모두 가지고 있는 곳이다.

**생각해보자** ▶ 거주 가능 영역이라면 실제로 생명이 존재할 수 있는가? 생명은 존재할 수 있으나 거주가 가능하지 않을 수 있는가? 설명해보라.

화성은 초기에 표면에 물이 흐른 것처럼 보이는 강력한 증거가 있기 때문에 과거에는 충분히 거주 가능한 영역이었을 것이다[7.3절]. 더욱이 오늘날 화성 표면에 물이 없어 보일지라도

거주 가능 영역은 생명의 모든 조건을 이루고 있는 것으로 여겨진다.

표면과 지하에 얼음으로 이루어진 풍부한 물이 여전히 존재한다. 그래서 화산 열기가 있는 근처에 액체 상태의 물주머니 같은 것이 지하에 존재할 수 있는 것처럼 보인다. 화성이 예전에 거주 가능 영역이었고 지하에는 거주 가능 환경이 마련되어 있다는 생각은 화성이 태양계에서 생명을 찾는 데 최고의 목적지라는 이유가 될 수 있다.

**화성 탐사 임무** 화성은 착륙선뿐만 아니라 궤도를 도는 수많은 탐사선이 방문했다. 궤도 탐사선은 과거와 현재의 화성 환경에 대해 많은 것을 알려주지만 실제로 생명을 찾는 일은 화성 표면에서 행해져야만 한다.

화성에서 생명을 찾는 최초의 임무는 바이킹 1호와 바이킹 2호에 의해 수행되었다. 바이킹 착륙선은 1976년에 화성의 반대편 쪽에 도착했다(그림 7.23 참조). 표면에서 움직일 수 있는 능력이 없었지만 착륙선에 토양 샘플을 자동으로 채취할 수 있는 팔을 장착하여 착륙선 안에서 자동으로 통제된 실험을 진행하였다. 4개의 주요 실험 중에서 바이킹 착륙선에 의해 수행된 3개의 실험 모두 화성에 생명의 증거가 있다는 결과를 처음으로 제공한 것처럼 보인다. 하지만 네 번째 실험에서는 탄소를 근간으로 하는 유기 물질을 측정 가능한 수준에서 얻을 수 없었으며 이는 생명이 존재한다고 여겨질 때 기대할 수 있는 결과와는 사뭇 다르다. 결론적으로 과학자들은 바이킹 실험이 순전히 화학반응에 의한 것이라고 결론지었다.

최근에는 로봇 탐사선으로 화성 표면을 탐사하고 있다. 스피릿과 오퍼튜니티 로봇 탐사선은 2004년에 화성에 착륙했으며, 스피릿은 6년간 활동하였고 오퍼튜니티는 이 책이 출간된 2015년에도 여전히 자료를 모으고 있다. 가장 정교한 큐리오시티 로봇 탐사선은 2012년에 착륙하였다. 큐리오시티 탐사선은 화성의 거주 가능성을 연구하는 데 도움을 주도록 설계된 다양한 장비를 탑재하고 있으며 토양 샘플을 연구할 로봇 숟가락과 탐사선 내에서 자동으로 실험할 장치가 설치되어 있다. 게다가 '켐캠(ChemCam)' 장비는 암석에 레이저를 쏴서 암석 물질을 기체 상태로 만들고 이를 분광학적으로 해석할 수 있다(그림 19.14). 제7장에서 논의한 것처럼 화성 탐사선은 한때 표면에 호수나 바다가 있었을 것이라는 아이디어를 강하게 지지하는 광물 증거를 찾고 있다.

**화성에서 진행되는 생명 탐사** 과학자들은 큐리오시티호가 몇 년간 더 연구를 진행할 수 있기를 바라고 있다. 중요한 목표 중의 하나는 샤프산(그림 7.30 참조)인데 이곳에서 수십 억 년 동안 화성에서 일어났을 변화에 대한 자세한 정보를 알려줄 퇴적암층을 탐사할 것이다. 과학

**그림 19.14** 이 사진은 화성 표면의 암석에 레이저를 쏘는 큐리오시티호의 켐캠이다. 이는 기체로 변한 암석의 구성 성분을 분광학적으로 분석할 수 있는 장치이다. 안쪽 그림은 큐리오시티호가 암석에 처음으로 구멍을 내어 레이저로 먼지 티끌들을 기체로 만들어 이것을 분광학적으로 연구하고 있는 것이다. 레이저는 일련의 작은 구멍을 만든다.

자들이 추가 연구에서 뭔가 가치 있는 것을 발견할 때마다 탐사선의 경로를 정할 수 있기 때문에 큐리오시티호의 정확한 수명은 확실하지 않다.

큐리오시티호가 채취할 수 있는 토양보다도 더 깊은 지하에 생명이 존재할 수 있기 때문에 실제로 생명의 증거를 찾을 수 있을 것으로 보이진 않는다. 하지만 큐리오시티호가 생명의 구성 물질로 제안되고 있는 유기 물질의 증거를 찾을 수 있을지에 대해 과학자들은 매우 궁금해하고 있다. 더불어 이러한 생명이 존재했었다 하더라도 그런 화석 증거를 찾는 것은 아주 희박해 보인다.

**생각해보자** ▶ 큐리오시티호의 최근 결과를 찾아보자. 화성에서 생명을 찾는 일에서 눈에 띄는 발견을 해왔는가? 설명해보라.

큐리오시티호가 탐사를 계속하는 동안 과학자들은 화성에 대한 다음 임무를 준비하고 있다. 메이븐 궤도선이 2013년 11월에 발사되었으며 궤도를 선회하며 화성의 대기를 연구하고 화성 표면이 따뜻하고 촉촉한 상태로부터 현재의 꽁꽁 얼어버린 상태로 변한 이유와 과정에 대해서 알아내고 있다. 인사이트라는 착륙선은 2016년 3월에 발사될 예정이고 2016년 9월에 착륙할 것이다. 인사이트는 로봇 탐사선이 아니라 고정된 착륙선으로 화성 내부 구조에 대한 측정을 시도할 것이다. 이를 위해 표면으로부터 5m 깊이까지 뚫을 천공 도구를 탑재할 것이다.

큐리오시티와 비슷하게 메이븐이나 인사이트는 화성에서 있었을 법한 과거 생명에 대해 좀 더 많이 알아낼 것이지만 어느 임무도 실제로 생명을 찾아내기 위해 설계되지는 않았다. 만약

큐리오시티가 화성에 생명이 존재했었다는 증거를 밝히지는 못했지만 미래 임무나 인간의 우주 탐험에 대해서는 도움을 줄 것이다.

화성에 생명이 존재했었다면 아마도 미래에는 그 증거를 찾을 만한 좀 더 정교한 계획을 세울 것이다. 과학자들은 이러한 임무에 대해 계획을 잠정적으로 세우고 있으며 지구로 샘플을 가져와서 자세한 연구를 하고자 한다. 그러나 자세한 사항과 시일에 대해서는 예산에 의존한다. 추가로 화성에 인간을 보내는 많은 계획들이 몇몇 개인 회사에서 진행되고 있다. 이러거나 저러거나 향후 수십 년 안에 실현될 것 같으며 그때가 되면 화성에 생명이 존재했는지 여부를 알게 될 것이다.

**생각해보자** ▶ 앞으로 20~30년 내에 화성에 인간을 보내는 일이 실현된다고 하자. 이 경우 화성에 처음으로 발을 디딜 사람은 지금 초등학교나 고등학교, 대학교에 다니는 학생일 것이다. 그럴만한 사람을 알고 있는가? 혹시 여러분은 아닐까?

그 와중에 화성에서 과거 생명의 증거를 찾는 또 다른 방법이 있는데 이것은 직접 화성에 가지 않아도 된다. 화성으로부터 왔을 것이라 여겨지는 화학 성분을 가진 운석을 연구하면 된다. 화성 운석은 1990년대에 주요 뉴스거리였는데, 그들 중 일부가 생명의 증거가 있다고 주장된 그 유명한 ALH84001이다. 일련의 연구로 이 특정 운석이 비생물학적 과정을 거친 것으로 밝혀졌다. 하지만 다른 화성 운석들이 많이 발견되고 있고 모두 자세히 연구된 것은 아니다. 2011년에 모로코에 떨어진 화성으로부터 온 운석은 매우 중요하다. NWA 7034라고 알려진 이 운석은 지구에 떨어지자마자 채취되었기 때문에 지구에서 발생될 수 있는 생물학적 또는 화학적 '오염'이 상대적으로 적을 것으로 여겨진다. 이 운석은 화성에서 20억 년 전에 생성

된 것으로 여겨지며 화성이 그 당시 오늘날보다 더 따뜻하고 촉촉했던 증거를 보여주고 있다. 더욱이 이 분석 연구는 화성의 생명 가능성에 대해서 좀 더 많은 것을 알려줄 것이나.

## ● 유로파나 다른 목성형 행성의 위성에도 생명이 있을까?

태양계에서 화성 다음으로 생명이 존재할 가능성이 높은 후보는 목성형 행성의 위성들, 특히 목성의 위성 유로파, 가니메데, 칼리스토와 토성의 위성인 타이탄과 엔셀라두스[8.2절]이다. 유로파는 지각 아래에 얼음으로 이루어진 두터운 바다를 가지고 있을 것 같은 이유로 가장 그럴듯한 후보다(그림 8.17 참조). 유로파를 구성하는 얼음과 암석은 생명에 필요한 화학적 구성 성분을 가지고 있으며 조석열에 의한 유로파의 내부 열은 해저에서 화산을 일으킬 만한 충분한 힘이 된다. 유로파는 생명을 발생시키는 데 필요한 모든 것을 가지고 있는 것처럼 보인다.

유로파에서 생명의 가능성은 특히 화성에서의 생명 가능성과는 다르게 미생물일 필요가 없다는 점에서 특히 흥미롭다. 무엇보다도 수 킬로미터에 달하는 얼음으로 이루어진 표면 아래

*유로파에 바다가 존재한다면, 초기 지구 생명이 번창한 곳과 비슷한 바닷속 화구가 있을 것이다.*

에 바다가 있을 것이라 생각되며 이 안에는 큰 생물체가 수영하고 있을 수 있다. 하지만 생명을 위한 유로파의 에너지원은 지구에서의 에너지원보다 훨씬 제한되어 있다(표면 아래의 바다에서 광합성을 위해 태양빛을 사용할 수 없기 때문에). 그 결과 대부분의 과학자들은 유로파에서 존재할 수 있는 여느 생명에 대해서는 매우 작고 원시적일 것이라 예상한다.

제8장에서 논의한 대로 목성의 위성인 가니메데와 칼리스토 역시 지표 아래에 바다가 있을 것이라는 몇 가지 증거가 제시되고 있다. 하지만 이들 위성은 생명을 위한 에너지가 유로파보다 훨씬 적을 것이다. 생명이 있다 하더라도 확실히 작고 원시적일 것이다. 그럼에도 불구하고 목성은 생명이 있을 법한 위성을 3개(유로파, 가니메데, 칼리스토)씩이나 거느리고 있다는 사실에는 놀라움을 금치 못한다.

타이탄은 생명을 찾을 만한 또 다른 가능성을 내포하고 있다. 표면에 물이 있기에는 온도가 너무 낮지만 액체 메탄이나 에탄 성분의 강이나 호수가 있다[8.2절]. 대부분 생물학자는 불가능하다고 생각할지라도 지구상에서 물이 생명의 근원이 되었던 것처럼 이 액체도 타이탄에서 생명을 지원할 것으로 여겨진다. 타이탄은 또한 액체 상태의 물이나 온도가 낮은 암모니아를 가지고 있을 수 있다. 지하 깊은 곳에 물 혼합체를 가지고 있어 물을 기본으로 하는 생명도 가능할 것이다.

토성의 위성인 엔셀라두스에서 발견된 얼음 분수가 표면 아래의 액체에 의해 생성된 것이라면 거주 가능성을 제안해볼 수 있다. 이 얼음 분수는 지각 아래의 바다에서 형성되어 급속

*목성의 위성 가니메데와 칼리스토, 토성의 위성인 타이탄과 엔셀라두스는 우리태양계 내에서 지구 외에 생명이 거주 가능한 보금자리로 포함된다.*

냉동된 생명을 포함할 가능성이 있으며, 이들 분수는 표면 속 깊은 곳으로부터 일부 물질들을 상대적으로 쉽게 우주로 퍼뜨리는 역할을 할 가능성이 있다. 만약 엔셀라두스에 생명이 있을 것이라 판명된다면 비슷한 액체 상태가(그리고 가능한 생명) 해왕성의 위성인 트리톤이나 천왕성의 몇몇 위성 같은 다른 태양계 천체에도 존재할 수 있다는 사실을 알려줄 것이다.

## 19.3 다른 별 주위의 생명

외계행성 연구에 따르면 우리은하는 수십 억 개의 행성계를 가지고 있어서 다른 곳에도 생명이 존재할 가능성이 보인다. 하지만 숫자만으로 설명되지는 않는다. 이 절에서는 다른 별 주위를 공전하는 계에서의 생명을 조망해보고자 한다.

시작하기 전에 지구 **지표**에 존재하는 생명과 화성이나 유로파에 있을 법한 **지표밑** 생명을 구분해야 한다. 이론적으로는 대형망원경으로 외계 행성의 지표에서 생명을 발견할 수 있지만, 현재의 기술로는 다른 행성계의 지하 깊숙한 곳에 있을 생명 발견이 불가능하다(지하 생명체가 행성 대기를 눈에 띄게 변화시키지 않는 한). 그래서 물이 액체로 존재할 수 있는 온도와 압력을 가진 거주 가능한 행성 지면의 생명에 집중할 것이다. 표면의 경계가 명확하지 않은 목성형 행성에 대해서는 논외로 하며 주로 암석과 금속으로 이루어진 지구형 행성에 초점을 맞추겠다는 의미이다. 이 계는 행성이거나 거대한 (목성형) 행성의 위성일 수 있다. [일명 물 세계(그림 10.12 참조)는 지표에 액체가 있을 수 있지만 여기서 논의할 정도로 충분한지에 대해서는 아직 모른다.]

### ● 행성 표면에서 거주 가능한 조건은 무엇인가?

제10장에서 논의한 것처럼 대부분의 별들이 행성을 가지고 있다는 해석이 최근의 자료로부터 제시되고 있다. 이들 행성 중 거주 가능한지 여부를 결정하기에는 우리의 기술이 충분하지 않지만 행성 표면의 거주 가능 조건을 안다면 경험을 근거로 추측할 수 있을 것이다. 이 책에서 논의한 모든 아이디어들을 돌이켜 생각해보면 네 가지 기본 조건을 제시할 수 있다.

1. 수증기가 비로 응결될 수 있고 바다가 만들어질 정도로 모항성과의 거리가 충분히 멀지만 물이 얼지는 않을 정도의 거리
2. 수증기나 이산화탄소를 포함하는 기체가 행성 내부로부터 뿜어져 나와 대기와 해양을 만들 수 있는 화산
3. 기후를 조절하는 이산화탄소 순환을 만들 수 있는 판구조
4. 용해된 금속으로 이루어진 핵에 대류를 형성할 수 있을 정도로 빠르게 자전하여 형성된 행성 자기장이 항성풍으로부터 대기를 보호

좀 더 자세한 조건들에 대하여 개략적으로 살펴보자.

**거주 가능 영역**  만약 지질학적으로 지구와 아주 유사한 행성이더라도 별과 너무 가까이 있다면 온도가 아주 높을 것이라는 것을 금성의 경우로부터 알고 있다. 특히 지구를 태양 쪽으로 옮겨놓는다면 현재 지구 궤도와 금성 궤도 사이의 위치에 온실효과 폭주가 발생하는 곳이 있다(그림 7.37 참조). 이 위치를 태양의 **거주 가능 영역**의 안쪽 경계라고 한다. 이는 지구 같은 행성에 해양이 존재하고 표면에 생명이 거주할 수 있는 거리 범위를 말한다. 지구를 궤도 바깥쪽으로 움직였을 때도 어느 지점 이후로 지구가 얼어버리게 되는 위치가 있을 것이다. 과거에 액체 상태의 물이 존재했지만 지금은 얼어버린 화성의 경우를 생각해보면 이 위치는 어느 정도 화성 궤도 근처일 것이다(사실, 화성이 지금보다 조금 컸더라면 여전히 거주 가능했을 것이라고 많은 과학자들은 의구심을 갖는다.). 그림 19.15의 왼쪽 그림은 우리태양의 거주 가능 영역의 대략적인 경계를 보여준다.

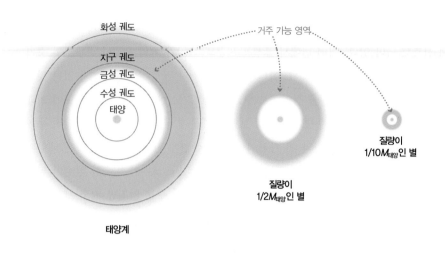

**그림 19.15** 태양, 태양 절반의 질량을 가진 별(K형 별), 태양질량의 1/10을 가진 별(M형 별) 주변의 거주 가능 영역을 근사적인 규모로 비교해본 것이다. 별의 질량이 작고 광도가 적을수록 거주 가능 영역의 범위가 급격이 줄어들고 별과 가까워진다.

우리는 다른 별에 대해서도 거주 가능 영역을 비슷하게 나타낼 수 있다. 주계열과 같은 보통의 별들의 질량은 별의 표면온도와 총에너지 방출(광도)로 결정되기 때문에 거주 가능 영역의 위치와 범위 또한 별의 질량에만 의존한다. 질량이 작은 별들은 온도가 낮고 광도가 적기 때문에 이들의 거주 가능 영역은 별과 좀 더 가깝고 좁은 영역에 위치해 있다. 그림 19.15는 태양에 비해 질량이 작은 별 2개에 대한 거주 가능 영역을 표시하고 비교한 것이다.

거주 가능 영역은 행성 표면에 액체 상태의 물을 가진 '딱 좋은' 조건을 충족시키는 행성 주위의 영역이다.

**생각해보자 ▶** 거주 가능 영역은 '골디록 영역'이라고도 불린다. '골디록과 곰 세 마리' 이야기를 상기하여 어떻게 골디록 영역이라는 이름이 붙었는지 이유를 설명해보라.

생명을 찾을 때 태양보다 질량이 훨씬 큰 별에 대해서는 그다지 관심이 없는 이유가 두 가지 있다. 첫째, 무거운 별은 가벼운 별보다 아주 드물다(그림 13.6 참조). 둘째, 무거운 별은 수명이 짧다는 것을 상기하자. 지구를 예로 생각해보면 행성이 생성된 후에 적어도 수억 년 이후에 생명이 생성되었을 것이라 생각한다. 그래서 생명을 찾는다고 하면 적어도 수억 년 이상의 수명을 가진 별 주위에서 가능할 것이라고 예측할 수 있다. 이 조건은 질량이 태양보다 몇 배 큰 별에 대해서는 성립하지 않는다.

**화산과 판구조** 별의 거주 가능 영역에 행성이 존재하는 것만으로는 충분하지가 않다. 달을 예로 들자면 태양으로부터의 거리가 지구와 동일하기 때문에 태양의 거주 가능 영역에 있지만 생명이 존재하지는 않는다. 거주 가능성은 대기를 필요로 하며 긴 시간 동안 기후가 안정해야 한다. 지구에 대한 연구에서 보면 지구의 대기는 화산의 가스 분출에 의하여 생성되었고 긴 기간 동안 기후가 안정되었던 것은 이산화탄소 순환에서 판구조의 역할이 크다(그림 7.41 참조).

화산과 판구조 운동이 진행되기 위한 가장 기본적인 요소는 내부 열이며 지구형 행성이 긴 기간 동안 내부 열을 가지고 있는 것은 주로 크기와 상관 있다는 것을 생각해보자[7.1절]. 달이나 수성 같은 작은 지구형 행성들은 내부 열 대부분을 오래전에 잃었지만, 금성이나 지구 같은 행성은 화산이나 판구조를 유지할 정도의 열을 지금도 가지고 있을 정도로 충분히 크다. 그래서 금성이나 지구와 크기가 비슷하거나 더 큰 행성은 수십 억 년 동안 내부 열을 가지고 있었을 것이며 생명이 생겨나고 번창할 시간이 충분했을 것이라 여긴다.

거주 가능한 표면이 존재하기 위해서는 거주 가능 영역에 위치한 행성이 화산과 판구조가 진행되고 있을 정도로 충분히 커야 한다.

특별한 형태의 판구조 운동이 금성과 지구 크기의 행성에서 꼭 있어야 하는지에 대해서는 여전히 의문점으로 남아 있다. 어떤 면에서 금성은 지구와 크기가 거의 같지만 판구조의 증거를 보이지 않기 때문에 그 대답은 명확히 '아니다'이다. 하지만 금성에서 판구조가 없는 것은 온도가 높기 때문일 것이라는 가정을 상기해보자[7.4절]. 이 가설에 의하면 높은 온도에 의해 지각과 상부 맨틀에서 물을 모두 수증기로 날려 보냈기 때문에 금성의 연약권은 상당히 두꺼워져 판으로 나누어지지 않는다. 만약 이 가설이 옳다면 금성에 판구조가 없는 것은 태양과 너무 가까워 온실효과 폭주와 높은 온도 때문이다. 이 경우 지구 크기와 비슷한 행성이 별의 거주 가능 영역에 있다면 판구조를 가질 것이라고 기대한다. 알 수는 없지만 지구보다 큰 지구형 행성에 대해서도 그러할 것이라 생각된다.

**행성 자기장** 따뜻하며 물을 가지고 있던 화성이 어떻게 지금처럼 얼어붙은 상태로 되었는지 설명하는 가장 중요한 가설을 상기해보자(그림 7.33 참조). 자기장이 없어진다면 대기는 태양 풍에 상당히 취약해지며 대기 중의 기체를 잃어버려 온실효과로 더 이상 열을 유지할 수 없다. 지구도 지구 자기장이 태양풍 입자로부터 대기를 보호하고 있기 때문에 비슷한 운명을 가지고 있다(자기장이 없는 금성은 많은 기체를 잃었지만 여전히 두꺼운 대기로부터 많은 양의 기체를 가지고 있다.).

만약 이 가설이 옳다면 행성 자기장은 거주 가능 표면을 긴 기간 동안 유지할 필요조건이 된다. 행성에서 행성 자기장을 유지하기 위한 기본 조건은 내부 열이 핵의 대류를 유지시키고 대류 패턴을 꼬고 엉키게 할 정도의 빠른 회전이 있다는 것이다(그림 7.5 참조). 화산과 판구조가 진행될 정도로 커야 한다는 첫 번째 조건은 이미 언급했으며 두 번째 새로 추가된 조건은 충분히 빠른 회전이다.

그렇다면 지구 크기만 한 지구형 행성들이 자기장을 충분히 유지할 정도로 빠르게 자전하는 것이 가능한가라는 질문을 할 수 있다. 다시 말하지만 우리태양계로부터의 증거는 확실치 않다. 지구와 화성은 빠르게 자전하고 있지만 금성은 그렇지 않다. 하지만 금성이 이전에는 충분히 빠르게 자전하다가 아주 두꺼운 대기의 마찰로 천천히 자전하게 되었다는 가설을 제시할 수 있다. 더욱이 두꺼운 대기는 태양과 가깝기 때문에 나타나는 온실효과 폭주의 결과 중 하나이다. 그래서 이 가설이 맞는다면 거주 가능 영역에 있는 적당한 크기의 행성은 행성 자기장을 가질 정도로 빠르게 회전하고 있다고 기대할 수 있다.

**거주가 가능해지는 방법?** 행성의 표면이 거주 가능해지려면 거주 가능 영역에 존재해야만 하고 화산과 판구조를 가지고 있으며 지구보다는 커서 자기장을 가지고 있어야 한다. 그렇다면 이 특징을 갖기에 지구 크기는 충분한지, 아니면 판구조와 빠르게 자전하는 다른 요인이 있는지 의문이 생긴다.

*불확실한 점이 여전히 있지만 거주 가능한 표면을 갖기 위한 조건으로는 단지 지구 크기의 행성이 별의 거주 가능 영역에 있을 때일 것이다.*

확실한 것은 아니지만 대부분의 행성과학자들은 지구 크기 정도면 충분할 것이라고 추측한다. 이 경우 행성 표면이 거주 가능해질 수 있는 방법을 제시할 수 있다. 즉, 별의 거주 가능 영역에 위치한 지구 크기만 한 행성은 표면에서 거주 가능한 조건을 가진다. 동일하게 지구보다 큰 행성에 대해서도 그러할 것인데 이를 '초지구'라고 부른다(그림 10.12 참조).

## ● 생명은 드문 것인가, 평범한 것인가?

지금까지 논의한 것을 정리하면 다음과 같은 사실을 알 수 있다.

1. 지구 크기의 행성은 흔한 것이며 거주 가능 영역에서 찾은 행성의 수가 적더라도 별 주위의 거주 가능 영역에 지구 크기의 행성이 존재할 가능성은 다분히 있다.
2. 확실하진 않더라도 거주 가능 영역에 위치한 지구 크기의 행성은 액체 상태의 물이 있는 거주 가능한 표면으로 이루어져 있을 것이다.
3. 지구에서 생명의 기원에 대한 현재의 제안에 따르면 거주 가능 조건을 갖춘 행성이라면 생명을 발현시킬 가능성이 있고 상상할 만하다.

이들 아이디어를 종합해보면 우주에서 생명은 흔해야 한다. 하지만 위의 세 가지 아이디어에도 여전히 불확실한 점이 있으며 과학자 중에는 생명의 발현이 사실 매우 드문 것이라고 주장하는 사람도 있다. 특히 어떤 과학자들은 지구 생명의 복잡성은 정말 행운이며, 만약 다른 곳에 생명이 존재한다면 가장 단순한 형태일 것이라고 주장한다. 이를 일컬어 '드문 지구 가설'이라 부른다. 드문 지구 가설의 중요한 요점 몇 가지를 살펴보도록 하자.

**은하 조건** 드문 지구 가설의 지지자들은 지구 크기의 행성들이 우리은하에서 상대적으로 좁은 영역에서 생성될 수 있어서 생명이 발현될 가능성이 우리가 기대하는 것보다 상당히 적을 것이라고 주장한다. 실제적으로 우리은하 중심으로부터 상당히 좁은 영역의 원반 안에 우리 태양계가 있으며, 이는 각각의 별 주위에 거주 가능 영역을 만들듯 유사한 은하 거주 영역을 만들 것이다(그림 19.16).

은하중심으로부터 멀리 있는 별들은 수소와 헬륨 외에 지구형 행성을 만들기에 필요한 원소 함량이 적어서 지구 크기의 행성이 은하 거주 영역 밖에서 생성되기 어렵다는 것이 기본 논지이다. 또한 은하 거주 영역 안쪽 지역에서는 은하중심부로 갈수록 많아지는 별들로부터 초신성이 점점 더 자주 일어나서 이들이 거주 가능한 행성에 노출된다면 복사에 의하여 생명에 많이 해로울 것이라고 주장한다.

그러나 다른 과학자들은 은하에 대한 두 가지 조건에 반론을 제기한다. 은하의 바깥 영역의 중원소 함량비가 적어 지구형 행성이 만들어지기 쉽지 않을 것이라는 주장은 명확하지가 않다. 무엇보다도 지구의 질량은 태양질량의 1/100,000보다 작아서 더 작은 양의 중 원소 함량으로도 충분히 지구 크기만 한 행성을 하나 이상 여러 개 만들 수 있다. 현재의 가능한 관측기술보다 더 멀리 있는 지구 크기의 행성을 관측할 수 있을 때까지 은하의 외곽 영역에서 지구 크기의 행성이 드문지 아닌지에 대해서는 알 수 없다. 은하의 안쪽 영역에 대해서는 초신성으로부터 오는 전자기파가 생명에 유해할 것인지 확실하지 않다. 행성의 대기는 이러한 전자기파의 영향으로부터 생명을 보호할 것이다. 어쩌면 이 전자기파는 돌연변이를 발생시키는 비율을 높여 진화의 양상을 가속시키면서 생명에 유리할지도 모른다. 더욱이 은하 거주 가능 영역이더라도 이곳에는 적어도 100억 개의 별이 존재한다. 이는 생명이 나타날 수 있는 가능성이 커지는 것을 의미한다.

**충돌률과 목성** 드문 지구 가설 지지자들에 의해 제기되고 있는 두 번째 논지는 충돌률이다.

**그림 19.16** 확실하진 않지만 우리은하 그림에서 녹색으로 표시한 원이 은하 거주 가능 영역(은하에서 지구 크기의 행성이 발견될 수 있는 위치)일 것이라고 추측하는 과학자도 있다. 그렇지만 다른 과학자들은 지구 같은 행성이 훨씬 많이 있을 것이라 생각한다.

지구 생명은 대폭격기 동안 살아남기 어려웠지만, 이 사건은 태양계가 형성된 후 수억 년 만에 끝났다. 만약 우리태양계에서 이 대폭격이 더 오래도록 지속되었다면 어떻게 되었을까?

오오트구름에 있는 1조 개에 달하는 혜성은 우리태양계에서 가장 많이 존재하는 작은 천체들로 지구에 해를 덜 끼치는 거리에 존재한다[9.2절]. 하지만 이들 천체들이 태양으로부터 훨씬 가까운 곳에서 생성되었을 것이라는 점을 상기해보면 목성과 같은 목성형 행성을 가까이 지나게 된 결과 지금처럼 먼 거리에 있다(그림 9.24 참조). 만약 목성이 존재하지 않았다면 이들 천체는 충돌 위협이 제기될 정도의 위치에 여전히 있었을 것이다. 이런 관점에서 대폭격기의 끝과 우리 지구의 존재는 목성이라는 이웃 행성이 있다는 '행운' 때문일지도 모른다.

이 경우 어떻게 '행운'의 상태가 되었을까가 주요 질문이 된다. 외계행성의 발견은 목성 같은 크기의 행성이 매우 많다는 것을 보여주지만 이들이 별과 매우 가까이 있기 때문에 쉽게 발견될 수 있는 것이기도 하다. 궤도 반경이 좀 더 큰 목성형 행성을 발견하기 전까지는(이들 궤도는 수년이 걸릴 것이고 적어도 우리는 몇 번의 궤도주기 관측이 필요하므로 단지 시간문제이다), 혜성이 목성에 의해 태양계 외곽으로 이동했다는 것이 일반적인 것인지 아닌지 알 수 없다.

**기후 안정** 지구에서 안정된 기후를 위하여 판구조의 중요성을 논의했으며 이런 종류의 판구조가 평범한지 드문지는 아직 확실하지 않다고 이야기했다. 이에 더하여 드문 지구 가설을 지지하는 과학자는 두 번째 조건인 지구 기후의 안정성에 대하여 지적한다. 즉, 상대적으로 큰 달의 존재이다. 지구 공전궤도에 대한 모형에 따르면, 만약 달이 없었다면 수만 년의 기간 동안 다른 행성들의 중력에 의해 지구 자전축은 크게 흔들렸을 것이다(이러한 기울어진 축의 흔들림은 화성에 의해 생성되는 것이라 여겨진다.). 자전축의 변화는 가혹한 계절 변화에 영향을 끼칠 것이며 온도가 더욱 낮은 빙하기와 온도가 좀 더 높은 간빙기의 원인이 될 수 있다. 달이 무작위적이고 거대충돌[6.3절]의 결과에 의해서 생성되었을 것이라 여겨지기 때문에 우리가 지구에 달이 있고 달이 기후를 안정시켰다는 것은 매우 큰 행운이다.

하지만 이 문제를 바라보는 다른 방법이 존재한다. 첫째, 최근 모의실험에서는 자전축 기울어짐의 변화가 크지 않을 것이라고 본다. 아마도 10° 보다 작을 것이다. 둘째, 달의 조석 마찰로 지구의 자전이 느려지기 전에는 빠른 자전율로 자전축은 좀 더 안정했을 것이다(p. 110, '특별 주제' 참조). 마지막으로 자전축 기울기가 현저하게 변할지라도 지구 생명에 주요 영향을 끼치지는 않을 것이다. 자전축의 변화는 극적으로 온도가 높은 지역과 낮은 지역을 만들겠지만 이러한 변화는 생명이 적응하거나 기후가 변화함에 따라 이주할 수 있을 정도로 충분히 느리게 일어날 것이다.

**요점** 핵심은 지구가 운이 좋았다는 각각의 가능한 논지에 대해 그렇지 않을 때를 논하는 반론을 살펴봤다는 점이다. 그래서 우주에서 생명이 흔하게 나타나는 것인지 드문 것인지에 대해서는 아직 알고 있는 것이 없다. 그러나 역사는 많은 과학자로 하여금 생명이 흔하다는 아이디어를 선호하는 쪽으로 흐른다. 무엇보다도 지구가 물리적인 우주의 중심이 아니란 것을 알게 된 것은 단지 400여 년에 불과하며, 그 이후로 태양이 우리은하의 중심이 아니며 우리은하가 우주에 있는 수십 억 개 은하 중의 하나라는 것을 알게 되었다. 이러한 일련의 발견으로 미루어 지구가 생물학적 우주의 중심이 아니며 우주에서 생명이 아주 평범하게 존재한다는 것을 알게 되더라도 그리 놀랄 일은 아닐 것이다.

물론 확실하게 아는 방법은 다른 별들 주위에서 생명을 찾는 것인데 과학자들은 이를 가능하게 해줄 미래 망원경에 대한 계획을 수립 중이다. 일례로 대형우주망원경은 외계행성에 대륙과 해양이 존재하는지 존재하지 않는지에 대해 알려줄 정도로 충분한 분해능의 영상을 얻게 해줄 것이며 아마도 계절 변화를 모니터링

우주에서 생명이 평범한 것이라고 상상하는 할 수 있을 것이다. 스펙트럼은 좀 더 유용하일은 그럴만하지만 아직 확실히 알 수 없다. 다. 중분산 적외선 스펙트럼은 대기의 다양한 기체의 존재와 함량을 알려줄 수 있으며(그림 19.17) 대기 성분의 신중한 해석으로 행성에 생명이 있는지 없는지에 대해 알려줄 것이다. 일례로 지구에 산소 함량(지구 대기의 21%)이 많은 것은 생명이 광합성을 한 직접적인 결과이다. 외계행성 대기에 산소가 충분히 있다면 비슷하게 생명의 존재 가능성을 알려줄 것이다. 또한 검출된 기체에 대한 산소의 비율 또한 증거가 될 것이다. 아직 실현 가능하진 않지만, 외계행성에 생명이 있는지 여부를 알려줄 방법이 수십 년 내에 개발될 것이다.

**생각해보자** ▶ 우리가 논의했던 모든 요인을 고려해보았을 때 우주에서 생명이 드물거나 평범한지 증명될 것이라고 믿는가? 여러분의 견해를 이야기해보라.

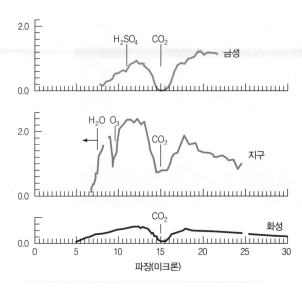

**그림 19.17** 멀리서 보이는 금성, 지구와 화성의 중분산 적외선 스펙트럼은 이산화탄소($CO_2$), 오존($O_3$)과 황산($H_2SO_4$)의 존재를 보여준다. 이산화탄소는 3개의 스펙트럼 모두에 존재하는 반면 단지 지구만이 광합성의 산물인 산소(그리고 오존)를 포함하고 있다는 것은 주목할 만하다. 만약 멀리 있는 행성으로부터 비슷한 스펙트럼 해석이 가능하다면 생명 존재의 가능성을 나타내는 대기 성분을 검출할 수 있을 것이다.

## 19.4 외계 지적 생명체 탐사

생명이 보통의 일이라는 것이 드러난다면 다른 세계에도 지적 생명과 문명 또한 있을 것인가라는 의문이 자연스럽게 생긴다. 이런 문명이 존재한다면 그들이 별과 별 사이의 공간 속으로 보내는 신호를 받아서 찾을 수 있을 것이다. 이 신호는 다른 문명을 찾기 위해 의도적으로 보내는 것일 수도 있고 그들 간의 통신 수단일 수도 있다. 다른 문명의 신호를 수신하는 프로젝트는 **외계 지적 생명체 탐사**(Search for ExtraTerrestrial Intelligence, **SETI**)로 알려져 있다.

### ● 얼마나 많은 문명이 지구 밖에 존재하는가?

진화한 다른 문명이 보내는 신호를 우리가 받을 수 있을 때에만 SETI의 노력은 성공적일 것이다. SETI 성공의 기회를 판단하기 위해서 우리는 얼마나 많은 문명이 지금 이러한 신호를 보내고 있는지 알 필요가 있다.

지구 밖 어디엔가 미생물이 있는지 없는지조차도 모르는데 얼마나 많은 다른 문명이 얼마나 많이 존재할지는 고사하고 존재할지 안 할지에 대해서도 확실히 모르는 일이다. 그럼에도 불구하고 외계 지적 생명체를 찾을 계획이라면 지구 밖에 있을 문명의 수에 대한 생각을 정리하는 것이 유용할 것이다. 논의를 간단히 하기 위해 우리은하 내에서 가능한 문명의 숫자만 생각해보자. 우리 우주에서 발견한 약 1,000억 개의 은하를 단순히 곱한다면 나머지 우주에 대해서도 쉽게 그 숫자를 확장시킬 수 있다.

**드레이크 방정식** 1961년에 천문학자 프랭크 드레이크는 우리가 접촉할 수 있는 문명의 개수를 결정하는 요인을 정리하여 간단한 방정식을 만들었다(그림 19.18). 이 방정식은 현재 **드레이크 방정식**이라고 알려져 있으며 우리은하를 우리와 공유하고 있으며 별과 별 사이에 통신을

**그림 19.18** 1961년 처음 만들어진 방정식과 천문학자 프랭크 드레이크(드레이크 박사의 승인 하에 이 책에 있는 방정식은 약간 수정되어 사용되었다.)

드레이크 방정식은 우리와 소통이 가능할 수 있는 우리은하 내에 문명의 개수를 알아내기 위해 결정해야 하는 요인들을 정리해 놓았다.

보낼 수 있는 문명의 숫자를 계산하는 단순한 방식을 나타낸다. 초기와는 약간 다른 형태지만 드레이크 방정식은 다음과 같이 나타낼 수 있다.

$$\text{문명의 개수} = N_{\text{HP}} \times f_{\text{life}} \times f_{\text{civ}} \times f_{\text{now}}$$

각 요인의 의미를 이해한다면 이 방정식을 이해하기 쉽다.

- $N_{\text{HP}}$는 우리은하에서 거주 가능한 행성의 개수이다. 즉, 생명이 존재할 가능성이 있는 행성의 개수를 말한다.

- $f_{\text{life}}$는 거주 가능한 행성에 실제로 생명이 있을 비율이다. 일례로 $f_{\text{life}}$가 1이라면 모든 거주 가능한 행성에 생명이 있을 것을 의미할 것이고 $f_{\text{life}} = 1/1,000,000$은 100만분의 1의 가능성으로 생명이 존재한다는 것을 의미한다. 그래서 $N_{\text{HP}} \times f_{\text{life}}$는 우리은하에서 생명이 있는 행성의 개수를 말해준다.

- $f_{\text{civ}}$는 성간 통신이 가능한 문명을 가진 생명이 존재하는 행성의 비율이다. 만약 $f_{\text{civ}} = 1/1,000$이라면 이러한 문명이 생명을 가진 행성 1,000개 중에 1개 행성이라는 것을 의미하는 반면 나머지 999개 행성은 고출력 레이저인 전파 송신기나 성간 통신을 할 다른 장치를 개발할 정도로 발달하지 않았다는 것을 의미한다. 처음 두 요인에 이 요인을 곱하면 $N_{\text{HP}} \times f_{\text{life}} \times f_{\text{civ}}$로, 지적 생명체 문명이 진화하여 우리은하 역사상 통신이 가능한 문명으로 발전할 행성의 개수를 얻을 수 있다.

- $f_{\text{now}}$는 과거의 수백만 혹은 수십 억 년에 대해 현재 문명을 이룩한 행성의 비율을 말한다. 이 요인은 우리가 현재 수신할 수 있는 신호를 송신하는 문명과 접촉한다는 희망을 가질 수 있기 때문에 중요하다. ($f_{\text{now}}$ 값을 추정할 때, 다른 별들로부터 오는 신호가 걸리는 시간을 고려해야 한다.)

처음 세 가지 요인의 곱은 우리은하에서 일어날 수 있는 문명의 총개수를 말해주기 때문에

우리는 드레이크 방정식의 각 요인들의 숫자를 알지 못하지만 생각을 정리하는 데는 여전히 유용한 도구이다.

이것에 $f_{\text{now}}$를 곱한다는 것은 얼마나 많은 문명이 현재 우리와 통신할 수 있는가를 알려준다. 다른 말로 하면 드레이크 방정식의 결과는 우리가 통신하고 싶어 하는 문명의 숫자일 것이다. 불행히도 드레이크 방정식의 첫 번째 요인인 $N_{\text{HP}}$만 합리적으로 추정할 수 있을 뿐이어서 실제로 이 방정식을 계산할 수는 없다. 그럼에도 불구하고 이 방정식은 각 요인들의 잠재적 가치를 고려할 수 있게 함으로써 생각을 유용하게 정리할 수 있게 해준다.

**생각해보자** ▶ 다음 숫자를 드레이크 방정식에 넣어보자. 우리은하에 1,000개의 거주 가능한 행성이 존재하고 10개 중 1개의 거주 가능 행성에 생명이 존재하며 이들 4개 중 1개의 행성에는 지적 문명이 발현되었고 이들 5개 중 1개의 문명은 현재에도 존재한다는 것을 가정하자. 현재 얼마나 많은 문명이 존재하는가? 설명하라.

**생명이 있을 행성의 개수** 드레이크 방정식에서 우리은하 내에 생명이 존재하는 행성의 개수인 처음 두 가지 요인($N_{\text{HP}} \times f_{\text{life}}$)을 고려하자. 첫 번째 요인인 거주 가능 행성의 개수($N_{\text{HP}}$)에 대해서만 믿을 만한 추측을 할 수 있다. 케플러호의 임무 수행의 통계에 따르면 지구 크기의 행성은 흔하며 초기 자료에서 보면 이러한 행성은 또한 거주 가능 영역에 많이 존재한다. 이는

모든 별에서 무시 못할 정도로 거주 가능한 행성을 적어도 1개 정도는 가지고 있으며 우리은 하 내에서 수십 억 개의(혹은 수백 억 개보다 많은) 거주 가능 행성이 있다는 것을 의미한다.

생명이 실제로 발생했을 거주 가능 행성의 비율을 추정하기에는 믿을 만한 방법이 없으므로 $f_{life}$ 인자값의 결정은 좀 더 어렵다. 하지만 지구에서 생명의 발현이 빨랐다는 점과 실험실 환 경에서 생명이 발현될 수 있었다는 사실로 거주 가능 행성에서 생명이 존재할 수 있다는 것이 주장될 수 있다. 이 경 우 대부분 혹은 모든 거주 가능 행성에 생명이 있을 것이라

> 우리은하는 거주 가능 행성을 수십 억 개 가질 수 있지만 실제로 생명이 있을지에 대한 비율은 추정할 수는 없다.

기대할 수 있으며 $f_{life}$의 비율은 거의 1에 가깝다. 물론 화성과 같은 다른 곳에서도 생명이 존재 한다는 확고한 증거가 나타나기 전까지는 지구가 매우 운이 좋았다는 것도 가능하며 $f_{life}$는 우 리은하 내의 다른 어떤 행성에서도 생명이 발현되지 않을 수 있어 0에 가까울 수 있다.

**문명에 대한 질문** 생명이 존재하는 행성은 흔하다 하더라도 성간 통신이 가능한 문명은 흔하 지 않을 수 있다. 이러한 문명을 가진 생명이 있을 행성에 대한 비율은 $f_{civ}$며, 적어도 두 가지 를 고려해야 한다. 첫째, 행성은 성간 통신을 발전시킬 정도로 충분한 지적 생명체로 진화했 을 것이다. 다시 말하면 행성은 우리처럼 똑똑한 종이 필요하다. 둘째, 이러한 종은 적어도 우 리보다 더 진화한 기술을 가진 문명으로 발전했을 것이다.

우리가 정말 확실히 알 수는 없다 하더라도 대부분의 과학자는 단지 첫 번째 조건만 쉽지 않을 것이라 의심한다. 오늘날 거의 모든 과학의 기본 가정은 우리는 특정 방식으로 '특별한' 것이 아니라는 것이다. 우리는 보통의 은하에 있는 보통의 별 주위를 공전하는 매우 전형적인 행성에서 살고 있어서 다른 세계에서 살고 있는 생명체가 평범하다거나 그렇지 않다는 것이 증명되더라도 지구에서 일어났던 것처럼 비슷하게 진화에 대한 위협을 받았을 것이라 추정한 다. 그래서 우리와 비슷한 지적 생명체가 다른 세계에서도 발생했다면 성간 통신에 필요한 기 술을 발전시킬 정도로 우리와 비슷한 사회적인 원동력을 가졌을 것이라 추정한다.

만약 이 가정이 옳다면, $f_{civ}$ 비율은 주로 생명이 존재하는 행성에서 지적 생명체가 드물 것 인가 많을 것인가에 대한 질문이 될 것이다. 어떤 종류의 생명을 다루든 간에 우리는 그냥 모 른다는 것이 가장 짧은 대답이겠지만 적어도 지구에서 일어났던 것을 고려하면 어떤 점에 대 해서는 통찰할 수 있을 것이다.

그림 19.3을 다시 보자. 지구에서 생명이 매우 빠르게 발현되었던 반면 거의 모든 생명은 수억 년 동안 미생물로 남아 있었고 인간이 출현하게 된 것 은 거의 45억 년이나 걸렸다. 지적 생명체로의 이 느린 진 행은 생명이 존재하더라도 문명이 발현되기에는 참으로 어

> 지구에서 생명은 빠르게 발현되었지만 지적인 생명이 충분히 진화하기까지 45억 년 정도의 시간이 필요했다.

렵다는 것을 의미한다. 다시 말하면 우리은하의 거의 절반에 가까운 천체는 우리태양보다 더 오래되었고 지구의 경우가 전형적인 경우라면 수많은 행성이 지적 생명체를 발현시킬 정도로 충분히 오래 존재해왔다는 것이다.

지구에 있는 다른 동물과의 비교를 통해 우리의 지적 수준을 고려하는 방식은 또 다른 접근 방식이다. 뇌중량과 체중과 비교하면서 지적 수준을 어림할 수 있다(이는 때로는 **대뇌화 지수**, 또는 **EQ**라고 한다.). 그림 19.19에서는 새들과 포유류 표본의 체중에 대한 뇌중량의 정도를 보여준다. 체중이 많이 나가는 동물이 뇌중량이 무거운 것이 명확히 나타난다. 이 자료를 선 형 근사하여 직선을 그리면 각 체중에 대한 뇌중량의 평균값을 결정할 수 있다. 이 선보다 뇌

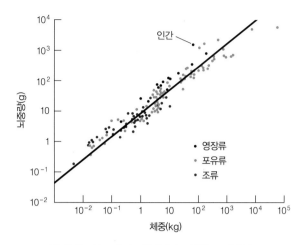

**그림 19.19** 이 그래프는 영장류를 포함하는 포유류와 조류 표본에 대하여 체중과 뇌중량을 비교한 것을 보여준다. 직선은 체중과 뇌중량 비의 평균을 나타내며 이 선보다 높은 값을 갖는 동물은 평균보다 영리하며, 이 선보다 아래 값을 갖는 동물은 덜 영리하다. 척도는 10배씩 올라간다는 것을 기억하라(출처 : Harry J. Jerison, 1973).

중량이 더 위쪽에 표시된 동물은 평균보다 영리한 것이지만 이 선보다 아래에 표기되는 동물은 지적 발달이 덜 되었다. 평균선을 기준으로 수직적 차이는 평균보다 얼마나 영리한가를 알려주는 것이며 척도는 10배씩 올라간다는 것을 기억하라. 좀 더 자세히 본다면 인간에 대한 자료는 다른 종들의 자료보다 훨씬 위에 위치한다는 것을 알아차릴 것이다. 우리의 지적 능력을 측정해보았을 때 지구에 존재하는 어떤 종보다도 훨씬 지적으로 영리하다.

어떤 사람들은 이 사실을 가지고 다양한 생명이 존재하는 행성에서조차 우리처럼 지적 능력이 뛰어난 종은 매우 드물 것이라고 주장한다. 진화가 활발히 일어나 지적 능력이 높아진다고 할지라도 우리 수준의 지적 능력에 미치기까지는 상당한 운이 존재했을 것이라 말한다. 무엇보다도 먹이를 포획하거나 천적을 피할 정도로 충분한 지능을 보유하는 것이 진화에서 유리할지라도 왜 자연선택이 우주선을 만들 정도로 충분한 뇌를 갖도록 이끌었는지는 명확하지 않다. 하지만 동일한 자료로 다른 결론을 이끌 수도 있다. 다른 종류의 동물 사이에서 지적 수준의 차이가 퍼져 있는 것은 어떤 변화가 기대될 수 있다는 것을 뜻하며 통계 해석에 의하면 우리가 이유 없이 평균보다 월등히 높은 게 아니라는 것을 보여준다. 그래서 생명이 존재하는 어떤 행성의 어떤 종들은 우리의 지적 수준까지 발전했을 것이 필연적일 수 있다.

**기술의 수명** 논의를 위하여 생명과 지능은 유사하며 우리은하 내의 수천만 혹은 수백만의 행성이 동시에 문명을 탄생시켰다고 가정하자. 이 경우 드레이크 방정식의 마지막 인자 $f_{now}$는 현재 우리가 접촉할 수 있는 누군가가 있을 가능성을 결정한다. 이 인자값은 얼마나 오래도록 문명이 살아남을 수 있는가에 의존한다.

우리 자신을 예로 들어보자. 우리은하가 존재해왔던 120억여 년 동안 우리는 약 60년 전부터 전파를 이용하여 성간 통신을 할 수 있게 되었다. 만약 우리가 내일 우리를 파괴해버린다면 은하의 120억 년의 존재 기간 동안 단 60년 정도만 우리로부터 신호를 받을 수 있다. 이는 은하 역사의 2억분의 1의 시간과 동일하다. 문명의 기술이 이 정도로 짧은 수명을 가지고 있다면, $f_{now}$는 단지 2억분의 1 값이다. 현재 우리가 외계 문명을 찾을 수 있는 만족스로운 기회를 얻으려면, 문명을 가진 2억여 개의 행성이 한 번쯤은 있었어야 할 것이다.

하지만 자체 파괴를 목전에 두고 있을 때만 $f_{now}$ 값이 상당히 작을 것이고 무엇보다도 이 비율은 우리 문명을 계속 유지한다면 그 값은 점점 커질 것이다. 즉, 문명이 상당히 평범한 것이라면 지금 외계에 있을지도 모르는 곳의 생존성이 중요한 요소가 된다. 만약 대부분의 문명이 성간 통신의 기술을 이룬 후에 바로 자멸해버린다면 현재 지구에 있는 우리가 거의 유일한 생명일 것이다. 하지만 수천만 년 혹은 수백만 년 동안 살아남고 번창한다면 우리은하는 문명으로 넘쳐 흐르게 될 것이다. 그렇게 되면 이들 대부분은 우리보다 더 진화했을 것이다.

많은 행성에서 문명이 발현했을지라도 그들이 초반에 자멸하는 것을 피하지 못했다면 현재 존재한다는 것은 불가능하다.

**생각해보자** ▶ 성간 통신이 가능한 문명이 자폭할 수도 있다는 몇 가지 이유를 기술하라. 무엇보다도 우리의 문명이 수천만 년 혹은 수백만 년 동안 유지될 것이라고 믿는가? 여러분의 견해를 기술하라.

## ● SETI는 어떤 일을 하는가?

지구 밖에 문명이 정말로 존재한다면 원칙적으로는 우리가 그들과 접촉할 수 있어야 한다. 우리의 현재 물리 지식을 근거로 해서 좀 더 선진적인 문명은 우리가 하는 것처럼, 즉 전파나 다른 형태의 빛 신호를 부호화하여 통신할 수 있을 것이다. 대부분의 SETI 연구자들은 외계에서 오는 전파 신호를 찾기 위하여 큰 전파 망원경을 사용한다(그림 19.20). 몇몇 연구자들은 다른 파장의 전자기파를 연구하기도 한다. 일례로 어떤 과학자는 레이저 펄스로 코드화된 통신을 찾기 위하여 광학 망원경을 사용한다. 물론 선진 문명은 통신 기술이 잘 발달되어 검출은커녕 상상조차 할 수 없는 기술을 가지고 있을지도 모른다.

우리가 보내는 신호를 수신하기 위해 외계인이 무엇을 할지 상상하는 것은 외계인으로부터 오는 신호를 수신할 수 있는 기회를 고려하기 위한 좋은 방법이다. 우리는 상대적으로 고출력 송신인 텔레비전 방송 형태로 1950년대부터 신호를 보내고 있다. 이론상 지구로부터 60광년 떨어진 곳에 있는 자는 누구든 우리의 오래된

> 대체로 지구로부터 60광년 거리 안에 있는 외계인들은 과거의 텔레비전 방송을 볼 수 있을 것이다. SETI 노력은 이보다 더 강한 전파만 검출할 수 있다.

텔레비전 쇼를 볼 수 있었다. 하지만 우리 방송을 검출하기 위해서는 우리가 지금 사용하는 것보다 훨씬 크고 감도가 좋은 전파 망원경이 필요하다. 만일 그들의 기술이 우리의 것과 비슷하다면, 우리가 의도적으로 굉장히 큰 출력을 가지고 송신할 경우에만 신호를 검출할 수 있을 것이다.

오늘날까지 인류는 이러한 방법으로 우리의 존재를 송출한 적이 몇 번 있었다. 가장 유명한 것은 아레시보 전파망원경에 장착된 레이더 송신기로 1994년에 3분 동안 송신한 것인데, 단순한 그림으로 보이는 메시지를 구상성단 M13을 향해서 보냈다(그림 19.21). 이 천체는 수백만 개의 별을 가지고 있으므로 1개 정도에는 문명이 어느 정도 존재할 거라 여겨져 선택되었다. 하지만 M13은 지구로부터 25,000광년 떨어져 있어 우리의 신호를 받는 데에는 25,000년이 걸

**그림 19.20** 미국 캘리포니아 주의 해트크리크에 위치한 앨런 망원경 어레이는 외계 문명으로부터 오는 전파 신호를 찾기 위해 사용되고 있다.

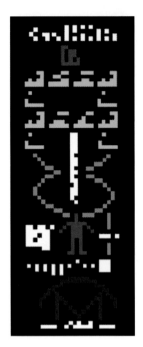

**그림 19.21** 1974년에 아레시보 전파망원경을 이용하여 구상성단 M13에 짧은 메시지를 송신하였다. 여기에 보이는 그림은 2개의 다른 전파 주파수를 이용하여 코드화한 것으로 하나는 'on'이고 다른 하나는 'off'이다(여기서 보이는 색깔은 임의로 칠한 것임). 이 메시지를 해독하려면 사각형 격자로 표현되어 정렬된 비트의 의미를 외계인이 인식할 수 있어야 하지만 그리 어려운 일은 아니다. 격자는 73개의 열과 23개의 행으로 이루어져 있고 외계인들은 아마도 이들이 주요 숫자라는 것을 알 것이다. 그림은 아레시보 전파망원경, 우리태양계와 인간의 막대 그림, 도식적인 DNA와 이를 이루고 있는 8개의 기본 분자를 나타낸다.

릴 것이고 답신이 오기에는 다시금 25,000년이 걸릴 것이다.

우리가 송신하는 것과 같은 신호를 몇백 광년 떨어진 곳에서 보내는 문명이 있다면 현재의 SETI 프로젝트나 개발 중인 미래의 프로젝트에 의해 검출될 수 있을 것이다. SETI 프로젝트는 수백만의 전파 파장 대역을 동시에 훑어보는 노력을 하고 있다. 만약 누구라도 근처에서 꾸준하고 신중하게 송신한다면 우리에게 이 신호를 잡을 수 있는 기회가 있다.

**생각해보자 ▶** 민간 자금으로 지원되는 경비와 성공의 불확실성은 SETI의 노력을 때때로 논란이 일게 하지만 지지자들은 외계 지적 생명체와의 연락은 정말 중요한 발견이 될 것이므로 정당한 경비라고 말한다. 여러분은 동의하는가? 자신의 견해를 설명하라.

## 19.5 별과 별 사이의 여행과 문명의 암시

지금까지 우리는 편안한 우리의 행성을 한 번도 떠나지 않으면서 멀리 있는 문명을 검출할 방법에 대해서 논해왔다. 다른 항성계에 있는 다른 세계를 실제로 방문할 수 있을까? 이 질문에 대한 해석을 주의 깊게 알아보면 우리의 미래 문명에 대해 깊이 이해할 수 있을 것이다. 그 이유에 대해 알기 위해서 먼저 별과 별 사이의 여행 가능성을 생각해볼 필요가 있다.

### ● 별과 별 사이의 여행은 얼마나 어려운가?

수많은 공상과학 영화에서 우리의 후손은 우주 여행용 우주선을 타고 4차원 이상으로 이루어진 초공간이나 웜홀로 들어가 워프 항법으로 빛보다 빠르게 여행하면서 자연에서 일어나기 힘든 것을 피해가며 은하 주변을 누빈다. 불행하게도 이러한 공상과학 기술의 어떤 것도 실현 가능하다고 생각하는 적당한 이유를 찾지 못하였다. 이 경우 빛의 속도보다 느린 속도로 우리는 한계에 부딪힐 것이다. 오늘날 우리는 빛의 속도조차 낼 수 없다. 그럼에도 불구하고 우리는 이미 우리의 첫 특사를 별에 보냈으며 미래에 이러한 기술을 개발하지 못할 것이라고 여길 만한 이유가 전혀 없다.

**별과 별 사이 여행을 위한 도전** 우리는 지금까지 태양계를 벗어나 별 사이를 여행할 우주선을 5대 발사시켰다. 바로 행성 탐사선인 파이오니어 10호, 파이오니어 11호, 보이저 1호, 보이저 2호와 뉴호라이즌호(2015년에 명왕성을 지나갈 것임)이다. 이들 우주 탐사선은 인간이 만든 것 중에서 가장 빠르게 여행하는 것이지만 속도는 광속의 10,000분의 1도 안 된다. 이렇게 여행하면 태양에서 가장 가까운 항성계(알파 센타우리)까지 100,000년 정도 걸릴 것이지만 이들의 궤적은 알파 센타우리 근처에는 가지 않을 것이다. 대신 미래의 수백만 년 혹은 수억 년 동안 우리은하를 방랑하며 어떤 천체도 가까이 지나지 않으면서 단순히 여행을 계속할 것이다. 파이오니어와 보이저 탐사선은 언젠가 누군가와 만나게 될 경우를 대비해 지구로부터의 환영 인사문이 담긴 CD가 실려 있다(그림 19.22).

인류가 살아 있을 때에 별과 별 사이를 여행하기를 원한다면 광속에 가까운 속도로 여행할 수 있는 우주선이 필요할 것이다. 초고속을 낼 수 있을 정도로 완전히 새로운 엔진이 필요하다. 성간 우주 여행용 우주선에서 필요한 에너지 공급은 벅찬 도전일지 모른다. 일례로 '스타트랙'의 엔터프라이즈호 크기의 우주선 한 대를 광속의 반으로 가속시키는 데 필요한 에너지는 오늘날 지구에서 사용하는 연간 총에너지의 2,000배에 달한다. 별 사이 여행은 획기적인

## 특별 주제 : 외계인이 이미 여기에 있는가?

이 장에서 우리는 외계인의 가능성에 대해 논했지 실재성에 대해서는 논하지 않았다. 하지만 여론조사에 의하면 미국 대중의 반 정도는 외계인이 이미 우리를 방문하고 있다고 믿고 있다. 이런 놀랄 만한 관념에 대해 과학은 무엇을 말할 수 있을까?

외계인 방문을 지지하는 대부분의 증거는 UFO(미확인 비행물체)를 목격한 것으로 이루어져 있다. 매년 수천 개의 UFO가 목격되고 있고 미확인 비행물체가 보인다는 것에 대해 아무도 의심하지 않는다. 문제는 이것이 외계인의 비행체냐 아니냐는 것이다.

외계인이 공상과학 소설의 주요 소재로 등장하고 있지만, UFO에 대한 근래의 관심은 1947년에 목격된 것이 널리 알려지면서 시작되었다. 미국 워싱턴 주의 레이니어산 근처에서 비행기가 은밀히 날고 있는 동안 회사원 케네스 아놀드는 하늘을 가로지르는 9개의 알 수 없는 물체를 봤다. 그는 "작은 접시 같은 것이 물수제비를 뜨듯 불규칙하게 날고 있다."라고 기자에게 진술했다(한 가지 가능한 설명은 그가 대기를 띄엄띄엄 지나가는 유성우를 봤을 수 있다.). 그는 작은 접시 모양의 물체라고 말하지 않았지만 기자는 '비행접시'라고 썼다. 이 이야기는 미국 전역에서 뉴스 1면을 차지하였고 '비행접시'는 곧 대중문화로 자리 잡았다.

비행접시에 대한 이야기는 미국 공군의 관심을 끌었고 이들은 구 소련에 의해 개발된 새로운 항공기일 거라고 크게 염려하였다. 20여 년 동안 미국 공군은 UFO 목격 사례를 연구할 연구진을 고용하였다. 그리고 UFO의 대부분의 경우에 대해 전문가들의 현실적인 판별이 가능했다. 밝은 별이나 행성을 포함하여 항공기 로켓, 풍선, 새, 유성, 대기 현상으로 설명될 수 있었고 간혹 거짓말도 있었다. 어떤 경우에는 본 것이 무엇인지 알아낼 수 없었지만 전반적으로 UFO가 구 소련의 최첨단 항공기이거나 외계에서 온 방문자라고 믿을 만한 이유가 전혀 없다고 결론 내렸다.

UFO를 믿는 사람들은 외계인 방문의 다른 증거를 들며 공군의 부인을 무시했다. 지금까지 이들 증거 중 어떤 것도 철저한 과학적 검토를 견뎌내지 못했다. 사진이나 동영상 장면은 대부분 흐리거나 명백히 조작되었다. 곡물 밭에 나타나는 원인 불명

의 원형 무늬(크롭 서클)는 장난꾸러기들에 의해 쉽게 만들어지며 외계인 우주선 조각이라고 주장된 것은 일상에서 쉽게 구할 수 있는 것으로 판별되었다. 외계인 방문을 믿는 옹호자는 보통 명백한 증거를 정부가 은폐하거나 과학계에서 이 주제를 진지하게 다루지 않는다고 설명한다.

정부가 외계인 방문의 증거를 감출 만한 명확한 동기가 없더라도 그렇게 '시도'했을 가능성은 있다. 보통 대중은 뉴스를 다룰 수 없거나 정부가 외계 물질로 새로운 군사 장비를 설계할 비밀스러운 것을 알아냈다는 설명을 한다('분해 공학'을 통해서). 하지만 국민의 반이 이미 외계인의 방문을 믿는다면 발견의 충격이 공황을 일으키지는 않을 것처럼 보인다. 외계 우주선을 분해하여 역설계하는 것에 대해 말하자면 별과 별 사이의 거리를 일상적으로 나다니는 사회는 우리보다 월등히 높은 기술력을 지녔을 것이다. 그들의 우주선을 모방하여 역설계한다는 것은 네안데르탈인이 사는 동굴에 노트북이 등장하면서 개인 컴퓨터를 구축할 수 있는 것처럼 일어나기 어렵다. 더불어 정부가 짧은 시간 동안 증거를 성공적으로 숨긴다 하더라도 수십 년 내에 토론 프로그램의 명성과 부의 유혹에 넘어가 누군가는 이런 음모를 드러내게 될 것이다. 더욱이 외계인이 미국에만 착륙하지 않았다면 이런 음모는 지구상의 모든 정부에서 다뤄야 할 것이며 세계의 정치 상황을 고려해봤을 때 일어나기 힘들 것이다.

일부 과학계의 무관심에 대한 주장 또한 정밀 조사로 허물어질 정도이다. 과학자들은 위대한 발견을 최초로 하기 위하여 서로서로 끊임없이 경쟁하며 외계인 방문자에 대한 명백한 증거를 역대 목록 중 상위에 놓을 것이다. 소수의 과학자들이 이런 연구에 종사한다는 사실은 관심의 결여가 아니라 연구를 할 만한 증거가 부족한 것이다.

물론 증거가 없다는 것이 존재가 없다는 증거가 되진 않는다. 대부분의 과학자들은 언젠가 외계인 방문의 증거를 발견할 가능성을 열어두고 있다. 만약 우주에서 생명의 가능성에 대해 아는 것을 이용한다면 이러한 방문이 있을 것이라고 상상하는 것은 그럴듯하다. 그렇지만 지금까지 외계인이 지구에 이미 있다는 믿음을 지지할 증거는 아무것도 없다.

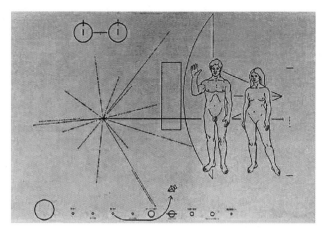

a. 파이오니어호의 명판. 미국 자동차 번호판 크기 정도이다. 우주선 그림 앞쪽에 위치한 인간 그림으로 크기를 가늠할 수 있게 한다. 왼쪽에 보이는 '가시 모양' 그림은 근처 펄서와 태양의 상대 거리를 나타낸 것이며 태양 주위의 지구의 위치를 아래에 나타냈다. 2진 부호는 펄서의 주기를 나타낸다. 펄서는 시간이 지남에 따라 천천히 자전하기 때문에 누군가 명판을 알아보게 된다면 펄서 주기로부터 탐사선이 발사된 때를 알 수 있을 것이다.

b. 보이저 1호와 2호에는 축음기 레코드가 실려 있다. 12인치 금으로 도금한 구리 디스크에는 음악, 인사 메시지와 지구의 영상이 담겨 있다.

**그림 19.22** 별을 향해 나아가는 파이오니어와 보이저 탐사선에 실린 메시지

> 빠른 속도의 별 사이 여행은 전 세계에서 매년 사용하는 에너지의 몇천 배의 에너지가 필요하다.

새로운 에너지원이 확실히 필요하다. 더불어 빠르게 움직이는 우주선에서 승무원들의 즉사를 막을 새로운 형태의 안전장치가 필요할 것이다. 광속에 가까운 속도로 성간기체를 통과하여 여행한다면 보통의 원자나 이온들이 고에너지 우주 광선의 형태로 폭주하여 치명적이 될 것이다.

우리가 빛의 속도와 비슷한 빠르기로 여행할 수 있는 우주선을 건조하는 데 성공한다면, 승무원들은 사회적으로 무시 못할 도전에 직면할 것이다. 잘 검증된 아인슈타인의 상대론에 의하면(p. 398, '특별 주제' 참조) 우주선이 빠른 속력으로 움직일 때 시간은 여기 지구보다 훨씬 느리게 간다. 예를 들어, 평균 속도가 광속의 99.9%인 우주선으로 왕복 50년이 걸리는 베가별까지 우주선 내에서는 고작 2년 정도밖에 안 걸릴 것이다. 반면 그들이 떠나고 난 후에 지구는 50년이 훌쩍 지나 있을 것이다. 승무원은 이 여행 동안은 단지 2년간의 식량만 필요할 것이며 2살 정도 더 먹을 것이지만 이들이 돌아왔을 때는 떠났을 때와는 완전히 다른 세상이 되어 있을 것이다. 가족과 친구들은 훨씬 늙었거나 죽었을 것이고, 그들의 지식과 기술을 구식으로 만들어버리는 신기술이 개발되었을 것이고 그들이 없는 동안에 정치 및 사회적 변화가 크게 일어나게 될 것이다. 승무원들은 그들의 집인 지구에 도착했을 때 적응하기가 어려울 것이다.

**우주 여행용 우주선 설계** 이런 모든 어려움에도 불구하고 과학자나 공학자들 중에는 가까운 별까지 갈 수 있게 해줄 우주선 설계를 제안한 사람도 있다. 1960년대에 어느 과학자 그룹이 상대적으로 작은 수소 폭탄의 반복 폭발로 추진되는 우주 여행용 우주선을 구상하는 **오리온 프로젝트**를 제안했다. 우주선으로부터 수십 미터 떨어진 곳에서 폭발이 일어나고 이 한 번의 폭발에 의해 생긴 기화된 파편들은 우주선의 뒤에 위치한 '추진판'에 충격을 가하면서 우주선이 가속된다(그림 19.23). 계산에 따르면 100년 정도밖에 안 걸리는 알파 센타우리까지 가는 데 100만여 개의 수소 폭탄의 빠른 폭발로 추진 가능하다. 이론적으로는 현재 존재하는 기술로도 우주 여행용 우주선인 **오리온**을 건조할 수 있다. 가능하더라도 비용이 아주 많이 들 것이

**그림 19.23** 오리온 프로젝트 우주선에 대한 그림. 수소 핵폭발 연소 중의 하나에 의해 추진되는 것을 보여준다. 폭발에 의해 생긴 파편들이 우주선 후면에 위치한 추진판이라는 편평한 원반을 친다. 격자로 싸인 중심 부분에는 폭탄이 탑재되어 있으며 앞부분에는 승무원이 있을 것이다.

며 우주에서 핵폭발을 금지하는 국제 조약에 어긋난다.

가까운 별까지 가는 데 한 세기가 걸린다는 것은 괜찮긴 하지만 별 사이 여행이 여전히 쉽지는 않다는 것이기도 하다. 불행히도 현재 기술로는 그렇게 빨리 여행할 수가 없다. 문제는 질량이다. 빠른 로켓은 연료를 많이 필요로 하지만 연료를 추가할수록 중량이 커지며 이는 로켓의 가속을 더욱 어렵게 만든다. 계산에 따르면 아주 이상적인 경우인 핵연료를 실은 로켓이더라도 광속의 몇 퍼센트 속력에조차 도달할 수 없다. 하지만 미래에는 이 문제를 해결할 기술이 가능하리라고 염원해본다.

물질-반물질 소멸로 인한 에너지를 만드는 엔진을 가진 우주선도 하나의 아이디어로 제시되고 있다. 핵폭발이 원자핵의 1% 질량을 에너지로 만드는 반면 물질-반물질 소멸[17.1절]은 '모든' 소멸되는 질량을 에너지로 전환한다. 물질-반물질 엔진을 가진 우주선은 광속의 90% 혹은 그 이상의 속도에 도달할 수 있을지 모른다. 이 속도로는 상대론에 의한 시간 지연이 뚜렷하며 승무원들은 주변의 천체들에 수년 내에 도달할 것이다. 하지만 반물질의 자연 저장소가 존재하지 않기 때문에 수 톤의 반물질을 제조해야 할 것이고 여행을 계속하기 위해 이를 안전하게 저장해야 하는데 현재의 기술로는 불가능하다.

좀 더 추론적이며 미래에나 이루어질 만한 디자인인 **성간 램제트**는 거대한 흡입구로 성간

초고속 별 사이 여행은 우리의 능력 밖이지만 이것이 가능하게 될 미래 기술을 상상해볼 수 있다.

수소를 모아서 핵엔진의 연료로 사용한다(그림 19.24). 진행 방향에서 연료를 모으기 때문에 우주선은 연료를 싣고 갈 필요가 없을 것이다. 하지만 성간기체의 밀도가 아주 낮기 때문에 거대한 흡입구가 필요할 것이다. 천문학자 칼 세이건이 말하길, 우리가 논의하고 있는 것은 '세상 크기의 우주선'이다.

정리하자면 우리는 별 사이 여행의 거대한 장해물에 직면하고 있지만 이것이 불가능하리라 생각할 만한 이유가 없다는 것이다. 만약 우리가 자멸을 피하고 우주 탐사를 계속한다면 우리의 후손들이 별까지 여행을 잘하게 될 것이다.

**그림 19.24** 성간 램제트에 의해 추진되는 우주 여행용 우주선의 그림. 그림 왼쪽에 보이는 우주선 앞부분의 거대한 흡입구는 핵융합 연료로 사용될 성간 수소를 모으고 있다.

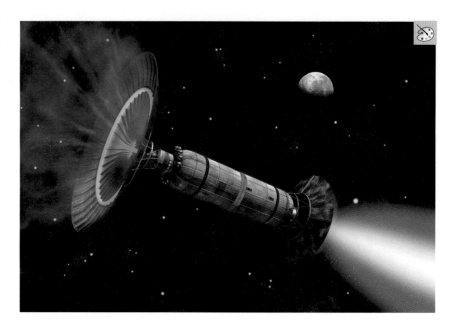

## ● 외계인은 어디에 있을까?

인류가 별과 별 사이를 여행할 정도로 오랫동안 살아남아서 가까운 별 주위의 거주 가능 행성에서 거주하게 되었다고 상상하자. 각각 거주지가 늘어나게 된다면 다른 항성계에 탐사선을 보낼 것이다. 우리의 우주 여행용 우주선이 상대적으로 느린 속도(이를테면 광속의 몇 퍼센트 정도)로 여행한다 하더라도 수백 년 안에는 가까운 별 주위에 전초기지를 만들 수 있을 것이다. 10,000년 내에는 우리의 후손들이 지구로부터 몇백 광년 떨어진 별들로 퍼져나갈 것이다. 수백만 년 내에는 우리은하 전역에 거주하게 될 수도 있을 것이다. 그렇게 되면 우리는 진정한 은하 문명이 될 수 있을 것이다.

미래에 별 사이 여행을 할 기술을 발전시켰다면, 외계 문명도 오래전에 이런 가능성을 발전시켰을 것이다.

지금 우리가 수백만 년 내에 은하 문명을 발전시킬 수 있다는 발상을 가지고 있는 것과 문명들이 널리 퍼져 있어야 한다는 것이 증명되지는 않았지만 그럴듯한 아이디어를 조합해본다면 놀랄 만한 결론에 당도하게 된다. 바로 누군가는 이미 은하 문명을 창조했을 수 있다는 것이다.

왜 그런지 숫자로 생각해보자. 별 주위에서 문명이 일어날 수 있는 전체 확률을 복권이 당첨될 확률과 비슷하거나 100만분의 1이라고 가정하자. 우리은하 내에 있는 1,000억 개에 달하는 별 개수의 하한선을 생각한다면 우리은하에서만 대략 10만 개의 문명이 존재한다는 의미가 될 것이다. 더욱이 현재의 증거로 우리와 같은 태양과 행성계는 우리태양계가 생기기 전인 50억 년 전에 생성되었을 수 있다는 것이 제안되고 있으며, 이 경우 100,000개 중 첫 번째 문명은 적어도 50억 년 전에 발생되었을 수 있다. 평균적으로 다른 문명들도 50,000년마다 생성되었을 수 있다. 이러한 가정하에 우리를 제외하고도 가장 나이가 적은 문명은 액면 그대로 본다면 우리보다 50,000년 앞섰을 것이라 기대할 수 있으며 대부분은 우리보다 100만 년 혹은 수십 억 년 앞서 있을 것이다.

우리는 이상한 역설에 당면한다. 은하 문명이 이미 존재하지만 이 문명의 증거를 아직 찾지 못했다고 주장하는 것은 가능하다. 이 역설은 물리학자 엔리코 페르미가 노벨상을 수상한 후에 주장해서 페르미 역설이라 불리기도 한다. 외계 지적 생명체의 가능성에 대한 1950년대 다른 과학자들과의 대화에서 페르미는 "그래서 모두 어디에 있지?"라고 반문하였다.

이 역설에 대한 해법이 여럿 있지만 대체로 세 가지 범주로 분류할 수 있다.

1. 우리는 혼자다. 문명은 매우 드문 것이므로 은하 문명은 존재하지 않는다. 우리는 은하 단위에서 가장 처음 발생한 문명이고 아마도 우주 전체에서 그럴 것이다.

2. 문명은 어디에나 존재하지만 아무도 은하를 식민화하지 않는다. 이 경우에 대해서 세 가지 가능한 이유가 있다. 별 사이 여행은 너무 어렵고 상상할 수 있는 것보다 더 큰 비용이 들며 안식처에서 멀어지는 모험을 할 수 없다. 탐험에 대한 욕구는 드문 것이며 다른 사회에서는 안식처인 항성계를 절대 떠나지 않거나 은하를 서식화하기 전에 탐험을 중단했을 것이다. 더 우려되는 점은 많은 문명이 일어났으나 그들이 별을 서식화할 수 있는 능력을 이루기 전에 모두 자멸했을 수 있다.

3. 은하 문명이 존재한다. 하지만 아직 우리에게 그 존재가 드러나지 않았다.

만약 있다 하더라도 이런 설명이 "외계인은 어디에 있는가?"라는 질문에 정확한 해답이 되는지는 알 수가 없다. 하지만 각 해답 안는 우리에게 놀랄 만한 암시를 준다.

'우리는 혼자다'라는 첫 번째 답변을 생각해보자. 만약 이것이 옳다면 우리 문명은 놀랄 만한 성취를 한 것이다. 셀 수 없을 만큼 많은 항성계에서 벌어지는 우주 진화의 전반에 걸쳐 우리는 우리은하 혹은 우주에서 나머지 우주의 존재를 알게 된 최초의 존재이다. 우리를 통하여 우주는 스스로 자각하는 능력을 갖는다. 어떤 철학자나 수많은 종교인들은 생명의 궁극적인 목표는 진정으로 자신을 인식하게 되는 것이라고 주장한다. 만약 그렇다면 우리가 혼자라면 우리 문명의 파괴와 우리 과학적 지식의 소실은 우주가 140억 년 동안 이룬 것에 대한 수치스러운 결말이 될 것이다. 이러한 관점에서 인류는 좀 더 소중한 존재가 되며 우리 문명의 파괴는 더욱 비극적 현상이 될 것이다.

해법의 두 번째 범주는 좀 더 두렵게 한다. 만약 우리 이전에 수천의 문명이 먼 거리의 별 사이 여행을 이루지 못하고 모두 실패했다면 우리에게 희망은 있는가? 다른 문명과는 다르게 생각하지 않는다면 이 해법은 우리 또한 우주공간으로 절대 갈 수 없다는 것을 암시한다. 기회가 있을 때마다 항상 탐사해왔으므로 이 답은 우리가 우리 자신을 파괴했기 때문에 실패할 것이라는 결론을 피할 수 없다. 우리는 이 답이 틀렸기를 바란다.

세 번째 해답은 가장 흥미로운 것이 될 것이다. 우리는 기존에 수백만 혹은 수십 억 년 동안 존재했던 은하 문명에서 가장 새로 탄생한 문명이 된다. 이 문명은 어느 기간 동안 우리를 홀로 있게 할 것이며 미래의 어느 날 우리를 초청하고 합류시키기로 결정할 것이다.

비록 어떤 식으로든 해결된다 하더라도 우리 인류의 짧은 역사에 전환점이 될 것이라는 것을 알 수 있다. 더욱이 이 전환점은 다음 수십 년 혹은 수백 년 내에 올 것 같다. 우리는 이미 우리의 문명을 파괴할 능력을 가지고 있다. 만약 그렇게 한다면 우리의 운명은 그걸로 끝이다. 만약 우리를 다른 별로 이끌 수 있을 기술을 발전시킬 수 있을 만큼 오래도록 존재한다면 그 가능성은 거의 무한하다.

## 제19장 전체적으로 훑어보기

천문학 전반에 걸친 우리의 노력으로, 우주 안에서 우리가 어떻게 속해 있을지 이해하기 위한 큰 그림을 그려 왔다. 우리가 여기 지구로 돌아왔고, 인류 역사의 큰 그림에서 우리 세대의 역할에 대해서 논했다. 인류의 수만 세대가 지구 위를 지나갔다. 우리는 우리 우주에 대해 가장 많이 연구하고, 지구 밖에서 생명을 찾고, 우리의 보금자리인 지구를 떠날 수 있는 기술을 가진 첫 세대이다. 이러한 기술을 우리 종의 발전을 위해 사용할지 혹은 파괴하는 데 사용할지는 모두 우리에게 달려 있다.

이 순간 이후의 수백 년 혹은 수천 년의 시간이 지나는 장관이 펼쳐지는 중요한 순간을 상상하자. 대은하 문명을 창조했거나 참여하며, 별과 별 사이에서 우리의 후손들이 살고 있는 것을 그려 볼 수 있다. 후손들은 우리의 엉뚱한 상상을 넘어선 새로운 아이디어, 세상, 발견을 경험하게 될 영광을 누리게 될 것이다. 그들의 역사 수업에서는 우리 세대에 대해서 배울 것이다. 역사에서 전환점이 되었던 세대로서 자멸의 위험을 극복하고 다른 별들로 향하는 길을 이끌었던 세대!

## 핵심 개념 정리

### 19.1 지구에서의 생명

● **지구에서 생명이 언제 탄생했는가?**

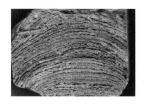

생명의 기원은 화석의 증거에 따라 적어도 35억 년 전으로 거슬러 올라가며 탄소 동위원소에 의해서는 38억 5,000만 년 전보다 더 오래된 것으로 보인다. 그러므로 지구가 생성된 이후 수억 년 내에 생명이 발생했으며 아마도 더 빨리 나타났을 수도 있다.

● **지구에서 생명이 어떻게 나타났는가?**

유전 정보에 따르면 지구상의 모든 생명체는 공통 조상으로부터 진화해왔으며, 이들은 해저 화산구의 온도가 높은 물에서 사는 미생물과 비슷할 것이다. 최초 생물이 어떻게 발생했는지는 알지 못하지만, 실험실 실험에 의하면 초기지구에서 화학 반응의 결과로 자연스럽게 발생했을 것이라 여겨진다. 한번 생명이 발현되면 **자연선택**에 의해 빠르게 다양화되며 진화한다.

● **생명에 필요한 조건은 무엇인가?**

지구 생명은 광범위한 환경에서 번창하였고 일반적으로 양분의 공급원, 에너지 공급원, 대부분이 물인 액체, 이 세 가지 정도만 필요한 것처럼 보인다.

### 19.2 태양계에서의 생명

● **화성에 생명이 있을 수 있는가?**

화성은 과거에 생명이 발생 가능한 조건을 가지고 있던 적이 있다. 만약 생명이 발생했다면, 지하의 액체 상태의 물 기포에 여전히 존재할 수 있을 것이다.

● **유로파 또는 다른 목성형 행성의 위성에도 생명이 있을까?**

유로파에 액체 물로 이루어진 바다가 지표 아래에 있을 가능성이 있으며, 아마도 해저에서 해양 화산이 일어날 수도 있다. 만약 그렇다면 지구에서 초기 생명이 번창했던 것과 거의 비슷한 환경으로 생명이 존재하기 적당한 후보지가 된다. 가니메데와 칼리스토 또한 바다가 있다. 타이탄 표면은 물이 액체로 있기에는 온도가 너무 낮고, 다른 종류의 액체가 존재한다. 생명은 이런 다른 액체 안에 존재할 수 있거나, 어쩌면 타이탄의 지하 깊은 곳에 액체 물을 가지고 있을 수 있다. 엔셀라두스 또한 지하 액체의 증거로 생명 가능성이 주장되고 있다.

## 19.3 다른 별 주위의 생명

### ● 행성 표면에서 거주 가능한 조건은 무엇인가?

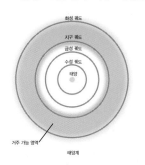

행성의 표면이 거주 가능하기 위해서, 별의 **거주 가능 영역**에 있어야만 하고, 대기를 만들어내는 화산 활동과 안정한 기후를 유지하도록 도와주는 판구조 운동이 있어야 하며, 항성풍으로부터 대기를 보호할 수 있는 자기장이 있어야 한다. 거주 가능 영역에 위치한 경우 지구와 비슷한 크기의 행성이라면 모든 조건을 만족할 것이다.

### ● 생명은 드문 것인가, 평범한 것인가?

우리는 답을 알지 못하며, 두 질문에 대하여 각각 타당한 논의를 만들어볼 수는 있다. 하지만 외계행성에 존재하는 생명의 스펙트럼 특징을 검출할 수 있는 큰 망원경의 제작이 필요하게 될 테고, 곧 이 질문에 대답할 기술을 갖게 될 것이다.

## 19.4 외계 지적 생명체 탐사

### ● 얼마나 많은 문명이 지구 밖에 존재하는가?

우리는 답을 알지 못하지만, **드레이크 방정식**은 이 문제에 대해 우리의 생각을 정리할 수 있게 도와준다. (수정된 형태의) 방정식에 따르면, 우리은하 내에서 우리가 통신 가능한 문명의 수는 $N_{HP} \times f_{life} \times f_{civ} \times f_{now}$이다. 여기서 $N_{HP}$는 은하 내의 거주 가능한 행성의 개수이며, $f_{life}$는 이 행성 중에 실제로 생명이 있을 수 있는 거주 가능한 행성의 비율, $f_{civ}$는 언젠가 일어나게 될 성간 통신이 가능한 문명을 가진 생명이 존재하는 행성의 비율, $f_{now}$는 이들 모든 문명이 현재 존재할 확률을 나타낸다.

### ● SETI는 어떤 일을 하는가?

SETI 프로젝트는 외계 문명으로부터 오는 신호를(전파나 레이저 통신) 검출하고자 노력한다.

## 19.5 별과 별 사이의 여행과 문명의 암시

### ● 별과 별 사이의 여행은 얼마나 어려운가?

엔진에 대한 기술적 요구라든가 광속에 가깝도록 우주선을 가속할 수 있는 막대한 양의 에너지, 우주 복사로부터 승무원을 보호해야 하는 어려움 등, 별 사이의 여행은 우리의 기술력으로는 편안하지 않을 것이다. 그럼에도 불구하고 이러한 모든 어려움을 피할 수 있는 방법을 제시하고 있고, 우리의 문명이 오랜 기간 동안 살아남는다면 언젠가 별 사이의 여행을 이루게 될 것이라는 생각이 합리적으로 여겨진다.

### ● 외계인은 어디에 있을까?

별 사이 여행을 할 수 있는 문명은 수백 만 년의 기간이나 그 이전에 은하에서 서식할 수 있어야 했으며, 은하는 지구가 생성되기 전에 수십 억 년 동안 존재해왔다. 이는 누군가가 이미 오래전에 은하에 서식했었어야 한다는 것처럼 여겨진다. 이 놀라운 사실로 우주에서 우리 종과 위치에 대한 믿기 어려운 적용에 대해 모두 설명이 가능하다.

## 시각적 이해 능력 점검

천문학에서 사용하는 다양한 종류의 시각자료를 활용해서 이해도를 확인해보자.

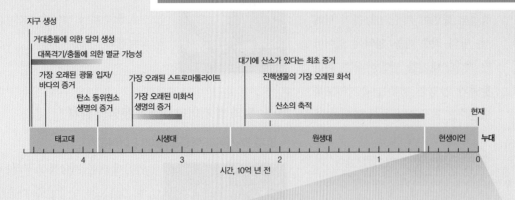

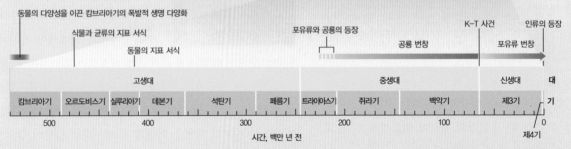

그림 19.3과 동일한 위 그림은 지질학적 연대표이다. 그림을 이용하여 아래의 질문에 답하라.

1. 아래의 사건을 옛날부터 최근까지 발생한 시간 순서대로 나열하라.
   a. 최초의 인간
   b. 최초의 동물
   c. 공룡 멸종의 원인이었던 충돌
   d. 최초의 포유동물
   e. 육지에서 발생한 최초의 식물
   f. 지구 대기에 상당한 양의 산소가 생겨났던 시기
   g. 지구에서의 최초 생명

2. 다음 시간 범위를 가장 오래 지속되었던 것부터 짧은 순서로 나열하라.
   a. 태고대
   b. 원생대
   c. 고생대
   d. 백악기

3. 우리가 현재 살고 있는 시간 범위는 아래의 시간 범위 중 어디에 속하는가? 1개 이상 가능하다.
   a. 제4기
   b. 제3기
   c. 신생대

   d. 현생이언
   e. 고생대

4. 캄브리아기의 폭발적 생명 다양화는 얼마나 오랫동안 진행되었는가?
   a. 1년 이하
   b. 약 10년
   c. 약 10,000년
   d. 약 4,000만년
   e. 약 5억 년

5. 대폭격기는 언제 끝났는가?
   a. 약 45억 년 전
   b. 약 43억 년과 45억 년 전 사이
   c. 약 38억 년과 40억 년 전 사이
   d. 정확히 38억 5,000만 년 전

6. 지구상에 얼마나 오랫동안 포유류가 존재하고 있는가?
   a. 약 100만 년
   b. 약 6,500만 년
   c. 약 2억 2,500만 년
   d. 약 5억 1,000만 년

## 연습문제

### 복습문제

1. 우주생물학은 무엇이며, 어떤 연구가 수행되고 있는가?

2. 지구 생명의 역사를 어떻게 연구하는가? 지질학적 연대표와 그에 따른 주요한 사건들을 설명하라.

3. 초기의 지구 생명의 기원을 나타낼 수 있는 증거를 정리하라. 지구 역사상 얼마나 오래전부터 생명이 존재했을까?

4. 지구에서의 생명의 역사를 이해하는 데 진화론이 왜 중요한가? 자연선택에 의해 진화가 어떻게 일어나는지 설명하고, 진화하는 종의 DNA에 무엇이 일어나는지 설명하라.

5. 지구 생명의 역사를 간단히 개괄적으로 설명하라. 모든 생명에 대한 공통 조상을 명시할 수 있는 증거는 무엇인가? 언제부터 지구 대기에 산소가 축적되기 시작했으며 어떻게 축적되었는가? 지구상에 큰 포유동물들이 언제부터 다양화되었는가?

6. 지구 생명의 기원을 연구하는 데 도움이 되는 실험은 어떻게 하는가? 설명하라.

7. 지구 밖 다른 곳에서 생명이 이주했을 가능성이 있는가? 설명하라.

8. 지구에 생명이 번성할 환경적 범위에 대해 서술하라. 이러한 모든 환경 중에서 생명에 적용될 세 가지 기본 조건은 무엇인가?

9. 거주 가능한 세계는 무엇인가? 우리태양계 내에서 어떤 곳이 가장 거주 가능한 것처럼 보이는가? 왜 그런가?

10. 화성 생명 탐사의 현재 상황을 간단히 정리하라.

11. 별의 거주 가능 영역은 무엇을 의미하는가? 지표의 거주 가능성이 있는 세상에 있어야 할 다른 조건은 무엇인가? 설명하라.

12. 드문 지구 가설은 무엇인가? 이 가설의 유용성을 가름할 양쪽의 논의를 정리하라.

13. 드레이크 방정식은 무엇인가? 각 요소들을 정의하고 그 요소들에 대한 가능값에 대하여 현재 이해된 정도를 설명하라.

14. SETI는 무엇인가? 현재 SETI 활동의 기능에 대해 설명하라.

15. 별과 별 사이의 여행이 왜 어려운가? 이것을 가능하게 할 미래의 새로운 기술에 대해 설명하라.

16. 페르미 역설은 무엇인가? 이 역설의 가능한 답을 몇 가지 설명하고, 우리 문명에 대한 고찰을 설명하라.

### 이해력 점검

**판타지인가, 아니면 과학적 사실인가?**

다음에 쓰여진 미래의 시나리오에 대해, 현대과학적 지식에 따라 타당한지 그렇지 않은지 결정하라. 명확히 설명하라. 모든 질문에 정확한 답이 있는 것은 아니며, 여러분의 설명이 선택한 답보다 더 중요하다.

17. 화성에서 고층 건물과 신전의 유적을 보여주는 고대 문명의 폐허를 인간이 처음으로 발견한다.

18. 인간 최초로 화성의 화산에 구멍을 뚫어 지하 깊숙한 곳의 토양을 채취한다. 이 토양을 해석하면서 지구의 박테리아와 비슷하지만 생화학적으로 다른 미생물이 살아 있는 것을 발견한다.

19. 2040년에 우주 탐사선이 유로파에 착륙하며, 그 경로의 얼음을 녹여 유로파 바다로 진입한다. 셀 수 없을 정도의 이상한 미생물이 살아 있으며 몇몇의 큰 미생물들이 다른 미생물을 잡아먹는 것을 발견한다.

20. 2075년. 수백 개의 작은 망원경으로 연결된 500km 크기의 거대한 망원경을 달에 설치하여, 멀리 있는 별 주위의 행성에서 식물의 계절 변화를 명확히 볼 수 있는 일련의 영상을 얻는다.

21. 지금으로부터 100년 후. 지구로부터 100광년 이내에 있는 별들의 행성에 대해 면밀히 조사한 후에 천문학자들은 단지 1억 년 전에 탄생한 젊은 별 주위를 공전하는 행성에서 매우 다양한 생명이 존재한다는 것을 발견한다.

22. 2040년. 영리한 10대 청소년이 석탄연료를 사용하며 광속의 절반으로 여행할 수 있는 로켓을 집에서 만들어낸다.

23. 2750년, 우리는 근처 별의 주위를 공전하는 행성에 보이저 2호가 최근 착륙하며 충돌했다는 사실을 말해주는 신호를 문명 사회로부터 받는다.

24. 물질-반물질 우주선인 스타아폴로호의 승무원이 2165년에 지구로부터 떠나 2450년에 지구로 귀환하는데, 떠날 때보다 단지 몇 년이 지난 듯한 모습이다.

25. 멀리 있는 항성계의 외계인이 우리를 파괴하고 우리 행성을 차지하려는 목적으로 지구를 침공하였지만, 그들의 기술로는 우리의 기술을 이길 수가 없어서 그들과 싸워 물리친다.

26. 거대한 우주 문명이 하나 존재한다. 아주 오래전에 어떤 한 행성에서 발생하였지만, 지금은 다양한 행성들의 구성원들이

은하 문명으로 흡수되어 이루어진다.

다음 중 가장 적절한 답을 고르고, 그 이유를 한 줄 이상의 완전한 문장으로 설명하라.

27. 화석 증거로 알 수 있는 지구 생명의 발현 시기는 (a) 지구가 생성된 후 즉시 (b) 지구가 생성된 후 몇억 년 내에 (c) 공룡이 출현하기 10억 년 전이다.

28. 진화론은 (a) 광범위한 증거들로 이루어진 과학적 이론이다. (b) 지구 생명의 본질을 설명하는 데 성공적인 과학적 경쟁 모형 중 하나다. (c) 시간이 흐름에 따라 생명이 어떻게 변화했는지에 대한 추측일 뿐이다.

29. 식물과 동물은 (a) 지구에서 생명의 두 가지 주요 형태이다. (b) DNA를 가지고 있는 유일한 생물이다. (c) 지구의 '생명 계통 나무'의 다양한 가지 중의 작은 가지 두 개일 뿐이다.

30. 지구 초기에 살아 있는 생명체가 지표에서 살았을 수 없었던 이유는 다음 중 무엇인가? (a) 오존층의 결여 (b) 그들이 호흡할 수 있는 산소의 결여 (c) 이런 생물은 단세포였다는 사실

31. 현재 우리의 지식으로 가장 중요한 생명의 조건은 (a) 광합성 (b) 액체 상태의 물 (c) 오존층이다.

32. 다음 중 생명이 존재할 수 있는 환경이 아닌 것은? (a) 유로파 (b) 화성 (c) 달

33. 스펙트럼 G형 별 주위의 거주 가능 영역을 M형 별 주위와 비교한다면 어떨까? (a) 더 크다. (b) 온도가 더 높다. (c) 별과 더 가깝다.

34. 드레이크 방정식에서 $f_{life}=1/2$이라고 가정하자. 이 의미는 무엇인가? (a) 우리은하 내의 절반가량의 별이 생명이 있는 행성을 가지고 있다. (b) 우리 우주에 존재하는 생명의 절반이 지적 생명체이다. (c) 은하 내의 절반가량은 거주 가능한 세상을 가지고 있지만, 나머지 반은 그렇지 않다.

35. 우주 탐사선을 광속으로 가속하기 위해 필요한 에너지는 (a) 우주 왕복선을 발사할 때보다 100배의 에너지가 필요하다. (b) 세계적으로 현재 연간 에너지 소비량의 2,000배가 필요하다. (c) 초신성에 의해 방출되는 에너지 양보다 많이 필요하다.

36. 현재의 과학적 지식에 의하면, 우리은하에 우리보다 100만 년 정도 진보한 선진 문명이 있다는 아이디어는 (a) 거의 확실하다. (b) 거의 불가능하다. (c) 페르미 역설에 대한 그럴듯한 해답이다.

## 과학의 과정

37. 우주생물학. 지구 밖에서 생명에 대한 증거가 아직 없기 때문에, 우주생물학 연구는 증거가 없는 무언가를 연구한다는 비판을 받기도 한다. 우주생물학은 과학인가 추측인가? 여러분의 견해로 변호하라.

38. 해결되지 않은 문제들. 어떤 의미에서 이 장의 모든 것은 하나의 큰 미해결 질문에 대한 것이다. 우주에서 우리 혼자뿐일까? 하지만 이 '큰' 질문에 대한 답을 얻고자, 그 과정에서 답을 얻고자 바라는 수많은 작은 질문들을 한다. 생명에 대한 해결되지 않은 문제들 중에서 수십 년이 지나서 새로운 임무 수행이나 실험으로 해결될 수 있는 문제 하나를 설명하라. 그 질문의 답을 얻기 위해서는 어떤 종류의 증거가 필요한가? 해답을 언제 얻을지 어떻게 알 수 있는가?

## 그룹 활동 과제

39. 거주 가능한 행성? 역할 : 기록자(그룹 활동을 기록), 제안자(그룹 활동에 대한 설명), 반론자(제안된 설명의 약점을 찾아냄), 중재자(그룹의 논의를 이끌고 반드시 모든 사람이 참여할 수 있도록 함). 활동 : 아래에 있는 가상의 행성을 가장 타당한 것부터 그렇지 않은 것 순서로 나열하고, 각각의 경우에 대해서 여러분이 정한 순서의 이유를 설명하라.

   a. 스펙트럼 B형인 별(태양질량의 약 10배) 주위를 원궤도로 공전하며 평균온도가 300K 정도인 행성

   b. 태양 같은 별 주위를 원궤도로 공전하며 지구-태양 간 거리의 2배 정도 되는 거리에 있는 행성

   c. 태양광도의 1/4의 광도를 가진 별 주위를 원궤도로 공전하며 지구-태양 거리의 1/2 거리에 있는 행성

   d. 태양 같은 별 주위를 타원궤도로 공전하며, 궤도 반경이 지구-태양 거리와 비슷한 것으로부터 10배 사이로 변하는 행성

## 심화학습

40. 생명이 거의 존재함. 여러분이 지구 이외에 우리태양계에서 '생명이 거의 존재할 수 있는' 행성에 대해 투표하도록 요구받았다고 가정하자. 여러분은 어떤 행성에 표를 줄 것인가? 여러분의 선택에 대해서 1쪽 정도로 설명하고 옹호하라.

41. **태양과 비슷함.** 부록 F의 표 F.1에 주어진 가까운 별에 대한 자료를 보라. 목록 중에서 어떤 별이 가장 광범위한 거주 가능 영역을 가지고 있나? 두 번째로 거주 가능 영역이 넓은 천체는 무엇인가? 다중성을 제외한다면, 어떤 천체가 거주 가능 행성을 가질 확률이 가장 높을 것으로 기대하는가? 여러분의 대답에 대해 설명하라.

42. **생명은 흔한가?** 이 책에서 배웠던 것을 근거로, 여러분은 생명이 드문 것이거나 아니면 흔한 것이거나, 혹은 그 중간 어딘가로 최종 입증될 것이라고 생각하는가? 여러분의 견해를 설명하고 옹호하는 글을 한두 페이지 정도 써라.

43. **페르미 역설의 해답.** "외계인은 어디에 있을까?"라는 질문에 대한 다양한 해답 중에서 여러분이 생각하기에 어떤 것이 가장 그럴듯한가? 여러분의 해답에 찬성하는 이유를 한두 페이지 정도의 글로 써라.

44. **이 상황에서 무엇이 잘못되었는가?** 많은 공상과학 이야기들은 은하 내에 수많은 제국들로 나뉘어 있고, 각 제국들은 서로 다른 세상에서 서로 다른 문명이 발생되었으며 그들 모두 비슷한 군사 기술력을 가지고 있기 때문에 서로 경계를 늦추지 않고 있다. 현실적인 시나리오인가? 설명하라.

45. **영화 속 외계인.** 외계인이 출현하는 공상과학 영화(혹은 텔레비전 쇼) 하나를 선택하라. 여러분은 그런 외계인이 실제로 존재할 수 있을 거라 생각하는가? 과학적이고 합리적인 방식으로 외계인을 묘사한 것인지에 대한 질문에 초점을 맞추어 한두 페이지로 영화나 텔레비전 쇼를 비평하라.

## 계량적 문제

모든 계산 과정을 명백하게 제시하고, 완벽한 문장으로 해답을 기술하라.

46. **SETI 탐사.** 우리은하에는 지금 전파 신호를 송신하는 문명이 10,000개 있다고 가정하자. 우리가 이러한 신호를 수신하기 위해 평균적으로 얼마나 많은 별들을 조사해봐야 하는가? 우리은하에는 5,000억 개의 별이 있다고 가정하자. 만약 10,000개의 문명이 아니라 단지 100개의 문명이라면 여러분의 답은 어떻게 수정될 것인가?

47. **SETI 신호.** 어떤 문명이 10,000와트의 전력으로 신호를 송신한다고 가정하자. 만약 100광년 이내의 곳으로부터 오는 신호라면, 300m 직경의 아레시보 전파망원경은 이 신호를 수신할 수 있을 것이다. 만일 70,000광년 떨어져 있으며 우리은하의 반대편으로부터 신호가 송신되고 있다고 가정하자. 이 신호를 감지하기 위해서는 얼마나 큰 전파망원경이 필요한가? (힌트 : 빛의 역세곱법칙을 이용하라.)

48. **우주 비행선 에너지.** 바다에서 흔히 볼 수 있는 여객선과 비슷한 크기의 우주 비행선을 가졌다고 가정하자. 이 탐사선의 질량은 약 1억 kg이며, 광속의 10% 정도로 가속하고자 한다.

    a. 얼마나 많은 에너지가 필요한가? (힌트 : 운항속도에 도달했을 때의 운동에너지를 계산하여 답을 간단히 구할 수 있다. 광속의 10%는 광속과 비교해서 작은 값이므로, 이 식을 이용할 수 있다. 운동에너지 $= 1/2 \times m \times v^2$)

    b. 현재 세계적 총에너지 소비량(약 $5 \times 10^{22}$ joules/1년)과 여러분의 답을 비교하라.

    c. 오늘날 에너지 비용은 보통 1백만 줄당 약 5센트 정도이다. 이 비용을 고려하여 우리의 우주 비행선을 출발시키려면 얼마나 많은 비용이 들겠는가?

49. **물질-반물질 엔진.** 위 48번 문제의 우주선을 생각하자. 물질-반물질 소멸의 방법으로 운항속도를 낼 수 있는 에너지를 생성하고자 한다. 얼마나 많은 양의 반물질을 생성하여 비행선에 실어야 하는가? (힌트 : 물질-반물질이 결합했을 때, 이들 총질량은 $mc^2$에 동일한 양의 에너지를 방출한다.)

## 토론문제

50. **생명탐사에 대한 기금.** 여러분이 다양한 과학 분야의 연구에 대한 연구비 지원을 결정하는 국회의원이라고 상상하자. 천문학의 다른 영역이나 행성과학과 비교했을 때, 우주의 생명탐사 연구에 얼마나 많은 연구비를 할당할 것인가? 왜인가?

51. **요원한 꿈인가 가까운 현실인가?** 별 사이 여행을 둘러싼 모든 문제를 생각해볼 때, 가능하다면 언제쯤 별과 별 사이를 여행할 수 있을 것이라고 생각하는가? 왜인가?

52. **전환점.** 우리 세대가 그 어떠한 이전 세대보다도 미래에 대한 대단한 책임감을 가지고 있다는 생각에 대하여 논의하라. 이 가정에 대해 동의하는가? 만약 그렇다면 우리는 이 책임감을 어떻게 다루어야 하는가? 여러분의 의견을 옹호하라.

## 웹을 이용한 과제

53. **우주생물학 뉴스.** 나사의 우주생물학 사이트로 들어가서 우주 생명탐사에 대한 새로운 뉴스를 읽어보라. 기사 하나를 선택하여 그 연구에 대해 한두 페이지 정도로 정리하라.

54. **외계 지적 생명체 탐사.** SETI 기관의 홈페이지에서 SETI에 대

제6부 한눈에 보기. 우주에 생명이?

이 책 전반에 걸쳐 우주의 역사는 지구에서 우리가 존재할 수 있는 방식으로 전개되어 왔다는 것을 알려준다. 이 그림은 몇 가지 중요한 아이디어들을 정리하며, 질문을 이끌어낸다. 만약 여기에서 생명이 탄생했다면, 수많은 다른 곳에서 일어났어야 하지 않은가? 해답은 아직 모르더라도 과학자들은 우주에서 생명이 드문것인지 평범한 것인지 알기 위해 활발히 연구 중이다.

④ 질량이 큰 별에서 핵융합에 의해 만들어진 성분들이 초신성에 의해 우주로 흩뿌려져 우리 행성과 이곳의 모든 생명이 만들어진다[13.3절].

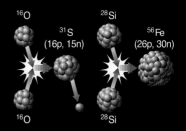

질량이 큰 별은 탄소보다 무거운 원소를 만들기에 충분할 정도로 온도가 높다.

③ 중력으로 인해 은하, 별, 행성을 이루는 물질이 서로 끌어당긴다 [4.4절].

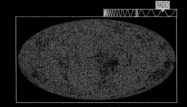

$$F_g = G\,\frac{M_1 M_2}{d^2}$$

우주의 모든 각 물질은 모든 다른 물질을 끌어당긴다.

② 초기우주의 밀도 요동은 이후 생명이 생기는 데 필요한 것이다. 이러한 요동이 없다면, 은하, 별, 행성으로 물질이 모이지 않았을 것이다 [17.3절].

우리는 우주배경복사에서 구조 형성의 초기를 관측한다.

① 지구와 생명을 구성하고 있는 원자 내의 양성자, 중성자, 전자는 빅뱅이후 처음 순간에 순수한 에너지로부터 생성되었다. 이때 우주는 수소와 헬륨가스로 가득찼다[17.1절].

물질은 에너지로부터 생성될 수 있다. $E = mc^2$

**5** 우리은하는 초신성에 의해 방출된 원소들을 가지고 있기에 충분히 크며, 이 물질들은 새로운 별과 행성계로 순환한다[15.2절].

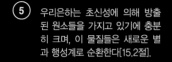

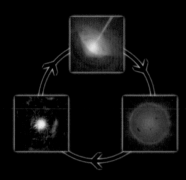

새로운 성분은 성간매질에서 섞여지며 새로운 별과 행성을 형성한다.

**6** 행성은 새로 탄생한 별 주위의 기체원반에서 생성될 수 있다. 지구는 기체로부터 응축하여 암석과 금속 입자를 만들어내고 점차적으로 강착하여 우리 행성을 형성하였다[6.2절].

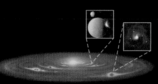

지구형 행성은 태양계 성운의 따뜻한 안쪽 영역에서 생성되었다. 목성형 행성은 차가운 바깥 영역에서 생성되었다.

**7** 알다시피 생명은 물을 필요로 하며, 별 주위의 거주 가능 영역은 적당히 큰 행성이 지표면에 물을 가지고 있을 수 있는 영역으로 정의된다[19.3절].

태양의 거주 가능 영역(녹색)은 금성 궤도의 바깥쪽부터 화성 궤도의 안쪽까지이다.

**8** 태양의 온도 평형은 수십 억 년 동안 안정적으로 빛날 수 있도록 유지되었기 때문에, 초기 생명은 복잡한 형태로 (우리를 포함한) 진화하는 데 필요한 시간을 벌 수 있었다.

태양 온도 평형은 태양의 핵반응률이 안정하도록 유지한다.

해 좀 더 알아내고 여러분이 알아낸 것들에 대해 한 페이지 내로 정리하라.

55. **우주 비행선 설계.** 우주 비행선의 추진계와 모형에 대한 제안을 읽어보자. 이 제안된 우주 비행선은 어떻게 작동할까? 어떤 새로운 기술이 필요하며 현존하는 기술 중에서 어떤 것을 적용할 수 있는가? 여러분의 연구보고서를 한두 페이지로 작성하라.

56 **고급 우주 비행선 기술.** 나사는 우주 탐사선에 새로운 기술을 적용하며 많은 노력을 기울이고 있다. 그들 중에는 성간 거주에 적합한 것이 있을지 모르겠지만, 대부분이 혁신적이고 매우 흥미롭다. 나사의 이런 프로젝트를 좀 더 알아보고 여러분이 알아낸 것들에 대해 간단히 정리하라.

# 부록

# A 유용한 수

## 천문학적 거리

$1\text{AU} \approx 1.496 \times 10^8 \text{ km} = 1.496 \times 10^{11} \text{ m}$

$1$광년$(\text{ly}) \approx 9.46 \times 10^{12} \text{ km} = 9.46 \times 10^{15} \text{ m}$

$1$파섹$(\text{pc}) \approx 3.09 \times 10^{13} \text{ km} \approx 3.26$광년

$1$킬로파섹$(\text{kpc}) = 1000\text{pc} \approx 3.26 \times 10^3$광년

$1$메가파섹$(\text{Mpc}) = 10^6\text{pc} \approx 3.26 \times 10^6$광년

## 우주 상수

빛의 속도 : $c = 3.00 \times 10^5 \text{ km/s} = 3 \times 10^8 \text{ m/s}$

중력 상수 : $G = 6.67 \times 10^{-11} \dfrac{\text{m}^3}{\text{kg} \times \text{s}^2}$

플랑크 상수 : $h = 6.63 \times 10^{-34} \text{ joule} \times \text{s}$

스테판-볼츠만 상수 : $\sigma = 5.67 \times 10^{-8} \dfrac{\text{watt}}{\text{m}^2 \times \text{K}^4}$

양성자질량 : $m_\text{p} = 1.67 \times 10^{-27} \text{ kg}$

전자질량 : $m_\text{e} = 9.11 \times 10^{-31} \text{ kg}$

## 태양과 지구를 기준으로 하는 유용한 물리량

태양의 질량 : $1M_{태양} \approx 2 \times 10^{30} \text{ kg}$

태양반경 : $1R_{태양} \approx 696{,}000\text{km}$

태양광도 : $1L_{태양} \approx 3.8 \times 10^{26} \text{ watts}$

지구질량 : $1M_{지구} \approx 5.97 \times 10^{24} \text{ kg}$

지구(적도)반경 : $1R_{지구} \approx 6{,}378\text{km}$

지구중력가속도 : $g = 9.8 \text{ m/s}^2$

지구이탈속도 : $v_\text{escape} = 11.2\text{km/s} = 11{,}200\text{m/s}$

## 천문학적 시간

1 태양일(평균) $= 24^\text{h}$

1 항성일 $\approx 23^\text{h}56^\text{m}4.09^\text{s}$

1 삭망월(평균) $\approx 29.53 \text{ solar days}$

1 항성월(평균) $\approx 27.32 \text{ solar days}$

1 회귀년 $\approx 365.242 \text{ solar days}$

1 항성년 $\approx 365.256 \text{ solar days}$

## 에너지와 일률 단위

에너지의 기본 단위 : 1주울 $= 1\dfrac{\text{kg} \times \text{m}^2}{\text{s}^2}$

일률의 기본 단위 : 1와트 $= 1 \text{ joule/s}$

전자에너지 : $1\text{eV} = 1.60 \times 10^{-19} \text{ joule}$

# B 유용한 공식

• 질량 $M_1$과 $M_2$이 질량중심에서 거리 $d$만큼 떨어져 있을 때 이들 사이에 다음과 같은 중력이 작용한다.

$$F = G \frac{M_1 M_2}{d^2}$$

• 케플러 제3법칙의 뉴턴 법식 표현. 이 공식은 별과 행성, 행성과 위성 또는 쌍성계에서 두 별 같은 2개의 궤도운동을 하는 물체에 적용될 수 있는데, 궤도주기가 $p$, 궤도운동하는 물체들의 중심 사이의 거리가 $d$, 그리고 물체들의 질량이 $M_1$과 $M_2$이라 할 때 다음과 같이 표현된다.

$$p^2 = G \frac{4\pi^2}{G(M_1 + M_2)} a^3$$

• 질량 $M$의 중심에서 $R$ 떨어진 곳에서의 이탈속도

$$v_{\text{escape}} = \sqrt{\frac{2GM}{R}}$$

• 광자의 파장($\lambda$), 주파수($f$) 그리고 빛의 속도($c$) 사이의 관계

$$\lambda \times f = c$$

• 광자의 파장이 $\lambda$이거나 주파수가 $f$일 때 광자에너지

$$E = hf = \frac{hc}{\lambda}$$

• 온도가 $T(K)$일 때 열복사에 대한 스테판-볼츠만 법칙

$$\text{단위 면적당 방출되는 일률} = \sigma T^4$$

• 온도가 $T(K)$일 때 열복사의 피크 파장($\lambda_{\text{max}}$)에 대한 빈의 법칙

$$\lambda_{\text{max}} = \frac{2{,}900{,}000}{T} \text{nm}$$

• 도플러 이동(물체가 관측자로부터 멀어질 때 시선속도는 양의 부호, 가까워질 때는 음의 부호이다.)

$$\frac{\text{시선속도}}{\text{빛의 속도}} = \frac{\text{편이된 파장} - \text{정지파장}}{\text{정지파장}}$$

• 실제 $s$만큼 떨어진 두 지점이 $s$보다 훨씬 먼 거리 $d$로부터 관측될 때의 각거리($\alpha$)

$$\alpha = \frac{s}{2\pi d} \times 360°$$

• 빛의 역자승법칙(빛을 내는 물체까지의 거리가 $d$)

$$\text{겉보기 밝기} = \frac{\text{광도}}{4\pi d^2}$$

• 시차공식(별까지의 거리가 $d$이고 시차가 $p''$일 때)

$$d(\text{파섹}) = \frac{1}{p(\text{각초})}$$

또는

$$d(\text{광년}) = 3.26 \times \frac{1}{p(\text{각초})}$$

• 속도 $v$로 움직이고 있는 물체에 대해 반경 $r$의 원형궤도 내에 포함된 질량 $M_r$를 계산하기 위한 궤도속도 법칙

$$M_r = \frac{r \times v^2}{G}$$

# C 몇 가지 수학적 기술

10의 멱수, 과학적 기수법, 단위 계산, 미터법 그리고 비율 계산과 같은 수학적 기술을 요약 정리하였다. 여러분은 이 교재를 공부하다가 필요할 때마다 이 부록을 참고해보라.

## C.1 10의 멱수

10의 멱수는 10을 몇 번 곱했는지를 알려준다.

예 :

$$10^2 = 10 \times 10 = 100$$
$$10^6 = 10 \times 10 \times 10 \times 10 \times 10 \times 10 = 1,000,000$$

음의 멱수는 양의 멱수의 역수이다.

예 :

$$10^{-2} = \frac{1}{10^2} = \frac{1}{100} = 0.01$$

$$10^{-6} = \frac{1}{10^6} = \frac{1}{1,000,000} = 0.000001$$

표 C.1은 $10^{-12} \sim 10^{12}$까지의 10의 멱수들의 목록이다. 10의 멱수는 두 가지 기본 법칙을 따른다는 것에 주목해보자.

1. 양의 지수는 1 뒤에 몇 개의 0이 나오는지를 알려준다. 예를 들어 100은 1 뒤에 0이 하나도 나오지 않고, $10^8$은 1 뒤에 8개가 나온다.
2. 음의 지수는 소수점 오른쪽의 몇 번째 자리에 1이 나오는지 알려준다. 예를 들어 $10^{-1} = 0.1$은 소수점 오른쪽 첫 번째 자리에 1이 나온다. $10^{-6}$은 소수점 오른쪽 6번째 자리에 1이 나온다.

### 10의 멱수들의 곱셈과 나눗셈

10의 멱수를 곱하는 것은 다음의 예에서처럼 그 지수들을 더해주면 된다.

$$10^4 \times 10^7 = \underbrace{10,000}_{10^4} \times \underbrace{10,000,000}_{10^7}$$
$$= \underbrace{10,000,000,000}_{10^{4+7} = 10^{11}} = 10^{11}$$
$$10^5 \times 10^{-3} = \underbrace{100,000}_{10^5} \times \underbrace{0.001}_{10^{-3}}$$
$$= \underbrace{100}_{10^{5+(-3)} = 10^2} = 10^2$$

| 표 C.1 10의 멱수 | | | | | |
|---|---|---|---|---|---|
| **0과 양의 멱수** | | | **음의 멱수** | | |
| 멱수 | 값 | 이름 | 멱수 | 값 | 이름 |
| $10^0$ | 1 | 일 | | | |
| $10^1$ | 10 | 십 | $10^{-1}$ | 0.1 | 10분의 1 |
| $10^2$ | 100 | 백 | $10^{-2}$ | 0.01 | 100분의 1 |
| $10^3$ | 1000 | 천 | $10^{-3}$ | 0.001 | 1,000분의 1 |
| $10^4$ | 10,000 | 만 | $10^{-4}$ | 0.0001 | 10,000분의 1 |
| $10^5$ | 100,000 | 십만 | $10^{-5}$ | 0.00001 | 10만분의 1 |
| $10^6$ | 1,000,000 | 백만 | $10^{-6}$ | 0.000001 | 100만분의 1 |
| $10^7$ | 10,000,000 | 천만 | $10^{-7}$ | 0.0000001 | 1,000만분의 1 |
| $10^8$ | 100,000,000 | 억 | $10^{-8}$ | 0.00000001 | 1억분의 1 |
| $10^9$ | 1,000,000,000 | 십억 | $10^{-9}$ | 0.000000001 | 10억분의 1 |
| $10^{10}$ | 10,000,000,000 | 백억 | $10^{-10}$ | 0.0000000001 | 100억분의 1 |
| $10^{11}$ | 100,000,000,000 | 천억 | $10^{-11}$ | 0.00000000001 | 1,000억분의 1 |
| $10^{12}$ | 1,000,000,000,000 | 조 | $10^{-12}$ | 0.000000000001 | 1조분의 1 |

$$10^{-8} \times 10^{-5} = \underbrace{0.00000001}_{10^{-8}} \times \underbrace{0.00001}_{10^{-5}}$$

$$= \underbrace{0.0000000000001}_{10^{-8+(-5)} = 10^{-13}} = 10^{-13}$$

10의 멱수를 나누는 것은 다음의 예에서처럼 지수를 빼면 된다.

$$\frac{10^5}{10^3} = \underbrace{100,000}_{10^5} \div \underbrace{1000}_{10^3}$$

$$= \underbrace{100}_{10^{5-3} = 10^2} = 10^2$$

$$\frac{10^3}{10^7} = \underbrace{1000}_{10^3} \div \underbrace{10,000,000}_{10^7}$$

$$= \underbrace{0.0001}_{10^{3-7} = 10^{-4}} = 10^{-4}$$

$$\frac{10^{-4}}{10^{-6}} = \underbrace{0.0001}_{10^{-4}} \div \underbrace{0.000001}_{10^{-6}}$$

$$= \underbrace{100}_{10^{-4-(-6)} = 10^2} = 10^2$$

## 10의 멱수의 멱수

곱셈법칙과 나눗셈법칙을 이용하여 10의 멱수의 멱수를 취하거나 제곱근을 구할 수 있다.

예 :

$$(10^4)^3 = 10^4 \times 10^4 \times 10^4 = 10^{4+4+4} = 10^{12}$$

또한 간단하게 두 멱수의 지수를 곱해도 같은 결과가 나온다는 것에 주목해보자.

$$(10^4)^3 = 10^{4 \times 3} = 10^{12}$$

제곱근을 취한다는 것은 분수의 멱수를 취한다는 것과 같기 때문에(즉, 제곱근은 멱수, 세제곱근은 멱수 등), 제곱근에 대해 다음과 같이 똑같은 과정을 취할 수 있다.

$$\sqrt{10^4} = (10^4)^{1/2} = 10^{4 \times (1/2)} = 10^2$$

## 10의 멱수의 덧셈과 뺄셈

10의 멱수에 대한 곱셈과 나눗셈과 달리 10의 멱수에 대한 덧셈 또는 뺄셈에는 지름길은 없다.

예 :

$$10^6 + 10^2 = 1,000,000 + 100 = 1,000,100$$

$$10^8 + 10^{-3} = 100,000,000 + 0.001 = 100,000,000.001$$

$$10^7 - 10^3 = 10,000,000 - 1000 = 9,999,000$$

## 요약

임의 수 $m$과 $n$을 이용하여 위의 방법들을 요약해본다.

- 10의 멱수들을 곱할 때는 지수를 더해준다.
- 10의 멱수들을 나눌 때는 지수를 빼준다.
- 10의 멱수에 멱수를 취할 때는 지수를 곱해준다.
- 10의 멱수들을 더하거나 빼줄 때는 우선 그 수들을 풀어서 적어보라.

## C.2 과학적 기수법

큰 수나 작은 수들을 다룰 때 그 수들을 10의 멱수로 표기하는 것이 일반적으로 쉬운 방법이다. 예를 들어 6,000,000,000,000라는 수는 $6 \times 10^{12}$로 표기하는 것이 쉽다. 10의 멱수에 1과 10 사이의 수를 곱해서 표기하는 방법을 과학적 기수법이라 부른다.

### 숫자를 과학적 기수법으로 변환하기

보통 표기법으로 표시된 숫자를 과학적 기수법으로 변환하려면 간단하게 두 단계를 거치면 된다.

1. 첫 자리가 0이 아닌 자리에 소수점을 찍어라.
2. 소수점까지의 자릿수가 10의 멱수이다. 소수점이 왼쪽으로 움직이면 양의 멱수이고 오른쪽으로 움직이면 음의 멱수이다.

예 :

$$3042 \xrightarrow{\text{소수점을 왼쪽으로 3자리 움직여야 한다.}} 3.042 \times 10^3$$

$$0.00012 \xrightarrow{\text{소수점을 오른쪽으로 4자리 움직여야 한다.}} 1.2 \times 10^{-4}$$

$$226 \times 10^2 \xrightarrow{\text{소수점을 왼쪽으로 2자리 움직여야 한다.}} (2.26 \times 10^2) \times 10^2 = 2.26 \times 10^4$$

### 과학적 기수법에서 숫자로 변환하기

과학적 기수법으로 표현된 숫자는 역의 과정을 통해 일반적인 표기법으로 변환될 수 있다.

1. 10의 멱수는 소수점을 몇 자리 이동시켜야 하는지를 알려준다. 10의 멱수가 양수라면 소수점은 **오른쪽**으로 이동하고, 음수라면 **왼쪽**으로 이동시킨다.
2. 소수점을 이동시킬 때 빈자리가 생기면 0으로 채워라.

예 :

소수점을 오른쪽으로
2자리 이동시킨다.

$$4.01 \times 10^2 \longrightarrow 401$$

소수점을 오른쪽으로
6자리 이동시킨다.

$$3.6 \times 10^6 \longrightarrow 3,600,000$$

소수점을 왼쪽으로
3자리 이동시킨다.

$$5.7 \times 10^{-3} \longrightarrow 0.0057$$

## 과학적 기수법으로 표기된 수의 곱셈 또는 나눗셈

과학적 기수법으로 표기된 곱셈 또는 나눗셈은 10의 멱수와 계수들을 분리해서 계산해야 한다.

예 :

$$(6 \times 10^2) \times (4 \times 10^5) = (6 \times 4) \times (10^2 \times 10^5)$$
$$= 24 \times 10^7 = (2.4 \times 10^1) \times 10^7$$
$$= 2.4 \times 10^8$$

$$\frac{4.2 \times 10^{-2}}{8.4 \times 10^{-5}} = \frac{4.2}{8.4} \times \frac{10^{-2}}{10^{-5}} = 0.5 \times 10^{-2-(-5)} = 0.5 \times 10^3$$
$$= (5 \times 10^{-1}) \times 10^3 = 5 \times 10^2$$

위의 두 가지 예 모두에서 10의 멱수의 계수들의 곱이 1과 10 사이의 값이 아니었다는 것을 발견할 수 있음에 주목해보자. 그래서 우리는 최종 해답을 과학적 기수법으로 변환하는 과정을 거쳐야 한다.

## 과학적 기수법에서 덧셈과 뺄셈

일반적으로 덧셈이나 뺄셈 전에 일반적인 표기법으로 변환해야 한다.

예 :

$$(3 \times 10^6) + (5 \times 10^2) = 3,000,000 + 500$$
$$= 3,000,500 = 3.0005 \times 10^6$$

$$(4.6 \times 10^9) - (5 \times 10^8) = 4,600,000,000 - 500,000,000$$
$$= 4,100,000,000 = 4.1 \times 10^9$$

두 숫자가 똑같은 10의 멱수를 지니고 있을 때는 우선 10의 멱수 부분을 제외할 수 있다.

예 :

$$(7 \times 10^{10}) + (4 \times 10^{10}) = (7 + 4) + 10^{10}$$
$$= 11 \times 10^{10} = 1.1 \times 10^{11}$$

$$(2.3 \times 10^{-22}) - (1.6 \times 10^{-22}) = (2.3 - 1.6) \times 10^{22}$$
$$= 0.7 \times 10^{-22} = 7.0 \times 10^{-23}$$

## C.3 과학 단위 다루기

문제를 풀 때 문제의 단위를 살펴보는 것이 보통 작업이 훨씬 쉬워질 뿐만 아니라 문제 푸는 작업을 점검하는 유용한 방법을 제공해준다. 풀이의 해가 여러분이 예상했던 단위와 맞지 않는다면, 아마 무엇인가 잘못 계산했을 것이다. 일반적으로 단위를 다루는 것은 다음에 제시한 가이드라인과 예들이 보여주는 바와 같이 숫자를 다루는 것과 아주 비슷하다.

## 단위를 다룰 때 필요한 다섯 가지 가이드라인

어떤 문제를 풀기 시작하기 전에 최종 풀이에서 예측하는 단위가 무엇인지 한번 생각해보고 확인해보라. 그러고 난 후 문제를 풀 때처럼 숫자를 따라 단위를 맞춰보라. 다음에 제시된 다섯 가지 가이드라인이 단위를 다룰 때 도움이 될 것이다.

1. 수학적으로는 단위가 단수인지 복수인지 상관없다. 우리는 단수든 복수든 미터를 표기할 때 'm'이라는 약어를 사용할 수 있다.

2. 단위가 같지 않다면 그 단위의 숫자들을 더하거나 빼는 작업을 할 수 없다. 예를 들어, 사과 5개＋사과 3개＝사과 8개지만, 사과 5개＋오렌지 3개는 더 이상 계산할 수 없다.

3. 멱수를 취하기 위해 단위들이 곱하고 나누거나 끝올림을 할 수 있다. 무엇을 하는지 여러분에게 알려주는 몇 가지 키워드를 살펴보자.

   • per(당)는 나누기를 뜻한다. 예를 들어 시간당 100km란 속도를 '100km per hour'로 표기한다.

$$100 \frac{km}{hr} \text{ 또는 } 100 \frac{km}{1hr}$$

   • of(의)는 곱하기를 뜻한다. 예를 들어, 1kg당 \$10,000의 비용이 드는 50kg의 우주선을 쏘아 올리려 한다면, 전체 비용은

$$50 kg \times \frac{\$10,000}{kg} = \$500,000$$

   • 제곱은 멱수 2를 취한다는 것이다. 예를 들어, 75제곱미터를 75m²로 표기한다.

   • 세제곱은 멱수 3을 취한다는 것이다. 예를 들어, 12세제곱미터는 12cm³로 표기한다.

4. 때때로 여러분에게 주어진 숫자는 여러분이 다루길 원하는 단위가 아닐 수 있다. 예를 들어, 빛의 속도가 300,000km/s로 주어질 수 있지만 특별한 문제를 풀기 위해 m/s의 단위로 표기해

야 할 필요도 있다. 단위를 변환하기 위해서는 주어진 수를 변환인수로 곱해주면 된다. 분자와 분모가 같은 분수는 그 값이 1이다. 분모에 놓이는 숫자는 여러분이 변환하기 원하는 단위를 가져야 한다. km/s의 단위를 m/s의 단위로 변환하는 경우, km를 m로 바꾸는 변환인수가 필요하다. 그래서 변환인수는 1000m/1km가 된다.

$$\frac{1000\text{m}}{1\text{km}}$$

1000m와 1km는 같고, 그래서 변화되는 단위(km)는 분모에 놓이기 때문에 변환인수는 1이 된다는 점에 유의해보자. 우리는 속도의 km/s 단위를 m/s의 단위로 바꿀 때는 이 변환인수만 곱해주면 된다.

$$\underbrace{300{,}000\frac{\text{km}}{\text{s}}}_{\text{속도}} \times \underbrace{\frac{1000\text{m}}{1\text{km}}}_{\text{변환}} = \underbrace{3 \times 10^8 \frac{\text{m}}{\text{s}}}_{\text{속도}}$$

km 단위는 소거되고 m/s 단위의 해답을 얻게 된다는 것에 주목해보자.

5. 나눗셈을 역수를 취해 곱하는 것으로 바꾸어 보면 쉽게 단위 계산을 할 수 있다. 예를 들어, 300초는 몇 분인지 알아보길 원한다 하자. 여러분은 300초를 분당 60초로 나누어 주면 된다.

$$300\text{s} \div 60\frac{\text{s}}{\text{min}}$$

그러나 이 표기를 나누기를 역수의 곱으로 대체함을 통해 다시 표기해본다면 단위가 소거되는 것을 쉽게 볼 수 있다. (이 과정은 '역을 취하고 곱한다' 라 기억하면 쉽다.)

$$300\text{s} \div 60\frac{\text{s}}{\text{min}} = 300\text{s} \times \underbrace{\frac{1\text{min}}{60\text{s}}}_{\substack{\text{역을 취함} \\ \text{곱함}}} = 5\text{min}$$

여기에서 초의 단위가 첫 번째 항의 분자와 두 번째 항의 분모에서 소거가 되어 분 단위의 해답이 나온다는 것을 볼 수 있다.

## 단위를 다루는 몇 가지 예

### 예 1 : 하루는 몇 초인가?

**풀이** : 해답은 하루에서 시작해서 초의 단위로 끝나는 반위변환과정을 거쳐서 얻는다. 하루에 24시간(24hr/day), 1시간에 60분(60min/hr) 그리고 1분에 60초(60s/min)인 변환인수를 사용한다.

$$\underbrace{1\text{day}}_{\text{시작 값}} \times \underbrace{\frac{24\text{hr}}{\text{day}}}_{\substack{\text{하루를} \\ \text{시간으로 변환}}} \times \underbrace{\frac{60\text{min}}{\text{hr}}}_{\substack{\text{시간을} \\ \text{분으로 변환}}} \times \underbrace{\frac{60\text{s}}{\text{min}}}_{\substack{\text{분을} \\ \text{초로 변환}}}$$
$$= 86{,}400\text{s}$$

우리가 해답으로 원하는 초 단위를 제외하고는 모든 단위들이 소거된다는 점을 유의해보자. 하루는 86,400초이다.

### 예 2 : $10^8$cm의 거리를 km로 변환해보자.

**풀이** : 이 변환을 하는 가장 쉬운 방법은 두 단계를 거치는 것인데, 왜냐면 1m당 100cm(100cm/m)이고 1km당 1,000m(1,000m/km)이기 때문이다.

$$\underbrace{10^8\text{cm}}_{\text{시작 값}} \times \underbrace{\frac{1\text{m}}{100\text{cm}}}_{\text{cm를 m로 변환}} \times \underbrace{\frac{1\text{km}}{1000\text{m}}}_{\text{m를 km로 변환}}$$
$$= 10^8\text{cm} \times \frac{1\text{m}}{10^2\text{cm}} \times \frac{1\text{km}}{10^3\text{m}} = 10^3\text{km}$$

또 다른 방법으로 km가 더 큰 단위이기 때문에 cm 단위로 나타낸 숫자보다 km 단위로 나타낸 숫자가 작아야 한다는 것을 인정한다면, 이 변환을 다음과 같이 나누어서 처리할 수도 있다.

$$10^8\text{cm} \div \frac{100\text{cm}}{\text{m}} \div \frac{1000\text{m}}{\text{km}}$$

이 경우에 계산을 수행하기 전에 각각의 나누기를 역수의 곱으로 변환한다.

$$10^8\text{cm} \div \frac{100\text{cm}}{\text{m}} \div \frac{1000\text{m}}{\text{km}}$$
$$= 10^8\text{cm} \times \frac{1\text{m}}{100\text{cm}} \times \frac{1\text{km}}{1000\text{m}}$$
$$= 10^8\text{cm} \times \frac{1\text{m}}{10^2\text{cm}} \times \frac{1\text{km}}{10^3\text{m}}$$
$$= 10^3\text{km}$$

여기에서도 우리는 $10^8$cm가 $10^3$km 또는 1000km와 같다는 풀이를 얻게 된다.

### 예 3 : 여러분이 정지해 있다가 4초 동안 9.8m/s²으로 가속된다고 가정하자. 여러분은 얼마나 빨리 가고 있게 될까?

**풀이** : "얼마나 빨리 가는가?" 라고 물었기 때문에 결국 속도라는

단위를 기대하게 된다. 그래서 가속도를 여러분이 가속된 시간만큼 곱해주면 된다.

$$9.8 \frac{m}{s^2} \times 4s = (9.8 \times 4) \frac{m \times s}{s^2} = 39.2 \frac{m}{s}$$

마지막에 얻은 단위는 속도의 단위인데, 9.8m/s²의 가속도로 4초 후에 39.2m/s로 이동하게 된다는 것을 보여주고 있음에 유의해보자.

**예 4 :** 너비가 3km이고 길이가 2km인 저수지가 있다. 이 저수지의 면적을 제곱킬로미터와 제곱미터 두 단위로 계산해보자.

**풀이 :** 너비와 길이를 곱하면 면적을 얻게 된다.

$$2km \times 3km = 6km^2$$

다음에는 6제곱킬로미터의 면적을 제곱미터로 변환해야 하는데, 이때 km당 1000m(1000m/km)라는 사실을 이용한다. km²를 m²로 바꿀 때 1000m/km를 제곱해야 함에 유의해보자.

$$6km^2 \times \left(1000 \frac{m}{km}\right)^2 = 6km^2 \times 1000^2 \frac{m^2}{km^2}$$

$$= 6km^2 \times 1,000,000 \frac{m^2}{km^2}$$

$$= 6,000,000 m^2$$

저수지의 면적은 6km²인데, 이는 600만 m²와 같다.

## C.4 미터법(SI)

국제단위계(International System of Units, SI)로 알려진 미터법의 현대 규정은 1960년에 구체적으로 확립되었다. 이 미터법이 현재 미국을 제외한 전 세계의 거의 모든 나라에서 채택되고 있다. 미국에서조차 과학과 국제무역에서는 선택적으로 사용되고 있다. 길이, 질량 그리고 시간의 SI 기본단위는 다음과 같다.

- 길이에 대한 단위는 **미터**인데 m라고 줄여서 사용한다.
- 질량에 대한 단위는 **킬로그램**인데 kg이라 줄여서 사용한다.
- 시간에 대한 단위는 **초**인데 s라 줄여서 사용한다.

미터법 단위들의 곱하기는 10의 멱수로 표기되는데 멱수를 표시하기 위해 접두어를 사용한다. 예를 들어 킬로(kilo)는 $10^3$(1000)을 의미하는데, 그래서 km는 1,000m를 뜻한다. 마이크로(micro)그램은 마이크로는 $10^{-6}$이기 때문에 0.000001그램이다. 일반적으로 사용하는 몇 개의 접두어는 표 C.2에 정리하였다.

| 표 C.2 SI(미터법) 접두어 | | | | | |
|---|---|---|---|---|---|
| 작은 값들 | | | 큰 값들 | | |
| 접두어 | 줄임표기 | 값 | 접두어 | 줄임표기 | 값 |
| 데시(deci) | d | $10^{-1}$ | 데카(deca) | da | $10^1$ |
| 센티 | c | $10^{-2}$ | 헥토(hecto) | h | $10^2$ |
| 밀리 | m | $10^{-3}$ | 킬로 | k | $10^3$ |
| 마이크로 | $\mu$ | $10^{-6}$ | 메가 | M | $10^6$ |
| 나노 | n | $10^{-9}$ | 기가 | G | $10^9$ |
| 피코 | p | $10^{-12}$ | 테라 | T | $10^{12}$ |

## 미터법 변환

표 C.3은 미터법 단위들과 미국에서 일반적으로 사용되고 있는 단위 간의 변환식이다. 무게는 중력의 크기에 따라 달라지기 때문에, 킬로그램과 파운드의 변환은 지구에서만 적용된다는 사실에 유의해보자.

| 표 C.3 미터법 변환 | |
|---|---|
| 미터법에서 | 미터법으로부터 |
| 1인치 = 2.540cm | 1cm = 0.3937인치 |
| 1피트 = 0.3048m | 1m = 3.28피트 |
| 1야드 = 0.9144m | 1m = 1.094야드 |
| 1마일 = 1.6093km | 1km = 0.6214마일 |
| 1파운드 = 0.4536kg | 1kg = 2.205파운드 |

**예 1 :** 국제적인 운동경기에서는 일반적으로 미터법 거리를 사용한다. 100m 달리기의 길이를 100야드 달리기의 길이와 비교해보라.

**풀이 :** 표 C.3은 1m = 1.094야드임을 보여주기 때문에, 100m는 109.4야드가 된다. 100m는 거의 110야드가 된다는 점에 유의해보자. 미터 단위로 표기된 거리는 그 거리를 야드 단위로 표기했을 때 숫자의 약 10%가 된다고 하면 아주 좋은 어림이 된다.

**예 2 :** 1 제곱마일을 제곱킬로미터로 변환해보자.

**풀이 :** 마일-킬로미터 변환인수를 사용하면 된다.

$$(1mi^2) \times \left(\frac{1.6093km}{1mi}\right)^2 = (1mi^2) \times \left(1.6093^2 \frac{km^2}{mi^2}\right)$$

$$= 2.5898km^2$$

그래서 1제곱마일은 2.5898제곱킬로미터가 된다.

## C.5 비율 계산

지구의 평균밀도와 목성의 평균밀도와 같은 2개의 물리량을 비교하고 싶다고 가정해보자. 그런 비교를 해보는 방법은 서로 나누어보는 것인데, 이는 우리에게 두 물리량의 비율을 알려준다. 이 경우 지구 평균밀도는 5.52g/cm³이고 목성의 평균밀도는 1.33g/cm³이어서(그림 8.1 참조), 그 비율은

$$\frac{\text{지구의 평균밀도}}{\text{목성의 평균밀도}} = \frac{5.52\text{g/cm}^3}{1.33\text{g/cm}^3} = 4.15$$

이 분수에서 분자와 분모에 있는 단위들이 어떻게 소거되는지 유의해보자. 우리는 이 결과를 두 가지 동일한 방법으로 주장할 수 있다.

- 지구 평균밀도와 목성 평균밀도의 비는 4.15이다
- 지구의 평균밀도는 목성 평균밀도의 4.15배이다.

때때로 우리가 비교하기를 원하는 물리량들에는 각각 방정식이 포함되어 있을 수 있다. 이 경우는 물론 각각 두 물리량을 우선 계산하고 나서 서로 나누어 주는 방식으로 비율을 계산해볼 수 있다. 그러나 여러분이 우선 비율을 분수로 표현하여 각 물리량들에 대한 방정식을 분자와 분모에 대입해보는 것이 훨씬 더 쉽다. 방정식에 있는 몇몇 항들은 그 과정을 통해 소거되어 계산을 훨씬 쉽게 만들어줄 수 있다.

**예 1** : 100km/hr의 속도로 움직이는 자동차의 운동에너지와 같은 자동차가 50km/hr의 속도로 움직일 때의 운동에너지를 비교해보자.

**풀이** : 운동에너지는 $1/2 mv^2$이라는 공식으로 주어진다는 것을 떠올리며 두 개의 운동에너지 비율을 계산하여 비교해본다. 자동차의 질량을 언급하지 않았기 때문에 우선은 비율을 계산하기 위한 충분한 정보를 가지고 있지 않다고 생각할 수 있다. 각 운동에너지에 대한 방정식을 비율에 대입해보면 어떤 일이 일어나는지 유의해보자. 두 자동차의 속도를 $v_1$과 $v_2$라 하면,

$$\frac{v_1\text{인 자동차의 운동에너지}}{v_2\text{인 자동차의 운동에너지}} = \frac{\frac{1}{2} m_{car} v_1^2}{\frac{1}{2} m_{car} v_2^2} = \frac{v_1^2}{v_2^2} = \left(\frac{v_1}{v_2}\right)^2$$

두 개의 속도항을 제외한 모든 항이 소거되어 비율에 대한 간단한 공식이 넘어신나. 이제 $v_1$에 내해 100km/hr 그리고 $v_2$에 대해 50km/hr를 대입하면 다음의 결과를 얻는다.

$$\frac{100\text{km/hr인 자동차의 운동에너지}}{50\text{km/hr인 자동차의 운동에너지}} = \left(\frac{100\text{km/hr}}{50\text{km/hr}}\right)^2 = 2^2 = 4$$

100km/hr와 50km/hr인 자동차의 운동에너지 비는 4이다. 즉, 50km/hr일 때보다 100km/hr일 때의 운동에너지가 4배가 된다.

**예 2** : 지구와 태양 사이의 중력과 지구와 달 사이의 중력을 비교해보자.

**풀이** : 지구-태양 중력과 지구-달 중력의 비를 취해서 비교해본다. 이 경우에 각 중력의 값은 뉴턴의 중력방정식으로 구할 수 있다[4.4절]. 그래서 중력 비율은

$$\frac{\text{지구-태양 중력}}{\text{지구-달 중력}} = \frac{G\dfrac{M_{지구}M_{태양}}{(d_{지구-태양})^2}}{G\dfrac{M_{지구}M_{달}}{(d_{지구-달})^2}}$$

$$= \frac{M_{달}}{(d_{지구-태양})^2} \times \frac{(d_{지구-달})^2}{M_{달}}$$

어떻게 4항만을 제외하고 모두 소거되는지 유의해보자. 마지막 단계는 나누기를 역수의 곱으로 대체해서 얻는다(나눗셈에 대한 '역수를 구해서 곱하기' 법칙). 항들을 계속 정리해보면 질량과 거리를 포함한 공식을 얻게 된다.

$$\frac{\text{지구-태양 중력}}{\text{지구-달 중력}} = \frac{M_{태양}}{M_{달}} \times \frac{(d_{지구-달})^2}{(d_{지구-태양})^2}$$

이제는 수치들을 대입하여(부록 E 참조) 계산해보는 작업만 거치면 된다.

$$\frac{\text{지구-태양 중력}}{\text{지구-달 중력}} = \frac{1.99 \times 10^{30}\text{kg}}{7.35 \times 10^{22}\text{kg}} \times \frac{(384.4 \times 10^3\text{km})^2}{(149.6 \times 10^6\text{km})^2}$$

다시 말하면, 지구-태양 중력은 지구-달 중력보다 179배 강하다.

# D 원소의 주기율표

**기호설명**

| 12 |
|---|
| **Mg** |
| Magnesium |
| 24.305 |

— 원자 수
— 원자 기호
— 원자 이름
— 원자량*

\* 원자량은 분수이다. 왜냐하면 원자량은 서로 다른 동위원소들의 원자질량들을 가중치를 두어 평균한 값이기 때문이다. – 지구에 존재하는 각각의 동위원소 함량에 비례하여 가중치를 적용한다.

| 1<br>**H**<br>Hydrogen<br>1.00794 | | | | | | | | | | | | | | | | | 2<br>**He**<br>Helium<br>4.003 |
|---|---|---|---|---|---|---|---|---|---|---|---|---|---|---|---|---|---|
| 3<br>**Li**<br>Lithium<br>6.941 | 4<br>**Be**<br>Beryllium<br>9.01218 | | | | | | | | | | | 5<br>**B**<br>Boron<br>10.81 | 6<br>**C**<br>Carbon<br>12.011 | 7<br>**N**<br>Nitrogen<br>14.007 | 8<br>**O**<br>Oxygen<br>15.999 | 9<br>**F**<br>Fluorine<br>18.988 | 10<br>**Ne**<br>Neon<br>20.179 |
| 11<br>**Na**<br>Sodium<br>22.990 | 12<br>**Mg**<br>Magnesium<br>24.305 | | | | | | | | | | | 13<br>**Al**<br>Aluminum<br>26.98 | 14<br>**Si**<br>Silicon<br>28.086 | 15<br>**P**<br>Phosphorus<br>30.974 | 16<br>**S**<br>Sulfur<br>32.06 | 17<br>**Cl**<br>Chlorine<br>35.453 | 18<br>**Ar**<br>Argon<br>39.948 |
| 19<br>**K**<br>Potassium<br>39.098 | 20<br>**Ca**<br>Calcium<br>40.08 | 21<br>**Sc**<br>Scandium<br>44.956 | 22<br>**Ti**<br>Titanium<br>47.88 | 23<br>**V**<br>Vanadium<br>50.94 | 24<br>**Cr**<br>Chromium<br>51.996 | 25<br>**Mn**<br>Manganese<br>54.938 | 26<br>**Fe**<br>Iron<br>55.847 | 27<br>**Co**<br>Cobalt<br>58.9332 | 28<br>**Ni**<br>Nickel<br>58.69 | 29<br>**Cu**<br>Copper<br>63.546 | 30<br>**Zn**<br>Zinc<br>65.39 | 31<br>**Ga**<br>Gallium<br>69.72 | 32<br>**Ge**<br>Germanium<br>72.59 | 33<br>**As**<br>Arsenic<br>74.922 | 34<br>**Se**<br>Selenium<br>78.96 | 35<br>**Br**<br>Bromine<br>79.904 | 36<br>**Kr**<br>Krypton<br>83.80 |
| 37<br>**Rb**<br>Rubidium<br>85.468 | 38<br>**Sr**<br>Strontium<br>87.62 | 39<br>**Y**<br>Yttrium<br>88.9059 | 40<br>**Zr**<br>Zirconium<br>91.224 | 41<br>**Nb**<br>Niobium<br>92.91 | 42<br>**Mo**<br>Molybdenum<br>95.94 | 43<br>**Tc**<br>Technetium<br>(98) | 44<br>**Ru**<br>Ruthenium<br>101.07 | 45<br>**Rh**<br>Rhodium<br>102.906 | 46<br>**Pd**<br>Palladium<br>106.42 | 47<br>**Ag**<br>Silver<br>107.868 | 48<br>**Cd**<br>Cadmium<br>112.41 | 49<br>**In**<br>Indium<br>114.82 | 50<br>**Sn**<br>Tin<br>118.71 | 51<br>**Sb**<br>Antimony<br>121.75 | 52<br>**Te**<br>Tellurium<br>127.60 | 53<br>**I**<br>Iodine<br>126.905 | 54<br>**Xe**<br>Xenon<br>131.29 |
| 55<br>**Cs**<br>Cesium<br>132.91 | 56<br>**Ba**<br>Barium<br>137.34 | | 72<br>**Hf**<br>Hafnium<br>178.49 | 73<br>**Ta**<br>Tantalum<br>180.95 | 74<br>**W**<br>Tungsten<br>183.85 | 75<br>**Re**<br>Rhenium<br>186.207 | 76<br>**Os**<br>Osmium<br>190.2 | 77<br>**Ir**<br>Iridium<br>192.22 | 78<br>**Pt**<br>Platinum<br>195.08 | 79<br>**Au**<br>Gold<br>196.967 | 80<br>**Hg**<br>Mercury<br>200.59 | 81<br>**Tl**<br>Thallium<br>204.383 | 82<br>**Pb**<br>Lead<br>207.2 | 83<br>**Bi**<br>Bismuth<br>208.98 | 84<br>**Po**<br>Polonium<br>(209) | 85<br>**At**<br>Astatine<br>(210) | 86<br>**Rn**<br>Radon<br>(222) |
| 87<br>**Fr**<br>Francium<br>(223) | 88<br>**Ra**<br>Radium<br>226.0254 | | 104<br>**Rf**<br>Rutherfordium<br>(263) | 105<br>**Db**<br>Dubnium<br>(262) | 106<br>**Sg**<br>Seaborgium<br>(266) | 107<br>**Bh**<br>Bohrium<br>(267) | 108<br>**Hs**<br>Hassium<br>(277) | 109<br>**Mt**<br>Meitnerium<br>(268) | 110<br>**Ds**<br>Darmstadtium<br>(281) | 111<br>**Rg**<br>Roentgenium<br>(272) | 112<br>**Cn**<br>Copernicium<br>(285) | 113<br>**Uut**<br>Ununtrium<br>(284) | 114<br>**Fl**<br>Flerovium<br>(289) | 115<br>**Uup**<br>Ununpentium<br>(288) | 116<br>**Lv**<br>Livermorium<br>(293) | 117<br>**Uus**<br>Ununseptium<br>(294) | 118<br>**Uuo**<br>Ununoctium<br>(294) |

**Lanthanide Series**

| 57<br>**La**<br>Lanthanum<br>138.906 | 58<br>**Ce**<br>Cerium<br>140.12 | 59<br>**Pr**<br>Praseodymium<br>140.908 | 60<br>**Nd**<br>Neodymium<br>144.24 | 61<br>**Pm**<br>Promethium<br>(145) | 62<br>**Sm**<br>Samarium<br>150.36 | 63<br>**Eu**<br>Europium<br>151.96 | 64<br>**Gd**<br>Gadolinium<br>157.25 | 65<br>**Tb**<br>Terbium<br>158.925 | 66<br>**Dy**<br>Dysprosium<br>162.50 | 67<br>**Ho**<br>Holmium<br>164.93 | 68<br>**Er**<br>Erbium<br>167.26 | 69<br>**Tm**<br>Thulium<br>168.934 | 70<br>**Yb**<br>Ytterbium<br>173.04 | 71<br>**Lu**<br>Lutetium<br>174.967 |
|---|---|---|---|---|---|---|---|---|---|---|---|---|---|---|

**Actinide Series**

| 89<br>**Ac**<br>Actinium<br>227.028 | 90<br>**Th**<br>Thorium<br>232.038 | 91<br>**Pa**<br>Protactinium<br>231.036 | 92<br>**U**<br>Uranium<br>238.029 | 93<br>**Np**<br>Neptunium<br>237.048 | 94<br>**Pu**<br>Plutonium<br>(244) | 95<br>**Am**<br>Americium<br>(243) | 96<br>**Cm**<br>Curium<br>(247) | 97<br>**Bk**<br>Berkelium<br>(247) | 98<br>**Cf**<br>Californium<br>(251) | 99<br>**Es**<br>Einsteinium<br>(252) | 100<br>**Fm**<br>Fermium<br>(257) | 101<br>**Md**<br>Mendelevium<br>(258) | 102<br>**No**<br>Nobelium<br>(259) | 103<br>**Lr**<br>Lawrencium<br>(260) |
|---|---|---|---|---|---|---|---|---|---|---|---|---|---|---|

# E 행성 자료

### 표 E.1 태양과 행성의 물리적 성질

| 행성 이름 | 반경(Eq[a]) (km) | 반경 (지구반경 단위) | 질량(kg) | 질량 (지구질량 단위) | 평균밀도 (g/cm³) | 표면중력 (지구 = 1) | 이탈속도 (km/s) |
|---|---|---|---|---|---|---|---|
| 태양 | 695,000 | 109 | $1.99 \times 10^{30}$ | 333,000 | 1.41 | 27.5 | — |
| 수성 | 2440 | 0.382 | $3.30 \times 10^{23}$ | 0.055 | 5.43 | 0.38 | 4.43 |
| 금성 | 6051 | 0.949 | $4.87 \times 10^{24}$ | 0.815 | 5.25 | 0.91 | 10.4 |
| 지구 | 6378 | 1.00 | $5.97 \times 10^{24}$ | 1.00 | 5.52 | 1.00 | 11.2 |
| 화성 | 3397 | 0.533 | $6.42 \times 10^{23}$ | 0.107 | 3.93 | 0.38 | 5.03 |
| 목성 | 71,492 | 11.19 | $1.90 \times 10^{27}$ | 317.9 | 1.33 | 2.36 | 59.5 |
| 토성 | 60,268 | 9.46 | $5.69 \times 10^{26}$ | 95.18 | 0.70 | 0.92 | 35.5 |
| 천왕성 | 25,559 | 3.98 | $8.66 \times 10^{25}$ | 14.54 | 1.32 | 0.91 | 21.3 |
| 해왕성 | 24,764 | 3.81 | $1.03 \times 10^{26}$ | 17.13 | 1.64 | 1.14 | 23.6 |
| 플루토[b] | 1160 | 0.181 | $1.31 \times 10^{22}$ | 0.0022 | 2.05 | 0.07 | 1.25 |
| 에리스[b] | 1430 | 0.22 | $1.66 \times 10^{22}$ | 0.0028 | 2.30 | 0.08 | 1.4 |

[a] Eq : 지구 적도

[b] 2006년 국제천문연맹의 정의에 의하면 플루토와 에리스는 공식적으로 '왜소행성'이라 칭한다.

### 표 E.2 태양과 행성의 궤도 요소

| 행성 이름 | 태양으로부터 거리[a] (AU) | (10⁶km) | 궤도주기 (연) | 궤도 경사각[b] (°) | 궤도 이심률 | 항성을 기준으로 한 자전 주기(지구자전주기 단위)[c] | 자전축 기울기 (°) |
|---|---|---|---|---|---|---|---|
| 태양 | — | — | — | — | — | 25.4 | 7.25 |
| 수성 | 0.387 | 57.9 | 0.2409 | 7.00 | 0.206 | 58.6 | 0.0 |
| 금성 | 0.723 | 108.2 | 0.6152 | 3.39 | 0.007 | −243.0 | 177.3 |
| 지구 | 1.00 | 149.6 | 1.0 | 0.00 | 0.017 | 0.9973 | 23.45 |
| 화성 | 1.524 | 227.9 | 1.881 | 1.85 | 0.093 | 1.026 | 25.2 |
| 목성 | 5.203 | 778.3 | 11.86 | 1.31 | 0.048 | 0.41 | 3.08 |
| 토성 | 9.54 | 1427 | 29.5 | 2.48 | 0.056 | 0.44 | 26.73 |
| 천왕성 | 19.19 | 2870 | 84.01 | 0.77 | 0.046 | −0.72 | 97.92 |
| 해왕성 | 30.06 | 4497 | 164.8 | 1.77 | 0.010 | 0.67 | 29.6 |
| 플루토 | 39.48 | 5906 | 248.0 | 17.14 | 0.248 | −6.39 | 112.5 |
| 에리스 | 67.67 | 10,120 | 557 | 44.19 | 0.442 | 15.8 | 78 |

[a] 궤도장반경

[b] 황도를 기준으로

[c] 음의 부호는 다른 행성들과 비교해볼 때 반대 방향으로 자전한다는 것을 의미한다.

**표 E.3 태양계의 위성ᵃ**

| 행성 위성 | 반경 또는 크기ᵇ (km) | 행성으로부터의 거리ᶜ (10³km) | 궤도 주기ᶜ (지구 일) | 질량ᵈ (kg) | 밀도ᵈ (g/cm³) | 위성들에 대한 설명 |
|---|---|---|---|---|---|---|
| **지구** | | | | | | |
| 달 | 1738 | 384.4 | 27.322 | 7.349 × 10²² | 3.34 | 달 : 아마 거대 충돌에 의해 형성된 것 같다. |
| **화성** | | | | | | |
| 포보스 | 13 × 11 × 9 | 9.38 | 0.319 | 1.3 × 10¹⁶ | 1.9 | 포보스, 데이모스 : 아마 포획된 소행성인 것 같다. |
| 데이모스 | 8 × 6 × 5 | 23.5 | 1.263 | 1.8 × 10¹⁵ | 2.2 | |
| **목성** | | | | | | |
| 작은 위성 (4개) | 8-83 | 128-222 | 0.295-0.674 | — | — | 메티스, 아드라스테아, 나말테아, 테베 : 목성 고리시스템 근처와 고리시스템 내에 존재하는 작은 위성들 |
| 이오 | 1821 | 421.6 | 1.769 | 8.933 × 10²² | 3.57 | 이오 : 태양계에서 가장 활발한 화산활동이 일어나는 천체 |
| 유로파 | 1565 | 670.9 | 3.551 | 4.797 × 10²² | 2.97 | 유로파 : 얼음지각 밑에 바다가 있는 것 같다. |
| 가니메데 | 2634 | 1070.0 | 7.155 | 1.482 × 10²³ | 1.94 | 가니메데 : 태양계에서 가장 큰 위성, 이상한 얼음 지형을 지니고 있다. |
| 칼리스토 | 2403 | 1883.0 | 16.689 | 1.076 × 10²³ | 1.86 | 칼리스토 : 충돌 크레이터가 많은 얼음 덩어리 |
| 불규칙 위성 1 (7개) | 4-85 | 7500-17,000 | 130-457 | — | — | 테미스토, 레다, 히말리아, 리시테아, 엘라라와 다른 위성들 : 아마 포획된 위성들로 비스듬한 궤도를 지니고 있다. |
| 불규칙 위성 2 (52개) | 1-30 | 17,000-29,000 | 490-980 | — | — | 아난케, 카르메, 파시파에, 시노페 외 다른 위성들 : 아마 포획된 위성들인 것이건, 다른 위성들과 반대 방향으로 비스듬하게 궤도운동을 한다. |
| **토성** | | | | | | |
| 작은 위성 (12개) | 3-89 | 117-212 | 0.5-1.2 | — | — | 판, 아틀라스, 프로메테우스, 판도라, 에피메테우스, 야누스와 다른 위성 들 : 토성 고리시스템 근처와 고리시스템 내에 존재하는 작은 위성들 |
| 미마스 | 199 | 185.52 | 0.942 | 3.70 × 10¹⁹ | 1.17 | 미마스, 엔셀라두스, 테티스 : 작고 중간 크기의 얼음 덩어리인데 흥미로운 지질 현상이 많이 보인다. |
| 엔셀라두스 | 249 | 238.02 | 1.370 | 1.2 × 10²⁰ | 1.24 | |
| 테티스 | 530 | 294.66 | 1.888 | 6.17 × 10²⁰ | 1.26 | |
| 칼립소와 텔레스토 | 8-12 | 294.66 | 1.888 | — | — | 칼립소와 텔레스토 : 테티스의 궤도를 공유하고 있는 작은 위성 |
| 디오네 | 559 | 377.4 | 2.737 | 1.08 × 10²¹ | 1.44 | 디오네 : 중간 크기의 얼음 덩어리로 흥미로운 지질 현상을 지니고 있다. |
| 헬레네와 폴리데우세스 | 2-16 | 377.4 | 2.737 | 1.6 × 10¹⁶ | — | 헬레네와 폴리데우세스 : 디오네의 궤도를 공유하고 있는 작은 위성 |
| 레아 | 764 | 527.04 | 4.518 | 2.31 × 10²¹ | 1.33 | 레아 : 밀도가 큰 대기가 표면을 덮고 있지 않는 것으로 알려진 유일한 위성 |
| 타이탄 | 2575 | 1221.85 | 15.945 | 1.35 × 10²³ | 1.88 | 타이탄 : 모행성과 동시 자전을 하지 않는 것으로 알려진 유일한 위성 |
| 히페리온 | 180 × 140 × 112 | 1481.1 | 21.277 | 2.8 × 10¹⁹ | — | 히페리온 : 밝고 어두운 반구들이 태양계에서 가장 큰 명암대비를 보여 주고 있다. |
| 이아페투스 | 718 | 3561.3 | 79.331 | 1.59 × 10²¹ | 1.21 | 이아페투스 : 아마 포획된 위성들 같은데, 심하게 경사진 채로 다른 위성궤도와는 반대 방향의 궤도운동을 한다. |
| 포에베 | 110 | 12,952 | -550.4 | 1 × 10¹⁹ | — | 포에베 : 아주 어둡다. 포에베에서 방출된 물질은 이아페투스의 한쪽 면을 덮은 것 같다. |
| 불규칙 위성 (37개) | 2-16 | 11,300-25,200 | 450-930 -550 to -150 | — | — | |

| 위성 | | | | | | 설명 |
|---|---|---|---|---|---|---|
| **천왕성** | | | | | | **천왕성** |
| 작은 위성 (13개) | 5–81 | 49–98 | 0.3–0.9 | — | — | 코델리아, 오펠리아, 비안카, 크레시다, 데스데모나, 줄리엣, 포셔, 로절린드, 큐피드, 벨린다, 페르디타, 퍽, 맵 : 천왕성 고리시스템 근처와 고리시스템 내에 존재하는 작은 위성들 |
| 미란다 | 236 | 129.8 | 1.413 | $6.6 \times 10^{19}$ | 1.26 | 미란다, 아리엘, 움브리엘, 티타니아, 오베론 : 작고 중간 크기의 얼음덩어리로 상당히 흥미로운 지질 현상을 보인다. |
| 아리엘 | 579 | 191.2 | 2.520 | $1.35 \times 10^{21}$ | 1.65 | |
| 움브리엘 | 584.7 | 266.0 | 4.144 | $1.17 \times 10^{21}$ | 1.44 | |
| 티타니아 | 788.9 | 435.8 | 8.706 | $3.52 \times 10^{21}$ | 1.59 | |
| 오베론 | 761.4 | 582.6 | 13.463 | $3.01 \times 10^{21}$ | 1.50 | |
| 불규칙 위성 (9개) | 5–95 | 4280–21,000 | 260–2800 | — | — | 프란시스코, 칼리반, 스테파노, 트린쿨로, 시코락스, 마거릿, 프로스페로, 페르디난드 : 아마 포획된 위성인데, 몇몇은 다른 위성들과 반대 방향으로 궤도운동한다. |
| **해왕성** | | | | | | **해왕성** |
| 작은 위성 (5개) | 29–96 | 48–74 | 0.30–0.55 | — | — | 나이아드, 탈라사, 데스피나, 갈라테아, 라리사 : 해왕성 고리시스템 근처와 고리시스템 내에 존재하는 작은 위성들 |
| 프로테우스 | $218 \times 208 \times 201$ | 117.6 | 1.121 | $6 \times 10^{19}$ | — | 트리톤 : 아마 포획된 카이퍼띠 천체인 것 같다. 포획된 전체 중 태양계에서 가장 큰 위성 |
| 트리톤 | 1352.6 | 354.59 | –5.875 | $2.14 \times 10^{22}$ | 2.0 | |
| 네레이드 | 170 | 5588.6 | 360.125 | $3.1 \times 10^{19}$ | — | 네레이드 : 작고 얼음으로 구성된 위성. 아주 작은 것으로 알려져 있다. |
| 불규칙 위성 (6개) | 12–27 | 16,600–49,300 | 1880–9750 | — | — | 2002 N1, N2, N3, N4, 2003 N, 2004 N1 : 아마도 포획된 위성들인 것 같은데, 비스듬한 궤도를 돌거나 또는 반대 방향의 궤도를 지닌다. |
| **명왕성** | | | | | | **명왕성** |
| 카론 | 593 | 17.5 | 6.4 | $1.56 \times 10^{21}$ | 1.6 | 카론 : 해왕성과 비교해볼 때 이상할 정도로 큰 위성으로 거대충돌에 의해 형성되었을 것으로 여겨진다. |
| 스틱스 | 5 | 42.0 | 20.2 | — | — | 스틱스, 닉스, 케르베로스, 히드라 : 카론의 궤도 밖에서 새롭게 발견된 위성들 |
| 닉스 | 50 | 48.7 | 24.9 | — | — | |
| 케르베로스 | 10 | 59.0 | 32.1 | — | — | |
| 히드라 | 75 | 64.7 | 38.2 | — | — | |
| **에리스** | | | | | | **에리스** |
| 디스노미아 | 50 | 37.4 | 15.8 | — | — | 디스노미아 : 2007년 6월에 대략적인 성질들이 결정되었다. |

a 참고 : 전문가들은 이 표에 제시된 값들과 실제로 다른 값들을 제시한다.

b 크기에 대한 $a \times b \times c$ 값들은 불규칙 물체의 위성들에 대해 중심에서 가장자리까지에 대한 어림값들이다.

c 음의 부호는 반대 방향의 궤도운동을 의미한다.

d 질량과 밀도는 우주탐사선이 지나가면서 방문한 위성들에게 대해서는 아주 정확한 값이다. 작은 위성들에 대한 질량들은 아직 측정되지는 않았지만, 반경과 가정된 밀도로부터 추정될 수 있다.

# F 별 자료

| 표 F.1 12광년 이내에 위치한 별 | | | | | | | | |
|---|---|---|---|---|---|---|---|---|
| **별** | **거리(ly)** | **분광형** | | **적경(RA)** | | **적위(Dec)** | | **광도** |
| | | | | h | m | ° | ′ | (L/L<sub>태양</sub>) |
| Sun | 0.000016 | G2 | V | — | — | — | — | 1.0 |
| Proxima Centauri | 4.2 | M5.0 | V | 14 | 30 | −62 | 41 | 0.0006 |
| α Centauri A | 4.4 | G2 | V | 14 | 40 | −60 | 50 | 1.6 |
| α Centauri B | 4.4 | K0 | V | 14 | 40 | −60 | 50 | 0.53 |
| Barnard's Star | 6.0 | M4 | V | 17 | 58 | +04 | 42 | 0.005 |
| Wolf 359 | 7.8 | M5.5 | V | 10 | 56 | +07 | 01 | 0.0008 |
| Lalande 21185 | 8.3 | M2 | V | 11 | 03 | +35 | 58 | 0.03 |
| Sirius A | 8.6 | A1 | V | 06 | 45 | −16 | 42 | 26.0 |
| Sirius B | 8.6 | DA2 | 백색왜성 | 06 | 45 | −16 | 42 | 0.002 |
| BL Ceti | 8.7 | M5.5 | V | 01 | 39 | −17 | 57 | 0.0009 |
| UV Ceti | 8.7 | M6 | V | 01 | 39 | −17 | 57 | 0.0006 |
| Ross 154 | 9.7 | M3.5 | V | 18 | 50 | −23 | 50 | 0.004 |
| Ross 248 | 10.3 | M5.5 | V | 23 | 42 | +44 | 11 | 0.001 |
| ε Eridani | 10.5 | K2 | V | 03 | 33 | −09 | 28 | 0.37 |
| Lacaille 9352 | 10.7 | M1.0 | V | 23 | 06 | −35 | 51 | 0.05 |
| Ross 128 | 10.9 | M4 | V | 11 | 48 | +00 | 49 | 0.003 |
| EZ Aquarii A | 11.3 | M5 | V | 22 | 39 | −15 | 18 | 0.0006 |
| EZ Aquarii B | 11.3 | — | — | 22 | 39 | −15 | 18 | 0.0004 |
| EZ Aquarii C | 11.3 | — | — | 22 | 39 | −15 | 18 | 0.0003 |
| 61 Cygni A | 11.4 | K5 | V | 21 | 07 | +38 | 42 | 0.17 |
| 61 Cygni B | 11.4 | K7 | V | 21 | 07 | +38 | 42 | 0.10 |
| Procyon A | 11.4 | F5 | IV–V | 07 | 39 | +05 | 14 | 8.6 |
| Procyon B | 11.4 | DA | 백색왜성 | 07 | 39 | +05 | 14 | 0.0005 |
| Gliese 725 A | 11.5 | M3 | V | 18 | 43 | +59 | 38 | 0.02 |
| Gliese 725 B | 11.5 | M3.5 | V | 18 | 43 | +59 | 38 | 0.01 |
| GX Andromedae | 11.6 | M1.5 | V | 00 | 18 | +44 | 01 | 0.03 |
| GQ Andromedae | 11.6 | M3.5 | V | 00 | 18 | +44 | 01 | 0.003 |
| ε Indi A | 11.8 | K5 | V | 22 | 03 | −56 | 45 | 0.30 |
| ε Indi B | 11.8 | T1.0 | 갈색왜성 | 22 | 04 | −56 | 46 | — |
| ε Indi C | 11.8 | T6.0 | 갈색왜성 | 22 | 04 | −56 | 46 | — |
| DX Cancri | 11.8 | M6.0 | V | 08 | 30 | +26 | 47 | 0.0003 |
| τ Ceti | 11.9 | G8.5 | V | 01 | 44 | −15 | 57 | 0.67 |
| GJ 1061 | 12.0 | M5.0 | V | 03 | 36 | −44 | 31 | 0.001 |

참고 : 이 자료들은 RECONS 프로젝트의 결과인데 Todd Henry 박사가 제공한 값들이다(2010년 1월). 광도는 총보정광도이고, 항성분류 중 DA는 백색왜성을 의미한다. 좌표계는 2000년을 기준으로 했다. 갈색왜성의 보정광도는 주로 적외선 영역에서의 광도인데 아직까지 정확하게 관측되지는 않았다.

## 표 F.2 밝은 별 20개 목록

| 별 | 별자리 | 적경(RA) h | m | 적위(Dec) ° | ′ | 거리(ly) | 분광형 | | 겉보기밝기 | 광도 ($L/L_{태양}$) |
|---|---|---|---|---|---|---|---|---|---|---|
| Sirius | Canis Major | 6 | 45 | −16 | 42 | 8.6 | A1 | V | −1.46 | 26 |
| Canopus | Carina | 6 | 24 | −52 | 41 | 313 | F0 | lb–II | −0.72 | 13,000 |
| α Centauri | Centaurus | 14 | 40 | −60 | 50 | 4.4 | G2 | V | −0.01 | 1.6 |
| | | | | | | | K0 | V | 1.3 | 0.53 |
| Arcturus | Boötes | 14 | 16 | +19 | 11 | 37 | K2 | III | −0.06 | 170 |
| Vega | Lyra | 18 | 37 | +38 | 47 | 25 | A0 | V | 0.04 | 60 |
| Capella | Auriga | 5 | 17 | +46 | 00 | 42 | G0 | III | 0.75 | 70 |
| | | | | | | | G8 | III | 0.85 | 77 |
| Rigel | Orion | 5 | 15 | −08 | 12 | 772 | B8 | la | 0.14 | 70,000 |
| Procyon | Canis Minor | 7 | 39 | +05 | 14 | 11.4 | F5 | IV–V | 0.37 | 7.4 |
| Betelgeuse | Orion | 5 | 55 | +07 | 24 | 427 | M2 | lab | 0.41 | 38,000 |
| Achernar | Eridanus | 1 | 38 | −57 | 15 | 144 | B5 | V | 0.51 | 3600 |
| Hadar | Centaurus | 14 | 04 | −60 | 22 | 525 | B1 | III | 0.63 | 100,000 |
| Altair | Aquila | 19 | 51 | +08 | 52 | 17 | A7 | IV–V | 0.77 | 10.5 |
| Acrux | Crux | 12 | 27 | −63 | 06 | 321 | B1 | IV | 1.39 | 22,000 |
| | | | | | | | B3 | V | 1.9 | 7500 |
| Aldebaran | Taurus | 4 | 36 | +16 | 30 | 65 | K5 | III | 0.86 | 350 |
| Spica | Virgo | 13 | 25 | −11 | 09 | 260 | B1 | V | 0.91 | 23,000 |
| Antares | Scorpio | 16 | 29 | −26 | 26 | 604 | M1 | lb | 0.92 | 38,000 |
| Pollux | Gemini | 7 | 45 | +28 | 01 | 34 | K0 | III | 1.16 | 45 |
| Fomalhaut | Piscis Austrinus | 22 | 58 | −29 | 37 | 25 | A3 | V | 1.19 | 18 |
| Deneb | Cygnus | 20 | 41 | +45 | 16 | 2500 | A2 | la | 1.26 | 170,000 |
| β Crucis | Crux | 12 | 48 | −59 | 백색왜성 .2 | | B0.5 | IV | 1.28 | 37,000 |

참고 : 이 목록에서 3개의 별은 서로 비슷한 밝기를 지닌 쌍성계이다(카펠라, 알파 센타우리, 아크룩스). 제시된 모든 광도는 총보정광도이다.

좌표계는 2000년 기준이다.

# G 은하 자료

**표 G.1** 국부은하군에 있는 은하

| 은하 이름 | 거리 (백만 광년) | 은하 형태[a] | 적경(RA) h | m | 적위(Dec) ° | ′ | 광도 (L/L태양) |
|---|---|---|---|---|---|---|---|
| Milky Way | — | Sbc | — | — | — | — | 15,000 |
| WLM | 3.0 | Irr | 00 | 02 | −15 | 30 | 50 |
| IC 10 | 2.7 | dIrr | 00 | 20 | +59 | 18 | 160 |
| Cetus | 2.5 | dE | 00 | 26 | −11 | 02 | 0.72 |
| NGC 147 | 2.4 | dE | 00 | 33 | +48 | 30 | 131 |
| And III | 2.5 | dE | 00 | 35 | +36 | 30 | 1.1 |
| NGC 185 | 2.0 | dE | 00 | 39 | +48 | 20 | 120 |
| NGC 205 | 2.7 | E | 00 | 40 | +41 | 41 | 370 |
| And VIII | 2.7 | dE | 00 | 42 | +40 | 37 | 240 |
| M32 | 2.6 | E | 00 | 43 | +40 | 52 | 380 |
| M31 | 2.5 | Sb | 00 | 43 | +41 | 16 | 21,000 |
| And I | 2.6 | dE | 00 | 46 | +38 | 00 | 4.7 |
| SMC | 0.19 | Irr | 00 | 53 | −72 | 50 | 230 |
| And IX | 2.9 | dE | 00 | 52 | +43 | 12 | — |
| Sculptor | 0.26 | dE | 01 | 00 | −33 | 42 | 2.2 |
| LGS 3 | 2.6 | dIrr | 01 | 04 | +21 | 53 | 1.3 |
| IC 1613 | 2.3 | Irr | 01 | 05 | +02 | 08 | 64 |
| And V | 2.9 | dE | 01 | 10 | +47 | 38 | — |
| And II | 1.7 | dE | 01 | 16 | +33 | 26 | 2.4 |
| M33 | 2.7 | Sc | 01 | 34 | +30 | 40 | 2800 |
| Phoenix | 1.5 | dIrr | 01 | 51 | −44 | 27 | 0.9 |
| Fornax | 0.45 | dE | 02 | 40 | −34 | 27 | 15.5 |
| EGB0427 + 63 | 4.3 | dIrr | 04 | 32 | +63 | 36 | 9.1 |
| LMC | 0.16 | Irr | 05 | 24 | −69 | 45 | 1300 |
| Carina | 0.33 | dE | 06 | 42 | −50 | 58 | 0.4 |
| Canis Major | 0.025 | dIrr | 07 | 15 | −28 | 00 | — |
| Leo A | 2.2 | dIrr | 09 | 59 | +30 | 45 | 3.0 |
| Sextans B | 4.4 | dIrr | 10 | 00 | +05 | 20 | 41 |
| NGC 3109 | 4.1 | Irr | 10 | 03 | −26 | 09 | 160 |
| Antlia | 4.0 | dIrr | 10 | 04 | −27 | 19 | 1.7 |
| Leo I | 0.82 | dE | 10 | 08 | +12 | 18 | 4.8 |
| Sextans A | 4.7 | dIrr | 10 | 11 | −04 | 42 | 56 |
| Sextans | 0.28 | dE | 10 | 13 | −01 | 37 | 0.5 |
| Leo II | 0.67 | dE | 11 | 13 | +22 | 09 | 0.6 |
| GR 8 | 5.2 | dIrr | 12 | 59 | +14 | 13 | 3.4 |
| Ursa Minor | 0.22 | dE | 15 | 09 | +67 | 13 | 0.3 |
| Draco | 2.7 | dE | 17 | 20 | +57 | 55 | 0.3 |
| Sagittarius | 0.08 | dE | 18 | 55 | −30 | 29 | 18 |
| SagDIG | 3.5 | dIrr | 19 | 30 | −17 | 41 | 6.8 |
| NGC 6822 | 1.6 | Irr | 19 | 45 | −14 | 48 | 94 |
| DDO 210 | 2.6 | dIrr | 20 | 47 | −12 | 51 | 0.8 |
| IC 5152 | 5.2 | dIrr | 22 | 03 | −51 | 18 | 70 |
| Tucana | 2.9 | dE | 22 | 42 | −64 | 25 | 0.5 |
| UKS2323-326 | 4.3 | dE | 23 | 26 | −32 | 23 | 5.2 |
| And VII | 2.6 | dE | 23 | 38 | +50 | 35 | — |
| Pegasus | 3.1 | dIrr | 23 | 29 | +14 | 45 | 12 |
| And VI | 2.8 | dE | 23 | 52 | +24 | 36 | — |

[a] 허블의 은하분류(제16장)에 따라 S로 시작하는 은하는 나선은하이고, E형 은하는 타원은하 또는 구형은하이다. 또 Irr 은하는 불규칙은하이다. 접두어 d는 왜소은하를 지칭한다. 이 목록은 원래는 1998년 M. Mateo에 의해 발표된 목록에 근거하고 있는데, 그 목록에 1998년과 2005년 사이에 발견된 국부은하단의 목록이 추가되었다.

## 표 G.2 메시에 목록에 있는 가까운 은하[a, b]

| 은하이름 (M / NGC)[c] | 적경(RA) h | m | 적위(Dec) ° | ′ | 시선속도 (태양 기준)[d] | 시선속도 (우리은하 기준)[e] | 은하분류[f] | 별명 |
|---|---|---|---|---|---|---|---|---|
| M31 / NGC 224 | 00 | 43 | +41 | 16 | −300 ± 4 | −122 | Spiral | Andromeda |
| M32 / NGC 221 | 00 | 43 | +40 | 52 | −145 ± 2 | 32 | Elliptical | |
| M33 / NGC 598 | 01 | 34 | +30 | 40 | −179 ± 3 | −44 | Spiral | Triangulum |
| M49 / NGC 4472 | 12 | 30 | +08 | 00 | 997 ± 7 | 929 | Elliptical/Lenticular/ Seyfert | |
| M51 / NGC 5194 | 13 | 30 | +47 | 12 | 463 ± 3 | 550 | Spiral/Interacting | Whirlpool |
| M58 / NGC 4579 | 12 | 38 | +11 | 49 | 1519 ± 6 | 1468 | Spiral/Seyfert | |
| M59 / NGC 4621 | 12 | 42 | +11 | 39 | 410 ± 6 | 361 | Elliptical | |
| M60 / NGC 4649 | 12 | 44 | +11 | 33 | 1117 ± 6 | 1068 | Elliptical | |
| M61 / NGC 4303 | 12 | 22 | +04 | 28 | 1566 ± 2 | 1483 | Spiral/Seyfert | |
| M63 / NGC 5055 | 13 | 16 | +42 | 02 | 504 ± 4 | 570 | Spiral | Sunflower |
| M64 / NGC 4826 | 12 | 57 | +21 | 41 | 408 ± 4 | 400 | Spiral/Seyfert | Black Eye |
| M65 / NGC 3623 | 11 | 19 | +13 | 06 | 807 ± 3 | 723 | Spiral | |
| M66 / NGC 3627 | 11 | 20 | +12 | 59 | 727 ± 3 | 643 | Spiral/Seyfert | |
| M74 / NGC 628 | 01 | 37 | +15 | 47 | 657 ± 1 | 754 | Spiral | |
| M77 / NGC 1068 | 02 | 43 | −00 | 01 | 1137 ± 3 | 1146 | Spiral/Seyfert | |
| M81 / NGC 3031 | 09 | 56 | +69 | 04 | −34 ± 4 | 73 | Spiral/Seyfert | |
| M82 / NGC 3034 | 09 | 56 | +69 | 41 | 203 ± 4 | 312 | Irregular/Starburst | |
| M83 / NGC 5236 | 13 | 37 | −29 | 52 | 516 ± 4 | 385 | Spiral/Starburst | |
| M84 / NGC 4374 | 12 | 25 | +12 | 53 | 1060 ± 6 | 1005 | Elliptical | |
| M85 / NGC 4382 | 12 | 25 | +18 | 11 | 729 ± 2 | 692 | Spiral | |
| M86 / NGC 4406 | 12 | 26 | +12 | 57 | −244 ± 5 | −298 | Elliptical/Lenticular | |
| M87 / NGC 4486 | 12 | 30 | +12 | 23 | 1307 ± 7 | 1254 | Elliptical/Central Dominant/Seyfert | Virgo A |
| M88 / NGC 4501 | 12 | 32 | +14 | 25 | 2281 ± 3 | 2235 | Spiral/Seyfert | |
| M89 / NGC 4552 | 12 | 36 | +12 | 33 | 340 ± 4 | 290 | Elliptical | |
| M90 / NGC 4569 | 12 | 37 | +13 | 10 | −235 ± 4 | −282 | Spiral/Seyfert | |
| M91 / NGC 4548 | 12 | 35 | +14 | 30 | 486 ± 4 | 442 | Spiral/Seyfert | |
| M94 / NGC 4736 | 12 | 51 | +41 | 07 | 308 ± 1 | 360 | Spiral | |
| M95 / NGC 3351 | 10 | 44 | +11 | 42 | 778 ± 4 | 677 | Spiral/Starburst | |
| M96 / NGC 3368 | 10 | 47 | +11 | 49 | 897 ± 4 | 797 | Spiral/Seyfert | |
| M98 / NGC 4192 | 12 | 14 | +14 | 54 | −142 ± 4 | −195 | Spiral/Seyfert | |
| M99 / NGC 4254 | 12 | 19 | +14 | 25 | 2407 ± 3 | 2354 | Spiral | |
| M100 / NGC 4321 | 12 | 23 | +15 | 49 | 1571 ± 1 | 1525 | Spiral | |
| M101 / NGC 5457 | 14 | 03 | +54 | 21 | 241 ± 2 | 360 | Spiral | |
| M104 / NGC 4594 | 12 | 40 | −11 | 37 | 1024 ± 5 | 904 | Spiral/Seyfert | Sombrero |
| M105 / NGC 3379 | 10 | 48 | +12 | 35 | 911 ± 2 | 814 | Elliptical | |
| M106 / NGC 4258 | 12 | 19 | +47 | 18 | 448 ± 3 | 507 | Spiral/Seyfert | |
| M108 / NGC 3556 | 11 | 09 | +55 | 57 | 695 ± 3 | 765 | Spiral | |
| M109 / NGC 3992 | 11 | 55 | +53 | 39 | 1048 ± 4 | 1121 | Spiral | |
| M110 / NGC 205 | 00 | 40 | +41 | 41 | −241 ± 3 | −61 | Elliptical | |

[a] 1781년 메시에에 의해 발표된 목록에 확인된 은하들, 이 은하들은 소형망원경으로 아주 쉽게 관측될 수 있다.

[b] NED(NASA/IPAC Extragalactic Database, http://ned.ipac.caltech.edu)에서 얻은 자료들이다. 원래의 은하 메시에 목록은 SED에서 얻어졌고, 자료들은 2001년에 업데이트되었으며, M102는 삭제되었다.

[c] 은하들에게 그들의 메시에 번호(M 다음에 오는 숫자)와 NGC 번호가 부여되었다. NGC(New General Catalog)는 1888년 발표된 목록이다.

[d] 태양을 기준으로 하는 시선속도로서 km/s의 단위로 제시되었다(heliocentric). 양의 부호는 태양으로부터 멀어지는 운동을 의미하고 음의 부호는 태양과 가까워지는 운동을 의미한다.

[e] 우리은하를 기준으로 하는 시선속도로서 km/s의 단위로 제시되었다. $RV_{hel}$에 은하중심을 공전하는 태양의 운동에 대한 보정을 취해 계산되었다.

[f] 일단은 기본 은하분류(나선, 타원, 불규칙)로 제시되었으며, 다른 특별한 형태로 분류되었을 때 그 이름을 제시하였다(제16장 참조).

**표 G.3 엑스선 밝기가 큰 가까이 있는 은하단**

| 은하단 이름 | 적색이동 | 거리[a] (10억 광년) | 은하단내매질 온도(백만 K) | 은하들의[b] 평균 궤도속도 (km/s) | 은하단 질량[c] ($10^{15}M_{태양}$) |
|---|---|---|---|---|---|
| Abell 2142 | 0.0907 | 1.26 | 101. ± 2 | 1132 ± 110 | 1.6 |
| Abell 2029 | 0.0766 | 1.07 | 100. ± 3 | 1164 ± 98 | 1.5 |
| Abell 401 | 0.0737 | 1.03 | 95.2 ± 5 | 1152 ± 86 | 1.4 |
| Coma | 0.0233 | 0.32 | 95.1 ± 1 | 821 ± 49 | 1.4 |
| Abell 754 | 0.0539 | 0.75 | 93.3 ± 3 | 662 ± 77 | 1.4 |
| Abell 2256 | 0.0589 | 0.82 | 87.0 ± 2 | 1348 ± 86 | 1.4 |
| Abell 399 | 0.0718 | 1.00 | 81.7 ± 7 | 1116 ± 89 | 1.1 |
| Abell 3571 | 0.0395 | 0.55 | 81.1 ± 3 | 1045 ± 109 | 1.1 |
| Abell 478 | 0.0882 | 1.23 | 78.9 ± 2 | 904 ± 281 | 1.1 |
| Abell 3667 | 0.0566 | 0.79 | 78.5 ± 6 | 971 ± 62 | 1.1 |
| Abell 3266 | 0.0599 | 0.84 | 78.2 ± 5 | 1107 ± 82 | 1.1 |
| Abell 1651a | 0.0846 | 1.18 | 73.1 ± 6 | 685 ± 129 | 0.96 |
| Abell 85 | 0.0560 | 0.78 | 70.9 ± 2 | 969 ± 95 | 0.92 |
| Abell 119 | 0.0438 | 0.61 | 65.6 ± 5 | 679 ± 106 | 0.81 |
| Abell 3558 | 0.0480 | 0.67 | 65.3 ± 2 | 977 ± 39 | 0.81 |
| Abell 1795 | 0.0632 | 0.88 | 62.9 ± 2 | 834 ± 85 | 0.77 |
| Abell 2199 | 0.0314 | 0.44 | 52.7 ± 1 | 801 ± 92 | 0.59 |
| Abell 2147 | 0.0353 | 0.49 | 51.1 ± 4 | 821 ± 68 | 0.56 |
| Abell 3562 | 0.0478 | 0.67 | 45.7 ± 8 | 736 ± 49 | 0.48 |
| Abell 496 | 0.0325 | 0.45 | 45.3 ± 1 | 687 ± 89 | 0.47 |
| Centaurus | 0.0103 | 0.14 | 42.2 ± 1 | 863 ± 34 | 0.42 |
| Abell 1367 | 0.0213 | 0.30 | 41.3 ± 2 | 822 ± 69 | 0.41 |
| Hydra | 0.0126 | 0.18 | 38.0 ± 1 | 610 ± 52 | 0.36 |
| C0336 | 0.0349 | 0.49 | 37.4 ± 1 | 650 ± 170 | 0.35 |
| Virgo | 0.0038 | 0.05 | 25.7 ± 0.5 | 632 ± 41 | 0.20 |

참고 : 이 표는 J.P. Henry(2000)가 발표한 성표에서 엑스선 밝기가 큰 은하단 25개에 대한 정보를 제시해주고 있다.

[a] 은하단까지의 거리는 허블 상수가 21.5km/s/백만 광년이라고 가정하고 계산되었다.

[b] 이 행에 제시된 평균 궤도속도는 궤도속도의 우리 시선성분의 값이다. 평균 궤도속도를 얻기 위해서는 이 속도값에 $\sqrt{2}$를 곱해주면 된다.

[c] 여기에 제시된 것은 은하단내매질들이 중력평형을 이루고 있는 최대 반경 내에 있는 은하단 질량이다. 은하단의 반경에 대한 추정이 허블 상수에 따라 달라지기 때문에, 이 질량값은 허블 상수에 반비례하게 되는데, 여기서 우리는 허블 상수를 21.5km/s/백만 광년이라고 가정하였다.

# H 88개 별자리

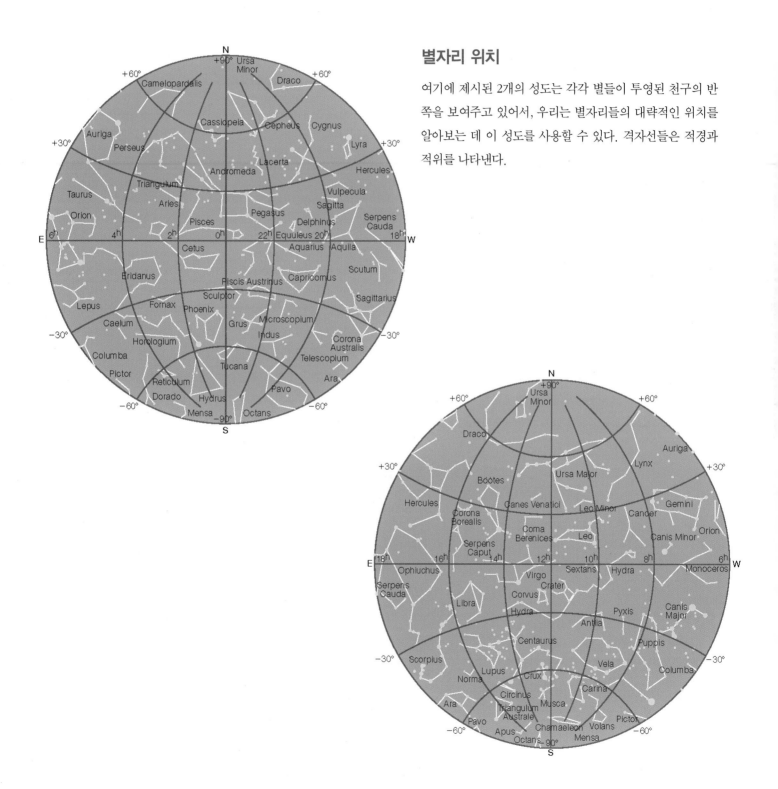

## 별자리 위치

여기에 제시된 2개의 성도는 각각 별들이 투영된 천구의 반쪽을 보여주고 있어서, 우리는 별자리들의 대략적인 위치를 알아보는 데 이 성도를 사용할 수 있다. 격자선들은 적경과 적위를 나타낸다.

## 별자리 이름(별자리의 뜻을 괄호 안에 영어로 제시)

Andromeda (The Chained Princess)
Antlia (The Air Pump)
Apus (The Bird of Paradise)
Aquarius (The Water Bearer)
Aquila (The Eagle)
Ara (The Altar)
Aries (The Ram)
Auriga (The Charioteer)
Bootes (The Herdsman)
Caelum (The Chisel)
Camelopardalis (The Giraffe)
Cancer (The Crab)
Canes Venatici (The Hunting Dogs)
Canis Major (The Great Dog)
Canis Minor (The Little Dog)
Capricornus (The Sea Goat)
Carina (The Keel)
Cassiopeia (The Queen)
Centaurus (The Centaur)
Cepheus (The King)
Cetus (The Whale)
Chamaeleon (The Chameleon)

Circinus (The Drawing Compass)
Columba (The Dove)
Coma Berenices (Berenice's Hair)
Corona Australis (The Southern Crown)
Corona Borealis (The Northern Crown)
Corvus (The Crow)
Crater (The Cup)
Crux (The Southern Cross)
Cygnus (The Swan)
Delphinus (The Dolphin)
Dorado (The Goldfish)
Draco (The Dragon)
Equuleus (The Little Horse)
Eridanus (The River)
Fornax (The Furnace)
Gemini (The Twins)
Grus (The Crane)
HerculesHorologium (The Clock)
Hydra (The Sea Serpent)
Hydrus (The Water Snake)
Indus (The Indian)
Lacerta (The Lizard)

Leo (The Lion)
Leo Minor (The Little Lion)
Lepus (The Hare)
Libra (The Scales)
Lupus (The Wolf)
Lynx (The Lynx)
Lyra (The Lyre)
Mensa (The Table)
Microscopium (The Microscope)
Monoceros (The Unicorn)
Musca (The Fly)
Norma (The Level)
Octans (The Octant)
Ophiuchus (The Serpent Bearer)
Orion (The Hunter)
Pavo (The Peacock)
Pegasus (The Winged Horse)
Perseus (The Hero)
Phoenix (The Phoenix)
Pictor (The Painter's Easel)
Pisces (The Fish)
Piscis Austrinus (The Southern Fish)

Puppis (The Stern)
Pyxis (The Compass)
Reticulum (The Reticle)
Sagitta (The Arrow)
Sagittarius (The Archer)
Scorpius (The Scorpion)
Sculptor (The Sculptor)
Scutum (The Shield)
Serpens (The Serpent)
Sextans (The Sextant)
Taurus (The Bull)
Telescopium (The Telescope)
Triangulum (The Triangle)
Triangulum Australe (The Southern Triangle)
Tucana (The Toucan)
Ursa Major (The Great Bear)
Ursa Minor (The Little Bear)
Vela (The Sail)
Virgo (The Virgin)
Volans (The Flying Fish)
Vulpecula (The Fox)

## 전천 별자리 성도

이 전천 별자리 성도는 마치 한 장의 세계지도가 지구에 있는 모든 나라를 보여주듯이 하늘에 있는 모든 별자리의 위치를 나타내주고 있다. 이 성도는 천구좌표계로 사용하는 일상적인 적경과 적위를 사용하지 않고, 대신 우리은하의 중심이 지도의 중심에 놓이고 또 은하원반(약간 연한 파란색으로 음영 표시된 영역)이 지도의 왼쪽에서 오른쪽으로 펼쳐지도록 제작되었다.

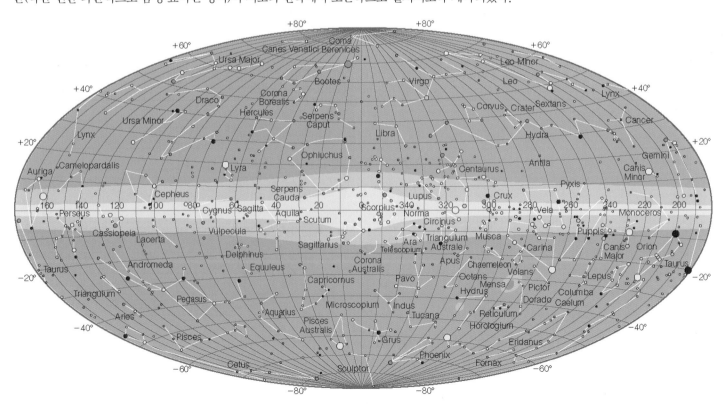

# 성도

## 성도 사용법

여러분에게 가장 알맞은 성도를 고르려면 우선 각성도에 제시된 시간과 날짜를 살펴보자. 이 성도를 가지고 해당되는 날짜에 기입된 시간에 또는 한 시간 내에 밖으로 나가 보자. 성도를 읽는 것을 돕기 위해 밝지 않은 손전등을 가지고 나가 보자.

각 성도에서 바깥쪽의 둥근 가장자리는 여러분을 둘러싸고 있는 지평선을 나타내준다. 지평선 주위의 나침반 방향은 노란색으로 표시하였다. 성도를 돌려서 여러분이 바라보고 있는 방향(예 : 북쪽, 남동쪽)이 표시된 가장자리를 아래로 향하게 해보자. 이 지평선 위의 별들은 이제 여러분이 바라보고 있는 별들이 된다. 다른 방향을 보기 위해 돌리기 전까지는 나머지 부분은 무시해보자.

성도의 중심은 천정을 나타내주는데, 그래서 가장자리에서 중심 쪽으로 성도의 중앙에 놓인 별은 지평선에서 똑바로 위로 펼쳐진 하늘의 중간에서 발견될 수 있다.

성도는 북위 40도의 위치(예 : 덴버, 뉴욕, 마드리드)에서 보이는 하늘을 나타내고 있다. 만일 여러분이 그곳보다 더 남쪽에 산다면, 여러분이 보는 하늘의 남쪽 부분에 있는 별들이 성도에서보다 더 높게 보이게 될 것이고 북쪽 부분에 있는 별들은 더 낮게 보이게 될 것이다. 여러분이 그곳보다 더 북쪽에 살고 있다면 그 역의 현상이 나타난다.

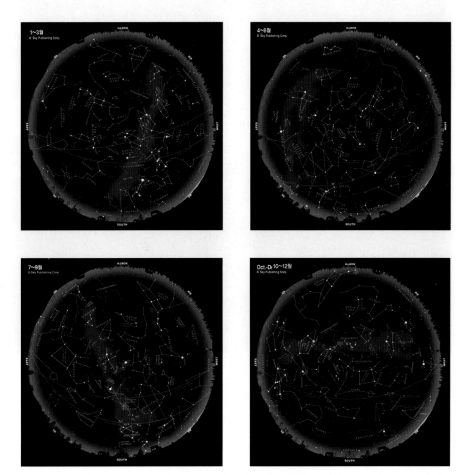

여기에 있는 4개 성도의 한 면 크기의 성도를 보려면 606~609쪽을 참조하라.

Star charts © 1999 *Sky & Telescope*

## 이 성도는 1월, 2월, 3월에 사용한다.

| | | |
|---|---|---|
| 1월 초 — 오전 1시 | 2월 초 — 오후 11시 | 3월 초 — 오후 9시 |
| 1월 말 — 자정 | 2월 말 — 오후 10시 | 3월 말 — 황혼 |

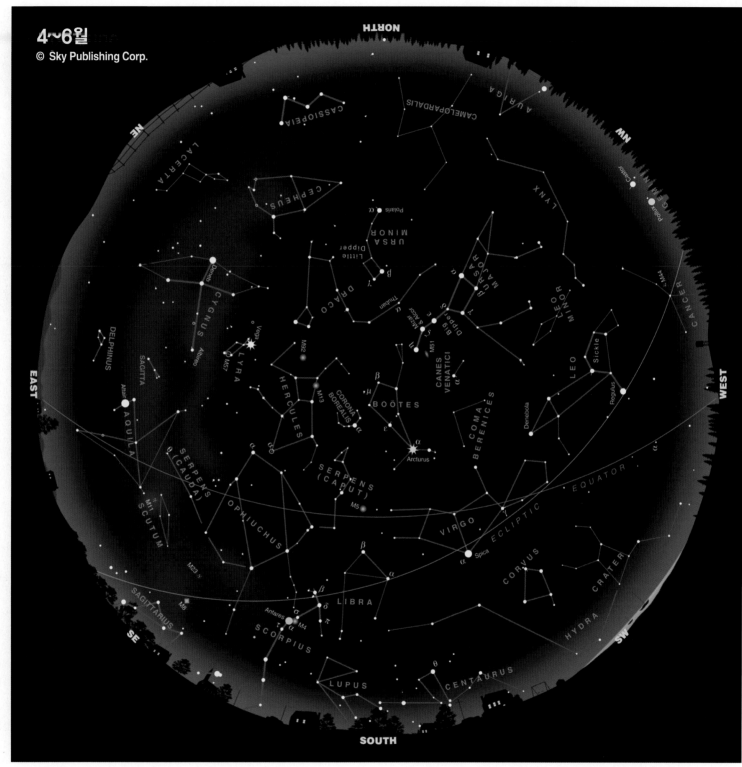

## 이 성도는 4월, 5월, 6월에 사용한다.

| 4월 초 — 오전 3시* | 5월 초 — 오전 1시* | 6월 초 — 오후 11시* |
| 4월 말 — 오전 2시* | 5월 말 — 자정* | 6월 말 — 황혼 |

* 일광 절약시간

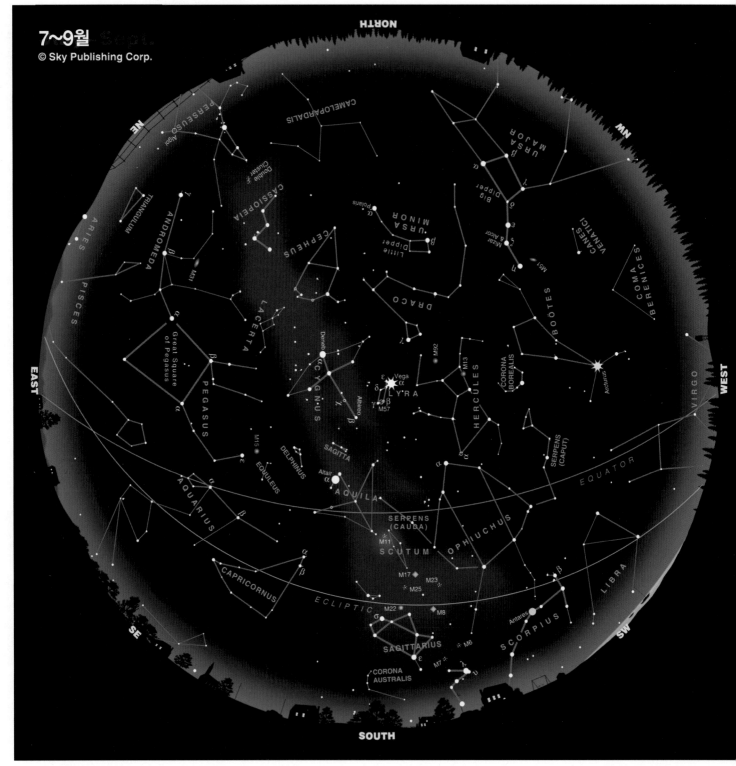

© 1999 *Sky & Telescope*

## 이 성도는 7월, 8월, 9월에 사용한다.

| 7월 초 — 오전 1시* | 8월 초 — 오후 11시* | 9월 초 — 오후 9시* |
| 7월 말 — 자정* | 8월 말 — 오후 10시* | 9월 말 — 황혼 |

* 일광 절약시간

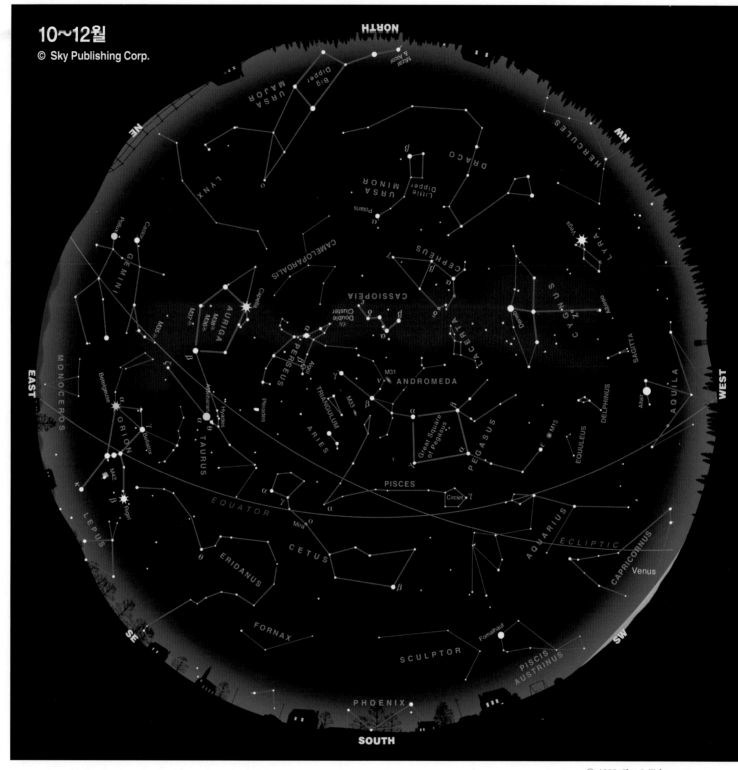

© 1999 *Sky & Telescope*

## 이 성도는 10월, 11월, 12월에 사용한다.

| | | |
|---|---|---|
| 10월 초 — 오전 1시* | 11월 초 — 오후 10시 | 12월 초 — 오후 8시 |
| 10월 말 — 자정* | 11월 말 — 오후 9시 | 12월 말 — 오후 7시 |

* 일광 절약시간

# J 그림에 사용된 파장 표식

이 교과서 전체에 걸쳐 그림에 다음과 같은 아이콘을 보게 될 것이다. 이 아이콘들은 각 이미지에 보인 빛의 파장을 나타내기 위해 사용되었고, 그래서 사진과 비슷하게 그려진 삽화와 컴퓨터 모사로 만들어진 영상을 확인하기 위해 사용되었다.

　　　　　예술가가 작업한 그림

　　　　　컴퓨터 모사를 통해 만든 그래픽

　　　　　지상전파망원경 관측 자료로 만든 영상

　　　　　우주전파망원경 관측 자료로 만든 영상

　　　　　지상적외선망원경 관측 자료로 만든 영상

　　　　　적외선우주망원경 관측 자료로 만든 영상

　　　　　지상광학망원경 관측 자료로 만든 영상

　　　　　광학우주망원경 관측 자료로 만든 영상

　　　　　로켓광학망원경 관측 자료로 만든 영상

　　　　　자외선우주망원경 관측 자료로 만든 영상

　　　　　엑스선우주망원경 관측 자료로 만든 영상

　　　　　감마선우주망원경 관측 자료로 만든 영상

# 용어해설

**가벼운 별(low-mass stars)** $2M_{태양}$보다 작은 질량을 가지고 태어난 별, 이런 별들은 행성상성운은 형성하고 난 후 백색왜성이 됨으로써 자신의 삶을 끝낸다.

**가상 색채 영상(false-color image)** 색으로 표현된 영상의 색은 실제 천체에서 나오는 가시광의 색이 아니다.

**가상의 입자(virtual particles)** 갑자기 생겨났다 없어지는 입자들로, 사라지는 속도가 너무 빨라서 불확정성 원리는 직접 검출될 수 없다고 말해주는 입자들

**가설(hypothesis)** 관측된 사실들의 일부를 설명하기 위해 제안된 잠정적인 모형으로 아직 확실하게 검증되어 확증되지는 않았다.

**가속 팽창하는 우주(accelerating universe)** 반발력(우주 상수 참조)이 우주의 팽창을 가속시키는 상태의 우주. 이런 우주 속에서 은하들은 서로에 대해 점점 더 빨리 멀어지고, 그래서 우주는 열린 우주보다 더 빨리 식고 어두워진다.

**가속도(acceleration)** 물체의 속도가 변화하는 정도. 표준단위는 $m/s^2$이다.

**가스분출(outgassing)** 한 행성의 내부에서 가스가 분출되는 과정으로 보통 화산 폭발을 통해 일어난다.

**가시광선(visible light)** 400~700nm의 파장을 지니며, 눈으로 지각될 수 있는 빛

**각거리[(angular size (or angular distance)]** 관측 장소에서 두 점에 이르는 두 선 사이의 각도 크기

**각분해능[angular resolution (of a telescope)]** 2개의 점 같은 물체의 각거리로 (하나의 빛을 내는 점보다) 여전히 서로 다른 2개의 빛을 내는 점으로 보이는 가장 작은 각거리

**각운동량 보존(conservation of angular momentum)** 비틀림 힘 같은 알짜 힘이 작용하지 않을 때, 계 내부의 총 각운동량이 항상 일정하게 보존된다는 원리

**각운동량(angular momentum)** 자전 또는 공전으로 인해 생기는 운동량. 반경 $r$의 원운동을 하는 물체의 각운동량은 $m \times v \times r$로 표현된다.

**간섭계(interferometry)** 2개 이상의 망원경을 이용하여 개별 망원경이 도달할 수 있는 것보다 훨씬 더 좋은 분해능을 얻게 하는 망원경 기술

**갈릴레이 위성(Galilean moons)** 갈릴레이에 의해 발견된 4개의 목성 위성으로 이오, 유로파, 가니메데, 칼리스토를 말한다.

**갈색왜성(brown dwarf)** 질량이 너무 작아서 성인별이 되지 못하는 천체로, 핵융합 반응이 자동으로 지속되기 전에 전자축퇴압이 중력폭축을 정지시킨다, 갈색왜성의 질량은 $0.08M_{태양}$보다 작다.

**감마선(gamma rays)** 매우 짧은 파장 (그래서 높은 주파수)을 가진 빛. 엑스선의 파장보다 짧다.

**감마선 폭발(gamma-ray burst)** 심천에서 갑자기 일어나는 감마선 방출 이런 폭발은 아마 멀리 있는 은하에서 생긴 것이 확실하지만, 거기에 대한 정확한 기작은 아직 불분명하다.

**강력(strong force)** 4개 기본 힘 중 하나. 원자핵을 묶어놓는 힘이다.

**강수(precipitation)** 비, 눈 또는 우박의 형태로 지구 표면에 떨어지는 응축된 대기 가스

**강착(accretion)** 작은 물체가 질량이 큰 물체로 모이는 과정

**강착원반(accretion disk)** 물질이 밀집성(예 : 백색왜성, 중성자별, 블랙홀) 주위를 돌면서 점점 안쪽으로 떨어지는 물질이 빠르게 회전하면서 형성하는 원반

**개기식(totality, eclipse)** 달이 지구 본영과 완전히 일치하거나 또는 태양의 원반이 달을 완전히 막았을 때 일어나는 개기월식이다.

**개기월식(total lunar eclipse)** 월식 중 달이 완전히 지구의 본영에 가려지는 현상

**개기일식(total solar eclipse)** 태양이 달의 원반에 의해 완전히 가려지는 현상

**거대 구조[large-scale structure (of universe)]** 일반적으로 은하단의 크기보다 더 큰 크기의 우주 구조를 의미한다.

**거대 분자구름(giant molecular cloud)** 차갑고 밀도가 큰 성간기체가 엄청나게 크게 모인 구름으로, 태양질량의 백만 배까지의 질량을 지니고 있다. 분자구름을 참조하라.

**거대은하(giant galaxies)** 이상할 정도로 크며 수조 개 이상의 별로 구성된 은하. 대부분의 거대은하는 타원형이며, 그래서 중심에 여러 개의 핵을 지니고 있는 은하들이 많다.

**거대충돌(giant impact)** 형성되고 있는 행성과 아주 큰 미행성체의 충돌을 말하는데, 달이 형성될 때도 이런 충돌을 거쳤다고 여겨진다.

**거성(광도계급 III)[giants (luminosity class III)]** 반경이 다소 작고 밝기가 낮기 때문에 H-R도에서 초거성 바로 아래에 위치하는 별

**거주 가능 세계(habitable world)** 생명체가 생겨나서 생존할 수 있는 잠재력이 있는 환경 조건을 갖춘 세계

**거주 가능 영역(habitable zone)** 별 주위의 영역으로, 거기에서 행성은 물이 존재할 수 있는 표면온도를 지닐 수 있다.

**겉보기 등급(apparent magnitude)** 하늘에 보이는 천체가 지닌 겉보기 밝

기의 척도로, 히파르코스가 고안한 옛날 방법에 기초를 둔다.

**겉보기 밝기(apparent brightness)** 빛을 내는 천체로부터 우리에게 단위 면적당 도달하는 빛의 양, 단위로 측정

**겉보기 역행운동(apparent retrograde motion)** 지구에서 볼 때 행성이 역행운동을 하는 것으로 보이는 현상인데, 몇 주에서 몇 개월 동안 하늘의 별들을 배경으로 행성이 서쪽으로 이동하는 것처럼 보인다.

**경도(longitude)** 지구 표면의 어느 지역과 본초자오선(영국 그리니치를 통과하는) 사이를 동-서 측정한 각거리

**고리[belts (on a jovian planet)]** 특정 위도 대에서 목성형 행성을 둘러싸고 있는 공기들이 아래로 가라앉으면서 형성되는 어두운 띠

**고온점[hot spot (geological)]** 국부적으로 뜨거운 맨틀 물질기둥이 솟아오르는 대류권 판의 한 장소

**고유운동(proper motion)** 어떤 천체가 우리의 시선 방향에 수직인 하늘의 평면에서 움직이는 현상

**고체상태(solid phase)** 원자나 분자가 고체로 존재하는 물질의 상태

**공동(voids)** 우주에서 초은하단 사이에 존재하는 엄청나게 큰 공간으로 아주 작은 물질을 보유하고 있는 것처럼 보인다.

**공명(resonance)** 궤도공명을 참조하라.

**공전(revolution)** 한 천체가 다른 천체 주위를 도는 궤도운동

**과학(science)** 자연현상을 설명하거나 예측하는 데 사용될 수 있는 지식의 탐구과정으로 철저한 관측이나 실험에 의해 어느 정도 확증될 수 있다.

**과학이론(scientific theory)** 자연에 대한 몇몇 관점들의 모형으로서 철저하게 검증되었고 또 현재까지 모든 시험을 통과한 모형을 말한다.

**과학적 모형[model (scientific)]** 신화, 마법이나 초자연적인 것을 적용하지 않고 실제 현상을 예측하고 설명하는 데 사용될 수 있는 어떤 자연의 관점 표현

**과학적 방법(scientific method)** 관측된 사실들을 과학을 통해 설명하기 위해 잘 정리된 접근법

**관측 가능한 우주(observable universe)** 적어도 원칙적으로는 지구에서 관측할 수 있는 전체 우주의 영역

**광공해(light pollution)** 천문 관측을 방해하는 인공적인 빛

**광구(photosphere)** 태양의 관측 가능한 표면으로 평균온도 6,000K 미만이다.

**광년(light-year, ly)** 빛이 1년 동안 갈 수 있는 거리로 9조 4,600억 km이다.

**광도(luminosity)** 한 천체에서 나오는 총 일률인데, 일반적으로 와트 또는 태양광도 단위로 측정된다($L_{태양}=3.8\times10^{26}$와트).

**광도계급(luminosity class)** H-R도에서 그 별에 해당하는 위치를 알려주는 분류로 초거성의 광도계급은 I, 거성의 광도계급은 III, 그리고 주계열성의 광도계급은 V로 표시한다. 광도계급 II와 IV는 다른 계급의 중간에 해당한다.

**광도 곡선(light curve)** 한 천체의 시간에 따른 복사 강도의 그래프

**광속(speed of light)** 빛의 움직이는 속력으로 30만 km/s이다.

**광자(photon)** 파장 및 주파수에 의해 특정지어지는 각각의 빛 입자

**광학 특성(optical quality)** 렌즈, 거울 또는 망원경이 얼마나 선명하고 초점이 잘 맞춰진 영상을 얻을 수 있는가의 척도

**구립운석(chondrites)** 원시운석을 지칭하는 다른 이름. 이 명칭은 운석이 둥그런 구상체를 보인다고 해서 부여되었다. 'achondrites'는 구상체가 없다는 뜻인데, 변화된 운석에 대해 쓰이는 다른 명칭이다.

**구면기하학(spherical geometry)** 구면의 표면에 적용되는 법칙이 적용되는 기하학의 형태. 구면기하에서는 평행하게 시작된 선들은 결국 만난다.

**구상성단(globular cluster)** 백만 개 이상의 별로 구성된 구형 모양의 성단, 구상성단은 주로 은하의 헤일로 지역에서 발견되며 매우 늙은 별들로만 이루어져 있다.

**구조론(tectonics)** 한 행성의 표면이 내부장력에 의해 방해받는 현상

**국부은하군(Local Group)** 우리은하가 속해 있는 은하군으로 약 40은하로 구성되어 있다.

**국부초은하단(Local Supercluster)** 국부은하군에 속해 있는 초은하단

**국부 태양주변(local solar neighborhood)** 우리은하에서 태양에 비교적 가까운(몇백 광년에서 몇천 광년) 영역

**굴절망원경(refracting telescope)** 빛의 초점을 맞추기 위해 렌즈를 사용하는 망원경

**궁수자리 왜소은하(Sagittarius Dwarf)** 현재 우리은하의 원반을 통과하고 있는 작은 왜소타원은하

**궤도(orbit)** 중력 때문에 한 천체가 움직이는 경로. 궤도는 아마 속박되거나(타원) 또는 속박되지 않을 수 있다(포물선 또는 쌍곡선).

**궤도공명(orbital resonance)** 한 천체의 궤도 주기가 다른 천체의 궤도 주기의 간단한 비율이 되는 상황, 즉 1/2, 1/4, 5/3와 같이. 이러한 경우에 두 천체가 서로 주기적으로 정렬되고, 이 주기에서 추가적인 인력이 천체의 궤도에 영향을 줄 수 있다.

**궤도선[orbiters (of other worlds)]** 장기적인 연구를 위해 다른 행성의 궤도로 이동하는 우주선

**궤도속도 법칙(orbital velocity law)** 별의 궤도속도와 은하중심에서부터의 거리를 이용하여 별 궤도 내에 존재하는 은하의 질량을 유도하게 해주는 케플러 제3법칙의 뉴턴 법식 해석의 변형. 수학적으로는 아래와 같이 표시된다.

$$M_r = G\,\frac{r\times v^2}{G}$$

여기서 $M_r$은 별 궤도 내에 존재하는 질량, $r$은 은하중심에서부터 별까지의 거리, $v$는 별의 궤도속도, 그리고 $G$는 중력 상수이다.

**궤도에너지(orbital energy)** 궤도운동을 하는 천체의 운동에너지와 중력위치에너지의 합

**(궤도운동하는 천체들의) 질량중심[center of mass (of orbiting objects)]** 2개 이상의 천체가 무엇인가에 의해 연결되어 있다면, 두 천체가 균형을 이룰

것으로 예상되는 점. 그 점 주위로 궤도운동을 하는 천체들이 실제로 궤도를 돈다

**규산염암(silicate rock)** 규소가 풍부한 암석

**그레고리력(Gregorian calendar)** 요즘 사용하는 달력으로, 1582년에 그레고리 교황에 의해 도입되었다.

**극초단파(microwaves)** 밀리미터에서 마이크로미터 범위의 파장을 보이는 빛. 극초단파는 일반적으로 전자기 스펙트럼에서 전파 영역의 일부로 간주된다.

**극초신성(hypernova)** 이 용어는 한 별의 질량이 너무 커서 블랙홀을 잔해로 남기며 폭발하는 초신성을 기술하기 위해 가끔 사용된다.

**근일점(perihelion)** 태양을 공전하는 천체가 태양에 가장 가까울 때의 지점

**근접쌍성(close binary)** 2개의 별이 아주 근접해 있는 쌍성계

**근지점(perigee)** 지구 궤도를 도는 물체가 지구에 가장 가까울 때의 지점

**글루온(gluons)** 강력에 대한 매개입자

**금속[metals (in solar system theory)]** 니켈, 철, 알루미늄 같은 원소들로 비교적 높은 온도에서 응축된다.

**금속성 수소(metallic hydrogen)** 충분히 압축되어 수소원자 모두가 전자를 공유하고, 그래서 전기를 전도하는 것 같은 금속의 특성을 나타내는 수소. 이런 현상은 매우 높은 압력 조건에서만 발생하는데, 목성 내부 깊은 곳에서 이런 수소가 발견되었다.

**금환일식(annular solar eclipse)** 달이 태양 바로 앞에 있지만 각 크기가 태양을 전부 가릴 만큼 크지 않을 때 생기는 일식 현상이다. 즉, 태양빛이 반지(금환)처럼 달의 중심부만 가리고 바깥 부분은 여전히 환하게 보인다.

**급팽창[inflation (of the universe)]** 대통일이론(GUT) 시기의 마지막 때에 일어났을 것으로 여겨지는 우주의 갑작스럽고 극적인 팽창

**기본 입자(fundamental particles)** 더 이상 작게 나눠질 수 없는 원자보다 작은 입자

**기본 힘(fundamental forces)** 자연에서 알려진 네 가지의 기본 힘으로 알려진 힘으로 중력, 전자기력, 강력, 약력을 의미한다.

**기상(weather)** 행성의 대류권에서 바람, 구름, 온도와 압력들이 아주 다양하게 변화하는 현상

**기압(gas pressure)** 주변의 기체 때문에 어떤 물질을 밀어내는(단위 면적당) 힘. 압력을 참조하라.

**기준좌표계(reference frame, or frame of reference)** 두 사람(또는 천체)이 서로 상대운동을 하지 않을 때 사용하는 좌표계

**기체 상태(gas phase)** 원자 또는 분자가 서로 독립적으로 운동할 수 있는 물질의 상태

**기후(climate)** 장기적으로 평균으로 표시된 날씨

**길이 수축(length contraction)** 여러분에게 상대적인 운동을 하는 기준계에서는 어떤 물체의 거리가 수축이 되는 것처럼 관측되는 효과

**끈이론(string theory)** 아직 잘 검증되지 않은 새로운 이론으로, 현재 사용되고 있는 이론보다 훨씬 더 간단하게 모든 물리현상을 설명하려 시도하는 이론이다.

**나선밀도파(spiral density waves)** 중력에 의해 생기는 증강된 밀도를 지닌 파동으로, 나선은하를 통해 움직이며 나선팔을 유지하는 역할을 한다.

**나선은하(spiral galaxies)** 편평한 하얀색 원반과 중심에 노란색 팽대부를 지닌 것같이 보이는 은하. 원반은 차가운 가스와 먼지들로 꽉 차 있는데, 더 뜨거운 이온화 가스가 사이에 있어서 아름다운 나선팔을 보여준다.

**나선은하의 팽대부(bulge of a spiral galaxy)** 나선은하의 중심 영역으로, 거의 타원형(또는 축구공 형태)이고 은하원반의 위와 아래로 부풀려 있는 형태이다.

**나선팔(spiral arms)** 대부분의 나선은하에서 발견되는 나선 형태를 지닌 밝고 뚜렷한 팔들

**난류(turbulence)** 무작위적이며 빠르게 일어나는 운동

**남극권(Antarctic Circle)** 지구의 위도가 66.5°S인 원지역

**남회귀선(Tropic of Capricorn)** 남위 23.5°인 영역으로 태양이 직접 머리 위를 지나가는 영역 중 가장 남쪽의 위치를 나타내준다.(동짓날 정오에도 바로 머리 위에 태양이 위치한다.)

**내부태양계(inner solar system)** 우리태양계에서 화성의 궤도까지의 영역이라고 일반적으로 간주된다.

**노출 시간(exposure time)** 빛이 단일 영상을 만들기 위해 모이는 동안의 시간

**눈덩이지구이론(snowball Earth)** 6,000~7,000만 년 전에 지구가 너무 추워서 빙하기가 전 세계에 퍼지기 시작하여, 적도지역까지 영향을 미쳤던 기간이 있었다고 제안하는 가설에 부여된 이름

**뉴턴(newton)** 미터법에서의 힘의 표준단위 1뉴턴=1(kg×m)/s²

**뉴턴의 만유인력의 법칙(Newton's universal law of gravitation)** 만유인력을 참조하라.

**뉴턴의 운동법칙(Newton's laws of motion)** 물체가 힘에 어떻게 반응하는지 설명하는 세 가지 기본 법칙

**뉴턴의 제1법칙(Newton's first law of motion)** 알짜힘이 없다면 물체는 일정한 속도로 움직인다는 원리

**뉴턴의 제2법칙(Newton's second law of motion)** 알짜힘이 물체의 운동에 어떤 영향을 미치는지 설명하는 법칙. 특히 힘=운동량의 변화율 또는 힘=질량×가속도이다.

**뉴턴의 제3법칙(Newton's third law of motion)** 어떤 힘에 대해 항상 반작용이 존재하는데, 크기는 같고 방향은 반대라는 원리

**다운쿼크(down quark)** 보통의 양성자와 중성자에서 발견된 두 가지 쿼크 중 하나(다른 쿼크는 업쿼크)

**단층[fault (geological)]** 암석이 또 다른 암석에 대해 미끄러지는 곳

**닫힌 우주(closed universe)** 시공간 곡선이 스스로 한 점으로 되돌아오는 형태를 지닌 우주 모형. 그 한 점에서는 우주의 전체 모습과 구 표면의 모습이 비슷하다.

**달의 교점**[nodes (of Moon' orbit)] 달의 궤도가 황도면을 교차하는 두 점

**달의 바다**(lunar maria) 지구에서 볼 때 매끄럽게 보이는데 실제로는 충돌 분지들인 달의 영역

**대**[zones (on a jovian planet)] 밝게 빛나며 솟아오르는 공기의 띠들로, 이들은 어떤 특별한 위도대에서 목성형 행성 주위를 돌고 있다.

**대기**(atmosphere) 행성이나 위성을 둘러싸고 있는 가스층으로 대개 천체의 크기에 비해 매우 얇다.

**대기구조**(atmospheric structure) 고도에 따라 변화하는 온도에 따라 구분되는 행성 대기층. 예를 들어, 지상에서부터 시작하는 지구 대기구조는 대류권, 성층권, 열권, 그리고 외기권으로 구성된다.

**대기압**(atmospheric pressure) 대기의 무게에 의해 생기는 표면 압력

**대기역전**[inversion (atmospheric)] 대류권에서는 아래쪽 공기가 더 따뜻한데, 대류권이 더 높은 지역보다 공기가 더 차가운 현상이 일어나는 국부적인 날씨 조건을 말한다.

**대류**(convection) 따뜻한 물질은 팽창하여 떠오르는 반면 차가운 물질은 수축하고 가라앉는 에너지 전달 과정

**대류권**(troposphere) 대기권의 가장 아래층으로 대류와 기상현상이 일어난다.

**대류 영역**(convection zone) 에너지가 대류에 의해 바깥쪽으로 전달되는 영역

**대류환**(convection cell) 대류하는 물질이 차지하고 있는 작고 개별적인 영역

**대류지각**(continental crust) 지구의 대륙을 구성하고 있는 낮은 밀도의 두꺼운 지각. 해저지각이 재용융되면서 낮은 밀도의 암석이 분리되어 표면으로 분출될 때 형성되었다. 대류지각의 나이는 아주 젊은 것에서부터 40억 년이 넘는 늙은 것까지 넓게 퍼져 있다.

**대마젤란성운**(Large Magellanic Cloud) 2개의 작은 불규칙은하 중의 하나(다른 하나는 소마젤란성운)로 15만 광년 떨어진 곳에 위치하고 있다. 우리은하 주위를 돌고 있는 것 같다.

**대멸종**(mass extinction) 공룡이 약 6,500만 년 전에 멸종된 현상과 같이 지구에 살고 있는 종의 많은 부분이 멸종된 현상

**대원**(great circle) 지구 표면 위에 있는 원으로, 원의 중심이 구 중심에 있다.

**대적점**(Great Red Spot) 목성 위에 있는 크고 압력이 높은 물질 흐름(폭풍)

**대조**(사리, spring tides) 초승달과 보름달이 뜰 때 태양의 조력과 달의 조력이 서로 일직선에 놓여 지구에서 평균조수보다 더 큰 조수가 일어나는 현상

**대통합이론**(grand unified theory, GUT) 네 가지 기본 힘 중 3개(강력, 약력, 전자기력)를 하나의 이론으로 통합하는 이론. 중력은 제외

**대폭격기**(heavy bombardment) 태양계가 형성되고 난 후 처음 수천 년 동안의 기간으로, 이 기간 동안 행성물질 모임의 끝자락에서 고대 행성 표면에서 발견된 대부분의 충돌 크레이터가 형성되었다.

**도플러 기술**(Doppler technique) 외계태양계를 찾는 기술로, 별이 행성으로부터 중력적 이끌림에 의해 야기되어 관측자로부터 멀어지거나 가까워지는 운동을 이용한다.

**(도플러) 적색이동**[redshift (Doppler)] 스펙트럼이 더 긴 파장으로 이동하는 도플러 이동으로, 한 천체가 관측자로부터 멀어지고 있을 때 관측된다.

**도플러 효과(이동)**[Doppler effect (shift)] 관측자 쪽으로 혹은 멀어지는 방향으로 운동하는 천체에서 보이는 스펙트럼의 파장이 이동하는 효과

**돌연변이**(mutations) 살아 있는 세포가 스스로 복제할 때 복사 과정에 생기는 오류

**동결 한계선**(frost line) 태양계 성운의 경계로, 이 지역을 넘어서는 얼음이 응결될 수 있다. 금속과 암석만이 동결 한계선 안에서 응결될 수 있다.

**동위원소**(isotopes) 양자 수는 같지만 중성자 수가 다른 원소의 형태

**동주기 자전**(synchronous rotation) 한 천체의 자전주기와 공전주기가 같아서 궤도운동을 하는 천체의 한 면만 항상 보게 되는 천체의 자전

**동지점**[winter (December) solstice] 천구상에서 황도가 천구적도의 가장 남쪽에 위치한 지점을 지칭하기도 하고, 또 태양이 매년 그곳에 놓일 때(12월 21일경)를 말하기도 한다.

**드레이크 방정식**(Drake equation) 우리은하에 있는 지적 생명체의 수를 결정하는 데 역할을 하는 인수를 제시하는 방정식

**들뜬 상태**(excited state) 바닥 상태일 때보다 더 큰 에너지를 갖는 원자의 전자 배열

**등가원리**(equivalence principle) 일반상대론의 기본적인 첫 시작점으로, 중력 효과가 가속 효과와 정확히 동등하다고 주장한다.

**등급 분류**(magnitude system) 등급이라 불리는 숫자를 사용한 별 밝기를 기술한 시스템으로, 고대 그리스인들이 밤하늘의 별 밝기를 기술하기 위해 사용했던 방법을 기초로 한다. 이 분류는 별의 광도를 설명하는 절대등급과 별의 겉보기 밝기를 설명하는 겉보기등급을 사용한다.

**뜨거운 목성**(hot Jupiter) 크기는 목성과 비슷하지만 별에 너무 가깝게 공전하고 있어 매우 뜨거운 표면온도를 지닌 행성 부류

**레이더 지도**(radar mapping) 레이더 전파를 표면에 반사시켜서 행성의 영상을 얻는 방법. 표면에 구름이 덮여 있는 금성이나 타이탄에는 특별히 중요하다.

**레이더 탐지**(radar ranging) 전파를 행성에 반사시켜 태양계 내에 있는 천체의 거리를 측정하는 방법

**렌즈형 은하**(lenticular galaxies) 가장자리에서 볼 때 렌즈 형태를 지니며 나선팔이 없는 나선은하처럼 보이는 은하. 이 은하들에 있는 차가운 가스는 정상 나선은하보다 작지만 타원은하보다는 많다.

**렙톤**(leptons) 쿼크로 구성되어 있지 않은 페르미온으로 전자와 중성미자가 여기에 속한다.

**로시 조석중간대**(Roche tidal zone) 어떤 행성 반경의 2~3배 내 영역으로, 여기서 어떤 물체를 멀어지게 하는 조석력이 그 물체를 잡아당겨 붙잡는 중력과 비슷해진다. 행성의 고리들은 항상 로시 조석중간대 안에서 발견된다.

**마그마(magma)** 지각 밑에 있는 용융된 암석

**막대나선은하(barred spiral galaxies)** 은하중심을 가로지르는 식선 막대가 있는 나선은하

**만유인력의 법칙(universal law of gravitation)** 두 물체 사이에 작용하는 중력($F_g$)은 다음과 같은 식으로 주어진다는 법칙.

$$F_g = G\frac{M_1 M_2}{d^2}$$

여기서 $G = 6.67 \times 10^{-11}\frac{\text{m}^3}{\text{kg} \times s^2}$이다.

**망원경의 집광 면적(ight-collecting area of telescope)** 망원경에서 빛을 모으는 주경이나 렌즈의 면적

**매개입자(exchange particle)** 네 가지 근본적인 힘 중 하나를 전달해주는 아원자 입자의 유형. 표준 물리학 모형에 따르면 2개의 물체가 힘을 통해 상호작용할 때마다 이들 입자들은 항상 교환된다.

**맥동변광성(pulsating variable stars)** 별의 바깥층의 크기가 팽창했다가 수축했다 하면서 밝기가 밝아졌다 어두워졌다를 반복하는 별

**먼지[dust (or dust grains)]** 소량의 고체물질, 천문학에서 우리는 행성 간 티끌(항성계 내에서 발견된) 혹은 별 사이 티끌(은하에서 항성들 사이에서 발견된)로 구분한다.

**먼지 꼬리[dust tail (of a comet)]** 혜성이 태양근처를 통과할 때 보이는 두 꼬리 중 하나. (다른 하나는 플라스마 꼬리). 이 꼬리는 태양복사압에 의해 태양 바깥쪽으로 밀려난 작은 고체 입자들로 구성되어 있다.

**메톤 주기(Metonic cycle)** 달의 위상이 동일한 날짜에 일어나는 것이 반복되는 19년의 주기로, 바빌로니아의 천문학자 메톤이 발견했다.

**목성형 성운(jovian nebulae)** 목성형 행성들의 주위를 돌고 있는 기체구름으로, 이런 구름에서 위성들이 형성된다.

**목성형 행성(jovian planets)** 목성의 전반적인 구성 요소와 비슷한 가스로 구성된 거대 행성들

**무거운 별(high-mass stars)** $8M_{태양}$ 이상 질량을 지닌 채 탄생한 별. 이런 별들은 초신성폭발로 자신의 삶을 마무리한다.

**무거운 별 초신성(massive star supernova)** 질량이 큰 별이 죽을 때 일어나는 초신성폭발로, 철 핵의 파국적인 폭축으로 시작된다. 종종 II형 초신성으로 부른다.

**무게(weight)** 어떤 물체가 그 주변에 놓였을 때 느끼는 알짜힘. 지구 표면에서 움직이지 않는 물체의 경우에 느끼는 알짜힘은 질량×중력가속도이다.

**무중력(weightlessness)** 자유낙하가 일어날 때와 같이 무게가 0인 경우

**물질-반물질 쌍소멸(matter-antimatter annihilation)** 물질 입자와 반물질 입자가 만나서 자신들의 모든 질량에너지를 광자로 변환할 때 일어나는 현상

**물질의 상태(phase of matter)** 원자 또는 분자가 함께 뭉쳐 있는 방식에 따라 결정되는 상태. 일반적으로 고체, 액체, 기체 상태가 있다.

**미행성(planetesimals)** 행성을 형성하는 작은 물질덩어리들로, 태양계 성운에서 물질 모임에 의해 형성된다.

**밀도(질량)[density (mass)]** 물체의 단위 부피당 질량의 양. 어떤 물체의 평균밀도는 질량을 부피로 나눈 값으로 알 수 있다. 표준 미터법 표기는 kg/m³이지만, 천문학에서의 밀도에 대해 g/cm³이 더 일반적으로 사용된다.

**밀란코비치 순환(Milankovitch cycles)** 지구의 자전축 기울기와 궤도가 주기적으로 변하는 현상으로, 기후를 변화시키고 빙하기의 원인이 될 수 있다.

**밀리초 펄서(millisecond pulsars)** 1초에 수천 번의 주기로 자전하는 펄서

**바(bar)** 압력의 표준단위로 해수면에서 지구 대기압과 거의 똑같다.

**바닥 상태[ground state (of an atom)]** 원자에서 전자가 지닐 수 있는 에너지 상태 중 가장 작은 에너지 상태

**반감기(half-life)** 방사성 동위원소의 주어진 양에서 핵의 절반이 붕괴하는 데 걸리는 시간

**반물질(antimatter)** 보통의 물질 입자와 질량이 같지만 전하 같은 기본 성질이 완전 반대인 물질

**반사(reflection)** 물질이 빛의 방향을 바꾸어주는 현상

**반사망원경(reflecting telescope)** 빛을 모으기 위해 거울을 사용하는 망원경

**반사성운(reflection nebula)** 성간먼지알갱이들이 반사한 별빛을 보게 되는 성운. 반사성운은 푸르스름하게 보이는 경향이 있다.

**반영 월식(penumbral lunar eclipse)** 지구의 반영에만 달이 지나가는 동안의 월식. 이때 본영에는 들어가지 않는다.

**반영(penumbra)** 그림자에서 외곽에 놓인 더 밝은 영역

**반전자(antielectron)** 전자에 상응하는 반물질. 전자와 사실상 똑같지만 음전하를 지닌 전자와는 달리 양전하를 지니고 있다.

**방사능 연대 측정법(radiometric dating)** 방사성 물질의 현재 양과 붕괴된 후 물질의 양을 비교하여 암석의 나이(고체화된 이후 지금까지의 시간)를 결정하는 과정

**방사성 동위원소(radioactive element, or radioactive isotope)** 핵이 자발적으로 분해되는 경향이 있는 물질

**방사성 붕괴(radioactive decay)** 한 원자가 다른 원소로 자발적인 변화를 일으키는 현상으로, 이때 핵이 깨지거나 양성자가 전자로 변한다. 행성의 내부에서 열을 방출한다.

**방위각(azimuth)** 지평선 주위를 따라 정북에서 시계 방향으로 돌면서 각도로 측정되는 방향. 예를 들어, 정북의 고도는 0°이고, 정동은 90°, 정남은 180° 그리고 정서는 270°이다. (이 책에서는 일반적으로 방향이라 불렸다.)

**방출선 스펙트럼(emission line spectrum)** 방출선을 지니고 있는 스펙트럼

**방출성운(emission nebula)** 이온화된 성운에 대한 또 다른 이름. 이온화성운을 참조하라.

**방향[direction (in the local sky)]** 어느 지역 하늘에 떠 있는 천체의 위치를

나타내기 위해 필요한 2개의 좌표계 중 하나(다른 하나는 고도). 북, 남, 동 또는 서와 같은 방향인데, 이 방향은 여러분이 천체를 보기 위해 바라보는 방향이다. 방위각을 참조하라.

**배타 원리(exclusion principle)** 두 페르미 입자는 동시에 같은 양자 상태를 취할 수 없다는 양자역학법칙

**백색왜성(white dwarfs)** 질량이 작은 별이 죽어서 생긴 뜨겁고 밀집된 천체로 지구 정도의 체적에 태양 정도 질량이 압축되어 있는 상태이다.

**백색왜성 초신성(white dwarf supernova)** 물질을 모으는 백색왜성이 백색왜성 한계에 도달했을 때 걷잡을 수 없는 탄소핵융합을 점화시키고 폭탄처럼 폭발할 때 생기는 초신성. Ia형 초신성이라 부른다.

**백색왜성 한계 또는 찬드라세카르 한계(white dwarf limit, or Chandrasekhar limit)** 백색왜성에 대해 가능한 최대 질량으로 태양질량의 1.4배 정도이다.

**변질운석(processed meteorites)** 겉보기에 태양계 성운에 있던 원래 물질이 다른 형태로 변질된 큰 천체의 일부라고 보이는 운석. 변질운석은 표면이나 맨틀에서 깨졌다면 암석질이 될 수 있고, 또는 핵에서 분출되었다면 금속성이 될 수도 있다.

**별(항성, star)** 빛을 내고 있는 거대한 가스구로서 내부 핵에서 일어나고 있는 핵융합 반응을 통해 에너지를 생성한다. 별이란 용어는 때때로 실제 별로 형성되고 있는 별의 과정에 있는 천체(원시별) 그리고 별들이 죽고 난 후의 잔해(예 : 중성자 별)에도 사용된다(역자들은 별 또는 항성을 문맥에 따라 혼용하였음).

**별-가스-별 순환(star-gas-star cycle)** 은하에서 일어나는 재순환 과정으로 별이 우주공간에 가스를 방출하고, 그 가스는 성간매질과 혼합되어 결국 새로운 별을 형성해 가는 과정이다.

**별의 핵[core (of a star)]** 핵융합 반응이 일어나고 있는 항성의 중심 영역

**별자리(constellation)** 하늘을 구획으로 나눈 영역, 천구에는 공식적으로 88개의 별자리가 있다.

**보손(bosons)** 배타 원리가 적용되지 않는 입자로, 광자가 여기에 속한다.

**복사 확산(radiative diffusion)** 광자가 (태양 핵과 같이) 뜨거운 영역에서 (태양 표면과 같은) 더 차가운 영역으로 점차 이동하는 과정

**복사압(radiation pressure)** 빛의 광자에 의한 압력

**복사에너지(radiative energy)** 빛에 의해 운반되는 에너지. 광자의 에너지는 플랑크 상수와 주파수의 곱으로 주어진다. $h \times f$

**복사층(radiation zone of a star)** 항성 내부에서 에너지가 주로 복사 확산에 의해 전달되는 영역

**본영(umbra)** 그림자에서 어두운 중심 영역

**본초자오선(prime meridian)** 영국 그리니치를 통과하는 경도의 자오선으로 이 자오선을 경도 0°로 정의한다.

**부경(secondary mirror)** 반사망원경에 부착된 작은 거울로서, 주경에 의해 모인 빛을 반사시켜 대물렌즈나 관측 기기로 전달하는 데 사용된다.

**부분 월식(partial lunar eclipse)** 지구의 본영에 의해 달이 부분적으로만 가려지는 월식

**부분 일식(partial solar eclipse)** 달의 원반에 의해 태양이 부분적으로만 가려지는 일식

**부식(erosion)** 지질학적 성질들이 바람과 물과 얼음과 그 외 다른 행성의 날씨 현상에 의해 없어지거나 형성되는 현상

**북극권(Arctic Circle)** 지구에서 위도 66.5°N인 지역

**북회귀선(Tropic of Cancer)** 북위 23.5°인 영역으로 태양이 직접 머리 위를 지나가는 영역 중 가장 북쪽의 위치를 나타내준다. (하짓날 정오에도 바로 머리 위에 태양이 위치한다.)

**분각[(arcminute (or minute of arc)]** 1°의 1/60

**분광기(spectrograph)** 스펙트럼을 기록하기 위한 장치

**분광분해능(spectral resolution)** 스펙트럼에서 얼마나 상세하게 볼 수 있는가의 척도, 분광분해능이 높을수록 우리는 더 자세하게 연구할 수 있다.

**분광쌍성(spectroscopic binary)** 쌍성의 성질이 분광선 관측을 통해 알려진 쌍성계로, 별들이 서로 궤도운동을 할 때 청색이동과 적색이동을 반복하는 분광선이 관측된다.

**분광학[spectroscopy (in astronomical research)]** 천체의 스펙트럼을 얻어내는 과정

**분광형(spectral type)** 스펙트럼에 나타난 분광선에 따라 별을 분류하는 방법으로 표면온도와 관계되어 있다. 기본 분광형은 O, B, A, F, G, K, M으로 분류되는데(가장 뜨거운 별은 O형, 가장 차가운 별은 M형), 각 분광형은 0에서 9까지의 숫자로 세분화되어 분광형 글자 뒤에 첨가된다.

**분자 띠(molecular bands)** 분자에 의해 생성되는 천체의 스펙트럼에서 띠처럼 밀접하게 이어진 선

**분자 해리(molecular dissociation)** 분자가 그 구성 원자로 나누어지는 과정

**분자(molecule)** 전문적으로 말해 화학 원소 또는 화합물의 최소 단위이다. 본 교재에서 이 용어는 화학 결합에 의해 2개 이상의 원자가 조합됨을 의미한다.

**분자구름 핵(molecular cloud fragments, or molecular cloud cores)** 밀도가 높은 분자구름 영역으로, 보통 별형성이 진행되는 영역이다.

**분자구름(molecular clouds)** 차갑고 밀도가 높은 성간구름으로, 온도가 낮아서 수소원자가 수소분자로 형성될 수 있는 영역이다.

**분점(equinox)** 춘분과 추분을 참조하라.

**분출(blowout)** 거대거품이 너무 커져서 은하원반을 꽉 채우고 있는 더 차가운 층을 밀어낼 때 거대거품의 내용물 중 뜨거운 가스가 분출되는 현상

**분출[ejecta (from an impact)]** 충돌의 폭발로 인해 방출된 파편

**분화(differentiation)** 중력이 밀도에 따라 물질을 분리하는 과정인데, 높은 밀도의 물질은 가라앉고 낮은 밀도의 물질은 떠오른다.

**불규칙은하(irregular galaxies)** 나선은하도 타원은하로도 분류되지 않는 은하들

**불투명도(opacity)** 물질이 빛을 얼마나 많이 통과시키는지와 비교하여 나타낸 얼마나 많은 빛을 흡수하는지의 척도. 큰 불투명도를 지닌 물질은 더

많은 빛을 흡수한다.

**불확정성 원리(uncertainty principle)**　양자역학에서의 법칙으로 입자의 위치와 운동량을 동시에 절대적인 정확도로 알 수 없다고 말해주는 법칙이다. 에너지와 그 에너지를 갖고 있는 시간도 정확하게 동시에 알 수 없다.

**붕괴(방사능의)(decay)**　방사능 붕괴를 참조하라.

**블랙홀(검은 구멍, black hole)**　시공간에서 바닥이 안 보이는 구멍. 블랙홀 내부에서는 어떤 것도 탈출할 수 없어서, 블랙홀 안으로 들어가는 물질은 우리는 절대 찾아낼 수도 없으며 관측할 수도 없다.

**비교행성학(comparative planetology)**　태양계 구성원들의 유사점과 차이점을 점검하고 이해해 나가는 태양계 연구 분야

**비바리온 물질(nonbaryonic matter)**　원자들의 정상적인 혼합물이 아닌 물질들로, 중성미자나 가상의 WIMP 물질 같은 것이 있다. (더 전문적으로 말하자면, 3개의 쿼크로 구성되어 있지 않은 입자들이다.)

**빅뱅(Big Bang)**　우주가 탄생한 시점을 표시하기 위해 고안된 사건에 부여된 명칭

**빅뱅이론(Big Bang theory)**　우주의 가장 초기의 순간에 대한 과학이론으로, 관측 가능한 우주에 존재하는 모든 물질이 아원자 상태의 입자와 복사가 극도로 뜨겁고, 밀도가 높은 혼합체 상태로 존재했던 순간이 있었다고 주장한다.

**빅크런치(Big Crunch)**　만일 중력이 우주팽창에 반대로 작용하여 우주가 언젠가 하게 된다면, 우주가 아마 끝나게 될 사건을 지칭하는 명칭이다.

**빙하기(ice ages)**　지구 한랭기로 이 기간 동안 극관, 빙하, 잔설이 적도 근처까지 퍼진다.

**빛 가스[light gases (in solar system theory)]**　수소와 헬륨을 말하는데, 이 원소들은 태양계 성운이 지니고 있는 물리 조건에서는 응축되지 않는다.

**빛의 강도(intensity of light)**　한 천체의 스펙트럼에서 특정한 파장에 대한 빛으로부터 도달하는 에너지 양의 척도

**빛의 방출(emission of light)**　물질이 에너지를 빛의 형태로 방출하는 과정

**빛의 역제곱법칙(inverse square law for light)**　물체의 겉보기 밝기는 실제 밝기와 관측자로부터의 거리의 역제곱에 의존한다는 것을 기술해주는 법칙

$$겉보기 밝기 = \frac{광도}{4\pi(거리)^2}$$

**빛의 편광(polarization of light)**　빛의 전기장과 자기장이 어떻게 정렬되는지 설명하는 빛의 성질. 모든 광자가 어떤 특정한 방법으로 정렬된 전기장과 자기장을 지니고 있을 때 빛이 편광되었다고 말한다.

**사건(event)**　세계선(worldline) 위의 어떤 한 특정한 점. 모든 관측자는 실제 사건이 일어났다는 것에는 동의하겠지만, 사건의 시간이나 위치에 대해서는 다르게 말할 수 있다.

**사건의 지평선(event horizon)**　블랙홀과 바깥세상 사이에 '되돌아올 수 없는 점'을 표시해주는 경계. 사건의 지평선 안에서 일어나는 사건은 우리의 관측 가능한 우주에 어떠한 영향도 줄 수 없다.

**사로스 주기(saros cycle)**　식이 반복하는 기본 주기로 18년 $11\frac{1}{3}$일이다.

**사이비 과학(pseudoscience)**　과학이라고 주장하거나 과학처럼 보이지만 과학적 방법의 검증이나 확증 요구 사항을 충실히 지키지 않고 있는 어떤 것

**삭망월(synodic month, or lunar month)**　달의 위상이 완전히 한 번 반복되는 데 걸리는 시간으로 평균 29.5일이다.

**산개성단(open cluster)**　수천 개 별로 구성된 성단. 산개성단은 은하의 원반에서만 발견되며, 종종 젊은 별을 지니고 있다.

**산란광(scattered light)**　임의의 방향으로 반사되는 빛

**산화(oxidation)**　화학 반응으로 종종 한 행성의 표면에 있는 바위에서 일어나는데, 대기로부터 산소를 제거한다.

**삼중알파 반응(triple-alpha reaction)**　헬륨융합을 참조하라.

**상대성이론[theories of relativity (special and general)]**　공간, 시간 그리고 중력의 성질을 기술하는 아인슈타인의 이론

**상태[state (quantum)]**　양자 상태를 참조하라.

**상현(first-quarter)**　위상주기의 경로 중 1/4에서 일어나는 달의 위상으로, 달 표면의 절반이 태양빛에 조명되어 보인다.

**상현[waxing (phases)]**　달의 보이는 부분이 점점 더 커질 때의 위상. 초승달 이후이지만 보름달이 되기 전까지의 위상이다.

**생명 계통 나무[tree of life (evolutionary)]**　유전학적인 비교를 통해 알아낸 서로 다른 종 사이의 관계를 나타내주는 그림

**생물권(biosphere)**　지구에서 생명체가 존재하는 '층'

**선택 효과(selection effect, or selection bias)**　연구의 대상이 선택되는 방법에서 일어나는 것으로 정확하지 않은 결론을 초래할 수도 있는 편견의 형태

**섭씨(Celsius)**　국제적으로 일상의 삶에서 공통적으로 사용되는 온도 단위로, 지표면에서 물은 0℃에서 얼고, 100℃에서 끓는다고 정의한다.

**섭입[subduction (of tectonic plates)]**　하나의 암석권 판이 다른 판 밑으로 내려가는 과정

**섭입대(subduction zones)**　한 암석판이 다른 판으로 미끄러지는 영역

**성간 램제트(interstellar ramjet)**　가상의 우주탐사선으로, 핵융합 엔진에 사용할 성간기체를 쓸어 담기 위해 엄청나게 큰 국자를 사용한다.

**성간 적색화(interstellar reddening)**　별빛의 색이 먼지 가스를 통과하면서 변화하는 현상. 먼지 입자가 붉은 빛보다 푸른 빛을 더 효과적으로 흡수하고 산란하기 때문에 별빛은 붉게 보인다.

**성간구름(interstellar cloud)**　별들 사이의 가스나 먼지구름

**성간매질(interstellar medium)**　은하 내 별들 사이 공간을 채우고 있는 가스와 먼지

**성간먼지알갱이(interstellar dust grains)**　차가운 성간구름에서 발견된 탄소와 규소광물의 작은 고체 조각. 이들은 연기를 형성하고 있는 입자와 비슷하며, 적색거성의 항성풍으로부터 형성된다.

**성단(cluster of stars)**　수백 개에서 백만 개 이상에 이르는 별이 모여 있는

집단. 산개성단과 구상성단의 두 부류가 있다.

**성운(nebula)** 우주공간에 있는 기체구름으로 보통 은은하게 빛을 내고 있다.

**성운설(nebular theory)** 어떻게 우리태양계가 성간기체와 먼지구름으로부터 형성되었는지를 설명해주는 상세한 이론

**성운 포획(nebular capture)** 얼음으로 구성된 미행성이 수소와 헬륨가스를 포획하여 목성형 행성을 형성하는 과정

**성층권(stratosphere)** 지구 대기의 중간 고도에 위치한 대기층으로 태양에서 나오는 자외선의 흡수로 온도가 올라간다.

**성층화산(stratovolcano)** 고체화되기 전에 멀리 흐를 수 없는 점성 용암에 의해 형성된 큰 화산

**세계 바람 패턴(지구적 순환)(global wind patterns, or global circulation)** 표면 가열과 행성의 자전이 조합되어 결정되는 세계적 규모로 일정하게 나타나는 바람 패턴

**세계선(worldline)** 한 천체가 시공간 그림에서 나타내주는 궤적

**세계시(universal time, UT)** 영국의 그리니치(또는 본초자오선에 있는 어느 곳)의 표준시

**세이퍼트 은하(Seyfert galaxies)** 상당히 가까운데서 발견되었고, 광도가 약간 낮은 것을 제외하고는 퀘이사와 아주 비슷한 핵을 지니고 있는 은하의 부류에 부여된 이름

**세차(precession)** 자전하는 천체의 축이 수직선 주위로 서서히 일어나는 떨림 현상

**세페이드 변광성(Cepheid variable stars)** 특별히 광도가 큰 맥동변광성 부류로, 주기-광도 관계를 보이기 때문에 우주 거리를 측정하는 데 아주 유용하다.

**세페이드(Cepheid)** 세페이드 변광성을 참조하라.

**소마젤란성운(Small Magellanic Cloud)** 15만 광년 떨어진 곳에 위치한 2개의 작은 불규칙은하 중의 하나(다른 하나는 대마젤란성운). 아마 우리은하를 궤도운동하는 것 같다.

**소위성(moonlets)** 목성형 행성의 고리 안 궤도를 도는 매우 작은 위성

**소행성(asteroid)** 별 주위를 궤도운동하는 상당히 작은 암석질의 물체. 소행성은 공식적으로 '태양계 소천체들'로 알려진 범주의 한 부분으로 여겨진다.

**소행성대(asteroid belt)** 태양계에서 화성 궤도와 목성 궤도 사이의 영역으로 소행성이 집중되어 있는 지역이다.

**속력(speed)** 어떤 물체의 움직이는 비율로, 단위는 거리에 시간을 나눈 것으로, m/s 또는 km/hr로 사용한다.

**속력(velocity)** 운동의 속도와 방향의 조합. 어떤 방향으로의 속도로 설명될 수 있다.

**속박 궤도(bound orbits)** 한 천체가 다른 천체 주위를 반복적으로 도는 궤도. 속박 궤도의 형태는 타원이다.

**속박되지 않은 궤도(unbound orbits)** 한 물체가 한 번만 더 큰 물체 쪽으로 가까이 왔다가 결코 돌아오지 않는 궤도. 속박되지 않은 궤도는 형태가 포물선이나 쌍곡선 형태이다.

**수권(hydrosphere)** 지구 위의 물을 지니고 있는 층으로, 바다, 호수, 강, 빙하 그 외 액체 물과 얼음을 포함하고 있다.

**수소원자 가스(atomic hydrogen gas)** 주로 수소원자로 구성되어 있는 가스를 말하는데, 이 가스들은 보통 우주공간에서 헬륨이나 미량으로 존재하는 다른 원소들과 섞인다. 이런 형태로 성간기체가 구성된다.

**수소층 핵융합(hydrogen shell fusion)** 별 핵 주위의 껍질에서 일어나는 수소핵융합

**수소화합물(hydrogen compounds)** 수소를 포함한 화합물로 태양계 성운에 일반적으로 존재했었다. 물($H_2O$), 암모니아($NH_3$), 메탄($CH_4$) 같은 물질이 있다.

**수평가지(horizontal branch)** 성단의 H-R도상에서 해당 별들의 위치가 수평선이 되는 곳으로, 이 별들은 헬륨 별들에 해당한다.

**순상화산(shield volcano)** 점성이 낮은 현무암 용암의 분출로 형성된 경사가 완만한 화산

**슈바르츠실트 반지름(Schwarzschild radius)** 블랙홀의 사건 지평선의 크기 척도

**스테판-볼츠만 상수(Stefan-Boltzmann constant)** 열복사법칙에 나오는 상수로 다음과 같은 값을 지닌다.

$$\sigma = 5.7 \times 10^{-8} \frac{\text{watt}}{\text{m}^2 \times \text{Kelvin}^4}$$

**스트로마톨라이트(stromatolites)** 거대한 박테리아 콜로니

**스펙트럼(spectrum of light)** 전자기 스펙트럼을 참조하라.

**스펙트럼선(spectral lines)** 어떤 천체의 스펙트럼에 나타난 밝거나 어두운 선들로, 천체에서 오는 빛을 프리즘 같은 기계에 통과시키면 무지개 같은 빛으로 분산되는 것을 볼 수 있다.

**스핀 각운동량(spin angular momentum)** 기본 입자가 지니고 있는 고유각운동량으로 간단하게 스핀이라 부른다.

**승화(sublimation)** 원자나 분자가 고체 상태에서 기체로 변하는 현상

**시각연구[timing (in astronomical research)]** 천체에서 오는 빛의 강도가 시간에 따라 어떻게 변화하는지 추적해보는 과정

**시간각(hour angle, HA)** 그 지역 하늘에서 한 천체가 자오선을 지나간 이후의 각 또는 시간(hour로 측정). 자오선상에 위치한 천체의 시간각은 0시로 정의한다.

**시간방정식(equation of time)** 겉보기 태양시와 평균 태양시 사이의 불일치를 나타내는 식

**시간지연(time dilation)** 여러분과 상대운동을 하는 기준계에서 시간을 측정하면 시간이 더 느려지는 효과

**시공간(spacetime)** 시간과 공간이 조합된 4차원의 조합으로 시간과 공간을 분리할 수 없다.

**시공간 왜곡(curvature of spacetime)** 질량이 큰 물체 주변에서 형성되는 공간의 기하학적 변화를 말하는데, 이런 현상을 일으키는 힘은 중력이라 부른다. 우주의 전체적인 기하는 휘어져 있는 것으로 보이는데, 휘어짐의 정도는 우주의 전체적인 질량-에너지의 양에 따라 달라진다.

**시공도(spacetime diagram)** 한 축에는 공간을 다른 한 축에는 시간을 나타낸 그래프

**시선속도(radial velocity)** 천체의 전 속도에서 우리 쪽으로 다가오거나 멀어지는 방향의 성분. 속도의 이 성분이 도플러 효과로 우리가 측정할 수 있는 유일한 부분이다.

**시선운동(radial motion)** 천체의 운동에서 우리 쪽으로 다가오거나 멀어지는 방향의 성분

**시차(parallax)** 서로 다른 위치에서 볼 때 배경에 대해 천체의 겉보기 위치가 변하는 현상. 항성시차를 참조하라.

**시차각(parallax angle)** 항성시차에 기인하여 별이 앞뒤로 이동하는 값의 절반. 별까지의 거리와 관계하여 아래와 같이 나타낸다.

$$거리(parsec) = \frac{1}{p}$$

여기서 $p$는 arcsecond 단위의 시차각이다.

**시태양시(겉보기태양시, apparent solar time)** 어느 지역의 하늘에서 실제 태양의 위치 변화로 측정하는 시간인데, 태양이 자오선을 지날 때를 정오라고 정의한다.

**식(eclipse)** 한 천체가 또 다른 천체에 그림자를 만들어내거나 또는 다른 천체 앞을 지나가는 현상

**식 계절(eclipse seasons)** 일식과 월식이 일어날 수 있는 기간을 말하는데, 달 궤도의 교점이 지구와 태양과 나란히 정렬되기 때문에 일어난다.

**식쌍성(eclipsing binary)** 두 별이 우리의 시선방향의 평면에서 궤도운동을 해서 각 별이 주기적으로 다른 별을 가리는 현상이 일어나는 쌍성계

**신성(nova)** 한 별의 광도가 극적으로 밝아졌다가 몇 주 동안 지속된 후 진정되는 현상. 쌍성계에서 물질 모임을 하는 백색왜성 표면 껍질에서 수소 핵융합의 분출이 점화될 때 생겨난다.

**싱크로트론 복사(synchrotron radiation)** 거의 빛의 속도를 지닌 전자들이 자기장을 나선운동하며 움직일 때 방출되는 전파방출

**쌀알무늬[granulation (on the Sun)]** 광구에 거품 모양으로 보이는 현상으로 대류에 의해 생성된다.

**쌍곡기하학[saddle-shaped (or hyperbolic) geometry]** 말안장 형태의 표면을 가장 쉽게 가시화해주는 기하학의 한 형태인데, 시작할 때는 평행했던 두 직선이 결국 갈라진다.

**쌍곡선(hyperbola)** 중력에 의해 허용되는 비결합 궤도의 한 유형의 정확한 수학적 형태(다른 형태는 포물선). 끌어들이는 대상으로부터 먼 거리에서 볼 때 쌍곡선 경로는 직선으로 보인다.

**쌍생성(pair production)** 모아진 에너지가 갑자기 입자와 그 반입자로 변하는 과정

**쌍성계(binary star system)** 2개의 별을 지니고 있는 항성계

**쌍소멸(annihilation)** 물질-반물질 소멸을 참조하라.

**아날렘마(analemma)** 매일 같은 시간, 같은 장소에서 관측할 때 1년 동안 태양을 추적한 8자형의 눈금자. 이 눈금자는 겉보기 태양시와 평균태양시의 차이를 보여준다.

**아미노산(amino acids)** 단백질의 구성단위

**안드로메다은하[Andromeda Galaxy (M31, Great Galaxy in Adromeda)]** M31, 안드로메다자리에서 가장 큰 은하. 우리은하에서 가장 가까운 나선은하

**안시쌍성(visual binary)** 2개의 별이 망원경으로 분해되어 보이는 쌍성계

**알골 역설(Algol paradox)** 알골 쌍성과 관련된 역설인데, 알골은 주계열인 동반성보다 질량이 작은 준거성을 지니고 있다.

**알짜힘(net force)** 한 물체가 반응하는 전체적 힘. 알짜힘은 물체의 운동량의 변화율과 같거나, 또는 이와 상응하게 물체의 질량×가속도이다.

**암석[rocks(in solar system theory)]** 태양계이론에서 규소가 기본 성분인 광물같이 지구 표면에 흔하게 존재하는 광물로서 지구 표면의 온도와 압력에서는 고체이지만 500~1,300℃의 온도에서는 녹아버리거나 기화된다.

**암석권(lithosphere)** 한 행성의 상당히 단단한 바깥층. 일반적으로 지각과 맨틀의 최상부를 포함한다.

**암흑물질(dark matter)** 중력 효과로부터 존재할 것으로 추론하였지만 그곳으로부터 나온 빛은 아직까지 검출되지 않은 물질, 아마 우주 전체 질량에 암흑물질이 지배적으로 기여하는 것 같다.

**암흑에너지(dark energy)** 가속되는 우주팽창을 야기할 수 있는 에너지를 지칭하는 용어. 우주 상수를 참조하라.

**압력(pressure)** 어떤 물체를(단위 면적당) 미는 힘. 천문학에서는 보통 주변 가스(플라스마)에 의해 미치는 압력에 관심이 있다. 일반적으로 그런 압력은 가스의 온도와 관련이 있다(열압력 참조). 백색왜성과 중성자별 같은 천체에서 압력은 양자역학적 효과로부터 생성될 수 있다(축퇴압 참조). 빛 또한 압력을 행사할 수 있다(복사압 참조).

**액상(liquid phase)** 물질의 상태 중 하나로, 원자 또는 분자가 함께 묶여 있으나 비교적 자유롭게 움직일 수 있다.

**약력(weak force)** 자연계에 존재하는 네 가지 기본 힘 중의 하나. 핵반응을 조절해주는 힘이고, 그래서 약하게 상호작용하는 입자들에 작용하는 힘들 중 중력 외에 유일한 힘이다.

**약하게 상호작용하는 입자(weakly interacting particles)** 중성미자와 WIMP's 입자와 같이 약력과 중력에만 반응하는 입자들. 강력이나 전자기력은 느끼지 못한다.

**약한 보손(weak bosons)** 약력에서의 교환 입자들

**양성자(protons)** 원자핵에서 발견된 입자로 양전하를 지니고 있고 3개의 쿼크로 구성되었다.

**양성자-양성자 연쇄 반응(proton-proton chain)** 태양을 포함한 낮은 질량의 별이 수소를 헬륨으로 핵융합할 때 일어나는 연쇄 반응

**양자법칙(quantum laws)** 아주 작은 크기의 입자들의 움직임을 서술하는 법칙, 양자역학을 참조하라.

**양자 상태(quantum state)** 아원자 입자의 상태에 대한 완전한 설명으로, 입자의 위치, 운동량, 각운동량과 스핀에 대해 불확정성 원리에 의해 허용되는 정도까지 기술한다.

**양자역학(quantum mechanics)** 분자, 원자, 그리고 기본 입자 등 아주 작은 입자들을 다루는 물리학의 분야

**양자터널(quantum tunneling)** 불확정성 원리 덕택에 한 전자 또는 다른 아원자 입자가 일반적으로는 넘을 수 있는 에너지를 지닌 장벽을 넘어 반대쪽에서 발견되는 현상

**양전자(positron)** 반전자를 참조하라.

**양치기 위성(shepherd moons)** 행성의 고리계 내에 있는 작은 위성들로, 입자들을 좁은 고리를 형성하게 한다. 틈새 위성들의 변형

**얼음[ices (in solar system theory)]** 수소화합물, 물, 암모니아 그리고 메탄과 같이 낮은 온도에서만 고체로 존재하는 물질

**업쿼크(up quark)** 보통의 양성자와 중성자에서 발견된 두 가지 형태의 쿼크 중 하나(다른 하나는 다운쿼크임). +2/3의 전하를 지니고 있다.

**에너지(energy)** 대략적으로 말할 때 물질이 움직이도록 하는 것. 에너지에는 세 가지 기본 형태인 운동에너지, 위치에너지, 복사에너지가 있다.

**에너지 균형(energy balance)** 항성의 핵에서 핵융합에너지 방출률과 항성 표면에서 그 에너지가 우주공간으로 방출되는 비율 사이의 균형

**에너지 보존(conservation of energy)** 질량에너지를 포함하여 에너지는 생성될 수도 없고 파괴될 수도 없지만 단지 한 가지 형태에서 다른 형태로 변화될 수 있다는 원리

**엑스선 분출(X-ray bursts)** 엑스선 쌍성계에서 물질 모임이 일어나는 중성자별의 표면에서 갑작스러운 핵융합 반응이 일어날 때 엑스선이 방출되는 현상

**엑스선 분출원(X-ray burster)** 수 시간에서 수 일까지 엑스선 분출을 방출하는 천체. 각 분출은 수 초 지속되고 또 이 분출은 쌍성계에서 물질 모임을 하고 있는 중성자별의 표면에서 일어나는 헬륨핵융합에 의해 일어난다고 여겨진다.

**엑스선 쌍성(X-ray binary)** 상당한 양의 엑스선을 방출하는 쌍성계로, 중성자별 또는 블랙홀 주변에 있는 강착원반으로부터 엑스선이 방출될 것으로 여겨진다.

**역설(paradox)** 적어도 처음에는 상식을 위반하거나 자체가 모순됨이 보이는 상황. 역설을 해결하면서 종종 더 나은 이해로 나아간다.

**역제곱법칙(inverse square law)** 어떤 물리량이 두 물체 사이 거리의 제곱의 역수에 비례하여 감소할 때의 법칙

**역행(retrograde motion)** 보통의 현상과 비교해 볼 때 반대 방향의 운동. 예컨대 화성이 보통 때는 별들을 배경으로 동쪽으로 이동하는데, 화성이 서쪽으로 이동하는 동안에 화성을 보면 겉보기에 역행운동을 하는 것으로 관측된다.

**연기 열수공(black smokers)** 해저지역의 화산 통로 주변의 구조로서, 다양한 생명체들이 서식하고 있다.

**연속 스펙트럼(continuous spectrum)** 방출선이나 흡수선들의 방해 없이 넓은 파장 영역으로 퍼져진 빛의 스펙트럼

**열권(thermosphere)** 외기권 바로 아래에서 뜨겁고 엑스선을 흡수하는 대기층

**열린 우주(coasting universe)** 팽창속도가 약간 변하는 상태로 영원히 팽창할 것이라는 우주 모형. 반발력이 없는 상태에서(우주 상수 참조), 닫힌 우주는 실제 질량밀도가 임계밀도보다 작은 우주 모형이다.

**열린 우주(open universe)** 시공간이 말안장의 표면과 유사한 모양을 가진 우주

**열복사(thermal radiation)** 천체의 온도에만 의존하는 불투명한 물질에 의해 생성되는 복사 스펙트럼. 때로 흑체복사라 부른다.

**열압력(thermal pressure)** 입자의 운동으로 생겨나는 가스압으로 천체의 온도에 기여할 수 있을 정도이다.

**열에너지(thermal energy)** 어떤 물질 내에서 움직이는 많은 개개 입자들의 운동에너지의 합인데, 온도로 측정된다.

**열이탈(thermal escape)** 행성의 외기권에 있는 원자와 분자들이 충분히 빨라서 우주공간으로 이탈하는 과정

**열적 맥동(thermal pulses)** 헬륨핵융합률이 크게 급증하는 것으로 수천 년에 한 번씩 일어나며, 가벼운 별의 생애를 마감할 때 근처에서 일어난다.

**열적 방출자(thermal emitter)** 열복사 스펙트럼을 방출하는 천체. 때때로 흑체복사라고도 부른다.

**영상(image)** 한 천체에서 오는 빛을 초점을 맞추어 만든 사진

**오로라(aurora)** 우리 대기로 들어오는 하전된 입자들에 야기되어 하늘에서 빛이 춤추는 현상. 북반구에서는 북극광(aurora borealis), 남반구에서는 남극광(aurora australis)이라 부른다.

**오오트구름(Oort cloud)** 태양에 중심을 둔 거대한 구형 영역으로 아마 가장 가까이에 있는 별까지 거리의 절반까지 펼쳐져 있는 것 같다. 이 영역 안에는 수조 개의 혜성이 태양 주위를 공전하는데, 그들의 경사각, 궤도 방향, 그리고 이심률은 아주 무작위로 분포한다.

**오존(ozone)** $O_3$ 분자로, 특히 좋은 자외선 흡수제이다.

**오존구멍(ozone hole)** 성층권에서 오존의 농도가 규정보다 훨씬 낮은 곳

**오존층 파괴(ozone depletion)** 지구상 전 세계적으로 발견되는 대기 중의 오존층의 감소현상으로 최근 몇 년 동안, 특히 남극 대륙에서 심하게 나타나고 있다.

**오컴의 면도날(Occam's razor)** 과학에서 종종 사용되는 원리로, 과학자들은 관측과 잘 일치하는 두 모형이 있을 때, 더 단순한 것을 선호해야 한다는 원리. 중세학자 오컴 윌리엄(1285~349)의 이름을 따서 명명되었다.

**온도(temperature)** 물체의 평균 운동에너지의 척도

**온실기체(greenhouse gases)** 이산화탄소, 수증기, 메탄가스 등을 말하는데, 이 기체들은 적외선을 특별히 잘 흡수하지만, 가시광선은 통과시킨다.

**온실효과(greenhouse effect)** 대기 내 온실가스가 행성의 표면온도를 대기

가 없을 때 예측되는 것보다 더 따뜻해지도록 하는 현상

**온실효과 폭주(runaway greenhouse effect)** 찡만응 피드백 순환으로, 온실효과로 생긴 열이 더 많은 온실기체를 대기로 들어가게 하여 온실효과를 더 심하게 만들어내는 현상

**올버스의 역설(Olbers' paradox)** 만약 우주가 무한한 나이와 무한한 크기를 지닌다면,(우주 전체에 별들이 꽉 채워져 있고), 하늘이 밤에 캄캄하지 않을 것이라는 것을 말해주는 역설

**와트(watt)** 과학에서 일률의 표준단위. 1와트=1Joule/s로 정의된다.

**왜소구형은하(dwarf spheroidal galaxy)** 왜소타원은하의 하위분류로, 다른 타원은하처럼 둥근 형태이며 원반이 없지만, 현저하게 크기가 작고 훨씬 덜 밝다. 이 천체들은 국부은하군의 은하들 중에 가장 많이 보이는 하위 부류이며 아마 우주 내에서도 가장 많이 존재하는 것 같다.

**왜소은하(dwarf galaxies)** 상대적으로 작은 은하로, 약 100억 개 이하의 별로 구성되어 있다.

**왜소타원은하(dwarf elliptical galaxy)** 약 10억 개 이하의 별로 구성된 작은 타원은하

**왜소행성(dwarf planet)** 태양을 궤도운동하는 천체이며, 자체 중력으로 거의 원형의 형태를 만들 만큼은 충분히 무겁지만, 궤도 영역을 중력으로 청소하지 않았기 때문에 공식적인 행성으로 받아들이기는 어려운 행성. 태양계의 왜소행성에는 세레스 소행성을 비롯한 카이퍼대 천체들인 플루토, 에리스, 하우메아와 마케마케 등이 있다.

**외계 생명체 탐사(search for extraterrestrial intelligence, SETI)** 지구 밖에 있는 지적 생명체를 찾기 위해 계획된 관측 프로젝트

**외계태양계(outer solar system)** 일반적으로 목성의 궤도 부근에서 시작되는 태양계의 영역을 말한다.

**외계행성(extrasolar planet)** 우리 태양이 아닌 다른 별 주위를 공전하는 행성

**외기권(exosphere)** 대기 밖의 뜨거운 층을 말하며, 이곳에서 대기가 우주 공간으로 사라진다.

**우주(universe)** 모든 물질과 에너지가 존재하는 전체적인 시공

**우주론(cosmology)** 전반적인 우주의 구조와 진화에 대한 연구

**우주론 원리(Cosmological Principle)** 우주 내 물질은 아주 큰 규모의 공간에 균일하게 분포되어 있다는 원리로, 우주는 중심도 없고 가장자리도 없다는 것을 의미한다.

**우주론적 적색편이(cosmological redshift)** 먼 은하를 우리가 관측할 때 나타나는 적색이동을 말하는데, 우주팽창이 우주 내에 있는 모든 광자들을 더 긴 파장을 지닌 광자로 늘어뜨린다는 사실에서 야기되었다.

**우주배경복사(cosmic microwave background)** 빅뱅의 잔해 복사로, 마이크로파(전파 영역에서 가장 단파장)에 민감한 전파망원경을 사용하여 발견하였다.

**우주비행선(Earth-orbiters)** 지구 궤도로부터의 지구 또는 우주를 연구하기 위해 고안된 비행선

**우주 상수(cosmological constant)** 아인슈타인의 일반상대성이론에 나오는 항을 지칭하는 용어. 만약 이것이 0이 아니라면, 반발력이나 다른 형태의 에너지(때로는 암흑에너지 또는 'quintessence'라 부름)가 있어서, 우주의 팽창이 가속되게 할 수 있을 것이다.

**우주생물학(astrobiology)** 지구와 지구 밖의 행성에 존재하는 생명체를 연구하는 학문. 생명의 기원에 대한 문제, 생명이 생존할 수 있는 조건 그리고 지구 밖에 존재하는 생명체 탐사에 대해 중점으로 두고 연구한다.

**우주선(cosmic rays)** 전자, 양성자, 원자핵과 같은 입자로, 이들은 빛의 속도에 가까운 속도로 성간공간을 지나다닌다.

**우주지평선(cosmological horizon)** 관측 가능한 우주 경계선으로, 이는 뒤돌아본 시간이 우주의 나이와 같은 경우의 경계선이다. 시공간에서 이 경계선을 넘어서는 어떤 것도 볼 수 없다.

**우주팽창[expansion (of the universe)]** 시간이 지남에 따라 은하와 은하단 사이의 공간이 멀어져 간다는 아이디어

**운동량(momentum)** 물체의 질량과 속도의 곱

**운동량 보존(conservation of momentum)** 알짜힘이 없는 상태에서 계 내부의 총운동량이 항상 일정하게 보존된다는 원리

**운동에너지(kinetic energy)** 운동의 에너지로, $1/2mv^2$로 주어진다.

**원반(disk)** 원반처럼 보이는 나선은하의 한 부분으로 차가운 기체와 먼지들로 구성된 성간매질을 지니고 있다. 여러 세대의 별이 원반에서 발견된다.

**원반 종족(disk population)** 나선은하의 원반 내에서 공전하는 별들. 종족 I(Pop I)이라고 불린다.

**원시별(protostar)** 막 탄생하고 있는 별로서, 핵에서 지속적인 핵융합이 일어날 수 있는 시점까지 아직 도달하지 못했다.

**원시운석(primitive meteorites)** 약 46억 년 전에 태양계와 동시에 형성된 운석. 내부 소행성대에서 나온 원시운석은 보통 철질이고, 바깥 소행성대에서 나온 원시운석은 보통 탄소가 풍부하다.

**원시은하구름(protogalactic cloud)** 뭉쳐지고 있는 거대한 은하 간 가스로, 이곳에서 개별 은하가 생성된다.

**원시태양(protosun)** 태양계가 형성되고 있는 시스템의 중심부에 있는 천체로 후에 태양이 된다.

**원시항성원반(potostellar disk)** 원시별을 둘러싸고 있는 물질의 원반, 원시행성계 원반과 본질적으로 동일하지만 반드시 행성의 형성으로 이어지지는 않는다.

**원시항성풍(protostellar wind)** 원시별에서 나오는 상당히 강한 항성풍

**원시행성계 원반(protoplanetary disk)** 젊은 별(또는 원시별)을 둘러싸고 있는 물질의 원반으로 이곳에서 나중에 행성이 형성된다.

**원일점(aphelion)** 태양 주위를 궤도운동하는 한 천체가 태양에서 가장 먼 곳에 있는 지점

**원자(atoms)** 양성자와 중성자로 구성된 핵이 전자구름으로 둘러싸여 있는 원소

**원자 번호**(atomic number)  어떤 원자의 양성자 수

**원자 시대**(era of atoms)  빅뱅 후 약 50만 년에서 10억 년까지 지속되던 기간으로, 이 기간 동안 우주는 중성원자를 형성할 만큼 충분히 차가워졌다.

**원자 질량 번호**(atomic mass number)  한 원자에서 양성자와 중성자를 합한 수

**원자핵**(nucleus of an atom)  양성자와 중성자로 이루어진 원자의 밀집된 중심

**원지점**(apogee)  지구 주위를 궤도운동하는 한 천체가 지구에서 가장 먼 곳에 있는 지점

**월식**(lunar eclipse)  달이 지구의 그림자를 지나갈 때 일어나는 천문현상으로 오직 보름달일 때만 가능하다. 월식은 개기식, 부분식 또는 반영식으로 나타날 수 있다.

**웜홀**(wormholes)  우주공간에서 2개의 멀리 떨어져 있는 영역을 이어줄 것이라고 여기는 초공간을 통과하는 가성의 터널을 지칭한다.

**위도**(latitude)  지구 표면에 있는 한곳과 지구의 적도 사이에서 측정되는 남-북 각거리

**위상**[phase (of Moon or a planet)]  태양빛이 비추는 달(또는 행성)의 보이는 면의 부분에 의해 결정되는 상태. 달의 경우 위상은 초승달, 상현달, 보름달, 하현달, 그믐달, 그리고 다시 초승달로 되돌아가는 순환을 거친다.

**위성**(moon)  한 행성을 공전하는 천체

**위성**(satellite)  어떤 천체를 궤도운동하는 한 천체

**위치에너지**(potential energy)  나중에 운동에너지로 변환하기 위해 저장된 에너지로 중력에너지, 전지에너지, 화학에너지가 있다.

**유성**(meteor)  우주에서 온 입자가 지구 대기에서 탈 때 나오는 섬광

**유성우**(meteor shower)  평소보다 더 많은 유성을 볼 수 있는 기간

**유성체**(meteorite)  우주공간에서 날아와 지구 표면에 도달한 암석

**유전자 코드**(genetic code)  살아 있는 세포가 DNA에 화학적으로 내장된 지침을 읽는 데 사용하는 '언어'

**윤년**(leap year)  365일이 아닌 366일을 가진 해. 우리의 현재 달력(그레고리력)은 400으로 나누어지는 해를 윤년에서 제외하고 4년마다(2월 29일 추가) 윤년을 도입한다.

**율리우스력**(Julian calendar)  율리우스 카이사르에 의해 기원전 46년 도입되어 그레고리력으로 대체되기 전까지 사용된 역

**은하**(galaxy)  우주에서 수백만, 수십 억 혹은 수조에 이르는 별들을 지니고 있는 거대한 별들의 집단으로 모든 구성원이 중력으로 묶여 있으며 공통중심 주위를 궤도운동한다.

**은하군**(group of galaxies)  중력에 의해 서로 묶여진 수 개에서 수십 개에 이르는 은하들. 은하단을 참조하라.

**은하단**(cluster of galaxies)  20개 이상의 은하가 중력으로 묶여 있는 집합체, 더 작은 집합체를 은하군이라 부른다.

**은하단**(galaxy cluster)  위 단어 은하단을 참조하라.

**은하단내매질**(intracluster medium)  은하단 내에서 은하들 사이에 관측되는 엑스선을 방출하는 뜨거운 가스

**은하수**(Milky Way)  우리은하를 지칭할 때와 우리은하의 평면을 볼 때 하늘에서 볼 수 있는 빛의 띠를 나타날 때 모두 사용하는 용어

**은하 시대**(era of galaxies)  현재의 우주 시대로 우주의 나이가 약 10억 년 정도 되었을 때 은하가 형성되기 시작했다.

**은하 원천**(galactic fountain)  우리은하에 있는 가스의 순환에 대한 모형으로, 뜨겁고 이온화된 가스가 분수처럼 솟아올라 원반에서 헤일로로 들어갔다가 냉각되어 원반으로 다시 가라앉는 과정을 거치면서 성운을 형성한다.

**은하진화**(galaxy evolution)  은하의 형성과 성장

**은하풍**(galactic wind)  별 탄생이 일어나고 있는 은하로부터 불어나오는 밀도는 낮지만 극도로 뜨거운 가스의 바람으로, 많은 초신성들의 결합된 에너지에 의해 생성된다.

**은하 합병**(galactic cannibalism)  서로 다른 은하가 충돌하여 큰 은하로 합병하는 과정을 표현할 때 가끔 사용되는 용어

**음파**(sound wave)  압력의 증가와 감소를 반복적으로 야기하는 파동

**응결**(condensation)  기체구름에서 고체나 액체 입자가 형성되는 과정

**응축물**(condensates)  기체구름에서 응축된 고체나 액체 입자들

**이론**(theory)  과학이론을 참조하라.

**이산화탄소 순환**(carbon dioxide cycle, $CO_2$ cycle)  지구 대기권과 표면 암석 사이에서 이산화탄소가 순환되는 과정

**이상기체법칙**(ideal gas law)  이상기체에서 압력과 온도, 그리고 입자의 개수 밀도에 관련된 법칙

**이심률**(eccentricity)  타원이 완전한 원으로부터 얼마나 벗어나는지의 척도. 중심과 초점까지의 거리를 장반경으로 나눈 값으로 정의한다.

**이오 테두리**(Io torus)  대략 이오의 궤도 근처에 위치해서 목성 주위를 둘러싸고 있는 도넛 모양의 하전 입자 영역

**이온**(ions)  양 또는 음의 전하를 가진 원자

**이온권**(ionosphere)  태양에서 나오는 엑스선의 이온화로 인해 특별히 이온들이 많이 존재하는 열권의 한 영역

**이온화**(ionization)  원자로부터 전자를 빼앗아 내는 과정

**이온화성운**(ionization nebula)  이웃에 있는 뜨거운 별들이 수소원자를 이온화할 수 있는 자외선 광자를 비춰 빛을 발하는 기체구름으로 형형색색으로 된 줄기 모양도 하고 있다.

**이중층 핵융합 별**(double shell-fusing star)  비활성 탄소 핵 주위 층에서 헬륨이 탄소로 핵융합이 일어나고, 헬륨층 바로 위의 층에서 수소가 헬륨으로 핵융합이 일어나고 있는 별

**이탈속도**(escape velocity)  한 물체가 달, 행성 또는 별과 같은 거대한 천체의 중력으로부터 완전히 이탈하는 데 필요한 속도

**일광 절약시간**(daylight saving time)  표준시간에 1시간을 추가하여 태양이

정오보다는 오히려 오후 1시경에 자오선을 지나게 하는 약속

**일률(power)** 에너지 사용량의 비율로 보통 와트로 표시된다(1watt=1joule/s).

**일반상대성이론(general theory of relativity)** 아인슈타인이 자신의 특수상대성이론을 일반화시켜서 중력 효과와 가속에 대해서도 적용한 이론

**일생궤적(life track)** 별의 일생 동안 표면온도와 광도의 변화를 나타내기 위해 H-R도에 표시된 궤적. 진화궤적이라고도 부른다.

**일식(solar eclipse)** 달의 그림자가 지구에 드리워질 때 일어나는 현상으로, 초승달일 때만 일어나며, 개기일식, 부분일식 그리고 금환일식이 일어날 수 있다.

**임계 우주(critical universe)** 절대 수축하지는 않을 테지만 시간이 지나면서 점점 느리게 팽창하는 우주. 반발력이 없을 때(우주 상수 참조), 임계 우주의 평균 질량밀도가 임계밀도와 같다.

**임계밀도(critical density)** 전체 우주에 대한 평균밀도로, 다시 수축하는 우주와 영원히 팽창하는 우주를 구분해준다.

**임의 행로(난보, random walk)** 무계획적인 운동의 한 형태로, 이런 운동에서 입자나 광자는 일련의 산란을 통해 이동하는데, 각각의 산란은 이 입자들을 무작위 방향으로 이동시킨다.

**입자가속기(particle accelerator)** 새로운 입자를 만들거나 물리학의 기본 이론을 점검하기 위해 아원자 입자들을 빠른 속도로 가속하도록 설계된 기계

**입자기(particle era)** 빅뱅 후 $10^{-10}$초에서 0.001초까지 지속된 우주의 시기. 이 기간 동안 아원자 입자가 지속적으로 생성되었다 파괴되었고, 그래서 물질이 반물질을 만나 소멸될 때 종료되었다.

**자기 제동(magnetic braking)** 별의 자기장이 그 각운동량을 주변의 성운에 전달하면서 항성의 자전이 느려지는 현상

**자기권(magnetosphere)** 행성의 주변 영역으로 하전된 입자가 행성의 자기장에 의해 갇혀 있는 영역

**자기력 선(magnetic field lines)** 나침반이 자기장 안에 놓여 있을 때 놓인 나침반의 바늘이 향하고 있는 모습을 나타내주는 선

**자기장(magnetic field)** 자석 주위의 영역으로, 이 영역 안에서 다른 자석이나 하전 입자들에 영향을 미칠 수 있다.

**자연선택(natural selection)** 더 잘 생존할 수 있는 유기체를 만드는 돌연변이가 다음 세대에 전달되는 과정

**자외선(ultraviolet light)** 전자기 스펙트럼에서 가시광선과 엑스선 사이의 파장을 지닌 빛

**자유 여유 좌표계(free-float frame)** 모든 물체가 무게가 없어서 자유롭게 떠다닐 수 있는 기준계

**자유낙하(free-fall)** 어떤 물체가 저항 없이 떨어지는 상태, 자유낙하할 때에는 물체가 무게를 느끼지 못한다.

**자전(rotation)** 한 천체가 그 축을 중심으로 회전하는 현상

**자전축 기울기(axis tilt)** 황도면에 수직인 선을 기준으로 행성 자전축이 기

울어진 정도

**장(field)** 어떤 입자가 힘과 어떻게 상호작용을 하는지 나타내는 데 사용되는 추상적 개념. 예를 들어 중력장은 입자가 중력의 세기에 어떻게 반응하는지를 서술해주고, 전자기장의 아이디어는 하전된 입자가 다른 하전된 입자로부터의 힘에 어떻게 반응하는지를 서술해준다.

**장반경(semimajor axis)** 타원의 장축의 거리의 절반. 이 책에서는 궤도운동을 하는 천체의 평균거리를 사용하였고, 케플러 제3법칙의 공식에서 a로 줄여서 쓴다.

**적경(right ascension, RA)** 경도와 비슷하지만 천구상의 좌표. 천구상에서 춘분점과 어느 지역 사이의 동-서 각거리이다.

**적색거성(red giant)** 색깔이 적색인 거성

**적색거성풍(red-giant winds)** 적색거성에서 나오는 밀도가 상당히 크지만 속도가 느린 항성풍

**적외선(infrared light)** 전파 및 가시광선 사이의 전자기 스펙트럼의 영역에 속하는 파장의 빛

**적위(declination, dec)** 위도와 유사하지만 천구상에서의 위도를 말함. 천구의 적도와 천구상의 어느 위치 사이의 남-북으로 잰 각거리

**적응 광학(adaptive optics)** 망원경의 거울을 재빨리 움직여서 대기난류에 의해 야기되는 별빛의 휘어짐을 보정하는 기술

**전도(conduction)** 물질을 접촉시킬 때 뜨거운 물질에서 차가운 물질로 열에너지가 전달되는 현상

**전자(electrons)** 전기적으로 음전하를 띠는 기본 입자. 원자 내 전자의 분포는 원자의 크기를 결정한다.

**전자기(electromagnetism, or electromagnetic force)** 네 가지 기본 힘 중 하나로, 원자와 분자의 상호작용에 작용하는 힘이다.

**전자기 복사(electromagnetic radiation)** 전파 영역에서 감마선에 이르기까지 모든 형태의 빛에 대한 또 다른 이름

**전자기 스펙트럼(electromagnetic spectrum)** 전파, 적외선, 가시광선, 자외선, 엑스선, 감마선을 포함한 완전한 빛 스펙트럼

**전자기 약력(electroweak force)** 전자기력과 약력이 하나의 힘으로 존재할 때, 높은 에너지에서 존재하는 힘

**전자기 약력 시대(electroweak era)** 우주에서 오직 중력, 강력, 전자기약력에 작용되는 세 힘만 작용하였던 빅뱅 후 $10^{-38}$에서 $10^{-10}$초 동안 지속된 시기이다.

**전자기장(electromagnetic field)** 하나의 하전된 입자가 일정 거리에 놓인 다른 하전된 입자들에게 어떻게 영향을 주는지에 대해 기술하기 위해 사용되는 추상적인 개념

**전자기 파동(electromagnetic wave)** 전기장과 자기장으로 구성된 빛의 동의어

**전자볼트(electron-volt, eV)** $1.60 \times 10^{-19}$줄과 동일한 단위 에너지 단위

**전자축퇴압(electron degeneracy pressure)** 전자에 의해 발생된 축퇴압으로 갈색왜성과 백색왜성에서 나타난다.

**전체 겉보기 밝기**(total apparent brightness) 겉보기 밝기를 참조하라. '전체'라는 단어는 우리가 가시광선뿐만 아니라 전 파장에 걸친 빛을 이야기한다는 것을 확실히 하기 위해 첨가되었다.

**전체 밝기**(total luminosity) 밝기를 참조하라. '전체'라는 단어는 가끔 우리가 광학 영역의 빛만 아니라 전 파장 영역의 빛을 다루고 있다는 것을 확실히 하기 위해 사용된다.

**전파**(radio waves) 파장이 아주 긴(그래서 주파수가 낮은) 전자기파. 적외선 파장보다 더 길다.

**전파로브**(radio lobes) 전파은하의 양쪽에서 관측되는 거대한 전파방출 영역. 이 로브들은 아마 은하중심에서 나오는 강력한 제트에 의해 방출된 플라스마를 포함하고 있는 것 같다.

**전파은하**(radio galaxy) 이상할 정도로 강력한 전파를 방출하는 은하. 초대질량 블랙홀에 의해 에너지가 공급되는 활동성 은하핵을 지니고 있다고 여겨진다.

**전하**(electrical charge) 물질의 기본적인 성질로서 전하의 양과 각각 양 또는 음의 부호로 기술된다. 더 전문적으로 말하자면 입자가 전자기력에 어떻게 반응하는가의 척도

**전하결합소자**(charge coupled device, CCD) 천문연구에서 사진 건판을 크게 대체하였던 전자광 검출기의 일종

**전환확인시간**(lookback time) 멀리 있는 천체로부터 빛이 방출되어 우리가 관측하고 있는 순간까지의 시간. 천체의 되돌아본 시간이 4억 년이라면 우리는 그 천체의 4억 년 전을 보고 있는 것이다.

**절대 등급**(absolute magnitude) 한 천체의 광도 척도, 한 천체가 정확하게 10pc 떨어져 있을 때 예측되는 겉보기 등급으로 정의된다.

**절대 영도**(absolute zero) 가능한 가장 낮은 온도로 0K라 부른다.

**점성**(viscosity) 유체가 얼마나 빨리 흐를 수 있는가에 따라 기술된 유체의 성질. 낮은 점성의 액체(예 : 물)는 빨리 흐르는 반면 큰 점성의 액체(예 : 당밀)는 천천히 흐른다.

**접근비행선**[flybys (spacecraft)] 천체의 속박궤도에 들어가는 것과 반대로, 행성 같은 목표천체를 지나가는 우주선이다. 목표행성은 딱 한 번만 지나간다.

**접선속도**(tangential velocity) 한 물체의 전체 속도의 시선 방향에 수직인 성분. 이 성분은 도플러 이동으로 측정될 수 없다. 천체가 하늘에서 점진적인 운동을 하는 것을 관측해야만 이 성분의 측정이 가능하다.

**접선운동**(tangential motion) 한 천체의 운동의 시선 방향과 수직인 방향 성분

**정상 상태 이론**(steady state theory) 요즘에는 받아들여지지 않고 있는 이론으로, 우주는 시작도 없었고 항상 똑같이 보인다고 주장하는 이론이다.

**정역학 평형**(hydrostatic equilibrium) 중력평형을 참조하라.

**정지궤도위성**(geosynchronous satellite) 지구 자전속도와 같은 시간(1항성일)으로 지구를 공전하는 위성

**정지위성**(geostationary satellite) 지구 표면에서 볼 때 하늘에 정지하여 있는 것처럼 보이는 위성. 이는 이 위성이 지구의 자전속도로 지구 적도면에서 공전하기 때문에 일어난다.

**정지파장**(rest wavelength) 어떤 형태의 도플러 이동이나 중력이동이 없을 때 스펙트럼 특성의 파장

**제만 효과**(Zeeman effect) 자기장에 의해 스펙트럼 선이 분리되는 현상

**제트**(jets) 한 천체로부터 우주공간으로 방출되는 높은 속도의 가스 흐름

**조금**(neap tides) 상현과 하현에 태양과 달의 조력이 서로 반대될 때, 지구에서 평균보다 낮게 일어나는 조수(밀물과 썰물)

**조석력**(tidal force) 물체의 한 면을 잡아당기는 중력이 다른 쪽에서 당기는 힘보다 클 때 일어나는 현상으로, 물체가 옆으로 펼쳐진다.

**조석마찰**(tidal friction) 조석력을 일으키는 물체 내에서의 마찰

**조석열**(tidal heating) 조석마찰에 의해 생성되는 내부 열원. 이오나 유로파 같이 이심궤도를 지닌 위성들에는 특히 중요하다.

**종족 I**(Population I) 원반 종족을 참조하라.

**종족 II**(Population II) 헤일로 종족을 참조하라.

**주 초점**[prime focus (of a reflecting telescope)] 빛이 주경을 반사한 후 초점이 맺히는 첫 번째 지점으로 주경 앞에 위치한다.

**주경**(primary mirror) 반사망원경에서 빛을 모으는 큰 거울

**주계열**(main sequence) H-R도에서 왼쪽 위에서 오른쪽 아래로 두드러지게 나타나는 선(이곳에 놓인 별을 주계열성이라 함)

**주계열 맞추기**(main-sequence fitting) 표준 주계열성의 겉보기 밝기와 성단에 있는 주계열성의 겉보기 밝기를 비교하여 성단까지의 거리를 측정하는 방법

**주계열성**[주계열별(광도계급 V), main-sequence stars (luminosity class V)] 온도와 광도가 H-R도의 주계열에 놓여 있는 별. 주계열성은 모두 핵에 있는 수소를 헬륨으로 융합함으로써 에너지를 방출한다.

**주계열성의 일생**(main-sequence lifetime) 어떤 질량을 가진 별이 내부 핵에서 수소가 헬륨으로 되는 핵융합 반응으로 빛을 낼 수 있는 시간

**주계열 전환점**(main-sequence turnoff point) 성단의 H-R도에서 별들이 주계열로 변하는 점. 성단의 나이는 주계열 전환점에서 주계열에 있는 별의 수명과 같다.

**주극성**(circumpolar star) 어느 지역에서 항상 지평선 위에 떠 있는 별들

**주기-광도 관계**(period-luminosity relation) 세페이드 변광성의 광도가 최고 밝기 사이의 주기와 어떤 연관이 있는지를 설명하는 관계. 주기가 길수록 별이 더 밝다.

**주전원**(deferent) 우주에 대한 (지구중심의) 톨레미 모형에서 지구 주위를 원에서 원의 궤정을 따르는 큰 원. 주전원을 참조하라.

**주전원**(epicycle) 행성이 움직이는 작은 원인데, 이 원은 (지구중심의) 톨레미 우주 모형에서 지구 주위를 돌고 있는 큰 원(대원)을 따라 동시에 이동한다.

**준거성**(subgiant) 주계열이 되는 단계와 거성이 되는 단계 사이에 있는 별.

준거성은 비활성 헬륨 핵과 수소 핵융합이 일어나는 껍질을 지니고 있다.

**줄(joul)** 에너지의 국제 표준단위. 1줄은 1/4000 킬로칼로리에 해당한다.

**중간별(intermediate-mass stars)** 질량이 약 $2M_{태양}$과 $8M_{태양}$ 사이로 태어난 별. 이 별들은 행성상성운을 형성한 후, 백색왜성이 됨으로써 자신의 삶을 끝낸다.

**중력(gravitation)** 만유인력의 법칙을 참조하라.

**중력(gravity)** 4개의 기본 힘 중 하나. 거대한 규모에서 작용하는 힘

**중력가속도(acceleration of gravity)** 낙하 물체의 가속도. 지구의 중력가속도 g는 9.8이다.

**중력렌즈[lens (gravitaional)]** 중력렌즈 현상을 참조하라.

**중력렌즈 현상(gravitational lensing)** 아인슈타인의 일반상대성이론에 의해 예측된 바와 같이, 중력장을 통과할 때 빛의 휘어지는 현상에 의해 천체의 영상이 확대되거나 또는 영상왜곡이 일어나는 현상. 호, 고리 또는 여러 개 영상 등으로 왜곡된다.

**중력 상수(gravitational constant)** 만유인력의 법칙에 나오는 상수 G를 경험적으로 측정한 값

$$G = 6.67 \times 10^{-11} \frac{m^3}{kg \times s^2}$$

**중력수축(gravitational contraction)** 한 물체가 중력으로 수축되는 과정으로, 이때 중력위치에너지가 열에너지로 변환된다.

**중력 시간지연(gravitational time dilation)** 중력장에서 시간이 느려진다는 현상으로, 아인슈타인의 일반상대성이론에 의해 예측되었다.

**중력위치에너지(gravitational potential energy)** 물체가 중력장 내 위치에 의해 갖는 에너지. 물체는 떨어질 수 있는 거리가 클수록 더 큰 중력위치에너지를 갖는다.

**중력자(gravitations)** 중력에 대한 매개입자

**중력적색이동(gravitational redshift)** 시간은 중력장에서 천천히 흐른다는 사실에서 발생된 적색이동

**중력적으로 속박된 계(gravitationally bound system)** 서로 중력적으로 묶여 있는 별이나 은하와 같은 천체 모임

**중력조우(gravitational encounter)** 2개(또는 이상)의 물체가 충분히 가까이 지나가서, 각각의 물체가 다른 물체의 중력 효과를 감지하고 또 그래서 에너지를 교환할 수 있게 되는 만남

**중력파(gravitational waves)** 아인슈타인의 일반상대성이론에 의해 예견된 파동으로, 빛의 속도로 이동하며 공간의 왜곡을 우주에 전달한다. 비록 아직까지 직접 관측된 바는 없지만 그들이 존재한다는 강한 간접적 증거들은 있다.

**중력평형(gravitational equilibrium)** 안쪽으로 당겨지는 중력과 정확하게 바깥쪽으로 밀어내는 압력이 같을 때 생기는 평형 상태

**중립자(바리온, baryons)** 3개의 쿼크 입자로 구성된 입자로, 양성자와 중성자가 여기에 속한다.

**중성미자(neutrino)** 극도로 낮은 질량을 지니고 있으며 약력에만 반응하는 기본 입자의 한 형태. 중성미자는 렙톤 입자이고 세 가지 형태가 존재하는데, 전자 중성미자, 뮤 중성미자 그리고 타우 중성미자가 그것이다.

**중성자(neutrons)** 원자핵에서 발견된 전하량이 없는 입자로, 3개의 쿼크에서 형성되었다.

**중성자별(neutron star)** 초신성폭발 후에 남겨진 질량이 큰 별의 밀집 형태의 시체. 보통 수 킬로미터의 반경을 지닌 체적 내에 태양질량 정도의 물질이 포함되어 있다.

**중성자 축퇴압(neutron degeneracy pressure)** 중성자별 내부에서처럼 중성자에 의해 가해지는 축퇴압력

**중수소(deuterium)** 수소의 한 형태로, 이 원소의 핵은 (가장 흔한 수소의 경우인) 양성자 하나로 구성되기보다는 1개의 양성자와 1개의 중성자를 지니고 있다.

**중앙해령(mid-ocean ridges)** 지구 해저 화산의 긴 능선으로, 이 능선을 따라 맨틀 물질이 대양저로 폭발하여 기존의 해저를 양쪽으로 분리시킨다. 이런 능선은 본질적으로 새로운 해저지각의 형성 요인이 되는데, 섭입대에서 맨틀로 돌아오기 전에 수백만 년 동안 바다 바닥을 따라 해저지각의 길을 만들게 된다.

**중원소(heavy elements)** 천문학에서는 일반적으로 수소와 헬륨을 제외한 모든 원소를 중원소라 한다.

**중입자물질(baryonic matter)** 원자로 구성된 보통물질(원자의 핵이 바리온 입자인 양성자와 중성자를 포함하고 있다 하여 바리온물질이라 부른다.)

**증발(evaporation)** 액체에서 기체로 원자나 분자가 변화되는 과정

**지각(crust)** 분화가 일어난 행성의 밀도가 낮은 표면층

**지구온난화(global warming)** 인간이 이산화탄소 및 온실기체를 대기에 공급함으로써 지구의 전체적인 평균온도가 증가되는 현상

**지구중심모형(geocentric model)** 우주의 중심에 지구가 놓여 있다고 가정하여 행성의 운동 예측에 사용되었던 고대 그리스 모형

**지구중심우주(geocentric universe)** 지구가 전체 우주의 중심이라고 하는 고대 믿음

**지구형 행성(terrestrial planets)** 지구와 전체적인 구성이 비슷한 암석 행성

**지방항성시(local sidereal time, LST)** 어느 지역의 항성시로, 그 지역의 하늘에서 춘분의 위치에 따라 정의된다. 더 형식적으로 정의해본다면, 어떤 순간에 지방항성시는 춘분의 시간각이다.

**지배적인 중심은하(central dominant galaxy)** 조밀한 은하단 중심에서 발견되는 거대한 타원은하로, 아마도 여러 개의 개별적인 은하들이 합병되어 형성된 것 같다.

**지오선(meridian)** 정남 지평선(고도 $0°$)에서 시작하여, 천정을 통과한 후 정북 지평선으로 이어지는 반원

**지진파(seismic waves)** 지진에 의해 발생하는 진동으로 한 행성에 전파된다.

**지질학(geology)** (달, 행성 또는 소행성) 등의 표면특징들과 그들이 생성

되는 과정에 대한 연구

**지질학 과정(geological processes)** 지질학적으로 네 가지 기본 과정은 충돌 크레이터, 화산, 판구조와 풍화침식이다.

**지질학적 연대표(geological time scale)** 과학자가 지구의 과거에 일어났던 주요 사건의 시기를 서술하기 위해 사용하는 시간 규모

**지질학적 확대중심[spreading centers (geological)]** 뜨거운 맨틀이 판들 사이에서 위쪽으로 나와서 옆으로 퍼지면서 새로운 해저지각을 형성하는 곳

**지질 활동(geological activity)** 행성 표면을 형성한 후 오랫동안 변화시키는 물리 과정으로 화산 활동, 판구조 및 풍화침식 등이 있다.

**지평선(horizon)** 우리가 볼 수 있는 영역과 우리가 볼 수 없는 영역을 구분해주는 경계선

**지평선 위의 고도[titude (above horizon)]** 지평선에서 하늘에 있는 천체까지의 각거리

**진동수(frequency)** 파동의 마루가 한 지점을 지나가는 비율을 말하며, 1/s의 단위로 측정하고 종종 cycles/s 또는 헤르츠로 측정된다.

**진화[evolution (biological)]** 원시 생명체에서부터 오늘날의 아주 다양한 생명체들에 이르기까지 지구상의 생명체 변화를 설명해주는 생명체 집단의 점진적 변화

**진화론(theory of evolution)** 다윈에 의해 처음으로 도입된 이론으로, 진화가 자연 선택 과정을 통해 어떻게 일어나는지를 설명해주는 이론

**질량(mass)** 한 물체 안에 들어 있는 물질의 양의 척도

**질량-광도비(mass-to-light ratio)** 한 천체의 질량을 광도로 나눈 값으로, 보통 $\frac{M_{태양}}{L_{태양}}$의 단위로 표시된다. 높은 질량-광도비를 지닌 천체는 상당량의 암흑물질을 지니고 있음이 분명하다.

**질량 교환(mass exchange)** 근접쌍성계에서 조석력이 물질을 주성에서 동반성으로 흘러가게 하는 물리 과정

**질량-에너지(mass-energy)** 질량의 위치에너지로 $E=mc^2$의 관계를 지닌다.

**질량 증가[mass increase (in relativity)]** 여러분을 스쳐지나 운동하고 있는 물체는 정지질량보다 더 큰 질량으로 보이는 현상

**차등회전(differential rotation)** 천체의 적도 부근에서의 자전속도가 극에서와 다른 자전

**차원(수학적)(dimension)** 운동이 가능한 독립적인 방향들의 수를 말함. 예를 들어 지구의 표면은 단지 2개의 독립적인 방향 (북-남과 동-서)만 가능하기 때문에 2차원이다.

**찬드라세카르 한계(Chandrasekhar limit)** 백색왜성 한계 질량을 참조하라.

**채층(chromosphere)** 코로나 아래에 있는 태양의 대기층이다. 대부분의 태양 자외선이 이곳에서 방출되고, 온도는 약 10,000K이다.

**천구(celestial sphere)** 지구에서 볼 때 하늘의 천체들이 움직이고 있는 것처럼 보이는 가상의 구

**천구의 남극(south celestial pole, SCP)** 지구의 남극을 천구 위까지 투영한 점

**천구의 북극(north celestial pole, NCP)** 지구의 북극 바로 위에 있는 천구의 한 점

**천구 적도(celestial equator, CE)** 지구의 적도를 확장하여 천구상에 투영한 것

**천구 좌표(celestial coordinates)** 천구에서 천체의 위치를 알려주는 적경과 적위 좌표

**천문단위(astronomical unit, AU)** 지구와 태양 사이의 평균거리(장반경)로 약 1억 5,000만 km이다.

**천문 항법(celestial navigation)** 태양과 별을 관측하여 지구상에서 방향을 알아내는 방법

**천정(zenith)** 관측자의 머리 위를 가리키는 지점으로 고도가 90°이다.

**청색이동(청색편이, blueshift)** 물체가 관측자 쪽으로 운동할 때 관측되는 도플러 이동 현상으로, 그 물체에서 나오는 스펙트럼이 단파장 쪽으로 이동한다.

**초각[arcsecond (or second of arc)]** 1°의 1/3600, 1분 각의 1/60

**초대질량 블랙홀(supermassive black holes)** 태양질량의 100만 배에서 10조 배 되는 질량을 가진 거대 블랙홀로, 많은 은하의 중심에 놓여 있어서 활동성 은하핵에 에너지를 제공한다고 여겨지고 있다.

**초거성(supergiants)** H-R도의 위쪽에 위치하는 아주 크고 아주 밝은 별(광도계급 I)

**초공간(hyperspace)** 3차원 이상으로 이뤄진 공간

**초당 주기(cycles per second)** 파동에 대한 주파수 단위. 초당 주어진 점을 지나가는 파동의 마루 또는 골의 개수이다. 헤르츠와 같다.

**초승달(crescent)** 태양빛에 의해 조명된 부분만 보일 때의 달(또는 행성)의 위상

**초신성 1987A(Supernova 1987 A)** 1987년에 지구에서 목격된 초신성. 지난 400년 동안 관측된 초신성 중 가장 가까운 별의 폭발이고 천문학자들이 초신성이론을 개선하는 데 도움을 주었다.

**초신성(supernova)** 한 별의 폭발

**초신성잔해(supernova remnant)** 초신성폭발의 잔해구름들이 빛을 내며 팽창하여 만든 구조

**초은하단(superclusters)** 우주에서 알려진 구조 중 가장 큰 구조로, 많은 은하, 은하군 그리고 개별은하들로 구성된다.

**초점[focus (of a lens or mirror)]** 렌즈나 거울의 초점. 멀리 있는 별에서 오는 빛과 같이 원래 평행했던 광선이 한 곳으로 모아지는 점

**초점면(focal plane)** 렌즈 또는 거울에 의해 생성되는 이미지가 초점에 놓인 위치

**최대 이각[elongation (greatest)]** 수성 또는 금성에 대해 하늘에서 태양으로부터 가장 멀리 떨어져 있을 때의 위치

**추분점[fall (September) equinox]** 천구상에서 황도가 천구의 적도를 지나가는 처녀자리를 가리키는 점을 지칭하기도 하고 또 태양이 매년 그 점에서 보이는 시간(9월 21일경)을 지칭하기도 한다.

**축퇴압(degeneracy pressure)** 천체의 온도와 관련된 압력의 한 종류로, 전자(전자 축퇴압) 또는 준성자(준성자 축퇴압)가 아주 빽빽하게 압축되어서 배타 원리와 불확정성 원리가 적용될 때 생겨나는 압력이다.

**축퇴 천체(degenerate object)** 갈색왜성, 백색왜성 또는 중성자별과 같은 천체로, 이곳에서 축퇴압은 중력에 대항하여 밀어내는 주된 압력이다.

**춘분점[spring (March) equinox]** 황도가 천구의 적도를 지나가는 천구의 물고기자리 쪽을 지칭하기도 하고 또 태양이 매년 그 점을 지나가는 시간(3월 21일경)을 말하기도 한다.

**충(opposition)** 하늘에서 태양 반대편에 행성이 보이는 지점

**충격파(shock wave)** 소리속도보다 더 빠르게 움직이는 가스에 의해 만들어진 압력파

**충돌(impact)** 소행성이나 행성 같은 작은 천체가 행성이나 달 같은 큰 천체에 부딪치는 현상

**충돌 분지(impact basin)** 아주 큰 충돌 크레이터로, 흔히 용암 흐름에 의해 채워지기도 한다.

**충돌체(impactor)** 충돌하는 물체

**충돌 크레이터(impact crater)** 대기에서 타버리는 것과는 달리, 어떤 천체가 행성 표면에 충돌한 후 남겨진 그릇 모양의 구덩이

**충돌 크레이터 형성(impact cratering)** 행성 표면에 소행성이나 혜성의 부딪침으로 인해 그릇 모양의 구덩이가 형성되는 과정

**측성 기술(astrometric technique)** 행성으로부터 작용하는 중력 당김 현상에 의해 야기되어 별의 좌우로 움직이는 것을 이용하여 외계태양계를 검출하는 기술

**카시니 간극(Cassini division)** 토성 고리의 어둡고 커다란 틈으로, 지구에서 소형망원경으로 관측할 수 있다.

**카이퍼대(Kuiper belt)** 태양에서 약 30~100AU의 거리에 걸쳐 있는 우리 태양계의 혜성이 풍부한 지역. 카이퍼대 혜성은 행성과 같은 방향으로 태양 주위를 공전하고 있고, 행성 궤도면과 아주 가깝게 놓인 궤도를 지닌다.

**카이퍼대 천체(Kuiper belt object)** 상당히 큰 천체에 대해 아주 자주 사용되고 있지만, 카이퍼대 영역 내에서 태양을 공전하는 모든 천체를 말한다. 예를 들어, 명왕성과 에리스는 큰 카이퍼대 천체로 간주된다.

**캄브리아기 폭발적 생명 다양화(Cambrian explosion)** 약 5,400만 년 전과 5,000만 년 전 사이에 지구에서 발생한 극적인 생명체들의 다양화 현상

**커크우드 간극(Kirkwood gaps)** 소행성 궤도 장반경 축의 그림에서 목성과 궤도공명의 결과로 작은 양의 소행성이 존재하는 영역

**케플러 제3법칙의 뉴턴 법식(Newton's version of Kepler's third law)** 궤도 주기와 거리의 측정값으로부터 궤도운동하는 물체의 질량을 계산하는 데 사용되는 케플러의 제3법칙의 일반화. 보통 다음과 같이 표시된다.

$$p^2 = \frac{4\pi^2}{G(M_1 + M_2)}a^3$$

**케플러의 제1법칙(Kepler's first law)** 태양 주위를 돌고 있는 각 행성의 궤도는 한 초점에 태양이 놓여 있는 타원이라는 것을 말해주는 법칙

**케플러의 제2법칙(Kepler's second law)** 행성의 궤도 주위를 이동할 때 그것은 동일한 시간에 동일한 면적을 휩쓸고 간다는 원리. 이 법칙을 태양으로부터 멀리 있을 때보다 (원일점 근처) 태양에 가까이 있을 때(근일점 근처) 행성이 빠르게 이동한다는 것을 우리에게 알려준다.

**케플러의 제3법칙(Kepler's third law)** 행성의 공전주기의 제곱은 태양으로부터의 평균거리(장반경)의 3제곱에 비례한다는 법칙으로, 어떤 궤도에서 더 멀리 떨어진 행성일수록 더 천천히 움직인다는 것을 알려준다. 원래는 $p^2 = a^3$으로 알려졌다. 케플러 제3법칙의 뉴턴 법식을 참조하라.

**케플러의 행성운동법칙(Kepler's laws of planetary motion)** 케플러가 발견한 태양 주위를 도는 행성의 운동을 설명해주는 세 가지 법칙

**켈빈(Kelvin)** 과학에서 가장 일반적으로 사용되는 온도 척도. 절대 영도는 0K이고 물은 273.15K에서 어는 것으로 정의한다.

**코로나(corona)** 태양 대기에서 가장 높은 곳에 있으며 밀도가 낮은 층. 태양 엑스선의 대부분이 이 영역에서 방출되는데, 온도는 약 100만 K 정도이다.

**코로나 구멍(coronal holes)** 뜨거운 코로나 가스가 전혀 존재하지 않기 때문에 엑스선으로 관측되지 않는 코로나 영역

**코로나 질량방출(coronal mass ejections)** 태양 코로나에서 우주공간으로 방출되는 하전된 입자들을 분출하는 현상

**코리올리 효과(Coriolis effect)** 자전에 의해 야기되는 효과인데, 자전하고 있는 표면이나 행성 위에 있는 공기 또는 물체들이 직선 궤적에서 벗어나게 하는 효과이다.

**코마(coma)** 혜성의 먼지 대기로, 혜성이 태양 근처를 지날 때 혜성 핵에 있는 얼음이 기화되어 생성된다.

**코페르니쿠스 혁명(Copernican revolution)** 코페르니쿠스에 의해 시작된 극적인 변화로, 지구가 우주의 중심이 아니라 태양 주위를 궤도운동하는 하나의 행성이라는 것을 알게 되었을 때 일어났다.

**쿼크(quarks)** 양성자와 중성자의 구성 요소. 쿼크는 페르미온 입자의 두 가지 기본 유형 중의 하나이다(다른 한 유형은 렙톤).

**퀘이사(quasar)** 광도가 가장 큰 활동성 은하핵

**키르히호프의 법칙(Kirchhoff's laws)** 어떤 조건에서 어떤 물체가 열적 스펙트럼, 흡수선 또는 방출선 스펙트럼이 생성되는지를 요약해주는 법칙. 간단하게 말하면 (1) 불투명한 물체는 열복사를 생성한다. (2) 흡수선 스펙트럼은 열복사가 열복사를 방출하는 물체보다 더 차가운 얇은 가스를 통과할 때 형성된다. (3) 방출선은 우리가 배경빛을 내는 영역보다 더 따뜻한 구름을 볼 때 관측할 수 있다.

**타원(ellipse)** 속박된 궤도의 형태로 나타나는 계란형 궤도. 타원은 두 고정 못에 묶여 있는 실을 따라 한 연필로 움직이며 그릴 수 있다. 두 고정 못의 위치는 타원의 초점이 된다.

**타원은하(elliptical galaxies)** 럭비공처럼 한 방향으로 길고 둥근 형태를 보이는 은하. 타원은하는 원반이 없고, 종종 매우 뜨겁고 이온화된 기체를 포함하기는 하지만, 차가운 기체와 먼지가 나선은하에 비해 매우 작다.

**타원의 초점[focus of an ellipse]** 타원 내에 장축을 따라 놓인 2개의 특별

한 지점 중의 하나. 이 지점들 주위로 연필과 실을 가지고 타원을 그릴 수 있다. 한 물체가 다른 물체 주위를 궤도운동할 때, 두 번째 물체는 궤도의 한 초점에 놓인다.

**타원체 성분(spheroidal component)** 헤일로 성분을 참조하라

**타원체은하(spheroidal galaxy)** 타원은하에 대한 또 다른 이름

**타원체 종족(spheroidal population)** 헤일로 종족을 참조하라.

**탄산염암(carbonate rock)** 석회암 같이 탄소가 풍부한 암석인데, 물속에서 퇴적물과 이산화탄소 사이의 화학 반응으로 생성된다. 지구에서 방출되는 대부분의 이산화탄소는 현재 탄산염암에 들어 있다.

**태양계 또는 항성계(solar system, or star system)** 한 별(때로는 2개 이상의 별)과 그 주위를 돌고 있는 모든 천체를 지칭하는 용어

**태양계 성운(solar nebula)** 우리태양계의 생성을 초래한 성간구름

**태양계 소천체(small solar system body)** 별 주위를 돌고 있지만 너무 작아서 행성이나 왜소행성으로 분류되지 못하는 천체들로, 소행성, 혜성 또는 다른 천체들이 있다.

**태양광도(solar luminosity)** 태양광도로 약 $4 \times 10^{26}$와트이다.

**태양궤도(solar circle)** 은하 주위를 돌고 있는 태양의 궤도 경로로 궤도 반경은 약 28,000광년이다.

**태양극점(solstice)** 하지점과 동지점을 참조하라.

**태양년(tropical year)** 한 춘분점에서 다음 춘분점까지 걸리는 시간으로 현재 사용하고 있는 달력의 기본이 된다.

**태양 돛(solar sail)** 태양빛에 의해 생기는 압력을 이용하여 우주를 항해할 수 있게 하는 돛으로 아주 크고, 반사 능력이 좋은 (그리고 질량을 최소화하기 위해 얇게 제작된) 물질이다.

**태양온도계(solar thermostat)** 항성 온도계를 참조하라. 태양온도계는 같은 아이디어를 태양에 적용하였다.

**태양일(solar day)** 태양이 자오선을 지나 다음 자오선을 지날 때까지의 시간으로 24시간이다.

**태양 중성미자 문제(solar neutrino)** 태양으로부터 오는 중성미자의 예측된 값과 관측된 값이 차이가 나는 현상

**태양풍(solar wind)** 태양에서 방출되는 하전된 입자의 흐름

**태양 플레어(solar flares)** 태양 표면에서 에너지가 갑자기 그리고 많은 양이 방출되는 현상으로, 아마 자기장에 저장되어 있던 에너지가 갑자기 방출될 때 일어나는 것으로 여겨진다.

**태양 활동(solar activity)** 태양에서 관측되는 오래 지속되지 않는 현상으로, 개개의 흑점이 출현했다 소멸되는 현상. 홍염과 플레어 현상들이 있다. 때때로 태양 기후라고도 부른다.

**태양 활동 극대기(solar maximum)** 흑점의 수가 최대가 되는 흑점 주기 동안의 시간

**태양 활동 극소기(solar minimum)** 흑점의 수가 최소가 되는 흑점 주기 동안의 시간

**태음월(lunar month)** 삭망월을 참조하라.

**토크(torque)** 물체에 각운동량의 변화를 야기할 수 있는 비틀린 힘

**톨레미 모형(Ptolemaic model)** 기원전 150년에 톨레미가 고안한 지구중심 모형

**통과(transit)** 지구에서 볼 때 행성이 별(또는 태양) 앞을 가로지르는 현상. 수성과 화성만이 태양 통과에서 관측될 수 있다. 외계행성들의 통과를 탐색하는 것은 아주 중요한 행성 탐색전략 중의 하나이다.

**퇴적암(sedimentary rock)** 침식 작용에 의해 생성되어 침전된 침전체로부터 형성된 암석

**투과(transmission)** 빛이 흡수되지 않고 어떤 물체를 통과하는 과정

**투명(transparent)** 입사하는 빛을 거의 모두 투과하는 물질을 기술하는 용어

**트로이 소행성(Trojan asteroids)** 목성 궤도를 공유하지만 목성의 앞과 뒤에서 $60°$ 각을 이루는 2개의 안정된 영역에서 발견된 소행성

**특수상대성이론(special theory of relativity)** 모든 운동은 상대적이며, 모든 사람은 측정하는 빛의 속도는 일정하다는 사실의 효과를 서술하는 아인슈타인의 이론

**특이 속도[peculiar velocity (of a galaxy)]** 허블의 법칙에 의해 기대되는 속도와 다른, 우리은하에 상대적인 은하 속도의 구성 성분

**특이점(singularity)** 블랙홀 중심에 있는 지역으로, 원칙적으로는 중력이 모든 물질을 무한하게 작고 밀도가 큰 한 점으로 찌그러뜨리는 곳이다.

**파섹(parsec, pc)** 1각초의 시차각을 가진 물체와의 거리로 약 3.26광년이다.

**파장(wavelength)** 파동에서 인접한 골 사이의 간격 또는 마루 사이의 거리

**판구조론(plate tectonics)** 판이 행성 맨틀에 응력에 의해 주위로 이동하는 지질학적 과정

**패러다임[paradigm (in science)]** 특정 기간 동안 과학적 연구의 틀을 형성하는 경향이 있는 사고의 일반적인 형태

**펄서(pulsar)** 자전하면서 빠른 펄스 형태의 전자기파를 내는 중성자별

**페르미 역설(Fermi's paradox)** 엔리코 페르미에 의해 제안된 지구 밖 지적 생명체의 존재에 대한 질문. "그래서 모두 어디에 있지?" 이 질문은 간단한 논쟁을 해보더라도 누군가가 현재 은하에 전반적으로 흩어져 있어야 한다고 제안하게 되겠지만, 왜 우리가 다른 문명을 관측하지 않았는가에 대한 이유를 묻고 있다.

**페르미 입자(페르미온, fermions)** 전자, 중성자, 양성자와 같은 입자로 배타 원리에 따른다.

**편평 우주(flat universe)** 시공의 전체 기하가 편평한 (유클리드 기하) 우주로, 만약 우주의 밀도가 임계밀도와 같다면 형성될 것으로 보이는 우주의 모습이다.

**평균 태양시(mean solar time)** 한 해 동안 어느 지방 하늘에서 태양의 평균 위치를 측정한 시간

**평면 기하학[flat (or Euclidean) geometry]** 편평한 평면에 적용되는 기하학

법칙으로, 두 점 사이에서 가장 가까운 거리는 직선이고, 또 삼각형의 내각의 합우 180도이다

**포물선(parabola)** 중력에 의해 허용된 속박되지 않은 궤도의 특별한 형태를 수학적으로 정확하게 표현한 형태. 만일 포물선 궤도에 있는 물체가 아주 작은 양의 에너지를 손실하게 되면, 이 물체는 속박될 것이다.

**폭발적 별형성 은하(starburst galaxy)** 유난히 높은 비율로 별들을 생성하고 있는 은하

**표면적-체적비(surface area-to-volume ratio)** 천체의 표면적을 체적으로 나눈 양으로 정의된다. 이 비는 작은 천체들에 대해서는 더 커지고 그 역도 성립한다.

**표준모형[standard model (of physics)]** 자연에 존재하는 기본적인 입자들과 힘들을 서술하는 데 현재 사용되는 이론적 모형

**표준시(standard time)** 국제저으로 공인된 시간대에 따라 측정된 시간

**표준촉광(standard candle)** 실제 광도를 알아낼 수 있는 수단을 가지고 있는 천체. 우리는 그 천체의 겉보기 등급을 광도-거리 공식을 이용하여 거리를 구하는 데 사용할 수 있다.

**플라스마 꼬리(plasma tail of a comet)** 혜성이 태양 근처를 통과할 때 보이는 꼬리 중 하나(다른 하나의 꼬리는 먼지 꼬리). 이온화된 가스로 구성되어 있는데, 태양풍에 의해 태양 바깥쪽으로 불어 날려진 모습이다.

**플라스마(plasma)** 이온들과 전자들로 구성된 가스

**플랑크 상수(Planck's constant)** 우주 상수로서 간단하게 h로 표현하는데, $h = 6.626 \times 10^{-34} joule \times s$이다.

**플랑크 시간(Planck time)** 우주가 $10^{-43}$초 되었을 때의 시간. 이전에는 무작위적인 에너지 요동이 너무 커서 현재의 이론으로는 그때 무슨 일이 일어났는지 도저히 기술할 수 없다.

**플랑크 시대(Planck era)** 플랑크 시간 이전의 우주 기간

**플레어 별(flare star)** 표면에서 특히 강한 플레어를 보이는 M형 분광형을 가진 작은 별

**피드백 과정(feedback processes)** 온도 같은 어떤 성질의 조그만 변화가 다른 성질의 변화를 초래하는 과정으로, 이때 원래 작은 변화가 증폭되기도 하고 약해지기도 한다.

**필터[filter (for light)]** 어떤 특정한 파장의 빛만 통과하는 물질

**하전 입자대(charged particle belts)** 이온과 전자가 모여 있는 상태로 한 행성을 둘러싸고 있는 영역

**하지(summer solstice)** 천구상에서 황도가 천구의 적도에서 가장 멀리 놓인 점을 지칭하기도 하고 또 태양이 매년 그 점을 지날 때(6월 21일경)의 시점을 말하기도 한다.

**하현[third-quarter (phase)]** 위상 순환궤도의 3/4의 위치에 있을 때의 달의 위성으로, 이때 태양빛에 의해 절반만 조명된다.

**합(conjunction)** 하늘에서 행성과 태양이 일직선이 되는 현상

**항성계(star system)** 태양계를 참조하라.

**항성년(sidereal year)** 지구가 항성을 기준으로 하여 태양의 둘레를 정확하게 한 바퀴 도는 데 필요한 시간. 달력의 기준이 되는 태양년보다 약 20분 길다

**항성시(sidereal time)** 하늘에서 태양의 위치보다는 별의 위치를 기준으로 측정한 시간. 지방항성시를 참조하라.

**항성시차(stellar parallax)** 멀리 있는 천체들을 배경으로 할 때 가까이 있는 천체의 위치가 겉보기에 변하는 현상으로, 매년 태양을 도는 지구 궤도의 서로 다른 지점에서 별을 관측할 때 일어난다.

**항성온도계(stellar thermostat)** 별이 에너지 균형과 중력평형에 놓여 있을 때 별 핵온도가 조절되는 현상이다. 에너지 균형은 별의 핵에서 일어나는 핵융합에너지 방출률과 별의 표면이 우주공간으로 방출하는 에너지 방출률이 균형을 이루는 상태이다.

**항성월(sidereal month)** 항성을 배경으로 측정할 때, 달이 지구 궤도를 도는 데 걸리는 시간으로, $27\frac{1}{4}$일이다.

**항성일(sidereal day)** 어느 특정 별이 남중한 후부터 다음 남중할 때까지의 시간으로 23분 56초 4.09초이다, 기본적으로 지구의 실제 자전속도이다.

**항성주기(sidereal period of a planet)** 태양을 실제 한 바퀴 도는 시간

**항성진화(stellar evolution)** 항성의 형성과 성장

**항성풍(stellar wind)** 별 표면에서 방출된 하전된 입자의 흐름

**해들리 세포(Hadley cells)** 순환 세포를 참조하라.

**해저지각(seafloor crust)** 지구에서 해저 확장에 의해 형성된 얇고 밀도가 큰 현무암 지각

**해저 확장(seafloor spreading)** 지구의 대양저 산맥에서 새로운 해저지각이 형성되는 과정

**핵분열(fission)** 한 원자의 핵이 2개의 작은 핵으로 나누어지는 과정. 2개의 작은 핵의 질량 합이 원래의 핵보다 덜 무겁다면, 이 반응은 에너지를 방출한다.

**핵분열(nuclear fission)** 큰 핵이 2개(또는 그 이상)의 작은 입자로 분열되는 과정

**핵융합(nuclear fusion)** 2개의 원자핵이 하나로 융합되어 더 무거운 핵이 되는 과정. 생성되는 핵이 반응시킨 두 핵보다 무겁지 않다면 에너지를 방출한다.

**핵의 시대(era of nuclei)** 빅뱅 후 3분에서 약 38만 년 사이에 지속되었던 우주 시대로, 이 기간 동안 우주에 있는 물질은 완전히 이온화되었고 빛에 대해서는 불투명했다. 우주배경복사가 이 시대 말미에 방출되었다.

**핵합성 시대(era of nucleosynthesis)** 빅뱅 후 0.001초에서 3분 사이 지속되었던 우주 시기이며, 이 기간 끝 무렵에 사실상 모든 중성자들과 우주 내 전체 양성자의 1/7 정도가 헬륨으로 핵융합 반응을 했다.

**행성(planet)** 하나의 별을 공전하며 쭈로 별에서부터 나온 빛을 반사함으로써만 빛을 내는 상당히 큰 천체. 2006년에 공인된 정의에 따라 더 정확히 말하자면, 행성은 (1) 어떤 별을 공전할 것(그러나 스스로 별이나 위성이 되면 안 됨), (2) 자신의 중력이 자신을 거의 둥근 모양으로 만들기에 충분할 것, (3) 궤도 주변의 잔해들을 청소해 놓았을 것. 세레스, 플루토, 에리스 같은 천체는 처음 두 기준을 만족하지만 세 번째 기준을 충족시키지 못해

왜소행성으로 분류되었다.

**행성 맨틀(mantle of a planet)** 행성의 핵과 지각 사이에 있는 암석층

**행성상성운(planetary nebula)** 낮은 질량의 별이 생의 마지막에 방출하는 빛나는 기체구름

**행성의 판[plates (on a planet)]** 대류권의 조각들로, 바로 아래에 있는 밀도가 큰 맨틀 위에 떠다니는 것처럼 보인다.

**행성의 핵[core (of a planet)]** 행성중심에서 분화 현상이 일어나고 있는 밀도가 높은 영역

**행성이동(planetary migration)** 행성이 원래의 궤도에서 별보다 더 가깝거나 먼 다른 궤도로 움직이게 해주는 과정

**행성지질학(planetary geology)** 지구 표면과 내부에 대한 연구를 지구형 행성과 목성형 행성의 위성과 같은 태양계 내의 다른 고체 천체에 적용하는 연구 분야

**행성 형성 성질(formation properties of planet)** 이 책에서는 지질학적 과정을 이해하기 위해, 행성을 네 가지 형성 성질을 지니고 형성되었다고 정의한다. 크기, 태양으로부터의 거리, 구성성분, 자전속도

**허블 상수(Hubble's constant)** 현재의 우주팽창률을 나타내는 수. $H_0$로 표현되며, 단위는 km/s/Mpc이다. 만약 팽창률이 변하지 않았다면, 허블 상수의 역수는 우주의 나이가 된다.

**허블의 법칙(Hubble's law)** 멀리 있는 은하일수록 우리로부터 멀어져 가는 속도는 커진다라는 개념의 수학적 표현. $v = H_0 \times d$이며 $v$는 멀어지는 속도이고, $d$는 그곳까지의 거리, $H_0$는 허블 상수이다.

**헤르츠(hertz, Hz)** 빛의 파동에 대한 진동수의 표준 단위, 1/s의 단위와 같다.

**헤일로[halo (of galaxy)]** 나선은하의 원반 주위를 둘러싸고 있는 구 형태의 영역

**헤일로 성분(halo component)** 구형(또는 럭비공) 형태를 지니며 차가운 가스가 아주 작게 존재하는 은하의 영역. 일반적으로 아주 늙은 별들로만 구성되어 있다. 나선은하의 경우 헤일로 성분에는 헤일로와 팽대부가 포함되지만 원반은 포함되지 않는다. 타원은하의 경우는 하나의 헤일로 성분만 포함하고 있다.

**헤일로 종족(halo population)** 은하의 헤일로 성분 내에서 공전하는 별. 때로는 종족 II라 부르기도 한다. 타원은하는 오직 한 가지의 헤일로 종족을 (원반 종족이 결여됨) 지니고 있는 반면, 나선은하는 팽대부와 헤일로에 헤일로 종족의 별들을 지니고 있다.

**헬륨 별(helium-fusing star)** 핵 내에서 헬륨이 탄소로 핵융합이 일어나는 별

**헬륨 섬광(helium flash)** 질량이 낮은 별의 비활성 헬륨 핵 내에서 갑작스럽게 헬륨핵융합이 점화되는 현장을 나타내주는 사건

**헬륨융합(helium fusion)** 3개의 헬륨 핵이 하나의 탄소 핵으로 융합되는 현상, 삼중알파 과정이라 부른다.

**헬륨포획 반응(helium-capture reactions)** 헬륨 핵을 몇 개의 다른 핵으로 융합하는 핵반응. 그런 반응은 탄소를 산소로, 산소를 네온으로, 네온을 마그네슘으로 계속해서 융합할 수 있다.

**현망 간(gibbous)** 태양빛이 비추는 달의 면이 절반보다는 크고 망보다는 작을 때의 달(또는 행성)의 위상

**현무암(basalt)** 어둡고 질도가 높은 화산 암석으로 철과 마그네슘을 바탕으로 한 규산염 물질이 풍부하다, 용융될 때 흐르는 용암을 형성한다.

**혜성(comet)** 항성 궤도를 도는 비교적 작고 얼음으로 구성된 천체. 소행성과 마찬가지로, 혜성은 태양계 소천체'로 알려진 부류의 한 분류로 여겨진다.

**혜성의 핵[nucleus (of a comet)]** 혜성의 고체 부분. 혜성이 태양에서 멀리 있을 때에는 핵만 존재한다.

**호극성균(extremophiles)** 아주 고온이거나 아주 저온, 또는 극도로 짜거나 복사강도가 강한 것처럼, 인간 표준으로 보면 '극한의' 조건에 잘 견딜 수 있는 생명체

**호킹 복사(Hawking radiation)** 블랙홀의 증발되면서 발생할 것으로 예측되는 복사

**홍염(solar prominences)** 태양 표면에서 위로 돌출하여 자기장을 따라 움직이는 뜨거운 가스의 아치형 고리

**화구(fireball)** 특히 밝게 빛나는 유성

**화산평원(volcanic plains)** 아주 묽은 용암분출에 의해 만들어진 아주 크고 상당히 매끄러운 영역

**화산폭발(eruption)** 행성 표면에서 뜨거운 용암이 분출되는 과정

**화산 활동(volcanism)** 용융된 암석이나 용암이 행성 내부에서 표면으로 분출되는 현상

**화석(fossil)** 옛날에 살았다가 죽은 유기물의 유물

**화성운석(Martian meteorites)** 지구에서 발견된 운석들 중에서 화성에서 온 것이라고 여겨지는 운성

**화소(pixel)** CCD 위에 있는 각각의 '화소'

**화씨온도[Fahrenheit (temperature scale)]** 보통 미국의 일상생활에서 흔히 사용되는 온도 체계이다. 지구 표면에서 물은 $32°F$에서 얼고, $212°F$에서 끓는다고 정의한다.

**화학 원소(element chemical)** 특정 원자수의 개별 원자로 구성된 물질

**화학적 농축(chemical enrichment)** 중원소들이 항성에서 생성되어 우주로 내보내지면서, 성간물질 내에 시간이 지남에 따라 헬륨보다 질량이 큰 중원소 함량이 점차 증가하는 현상

**화학적 위치에너지(chemical potential energy)** 화학 반응을 통해 방출될 수 있는 잠재에너지, 예를 들어, 음식은 여러분의 몸이 다른 형태의 에너지로 변환할 수 있는 화학적 위치에너지를 지니고 있다.

**화합물[compound (chemical)]** 원자 번호가 다른 2개 이상의 원자로 구성된 분자들로부터 만들어진 물질

**환류[하들리 세포, circulation cells (or Hadley cells)]** 행성 대기에서 형성되는 (대류층과 비슷한) 거대규모의 순환층으로, 행성의 적도와 극 사이에서 열을 전달한다.

**활동성 은하핵(active galactic nuclei)** 광도가 특별히 높은 은하중심으로, 초대질량 블래홀로 물질 모임이 일어나면서 나오는 광도로 여겨진다. 퀘이사는 가장 밝은 활동성 은하핵이다. 전파은하들 역시 활동성 은하핵을 지니고 있다.

**활동 은하(active galaxy)** 이 용어는 활동성 은하핵을 지니고 있는 은하를 기술하는 데 사용되곤 한다.

**황도(ecliptic)** 매년 별자리를 따라 지나가는 태양의 겉보기 경로

**황도대(zodiac)** 천구상에서 황도가 지나가는 영역에 놓인 별자리들

**황도면(ecliptic plane)** 태양 주위로 궤도운동하는 지구의 궤도 평면

**회귀선(tropics)** 지구에서 적도를 둘러싸고 있으며 북회귀선 (23.5°N)에서 시작하여 남회귀선(23.5°S)까지 연장하는 영역

**회전속도 곡선(rotation curve)** 한 천체나 여러 천체에 대해, 자전속도(또는 공전속도)를 중심에서부터의 거리의 함수로 나타낸 그래프

**회절격자(diffraction grating)** 스펙트럼으로 빛이 분산될 수 있도록 얇게 식각된 표면

**회절한계(diffraction limit)** 각분해능이 빛 파동의 간섭에 의해서만 제한된다 할 때, 망원경이 얻을 수 있는 최소분해능. 큰 망원경일수록 더 작은 값(더 나은 분해능)을 갖는다.

**회합주기[synodic period (of a planet)]** 행성과 태양이 하늘에서 회합하고 나서 다시 회합하기까지 걸리는 시간, 지구 궤도 밖에 있는 행성들에 대해서는 충에서 충까지 측정을 하고, 수성과 금성에 대해서는 외합에서 다음 외합까지의 시간을 측정한다.

**후퇴속도(recession velocity of a galaxy)** 우주팽창으로 인해 멀리 있는 은하가 우리로부터 멀어지는 속도

**휘발성(volatiles)** 지구형 행성에서 보통 가스, 액체 또는 표면 얼음 형태로 발견되는 물질들인데, 물, 이산화탄소와 메탄가스들이 여기에 속한다.

**흑점(sunspots)** 태양 표면에 나타나는 얼룩으로 주변 영역보다는 더 어둡게 보인다.

**흑점 주기(sunspot cycle)** 태양 표면에서 태양흑점의 수가 증가했다가 떨어지는 주기로 약 11년이다.

**흑체 복사(blackbody radiation)** 열복사 참조

**흡수 스펙트럼(absorption line spectrum)** 흡수선을 포함하는 스펙트럼

**흡수(absorption of light)** 물질이 복사에너지를 흡수하는 과정

**힘(force)** 운동량의 변화를 야기할 수 있는 그 무엇

**12궁도(horoscope)** 점성술가에 의해 만들어진 예언 표, 과학 연구에서 12궁도는 예측 도구로서 어떤 정당성도 지니고 있지 않음이 밝혀졌다.

**21cm 전파(21cm line)** 수소원자에서 나오는 21cm 파장(전파 영역)의 분광선

**CNO 순환(CNO cycle)** 중간질량의 별과 질량이 큰 별에서 일어나는 수소가 헬륨으로 변하는 핵반응이 순환적으로 일어나는 현상

**DNA(deoxyribonucleic acid)** 지구상에 있는 생명체의 유전물질을 나타내는 분자

**GPS(global positioning system)** 지구를 공전하는 위성에 의한 항법 체계

**GUT 시대(GUT era)** 2개의 힘(GUT 힘과 중력)만 작용하는 우주 시대로, 빅뱅 후 $10^{-43}$초에서 $10^{-38}$초까지 지속된 시기

**GUT 힘(GUT force)** 강력과 약력, 전자기력이 하나의 힘으로 작용될 때 아주 큰 에너지에서 존재한다고 제안된 힘

**HII 영역(H II region)** 이온화성운을 부르는 또 다른 이름. 이온화성운을 참조하라.

**H-R도[Hertzsprung-Russell (H-R) diagram]** 가로축에 분광형(또는 표면온도)를, 세로축에 별의 광도를 그래프에 해당하는 개개의 별을 점으로 나타낸 그림

**K-T 사건 (또는 충돌)[K-T event (or impact)]** 6,500만 년 전 소행성 또는 혜성의 충돌인데, 공룡을 멸종시킨 것으로 가장 잘 알려진 대량 멸종을 야기하였다. K와 T는 충돌이 일어난 곳의 위와 아래 지질층을 나타낸다.

**MACHOs(massive compact halo objects)** 암흑물질의 가능한 형태의 하나로, 그 안에 행성이나 갈색왜성처럼 상당히 큰 암흑물체들이 존재한다.

**rings(planetary) 고리** 로시 조석중간대 내에서 행성 주위를 도는 무수히 작은 입자들의 모임

**WIMPs(weakly interacting massive particles)** 암흑물질의 가능한 한 형태로 어두운 아원자들로 구성되어 있다. 아원자들은 전자기력에 반응을 하지 않기 때문에 어둡다.

# 찾아보기

# 저자 소개

## Jeffrey Bennett

Jeffrey Bennett은 미국 캘리포니아 샌디에이고대학교에서 생물물리학 학사를 취득한 후 콜로라도 볼더대학교에서 천문학 석사와 박사학위를 취득했다. 그는 유치원에서 대학원에 이르기까지 모든 수준의 천문학, 물리학, 수학과 교육학 강의를 하였으며, 2년 동안 나사의 수석 방문 연구원으로 일한 바 있는데, 그곳에서 나사의 'IDEAS' 프로그램을 개발하였다. 이 프로그램은 나사의 소피아라는 관측용 항공기에 교사들을 탑승시키는 프로그램을 시작하였고 허블우주망원경과 다른 우주망원경을 위한 교육 프로그램들에 가담하였다. 그는 CU-볼더캠퍼스에 있는 콜로라도 태양계 시스템 축척 모형과 워싱턴 DC의 국립박물관에 있는 태양계 시스템 항해 모형에 대한 아이디어를 제공하고 그 모형을 개발하는 데 기여했다(사진은 태양 모형 옆에 서 있는 저자). 이 천문학 교과서 외에 그는 또한 천체생물학, 수학과 통계학 분야의 대학 교과서들을 집필한 저명한 저자이고, 또 *Beyond UFOs* (Princeton University Press, 2008/2011), *Math for Life*(Bid Kid Science, 2014), *What Is Relativity?*(Columbia University Press, 2014)라는 비평가들의 극찬을 받은 일반 대중서적의 저자이기도 하다. 그가 펴낸 5권의 아동도서(*Max Goes to the Space Station, Max Goes to the Moon, Max Goes to Mars, Max Goes to Jupiter, and The Wizard Who Saved the World*)는 국제우주정거장에 보내져서 우주인들이 지구 주위를 돌면서 읽어주었던 나사의 새로운 프로그램인 '우주에서 이야기책 읽어주기'에 첫 번째 5권의 책으로 선정되기도 하였다. 그는 아동도서 집필로 2013년 American Institute of Physics Science Communication 대상을 수상하였다. 여가시간에 그는 수영대회에 참가하거나 아내 Lisa, 두 아이 Grant와 Brooke 그리고 애완견 Cosmo와 함께 일상생활의 모험에 참여하는 것을 즐긴다. 그의 개인적인 웹페이지는 www.jeffreybennett.com이다.

## Megan Donahue

Megan Donahue는 미국 미시건대학교 물리천문학부의 교수이고 미국 고등과학원 특별회원이다. 그녀의 현재 연구 분야는 주로 엑스선, 자외선, 적외선과 광학자료를 이용한 은하단 연구이다. 은하단들을 구성하고 있는 암흑물질, 뜨거운 가스, 은하들과 활동성 은하핵들을 연구하고, 이들이 우주의 구성물질에 대해 어떤 정보를 제공해주는가와 어떻게 은하들이 형성되고 진화하는가를 연구하고 있다. 그녀는 미국의 네브래스카의 한 농장에서 성장하였고 MIT에서 물리학으로 S.B.학위를 취득하였는데, 여기서 엑스선 천문학자로서 연구경력을 시작하였다. 콜로라도대학교에서 Ph.D.를 취득하였는데, 그녀의 은하간 기체와 은하단내 기체 사이의 기체에 대한 이론과 광학관측에 대한 박사학위 논문은 1993년 Astronomical Society for the Pacific이 북미지역에서 우수한 천체물리 박사학위 논문에 수여하는 Trumpler상을 받았다. 그녀는 미국 캘리포니아 주 패서디나에 있는 카네기 천문대에서 카네기 연구원으로 박사후연구를 계속하였고 후에는 우주망원경에서 STScI 연구원으로 일했으며, 미시간대학교 교수가 되던 2003년까지 우주망원경과학연구소에서 연구원으로 일했다. Megan은 Mark Voit와 결혼하였고, 이들은 아주 많은 프로젝트를 공동으로 수행하고 있는데, 그중에는 이 책을 집필하고 세 아이들(Michaela, Sebastian과 Angela)을 양육하는 것이 포함된다. Sebastian이 태어나고 Angela가 태어나기 전에 Megan은 보스턴 마라톤을 완주하였다. 최근 Megan은 아이들이 허락할 때마다 산책을 하거나 오리엔티어링에 참가하거나 또는 피아노와 베이스기타를 연주한다.

## Nicholas Schneider

Nicholas Schneider는 콜로라도대학교 물리천문학과의 부교수이며 대기와 우주물리실험실의 연구원이다. 그는 1979년에 다트머스대학교에서 물리천문학 B.A.를 마치고 1988년에 애리조나대학교에서 행성천문학으로 Ph.D.를 취득했다. 1991년에 그는 미국과학재단 이사장이 주는 젊은 연구자상을 받았다. 그의 연구관심 분야는 행성대기와 행성천문학이다. 한 가지 연구 초점은 목성의 위성인 이오의 이상한 현상이고, 다른 초점은 화성 대기가 없어진 신비인데, 그는 나사의 메이븐 우주탐사선에서 자외선 분광 영상관측을 하면 그 답을 얻어낼 수 있다고 기대하고 있다. Nick은 모든 수준의 청중에게 강의하는 것을 즐기고 있고 학부 천문교육을 활성화시키는 노력을 활발하게 하고 있다. 2010년에 그는 볼더대학교 최우수 강의 교원상을 받았다. 여가시간에는 가족들과 함께 야외탐사를 나가서 사물이 어떻게 작동하는지 파악해보는 것을 즐긴다.

## Mark Voit

Mark Voit는 미시간대학교 물리천문학과 교수이며, 자연과학대학 학부담당 부학장이다. 그는 프린스턴대학교에서 천체물리학 A.B.학위를 취득한 후 1990년에 콜로라도대학교에서 친체물리학으로 Ph.D.를 취득했다. 그는 California Institute of Technology에서 이론천체물리학자로 연구를 수행하다가 허블 장학생이 되어 존스홉킨스대학교로 옮겼다. 미시간대학교로 가기 전에, Mark는 우주망원경연구소의 대중홍보실에서 일하였는데, 그곳에서 그는 허블우주망원경에 대한 박물관 전시물들을 개발하였고, 상을 받은 나사의 허블사이트 디자인에 기여하였다. 그의 연구 분야는 우리은하 내 성간물질에서 일어나는 물리 과정에서 시작하여 초기우주에서 은하단 형성에 대한 연구까지 다양하다. 그는 이 책의 공동저자인 Megan Donahue와 결혼하였고, 아내와 3명의 자녀를 위해 맛있는 음식을 만들어준다. Mark는 가능할 때마다 밖에 나가는 것을 즐기는데, 특히 달리기, 산악자전거, 카누, 오리엔티어링과 모험경주 하는 것을 즐긴다. 그는 또한 *Hubble Space Telescope : New Views of the Universe*의 저자이기도 하다.

# 역자 소개

**김용기**

연세대학교 천문기상학과를 졸업하고 베를린 공과대학 천체물리연구소에서 이학박사 학위를 취득하였다. 현재 충북대학교 천문우주학과 교수로 재직 중이며 충북대학교 천문대장을 맡고 있다.
제1장, '현대적 관점에서 바라본 우주'를 번역하였다.

**임홍서**

연세대학교 천문기상학과를 졸업하고 동대학 천문우주학과에서 이학박사 학위를 취득하였다. 현재 한국천문연구원 우주위험감시센터에서 책임연구원으로 재직 중이다.
제2장, '스스로 발견하는 우주'를 번역하였다.

**오준영**

공주사범대학에서 지구과학교육을 전공하고, 연세대학교에서 천문학으로 이학석사, 부산대학교에서 과학철학으로 이학박사, 단국대학교에서 과학교육으로 교육학 박사학위를 취득하였다. 현재 한양대학교에서 과학철학 전공 교수로 재직 중이다.
제3장, '천문학이라는 과학'을 번역하였다.

**김천휘**

연세대학교 천문기상학과를 졸업하고, 연세대학교 천문우주학과에서 이학박사 학위를 취득하였다. 현재 충북대학교 천문우주학과 교수로 재직 중이다.
제4장, '우주 이해하기 : 운동, 에너지, 그리고 중력의 이해'를 번역하였다.

**성현일**

경북대학교 물리학과를 졸업하고 서울대학교 천문학과에서 이학박사 학위를 취득하였다. 현재 한국천문연구원 책임연구원으로 재직 중이며 보현산천문대 대장을 맡고 있다.
제5장, '빛 : 우주의 메신저'를 번역하였다.

**김혁**

한국교원대학교 지구과학교육과를 졸업하고 한국교원대학교에서 교육학박사 학위를 취득하였다. 현재 과학영재학교 경기과학고등학교에서 천문학/지구과학을 가르치고 있다.
제6장, '태양계 형성'을 번역하였다.

**심현진**

서울대학교 물리천문학부에서 천문학을 전공하였고, 서울대학교 물리천문학부 천문학 전공으로 이학박사 학위를 취득하였다. 현재 경북대학교 사범대학 지구과학교육과 교수로 재직 중이다.
제7장, '지구와 지구형 행성'을 번역하였다.

**손정주**

부산대학교 지구과학교육과를 졸업하고, 서울대학교 지구환경과학부 천문학전공에서 이학박사 학위를 취득하였다. 현재 한국교원대학교 지구과학교육과 교수로 재직 중이다.
제8장, '목성형 행성계'를 번역하였다.

**이유**

서울대학교 물리학과에서 학사와 석사 학위를 받고, 미국 콜로라도대학교에서 물리학박사 학위를 취득하였다. 현재 충남대학교 천문우주과학과 교수로 재직 중이다.
제9장, '소행성, 혜성, 왜소행성 : 그 특성과 궤도 및 영향'을 번역하였다.

**오수연**

전남대학교 지구과학교육과를 졸업하고 충남대학교 천문우주과학과에서 이학박사 학위를 취득하였다. 현재 전남대학교 지구과학교육과 교수로 재직 중이다.
제10장, '다른 행성계'를 번역하였다.

## 장헌영

연세대학교 천문기상학과를 졸업하고 영국 케임브리지대학교에서 천문학박사 학위를 취득하였다. 삼성항공(주) 선임연구원, 고등과학원 조교수를 거쳐 현재 경북대학교 천문대기과학과 교수로 재직 중이다.
제11장, '태양'을 번역하였다.

## 손영종

연세대학교에서 천문학 학사, 석사, 박사 학위를 취득하였고, 캐나다 HIA 천체물리연구소에서 연구원으로 재직하였다. 현재 연세대학교 천문우주학과 교수로 재직 중이다.
제12장, '별 관측'을 번역하였다.

## 김용철

미국 예일대학교에서 천체물리학으로 박사 학위를 취득하였다. 현재 연세대학교 천문우주학과 교수로 재직 중이다.
제13장, '별에서 온 우리'를 번역하였다.

## 박수종

서울대학교 천문학과를 졸업하고 미국 텍사스주립대학교에서 이학박사 학위를 취득하였다. 현재 경희대학교 우주과학과 교수로 재직 중이다.
제14장, '별의 무덤'을 번역하였다.

## 이수창

연세대학교 천문기상학과를 졸업하고 연세대학교 천문우주학과에서 이학박사 학위를 취득하였다. 현재 충남대학교 천문우주과학과 교수로 재직 중이다.
제15장, '우리은하'를 번역하였다.

## 김성은

연세대학교 천문기상학과를 졸업하고 호주국립대학교에서 천문 및 천체물리학 전공으로 이학박사 학위를 취득하였다. 현재 세종대학교 물리천문학과 교수로 재직 중이다.
제16장, '은하들의 우주'를 번역하였다.

## 우종학

연세대학교에서 학사 및 석사 학위를, 예일대학교에서 박사 학위를 취득했다. 캘리포니아대학교 산타바바라와 UCLA에서 연구원으로 근무했다. 현재 서울대학교 물리천문학부 교수로 재직 중이다.
제17장, '우주의 탄생'을 번역하였다.

## 안덕근

연세대학교 이과대학 천문대기과학과를 졸업하고 미국 오하이오주립대학교에서 천문학으로 박사 학위를 취득하였고, 이후 캘리포니아공과대학에서 연구원으로 재직하였다. 현재 이화여자대학교 과학교육과 교수로 재직 중이다.
제18장, '암흑물질, 암흑에너지, 우주의 운명'을 번역하였다.

## 송인옥

충북대학교 천문우주학과를 졸업하고 영국 노팅험대학교에서 천체화학으로 박사 학위를 취득하였다. 현재 KAIST 부설 한국과학영재학교에서 천문학/지구과학을 가르치고 있다.
제19장, '우주에서의 생명'을 번역하였다.

※ 번역 내용에 대한 질문이나 책 전체에 대한 의견 제시는 sigma@spress.co.kr로 해주시면 그때그때 역자에게 연결해드리고 적절한 답변을 받을 수 있도록 도와드리겠습니다.